# Maschinenelemente

Entwerfen, Berechnen und Gestalten
im Maschinenbau

Ein Lehr- und Arbeitsbuch

Von

## Dr.-Ing. G. Niemann

Professor an der Technischen Hochschule München

Erster Band

Grundlagen, Verbindungen, Lager
Wellen und Zubehör

Mit 795 Abbildungen

6. berichtigter Neudruck

Springer-Verlag Berlin Heidelberg GmbH

1963

ISBN 978-3-662-37582-2          ISBN 978-3-662-38362-9 (eBook)
DOI 10.1007/978-3-662-38362-9

# Vorwort zum sechsten Neudruck.

Auch beim 6. Neudruck konnten wieder einige Verbesserungen vorgenommen werden. Bei den Normenangaben ist zu beachten, daß immer die jeweils neueste Ausgabe der DIN-Blätter maßgebend ist.

*München*, im Mai 1963.

**G. Niemann.**

# Vorwort zur ersten Auflage.

Beim Aufbau des vorliegenden Buches folge ich meinen Erfahrungen als Konstrukteur und Hochschullehrer und stelle voran

*die Arbeitsmethoden und Handwerksregeln,*

wie man im Maschinenbau als Konstrukteur überlegend, gestaltend und berechnend vorgeht. Dann bringe ich als weitere Grundlagen

*angewandte Festigkeitsrechnung, Leichtbau und Werkstoffe*

ebenfalls ausgerichtet auf den Bedarf des Konstrukteurs. Hierauf fußend, werden dann

*die eigentlichen Maschinenelemente*

einzeln behandelt, und zwar im 1. Band die Verbindungsmittel, Federn, Wälzpaarungen Wälz- und Gleitlager, Achsen und Wellen, Wellenverbindungen und Kupplungen, denen im 2. Band die Zahntriebe, Reibtriebe, Riemen- und Seiltriebe, Reibkupplungen, Bremsen und Gesperre folgen werden.

Bei der Darstellung der einzelnen Maschinenelemente kam es mir darauf an, daß einerseits der *Überblick* und das *Verständnis* für die kritische Auswahl und Verwendung der Elemente und ebenso die *Vorstellung* von den auftretenden Beanspruchungen und Einflußgrößen nicht zu kurz kamen und andererseits der schaffende Konstrukteur ausreichende *Erfahrungsangaben* und *Zahlenunterlagen, Berechnungsbeispiele* u. *Schrifttum* griffbereit vorfindet. Denn, je mehr wir den Konstrukteur entlasten können, um so mehr Zeit gewinnt er für seine eigentliche Aufgabe: Gestalten, kritisch abwägen, auswählen und berechnen.

Wenn ich hierbei bestimmte Gebiete ausführlicher behandelt und für den Konstrukteur stärker ausgewertet habe, so mußte ich dafür an andern Stellen den Text etwas verdichten, wofür ich um Verständnis bitte.

Zum Schluß danke ich allen, die zum Gelingen dieses Buches beitrugen:
Professor CONSTANTIN WEBER besonders für Abschnitt 3.1 (Ermittlung der Nennspannung),
Professor O. KIENZLE für die Vergleichskalkulationen der Nabensitze S. 287 und für die

Durchsicht der Kapitel 6 (Normzahlen, Passungen) und 18 (Preßsitze),

Dr.-Ing. HANS WAHL für die Überlassung von Unterlagen und für die Durchsicht von Abschnitt 2.12 (Verschleißabwehr),

Dipl.-Ing. W. APPELT für den Entwurf der Bilder und Tafeln und für die sorgfältige Überwachung und Korrektur des Manuskriptes und der Druckfahnen,

Dipl.-Ing. K. BÖTZ für zahlreiche Anregungen und erste Durchsicht mehrerer Kapitel,

Dr.-Ing. H. GLAUBITZ für Bild 5/3 und 5/4,

Dr.-Ing. K. TALKE, Dr.-Ing. W. THOMAS, Dr.-Ing. W. THUSS, Dr.-Ing. E. RUBO und Dipl.-Ing. W. HAGEN für die erste kritische Durchsicht mehrerer Kapitel, und allen *Firmen*, die Material beisteuerten.

Nicht zuletzt gilt mein Dank meiner Gattin, deren hilfreiche Energie und ermunternder Glaube an die Wichtigkeit dieses Buches mir in der jahrelangen Arbeit ein gern empfundener Ansporn gewesen sind.

Dem Springer-Verlag danke ich für die gute Zusammenarbeit.

*Braunschweig*, den 21. April 1950.

**Gustav Niemann.**

# Inhaltsverzeichnis.

# I. Grundlagen.

## 1. Gesichtspunkte und Arbeitsmethoden.

„Ein Mann, der konstruieren will....<br>
Der *schau* erst mal und *denke!*"

Zum *erfolgreichen Konstruieren gehört mehr als nur Konstruieren!* Die erste Voraussetzung ist vor allem die ungeteilte Hingabe an die Aufgabe. Die nächste ist die Beherrschung zahlreicher Gesichtspunkte und Erfahrungen, die zum Teil außerhalb des Rahmens der eigentlichen konstruktiven Tätigkeit liegen.

Die Frage ist nun, wie weit derartige Erfahrungen erfaßt und in Form von Gesichtspunkten und Arbeitsmethoden dargeboten werden können.

Denn mit Erfahrungsangaben ist es eine eigene Sache: Sie sagen einem nur wenig und die Aufzählung aller Einflußmomente wirkt oft erdrückend, solange man nicht selbst ähnliche Situationen erlebt hat. Es gilt hier, wie auch sonst im Leben: *Fremde Erfahrungen werden erst durch eigene gleichartige Erfahrungen lebendig und fruchtbar!*

Man nehme daher die nachfolgenden Ausführungen zunächst als Überblick über die Arbeitsmethoden bei konstruktiven Aufgaben. Man muß sie dann aber in *eigener* konstruktiver Tätigkeit *üben* und *erleben* und mit eigenen Erfahrungen verschmelzen.

### 1.1. Lehren aus der konstruktiven Entwicklung.

Die stets zu beobachtende *Weiter*entwicklung einer Konstruktion von der ersten Ausführung bis zur ausgereiften Form zeigt schon, daß bei der Erstausführung gewisse Erfahrungen noch fehlen und, daß man nur schrittweise von Ausführung zu Ausführung dem Ideal näherkommt.

Hierbei sind es zunächst die auftretenden *Anstände* und nicht vorausgesehenen *Nebenwirkungen* und ihre *Erforschung*, dann weiter die mit dem Erfolg wachsenden *Anforderungen* und nicht zuletzt die mit dem Erfolg wachsende *Konkurrenz*, welche die Entwicklung vorwärts treiben, bis eine gewisse Reife erreicht ist. Im großen ganzen verläuft die Entwicklung eines technischen Gebildes nach der bekannten biologischen Wachstumskurve (Bild 1/1), und es ist für die Inangriffnahme einer konstruktiven Weiterentwicklung wertvoll zu wissen, in welchem Bereich der Entwicklungskurve man sich befindet. Denn: Je ausgereifter eine Konstruktion ist, um so geringer ist der noch erzielbare Fortschritt, und um so größer ist der hierfür erforderliche Aufwand.

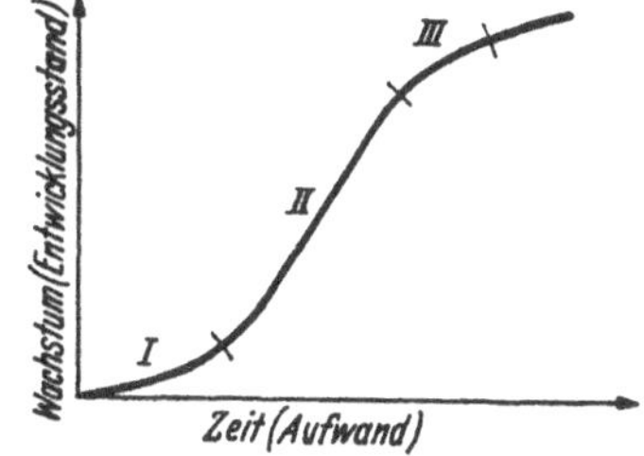


Bild 1/1. Biologische Wachstumskurve (*S*-Kurve). Sie trifft im wesentlichen auch für die Entwicklung technischer Gebilde zu. Im Gebiet der Reife (III) ist nur noch ein geringer Fortschritt mit erheblichem Aufwand erzielbar.

In diese mehr oder weniger stetige Entwicklung können nun *neue Erkenntnisse* (neue Werkstoffe, neue Verfahren, neue Energiequellen) oder *neue Bedürfnisse* (wirtschaftliche, soziale, politische Veränderungen) neue Impulse hineintragen, die neue Lösungen hervorrufen.

Im Verlauf einer derartigen technischen Entwicklung pflegen folgende konstruktive Aufgaben einander abzulösen:

1) *Erstausführung.* Erzielung der angestrebten Wirkung.

2) *Fortentwicklung.* Ausmerzung der Anstände, Ausreifung, Vereinfachung und Verbilligung der Konstruktion.

3) *Anpassung* der Konstruktion an besondere Anwendungsgebiete und Entwicklung von Sonderausführungen hierfür.

4) *Typisierung*. Festlegung auf bestimmte' Größen, Ausführungsformen und Leistungen, soweit dieses nicht schon vorher erfolgte.

5) *Umstellung* auf andere Fertigung bzw. andere Werkstoffe.

6) *Neukonstruktion* auf neuer Ebene.

Die Frage ist nun, wie wir bei den einzelnen Aufgaben am besten vorgehen, welche Arbeitsmethoden zu empfehlen und welche Gesichtspunkte besonders zu beachten sind.

Der erste Schritt heißt stets:

## 1.2. Überprüfung der Voraussetzungen und Präzisierung der Aufgabe.

Erfahrungsgemäß wurzeln die meisten Anstände und Fehlentwürfe in ungenügender Vorklärung der Anforderungen und unzureichender Formulierung der Aufgabe. Man muß erst wissen, was man will und worauf es wirklich ankommt! Der Konstrukteur muß wissen, ob im vorliegenden Fall Qualität oder Preis entscheidend sind, ob die Funktion verbessert, oder der Aufwand verringert werden soll. Denn: *Die jeweils beste Lösung ist der jeweils beste Kompromiß zwischen konkurrierenden Anforderungen.*

So wird man für eine *Erstausführung* vorher untersuchen müssen: Die Frage des *Bedarfs* [1], die vorliegenden *Arbeitsbedingungen* und besonderen *Anforderungen* und andererseits die erzielbare · *Wirkung* und den hierfür zu erwartenden *Aufwand*.

Die Frage des *Bedarfs* und des zulässigen *Aufwands* wird häufig erst durch eine nähere Erforschung (Marktanalyse) des erzielbaren Preises, des möglichen Absatzes und der erforderlichen Qualität beantwortet werden können [2].

Die vorliegenden *Arbeitsbedingungen* und *Anforderungen* und auch die bisher vorliegenden Erfahrungen wird man am besten an Ort und Stelle im Kreis der Benutzer erkunden. Hierbei ist zu klären: Was wird als *notwendig* angesehen (Leistung, Energieverbrauch, Sicherheit usw.), was ist außerdem *erwünscht* (bequeme Bedienung, Geräuscharmut usw.)? Spielen die Beschaffungs-, die Energie- oder die Unterhaltungskosten die größere Rolle? Wird die Maschine überlastet, schlecht gewartet, selten oder ständig benutzt? Sind Einfachheit und Betriebssicherheit, oder größere Leistungsfähigkeit und leichte Bedienung von Bedeutung?

Oft auch zeigen erst *zahlenmäßige* Voruntersuchungen, wo besondere Aufwendungen oder Einsparungen anzustreben sind. So zeigt z. B. die Aufteilung der Jahreskosten von Förderanlagen in Tafel 1/1, daß die Einsparung an Energiekosten wohl bei der Handhängebahn und beim Schneckenförderer, aber kaum beim Portaldrehkran von Bedeutung ist, daß aber bei letzterem eine Verringerung der Abschreibungskosten (geringere Beschaffungskosten oder längere Lebensdauer) und der Unterhaltungskosten von Bedeutung wäre [3].

Erst nach einer derartigen Vorklärung wird man die technischen Anforderungen so umfassend und genau wie möglich *in Zahlen* festlegen, z. B. Leistungen, Geschwindigkeiten, Drehzahlen, Tragkraft, verlangte Güte usw. Hierbei wird man häufig übertriebene Anforderungen zugunsten anderer Gesichtspunkte (Preis) in mündlichen Besprechungen zurückschrauben müssen.

---

[1] Eine falsche Einschätzung der Bedürfnisse ist wohl die häufigste Ursache für den wirtschaftlichen Mißerfolg einer Neukonstruktion.

[2] Gewöhnlich ist bei den ersten Ausführungen der Qualitätsgedanke vorherrschend, um zunächst die Funktion zu sichern. In der 2. Periode tritt dann die Preisfrage in den Vordergrund und drängt zur billigen, aber technisch gerade ausreichenden Ausführung. In der 3. Periode setzt dann eine rückläufige Tendenz ein: In bestimmten Anwendungsfällen befriedigt die Qualität nicht mehr. Man entwickelt für diese Sonderfälle eine hochwertige Ausführung, die dann neben der billigeren für den Massenbedarf gebaut wird. Ein gutes Beispiel für diesen Entwicklungsgang sind Elektromotoren, denn Schalter, Sicherungen, Stecker und Kupplungen für elektrische Leitungen.

[3] Da in Wirklichkeit wohl die Kosten pro t Umschlag entscheidend sein werden, d. h. die Jahreskosten geteilt durch die jährlich umgeschlagene Tonnenzahl, könnte man auch versuchen, die Umschlagsleistung zu erhöhen.

Oft lohnt sich auch die Untersuchung, ob man die verlangte Leistung günstiger auf mehrere *gleiche* Maschinen aufteilt (Reserve bei Ausfall) oder besser auf mehrere *hintereinander* geschaltete (mehrere Einzweck- statt einer Mehrzweckmaschine) oder umgekehrt mehrere in einer Maschine vereint und so erst die Voraussetzungen für eine günstige Lösung schafft.

*Ein durchschlagender Gesichtspunkt kann eine ganze Konstruktion umwerfen![1]*

Weiter ist zu klären, ob man mit Einzel-, Serien-, oder Massenfertigung zu rechnen hat, da die *Stückzahl* die Art der Fertigung und diese die konstruktive Gestaltung bestimmt.

**Tafel 1/1.**

*Verteilung der Jahreskosten in % bei verschiedenartigen Fördergeräten.*

| | 3 t- Portal-Drehkran im Seehafen | Gurt-förderer | Schnecken-förderer | Hand-hängebahn |
|---|---|---|---|---|
| Abschreibung und Verzinsung | 52,7 | 65,0 | 27,45 | 12,9 |
| Unterhaltungskosten . . . . | 19,0 | 5,5 | 3,92 | 5,5 |
| Energiekosten . . . . . . . | 4,4 | 29,5 | 68,63 | 81,6 |
| Bedienungskosten . . . . . | 20,8 | — | — | — |
| Sonstiges . . . . . . . . | 3,1 | — | — | — |
| Summe: | 100 | 100 | 100 | 100 |

Sinngemäß wird man bei den anderen Konstruktionsaufgaben vorgehen: So ist für eine *Fortentwicklung* (neue Type)[2] eine kritische Überprüfung der bisherigen Anstände und Erfahrungen notwendig und bei *Typisierungsarbeiten* die nähere Kenntnis des Bedarfs, der günstigsten Größenabstufung und der verschiedenen Anwendungsfälle. Dagegen erfordert die *Umstellung* und *Anpassung* einer Konstruktion für andere Anwendungsgebiete, andere Fertigung oder andere Werkstoffe ein näheres Eingehen auf deren Erfordernisse.

Auf diese Vorklärung und Präzisierung der Aufgabe sollte man reichlich Zeit und Mühe verwenden, denn gerade hierdurch erspart man sich viele Rückschläge.

Erst dann schreiten wir zur

## 1.3. Lösung der Aufgabe.

Je eindeutiger Aufgabe und Anforderungen festgelegt sind, um so eindeutiger ist die Lösung vorgezeichnet. Meist werden bereits bestimmte Lösungen oder bestimmte Erfahrungen vorliegen, von denen man ausgehen kann.

So wird man zunächst die *eigenen* einschlägigen Ausführungen durchgehen und deren technische Daten, Gewichte und Kosten übersichtlich zusammengestellt bereithalten[3].

Die nächstliegende Frage ist: *Wie baut die Konkurrenz?* So sagte mir mein erster Konstruktionschef, als ich mit einem neuen Vorschlag zu ihm kam:

„Das kommt erst später! Sehen Sie sich erst mal an, wie die Konkurrenz baut. Dann ergründen Sie, warum sie so baut. Und wenn Sie auch noch in Erfahrung gebracht haben, was daran geschätzt wird und was nicht, dann können Sie mir mit neuen Vorschlägen kommen."

Die konstruktive Aufgabe wird häufig darin bestehen, eine in den Grundzügen bekannte Konstruktion in bestimmter Richtung günstiger zu gestalten oder bestimmten Anforderungen anzupassen.

Hierbei kommt es darauf an, die konstruktiven Möglichkeiten im Rahmen der gestellten Forderungen voll auszuschöpfen, d. h. die kritischen Punkte zu erkennen und die verschiedenen Bauelemente voll zu beherrschen, um dann durch ihre geschickte Auswahl, Berechnung und Gestaltung zu einer günstigen Gesamtlösung zu kommen.

Aber auch für das Auffinden *neuer* Lösungen lassen sich Erfahrungen angeben.

---

[1] So führte z. B. beim *Seehafen-Kran* der Gesichtspunkt, mehrere Krane für *eine* Schiffsluke arbeiten zu lassen zum *Wipp*-Drehkran, und der Gesichtspunkt, den leeren Haken und kleinere Lasten schneller zu heben zur Hubwinde mit Doppel-Motor.

[2] Die Zeit, die zur Ausreifung einer Konstruktion erforderlich ist, verlangt, daß man eine neue Type bereits durchkonstruiert und erprobt, wenn die bisherige ihren Zweck noch erfüllt. Die laufende Fertigung hält man möglichst frei von Änderungen und stellt sie dann auf die bereits erprobte neue Type um. Man bevorzugt also eine „treppenförmige" Entwicklung.

[3] So pflegt jedes gut geleitete Konstruktionsbüro von jeder ausgeführten Konstruktion ein „Schlußblatt" mit allen technischen Daten aufzustellen.

## 1.4. Der Weg zu neuen Lösungen[1].

Hierzu bedarf es erstens der *Anregung!* Was regt uns an? Vor allem das eindrucks-volle Erlebnis einer neuen Erscheinung, einer neuen Erkenntnis, oder eines neuen Be-dürfnisses (oft auf ganz anderen Gebieten). Eine besondere Rolle spielt hierbei die *Er-regung*, sei es die Freude oder Verwunderung über etwas Neues oder umgekehrt der *„fruchtbare Ärger"* über eine Unvollkommenheit (jeder Ärger muß sich lohnen!) und die *lebhafte Auseinandersetzung* mit Fachleuten oder sonstigen Erfahrungsträgern (der Wert von Vorträgen und Diskussionen).

Dann die zwar weniger eindrucksvolle, aber häufig schon ausreichende Anregung durch *Lesen*. Hierbei kommt es auf die offene und fragende, auf die verknüpfende und schlußfolgernde Einstellung, also auf den *eigenen aktiven* Anteil an.

Ein vorzügliches Mittel ist auch die *Selbstanregung* durch Aufwerfen einer Frage (eine Frage „bohrt"), durch Kritik des Bisherigen und durch Aufwerfen neuer Gesichtspunkte und neuer Wünsche. Sei es die Frage: Was fehlt noch? Welche Wün-sche stehen noch offen? Welche Anstände bleiben bestehen? Wie sieht das Ideal aus? Oder die Frage: Wo würde diese Lösung ebenfalls vorteilhaft sein?[2] Mit welchen anderen Mitteln läßt sich der gleiche Zweck erreichen? Läßt er sich mit weniger Aufwand erreichen? Oder: Auf welchen Gebieten liegen ähnliche Aufgaben vor und welche Lösungen werden bevorzugt? Also Vergleiche ziehen und auf den Nach-bar- und Grundgebieten Umschau halten! So wird der Brennkraftmotor-, der Kom-pressoren- und Pumpenbau Anregungen für den Dampfmaschinenbau bieten können, der Flugzeugbau für den Kraftwagen und dieser für den Kranbau — und umgekehrt.

Zweitens muß für die aufzufindende Lösung genügend *Baumaterial* in Form von einschlägigen Kenntnissen und Erfahrungen vorhanden sein oder beschafft werden[3], so daß

drittens aus der *innigen Berührung*, Verknüpfung und Ausscheidung der Lösungs-gedanke hervorgehen kann. Hierbei ist der Wechsel zwischen *offener Einstellung* (Auf-nahme und Anregung) und *Konzentration* (Verknüpfung und Verarbeitung) wesentlich.

**Variation der Lösung.** So glücklich ein Konstrukteur über eine gefundene Lösung sein mag und so verführerisch es dann für ihn ist, sich damit zu begnügen — ebenso sicher ist, daß die erste Form einer Lösung ganz selten die günstigste ist. Man muß jetzt den *Grundgedanken* der Lösung genauer zu erfassen suchen. Man muß ihn in Parallel- und Umkehrlösungen mehrfach abwandeln, um zu einem vollständigen Einblick und Durch-blick zu kommen, kurz: um das „Gesetz" zu erfassen. Erst durch eine derartige inten-sive Auseinandersetzung mit dem Problem gelangt man zum Kern, gelangt man zu weiteren Gedanken und Kombinationen, die wiederum zu neuen Lösungen führen.

Diese Gedankenarbeit unterstützt man am besten durch *Skizzen* (Prinzipskizzen, Schemabilder und Skizzen von besonderen Einzelheiten), Vergleichen und *Stichwortnotizen* und in besonderen Fällen durch *Modelle*.

Für *getriebliche* Aufgaben ist es wertvoll zu wissen, daß kinematische Umkehrungen, z.B. die Bewegung des Werkstücks an Stelle des Werkzeugs, nur kinematisch, aber nicht technisch gleichwertig sind, daß also gerade das Durchdenken von Umkehrungen lohnend sein kann (Bild 1/2).

---

[1] Die *Methoden* zum Auffinden neuer Lösungen sind noch wenig entwickelt. Wer sich selbst etwas beob-achtet, weiß, wie umwegig und schwerfällig wir uns geistig außerhalb der eingefahrenen Denkbahnen bewegen. Es wäre wertvoll, die verschiedenen Erfahrungen hierin zusammenzutragen und zu einer „Technik" zu ver-dichten. Denn — wie bei jeder Kunst — beruhen die höchsten Leistungen auf den drei Komponenten: Ver-anlagung, Übung und „Technik". Hierzu obiger Beitrag.

[2] So wurde die Verwendung eines Sauerstoffstrahls zum Reinigen des verstopften Abstichlochs bei Hoch-öfen zum Ausgangspunkt für die Entwicklung des autogenen Brennschneiders.

[3] Durchforschung des *Fachschrifttums* (Fachbücher, Fachzeitschriften, Patent- und Werbeschriften), Be-fragung von *Fachleuten* oder *technischen Auskunftstellen* (Fachverbände, Forschungsinstitute und Technische Hochschulen).

Ferner sind gewöhnlich reine Drehzapfenbewegungen (Kreisbewegungen) gegenüber geradlinigen oder kurvenförmigen Schubbewegungen vorzuziehen, ebenso durchlaufende Drehbewegungen gegenüber hin- und hergehenden.

Der Verlauf von Relativbewegungen kann sehr einfach durch übereinander gelegte und entsprechend verschobene Transparentblätter überprüft und aufgezeichnet werden.

Weiter ist zu überlegen, ob die *zusätzliche* Ausnutzung eines Bauteils oder eines Vorgangs für eine zusätzliche Aufgabe Vorteile bringt (z. B. beim Zweitaktmotor die zusätzliche Ausnutzung der Kolben für die Schlitzsteuerung des Gases, oder beim Fordson-Schlepper die Ausnutzung des Motor-Getriebe-Blocks als Verbindungsträger zwischen Vorder- und Hinterachse), oder ob gerade umgekehrt die Abtrennung und Übertragung einer Funktion auf einen besonderen Bauteil (Spezialisierung) einen Fortschritt bedeutet.

Die obigen Hinweise zeigen bereits, daß es besonders für Neukonstruktionen wertvoll ist, eine gewisse „*Variationstechnik*" zu beherrschen (Bild 1/2), für die gerade Kinematik und Getriebelehre zahlreiche (wenn auch einseitige) Beispiele liefern [*1/1*] bis [*1/9*]. Ferner müssen uns die für den jeweiligen Zweck in Frage kommenden *Bauelemente* geläufig sein. So stehen z. B. zum stufenlosen, formschlüssigen Nachstellen nur der Keil und seine Abkömmlinge nach Bild 1/3 zur Verfügung[1]. Zur Variationstechnik gehört auch die Methode der *Vervielfachung*. So wird z. B. beim Kühlschrank die geringe Kühlwirkung, die beim Entspannen von Druckgas auftritt, erst durch ihre vielfache Wiederholung technisch wirkungsvoll. Ferner *Optimum*-Untersuchungen: Bei welcher Formgebung wird z. B. das geringste Gewicht oder der geringste Windwiderstand eines Trägers erreicht (siehe Kap. 4.2), oder der geringste Strömungsverlust bei einem Ventil?

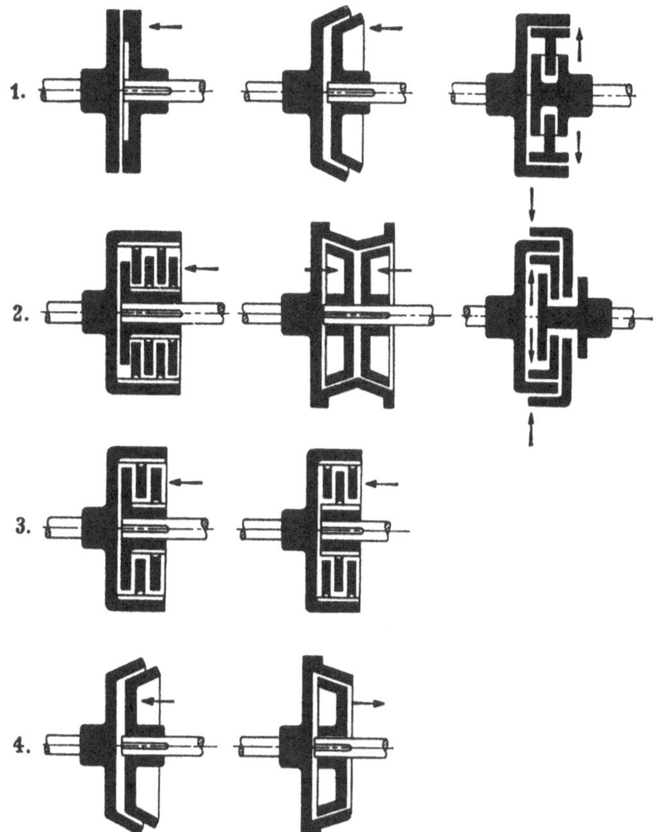

Bild 1/2. Variation einer Reibscheiben-Kupplung (schematisch) als Beispiel für die Variationstechnik.
1. Variation: Scheiben-, Kegel-, Trommel-Kupplung.
2. Variation: Vervielfachung und Kraftausgleich.
3. Variation: Innen oder außen mehr Scheiben.
4. Variation: Zug- oder Druck-Anordnung.
Ein weiteres Variationsthema wäre die Ein- und Ausschalt-Einrichtung.

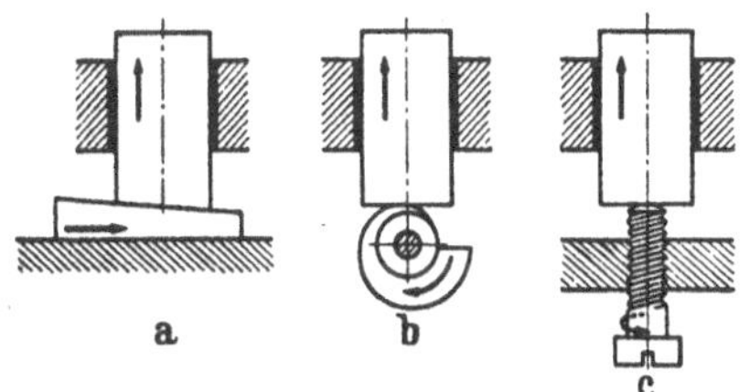

Bild 1/3. Elemente zum feinfühligen Nachstellen.
a) Keil; b) Drehkeil (Exzenter); c) Schraube (Keil um Zylinder gewunden).

## 1.5. Kritik und Auswahl der Lösung.

Soweit mehrere Lösungen die gestellten Anforderungen (s. unter 1.1) erfüllen, wird man sie an Hand einer Bewertung der einzelnen Eigenschaften vergleichen und gegen-

---

[1] Zum kraftschlüssigen Nachstellen: Gewichts-, Feder- oder Magnetkräfte, Flüssigkeits- oder Gasdruck.

einander abwägen (s. Tafel 1/2). Oft können bereits *Überschlagsrechnungen* zeigen, daß in dem einen oder anderen Falle die gewünschte Wirkung nicht völl erreicht, oder der erforderliche Aufwand zu groß wird. Im allgemeinen werden aber einige Lösungen in der engeren Wahl verbleiben, für die erst *maßstäbliche Entwürfe* und eingehende Berechnungen notwendig sind, um zwischen ihnen entscheiden zu können. In anderen Fällen werden erst bestimmte Fragen durch Versuche oder durch Heranziehen von Spezialisten, Lieferanten oder Benutzern geklärt werden müssen, um eine Entscheidung zu ermöglichen.

Bei zahlreichen konkurrierenden Gesichtspunkten ist eine zutreffende Gesamtbewertung oft nicht einfach. Man greift in solchen Fällen am besten zur *Punktwertung*[1].

Man schreibt hierzu die maßgebenden Gesichtspunkte untereinander und gibt für jede der zu beurteilenden Konstruktionen ihren Erfüllungsgrad mit einer Punktzahl $z$ an (z. B. $z = 1$ bis $4$; Ideal $= 4$)[2]. Die von einer Konstruktion erreichte Gesamtpunktzahl kann dann als Vergleichsmaß für deren technischen Wert dienen. Tafel 1/2 zeigt eine derartige Bewertung.

KESSELRING [1/3] treibt diese Bewertungsmethode noch weiter. Er bildet aus der Gesamtpunktzahl $z$ der betreffenden Konstruktion und $z_i$ für die ideale Konstruktion den „*technischen Wert*" $x = z/z_i$ und aus den Gestehungskosten $K$ der Konstruktion, und der Idealkosten $K_i$ den *Gestehungswert*[3] $y = K/K_i$ und trägt sie in ein $x$—$y$-Diagramm ein (Bild 1/4). Aus $x$ und $y$ kann man den *Gesamt-Vergleichswert* $s = x/y$ bilden.

Es ist ein besonderer Vorzug der Punktwertung, daß man sich Punkt für Punkt mit allen maßgeblichen Eigenschaften einer Konstruktion auseinandersetzen muß. Gleichzeitig wird man bei jeder Punktwahl angeregt zu prüfen, durch welche Maßnahmen der betreffende Punktwert erhöht werden könnte. Das Punktsystem zeigt deutlich, wo die Weiterbildung einer Konstruktion einsetzen müßte.

**Tafel 1/2.** *Beispiel einer Punktwertung für vier Übersetzungsgetriebe für Personen-Kraftwagen nach* KESSELRING [1/3]. (Die elektrische und die hydraulische Kraftübersetzung bestehen aus Generator, Motor und Regelung).

| Nr. | Eigenschaft | Getriebeart | | | | |
|---|---|---|---|---|---|---|
| | | Zahnrad | Reibrad | Elektrisch | Hydrau-lisch | Ideal |
| 1 | Wirkungsgrad . . . . . . | 4 | 3 | 2 | 2 | 4 |
| 2 | Geräuscharmut . . . . . . | 3 | 4 | 3 | 4 | 4 |
| 3 | Schalterleichterung . . . | 2 | 3 | 4 | 4 | 4 |
| 4 | Stufenlosigkeit . . . . . . | 2 | 4 | 4 | 4 | 4 |
| 5 | Betriebssicherheit . . . . . | 4 | 1 | 4 | 4 | 4 |
| 6 | Lebensdauer . . . . . . . | 3 | 1 | 4 | 4 | 4 |
| 7 | Überlastbarkeit . . . . . | 4 | 1 | 3 | 3 | 4 |
| 8 | Frostempfindlichkeit . . . | 2 | 3 | 4 | 2 | 4 |
| 9 | Raumbedarf . . . . . . . | 4 | 2 | 1 | 2 | 4 |
| 10 | Gewicht . . . . . . . . . | 4 | 3 | 1 | 2 | 4 |
| 11 | Rückwärtsgang . . . . . . | 3 | 3 | 4 | 2 | 4 |
| 12 | Freizügigkeit der Anordnung | 3 | 2 | 4 | 2 | 4 |
| 13 | Bereich der Übersetzung . | 3 | 2 | 4 | 4 | 4 |
| 14 | Wartungsansprüche . . . . | 3 | 3 | 3 | 4 | 4 |
| | Summe . . . . . . . . . | 44 | 35 | 45 | 43 | 56 |
| | Techn. Wert $x = z/z_i \leq 1$ . | 0,79 | 0,63 | 0,80 | 0,77 | 1 |
| | Gestehungswert $y = K/K_i \geq 1$ | 1,3 | 1,9 | 6,35 | 4,65 | 1 |
| | Gesamtvergleichswert $s = x/y$ | 0,608 | 0,332 | 0,126 | 0,166 | 1 |

---

[1] Oft genügt es auch schon, die Vor- und Nachteile einer Konstruktion in geordneter Folge aufzuschreiben, um zu einer Klärung zu gelangen.

[2] Häufig ist die Zahl 1 oder 100 als Punktzahl für das Ideal vorteilhafter.

[3] Bei KESSELRING [1/3] ist $y$ mit „wirtschaftlichem Wert" und $s$ mit „Stärke" bezeichnet.

So möchte ich zu dem Beispiel Tafel 1/2 und Bild 1/4 sagen: Obwohl hier jede Eigenschaft einfach das gleiche Gewicht erhalten hat (Ideal = 4)[1], obwohl man über einzelne der angegebenen Punktzahlen streiten könnte und obwohl der Unterschied im Gestehungswert nicht ohne weiteres mit dem Unterschied im technischen Wert vergleichbar ist, so bleibt doch das erzielte Gesamtbild wertvoll. Man erkennt, daß

1) das *Zahnradgetriebe* sowohl im technischen als auch im Gestehungswert sehr weit fortgeschritten ist und seine Weiterentwicklung bei Nr. 3, 4 und 8 anzusetzen wäre;

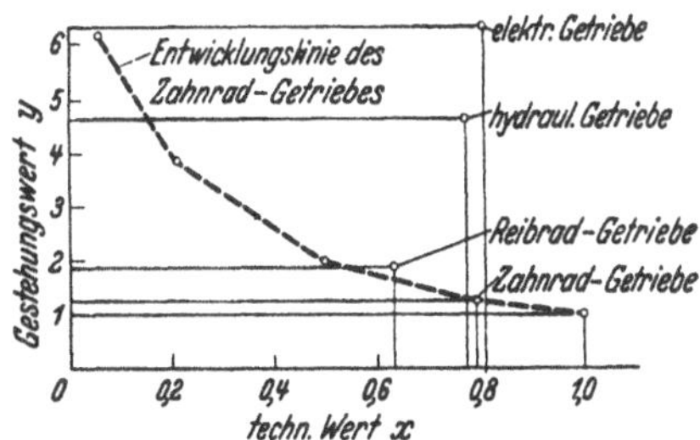


Bild 1/4. Bewertung von Kraftwagengetrieben, entsprechend Tafel 1/2 nach KESSELRING [1/3].

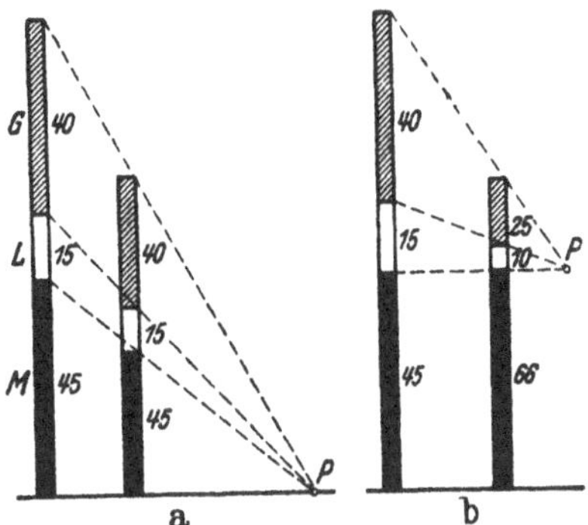


Bild 1/5. Senkung der Gestehungskosten einer Konstruktion im Zuge der technischen Entwicklung, nach KESSELRING [1/3].

a) Normalfall, Konstruktion schrittweise verbessert (trifft für 80% aller Fälle zu); b) Sonderfall, Fertigung schrittweise rationalisiert; *M* Materialkosten, *L* Lohnkosten, *G* Gemeinkosten.

2) bei der *hydraulischen* und besonders bei der *elektrischen* Kraftübersetzung der unverhältnismäßig hohe Gestehungswert ihre Verwendung im PKW trotz ihrer hohen technischen Wertigkeit durchweg verbieten wird;

3) beim *Reibradgetriebe* eine Weiterentwicklung zunächst bei Nr. 5, 6 und 7 einsetzen müßte, um für PKW's geeigneter zu werden.

Noch eindeutiger läßt sich der Wert einer Konstruktion beurteilen, wenn sich auch ihre technischen Eigenschaften durch ihre Wirkung in Kostenwerten ausdrücken lassen, wie z. B. bei Förder- und Umschlaganlagen in Kosten pro Tonne Umschlag, bei Lastfahrzeugen in Kosten pro Tonne und Kilometer, bei Kraftmaschinen in Kosten pro PS-Stunde usw. Bei allen Zahlenvergleichen muß man jedoch nachprüfen, ob darin sämtliche Einflußgrößen erfaßt sind, ob sie richtig erfaßt sind und ob die Vergleichsbasis zutrifft.

In vielen Fällen werden für die Beurteilung auch noch folgende Erfahrungen dienlich sein:

1) Der Vater einer Neukonstruktion *überwertet* häufig die Bedeutung der durch seine Konstruktion herausgestellten Eigenschaften. (Sind sie wirklich so wichtig?) Hier wird die Beurteilung durch andere Fachleute, besonders aus dem Kreis der späteren Benutzer wertvoll sein.

2) Entscheidend für den Erfolg einer Konstruktion ist vor allem die einwandfreie Verwirklichung eines *durchschlagenden Grundgedankens*. Sein Fehlen kann auch durch besondere konstruktive Feinheiten nicht ersetzt werden.

3) Der Vorteil einer Neukonstruktion muß einen gewissen *Schwellwert* überschreiten, um sich durchzusetzen. Besonders wird eine Neukonstruktion eine gebräuchliche *einfachere* auf die Dauer nur dann verdrängen, wenn ihre Vorzüge entscheidend sind.

4) Bei gleichartigen Konstruktionen können die *Werkstoffkosten* als Maßstab für die Gestehungskosten der Konstruktion dienen (Bild 1/5). Hieraus ergibt sich auch der Konstruktionsgrundsatz: Geringe Materialkosten anstreben! Und weiter: „Formleichtbau" (s. Kap. 4.3) bevorzugen! Eine Gegenüberstellung der Werkstoffkosten eines Trägers bei gleicher Festigkeit bzw. gleicher Verformung, aber aus verschiedenen Werkstoffen zeigt Tafel 4/2, im Kap. 4.2.

---

[1] Es gibt Fälle, wo eine oder mehrere Eigenschaften entscheidend sind, z. B. beim Rennwagen die größere Geschwindigkeit, beim Fahrzeug für Moorboden die geringere Bodenpressung, oder bei Wüstenfahrzeugen die sichere Abdichtung gegen Sand. In derartigen Fällen wird man die Bewertung auf diese Eigenschaften richten, bzw. ihnen eine ausschlaggebende Idealpunktzahl zuordnen.

## 1.6. Ablauf der konstruktiven Arbeit.

Nachdem alle wesentlichen Punkte für das konstruktive Vorhaben geklärt sind, beginnen wir mit dem

1) *maßstäblichen Gesamtentwurf*, der die Hauptmaße und die Gesamtanordnung festlegt. Gerade hierbei werden durchweg Parallel- und Folge-Entwürfe erforderlich sein, um die günstigste Gesamtanordnung zu finden, um von Entwurf zu Entwurf fortschreitend immer gedrängter und einfacher, raum- und gewichtsparender zu bauen, um alle Einwendungen zu berücksichtigen, die von seiten der beteiligten Stellen gemacht werden. Der Gesamtentwurf bildet die Grundlage für den nächsten Schritt:

2) *Aufteilung der Gesamtkonstruktion.* Bei sehr umfangreichen Objekten unterteilt man die Gesamtkonstruktion in Hauptgruppen, diese in Baugruppen und diese gegebenenfalls noch in Teilgruppen und Untergruppen. So wird man z. B. einen Portal-Drehkran in die Hauptgruppen *Stahlkonstruktion, Triebwerke* und *elektrische Ausrüstung* aufteilen, die Hauptgruppe Triebwerke in die Baugruppen *Hubwerk, Drehwerk, Fahrwerk* usw., die Baugruppe Hubwerk in die Teilgruppen *Hubwinde,* und *Zubehör,* die Teilgruppe Zubehör in die Untergruppen *Hakengeschirr, Seilrollen* mit Lagerung und Seilschutz, *Seil* mit Seilbefestigung usw. Bei der Aufteilung sind für die Hauptgruppen und Baugruppen die notwendigen *Ausgangswerte* (Anschlußmaße, äußere Kräfte, Leistung, Geschwindigkeit usw.) und die angesetzten Konstruktionsgewichte festzulegen. Ferner wird man die Art der Fertigung klären und die Verwendung vorhandener, genormter oder marktgängiger Bauteile.

Dann wird der Gruppenkonstrukteur den *Gruppenentwurf* anfertigen und hierdurch die Ausgangswerte für die Untergruppen bzw. für die *Einzelteile* festlegen, deren Konstruktion der Teilkonstrukteur übernimmt. Zeitlich wird man darauf achten, daß die Zeichnungen für die Guß- und Schmiedeteile und für Teile, die auswärts zu bestellen sind, zuerst angefertigt werden.

Eine derartige Aufteilung der Konstruktion ermöglicht erst die *zeitliche Parallelschaltung* und zwar sowohl bei der konstruktiven Arbeit als auch bei der Fertigung und beim Zusammenbau.

3) *Gestaltung der Einzelteile* s. S. 12.

4) *Überprüfung der Zeichnungen.* Lieber eine Zeichnung zweimal sorgfältig nach jedem Gesichtspunkt überprüfen, als eine Zeichnung ändern müssen, wenn die Fertigung schon angelaufen ist! Denn nachträgliche Zeichnungsänderungen bringen mehr Ärger. als man gewöhnlich denkt, besonders dann, wenn man nicht alle ausgegebenen Exemplare der Zeichnung sofort eigenhändig richtigstellen kann, oder wenn bereits ein Teil der Lieferung gefertigt ist.

Die beste Regel für die Überprüfung von Zeichnungen lautet: *Für jeden Gesichts-punkt eine Durchsicht!*

Erfahrungsgemäß ist es schwer, die Aufmerksamkeit gleichzeitig auf mehrere nicht zusammenhängende Gesichtspunkte einzustellen. Man lege daher vorher fest, nach welchen Gesichtspunkten die Durchsicht einzeln vorgenommen werden soll. Zum Beispiel:

a) *Kritische Punkte finden.* Was könnte Schwierigkeiten bereiten? Bei der Fertigung, beim Zusammenbau, im Gebrauch?

b) *Festigkeit.* Gefährdete Querschnitte nachrechnen! Kerbstellen und ungünstige Kraftleitung, Krafthäufung und zusätzliche Biegemomente ausmerzen!

c) *Gleitstellen.* Ist hier die Werkstoffpaarung, Oberflächengüte, Passung und Schmierung einwandfrei? Ist bei Verschleiß für Nachstellung oder leichte Auswechselung gesorgt?

d) *Abdichtung, Entlüftung und Schaulöcher.* Wo erforderlich? Ausreichend?

e) *Zusammenbau.* Ist die Zuordnung gesichert und der Zusammenbau möglich (Reihenfolge der Sitze, Platz für Monteurdaumen)? Wo ist genaue Einstellung und Anpaßarbeit erforderlich (Stellschrauben, Paßbleche)? Wodurch kann Zusammenbau erleichtert werden?

f) *Fertigung.* Wie fertigen, aufnehmen und messen? Bezugskante? Durchgehende Bohrungen? Ist die Fertigung auf üblichen Maschinen, mit üblichen Werkzeugen und üblichen Lehren möglich?

g) *Vereinheitlichung.* Symmetrische statt Links- und Rechtsausführung. Verwendung genormter bzw. marktgängiger Teile und Werkstoffe anstelle von Sonderausführungen. Verminderung der Schraubengrößen (Anzahl der Bedienungsschlüssel).

h) *Einsparungen.* Wo läßt sich an Baulänge, an Gewicht oder Raumbedarf sparen? An Qualität oder Aufwand hinsichtlich Werkstoff, Passung und Bearbeitung? (Stichwort: „entfeinen" und „plattieren"!).

i) *Maße.* Ist jede Ecke durch Maße festgelegt? Innen und außen? Bezugskante? Dann die Einzelmaße zusammenzählen und mit dem Gesamtmaß vergleichen! Dann prüfen, ob die Maße der zu paarenden Teile an den Paarungsstellen übereinstimmen.

## 1.7. Berechnungen.

Wir suchen bei unseren konstruktiven Aufgaben die maßgebenden Einflußgrößen, z. B. auftretende Kräfte, Beanspruchungen und Verformungen, Lebensdauer oder Verschleiß, Wirkungsgrad, Leistung und Energieverbrauch usw. *rechnerisch* zu erfassen, um

1) die zu erwartenden Wirkungen,

2) den erforderlichen Bauaufwand (Abmessungen und Gewichte),

3) den Vorteil einer Lösung gegenüber einer anderen

vorhersagen oder *nachprüfen* zu können.

Bei einer Berechnung liegen die Klippen, abgesehen von Rechenfehlern, in den *Voraussetzungen des Rechnungsansatzes.* Was nützen die sorgfältigsten Berechnungen, wenn die Ausgangswerte mit den wirklichen nicht übereinstimmen, oder wenn bestimmte Voraussetzungen gar nicht zutreffen? Also nicht nur rechnen, sondern kritisch denken: Sind die verwendeten Gleichungen und eingesetzten Werte auch für den vorliegenden Fall zutreffend?

Das gilt besonders, wenn es sich um *neue Verhältnisse* oder um Gleichungen und Erfahrungswerte handelt, die unter *anderen Umständen* gewonnen wurden. In solchen Fällen überlegt man: Welche Einflußgrößen und in welcher Potenz sind in der Gleichung enthalten? Entspricht das den vorliegenden Verhältnissen? Sind vielleicht noch andere Größen von Einfluß? Zu welchen Ergebnissen führt die Gleichung in nachprüfbaren Grenzfällen?

Also nicht schematisch rechnen, sondern sich zunächst von dem Inhalt der Gleichungen und von den Ergebnissen eine *Vorstellung* machen, wie überhaupt das *Vorstellungsvermögen ein durch nichts zu ersetzender Helfer des Konstrukteurs ist.*

Aber auch die Vorstellung kann trügen und muß wiederum durch mathematische Überlegungen oder durch Versuche korrigiert werden. Hierzu ein einfaches Beispiel: Eine Stahlkugel von 1 m Durchmesser wiegt etwa 4 t und hänge an einem Drahtseil von 2 cm Durchmesser. Nehmen wir jetzt den Kugeldurchmesser 10mal so groß, so ist man versucht, verführt durch das Augenmaß, auch den Drahtseildurchmesser 10mal so groß zu nehmen. In Wirklichkeit müßte er $\sqrt{10^3} = 31{,}6$mal so groß sein, da das Kugelgewicht mit der 3. Potenz des Durchmessers, die Tragfähigkeit des Seiles aber nur mit der 2. Potenz des Drahtseildurchmessers zunimmt.

Häufig kann man die ganze Rechnung einfacher als *Vergleichs*rechnung mit Kennwerten durchführen, wie es im Kap. 4.2 gezeigt wird.

Ferner ist zu prüfen, ob für die Berechnung die auftretenden *Größt*werte (z. B. gegenüber Gewaltbruch oder plastischer Verformung) oder die *Durchschnitts*werte (z. B. gegenüber Dauerbruch oder bei Berechnungen auf Verschleiß und Lebensdauer) maßgebend sind.

Dann ist bei technischen Rechnungen besonders darauf zu achten, daß die Rechnungsgrößen auch in der richtigen *Dimension* in die Gleichung eingesetzt werden (häufigste Fehlerquelle!).

Bei wichtigen Rechnungen wird man die *Größenordnung* des Endergebnisses durch Überschlagsrechnungen an Hand von Erfahrungen oder anderweitigen Überlegungen nachprüfen. Besonders geeignet sind Kontroll-Rechnungen mit einem *anderen* Rechnungsweg. Dabei treten oft Abweichungen vom ersten Ergebnis auf, deren Durchdenken besonders aufschlußreich sein kann.

Bei *Serien*rechnungen arbeitet man am besten tabellenmäßig oder man trägt die Rechnungswerte graphisch auf, um Einzelfehler an der Unstetigkeit zu erkennen.

Beim *Konstruieren* gehen Entwerfen und Berechnen Hand in Hand. Hierbei ist es meist bequemer und auch für die Ausbildung des „technischen Gefühls" günstiger, wenn man zunächst entwirft und dann *nachrechnet*.

## 1.8. Modelle und Versuche.

*Modelle* sind nicht nur am Platze, um andere durch Augenschein zu überzeugen, sondern auch dann, wenn konstruktive Fragen an ihnen geklärt werden können. Wir benutzen hierzu

1) *Funktionsmodelle*, z. B. aus Pappe, Holz, Metall oder Plexiglas, um Bewegungsvorgänge zu klären, oder aus Gummi, um Formänderungen an ihnen zu studieren und hieraus Rückschlüsse auf die Spannungsverteilung zu ziehen. Bei zweidimensionalen Vorgängen genügen bereits einfache Flächenmodelle.

2) *Formmodelle*, um die räumliche *Aufteilung* oder die räumliche *Gesamt*wirkung zu studieren, um den *Formverlauf* oder *Durchdringungen* oder die Wirkung von Aussteifungen zu überprüfen oder die Lage eines Schwerpunktes zu bestimmen. Sie werden je nach Bedarf aus Holz, Gips oder Metall, oder auch aus verleimten Karton in einem handlichen Maßstab, oder als „*Attrappe*" in Naturgröße ausgeführt.

3) *Versuchsmodelle*, um bestimmte Fragen an einem gegenüber der Wirklichkeit verkleinerten bzw. vergrößerten Modell durch Versuche zu beantworten.

*Versuche* sind oft der einzige Weg, um bestimmte Fragen für die Konstruktion zu klären. Sie erfordern aber meist mehr Zeit und Mittel, als man vorher annimmt.

Verhältnismäßig einfach sind noch *Abnahmeversuche* (Funktionserprobung) und *Dauerversuche* (Einsatzerprobung), die an die Herstellung angeschlossen werden können und im wesentlichen nur die *Funktion und Bewährung* nachweisen sollen. Ferner übliche *Prüfversuche* an Probestücken oder Modellen auf vorhandenen Prüfmaschinen, wie z. B. Werkstoffprüfungen, Windkanalversuche usw.

Erheblich teurer und zeitraubender werden aber Versuche, für die erst Versuchseinrichtungen und besondere Meßvorrichtungen entwickelt werden müssen und vor allem dann, wenn *Einzelversuche* nicht ausreichen und in langwierigen *Reihenversuchen* der Einfluß mehrerer Größen variiert und auch quantitativ erfaßt werden muß. Daher muß man bei den Forderungen nach dem, was durch Messungen geklärt werden soll besonders vorsichtig sein und sich auf das Notwendige beschränken.

Besonders wichtig sind für den Konstrukteur *Betriebsmessungen* an ausgeführten Anlagen, um wirklich zutreffende Ausgangswerte für seine Berechnungen zu erhalten, z. B. Leistungs-, Drehmoment-, Kraft- und Dehnungsmessungen, um die wirklich erforderlichen Antriebsleistungen, die wirklich auftretenden Kräfte bzw. Beanspruchungen der Bauteile kennen zu lernen. Dabei sind die Betriebsbedingungen, unter denen gemessen wurde, so ausführlich wie möglich bei jedem Meßergebnis anzugeben.

## 1.9. Behandlung von Anständen.

Bei der Inbetriebnahme einer Neukonstruktion pflegen *Anstände* aufzutreten. In solchen Fällen kommt es darauf an, erst einmal die Ursachen richtig zu erkennen und diese dann Schritt für Schritt zu beseitigen.

Hierbei ist die *eigene* aufmerksame Beobachtung der Betriebsbedingungen sehr wichtig. Oft wird man auch hier *Versuche* durchführen müssen, bei denen alle störenden Einflüsse nacheinander ausgeschaltet werden, bis die wirkliche Ursache klar erkannt ist.

Meist sind es unvorhergesehene *Nebenerscheinungen*, wie Dauerbrüche oder dynamische Anstände (Schwingungskräfte, Erschütterungen, Lärm), Dichtungs- oder Verschleißfragen, die dem Konstrukteur das Leben sauer machen und die in dem einen Falle schon mit geringen Mitteln behoben werden können [1], während sie im anderen die ganze Konstruktion in Frage stellen (z. B. die Verschleißfrage beim Kohlenstaubmotor).

Nur wenn wirklich alle Mittel erschöpft sind, soll man von dem Grundgedanken einer Konstruktion abgehen. Mit anderen Worten: Die Frage, ob Kinderkrankheit oder unheilbarer Konstitutionsfehler, ist erfahrungsgemäß erst *nach* erschöpfender Untersuchung und Behandlung zu beantworten. So brach die Welle nach Bild 1/6 oben immer wieder am Durchtritt des Querriegels bei *a*. Man ist geneigt, hier auf einen Konstitutionsfehler zu schließen. Durch eine geringe Verlängerung der Nabe *c* (s. Bild 1/6 unten) konnte dieser Mangel jedoch abgestellt werden.

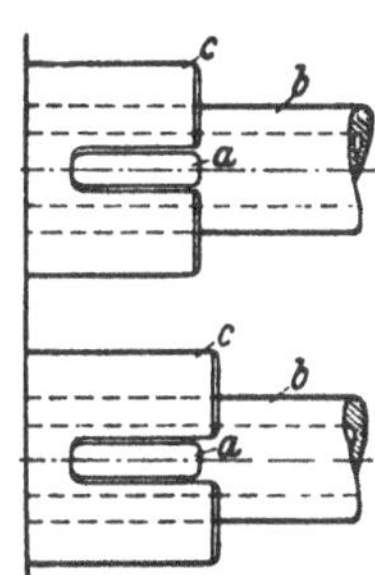

Bild 1/6. Der wiederholt eingetretene Dauerbruch der Welle *b* am Durchtritt des Querriegels bei *a* (Bild oben) konnte durch eine geringe Verlängerung der Nabe *c* (Bild unten) vermieden werden, nach KRUMME [1/5].

Derartige Anstände sind anderseits die wertvollste und durch keine theoretische Lehre ersetzbare *Erfahrungsquelle* für den Konstrukteur — *wenn er sie zu nutzen versteht.*

Erst nach solchen Anständen wird er beim Konstruieren gebührend beachten, daß

1) auch das weniger ins Auge fallende Glied in der Wirkungskette *wichtig* ist und daß es jede Vernachlässigung oder nicht artgerechte Behandlung durch „Anstände" quittiert; daß

2) alle Glieder, außer auf den Zweck, auch *aufeinander* abgestimmt sein müssen (denke an das schwächste Glied der Kette!); daß

3) mit jedem weiteren Glied, mit jeder Komplizierung auch die *Störanfälligkeit* wächst. Erst dann wird er sich bei jeder Konstruktion fragen: „*Geht es wirklich nicht einfacher?*" Erst dann wird er imstande sein, die *beste Lösung als den besten Kompromiß* zwischen den konkurrierenden Anforderungen zu erfassen — und zu verwirklichen.

## 1.10. Schrifttum zu 1.

[1/1] MÜNZINGER, FR.: Ingenieure, Baumeister einer besseren Welt. 3. Aufl. Berlin/Göttingen/Heidelberg: Springer 1947.
[1/2] OHNESORGE, O.: „Schraubrill", Geschichte einer Erfindung. Bochum 1937.
[1/3] KESSELRING, F.: Konstruieren und Konstrukteur. Z. VDI 81 (1937) S. 365.
     — Die starke Konstruktion. Z. VDI 86 (1942) S. 321.
[1/4] VOLK, C.: Der konstruktive Fortschritt. Berlin: Springer 1941.
[1/5] KRUMME, W.: Konstruktionserfahrungen aus dem Maschinen- und Gerätebau. München: Hanser-Verlag 1947.
[1/6] BAUERFEIND, R.: Konstruieren. Brandenburg: Selbstverlag 1947.
[1/7] KNAB, H. J.: Übersicht über Kinematik/Getriebelehre. Nürnberg: Selbstverlag 1930. (Eine Fundgrube für kinematische Umkehrungen und Variationen!)
[1/8] FRANKE, R.: Vom Aufbau der Getriebe. 1. Bd. Die Entwicklungslehre der Getriebe, 2. Aufl. Berlin u. Krefeld-Uerdingen 1948. (Enthält vorzügliche Beispiele für die Variationstechnik.)
[1/9] NIEMANN, G.: Über Wippkrane mit waagerechtem Lastweg. Diss. T. H. Berlin 1928. (Ein Beispiel für die Variationstechnik.)
[1/10] DAEVES, K.: Großzahl-Forschung u. Häufigkeitsanalyse. Z. VDI 91 (1949), S. 65.
[1/11] STRAUCH, H.: Das Gesetz der Häufigkeitsverteilung in Massenerscheinungen. Arch. Metallkde, Bd. 1 (1947), S. 201.
[1/12] WEBER, M.: Das Ähnlichkeitsprinzip der Physik und seine Bedeutung für das Modellversuchswesen. Forschg. Ing.-Wes. 11 (1940), S. 85.

---

[1] So hat z. B. Gummi so manche neue PKW-Konstruktion bei dynamischen Anständen gerettet. Mittel gegen Dauerbrüche s. Kap. 3.3 u. 4.3 gegen Verschleiß Kap. 2.12.

[*1/13*] HAGEN, H.: Die Beurteilung der Werkstoffeignung für statische, dynamische und thermische Beanspruchung auf Grund des Ähnlichkeitprinzips. Die Technik 3 (1948), S. 6/14.

[*1/14*] ECKERT, E.: Ähnlichkeitsbetrachtungen an Strömungsmaschinen für Gase. Luftt.-Forschg. 18 (1941), Lfg. 11, S. 337.

[*1/15*] EVERLING, E.: Psychophysiologische Forderungen an die Technik. Die Technik 3 (1948), S. 511.

[*1/16*] *Industrielle Fachdokumentation:* (nach RKW-Merkblatt industrielle Fachdokumentation).

*Bibliothek des deutschen Museums München.* Museumsinsel 1. Fachgebiet: Exakte Naturwissenschaften und Technik.

*Treuhandstelle Reichspatentamt*, Berlin SW 61, Gitschinerstr. 97/103. Eingeteilt in 26 000 Gruppen nach Gruppeneinteilung der Patentklassen.

*Zentralbücherei der Siemens u. Halske AG.* Berlin-Siemensstadt und München, Hofmannstr. 51. Fachgebiete: Nachrichtentechn. Meßtechnik, Werkstoffkunde.

*Bergbaubücherei Essen*, Friedrichstr. 2. Fachgebiete: Naturwissenschaft und Technik, Wirtschaftswissenschaften.

*Gesellschaft deutscher Metallhütten- und Bergleute.* Clausthal-Zellerfeld, Paul-Ernst-Str. 10. Fachgebiete: Metallhüttenkunde, Metallverarbeitung, Analyse der Metalle.

*Bücherei des Vereins deutscher Eisenhüttenleute e. V.* Düsseldorf, Breite Str. 27. Fachgebiete: Eisen- und Stahlerzeugung,. Werkstoffkunde, Analyse von Eisen und Stahl, Verwendung von Eisen und Stahl, Betriebswirtschaft.

# 2. Gestaltungsregeln.

Bei der Gestaltung einer Maschine und ihrer Bauteile müssen wir einerseits ihre *Funktion, Bedienung und Wartung* beachten und andererseits die Eigenarten des *Werkstoffes* und der *Fertigung* berücksichtigen. Nur wenn wir deren Abhängigkeit voneinander und ihren Einfluß auf die *Kosten* klar übersehen, können wir eine *optimale* Gestaltung erreichen.

Hierzu seien einige Erfahrungen kurzgefaßt zusammengestellt, die wir als „*Handwerksregeln*" für den Konstrukteur auffassen können [1].

## 2.1. Einfluß von Funktion und Wirtschaftlichkeit.

Im allgemeinen sucht der Konstrukteur seine Bauteile zunächst so zu gestalten, daß sie die gedachte *Funktion* ausreichend erfüllen. Erst wenn diese gesichert ist, wird er versuchen, sie *wirtschaftlicher* zu erreichen. Die größere Wirtschaftlichkeit kann einmal in *geringeren Kosten* für die Konstruktion gesucht werden, dann aber auch in einer *besseren Funktion* (größere Leistung, Tragkraft, Lebensdauer bzw. geringerer Energieverbrauch, Wartung usw.). Entscheidend ist letzten Endes, ob hierdurch der *Gesamtwert*, die „Stärke" der Konstruktion nach S. 7 zunimmt. Beispiele s. Leichtbau S. 76.

Der Drang nach *Einsparungen* findet seine Grenze in der Gefährdung der Funktion, die Erfüllung von *Sonderwünschen* in der Gefährdung der Wirtschaftlichkeit.

*Einsparmöglichkeiten*: Unter Beachtung des allgemeinen Grundsatzes „Die *Eignung* einer Konstruktion soll dem *Bestwert*, der *Aufwand* dem *Kleinstwert* zustreben"[2], suchen wir beim Konstruieren zu sparen

1) *an Konstruktionskosten*, durch Ausnutzung vorhandener Konstruktionen, durch Verwendung von Normteilen und marktgängigen Halbzeugen und Bauteilen, durch Einsparung an Typen, an Baugrößen und Bauformen, d. h. im großen gesehen, durch *Vergrößerung der Stückzahl je Bauteil.* Beispiele: Verwendung von Profilstäben, Blechen, Wellen und Rohren in genormten marktgängigen Abmessungen, von genormten Schrauben, Stiften, Keilen usw.; ferner durch *symmetrische* Ausführung von Bauteilen an Stelle von besonderen Links- und Rechtsausführungen;

---

[1] Bitte Vorsicht! Hintereinander durchgelesen wirken sie wie jedes Konzentrat mehr ermüdend als anregend. Man begnüge sich zunächst mit dem allgemeineren Teil bis S. 15 und nehme sich die weiteren von Fall zu Fall beim *eigenen Konstruieren* vor, also bei der Gestaltung eines Gußstücks Kap. 2.5, bei bearbeiteten Teilen Kap. 2.9 usw.

[2] Nach BAUERFEIND [*2/2*].

2) *an Werkstoffkosten*, einmal durch Einsparungen an Werkstoff*menge*, durch optimale Formgebung (s. Leichtbau), dann durch Einsparung *hochwertiger* Stoffe (wie häufig genügen z. B. *plattierte* Rohre, *plattierte* Schneidwerkzeuge, Gleitlager usw. an Stelle von Massivstücken aus Sparstoffen!) und schließlich durch verringerten Abfall (s. Bild ·2/10);

3) *an Fertigungskosten*, durch Wahl der günstigsten Fertigungsweise (s. S. 15), durch Vergrößerung der Stückzahl (s. oben), durch Ersparnis an zu bearbeitenden Flächen, an Oberflächengüte und Toleranz; durch günstigere Form und Lage der Arbeitsflächen (Ersparnis an Spannzeit, an Werkzeugen und Vorrichtungen, an Meßkosten und an Ausschuß), überhaupt durch Fertigungsmöglichkeit auf üblichen Maschinen mit üblichen Werkzeugen, Vorrichtungen und Lehren und nicht zuletzt durch fertigungsgünstige Unterteilung der Konstruktion. Beispiele s. S. 15 bis S. 25.

4) *an Vertriebskosten*, durch bessere Eignung (das Bessere verkauft sich leichter!), durch vielseitigere Verwendungsmöglichkeit der Konstruktion, durch leichteren Ein- und Ausbau der Ersatzteile und schließlich durch eine Formgebung, die Verpackung und Versand verbilligt. Beispiel s. Bild 2/31 S. 25.

## 2.2. Einfluß von Beanspruchung und Funktion.

1) *Festigkeit und Gestaltung.* Der Bauteil soll sich unter den Betriebsbedingungen weder unzulässig verformen, noch vorzeitig brechen, noch unzulässig verschleißen oder korrodieren. Hieraus ergeben sich bestimmte Regeln für die Gestaltung. Sie werden im Kapitel 4 Leichtbau (günstige Querschnittswahl und Formgebung), im Kapitel 2.12 Verschleißabwehr und 2.13 Korrosionsschutz im einzelnen behandelt.

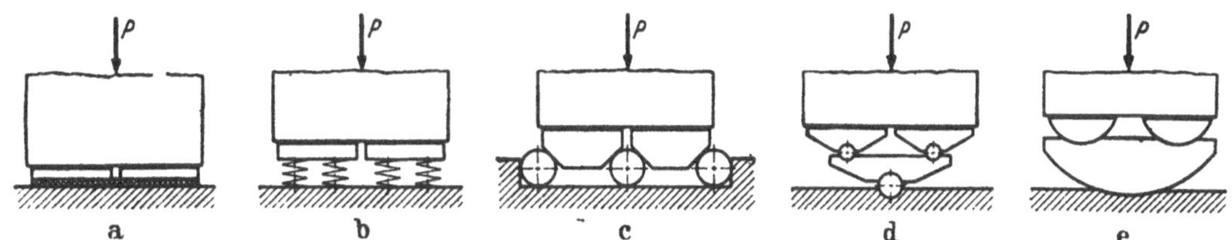

Bild 2/1. *Kraftausgleich.* a) plastischer Ausgleich durch plastische Zwischenlage, b) elastischer Ausgleich durch Federn, c) Keilketten-Ausgleich, d) Hebel-Ausgleich, e) Gelenkausgleich mit erweiterten Zapfen.

2) *Undurchsichtige und unnötige Kraftwirkungen* möglichst vermeiden! Also „statisch bestimmte" Auflagen und Verbindungen bevorzugen z. B. Dreipunkt-, statt Vierpunkt-Auflage, Kraftausgleich nach Bild 2/1 und gegebenenfalls noch Kraftbegrenzungen (z. B. Brechbolzen) als Überlastschutz.

3) *Bei Stoßkräften und Wechselkräften* erstrebt man *spielfreie* und möglichst *vorgespannte* Verbindungen, um Lockerungen und Schlagwirkungen infolge Totgangs zu unterbinden (Schrauben sichern!). Außerdem werden Stoßkräfte um so kleiner, je größer die Dehnwege (elastische oder plastische Verformung) sind. Beispiele s. Dehnschrauben, Federn, Keil- und Preßverbindungen und Schraubenverbindungen.

4) *Bei höherer Drehzahl* möglichst starr bauen, gut auswuchten und bei Resonanz die Eigenschwingungszahl verlagern bzw. Schwingungen dämpfen, um schädliche Erschütterungen und unzulässige Beanspruchungen zu vermeiden.

5) *Für Geräuscharmut* sind Paarungen mit einer gewissen Gleitreibung günstiger als reine Wälzpaarungen, z. B. Gleitlager gegenüber Wälzlagern, Schneckentriebe und versetzte Kegeltriebe gegenüber Stirn- und Kegeltrieben, Zahnräder mit Schrägverzahnung gegenüber Geradverzahnung usw. Ferner sind Werkstoffe mit innerer Dämpfung z. B. Gummi, Holz, Preßstoffe und Gußeisen geräusch- und schwingungsdämpfender als z. B. Stahl (s. auch Nahtdämpfung Kap. 7).

6) *Bei Gleit- und Verschleißstellen* den Verschleiß durch geeignete Paarung, Oberflächenbeschaffenheit und Schmierung möglichst klein halten (s. Verschleißabwehr S. 25)

und seine Folgen durch leichte Nachstell- und Ersatzmöglichkeit verringern, z. B. Kontakte, Lagerbüchsen, Gewindebüchsen, Brems- und Kupplungsbeläge, Schneiden und Düsen auswechselbar vorsehen.

7) *Sichere Dichtungen* gegen Zutritt von Staub und Sand, bzw. gegen Austritt des Füllstoffs (Öl, Benzin, Wasser, Gas) sind häufig von entscheidender Bedeutung für eine sichere Funktion (s. Dichtungen, Kap. 15.4).

## 2.3. Einfluß von Bedienung, Wartung und Betriebssicherheit.

1) *Bedienung erleichtern!* Eine einfache, sinnfällige, (fehlgriffsichere) und bequeme Lage, Form und Bewegung der Bedienungshebel, -griffe und -knöpfe verringert die Ermüdung und steigert die Leistungsfähigkeit [1]; ebenso eine Herabsetzung der Bedienungskräfte und -wege, eine möglichst wenig ermüdende Stellung des Bedienenden (Sattelstütze, Rückenstütze, Polsterung). Ferner ist eine *Konzentration* der Schaltorgane im Bereich der Hände und Füße, bzw. der Anzeigeorgane im Bereich der Augen anzustreben. Häufig wird man auch mehrere Schaltbewegungen in *einem* Hebel vereinigen können (Einhebelsteuerung). Sehr zu empfehlen ist auch eine an den Bedienungsgriffen selbst oder in der Nähe fest angebrachte Schaltskizze oder *Schaltanweisung*. Als Griffform ist der Kugelkopf sehr bewährt.

2) *Mangelnde Sorgfalt der Benutzer berücksichtigen!* (Fachleute, Laien, Hausfrauen?) So wird man z. B. bei Haushaltsmaschinen die Anforderungen bezüglich Sorgfalt der Bedienung und Wartung sehr niedrig ansetzen müssen und z. B. ohne Nachschmierung der Gleitstellen auszukommen suchen („Öllos"-Lager, Wälzlager).

3) *Betriebssicherheit.* Überlege: Was *kann* geschehen, wenn dieses oder jenes Teil versagt? Je einschneidender die Folgen eines Versagens sind (Lebensgefahr?), um so sorgfältiger und sicherer muß der betreffende Bauteil durchgebildet werden. So wird man z. B. die Haltebremsen eines Kraftwagens, eines Personenaufzugs oder eines Krans gegenüber der Auslaufbremse einer Revolverdrehbank schon wegen der schwerwiegenderen Folgen eines Versagens nach anderen Gesichtspunkten gestalten.

4) *Besondere Sicherungen.* Gegen Unfälle sind die jeweiligen Unfallschutzbestimmungen einzuhalten, z. B. Abdeckung von umlaufenden und vorspringenden Teilen wie Zahn-, Ketten- und Riementrieben, von Schleifscheiben und Nasenkeilen; Fingerschutz bei Stanzen; Berührungsschutz bei stromführenden Teilen; Augenschutz bei strahlenden und spritzenden Vorgängen; Fangvorrichtungen bei Aufzügen usw. Ferner muß man prüfen, wie weit Vorsorge zu treffen ist gegen unzulässige *Bewegungen* (Verriegelungen), gegen Überschreitung der *Endstellungen* (Endschalter), gegen unzulässige *Belastungen* (Überlastanzeiger, Lastschalter oder Abfederungen), gegen unzulässige *Geschwindigkeit* (Fliehkraftschalter), gegen unbefugte *Eingriffe* (Plombieren und Sonderverschlüsse), gegen *Lockern* und *Lösen* von Teilen (z. B. Schraubensicherungen, Drahtsicherungen) usw.

5) *Kontrolle und Wartung erleichtern!* Besondere Sorgenkinder sind *Verschleißstellen, Abdichtungen* und *Schmierstellen.* Gewöhnlich ist ein an der Maschine fest angebrachter *Schmierplan* zu empfehlen, falls keine Zentralschmierung oder Dauerschmierung (Umlaufschmierung, Ringschmierlager, Fettkammerlager oder Wälzlager) vorgesehen ist. In vielen Fällen ist eine *Kontrollmöglichkeit* für den Ölstand (Schauglas oder Meßstab), für den Ölumlauf (Tropfglas oder Öldruckmesser) oder für die Öltemperatur (Thermometer) wesentlich. Schmierstellen stets geschlossen und gut zugänglich anordnen und *rot* kennzeichnen.

Eine *glatte Außenform* der Maschinen und der Bauteile erleichtert die Sauberhaltung und verringert die Unfallgefahr. Gegebenenfalls sind auch *Fangrillen* für Öl und sonstige

---

[1] Angaben über menschliche Maße und optimale Leistungsbedingungen s. Hütte, Bd. 2, 27. Aufl. Berlin 1944, S. 328. Psychologische Gesichtspunkte s. [1/15].

Genormte Abmessungen von Griffen, Hebeln, Kurbeln und Handrädern s. DIN: Kugelgriffe DIN 99, Kugelknöpfe 319, Keulengriffe 830, 831; Ballengriffe 39, 98, 957, 958, Hahngriffe 473, Handräder 388 bis 390, 950 bis 952, 955, 956; Handkurbeln 468, 469.

Flüssigkeit am Umfang des Maschinenbetts zu empfehlen. Die Wartung soll möglichst wenig *Bedienungsschlüssel* erfordern (Anzahl der Schraubengrößen verringern!).

## 2.4. Einfluß des Werkstoffs und der Art der Fertigung.

1) *Werkstoff- und fertigungsgerechte Gestaltung.* Bild 2/2 zeigt an einem einfachen Beispiel, wie sich die Gestaltung eines Bauteils. der Art der Fertigung und dem Werkstoff anpassen muß. Weitere Beispiele s. S. 17 bis S. 25. Eine derartige fertigungsgerechte und werkstoffgerechte Gestaltung setzt voraus, daß wir uns über den zu wählenden Werkstoff [1] und die Art der Fertigung bereits im klaren sind. Das ist aber keineswegs immer der Fall, da umgekehrt auch die hierdurch bedingte Gestaltung die Wahl des Werkstoffs und der Fertigung beeinflußt. In vielen Fällen werden daher *Vergleichsentwürfe* und *Vergleichskalkulationen* am Platze sein.

2) *Einfluß der Stückzahl.* Bei *Massenfertigung*, also bei sehr großer Stückzahl, tritt die werkstoff- und zeitsparende *spanlose* Fertigung (Gießen, Walzen, Pressen, Spritzen, Drücken, Ziehen und Stanzen) in den Vordergrund, da sich dann die Kosten der hierfür erforderlichen Form-

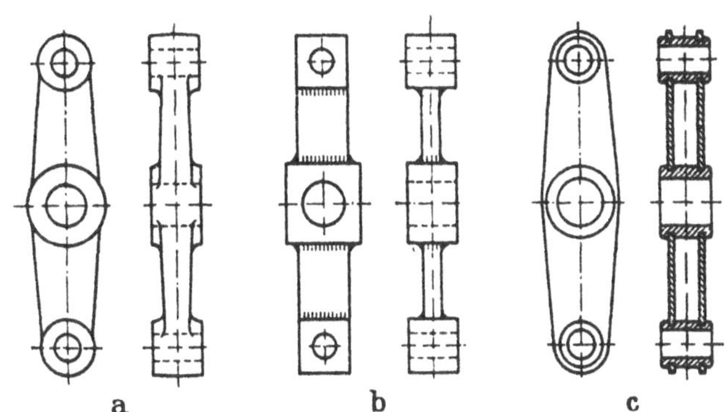

Bild 2/2. Gestaltung eines Hebels bei verschiedener Herstellung a) gegossen, b) geschweißt, c) gestanzt und mit Büchsen durch Bördeln vereinigt.

stücke (Modelle, Matrizen, Gesenke, Schnitte) auf eine große Stückzahl verteilen. Hier lohnt sich auch der erhöhte Aufwand für eine bis zum letzten vorgetriebene *optimale Gestaltung* und eine *verfeinerte Aufteilung* der Konstruktion, wobei auch eine Gestaltung tragbar wird, die *Sondereinrichtungen* (besondere Werkzeuge, Vorrichtungen und Maschinen) für die Fertigung erfordert.

Bei *Einzelfertigung* und bei geringer Stückzahl ist häufig eine einfachere Formgebung notwendig, um eine Fertigung mit vorhandenen Einrichtungen und ohne Formstücke und Modelle zu ermöglichen. Hier treten *geschweißte* und *geschmiedete* Bauteile gegenüber gegossenen und im übrigen die *spangebende* [2] Formgebung aus dem Vollen in den Vordergrund. In solchen Fällen wird man durchweg auch mehr *Anpaßarbeit* zugunsten einer einfacheren Fertigung zulassen.

Bei *Serienfertigung* sind wir in der Gestaltung und Fertigung auf einen Kompromiß zwischen obigen Extremen angewiesen.

## 2.5. Gußteile.

Ihre Formgebung muß sich dem *Gießverfahren* anpassen, dem *Einformen* und *Ausheben* des Modells (bei Sandguß) bzw. des Gußteiles (bei Kokillen- und Spritzguß), dem *Fließvorgang* und dem ungleichen *Erkalten* und *Schwinden* des Gusses.

### 1. Wahl des Gießverfahrens.

Für Eisen- und Stahlguß kommt, abgesehen vom Hartguß in Kokillen für Sonderzwecke, nur *Sandguß* [3] in Frage; für Leichtmetalle, für Zn- und Cu-Legierungen auch *Kokillen-* und *Druckguß* (Spritzguß) [4]. Siehe hierzu Bild 2/3 und Tafel 2/1.

---

[1] Werkstoffvergleich nach Werkstoff-Kenngrößen s. S. 62, Werkstoffwahl s. S. 79.

[2] Formgebung durch Drehen, Fräsen, Bohren, Hobeln, Schleifen.

[3] Bei schwereren Stücken auch *Lehmguß*, wobei die Lehmform mit *Schablonen* geformt wird.

[4] Eine Abart ist der *Schleuderguß*, bei dem der Druck durch die Fliehkraft (die Gußform rotiert!) erzeugt wird. Er wird besonders für Bronzekränze von Schneckengetrieben verwendet, um ein hochfestes und dichtes Gefüge zu erhalten.

*Sandguß* ist bei geringer Stückzahl am billigsten (s. Bild 2/3) und auch für sehr große Gußstücke geeignet. Mindestwanddicke etwa 3 mm bei Grauguß und 5 mm bei Stahlguß (steigt mit Fließweglänge und Durchflußmenge); erreichbare Maßgenauigkeit etwa ± 1 mm; die Oberfläche ist rauh.

*Kokillenguß* eignet sich für *große Serien* und ist für einfache Teile schon ab 200 Stück diskutierbar. Stückgewicht bis etwa 50 kg; Wanddicke ≥ 3 mm; Maßgenauigkeit ≥ 0,2 bis 0,3 mm. Außerdem ergibt Kokillenguß eine glatte Oberfläche, ein feineres und dichtes Gefüge und eine höhere Festigkeit als Sandguß. Kleine Stahlbüchsen, Stahlbolzen u. dgl. können mit eingegossen werden (gegen Bewegung durch Rillen oder Vorsprünge sichern!).

*Druckguß* eignet sich für kleine, dünnwandige und maßfertige *Massenteile* (ab 500 Stück diskutierbar) und ergibt ein feines und dichtes Gefüge. Stückgewicht bis etwa 10 kg bei Leichtmetall, bis 20 kg bei Zn-Legierung und bis 25 kg bei Cu-Legierung. Mindestwanddicke ≥ 0,5 bis 3 mm, Maßgenauigkeit 0,03 bis 0,3 mm (s. Tafel 2/1):

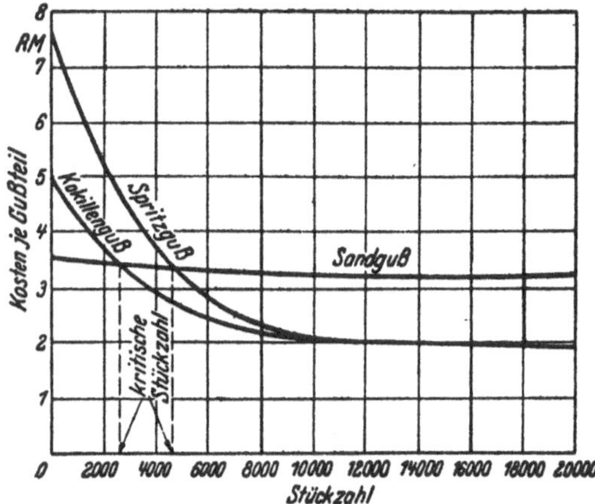


Bild 2/3. Vergleich der Kosten für ein Gehäusegußteil aus Aluminium bei verschiedenen Gießverfahren (nach LÜPFERT).

**Tafel 2/1.** *Grenzwerte für die Maße von Gußteilen bei verschiedenen Werkstoffen und Gießverfahren* (nach LÜPFERT).

| | Grauguß Temperguß (Stahlguß) | Al-Leg. | Mg-Leg. | Zn-Leg. | Messing |
|---|---|---|---|---|---|
| **Sandguß:** | | | | | |
| Wanddicke (mm) . . . . . . . . . ≥ | 3 (5) | 3,5 | 3,5 | 3,5 | 3,5 |
| Erreichbare Maßgenauigkeit (mm) ± | 1 | 0,8 | 0,8 | 0,8 | 1 |
| **Kokillenguß:** | | | | | |
| Wanddicke (mm) . . . . . . . . ≥ | — | 3 | 3 | 3 | 3 |
| Erreichbare Maßgenauigkeit (mm) ± | — | 0,2 ⋯ 0,3 | 0,2 ⋯ 0,3 | 0,2 ⋯ 0,3 | — |
| Mindest-Stückzahl . . . . . . . . . | — | 200 | 200 | 200 | 200 |
| Stückgewicht bis (kg) . . . . . . . | — | 50 | 50 | 50 | 50 |
| **Druckguß:** | | | | | |
| Wanddicke (mm) . . . . . . . . . ≥ | — | 0,8 ⋯ 3 | 0,8 ⋯ 3 | 0,5 ⋯ 3 | 1 ⋯ 3 |
| Erreichbare Maßgenauigkeit (mm) ± | — | 0,03 ⋯ 0,1 | 0,02 ⋯ 0,1 | 0,02 ⋯ 0,1 | 0,15 ⋯ 0,3 |
| Mindest-Stückzahl . . . . . . . . . | — | 500 | 500 | 500 | 500 |
| Stückgewicht bis (kg) . . . . . . . | — | 10 | 10 | 20 | 25 |
| Für eingegossene Bohrung [1]: | | | | | |
| Durchmesser $D$ (mm) . . . . . ≥ | — | 2 | 2 | 0,5 | 4 |
| Tiefe $L$ (durchgehend) . . . . ≤ | — | $3 D$ | $4 D$ | $8 D$ | $3 D$ |
| „ (nicht durchgehend) . ≤ | — | $2 D$ | $3 D$ | $4 D$ | $2 D$ |
| Verjüngung in % von $L$ . . . . . | — | 0,4 ⋯ 0,8 | 0,3 ⋯ 0,4 | 0,2 ⋯ 0,4 | 1,0 ⋯ 2,0 |

[1] Beim Druckguß (Spritzguß) können Bohrungen mit eingegossen werden, wenn entsprechende Stifte (Durchm. $D$ und Länge $L$) in die Gußform eingesetzt werden.

## 2. Gießvorgang.

Wichtig für den Entwurf ist eine richtige Vorstellung vom *Erstarrungsvorgang* des Gusses  Bei zeitlich ungleicher Erstarrung verringert sich nach Bild 2/4 und 2/5 das Volumen der *später* erstarrenden, also der dickeren (bzw. der inneren) Stellen gegenüber den vorher erstarrten dünneren (bzw. äußeren). Es entstehen „Lunker" (Hohlräume,

s. Bild 2/4 und 2/5), bzw. *Verkürzungen* (Bild 2/6) der später erstarrenden Teile, bzw. *Spannungen* oder *Risse*, wenn die Verkürzung behindert wird. Letztere treten besonders leicht an den Übergangsstellen von dicken zu dünnen Querschnitten und an Wandecken auf. Wir müssen also durch eine entsprechende Formgebung (Bild 2/7 u. 2/8) oder durch entsprechende Maßnahmen beim Gießen (Bild 2/5) eine ungleiche Erkaltung verhindern oder einen Ausgleich der Spannungen ermöglichen (Bild 2/8e). Je größer das Schwindmaß des Werkstoffs, um so wichtiger werden derartige Maßnahmen (z. B. bei Stahlguß).

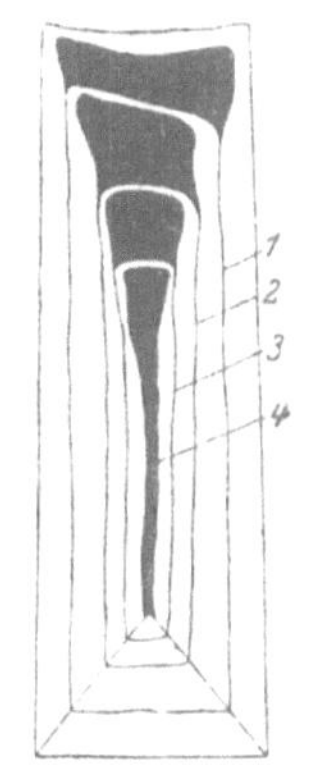

Bild 2/4. Lunkerbildung im Gußblock durch fortschreitende Erkaltung von außen nach innen. Die Linien *1* bis *4* geben die zeitliche Folge der Erstarrung an (nach LÜPFERT).

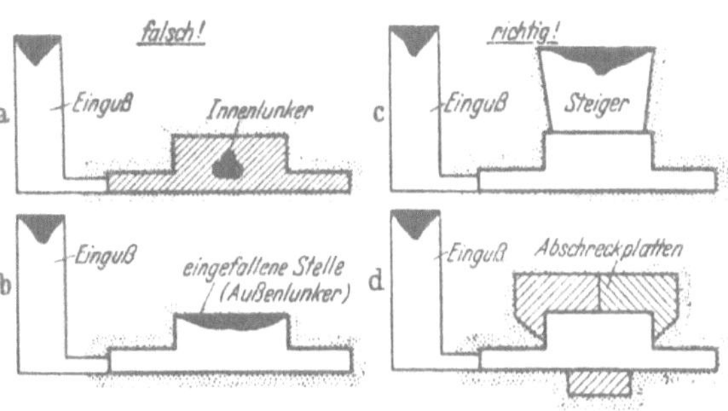


Bild 2/5. Lunkerbildung (a, b) und ihre Vermeidung (c, d) bei Formgußteilen durch besondere Maßnahmen beim Gießen (nach LÜPFERT).

*Mittlere Schwindmaße in %* bei: Grauguß 1; Hartguß 1,5; Temperguß 1,6; Stahlguß 2; Al-Legierung 1···1,7 (Silumin 1,15; S-Spritzguß 0,5); Mg-Legierung 1,2···1,9; Zn-Legierung 1,8; Rotguß 1,5; Gußmessing 1,8; Zn-Bronze 0,8···1,5.

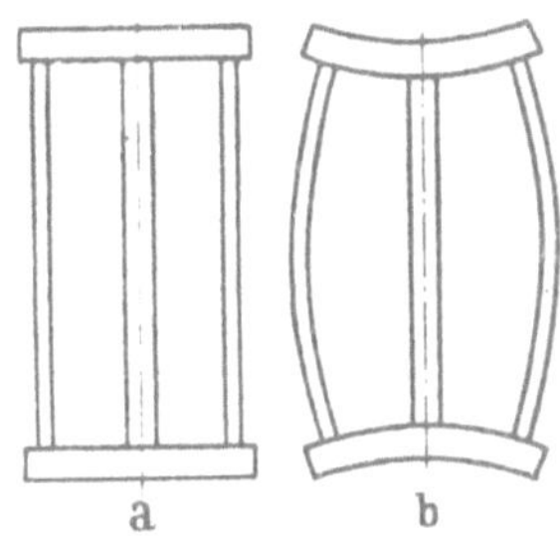

Bild 2/6. Verziehen eines Gußstücks b bei ungleicher Abkühlung. Die später erstarrenden dicken Teile werden kürzer; a zeigt das Modell (nach LAUDIEN).

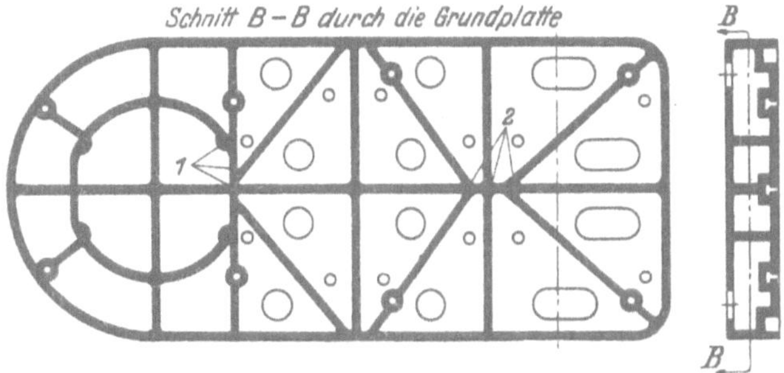


Bild 2/7. Grundplatte der Raboma-Radialbohrmaschine (nach WIDMEIER) weitgehend durch Rippen ausgesteift, wobei Stoffhäufungen (Lunkerbildung) durch Auseinanderziehen der Stoßstellen vermieden werden (s. Punkt *1* und *2*).

## 3. Gestaltungsregeln für Gußteile.

**a) Geringe Modellkosten** erreicht man durch
*einfache Begrenzungslinien* (Gerade und Kreisbogen),
*einfach herstellbare Flächen* (Plan- und Drehflächen),
*ungeteilte Modelle*, ohne besondere Kerne,
*einfache und sicher aufliegende* Kerne (Bild 2/8),
falls sie nicht überhaupt vermieden werden können. Jede Modellteilung und jeder Kern erhöhen die Modell-, Einform- und Putzkosten und vermehren außerdem den Ausschuß durch Modell- und Kernversetzungen.

**b) Geringere Einformkosten** ergeben sich, wenn man nach Bild 2/8
*Übergänge gut ausrundet,*
*Hinterschneidungen vermeidet* (sonst Modellteilung!),
*geringste Einformhöhe anstrebt* (Teilebene in *Längs*richtung des Modells),

*mit wenig Teilebenen* (wenig Formkästen) auskommt,
*verwickelte Teilstücke* abtrennt und für sich gießt und stets etwas „*Neigung*" für die Flächen in Ausheberichtung vorsieht und zwar

bis 1 : 100 bei Kokillen- und Spritzguß,

bis 1 : 50 bei hohen Flächen und

bis 1 : 3 bei niedrigen Putzen.

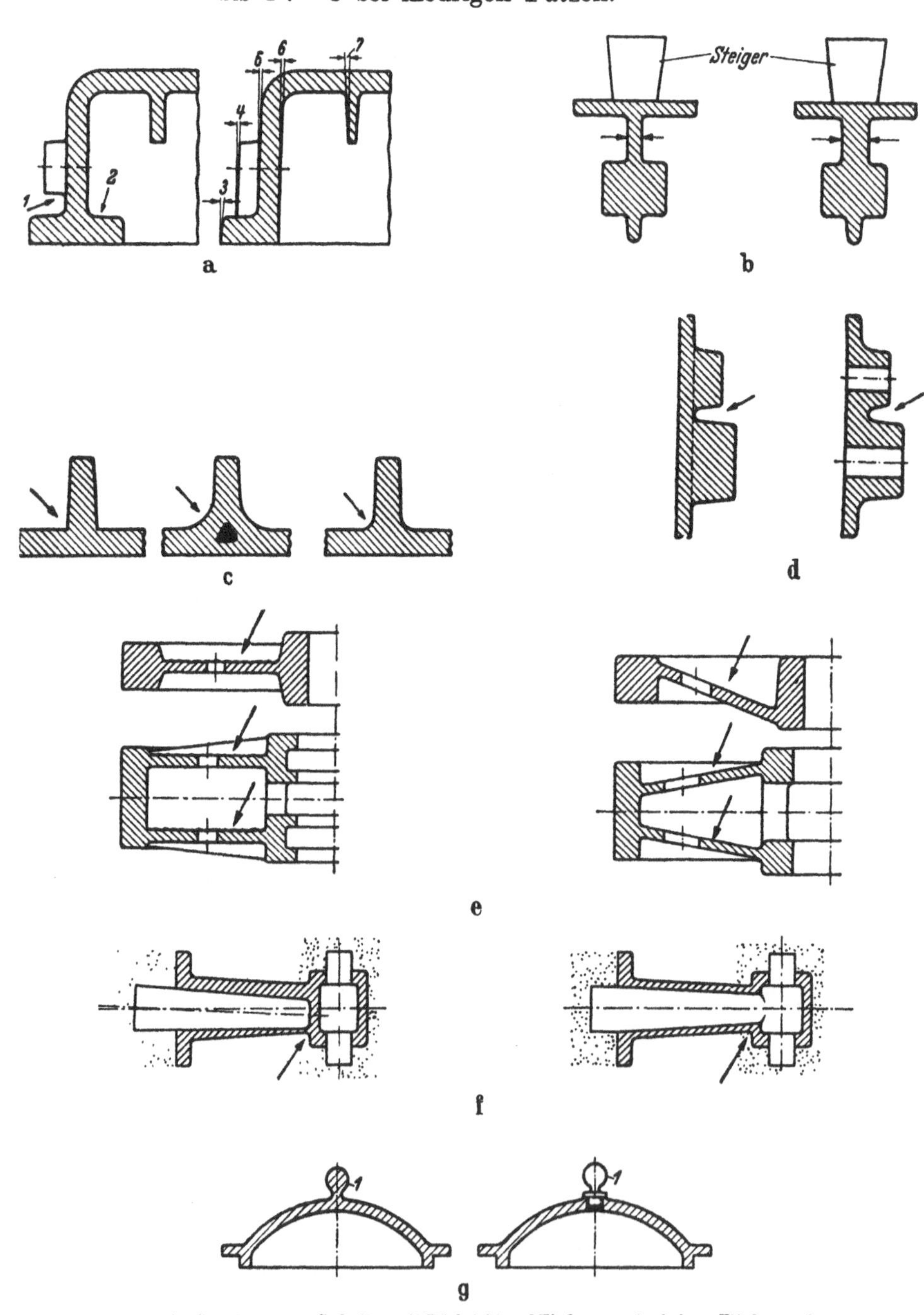


Bild 2/8. Gestaltung von Gußteilen mit Rücksicht auf Einformen, Ausheben, Fließen und Schwinden des Gusses. Jeweils „links" schlechter und „rechts" besser gestaltet.
　a) Hinterschneidungen (Pfeil *1 2*) vermeiden und Ausheheschrägen (Pfeil *3 bis 7*) vorsehen;
　b) Genügend große Durchgangsquerschnitte;
　c) Abgerundete Querschnittsübergänge (zu große ergeben Lunker, zu kleine ergeben Spannungen);
　d) Wanddicke möglichst gleichmäßig;
　e) Geneigte Flächen sind günstiger für die Entlüftung und für den Spannungsausgleich;
　f) Mehrfach abgestützte Kerne ergeben weniger Fehlguß:
　g) Verwickelte Teile abtrennen und gesondert herstellen (Griff *1*).

**c) Weniger Fehlgüsse** ergeben sich, wenn man auch konstruktiv das Fließen, Gasen und Schwinden des Gusses nach Bild 2/8b bis e berücksichtigt durch

*genügend große Durchflußquerschnitte* (Wanddicke entsprechend Fließweglänge und Durchflußmenge, Bild b und d),

*geringe Stoffanhäufung* (weniger Lunker und Seiger, Bild c),

*gut angerundete Übergänge* (weniger Risse und Spannungen, Bild c),

*Versteifungsrippen dünner als Wände* (weniger Risse und Spannungen, Bild a) und

*geneigte statt waagerechter Flächen* (weniger blasige Oberflächen, Bild e).

**d) Besondere Anforderungen** an bestimmte Stellen des Guß-stücks, wie dichte, porenfreie oder glatte Oberfläche, oder besondere Festigkeit u. dgl. sind *auf der Zeichnung besonders zu vermerken*, damit Modellmacher und Gießer entsprechende Vorkehrungen treffen können (s. Bild 2/5). Es empfiehlt sich überhaupt, Entwürfe von besonderen Gußteilen mit einem Gießereifachmann zu besprechen.

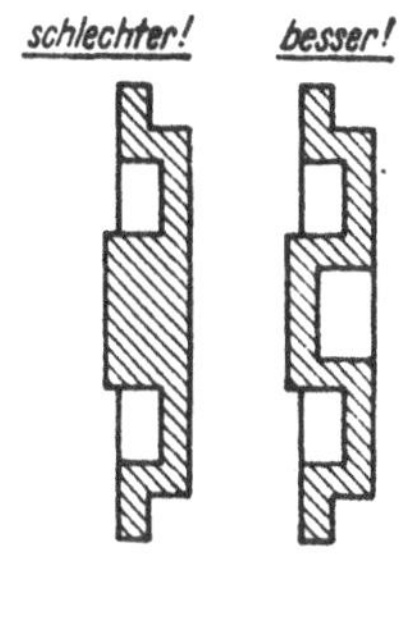


**e) Bei Temperguß** ist wegen des Durchtemperns auf eine gleich-mäßige Wanddicke von etwa 3···8 mm zu achten (s. Bild 2/9), während bei *Schwarzguß* die Wanddicke ungleich sein und 3···40 mm betragen kann.

**f) Bei Leichtmetall-Gußstücken**, z. B. aus Silumin, sind wegen der größeren Dünnflüssigkeit und Warmzähigkeit gegenüber Grauguß auch verwickelte Teile erheblich sicherer und vor allem auch mit *geringerer Wanddicke gießbar*. So gibt z. B. Laudien für eine Motorhaube in den Abmessungen 1 × 0,6 m vielfach ausgespart und verrippt, eine Wanddicke von 4 mm für die Ausführung in Silumin an (Gewicht etwa 20 kg) und etwa 7 mm in Grauguß (Gewicht etwa 100 kg). Im übrigen erstrebt man bei

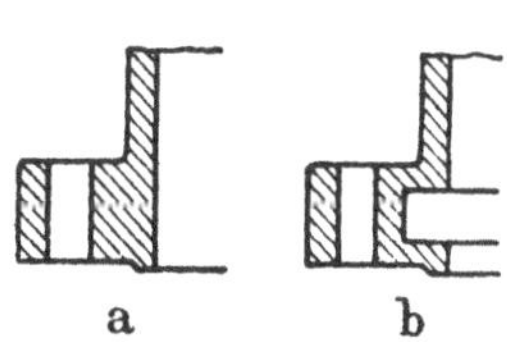
a b

Bild 2/9. Bei Temperguß ist wegen des Durchtemperns eine gleichmäßige Wanddicke von etwa 3 bis 8 mm anzustreben.

Leichtmetall-Gußteilen gleichmäßige Wanddicke, größere Ausrundungshalbmesser und größere Trägheitsmomente der Querschnitte, verbunden mit dünnen und ausreichend verrippten Wänden.

## 2.6. Schweißteile.

Günstige Gestaltung s. Kap. 7 und besonders Tafel 7/9.

## 2.7. Schmiede- und Preßteile.

Sie sind wegen ihrer größeren Zähigkeit gegenüber Gußteilen nicht immer zu entbehren. *Handschmiedestücke* sind, wie jede Handarbeit, teuer. Man muß daher gerade hierbei auf eine besonders einfache Formgebung bedacht sein. Verwickelte Teile werden oft günstiger geschweißt, oder gegossen.

*Gesenk*schmiedestücke lohnen sich wegen der Gesenkkosten erst bei größerer Stückzahl und sind durchweg teurer als Gußstücke. Auch hierbei ist eine einfache Formgebung mit abgerundeten Ecken und Kanten wesentlich, um die Gesenkkosten herabzusetzen. Verwickelte oder größere Stücke gegebenenfalls *geteilt* pressen und stumpf zusammenschweißen (z. B. Lokomotiv-Schubstangen). Erreichbare Maßgenauigkeit etwa ± 0,5 mm bei Stahl und ± 0,2 bis 0,3 mm bei Gesenkpreßteilen aus NE-Metallen. Ferner sind *stranggepreßte* Stangen und Rohre mit verschiedenartigen Profilen bis herunter auf 2 mm Wanddicke aus Cu-, Al-, Mg- oder Zn-Legierungen einfach und wirtschaftlich herstellbar.

## 2.8. Blechteile und Rohre.

Blechteile können durch Abkanten, Biegen, Falzen und Bördeln, durch Pressen, Ziehen und Drücken und durch Stanzen und Ausschneiden (Ausbrennen) ihre Formgebung erhalten. Hierbei legt man besonderen Wert auf geringen Blechabfall, d. h. auf *günstige Blechaufteilung* und Verwendung der Abfallstücke (s. Bild 2/10).

2*

Größere Blechflächen werden zweckmäßig durch „*Sicken*" eingepreßte Hohlrippen ausgesteift (Bild 2/11). Halbmesser des Sickenprofils etwa 2—3mal Blechdicke.

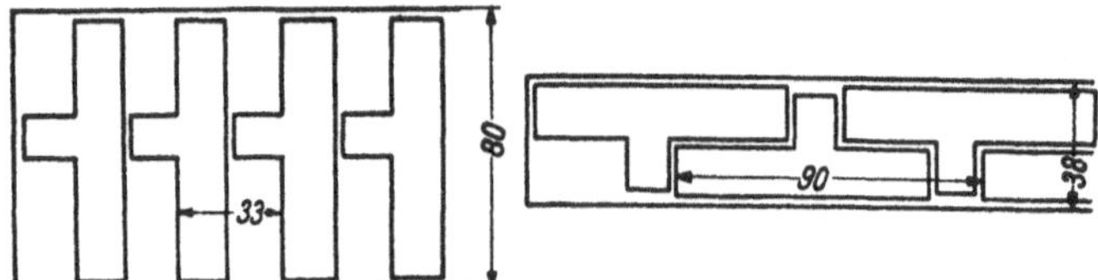

Bild 2/10. Blechaufteilung bei Stanzteilen. Eine Tafel 500 mal 1500 mm ergibt links 252 Teile, rechts 416 Teile.

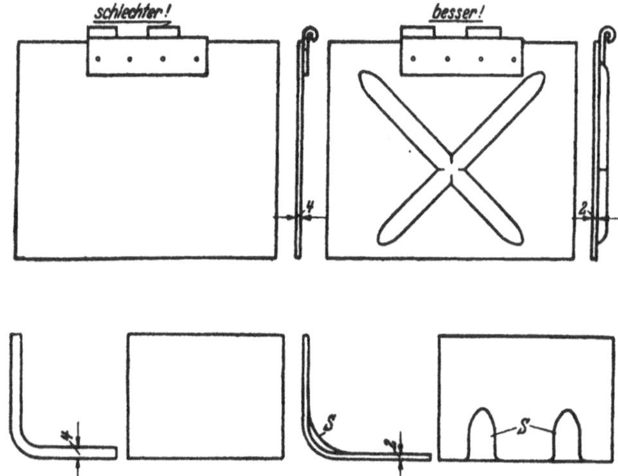


Bild 2/11. Blechteile können durch „Sicken" *S* ausgesteift werden (nach METZNER).

*Beim Abkanten* von Blech ist der innere Abkanthalbmesser $r$ und die gestreckte Länge $L$ von der Blechdicke $s$ abhängig. Anhaltswerte s. Tafel 2/2.

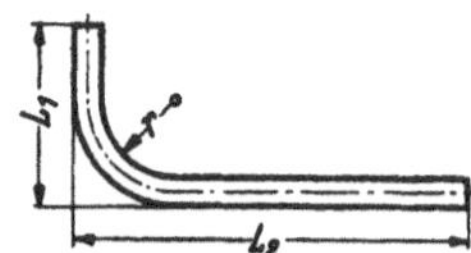

**Tafel 2/2.** *Maße (mm) beim Abkanten von Blechen (nach BAUERFEIND). Gestreckte Länge $L = L_1 + L_2 - V$;*
$$V = 1{,}48\,s + 0{,}43\,r.$$

Die kleineren Werte für $r$ gelten für Stahlbleche mit $\delta_5 \geq 20\%$ Bruchdehnung, die größeren für $\delta_5 \geq 15\%$.

| Blech-dicke $s$ | 0,5 | | 0,8 | | 1 | | 1,2 | | 1,5 | | 2 | | 2,5 | | 3 | | 4 | | 5 |
|---|---|---|---|---|---|---|---|---|---|---|---|---|---|---|---|---|---|---|---|
| Halbmesser $r \geq$ | 0,6 | 1 | 1 | 1,6 | 1,6 | 2,5 | 1,6 | 2,5 | 2,5 | 4 | 2,5 | 4 | 4 | 6 | 4 | 6 | 6 | 10 | 10 |
| Maß $V$ | 1 | 1,17 | 1,6 | 1,87 | 2,17 | 2,55 | 2,46 | 2,85 | 3,29 | 3,94 | 4,03 | 4,68 | 5,42 | 6,2 | 6,08 | 6,94 | 8,5 | 10,2 | 11,7 |

Beim *Ziehen* (auch Tiefziehen) von topfartigen Hohlkörpern mit Durchmesser $d$ und Höhe $h$ beträgt der Durchmesser $D$ für den erforderlichen ebenen Blechzuschnitt gleichen Flächeninhalts etwa: $D = \sqrt{d^2 + 4\,d \cdot h}$.

Bei *Rohren* (Wanddicke $s$) nimmt man den Biegehalbmesser bezogen auf Rohrmitte möglichst $\geq 3 \cdot s$ (notfalls $2 \cdot s$).

## 2.9. Bearbeitete Teile.

Bevorzugt wird eine Formgebung, die kürzere Zeiten für das Aufspannen, Bearbeiten und Messen des Werkstücks ermöglicht und ferner geringe Maschinen- und Vorrichtungskosten erfordert. Hierzu lassen sich zahlreiche Einzelerfahrungen für die Gestaltung auswerten.

## 1. Arbeitsflächen.

a) *Ebene* oder *Dreh*flächen, und zwar parallel oder senkrecht zur Aufspannfläche, sind am einfachsten zu bearbeiten.

b) *Vorstehende Leisten und Augen* sind billiger zu bearbeiten, als ganze Flächen (Bild 2/12 und 2/17).

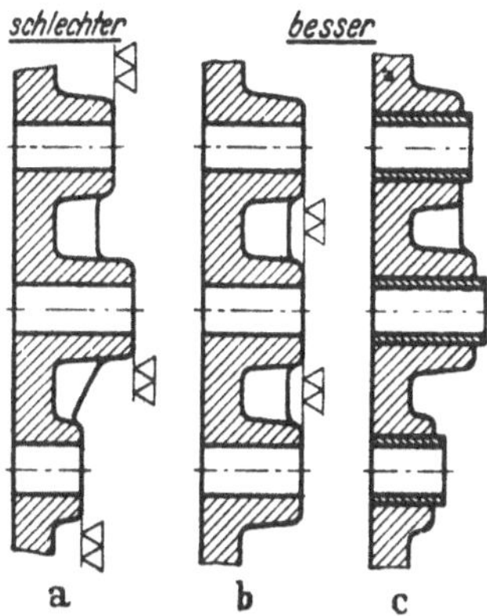


Bild 2/12. Arbeitsflächen möglichst in *eine* Höhe legen (b), oder fertig bearbeitete Büchsen einsetzen (c).

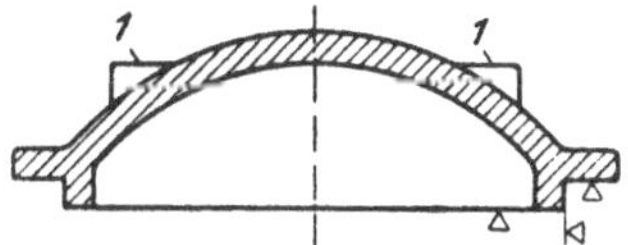


Bild 2/13. Deckel mit angegossenen Nasen *1* zum Einspannen und Fertigbearbeiten in *einer* Aufspannung.

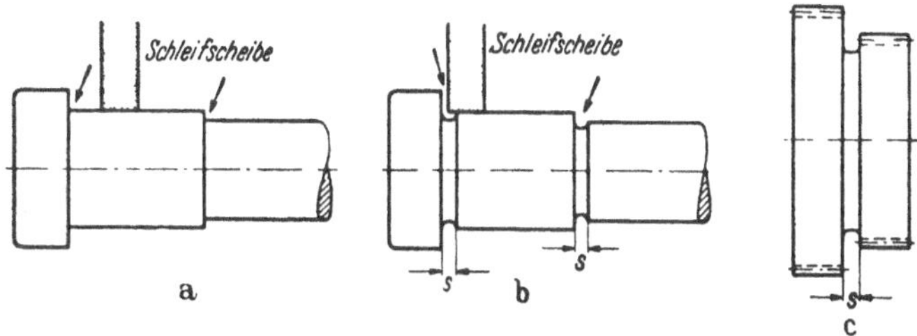


Bild 2/14. Für den Auslauf der Werkzeuge genügend Platz lassen (für Schleifscheibe etwa 6 mm).

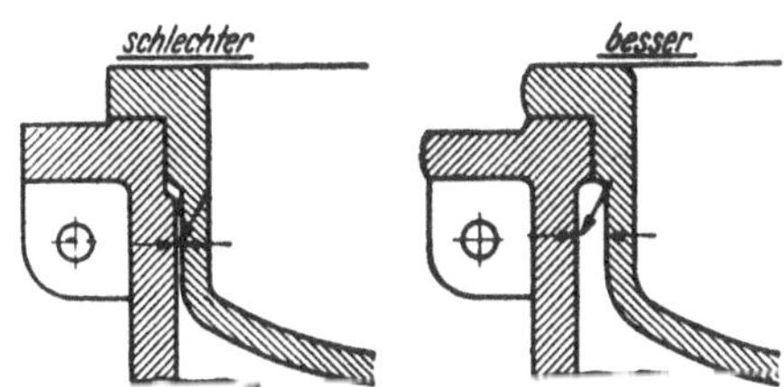


Bild 2/15. Bearbeitete Flächen genügend weit vorziehen!

c) *In einer Höhe* liegende Arbeitsflächen (Bild 2/12) bevorzugen.

d) In *einer* Aufspannung, also von einer Seite her bearbeitbare Flächen sind billiger und ferner genauer in ihrer Lage zueinander herzustellen (Bild 2/13).

e) Für die „*Aufnahme*" des Werkstücks gegebenenfalls besondere Anlageflächen, Spannlöcher usw. vorsehen (Bild 2/13).

f) Den *Auslauf* des Werkzeugs nicht behindern (Bild 2/14) und die bearbeiteten Leisten genügend weit vorziehen (s. Bild 2/15).

g) Bei *bearbeiteten* Abrundungen sind nichttangierende billiger (Bild 2/16).

### 2. Oberflächengüte und Passungen [1].

a) *Nicht feinere Oberflächen* vorschreiben, als es die Funktion erfordert! Z. B. nur *Lauf*flächen und Dichtungsflächen fein bearbeitet (fein geschlichtet bzw. geschliffen,

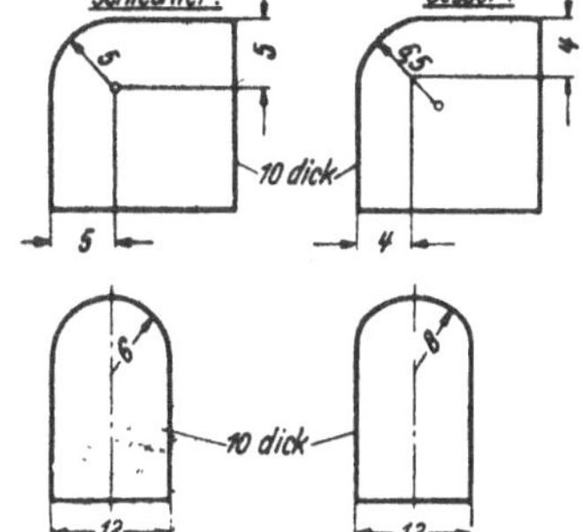


Bild 2/16. Bei bearbeiteten Abrundungen sind nicht-tangierende (rechts) billiger (nach METZNER).

poliert oder geläppt); *ruhend* belastete Flächen nur geschruppt; *unbelastete* möglichst unbearbeitet lassen, wobei kleine Herstellungsungenauigkeiten durch einen überstehenden Rand (Bild 2/17) verdeckt werden können.

*Rauhtiefen* (in $^1/_{1000}$ mm) [2]: Schruppen 40 bis 250; Schlichten und Schlichtschleifen 4 bis 40; Feinschleifen, Läppen, Polieren 0,4 bis 4; Feinst-Schleifen, -Läppen, -Polieren 0,04 bis 0,4.

b) *Kleine Maßtoleranzen* möglichst vermeiden! Man überlege: Sind sie wirklich für die Funktion erforderlich und sind sie bei der vorgesehenen Anordnung überhaupt erreichbar und gut meßbar? (Bild 2/18). Können sie vielleicht durch elastische oder

---

[1] Hier pflegt besonders der Anfänger zu sündigen, indem er aus Unsicherheit lieber teure Oberflächengüten und Toleranzen vorschreibt, anstatt etwas nachzudenken, oder sich zu erkundigen.

[2] DIN 140 Kennzeichnung und Zuordnung von Oberflächengüten.

plastische Anpassung herabgesetzt werden? S. Bild 2/27, ferner Spannstift und Kerbstift (Kap. 11) und Plastischer Preßsitz (Kap. 18.2).

c) *Anpaßarbeiten* sind immer teuer. Trotzdem wird man sie vorsehen, wennhierdurch teurere Toleranzen oder Sondervorrichtungen vermieden werden, z. B. bei „Kettentoleranzen" (Bild 2/19), bei Kegelrädern und Schneckenrädern zur Einstellung des richtigen Zahntragbildes (mittels Paßscheiben oder Gewinde) usw.

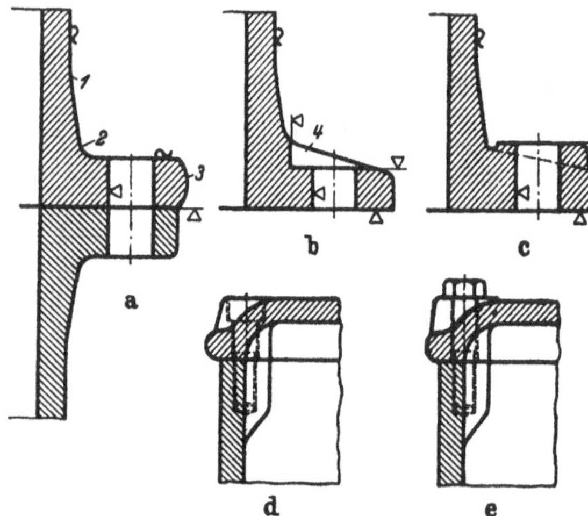

Bild 2/17. Ausbildung von Flanschen und Deckeln. Bechte bei a den Übergang *1* und *2*, und den überstehenden Rand *3*, bei b die Aussenkung *4*

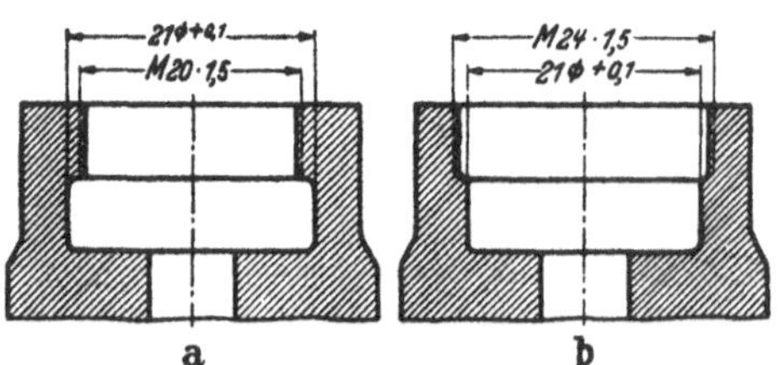

Bild 2/18. Das Maß 21 ⌀ + 0,1 ist bei der linken Anordnung nur mit einer Sonderlehre meßbar, bei der Anordnung rechts jedoch mit einem üblichen Lehrdorn (nach METZNER).

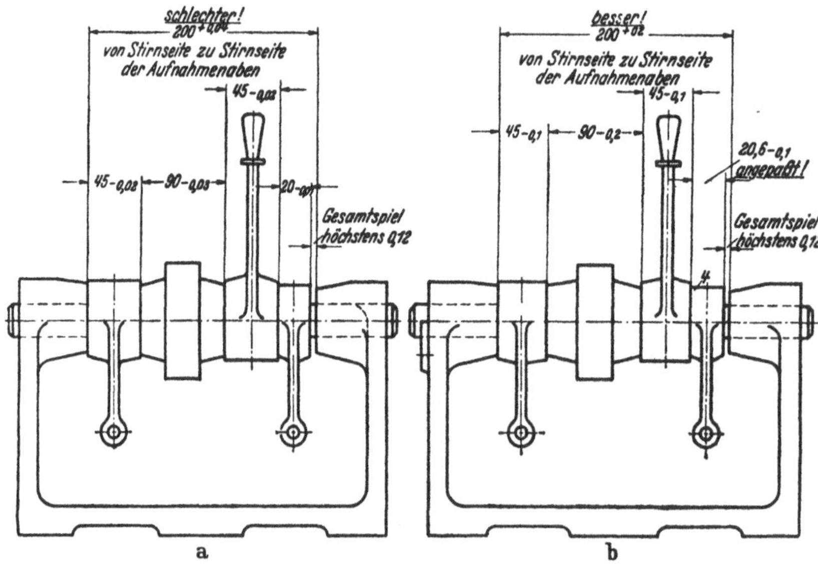

Bild 2/19. Bei tolerierten Kettenmaßen (links) ist es oft billiger *ein* Maß anzupassen (Handarbeit), dafür aber die übrigen Maße gröber zu tolerieren (rechts) (nach METZNER).

### 3. Bohrungen und Durchbrüche.

a) *Vorhandene Bohrerdurchmesser* bevorzugen, wozu auch die nicht ganzzahligen Größen für Durchgangslöcher und Kernlochbohrer (3,3; 4,2; 6,7; 8,4 usw.) gehören, und gegebenenfalls auf die vorhandenen Reibahlen und Lehren Rücksicht nehmen.

b) *Bei Schräglöchern* (Bild 2/20) besondere Ansatzflächen senkrecht zur Bohrrichtung vorsehen oder ansenken.

c) *Durchgehende* Bohrungen (Bild 2/21) sind billiger zu bohren, zu reiben und zu messen als abgesetzte oder Sacklöcher. Absätze oder Anlageflächen gegebenenfalls durch Sprengringe (s. Seegersicherungen S. 119) oder eingesetzte Büchsen schaffen.

d) *Sacklöcher* (Bild 2/22) möglichst mit Bohrspitze zulassen und nur so tief, wie notwendig, tolerieren.

e) *„Geräumte" Durchbrüche* (Bild 2/23) erfordern teure Räumnadeln und müssen für ihren Durchzug beiderseitig offen sein. Hierbei einfache symmetrische Profile bevorzugen. Für Absätze gegebenenfalls Büchsen einsetzen.

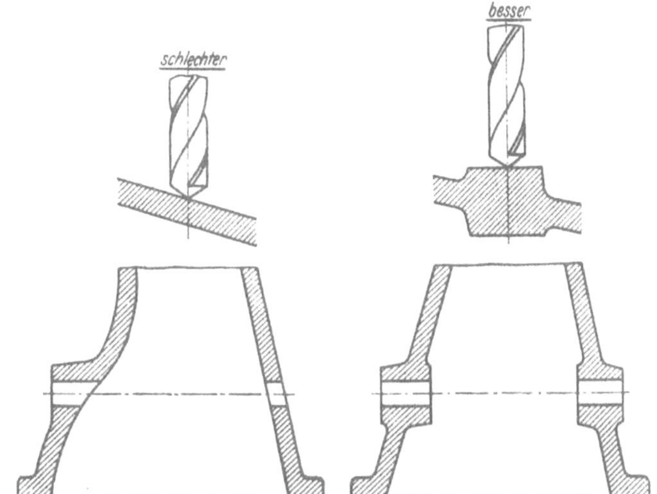

Bild 2/20. Bei „Schräglöchern" Ansatzflächen senkrecht zur Bohrrichtung vorsehen (nach WIDMEIER).

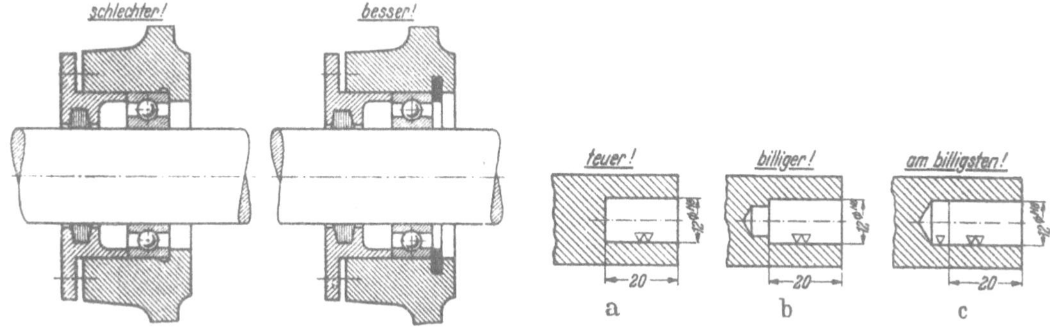

Bild 2/21. Durchgehende Bohrungen (rechts) sind billiger herzustellen.

Bild 2/22. Sacklöcher mit Bohrspitze (c) sind billiger.

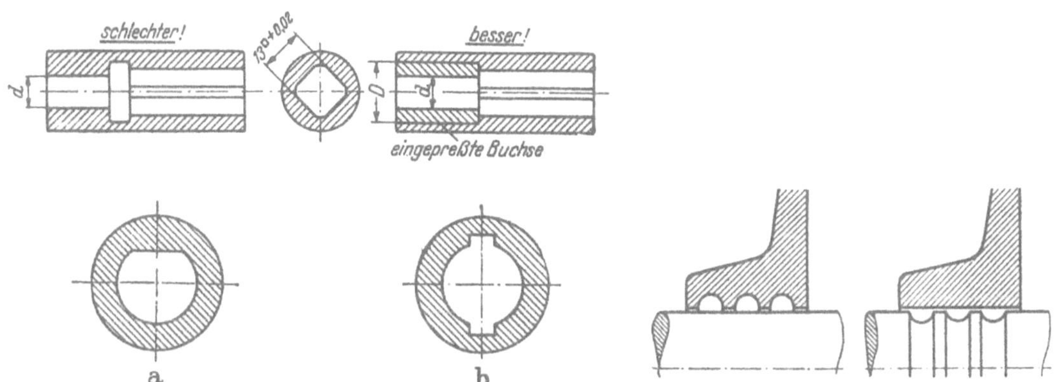

Bild 2/23. Bei „geräumten" Durchbrüchen sind einfache, symmetrische und glatt durchgehende Profile (b) anzustreben (nach METZNER).

Bild 2/24. Eindrehungen sind an Außenflächen (rechts) billiger zu fertigen.

f) *Eindrehungen* an Bohrungen (Innenflächen) sind teurer als an Wellen (Außenflächen), s. Bild 2/24.

## 4. Gewinde und Zentrierungen.

a) *Gewinde zentriert nicht!* Also gegebenenfalls besondere Zentrieransätze vorsehen (Bild 2/25).

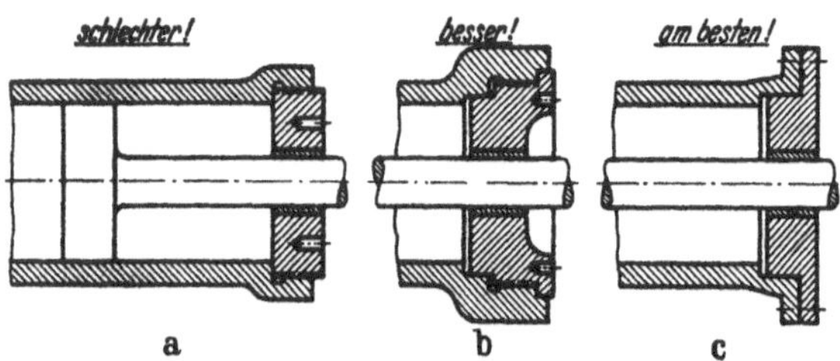


Bild 2/25. Gewinde zentriert nicht (a)! Also besondere Zentrieransätze vorsehen (b), oder gegebenenfalls das Gewinde ganz einsparen (c).

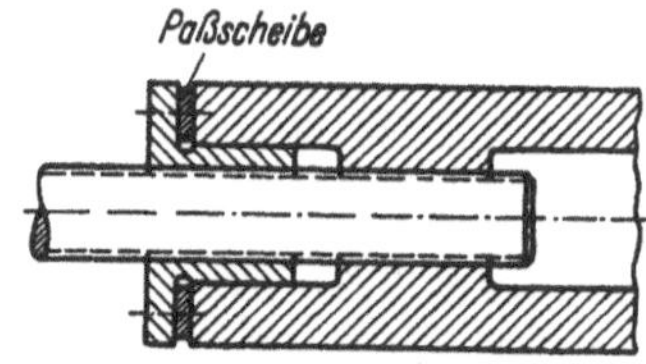


Bild 2/26. Gewinde-Nachstellung durch Gewindebüchse und Paßscheibe.

b) *Gewinde ohne Spiel* ist teuer und wird billiger durch eine Nachstell-Gewindebüchse erreicht (Bild 2/26).

c) *Zentrieransätze* genügend hoch machen! Kanten brechen!

## 5. Verbindungen.

a) *Mehrfachanlagen* in gleicher Richtung, z. B. Vielnutwellen (Kap. 18.3) erfordern eine hohe Arbeitsgenauigkeit; daher möglichst vermeiden, oder durch elastische Mittel einen Ausgleich ermöglichen (Bild 2/27).

b) *Kerbstift-* und *Spannstift*-Verbindungen (Kap. 11) sind billiger als Zylinderstift- oder Kegelstift-Verbindungen (Ersparnis an Toleranz bzw. an Aufreibarbeit).

c) *Schraubenverbindungen* (Kap. 10) sind billiger mit Durchsteck- als mit Paßschrauben (Er-

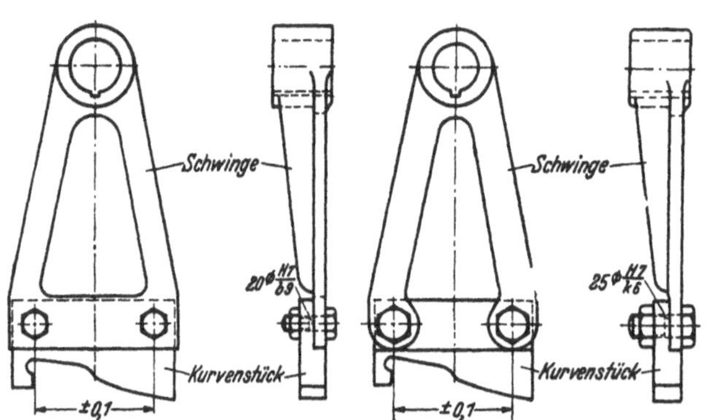


Bild 2/27. Kurventräger. Links starr ausgeführt, rechts mit elastischen freien Armen, wodurch beide Paßschrauben zum Tragen kommen (nach LEINWEBER).

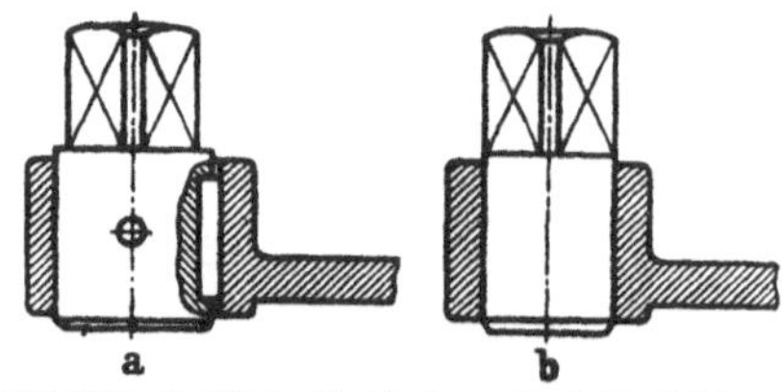


Bild 2/28. Drehfeste Verbindung. Preßsitz b ist billiger als Paßfeder-Verbindung a. Ersparnis bei b an Gewicht 13%, an Werkstoff 23%, an Arbeitszeit 65% (nach LEINWEBER).

sparnis an Toleranz). Je geringer die Anzahl der verwendeten Schraubengrößen, desto einfacher die Bohrarbeit und desto geringer die Anzahl der erforderlichen Schraubenschlüssel.

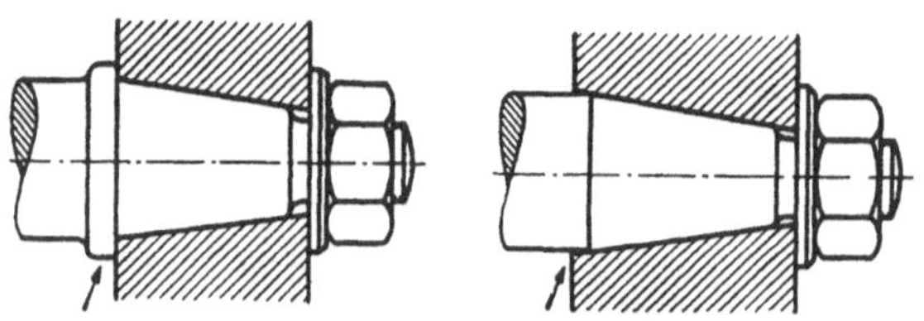

Bild 2/29. Bei Kegelflächen jegliche Behinderung der Kegelpassung durch anderweitige Anlagen vermeiden.

d) *Preßsitze* sind billiger als Paßfeder- oder Keilverbindungen (Bild 2/28 und Kap. 18.1).

e) *Bei Kegelflächen* weder die Herstellung noch die Kegelpassung durch vorspringende Absätze behindern (Bild 2/29). Gebräuchliche Kegelverjüngungen bevorzugen, für die Reibahlen bzw.

Lehren vorhanden sind. Auf der Zeichnung hierfür nur *einen* Durchmesser und die Kegelneigung festlegen.

## 2.10. Zusammenbau.

Hier ist im Einzelfall zu prüfen

1) ob eine *starre Verbindung* an bestimmten Anlageflächen (Absätze, Zentrierungen, Anschläge, Paßstifte) und in bestimmten Richtungen (längs? quer?) *notwendig* ist und ob die hierfür erforderliche Genauigkeit *erreichbar* ist?

2) ob eine *nachgiebige* Verbindung (und in welcher Richtung nachgiebig?) durch elastische, plastische, gelenkige oder verschiebliche Paarung *zweckmäßig* ist, und ob man hierfür die zu erwartenden Abweichungen *beherrschen* kann?

3) ob eine bestimmte *Stellung* der Teile zueinander durch Anschläge (Absätze, Paßscheiben, Paßfedern, Paßstifte) oder Markierungen (z. B. Körnerschläge) festzulegen ist?

Als Beispiel zeigt Bild 2/30, wie die Verbindung der Baugruppen *A* bis *E* teils elastisch (zwischen *A—B* und *D—E*), teils längsverschieblich (zwischen *B—C*) und teils starr (zwischen *C—D*) ausgeführt ist. (Überlege: warum?)

Ferner ist zu überlegen, ob der Zusammenbau so überhaupt möglich ist, ob genügend Platz für den *Monteursdaumen*, für den Ansatz des Schraubenschlüssels usw. bleibt und dann, wo der Zusammenbau durch *Entgraten* und *Kantenbrechen*, durch kegelige Enden der Bolzen oder Bohrungen und durch *Vorrichtungen* und *Sonderwerkzeuge* erleichtert werden kann.

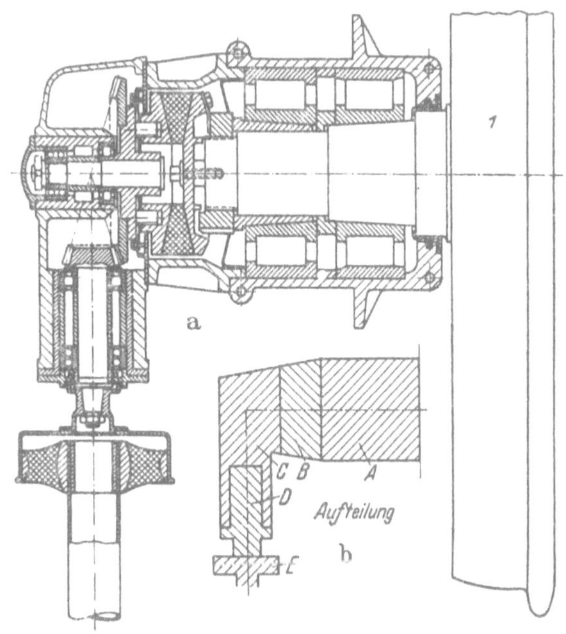

Bild 2/30. Antrieb eines Stromerzeugers, vom Radsatz *1* ausgehend für Eisenbahnfahrzeuge. b Aufteilung in Baugruppen *A* bis *E* (nach KRUMME).

## 2.11. Transport — Rücksichten.

Einzelteile und Baugruppen dürfen nicht schwerer oder größer sein, als es die *Hebe- und Transportmöglichkeiten* und die *Lademaße* (Versand mit LKW, Eisenbahn oder Schiff?) zulassen. Spielen die Versandkosten eine besondere Rolle (beim Export), so ist eine leichte, *raumsparende* und verpackungsgünstige Formgebung von Vorteil (Bild 2/31).

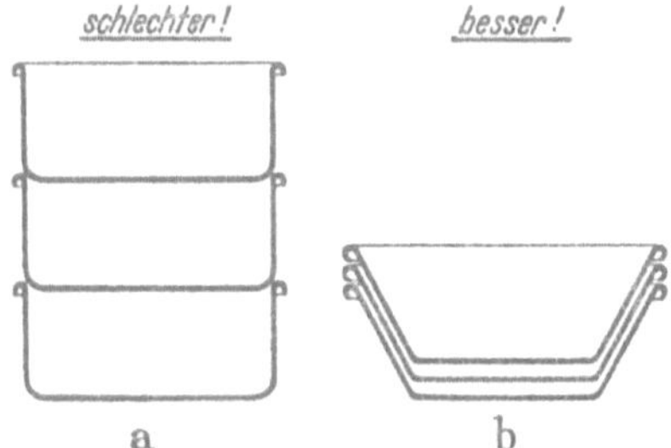


Bild 2/31. Anpassung an den Versand. Die Gefäße rechts nehmen gestapelt weniger Raum ein.

## 2.12. Verschleißabwehr [1].

### 1. Bedeutung.

Man macht sich nur selten klar, daß bei Bauteilen die Wertvernichtung durch mechanischen Verschleiß wohl noch größer ist, als durch Bruch oder Korrosion [2]. Nach KLOTH [*2/36*] wandern z. B. jährlich etwa 10 000 t Stahl allein als Verschleißstaub von Ackergeräten in den deutschen Ackerboden. Nach WAHL [*2/30*] erfordert der Verschleiß in der

---

[1] Die vorliegende Abhandlung stützt sich in wesentlichen Punkten auf die Arbeiten von Dr. WAHL [*2/30*] Institut für Verschleißtechnik Stuttgart.

[2] Unter mechanischem Verschleiß verstehen wir die Abnutzung der Oberfläche durch mechanische Einwirkungen, unter „Korrosion" die Abnützung durch chemische Veränderungen.

deutschen Zementindustrie jährlich etwa 30 000 t Stahl und Eisen. Der gesamte Schaden durch mechanischen Verschleiß verschlingt jährlich mehrere Milliarden unseres Volksvermögens.

Für den Konstrukteur kommt hinzu, daß der Verschleiß außerdem

a) die *Funktion* der Maschinen herabsetzt und hierdurch z.B. Ausschuß in der Fertigung, Ausfall von Maschinen und Unfälle hervorruft und

b) *unerwünschte Nebenwirkungen*, wie Erwärmung und Lärm, mehr Energieverbrauch und Wartung, mehr Unterhalts- und Lagervorratskosten mit sich bringt.

### 2. Verschleißanalyse.

Unsere Kenntnisse auf dem Verschleißgebiet bestehen bisher aus zahlreichen *Einzelerfahrungen*, die sich noch nicht zu Grunderkenntnissen geschlossen haben. Im Einzelfall sind wir daher darauf angewiesen, die jeweils vorliegenden Verschleißverhältnisse (Verschleißart, Einflußgrößen usw. nach Punkt a

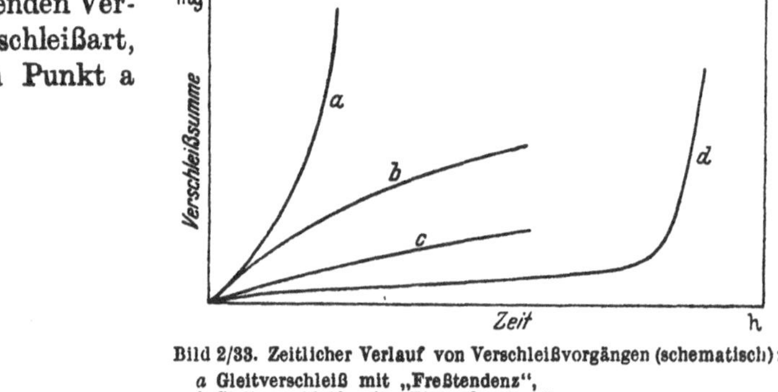

Bild 2/33. Zeitlicher Verlauf von Verschleißvorgängen (schematisch):
*a* Gleitverschleiß mit „Freßtendenz",
*b* Gleitverschleiß mit „Einlauftendenz",
*c* Trocken-Wälzverschleiß,
*d* Schmierwälzverschleiß.

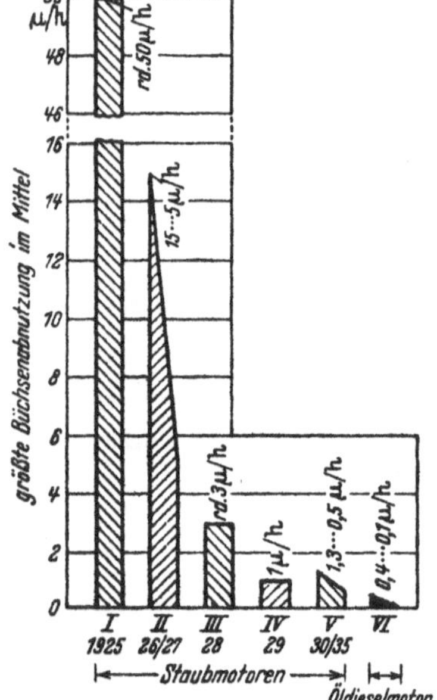

Bild 2/32. Erfolge der Verschleißbekämpfung an Staubmotoren (nach WAHL)

*I* Erste Versuchsergebnisse an Staubmotoren mit gußeisernen Büchsen und Ringen.
*II* Versuchsergebnisse mit verschiedenem konstruktivem und betrieblichem Sonderaufwand.
*III* Versuchsergebnisse für Hochdruckluftspülung; unwirtschaftlich.
*IV* Versuchsergebnisse mit Ölspülung, unwirtschaftlich.
*V* Versuchsergebnisse an Staubmotoren gewöhnlicher Bauart, aber mit Büchsen und Ringen aus Sonderwerkstoffen.
*VI* Vergleichsversuche mit Öldieselmotoren.

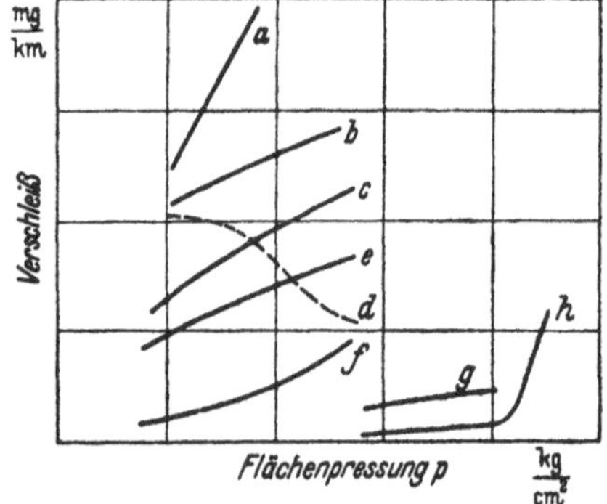

Bild 2/34. Einfluß der Flächenpressung auf Verschleißvorgänge (schematisch).

*a* Trocken-Mineralgleitverschleiß Metall/Mineral.
*b* Trocken-Korngleitverschleiß Me/Mineral.
*c* Trocken-Gleitverschleiß Me/Me.
*d* Trocken-Gleitverschleiß mit Sondertendenz Me/Me.
*e* Schmier-Korn-Gleitverschleiß Me/Me.
*f* Schmier-Gleitverschleiß Me/Me.
*g* Trocken-Wälzverschleiß St/St.
*h* Schmier-Wälzverschleiß St/St.

bis c) genauer zu erfassen und sie dann mit erprobten ähnlichen Verschleißverhältnissen zu vergleichen und die hierfür vorliegenden Erfahrungen auszunutzen [1] (s. Bild 2/32).

a) *Verschleißarten*: Im Maschinenbau haben wir es entsprechend dem Bewegungsvorgang vor allem zu tun mit

---

[1] Die jeweiligen Verschleißerfahrungen sind nur *engbegrenzt* übertragbar. So ist z. B. Mn-Hartstahl bei stark quetschender Gleitbewegung (z. B. bei Baggerzähnen) infolge Kalthärtung sehr verschleißfest, bei leicht schürfender Gleitbewegung (z. B. Sandstrahlen) dagegen nur mittelmäßig.

*Gleit*-Verschleiß (bei Gleitlagern, Gleitführungen, Zahnrädern, Rutschen, Brechern, Pflugscharen und sonstigen Bearbeitungswerkzeugen),

*Wälz*-Verschleiß (bei Wälzlagern, Laufrädern, Nocken, Zahnrädern); ferner mit *Strahl*-Verschleiß (bei Düsen, Turbinen, Rohrkrümmern) und *Sog*-Verschleiß (Kavitation bei Wasserturbinen).

Dann ist es von Bedeutung, ob die Verschleißbewegung „*geschmiert*" oder „*trocken*", mit oder ohne „Zwischenkorn" (Mineralstaub) vor sich geht. Ferner unterscheiden wir den Verschleißangriff durch *Mineralien* (Steine, Erden, Erze), kurz „Mineralverschleiß", wegen seiner besonders ungünstigen Wirkung gegenüber dem Verschleißangriff durch andere Stoffe. Darüber hinaus können wir die Verschleißart nach der Stoffpaarung, nach den Verschleiß*erscheinungen* (s. Punkt b), nach dem Verschleiß*verlauf* usw. kennzeichnen. Es können auch mehrere Verschleißarten überlagert auftreten.

b) *Verschleißerscheinungen:* Beim *Gleit*-Verschleiß können außer *Aufrauhungen* und feinem *Abrieb* (mehr oder weniger oxydiert!) noch plastische Verformungen, Riefenbildungen, Rattermarken, und bei *Trocken*-Gleitverschleiß auch „Fressen", d. h. Verschweißen und nachfolgendes Losreißen mehr oder weniger großer Teilchen, auftreten. Der Abrieb selbst kann wiederum zwischen den Gleitflächen „klemmend" oder „rollend" wirken. Beim Wälz-Verschleiß können plastische Verformungen und Anrisse, Ausbröckelungen (Grübchen, „pittings"), und Abblätterungen, Narbungen und Einpressungen von Fremdkörpern auftreten, während beim *Strahl*- und *Sog*-Verschleiß vor allem Auswaschungen (Erosionen), Auskolkungen und Lochbildungen zu beobachten sind.

c) *Einflußgrößen:* Der Verschleiß wird nach Art und Menge erheblich beeinflußt

 1) von der *Paarung* (Eigenschaften der gepaarten Stoffe, Form, Glätte, Dichte und Härte der Oberfläche),

 2) vom *Zwischenstoff* (Flüssigkeit, Staubkörner, Abrieb, Gase, Luft usw.),

 3) von der *Belastung je Flächeneinheit*,

 4) vom *Bewegungsablauf* (Bewegungsart und -Geschwindigkeit),

 5) von *sonstigen Größen* (wie Temperatur usw.).

d) *Verschleißtendenzen:* Wesentliche Ansatzpunkte für die Verschleißabwehr ergeben sich aus der Kenntnis des Verschleiß*verlaufs* über der Zeit (Bild 2/33), über der Belastung (Bild 2/34), über der Geschwindigkeit, über der Werkstoffpaarung (Bild 2/35) und ferner über der Härte der Oberflächen (Bild 2/36 u. 2/37) und der Verschleißart usw.

### 3. Günstige Maßnahmen (allgemein) [1].

Auf Grund der Verschleißanalyse lassen sich unter Heranziehung der bisherigen Erfahrungen (Verschleißtendenzen) gewöhnlich Hinweise zur Verringerung des Verschleißes oder seiner Folgen oder Hinweise für geeignete Versuche geben (s. Bild 2/32).

*Allgemeine Empfehlungen.* a) *Günstigere Stoffpaarung.* Gewöhnlich kann man den Verschleiß durch Verwendung verschleißfesterer Werkstoffe, oder richtiger gesagt, durch eine günstigere Stoff*paarung* (s. Bild 2/35 bis 2/45) herabdrücken. Es bleibt jedoch zu beachten, daß eine unter bestimmten Verschleißbedingungen günstige Paarung bei geänderten Bedingungen ungünstiger sein kann. Siehe hierzu die besonderen Erfahrungsangaben unter Punkt 4. bis 7. In vielen Fällen läßt sich aber noch mehr erreichen, wenn man die Verschleiß*arbeit* selbst verringert durch

b) *günstigere Verschleißbewegung*, z. B. bei Dichtungen durch berührungslose Labyrinthdichtung statt Gleitdichtung, bei Zahnrädern durch kleinere Zähne und größere Eingriffswinkel, bei Gelenken durch Federgelenk statt Bolzengelenk; ferner Wälzbewegung statt Gleitbewegung, flüssige, statt halbflüssiger Gleitreibung, bzw. halbflüssige statt trockener Reibung (auch bei Mineralstaub als Zwischenkorn!).

---

[1] Ich glaube, die Erkenntnisse der Verschleißtechnik könnten auch für das *menschliche* Zusammenleben — zweckmäßige und unzweckmäßige Paarungen — von Bedeutung sein. Jedenfalls findet man hier noch zuviel trockene Gleitreibung mit Freßtendenz!

c) *Herabsetzung der Verschleißkräfte*, z. B. durch günstigere Wahl der Flächen-pressung, der Geschwindigkeit und der Formgebung [1], durch *Herabsetzung des Reib-werts*, z. B. durch glattere Oberflächen (besonders bei Gleitlagern wichtig!), durch günstigere Schmierung [2]; durch Fernhalten von Mineralstaub (sichere Dichtungen!), durch Sammelrillen für Abrieb und Staub usw.

d) *Grenztemperatur* nicht überschreiten, z. B. bei Ölschmierung, bei Kunstreibstoffen usw.

e) *Verschleißfolgen verringern*, z. B. Nachstellvorrichtungen vorsehen, den Verschleiß auf bestimmte Verschleißteile beschränken und diese leicht auswechselbar machen. In vielen Fällen wird man den Verschleiß auch durch Auftragschweißen, durch Metall-Aufspritzen oder durch dünne Überzüge, z.B. durch Hartverchromen, ausgleichen können.

### 4. Bei Gleitverschleiß.

Möglichst „flüssige" Reibung erstreben (ohne Verschleiß! s. Gleitlager), wofür eine glatte gleit- und bettungsfähige Tragfläche aus Lagermetall gepaart mit einer glattharten Gleitfläche durchweg günstig ist (Bild 2/35). Ferner Kantenpressungen vermeiden und

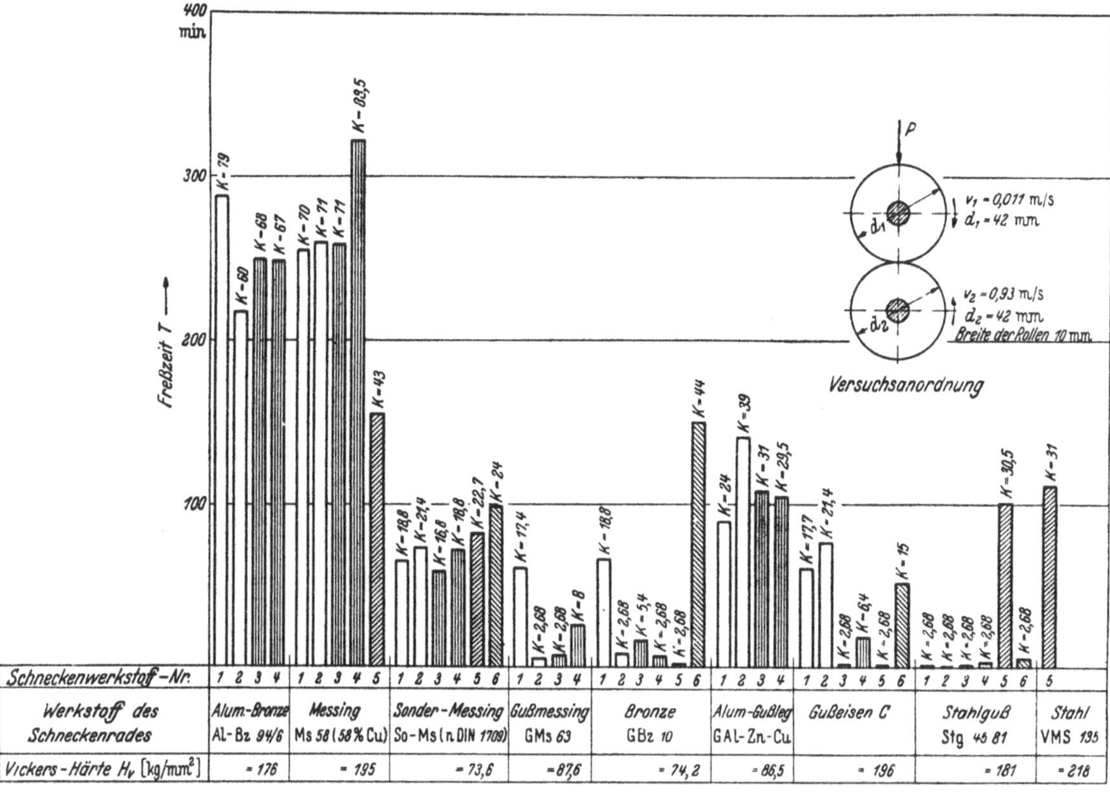


| Schneckenwerkstoff-Nr. | 1 2 3 4 | 1 2 3 4 5 | 1 2 3 4 5 6 | 1 2 3 4 | 1 2 3 4 5 6 | 1 2 3 4 | 1 2 3 4 5 6 | 1 2 3 4 5 6 | 5 |
|---|---|---|---|---|---|---|---|---|---|
| Werkstoff des Schneckenrades | Alum.-Bronze Al-Bz 94/6 | Messing Ms 58 (58 % Cu) | Sonder-Messing So-Ms (n DIN 1709) | Gußmessing GMs 63 | Bronze GBz 10 | Alum-Gußleg GAL-Zn-Cu | Gußeisen C | Stahlguß Stg 45 81 | Stahl VMS 135 |
| Vickers-Härte $H_v$ [kg/mm²] | ≈ 176 | ≈ 195 | ≈ 73,6 | ≈ 87,6 | ≈ 74,2 | ≈ 86,5 | ≈ 196 | ≈ 181 | ≈ 218 |

Bild 2/35. Schmiergleitverschleiß von Werkstoffpaarungen für Schneckengetriebe nach Versuchen von WAHL. Ermittelt wurde die Laufzeit bis zum Freßbeginn der Rollenpaarung. Die Umfangsgeschwindigkeit beträgt $v_1 = 0{,}011$ m/s, $v_2 = 0{,}93$ m/s. Die spezifische Belastung $K = \dfrac{P}{d \cdot b}$ (kg/cm²) ist für jede Paarung angegeben! $d = \dfrac{d_1 \cdot d_2}{d_1 + d_2}$; Tropfschmierung mit Spindelöl. Schneckenwerkstoff:

*1* ist Stahl VMS 135 ($H_v = 218$);  
*2* ist St 70.11 ($H_v = 278$);  
*3* ist StC 45.61 gehärtet ($H_v = 566$);  
*4* ist StC 16.61 einsatzgehärtet ($H_v = 807$);  
*5* ist St 60.61 verchromt;  
*6* ist VMS 135 phosphatiert.

Mineralstaub durch sichere Dichtungen fernhalten. Die Schmierung durch günstige Schmierkeilbildung (richtige Schmiernuten und Lagerspiel), durch richtige Wahl der Schmierzähigkeit entsprechend der Gleitgeschwindigkeit, Temperatur und Belastung

---

[1] Die verschlissene Form gibt häufig wertvolle Fingerzeige für eine günstigere Formgebung.

[2] Bei Reibkupplungen und Reibbremsen mit Kunstreibstoff setzt z. B. eine geringe Schmierung den Ver-schleiß erheblich herab, während der Reibwert nur wenig absinkt.

und durch ausreichende Zuführung von Schmierstoff sichern (s. Gleitlager). Bei *Trocken-Gleitverschleiß* und auch bei *halbflüssiger* Reibung ist außerdem eine *freßsichere* Stoffpaarung wesentlich. Den Einfluß der Härte und der Härteverfahren zeigen Bild 2/36 u. 2/37. Bei Trocken-Gleitverschleiß ist auch der Einfluß von Gasen beachtlich[1]. Günstige Werkstoffpaarungen s. Bild 2/35 bis 2/39.

Bei *Korn-Gleitverschleiß*, z. B. bei Metall gegen Metall mit Mineralstaub als Zwischenkorn (Gleitlager bei Baggern, Greifern und Landmaschinen) ist der „*Einbettungseffekt*" zu beachten: Das Zwischenkorn drückt sich hierbei in den weicheren Werkstoff stärker ein als in den härteren und greift dann durchweg den härteren Werkstoff mehr an, als den weicheren. Gleichharte Werkstoffe sind ungünstiger als ungleich harte, sofern sie nicht härter als das Zwischenkorn sind. Günstige Werkstoffpaarungen s. Bild 2/38 bis 2/40. Ferner zeigen Versuche [2/38], daß auch bei

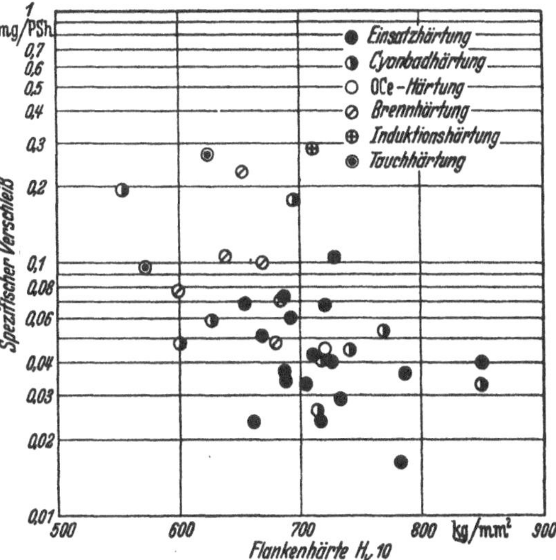


Bild 2/36. Schmiergleitverschleiß bei gehärteten Zahnrädern. Einfluß der Härte und des Härteverfahrens, nach GLAUBITZ [2/47].

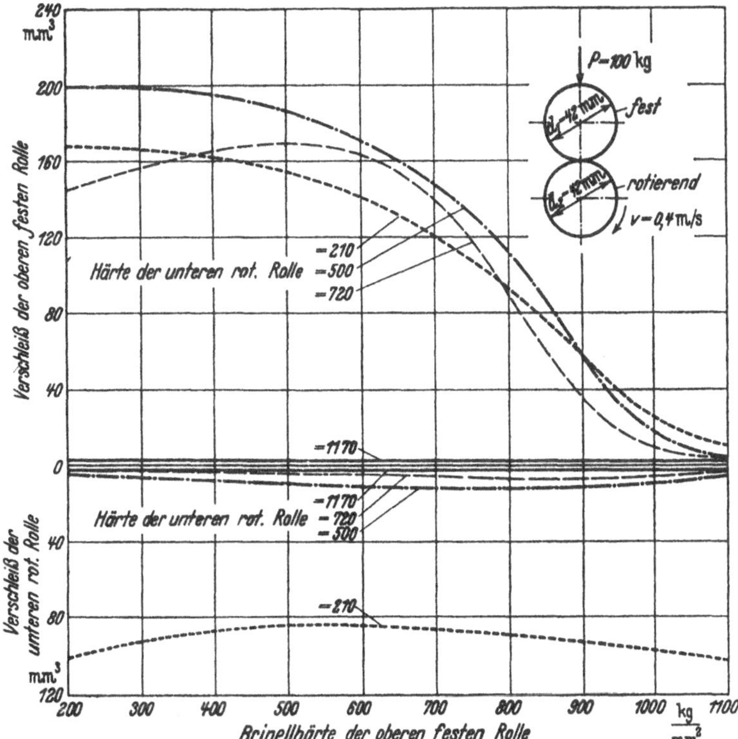


Bild 2/37. Trocken-Gleitverschleiß bei Stahl/Stahl verschiedener Härte nach Versuchen von WAHL auf der Amsler-Rollen-Prüfmaschine. Spez. Belastung $K = \dfrac{P}{d \cdot b} = \dfrac{100}{2,1 \cdot 1} = 47,7$ kg/¢m², Umfangsgeschwindigkeit $v \approx 0,4$ m/s.

---

[1] Nach Versuchen von SIEBEL [2/40] mit Trocken-Gleitverschleiß von St 60 gegen St 60 betrug z. B. der Verschleiß bei Einblasen von $N_2$ statt Luft nur $^1/_5$, von $O_2$ nur $^1/_{180}$, und bei $CO_2$ war er praktisch Null.

mineralischem Zwischenkorn der Verschleiß erheblich geringer ausfällt, wenn die Gleitflächen *geschmiert* werden (bisher oft umgekehrt angenommen).

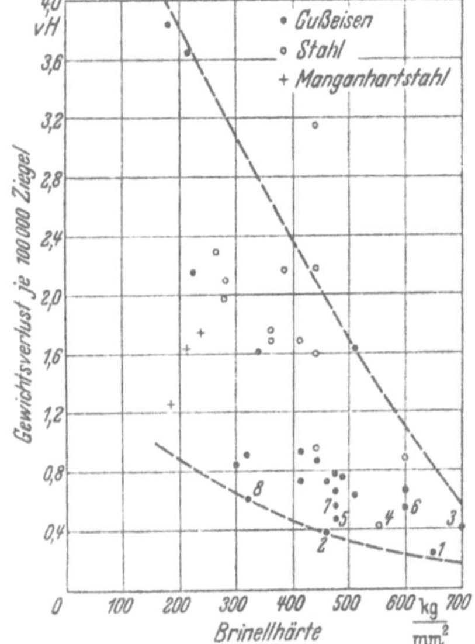


Bild 2/38. Schmier-Korn-Gleitverschleiß (Paste aus Schmirgel und Öl) und Trocken-Gleitverschleiß bei verschiedenen Metallpaarungen.

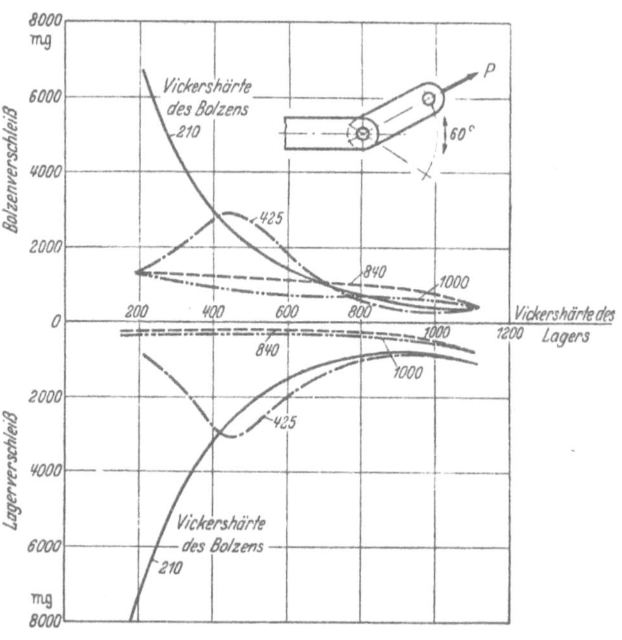


Bild 2/39. Trocken-Korngleitverschleiß: Verschleiß von Kettenbolzen und Kettenbüchsen aus StC 60.61 verschieden vergütet, unter 60° Schwenkwinkel, Flächenpressung $p = P/(d \cdot b) = 10$ kg/cm². nach Versuchen von WAHL.

Bei *Mineral-Gleitverschleiß* (Mineral gegen Metall) z. B. bei Pflugscharen, Baggern, Greifern, Rutschen, Brechern und Knetmühlen sind nach Bild 2/40 durchweg sehr harte Stähle, insbe-



Bild 2/40. Mineral-Gleitverschleiß: Verschleiß von Knetmühlenmessern in Ziegelbrei. Einfluß von Werkstoff und Härte der Messer (nach DIERKER, EVERHART und RUSSEL). Legierungsanteile für die günstigsten Werkstoffe Nr. 1 bis 8: Nr. 1 (2% C, 3% Cr, 5% Mo): Nr. 2 (2,5 C, 28 Cr); Nr. 3 (3.4 C, 1,5 Cr, 4,6 Ni); Nr.4 (1,5 C, 14 Cr, 3,5 Cu); Nr. 5 (3,1 C, 1,6 Mn, 1.0 Mo); Nr.6 (3,1 C, 2,9, Mn, 1,4 Mo); Nr. 7 (3,1 C, 1,6 Mn); Nr. 8 (3,9 C, 1,0 Mn, 1,0 Mo).

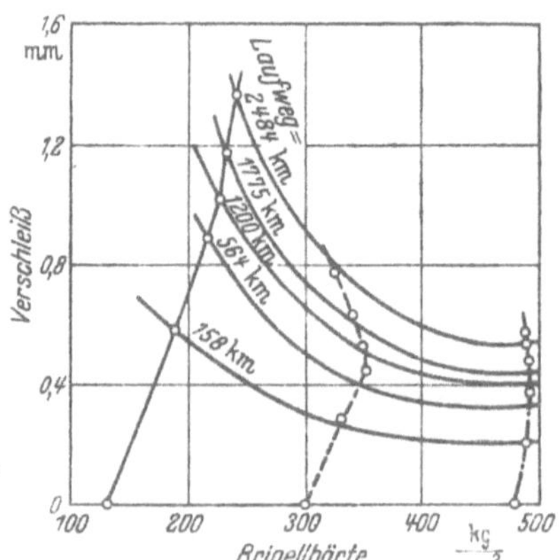


Bild 2/41. Trocken-Wälzverschleiß von Kranlaufrädern mit aufgeschweißten Laufflächen verschiedener Härte (nach HUNGSBERG).

sondere Hartguß und Hartmetalle mit hohen Anteilen an C, Cr, Mn, Ni und Mo besonders günstig.

### 5. Bei Wälzverschleiß.

Bei *Wälzverschleiß* z. B. bei Laufrädern, Zahnrädern, Reibrädern, Nockensteuerungen, bei Wälz- und Schneidenlagern aus Stahl oder Eisen wächst die ertragbare Belastung bei *Linien*berührung etwa mit $H_B^3/E$ und bei Punktberührung mit $H_B^3/E^2$. Bei zusätzlichem positivem Schlupf z. B. am Zahnkopf von Zahnrädern ist

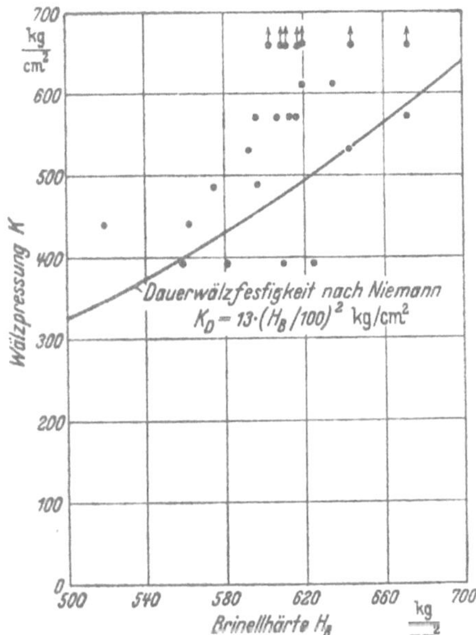


Bild 2/42. Schmier-Wälzverschleiß von gehärteten Zahnrädern (nach Versuchen von GLAUBITZ). Einfluß der Härte auf den Eintritt der Grübchenbildung

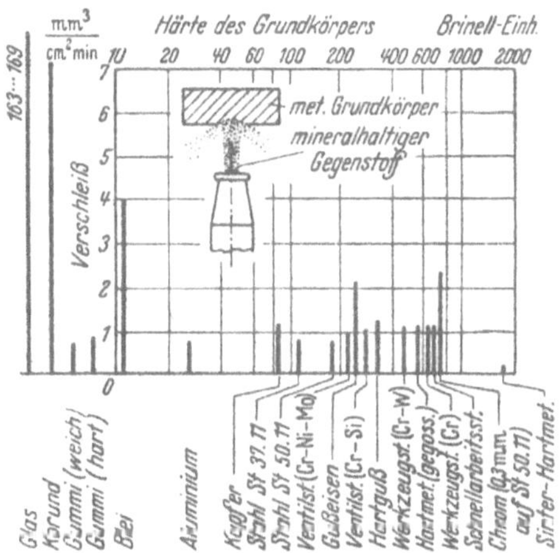


Bild 2/43. Senkrecht-Strahlverschleiß durch Quarzsand an verschiedenen Werkstoffen (nach WELLINGER und BROCKSTEDT).

die ertragbare Belastung größer und bei Trockenlauf unterbleibt die Grübchenbildung. Dafür tritt aber bei Trockenlauf entsprechend mehr Oxydbildung, Abrieb und Abblättern der Lauffläche auf. Einfluß der Brinellhärte $H_B$ s. Bild 2/41 und 2/42.

### 6. Bei Mineral-Strahlverschleiß.

Bei *Mineral-Strahlverschleiß* (Mineralstrahl gegen Werkstoff, z. B. beim Sandstrahlen) ist bei *senkrechter* Bestrahlung nach Bild 2/43 die Härte des Grundkörpers zwischen 100 bis 600 Brinell erstaunlicherweise ohne besonderen Einfluß, es kann sogar ein weicherer Werkstoff, z. B. Gummi und St 37 günstiger sein als ein härterer, z. B. als Hartguß, Hartmetall gegossen und Glas.

Bei *tangentialem* Strahl ist dagegen nach Bild 2/44 der härtere Werkstoff

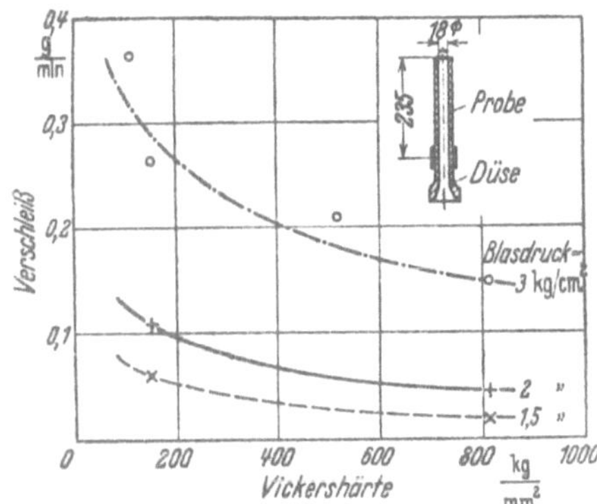


Bild 2/44. Tangential-Strahlverschleiß durch Quarzsand bei Düsen aus verschieden hartem Stahl (nach WELLINGER und BROCKSTEDT).

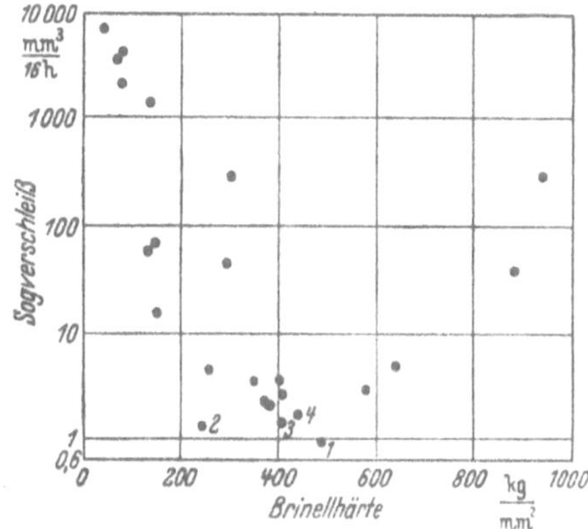


Bild 2/45. Sogverschleiß (Kavitation) bei verschiedenen Metallen (nach MOUSSON).

Günstigste Werkstoffe: Nr. 1 Stellit gewalzt (30% Cr, 65% Co 4 W); Nr. 2 Rostfreier Stahl, elektrisch aufgeschweißt (17 Cr, 7 Ni); Nr. 3 Rostfreier Stahl kugelfallgehärtet (18 Cr, 8 Ni); Nr. 4 Stellit gewalzt (30 Cr, 60 Co, 8 W).

durchweg bedeutend verschleißfester. Günstig ist auch die Bildung einer Schutzschicht aus dem Strahlgut als Auflage.

### 7. Bei Sogverschleiß.

Bei *Sogverschleiß* sind nach Bild 2/45 Stähle und Stellite mit hohen Legierungszusätzen an Cr, Co, Ni und Wo besonders günstig, wobei die Brinellhärte zwischen 250—500 liegt.

## 2.13. Korrosionsschutz.

Der notwendige Schutz unserer Maschinen gegen Korrosion, d. h. gegen Abnutzung durch chemische Veränderungen, beeinflußt nicht nur die Wahl der Werkstoffe und der Werkstoffpaarung, sondern auch die konstruktive Gestaltung und den Gang der Fertigung. Es ist daher notwendig, daß der Konstrukteur mit den verschiedenen Arten der Korrosion und ihrer Abwehr vertraut ist und im übrigen in der Lage ist, die Ergebnisse der Korrosionsforschung für seine Aufgaben auszunutzen. Hier sei besonders auf die „Korrosionstabellen metallischer Werkstoffe, geordnet nach angreifenden Stoffen", von RITTER [2/58] hingewiesen.

### 1. Korrosionsarten und Korrosionserscheinungen.

a) Bei der *chemischen* Korrosion handelt es sich um die Bildung von Sauerstoffverbindungen, die durch die Berührung mit Gasen (Atmosphäre), mit Wasser, mit wäßrigen Lösungen, mit Säuren und Alkalien und sonstigen aktiven chemischen Stoffen zustande kommen, wobei die Temperatur (Kochen und Glühen), die innige Berührung (rauhe Oberfläche, Risse, Riefen, grobes Korn) und Verunreinigungen den Vorgang erheblich beschleunigen können.

Wesentlich für den Korrosionsschutz ist nun, wie weit durch den Korrosionsvorgang selbst genügend schützende Deckschichten entstehen (Passivierung), wie z. B. bei Stahl durch Zusatz von Cr, Cu usw., bei Grauguß und Bronze durch Zusatz von Si usw.

b) Bei der *elektrochemischen* (Spannungs-) Korrosion handelt es sich um die Bildung von galvanischen Lokalelementen zwischen Metallen, die in der Spannungsreihe (Tafel 2/3) weiter auseinanderliegen und durch eine stromleitende Flüssigkeit, z. B. Schwitzwasser verbunden sind. Hierbei wird das *unedlere* Metall, z. B. Eisen gegenüber Kupfer, angegriffen.

**Tafel 2/3.** *Spannungsreihe (Volt) der Metalle in wäßriger Lösung gegen Wasserstoffelektrode (nach LÜPFERT).*

| Kalium . . | —3,2 | Eisen . . . | —0,43 | Wasserstoff. | +0 |
|---|---|---|---|---|---|
| Natrium . . | —2,8 | Kadmium . | —0,40 | Kupfer . . | +0,34 |
| Magnesium. | —1,55 | Kobalt . . | —0,29 | Silber . . . | +0,8 |
| Aluminium. | —1,28 | Nickel . . . | —0,22 | Quecksilber | +0,86 |
| Mangan . . | —1,08 | Blei . . . . | —0,12 | Gold . . . | +1,5 |
| Zink. . . . | —0,76 | Zinn. . . . | —0,1 | Platin . . . | +1,8 |

c) *Korrosionserscheinungen*. Wir können hier unterscheiden nach der äußeren Erscheinung: gleichmäßiges Korrodieren (Rosten, Zundern), Lochfraß, Unterrosten und Herabsetzung der Dauerfestigkeit (Gefügelockerung); dann nach dem Korrosionsverlauf: den *gleichmäßigen* Angriff gleichmäßig fortschreitend oder abklingend (Schutzschichtbildung), den *Korngrenzen*angriff entlang der Korngrenzen (Gefügelockerung) und den *selektiven* Angriff auf bestimmte Stellen oder Gefügeteile.

Die Art der Korrosionserscheinungen gibt wesentliche Hinweise für Schutzmaßnahmen.

### 2. Korrosionsverhalten der Metalle.

a) *Eisen* neigt zu starker Rostbildung in der Atmosphäre, im Wasser, in wäßrigen Lösungen und durchweg auch in Säuren, während es in hartem Wasser eine Schutzschicht bildet und auch alkalische Lösungen und konzentrierte Salpetersäure erträgt. Durch Zusatz von Cu, Al, Si oder Cr kann jedoch seine Korrosionsbeständigkeit erheblich erhöht werden.

b) *Aluminium* und Al-Legierungen s. S. 95 und S. 96.

c) *Magnesium* s. S. 97.

d) *Zink* bildet an der Atmosphäre eine unansehnliche mattgraue, aber dichte Schutz-schicht, auch gegen Schwefelwasserstoff; sie schützt aber nicht gegen schweflige Säure und Chloride in der Industrieluft und auch nicht gegen kochendes Wasser, schwache Säuren, Alkalien, chlorid- und sulphathaltige Lösungen. Zinklegierungen sind meist noch unbeständiger.

e) *Kadmium* verhält sich ähnlich wie Zink.

f) *Blei* ist durch Schutzschichtbildung beständig gegen Luft, gegen hartes Wasser, gegen Schwefel und Schwefelverbindungen.

g) *Zinn* ist beständig gegen Luft, wäßrige Lösungen und schwache Säuren (Nahrungs-mittelindustrie), aber sehr empfindlich gegen schweflige Säure und Kälte (Zinnpest), etwas weniger gegen alkalische Lösungen und starke Säuren.

h) *Kupfer* ist sehr widerstandsfähig gegen Luft (Patinabildung), Gase, wäßrige Lösungen. Seewasser, sowie gegen die meisten Säuren, Basen und Salze; aber nicht gegen Salpeter-säure, Ammoniak und Schwefel und bildet bei Fruchtsäure Grünspan (giftig!).

*Kupferlegierungen* verhalten sich ähnlich (Bronze meist. noch besser als Cu); Messing mit weniger als 61% Cu ist korrosionsgefährdeter.

i) *Nickel* verhält sich ähnlich wie Kupfer. Jedoch können schwefelhaltige Gase in der Wärme die Korngrenzen angreifen.

k) *Platin, Gold und Silber* sind als Edelmetalle korrosionsfest. Nur Silber wird von Schwefelwasserstoff geschwärzt und von Salpetersäure und anderen starken Oxydations-mitteln angegriffen.

l) *Chrom* ist, abgesehen von Alkalien, auch bei höheren Temperaturen und auch gegen oxydierende Mittel sehr korrosionsbeständig.

### 3. Schutzmaßnahmen.

Wenn die Korrosionsbeständigkeit des verwendeten Werkstoffs für den betreffenden Zweck nicht ausreicht, sind besondere Vorkehrungen zu treffen, die sich nach der Art des Korrosionsangriffs, nach dem Grade des notwendigen Schutzes und nach dem Werk-stoff richten. Hierzu einige Angaben:

a) *Schutz gegen Spannungskorrosion* ist besonders an der Berührungsstelle von Metallen verschiedenen Potentials (s. Tafel 2/3) erforderlich, wenn Feuchtigkeit hinzutritt. So kann man an der Stoßstelle von Stahl und Leichtmetall die Stahlseite verzinken oder phosphatieren, die Aluminiumseite eloxieren oder lackieren, die Magnesiumseite bichro-matisieren oder mit einer isolierenden Zwischenlage aus Kunststoff versehen.

b) *Fettüberzüge* aus Mineralfett, Staufferfett oder Vaseline sind für einen vorüber-gehenden Schutz blanker Metallteile gegen Anrosten geeignet.

c) *Brünieren* von Eisen und Stahl ergibt eine schöne schwarze Oberfläche und etwas erhöhte Rostbeständigkeit.

d) *Lacküberzüge* (elastisch!), können durch Streichen, Spritzen oder Tauchen auf-gebracht und gegebenenfalls noch durch Einbrennen stoßfest gemacht werden. Hierfür kommen je nach den Umständen Öl-, Kunstharz-, Nitrozellulose- und Einbrennlacke in Frage und gegen Laugen, Chlor oder starke Säuren auch Chlorkautschuklacke.

e) *Phosphatieren* („Parkern" und „Bondern") wird in steigendem Maße als Rostschutz und als Grundschicht für Lack oder Fettüberzüge, besonders bei Stahl- und Eisenteilen angewendet. (Auch für Gleitflächen vorteilhaft!)

f) *Tauch- oder Spritzüberzüge* aus Zinn, Zink, Blei oder Aluminium. Die Spritz-überzüge sind weniger dicht, also weniger korrosionsschützend. Durch Al-Überzüge kann eine hohe Zunderbeständigkeit erreicht werden.

g) *Verzinken*, besonders *Glanzverzinken* und anschließendes Lackieren mit Klarlack wird heute als Korrosionsschutz für Eisen und Stahl gegenüber Verchromen, Verkupfern und Vernickeln bevorzugt.

h) *Galvanische Überzüge* (Elektroplattierung) aus Kupfer, Nickel, Chrom oder Kadmium. Die Überzüge sind härter als das Ausgangsmetall. Hartverchromen hat sich besonders bewährt als Verschleißschutz für Schneid-, Zieh- und Meßwerkzeuge.

i) *Elektrisches Oxydieren* von Aluminium (Eloxalverfahren) ergibt eine Schutzschicht, die korrosions-, haft- und verschleißfest ist, außerdem elektrisch isolierend und gut rückstrahlend, gut färb- und tränkbar und sehr hart ist. Das entsprechende Verfahren für Magnesium (Elomag) hat sich gegenüber den Chromatbeizen noch weniger durchgesetzt.

k) *Eindiffundieren* von Al in Stahl (Alumetieren, Kalorisieren, Alitieren), um Stahl gegen Hitze, Sauerstoff und Schwefel beständig zu machen; ferner von Chrom in Stahl (Inkromieren), um ihn rost- und zunderbeständig zu machen und schließlich von Stickstoff in Stahl (Nitrierhärten) als Verschleißschutz.

l) *Chromatbeizen*, meist mit anschließendem Lackieren ist als Korrosionsschutz besonders für Magnesium-Legierungen, ferner für Aluminium und Zinklegierungen von großer Bedeutung.

m) *Plattieren* für besonders hohe Korrosionsbeanspruchungen. Hierbei wird das Überzugsmetall zusammen mit dem Grundmetall ausgewalzt, z. B. werden Stahlbleche oder Stahlrohre mit Al, Cu, Ni, Ms, Tombak oder Chromnickelstahl plattiert, Al-Bleche mit Cu (Cupal) und Al–Cu–Mg-legierte Bleche mit korrosionsbeständigem Al.

n) *Emailüberzüge* für Blechwannen, Kannen, Töpfe u. dgl. sind chemisch sehr beständig (nicht gegen Alkali und Flußsäure), aber weniger schlagfest (spröde).

## 2.14. Schrifttum zu 2.
### 1. Allgemeines.


[2/1] KRUMME, W.: Konstruktionserfahrungen aus dem Maschinen- und Gerätebau München. Hanser-Verlag 1947.

[2/2] BAUERFEIND, R.: Konstruieren. Brandenburg: Selbstverlag 1947.

[2/3] WÖGERBAUER, H.: Die Technik des Konstruierens. München, Berlin: Oldenburg 1943.

[2/4] RABE, K.: Grundlagen feinmechanischer Konstruktionen. Wittenberg: Ziemsen-Verlag 1942.

[2/5] RICHTER, v. VOSS: Bauelemente der Feinmechanik. Berlin: VDI-Verlag 1942.

[2/6] WINTER, H.: Grundzüge der Maschinenkonstruktion und Normung. Wolfenbüttel: Verlagsanstalt 1947.

[2/7] — Winke für den Konstrukteur. AEG-Norm 175.

[2/8] LAUDIEN-EDERT-QUANTZ: Maschinenelemente. Leipzig: Jänecke 1931.

[2/9] ERKENS, A.: Die Grundlagen der Konstruktion, dargestellt an einem Beispiel der Praxis. Berlin: Beuth-Vertrieb 1930. — ferner: Aus der Konstruktionspraxis. Berlin 1931.

[2/10] — Konstruiere mit Kerbstift. Kerb G. m. b. H. 1926.


### 2. Beanspruchung und Gestaltung.
(S. auch Festigkeitsrechnung S. 60 und Leichtbau S. 77.)


[2/11] LEHR, E.: Spannungsverteilung in Konstruktionselementen. Berlin 1934.

[2/12] — Konstruktionstagung Stuttgart, Festigkeit und Formgebung. Stuttgart 1936.

[2/13] WUNDERLICH, F.: Festigkeit und Formgebung. Stuttgart: VDI-Verlag 1938.

[2/14] UDE, H.: Steigerung der Dauerhaltbarkeit der Konstruktionen. Z. VDI Bd. 79 (1935) S. 47.

[2/15] UDE, H.: Neuere Erkenntnisse der Werkstofforschung als Grundlage der Konstruktion (Vortrag). Auszug hieraus s. Techn. Blätter Bd. 31 (1941) S. 203.

[2/16] WIEGAND, H.: Oberflächengestaltung und -behandlung dauerbeanspruchter Maschinenteile. Z. VDI 84 (1940) S. 505.


### 3. Werkstoff und Gestaltung.


[2/17] LÜPFERT, H.: Metallische Werkstoffe (Gestaltungsgrundsätze für Gußteile S. 56). Bad Wörishofen: Verlag Banaschewski 1946.

[2/18] — Werkstoffumstellung im Maschinen- und Apparatebau. Berlin: VDI-Verlag 1940.

[2/19] — Konstruieren in neuen Werkstoffen. VDI-Sonderheft Berlin: VDI-Verlag, 1942.

[2/20] — Werkstoffsparende Gestaltung. Hrsg. TWL. Berlin: Beuth-Vertrieb 1938.


### 4. Fertigung und Gestaltung.


[2/21] LEINWEBER, P.: Passung und Gestaltung. Berlin: Springer 1942.

[2/22] METZNER, W.: Fertigungstechnische Richtlinien für die Gestaltung von Heeresgerät. Werkstatts-technik und Werksleiter Jg. 34 (1940) S. 322.

[2/23] LEHMANN, R.: Wirtschaftlicher konstruieren — billiger gießen! Berlin: VDI-Verlag 1932.

[2/24] LISCHKA, A.: Was muß der Maschineningenieur von der Eisengießerei wissen? Berlin: Springer 1929.
[2/25] KOTHNY, E.: Einwandfreier Formguß (Werkstattbücher H. 30). Berlin: Springer-Verlag 1938.
[2/26] VÄTH, A.: Der Schleuderguß. Berlin: VDI-Verlag 1934.
[2/27] JUNGBLUTH: Gestaltung für Temperguß. Kruppsche Monatshefte 1927, S. 193.
[2/28] — Gestaltung von Spritzgußteilen aus nichthärtbaren Kunststoffen. Berlin: VDI-Richtlinien 1942.
[2/29] — Der Spritz- und Preßguß. Düsseldorf 1942.

### 5. Verschleißabwehr.
#### (Weiteres Schrifttum s. WAHL [2/30].)

[2/30] WAHL, H.: Verschleißtechnik. Die Technik Bd. 3 (1948) S. 193 (weiteres Schrifttum).
[2/31] WAHL, H.: Verschleißbekämpfung bei Staubmotóren. Z. VDI Bd. 80 (1936).
[2/32] — Reibung und Verschleiß. Vorträge der VDI-Verschleißtagung Stuttgart 1938. Berlin: VDI-Verlag 1939.
[2/33] SIEBEL, E.: Handbuch der Werkstoffprüfung Bd. I und II. Berlin: Springer 1939 und 1940.
[2/34] — Verein deutscher Eisenhüttenleute: Werkstoff-Handbuch Stahl und Eisen. Düsseldorf: Verlag Stahleisen 1937 (besonders D 21).
[2/35] — Verein deutscher Eisenhüttenleute: Werkstoffausschuß. Berichte Nr. 37, 59, 210, 275, 339.
[2/36] KLOTH, W.: Die Haltbarkeit der Bodenbearbeitungswerkzeuge. Die Technik i. d. Landwirtschaft Bd. 11 (1930) S. 332.
[2/37] KLOTH, W.: Haltbarkeitsforschung im Landmaschinenbau. Z. VDI Bd. 75 (1931) S. 1127.
[2/38] DAEVES: Schwachstellenforschung. Autom.-techn. Z. Bd. 44 (1941) S. 107—111.
[2/39] SPORKERT, K.: Über die Abnutzung von Metallen bei gleitender Reibung. Werkstattstechnik Bd. 30 (1936) S. 221 ff.
[2/40] SIEBEL, E. u. R. KOBITZSCH: Verschleißerscheinungen bei gleitender trockener Reibung. Berlin: VDI-Verlag 1941.
[2/41] KEHL, B.: Untersuchungen über das Verschleißverhalten der Metalle bei gleitender Reibung. Diss. Stuttgart 1935.
[2/42] KNIPP, E.: Über den Verschleiß von Eisenlegierungen auf mineralischen Stoffen. Gießerei Bd. 24 (1937) Nr. 2 S. 25—28.
[2/43] HÜNGSBERG, H.: Der Verschleiß von Auftragschweißen bei Kranlaufrädern und Rollenlagern im Betrieb und Laboratorium. Arch. Eisenhüttenwesen Bd. 16 (1942/43) Nr. 11/12 S. 453—464.
[2/44] DIERKER, A., J. D. EVERHART und R. RUSSEL: Wearing properties of some metals in clay plant operation. Bull. Ohio State University Bd. 8 (1939) Nr. 97, S. 25.
[2/45] LISSNER, A.: Über den Verschleißwiderstand metallischer Werkstoffe. Schlägel und Eisen Bd. 36 (1938) Nr. 3 S. 51—57.
[2/46] EICHINGER, A.: Verschleiß metallischer Werkstoffe. Mitt. KWI Eisenforschung Bd. 23 (1941) S. 247 bis 265.
[2/47] GLAUBITZ, H.: Oberflächenhärtung und Bauteilfestigkeit von Zahnrädern. Werkstatt und Betrieb Bd. 80 (1947) Nr. 10 S. 249 ff.
[2/48] GLAUBITZ, H.: Verschleißkennwerte für Zahnräder. ATM-Blatt V 9113—4, Okt. 1948.
[2/49] NIEMANN, G.: Walzenfestigkeit und Grübchenbildung bei Zahnrad- und Wälzlagerwerkstoffen. Z. VDI Bd. 87 (1942) S. 515.
[2/50] MOUSSON, J. M.: Pitting resistance of metals under cavitation conditions. Trans. Amer. Soc. mech. Engr. Bd. 59 (1937) S. 399.
[2/51] NOWOTNY: Werkstoffzerstörung durch Kavitation. Berlin 1942.
[2/52] WAHL, H. u. F. HARTSTEIN: Strahlverschleiß. Stuttgart: Franck'sche Verlagsbuchhandlung 1947.
[2/53] WELLINGER, K. und N. C. BROCKSTEDT: Versuche zur Ermittlung des Verschleißwiderstandes von Werkstoffen für Blasversatzrohre. Glückauf (1942) Nr. 10 S. 130—133; vgl. auch Stahl und Eisen Bd. 62 (1942) Nr. 30 S. 635—637.
[2/54] ZEMANN, J.: Die Abnützung als Berechnungsgrundlage für Maschinenteile. MTZ (1942) H. 10, S. 372.
[2/55] OPITZ, H.: Untersuchungen über das Verschleißverhalten von gußeisernen Flächen. Werkstattstechnik und Werksleiter Bd. 34 (1940) S. 42. — Festigkeit u. Verschleiß von Zahnrädern aus geschichteten Kunstpreßstoffen. Dtsch. Kraftfahrtforsch. Berlin 1939 H. 36.
[2/56] ENGLISCH, C.: Verschleiß, Betriebszahlen u. Wirtschaftl. von Verbrennungskraftmaschinen. Berlin: Springer 1943.
[2/57] HANFT, F.: Untersuchungen über die Abnutzung an Kraftfahrzeugteilen. Diss. TH. Dresden 1934. Nachtrag: SEIDEL u. TAUSCHER: Gleitverschleiß von Grauguß, Die Technik Bd. 4 (1949), S. 455.

### 6. Korrosionsschutz.
#### (S. auch LÜPFERT [2/17].)

[2/58] RITTER, F.: Korrosionstabellen metallischer Werkstoffe, geordnet nach angreifenden Werkstoffen. Wien: Springer 1937.
[2/59] — Z. Metalloberfläche. München: Verlag Hanser.
[2/60] BAUER, O., O. KRÖHNKE und G. MASING: Die Korrosion metallischer Werkstoffe. Leipzig 1936, 1940.

[2/61] WIEDERHOLT, W.: Metallschutz. AWF-Schriften Bd. 1 und 2. Leipzig 1938—1940.
[2/62] WIEDERHOLT, W.: Oberflächenschutz von Metallen. Z. VDI Bd. 85 (1941) S. 451—459. — Reiches Schrifttum.
[2/63] MACHE, W.: Metallische Überzüge. Leipzig: Verlagsanstalt 1941.

# 3. Festigkeitsrechnung.

Die Festigkeitsrechnung soll die Frage beantworten, wie weit ein Bauteil den zu erwartenden Belastungen gewachsen ist, bzw. welche Abmessungen hierfür erforderlich sind.

Wir berechnen hierzu nach den Regeln der Festigkeitslehre aus der gegebenen Nennlast die „*Nennspannung*" an den gefährdeten Stellen des Bauteils und vergleichen sie mit einer „*zulässigen Spannung*", oder wir berechnen umgekehrt aus der Nennlast und der zulässigen Spannung die erforderlichen Abmessungen an den gefährdeten Stellen.

Eine treffende Festigkeitsrechnung setzt voraus, daß auf der einen Seite die Betriebsbedingungen und die sich hieraus ergebenden Belastungen für den Bauteil richtig erfaßt sind und daß auf der anderen Seite genügend Erfahrungen für den Ansatz der zulässigen Spannung vorliegen. Wo diese Voraussetzungen fehlen, ist auf Klärung durch Versuche zu drängen: Messung der wirklichen Belastung im Betriebe einerseits und der Bauteilfestigkeit unter Betriebsbedingungen andererseits.

Wir zeigen nachfolgend die Ermittlung der *Nennspannung*, die Ermittlung der verschiedenen *Festigkeitswerte* und anschließend den Ansatz der *zulässigen Spannung*. Die Berechnung der *Formänderung* s. Federn (Kap. 12).

*Bezeichnungen:*

| | | |
|---|---|---|
| $A$ | (cmkg) | Verformungsarbeit |
| $a_k$ | (mkg/cm²) | Kerbschlagfestigkeit |
| $a$ | (—) | Beiwert, $= \sigma_{zul}/\tau_{zul}$ bzw. $= \sigma_{b\,zul}/\tau_{t\,zul}$ |
| $b_0$ | (—) | Größenbeiwert |
| $b$ | (mm, cm) | Breite |
| $C$ | (—) | Lastfehler $= \sigma_{Betr}/\sigma$ |
| $d, D$ | (mm, cm) | Durchmesser |
| $d_a, d_i$ | (mm, cm) | Außen-, Innendurchm. |
| $E$ | (kg/cm²) | E-Modul |
| $e$ | (cm) | Randabstand |
| $f$ | (cm) | Verformungsweg |
| $F$ | (mm², cm²) | Querschnitt, Fläche |
| $F_0$ | (mm⁴) | Ursprüngl. Querschnitt |
| $F_z$ | (mm²) | Bruchquerschnitt |
| $h$ | (mm, cm) | Höhe |
| $H_B$ | (kg/mm²) | Brinellhärte |
| $H_R$ | (kg/mm²) | Rockwellhärte |
| $H_V$ | (kg/mm²) | Vickershärte |
| $J_x, J_y$ | (cm⁴) | Flächen-Trägheitsmoment für Biegung |
| $J_t$ | (cm⁴) | Flächen-Trägheitsmoment für Drehung |
| $i$ | (cm) | Trägheitshalbm. $= \sqrt{J/F}$ |
| $L$ | (cm) | Stablänge |
| $L_K$ | (cm) | freie Knicklänge |
| $L_0$ | (mm) | Meßlänge |
| $M_b$ | (cmkg) | Biegemoment |
| $M_t$ | (cmkg) | Drehmoment |

| | | |
|---|---|---|
| $M_{bv}$ | (cmkg) | Vergleichs-Biegemoment |
| $N$ | (—) | Lastspielzahl |
| $P$ | (kg) | Kraft, Nennlast |
| $P_{Betr}$ | (kg) | Betriebslast |
| $P_K, P_{KB}$ | (kg) | Knick-, Beulkraft |
| $p$ | (kg/cm²) | Flächenpressung |
| $q$ | (—) | Beiwert, s. Bild 3/27 |
| $r$ | (mm) | Halbmesser |
| $s$ | (cm) | Wanddicke |
| $S_N$ | (—) | Nutzsicherheit |
| $S_K$ | (—) | Knicksicherheit |
| $W_b$ | (cm³) | Biegewiderstandsmoment |
| $W_t$ | (cm³) | Drehwiderstandsmoment |
| $y_0$ | (—) | Beiwert, s. Bild 3/27 |
| $\delta$ | (%) | Bruchdehnung $= 100\,\Delta L_z/L_0$ |
| $\Delta L$ | (mm) | Verlängerung |
| $\Delta L_z$ | (mm) | Bruchverlängerung |
| $\varepsilon$ | (—) | Dehnung $= \Delta L/L_0$ |
| $\eta_1, \eta_2, \eta_3$ | (—) | Beiwerte, s. Tafel 3/1 |
| $\lambda$ | (—) | Schlankheitsgrad $= L_K/i$ |
| $\sigma$ | (kg/mm², kg/cm²) | Normal-, Zug- oder Druckspannung |
| $\sigma_-, \sigma_b$ | (kg/mm², kg/cm²) | Druck-, Biegespannung |
| $\sigma_K, \sigma_{KB}$ | (kg/cm²) | Knick-, Beulspannung |
| $\tau_t, \tau$ | (kg/mm², kg/cm²) | Dreh-, Schubspannung |
| $\psi$ | (%) | Brucheinschnürung |
| $\omega$ | (—) | Knickzahl |

**Zeiger:**

Bei den Spannungszeichen $\sigma$, $\sigma_-$, $\sigma_b$, $\tau$ und $\tau_t$ bedeuten große Buchstaben $A$, $B$, $D$, $E$, $F$, $K$, $N$, $P$, $Ur$... als Zeiger bestimmte Festigkeitswerte nach S. 50 und Tafel 3/3; kleine Buchstaben bestimmen Spannungen z. B. Zeiger $a$, $m$, $w$... Ausschlag-, Mittel-, Wechselspannung; $r$, $u$, $v$... resultierende, untere, Vergleichs-Spannung; zul..., Betr... zulässige, Betriebs-Spannung; $x$, $y$, $z$... Größen, bezogen auf die Koordinaten $x$, $y$, $z$.

## 3.1. Ermittlung der Nennspannung [1].

### 1. Ermittlung der Kraftgrößen im Querschnitt.

Der Körper nach Bild 3/1a sei durch die Kräfte $P_1$ bis $P_4$ belastet. Der durch Schraffur hervorgehobene Querschnitt soll untersucht werden. Wir schneiden in Gedanken das stark ausgezogene Stück ab. Im Querschnitt wählen wir die Hauptträgheitsachsen als $x$- und $y$-Achse und senkrecht dazu die $z$-Achse. Die Wirkung der abgetrennten Stoffteilchen wird durch verteilte Kräfte ersetzt. Diese werden zu 6 Kraftgrößen zusammen-

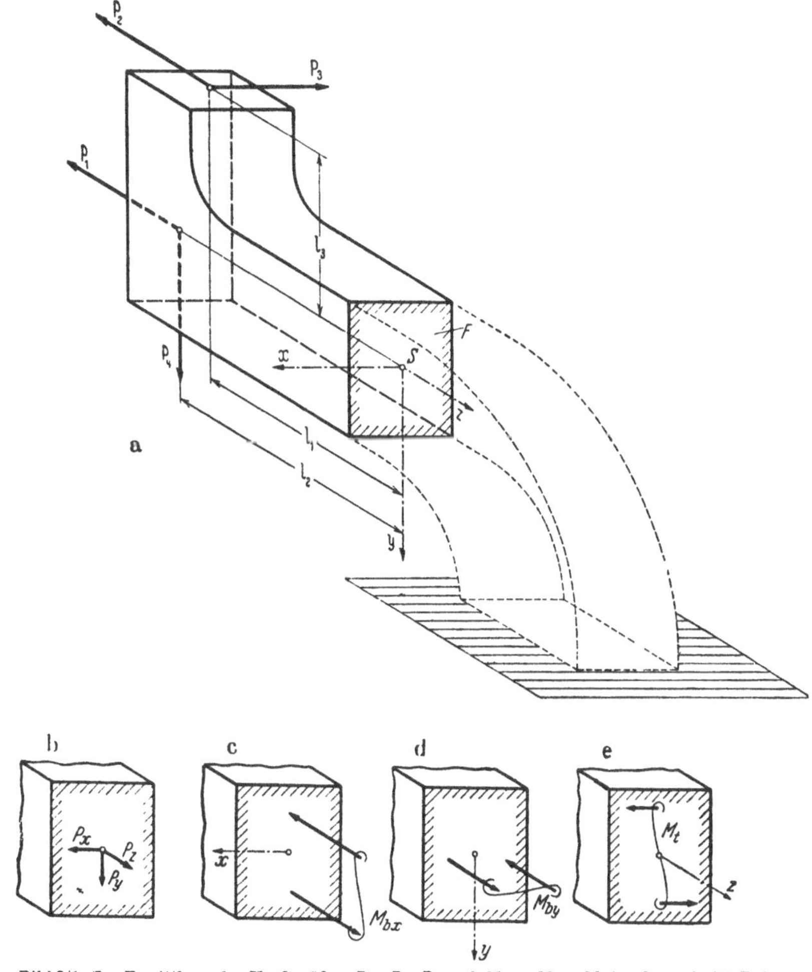

Bild 3/1. Zur Ermittlung der Kraftgrößen $P_x$, $P_y$, $P_z$ und $M_{bx}$, $M_{by}$, $M_t$ im Querschnitt $F$ eines durch die Kräfte $P_2$ bis $P_9$ belasteten Körpers.
a) Gesamtdarstellung, b) bis e) Einzeldarstellung der Kraftgrößen.

gefaßt, die das abgetrennte Stück im Gleichgewicht halten. Wir führen hierzu allgemein, ohne auf die Belastung des abgeschnittenen Teiles zu achten, in der Schnittfläche folgende Kraftgrößen ein:

Im Schwerpunkt angreifend die Kräfte $P_x$, $P_y$ und $P_z$ in Richtung der drei Achsen nach Bild 3/1b, des weiteren ein Kräftepaar mit dem Moment $M_{bx}$ um die $x$-Achse nach Bild 3/1c, ein Kräftepaar mit dem Moment $M_{by}$ um die $y$-Achse nach Bild 3/1d und ein Kräftepaar mit dem Moment $M_t$ um die $z$-Achse nach Bild 3/1e. Bei dem Kräftepaar mit positivem Moment $M_{bx}$ liegt der Angriffspunkt der Zugkraft auf der positiven $y$-Achse; bei dem Kräftepaar mit negativem Moment $M_{by}$ liegt der Angriffspunkt der Zugkraft auf der positiven $x$-Achse.

---

[1] Im wesentlichen nach C. WEBER.

Die Kraftgrößen werden mit Hilfe der sechs Gleichgewichtsbedingungen berechnet. Die Summe der Kräfte in den drei Koordinatenrichtungen gibt:

$$P_x - P_3 = 0, \quad P_y + P_4 = 0, \quad P_z - P_1 - P_2 = 0.$$

Die Summe der Momente um die drei Achsen gibt:

$$M_{bx} + P_2 l_3 + P_4 l_2 = 0, \quad M_{by} - P_3 l_1 = 0, \quad M_t - P_3 l_3 = 0.$$

Die Kraftgrößen bezeichnet man wie folgt:

$P_x$ (kg) Querkraft in $x$-Richtung     $M_{bx}$ (cmkg) Biegemoment um die $x$-Achse
$P_y$ (kg) Querkraft in $y$-Richtung     $M_{by}$ (cmkg) Biegemoment um die $y$-Achse
$P_z$ (kg) Längs- oder Stabkraft     $M_t$ (cmkg) Dreh-(oder Torsions-)moment

Werden Kraftgrößen bei der Berechnung negativ, so bedeutet das, daß die Richtung der Kräfte umzukehren ist. Trotzdem sind die Kraftgrößen in der angegebenen Weise einzuführen. Die Stabkraft und die beiden Biegemomente rufen in allen Punkten des Querschnittes Normalspannungen $\sigma$ hervor, die beiden Querkräfte und das Drehmoment Schubspannungen $\tau$. Für jede Kraftgröße werden die Spannungen gefunden. Ist nur eine Kraftgröße von Belang, so bestimmen wir die hierdurch hervorgerufene maximale Spannung. Bei Berücksichtigung mehrerer Kraftgrößen sind für alle Randpunkte die Spannungen zu bestimmen und daraus die Vergleichsspannung zu bilden.

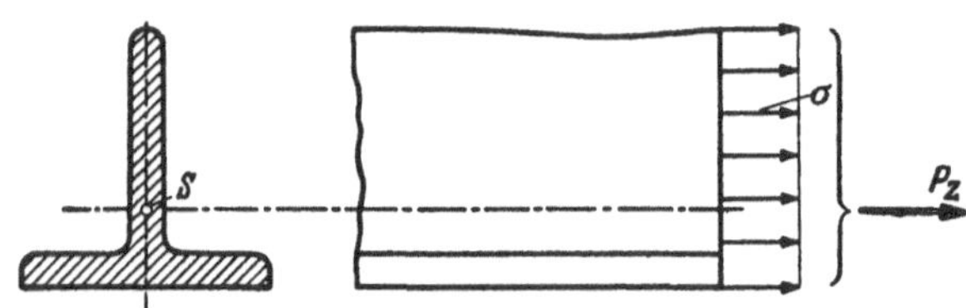

Bild 3/2. Normalspannung $\delta = P_z/F$, erzeugt durch die im Schwerpunkt $S$ des Querschnitts angreifende Längskraft $P_z$.

### 2. Normalspannung aus Längskraft.

Wird die Längskraft bei der Berechnung positiv, so ist sie eine Zugkraft, wird sie negativ, so ist sie eine Druckkraft. Sie ruft in allen Punkten des Querschnittes die Normalspannung

$$\sigma = \frac{P_z}{F} \quad \text{(kg/cm}^2\text{)}$$

hervor (Bild 3/2). $F$ ist die Querschnittsfläche. Positive Normalspannungen sind *Zug*spannungen, negative — *Druck*spannungen.

### 3. Normalspannung zwischen zwei Flächen (Flächenpressung).

Berühren sich zwei Flächen $F$ (cm²) unter der Druckkraft $P$, so entsteht zwischen beiden eine Druckspannung, die wir *Flächenpressung* $p$ nennen.

Bei *gleichmäßig* verteilter Flächenpressung ist

$$p = P/F \quad \text{(kg/cm}^2\text{)}.$$

Ist hierbei die Fläche zur Kraftrichtung *geneigt*, z. B. gewölbt (Bild 3/3), so wirkt im Flächenteilchen $dF$ die Kraft $p \cdot dF$. Diese Kräfte ergeben vektoriell zusammengesetzt die Druckkraft $P$ (Bild 3/3 rechts). Auch hierfür ist obige Gleichung zutreffend, wenn für $F$ die *Projektion* der Druckfläche *in* Richtung der Kraft $P$ eingesetzt wird (im Bild $F = d \cdot L$).

Bei *ungleichmäßig* verteilter Flächenpressung ist $p = P/F$ die *mittlere* Flächenpressung. Zur Ermittlung der *maximalen* Flächenpressung muß noch

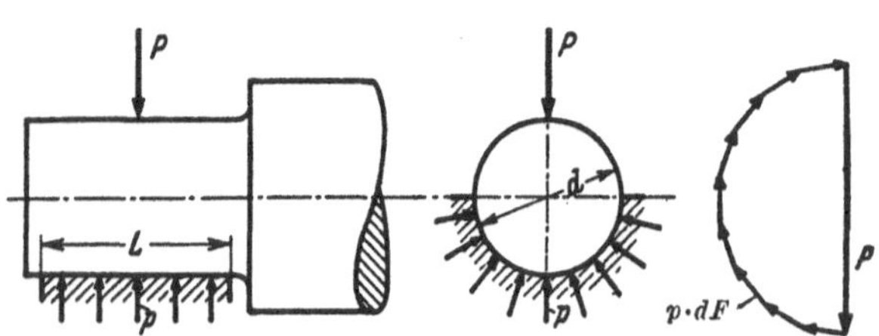

Bild 3/3. Mittlere Flächenpressung $p = \dfrac{P}{F}$ (kg/cm²), $F = d \cdot L$.

das Verteilungsgesetz für $p$ bekannt sein. Als Beispiel s. die Ermittlung der maximalen Flächenpressung (HERTZsche Pressung) bei der Berührung von Kugeln und Rollen im Kap. 13.

## 4. Normalspannung aus Biegemoment.

Das Biegemoment um eine Hauptträgheitsachse, z. B. das Moment $M_{bx}$ um die $x$-Achse, ruft die Biegespannung $\sigma_{bx}$ hervor.

$$\boxed{\; \sigma_{bx} = \frac{M_{bx}}{J_x}\, y \;} \quad (\text{kg/cm}^2)\;.$$

$J_{bx}$ (cm⁴) Flächen-Trägheitsmoment für die Biegung um die $x$-Achse,

$y$ (cm) Abstand des Querschnittpunktes von der $x$-Achse.

Bild 3/4 zeigt die Verteilung der Spannungen. Die Spannung wächst mit $y$ von Null bis zum größten Wert für max $y = e_1$ auf der Zugseite bzw. für max $y = e_2$ auf der Druckseite.

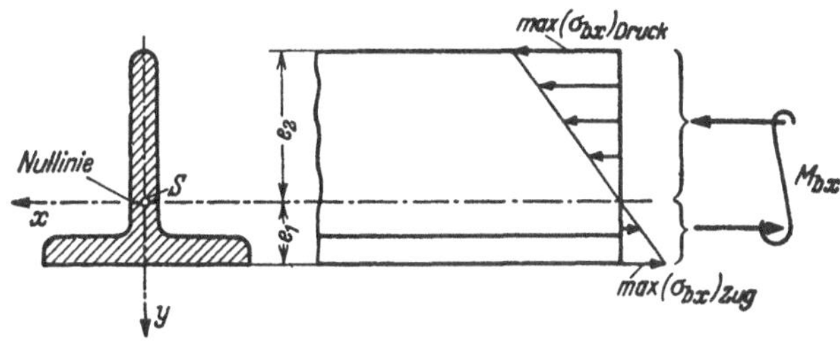


Bild 3/4. Verteilung der Biegespannung $\sigma_{bx} = \dfrac{M_{bx}}{J_x}\, y$ für den T-Querschnitt

Größte Zugspannung: $\max (\sigma_{bx})_{\text{Zug}} = \dfrac{M_{bx}}{J_x}\, e_1 = \dfrac{M_{bx}}{W_{b1}}$ .

Größte Druckspannung: $\max (\sigma_{bx})_{\text{Druck}} = \dfrac{M_{bx}}{J_x}\, e_2 = \dfrac{M_{bx}}{W_{b2}}$ .

$W_{b1} = J_x/e_1$ (cm³) Widerstandsmoment für die Zugseite,

$W_{b2} = J_x/e_2$ (cm³) Widerstandsmoment für die Druckseite.

Entsprechende Gleichungen gelten für die Biegung um die $y$-Achse.

Wirkt im Querschnitt nur das Biegemoment $M_{bx} = M_b$ und ist $e_1 = e_2$, also $W_{b1} = W_{b2} = W_b$, so wird die größte Biegespannung

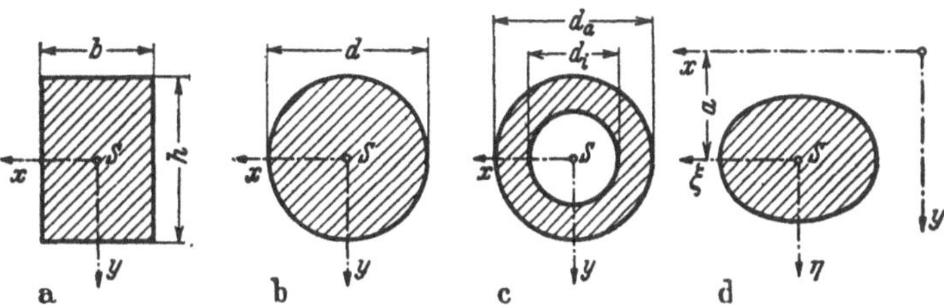


Bild 3/5. Zur Ermittlung der Flächen-Trägheitsmomente für Biegung, a) Rechteckquerschnitt, b) Kreisquerschnitt, c) Ringquerschnitt, d) bei Achsverschiebung (STEINERscher Satz).

$$\boxed{\; \sigma_b = M_b/W_b \;} \quad (\text{kg/cm}^2)\;.$$

## a) Ermittlung von $J$ und $W_b$, Bild 3/5.

| | Trägheitsmoment $J$ (cm⁴) | Widerstandsmoment $W_b$ (cm³) |
|---|---|---|
| *Allgemein:* Für $x$-Achse . . . . . . . . . . . . . | $J_x = \int_{(F)} y^2\, dF$ | $W_{bx} = J_x/e$ |
| Für $y$-Achse . . . . . . . . . . . . . | $J_y = \int_{(F)} x^2\, dF$ | $W_{by} = J_y/e$ |
| Für *Rechteck*-Querschnitt, Bild 3/5a . . . . . . | $J_x = b\,h^3/12$ | $W_{bx} = b\,h^2/6$ |
| | $J_y = h\,b^3/12$ | $W_{by} = h\,b^2/6$ |
| Für *Kreis*-Querschnitt, Bild 3/5b . . . . . . . | $J_x = J_y = \pi\,d^4/64$ | $W_{bx} = W_{by} = \pi\,d^3/32$ |
| Für *Kreisring*-Querschnitt, Bild 3/5c . . . . . . | $J_x = J_y = \dfrac{\pi\,(d_a^4 - d_i^4)}{64}$ | $W_{bx} = W_{by} = \dfrac{\pi(d_a^4 - d_i^4)}{32\,d_a}$ |
| *STEINERscher Satz*, Bild 3/5d . . . . . . . . | $J_x = J_\xi + F \cdot a^2$ | |

Mit $J_\xi$ (cm⁴) Trägheitsmoment f. die $\xi$-Achse durch den Schwerpunkt $S$,

$\quad J_x$ (cm⁴)      ,,      ,, ,, parallele $x$-Achse

$\quad F$ (cm²) Querschnittsfläche, $a$ (cm) Abstand der Achsen.

### b) $J$ für zusammengesetzten Querschnitt:

Die Flächenträgheitsmomente stellen entsprechend den Integralformeln Summen dar. Sie können darum als Summe der Flächenträgheitsmomente der Teilflächen berechnet werden. Dieses gilt jedoch nicht für die Widerstandsmomente.

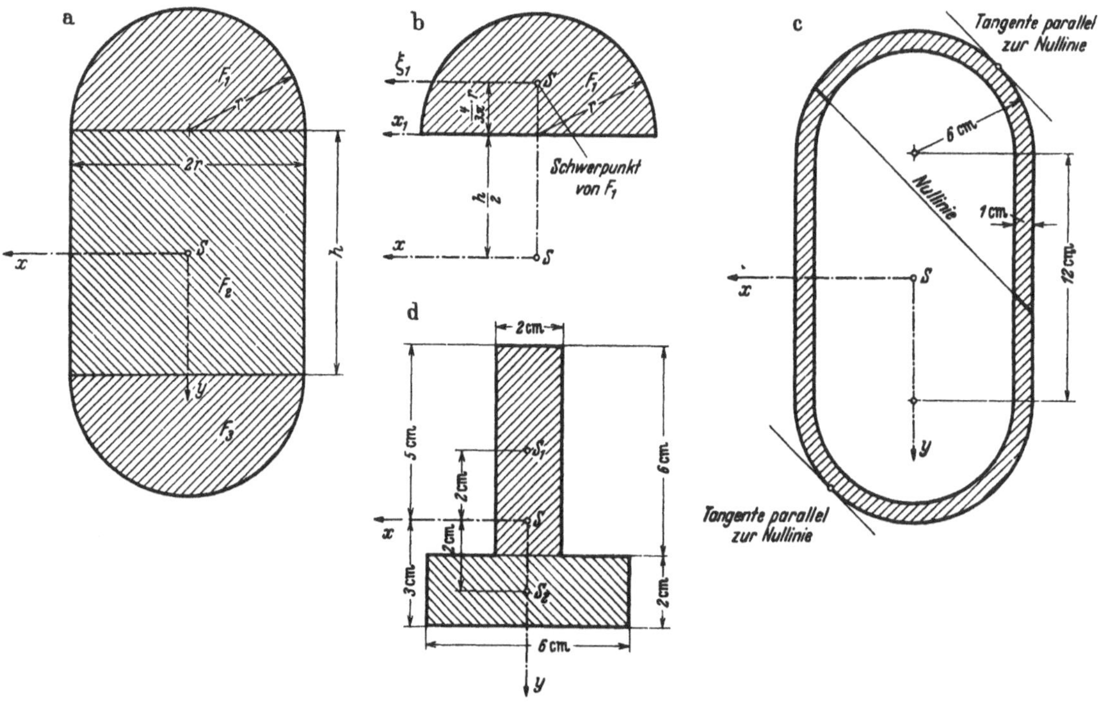



Bild 3/6. Zur Ermittlung von $J_x$ bei zusammengesetzten Querschnitten;
a) und b) zu Beispiel 1; c) zu Beispiel 2; d) zu Beispiel 3.

*Beispiel 1*, Bild 3/6 a: Die Fläche besteht aus den Teilflächen $F_1$, $F_2$ und $F_3$. Wir finden erst das Flächenträgheitsmoment für die $x$-Achse der Teilfläche $F_1$ (Bild 3/6 b).

Flächen-Trägheitsmoment der Teilfläche $F_1$ für die $x_1$-Achse:

$$\frac{1}{2}\,\frac{\pi}{64}\,(2\,r)^4 = \frac{\pi}{8}\,r^4 \quad \text{(halbe Kreisfläche)},$$

für die $\xi_1$-Achse: $\dfrac{\pi}{8}\,r^4 - \dfrac{1}{2}\,\pi\,r^2\left(\dfrac{4}{3\,\pi}\,r\right)^2 = \dfrac{\pi}{8}\,r^4 - \dfrac{8}{9\,\pi}\,r^4$ (nach dem Steinerschen Satz),

für die $x$-Achse:

$$J_1 = \frac{\pi}{8}\,r^4 - \frac{8}{9\,\pi}\,r^4 + \frac{1}{2}\,\pi\,r^2 \cdot \left(\frac{4}{3\,\pi}\,r + \frac{h}{2}\right)^2 \quad \text{(nach dem Steinerschen Satz)},$$

$$J_1 = \frac{\pi}{8}\,r^4 + \frac{\pi}{8}\,r^2\,h^2 + \frac{2}{3}\,r^3\,h\,.$$

Für die Fläche $F_3$ wird $J_3 = J_1$; für die Fläche $F_2$ wird $J_2 = \dfrac{1}{12}\,2\,r\,h^3$. Hiermit wird

$$J_x = J_1 + J_2 + J_3 = \frac{1}{6}\,r\,h^3 + \frac{\pi}{4}\,r^4 + \frac{\pi}{4}\,r^2\,h^2 + \frac{4}{3}\,r^3\,h\,.$$

*Beispiel 2*, Maße nach Bild 3/6 c: Der Querschnitt besteht aus dem oberen und unteren Halbkreisring und den seitlichen Rechtecken. Für die Halbkreisringe berechnen wir $J$ als Differenz der $J$-Werte der Halbkreisflächen.

$$J_x = \left(\frac{\pi}{4}\,6^4 - \frac{\pi}{4}\,5^4 + \frac{\pi}{4}\,6^2 \cdot 12^2 - \frac{\pi}{4}\,5^2 \cdot 12^2 + \frac{4}{3}\,6^3 \cdot 12 - \frac{4}{3}\,5^3 \cdot 12 + \right.$$

$$\left. + 2 \cdot \frac{1}{12}\,1 \cdot 12^3\right)\,\text{cm}^4 = 3514\ \text{cm}^4\,,$$

$$J_y = \left(\frac{\pi}{4}\,6^4 - \frac{\pi}{4}\,5^4 + 2 \cdot \frac{1}{12}\,12 \cdot 1^3 + 2 \cdot 1 \cdot 12 \cdot 5{,}5^2\right)\,\text{cm}^4 = 1255\ \text{cm}^4\,.$$

*Beispiel 3*, Maße nach Bild 3/6d: Die Fläche besteht aus zwei Rechtecken.

$$J_x = \left(\frac{1}{12}\, 2 \cdot 6^3 + 2 \cdot 6 \cdot 2^2 + \frac{1}{12}\, 6 \cdot 2^3 + 2 \cdot 6 \cdot 2^2\right) \text{cm}^4 = 136 \text{ cm}^4 .$$

$$J_y = \left(\frac{1}{12}\, 2 \cdot 6^3 + \frac{1}{12}\, 2^3 \cdot 6\right) \text{cm}^4 = 40 \text{ cm}^4 .$$

### 5. Resultierende Normalspannung aus Längskraft und Biegemomenten.

Im Querschnitte mögen nach Bild 3/7a gleichzeitig die Stabkraft $P_z$ und die Biege-momente $M_{bx}$ und $M_{by}$ auftreten. Aus den Querschnittsabmessungen berechnen wir $F$, $J_x$ und $J_y$. Für einen beliebigen Querschnittspunkt erhält man die *resultierende Normalspannung*:

$$\boxed{\sigma_r = \frac{P_z}{F} + \frac{M_{bx}}{J_x}\, y + \frac{M_{by}}{J_y}\, x}\ (\text{kg/cm}^2) .$$

Setzt man $\sigma_r = 0$, so erhält man die Gleichung der Nullinie; das gibt eine lineare Gleichung zwischen $x$ und $y$. Für die Querschnittspunkte, deren Entfernung von der Nullinie am größten ist, erhält man die größten Spannungen.

**a) Im allgemeinen Fall** zieht man an den Querschnitt Tangenten parallel zur Nullinie. In den Berührungspunkten treten die größten Spannungen auf.

*Beispiel 4*: Für den Querschnitt nach Bild 3/6c sei

$P_z\ \ = 6000\ \text{kg}$,

$M_{bx} = 70\,000\ \text{cmkg}$,

$M_{by} = 30\,000\ \text{cmkg}$.

Aus den Querschnittsabmessungen finden wir (s. Beispiel 2)

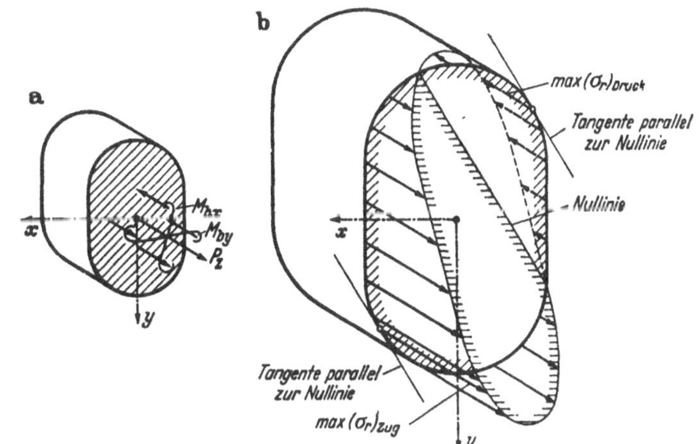


Bild 3/7. Znr Ermittlung der resultierenden Normalspannung $\sigma_r$ aus $P_z$, $M_{bx}$ und $M_{by}$; a) Angriff der Kraftgrößen; b) resultierende Normalspannungen $\sigma_r$.

$$F = 58{,}5\ \text{cm}^2, \qquad J_x = 3514\ \text{cm}^4, \qquad J_y = 1255\ \text{cm}^4 .$$

Die Normalspannung durch Stabkraft und beide Biegemomente wird:

$$\sigma_r = \frac{6000}{58{,}5} + \frac{70\,000}{3514}\, y + \frac{30\,000}{1255}\, x\ \text{kg/cm}^2 .$$

Für $\sigma_r = 0$ erhält man die lineare Gleichung der Nullinie: $y = -5{,}13 - 1{,}20\, x$. Die Nulllinie ist in Bild 3/6c eingezeichnet.

Die von der Nullinie am weitesten entfernten Punkte haben die Koordinaten:

$$x_1 = 4{,}60\ \text{cm}, \qquad y_1 = 9{,}84\ \text{cm},$$
$$x_2 = -4{,}60\ \text{cm}, \qquad y_2 = -9{,}84\ \text{cm}.$$

Setzt man diese Werte in die Gleichung für $\sigma_r$ ein, so erhält man:

$$\max \sigma_{\text{Zug}} = 412\ \text{kg/cm}^2$$
$$\max \sigma_{\text{Druck}} = -207\ \text{kg/cm}^2 .$$

**b) Bei Querschnitten mit Ecken**, z. B. Rechteck-Querschnitt, I-, C-, T- und L-Quer-schnitten, sind die Spannungen der Außenecken zu berechnen.

*Beispiel 5*: Für den Querschnitt nach Bild 3/6d sei

$$P_z = 2400\ \text{kg}, \qquad M_{bx} = 10\,000\ \text{cmkg}, \qquad M_{by} = -4000\ \text{cmkg}.$$

Ferner ist $F = 24\ \text{cm}^2$, $\ J_x = 136\ \text{cm}^4$, $\ J_y = 40\ \text{cm}^4$ (s. Beispiel 3).

Im Eckpunkte unten links wird dann die Normalspannung:

$$\sigma_r = \frac{2400}{24} + \frac{10\,000}{136} \cdot 3 + \frac{4000}{40} \cdot 3 = 620\ \text{kg/cm}^2 .$$

Im Eckpunkte oben rechts wird die Normalspannung:

$$\sigma_r = \frac{2400}{24} - \frac{10\,000}{136} \cdot 5 - \frac{4000}{40} \cdot 1 = -\,368\ \text{kg/cm}^2\,.$$

**c) Bei Kreis- und Kreisringquerschnitten** entsteht nach dem allgemeinen Verfahren aus $M_{bx}$ und $M_{by}$ die resultierende Biegespannung

$$\sigma_{br} = \sigma_{bx} + \sigma_{by} = \frac{M_{bx}}{J_x} \cdot y + \frac{M_{by}}{J_y}\, x \quad (\text{kg/cm}^2)\,.$$

Für die Nullinie ist $\sigma_{br} = 0$ oder $y/x = -\,M_{by}/M_{bx}$; die von der Nullinie am weitesten entfernten Punkte haben die Koordinaten

$$x = r \cdot \frac{M_{by}}{\sqrt{M_{bx}^2 + M_{by}^2}}\,, \qquad y = r \cdot \frac{M_{bx}}{\sqrt{M_{bx}^2 + M_{by}^2}}\,.$$

**d) Resultierendes Biegemoment.** Bequemer ist es, die Biegemomente $M_{bx}$ und $M_{by}$ zu einem resultierenden Biegemoment $M_{br}$ zusammenzufassen. Die im Querschnitte schräg-liegende Biegeachse des Momentes $M_{br}$ fällt mit der Nullinie zusammen. Wir bezeichnen sie als $x_1$-Achse.

Man erhält

$$M_{br} = \sqrt{M_{bx}^2 + M_{by}^2} \quad (\text{cmkg})$$

und hieraus die resultierende Biegespannung

$$\sigma_{br} = \frac{M_{br}}{J_x}\, y_1 \quad (\text{kg/cm}^2)\,.$$

Hierin ist $y_1$ der Abstand des Querschnittpunktes von der $x_1$-Achse.

Für $y_1 = r$ erhält man die größte Biegespannung

$$\max \sigma_{br} = \frac{M_{br}}{W_b} \quad (\text{kg/cm}^2)$$

mit $W_b = J_x/r$.

Treten im Querschnitte die Stabkraft $P_z$ und die Biegemomente $M_{bx}$ und $M_{by}$ auf, so setzt man die Biegemomente zum resultierenden Moment $M_{br}$ zusammen und be-rechnet die resultierende Normalspannung

$$\sigma_{br} = \frac{P_z}{F} + \frac{M_{br}}{W_b} \quad (\text{kg/cm}^2)\,.$$

*Beispiel 6*: Kreisquerschnitt mit $d = 10$ cm.

$$P_z = 8000\ \text{kg}, \quad M_{bx} = 40\,000\ \text{cmkg}, \quad M_{by} = 30\,000\ \text{cmkg}$$
$$F = 78{,}5\ \text{cm}^2, \quad W_b = 98{,}2\ \text{cm}^3\,.$$

Man erhält $M_{br} = \sqrt{40\,000^2 + 30\,000^2}\ \text{cmkg} = 50\,000\ \text{cmkg}.$

$$\sigma_r = \left(\frac{8000}{78{,}5} + \frac{50\,000}{98{,}2}\right) \text{kg/cm}^2 = 612\ \text{kg/cm}^2\,.$$

## 6. Schubspannung aus Querkräften.

Gleichzeitig mit den Biegemomenten treten in den Querschnitten allgemein Quer-kräfte auf. Bei längeren auf Biegung beanspruchten Stäben sind die Querkräfte nur in den Querschnitten von Bedeutung, wo die Biegemomente gering sind und wo gleichzeitig die Querschnittsabmessungen klein gehalten werden. Dieser Fall liegt vor bei kurzen Endzapfen von Wellen, weiter an den Enden von auf Biegung beanspruchten Quer-balken, falls die Querschnitte verjüngt werden.

Die Schubspannungen verteilen sich *nicht* gleichmäßig über den Querschnitt. Für einige wichtige Querschnitte ist die Schubspannungsverteilung in den Bildern 3/8 a bis e angegeben. Bei zur Kraftrichtung unsymmetrischen Querschnitten geht die Querkraft nicht durch den Schwerpunkt, sondern durch den *Querpunkt T*. Für den $\llbracket$-Querschnitt

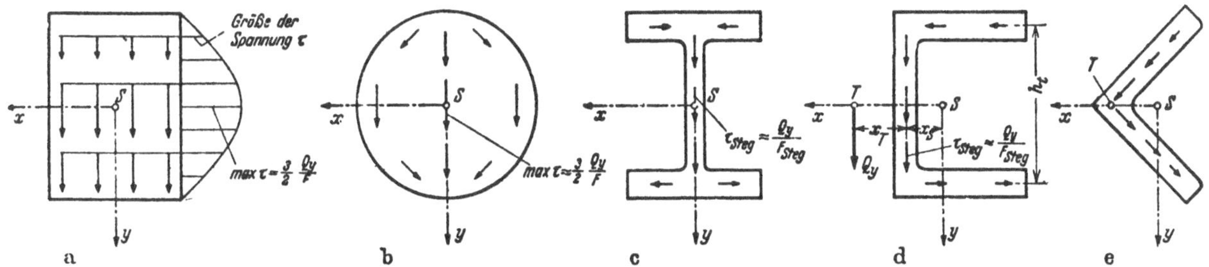

Bild 3/8. Verlauf der Schubspannung $\tau$ erzeugt durch eine Querkraft $Q_y$ bei verschiedenen Querschnitten; a) beim Rechteckquerschnitt; b) Kreisquerschnitt; c) I-Querschnitt; d) [-Querschnitt; e) Winkelquerschnitt. Schwerpunkt $S$, Querpunkt $T$;

Abstand $x_T$ beim [-Querschnitt ist $x_T = \left(\dfrac{h}{2}t\right)^2 \dfrac{F}{J_x}\, \tau_s$.

und den Winkelquerschnitt ist die Lage von $T$ angegeben. Eine Querkraft durch den Schwerpunkt ist dann durch eine gleichgroße Querkraft, durch $T$ und ein zusätzliches Drehmoment zu ersetzen.

*Kurze Bolzen und Niete* werden oft auf Abscheren berechnet, wobei man einen Mittelwert der Schubspannung, die *Scherspannung* $\tau_{\text{Mittel}} = Q/F$ ermittelt. Die wirklich auftretenden Spannungen sind wesentlich höher infolge der ungleichmäßigen Verteilung und Anhäufung der Spannung an den Lochrändern.

Bei längeren Balken mit $\mathrm{I}$-Querschnitt oder Kastenquerschnitt beachte man, daß in der Nähe der Nullinie zwar die Normalspannungen gleich Null sind, infolge der Querkräfte jedoch hier Schubspannungen auftreten. Es ist darum nicht ohne weiteres zulässig, diese Stäbe nach Bild 3/9 auszusparen. Andernfalls ist eine genauere Untersuchung notwendig.

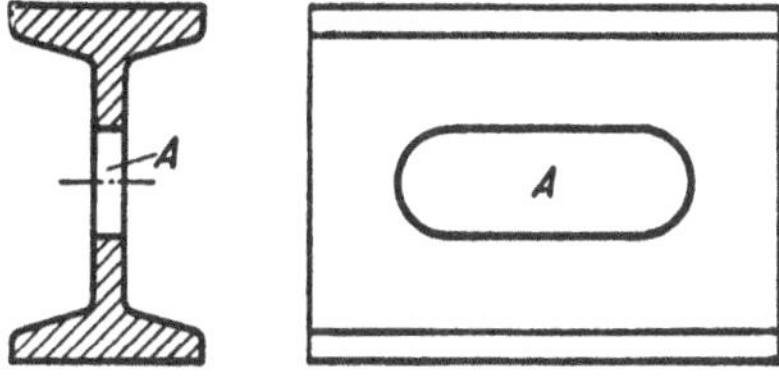

Bild 3/9. Die Aussparung $A$ ist bei großen Querkräften nicht ohne weiteres zulässig.

### 7. Schubspannung aus Drehmoment.

Das Drehmoment $M_t$ (auch Torsions- oder Drillmoment genannt) ruft im Querschnitt Schubspannungen hervor, die Drehspannungen (auch Torsions- oder Drillspannungen) genannt werden. Ihr Verteilungsgesetz ist verwickelter als das der Normalspannungen durch ein Biegemoment. Weiter unten werden für die wichtigsten Querschnitte sowohl Angaben über die maximale Drehspannung als auch über das Verteilungsgesetz der Drehspannungen gemacht. Die größte Schubspannung durch Drehung wird

$$\max \tau_t = M_t/W$$

$W_t$ (cm³) Widerstandsmoment gegen Drehung.

Falls nur die größte Drehspannung von Belang ist, schreiben wir:

$$\boxed{\tau_t = M_t/W_t}\ (\text{kg/cm}^2)\,.$$

Bei einigen Querschnitten benötigen wir zur Berechnung der Schubspannungen das Flächen-Trägheitsmoment für Drehung $J_t$ (cm⁴). Es wird außerdem in Kapitel 12 zur Berechnung des Drehwinkels benötigt und ist darum für alle angeführten Querschnitte mit angegeben.

**a) Für Kreis- und Kreisring-Querschnitte, Bild 3/10 a:**

Die Drehspannung wächst linear mit dem Abstand vom Schwerpunkt; der Größtwert tritt am Rande auf.

Für Kreisring-Querschnitt: $\boxed{J_t = \dfrac{\pi}{32}\,(d_a^4 - d_i^4)}$ (cm⁴), $\boxed{W_t = \dfrac{\pi}{16}\,\dfrac{d_a^4 - d_i^4}{d_a}}$ (cm³)

für Kreisquerschnitt: $\boxed{J_t = \dfrac{\pi}{32}\,d^4}$ (cm⁴), $\boxed{W_t = \dfrac{\pi}{16}\,d^3}$ (cm³) .

**b) Für Rechteck-Querschnitte, Bild 3/10 b und 3/10 c:**

Größte Schubspannung max $\tau_t$ in der Mitte der langen Seiten. Für $h < 3\,b$ fällt die Torsionsspannung in den langen Seiten etwa parabolisch bis zu den Ecken auf den Wert Null, Bild 3/10 b. Für $h > 3\,b$ bleibt die Drehspannung in den langen Seiten für die

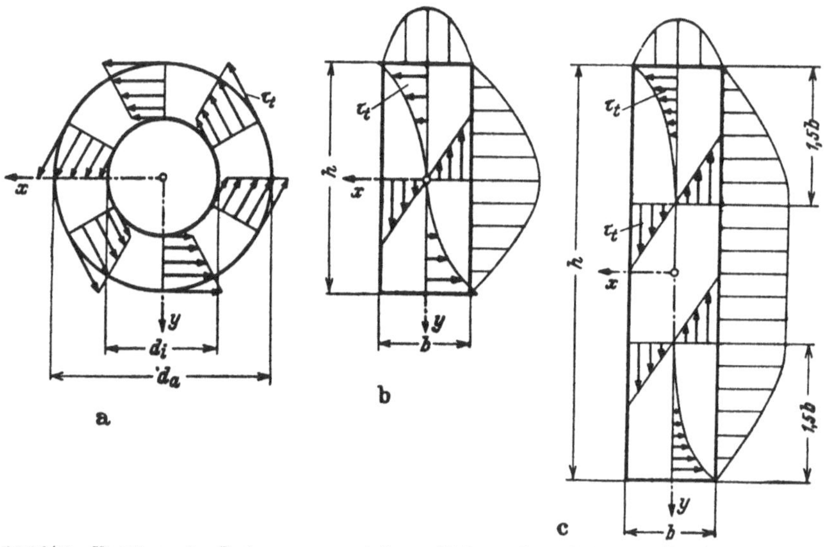

Bild 3/10. Verteilung der Drehspannung $\tau_t$ bei verschiedenen Querschnitten. a) Kreisringquerschnitt; b) und c) verschiedene Rechteckquerschnitte.

Länge $h - 3\,b$ etwa konstant und fällt erst dann parabolisch auf Null. In der Mitte der kurzen Seiten wird $\tau_t = \eta_1 \cdot \max \tau_t$ und fällt etwa parabolisch bis zu den Ecken auf Null.

$$\boxed{J_t = \eta_3\,b^3\,h}\ (\text{cm}^4), \qquad \boxed{W_t = \eta_2\,b^2\,h}\ (\text{cm}^3).$$

Die Beiwerte $\eta_1$, $\eta_2$ und $\eta_3$ hängen vom Verhältnis $h : b$ ab und sind in Tafel 3/1 zusammengestellt.

Tafel 3/1. *Beiwerte $\eta_1$, $\eta_2$, $\eta_3$ für Rechteck-Querschnitte.*

| $h/b =$ | 1 | 1,5 | 2 | 3 | 4 | 6 | 8 | 10 | ∞ |
|---|---|---|---|---|---|---|---|---|---|
| $\eta_1 =$ | 1,000 | 0,858 | 0,796 | 0,753 | 0,743 | 0,743 | 0,743 | 0,743 | 0,743 |
| $\eta_2 =$ | 0,208 | 0,231 | 0,246 | 0,267 | 0,282 | 0,299 | 0,307 | 0,313 | 0,333 |
| $\eta_3 =$ | 0,140 | 0,196 | 0,229 | 0,263 | 0,281 | 0,299 | 0,307 | 0,313 | 0,333 |

**c) Für Streifenquerschnitte, Bild 3/11 :**

I-, ⊏- und L-Querschnitte sind als Streifenquerschnitte aufzufassen, die aus langen Rechtecken bestehen. (Länge der Rechtecke $l_1$, $l_2$, $l_3 \cdots$, Breite $b_1$, $b_2$, $b_3 \cdots$)

Entsprechend verteilen sich auch die Spannungen ähnlich wie bei Rechteckquerschnitten. An den Randpunkten der Rechtecke, mit Ausnahme der Nähe der Ecken, wird

$$\tau_t = \frac{M_t}{J_t}\, b \quad (\text{kg/cm}^2)\,.$$

Für $J_t$ und $W_t$ gelten folgende Näherungsformeln

$$J_t \approx \frac{1}{3}\,[b_1^3\,l_1 + b_2^3\,l_2 + \ldots] \ (\text{cm}^4)\,, \qquad W_t \approx J_t/b_{\max} \ (\text{cm}^3)\,.$$

Bei allmählich sich ändernder Streifenbreite (Bild 3/11 b) ist $J_t \approx \frac{1}{3}\int b^3\,dl$ $(\text{cm}^4)$.

**d) Für geschlossene dünne Ringquerschnitte,** Bild 3/12a: Wanddicke $s$ konstant oder veränderlich. Zwischen der äußeren und inneren Umfangslinie ziehen wir eine mittlere Umfangslinie $U$, die die Wanddicke $s$ überall halbiert. Die von ihr umschlossene Fläche ist $F_U$, Bild 3/12 b. Die mittlere Umfangslinie $U$ zerfällt in die Teile $U_1$, $U_2 \cdots$ mit den Wanddicken $s_1$, $s_2 \cdots$.

An einer beliebigen Stelle der Wand ist die Drehspannung von innen bis außen konstant und beträgt

$$\tau_t = \frac{M_t}{2\,F_U \cdot s} \ \text{kg/cm}^2\,.$$

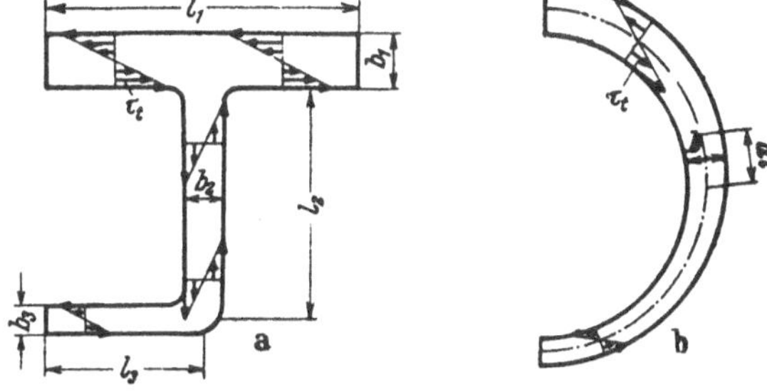

Bild 3/11. Zur Berechnung von $J_t$, $W_t$ und Drehspannung $\tau_t$ bei Streifenquerschnitten.

Für $J_t$ und $W_t$ gilt

$$J_t \approx \frac{4 \cdot F_U^2}{\left[\dfrac{U_1}{s_1} + \dfrac{U_2}{s_2} + \cdots\right]} \ (\text{cm}^4)\,;$$

$$W_t = 2\,F_U \cdot s_{\min} \ (\text{cm}^3)\,.$$

Für *konstante* Wanddicke ist

$$J_t = 4\,F_U^2 \cdot s/U \ (\text{cm}^4)\,, \qquad W_t = 2\,F_U \cdot s \ (\text{cm}^3)\,.$$

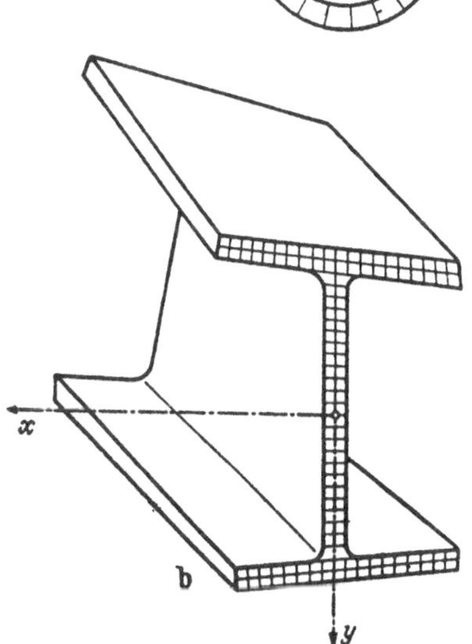

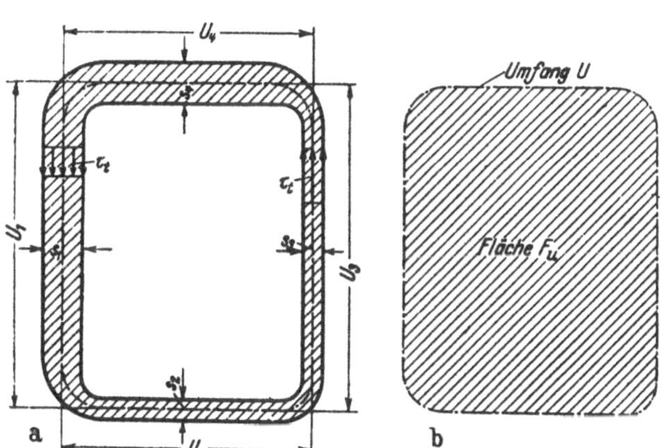

Bild 3/12. Zur Berechnung von $J_t$, $W_t$ und Drehspannung $\tau_t$ bei geschlossenen Ringquerschnitten.

Bild 3/13. Beispiele von Querschnitten mit starker Verwölbung durch Drehbeanspruchung.

*Beispiel 7*:  Querschnitt nach Bild 3/6c,

$$F_U = \left(\frac{\pi}{4}\, 11^2 + 11 \cdot 12\right) \text{cm}^2 = 227\ \text{cm}^2,$$

$$s = 1\ \text{cm}, \qquad W_t = 454\ \text{cm}^3,$$

$$M_t = 90\,000\ \text{cmkg}, \qquad \tau_t = \frac{90\,000}{454} \approx 200\ (\text{kg/cm}^2)\ .$$

Bei einigen Querschnitten erfolgt durch die Drehung eine starke Querschnittsverwölbung, Bild 3/13. Ist in den einzelnen Abschnitten des Stabes das Drehmoment verschieden groß, so passen die verwölbten Querschnitte in den Übergangsstellen nicht zusammen. Es treten hier oft große zusätzliche Biegespannungen auf. Diese Fälle sind möglichst zu vermeiden oder durch Sonderuntersuchungen zu prüfen.

### 8. Resultierende Schubspannung.

Schubspannungen werden durch Querkräfte und Drehmomente hervorgerufen. Am Rande des Querschnittes gehen die Spannungen immer in tangentialer Richtung. In Außenecken des Querschnittes werden sie gleich Null. In den Randpunkten sind die Schubspannungen bei gleicher Richtung zu addieren, bei entgegengesetzter Richtung voneinander abzuziehen. Meist überwiegen die Schubspannungen durch Drehung, so daß die Schubspannungen durch Querkräfte vernachlässigt werden können.

### 9. Ermittlung der Vergleichsspannung.

Für jeden gefährdeten Randpunkt des Querschnittes wird die Normalspannung $\sigma$ durch Stabkraft und Biegemomente und die Schubspannung $\tau$ durch Querkräfte und Drehmomente bestimmt. Aus $\sigma$ und $\tau$ wird dann die Vergleichsspannung $\sigma_v$ gebildet, die der weiteren Festigkeitsrechnung zugrunde gelegt wird:

$$\boxed{\ \sigma_v = \sqrt{\sigma^2 + (a\,\tau)^2} \leq \sigma_{\text{zul}}\ }$$

Mit $a = \sigma_{\text{zul}}/\tau_{\text{zul}}$

$\qquad \sigma_{\text{zul}}$ zulässige Normalspannung,

$\qquad \tau_{\text{zul}}$ zulässige Schubspannung.

*Beispiel 8*:  Querschnitt nach Bild 3/6c,

$\qquad P_z = +\,6000\ \text{kg}, \qquad M_{bx} = 70\,000\ \text{cmkg}, \qquad M_{by} = 30\,000\ \text{cmkg},$

$\qquad M_t = 90\,000\ \text{cmkg}, \qquad a = 1{,}5\,;$

$\qquad \max \sigma_{\text{Zug}} = 412\ \text{kg/cm}^2\ (\text{s. Beispiel 4})\,;$

$\qquad \tau_t = 200\ \text{kg/cm}^2\ (\text{s. Beispiel 7})\,;$

$\qquad \sigma_v = \sqrt{412^2 + (1{,}5 \cdot 200)^2} = 510\ \text{kg/cm}^2.$

**Sonderfälle:** 1) Wirken auf den Kreis- oder Kreisringquerschnitt nur die Biegemomente $M_{bx}$ und $M_{by}$ und das Drehmoment $M_t$, so bilden wir das resultierende Biegemoment $M_{br} = \sqrt{M_{bx}^2 + M_{by}^2}$ und dann aus $M_{br}$ und $M_t$ das Vergleichsbiegemoment

$$\boxed{\ M_{bv} = \sqrt{M_{br}^2 + \left(\frac{a}{2}\,M_t\right)^2}\ } \quad \text{mit } a = \sigma_{\text{zul}}/\tau_{\text{zul}}\,,$$

Die Vergleichsspannung wird dann

$$\boxed{\ \sigma_v = M_{bv}/W_b\ }$$

2) Beim Rechteckquerschnitt ist die Vergleichsspannung meist für mehrere Randpunkte zu berechnen.

Bei auf Biegung beanspruchten Stäben mit $\mathrm{I}$-Querschnitten sind sowohl die Randpunkte als auch die Anschlußstellen der Flansche an den Steg zu prüfen, da hier fast die maximale Biegespannung und außerdem die hohe Schubspannung aus der Querkraft gleichzeitig auftreten.

### 10. Knick- und Beulspannung.

Bei *schlanken*, gedrückten oder drehbeanspruchten Stäben ist noch die *Knickgefahr* zu berücksichtigen und bei *dünnwandigen* Bauteilen unter Druck-, Biege- oder Drehbelastung die *Beulgefahr*. In beiden Fällen handelt es sich um Stabilitätsvorgänge.

**a) Knickspannung.** Schlanke Druckstäbe können ausknicken, d.h. seitlich ausbiegen, wenn die Druckkraft $P = \sigma \cdot F$ einen bestimmten Wert erreicht. Diesen Wert bezeichnet man als *Knickkraft* $P_K = \sigma_K \cdot F$. Mit Einführung der Knicksicherheit $S_K$ ist dann

die *zulässige Druckkraft*
$$P = \frac{P_K}{S_K} = \sigma \cdot F = \frac{\sigma_K \cdot F}{S_K} \ (\text{kg}),$$

oder die *Knicksicherheit*
$$S_K = \frac{P_K}{P} = \frac{\sigma_K}{\sigma}.$$

Die *Knickspannung* $\sigma_K$ wird im *elastischen* Bereich nach EULER (s. Abschnitt b) und im *elastisch-plastischen* Bereich nach TETMAJER (s. Abschnitt c) bestimmt. Druckstäbe von Fachwerken werden nach dem $\omega$-*Verfahren* (s. Abschnitt d) berechnet.

Bei sämtlichen Berechnungsarten ist nach Wahl

des Stabprofiles der *Schlankheitsgrad* $\boxed{\lambda = L_K/i}$

zu berechnen. Hierin ist $L_K$ die *freie Knicklänge* des gelenkig gehaltenen Stabes. Für andere Befestigungsarten ist aus der Stablänge $L$ die entsprechende Länge $L_K$ nach Bild 3/14 zu bestimmen. Meist liegt der Befestigungsfall *II* vor, so daß $L_K = L$ wird.

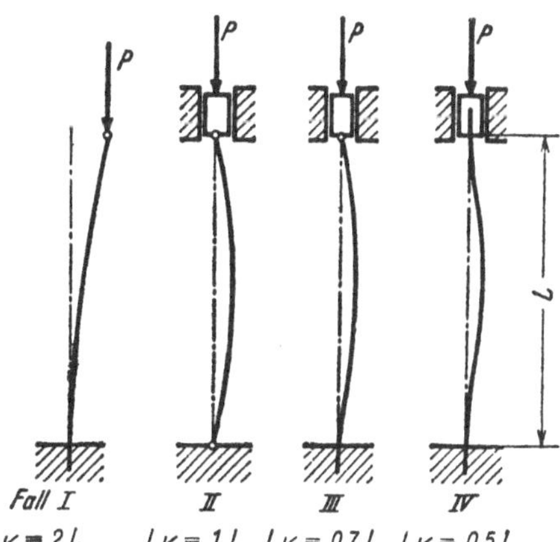



Bild 3/14. Freie Knicklänge $L_K$ bei verschiedener Stabbefestigung.

Der Wert $i = \sqrt{J/F}$ (cm) ist der *Trägheitshalbmesser* des Querschnitts $F$. Hierbei ist $J$ (cm⁴) das Flächenträgheitsmoment für diejenige Querschnittsachse, um die beim Knicken die Biegung erfolgt. Ist die Knickmöglichkeit nach allen Seiten gleich, so ist das kleinste $J$ maßgebend. Für *Normalprofile* siehe $F$, $J$ und $i$ in Tafel 5/31—5/37 S. 108—118.

**b) Rein elastischer Knickbereich (nach EULER).** Ist $\sigma_K$ kleiner als die Proportionalitätsgrenze $\sigma_P$ des Werkstoffs [1], so knickt der Stab rein elastisch. Hierfür gilt nach EULER:

$$\boxed{\sigma_K = \frac{\pi^2 E}{\lambda^2}} \ (\text{kg/cm}^2), \qquad \boxed{P = \frac{P_K}{S_K} = \frac{\pi^2 E \cdot J}{L_K^2 \cdot S_K}} \ (\text{kg}).$$

Die Knickspannung ist hier proportional dem $E$-Modul und unabhängig von der Festigkeit des Werkstoffs, also für hochfesten Stahl nicht höher als für weichen Stahl. Sind $E$ und $\sigma_P$ für den Werkstoff bekannt, so folgt hieraus der kleinste $\lambda$-Wert, für den die EULERformel noch gilt. Man erhält z. B. für

---

[1] $\sigma_P$ s. S. 50.

| Werkstoff | $\sigma_P$ kg cm² | $E$ kg/cm² | $\sigma_K \cdot \lambda^2 = \pi^2 \cdot E$ kg cm² | EULERformel gilt für $\lambda \geqq$ | $L_K \geqq$ * |
|---|---|---|---|---|---|
| Stahl  St 37 | 2050 | $2,1 \cdot 10^6$ | $20,7 \cdot 10^6$ | 100 | 25 d |
| St 60 | 2400 | $2,1 \cdot 10^6$ | $20,7 \cdot 10^6$ | 93 | 23 d |
| Federstahl . | 5750 | $2,1 \cdot 10^6$ | $20,7 \cdot 10^6$ | 60 | 15 d |
| Gußeisen. . | 1540 | $1 \cdot 10^6$ | $9,87 \cdot 10^6$ | 80 | 20 d |
| Duralumin . | 2000 | $0,7 \cdot 10^6$ | $6,9 \cdot 10^6$ | 59 | 14,8 d |
| Nadelholz . | 99 | $0,1 \cdot 10^6$ | $0,987 \cdot 10^6$ | 100 | 25 d |

* Die angegebenen $L_K$-Werte gelten für Druckstäbe mit Kreisquerschnitt (Durchm. $d$).

zu. Nach Versuchen von TETMAJER kann hier für $\sigma_K$

| Werkstoff | $\sigma_K$ (kg/cm²) |
|---|---|
| Weicher Flußstahl . . . . . . | $3100 - 11,4\,\lambda$ |
| Harter Flußstahl . . . . . . | $3350 - 6,2\,\lambda$ |
| Holz . . . . . . . . . . . | $293 - 1,94\,\lambda$ |
| Grauguß . . . . . . . . . . | $7760 - 120\,\lambda + 0,53\,\lambda^2$ |

führung des $\omega$-(Omega-)Wertes und des Wertes $\sigma_{zul}$, der für $\lambda = 0$ gilt, sehr vereinfacht. Man setzt

Als Sicherheit genügt $S_K = 3$ bis 6, sofern nicht zusätzliche Beanspruchungen durch ein größeres $S_K$ berücksichtigt werden sollen.

**c) Elastisch-plastischer Bereich (nach TETMAJER).** Sind die $\lambda$-Werte kleiner als oben angegeben, so überschreitet $\sigma_K$ die $\sigma_P$-Grenze. Die EULERformel trifft hier nicht mehr gesetzt werden:

Für diesen Bereich ist eine geringere Sicherheit als unter b) ausreichend z. B. $S_K = 4$ bis 1,75, fallend mit abnehmendem $\lambda$.

**d) $\omega$-Verfahren**[1]. Für Druckstäbe von *Fachwerken* hat man die Berechnung durch Einführung des $\omega$-(Omega-)Wertes

zulässige Druckkraft
$$P = \frac{F \cdot \sigma_K}{S_K} = \frac{F \cdot \sigma_{zul}}{\omega} \;\; \text{(kg)}.$$

Der Wert $\omega$ ist dann das Verhältnis von $\sigma_{zul}$ zur jeweils zulässigen Druckspannung $\sigma_K/S_K$. Diesen Wert hat man für die gebräuchlichen Fachwerk-Baustoffe für jeden Schlankheitsgrad nach Abschnitt b) und c) berechnet (s. Tafel 9/4 und 9/5 auf S. 149 u. 150). Hierbei wurde die Knicksicherheit $S_K$ im elastischen Bereich mit 3,5 angesetzt und im elastisch-plastischen mit 3,5 bis 1,75 (fallend mit $\lambda$ bis $\lambda = 0$).

Bei *außermittigem* Kraftangriff wird das zusätzliche Biegemoment $M_b$ wie folgt berücksichtigt:
$$\sigma = \frac{\omega \cdot P}{F} + \frac{M_b}{W_b} \leqq \sigma_{zul} \;\; \text{(kg/cm}^2\text{)}.$$

**e) Knick-Drehmoment.** Bei Drehbelastung eines langen Stabes von der Länge $L$ kann die Längsachse des Stabes sich zu einer Schraubenlinie verwinden, d. h. „drehknicken", wenn das Drehmoment $M_t$ einen bestimmten Wert, das Knick-Drehmoment $M_K$ erreicht.

Nach FLÜGGE [3/21] ist:
$$M_K = 2\,E \cdot J_t/L \;\; \text{(cmkg)}.$$

**f) Beulspannung.** *Dünnwandige* Bauteile können bei Druck-, Biege- oder Dreh-Belastung „*ausbeulen*" d. h. örtlich ausknicken, wenn die örtliche Spannung einen von den Abmessungen abhängigen Wert, die Beulspannung $\sigma_{KB}$ überschreitet. Die entsprechende Belastung ist die Beulbelastung $P_{KB}$, bzw. das Beulmoment $M_{KB}$.

Für ein *dünnwandiges Rohr* mit *Kreisring*-Querschnitt, mittlerem Ringdurchmesser $d_m$, Wanddicke $s$ und Beulsicherheit $S_{KB}$ ist im elastischen Bereich

1) *bei mittiger Druckbelastung* (nach FLÜGGE):

zulässige Druckkraft
$$P = \frac{P_{KB}}{S_{KB}} = \frac{F \cdot \sigma_{KB}}{S_{KB}} \;\; \text{(kg)}$$

mit der Beulspannung
$$\sigma_{KB} = 0{,}73 \cdot E \cdot s/d_m \;\; \text{(kg/cm}^2\text{)}.$$

[1] DIN 1050 und DIN 120.

Bei gleicher Beul- und Knickspannung erhält man das Verhältnis

$$d_m/s = 4{,}7 \left(\frac{L_K}{d_m}\right)$$

und hiermit die kleinste Querschnittsfläche des Rohres;

2) *bei Biegebelastung*:

zulässiges Biegemoment $\qquad M_b = \dfrac{M_{KB}}{S_{KB}} = \dfrac{\sigma_{KB}}{S_{KB}} \cdot W_b \qquad$ (cmkg)

mit der Beulspannung $\qquad \sigma_{KB} \approx 0{,}73\ E \cdot s/d_m \qquad$ (kg/cm²);

3) *bei Drehbelastung* (nach FLÜGGE):

zulässiges Drehmoment $\qquad M_t = \dfrac{M_{KB}}{S_{KB}} = 1{,}13\ \dfrac{E}{S_{KB}}\ \sqrt{s^5 \cdot d_m} \qquad$ (cmkg).

### 11. Spannungen beim Stoß.

Beim Stoßvorgang wird die *kinetische Energie* in *elastische* oder *plastische* Verformungsarbeit umgesetzt. Die mit dem Verformungsweg $f$ durchweg ansteigende Kraft $P$ läßt sich nach Bild 3/15 aufzeichnen, wenn der Zusammenhang zwischen $f$ und $P$ bekannt ist.

Die Stoßarbeit, gleich Verformungsarbeit $A = \int P \cdot df$ ist die schraffierte Fläche. Die größte Kraft ist die Stoßkraft $P$. Ist $P/f = c =$ konst., so wird $A = P \cdot f/2 = P^2/2\,c$, oder

$$P = \sqrt{2\,A \cdot c}\ \ \text{(kg)}.$$

Das heißt, je kleiner $c$, also je nachgiebiger der Bauteil, desto kleiner ist die Stoßkraft $P$ bei gleicher kinetischer Energie (s. Bild 3/15

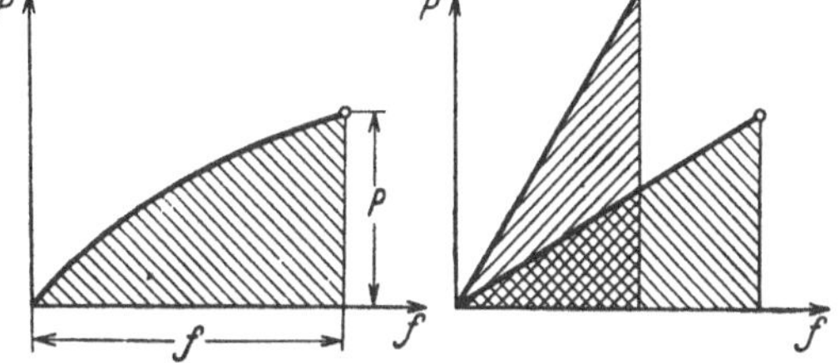

Bild 3/15. Kraftverlauf beim Stoßvorgang. Links: allgemein; rechts: bei linearem Kraftanstieg, aber verschiedenem Verformungsweg $f$ und gleicher Stoßarbeit $A$ (schraffiert).

rechts). Aus der Stoßkraft $P$ sind die Spannungen wie bisher zu berechnen.

Die Ermittlung von $f$, $c$, $P$ und $A$ bei elastischen Verformungen s. Federn (Kap. 12).

### 12. Nennspannung und wirkliche Spannung.

Wir berechnen die auftretenden Spannungen unter Annahme einer bestimmten Belastung, der „*Nennbelastung*" und bezeichnen die hieraus nach obigen Regeln ermittelten Spannungen als „Nennspannungen". Die wirkliche Betriebsbelastung eines Bauteils ändert sich jedoch mit dem jeweiligen Betriebszustand (Beharrungs- oder Beschleunigungszustand, Betrieb bei Teillast, Vollast oder Probelast usw.) und somit auch die wirkliche Spannung. Außerdem kann die wirkliche Spannungsverteilung von der angenommenen abweichen.

Trotzdem gehen wir bei der Festigkeitsrechnung zweckmäßig von der Nennspannung aus und berücksichtigen die jeweiligen Spannungsunterschiede durch eine entsprechende Änderung der „zulässigen Spannung", wie es unter 3.5 (s. Lastfehler, S. 58) näher gezeigt wird.

## 3.2. Statische Festigkeitswerte.

Im Maschinenbau sind die im *Zug*versuch ermittelten Festigkeitswerte und von diesen wiederum die Zugfestigkeit $\sigma_B$ und die Fließgrenze $\sigma_F$ am bekanntesten und anderweitige Festigkeitswerte werden häufig auf diese bezogen.

**1) Beim Zugversuch** werden Prüfstäbe in einer Prüfmaschine unter langsam ansteigender Belastung zunehmend gedehnt, wobei fortlaufend die Zugkraft $P$ und die zugehörige Verlängerung $\varDelta L$ der vorher am Prüfstab markierten Meßlänge $L_0$ gemessen werden. Die jeweilige Verlängerung $\varDelta L$ setzt sich aus der „elastischen" und „bleibenden" Verlängerung zusammen. Die bleibende Verlängerung kann nach Entlastung des Prüfstabs gemessen werden. Die „Dehnung" ist $\varepsilon = \varDelta L/L_0$. Die *Spannung* $\sigma = P/F_0$ wird auf den *ursprünglichen* Querschnitt $F_0$ bezogen. Aus den $\varepsilon$- und $\sigma$-Werten entsteht das *Spannungs-Dehnungsbild* (Bild 3/16) mit folgenden Grenzwerten:

*Elastizitätsgrenze* $\sigma_E$ ist die größte Spannung, bei der noch keine bleibende Dehnung erreicht wird. Als „technische" Elastizitätsgrenze wird meist die 0.03-Dehngrenze (geschrieben $\sigma_{0,03}$) genommen, bei der die bleibende Dehnung 0,03% beträgt.

*Proportionalitätsgrenze* $\sigma_P$ ist die größte Spannung, bis zu der Spannung und Dehnung proportional bleiben, d. h. der *Elastizitätsmodul* $E = \sigma/\varepsilon$ noch konstant ist.

*Fließgrenze* $\sigma_F$, auch Streckgrenze $\sigma_S$ genannt, ist die Spannung, bei der ein „Fließen" d. h. Dehnen ohne Spannungszunahme eintritt. Die Spannung kann hierbei von der oberen Fließgrenze $\sigma_{Fo}$ bis auf die untere Fließgrenze $\sigma_{Fu}$ absinken. Bei fehlender Fließgrenze wird hierfür ersatzweise die 0,2-Dehngrenze (geschrieben $\sigma_{0,2}$) genommen.

*Zugfestigkeit* $\sigma_B$ ist die erreichbare größte Spannung. Bei zähem Werkstoff tritt der Bruch erst bei $Z$ (s. Bild 3/16) unter Abfall der Belastung und Einschnürung des Bruchquerschnitts ein.

*Zähigkeit.* Nach erfolgtem Bruch werden die erreichte Verlängerung $\varDelta L_z$ und der Bruchquer-

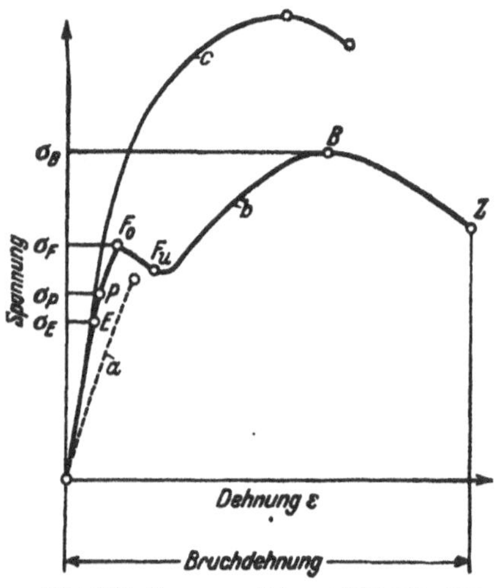


Bild 3/16. Spannungs-Dehnungsbild beim Zugversuch. $a$ für Gußeisen, $b$ für weichen Stahl, $c$ für Stahl von hoher Festigkeit. $E$ = Elastizitätsgrenze, $P$ = Proportionalitätsgrenze, $F_o$ = obere Fließgrenze, $F_u$ = untere Fließgrenze. $B$ = Punkt der größten Spannung (Bruchfestigkeit), $Z$ = Bruchstelle.

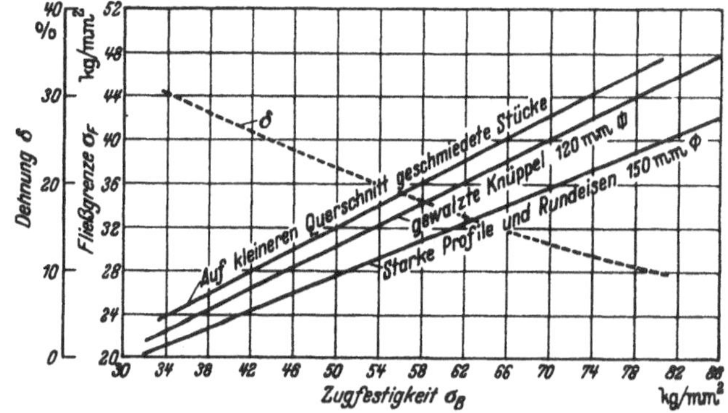


Bild 3/17. Fließgrenze $\sigma_F$ und Bruchdehnung $\delta$ für SM-Stahl in Abhängigkeit von $\sigma_B$ und Verarbeitung (nach DAEVES).

schnitt $F_z$ gemessen und hieraus die *Bruchdehnung* $\delta = 100\,\varDelta L_z/L_0$ in % und die *Brucheinschnürung* $\psi = 100\,(F_0 - F_z)/F_0$ in % berechnet. Beide dienen als Maß für die Zähigkeit des Werkstoffs. $\delta$ fällt mit größerer Meßlänge $L_0$ geringer aus. Genormt ist $L_0 = 5\,d$ (entsprechend $\delta_5$) und $L_0 = 10\,d$ (entsprechend $\delta_{10}$), wobei $d$ der Prüfstabdurchmesser ist.

Bei *hoher Temperatur* (bei Stahl über 200° C) erhält man im Zugversuch die *Warmfließgrenze* (s. Tafel 3/2) und die *Warmfestigkeit*. Bei sehr hoher Temperatur (bei Stahl über 400° C) wird das Dehnen *zeitabhängig*. Man ermittelt dann durch Aufnahme mehrerer Zeit-Dehn-Kurven bei abgestufter Belastung die *Dauerstandfestigkeit* als Zugspannung, bei der das Dehnen nach unendlich langer Zeit gerade noch zum Stillstand kommt.

Bei *tiefer Temperatur* steigen $\sigma_B$ und $\sigma_F$ erheblich an, z. B. bei C-Stahl bei —180° C auf 150—215% gegenüber den Werten bei 20°. Dafür sinkt aber die Dehnung erheblich ab (s. verminderte Kerbschlagfestigkeit S. 58 und Bild 3/28).

**2) Bei anderer Belastungsart** Bei Druck-, Biege- oder Drehbelastung läßt sich die der Zugfließgrenze $\sigma_F$ entsprechende Quetschgrenze $\sigma_{-F}$, Biegefließgrenze $\sigma_{bF}$ und Drehfließgrenze $\tau_{tF}$ ermitteln; bei spröden Werkstoffen auch die Druckfestigkeit $\sigma_{-B}$, Biegefestigkeit $\sigma_{bB}$ und Drehfestigkeit $\tau_{tB}$. Die *Scherfestigkeit* $\tau_B$ wird im zweischnittigen Scherversuch mit zylindrischen Proben oder im Lochstanzversuch ermittelt. Ferner kann bei Kugel- oder Rollendruck die *Wälzfestigkeit* ermittelt werden (Kap. 13); und bei Knickbelastung die *Knickfestigkeit* (s. S. 47).

**3) Härtewerte.** Bei der Härteprüfung wird der Widerstand bestimmt, den der Werkstoff dem Eindringen eines harten Prüfkörpers entgegensetzt. Die Härteprüfung erfordert wenig Zeit und Aufwand und genügt häufig zur Beurteilung der Werkstoffestigkeit.

Die *Brinellhärte* $H_B = P/F$ (kg/mm²) bestimmt man durch Einpressen einer Kugel unter der Prüflast $P$ und durch Ausmessen des Durchmessers $d$ des erzeugten Kugeleindrucks dessen Oberfläche $F$ ist. Die Prüflast ist so zu wählen, daß $d$ zwischen 0,2 mal bis 0,5 mal Kugeldurchmesser liegt! Die Angabe $H_{B\,5/250/30} = 440\ \text{kg/mm}^2$ bedeutet: Brinellhärte 440, ermittelt mit 5 mm-Kugel bei 250 kg Prüflast und 30 s Belastungsdauer.

Die *Vickershärte* $H_V = P/F$ (kg/mm²) bestimmt man durch Einpressen einer *Diamantpyramide* mit 136° Flächenwinkel unter beliebiger Prüflast (0,5—120 kg) und durch Ausmessen der Diagonalen des erzeugten Pyramideneindrucks, dessen Oberfläche $F$ ist. Bei geringer Prüflast kann auch die Härte dünner Schichten und dünner Bleche ermittelt werden.

Die *Rockwell-„C" Härte* $R_C$ wird durch Einpressen eines *Diamantkegels* mit 120° Kegelwinkel ermittelt und das Ergebnis an einer Meßuhr abgelesen, welche die Differenz zwischen der Eindringtiefe des Diamantkegels bei Vorlast (10 kg) und bei Hauptlast (150 kg) mißt. Die *Rockwell-„B" Härte* erhält man bei entsprechender Verwendung einer Kugel als Eindringkörper.

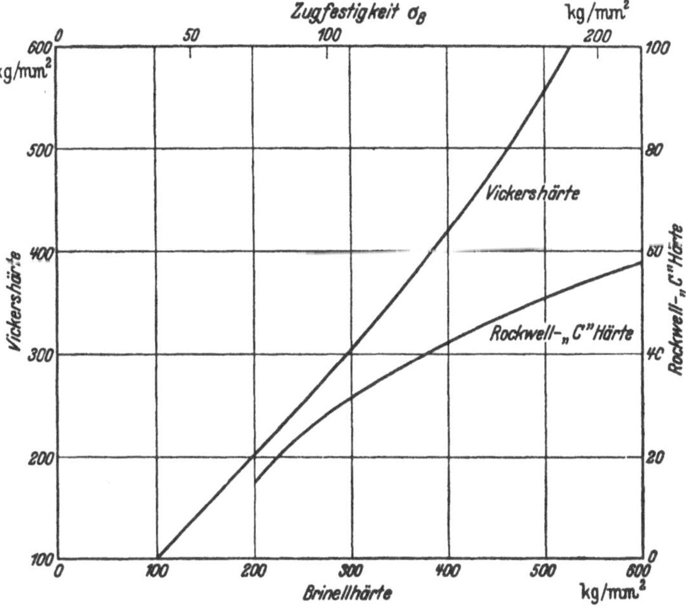


Bild 3/18. Härtewerte im Verhältnis zur Brinellhärte und zu $\sigma_B$ von C-Stahl (nach Dubbel I).

Die *Ritzhärte* nach Martens ist die Belastung in Gramm einer Diamantspitze mit 90° Kantenwinkel, die einen Ritz von 0,1 mm Breite hervorruft. Bequem ist umgekehrt die Bestimmung der Ritzbreite bei gegebener Last.

**4) Erfahrungswerte.**

Werte für $\sigma_B$ und $\sigma_F$ s. Werkstofftafeln S. 81—103, $H_B$ s. Tafel 4/1 S. 63.

Verhältnis der verschiedenen Härtewerte zu $H_B$ und $\sigma_B$ für Stahl s. Bild 3/18.

Für C-Stahl und C-Stahlguß geglüht ($\sigma_B = 30\text{—}100\ \text{kg/mm}^2$) ist

$$\boxed{\sigma_B \approx 0{,}36\, H_B} \ (\text{kg/mm}^2)\,.$$

Für Cr–Ni-Stahl geglüht ($\sigma_B = 65\text{—}100\ \text{kg/mm}^2$) ist $\boxed{\sigma_B \approx 0{,}34\, H_B}$ (kg/mm²)

Fließgrenze und Bruchdehnung s. Bild 3/17; Warmfließgrenze s. Tafel 3/2.

*Für Grauguß:*   $\boxed{\sigma_B \approx 0,1\, H_B}$   (kg/mm²);     für Grauguß ohne Gußhaut ist

$\sigma_{-B} \approx 32 + 2,2\,\sigma_B$, $\sigma_{bB} \approx 9 + 1,4 \cdot \sigma_B$; $\tau_{tB} \approx 8 + \sigma_B$ (kg/mm²).

**Tafel 3/2.** *Warmfließgrenze von Stählen* in kg/mm².

| Stahlsorte | Temperatur in ° C | | | | | |
|---|---|---|---|---|---|---|
| | 20 | 200 | 300 | 350 | 400 | 450 |
| St 35.29 . . . . . . . . . . . . . | 27 | 24 | 14 | 13 | 13 | 12 |
| St 55.29 . . . . . . . . . . . . . | 34 | 27 | 23 | 22 | 21 | 19 |
| Nickelstahl (0,18% C; 1,56% Ni) . | 36 | 34 | 31 | 29 | 27 | 24 · |
| Molybdänstahl (0,14% C; 0,3% Mo) | 29 | — | — | 21 | 23 | 21 |
| Chrom-Molybdänstahl (0,12 % C; 0,71% Cr; 0,3% Mo) . . . . . . | 28 | — | — | 27 | 25 | 24 |

## 3.3. Schwingungsfestigkeit.

**1) Grundlagen.** Bei *periodisch veränderlicher* Belastung können wir nach Bild 3/19 den Spannungsverlauf über der Zeit auftragen und folgende Spannungsgrößen und Belastungsfälle unterscheiden [1]:

Die obere und untere Spannung $\sigma$ und $\sigma_u$, die Mittelspannung $\sigma_m = \dfrac{\sigma + \sigma_u}{2}$ und die Ausschlagspannung $\sigma_a = \dfrac{\sigma - \sigma_u}{2}$

Für Belastungsfall   I (ruhend)     ist: $\sigma_a = 0$, $\sigma_m = \sigma = \sigma_u$

,,      ,,      II (schwellend) ist: $\sigma_u = 0$, $\sigma_a = \sigma_m = \sigma/2$

,,      ,,      III (wechselnd) ist: $\sigma_m = 0$, $\sigma_a = \sigma$

allgemein:               $\sigma = \sigma_m \pm \sigma_a$ .

Wir unterwerfen nun einen Prüfstab einer derart periodisch schwankenden Spannung $\sigma = \sigma_m \pm \sigma_a$ und bestimmen die Anzahl der Lastspiele $N$ bis zum Bruch, dem „Dauerbruch". Wir wiederholen den Versuch an weiteren Prüfstäben mit jedesmal etwas kleinerem $\sigma_a$, bis schließlich kein Bruch mehr erzielt werden kann ($N = \infty$).

Diese größte Spannung, die ohne Dauerbruch beliebig lange ertragen wird, ist die *Dauerfestigkeit* $\sigma_D = \sigma_m \pm \sigma_A$ und die entsprechende Aus-

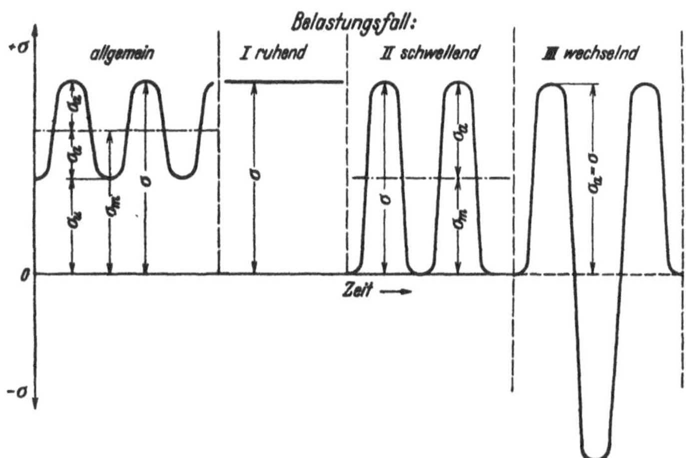


Bild 3/19. Typische Belastungsfälle.
Spannungszustand hier für Zugspannung $\sigma$ gezeigt; bei Biege- bzw. Drehspannung sinngemäß $\sigma_b$ bzw. $\tau_t$ statt $\sigma$ schreiben.

schlagspannung die *Ausschlagfestigkeit* $\sigma_A$. (Beachte: große Buchstaben als Zeiger für Festigkeitswerte, kleine für Spannungswerte.)

Sinngemäß bezeichnet man die Spannungswerte, bei denen noch Dauerbruch auftritt, als *Zeitfestigkeit* und kennzeichnet sie durch Hinzufügen der erreichten Lastspielzahl $N$, z. B. $\sigma_{A\,10^5}$ bedeutet: Ausschlagfestigkeit für $N = 10^5$ Lastspiele.

Trägt man die Zeitfestigkeit über der **Zahl der** ertragenen Lastspiele $N$ auf (Bild 3/20), so ergibt sich eine abfallende Kurve, die bei **Erreichung der** Dauerfestigkeit (Ausbleiben

[1] Das Spannungszeichen $\sigma$ gilt für Zug- oder Druckspannung; für Biege- oder Drehspannung sind die entsprechenden Spannungszeichen $\sigma_b$ bzw. $\tau_t$ einzusetzen.

des Dauerbruchs) in die *Waagrechte* übergeht. Der Knickpunkt liegt bei der *Grenzspielzahl*, die bei Stahl bei 3—10 Millionen liegt (steigend mit $\sigma_B$ und Querschnitt) und bei Leicht-metall bis über 100 Millionen erreichen kann. Diese Kurve wird als *Lebensdauer- oder Wöhlerkurve* bezeichnet. Solange Be-lastungswerte unterhalb der *Schadens-linie* liegen, wird die Lebensdauer nicht beeinflußt.

*Dauerfestigkeitsschaubilder.* Liegen die $\sigma_D$- oder $\sigma_A$-Werte für die Belastungs-fälle I bis III vor, so kann man folgende Schaubilder zeichnen und aus ihnen für jedes $\sigma_m$ den zugehörigen $\sigma_D$- oder $\sigma_A$-Wert abgreifen:

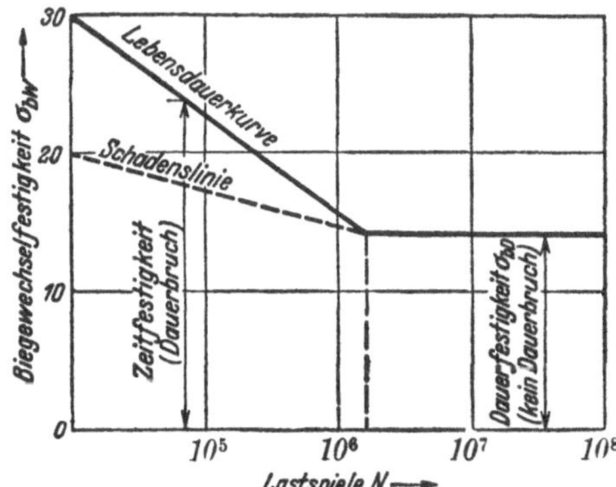

Bild 3/20. Lebensdauer- oder Wöhlerkurve und Schadenslinie für St 50.11 bei Biege-Wechselspannung.

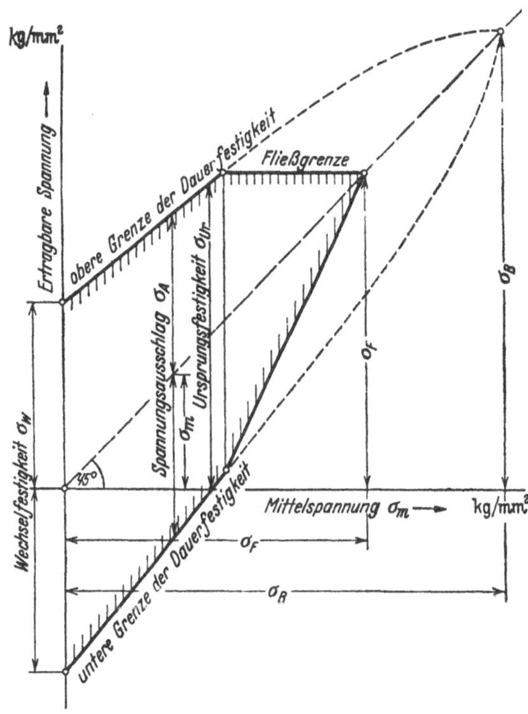

Bild 3/21. $\sigma_D$-Schaubild. Ertragbare Spannung im Dauerbetrieb bei verschiedener Mittelspannung $\sigma_m$.

*Im $\sigma_D$-Schaubild* (Bild 3/21) sind über $\sigma_m$ die Werte $\sigma_m + \sigma_A$ als obere Grenze und die Werte $\sigma_m - \sigma_A$ als untere Grenze eingetragen. Man kann sich aber auch von der ge-strichelten Geraden unter 45°, die der Mittelspannung $\sigma_m$ entspricht, die $\sigma_A$-Werte nach oben und unten aufgetragen denken, um die beiden Grenzkurven zu erhalten.

Für den Belastungsfall I ($\sigma_A = 0$, Schnittpunkt der Grenz-kurven) ist die *statische Bruch-festigkeit* $\sigma_B$ der Grenzwert. Für den Belastungsfall II ($\sigma_u = 0$) wird $\sigma_D$ mit *Ursprungsfestigkeit* $\sigma_{Ur}$ be-zeichnet und für den Belastungs-fall III ($\sigma_m = 0$) mit *Wechselfestig-keit* $\sigma_W$. Zur weiteren Begrenzung wird noch die *Fließgrenze* $\sigma_F$ ein-gezeichnet und man erhält so den schraffierten Linienzug als prak-tische Belastungsgrenze. Diese läßt sich im wesentlichen schon allein

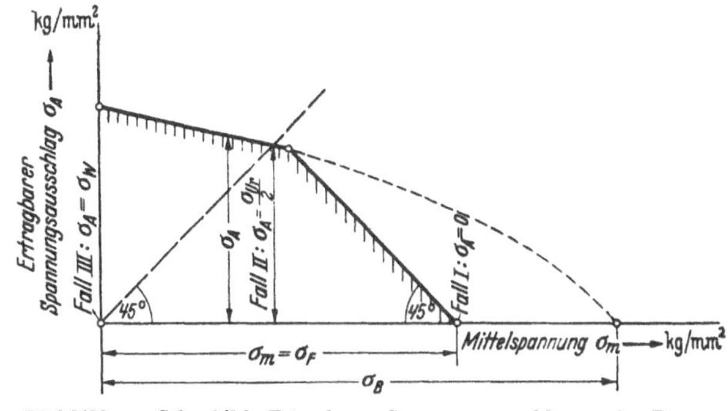

Bild 3/22. $\sigma_A$-Schaubild. Ertragbarer Spannungsausschlag $\sigma_A$ im Dauer-betrieb bei verschiedener Mittelspannung $\sigma_m$.

mit Kenntnis von $\sigma_W$ und $\sigma_F$ zeichnen, *da $\sigma_A$ mit zunehmendem $\sigma_m$ nur wenig abfällt*, solange $\sigma_F$ nicht erreicht wird.

*Im $\sigma_A$-Schaubild* (Bild 3/22) ist sinngemäß über $\sigma_m$ der Wert $\sigma_A$ und entsprechend der $\sigma_F$-Grenze der Wert $\sigma_A = \sigma_F - \sigma_m$ (ausgezogene Gerade unter 45°) aufgetragen. Die *gestrichelte* Gerade unter 45° entspricht $\sigma_a - \sigma_m$, so daß ihr Schnittpunkt mit der Grenz-kurve den Grenzwert für Belastungsfall II ($\sigma_A = \sigma_m$) ergibt. Das $\sigma_A$-Schaubild ist ein-facher aufzutragen und zu handhaben als das $\sigma_D$-Schaubild.

*Für jede Belastungsart*, wie Zug-, Druck-, Biege- oder Drehbelastung erhalten wir entsprechende Dauerfestigkeitswerte, deren Bezeichnungen in Tafel 3/3 zusammengestellt sind. Sie werden gewöhnlich an glatten, polierten oder geschliffenen Probestäben mit einem Durchmesser von 7—15 mm ermittelt. Vorherrschend ist die Ermittlung der *Biegewechselfestigkeit* $\sigma_{bW}$, zu der die anderen Dauerfestigkeitswerte in einem gewissen Verhältnis stehen (s. Tafel 3/4)[1] Entsprechende Dauerfestigkeits-Schaubilder zeigen Bild 3/23 und 3/24.

Die *Dauer-Wälzfestigkeit* bei Rollen- oder Kugeldruck s. Kap. 13.

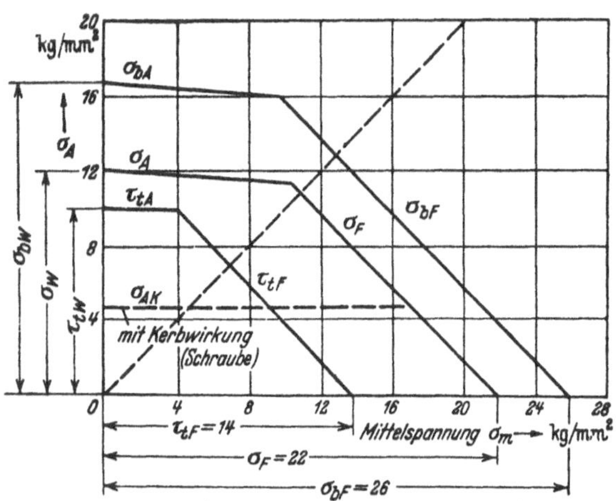

Bild 3/23. $\sigma_A$-, $\sigma_{bA}$-, $\tau_{tA}$-Schaubild für Stahl St 37.11.

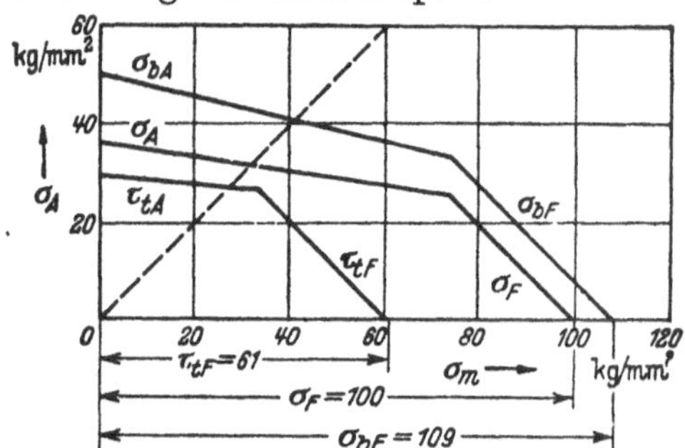

Bild 3/24. $\sigma_A$-, $\sigma_{bA}$-, $\tau_{tA}$-Schaubild für Cr-Ni-Wo-Stahl

**Tafel 3/3.** *Bezeichnung der Dauerfestigkeitswerte bei verschiedener Belastung.*

| | Belastungsfall | Belastungsart | | | |
|---|---|---|---|---|---|
| | | Zug | Druck | Biegung | Drehung |
| Statische Bruchfestigkeit . . . . . | I ruhend | $\sigma_B$ | $\sigma_{-B}$ | $\sigma_{bB}$ | $\tau_{tB}$ |
| Fließgrenze . . . . . . . . . . . | | $\sigma_F$ | $\sigma_{-F}$ | $\sigma_{bF}$ | $\tau_{tF}$ |
| Dauerfestigkeit . . . . . . . . . | allgemein | $\sigma_D = \sigma_m \pm \sigma_A$ | | $\sigma_{bD} = \sigma_{bm} \pm \sigma_{bA}$ | $\tau_{tD} = \tau_{tm} \pm \tau_{tA}$ |
| Ausschlagfestigkeit . . . . . . . | | $\sigma_A$ | $\sigma_{-A}$ | $\sigma_{bA}$ | $\tau_{tA}$ |
| Ursprungsfestigkeit . . . . . . . | II schwellend | $\sigma_{Ur}$ | $\sigma_{-Ur}$ | $\sigma_{bUr}$ | $\tau_{tUr}$ |
| Wechselfestigkeit . . . . . . . . | III wechselnd | $\sigma_W$ | | $\sigma_{bW}$ | $\tau_{tW}$ |

(Für Dauerfestigkeitswerte gekerbter Proben mit Zeiger $K$).

**Tafel 3/4.** *Mittlere Dauerfestigkeitswerte für Stahl und Eisen an polierten Prüfstäben mit Rundquerschnitt. Werte für $\sigma_B$ und $\sigma_F$ s. Werkstofftafel 5/2 bis 5/4 u. 5/8. Kerbfestigkeit s. Bild 3/27 u. Tafel 4/1 S. 63*

| Werkstoff | Zug** | | Biegung*** | | | Drehung | | |
|---|---|---|---|---|---|---|---|---|
| | $\sigma_W$ | $\sigma_{Ur}$ | $\sigma_{bW\,10}$ | $\sigma_{bUr}$ | $\sigma_{bF}$ | $\tau_{tW}$ | $\tau_{tUr}$ | $\tau_{tF}$ |
| C-Stahl . . . . | $0,315\,\sigma_B \approx$ $0,7\,\sigma_{bW\,10}$ | $1,8\,\sigma_W$ | $0,45\,\sigma_B$ | $1,8\,\sigma_{bW}$ | $1,15\,\sigma_F$ | $0,58\,\sigma_{bW}$ | $1,9\,\tau_{tW}$ | $0,6\,\sigma_F$ |
| Stahlguß . . . | $0,26\,\sigma_B \approx$ $0,65\,\sigma_{bW\,10}$ | $1,8\,\sigma_W$ | $0,4\,\sigma_B$ | $1,8\,\sigma_{bW}$ | $1,15\,\sigma_F$ | $0,58\,\sigma_{bW}$ | $1,9\,\tau_{tW}$ | $0,7\,\sigma_F$ |
| Grauguß * . . | $0,25\,\sigma_B \approx$ $0,5\,\sigma_{bW\,10}$ | $1,6\,\sigma_W$ | $0,5\,\sigma_B$ | $1,6\,\sigma_{bW}$ | — | $0,75\,\sigma_{bW}$ | $1,4\,\tau_{tW}$ | — |
| Temperguß . . | $0,28\,\sigma_B \approx$ $0,7\,\sigma_{bW\,10}$ | $1,8\,\sigma_W$ | $0,4\,\sigma_B$ | $1,8\,\sigma_{bW}$ | $1,1\,\sigma_F$ | $0,64\,\sigma_{bW}$ | $1,9\,\tau_{tW}$ | $0,7\,\sigma_F$ |

* Für Grauguß $\sigma_{-Ur} \approx 3\,\sigma_{Ur}$. $\sigma_{bB} \approx 9 + 1,4\,\sigma_B$ (kg/mm²).   ** Für Druck ist $\sigma_{-Ur}$ größer, z. B. bei Federstahl $\approx 1,3\,\sigma_{Ur}$
*** Für andere Durchmesser als 10 mm ist $\sigma_{bW} = \sigma_{bW\,10} \cdot b_0$ mit $b_0$ nach Bild 3/27.

[1] Die größere Biegewechselfestigkeit gegenüber der Zug-Druckwechselfestigkeit beruht auf einem Abbau der Spannungsspitze am Rand der Biegeprobe, also auf einer Abweichung von der geradlinig angenommenen Spannungsverteilung. Bei sehr großen Querschnittshöhen stimmen $\sigma_{bW}$ und $\sigma_W$ wieder überein (s. Beiwert $b_0$ in Bild 3/27). S. auch [3/11], [3/15], [3/22], [3/32], [3/38] u. [3/47].

*Erfahrungswerte für* $\sigma_{bW}$ *usw:* Für Stahl und Eisen s. Tafel 3/4 und Bild 3/27, für Leichtmetalle und Holz s. Tafel 4/1. Für Bronze $\sigma_{bW} \approx 0{,}23\,\sigma_B$, $\tau_{tW} \approx 0{,}15\,\sigma_B$.

**2) Minderung der Dauerfestigkeit.** Nehmen wir statt der glatten, polierten Probe eine mit plötzlich zunehmendem Querschnitt, so ist die Dauerfestigkeit erheblich geringer. Die Ursache ist in *örtlichen Spannungsspitzen,* d. h. in örtlichen Abweichungen von der bei der üblichen Spannungsberechnung vorausgesetzten Spannungsverteilung zu suchen.

Wodurch entstehen derartige Spannungsspitzen? Nach Bild 3/25 ist bei einem eingeschnürten und zugbelasteten Stab die *Rand*spannung *erhöht,* und zwar um so mehr, je *schroffer* der Querschnitt an der Einschnürstelle zunimmt. Die Randzone wird im engsten Querschnitt durch die zunehmende Basis mehr festgehalten, so daß sie mehr Spannung aufnimmt.

Ähnlich wirkt eine *rauhe* oder *verletzte* Oberfläche. Aber auch *Abkröpfungen* (s. Bild 3/26), *Quer bohrungen, Nuten* und *aufgepreßte Naben* (s. Bild 3/27) bringen eine *örtliche Spannungshäufung* mit sich und somit eine Min-

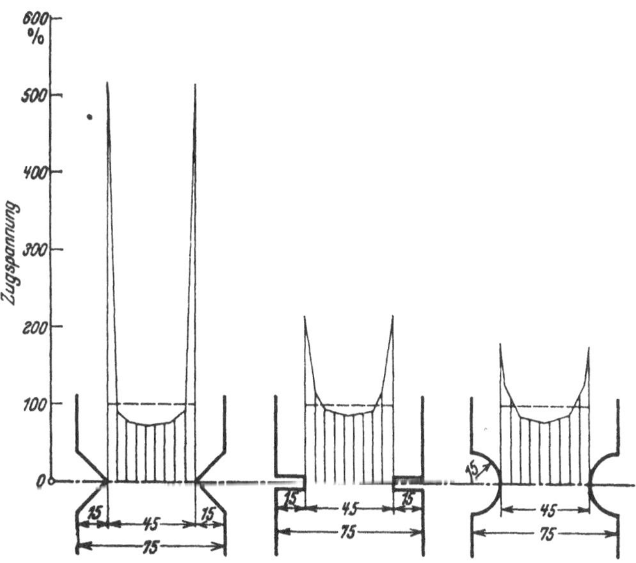

Bild 3/25. Spannungsverteilung bei Zugstäben mit verschiedener Auskerbung (nach PREUSS).

derung der Dauerfestigkeit. Wir sprechen in solchen Fällen allgemein von „*Kerbwirkung*".

Zur leichteren Erfassung derartiger „Kerbstellen" und des Grades der Kerbwirkung können wir uns die Kraftübertragung in einem Bauteil als „*Kraftfluß*" vorstellen, wobei jeder Kraft-

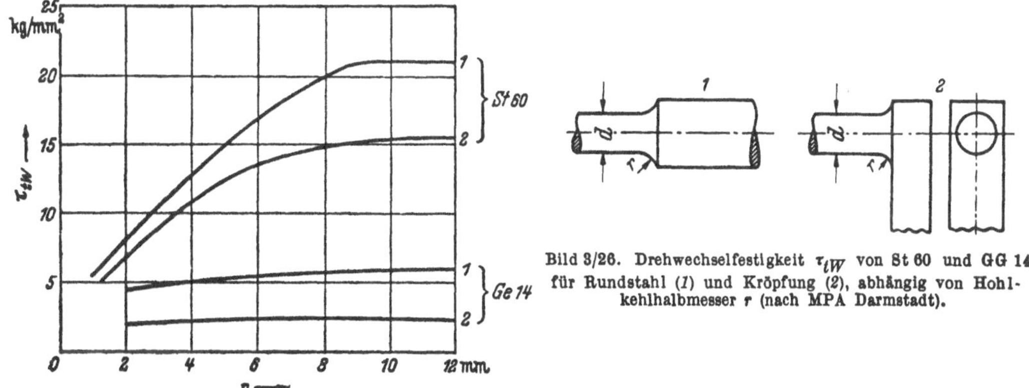

Bild 3/26. Drehwechselfestigkeit $\tau_{tW}$ von St 60 und GG 14 für Rundstahl (*1*) und Kröpfung (*2*), abhängig von Hohlkehlhalbmesser $r$ (nach MPA Darmstadt).

fluß-*Änderung* oder -*Ablenkung* eine Spannungshäufung, also „Kerbwirkung" entspricht.

Kerbstellen verringern die Dauerfestigkeit um so mehr, je „*kerbempfindlicher*" (spröder) der Werkstoff ist, d. h. je weniger er die Spannungsspitzen auszugleichen vermag, wie z. B. Glas, bei dem wir ja die Kerbempfindlichkeit zum „Schneiden" ausnutzen. Bei zähen Werkstoffen gleichen sich die Spannungen beim Überschreiten der Elastizitätsgrenze wieder aus, so daß die *statische Bruchfestigkeit* von der Kerbwirkung *nicht* beeinträchtigt wird [1]. Entsprechend verläuft die Ausschlagfestigkeit $\sigma_A$ eines gekerbten Zugstabes aus Stahl nach der gestrichelten Linie in Bild 3/23. (Die Fließgrenze liegt

---

[1] Die Kerbwirkung *erhöht* sogar die Fließgrenze, s. SIEBEL [*3/11*] u. [*3/22*].

wegen der Fließbehinderung durch die Kerbe höchstens höher.) Sehr beachtlich ist, daß bei Druckspannung die Dauerfestigkeit durch Kerben *nicht* vermindert wird.

Die *rechnerische* Erfassung der Dauerfestigkeitsminderung für verschiedene Kerben, Abmessungen und Werkstoffe ist noch nicht abgeschlossen (s. Schrifttum).

*Erfahrungswerte für* $\sigma_{bWK}$. Bild 3/27 zeigt die Biegewechselfestigkeit von 10 mm Stahlproben für die häufigsten Kerbfälle, aufgetragen über der statischen Bruchfestigkeit $\sigma_B$. Wir sehen: bei der polierten glatten Probe (Kurve *1*) steigt $\sigma_{bW}$ fast linear mit $\sigma_B$ an, während bei schroffer Kerbwirkung (Kurve *13*) $\sigma_{bW}$ sehr niedrig liegt und sich nur noch wenig mit $\sigma_B$ ändert. Wir können hieraus entnehmen, *daß bei dynamischer Belastung hochfester Stahl nur dann Vorteile bietet, wenn schroffe Kerbwirkungen vermieden werden, oder wenn die höhere Fließgrenze ausschlaggebend ist.* Ferner sinkt die Wechselfestigkeit erheblich bei *abgesetzten* Wellen mit *geringer* Ausrundung (Kurve *10*), bei Wellen mit *aufgekeilter Nabe* (Kurve *12*), bei *aufgepreßter Nabe* (Kurve *12 a*) und bei Wellen *mit Querloch* (Kurve *9*).

Bild 3/26 zeigt den Einfluß von Ausrundungen bei abgesetzten und bei abgekröpften Wellen auf die Drehwechselfestigkeit bei Stahl St 60 und Grauguß. Bei *Grauguß* wirken die Korngrenzen schon als Kerben, so daß äußere Kerben die Wechselfestigkeit kaum noch beeinflussen (wohl aber Abkröpfungen). Kerbfestigkeit bei anderen Werkstoffen s. Tafel 4/1 S. 63.

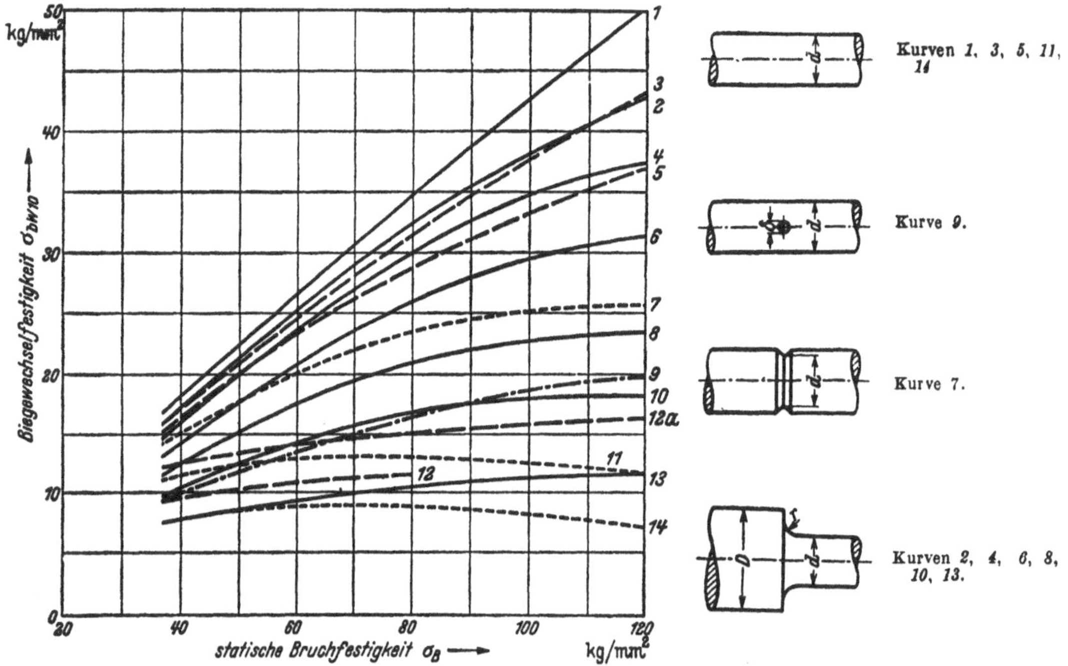


*Bild 3/27** *Biege-Wechselfestigkeit* $\sigma_{bW10}$ für Wellen aus C-Stahl mit Durchmesser $d = 10$ mm, abhängig von der stat. Bruchfestigkeit $\sigma_B$.

a) *Glatte Wellen:* Oberfläche poliert (Kurve *1*), geschliffen oder fein geschlichtet (*3*), geschruppt (*5*), korrodiert mit Leitungswasser (*11*), mit Salzwasser (*14*).
b) *Mit Querloch:* $\delta = 0{,}175\,d$ (Kurve *9*).
c) *Mit Spitzkerbe:* 1 mm tief (Kurve *7*).
d) *Mit Nabe:* aufgekeilt (Kurve *12*); aufgepreßt ohne Keil (*12a*).
e) *Mit Absatz D/d = 2:* für $y = r/d = 0{,}5$ (Kurve *2*); $= 0{,}3$ (Kurve *4*); $= 0{,}2$ (Kurve *6*): $= 0{,}1$ (Kurve *8*); $= 0{,}05$ (Kurve *10*); $= 0$ (Kurve *13*).
f) *Für Absatz mit anderem D/d:* Entnehme $\sigma_{bW10}$ aus Kurve für $y = r/d + q$.
g) *Für andere Durchmesser d ist*** $\sigma_{bW} \approx \sigma_{bWb10} \cdot b_0$ und $\tau_{tW} \approx \tau_{tW10} \cdot b_0$

| $D/d =$ | 1,05 | 1,1 | 1,2 | 1,3 | 1,4 | 1,6 |
|---|---|---|---|---|---|---|
| $q =$ | 0,13 | 0,1 | 0,07 | 0,052 | 0,04 | 0,022 |

| $d = 10$ | 20 | 30 | 50 | 100 | 200 | 300 mm |
|---|---|---|---|---|---|---|
| $b_0 = 1$ | 0,9 | 0,8 | 0,7 | 0,6 | 0,57 | 0,56 |

*Beispiel:* Abgesetzte Welle mit $\sigma_B = 60$; $D/d = 70/50 = 1{,}4$; $r/d = 5/50 = 0{,}1$. Nach obiger Tafel ist $q = 0{,}04$, also $y = 0{,}1 + 0{,}04 = 0{,}14$.

Hierfür ist nach dem Schaubild (interpoliert zw. Kurve *6* und *8* für $\sigma_B = 60$) $\sigma_{bW10} = 19$ kg/mm².

Für $d = 50$ mm ist $\sigma_{bW} = \sigma_{bW10} \cdot b_0 = 19 \cdot 0{,}7 = 13{,}3$ kg je mm².

* Der obigen Darstellung liegen Versuchswerte von LEHR und THUM zugrunde.
** Nach ersten Versuchen von LEHR und BAUTZ. Ursachen s. Fußnote 1 S. 54.

*Chemischer Einfluß.* Bei korrodierten Wellen ist die Dauerfestigkeit sehr gering (Kurve *11* und *14* in Bild 3/27). Bei *fortschreitender* Korrosion sinkt die Dauerfestigkeit ständig, so daß nur noch Zeitfestigkeitswerte erreicht werden. Umgekehrt begünstigt jede Spannungsänderung (Energieänderung) eine chemische Reaktion, z. B. eine Korrosion durch innere Reibung, die wiederum die dynamische Festigkeit herabsetzt. Im gleichen Sinne wirkt die Reibkorrosion an Kerben und Nabensitzen.

*Größen-Einfluß.* Die Dauerbiege- und Dauerdrehfestigkeit von glatten Stahlwellen nimmt nach LEHR [3/37] mit steigendem Durchmesser etwa entsprechend dem Beiwert $b_0$ ab [1].

Auch die Schutzwirkung durch Oberflächendrücken und Härten (siehe unter

| Durchm. $d$ | 10 | 20 | 30 | 50 | 100 | 200 | 250 | 300 mm |
|---|---|---|---|---|---|---|---|---|
| Beiwert $b_0$ . . | 1 | 0,9 | 0,8 | 0,7 | 0,6 | 0,57 | 0,56 | 0,56 |

Punkt 3) nimmt mit größerem Durchmesser ab. Anderseits wächst mit dem Durchmesser die Grenzspielzahl bis zur Erreichung der Dauerfestigkeit.

*Temperatur-Einfluß.* Bis 350° C ist die Wechselfestigkeit bei Stahl fast unverändert; bei Nichteisenmetallen sinkt sie mit steigender Temperatur ständig ab. Festigkeitswerte bei tiefer Temperatur s. SCHWINNING [2].

*Vorbelastungs-Einfluß.* Wiederholte Vorbelastungen mindern die Wechselfestigkeit nur dann, wenn ihre Größe und Spielzahl die „Schadenslinie" (Bild 3/20) überschreitet.

**3) Erhöhung der Dauerfestigkeit.** Die Grundregel lautet: Abbau der Spannungsspitzen durch sanfte Übergänge, noch besser durch Erzeugung von *Druckvorspannungen* [3/36] in der Randzone und durch *Verdichtung* und *Verfestigung* der Randzone. Hierfür hat sich besonders das *Oberflächendrücken* [3/44] bewährt. Es besteht in einer plastischen Verformung der Oberfläche durch Überrollen mit abgerundeten schmalen Druckrollen. Ähnliche Wirkungen erreicht man durch „*Sandstrahlen*" mit Stahlkies und durch *örtliches Härten* (Brennstrahl-, Einsatz- oder Nitrierhärten) der gefährdeten Stellen, wobei die Volumenvergrößerung (Druckvorspannung) in der Randzone von Bedeutung ist. Durch Oberflächendrücken kann die Dauerfestigkeit bis 40% und mehr, durch örtliches Härten um ein mehrfaches der Dauerfestigkeit des Grundwerkstoffes gesteigert werden. Ferner kann die Kerbwirkung von Schleifspuren durch Ätzbehandlung (chemisches Einebnen) verringert werden.

Ein weiteres Mittel ist das *Hochtrainieren* durch langsame Steigerung der Wechselspannung bis an den Wert der Dauerfestigkeit, die hierdurch, je nach dem Werkstoff, bis 25% erhöht werden kann.

**4) Dauerfestigkeit des Bauteils (Nutz-Dauerfestigkeit).** Wir können diese häufig nur mittelbar bestimmen als den resultierenden Wert aus der Dauerfestigkeit der *Werkstoffprobe* bei entsprechender Formgebung, Oberflächenbeschaffenheit und Belastung und ferner einem *Größenbeiwert* $b_0$. Diesen resultierenden Wert wollen wir als *Nutz-Dauerfestigkeit* (Zeiger $N$) bezeichnen. Noch zuverlässiger, aber auch erheblich teurer, ist naturgemäß die unmittelbare Bestimmung der Nutz-Dauerfestigkeit durch Versuche am Bauteil selbst.

Liegen die obigen Voraussetzungen nicht vor, so sind wir auf eine entsprechende *Abschätzung* der *Nutz*-Dauerfestigkeit angewiesen, wobei wir uns möglichst weitgehend auf die bereits vorliegenden Erfahrungen stützen.

*Beispiel.* Betrachten wir hierzu folgende, durch Versuch ermittelte Festigkeitsskala einer Motor-Kurbelwelle aus Stahl [3]:

---

[1] Für gekerbte Stäbe und andere Werkstoffe werden etwas andere $b_0$-Werte gelten. Ausreichende Versuche fehlen noch. Weitere Angaben hierzu s. Fußnote 1 auf S. 54.

[2] SCHWINNING: Die Festigkeitseigenschaften der Werkstoffe bei tiefen Temperaturen. Z. VDI 79 (1935) S. 35.

[3] MICKEL, E.: Mitt. Forsch.-Anst. Gutehoffnungshütte (1938) S. 73.

Ermittelt wurde (in kg/mm²)

$$\text{am Prüfstab } \sigma_B = 100,\; \sigma_F = 74,\; \sigma_{bW} = 45,$$
$$\text{am Prüfstab } \tau_{tW} = 31,\; \tau_{tWK} = 15 \text{ (Spitzkerbe)},$$
$$\text{am Modell 1:1 der Kurbelkröpfung } \tau_{tW} = 9,$$
$$\text{an der Kurbelwelle im Motor } \tau_{tW} = 7\,\text{kg/mm}^2 = \tau_{tN}.$$

Die im vorliegenden Fall maßgebende Nutzdauerfestigkeit ist $\tau_{tN}$.

Wäre uns beispielsweise nur $\sigma_B$ bekannt, so würden wir hierfür aus Bild 3/27, unter Einschätzung der erheblichen Kerbwirkung und Kraftflußänderung an der Kröpfung etwa entsprechend Kurve *10* entnehmen: $\sigma_{bW\,10\,K} = 18\,\text{kg/mm}^2$. Für 75 mm Kurbelwellendurchmesser wird $\sigma_{bW} = \sigma_{bW\,10\,K} \cdot b_0 = 18 \cdot 0{,}65 = 11{,}65$ und nach Tafel 3/4 $\tau_{tW} = 0{,}58 \cdot \sigma_{bW} = 0{,}58 \cdot 11{,}65 = 6{,}8\,\text{kg/mm}^2$ als Nutzdauerfestigkeit $\tau_{tN}$, also etwa den gleichen Wert, wie oben nach Versuch.

## 3.4. Schlagfestigkeit.

Bei schlagartiger Beanspruchung können wir die aufnehmbare Schlagarbeit $A$, d. h. die Verformungsarbeit des Prüfstücks bis zum Brucheintritt ermitteln. Das Ergebnis $A/F$ (mkg/cm²) ist die *Schlagfestigkeit*, bezogen auf den Bruchquerschnitt $F$. Sie dient bisher weniger der Festigkeitsrechnung, als der Kontrolle bestimmter Werkstoffeigenschaften (Zähigkeit). Wir unterscheiden:

**1) Die Kerbschlagfestigkeit $a_k$**, auch *Kerbschlagzähigkeit* genannt. Sie wird im Pendelschlagwerk an einer gekerbten Probe ermittelt, die, beiderseitig aufliegend, vom Pendelhammer durchschlagen wird. In $a_k$ kommt neben der statischen Festigkeit und der Kerbempfindlichkeit vor allem das *plastische* Verformungsvermögen zum Ausdruck. Bei Stahl fällt $a_k$ erheblich mit fallender Temperatur (Schlagbruch bei Kälte!), wie Bild 3/28 zeigt, und ungeeigneter Wärmebehandlung. $a_k$ ist form- und größenabhängig, also an die Abmessungen der Probe gebunden.

**2. Die Dauerschlagfestigkeit**, z. B. $a_{k\,10^6}$ ist die bis $10^6$ Schlägen wiederholte und ertragene Schlagarbeit. Sie ist nach LEHR proportional $\sigma_{bW}^2$, also auch für die Festigkeitsrechnung auswertbar.

**3. Die Dauerschlagzahl** ist die bis zum Bruch ertragene Schlagzahl bei konstanter Schlagarbeit.

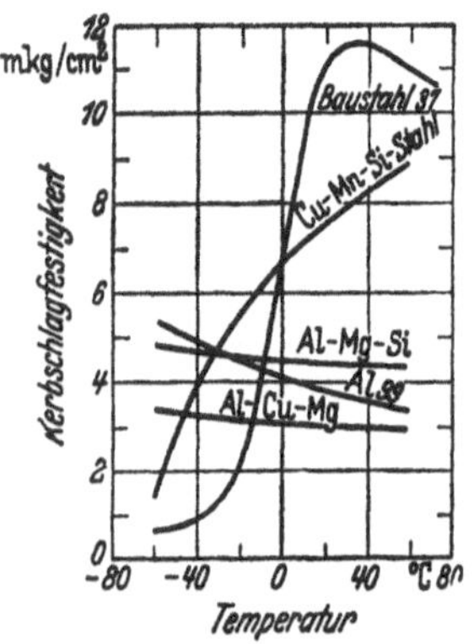


Bild 3/28. Kerbschlagfestigkeit $a_k$ von Stahl, Al und Al-Legierungen abhängig von der Temperatur (nach LÜPFERT).

## 3.5. Zulässige Spannung.

**1. Ansatz.** Die zulässige Spannung ändert sich mit der „*Nutzfestigkeit*" des Bauteils, also nicht nur mit der Werkstoffestigkeit, sondern auch mit der Formgebung und dem Kraftfluß, mit dem Herstellungsgang und der Größe des Bauteils, ferner mit den *Betriebsbedingungen*, so daß auch vorhandene „Erfahrungswerte" im Einzelfall zu überprüfen sind.

Wir müssen daher wissen, wonach wir im Einzelfall die zulässige Spannung ansetzen oder variieren sollen.

Bei ihrem Ansatz ist zunächst der mögliche Unterschied zwischen der in die Festigkeitsrechnung eingesetzten Nennlast $P$ und der maßgebenden Betriebslast $P_{Betr}$ bzw. zwischen den entsprechenden Spannungen $\sigma$ und $\sigma_{Betr}$ (oder $\tau_t$ und $\tau_{tBetr}$ usw.) zu berücksichtigen.

Wir führen hierzu den „*Lastfehler*" $\boxed{C = \sigma_{Betr}/\sigma}$ in den Ansatz der zulässigen Spannung ein.

Ferner soll die zulässige Spannung eine ausreichende Sicherheit, die „*Nutzsicherheit* $S_N$" gegenüber der „*Nutzfestigkeit*" des Bauteils einschließen.

Wir setzen

$$\boxed{\text{Nennspannung} \leq \text{zulässige Spannung} = \frac{\text{Nutzfestigkeit}}{\text{Nutzsicherheit} \cdot C}}$$

und schreiben, z. B. bei Zugspannung

$$\boxed{\sigma \leq \sigma_{\text{zul}} = \frac{\sigma_N}{S_N \cdot C}}$$

**2) Bestimmung der Nutzfestigkeit.** Sie ist diejenige Spannung, bei der am Bauteil eine *unzulässige Veränderung* auftritt, wie Dauerbruch oder plastische Verformung, Ausknicken oder Gewaltbruch, oder ein unzulässig hoher Verschleiß. Entsprechend ist als Nutzfestigkeit einzusetzen:

a) *bei dynamischer Überlastungsgefahr* (Belastung wechselnd bis schwellend) die *Dauerfestigkeit* des *Bauteils* $\sigma_{DN}$ (bzw. Zeitfestigkeit), deren Ansatz auf S. 57 näher gezeigt wurde;

b) *bei statischer Überlastungsgefahr* (Belastung ruhend bis schwellend) die *Fließgrenze* (bzw. die statische Bruchfestigkeit bzw. die Knickspannung $\sigma_K$) des Bauteils, für die durchweg die entsprechenden *Werkstoff*werte $\sigma_F$, $\sigma_{-F}$, $\sigma_{bF}$, $\tau_{tF}$ (bzw. $\sigma_B$, $\sigma_{-B}$, $\sigma_{bB}$, $\tau_{tB}$, $\sigma_K$) eingesetzt werden;

c) *bei Gleitbewegung* der Grenzwert der Flächenpressung, bei dem Verschleiß oder Temperatur unzulässig ansteigen;

d) *bei Wälzbewegung* der Grenzwert der Wälzpressung, bei dem eine unzulässige Verformung oder Grübchenbildung oder Erwärmung eintritt (s. Kap. 13).

**3) Bestimmung des Lastfehlers $C$.** Dort, wo die Spannung proportional der Belastung anwächst, ist der Lastfehler $\boxed{C = P_{\text{Betr}}/P}$. Hierbei ist für $P_{\text{Betr}}$ einzusetzen:

a) *bei dynamischer Überlastungsgefahr* die größte, sich ständig *wiederholende* Belastung (Nennlast $+$ statische und dynamische Zusatzkräfte);

b) *bei statischer Überlastungsgefahr* die größte Gesamtkraft, mit der *unter ungünstigen Umständen* gerechnet werden muß, auch wenn sie nur einmalig auftritt.

**4) Ansatz der Nutzsicherheit $S_N$.** Bei ihrem Ansatz sind einerseits die Folgen einer Überschreitung der Nutzfestigkeit (Lebensgefahr und langwierige Betriebsunterbrechung, oder leichte Behebung des Schadens) und andererseits der Einfluß von $S_N$ auf die Wirtschaftlichkeit und den Gebrauchswert des Bauteils abzuwägen. Gewöhnlich wählt man:

$$S_N = 1,2 \text{ bis } 2,0, \text{ wenn } \sigma_{DN} \text{ maßgebend ist,}$$
$$S_N = 1,1 \text{ bis } 1,8, \quad ,, \quad \sigma_F \qquad ,, \qquad ,,$$
$$S_N = 1,8 \text{ bis } 2,5, \quad ,, \quad \sigma_B \qquad ,, \qquad ,,$$
$$S_N = \quad 3 \text{ bis } 6 \ , \quad ,, \quad \sigma_K \qquad ,, \qquad ,,$$

**5) Beispiele für den Ansatz von $\sigma_{\text{zul}}$.** *Beispiel 1*: Die festliegende Achse einer umlaufenden Seiltrommel ist schwellend auf Biegung beansprucht. Ausführung glatt durchgehend, ohne aufgesetzte Nabe, aus St 50.11, Oberfläche geschlichtet, $d = 70$ mm.

Wir entnehmen aus Bild 3/27 für St 50.11, geschlichtete Oberfläche (interpoliert zwischen Kurve *3* und *5*) $\sigma_{bW10} = 20,5$ kg/mm². Für $d = 70$ mm ist $\sigma_{bW70} = \sigma_{bW10} \cdot b_0 = 20,5 \cdot 0,65 = 13,3$. Für Schwellspannung ist nach Tafel 3/4 $\sigma_{bU} = 1,8 \cdot \sigma_{bW} = 1,8 \cdot 13,3 = 24$ kg/mm² $= \sigma_{bN}$. Lastfehler $C = P_{\text{Betr}}/P = 1,2$ für 20% zusätzliche Beschleunigungskraft zur statischen Nennlast $P$. Mit $S_N = 1,5$ wird dann $\sigma_{b\,\text{zul}} = \dfrac{\sigma_{bN}}{S_N \cdot C} = \dfrac{24}{1\,5 \cdot 1,2} = 13,3$ kg/mm²

Kontrolle: Nutzsicherheit gegen plastische Verformung

$$S_N = \frac{\sigma_{bF}}{\sigma_{b\text{zul}} \cdot C} = \frac{1,15 \cdot 27}{13\,3 \cdot 1,35} = 1,73, \text{ wenn } C = 1,35 \text{ für 1,35fache Probelast und}$$

$\sigma_{bF} = 1,15\,\sigma_F = 1,15 \cdot 27$ nach Tafel 3/4 mit $\sigma_F = 27$ eingesetzt wird.

*Beispiel 2*: Für eine Getriebewelle aus St 60.11 mit 100 mm Durchmesser ist am Sitz des aufgekeilten Zahnrades die zulässige Biegewechselspannung $\sigma_{b\text{zul}} = \dfrac{\sigma_{bN}}{S_N \cdot C} =$

$\dfrac{6,6}{1,5 \cdot 1,2} = 3{,}66\ \text{kg/mm}^2$, wenn $S_N = 1{,}5$, $C = 1{,}2$ (20% Beschl.-Kraft) und $\sigma_{bN} = \sigma_{bW}$

$= \sigma_{bW10} \cdot b_0 = 11 \cdot 0{,}6 = 6{,}6\ \text{kg/mm}^2$ ist, mit $\sigma_{bW10} = 11$ aus Bild 3/27 Kurve *12* für St 60 und $b_0 = 0{,}6$ für $d = 100\ \text{mm}$. Gegenüber Dreh-Schwellspannung ist etwa $\tau_{tN} = \tau_{tUr} = 1{,}9 \cdot 0{,}58\ \sigma_{bW} \approx 1{,}1\ \sigma_{bN}$ (s. Tafel 3/4) oder $\tau_{tzul} \approx 1{,}1\ \sigma_{bzul}$.

*Beispiel 3*: Für die Kurbelwelle auf S. 57 unter 4) war $\tau_{tN} = 7\ \text{kg/mm}^2$. Der Lastfehler ist $C = 1$, da hier $P_{Betr} = P$ durch Versuch ermittelt wurde. Die Nutzsicherheit $S_N = 1{,}3$ erscheint für einen Fahrzeugmotor angemessen, so daß hier $\tau_{tzul} = \dfrac{\tau_{tN}}{S_N \cdot C} = \dfrac{7}{1{,}3 \cdot 1} = 5{,}4\ \text{kg/mm}^2$ wird.

*Weitere Beispiele* und *Erfahrungswerte* für den Ansatz der zulässigen Spannung sind bei den einzelnen Maschinenelementen zu finden.

### 3.6. Schrifttum zu 3.

#### 1. Spannung:

[3/1] NEUBER, H.: Kerbspannungslehre. Berlin: Springer 1937.
[3/2] LEHR, E.: Spannungsverteilung in Konstruktionselementen. Berlin: VDI Verlag 1934.
[3/3] MESMER, G.: Spannungsoptik. Berlin: Springer 1939.
[3/4] RÖTSCHER, F. u. R. JASCHKE: Dehnungsmessungen und ihre Auswertung. Berlin: Springer 1939.
[3/5] WEBER, C.: Die Lehre von der Drehungsfestigkeit. VDI-Forschungsheft Nr. 249. Berlin 1921; ferner ZAMM Bd. 6 (1926) S. 85.
— Festigkeitslehre. Wolfenbüttel: Verlagsanstalt 1947.
[3/6] UEBEL: Drehungsfestigkeit für Walzträger. Forsch. 10 (1939) S. 123.
[3/7] LOVE, A. E. H.: Lehrbuch der Elastizität, deutsch von TIMPE. Leipzig—Berlin: Teubner 1907; neueste engl. Aufl. (Theory of Elasticity). New-York 1944.
[3/8] TIMOSHENKO, S. u. J. M. LESSELS: Festigkeitslehre, deutsch von MALKIN. Berlin: Springer 1928.
[3/9] HEISTER, H.: Die Traglast elastisch eingespannter Stahlstützen. Diss. T. H. Darmstadt 1948.
[3/10] BENNEDIK, K.: Vereinfachtes Verfahren zur Ermittlung von Trägheitsmomenten. Z. VDI Bd. 90 (1948) S. 352.
[3/11] SIEBEL, E.: Neue Wege der Festigkeitsrechnung. Z. VDI Bd. 90 (1948) S. 135.
[3/12] FÖPPL, A.: Vorles. über techn. Mechanik, Bd. III und IV. Leipzig: Teubner 1927.
[3/13] FÖPPL, A. u. L. FÖPPL: Drang und Zwang, Bd. I und II. München—Berlin: Oldenburg 1924/28.
[3/14] PÖSCHL, TH.: Elementare Festigkeitslehre. Berlin: Springer 1936.
[3/15] SIEBEL, E. u. H. O. MEUTH: Die Wirkung von Kerben bei schwingender Beanspruchung. Z. VDI Bd. 91 (1949) S. 319.
[3/16] BACH, C. u. R. BAUMANN: Elastizität und Festigkeit. 9. Aufl. Berlin: Springer 1924.
[3/17] KARMANN, TH. VON: Enzykl. Math. Wiss. IV, Mechanik Bd. 4 (1907) S. 14. Leipzig: Teubner.
[3/18] SCHLEICHER, F.: Der Spannungszustand an der Fließgrenze. ZAMM 6 (1926) S. 199.
[3/19] JEEEK, K.: Die Festigkeit von Druckstäben aus Stahl. Wien: Springer 1937.
[3/20] BACH, J.: Stand des Knickproblems stabförmiger Körper. Z. VDI Bd. 77 (1933) S. 610.
[3/21] FLÜGGE, W.: Statik und Dynamik der Schalen. Berlin: Springer 1934.
[3/22] SIEBEL, E. Festigkeitsrechnung bei ungleichförmiger Beanspruchung. Die Technik Bd. I (1946) S. 265.
[3/23] TEN BOSCH, M.: Vorlesungen über Maschinenelemente. Berlin: Springer 1940. (Der Abschnitt I Angewandte Festigkeitslehre behandelt eingehend die Spannungsverteilung u. -berechnung besonderer Bauelemente.)
GEROKE, M. J.: Über die allgemeine Form der Knickbedingung des geraden Stabes. Konstruktion Bd. 4 (1952) S. 46.

#### 2. Werkstoffprüfung:

[3/24] DIN-Blätter: DIN 1602, 1604, 1605 und DIN 50101—50144 Festigkeitsversuche allgemein, DIN 50100 Prüfung der Schwingungsfestigkeit, DIN 50103 Härteprüfung nach Rockwell, DIN 50132 und DIN 50351 Härteprüfung nach Brinell, DIN 50133 Härteprüfung nach Vickers, DIN 50122 Kerbschlagversuch.

#### 3. Schwingungsfestigkeit:

(s. auch Schrifttum Werkstoffe S. 104, Leichtbau S. 77, Federn Kap. 12.11.)

[3/25] THUM, A. und W. BUCHMANN: Dauerfestigkeit und Konstruktion. Mitt. d. MPA a. d. T. H. Darmstadt Heft 1 (1932).
[3/26] THUM, A. und W. BAUTZ: Steigerung der Dauerhaltbarkeit von Formelementen durch Kaltverformung. — Mitt. d. MPA. a. d. T. H. Darmstadt, Heft 8 (1936).
[3/27] THUM, A. und H. OCHS: Korrosion und Dauerfestigkeit. Mitt. d. MPA a. d. T. H. Darmstadt, Heft 9, (1937), VDI-Verlag mit 139 Literaturangaben.
[3/28] GRAF, O.: Die Dauerfestigkeit der Werkstoffe und der Konstruktionselemente. Berlin: Springer 1929.

[3/29] HEROLD, W.: Wechselfestigkeit. Berlin: Springer 1934.

[3/30] BARTELS, W. Die Dauerfestigkeit ungeschweißter und geschweißter Guß- und Walzwerkstoffe. Berlin 1930.

[3/31] LEQUIS, W.: Wechselfestigkeit und Kerbempfindlichkeit... bei Stahl. Diss. 1931, T. H. BRAUNSCHWEIG.

[3/32] MAILÄNDER, R. u. W. BAUERSFELD: Einfluß der Probengröße und Probenform auf die Dreh-Schwingungsfestigkeit von Stahl. Techn. Mitt. Krupp (1934) S. 143.

[3/33] BOLLENRATH, F.: Zeit- und Dauerfestigkeit der Werkstoffe. Jb. dtsch. Luftfahrtforsch. 1938. Erg.-Bd. S. 147/157.

[3/34] BARNER, G.: Der Einfluß von Bohrungen auf die Dauerzugfestigkeit von Stahlstäben. VDI-Verlag 1931.

[3/35] GRAF, O.: Dauerfestigkeit von Stählen mit Walzhaut, ohne und mit Bohrung, von Niet- und Schweißverbindungen. VDI-Verlag 1931.

[3/36] SEEGER, G.: Wirkung der Druckvorspannungen auf die Dauerfestigkeit metallischer Werkstoffe. Berlin: VDI-Verlag 1935.

[3/37] LEHR, E.: Arbeitsblätter 1—5 des VDI-Fachausschuß für Maschinenelemente. (Dauerfestigkeitsschaubilder) Berlin 1933 und 1934.

[3/38] LEHR, E.: Dauerfestigkeit in KLINGELNBERG: Techn. Hilfsbuch. Berlin: Springer (1940) S. 105—116.

[3/39] THUM, A. u. K. FEDERN: Spannungszustand und Bruchausbildung. Berlin: Springer 1939.

[3/40] KÖRBER, F. u. M. HEMPEL: Zug-, Druck-, Biege- und Verdreh-Wechselbeanspruchung an Stahlstäben mit Kerben und Querbohrungen. Auszug Z. VDI Bd. 83 (1939) S. 1226.

[3/41] LEHR, E. u. K. H. BUSSMANN: Dauerfestigkeit von Stabköpfen. Z. VDI Bd. 83 (1939) S. 513.

[3/42] THUM A. u. E. BRUDER: Gestaltung und Dauerhaltbarkeit von Stabköpfen. Berlin: VDI-Verlag 1939.

[3/43] — s. Maschinenelemente-Tagung, Aachen 1935. Berlin: VDI-Verlag 1936. (Vorträge über Spannungsverteilung, Dauerfestigkeit und zuläss. Spannung.)

[3/44] FÖPPL, O.: (Oberflächendrücken und Dauerfestigkeit). ATZ Bd. 49 (1947) S. 54; ferner Mitt. des Wöhler-Inst. Braunschweig H. 1—40; s. auch Schrifttum Kap. 12.11.

[3/45] BUCHMANN, W.: Die Kerbempfindlichkeit der Werkstoffe. Forschung 6 (1935) S. 36.

[3/46] (Vorträge über Dauerfestigkeit von THUM, BAUTZ usw.) in Berichtswerk 74. Hauptversammlung des VDI, Darmstadt 1936. Berlin: VDI-Verlag. 1936.

[3/47] ROŠ, M. M.: Die Dauerfestigkeit der Metalle. Revue de Metallurgie. Paris (1947) S. 125.

[3/48] — (Kugelstrahlen zur Erhöhung der Schwingungsfestigkeit.) Werkstatt und Betrieb 80 (1947) S. 212. (Auszug von BALL aus Science and Technology.)

[3/49] — (Erhöhung der Schwingungsfestigkeit durch Induktionshärtung.) Werkstatt und Betrieb 80 (1947) S. 210 u. 212. (Auszug von BALL aus Machinery, New York.)

[3/50] SEEGER, G.: Kerbwirkung an quergebohrten Torsionswellen. Die Technik Bd. 3 (1948) S. 311. GRÖNEGRESS, H. W.: Festigkeitseigenschaften brenngehärteter Kettenbolzen. Z. VDI. Bd. 94 (1952) S. 231.

**4. Festigkeitswerte der Werkstoffe** (s. auch Schrifttum Werkstoffe S. 104).

[3/51] LEON, A.: Zugfestigkeit und Brinellhärte von Gußeisen. Z. VDI Bd. 80 (1936) S. 281.

[3/52] HEMPEL, M.: Gußeisen und Temperguß unter Wechselbeanspruchung ($\sigma_D$-Schaubilder für $GG$). Z. VDI Bd. 85 (1941) S. 290.

[3/53] GRUSCHKA, G.: Zugfestigkeit von Stählen bei tiefen Temperaturen. Berlin: VDI-Verlag 1934.

[3/54] FISCHER u. EHMKE: Zahlentafel über die Warmfestigkeiten und Warmstreckgrenzen der Kesselbaustoffe. Kruppsche Monatshefte 1929, S. 209.

[3/55] NIEMANN G.: Walzenfestigkeit und Grübchenbildung von Zahnrad- und Wälzlagerwerkstoffen. Z. VDI Bd. 87 (1943) S. 521.

**5. Zulässige Spannung** (s. auch [3/43]).

[3/56] LEHR, E.: Wege zu einer wirklichkeitsgetreuen Festigkeitsberechnung. Z. VDI Bd. 75 (1931) S. 1473.

[3/57] VOLK, C.: Sicherheit und zuläss. Spannung. Elektroschweißung (1937) S. 173/175.

[3/58] THUM, A.: Zur Frage der Sicherheit in der Konstruktionslehre. Z. VDI Bd. 75 (1931) S. 705; ferner in: Der Maschinenschaden (1935) S. 155; ferner 74. Hauptversammlung d. VDI (1936) S. 87.

[3/59] BOCK, E.: Zulässige Spannungen der im Maschinenbau verwendeten Werkstoffe. Masch.-Bau 9 (1930) S. 637 und 10 (1931) S. 66/83.

# 4. Leichtbau.

## 4.1. Überblick.

Das Streben nach Leichtbau, d. h. nach geringem Eigengewicht bedarf keiner weiteren Begründung, solange hierdurch die Gestehungskosten nicht anwachsen und die Eignung des Bauteils nicht gemindert wird.

Darüber hinaus können aber auch *höhere* Gestehungskosten für den Leichtbau tragbar sein, und zwar dann, wenn die Gewichtsverminderung genügend *anderweitige Einsparungen* oder *anderweitige Vorteile* zur Folge hat. Z. B., wenn hierdurch

1) andere Bauteile weitgehend entlastet und entsprechend leichter gehalten werden können;

2) die Gewichtsverringerung eine größere *Nutzbelastung* bei gleichem Gesamtgewicht ermöglicht (z. B. bei Fahrzeugen, Förderkörben, Selbstgreifern, Baggerkübeln und Seilbahnkabinen, s. Beispiele S. 76);

3) die *laufenden Betriebskosten* verringert werden (Energiekosten und Unterhalt bei Fahrzeugen, s. Beispiel S. 77);

4) die *Bedienung* oder die *Beförderung* erleichtert wird (z. B. bei Haushalt-, Reise- und Sportgeräten);

5) eine Konstruktion durch Leichtbau überhaupt erst möglich wird, z. B. Flugzeug.

Für den Leichtbau stehen folgende Wege offen:

a) *Schaffung günstigerer Bedingungen* (Bedingungsleichtbau), z. B. Herabsetzung der Maximalkräfte durch Abfederung oder durch besonderen Überlastschutz (Rutschkupplungen, Brechbolzen); bessere Kühlung wärmebegrenzter Konstruktionen wie Elektromotoren, Getriebe, Bremsen und Reibkupplungen; Milderung überholter Bedingungen und Vorschriften usw.;

b) *Form-Leichtbau*, indem wir durch entsprechende Formgebung, Anordnung und Behandlung die gleiche Belastbarkeit mit geringerem Stoffaufwand erreichen (s. Abschnitt 4/3),

c) *Stoff-Leichtbau*, indem wir entweder festere Werkstoffe verwenden, z. B. Flußstahl statt Grauguß, St 52 statt St 37, gehärteten statt ungehärteten Stahl (s. Stahl-Leichtbau S. 73), oder *leichtere* Werkstoffe z. B. Leichtmetall, Preßstoff oder Holz statt Stahl, Grauguß usw. (s. Leichtmetall-Leichtbau S. 76).

## 4.2. Werkstoffvergleich mittels Kenngrößen [1].

Bei der Abwägung, ob man einen Bauteil z. B. aus Stahl oder Leichtmetall statt Grauguß ausführen soll, ist es wertvoll, *im voraus zahlenmäßig* angeben zu können, welche *Eigengewichte $Q$, Querschnitte $F$* und *Werkstoffkosten $K$* vergleichsweise bei gleicher Belastung und Baulänge zu erwarten sind. Wir bilden hierzu die für den betreffenden Belastungsfall maßgebende *Werkstoff-Kenngröße.*

*Bezeichnungen:*

| | | | | | |
|---|---|---|---|---|---|
| $A$ | (cmkg) | Stoßarbeit, Federarbeit | $M_b$, $M_t$ | (cmkg) | Biegemoment, Drehmoment |
| $E$ | (kg/cm²) | E-Modul | $P$ | (kg) | Belastungskraft |
| $C$ | (—) | Werkstoff-Kenngrößen | $q$ | (—) | Beiwert |
| $C_Q$, $C_F$ | (—) | Werkstoff-Kenngröße für $Q$, für $F$ | $Q$ | (kg) | Eigengewicht |
| | | | $s$ | (mm) | Wanddicke |
| $C_K$ | (—) | Werkstoff-Kenngröße für $K$ | $S$ | (—) | Sicherheit |
| $d$, $D$ | (cm) | Durchmesser | $V$ | (cm³) | Volumen |
| $f$ | (cm) | Verlängerung, Durchbiegung | $W_b$, $W_t$ | (cm³) | Widerstandsmoment für Biegung, für Drehung |
| $F$ | (cm²) | Querschnitt | | | |
| $G$ | (kg/cm²) | Gleitmodul | $\alpha$ | (cm²/s) | Temperatur-Leitwert |
| $J$ | (cm⁴) | Flächen-Trägheitsmoment | $\beta$ | (°C⁻¹) | Ausdehnungsbeiwert |
| $J_b$, $J_t$ | (cm⁴) | Flächen-Trägheitsmoment f. Biegung, für Drehung | $\gamma$ | (kg/cm³) | Wichte |
| | | | $\delta$ | (—) | Dämpfung |
| $K$ | (DM) | Kosten | $\sigma$ | (kg/cm²) | Zugspannung, Druckspannung |
| $k_i$ | (—) | Profilwert, $= F^2/J$ | $\sigma_b$ | (kg/cm²) | Biegespannung |
| $k_w$ | (—) | ,, $= F^{3/2}/W$ | $\tau$ | (kg/cm²) | Drehspannung, Schubspannung |
| $L$ | (cm) | Trägerlänge | $\varphi$ | (—) | Drehwinkel (Bogenmaß) |
| | | | $\sim$ | | proportional |

Als Beispiel für den Ansatz der Werkstoff-Kenngrößen nehmen wir den *Biegeträger* nach Bild 4/1 b.

---

[1] Der hier für die verschiedenen Belastungsfälle durchgeführte Werkstoffvergleich ist *allgemein* gültig. Er wird hier unter „Leichtbau" gebracht, da er für diesen erhöhte Bedeutung besitzt.

Seine Belastung $P$ sei zunächst durch die zulässige Spannung begrenzt: $\sigma_b = M_b/W = \dfrac{P \cdot L}{4\,W_b} \leq \sigma_{b\text{zul}}$. Bei geometrisch ähnlichen Querschnitten $F$ bleibt der Profilwert $k_w = F^{3/2}/W_b$ konstant. Mit Einführung von $k_w$ ist dann

$$\text{Querschnitt } F = (M_b \cdot k_w/\sigma_b)^{2/3} \sim 1/\sigma_b^{2/3}.$$
$$\text{Gewicht: } Q = F \cdot L \cdot \gamma = (M_b \cdot k_w)^{2/3} \cdot L \cdot \gamma/\sigma_b^{2/3} \sim \gamma/\sigma_b^{2/3}.$$
$$\text{Volumen } V = F \cdot L = Q/\gamma \sim 1/\sigma_b^{2/3}.$$
$$\text{Werkstoffkosten } K = Q \cdot \text{kg-Preis} \sim \gamma/\sigma_b^{2/3} \cdot \text{kg-Preis}.$$

Der Einfluß des Werkstoffs auf $Q$, $V$ und $K$ ist dann für diesen Belastungsfall und diese Belastungsgrenze ($\sigma_b$) gekennzeichnet durch folgende werkstoffeigene Größen:

$Q$-Kenngröße $C_Q = \gamma/\sigma_b^{2/3}$

$V$-Kenngröße $C_V = 1/\sigma^{2/3}$

$K$-Kenngröße $C_K = \gamma/\sigma_b^{2/3} \cdot \text{kg-Preis}$.

Größere Kenngrößen für einen Werkstoff bedeuten also größeres $Q$, $V$ und $K$ im betreffenden Anwendungsfall.

Ist die Belastung nicht durch $\sigma_b$, sondern durch die zulässige *Durchbiegung* $f$ begrenzt und ist

$$f = \frac{P \cdot L^3}{48\,E \cdot J} \leq f_{\text{zul}} \;(\text{s. Kap. 12})$$

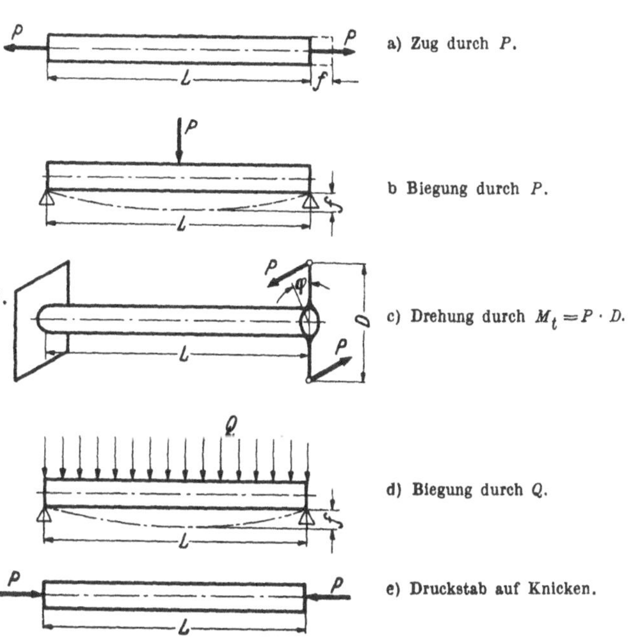


Bild 4/1. *Belastungsarten zu Tafel 4/2.*

**Tafel 4/1.** *Werkstoffwerte.*
$E = El.$-Modul, $\sigma_{bWK} = $ Kerbwechselfestigkeit, $H_B = $ Brinellhärte.

| Nr. | Werkstoff | $\gamma$ kg/dm³ | $E$ kg/mm² | $\sigma_B$ kg/mm² | $\sigma_F$ kg/mm² | $\sigma_{bW}$ kg/mm² | $\sigma_{bWK}$ kg/mm² | $\dfrac{\sigma_{bWK}}{\sigma_{bW}}$ | $H_B$ kg/mm² | kg-Preis DM/kg | Volumenpreis DM/dm³ |
|---|---|---|---|---|---|---|---|---|---|---|---|
| | *A. Knetlegierungen* | | | | | | | | | | |
| 1. | St 37 . . . . . . . | 7,85 | 21 000 | 37 | 22 | 18 | 15 | 0,834 | 110 | 0,22 | 1,73 |
| 2. | St 52 . . . . . . . | 7,85 | 21 000 | 52 | 32 | 25 | 19 | 0,76 | 142 | 0,30 | 2,36 |
| 3. | Si–Mn-Federstahl . . | 7,85 | 21 000 | 130 | 115 | 56 | 27 | 0,482 | 380 | 0,90 | 7,06 |
| 4. | Rein Al, hart . . . . | 2,7 | 7 100 | 18 | 9 | 6 | 5 | 0,834 | 40 | 3,20 | 8,65 |
| 5. | Al–Cu–Mg-Baust. . . | 2,8 | 7 200 | 42 | 28 | 15 | 13,5 | 0,9 | 110 | 3,50 | 9,80 |
| 6. | Mg–Al-Baust. . . . . | 1,8 | 4 300 | 30 | 20 | 12 | 9,5[1] | 0,792 | 65 | 3,90 | 7,02 |
| | *B. Gußlegierungen* | | | | | | | | | | |
| 7. | GG — 18 . . . . . . | 7,25 | 10 000 | 19 | 11,5[1] | 9 | 9 | 1,0 | 185 | 0,60 | 4,35 |
| 8. | GS — 45 . . . . . . | 7,8 | 21 500 | 45 | 22 | 19 | 14,5 | 0,764 | — | 1,00 | 7,80 |
| 9. | Al-Guß-Leg. . . . . | 2,65 | 7 600 | 17 | 8 | 7 | 6 | 0,856 | 55 | 4,50 | 11,92 |
| 10. | Mg-Guß-Leg. . . . . | 1,8 | 4 100 | 20 | 9 | 5 | 4[1] | 0,8 | 50 | 5,20 | 9,36 |
| | *C. Preßstoffe u. Holz* | | | | | | | | | | |
| 11. | Hartgewebe T 3 . . . | 1,4 | 1 000 | 7,7 | 4,6[1] | 3,6 | 2,6 | 0,722 | 22 | 13,00 | 18,20 |
| 12. | Lignostone BF . . . | 1,35 | 2 960 | 27 | 16,2[1] | 7,5[1] | 5,6[1] | 0,746 | 22 | 12,30 | 16,61 |
| 13. | Esche . . . . . . . | 0,72 | 1 200 | 13 | 7,0 | 3,6 | 3[1] | 0,834 | — | 0,84 | 0,61 |

[1] Vergleichsweise eingesetzte Werte.
[2] Preise Nov. 1948.

### Tafel 4/2. *Werkstoffvergleich.*

Gewicht $Q$, Volumen $V$ und Werkstoff-Kosten $K$ für stabförmige Träger aus Werkstoff Nr. 1—13 und Belastungsgrenzen nach Tafel 4/1; Profilwerte $k_i = F^2/J$ und $k_w = F^{3/2}/W$

**I. Zugstab** Bild 4/1a

$$Q = F \cdot L \cdot \gamma = P \cdot L \cdot \gamma/\sigma$$

aus $F = P/\sigma$

**II. a) Biegestab** Bild 4/1b

$$Q = (M_b \cdot k_w)^{2/3} \cdot L \cdot \gamma/\sigma_b^{2/3}$$

aus $M_b = P \cdot L/4 = \sigma b \cdot W_b = \sigma_b \cdot F^{3/2} \cdot k_w$

**b) Drehstab** Bild 4/1c

$$Q = (M_t \cdot k_w)^{2/3} \cdot L \cdot \gamma/\tau^{2/3}$$

aus $M_t = P \cdot D = \tau \cdot W_t = \tau \cdot F^{3/2} \cdot k_w$

**III. a) Knickstab**[1] Bild 4/1e

$$Q = \frac{L^2}{\pi} (P \cdot S_K \cdot k_i)^{1/2} \cdot \frac{\gamma}{E^{1/2}}$$

**b) Biegestab**[2] Bild 4/1b

$$Q = L^2 \left( P \cdot k_i \cdot \frac{L}{48 f} \right)^{1/2} \cdot \frac{\gamma}{E^{1/2}}$$

**c) Drehstab**[3] Bild 4/1c

$$Q = L \left( M_t \cdot k_i \cdot \frac{L}{\varphi} \right)^{1/2} \cdot \frac{\gamma}{E^{1/2}}$$

Eingesetzte Lastgrenze: I: $\sigma_F$, Q-Kenngröße: $\gamma/\sigma_F$. — II a): $\sigma_F$, Q-Kenngröße: $\gamma/\sigma_F^{2/3}$. — II b): $\sigma_b W K$, Q-Kenngröße: $\gamma/\sigma_b W K^{2/3}$. — III: $S_K = 1$ bzw. $f = 1$, $\phi = 1$, Q-Kenngröße: $\gamma/E^{1/2}$.

| Nr. | Werkstoff Tafel 4/1 | I. Zugstab — In % von Nr. 1: | | | II. Biegestab/Drehstab — In % von Nr. 1: | | | III. Knickstab — In % von Nr. 1: | | | III. Biege/Drehstab — In % von Nr. 1: | | |
|---|---|---|---|---|---|---|---|---|---|---|---|---|---|
| | | Gewicht $Q$ | Volumen $V$ | Kosten $K$ | Gewicht $Q$ | Volumen $V$ | Kosten $K$ | Gewicht $Q$ | Volumen $V$ | Kosten $K$ | Gewicht $Q$ | Volumen $V$ | Kosten $K$ |
| 1 | St 37 . . . | 100 | 100 | 100 | 100 | 100 | 100 | 100 | 100 | 100 | 100 | 100 | 100 |
| 2 | St 52 . . . | 69,6 | 69,6 | 94,8 | 78 | 78 | 106 | 85,5 | 85,5 | 116 | 100 | 100 | 136 |
| 3 | Federst . . | 19,1 | 19,1 | 78,5 | 33.4 | 33,4 | 137 | 67,6 | 67,6 | 277 | 100 | 100 | 410 |
| 4 | Rein Al . . | 84 | 244 | 1220 | 62,4 | 182 | 905 | 71,6 | 208 | 1040 | 60 | 174,5 | 870 |
| 5 | Al–Cu–Mg . | 28 | 78,5 | 445 | 30,4 | 85,4 | 484 | 38,3 | 107,5 | 610 | 60,9 | 170,1 | 970 |
| 6 | Mg–Al . . . | 25,2 | 110 | 444 | 24,4 | 106,8 | 435 | 31,1 | 136 | 554 | 50,5 | 220 | 900 |
| 7 | GG — 18 . . | 177 | 192 | 484 | 142 | 154 | 387 | 129,7 | 141 | 354 | 134 | 145 | 366 |
| 8 | GS—45 . | 99,3 | 100 | 451 | 94 | 100 | 427 | 101,5 | 102 | 462 | 98,2 | 98,9 | 446 |
| 9 | Al–Guß . . | 92,7 | 275 | 1900 | 66,4 | 197 | 1360 | 62,2 | 184,5 | 1275 | 56 | 166 | 1150 |
| 10 | Mg–Guß . . | 56 | 244 | 1320 | 41,6 | 182 | 984 | 55,4 | 242 | 1310 | 51,8 | 226 | 1220 |
| 11 | Hartgew. . | 85,2 | 478 | 5030 | 50,7 | 284 | 2110 | 57,4 | 322 | 3380 | 81,6 | 457,5 | 4820 |
| 12 | Lignost. . . | 23,2 | 135 | 1300 | 21,1 | 122,5 | 1180 | 33,2 | 193 | 1860 | 45,8 | 267 | 2565 |
| 13 | Esche . . . | 26 | 314 | 98,6 | 17,8 | 214 | 67,6 | 24,2 | 292 | 92 | 34,6 | 417 | 131,5 |

[1] Aus $Q = F \cdot L \cdot \gamma$; $P = \dfrac{\pi^2 \cdot E \cdot J}{L^2 \cdot S_K}$; $J = F^2/k_i$.

[2] Aus $Q = F \cdot L \cdot \gamma$; $M_b = P \cdot L/4$; $P = 3 f \cdot E \cdot J/L^3$; $J = F^2/k_i$.

[3] Aus $Q = F \cdot L \cdot \gamma$; $M_t = P \cdot D = J_t \cdot G \cdot \varphi/L$; $J_t = F^2/k_i$.

so ergibt sich hieraus mit Hilfe des Profilwertes $k_i = F^2/J$:

$$F = \left( \frac{P \cdot L^3 \cdot k_i}{48 \cdot E \cdot f} \right)^{1/2} \quad \text{und}$$

$$Q = F \cdot L \cdot \gamma = (P \cdot k_i \cdot L^5/48 f)^{1/2} \cdot \gamma/E^{1/2} \sim \gamma/E^{1/2}$$

und die entsprechenden *Werkstoff-Kenngrößen für Biegebelastung und $f$ als Grenze:*

$$C_Q = \gamma/E^{1/2}; \quad C_V = 1/E^{1/2}; \quad C_K = \gamma/E^{1/2} \cdot \text{kg-Preis}.$$

In gleicher Weise wurden die Ausdrücke für das Eigengewicht $Q$ für Druckstäbe auf Knicken, für Zugstäbe, für drehbelastete Stäbe, für stoßbelastete Bauteile und für eigengewichtsbelastete Biegestäbe aufgestellt und hieraus die werkstoffeigenen Kenngrößen entnommen. Sie sind in Tafel 4/2 wiedergegeben, die außerdem einen hiernach durchgeführten Vergleich der Werkstoffe von Tafel 4/1 bringt [1].

[1] Noch weitergehende Unterlagen für den Werkstoffwechsel, bis zur „berechnungslosen" Transkonstruktion eines Bauteils mittels Nomogrammen bietet SCHWERBER [4/6] nach den Arbeiten von FLEURY [4/7].

**Tafel 4/2.** *Werkstoffvergleich* (Fortsetzung).

Tafel 4/1 bei gleicher Länge $L$, geometrisch ähnlichem Querschnitt $F$ und jeweils gleicher Belastungsart sind bei geometrisch ähnlichen Querschnitten konstant.

| Nr. | Werkstoff Tafel 4/1 | IV. Bei Stoß-aufnahme $Q = \dfrac{A}{\eta} \cdot \dfrac{\gamma \cdot E}{\sigma^2}$ für $A = P \cdot f/2 = \eta \cdot V \cdot \sigma/E = $ konst. Eingesetzte Lastgrenze: $\sigma F$ Q-Kenngröße: $\gamma \cdot E/\sigma_F^2$ In % von Nr. 1: | | | V. Zugstab Bild 4/1 a $Q = P\dfrac{L^2}{f} \cdot \dfrac{\gamma}{E}$ aus $P = F \cdot E \cdot f/L$ Eingesetzte Lastgrenze: $f = 1$ Q-Kenngröße: $\gamma/E$ In % von Nr. 1: | | | VI. Biegestab, belastet durch Eigengewicht $Q$ $Q = \dfrac{L^5}{8 \cdot k_w^2} \cdot \dfrac{\gamma^3}{\sigma_b^2}$ aus $M_b = Q \cdot L/8 = \sigma_b \cdot W_l = \sigma_b \cdot F^{3/2} \cdot k_w$ Eingesetzte Lastgrenze: $\sigma_F$ Q-Kenngröße: $\gamma^{/3}\sigma_F^2$ In % von Nr. 1: | | | Bild 4/1 d $Q = \dfrac{5}{384}\dfrac{L}{f}L^4 \cdot k_i \cdot \dfrac{\gamma^2}{E}$ aus $f = \dfrac{5}{384}\dfrac{Q \cdot L^3}{E \cdot J} = $ konst.; $J = F^2/k_i$; $Q = F \cdot L \cdot \gamma$ Eingesetzte Lastgrenze: $f = 1$ Q-Kenngröße: $\gamma^2/E$ In % von Nr. 1: | | |
|---|---|---|---|---|---|---|---|---|---|---|---|---|---|
| | | Gewicht $Q$ | Volumen $V$ | Kosten $K$ | Gewicht $Q$ | Volumen $V$ | Kosten $K$ | Gewicht $Q$ | Volumen $V$ | Kosten $K$ | Gewicht $Q$ | Volumen $V$ | Kosten $K$ |
| 1 | St 37 . . . | 100 | 100 | 100 | 100 | 100 | 100 | 100 | 100 | 100 | 100 | 100 | 100 |
| 2 | St 52 . . . | 47,2 | 47,2 | 64,2 | 100 | 100 | 136 | 47 | 47 | 64 | 100 | 100 | 136 |
| 3 | Federstahl . | 3,66 | 3,66 | 15 | 100 | 100 | 410 | 3,68 | 3,68 | 15,1 | 100 | 100 | 410 |
| 4 | Rein Al . . | 69,4 | 202 | 1010 | 101,8 | 294 | 1475 | 24 | 69,8 | 348 | 35 | 102 | 508 |
| 5 | Al–Cu–Mg . | 7,54 | 21,1 | 120 | 104 | 292 | 1655 | 2,8 | 7,85 | 44,6 | 37,1 | 104 | 590 |
| 6 | Mg–Al . . | 5,7 | 24,4 | 105 | 112 | 490 | 1990 | 1,5 | 6,55 | 26,7 | 25,7 | 112 | 458 |
| 7 | GG — 18. . | 161 | 174,2 | 440 | 194 | 210 | 530 | 288 | 312 | 786 | 179 | 194 | 488 |
| 8 | GS — 45 . | 101,5 | 101,9 | 462 | 97,1 | 97,8 | 442 | 98 | 98,6 | 446 | 96,5 | 97 | 439 |
| 9 | Al–Guß . . | 92,4 | 274 | 1890 | 93,4 | 276 | 1910 | 29 | 86 | 595 | 31,5 | 93,4 | 646 |
| 10 | Mg–Guß . . | 26,7 | 116,5 | 630 | 106 | 464 | 2500 | 7,2 | 31,4 | 170 | 24,3 | 106 | 574 |
| 11 | Hartgew. . | 19,4 | 108,6 | 1145 | 375 | 2100 | 22100 | 13 | 73 | 766 | 67 | 376 | 3950 |
| 12 | Lignost. . . | 4,46 | 26 | 250 | 122 | 709 | 6840 | 0,94 | 5,45 | 52,6 | 21 | 122 | 1175 |
| 13 | Esche . . . | 4,66 | 56,4 | 17,7 | 145 | 1750 | 550 | 0,76 | 6,05 | 2,9 | 12 | 145 | 45,6 |

Für andere Beanspruchungsverhältnisse wird man in gleicher Weise entsprechende Werkstoff-Kenngrößen bilden. So gibt HAGEN [5/5][1] an

für *Fliehkraftbeanspruchung* (z. B. umlaufende Scheiben): Je größer $(\sigma_{zul}/\gamma)^{1/2}$, desto größer ist die zulässige Umfangsgeschwindigkeit, z. B. für Al–Cu–Mg-Baustahl größer als für St 70;

für *Schwingungsbeanspruchung*: Je größer $(E/\gamma)^{1/2}$, desto größer die Eigenfrequenz, z. B. für Calit (keramischer Stoff s. S. 102) größer als für St 70;

für *Beanspruchung durch Temperaturunterschiede*: Je größer $\dfrac{\sigma_{zul}}{E \cdot \beta}$, desto größer der zulässige Temperaturunterschied;

für *Temperatur-Wechselbeanspruchung*: Je größer $\dfrac{\sigma_{zul} \cdot \alpha}{E \cdot \beta}$, um so größer der zulässige Temperatur-Sprung, z. B. für Silber und für Al–Cu–Mg-Baustoff größer als für St 70.

**Zum Werkstoff-Vergleich** (Tafel 4/1 und 4/2):

Wenn auch die Wahl des Werkstoffs erheblich von den jeweiligen besonderen Umständen abhängt, so lassen sich aus den Tafeln 4/1 u. 4/2 doch bereits wertvolle Schlüsse ziehen.

Aus *Tafel 4/1* geht hervor, daß der kg-Preis (und der Volumenpreis) der Leichtmetalle und Preßstoffe im Vergleich zu Stahl außerordentlich hoch liegt. Er beträgt z. B. für Al–Cu–Mg-Baustoff das 16fache (5,7fache) von St 37 und für Hartgewebe das 59fache (10,5fache).

---

[1] Siehe S. 104.

Es müssen also schon erhebliche Gewichtsersparnisse, oder erhebliche anderweitige Vorteile erreicht werden, um Leichtmetalle und Preßstoffe im Vergleich zum Stahl konkurrenzfähig zu machen. (Beispiele s. S. 76.)

Etwas günstiger liegen die Verhältnisse bei *Gußstücken.* Hier beträgt z. B. der kg-Preis (Volumenpreis) für Mg-Guß das 8,6fache (2,1fache) der Ausführung in Grauguß. Der Mehrpreis für Mg-Guß wird daher, besonders bei gleichem Volumen, schon eher durch Ersparnisse an Bearbeitungskosten und dgl. aufzuholen sein (Beispiel s. S. 19 u. 76).

Noch erheblich günstiger liegen die Verhältnisse für *hochfesten Stahl* gegenüber St 37. Der kg-Preis steigt nur etwas mehr an als die Festigkeit, so daß die Verwendung von hochfestem Stahl in vielen Fällen wirtschaftlich wird.

Weiter ist beachtlich, daß der *Volumenpreis* für *Holz* am geringsten und für *Hartgewebe* am höchsten von allen aufgeführten Werkstoffen ist.

Aus dem *weiteren Vergleich von Stäben* aus verschiedenem Werkstoff bei jeweils *gleicher Belastung* und *Länge* (Tafel 4/2) seien einige Ergebnisse noch besonders hervorgehoben:

**1) Bei Zugstäben** (Bild 4/1a) ist für $\sigma_F$ als Lastgrenze die $Q$-Kenngröße $\gamma/\sigma_F$ maßgebend [1]. Es ist zu ersehen, daß für diesen Fall *hochfester Stahl* (Nr. 3) alle anderen Werkstoffe (auch hochfeste Leichtmetalle!) sowohl im Gewicht und im Volumen als auch im Preis schlägt.

*Verglichen mit St 37*
erreicht hier: Federstahl 19% des Gewichtes und    78,5% der Werkstoffkosten

|            |       |     |     |       |     |     |
|------------|-------|-----|-----|-------|-----|-----|
| Mg–Al      | 25%   | ,,  | ,,  | ,, 449 % | ,, | ,, |
| Holz       | 26%   | ,,  | ,,  | ,, 99 %  | ,, | ,, |
| Al–Cu–Mg   | 28%   | ,,  | ,,  | ,, 445 % | ,, | ,, |

*Verglichen mit Grauguß GG 18*
erreicht hier: Mg–Gußlegierung 32% des Gewichtes und 273% der Werkstoffkosten

|                 |     |     |     |     |       |     |     |
|-----------------|-----|-----|-----|-----|-------|-----|-----|
| Al–Gußlegierung | 52% | ,,  | ,,  | ,,  | 395%  | ,,  | ,,  |
| Stahlguß 45     | 56% | ,,  | ,,  | ,,  | 95%   | ,,  | ,,  |

**2) Bei Biegestäben und Drehstäben** (Bild 4/1b und c) ist für $\sigma_F$ als Lastgrenze die $Q$-Kenngröße $\gamma/\sigma_F^{2/3}$ maßgebend. Die hochfesten Stoffe schneiden hier etwas ungünstiger ab als unter 1. Am leichtesten und billigsten baut hier *Holz.*

*Verglichen mit St 37*
erreicht hier: Holz          17,8% des Gewichtes und    68% der Werkstoffkosten

|           |      |     |     |     |       |     |     |
|-----------|------|-----|-----|-----|-------|-----|-----|
| Mg–Al     | 24 % | ,,  | ,,  | ,,  | 435%  | ,,  | ,,  |
| Al–Cu–Mg  | 30 % | ,,  | ,,  | ,,  | 484%  | ,,  | ,,  |
| Federstahl| 33 % | ,,  | ,,  | ,,  | 137%  | ,,  | ,,  |

*Verglichen mit GG 18*
erreicht hier: Mg-Gußlegierung 30% des Gewichtes und 254% der Werkstoffkosten

|                 |     |     |     |     |       |     |     |
|-----------------|-----|-----|-----|-----|-------|-----|-----|
| Al–Gußlegierung | 47% | ,,  | ,,  | ,,  | 350%  | ,,  | ,,  |
| Stahlguß        | 66% | ,,  | ,,  | ,,  | 110%  | ,,  | ,,  |

Nimmt man an Stelle von $\sigma_F$ z. B. die *Kerbwechselfestigkeit* $\sigma_{bWK}$ als Belastungsgrenze, so schneiden die kerbempfindlichen Werkstoffe, z. B. Federstahl gegenüber St 37 etwas ungünstiger ab.

---

[1] Je kleiner $\gamma/\sigma_B$ desto größer ist die „Reißlänge", d. h. die Länge, bei der das Eigengewicht als Zugkraft den Bruch herbeiführt.

**3) Bei Knickstäben, Biege- und Drehstäben** (Bild 4/1e, b, c) ist für gleiche Knicksicherheit ($S_K$) bzw. gleiche Verformung ($f$, $\varphi$) die $Q$-Kenngröße $\gamma/E^{1/2}$ maßgebend.

In diesem Fall baut St 37 nicht schwerer (aber billiger) als hochfester Stahl und die hochfesten Leichtstoffe schneiden etwas ungünstiger ab, als unter 1. und 2.

*Verglichen mit St 37*

erreicht hier: Holz            35% des Gewichtes und 131% der Werkstoffkosten

          Mg–Al         50% ,,      ,,      ,, 900% ,,          ,,

          Al–Cu–Mg    61% ,,      ,,      ,, 970% ,,          ,,

          Federstahl    100% ,,      ,,      ,, 410% ,,          ,,

*Verglichen mit GG 18*

erreicht hier: Mg-Gußlegierung 39% des Gewichtes und 334% der Werkstoffkosten

          Al-Gußlegierung   42% ,,      ,,      ,, 315% ,,          ,,

          Stahlguß         73% ,,      ,,      ,, 122% ,,          ,,

**4) Bei Stoßarbeit** und $\sigma_F$ als Lastgrenze ist die $Q$-Kenngröße $\gamma \cdot E/\sigma_F^2$ maßgebend. In diesem Falle baut *hochfester Stahl* am leichtesten und billigsten, dem Holz kaum nachsteht.

*Verglichen mit St 37*

erreicht hier: Federstahl    3,7% des Gewichtes und   15% der Werkstoffkosten

          Holz           4,7% ,,      ,,      ,,   18% ,,          ,,

          Mg–Al        5,7% ,,      ,,      ,, 105% ,,          ,,

          Al Cu–Mg     7,5% ,,      ,,      ,, 120% ,,          ,,

*Verglichen mit GG 18*

erreicht hier: Mg-Gußlegierung 16,6% des Gewichtes und 143% der Werkstoffkosten

          Al-Gußlegierung 57,3% ,,      ,,      ,, 248% ,,          ,,

          Stahlguß         63 % ,,      ,,      ,, 105% ,,          ,,

**5) Bei Zugstäben,** belastet durch $P$ (Bild 4/1a), ist für gleiche zulässige Dehnung $f/L$ die $Q$-Kenngröße $\gamma/E$ maßgebend. In diesem Fall baut St 37 nicht schwerer als hochfester Stahl oder Leichtmetall, aber wesentlich billiger.

**6) Bei Biegestäben,** belastet durch ihr Eigengewicht $Q$ (Bild 4/1d), ist für $\sigma_F$ als Belastungsgrenze die $Q$-Kenngröße $\gamma^3/\sigma_F^2$ maßgebend. Entsprechend sind hier die hochfesten, bzw. die relativ leichten Stoffe noch erheblich mehr im Vorteil als unter 2.

*Verglichen mit St 37*

erreicht hier: Holz            0,8% des Gewichtes und 2,9% der Werkstoffkosten

          Mg–Al         1,5% ,,      ,,      ,, 26,7% ,,          ,,

          Al–Cu–Mg    2,8% ,,      ,,      ,, 44,6% ,,          ,,

          Federstahl    3,7% ,,      ,,      ,, 15,1% ,,          ,,

## 4.3. Werkstoffsparende Gestaltung (Form-Leichtbau).

Da die hier vorliegenden Möglichkeiten für jede Art von Leichtbau, also *für jede konstruktive Aufgabe* von Bedeutung sind, wollen wir sie näher beleuchten. Als gute Wegweiser dienen uns

## 1. Einige Grundsätze.

1) *Äußere Kräfte einschränken*, d. h. jede erhöhte äußere Kraftwirkung durch Kraft*verteilung*, durch Abfederung oder Kraft*begrenzung* herabsetzen.

2) *Innere Kräfte einschränken*, d. h. jede zusätzliche innere Kraftwirkung, z. B. zusätzliche Biegemomente durch unmittelbare Kraftüberleitung von der Eintritts- zur Austrittsstelle vermeiden.

3) *Spannungsspitzen herabsetzen*, d. h. den Werkstoff aus den Zonen geringerer Spannung in die Zonen größerer Spannung verlegen mit dem Ziel, die Spannung *in allen Punkten des Körpers gleich hoch zu halten*. Damit bleibt auch die Sicherheit gegen die maßgebende Grenzspannung überall gleich groß (Körper gleicher Festigkeit).

So nehmen wir bei biege-, dreh- oder knickbeanspruchten Bauteilen den Werkstoff am besten innen fort und verlegen ihn in die hochbeanspruchte Randzone. Wir gelangen so von der massiven zur *dünnwandigen* und *aufgelösten* Bauweise (s. Tafel 4/3 und 4/4 und Bild 4/4, 4/6 und 4/7), also zum „*Schalenbau*" (Schale als Träger), zum „*Zellenbau*" (unterteilte, geschlossene Hohlräume s. Bild 4/11) und zum „*Fachwerk*" (Träger aus Zug- und Druckstäben). Hierbei kann die örtliche Knick- und Bruchgefahr der dünnen Wände, entsprechend den zahlreichen Vorbildern in der Natur, durch Unterteilung der Knicklänge (Aussteifungen, Rippen, Wulste, Spanten) unterbunden werden. Eine derartige

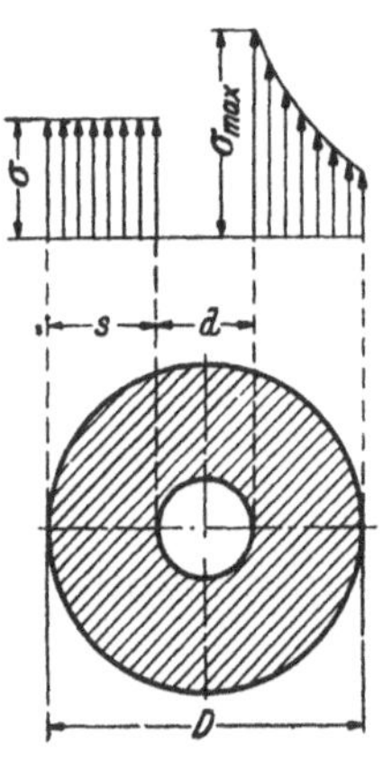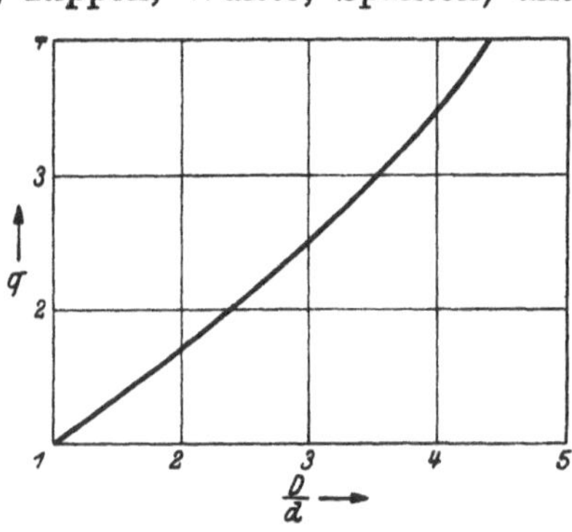

Bild 4/2. *Rohr unter innerem Überdruck p.* Die maximale Tangentialspannung $\sigma_{max} = q \cdot \sigma$ nimmt mit $D/d$ zu.

Die mittlere Spannung $\sigma = \dfrac{p \cdot d}{2s}$ und $q = 1 + \left(\dfrac{D}{d}-1\right)^2 \Big/ \left(\dfrac{D}{d}-\dfrac{d}{D}\right)$

Bauweise wird häufig erst durch eine entsprechende *Fertigungsweise* ermöglicht, wobei die *spanlose* Fertigung durch Walzen, Ziehen, Pressen, Spritzen, Abkanten und Schweißen im Vordergrund steht.

4) *Festigkeitsminderungen*, wie Kerbwirkungen vermeiden oder ausgleichen (s. S. 55, 57 und 71).

5) *Druckvorspannung als Schutzspannung* anwenden, wenn hierdurch die maximale Zugspannung, oder der maximale Spannungsausschlag herabgesetzt, oder „Totgang" und somit Schlagarbeit vermieden werden kann. Beispiele hierfür s. Schraubenverbindung (Kap. 10) und Keilverbindung (Kap. 18.4).

## 2. Günstige Querschnittswahl.

1) *Bei Zug-, Druck- oder Schubbelastung* ist entsprechend der Beziehung $\sigma = P/F$ bzw. $\tau = P/F$, die Querschnitts*form* für die entstehende Spannung gleichgültig. Zu beachten ist jedoch ihr Einfluß auf mehr

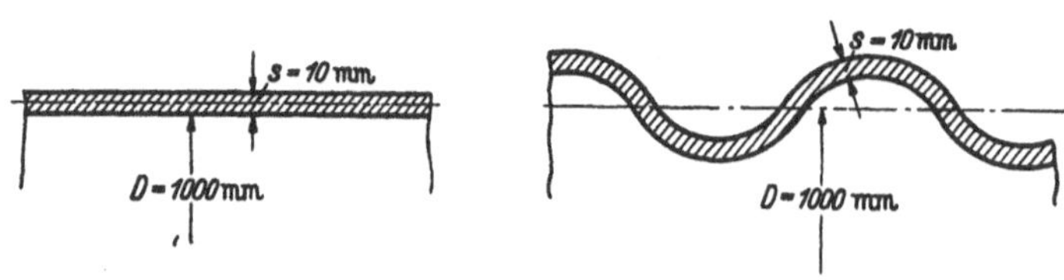

Bild 4/3. *Rohr unter äußerem Überdruck* (Flammrohr). Die gewellte Form ist steifer, so daß der Überdruck $p_a = 2\,s \cdot \sigma/D = 24$ kg/cm² für $\sigma = 1200$ kg/cm² ohne Einbeulgefahr ($p_a = 120$) zulässig ist, während bei der glatten Form die Einbeulgefahr schon bei $p_a = 4{,}4$ kg/cm² gegeben ist (nach Thum).

oder weniger günstigen Kraftanschluß, auf Rostansatz (Wasserfang), auf leichten Anstrich und evtl. noch auf Strömungswiderstand (Windangriff).

2) *Bei Druckstäben auf Knickung* ist entsprechend der Beziehung $P = \dfrac{\pi^2 \cdot E \cdot J}{L^2 \cdot S_K}$, neben einem großen $E$-Modul (Werkstoffeinfluß) ein großes $J$ bei kleinem Querschnitt anzustreben, also ein möglichst kleiner Profilwert $k_i = F^2/J$, z. B. ein dünnwandiger Rohr-

querschnitt, wobei die Beulgefahr (s. S. 48) die geringste Wanddicke bestimmt. Der notwendige Querschnitt ist nach Tafel 4/2 proportional $\sqrt{k_i}$.

3) Beim *Rohr unter Innendruck* ist nach Bild 4/2 die Tangentialspannung im Schnitt der Rohrwand um so ungleichmäßiger, je dicker das Rohr ist. Mehrere dünnwandige Rohre ineinandergeschrumpft sind also günstiger als ein dickes. Eine weitere Abhilfe ergibt die Erzeugung von Druckvorspannungen an der Innenfaser (z. B. durch vorhergehende plastische Verformung des Rohres unter äußerem Überdruck), wenn $\sigma_{max}$ gering sein soll.

4) *Beim Rohr unter Außendruck* (z. B. Flammrohr) ist nach Bild 4/3 die im Längsschnitt gewellte Form beulfester.

5) *Bei Biegebelastung* ist, entsprechend den Beziehungen (s. Tafel 4/2) $\sigma = M_b/W_b$ $f \sim 1/J$, $A \sim J/h^2$, anzustreben:

ein großes $W_b/F$, wenn $\sigma_{zul}$ die Belastung begrenzt,

ein großes $J/F$, wenn $f_{zul}$ die Belastung begrenzt,

ein großes $J/(h^2 F)$, wenn $A$ gegeben ist.

Hierfür günstige Profilformen zeigt Tafel 4/3, während Tafel 4/4 die Entwicklung vom Massivträger zum Leichtbauträger drastisch darstellt und Bild 4/4 verschiedene Lösungen für Leichtbau-Biegeträger zeigt.

6) *Bei einseitiger Biegebelastung* ist nach Tafel 4/5 der Querschnitt mit verstärkter Zugseite günstiger (Druckfestigkeit liegt höher!) und besonders bei gekrümmten Biegeträgern, bei denen nach Bild 4/5 die Biegespannung an der Innenseite stärker anwächst.

Bei gerippten Querschnitten sind nach Tafel 4/6 hohe Rippen günstig, wenn große

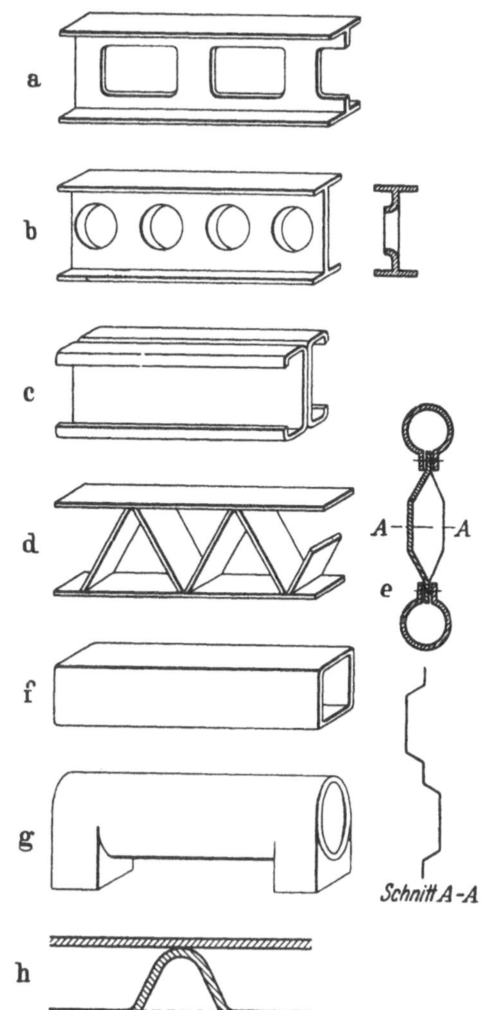

Bild 4/4. *Leichtbau-Biegeträger*. Träger a für lange Träger mit geringen Querkräften; Träger d, f und g sind außerdem drehfest; die Hohlwand h besteht aus einem glatten und einem „gekraterten" Blech; beim Träger mit Querschnitt e (Zeppelinbau) ist das Stegblech gegen seitl. Ausknicken abgekantet (Schnitt *A—A*).

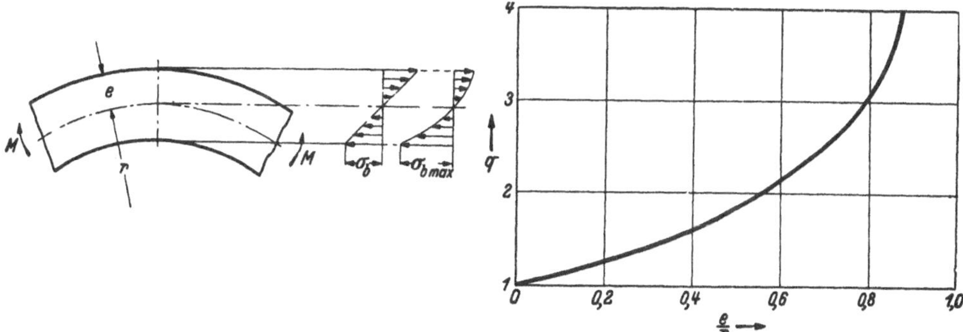

Bild 4/5. *Beim gekrümmten Biegeträger* ist die Spannung an der Innenseite $\sigma_{max} = q \cdot \sigma_b$ größer als an der Außenseite; daher die Innenseite verstärken! $\sigma_b = M_b/W_b$.

Festigkeit und Steife, aber geringe Stoßaufnahme verlangt wird und breite niedrige Rippen, wenn auch die Stoßaufnahme groß sein soll.

**Tafel 4/3.** *Ertragbares P, f und A bei verschiedenen Biegeträgern* (nach THUM).
Profil a ist am günstigsten, wenn $\sigma$ oder $f$ die Belastung begrenzt uud Profil d, wenn
$A$ maßgebend. Für alle Rechteckprofile (a, b, c) ist die aufnehmbare Stoßarbeit gleich,
wenn $F$ gleich ist.

Belastungsart:

| Ausführung | $F$ cm² | Ertragbar | | |
|---|---|---|---|---|
| | | Kraft $P$ $P = M_b/L = W_b \cdot \sigma_{zul}/L$ | Durchbiegung $f = \dfrac{2}{3} \cdot \dfrac{L^2}{h} \cdot \dfrac{\sigma_{zul}}{E}$ | Stoßarbeit $A = P \cdot f/2$ $A = \dfrac{1}{3} \cdot \dfrac{L}{h} \cdot W_b \cdot \dfrac{\sigma^2_{zul}}{E}$ |
| a | 4 | $1 \quad \cdot 5{,}33\, \sigma_{zul}/L$ | $1 \quad \cdot 33{,}3\, \dfrac{\sigma_{zul}}{E}$ | $1 \quad \cdot 4{,}44\, \dfrac{\sigma^2_{zul}}{E}$ |
| b | 4 | $0{,}25 \quad \cdot 5{,}33\, \sigma_{zul}/L$ | $4 \quad \cdot 33{,}3\, \dfrac{\sigma_{zul}}{E}$ | $1 \quad \cdot 4{,}44\, \dfrac{\sigma^2_{zul}}{E}$ |
| c | 4 | $0{,}0625 \cdot 5{,}33\, \sigma_{zul}/L$ | $16 \quad \cdot 33{,}3\, \dfrac{\sigma_{zul}}{E}$ | $1 \quad \cdot 4{,}44\, \dfrac{\sigma^2_{zul}}{E}$ |
| d | 4 | $0{,}636 \cdot 5{,}33\, \sigma_{zul}/L$ | $2{,}67 \cdot 33{,}3\, \dfrac{\sigma_{zul}}{E}$ | $1{,}7 \cdot 4{,}44\, \dfrac{\sigma^2_{zul}}{E}$ |
| e | 4 | $0{,}217 \cdot 5{,}33\, \sigma_{zul}/L$ | $3{,}58 \cdot 33{,}3\, \dfrac{\sigma_{zul}}{E}$ | $0{,}77 \cdot 4{,}44\, \dfrac{\sigma^2_{zul}}{E}$ |

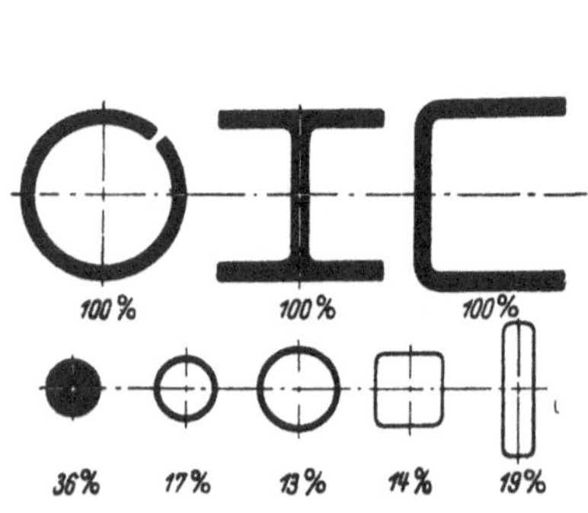

Bild 4/6. *Profile gleicher Verdrehfestigkeit* (nach
ERKER). Die geschlossenen Hohlquerschnitte
sind wesentlich günstiger als offene, wie die für
gleiches $W_t$ benötigten Querschnittsflächen (in
% angegeben) zeigen ($W_t$ s. S. 44).

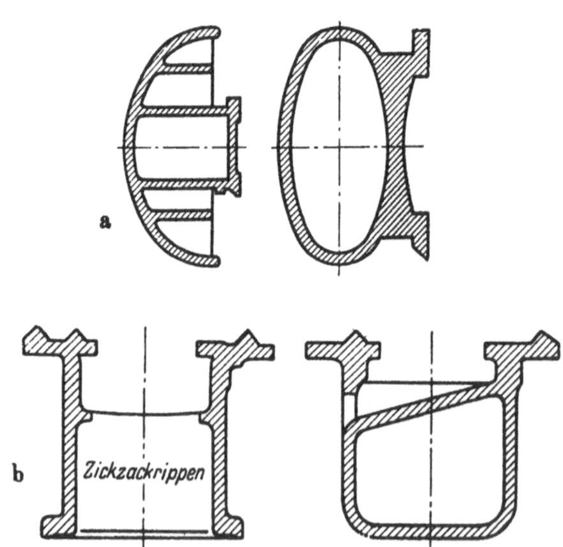


Bild 4/7. *Beispiele für biege- und drehbeanspruchte Träger.* Die
geschlossenen Hohlquerschnitte sind erheblich drehfester. a Ausleger einer Radialbohrmaschine; b Drehbankbett (nach THUM).

7) *Bei Drehbelastung* ist entsprechend den Beziehungen $\tau_t = M_t/W_t$ und $\varphi = \dfrac{M_t \cdot L}{J_t \cdot G}$
ein kleiner Profilwert $k_w = F^{3/2}/W_t$ bzw. $k_i = F^2/J_t$ anzustreben, also ein geschlossener
Kreisringquerschnitt oder sonstiger Hohlquerschnitt (s. Tafel 4/7), während *offene* Hohlprofile, U- und I-Profile sehr ungünstig sind, wie Bild 4/6 drastisch zeigt.

8) *Bei gleichzeitiger Biege- und Drehbelastung* sind nach Tafel 4/8 ebenfalls die geschlossenen Hohlprofile am günstigsten, da hierfür sowohl $W_b$, als auch $W_t$ bzw. $J_b$ und
$J_t$ gegenüber $F$ groß sind. Anwendungsbeispiele s. Bild 4/7.

**Tafel 4/4.** *Gewichte von Biegeträgern*
aus Stahl (Nr. 1—8) und Al–Cu–Mg-Baust. (Nr. 9 u. 10) bei gleichem
$\sigma_b = 9{,}8\ \text{kg/mm}^2$ an der Einspannstelle (Nr. 1—8 nach KLOTH).

| Nr. | Anordnung | Gewichte in | | Durch-biegung |
|---|---|---|---|---|
| | | kg | vH | mm |
| 1 | | 13,6 | 100 | 6,6 |
| 2 | | 12,0 | 88 | 8,25 |
| 3 | | 5,6 | 41 | 6,0 |
| 4 | | 5,9 | 43 | 4,16 |
| 5 | | 4,4 | 32 | 6,95 |
| 6 | | 4,0 | 29 | 7,1 |
| 7 | | 2,5 | 18 | 9,5 |
| 8 | | 1,7 | 12,5 | 9,6 |
| 9 | Wie Profil Nr. 8, jedoch aus hochfestem Al–Cu–Mg-Baustoff | 0,63 | 4,6 | 28 |
| 10 | | 1,2 | 9 | 9,6 |

### 3. Sonstige Maßnahmen.

9) *Bei Stoßbelastung* (Stoßarbeit $A$) ist die Beanspruchung am kleinsten, wenn die Stoßkraft $P = 2\,A/f$ am kleinsten, also der Dehnweg $f$ am größten ist. Bei gegebenem Volumen und begrenzter Spannung wird $f$ am größten, wenn das ganze Volumen gleichhoch beansprucht wird, wenn also alle Stellen gleichmäßig an der Dehnung teilnehmen. Ist ein Querschnitt geschwächt, ist es besser, diese Schwächung durch alle Querschnitte durchlaufen zu lassen, wie Tafel 4/7 zeigt.

10) *Große Steife* d.h. geringe Verformung, wird zunächst durch großen $E$-Modul, z.B: durch Verwendung von Stahl statt Gußeisen oder Leichtmetall erreicht; ferner bei Biege-, Dreh- oder Knickbelastung durch großes $J$ und gegebenenfalls durch besondere Abstützung der Punkte größerer Verformung. Beachtlich bleibt, daß z.B. eine Welle aus hochfestem Stahl nicht steifer ist als eine aus St 37, da der $E$-Modul fast gleich ist.

11) *Festigkeitsminderungen*, insbesondere *Kerbwirkungen* durch schroffe Kraftfluß-änderungen (s. S. 55) wie z. B. bei Wellen durch Absätze oder Eindrehungen, durch Querpressungen von Naben und Wälzlagern, durch Keilnuten und Querbohrungen können

**Tafel 4/5.**

Bei stets gleichgerichteter Biegebelastung ist der Querschnitt mit verstärkter Zugseite günstiger (c) (nach THUM)

Belastungsart:

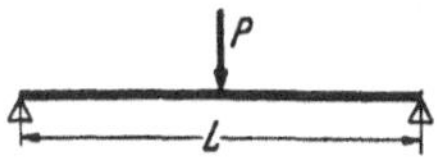

| Querschnitt des Trägers | Gewicht kg/m | Ertragbar | |
|---|---|---|---|
| | | Biegemoment $M_b = P \cdot \dfrac{L}{4} = W_b \cdot \sigma_{zul}$ | Stoßarbeit $A = \dfrac{W_b}{3\,h} \cdot \dfrac{L \cdot \sigma_{zul}^2}{E}$ |
| a | 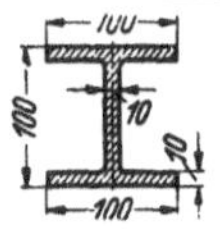 $1 \cdot 22$ | $1 \quad \cdot 90\ \sigma_{zul}$ | $1 \quad \cdot 3\ \dfrac{L \cdot \sigma_{zul}^2}{E}$ |
| b | 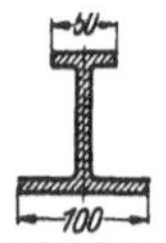 $0{,}82 \cdot 22$ | $0{,}91 \cdot 90\ \sigma_{zul}$ | $1{,}13 \cdot 3\ \dfrac{L \cdot \sigma_{zul}^2}{E}$ |
| c | 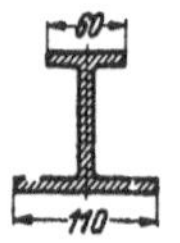 $0{,}89 \cdot 22$ | $1 \quad \cdot 90\ \sigma_{zul}$ | $1{,}22 \cdot 3\ \dfrac{L \cdot \sigma_{zul}^2}{E}$ |

**Tafel 4/6.** *Einfluß von Rippen bei Biegebelastung* (nach THUM).

Hohe Rippen (b) ergeben hohe Festigkeit, aber geringes Arbeitsvermögen. Breite niedrige Rippen (c) ergebe große Festigkeit u. großes Arbeitsvermögen. Ebene Platten (a) ergeben geringe Festigkeit, aber großes Arbeitsvermögen. Kerbwirkung der Rippen beachten! Gute Abrundungen vorsehen!

Belastungsart:

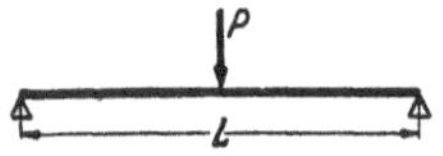

| Querschnitt des Trägers | Gewicht kg/m | Ertragbar | | |
|---|---|---|---|---|
| | | Biegemomen t $M_b = \dfrac{P \cdot L}{4} = W_b \cdot \sigma_{zul}$ | Stoßarbeit $A = \dfrac{1}{3} \dfrac{L}{h} W_b \cdot \dfrac{\sigma_{zul}^2}{E}$ | Durchbiegung $f = \dfrac{1}{6} \cdot \dfrac{L^3}{h} \cdot \dfrac{\sigma_{zul}}{E}$ |
| a | 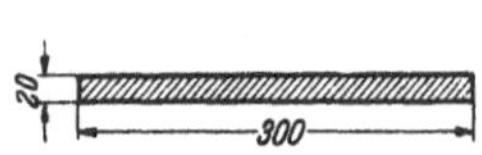 46,8 | $1 \quad \cdot 20\ \sigma_{zul}$ | $1 \quad \cdot 20\ \dfrac{L}{3} \cdot \dfrac{\sigma_{zul}^2}{E}$ | $1 \quad \cdot \dfrac{L^2}{12} \cdot \dfrac{\sigma_{zul}}{E}$ |
| b | 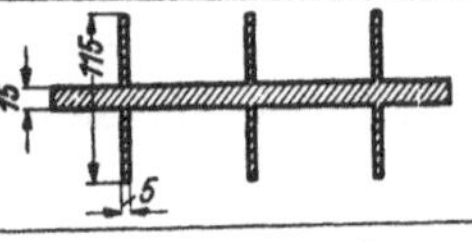 46,8 | $1{,}72 \cdot 20\ \sigma_{zul}$ | $0{,}3 \quad \cdot 20\ \dfrac{L}{3} \cdot \dfrac{\sigma_{zul}^2}{E}$ | $0{,}17 \cdot \dfrac{L^2}{12} \cdot \dfrac{\sigma_{zul}}{E}$ |
| c | 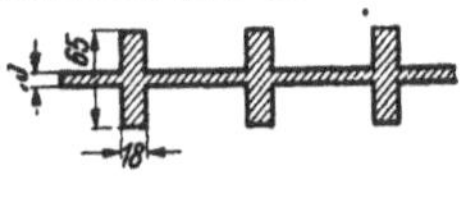 46,8 | $1{,}96 \cdot 20\ \sigma_{zul}$ | $0{,}61 \cdot 20\ \dfrac{L}{3} \cdot \dfrac{\sigma_{zul}^2}{E}$ | $0{,}31 \cdot \dfrac{L^2}{12} \cdot \dfrac{\sigma_{zul}}{E}$ |

zwar nicht immer vermieden werden, sie können aber durch „weiche" Übergänge ganz erheblich herabgesetzt, oder durch örtliche Verstärkungen, oder örtliche Verfestigungen (s. S. 57) ausgeglichen werden, wie die Bilder 4/8—4/10 zeigen. Siehe auch dauerfestes Gewinde (Kap. 10) und sonstige Abwehrmaßnahmen S. 11.

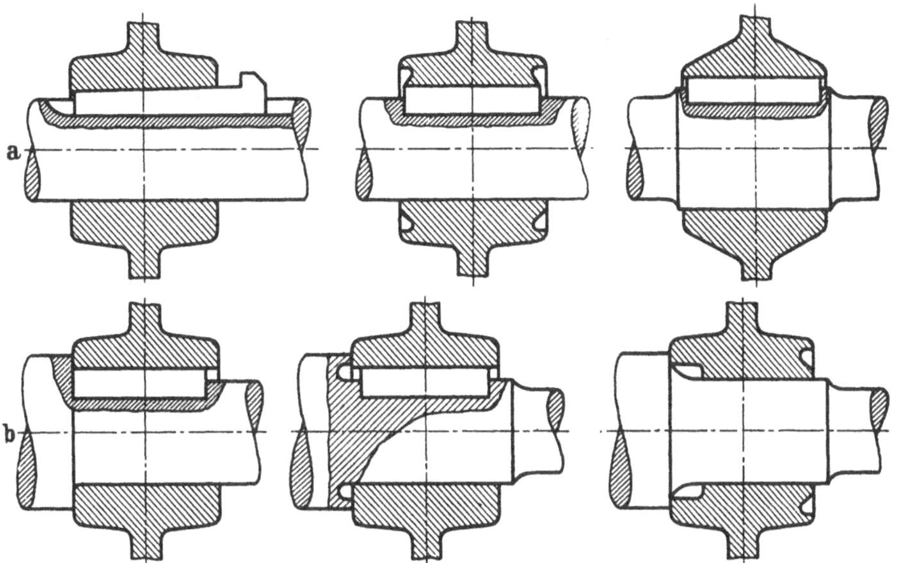

Bild 4/8. *Welle mit Nabensitz.* a) Nabe auf freier Welle; b) neben Wellenabsatz. Die Kerbwirkung (Naben-pressung, Keilnut, Absatz) ist rechts (dickere Welle im Nabensitz oben, bzw. Preßsitz unten) erheblich geringer für die Welle

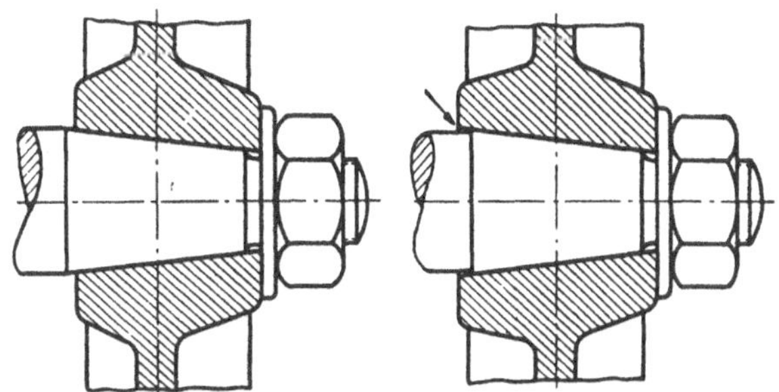

Bild 4/9. *Welle mit Kegelnabe.* Durch Überstehenlassen der Nabe (Pfeil) wird die Kerbwirkung der Nabenpressung an der Welle verringert.

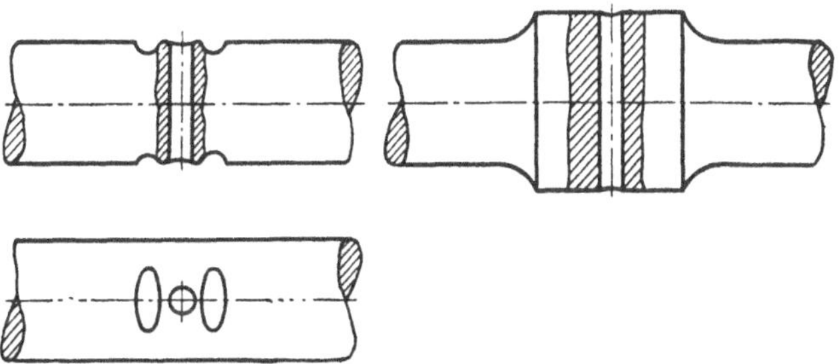

Bild 4/10 *Welle mit Querbohrung.* Die Kerbwirkung der Querbohrung läßt sich durch Ausrunden und „Drücken" des Lochrandes und durch eingedrückte „Entlastungskerben" neben der Bohrung verringern (links); andernfalls die Welle örtlich verstärken (rechts).

# 4.4. Stahl-Leichtbau.

Da die Gestehungskosten für einen Bauteil in Stahl-Leichtbau durchweg nicht höher sind als im Schwerbau, ist seine Anwendung im gesamten Maschinen- und Stahlbau ge-geben; also nicht nur bei *ortsbeweglichen* Konstruktionen (Fahrzeuge, Schiffe, Land-maschinen, Krane und Förderanlagen), sondern auch bei *ortsfesten* Werkzeug-, Kraft- und Arbeitsmaschinen, bei Ständern und Grundplatten, bei Gerüsten und Türmen, bei Brücken und Hallen.

**Tafel 4/7.** Bei Drehbelastung ist ein Rohr (e) am günstigsten sowohl für $M_t$- als auch für $A$-Aufnahme; $\dfrac{M_t}{Q}$ und $\dfrac{A}{Q}$ werden hierfür am größten (nach THUM).

Belastungsart: Drehbelastung

| | Drehstab | Gewicht $Q$ kg | Ertragbar | | $\dfrac{M_t}{Q}$ | $\dfrac{A}{Q}$ |
|---|---|---|---|---|---|---|
| | | | Drehmoment $M_t = W_t \cdot \tau_{zul}$ | Stoßarbeit $A = 2\,J_p\,\dfrac{L}{d^2}\,\dfrac{\tau^2_{zul}}{G}$ | | |
| a |  | 1 | $1 \quad \cdot \tau_{zul}$ | $1 \quad \cdot \tau^2_{zul}$ | 1 | 1 |
| b | 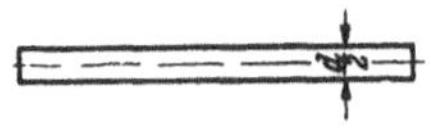 | 0,25 | $0,125 \cdot \tau_{zul}$ | $0,25 \quad \cdot \tau^2_{zul}$ | 0,5 | 1 |
| c | 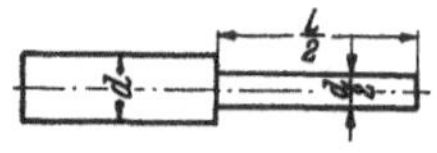 | 0,625 | $0,125 \cdot \tau_{zul}$ | $0,133 \cdot \tau^2_{zul}$ | 0,2 | 0,21 |
| d | 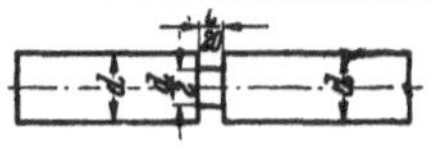 | 0,936 | $0,125 \cdot \tau_{zul}$ | $0,027 \cdot \tau^2_{zul}$ | 0,13 | 0,029 |
| e | 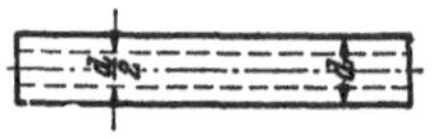 | 0,75 | $0,938 \cdot \tau_{zul}$ | $0,938 \cdot \tau^2_{zul}$ | 1,25 | 1,25 |

**Tafel 4/8.** Bei gleichzeitiger Biege- und Drehbelastung sind geschlossene Hohlquerschnitte (a und b) am günstigsten (nach THUM).

Belastungsart: Biege- und Drehbelastung

| | | Gewicht kg/m | Ertragbar | |
|---|---|---|---|---|
| | | | Biegemoment $M_b = W_b \cdot \sigma_{zul}$ | Drehmoment $M_t = W_t \cdot \tau_{zul}$ |
| a |  | 22 | $1 \quad \cdot 58\,\sigma_{zul}$ | $1 \quad \cdot 116\,\tau_{zul}$ |
| b | 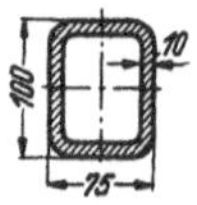 | 22 | $1,15 \cdot 58\,\sigma_{zul}$ | $0,97 \quad \cdot 116\,\tau_{zul}$ |
| c | 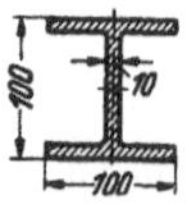 | 22 | $1,55 \cdot 58\,\sigma_{zul}$ | $0,086 \cdot 116\,\tau_{zul}$ |
| d | 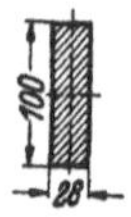 | 22 | $0,81 \cdot 58\,\sigma_{zul}$ | $0,189 \cdot 116\,\tau_{zul}$ |

## 1. Erreichbare Gewichtsverminderung.

Gegenüber der Ausführung in Grauguß kann im Stahl-Leichtbau die Wanddicke und das Gewicht durchweg auf 50% herabgedrückt werden. Gegenüber üblichen Ausführungen in Stahl ist die Gewichtsersparnis naturgemäß geringer, aber immerhin beachtlich, wie die folgenden Beispiele ausgeführter Konstruktionen zeigen [1].

(Gegenüber Leichtmetall-Leichtbauten erreichte Gewichte s. S. 76.)

1) *Ständer für Fräser-Schleifmaschine*: aus Gußeisen, 180 kg, in Stahl (Zellenbau) 90 kg.
2) *Gerüst einer Kammwalze*: aus Gußeisen 5775 kg, aus Stahl geschweißt 2500 kg.
3) *Dreschmaschine*: bisher 7865 kg, in Stahl-Leichtbau 4635 kg. ·
4) *Strohpresse*: bisher 3900 kg, in Stahl-Leichtbau 2000 kg.
5) *Kesselwagen*: bisher 12 t, in Stahl-Leichtbau 9,5 t.
6) *Brücke über den kl. Belt*: aus St 37 genietet 22300 t, aus St 52 genietet 13800 kg.

<h3 style="text-align:center">2. Bauweise.</h3>

Wegen der unveränderten Wichte $\gamma$ muß hier die Gewichtsverringerung vor allem durch werkstoffsparende Gestaltung und Fertigung (s. oben), also durch aufgelöste und dünnwandige Bauweise erzielt werden; ferner durch Verwendung *festerer* Stähle und gegebenenfalls noch durch günstige Änderung der Voraussetzungen (s. S. 62).

Im Vordergrund steht hierbei die *Schweißtechnik* (s. Kap. 7). Als Bauelemente dienen hier:

a) *Stahlbleche*, die durch Abkanten, Rundbiegen, Ziehen oder Pressen, oder Ausschneiden mit dem Brenner in ihre Form gebracht werden;

b) *Stahlstäbe* (abgekantete Leichtprofile und Rohre, Flachstäbe und Walzprofile) [2] nach S. 108—118 und

c) gepreßte oder gegossene *Formstücke*, die eingeschweißt werden.

<h3 style="text-align:center">3. Steife und Schwingungsverhalten.</h3>

Besonders bei Werkzeugmaschinen wird eine große Steife d. h. eine geringe elastische Durchbiegung $\left(1/f \sim E \cdot J_b\right)$ und Verdrehung $\left(\dfrac{1}{\varphi} \sim G \cdot J_t\right)$ der Bauteile verlangt, ferner durchweg eine hohe Eigenschwingungszahl $(\sim E \cdot J/Q)$ und vor allem geringe Resonanz-

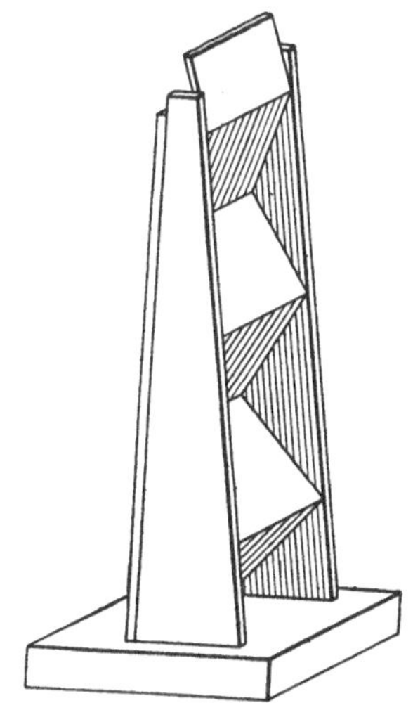

Bild 4/11. *Ständer in Zellenbauweise.* (Deckplatte fortgelassen.)

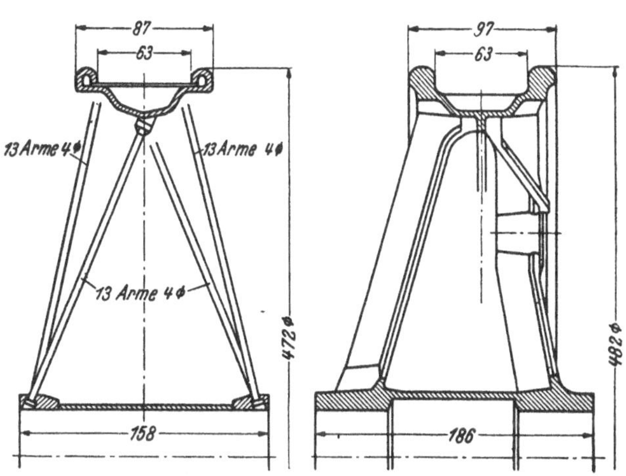


Bild 4/12. *Stahl-Leichtbau-Speichenrad* (links); „transkonstruiert" in Mg-Legierung (rechts). (nach SCHWERBER).

Schwingungsausschläge $\left(\sim \dfrac{1}{\delta \cdot Q}\right)$. Wie verhält sich hier die geschweißte Leichtbau-Konstruktion aus Stahl gegenüber der aus Gußeisen?

Die „in Klammer" angegebenen Kenngrößen zeigen bereits, daß der etwa doppelt so große $E$-Modul bzw. $G$-Modul von Stahl für die Steife und für die Eigenschwingungszahl günstig ist, ebenso das geringere Eigengewicht $Q$ für die Eigenschwingungszahl. Dagegen ist das geringere $Q$ für die Schwingungsausschläge ungünstiger. Hier zeigen jedoch die grund-

---

[1] Nach SCHWERBER [4/6].

[2] Über Stahlrohrgerüste s. VDJ-Nachr. v. 7. Aug. 1949. Über Stahlrohrkonstruktion s. STEINRATH in Ztschr. Der Bau 1949, S. 267 und LEWENTON in Ztschr. Bauplanung und Bautechnik, Juni 1948, S. 171.

legenden Vergleichsversuche von KIENZLE [*4/23*] und seinen Schülern [*4/24* und *4/25*] mit gegossenen und geschweißten Trägern, daß die *Dämpfung δ* durch die „Scheuerwirkung" von Schweißnähten und aufeinandergepreßten Flächen, also durch konstruktive Maßnahmen bis auf den 100fachen Wert der Werkstoffdämpfung gebracht werden kann, daß also geschweißte Leichtbauträger aus Stahl auch in diesem Punkte nicht ungünstiger zu sein brauchen als gegossene.

*Typische Beispiele für die Gestaltung* im Stahl-Leichtbau zeigen Bild 4/4, 4/11 u. 4/12, ferner Tafel 7/9 Kap. 7.

## 4.5. Leichtmetall-Leichtbau.

Wegen der erheblich höheren Werkstoffkosten (s. Tafel 4/1) wird die Ausführung in Leichtmetall meist erheblich teurer als in Stahl. Der Leichtmetall-Leichtbau kommt daher nur für solche Gebiete in Frage, wo

1) die gegenüber dem Stahl-Leichtbau noch erzielbare Gewichtsersparnis wertvoller ist, als die Mehrkosten. Siehe Beispiele 1 bis 7 unten und S. 19 u. 93;

2) die *sonstigen Eigenschaften* der Leichtmetalle, wie leichtere Formgebung und Bearbeitung, zunehmende Schlagfestigkeit bei niedriger Temperatur, größeres Dämpfungsvermögen bei Schwingung und Schall, ihr chemisches, elektrisches, magnetisches oder Wärmeverhalten (s. S. 97) von Vorteil sind:

3) außerdem *die Nachteile der Leichtmetalle*, wie größeres Volumen, geringere Härten, geringere Steife und Verschleißfestigkeit nicht ausschlaggebend sind.

### 1. Erreichbare Gewichts- und Kostenminderungen.

Gegenüber der Ausführung in *Stahl* tritt die erreichbare Gewichtsverminderung besonders bei allen *nicht voll beanspruchten* Teilen, wie Verkleidungen, Gehäusen und Getriebekästen in Erscheinung. Ferner lohnen sich für die Ausführung in Leichtmetall besonders solche Teile, deren Gewichtsverminderung *weitere Gewichtsverminderungen* anderer Teile (Unterbauten) nach sich zieht (s. Beispiel 4 unten) oder eine entsprechend größere *Nutzlast* ermöglicht (s. Beispiel 1—3). In anderen Fällen können die geringeren Bearbeitungskosten (z. B. bei Gehäusen von Zahnradpumpen), oder die geringeren Unterhaltungskosten (kein Anstrich) den höheren Werkstoffpreis aufwiegen.

Aufschlußreich sind die nachfolgenden Beispiele ausgeführter Konstruktionen:

1) *Seilbahn-Kabine* (Pfänder-Seilbahn) [1],
Bisher in Stahl: Gewicht 620 kg für 25 Personen = 25 kg/Person.
in Al-Legierung: Gewicht 336 kg für 38 Personen = 8,9 kg/Person.

2) *Seilbahn Kabine* (Mucrone-Seilbahn) [1].
Bisher in Stahl: Gewicht 1000 kg für 16 Personen = 62,6 kg/Person,
in Al-Legierung: Gewicht 700 kg für 23 Personen = 30,4 kg/Person.
Die neue Kabine in Al-Legierung ergab die Möglichkeit, 110 statt 60 Personen/Std. zu befördern und so die Umbaukosten für die Al-Kabine in Höhe von 5% des Anlagekapitals der Seilbahn in $1^1/_2$ Saison zu tilgen.

3) *Selbstgreifer für Kohle* (Pittsburg Coal Co.)[2].
Bisher in Stahl: Eigengewicht 9,5 t für Inhalt 6 t, zusammen 15,5 t,
in Al-Legierung: Eigengewicht 6,5 t für Inhalt 9 t, zusammen 15,5 t.
Die Leichtmetall-Ausführung des Greifers ermöglicht also 50% mehr Umschlagsleistung bei gleichen Umschlagskosten. Der erheblich höhere Beschaffungspreis des Leichtmetallgreifers macht dagegen nur wenige Prozent der Gestehungskosten der Gesamtanlage aus.

Ausführung: Wände aus Al-Blech, Kanten mit Manganstahl-Winkeln übernietet, Zähne aus Cr-Va-Stahl. Ähnlich gute Erfahrungen hat man mit Leichtmetall-Kübeln von Löffelbaggern gemacht.

[1] Nach SCHWERBER [*4/6*].
[2] Nach Reisebericht Dr. H. ERNST, Nürnberg 1939

4) *Einschienen-Laufkatze mit Führerstand*[1].

Bisher in Stahl: Gewicht 5200 kg,
in Al-Legierung: Gewicht 2900 kg.

Die Ausführung in Al-Legierung gestattete an der Fahrbahn (100 m lang mit 20 Stützen) mehr einzusparen als die Mehrkosten der Al-Katze ausmachen. Hierzu kommt der ständige Gewinn an Stromkosten für den verringerten Fahrwiderstand.

5) *Laufkran mit 9,1 t Tragkraft und 22 m Spannweite* (Alcoa, USA)[1,2].

Bisher in Stahl: Gewicht 36,3 t
in Al-Legierung: Gewicht 19,5 t.

6) *Eisenbahn-Personenwagen.*

Bisher in Stahl: Gewicht je Sitzplatz 490 kg,
in St-Leichtbau: Gewicht je Sitzplatz 390 kg,
in Al-Leichtbau: Gewicht je Sitzplatz 295 kg.

Der Wert derartiger Gewichtsersparnisse ergibt sich aus der Erfahrung, daß der Fahrwiderstand etwa proportional dem Gewicht ist und daß die Betriebskosten pro Jahr ebenfalls proportional dem Fahrzeuggewicht sind (Betriebskosten 1938 bei der Reichsbahn etwa 380 RM je t Fahrzeuggewicht und Jahr und für Straßenbahn etwa 530 RM)[1]. Es werden also für jede t Gewichtsersparnis entsprechend hohe Beträge für die Kapitaltilgung, also für die höheren Beschaffungskosten der Al-Ausführung verfügbar.

7) *Motorhaube* aus Silumin statt Grauguß s. S. 19.

## 2. Bauweise.

Aufbau aus dünnwandigen Blechen, Profilstäben oder Gußstücken zu Fachwerk-, Schalen- und Hohlträgern, die durch Nieten oder Schweißen (seltener Löten) oder Schrauben verbunden werden. Die Kräfte sind möglichst verteilt überzuleiten, also z. B. über viele Nieten oder Schrauben (für Schrauben große Unterlegscheiben!). Beim Zusammentreffen verschiedener Metalle gegen Elektrolytwirkung schützen! (s. S. 33).

*Al-Gußstücke.* Querschnitte gering halten und Steife durch Wulste und Rippen erreichen! Gute Übergänge, besonders zwischen steifen und elastischen Stellen sind hier noch wichtiger als bei Gußeisen! Wände und Abstützungen in Rädern möglichst kegelig stellen, um Spannungsausgleich zu ermöglichen.

Als *Konstruktionsbeispiel* s. Bild 4/12.

## 4.6. Schrifttum zu 4.

Siehe auch Schrifttum S. 60 (Spannungsverteilung und Schwingungsfestigkeit) und S. 104 (Werkstoffe).

### 1. Leichtbau allgemein:

[4/1] WANSLEBEN, F.: Leichtbautechnik. Köln-Lindenthal: Ernst Stauf-Verlag 1937.

[4/2] KREISSIG, E.: Grundlagen des Leichtbaus. Stahl u. Eisen Bd. 56 (1936) S. 33 u. 81; Der Leichtbau als Konstruktionsprinzip. Techn. Mitt. (Essen) Bd. 31 (1938) S. 401.

[4/3] DUFFING, P.: Zur wirtschaftlichen Wahl von Werkstoff und Gestalt. Z. VDI Bd. 87 (1943) S. 305.

[4/4] SCHULZ, E. H.: Leichtmetalle und Stahl als Werkstoffe. Stahl u. Eisen Bd. 61 (1941) S. 1121.

[4/5] ALTMANN, G.: Werkstoffsparen im Zahnradgetriebebau. Berlin: VDI-Verlag 1942.

[4/6] SCHWERBER, P.: Stahl-Leichtbau und Leichtmetall-Sparbau. Z. VDI Bd. 86 (1942) S. 431.
— Vergleichende Stabilitäts- und Festigkeitsbetrachtungen des Sparbaus. Z. Aluminium Bd. 23 (1941) S. 5.
— Leichtbau. Z. Aluminium Bd. 23 (1941) S. 519.
— Sicherheit beim Leichtbau durch Festigkeit und Gestaltung. Z. Aluminium Bd. 23 (1941) S. 571.
— Vergleichende konstruktive Werkstoffkunde. Z. Aluminium Bd. 24 (1942) S. 197, 249, 377, 413 u. Bd. 25 (1943) S. 5, 191, 307, 405.

---

[1] Nach SCHWERBER [4/6].

[2] Hierzu die Angabe, daß in Deutschland gebaute Laufkrane gleicher Tragkraft und Spannweite auch in *Stahl* nur 19 t wiegen. Die Erklärung ist wohl darin zu suchen, daß bei uns die Werkstoffkosten im Vergleich zu den Löhnen höher liegen als in USA, und wir daher mehr Anlaß haben, werkstoffsparend zu bauen (z. B. Fachwerkträger statt Vollwandträger).

[4/7] DE FLEURY, R.: Resistance des Materiaux. Comptes rend. Acad. Sciences 210 (1940) S. 662; 211 (1940) S. 457; 212 (1941) S. 781; ferner Nomogrammes de classification et de transposition. J. Ing. Aut. 16 (1943) S. 125; ferner Revue de Metallurgie Memoires. 1943 S. 58.
GRIESE, F. W.: Leichtbau und schweißtechn. Gestaltung. DEMAG-Nachrichten Juni 1950, S. 8.
SCHAPITZ, E.: Festigkeitslehre für den Leichtbau. Dt. Ingenieur-Verlag. Düsseldorf 1951.

### 2. Werkstoffsparende Gestaltung:

[4/8] THUM, A.: Neuere Anschauungen in der Gestaltung. Berichtswerk 74. Hauptversamml. des VDI in Darmstadt 1936. Fachvortrag S. 87. Berlin: VDI-Verlag 1936.
— Die Gestaltfestigkeit als Grundlage der Konstruktionslehre. Heft Festigkeit und Formgebung. Stuttgart: Landes-Gewerbe-Museum 1936, Abtl. Technik.
— Zweckmäßige Konstruktion und Werkstoffwahl bei verschiedenen Betriebsbedingungen. Betriebsleitertagung 1937 der Allianz und Stuttgarter Verein. Vers. AG.
[4/9] LEHR, E.: Praktische Beispiele für Formgebung, Bearbeitung und Berechnung dauerbruchsicherer Maschinenteile. Heft Festigkeit und Formgebung. Stuttgart: Landes-Gewerbe-Museum 1936 Abtl. Technik.
[4/10] BAUTZ, W.: Möglichkeiten zur Steigerung der Dauerhaltbarkeit von Konstruktionsteilen mit unvermeidlicher Kerbwirkung. Berichtswerk 74. Hauptversamml. des VDI in Darmstadt 1936. Fachvortrag S. 281. Berlin: VDI-Verlag 1936.
[4/11] FLATZ, E.: Werkstoffsparen im Maschinenbau. Z. VDI Bd. 81 (1937) S. 1481.
[4/12] UHDE, H.: Die Werkstofforschung als Grundlage der Konstruktion. Z. VDI Bd. 81 (1937) S. 929.
[4/13] ERKER, A.: Werkstoffausnutzung durch festigkeitsgerechtes Konstruieren. Z. VDI Bd. 86 (1942) S. 385.
WIEGAND, H.: Oberflächengestaltung und -behandlung dauerbeanspruchter Maschinenteile. Z. VDI Bd. 84 (1940) S. 505.

### 3. Stahl-Leichtbau:

[4/14] BOBEK, K., W. METZGER u. F. SCHMIDT: Stahlleichtbau von Maschinen. Berlin: Springer 1939.
[4/15] — Stahlleichtbau. Aufsatzfolge. Beratungsstelle für Stahlverwendung. Düsseldorf 1941.
[4/16] FINKELNBURG, H.: Leichtbau bei Werkzeugmaschinengetrieben. Getriebetechnik Bd. 8 (1940) S. 178; ferner Metallwirtschaft 18 (1939) S. 755.
[4/17] KRUG, C.: Die Stahlbauweise im Maschinenbau. Z. VDI Bd. 73 (1929) S. 14. Stahlleichtbau bei Werkzeugmaschinen. Z. VDI Bd. 84 (1940) S. 11; ferner Z. VDI Bd. 77 (1933) S. 301; Elektroschweißung (1938) Heft 1 Stahl und Eisen Bd. 58 (1938) Heft 2 S. 34; Werkst.-Techn. (1941) Heft 11 S. 189.
[4/18] OSINGA: Die Verwendung von geschweißten Hohlträgern im Waggonbau. Org. Fortschr. Eisenbahnw. Bd. 93 (1938) S. 416.
[4/19] TANNENBERG, M. v.: Über die Entwicklung des Doppelbleches nach Insektenflügelbauart. AWF-Mitt. (1939) Heft 7 S. 97.
[4/20] KLOSSE, E.: Untersuchungen über geschweißte Doppelbleche. Der Stahlbau Bd. 13 (1940) S. 101.
GÖTZE, F.: Grundlagen des Leichtbaus von Maschinen. Konstruktion Heft 4 (1952) S. 16. (Gute Tafeln für Vergleiche.)

### 4. Steife- und Schwingungsverhalten:

[4/21] THUM, A. u. PETRI: Steifigkeit und Verformung von Kastenquerschnitten. VDI-Forsch.-Heft 409. Berlin: VDI-Verlag 1941.
[4/22] SONNEMANN, H.: Die Schwingungsfestigkeit und Dämpfungsfähigkeit von handelsüblichen Stählen. Diss. T. H. Braunschweig 1936.
[4/23] KIENZLE, O. u. H. KETTNER: Das Schwingungsverhalten eines gußeisernen und eines stählernen Drehbankbettes. Werkst.-Techn. Bd. 33 (1939) S. 229.
[4/24] KETTNER, H.: Dynamische Untersuchungen an Werkzeugmaschinengestellen. Diss. T. H. Berlin 1939, Würzburg: Aumühle u. Verlag Triltsch 1939.
[4/25] HEISS, A.: Dynamische Untersuchungen an Werkzeugmaschinengestellen im Stahlschweißbau. Diss. T. H. Berlin 1942.

### 5. Leichtmetall-Leichtbau s. auch [4/6].

[4/26] HAAS, M. H.: Aluminium-Taschenbuch. 9. Aufl. Berlin: Aluminium Zentrale 1942.
[4/27] TEMPLIN, R. L. Traveling Cranes built of Aluminium alloy. Engng. News Rec. 8. 10. 31, Auszug s. DÜRBECK: Fördertechnik und Frachtverkehr Bd. 25 (1932) S. 138.
[4/28] HOPPE: Aluminium als Baustoff für Ausleger und Schürfkübel von Baggern in USA. Der Bauingenieur Bd. 14 (1933) S. 399.
[4/29] SUHR, O.: Anwendung von Aluminium und seinen Legierungen im Bauwesen. Der Bauingenieur Bd. 18 (1937) S. 238; ferner Laufkatze aus Al. Techn. Mitt., Essen Bd. 31 (1938) S. 513.
[4/30] PÜTTNER, H: Werkstoffgerechte Gestaltung von Maschinenteilen aus Leichtmetallguß. Metallwirtsch. Bd. 18 (1939) S. 11.
[4/31] BLEICHER, W.: Der heutige Stand der Leichtmetallverwendung im Fahrzeugbau. Z. VDI Bd. 86 (1942) S. 49.
[4/32] — Maschinenelemente aus Magnesium und Aluminium. Das Industrieblatt, Bd. 45 (1940) Heft 17 S. 623. Stuttgart.

[4/33] RAJAKOVICS, E. v.: Dauerversuche mit Leichtmetall-Pleuelstangen. Z. VDI Bd. 85 (1941) S. 867.
[4/34] BRENNER, P.: Verbindung von Leichtmetall durch Kleben. Konstruktion Heft 2 (1950) S. 326.
(Kunstharz als Klebstoff, Schubfestigkeit 100 bis 200 kg/cm², oft besser als Schweißen, besonders für Dauerfestigkeit).

# 5. Werkstoffe, Profil- und Maßtafeln.

## 5.1. Werkstoffwahl.

Bei der Wahl der Werkstoffe sind zunächst die Anforderungen an den betreffenden Bauteil hinsichtlich *Funktion, Beanspruchung* und *Lebensdauer* zu berücksichtigen, dann die Forderungen der *Formgebung* und *Fertigung* und nicht zuletzt die *Gestehungskosten* und oft auch noch die *Beschaffungsfrage.*

Für gewöhnlich können wir uns hierbei auf die bereits vorliegenden Erfahrungen stützen und *übliche* Werkstoffe in den üblichen Qualitäten verwenden. So nehmen wir im Maschinenbau durchweg

für einfache *Achsen und Wellen* gewöhnlichen C-Stahl (St 37 bis St 60);

für *mehrfach gekröpfte Wellen* hochwertigen Stahl oder Sondergußeisen (wegen Formgebung und Kerbwirkung);

für *Keile, Paßfedern und Stifte* St 60;

für *gegossene Ständer, Grundplatten* und *Gehäuse* Grauguß, bei höherer Beanspruchung Sondergußeisen und Stahlguß, wenn wir nicht eine geschweißte Ausführung aus Stahl (meist Stahlblech) vorziehen;

für *Teile* mit *hoher Wälzpressung* (Wälzlager, Nockenwellen, hochbelastete Zahnräder) gehärteten Stahl;

für *Zahnräder* je nach der Beanspruchung Grauguß, Stahlguß, Stahl (St 42 bis St 70), gehärtete und vergütete Stähle, in Sonderfällen auch Schichtholz, Preßstoffe und Nichteisenmetalle;

für *gleitbeanspruchte Flächen* als Gegenstoff je nach den Umständen Preßstoff, weichen Grauguß, Bronze, Weißmetall, Zink- und Al-Legierungen bzw. Verbundstoffe mit gleitfähiger Außenschicht;

für *elastische Federn* Federstahl und Gummi, in Sonderfällen auch Federbronze und Holz;

für *kleinere Massenteile* Automaten- und Spritzgußlegierungen;

für *Schneiden* gehärtete Werkzeugstähle und Schneidmetalle;

für erheblich *wärme- oder feuerbeanspruchte Teile* warmfesten oder zunderbeständigen Stahl [1] oder Stahl mit zunderbeständiger Oberfläche, oder keramische Stoffe;

für besonders *verschleißbeanspruchte* Teile oder für besondere *chemische, elektrische* oder *magnetische* Anforderungen entsprechende Sonderwerkstoffe.

Erst wenn die bisherigen Erfahrungen nicht ausreichen, also wenn neue Gesichtspunkte (neue Erkenntnisse, neue Anforderungen, neue Werkstoffe, neue Engpässe, neue Preisverhältnisse) auftreten, oder wenn mehrere Werkstoffe in Konkurrenz treten, wird die Werkstoffwahl zu einer *Frage.*

Sie erfordert dann eine genauere Überprüfung und zwar

1) der *Anforderungen* an den Bauteil (Funktion, Beanspruchung, Lebensdauer);

2) der *Fertigungsbedingungen* (Stückzahl, Formgebung, Fertigungsart und Gestehungskosten);

3) der *Werkstoffeigenschaften* und meistens noch anschließende *Versuche* mit den dann noch fraglichen Werkstoffen.

In derartigen Fällen wird sich der Konstrukteur in stärkstem Maße um die Sondererfahrungen der Werkstoff- und Fertigungs-Fachleute und der Konstruktions-Benutzer bemühen müssen, wenn er Fehlschläge vermeiden will.

Am einfachsten ist die Entscheidung, wenn nur wenige, bestimmte Eigenschaften des Baustoffs ausschlaggebend sind; am schwierigsten, wenn zahlreiche Anforderungen von zahlreichen Baustoffen mehr oder weniger gut erfüllt werden.

---

[1] oder entsprechende Stahlguß- und Graugußsorten.

So wird man z. B. die Frage nach dem günstigsten Baustoff für die *Karosserie eines Personen-Kraftwagens* (Holz, Schichtholz oder Preßstoff, Leichtmetall oder Stahlblech?) je nach den Umständen, also je nach den maßgebenden Gesichtspunkten verschieden beantworten müssen. Als Hilfsmittel für die Auswahl s. auch Punktwertung S. 6 und Kenngrößenvergleich S. 62.

Nachfolgend sollen die Werkstoffe des Maschinenbaus vom *Standpunkt des Konstrukteurs* aus besprochen werden. Im Vordergrund stehen hierbei *Eisen und Stahl*, da die sonstigen Werkstoffe im Maschinenbau, schon aus Preisgründen (s. kg-Preise S. 63) nur eine zusätzliche, wenn auch oft unentbehrliche Rolle spielen.

*Dynamische Festigkeitswerte* der Werkstoffe s. S. 54, Tafel 3/4 und S. 63, Tafel 4/1; *Verschleißfestigkeit* s. S. 27—32; *Korrosionsverhalten* s. S. 32, 95 u. 97.

Bezeichnungen

| *Stoffbezeichnungen* | | *Sonstige Bezeichnungen* | |
|---|---|---|---|
| Al | Aluminium | $A_b$ (cmkg/cm²) | Schlagbiegefestigkeit |
| Be | Beryllium | $A_{bk}$ (cmkg/cm²) | Kerbschlagbiegefestigkeit |
| Bz | Bronze | | (Kerbzähigkeit) |
| C | Kohlenstoff | $d$ (mm) | Durchmesser |
| Co | Kobalt | $E$ (kg/mm²) | E-Modul |
| Cr | Crom | $F$ (cm²) | Querschnitt |
| Cu | Kupfer | $G$ (kg/m) | Gewicht je lfd. Meter |
| Fe | Eisen | $H_B$ (kg/mm²) | Brinellhärte |
| GG | Grauguß[1] | $H_V$ (kg/mm²) | Vickershärte |
| Mg | Magnesium | $H_R$ (—) | Rockwellhärte |
| Mn | Mangan | $J_b$ (cm⁴) | Biege-Trägheitsmoment |
| Mo | Molybdän | $J_t$ (cm⁴) | Dreh-Trägheitsmoment |
| Ms | Messing | $i$ (cm) | $= \sqrt{J/F}$ Trägheitshalbmesser |
| Ni | Nickel | $k$ (—) | Profilwert, $= F^2/J = F/i^2$ |
| P | Phosphor | $W, W_b$ (cm³) | Biege-Widerstandsmoment |
| Pb | Blei | $W_t$ (cm³) | Dreh-Widerstandsmoment |
| S | Schwefel | $\gamma$ (kg/dm³) | Wichte |
| Si | Silicium | $\delta_5, \delta_{10}$ (%) | Bruchdehnung |
| St | Stahl | $\sigma_B$ (kg/mm²) | Statische Zugfestigkeit |
| GS | Stahlguß[2] | $\sigma_{-B}$ (kg/mm²) | ,, Druckfestigkeit |
| GT | Temperguß[3] | $\sigma_{bB}$ (kg/mm²) | ,, Biegefestigkeit |
| Ti | Titan | $\sigma_{DSt}$ (kg/mm²) | Dauerstandfestigkeit |
| V | Vanadium | $\sigma_F$ (kg/mm²) | Fließgrenze |
| W | Wolfram | | |
| Zn | Zink | | |

## 5.2. Gießbares Eisen.

**1) Grauguß (GG)** ist eine gegossene Eisenlegierung mit mehr als 1,7% C-Gehalt (meist 2 bis 4%) und wird im Maschinenbau für Gußstücke bevorzugt, sofern seine Eigenschaften ausreichen, denn Grauguß ist billig, leicht gießbar (geringes Schwindmaß, geringe Lunkerneigung) und gut zerspanbar.

*Eigenschaften.* Gewöhnlicher GG ist spröde (geringe Bruchdehnung), also nicht für Schlagbeanspruchung geeignet und seine Zugfestigkeit ist durch die Graphitadern herabgesetzt. Dagegen besitzt er günstige Gleiteigenschaften (günstiger als Flußstahl und Stahlguß), hohe Druckfestigkeit (etwa $3 \cdot \sigma_B$ bis $5 \cdot \sigma_B$), große innere Dämpfung und ist nicht kerbempfindlich, so daß hochwertiger Grauguß die Dauerbiegefestigkeit von gekerbtem Stahl praktisch fast erreichen kann (Kurbelwellen aus GG s. [5/28]). Die Warmzugfestigkeit von GG fällt erst oberhalb 400° C (Druckfestigkeit oberhalb 200°). Der *E*-Modul nimmt mit zunehmender Beanspruchung ab (s. Tafel 5/2). GG mit Brinellhärte 120—180 ist ferritisch, mit 180—250 perlitisch und über 240 Brinell nur schwer zerspanbar.

---

[1] Siehe DIN 1691 (Nov. 1949*).
[2] Siehe DIN 1681 (März 1942*) und DIN 17245 (Okt. 1951 u. Mai 1952).
[3] Siehe DIN 1692 (Nov. 1950).

**Tafel 5/1.** *Grauguß.* Übersicht und Verwendung.

| Bezeichnung | Verwendung |
|---|---|
| Bau- und Handelsguß  . . . | Säulen, Fenster, Herde, Öfen, Rohre, Heizkörper. |
| Maschinenguß:  GG—12  . . | ohne Gütevorschrift für gering beanspruchte Teile, wie Gehäuse, Grundplatten, Ständer. |
| GG—14  . .<br>GG—18  . . | für höher beanspruchte oder gleitreibende Teile:<br>Gehäuse, Gleitbahnen, Dampf-Zylinder, -Kolben, -Armaturen, Kolbenringe. |
| GG—22  . .<br>GG—26  . . | für wärmebeständige (bis 420°), gleitreibende und festere Teile noch höherer Beanspruchung: Zylinder, Kolben, Kolbenringe. |
| Sondergrauguß GG 30  .<br>(Perlitguß) | für Sonderfälle und höchstbeanspruchte Teile. |
| mit besonderen magnet. Eigenschaften, z. B.: GG —12.9 (nach DIN 17006) | für Elektro-Maschinen mit hoher magnetischer Induktion. |
| Hartguß: | für verschleißfeste Teile! (schwer bearbeitbar!), $H_B = 400{-}600$ kg/mm². |
| Vollhartguß | (Durchgehend hart) Seltener verwendet, da sehr spröde, z. B. Sandstrahldüsen. |
| Schalenguß | Kokillenguß (weicher Kern) für verschleißfeste Platten und Ringe von Kollergängen, Kugelmühlen u. Steinbrecher; für Stempel, Ziehringe und Laufräder (Griffinguß). |
| Mildhartguß | Walzenguß für Walzen mit feinem, dichtem Gefüge. |
| Säure- und alkalibeständiger Grauguß | für chemische Zwecke, Soda- u. Natron-Kessel, Rohre, Schalen, Töpfe, Säurepumpen. |
| Feuerbeständiger Grauguß | Roststäbe, Glühtöpfe, Schmelzkessel für NE-Metalle. |

**Tafel 5/2.** *Mindest-Festigkeitswerte für Grauguß nach DIN 1691* (Nov. 1949*).
Schwindmaß etwa 1%; $\gamma = 7{,}25$ kg/dm³; Dynam. Festigkeitswerte s. S. 54.

| Bezeichnung | Wanddicke und (Proben-∅)<br>mm | Zugfestigkeit $\sigma_B$<br>kg/mm² | Biegefestigkeit $\sigma_{bB}$<br>kg/mm² | Durchbiegung[1] $f$<br>mm | Brinell-Härte[2] $H_B$<br>kg/mm² | Elast.-Modul[2] $E$<br>kg/mm² |
|---|---|---|---|---|---|---|
| GG—12 | 8···50 (30) | 12[3] | | | 120···180 | 7000··· 4000 |
| GG—14 | 4··· 8 (13)<br>8···15 (20)<br>über 15···30 (30)<br>über 30···50 (45) | 18<br>16<br>14<br>11 | 32<br>30<br>28<br>24 | 2<br>4<br>7<br>10 | 140···200 | 9500··· 5500 |
| GG—18 | 4··· 8 (13)<br>8···15 (20)<br>über 15···30 (30)<br>über 30···50 (45) | 22<br>20<br>18<br>15 | 38<br>36<br>34<br>30 | 2<br>4<br>7<br>10 | 160···220 | 10500··· 8000 |
| GG—22 | 4··· 8 (13)<br>8···15 (20)<br>über 15···30 (30)<br>über 30···50 (45) | 26<br>24<br>22<br>19 | 44<br>42<br>40<br>36 | 3<br>5<br>8<br>11 | 180···240 | 12000··· 9500 |
| GG—26 | 8···15 (20)<br>über 15···30 (30)<br>über 30···50 (45) | 28<br>26<br>23 | 48<br>46<br>42 | 5<br>8<br>11 | 180···240 | 13000···11000 |
| GG—30 | über 15···30 (30)<br>über 30···50 (45) | 30<br>25 | 48<br>45 | 8<br>11 | 180···220 | |

[1] Für Auflagelängen gemäß DIN 1691 (5. Ausg. Nov. 1949*).
[2] Von mir zugefügte mittlere Werte.
[3] In der Regel keine Abnahmeprüfung.

Anwendung der verschiedenen GG-Sorten s. Tafel 5/1.

Festigkeitswerte s. Tafel 5/2 und S. 54 Tafel 3/4, S. 63 Tafel 4/1.

**Hochwertiger GG und legierter GG für Sonderzwecke [5/20].** Man erreicht

a) *Perlitguß höherer Festigkeit* durch Senkung des Graphitgehalts durch viel Schrottzusatz und höheren Si Zusatz (Beispiel Sternguß und Emmelguß) [5/22], [5/21];

b) einen *spannungsfreien, feinkörnigen* GG durch verlangsamte Abkühlung (vorgewärmte Form) von sonst weißerstarrendem GG;

c) *eine höhere Festigkeit* durch Schmelzüberhitzung;

d) *ein dichteres Gefüge* durch Schleuderguß;

e) *verschleißfesteren* und *dünnflüssigeren* GG durch Phosphor-Zusatz;

f) *verschleiß-, korrosions- und hitzebeständigeren* GG durch Ni-, Cr-, Mo-Zusatz (z. B. Fliegwerkstoff 1940);

g) *hitze- und zunderbeständigen* GG durch Ni–Cr–Si-Zusatz, oder Cr–Al-Zusatz (z. B. Silal, Nicrosilal);

h) *nichtrostend und hitzebeständigen* GG durch 20 bis 36% Cr-Zusatz (Alferon);

i) *zunderbeständigen* GG für Feuerungen und Roststäbe durch hohen C-Gehalt bei niedrigem Phosphor- und Si-Gehalt;

k) *säurebeständigen* GG durch 14 bis 18% Si-Zusatz oder noch besser durch Monelmetall-Zusatz.

**2) Temperguß** wird aus dem gut vergießbaren weißen Roheisen gegossen und durch „Tempern" (Glühbehandlung nach dem Gießen) ziemlich zäh, etwas verformbar und leicht bearbeitbar.

Handelsüblicher *weißer Temperguß* (ferritische Randzone, perlitische Kernzone) mit gleichmäßiger Wanddicke (3 bis 20 mm) ist für kleine Massenteile (bis 1 kg) wie Förderketten, Räder, Schlüssel und Beschläge geeignet.

*Schwarzguß* (durchgehend ferritisch) ist auch für Teile mit dickerer und ungleicher Wandstärke (3 bis 40 mm), wie Haushaltsmaschinen, Getriebegehäuse, Bremstrommeln, Kleineisenteile usw. geeignet, aber nicht schweiß- und lötbar, nicht schmiedbar und nicht für hohe Temperaturen geeignet. Schwarzguß ist durch Abschrecken bei 800° C und nachfolgendes Anlassen auch vergütbar [5/30].

Temperguß ist weniger verschleißfest als GG und magnetisch sehr „weich"; oberhalb 400° C nimmt $\sigma_B$ ab. Durch besondere Verfahren [5/30] läßt sich auch Temperguß mit korrosionsbeständiger oder oxydationsbeständiger oder verschleißfester (einsatzgehärteter) Oberfläche herstellen.

**Tafel 5/3.** *Temperguß.* Festigkeitseigenschaften nach DIN 1692 (Nov. 1950). Schwindmaß etwa 1,5%; Fließgrenze $\sigma_F \approx 0,7 \cdot \sigma_B$; $\gamma = 7,2$ bis 7,6 kg/dm³; dynamische Festigkeit s. S. 54.

| Bezeichnung | | Wanddicke | Zugfest. $\sigma_B$ | Bruchdehn. $\delta$ [2] | Brinell-Härt $H_B$ [1] | Elast.-Modul $E$ [1] |
|---|---|---|---|---|---|---|
| | | mm | kg/mm² | % | kg/mm² | kg/mm² |
| Weißer Temperguß | GTW—35 | 4…9 | 34 | 6 | 125 | 16000 |
| | | 9…13 | 35 | 4 | bis | bis |
| | | 18…40 | 36 | 3 | 220 | 17000 |
| | GTW—40 | 4…9 | 38 | 10 | 125 | 16000 |
| | | 9…13 | 40 | 15 | bis | bis |
| | | 18…40 | 41 | 3 | 220 | 17000 |
| Schwarzer Temperguß | GTS—35 | | 35 | 10 | 110 | |
| | GTS—38 | | 38 | 12 | 140 | |

[1] Nicht genormt.
[2] Bruchdehnung auf $L=3d$.

**3) Stahlguß** (GS) eignet sich für gegossene Teile hoher Festigkeit, Dehnung und Zähigkeit. Er ist schmiedbar, schweißbar und im Einsatz härtbar, aber schwieriger zu gießen (beachte 2% und mehr Schwindmaß, Lunkerbildung, Gußspannungen und

Warmrissigkeit) und daher teurer. Außerdem zeigt er eine rauhere Oberfläche und schlechtere Gleiteigenschaften als GG. Stahlblechteile, z. B. Turbinenschaufeln, sind eingießbar. Das Gefüge (grobstrahlig) wird meist durch Glühen verfeinert (Normalglühen s. S. 85). Übliche kleinste Wanddicke 3 bis 4 mm. Festigkeitswerte der Normal- und Sondergüten s. Tafel 5/4.

Hochwertiger dünnwandiger Stahlguß [5/31], erreicht unlegiert bis $\sigma_B = 75$, legiert $\sigma_B = 60{-}110\ \text{kg/mm}^2$ bei 10—6% Dehnung.

**Legierter Stahlguß** (DIN 17245 Mai 1952) dient für Sonderzwecke.

*Niedrig legierten GS* (bis 2% Mn, bis 1,5% Si, bis 2% Cr) verwendet man, wenn die Durchvergütbarkeit, Verschleißfestigkeit, Schlagfestigkeit, Gleitfähigkeit oder Anlaßbeständigkeit erhöht werden soll (vergütet $\sigma_B = 60$ bis 130); z. B. für Zahnräder, Kreuzköpfe, Schiffskolben, Dampfturbinengehäuse.

*Mangan-Hart-GS* (über 12% Mn, über 1% C) ist besonders *gleitverschleißfest* (kalthärtend) und außerdem unmagnetisch und wird z. B. verwendet für Herzstücke von Weichen, Baggerzähne usw.

*Chrom-GS* (13—30% Cr) ist besonders *säure-* und *rostfest* und mit über 1% Si auch *hitzebeständig*, also für Ofenteile, Glühkästen und chemische Behälter geeignet.

*Cr- und W-Zusatz* wird gegen Schneidbrennen (Geldschrankplatten) und *Ni-Zusatz* gegen Seewasserangriff angewendet.

**Tafel 5/4.** *Stahlguß* [1]. Mindestfestigkeitswerte nach DIN 1681 (März 1942 x) und DIN 17245 (Okt. 1951 und Mai 1952). Schwindmaß etwa 2%; $\gamma = 7,8\ \text{kg/dm}^3$ dynamische Festigkeitswerte s. S. 54.

| Bezeichnung | | Brinell-Härte $H_B$ kg/mm² | Zug-festig-keit $\sigma_B$ kg/mm² | Bruch-dehnung $\delta_s$ % | Kerb-zähig-keit $Ab_K$ (DVM) cmkg/cm² | Warmstreckgrenze $\sigma_{FW}$ kg/mm² bei | | | Dauerstandfestigkeit $\sigma_{DSt}$ kg/mm² | | | C-Gehalt % |
|---|---|---|---|---|---|---|---|---|---|---|---|---|
| | | | | | | 300° | 350° | 400° | 400° | 450° | 500° | |
| DIN 1681 | GS—38 | ≈ 110 | 38 | 20 | — | — | — | — | — | — | — | 0,1 |
| | GS—45 | ≈ 130 | 45 | 16 | — | — | — | — | — | — | — | 0,2 |
| | GS—52 | ≈ 150 | 52 | 12 | — | — | — | — | — | — | — | 0,35 |
| | GS—60 | ≈ 174 | 60 | 8 | — | — | — | — | — | — | — | 0,45 |
| DIN 17245 | GS—C 25 | | 45 | 22 | 500 | 17 | 15 | 13 | 12 | 8 | — | — |
| | GS—22 Mo 4 | | 45 | 22 | 500 | 21 | 19 | 17 | 17 | 15 | 12 | — |
| | GS—22 Cr Mo 5 | | 50 | 20 | 400 | 25 | 23 | 21 | 20 | 15 | 10 | — |
| | GS—22 Cr Mo 54 | | 53 | 20 | 400 | 28 | 26 | 24 | 23 | 20 | 15 | — |

# 5.3. Flußstahl (Walzstahl, Schmiedestahl, Baustahl) [2].

Wichte $\gamma \approx 7,85\ \text{kg/dm}^3$, $E$-Modul $\approx 21\,000\ \text{kg/mm}^2$.

Wir suchen so weit wie möglich mit den preiswerten Massenstählen, den *unlegierten C-Stählen* auszukommen, die als *Halbzeug* (vorgewalzt oder vorgeschmiedet als Blöcke, Knüppel oder flache Platinen) oder als *Fertigerzeugnisse* (Profilstähle, Rohre, Bleche, Bänder und Drähte) angeliefert werden. Erst, wenn deren Eigenschaften nicht ausreichen, greifen wir zu den erheblich teureren *legierten* [3] Stählen.

## 1. Einfluß der Legierungszusätze [3].

*Kohlenstoff* (C) *erhöht* die Festigkeitswerte $\sigma_B$, $\sigma_F$ und $H_B$ (s. Bild 5/1) und die Kerbempfindlichkeit, *vermindert* aber die Zähigkeit (Bruchdehnung $\delta$) und die Zerspanbarkeit, ferner die Schmied- und Schweißbarkeit, die elektrische und die Wärme-Leitfähigkeit. Dagegen ist die Rostbildung unabhängig vom C-Gehalt. Vor allem ist es die mit größerem C-Gehalt und größerer Härte verbundene ungenügende Zähigkeit, der wir durch besondere Maßnahmen (Legierung und Wärmebehandlung) zu begegnen suchen.

---

[1] Werte für Sondergüten DIN 1681 (März 1942x)
Werte für warmfesten Stahlguß DIN 17245 (Okt. 1951 u. Mai 1952).

[2] *Flußstahl* ist der in *flüssigem* Zustand gewonnene Stahl, also Bessemer-, Thomas-, Siemens-Martin-, Elektro- und Tiegelstahl, aber nicht Schweißstahl, der im teigigen Zustand gewonnen wird. Als „Stahl" bezeichnen wir heute alles ohne Nachbehandlung *schmiedbare* Eisen.

[3] Unter „legiertem Stahl" versteht man Stahl, der außer C noch besondere Legierungszusätze enthält.

*Schwefel* (S) verbessert die Zerspanbarkeit und wird daher bis zu 0,3% den Automatenstählen (siehe Tafel 5/13) zugesetzt. Er vermindert aber die Dauerfestigkeit wegen seiner Neigung zur „Zeilenstruktur" und macht den Stahl „rotbrüchig", falls Mangan fehlt.

*Phosphor* (P) wird bis zu 0,2% in den Massenstählen zugelassen. Er erhöht die Fließgrenze und den Rostwiderstand. In größerer Menge macht er den Stahl „kaltbrüchig" und dauerbrüchig.

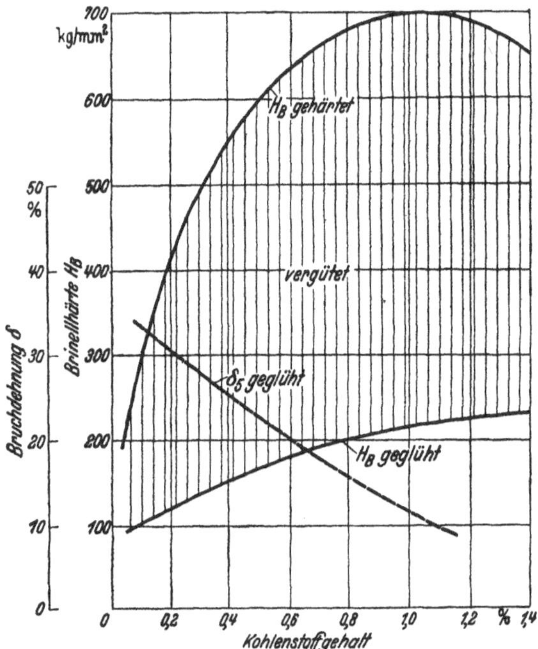

Bild 5/1. Brinellhärte $H_B$ von Stahl geglüht bis gehärtet und Bruchdehnung $\delta_b$ bei verschiedenem C-Gehalt.

*Silizium* (Si) desoxydiert („beruhigt) den Stahl, fördert die Graphitbildung und Säurefestigkeit, erhöht die Einhärtetiefe und den elektrischen Widerstand und verringert die Kaltverformbarkeit. Daher für Tiefziehbleche höchstens 0,2%, für Feder- und Vergütungsstähle 0,5—2% und für Dynamobleche bis 4% Si-Gehalt.

*Kupfer* (Cu) erhöht die Festigkeitswerte $\sigma_B$ und $\sigma_F$ und vor allem den Rostwiderstand. Für „gekupferte" Stähle z. B. Hochbaustähle nimmt man 0,1 bis 0,8% Cu.

*Mangan* (Mn) desoxydiert und entschwefelt den Stahl, erhöht seine Festigkeit und begünstigt seine Durchhärtung. Nachteilig ist seine Überhitzungsempfindlichkeit und Anlaßsprödigkeit (Abhilfe s. Vanadin). Mit höherem Mn-Gehalt ist er sehr gleitverschleißfest (Manganhartstahl mit 12 bis 15% Mn).

*Nickel* (Ni) erhöht bei Baustählen mit 1,5 bis 4,5% Ni die Streckgrenze, die Dauer- und Kerbschlagfestigkeit. Ni-Stähle (Tafel 5/10 u. 5/12) werden in Deutschland, ebenso wie die C–Ni–Mo-Stähle vorwiegend nur noch für große hochbeanspruchte Stücke verwandt (gute Durchvergütung!) und im übrigen bei Einsatz- und Vergütungsstählen weitgehend durch Mn-, Si-, Mo-, Cr- und V-legierte Stähle ersetzt (s. Tafel 5/9 und 5/11). Ferner sind Stähle mit 10 bis 20% Ni und 15 bis 25% Cr als rost- und säurebeständige, als warm-

feste und zunderbeständige und als unmagnetische Stähle von Bedeutung (s. Tafel 5/15).

*Chrom* (Cr) erhöht die Härte und Verschleißfestigkeit der Stähle durch Chromcarbidbildung, ferner die Kerbschlagfestigkeit und die Durchhärtung. Bei größerem Cr-Gehalt (12 bis 30%) besitzen die Cr-Stähle eine erhebliche Beständigkeit gegen Wärme und Feuerglut (Zunderbeständigkeit), gegen Rost und Säure (s. Tafel 5/15). Bild 5/5 zeigt den Cr- und C-Gehalt und die vielseitige Verwendung der verschiedenen Cr-Stähle.

*Molybdän* (Mo) ist das wirksamste Mittel gegen Anlaßsprödigkeit der Stähle und steigert die Durchvergütung, so daß bei Vergütungsstählen Cr–Mo-Stahl weitgehend an die Stelle von Cr–Ni-Stahl treten kann. Ferner steigert Mo die Warmfestigkeit, so daß es auch für Dampfkessel und Werkzeugstähle (s. Tafel 5/16) in Frage kommt.

*Wolfram* (W) beseitigt die Anlaßsprödigkeit von hochwertigen Cr-Ni-Stählen und bringt mit 4 bis 12% W den Warm- und Schnellarbeitsstählen eine hohe Warmfestigkeit (s. Tafel 5/16).

*Vanadium* (V) wirkt desoxydierend und karbidbildend und verbessert schon mit einigen Zehntel% die Überhitzungsempfindlichkeit und Warmfestigkeit der Bau- und Werkzeugstähle. Außerdem erhöht es die Zähigkeit, ferner die Schneidhaltigkeit bei Schnellarbeitsstählen und die Remanenz bei Magnetstählen.

*Kobalt* (Co) erhöht bei Schnellarbeitsstählen (bis 15% Co) wesentlich die Schnittleistung, indem es die Anlaßbeständigkeit und Überhitzungsempfindlichkeit verbessert.

*Aluminium* (Al) erhöht die Oberflächenhärte von Nitrierstahl durch Al–Nitrid-Bildung, ferner die Zunder- und Alterungsbeständigkeit[1] des Stahls. Es sollen aber keine $Al_2O_3$-Reste im Stahl verbleiben.

## 2. Wärme- und Härtebehandlung[2].

Wir können hierdurch die Eigenschaften der Stähle und Bauteile erheblich beeinflussen. Man unterscheidet nach Bild 5/2 und 5/3:

*Glühen*: Erwärmen auf Glühtemperatur mit nachfolgender, nicht zu rascher Erkaltung, um das Korngefüge oder die inneren Spannungen zu beeinflussen. Der Einfluß der Ofengase auf die Stahloberfläche (Zundern und Entkohlen!) kann durch Glühen in Schutzgasen oder in Packungen (GG-Spänen) vermieden werden.

---

[1] Alterung bedeutet „Versprödung" (Verringerung von $\delta$ und $A_{bK}$) nach längerer Lagerung von vorher kalt verformten Werkstoffen, z. B. von Stahlblechen. Sie wird durch Erwärmung beschleunigt. Sie bleibt aus bei vollständig desoxydierten (beruhigten) Stählen.

[2] Fachausdrücke siehe DIN 17014 (Febr. 1952).

a)[1] *Normalglühen*: Glühen im Austenitgebiet, d. h. bei etwa 30 bis 60° über der GSE-Linie nach Bild 5/2, um einem grobkörnigen (überhitzten) Stahl sein normales feines Gefüge wiederzugeben.

b) *Weichglühen*: Etwa 1 b's 3 Stunden Glühen kurz unterhalb der PK-Linie (etwa 600 bis 700°, s. Bild 5/2), um das weichste Gefüge mit körnigem statt streifigem Zementit zu erhalten.

c) *Spannungsfreiglühen*: Mehrstündiges Glühen bei etwa 450—550°, um alle inneren Spannungen ohne Festigkeitseinbuße auszugleichen, d. h. ohne den Zementit in die körnige Form umzuwandeln.

d) *Abschreckhärten*: Der Stahl wird auf etwa 30 bis 60° über der GSK-Linie (Bild 5/2) erwärmt und in diesem Zustand im Wasser-, Öl-, Salz- oder Luftbad „abgeschreckt", d. h. schnell abgekühlt[2], um das sehr harte und feinadrige Martensitgefüge zu erhalten. Die erreichbare Härte steigt nach Bild 5/1 erheblich mit dem C-Gehalt. Mit der Härte steigt aber auch die Sprödigkeit (ausgewiesen durch geringe Bruchdehnung und Kerbschlagfestigkeit) und mit der Härtegeschwindigkeit steigen Härteverzug und Härtespannungen[3]. Die Abschreckhärtung ist besonders bei Schneiden, Wälzlagern und elastischen Federn wichtig.

e) *Anlassen*: Die abgeschreckten Teile werden auf Anlaßtemperatur (100 bis 400°) gebracht und anschließend langsam abgekühlt, um die Härtespannungen zu beseitigen[3] und die Zähigkeit (Bruchdehnung und Kerbschlagfestigkeit) wieder zu erhöhen. Mit zunehmender Anlaßtemperatur verringert sich die Härte.

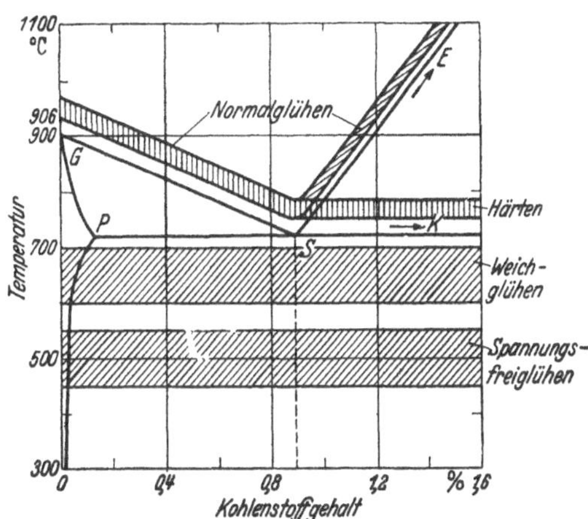


Bild 5/2. Temperaturbereiche für die Wärmebehandlung von Stahl bei verschiedenem C-Gehalt.

f) *Vergüten*: Hierbei folgt dem Härten ein Anlassen auf Vergütungstemperatur (bei Baustählen etwa 450 bis 650°) um eine wesentliche Steigerung der Zähigkeit (auf Kosten der Härte) zu erzielen.

g) *Gebrochene Härten*. Die auf Härtetemperatur erhitzten Teile werden nur 3 bis 5 Sek. in Wasser abgeschreckt und dann in ein Öl- oder Warmbad überführt, um den Härteverzug herabzusetzen.

h) *Zwischenstufen-Vergüten*: Die auf Härtetemperatur erhitzten Teile werden hierbei direkt in ein Warmbad (Salz- oder Metallschmelze) gebracht und dort solange belassen, bis eine völlige Gefügeumwandlung erfolgt ist. Das Verfahren ist besonders für kleinere Abmessungen und unlegierte Stähle geeignet, da es bei noch ausreichender Härte hohe Zähigkeit ergibt.

i) *Abschreck-Randhärten*: Durch schnelles Erhitzen der Randzone von C-reichen Stählen mittels Gasbrenner (Brennhärten) oder Metallbad (Tauchhärten) oder Hochfrequenzstrom (Induktionshärten) und anschließendem Abschrecken mit Wasserbrause oder Öl erhält man eine harte Randzone und einen

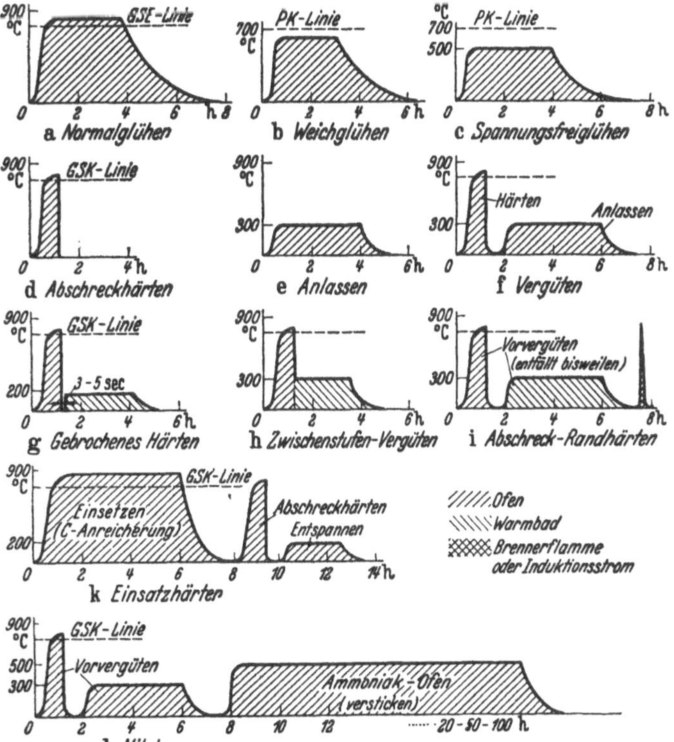


Bild 5/3. Härte- und Wärmebehandlungen des Stahls, Temperaturverlauf und Zeitbedarf.

---

[1] a) b) c) ... nach Bild 5/3.

[2] Zum „Härten" muß die „kritische Abkühlgeschwindigkeit" überschritten werden, die bei den einzelnen Stahllegierungen und Abschreckmitteln verschieden ist.

[3] Sie entstehen durch die Volumenvergrößerung beim Härten (Martensitbildung) und können an scharfen Kerben zu Härterissen führen. Die Härtespannungen können durch Anlassen auf 120—200° ohne besondere Härteeinbuße beseitigt werden.

weichen Kern. Bei diesem Härteverfahren ist der Kosten- und Zeitaufwand verhältnismäßig gering. Es wird daher zunehmend für Zahnräder, Gleitflächen, Lagerzapfen, Bolzen usw. angewendet.

k) *Einsatzhärten.* Durch C-Anreicherung der Randschicht von C-armen (weichen) Stählen mittels Glühen in C-abgebenden Einsatzmitteln bei 800—950° C und durch anschließendes Abschrecken und Vergüten wird eine sehr harte und verschleißfeste Randzone bei zäh bleibendem Kern erreicht (s. Bild 5/3). Die C-Anreicherung (Aufkohlung) kann in festen Einsatzmitteln (Härtepulver, Härtepasten), aber auch in flüssigen oder gasförmigen erfolgen. Die Einsatzhärtung ist besonders bei hoch belasteten Zahnrädern, bei Nockenwellen und sonstigen verschleißbeanspruchten Teilen in Gebrauch, die neben der Härte eine größere Zähigkeit (Schlagfestigkeit) besitzen sollen. Einsetzbar sind Stähle bis 0,25% C-Gehalt (s. Tafel 5/9), ferner beruhigt vergossene Automatenstähle (s. Tafel 5/13), Tiefziehbleche (siehe Tafel 5/7) und Stahlguß. Für höhere Kernfestigkeit nimmt man *legierte* Stähle (s. Tafel 5/9), die eine größere Kernzähigkeit erreichen und durchweg auch weniger empfindlich in der Wärmebehandlung sind.

## 3. DIN-Blätter.

**Tafel 5/5.** *DIN-Blätter zu Flußstahl.*

| | DIN | | DIN |
|---|---|---|---|
| *Allgemein:* | | | |
| Eisen und Stahl . . . . . . . | 17006 | Federstahl für Blattfedern . . . | 17220···22 |
| Kennfarben unlegierten Stahls. | 1599 | Nickel- und Chromnickelstahl . . | 17200 und |
| | | Chrom- und Chrommolybdänstahl | 17210 |
| *Gütevorschriften für Fertigerzeugnisse:* | | *Abmessungen:* | |
| | | Profilstähle . . . . . . . . . | 1013···1029 |
| Profilstähle . . . . . . . . | 1612 | Fenster-Stahlprofile . . . . . . | 4440···4451 |
| Rohre . . . . . . . . . . . | 1626···1629 | Stahlrohre . . . . . . . . . | 2440···2442 |
| Bleche . . . . . . . . . . . | 1620···1623 | | 2450···2456 |
| Kesselbleche . . . . . . . . | 17155 | Präzisionsstahlrohre . . . . . . | 2385, 2391, |
| Dynamobleche . . . . . . . | 46400 | | 2393, 2394 |
| Bandstahl kaltgewalzt. . . . . | 1544 | Stahlbleche . . . . . . . . . | 1541···1543 |
| Automatenstahl . . . . . . . | 1651 | Bandstahl . . . . . . . . . . | 1544 |
| Gezogener Stahl . . . . . . . | 1652 | Gezogener Stahl . . . . . . . | 174···178 |
| | | Rundstahl . . . . . . . . . . | 175, 668, 671 |
| *Gütevorschriften für Halbzeug:* | | Keilstahl. . . . . . . . . . . | 6880 |
| Maschinenbaustahl . . . . . | 1611 | | |
| Niet-, Schraubenketten-Stahl . | 1613 | | |
| Einsatzstähle . . . . . . . | 17210 | | |
| Vergütungsstahle . . . . . . | 17200 | | |

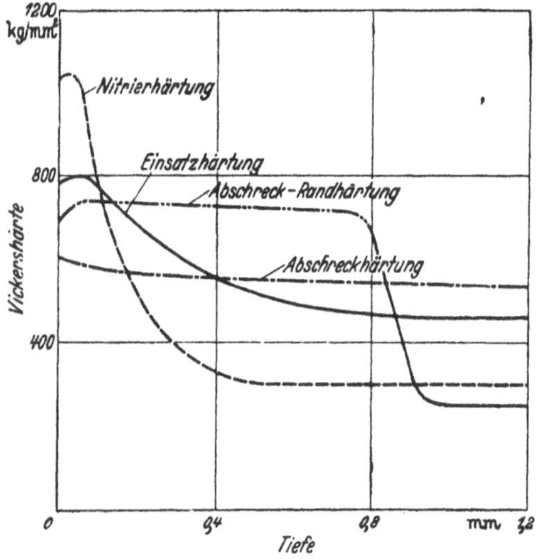


Bild 5/4. Härteverlauf in der Randschicht eines Stahlbolzens je nach Härteverfahren (nach GLAUBITZ). 1. Nitrier-, 2. Einsatz-, 3. Abschreck-, 4. Abschreck-Randhärtung.

l) *Nitrierhärten:* Durch Stickstoff-Anreicherung im Ammoniakstrom bei etwa 500° C wird eine hochharte, aber dünne Randschicht erzielt (s. Bild 5/3). Gegenüber der Einsatzhärtung ist die größere Härte, der geringe Härteverzug und die größere Korrosionsfestigkeit hervorzuheben. Dafür ist die Härteschicht aber dünner und man benötigt legierten Stahl (Cr-Al-St) und längere Härtezeiten. Die Einsatzdauer beträgt etwa 10 Stunden je $^1/_{10}$ mm Härtetiefe (maximal etwa 1 mm dick). Der Nitrierstahl kann vor dem Härten ölvergütet werden.

Einen *Vergleich* der verschiedenen Härteverfahren hinsichtlich Zeitbedarf und Härteverlauf bieten Bild 5/3 und 5/4 und hinsichtlich Verschleißwiderstand Bild 2/42 S. 31.

### 4. Stahlbleche (Tafel 5/7).

Man unterscheidet nach der Dicke Grobbleche (über 4,75 mm dick), Mittelbleche (3 bis 4,75 mm dick) und Feinbleche (unter 3 mm dick). Für die Auswahl sind außerdem Festigkeit und Oberflächengüte maßgebend und bei Ziehteilen auch die Verformbarkeit.

Für *kleine* Stanzteile bevorzugt man kaltgewalzten Bandstahl (DIN 1624); für *Biegeteile* Bleche mit vorgeschriebenem Faltversuch; für *Ziehteile* je nach dem Verformungsgrad pro Glühung Zieh-, Tiefzieh- oder Karosseriebleche. Für weitgehende Verformungen ist eine geringe Korngröße wesentlich, da die Bleche sonst an den Formstellen rauh werden (Glühbehandlung bei 650 bis 850° vermeiden!). Für *Dynamo*bleche (DIN 46400) sind die magnetischen Eigenschaften entscheidend.

## 5. Profilstähle (Tafel 5/8 u. 5/6).

Gewalzter *Formstahl, Stabstahl* und *Breitflachstahl* werden nach DIN 1612 in den Qualitäten St 00.12, St 37.12, St 42.12 geliefert und besitzen die *Festigkeitswerte* der entsprechenden Stähle nach Tafel 5/8. Sie werden vorwiegend als L, C, I, |-Profile (Abmessung s. S. 109 bis S. 118) für genietete oder geschweißte Fachwerk- und Vollwandträger, für Grundplatten und Rahmen, Masten und sonstige Tragkonstruktionen verwendet.

*Stahlrohre* werden gewalzt oder gezogen, nahtlos oder geschweißt mit den Festigkeitswerten nach Tafel 5/6 (einige Abmessungen s. S. 108) hergestellt. Sie dienen zur Fortleitung und Führung von Gasen und Flüssigkeiten (Gasrohre, Dampfrohre, Kesselrohre) und zunehmend auch für Tragkonstruktionen, Gestänge und Hebel (s. Leichtbau S. 68—75). Die geschweißten Rohre sind nicht zum Aufweiten und Bördeln geeignet. Für kleinere Durchmesser und höhere Belastung bevorzugt man die etwas teureren *nahtlosen* Rohre.

**Tafel 5/6.** *Stahlrohre, nach DIN 1629 (1628); Ausg. Sept. 1932.*

| Bezeichnung | $\sigma_B$ kg/mm² | $\delta_5$ mindest % | Beachte |
|---|---|---|---|
| (St 34.28) | 34···45 | 25 | überlappt geschweißte Rohre |
| St 00.29 | — | — | nahtlose Konstruktions- und Leitungsrohre (bis 25 atü) |
| St 35.29 | 35···45 | 25 | } höher beanspruchte nahtlose Rohre |
| St 55.29 | 55···65 | 17 | } mit Gütevorschrift |

## 6. Maschinenbaustähle (Tafel 5/8).

Es handelt sich hier um die im Maschinenbau am meisten verwendeten *unlegierten* C-Stähle, die als Halbzeug gut durchgeschmiedet (Blöcke, Platinen, Knüppel) oder gut durchgewalzt (Rund-, Quadrat-, Sechskant- und Flachquerschnitte) geliefert werden. Je geringer ihr C-Gehalt ist um so leichter zerspanbar, verschweißbar und einsetzbar, um so zäher und weniger kerbempfindlich sind sie. Erst bei höheren Anforderungen an die Härte und Zugfestigkeit greifen wir zu den Stählen mit höherem C-Gehalt, die auch abschreckgehärtet und vergütet werden können. Nähere Angaben s. Tafel 5/8.

## 7. Einsatz- und Nitrierstähle (Tafel 5/9 u. 5/10).

Sie dienen für Teile, die eine harte, verschleißfeste Oberfläche oder bei harter Oberfläche einen zähen Kern besitzen, oder besonders dauerfest sein sollen, z. B. für Kurbel-, Nocken- und Schneckenwellen, für Gelenk-, Feder- und Kolbenbolzen, für hochbelastete Stirn- und Kegelräder. Hierfür genügen durchweg die unlegierten oder niedrig legierten Einsatzstähle nach Tafel 5/9, wobei die Stähle mit größerem C-Gehalt für eine größere Kernfestigkeit gewählt werden und die höher legierten Stähle, wenn gleichzeitig eine größere Zähigkeit erforderlich ist. Für verwickeltere Teile z. B. Zahnräder nimmt man die im Öl- oder Wasserbad abschreckbaren Stähle, die sich hierbei weniger verziehen, z. B. die Mn—Cr-Stähle nach Tafel 5/9.

Auch bei hohen Anforderungen an die Kernfestigkeit und Zähigkeit kann man ohne die höher legierten Chromnickel- und Chrommolybdän-Einsatzstähle (Tafel 5/10) auskommen, ist aber dann auf eine größere Sorgfalt bei der Auswahl, Wärmebehandlung und Bearbeitung angewiesen. Härteverfahren s. S. 84.

**Tafel 5/7.** *Stahlbleche.* Benennung, Festigkeitswerte und Verwendung (nach DIN 1621, 1622, 1623).

| DIN | Bezeichnung | Benennung | Zug-festigkeit $\sigma_B$ kg/mm² | Mindest-Dehnung $\delta$, % | Falt-Versuche[1] | Bemerkungen |
|---|---|---|---|---|---|---|
| Grobbleche DIN 1 21 (Sept. 1934) | St 00.21 | Handelsblech . . . . . . . . . | — | —⎫ | o | Für gewöhnliche Behälter. |
| | St 37.21 | Baublech I . . . . . . . . . . | 37···45 | 20⎬ für δ> 10 mm | F | Für Behälter und Kessel. |
| | St 42.21 | Baublech II . . . . . . . . . | 42···50 | 20⎭ | F | |
| Mittelbleche (3—4,75 mm) DIN 1622 (Sept. 1933) | St 00.22 | Handelsblech . . . . . . . | ⎫ ≦50 | — | o | |
| | St 00.22 S | Handelsblech S . . . . . . . | ⎭ | — | o | Schmelz-Schweißbarkeit gewährleistet. |
| | St 34.22 P | Preßblech . . . . . . . . . | 34···42 | 25 | F | |
| | St 34.22 R | Röhrenblech . . . . . . . . | 34···45 | 20 | | |
| | St 37.22 | Baublech I . . . . . . . . . | 37···45 | 20 | F | |
| | St 37.22 S | Baublech I S . . . . . . | 37···45 | 20 | F | Schmelz-Schweißbarkeit gewährleistet. |
| | St 42.22 | Baublech II . . . . . . . | 42···50 | 20 | F | |
| | St 50.22 | Stahlbleche . . . . . . . | 50···60 | 16 | o | |
| | St 60.22 | höherer Festigkeit . . . . . | 60···70 | 12 | o | |
| | St 70.22 | . . . . . . . . . . . . . | 70···80 | 10 | o | |
| Feinbleche (unter 3 mm) DIN 1623 (Mai 1932) | St I 23 | Schwarzblech I . . . . . . . | — | — | F | *Handels-Feinbleche:* Walzwerksgeglüht! Für gewöhnliche Schwarzblechteile. |
| | St II 23 | Schwarzblech II . . . . . . | — | — | F | Glühkistengeglüht. Für gesteigerte Oberflächen-Ansprüche. |
| | St III 23 | Emaillier- u. Verzinkungsblech . | — | — | F | Geeignet zum Emaillieren, Verzinken und Verbleien. |
| | St V 23 | Ziehblech I . . . . . . . | 28···38 | 26 | F | *Qualitäts-Feinbleche:* Für einfache, auch emaillierte Ziehteile, Oberfl. zunderfrei. |
| | St VI 23 | Ziehblech II . . . . . . . | 28···38 | 26 | F | „ normale Ziehteile; Oberfläche geglättet. |
| | St VII 23 | Tiefziehblech . . . . . . . | 28···38 | 30 | D | „ Tiefziehteile; Oberfläche geglättet. |
| | St VIII 23 t | Sondertiefziehblech t . . . . | 32···42 | 30 | D | „ „ Oberfläche einwandfrei matt oder blank und bestens spritzlackierfähig. |
| | St VIII 23 k | „ k . . . . | 32···42 | 30 | D | „ höchste Tiefziehbeanspruchung, Oberfläche geglättet und spritzlackierfähig. |
| | St IX 23 | Bekleidungsblech . . . . . | 28···38 | 20 | F | Glattes, porenfreies u. spritzlackierfähiges Bekleidungsblech für Wagen und Möbel. |
| | St X 23 | Karosserieblech . . . . . . | 32···42 | 30 | D | Spezialtiefziehblech für Karosserieteile. |
| | St 34.23 | | 34···42 | 25 | F | Feinbleche mit vorgeschriebener Festigkeit, z. B. Stanzteile. |
| | St 37.23 | | 37···45 | 20 | F | |
| | St 42.23 | | 42···50 | 20 | F | |
| | St 50.23 | | 50···60 | 18 | o | |
| | St 60.23 | | 60···70 | 14 | o | |
| | St 70.23 | | 70···85 | 10 | o | |

(für Blechdicke 2 bis 3 mm — gilt für St V 23 bis St X 23)

[1] F = Faltversuch vorgeschrieben, D = Doppelfaltversuch vorgeschrieben, o = ohne Faltversuch.

**Tafel 5/8.** *Maschinenbaustähle* nach DIN 1611 (Dez. 1935) (Unlegierte C-Stähle).

| Bezeichnung | C-Gehalt (Mittel- wert) % | Zug- festig- keit $\sigma_B$ kg/mm² | Mindest- Fließgr. $\sigma_F$ kg/mm² | Mindest- Bruch- dehnung $\delta_5$ % | Brinell- härte [1] $H_B$ kg/mm² | Verwendungsangaben |
|---|---|---|---|---|---|---|
| St 00.11 | 0,1 | <50 | — | — | — | für Teile ohne besondere Beanspruchung, Schmiedestahl, gut zerspanbar, gut einsetz- und feuerschweißbar, große Zähigkeit, |
| St 34.11 | 0,12 | 34…42 | 19 | 30 | 95…120 | |
| St 34.13 [2] | 0,12 | 34…42 | 19 | 30 | 95…120 | Nieten, |
| St 37.11 | 0,15 | 37…45 | (21) | 25 | 105…125 | üblicher Schmiedestahl im Maschinenbau, |
| St 42.11 | 0,25 | 42…50 | 23 | 25 | 120…140 | mäßig beanspruchte Wellen und Zahnräder, kleine Schubstangen, Preß- und Gesenk- stücke, |
| St 50.11 | 0,35 | 50…60 | 27 | 22 | 140…170 | für höher beanspruchte Wellen und Zahn- räder, Schubstangen, Kolben noch gut zerspanbar, nur wenig härtbar, für Gleit- beanspruchung geeignet, |
| St 60.11 | 0,45 | 60…70 | 30 | 17 | 170…195 | für noch festere u. gleitbeanspruchte Teile, wie Paßstifte, Keile, Zahnräder, Schnecken, Spindeln und Plunger: härtbar und ver- gütbar, |
| St 70.11 | 0,6 | 70…85 | 35 | 12 | 195…240 | Werkzeugstahl für höchstbeanspruchte na- turharte Teile wie Nockenscheiben und Rollen, Walzen u. Gesenke; ferner für ge- härtete Teile wie Blatt- und Schrauben- federn, Stempel, Schneiden und Rollen. Hoch härtbar und vergütbar und noch zerspanbar. |

[1] Von mir hinzugefügte Anhaltswerte.    [2] Nach DIN 1613 (Sept. 1943).

**Tafel 5/9.** *Gebräuchliche Einsatzstähle* nach DIN 17210 (Dez. 1951) und *Nitrierstahl.*

| Bezeichnung nach DIN 17006 | bisher | Gehalt in % (Mittelwerte) | | | geglüht $H_B$ kg/mm² | im Kern nach Härtung $\sigma_B$ kg/mm² | mindest $\sigma_F$ kg/mm² | $\delta_5$ % | Härte- behand- lung [1] |
|---|---|---|---|---|---|---|---|---|---|
| | | C | Mn | Cr | | | | | |
| C 15 | StC 16.61 | 0,15 | 0,3 | — | bis 140 | 50…65 | 30 | 16 | W |
| C 22 | StC 25.61 | 0,22 | 0,3 | — | bis 155 | 60…80 | 36 | 12 | W |
| 15 Cr 3 | EC 60 | 0,15 | 0,5 | 0,6 | bis 187 | 60…85 | 40 | 13 | W |
| 16 MnCr 5 | EC 80 | 0,16 | 1,15 | 0,95 | bis 207 | 80…110 | 60 | 10 | O |
| 20 MnCr 5 | EC 100 | 0,20 | 1,25 | 1,15 | bis 217 | 100…130 | 70 | 8 | O |
| Cr–Al-Stahl (Nitrierstahl) | | 0,33 | 0,7 | 1,6 [3] | —235 | 80…100 | — | 12 | [2] |

[1] W = in Wasser, O = in Öl abgeschreckt. — [2] Ölvergütet vor der Nitrierung. — [3] Und 1,1% Al.

**Tafel 5/10.** *Chromnickel- und Chrommangan-Einsatzstähle* nach DIN 17210 (Dez. 1951).

| DIN | Bezeichnung | Gehalt in % (Mittelwerte) | | | | | geglüht $H_B$ kg/mm² | im Kern nach Härtung $\sigma_B$ kg/mm² | $\sigma_F$ kg/mm² | $\delta_5$ % |
|---|---|---|---|---|---|---|---|---|---|---|
| | | C | Ni | Cr | Mo | Mn | | | | |
| 17210 | C 15 | 0,15 | — | — | — | 0,4 | 140 | 50…65 | 30 | 16 |
| | 15 Cr 3 | 0,15 | — | 0,65 | — | 0,5 | 187 | 60…85 | 40 | 13 |
| | 16 Mn Cr 5 | 0,16 | — | 0,95 | — | 1,2 | 207 | 80…110 | 60 | 10 |
| | 20 Mn Cr 5 | 0,20 | — | 1,2 | — | 1,3 | 217 | 100…130 | 70 | 8 |
| | 15 Cr Ni 6 | 0,15 | 1,5 | 1,6 | — | 0,5 | 217 | 90…120 | 65 | 9 |
| | 18 Cr Ni 8 | 0,18 | 2,0 | 2,0 | — | 0,5 | 235 | 120…145 | 80 | 7 |
| | 41 Cr 4 | 0,41 | — | 1,1 | — | 0,65 | 217 | 155…180 | 130 | 7 |

### 8. Vergütungsstähle (Tafel 5/11 u. 5/12).

Vergütungsstähle verwendet man nicht nur *vergütet*, d. h. abschreckgehärtet und auf Vergütungstemperatur angelassen (s. S. 85), sondern auch *randgehärtet* (brenn-, induktions- oder metallbadgehärtet) und in manchen Fällen auch *ungehärtet* (geglüht). Wir nehmen vorwiegend die Vergütungsstähle nach Tafel 5/11 und zwar die *unlegierten C-Stähle* durchweg bis zu einer Vergütungsfestigkeit $\sigma_B = 80$ kg/mm² (für geringere Zähigkeit auch erheblich höher); die *legierten* Stähle für $\sigma_B$ über. 70 kg/mm² (für geringere Zähigkeit bis $\sigma_B = 175$), besonders wenn der Härteverzug gering sein soll (Öl- oder Warmbadhärtung); die *chromhaltigen* Stähle (50 Cr V 4) für $\sigma_B$ über 150 und bei dickeren Teilen (Vergütungstiefe!) auch schon für geringeres $\sigma_B$. Der noch hinzugefügte *Wälzlagerstahl* mit seinem hohen C- und Cr-Gehalt wird mit Vorteil auch für solche Zwecke verwendet, wo es auf große Oberflächenhärte ($H_B \approx 650$), Verschleißfestigkeit und trotzdem gute Zähigkeit ankommt.

Zu *Chromnickel* und *Chrom—Molybdän-Einsatzstählen* nach Tafel 5/12 greifen wir heute erst, wenn auch bei größeren Abmessungen die höchsten Ansprüche an Oberflächenhärte und vor allem an Durchvergütung und Zähigkeit (Kerbschlagfestigkeit und Kerbdauer-festigkeit) gestellt werden und ihre einfachere Wärmebehandlung genügend Vorteile bringt.

**Tafel 5/11.** *Gebräuchliche Vergütungsstähle* nach DIN 17200 (Dez. 1951).

| Bezeichnung | | Gehalt in % (Mittelwerte) | | | | Geglüht max | Vergütet für 16—40 mm Dicke | | |
| nach DIN 17006 | bisher | C | Si | Mn | Cr | $H_B$ kg/mm² | $\sigma_B$ [1] kg/mm² | $\sigma_F$ kg/mm² | $\delta_5$ % |
|---|---|---|---|---|---|---|---|---|---|
| C 22 | StC 25.61 | 0,22 | 0,25 | 0,45 | — | 155 | 50···60 | 30 | 22 |
| C 35 | StC 35.61 | 0,35 | 0,25 | 0,55 | — | 172 | 60···72 | 37 | 18 |
| C 45 | StC 45.61 | 0,45 | 0,25 | 0,65 | — | 206 | 65···80 | 40 | 16 |
| C 60 | StC 60.61 | 0,60 | 0,25 | 0,65 | — | 243 | 75···90 | 49 | 14 |
| 40 Mn 4 | — | 0,40 | 0,4 | 0,85 | — | 217 | 80···95 | 55 | 14 |
| 30 Mn 5 | VM 125 | 0,31 | 0,25 | 1,35 | — | 217 | 80···95 | 55 | 14 |
| 37 Mn Si 5 | VMS 135 | 0,37 | 1,25 | 1,25 | — | 217 | 90···105 | 65 | 12 |
| 42 Mn V 7 | — | 0,42 | 0,25 | 1,75 | — | 217 | 100···120 | 80 | 11 |
| 34 Cr 4 | — | 0,34 | 0,25 | 0,65 | 1,1 | 217 | 90···105 | 65 | 12 |
| 50 Cr V 4 | 50 Cr V 4 | 0,52 | 0,25 | 0,95 | 1,1 | 235 | 110···130 | 90 | 10 |
| Wälzlagerstahl[3] . . . | | 1,0 | bis 0,35 | 0,3 | 1,5 | 200 | 205 | $H_B = 650$ [2] | |

[1] Gilt für Stangen; für Fertigteile häufig erheblich höher vergütet (bis $\sigma_B = 175$).
[2] Ölgehärtet bei 820 bis 850°.
[3] Hinzugefügt!

**Tafel 5/12.** *Chromnickel- und Chrommolybdän-Vergütungsstähle* nach DIN 17200 (Dez. 1951).

| DIN | Bezeichnung nach DIN 17006 | Gehalt in % (Mittelwerte) | | | | | geglüht max | Festigkeitswerte Vergütet für 16—40 mm Durchmesser | | |
| | | C | Ni | Cr | Mn | Mo | $H_B$ kg/mm² | $\sigma_B$ kg/mm² | $\sigma_F$ kg/mm² | $\delta_5$ % |
|---|---|---|---|---|---|---|---|---|---|---|
| 17200 | 25 Cr Mo 4 | 0,25 | — | 1,1 | 0,65 | 0,20 | 217 | 80···95 | 55 | 14 |
| | 34 Cr Mo 4 | 0,34 | — | 1,1 | 0,65 | 0,2 | 217 | 90···105 | 65 | 12 |
| | 42 Cr Mo 4 | 0,42 | — | 1,1 | 0,65 | 0,2 | 217 | 100···120 | 80 | 11 |
| | 50 Cr Mo 4 | 0,50 | — | 1,1 | 0,65 | 0,2 | 235 | 110···130 | 90 | 10 |
| | 30 Cr Mo V 9 | 0,30 | — | 2,5 | 0,55 | 0,2 | 248 | 125···145 | 105 | 9 |
| | 36 Cr Ni Mo 4 | 0,36 | 1,1 | 1,1 | 0,65 | 0 2 | 217 | 100···120 | 80 | 11 |
| | 34 Cr Ni Mo 6 | 0,34 | 1,6 | 1,6 | 0,55 | 0,2 | 235 | 110···130 | 90 | 10 |
| | 30 Cr Ni Mo 8 | 0,30 | 2,0 | 2,0 | 0,45 | 0,3 | 248 | 125···145 | 105 | 9 |

### 9. Gezogene und Automatenstähle (Tafel 5/13).

Für Drehteile großer Stückzahl, die meist auf Automaten bearbeitet werden, nimmt man die genauer kalibrierten *gezogenen* Stähle, die auch mit erhöhtem Phosphor- und Schwefelgehalt für gute Zerspanbarkeit als sogenannte *Automaten*stähle geliefert werden. Durch den Ziehvorgang tritt eine Kaltverfestigung ein (größeres $\sigma_B$ und $\sigma_F$), die ein geringeres Dehnvermögen, also eine geringere Bruchdehnung und Kerbschlagfestigkeit mit sich bringt und bei kleineren Querschnitten besonders bemerkbar ist. Für größere Dehn-Anforderungen werden diese Stähle auch blank geglüht geliefert. Sie können auch je nach dem C-Gehalt eingesetzt oder vergütet werden wie Tafel 5/13 zeigt.

**Tafel 5/13.** *Gezogene Stähle* nach DIN 1652 und *Automatenstähle* nach DIN 1651 (August 1944).

| DIN | Bezeichnung [1] | C-Gehalt Mittelwerte | Mindest-Festigkeitswerte | | | | | | Bemerkungen b = beruhigt vergossen ub = unberuhigt vergossen |
| | | | geglüht | | gezogen für 18—30 ⌀ | | gezogen und vergütet für 16—40 ⌀ | | |
| | | $\sigma_B$ | $\sigma_B$ | $\delta$ | $\sigma_B$ | $\delta$ | $\sigma_B$ | $\delta_s$ | |
| | | % | kg/mm² | % | kg/mm² | % | kg/mm² | % | |
| DIN 1652 | St 00 K | 0,1 | ohne Gewähr | | ohne Gewähr | | | | einsetzbar |
| | St 34 K | 0,12 | 34 | 30 | 47 | 8 | | | |
| | C 15 K \| St 37 K | 0,15 | 37 | 25 | 50 | 8 | | | |
| | C 22 K \| St 42 K | 0,22 | 42 | 25 | 56 | 7 | 55 | 18 | |
| | C 35 K \| St 50 K | 0,35 | 50 | 22 | 65 | 6 | 65 | 16 | vergütbar |
| | C 45 K \| St 60 K | 0,45 | 60 | 17 | 75 | 6 | 75 | 13 | |
| | C 60 K \| St 70 K | 0,60 | 70 | 12 | 85 | 5 | 85 | 9 | |
| | Silberstahl [2] | 1,1 | 75 | 10 | 85 | 5 | 90 | 7 | hochblank und fein kalibriert |
| DIN 1651 | 9 S 20 | 0,09 | 38 | 25 | 50 | 11 | — | — | ub, Weichstahl |
| | 10 S 20 | 0,10 | 38 | 25 | 50 | 11 | — | — | b, einsetzbar |
| | 15 S 20 | 0,15 | 38 | 25 | 50 | 11 | — | — | |
| | 22 S 20 | 0,22 | 42 | 25 | 50 | 10 | 50 | 18 | |
| | 35 S 20 | 0,35 | 50 | 20 | 60 | 8 | 60 | 16 | b, vergütbar |
| | 45 S 20 | 0,45 | 60 | 15 | 70 | 8 | 65 | 12 | |
| | 60 S 20 | 0,60 | 70 | 12 | 80 | 7 | 75 | 9 | |

[1] *Gezogene Stähle* (DIN 1652): ohne Zusatzzeichen = gezogen, mit Zusatz G = gezogen und geglüht, mit Zusatz N = gezogen und normalgeglüht, mit Zusatz V = gezogen und vergütet.

*Automatenstähle* (DIN 1651): ohne Zusatzzeichen = gewalzt, geschmiedet, geschält, normalgeglüht oder geglüht, mit Zusatz K = gezogen, mit Zusatz KV = gezogen und vergütet.

[2] Nicht genormt!

### 10. Federstähle (Tafel 5/14).

Für *Draht*federn genügen bei geringen Ansprüchen hartgezogene Drähte, bei höheren patentiert gezogene (im Bleibad abgeschreckte) mit hoher Elast.-Grenze. Die ölgehärteten und angelassenen Drahtfedern sind leichter zu wickeln (niedrigere Elast.-Grenze und größere Setzneigung!). Für *Blatt*federn wird meist unlegierter Stahl, für dickere legierter Stahl verwendet. Für alle Federstähle ist der E-Modul (und Gleitmodul) fast gleich, während die Elastizitätsgrenze (Setzneigung) und die Dauerfestigkeit von der Stahlzusammensetzung, Wärmebehandlung und Oberfläche (Risse und Randentkohlung) abhängen. Die Setzneigung (plastische Verformung) kann durch Anlassen auf etwa 250° *nach* der Formgebung vermindert, die Dauerfestigkeit kann durch Abschleifen oder Verdichten (Drücken) der Oberfläche erhöht werden.

### 11. Warmfeste und zunderbeständige Stähle (Tafel 5/15).

Derartige Stähle sind noch oberhalb 550° C korrosionsfest — Bildung von Schutzschichten — und hierbei meist auch formbeständig und zugfest. Sie werden für Verbrennungsmotorenventile, bei Feuerungen und in der chemischen Industrie verwendet. Die Cr- und Cr-Al-Stähle nach Tafel 5/15 sind beständig bis 800 bzw. bis 1300° C, die Cr-Ni-Stähle außerdem noch warmfest und unmagnetisch.

**Tafel 5/14.** *Federstähle* nach DIN 17220···22 (April 1955) (Blatt- und Kegelfedern) und nach LÜPFERT [5/6].
E-Modul $E \approx 21\,000$ kg/mm², Gleitmodul $G \approx 8300$ kg/mm².

| Angaben nach | Bezeichnung [1] | Gehalt in % (Mittelwerte) | | | | Festigkeit der Feder $\sigma_B$ mind. kg/mm² | $\delta_s$ mind. % | $H_B$ [2] kg/mm² | Behandlung [1] | Verwendet für |
|---|---|---|---|---|---|---|---|---|---|---|
| | | C | Si | Mn | Sonst. | | | | | |
| DIN 1669 | 50 M 7 H | 0,5 | bis 0,4 | 1,7 | — | 120 | 7 | 340···400 | H | Blattfedern für Kraftfahrzeuge |
| | 48 S 7 T | 0,47 | 1,65 | 0,62 | — | 130 | 6 | 370···430 | T | Blattfedern für Reichsbahnfahrzeuge |
| | 55 S 7 H | 0,55 | 1,65 | 0,7 | — | 130 | 6 | 370···430 | H | Blattfedern (bis 10 mm Dicke) f. Kraftfahrz., Straßen- u. Feldbahnen |
| | 65 S 7 H | 0,65 | 1,65 | 0,7 | — | 135 | 6 | 385···445 | H | Blattfedern (über 10 mm Dicke) f. Kraftfahrz., Straßen- u. Feldbahnen |
| | 50 CV 4 H | 0,5 | bis 0,4 | 0,75 | 1,0 Cr 0,1 V | 135 | 6 | 385···445 | H | Blattfedern für höhere Anforderungen |
| LÜPFERT | | 0,55 | 0,15 | 0,7 | 0,7 | 90···185 | 2 | — | P | Schraubenfedern auf Zug |
| | | 0,7 | 0,15 | 0,7 | — | 140···210 | 2 | — | — | Schraubenfed. auf Druck |
| | | 0,95 | 0,15 | 0,5 | — | 170···350 | 2 | — | — | Schraubenfed. auf Zug od. Druck, hoch beanspr. |
| | | 0,65 | 0,15 | 0,7 | — | 140···180 | 6 | — | — | Schraubenfed. auf Druck, dauerbeansprucht |
| | | 0,62 | 3,0 | 0,9 | — | 160···180 | — | — | H | Geschützfedern |
| | | 0,5 | 0,3 | 0,8 | 1,1 Cr 0,1 V | 130···155 | 5 | — | — | Torsionsstäbe u. Blattfedern für Kraftfahrzeuge |
| | | 0,6 | 0,9 | 0,4 | 1,1 Cr | 130···160 | — | — | — | Bei hoher Temperatur beanspruchte Federn |
| | | 0,65 | 0,15 | 0,3 | — | 100···130 | 5 | — | — | Blattfedern, nachträglich verformt |
| | | 0,85 | 0,15 | 0,3 | — | 150···180 | 4 | — | H | Grammophonfedern |
| | | 1,0 | 0,15 | 0,3 | — | 200···230 | 3 | — | — | Uhrfedern |

[1] H = Ölgehärtet und angelassen, T = Wassergehärtet und angelassen; P = patentiert gezogener Federdraht, wobei die höheren $\sigma_B$-Werte für dünneren Draht gelten.
[2] Bei Kegelfedern wird $H_B$ bis 520 zugelassen.

**Tafel 5/15.** *Warmfeste und zunderbeständige Stähle* (nach LÜPFERT).

| Stahl | Gehalt in % | | | | | Mittl. Festigkeitswerte | | | Zunderbest. bis °C |
|---|---|---|---|---|---|---|---|---|---|
| | | | | | | bei 20° C | | bei 800° C | |
| | C | Si | Mn | Cr | Sonst. | $\sigma_B$ kg/mm² | $\delta_s$ % | $\sigma_{DSt}$ kg/mm² | |
| Cr-Stahl | 0,15 | 0,4 | 0,5 | 25 | — | 60 | 20 | 0,2 | 1150 |
| Cr-Al-Stahl | 0,1 | 1,0 | 0,5 | 23 | 2 Al | 60 | 12 | 0,2 | 1250 |
| Cr-Ni-Stahl | 0,15 | 2,5 | 1,0 | 25 | 20 Ni | 65 | 45 | 1,5 | 1250 |
| Cr-Ni-W-St. | 0,5 | 1,5 | 1,0 | 15 | 13 Ni 2,5 W | 90 | 18 | 2,0 | 800 |

## 12. Rost- und säurebeständige Stähle (Tafel 5/16, Bild 5/5).

Wir kennen hierfür nicht-härtbare Cr-Stähle mit 0,05—0,2 % C und 14—18 % Cr und härtbare mit 0,3—1 % C und 12—18 % Cr für Haushaltsgeräte, Messer und Werkzeuge, ferner Cr–Mn-Stähle mit 0,05—0,15 C und 9—16% Cr und Cr–Ni-Stähle mit 17—19% Cr und 8—11% Ni für die chemische, für die Zellstoff- und Textilindustrie.

### 13. Werkzeugstähle und Schneidmetalle (Tafel 5/16).

Je nach den Anforderungen verwenden wir unlegierte oder legierte Werkzeugstähle, Warm- oder Schnellarbeitsstähle und die sehr teuren Schneidmetalle. Für die Auswahl sind Schneidhaltigkeit und Zähigkeit, Verschleißwiderstand und Warmhärte (Bild 5/6) maßgebend. Einen Anhalt für ihren zweckmäßigen Einsatz bietet Tafel 5/16.

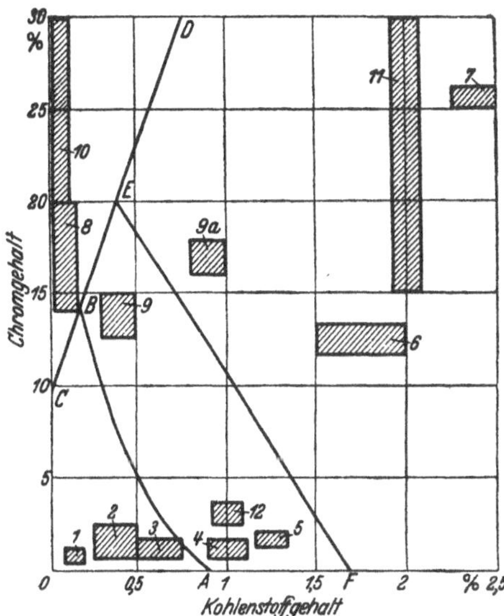


Bild 5/5. Einteilung und Verwendung der Chromstähle.
(Nach LÜPFERT).

1. Einsatzstähle
2. Vergütungsstähle
3. Prägewerkzeuge
4. Wälzlager
5. Bohrer, Scherenmesser
6. Zieheisen, Schnitte
7. Ziehringe
8. Rost- u. säurebeständige Stähle, nicht härtbar
9. u. 9a wie 8, aber härtbar
10. Hitzebeständige Stähle
11. Hitzebeständiges Gußeisen
12. Magnetstähle

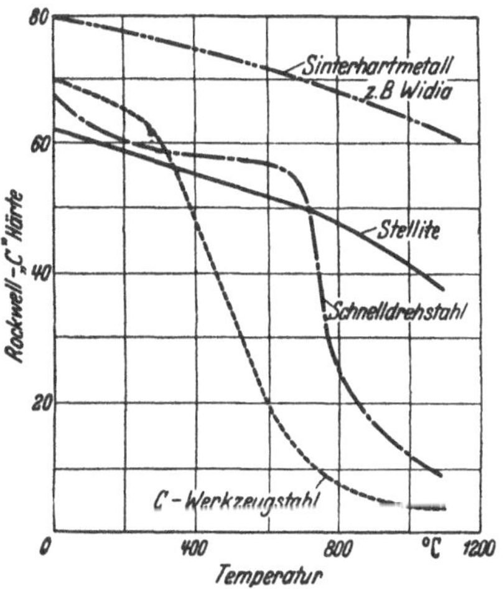


Bild 5/6. Wärmehärte von Schneidlegierungen.

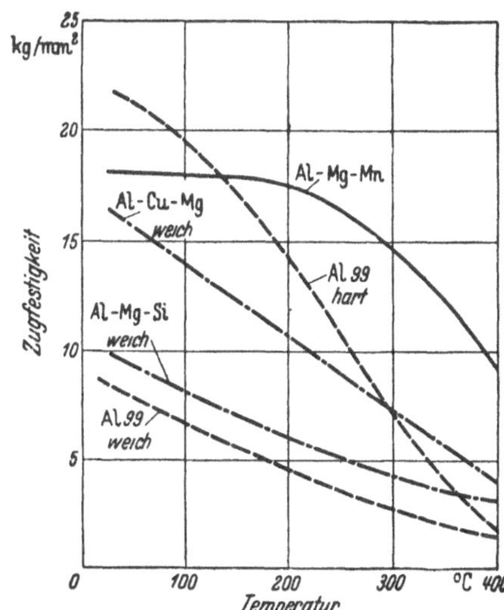


Bild 5/7. Warmfestigkeit von Al-Legierungen.
(Nach LÜPFERT.)

## 5.4. Nichteisenmetalle.

### 1. Al und Al-Legierungen.

Die geringe Wichte ($\gamma = 2,7$ bis $2,85$) und relativ hohe Festigkeit der Al-Legierungen begünstigen ihre Verwendung bei ortsbeweglichen Maschinen (Fahrzeugen) und Geräten (Haushalt) und auch bei schnell bewegten Maschinenteilen (z. B. Kolben und Schubstangen), ferner bei festigkeitsmäßig nicht voll ausgenutzten Teilen, wie z. B. Gehäusen und Verschalungen, sofern die Gewichtsverminderung den höheren kg-Preis gegenüber Stahl und Gußeisen rechtfertigt (s. Leichtbau S. **63, 66, 76**). In anderen Fällen ist ihr hohes elektrisches und Wärmeleitvermögen von Vorteil.

Wir verwenden für Bauteile vorwiegend Al-Knetlegierungen und Al-Gußlegierungen, während Rein-Aluminium mehr für Sonderzwecke dient.

*DIN-Blätter.* Rein-Aluminium 1712, Al-Legierungen 1725; Preßteile aus Al und Al-Legierungen 1749; Profilstangen 1747, 1748, 1771, 1790, 1796—1799, 9711—9714; 46421, 6422; Rohre 1746, 1789, 1794, 1795; 6423; Bleche und Bänder 1745, 1753, 1783, 1784, 1788, 1793; Draht 46425, 46420.

**Tafel 5/16.** *Werkzeugstähle und Schneidmetalle* (nach LÜPFERT).

| Werkstoff | Gehalt in % (Mittelwerte) | | | | | | | Verwendet für |
|---|---|---|---|---|---|---|---|---|
| | C | Cr | Mn | Mo | W | V | Sonst. | |
| Unlegierte Stähle . . . | 0,6 | — | 0,4 | — | — | — | — | Hämmer, Sägeblätter, Schraubenzieher, Holzbearbeitungswerkzeuge, |
| | 0,8 | — | 0,4 | — | — | — | — | Hämmer, Schmiedegesenke, |
| | 1,0 | — | 0,4 | — | — | — | — | Span-, Präge-, Stanz- und Preßwerkzeuge, Messer, |
| | über 1,1 | — | 0,4 | — | — | — | — | Gesteinsbohrer, Feilen, Zieheisen, Rasiermesser, „Riffelstähle", sehr verschleißfest; |
| Legierte Stähle . . . | 1,4 | 0,5 | 0,3 | — | 3,2 | 0,3 | — | Formstähle und Schaber, Biege- und Ziehwerkzeuge, zerspant auch Hartguß-stahl, |
| | 0,5 | — | 1,7 | — | — | — | — | Spannzangen für Automaten, |
| | 1,0 | 0,6 | 1,0 | — | — | — | — | Gewindeschneider, Schnitte, Sägen, Feinmeßwerkzeuge, |
| | 2,0 | 12,2 | 0,3 | — | 0,4 | bis 0,25 | — | Räumnadeln, Schnitt-, Stanz-, Zieh- und Drückwerkzeuge; |
| Warmarbeitsstähle . . | 0,45 | 2,5 | — | — | — | 0,35 | — | Spritzgußformen für Zn und Al, |
| | 0,55 | 0,75 | 0,55 | 0,5 | — | — | 1,6 Ni | Preßstempel für Metallstrangpressen, Schmiede- und Preßgesenke, |
| | 0,4 | 1,5 | 0,75 | 0,6 | — | 0,4 | — | Spritzgußformen für Al- u. Mg, Büchsen für Strangpressen für Al u. Mg, |
| | 0,35 | 2,5 | — | — | 4 | 0,2 | — | Spritzgußformen, Preßgesenke und Strangpressen für Metalle, |
| | 0,35 | 2,5 | —— | — | 8,5 | 0,2 | — | Hochbeanspruchte Preßmatrizen und Preßdorne; |
| Schnellarbeitsstähle . . | 0,7 | 4,0 | — | 0,55 | 9,5 | 1,6 | — | |
| | 1,35 | 4,0 | — | 0,95 | 11,5 | 4,4 | — | Span-Werkzeuge; |
| | 0,95 | 3,7 · | — | 2,3 | 1,35 | 2,8 | — | |
| *Schneidmetalle:* | | | | | | | | |
| Stellit . . . . . . . . | 3,0 | 29 | — | — | 17 | — | 45 Cu<br>5 Fe | Korrosionsbeständige und verschleißfeste Werkzeuge, |
| G 1[1] . . . . . . . . | 6 | — | — | — | 88 | — | 6 Co | Spanwerkzeuge für GG, NE-Metalle und Nichtmetalle, |
| S 1[1] . . . . . . . . | 8 | — | — | — | 74,5 | — | 5,5 Co<br>12 Ti | Spanwerkzeuge für St und Stg. |

[1] Gesinterte Hartmetalle, z. B. Widia, Böhlerit, Titanit. Werte für Widia: $\gamma = 14,7$ kg/dm³, $H_B = 1800$ kg/mm², $E = 50000$ bis $63000$ kg/mm².

**Rein-Al** (DIN 1712) wird vor allem gewalzt, gepreßt oder gezogen in Form von Vollstangen, Rohren, Blechen (DIN 1788), Bändern, Drähten (für elektrische Leitungen) und Folien (für Verpackungen, Kondensatoren und Wärmeisolation) geliefert, während es gegossen (Preßguß) fast nur für Kurzschlußanker von Drehstrommotoren verwendet wird.

*Eigenschaften.* Al ist geglüht plastisch weich (tiefziehfähig), erhält aber durch Kaltverformung eine beachtliche Festigkeit (s. Tafel 5/17 und 5/18), die aber schon bei 100° C erheblich abfällt (s. Bild 5/7), bei Kälte dagegen höchstens zunimmt. Al ist unmagnetisch, vorzüglich elektrisch leitend (60% von Cu) und wärmeleitend (56% von Cu) sowie Wärme und Licht reflektierend (Alfol-Isolation), es ist schweißbar, aber schwieriger lötbar (Oxydhaut).

*Korrosion.* Al rostet nicht wie Eisen, da es sich mit einer Schutzschicht überzieht, ist *beständig* gegen reines Wasser, verdünnte Phosphorsäure, konzentrierte Salpetersäure, Schwefeldioxyd und viele Stickstoffverbindungen, aber *unbeständig* gegen Seewasser, anorganische Säuren, Soda, Mörtel und Beton. An Verbindungsstellen mit anderen Metallen ist Al gegen elektrolytisches Anfressen durch Schutzanstrich oder sonstige Isolation zu schützen. Al kann auch plattiert und eloxiert (elektrisch oxydiert) werden (s. Korrosionsschutz S. 32).

*Einfluß von Legierungszusätzen.* Eisen macht Al hart und spröde, Blei macht es blasig, aber auch besser zerspanbar; Kupfer erhöht die Härte, Magnesium die Festigkeit und Zerspanbarkeit, Antimon und Titan die Beständigkeit gegen Seewasser, Mangan die Festigkeit und Korrosionsbeständigkeit. Besonders bemerkenswert ist die „*Aushärtbarkeit*" (Verfestigung) durch Zusatz von Cu–Si oder Cu–Mg–Si, Cu–Mg–Ni oder Mg–Si.

**Tafel 5/17.** *Reinaluminium.* Festigkeitswerte.
$$\gamma \approx 2,7 \text{ kg/dm}^3, \quad E = 7000 \text{ kg/mm}^2.$$

| Zustand | $\sigma_B$ kg/mm² | $\sigma_F$ kg/mm² | $\delta_{10}$ % | $H_B$ kg/mm² |
|---|---|---|---|---|
| Gegossen . . . . . . | 9—12 | 3—4 | 18—25 | 24—32 |
| Geglüht. . . . . . . | 7—10 | 2—4 | 30—45 | 12—20 |
| Gewalzt, mittelhart . | 10—14 | 5—8 | 8—25 | 25—40 |
| ,,   hart . . . | 14—23 | 12—20 | 3—8 | 40—60 |

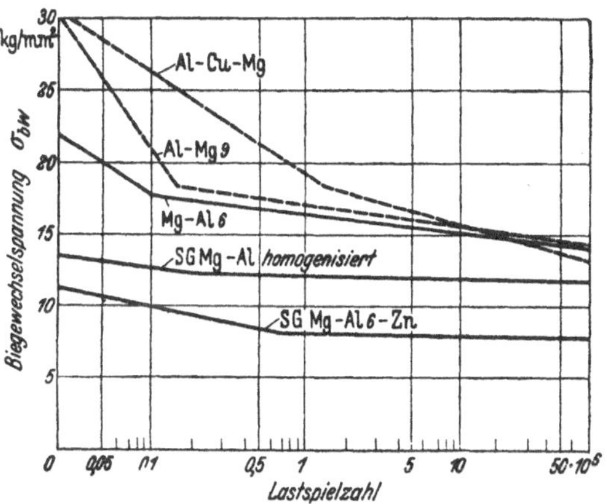


Bild 5/8. Biegewechselfestigkeit von Al- und Mg-Legierungen.
(Nach LÜPFERT.)

**Tafel 5/18.** *Vollstangen[1] aus Reinaluminium* nach DIN 1790 (Sept. 1938).
$$\gamma = 2,7 \text{ kg/dm}^3, \quad E = 7000 \text{ kg/mm}^2.$$

| Bezeichnung [1] | Durchmesser mm | Festigkeitswerte Mindest $\sigma_B$ kg/mm² | Mindest $\delta_{10}$ % | Mittel $H_B$ kg/mm² |
|---|---|---|---|---|
| Al 99,7 F 7 . . | alle | 7 | 22 | 18 |
| Al 99,7 F 9 . . | bis 25 | 9 | 6 | 26 |
| Al 99,7 F 11 . . | bis 18 | 11 | 5 | 30 |
| Al 99,7 F 13 . . | bis 10 | 13 | 3 | 35 |
| Al 99,7 F 17 . . | bis 3 | 17 | 2 | — |
| Al 99 F 8 . . . | alle | 8 | 22 | 20 |
| Al 99 F 10 . . | bis 30 | 10 | 5 | 28 |
| Al 99 F 12 . . | bis 18 | 12 | 4 | 32 |
| Al 99 F 14 . . | bis 10 | 14 | 3 | 37 |
| Al 99 F 18 . . | bis 3 | 18 | 2 | — |

[1] Die gleichen Festigkeitswerte gelten für Stangen aus Al 99,5 statt 99,7 und aus Al 98/99 statt Al 99, ferner fast ebenso für Bleche und Bänder (DIN 1788), für Rohre (DIN 1789) und Preßteile (DIN 1749).

**Al-Knetlegierungen.** Sie können gewalzt, gezogen, gepreßt, geschmiedet und geschweißt werden. Die wichtigsten sind: *Al–Cu–Mg-Legierung* (z. B. Duralumin) mit besonders hoher Festigkeit, guter Zerspanbarkeit, aber geringem Korrosionswiderstand; dann *Al–Mg–Si-Legierung* mit hohem Korrosionswiderstand und vorzüglicher elektrischer

Leitfähigkeit; *Al–Mg-Legierung* mit hoher Festigkeit und erheblicher Korrosionsbeständigkeit auch gegen Seewasser und Alkalien; *Al–Mg–Mn-Legierung* ebenfalls seewasserbeständig, aber dabei warmfester (s. Bild 5/7) und tiefziehfähiger bei etwas geringerer Festigkeit; schließlich die *Al–Mn-Legierung*, die sehr korrosionsfest ist und besonders in der chemischen und Nahrungsmittel-Industrie Verwendung findet. Festigkeitswerte s. Tafel 5/19. Dauerfestigkeit s. Bild 5/8.

Tafel 5/19. *Al-Knetlegierungen* nach DIN 1725 (Jan. 1951) und Festigkeitswerte für Vollstangen nach DIN 1747 (Dez. 1951)[1].

$$\gamma = 2,6 \text{ bis } 2,8 \text{ kg/dm}^3; \quad E = 6900 \text{ bis } 7200 \text{ kg/mm}^2.$$

| Bezeichnung | Gehalt in % Mittelwerte | | | | Mindest-Festigkeitswerte | | | Richtwerte | Zustand |
| --- | --- | --- | --- | --- | --- | --- | --- | --- | --- |
| | Cu | Mg | Mn | Sonst. | $\sigma_B$ kg/mm² | $\sigma_{0.2}$ kg/mm² | $\delta_{10}$ % | $H_B$ kg/mm² | |
| Al Cu Mg F 42 . . . | 4,1 | 1,1 | 1,0 | 0,5 Si | 42 | 25 | 6 | 100 | } ausgehärtet |
| Al Mg Si F 25 . . . | <0,1 | 0,85 | 0,8 | 0,9 Si | 25 | 15 | 8 | 70 | |
| Al Mg 5 F 22 . . . . | <0,05 | 4,7 | 0,4 | — | 22 | 9 | 15 | 50 | } weich |
| Al Mg 7 F 30 . . . . | <0,05 | 6,5 | 0,4 | — | 30 | 14 | 13 | 65 | |
| Al Mg Mn F 18 . . . | <0,05 | 2,2 | 1,0 | — | 18 | 8 | 12 | 50 | |

[1] Die Normangaben für Profilstangen (DIN 1748), für Bleche und Bänder (1745) und Rohre (1746) weichen hiervon nur wenig ab.

**Al-Gußlegierungen.** Auswahl nach Gießeigenschaften (Formfüllungsvermögen und Schwindmaß), besonders wenn es sich um Kokillenguß handelt, dann nach Festigkeit (s. Tafel 5/20) und sonstigen Eigenschaften. Am meisten wird UG Al–Cu–Si vergossen. Für besonders hohe mechanische Beanspruchungen nimmt man die Si-haltigen Legierungen, z. B. Silumin (hohe Zähigkeit) oder die eutektische G Al–Si–Mg-Legierung Silumin Gamma mit besonders geringer Lunkerneigung, während die schlechter gießbaren Al–Mg-Legierungen besonders korrosionsbeständig (auch gegen Seewasser) sind und die mit 5—7% Mg auch eine gute Warmfestigkeit (z. B. für Zylinderköpfe) besitzen.

Für *Al-Druckguß* (Spritzguß) siehe die Verwendungsangaben in Tafel 5/21.

Tafel 5/20. *Al-Gußlegierungen* nach DIN 1725 (Juni 1951).

$$\gamma = 2,6 \text{ bis } 2,7 \text{ kg/dm}^3; \quad E = 7650 \text{ bis } 8500 \text{ kg/mm}^2; \quad \text{Schwindmaß} \approx 1\%.$$

| Bezeichnung | Gehalt in % Mittelwerte | | | | Für Sandguß | | | für Kokillenguß | | | Zustand |
| --- | --- | --- | --- | --- | --- | --- | --- | --- | --- | --- | --- |
| | Si | Mg | Mn | Sonst. | $\sigma_B$ kg/mm² | $\delta_5$ % | $H_B$ kg/mm² | $\sigma_B$ kg/mm² | $\delta_5$ % | $H_B$ kg/mm² | |
| G Al Si [1]. | 12,7 | 0,05 | 0,4 | <0,6 | 17···22 | 4···8 | 50···60 | 20···26 | 3···7 | 55···70 | unbehand. |
| | | | | | 18···22 | 6···10 | 50···60 | 20···26 | 6···10 | 50···60 | geglüht |
| G Al Si Mg [2] | 9,5 | 0,3 | 0,4 | <0,1 Zn | 18···24 | 2···5 | 55···65 | 22···30 | 1···4 | 80···110 | unbehand. |
| | | | | | 20···26 | 1···4 | 65···85 | 24···32 | 1···4 | 85···115 | ausgehärt. |
| G Al Mg 3 . | 0,6 | 2,5 | 0,3 | <0,1 Zn | 14···19 | 3···8 | 50···60 | 21···28 | 2···8 | 70···90 | unbehand. |
| | | | | | 15···20 | 3···8 | 50···60 | 22···33 | 4···15 | 65···90 | ausgehärt. |
| G Al Mg 5 . | 0,6 | 5 | 0,3 | <0,1 Zn | 16···19 | 2···5 | 55···70 | 17···25 | 3···8 | 60···80 | unbehand. |
| G Al Cu Si . | 3 | 0,5 | 0,6 | 5,5 Cu | 16···20 | 0,5···2 | 75···100 | 17···22 | 0,2···2 | 80···110 | unbehand. |

[1] Z. B. Silumin, besitzt hohe Zähigkeit.　　　[2] Z. B. Silumin Gamma.

## 2. Mg und Mg-Legierungen.

Gegenüber den Al-Legierungen ist die noch geringere Wichte ($\gamma = 1,8$) der Mg-Legierungen beachtlich, so daß besonders Gußstücke aus Mg-Legierung trotz geringerer Festigkeit auch bei gleicher Belastung noch leichter werden (s. Tafel 4/2). Ihre Dauerfestig-

**Tafel 5/21.** *Al-Druckgußlegierungen* nach DIN 1725 (Juni 1951).

| Bezeichnung | Gehalt in % Mittelwerte | | | | Festigkeitswerte | | | Beachte |
| | Si | Mg | Mn | Sonst. | $\sigma_B$ kg/mm² | $\delta_s$ % | $H_B$ kg/mm | |
|---|---|---|---|---|---|---|---|---|
| GD Al Si 13 . | 12,0 | 0,25 | 0,45 | <1,5 Fe | 18···26 | 3···1 | 60···80 | Verwickelte, chemisch |
| GD Al Si 7 . . | 8,0 | 0,25 | 0,45 | <0,4 Cu | 17···24 | 3···1 | 55···75 | beständige Gußstücke |
| GD Al Mg Si . | 3,3 | 1,4 | 0,75 | | 16···19 | 3···1 | 55···70 | Polierbare, chemisch |
| GD Al Mg 9 . | <0,6 | 8,0 | 0,45 | <1,5 Fe | 19···27 | 3···1 | 65···85 | beständige Gußstücke |
| GD Al Si Cu . | 5,8 | <0,5 | 0,4 | 2,5 Cu <1,5 Fe | 19···23 | 2,5···1 | 55···75 | Gußstücke aller Art |

keit ist fast die gleiche, wie Bild 5/8 zeigt. Ferner sind sie besonders leicht zerspanbar, so daß z. B. fertig bearbeitete Gehäuse aus Mg-Legierung für kleine Zahnradpumpen nicht mehr kosten als aus Grauguß, obwohl das Roh-Gußstück aus Mg-Legierung etwa das doppelte kostet. Dagegen sind die Mg-Legierungen nicht lötbar, nur schwer schweißbar und nicht so gut kaltverformbar. Ihr niedriger E-Modul ($E = 4400$ kg/mm²) macht sie unempfindlich gegen Schlag und Stoß und wirkt bei Getriebekästen auch geräuschdämpfend; andererseits reicht ihre geringe Starrheit für viele Zwecke nicht aus. Ferner liegt ihre Entzündungstemperatur schon bei 400°, so daß Mg-Späne und Mg-Staub feuergefährlich sind [1]. Ihre Wärmeleitfähigkeit beträgt etwa 4,4% der von Cu und ihre elektrische Leitfähigkeit etwa 38% der von Cu.

*Korrosion.* Auch Mg überzieht sich mit einer schützenden Oxydhaut, ist korrosionsfest gegen Flußsäure und auch ziemlich gegen Alkalien (bis 120° C). Mg wird aber von Seewasser und Schwitzwasser stärker angegriffen als Al. Es wird deshalb meist durch Bichromatbeize und evtl. noch durch Lack oder durch Al–Mg-Spritzschicht gegen Korrosion geschützt und gegen elektrolytische Korrosion beim Zusammenbau mit anderen Metallen durch Isolierlack.

Verwendungsgebiete für Mg-Legierungen sind Gehäuse, Rahmen und Scheiben von ortsbeweglichen Geräten und schnell bewegte Teile.

**Tafel 5/22.** *Magnesiumlegierungen* nach DIN 1729 (Nov. 1943).
$\gamma = 1,8$ kg/dm³, $E = 4400$ kg/mm², Schwindmaß $= 1,2\%$ für Mg Al-Leg., $= 1,9\%$ für Mg Mn-Leg.

| | Bezeichnung | Gehalt in % Mittelwerte | | | Festigkeitswerte | | | Zustand |
| | | Al | Zn | Mn | $\sigma_B$ kg/mm² | $\delta_s$ % | $H_B$ kg/mm² | |
|---|---|---|---|---|---|---|---|---|
| Sandguß . | G Mg Al 3 Zn | 3 | 1 | 0,3 | 16···20 | 10···6 | 40 | unbehandelt |
| | G Mg Al 4 Zn | 3,7 | 2,7 | 0,3 | 17···21 | 9···5 | 45 | ,, |
| | G Mg Al 6 Zn I | 5,7 | 2,7 | 0,3 | 16···20 | 6···3 | 50 | ,, |
| | G Mg Al 6 Zn II | 5,7 | 2,7 | 0,4 | 14···18 | 5···1,5 | 50 | ,, |
| | G Mg Al 9 | 8,3 | 0,5 | 0,3 | 24···28 | 15···8 | 55 | warmbehandelt |
| Kokillenguß | G Mg Al 9 K | 8,3 | 0,5 | 0,3 | 16···20 | 5···2 | 55 | unbehandelt |
| | G Mg Al 9 g K | 8,3 | 0,5 | 0,3 | 24···28 | 15···8 | 55 | warmbehandelt |
| | G Mg Al 8 I | 7,7 | 0,5 | 0,3 | 17···21 | 6···3 | 50 | unbehandelt |
| | G Mg Al 8 II | 7,7 | 0,5 | 0,4 | 15···20 | 5···1,5 | 50 | ,, |
| Druckguß . | D Mg Al 9 I | 8,3 | 0,5 | 0,3 | 16···23 | 2···0,4 | 55 | unbehandelt |
| | D Mg Al 9 II | 8,8 | 0,6 | 0,3 | 15···22 | 1···0,2 | 55 | ,, |
| Knetleg[2]. . | Mg Mn | — | — | 1,9 | 20···24 | 15···3,5 | 45 | unbehandelt Vorzugsweise Blechleg. gut schweißbar |
| | Mg Al 6 . . . . | 6 | 1 | 0,2 | 27···33 | 16···6 | 60 | unbehandelt |
| | Mg Al 7 . . . . | 7,3 | 1,3 | 0,2 | 28···37 | 12···6 | 65 | ,, |

[1] Kompakte Mg-Stücke sind nicht feuergefährlich, da sie die Wärme schnell fortleiten. Mg-Brände durch Überschütten mit Graugußspänen löschen!

[2] Die angegebenen Festigkeitswerte sind in DIN 1729 nicht festgelegt.

*Auswahl der Legierung* (s. Tafel 5/22). Wir verwenden vorwiegend Mg-*Guß*legierungen, und zwar als *Sandguß*, vor allem G Mg Al 4 Zn, dann bei besonderen Anforderungen an die Dichtheit G Mg Al 3 Zn, für hochfeste Stücke G Mg Al 9 und für erhöhte Korrosionsbeständigkeit und Schweißbarkeit Mg Mn-Legierungen für *Kokillenguß* und *Spritz-guß* s. Tafel 5/22.

Als *Mg-Knet*legierung wird vorwiegend Mg Al 6 verwendet und zwar in Form von Stangen, Rohren, Profilen, Preßteilen, Schmiedestücken und Blechen. Für Schmiedeteile hoher Festigkeit Mg Al 9, für korrosionsfeste und schweißbare Bleche (Verkleidungen und Behälter) meist Mg Mn.

**DIN-Blätter.** Mg-Legierungen 1729; Profilstangen 9715, 9701—9708, 9711—9714; Rohre 9709, 9710, Blech 9101.

### 3. Zink und Zn-Legierungen.

Reines Zink wird im Maschinen- und Apparatebau im wesentlichen nur als Blech (auch für Tiefzieh- und Kaltspritzteile) und als Korrosionsschutz (z. B. verzinktes Eisenblech) verwendet. Eine größere Bedeutung haben die Zn-*Legierungen* als günstige Austauschstoffe für Messing, Rotguß und Bronze für Armaturen und neuerdings auch für Gleitflächen (Gleitlager, Schneckenräder) und besonders für kleinere Spritzgußteile im Feingerätebau (Zähler, Schreibmaschinenteile usw.). Über ihre Zusammensetzung, Festigkeit und Verwendung unterrichtet Tafel 5/23. Weitere Angaben s. LÜPFERT [5/6].

**DIN-Blätter.** Zn und Zn-Legierungen 1743; Blech 9721; Band 9722.

**Tafel 5/23.** *Feinzinklegierungen*

$E = 73000$ kg/mm², Schwindmaß 1,8%.   (...)-Werte für gealterten Zustand.

| Bezeichnung | Gehalt in % | | | Festigkeitswerte | | | | Verwendung |
|---|---|---|---|---|---|---|---|---|
| | Mittelwerte | | | Mindestwerte | | | | |
| | Al | Cu | Sonst. | $\sigma_B$ kg/mm² | $\delta_s$ % | $H_B$ kg/mm² | $\gamma$ kg/dm³ | |
| Zn Al 4 Cu 1 . . | 4,0 | 0,8 | 0,03 Mg | 30 | 5 | 80 | 6,7 | gezogene Stangen und Rohre Preßteile |
| | | | | 35 | 3 | 80 | 6,7 | gewalzte Bleche und Bänder |
| Zn Cu 1 . . . . | 0,1 | 1,1 | 0,2 Mn | 18 | 25 | 40 | 7,1 | tiefziehfähige Bleche u. Bänder |
| | | | | 20 | 20 | 50 | 7,1 | gezogene Stangen, Rohre und Drähte |
| Zn Cu 4 Pb 1 . . | 0,12 | 4,0 | 1,2 Pb | 27 | 5 | 70 | 7,2 | gezogene Stangen, Automatenteile |
| G Zn Al 4 Cu 1 . | 3,9 | 0,8 | 0,03 Mg | 18 | 0,5 | 70 | 6,7 | Sandguß } z. B. Lager und |
| GK Zn Al 4 Cu 1 | | | | 20 | 1 | 70 | 6,7 | Kokillenguß } Schneckenräder |
| GD Zn Al 4 . . | 3,9 | 0,3 | 0,03 Mg | 25(20) | 1,5 | 70 | 6,7 | Druckguß, gut maßbeständig |
| G Zn Al 6 Cu 1 . | 5,8 | 1,4 | Zn Rest | 18 | 1 | 80 | 6,5 | Sandguß } Gießtechnisch |
| GK Zn Al 6 Cu 1 | | | | 22 | 1,5 | 80 | 6,5 | Kokillenguß } schwierige Gußstücke |
| GD Zn Al 4 Cu 1 | 3,9 | 0,8 | 0,03 Mg | 27(21) | 2(1) | 80 | 6,7 | Druckguß, Armaturen |

### 4. Kupfer (Cu) und Cu-Legierungen.

Tafel 5/24 gibt einen Überblick der Cu-Legierungen. Sie besitzen besonders begehrte Eigenschaften, wie hohen Korrosionswiderstand (s. S. 33), gute Lötbarkeit, gute Gleit- und Festigkeitseigenschaften, hohe elektrische und Wärmeleitfähigkeit und vielseitige Möglichkeiten für die Formgebung, wie gießen, pressen, spritzen, ziehen, drücken, schmieden und walzen. Entsprechend werden sie in Form von Gußstücken, Platten, Blechen, Profilstangen, Rohren, Bändern und Drähten angeliefert.

Als *Sparstoffe* suchen wir sie jedoch so weit wie möglich durch andere zu ersetzen, oder wir suchen mit einer geringeren Menge auszukommen (Plattierung statt Vollstück [1]), oder

---

[1] Plattierung s. [5/96].

**Tafel 5/24.** *Kupfer und Kupfer-Legierungen.*

Schwindmaß bei Sandguß $= 1{,}5\%$ für GMs 60, $= 0{,}8\%$ für GBz 10; $\gamma = 8{,}9$ kg/dm³ für Cu, $= 8{,}7$ für Ms 85 und GBz 10, $= 8{,}5$ für Ms 60, $= 8{,}2$ für BeBz;
$E = 12500$ kg/mm² für Cu, $= 9000$ für Ms, $= 11600$ für GBz 10, $= 12500$ für BeBz.

| DIN | Werkstoff | Bezeichnung | Cu | Zn | Pb | Sn | Sonst. | $\sigma_B$ kg/mm² | $\delta_{10}$ % | $H_B$ kg/mm² | |
|---|---|---|---|---|---|---|---|---|---|---|---|
| | | | | | | | | Mindest | Mindest | Mittel | |
| 1708 (Febr. 1941) | Hüttenkupfer A | A Cu | über 99,0 | — | — | — | — | 23 | 38 | 30 | weich, Stangen |
| 1774 (Jan. 1939) | Messing . . . | Ms 63 F 29 | 63 | Rest | 1 | — | — | 29 | 45 | 75 | weich, Stangen u. Bleche, tiefziehfähig |
| 1774 (Jan. 1939) | ,, . . . | Ms 63 F 41 | 63 | Rest | 1 | — | — | 41 | 15 | 110 | hart, Bleche |
| 1774 (Jan, 1939) | ,, . . . | Ms 63 F 52 | 63 | Rest | 1 | — | — | 52 | 5 | 150 | federhart, Bleche |
| 1726 (März 1948) | Tombak . . . | Ms 85 | 85 | Rest | 0,1 | — | — | 30 | 45 | 55 | weich, Stangen und Bleche |
| 1726 (März 1948) | Gußmessing . | G Ms 60 | 60 | Rest | 1,5 | — | — | 25 | 10 | 70 | Sandguß |
| 1705 (April 1939) | Rotguß . . . | Rg 5 | 85 | 7 | 3 | 5 | — | 15 | 10 | 60 | Sandguß |
| 1705 (April 1939) | Zinnbronze[1] . | G Sn Bz 10 | 90 | — | — | 10 | — | 20 | 15 | 60 | Sandguß[1] |
| — | Ph–Bronze . | FW 2310 | 91 | — | — | 8,5 | 0,3 P | 37 / 70 | 60 / 10 | 85 / 170 | weich[1] / hart |
| 1726 (März 1948) | Bleizinnbronze | Pb Sn Bz 22 | Rest | — | 20 | 5 | — | 15 | 5 | 50 | Sandguß |
| 1726 (März 1948) | Al-Bronze . . | Al Bz 4 | Rest | — | — | — | 4 Al | 30 | 50 | 50 | weich, Stangen und Bleche |
| 1726 (März 1948) | Beryllium-Bronze[2] . . | Be Bz 2 | 97 | — | — | — | 2,5 Be | (62) / 135 | (2,2) / 4,0 | (105) / 365 | weich / hart, vergütet |
| 1726 (März 1948) | Neusilber . . | NS 65/12 | 65 | Rest | — | — | 12 Ni | 35 | 40 | 120 | weich, Stangen und Bleche |
| 1727 (Jan. 1944) | Monel-Metall . | | 35 | — | — | — | 65 Ni | 84 | 40 | — | Halbzeug, korrosionsfest |

[1] Als Schleuderguß etwa 1,8 faches $\sigma_B$ bei gleicher Dehnung.
[2] Ideal für hochfeste und korrosionsbeständige Federn und Membranen; außerdem unmagnetisch, schweißbar, löt- und härtbar und nicht funkend (für Hämmer u. Werkzeuge) s. [5/68].

7*

zu Cu-Legierungen mit geringerem Cu- und Sn-Gehalt überzugehen. So verwenden wir
    *anstatt Cu*: Bei elektrischen Leitungen Al- oder Zn-Legierungen und Schienen aus Mg-
Legierung; bei Lokomotiv-Feuerbüchsen Stahl; bei Heißwasserbehältern (Korrosions-
angriff!) Cu–Si-Legierungen oder Cu-plattierte Al-Bleche (Cupal) oder keramische Stoffe;
bei Leitungsrohren Cu-plattierte Rohre aus Stahl (Tebe- und Mb-Rohre), Cu-plattierte
aus Al (Cupal) und aus Hartpapier (Kuprema) oder keramische Stoffe. Oft genügen auch
galvanische Überzüge aus Cu;
    *anstatt Cu-Legierungen*: Bei Turbinenschaufeln Cr-Stahl mit 14% Cr; bei Armaturen
für Rohrleitungen und elektrische Leitungen korrosionsbeständige Al- und Zn-Legierungen,
bei elektrischen Widerständen Cu–Mn- oder Eisenlegierungen; in der Feinmechanik Al-
und Zn-Automatenlegierungen statt Messing; bei Schnecken- und Schraubenrädern
Al–Bz statt Sn–Bz, ferner Al- und Zn-Legierungen, Gußeisen oder Preßstoff; bei Gleitflächen (Gleitlagern) Pb–Bz statt Sn–Bz und sonstige Lagermetalle und Preßstoffe
(s. Kap. 15.7).

Es gibt jedoch Fälle, wo Cu und Cu-Legierungen nicht ganz zu entbehren sind, z. B.
bei Hochleistungs-Schneckengetrieben die Bronze und bei elektrischen Spulen der dünne
Cu-Draht, dessen hohe elektrische Leitfähigkeit verbunden mit mechanischer Festigkeit
und Lötanschluß bisher von keinem anderen Werkstoff erreicht wird.

**DIN-Blätter.** a) *Kupfer*: 1708, Halbzeug 1787, 40500, Blech 1752, Band 1792, Rundstangen 1767, Vollprofil 1773, Flach 1768, Rohr 1754, 1786; Draht 1766, 46431; Draht
isoliert 46435, 46436, 46450.

b) *Messing*: 1709, Blech 1751, 1774, 1778, Band 1791, Rundstangen 1756, 1758,
1782; Vollprofile 1759—1765, 1776, Rohr 1775, 1755, 1772, Draht 1757.

c) *Cu-Legierungen*: Cu-Legierungen 1726, Begriffe 1718, Bz und Rotguß 1705,
Al–Bz 1714, Pb–Bz 1716.

## 5.5. Nichtmetalle.

### 1. Holz.

Holz besitzt gegenüber Metallen einige *Vorzüge*, wie: geringer Volumenpreis (s. S. **63**),
leichtere Bearbeitung und geringere Wichte, ferner geringe elektrische und Wärmeleitfähigkeit und bemerkenswerte Elastizität und Reibeigenschaften. Dem stehen als *Nachteile* seine ungleichmäßige Beschaffenheit, seine Brennbarkeit, seine geringere Festigkeit
und Lebensdauer und nicht immer ausreichende Formbeständigkeit gegenüber.

Entsprechend verwendet man Holz auch im Maschinenbau, wenn seine Lebensdauer
und sonstigen Eigenschaften ausreichen z. B. für Gießereimodelle, für Formschablonen
in der Blechbearbeitung, für Riemenscheiben, für Blattfedern an Dreschmaschinen
und Sägegattern, für Reibklötze in manchen Kupplungen und Bremsen, für wasser-
geschmierte Lager [1], für Griffe und Stiele, für Böden, Sitzbretter, Kasten und Aufbauten
bei Fahrzeugen, für Ständer, Rahmen, Gehäuse und Verschalungen im Mühlenbau und
allgemein zur Verschalung von Maschinen und Geräten für den Versand. Festigkeitswerte
und Eigenschaften s. Tafel 5/25.

Besondere Verwendungsmöglichkeiten bietet *vergütetes* Holz, und zwar *Sperrholz*
(schichtweise verleimtes Holz) für größere Platten, für dünnwandige Fässer [5/75] und
dort, wo der Ausgleich der Wuchsrichtung des Holzes von Vorteil ist; dann *Panzerholz*
(mit Blech plattiertes Holz), wenn es auf eine festere Oberfläche und größere Bruch-
sicherheit ankommt; *verdichtetes Schichtholz* (z. B. Lignofol) und *Preßholz* (z. B. Lignostone), wenn es auf höhere Festigkeit, Formbeständigkeit und gleichmäßige Beschaffenheit ankommt (z. B. für geräuscharme Zahnräder). Festigkeitswerte s. Tafel 5/26.

**DIN-Blätter.** Vergütete Hölzer und holzartige Werkstoffe 4076, Kunstharz-Preß-
holz 7707, Sperrholzplatten, Furniere und Tischlerplatten 4078, Prüfung von Holz
52180—52190.

---

[1] Neuerdings meist Preßstoffe statt Pockholz.

**Tafel 5/25.** *Holz.*

| Holzart | Wichte (Mittel) | Festigkeit [1] (Mittelwerte) | | | $E$ (Biegung) | Preisvergleich | Eigenschaften und Verwendung |
|---|---|---|---|---|---|---|---|
| | | $\sigma_{-B}$ | $\sigma_B$ | $\sigma_{bB}$ | | | |
| | kg/dm² | kg/mm² | kg/mm² | kg/mm² | kg/mm² | % | |
| Kiefer . . . | 0,6 | 5,3 | 9,7 | 8,7 | 1080 | 65 | weich, gut spaltbar, wetterbeständig, wenig schwindend. Bauholz, Sitz- und Bodenbretter. Für Fahrzeuge, Kasten |
| Fichte . . . Tanne . . . | 0,55 | 4,3 | 9,0 | 6,6 | 1110 | 60 | weich, leicht spaltbar, wenig wetterbeständig. Für Leitungsmasten, sonst wie bei Kiefer |
| Rotbuche . | 0,75 | 5,3 | 13,5 | 10,5 | 1280 | 55 | hart, druckfest, dicht, gut spaltbar, schwer nagelbar, wenig wetterbeständig, stark schwindend. Für Leisten |
| Weißbuche . | 0,8 | | | | | 70 | sehr hart, dicht, sehr zäh, schwer spalt- und nagelbar, wenig wetterbeständig, stark schwindend. Für Handgriffe, dichte und zähe Teile |
| Ulme . . . | 0,72 | | | | | 80 | hart, zäh, schwer spaltbar, gut biegeformbar. Für Bremsklötze |
| Eiche . . . | 0,8 | 5,4 | 9,0 | 9,1 | 1000 | 100 | hart, sehr druckfest, zäh, gut spaltbar, sehr wetterbeständig, stark schwindend (Reißneigung). Für hochwertige Kasten |
| Esche . . . | 0,75 | 5,4 | 10,4 | 10,2 | | 100 | hart, dicht, zäh, elastisch, gut spaltbar, wetterbeständig, mäßig schwindend, gut biegeformbar. Für Radfelgen, Deichseln |

[1] Festigkeitswerte gelten bei Beanspruchung *in* Faserrichtung; sie verringern sich erheblich mit größerem Feuchtigkeitsgehalt. Die Elastizitätsgrenze beträgt etwa bei Zug $0,6\,\sigma_B$, bei Druck $0,4\,\sigma_{-B}$ und bei Biegung $0,5\,\sigma_{-B}$.

**Tafel 5/26.** *Schichtholz, verdichtetes Schichtholz (Lignofol) und Preßholz (Lignostone) aus Rotbuche.*

| Anzahl der Furniere je cm Dicke | Wichte kg/dm² | Festigkeit | | | $E$ kg/mm² |
|---|---|---|---|---|---|
| | | $\sigma_{-B}$ kg/mm² | $\sigma_B$ kg/mm² | $\sigma_{bB}$ kg/mm² | |
| 5 | 0,65···0,75 | 7 ··· 8,1 | 8 ···13,5 | 12 ···14,3 | |
| 20 | 0,75···0,85 | 8 ···10 | 13 ···18,7 | 14 ···18 | |
| 28 | 0,8 ···0,9 | 8,5···10 | 13,5···17,7 | 14,5···19 | |
| 40 | 0,85···0,95 | 9 ···11 | 14 ···17,4 | 15 ···20 | |
| Lignofol | 1,3 | — | 20 | 25 | |
| Lignostone | 1,4 | bis 15 | 30 | 28 | 2960 |

## 2. Plastische Kunststoffe.

Man unterscheidet die wärmeplastischen *Eiweiß*-Kunststoffe (Kunsthorn, Galalith), die mehr oder weniger plastischen oder wärmeplastischen *Zellulose*-Kunststoffe (Vulkanfiber, Zelluloid, Cellon, Trolit), die wärmeplastischen und durchweg im Heißluftstrom schweißbaren *Polymerisate* (Vinidur, Mipolam, Plexiglas, Buna) und die härtbaren *Kondensate* (Kunstharz-Preßstoffe mit und ohne Füllstoffe) wie Bakelit, Hartpapier und Hartgewebe.

Von diesen finden besonders die Kondensate und Polymerisate auch im Maschinenbau zunehmend Verwendung, z. B. für kleine Gehäuse und Schutzkästen (Bakelit-Formstücke), für Abdeckungen und Schalttafeln (Preßstoff-Platten), für Gleitflächen (Preßstoffe, s. Gleitlager, für Griffe, Schalter und Isolierstücke, für Rohrleitungen (Vinidur, Mipolam), Schläuche und Dichtungen, für durchsichtige Lehrmodelle (Plexiglas)

**Tafel 5/27.** *Plastische Kunststoffe.*

| Kunststoffe | Typ | Wichte $\gamma$ kg/dm³ | Festigkeitswerte (Mindestwerte) $\sigma_{bB}$ kg/mm² | $\sigma_{-B}$ kg/mm² | $\sigma^B$ kg/mm² | $A_b$ cmkg/cm² | $E$ (im Mittel) kg/mm² | Warmfest bis °C | Lieferform [1] |
|---|---|---|---|---|---|---|---|---|---|
| *Eiweiß-Kunststoffe*: Kunsthorn, Galalith | — | 1,4 | 10 | 7 | — | 20 | — | 60 | P, S, R, F |
| *Zellulose-Kunststoffe*: z. B. Vulkanfiber . | — | 1,2 | 8 | — | 8 | 120 | — | 80 | T |
| *Polymerisate*: (wärmeplastische): | | | | | | | | | |
| Vinidur . . . . . . . . | — | 1,34 | 11 | 7,8 | 6 | 250 | — | 60 | Fo, R, P |
| Mipolam . . . . . . . . | — | 1,38 | — | — | 6 | 175 | — | 70 | Pr, Sp |
| Plexiglas . . . . . . . . | — | 1,18 | 7 | — | 7,5 | 15 | — | 70 | F, Fo, Sp |
| *Kondensate* (härtbar): Phenolharze: Gießharz, z. B. Bakelite . | — | 1,3 | 5—12 | 13 | 6 | 12 | — | 55 | B, P, S |
| mit anorgan. Gespinsten | M | 1,8 | 7 | 12 | 2,5 | 15 | 1300 | 150 | |
| mit Holzmehl . . . . . | S | 1,4 | 7 | 20 | 2,5 | 6 | 700 | 125 | |
| mit Textilfaser . . . . . | $T_1$ | 1,4 | 6 | 14 | 2,5 | 6 | 700 | — | F |
| | $T_2$ | 1,4 | 6 | 14 | 2,5 | 12 | 850 | 125 | P |
| | $T_3$ | 1,4 | 8 | 12 | 5 | 25 | 650 | — | R |
| mit Zellstoff . . . . . . | $Z_1$ | 1,4 | 6 | 14 | 2,5 | 5 | 600 | — | |
| | $Z_2$ | 1,4 | 8 | 10 | 2,5 | 8 | 800 | 125 | |
| | $Z_3$ | 1,4 | 12 | 16 | 8 | 15 | 1050 | — | |
| Hornstoffharze: mit organ. Füllstoff. . | K | 1,5 | 6 | 18 | 2,5 | 5 | 750 | 100 | |
| Geschichtete Preßstoffe: Hartpapier [2] . | II | 1,4 | 15 (13) | 15 | 12 | 25 | 950 | — | |
| Hartgewebe (Baumwolle, grob) | G | 1,4 | 10 (8) | 20 | 5 | 25 | 700 | — | |
| ,, (Baumwolle, fein) | F | 1,4 | 13 (10) | 20 | 8 | 30 | 800 | — | |

[1] P Platten, S Stäbe, R Rohre, F Formstücke, T Tafeln, Fo Folien, Pr Preßmasse, Sp Spritzmasse, B Blöcke.
[2] Die eingeklammerten Werte gelten für den abgearbeiteten Zustand, die übrigen für den Lieferzustand.

**Tafel 5/28.** *Hartporzellan und keramische Sondermassen* [3].

| | Wichte $\gamma$ kg/dm³ | Festigkeitswerte (Mindestwerte) $\sigma_{bB}$ kg/mm² | $\sigma_{-B}$ kg/mm² | $\sigma^B$ kg/mm² | $A_b$ cmkg/cm² | $E$ Mittelwerte kg/mm² | feuerfest bis °C | Bemerkung | Wärmeleitfähigkeit kcal/h m °C | $10^6\,x$ Wärmedehnzahl für 1° C |
|---|---|---|---|---|---|---|---|---|---|---|
| *Hartporzellan* | | | | | | | | | | |
| glasiert . . | 2,4 | 9 | 45 | 3 | — | 7500 | 1670 | dicht | 1,35 | 4,0 |
| unglasiert . | — | 5 | 40 | 2,5 | 1,8 | | | | | |
| Steatit, glasiert . . | 2,7 | 12 | 85 | 6 | — | 10500 | 1350 | dicht | 2,05 | 6,2 |
| unglasiert . | — | 12 | 85 | 4,5 | 3,0 | | | | | |
| Calit, glasiert . . | 2,75 | 14 | 95 | 6,5 | — | 12000 | 1350 | dicht | 2,05 | 7,0 |
| unglasiert . | — | 14 | 90 | 4,5 | 4 | | | | | |
| Pyrodur, unglasiert . | 2,6 | 12 | 65 | 3 | 2,4 | 10000 | >1750 | dicht | 2,4 | 4,6 |
| Calodur unglasiert . | 2,4 | 1,5 | 6,0 | 1 | 1 | — | >1750 | porös | 1,5 | 4,2 |
| Heschotherm, dicht . | 2,35 | 3,0 | 3,5 | 1,5 | 1,5 | — | — | dicht | 5,6 | 3,0 |

[3] Nach Angaben der Hermsdorf-Schomburg-Isolatoren-Ges., Hermsdorf/Thür.

und spannungsoptische Modelle (Phenolharze). Sie besitzen geringe Wichte bei durchweg beachtlicher Festigkeit und Lebensdauer, chemische Beständigkeit und geringe elektrische und Wärmeleitfähigkeit, aber nur begrenzte Warmfestigkeit (60—150°). Tafel 5/27 unterrichtet über ihre mechanischen Eigenschaften[1].

[1] Kunstharz-Lacke als Korrosionsschutz s. S. 33, als Mittel zum Sichern und Dichten von Gewinden und Fugen s. Ztschr. Konstruktion Bd. 1 (1949) S. 28.

**DIN-Blätter.** Preßstoffe 7702 bis 7708, Toleranzen für Preßstoff-Preßteile 7710, Prüfung von Preßstoffen 53451—53453, Kunststoffrohre aus Polyvinylchlorid 8061, 8062, Tafeln, Rollen und Streifen aus Preßspan 40600, Hartpapier-Platten 40605, Hartgewebe-Platten 40606, Hartpapierrohr und Hartgeweberohr 40607, Preßholz 7707.

### 3. Keramische Stoffe.

. Bekannt ist die Ausnutzung ihrer *Säure-* und *Laugen*festigkeit für Rohrleitungen, Behälter, Wannen und Walzen, für Filter, Siebe und Düsen, für Wärmetauscher und Auskleidungen aus Steinzeug oder Porzellan in der chemischen, sanitären und Nahrungsmittel-Industrie; ihrer *Feuer- und Wärmefestigkeit* für wärmetechnische Zwecke (feuerfestes Steinzeug und Sondermassen für Öfen), ihrer *elektrischen Festigkeit* für Isolatoren (Hartporzellan, Steatit, Calit), Spulenträger und Kondensatoren (Calit) in der Stark- und Schwachstromtechnik und ihrer leichten Formgebung (vor dem Brennen) für Teile, die nicht auf einen bestimmten Werkstoff angewiesen sind (Griffe).

Weniger bekannt ist, daß wir sie mit Hartmetall und Schleifscheibe *genau maßhaltig bearbeiten können*, daß wir Metallteile einpressen und Metallüberzüge aufbringen können, und daß wir auch verwickelte und mechanisch hoch beanspruchte Gebilde, wie Schleuder- und Zahnradpumpen, Stirnrad- und Schneckengetriebe, Gleit- und Wälzlager und sogar elastische Schraubenfedern aus ihnen herstellen können [5/82]; ferner, daß wir über keramische *Sondermassen* mit besonderen Eigenschaften verfügen (s. Tafel 5/28), z. B. mit hoher Schlagbiegefestigkeit (Steatit, Calit, Pyrodur), mit hoher Wärmeleitfähigkeit (Heschotherm für Wärmetauscher), mit elektrischer Halbleitereigenschaft (Heschotherm und Fesi für elektrische Erhitzung), mit geringer Wärmedehnung und hoher Temperaturwechselfestigkeit (Sinterkorund, Ardostan, Calodur), mit größter Härte (Borkarbid als Spanwerkzeug für Preßstoffe), und Sinterkorund für hochfeste Zündkerzen, für Schmelztiegel und chemische Laborgeräte.

**DIN-Blätter.** Keramische Werkstoffe 40686, Keramische Isolierstoffe 40685, Kanalisations-Steinzeugwaren 1230, Toleranzen und Richtlinien für keramische Isolierteile 40680.

## 5.6. Sonderstoffe.

**1) Metallkeramische Stoffe.** Durch Druck- und Wärmeeinwirkung kann man Metallpulver verschiedener Zusammensetzung zu maßhaltigen Körpern zusammensintern. Je nach Zusammensetzung und Gefüge (Porigkeit) besitzen sie besondere Eigenschaften. Bekannt sind z. B. *Sintereisen* (s. Tafel 5/29) und *Sinterbronze* für Gleitlager, Dichtungen und kleine Zahnräder, dann die gesinterten *Alnico-Magnete*, die gesinterten *Hartmetalle* (s. Tafel 5/16), die gesinterten *Kontaktstoffe* (z. B. Cu-Graphit) und neuerdings auch gesinterte *Metall-Reibbeläge*. Ihre Entwicklung ist noch nicht abgeschlossen und läßt noch weitere Erfolge erwarten.

**Tafel 5/29.** *Werte für Gleitlager-Sintereisen.*

| Gehalt in % | | | | Festigkeitswerte | | | | $\gamma$ | Porenraum |
|---|---|---|---|---|---|---|---|---|---|
| C | Mn | Si | Cn | $\sigma_B$ kg/mm² | $\delta_{10}$ % | $H_B$ kg/mm² | $A_{bk}$ cmkg/cm² | kg/dm³ | % |
| 0 0,2 | 0,25 | <0,1 | 0,2 | 7—10 | >2 | 27 | 30 | 5,8—6 | 25% |

**2) Verbundstoffe.** Durch innige Vereinigung von Stoffen mit verschiedenen Eigenschaften lassen sich Wirkungen erzielen, die dem Einzelstoff fehlen.

Es dreht sich bei den Verbundstoffen meist darum

1) *teure oder seltene Stoffe einzusparen*, indem man billigere Grundstoffe, z. B. Stahl oder Gußeisen mit wertvolleren, z. B. Kupfer, Bronze oder Hartmetall plattiert oder überzieht; oder

2) *dem Grundwerkstoff* (besonders seiner Oberfläche) *zusätzliche Eigenschaften zu verleihen* z. B. ihn zugfest (Beispiel Stahlbeton, Drahtglas und Gewebepreßstoffe) verschleißfest (Verbundschiene mit härterem Kopf), chemisch fest (Verbundrohre mit rostfester Oberfläche), elektrisch oder wärmeleitend (Verbund-Kontaktstoffe) oder nicht leitend, oder gut gleitend (Verbundgleitstoffe) oder spiegelnd oder verbindungsfähiger zu machen; oder

3) *neue Eigenschaften zu erzielen* (Beispiel Bimetall als Wärmeanzeiger und gesintertes Hartmetall).

Die Verbindung kann durch vergießen, verschweißen, verlöten oder verleimen, durch sintern, diffundieren (z. B. Inkromieren), aufspritzen, aufwalzen oder galvanisch erfolgen.

Als weitere Beispiele seien genannt: Panzerholz (Holz mit Blech verkleidet), Kupferpanzerdraht (mit Stahlseele und Kupfermantel), Gleitlagerschalen, Spindelmuttern und Schneckenräder in Verbundguß (Außenschicht aus Bronze bzw. Lagermetall), Schwingmetall (Gummi zwischen Metallplatten), Emailleblech usw.

Die Verbundstoffe entsprechen in besonderem Maße dem Streben des Ingenieurs nach optimaler Wirkung mit optimalem Aufwand.

**3) Gleitwerkstoffe** s. Kap. 15.7.

**4) Lote** s. Kap. 8.

**5) Reibstoffe** s. Reibkupplungen (Bd. 2).

**6) Austauschstoffe** s. S. 100 bis 104 u. Kap. 15.7.

**7) Gummi** s. Kap. 12.8.

## 5.7. Schrifttum zu 5.

### Allgemein:


[5/1] HÜTTE: Taschenbuch der Stoffkunde. Berlin: Ernst & Sohn 1937.
[5/2] v. RENESSE, H.: Werkstoff-Ratgeber. Essen: Girardet 1943.
[5/3] BÖHNE, Cl.: Werkstoff, Taschenbuch. Stuttgart: Franck'scher Verlag 1948.
[5/4] — Din-Taschenbuch 4, Werkstoffnormen. Berlin: Beuthvertrieb.
[5/5] HAGEN, H.: Die Beurteilung der Werkstoffeignung für statische, dynamische und thermische Beanspruchung auf Grund des Ähnlichkeitsprinzips. Die Technik Bd. 3 (1948) S. 6.
[5/6] LÜPFERT, H.: Metallische Werkstoffe, 2. Aufl. Bad Wörishofen: Verlag Banaschewski 1946.
[5/7] — Werkstoffhandbuch Stahl und Eisen, 2. Aufl. Düsseldorf: Stahleisen 1937.
[5/8] OBERHOFFER, P., W. EILENDER u. H. ESSER: Das technische Eisen. Berlin: Springer 1936.
[5/9] GUERTLER, W.: Einführurg in die Metallkunde. Leipzig: Barth 1943.
[5/10] MASING, G.: Grundlagen der Metallkunde. Berlin: Springer 1940.
[5/11] ZIMMERMANN, W.: Werkstoffkunde 1944.
[5/12] HOFMANN, W. u. O. SCHMITZ: Metallkunde. Wolfenbüttel: Verlagsanstalt 1948.
[5/13] SCHIMPKE, P.: Technologie der Maschinenbaustoffe, 9. Aufl. Leipzig: Verlag Hirzel 1945.
[5/14] WIEDERHOLT, W.: Metallschutz, AWF-Schriften Bd. 1 und 2. Leipzig 1938 und 1940.
[5/15] MACHU, W.: Metallische Überzüge. Leipzig: Verlagsanstalt 1941.


### Werkstoffumstellung:


[5/16] — Konstruieren in neuen Werkstoffen. VDI-Sonderheft. Berlin: VDI-Verlag 1942.
[5/17] — Werkstoffumstellung im Maschinen- und Apparatebau. Berlin: VDI-Verlag 1940.
[5/18] SCHAFT, O.: Austauschwerkstoffe, Handbuch für den Braunkohlenbergbau. Halle: Wilhelm Knapp 1944.


### Gießbares Eisen s. auch [5/1] bis [5/11]:


[5/19] PIWOWARSKY, E.: Der Eisen- und Stahlguß. Düsseldorf: Gießerei-Verlag 1937.
[5/20] PIWOWARSKY, E.: Hochwertige Gußeisen. Berlin: Springer 1942.
[5/21] EMMEL K.: (Emmelguß.) Stahl und Eisen 1925 S. 1466.
[5/22] KLEIBER, P.: (Sternguß). Krupp'sche Monatshefte 8 (1927) S. 109.
[5/23] — (Lanz-Perlitguß), Gießereizeitung 1928 S. 441.
[5/24] LEON, A.: Zugfestigkeit u. Brinellhärte von Gußeisen. Z. VDI Bd. 80 (1936) S. 281.
[5/25] HEMPEL, M.: Gußeisen und Temperguß unter Wechselbeanspruchung ($\sigma_D$-Schaubilder für Ge). Z. VDI Bd. 85 (1941) S. 290.
[5/26] BAUTZ, W.: Die neue Entwicklung des Gußeisens als Konstruktionsmaterial. Masch.-Bau-Betrieb Bd. 17 (1938) S. 389.

[5/27] GRÖNEGRESZ, H. W.: Die Oberflächenhärtung von Gußeisen im Werkzeugmaschinenbau. Werkstatt-technik Bd. 34 (1940) S. 232.
[5/28] THUM, A. u. K. BANDOW: Die Gußkurbelwelle. Z. VDI Bd. 80 (1936) S. 23.
[5/29] KOTHNY, E.: Stahl- und Temperguß (Werkstattbücher Heft 24). Berlin: Springer 1940.
[5/30] HERMANNS, H.: Der Temperguß von heute im Auslande. Die Technik Bd. 2 (1947) S. 483.
[5/31] RUDNIK, K. u. H. JURETZEK: Dünnwandiger Stahlguß im Maschinenbau. Masch.-Bau-Betrieb Bd. 20 (1941) S. 217.
[5/32] RYS, A.: Legierter Stahlguß in Theorie u. Praxis. Stahl u. Eisen (1930) S. 423.
[5/33] LIESTMANN, W. und C. SALZMANN: Über die Warmfestigkeit von Stahlguß mit geringen Zusätzen von Nickel und Molybdän. Stahl u. Eisen (1930) S. 442/46.

**Flußstahl** s. auch [5/1] bis [5/11]:

**Härteverfahren:**
[5/34] — AWF-Härtebuch (AWF-Schrift 261). Berlin 1936.
[5/35] STRAUSZ: (Nitrierhärtung), Kruppsche Monatshefte (1927) S. 208, (1928) S. 46 und 93.
[5/36] RUHFUS, H. und J. KLÄRDING: Tauchhärtung. Z. VDI Bd. 85 (1941) S. 486.
[5/37] HILLER, H.: Möglichkeiten und Grenzen des autogenen Oberflächenhärtens. Masch.-Bau-Betrieb Bd. 19 (1940) S. 115.
[5/38] VOSS, H.: Örtliche Oberflächenhärtung von Kurbelwellen. Z. VDI Bd. 79 (1935) S. 743.
[5/39] GRÖNEGREZ, H. W.: Brennhärten (Werkstattbücher Heft 89). Berlin: Springer 1942; ferner: Brenn-härten im Zahnradbau. Werkstatt u. Betrieb Bd. 81 (1948) S. 145.
[5/40] RIEBENSAHM, P.: Härtereitechn. Mitt. Bd. I. II, III. Berlin: Union D.V. 1942, 1943, 1944.
[5/41] RAPATZ, F. und F. REISER: Das Härten des Stahles. Leipzig A. Felix: 1932.
[5/42] RIEBENSAHM, P.: Vergleich der Oberflächenhärtungsverfahren. Härtereitechn. Mitt. Bd. III (1944) S. 63/79.
[5/43] GLAUBITZ, H.: Oberflächenhärtung und Bauteilfestigkeit von Zahnrädern. Werkstatt und Betrieb Bd. 80 (1947) S. 249/59 und 277/82.
[5/44] SEULEN, G. und H. VOSZ: Oberflächenhärtung mit Induktionserhitzung. Stahl u. Eisen Bd. 63 (1943) S. 919/35 und 962/65.
[5/45] WIEGAND, H.: Nitrieren im Motorenbau. Härtereitechn. Mitt. Bd. I (1942) S. 166/85.

**Baustähle:**
[5/46] KREKELER, K.: Die Baustähle für den Maschinen- und Fahrzeugbau. Werkstattbücher Heft 75. Ber-lin: Springer 1939.
[5/47] HOUDREMONT, E.: Sonderstahlkunde. Berlin: Springer 1943.
[5/48] RAPATZ, F.: Die Edelstähle. Berlin: Springer 1942.
[5/49] KIESSLER, H.: Nickel- und molybdänfreie Baustähle. Z. VDI Bd. 84 (1940) S. 385.
[5/50] SCHRADER, H.: Bleihaltige Automatenstähle. Z. VDI Bd. 84 (1940) S. 439.
[5/51] ULBRICHT, W.: Eigenschaften der Automatenstähle. Die Technik Bd. 2 (1947) S. 537.
[5/52] — Merkblatt über Automatenstähle. Hrsg. Verein deutscher Eisenhüttenleute.
[5/53] SCHMIDT, M.: Werkzeugstähle. Düsseldorf: Stahleisen 1943.
[5/54] DIERGARTEN, H.: Wälzlagerstähle. Z. VDI Bd. 86 (1942) S. 167.

**Warmfeste Stähle:**
[5/55] BOLLENRATH, F., H. CORNELIUS, u. W. BUNGARDT: Untersuchung über die Eignung warmfester Werk-stoffe für Verbrennungs-Kraftmaschinen. Luftfahrtforschung Bd. 15 (1938) S. 468—480.
[5/56] — Warmfeste Stähle für Gasturbinen. Die Technik Bd. 3 (1948) S. 187.
[5/57] HESSENBRUCH, W.: Metalle und Legierungen für hohe Temperaturen. Berlin: Springer 1940.
[5/58] KRISCH, A.: Nickelfreie und nickelarme rost- und säurebeständige Stähle. Z. VDI Bd. 85 (1941) S. 701.

**Nichteisenmetalle:**
[5/59] — Werkstoffhandbuch Nichteisenmetalle. Berlin: VDI-Verlag 1938.
[5/60] — Aluminium-Taschenbuch. Berlin: Aluminiumzentrale 1942.
[5/61] v. ZEERLEDER, A.: Technologie des Aluminiums und seiner Leichtlegierungen. Leipzig: Verlag Becker u. Erler 1943.
[5/62] HALLER: Al–Zn-Legierung hoher Festigkeit ($\sigma_B = 60$—$70$ kg/mm², $\gamma = 2,8$, Zieral). Kurznotiz in Die Technik Bd. 2 (1947) S. 558.
[5/63] BAUERMEISTER, H.: Erfahrungen mit Al-Legierungen im Seewasser. Z. Metallkde. (1930) S. 119.
[5/64] BECK, A.: Magnesium und seine Legierungen. Berlin: Springer 1939.
[5/65] BURKHARDT, A.: Technologie der Zinklegierungen. Berlin: Springer 1940.
[5/66] — Zinktaschenbuch. Halle: Wilhelm Knapp 1942.

[5/67] DONICKE: Kupfer- und Zinnlegierungen. 1932.
[5/68] SARGENT, A. P.: The Marvels of Beryllium-Bronces, Monthly Engng. Articles. Vol. III Nr. 3, March 1946.
[5/69] — Nickelhandbuch. Hrsg. Nickel-Informationsbüro. Frankfurt a. Main 1939.


**Nichtmetalle** (Kunstharzpreßstoffe s. auch Gleitlager und Zahnräder):
[5/70] — Das Holz-ABC. Berlin: Verlag Archiv und Kartei (1947).
[5/71] KOLLMANN, F.: Technologie des Holzes. Berlin Springer 1936.
[5/72] KOLLMANN, F.: Holz im Maschinenbau. (Mitt. d. Fachaussch. f. Holzfragen Heft 16.) Berlin VDI-Verlag 1936. (Auszug Z. VDI Bd. 80 [1936] S. 1503.)
[5/73] RIECHERS, K.: Über Verwendung und Prüfung von hochverdichtetem Holz. Z. Holz als Roh- u. Werkstoff Bd. 2 (1939) S. 109.
[5/74] BITTNER, J. u. L. KLOTZ: Furniere–Sperrholz–Schichtholz T. 1 u. 2. Berlin: Springer 1939/40.
[5/75] RÜSCH, F. und P. SANDER: Ein bauchiges Faß aus Sperrholz. Z. VDI Bd. 85 (1941) S. 338.
[5/76] BENZ, H.: Buchenschichtholz als Werkstoff für Werkzeuge zur spanlosen Verformung von dünnen Blechen. Z. Holz als Roh- und Werkstoff Bd. 1 (1938) S. 469.
[5/77] — Kunst- und Preßstoffe 1 und 2. Berlin: VDI-Verlag 1937.
[5/78] PABST, F. und R. VIEWEG: Kunststoffe. Berlin: VDI-Verlag 1938.
       VIEWEG, R.: Die heutige Lage auf dem Kunststoffgebiet. Z. VDI Bd. 90 (1948) S. 331.
[5/79] WEIGEL, W.: Kunstharzpreßstoffe im Maschinenbau. Berlin: Springer 1942.
[5/80] NITSCHE: Eigenschaften warmgepreßter Kunstharzpreßstoffe nach DIN 7701. Z. VDI Bd. 83 (1939) S. 161.
[5/81] — Fachkartei Kunststoffe (Fachschrifttum 1939—1943). München: Hanser-Verlag 1947.
[5/82] NAUMANN, O.: Porzellan und keramische Sondermassen als techn. Werkstoffe. Die Technik Bd. 2 (1947) S. 385/92.
[5/83] — Keramische Sondermassen für die Elektrotechnik. Z. VDI Bd. 90 (1948) S. 184.


**Sonderstoffe und Verbundstoffe** (Sintermetall und Verbundstoffe, s. auch Gleitlager), Gummi s. Federn, Reibstoffe s. Reibkuppl. Bd. 2, Lote s. Lötverbindungen).
[5/84] EISENKOLB, F.: Gegenwartsaufgaben der Metallkeramik. Die Technik Bd. 1 (1946) S. 173.
[5/85] — Sintermetalle und Pulvermetallurgie. Skaupy-Gedenkblatt. Archiv für Metallkunde 1 (1947) Heft 7/8.
[5/86] SKAUPY, F.: Mischkörper aus Metallen und Nichtleitern, insbesondere Oxyden. Die Technik Bd. 2 (1947) S. 157.
[5/87] RITZAU, G.: Zur neueren Entwicklung der Metallkeramik. Werkstattstechnik und Werksleiter Bd. 35 (1941) S. 145.
[5/88] — Widia-Handbuch der Fa. Krupp, Essen.
[5/89] BECKER, K.: Hochschmelzende Hartstoffe und ihre techn. Anwendung. Berlin: Verlag Chemie 1933.
[5/90] DAWIHL, W.: Grundlagen der Verwendung von Hartmetallegierungen. Masch.-Bau-Betrieb Bd. 19 (1940) S. 521.
[5/91] — Maschinen- und Vorrichtungsteile aus Hartmetall (Schleifspindel-Gleitlager aus Hartmetall). Werkstatt u. Betrieb Bd. 81 (1948) S. 50.
[5/92] CANZLER, H.: Bauweise mit Verbundstoffen. Metallwirtschaft Bd. 19 (1940) S. 828.
[5/93] KNIPP, E.: Metallersparnis durch Verbundguß. Gießerei Bd. 24 (1937) S. 485.
[5/94] ALTMANN, F. G.: Schneckenräder aus Verbundguß. Z. VDI Bd. 85 (1941) S. 399.
[5/95] AMMAN, F.: Die deutsche Hartmetallindustrie (Eigenschaften u. Werkstoffwerte der Hartmetalle). Stahl u. Eisen (1947) S. 124.
[5/96] ENGELHARDT, W.: Plattierung. Die Technik Bd. 3 (1948) S. 381.


**Nachtrag :**
[5/97] SIEBEL, E. und N. LUDWIG: Sonderstähle und Legierungen für hohe Temperatur. Konstruktion Bd. 1 (1949) S. 13.
[5/98] STRADTMANN, F. H.: Stahlrohr-Handbuch. Essen 1949.
[5/99] DOSOUDIL, A.: Dauerfestigkeit der verdichteten Hölzer. Z. VDI Bd. 91 (1949) S. 85.

### Tafel 5/30. *Rundquerschnitte.*

Durchm. $d$, Querschnitt $F$, Biege-Trägheitsmoment $J_b$, Biege-Widerstandsmoment $W_b$. Gewicht $G$ für Stahl ($\gamma = 7{,}85$ kg/dm³, Länge 1 m), Drch-Widerstandsmoment $W_t = 2 \cdot W_b$. Dreh-Trägheitsmoment $J_t = 2 \cdot J_b$.

| $d$ | $F = \frac{\pi d^2}{4}$ | $J_b = \frac{\pi d^4}{64}$ | $W_b = \frac{\pi d^3}{32}$ | $G$ | $d$ | $F = \frac{\pi d^2}{4}$ | $J_b = \frac{\pi d^4}{64}$ | $W_b = \frac{\pi d^3}{32}$ | $G$ |
|---|---|---|---|---|---|---|---|---|---|
| cm | cm² | cm⁴ | cm³ | kg/m | cm | cm² | cm⁴ | cm³ | kg/m |
| 1,0 | 0,79 | 0,049 | 0,098 | 0,617 | 6,0 | 28,27 | 63,62 | 21,20 | 22,20 |
| 1,1 | 0,95 | 0,072 | 0,131 | 0,746 | 6,1 | 29,22 | 67,97 | 22 28 | 22,94 |
| 1,2 | 1,13 | 0,102 | 0,170 | 0,888 | 6,2 | 30,19 | 72,53 | 23,40 | 23,70 |
| 1,3 | 1,33 | 0,140 | 0,216 | 1,042 | 6,3 | 31,17 | 77,33 | 24,55 | 24,47 |
| 1,4 | 1,54 | 0,189 | 0,269 | 1,208 | 6,4 | 32,17 | 82,36 | 25,74 | 25,25 |
| 1,5 | 1,77 | 0,249 | 0,331 | 1,387 | 6,5 | 33,18 | 87,62 | 26,96 | 26,05 |
| 1,6 | 2,01 | 0,322 | 0,402 | 1,578 | 6,6 | 34,21 | 93,14 | 28,22 | 26,86 |
| 1,7 | 2,27 | 0,410 | 0,482 | 1,782 | 6,7 | 35,35 | 98,92 | 29,53 | 27,68 |
| 1,8 | 2,55 | 0,515 | 0,573 | 1,998 | 6,8 | 36,32 | 105,0 | 30,87 | 28,51 |
| 1,9 | 2,84 | 0,640 | 0,673 | 2,226 | 6,9 | 37,39 | 111,3 | 32,25 | 29,35 |
| 2,0 | 3,14 | 0,785 | 0,785 | 2,466 | 7,0 | 38,48 | 117,9 | 33,67 | 30,21 |
| 2,1 | 3,46 | 0,955 | 0,909 | 2,719 | 7,1 | 39,59 | 124,7 | 35,14 | 31,08 |
| 2,2 | 3,80 | 1,150 | 1,045 | 2,984 | 7,2 | 40,72 | 131,9 | 36,64 | 31,96 |
| 2,3 | 4,16 | 1,374 | 1,194 | 3,261 | 7,3 | 41,85 | 139,4 | 38,19 | 32,86 |
| 2,4 | 4,52 | 1,629 | 1,357 | 3,551 | 7,4 | 43,00 | 147,2 | 39,78 | 33,76 |
| 2,5 | 4,91 | 1,918 | 1,534 | 3,853 | 7,5 | 44,18 | 155,3 | 41,42 | 34,68 |
| 2,6 | 5,31 | 2,243 | 1,726 | 4,168 | 7,6 | 45,36 | 163,8 | 43,10 | 35,61 |
| 2,7 | 5,73 | 2,609 | 1,932 | 4,495 | 7,7 | 46,57 | 172,6 | 44,82 | 36,56 |
| 2,8 | 6,16 | 3,017 | 2,155 | 4,834 | 7,8 | 47,78 | 181,7 | 46,59 | 37,51 |
| 2,9 | 6,61 | 3,472 | 2,394 | 5,185 | 7,9 | 49,02 | 191,2 | 48,40 | 38,48 |
| 3,0 | 7,07 | 3,976 | 2,651 | 5,549 | 8,0 | 50,27 | 201,1 | 50,27 | 39,46 |
| 3,1 | 7,55 | 4,533 | 2,925 | 5,925 | 8,1 | 51,53 | 211,3 | 52,17 | 40,45 |
| 3,2 | 8,04 | 5,147 | 3,217 | 6,313 | 8,2 | 52,81 | 221,9 | 54,13 | 41,46 |
| 3,3 | 8,55 | 5,821 | 3,528 | 6,714 | 8,3 | 54,11 | 233,0 | 56,14 | 42,47 |
| 3,4 | 9,08 | 6,560 | 3,859 | 7,127 | 8,4 | 55,42 | 244,4 | 58,19 | 43,50 |
| 3,5 | 9,62 | 7,366 | 4,209 | 7,553 | 8,5 | 56,74 | 256,2 | 60,29 | 44,55 |
| 3,6 | 10,18 | 8,245 | 4,580 | 7,990 | 8,6 | 58,09 | 268,5 | 62,44 | 45,60 |
| 3,7 | 10,75 | 9,200 | 4,973 | 8,440 | 8,7 | 59,45 | 281,2 | 64,65 | 46,67 |
| 3,8 | 11,34 | 10,24 | 5,387 | 8,903 | 8,8 | 60,82 | 294,4 | 66,90 | 47,75 |
| 3,9 | 11,95 | 11,36 | 5,824 | 9,378 | 8,9 | 62,21 | 308,0 | 69,20 | 48,84 |
| 4,0 | 12,57 | 12,57 | 6,283 | 9,865 | 9,0 | 63,62 | 322,1 | 71,57 | 49,94 |
| 4,1 | 13,20 | 13,87 | 6,766 | 10,36 | 9,1 | 65,04 | 336,6 | 73,98 | 51,06 |
| 4,2 | 13,85 | 15,27 | 7,274 | 10,88 | 9,2 | 66,48 | 351,7 | 76,45 | 52,18 |
| 4,3 | 14,52 | 16,78 | 7,806 | 11,40 | 9,3 | 67,93 | 367,2 | 78,97 | 53,32 |
| 4,4 | 15,21 | 18,40 | 8,363 | 11,94 | 9,4 | 69,40 | 383,2 | 81,54 | 54,18 |
| 4,5 | 15,90 | 20,13 | 8,946 | 12,48 | 9,5 | 70,88 | 399,8 | 84,17 | 55,64 |
| 4,6 | 16,62 | 21,98 | 9,556 | 13,05 | 9,6 | 72,38 | 416,9 | 86,86 | 56,82 |
| 4,7 | 17,35 | 23,95 | 10,19 | 13,62 | 9,7 | 73,90 | 434,6 | 89,60 | 58,01 |
| 4,8 | 18,10 | 26,06 | 10,86 | 14,21 | 9,8 | 75,43 | 452,8 | 92,40 | 59,21 |
| 4,9 | 18,86 | 28,30 | 11,55 | 14,80 | 9,9 | 76,98 | 471,5 | 95,26 | 60,43 |
| 5,0 | 19,64 | 30,68 | 12,27 | 15,41 | 10 | 78,54 | 490,9 | 98,17 | 61,65 |
| 5,1 | 20,43 | 33,21 | 13,02 | 16,04 | 20 | 314,2 | 7 854 | 758,4 | 246,6 |
| 5,2 | 21,24 | 35,89 | 13,80 | 16,67 | 30 | 706,9 | 39 760 | 2 651 | 554,9 |
| 5,3 | 22,06 | 38,73 | 14,62 | 17,32 | 40 | 1257 | 125 700 | 6 283 | 986,5 |
| 5,4 | 22,90 | 41,74 | 15,46 | 17,98 | 50 | 1964 | 306 800 | 12 270 | 1541,4 |
| 5,5 | 23,76 | 44,92 | 16,33 | 18,65 | 60 | 2827 | 636 200 | 21 200 | 2219 |
| 5,6 | 24,63 | 48,28 | 17,24 | 19,34 | 70 | 3848 | 1 179 000 | 33 670 | 3021 |
| 5,7 | 25,52 | 51,82 | 18,18 | 20,03 | 80 | 5027 | 2 011 000 | 50 270 | 3945 |
| 5,8 | 26,42 | 55,55 | 19,16 | 20,74 | 90 | 6362 | 3 221 000 | 71 570 | 4994 |
| 5,9 | 27,34 | 59,48 | 20,16 | 21,46 | 100 | 7854 | 4 909 000 | 98 180 | 6165 |

**Tafel 5/31.** *Stahlrohre.*

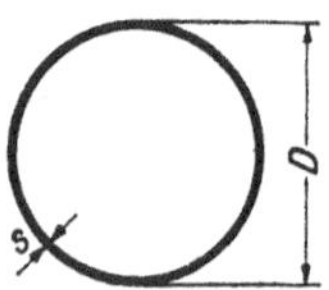 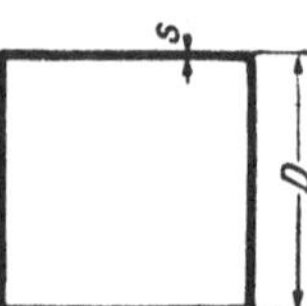

| Abmessungen mm | | F | G | J | W | i |
|---|---|---|---|---|---|---|
| D** | s*** | cm² | kg/m | cm⁴ | cm³ | cm |

| Nahtlose Flußstahlrohre (rund). Leitungs- und Konstruktionsrohre nach DIN 2448 (Jan. 1940) | | | | | | |
|---|---|---|---|---|---|---|
| 38 | 2,5 | 2,79 | 2,19 | 4,41 | 2,32 | 1,26 |
| 41,5* | 2,5 | 3,06 | 2,40 | 5,85 | 2,82 | 1,38 |
| 44,5 | 2,5 | 3,30 | 2,59 | 7.30 | 3,28 | 1,49 |
| 47,5* | 2,5 | 3,53 | 2,77 | 8,97 | 3,78 | 1,60 |
| 51 | 2,5 | 3,81 | 2,99 | 11,2 | 4,40 | 1,72 |
| 54 | 2,5 | 4,04 | 3,18 | 13,4 | 4,98 | 1,82 |
| 57 | 2,75 | 4,68 | 3,68 | 17,3 | 6,07 | 1,92 |
| 60 | 3 | 5,37 | 4,22 | 21,9 | 7,29 | 2,02 |
| 63,5 | 3 | 5,70 | 4,48 | 26,2 | 8,24 | 2,14 |
| 70 | 3 | 6,31 | 4,96 | 35,5 | 10,1 | 2,37 |
| 76 | 3 | 6,88 | 5,40 | 45,9 | 12,1 | 2,58 |
| 83 | 3,25 | 8,14 | 6,39 | 64,8 | 15,6 | 2,83 |
| 89 | 3,25 | 8,75 | 6,87 | 80,6 | 18,1 | 3,04 |
| 95 | 3,5 | 10,1 | 7,90 | 105 | 22,2 | 3,24 |
| 102 | 3,75 | 11,6 | 9,09 | 140 | 27,4 | 3,48 |
| 108 | 3,75 | 12,3 | 9,64 | 167 | 30,9 | 3,70 |
| 114* | 3,75 | 13,0 | 10,2 | 198 | 34,7 | 3,90 |
| 121 | 4 | 14,7 | 11,5 | 252 | 41,6 | 4,14 |
| 127* | 4 | 15,5 | 12,1 | 293 | 46,1 | 4,44 |
| 133 | 4 | 16,2 | 12,7 | 338 | 50,8 | 4,57 |
| 140* | 4,5 | 19,2 | 15,0 | 440 | 62,9 | 4,79 |
| 146 | 4,5 | 20,3 | 15,7 | 501 | 68,7 | 4,96 |
| 152 | 4,5 | 20,8 | 16,4 | 567 | 74,8 | 5,22 |
| 159 | 4,5 | 21,8 | 17,2 | 652 | 82,0 | 5,47 |
| 165* | 4,5 | 22,7 | 17,8 | 731 | 88,6 | 5,68 |
| 171 | 4,5 | 23,5 | 18,5 | 824 | 96,4 | 5,92 |
| 178* | 5 | 27,2 | 21,3 | 1020 | 114 | 6,12 |
| 191 | 5,5 | 32,0 | 25,2 | 1380 | 145 | 6,56 |
| 203* | 5,5 | 34,1 | 26,8 | 1670 | 179 | 6,99 |
| 216 | 6,5 | 42,8 | 33,6 | 2350 | 218 | 7,41 |
| 229* | 6,5 | 45,4 | 35,7 | 2820 | 246 | 7,87 |
| 241 | 6,5 | 47,9 | 37,6 | 3300 | 273 | 8,30 |
| 254* | 6,5 | 50,5 | 39,7 | 3870 | 305 | 8,75 |
| 267 | 7 | 57,2 | 44,9 | 4840 | 362 | 9,20 |
| 279* | 7,5 | 63,9 | 50,2 | 5900 | 423 | 9,61 |
| 292 | 7,5 | 67,0 | 52,6 | 6800 | 466 | 10,08 |
| 305* | 7,5 | 70,1 | 55,0 | 7760 | 509 | 10,52 |
| 318 | 8 | 77,9 | 61,2 | 9370 | 589 | 10,97 |

| Vierkantrohre mit geschweißter Naht | | | | | | | | |
|---|---|---|---|---|---|---|---|---|
| 50·30 | 2 | 2,98 | 2,40 | 10,1 | 4,55 | 4,06 | 3,03 | 1,84 | 1,23 |
| 60·50 | 3 | 6,06 | 4,88 | 30,7 | 23,2 | 10,2 | 9,27 | 2,26 | 1,95 |
| 89 | 3,75 | 12,6 | 9,9 | 149 | | 33,5 | | 3,44 | |
| 101,5 | 5 | 19,0 | 14,9 | 278 | | 56,5 | | 3,88 | |

* Diese Größen sind möglichst zu vermeiden.

** Rohre mit $D < 38$ mm und $D > 318$ mm sind ebenfalls lieferbar.

*** Die Rohre sind auch mit kleinerer und größerer Wanddicke lieferbar.

*Leichtprofile aus Bandstahl*
aus warmgewalztem Bandstahl kalt gezogen.

Längen bis zu 15 m.

Das Maß $b = 40$ mm bzw. $a = 15$ mm ist bei sämtlichen Profilen gleich.

**Einfaches Profil**

| Profil Nr. | Abmessungen mm | | | $F$ | $G$ | Lage der Schwerachse $y$-$y$ | Für die Biegeachse $x$-$x$ | | | Für die Biegeachse $y$-$y$ | | | Profil Nr. |
|---|---|---|---|---|---|---|---|---|---|---|---|---|---|
| | $h$ | $B$ | $d$ | cm² | kg/m | $e$ cm | $J_x$ cm⁴ | $W_x$ cm³ | $i_x$ cm | $J_y$ cm⁴ | $W_y$ cm³ | $i_y$ cm | |
| 80 | 80 | — | 2,00 | 3,64 | 2,86 | 1,48 | 36,9 | 9,22 | 3,18 | 8,52 | 3,38 | 1,53 | 80 |
| | | | 2,25 | 4,07 | 3,20 | 1,48 | 41,0 | 10,3 | 3,17 | 9,38 | 3,72 | 1,52 | |
| | | | 2,50 | 4,50 | 3,53 | 1,48 | 45,0 | 11,3 | 3,16 | 10,2 | 4,06 | 1,51 | |
| | | | 3,00 | 5,34 | 4,19 | 1,48 | 52,7 | 13,2 | 3,14 | 11,8 | 4,68 | 1,49 | |
| 100 | 100 | — | 2,00 | 4,04 | 3,17 | 1,34 | 62,2 | 12,4 | 3,92 | 9,20 | 3,46 | 1,51 | 100 |
| | | | 2,25 | 4,52 | 3,55 | 1,34 | 69,2 | 13,9 | 3,91 | 10,1 | 3,81 | 1,50 | |
| | | | 2,50 | 5,00 | 3,92 | 1,34 | 76,1 | 15,2 | 3,90 | 11,1 | 4,16 | 1,49 | |
| | | | 3,00 | 5,94 | 4,66 | 1,34 | 89,4 | 17,9 | 3,88 | 12,8 | 4,81 | 1,47 | |
| 120 | 120 | — | 2,00 | 4,44 | 3,49 | 1,23 | 95,6 | 15,9 | 4,64 | 9,76 | 3,52 | 1,48 | 120 |
| | | | 2,25 | 4,97 | 3,90 | 1,23 | 107 | 17,8 | 4,63 | 10,8 | 3,89 | 1,47 | |
| | | | 2,50 | 5,50 | 4,32 | 1,23 | 117 | 19,5 | 4,62 | 11,8 | 4,25 | 1,46 | |
| | | | 3,00 | 6,54 | 5,13 | 1,24 | 138 | 23,0 | 4,59 | 13,5 | 4,90 | 1,44 | |
| 140 | 140 | — | 2,00 | 4,84 | 3,80 | 1,14 | 138 | 19,7 | 5,34 | 10,2 | 3,57 | 1,45 | 140 |
| | | | 2,25 | 5,42 | 4,26 | 1,14 | 154 | 22,0 | 5,32 | 11,3 | 3,94 | 1,44 | |
| | | | 2,50 | 6,00 | 4,71 | 1,14 | 169 | 24,2 | 5,31 | 12,3 | 4,30 | 1,43 | |
| | | | 3,00 | 7,14 | 5,60 | 1,14 | 200 | 28,5 | 5,29 | 14,2 | 4,97 | 1,41 | |
| 160 | 160 | — | 2,00 | 5,24 | 4,11 | 1,06 | 190 | 23,7 | 6,02 | 10,6 | 3,61 | 1,42 | 160 |
| | | | 2,25 | 5,87 | 4,61 | 1,06 | 212 | 26,5 | 6,00 | 11,7 | 3,98 | 1,41 | |
| | | | 2,50 | 6,50 | 5,10 | 1,06 | 233 | 29,2 | 5,99 | 12,8 | 4,35 | 1,40 | |
| | | | 3,00 | 7,74 | 6,08 | 1,07 | 276 | 34,5 | 5,97 | 14,8 | 5,03 | 1,38 | |
| 180 | 180 | — | 2,25 | 6,32 | 4,96 | 0,99 | 282 | 31,3 | 6,67 | 12,1 | 4,02 | 1,38 | 180 |
| | | | 2,50 | 7,00 | 5,50 | 0,99 | 311 | 34,5 | 6,66 | 13,2 | 4,39 | 1,37 | |
| | | | 3,00 | 8,34 | 6,55 | 1,00 | 367 | 40,8 | 6,63 | 15,2 | 5,08 | 1,35 | |
| 200 | 200 | — | 2,25 | 6,77 | 5,32 | 0,93 | 364 | 36,4 | 7,33 | 12,5 | 4,06 | 1,36 | 200 |
| | | | 2,50 | 7,50 | 5,89 | 0,94 | 402 | 40,2 | 7,32 | 13,6 | 4,43 | 1,34 | |
| | | | 3,00 | 8,94 | 7,02 | 0,94 | 475 | 47,5 | 7,29 | 15,7 | 5,13 | 1,32 | |
| 220 | 220 | — | 2,50 | 8,00 | 6,28 | 0,89 | 508 | 46,2 | 7,96 | 13,9 | 4,46 | 1,32 | 220 |
| | | | 2,75 | 8,77 | 6,88 | 0,89 | 555 | 50,4 | 7,95 | 15,0 | 4,82 | 1,31 | |
| | | | 3,00 | 9,54 | 7,49 | 0,89 | 601 | 54,6 | 7,94 | 16,0 | 5,16 | 1,30 | |

**Doppelprofil**

| Profil Nr. | Abmessungen mm | | | $F$ | $G$ | $e$ cm | $J_x$ cm⁴ | $W_x$ cm³ | $i_x$ cm | $J_y$ cm⁴ | $W_y$ cm³ | $i_y$ cm | Profil Nr. |
|---|---|---|---|---|---|---|---|---|---|---|---|---|---|
| | $h$ | $B$ | $d$ | cm² | kg/m | | | | | | | | |
| 80 | 80 | 80 | 2,00 | 7,28 | 5,72 | — | 73,8 | 18,5 | 3,18 | 32,9 | 8,24 | 2,13 | 80 |
| | | | 2,25 | 8,15 | 6,37 | — | 82,0 | 20,5 | 3,17 | 36,6 | 9,14 | 2,12 | |
| | | | 2,50 | 9,00 | 7,07 | — | 90,0 | 22,5 | 3,16 | 40,1 | 10,0 | 2,11 | |
| | | | 3,00 | 10,70 | 8,38 | — | 105 | 26,4 | 3,14 | 47,0 | 11,8 | 2,10 | |
| 100 | 100 | 80 | 2,00 | 8,08 | 6,34 | — | 124 | 24,9 | 3,92 | 32,9 | 8,24 | 2,02 | 100 |
| | | | 2,25 | 9,06 | 7,10 | — | 138 | 27,7 | 3,91 | 36,6 | 9,15 | 2,01 | |
| | | | 2,50 | 10,00 | 7,85 | — | 152 | 30,5 | 3,90 | 40,2 | 10,0 | 2,00 | |
| | | | 3,00 | 11,90 | 9,33 | — | 179 | 35,8 | 3,88 | 47,0 | 11,8 | 1,99 | |
| 120 | 120 | 80 | 2,00 | 8,88 | 6,97 | — | 191 | 31,9 | 4,64 | 33,0 | 8,24 | 1,93 | 120 |
| | | | 2,25 | 9,97 | 7,81 | — | 213 | 35,5 | 4,63 | 36,6 | 9,15 | 1,92 | |
| | | | 2,50 | 11,00 | 8,64 | — | 234 | 39,1 | 4,62 | 40,2 | 10,0 | 1,91 | |
| | | | 3,00 | 13,10 | 10,30 | — | 276 | 46,0 | 4,59 | 47,1 | 11,8 | 1,90 | |
| 140 | 140 | 80 | 2,00 | 9,68 | 7,60 | — | 276 | 39,4 | 5,34 | 33,0 | 8,24 | 1,84 | 140 |
| | | | 2,25 | 10,90 | 8,51 | — | 307 | 43,9 | 5,32 | 36,6 | 9,15 | 1,83 | |
| | | | 2,50 | 12,00 | 9,42 | — | 339 | 48,4 | 5,31 | 40,2 | 10,1 | 1,83 | |
| | | | 3,00 | 14,30 | 11,20 | — | 399 | 57,0 | 5,29 | 47,1 | 11,8 | 1,82 | |
| 160 | 160 | 80 | 2,00 | 10,50 | 8,23 | — | 380 | 47,5 | 6,02 | 33,0 | 8,25 | 1,77 | 160 |
| | | | 2,25 | 11,80 | 9,22 | — | 424 | 53,0 | 6,00 | 36,6 | 9,16 | 1,76 | |
| | | | 2,50 | 13,00 | 10,20 | — | 467 | 58,4 | 5,99 | 40,2 | 10,1 | 1,76 | |
| | | | 3,00 | 15,50 | 12,20 | — | 551 | 68,9 | 5,97 | 47,2 | 11,8 | 1,75 | |
| 180 | 180 | 80 | 2,25 | 12,70 | 9,93 | — | 563 | 62,6 | 6,67 | 36,6 | 9,16 | 1,70 | 180 |
| | | | 2,50 | 14,00 | 11,00 | — | 621 | 69,0 | 6,66 | 40,2 | 10,1 | 1,70 | |
| | | | 3,00 | 16,70 | 13,10 | — | 734 | 81,6 | 6,63 | 47,2 | 11,8 | 1,68 | |
| 200 | 200 | 80 | 2,25 | 13,60 | 10,60 | — | 728 | 72,8 | 7,33 | 36,7 | 9,17 | 1,65 | 200 |
| | | | 2,50 | 15,00 | 11,80 | — | 803 | 80,3 | 7,32 | 40,3 | 10,1 | 1,64 | |
| | | | 3,00 | 17,90 | 14,00 | — | 950 | 95,0 | 7,29 | 47,3 | 11,8 | 1,63 | |
| 220 | 220 | 80 | 2,50 | 16,0 | 12,6 | — | 1020 | 92,3 | 7,96 | 40,3 | 10,1 | 1,59 | 220 |
| | | | 2,75 | 17,5 | 13,8 | — | 1110 | 101 | 7,95 | 43,9 | 11,0 | 1,58 | |
| | | | 3,00 | 19,1 | 15,0 | — | 1200 | 109 | 7,94 | 47,3 | 11,8 | 1,57 | |

Bei Bestellung größerer Mengen sind die Profile auch ohne die Umkantungen (Höhenmaß a) lieferbar.

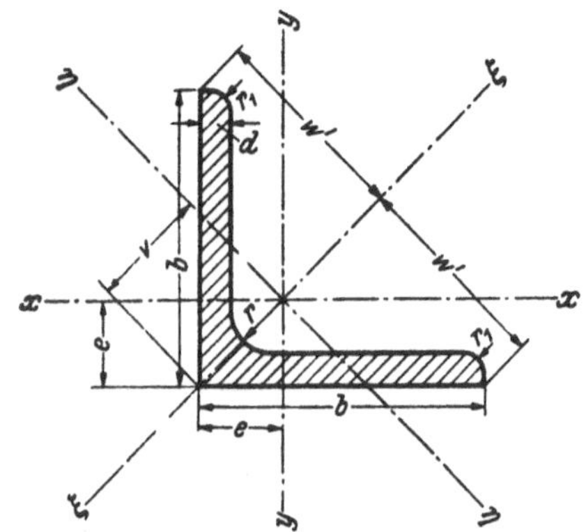

**Tafel 5/33.** *Gleichschenkliger ∟-Stahl*

Regellängen = 3 bis 15 m

Profilwert $k_i = \dfrac{F^2}{J} \approx 6$ (Mittelwert)

Die Achse $\xi - \xi$ ist Winkelhalbierende

| Be-zeich-nung | Abmessungen mm | | | | $F$ | $G$ | Abstände für die Achsen cm | | | Für die Biegeachse $x-x=y-y$ | | | $\xi-\xi$ | | $\eta-\eta$ | | | Für die Schenkellöcher nach DIN 997 (April 1927) | |
|---|---|---|---|---|---|---|---|---|---|---|---|---|---|---|---|---|---|---|---|
| | $b$ | $d$ | $r$ | $r_1$ | cm² | kg/m | $e$ | $w'$ | $v$ | $J_x{=}J_y$ cm⁴ | $W_x{=}W_y$ cm³ | $i_x{=}i_y$ cm | $J_\xi$ cm⁴ | $i_\xi$ cm | $J_\eta$ cm⁴ | $W_\eta$ cm³ | $i_\eta$ cm | $d_1$ mm | $w$ mm |
| **∟** | | | | | | | | Gleichschenkliger ∟-Stahl nach DIN 1028, Blatt 1 (Juli 1940) | | | | | | | | | | | |
| 20·20·3 | 20 | 3 | 3,5 | 2 | 1,12 | 0,88 | 0,60 | 1,41 | 0,85 | 0,39 | 0,28 | 0,59 | 0,62 | 0,74 | 0,15 | 0,18 | 0,37 | — | — |
| 4 | | 4 | | | 1,45 | 1,14 | 0,64 | | 0,90 | 0,48 | 0,35 | 0,58 | 0,77 | 0,73 | 0,19 | 0,21 | 0,36 | | |
| 25·25·3 | 25 | 3 | 3,5 | 2 | 1,42 | 1,12 | 0,73 | 1,77 | 1,03 | 0,79 | 0,45 | 0,75 | 1,27 | 0,95 | 0,31 | 0,30 | 0,47 | — | — |
| (4) | | 4 | | | 1,85 | 1,45 | 0,76 | | 1,08 | 1,01 | 0,58 | 0,74 | 1,61 | 0,93 | 0,40 | 0,37 | 0,47 | | |
| 5 | | 5 | | | 2,26 | 1,77 | 0,80 | | 1,13 | 1,18 | 0,69 | 0,72 | 1,87 | 0,91 | 0,50 | 0,44 | 0,47 | | |
| 30·30·3 | 30 | 3 | 5 | 2,5 | 1,74 | 1,36 | 0,84 | 2,12 | 1,18 | 1,41 | 0,65 | 0,90 | 2,24 | 1,14 | 0,57 | 0,48 | 0,57 | 8,5 | 17 |
| 4 | | 4 | | | 2,27 | 1,78 | 0,89 | | 1,24 | 1,81 | 0,86 | 0,89 | 2,85 | 1,12 | 0,76 | 0,61 | 0,58 | | |
| 5 | | 5 | | | 2,78 | 2,18 | 0,92 | | 1,30 | 2,16 | 1,04 | 0,88 | 3,41 | 1,11 | 0,91 | 0,70 | 0,57 | | |
| 35·35·4 | 35 | 4 | 5 | 2,5 | 2,67 | 2,10 | 1,00 | 2,47 | 1,41 | 2,96 | 1,18 | 1,05 | 4,68 | 1,33 | 1,24 | 0,88 | 0,68 | 11 | 20 |
| 5 | | 5 | | | 3,28 | 2,57 | 1,04 | | 1,47 | 3,56 | 1,45 | 1,04 | 5,63 | 1,31 | 1,49 | 1,01 | 0,67 | | |
| 6 | | 6 | | | 3,87 | 3,04 | 1,08 | | 1,53 | 4,14 | 1,71 | 1,04 | 6,50 | 1,30 | 1,77 | 1,16 | 0,68 | | |
| 40·40·4 | 40 | 4 | 6 | 3 | 3,08 | 2,42 | 1,12 | 2,83 | 1,58 | 4,48 | 1,56 | 1,21 | 7,09 | 1,52 | 1,86 | 1,18 | 0,78 | 11 | 22 |
| 5 | | 5 | | | 3,79 | 2,97 | 1,16 | | 1,64 | 5,43 | 1,91 | 1,20 | 8,64 | 1,51 | 2,22 | 1,35 | 0,77 | | |
| 6 | | 6 | | | 4,48 | 3,52 | 1,20 | | 1,70 | 6,33 | 2,26 | 1,19 | 9,98 | 1,49 | 2,67 | 1,57 | 0,77 | | |
| 45·45·5 | 45 | 5 | 7 | 3,5 | 4,30 | 3,38 | 1,28 | 3,18 | 1,81 | 7,83 | 2,43 | 1,35 | 12,4 | 1,70 | 3,25 | 1,80 | 0,87 | 11 | 25 |
| (7) | | 7 | | | 5,86 | 4,60 | 1,36 | | 1,92 | 10,4 | 3,31 | 1,33 | 16,4 | 1,67 | 4,39 | 2,29 | 0,87 | | |
| 50·50·5 | 50 | 5 | 7 | 3,5 | 4,80 | 3,77 | 1,40 | 3,54 | 1,98 | 11,0 | 3,05 | 1,51 | 17,4 | 1,90 | 4,59 | 2,32 | 0,98 | 14 | 30 |
| 6 | | 6 | | | 5,69 | 4,47 | 1,45 | | 2,04 | 12,8 | 3,61 | 1,50 | 20,4 | 1,89 | 5,24 | 2,57 | 0,96 | | |
| 7 | | 7 | | | 6,56 | 5,15 | 1,49 | | 2,11 | 14,6 | 4,15 | 1,49 | 23,1 | 1,88 | 6,02 | 2,85 | 0,96 | | |
| 9 | | 9 | | | 8,24 | 6,47 | 1,56 | | 2,21 | 17,9 | 5,20 | 1,47 | 28,1 | 1,85 | 7,67 | 3,47 | 0,97 | | |
| 55·55·6 | 55 | 6 | 8 | 4 | 6,31 | 4,95 | 1,56 | 3,89 | 2,21 | 17,3 | 4,40 | 1,66 | 27,4 | 2,08 | 7,24 | 3,28 | 1,07 | 17 | 30 |
| 8 | | 8 | | | 8,23 | 6,46 | 1,64 | | 2,32 | 22,1 | 5,72 | 1,64 | 34,8 | 2,06 | 9,35 | 4,03 | 1,07 | | |
| (10) | | 10 | | | 10,1 | 7,90 | 1,72 | | 2,43 | 26,3 | 6,97 | 1,62 | 41,4 | 2,02 | 11,3 | 4,65 | 1,06 | | |
| 60·60·6 | 60 | 6 | 8 | 4 | 6,91 | 5,42 | 1,69 | 4,24 | 2,39 | 22,8 | 5,29 | 1,82 | 36,1 | 2,29 | 9,43 | 3,95 | 1,17 | 17 | 35 |
| 8 | | 8 | | | 9,03 | 7,09 | 1,77 | | 2,50 | 29,1 | 6,88 | 1,80 | 46,1 | 2,26 | 12,1 | 4,84 | 1,16 | | |
| 10 | | 10 | | | 11,1 | 8,69 | 1,85 | | 2,62 | 34,9 | 8,41 | 1,78 | 55,1 | 2,23 | 14,6 | 5,57 | 1,15 | | |
| 65·65·7 | 65 | 7 | 9 | 4,5 | 8,70 | 6,83 | 1,85 | 4,60 | 2,62 | 33,4 | 7,18 | 1,96 | 53,0 | 2,47 | 13,8 | 5,27 | 1,26 | 20 | 35 |
| 9 | | 9 | | | 11,0 | 8,62 | 1,93 | | 2,73 | 41,3 | 9,04 | 1,94 | 65,4 | 2,44 | 17,2 | 6,30 | 1,25 | | |
| 11 | | 11 | | | 13,2 | 10,3 | 2,00 | | 2,83 | 48,8 | 10,8 | 1,91 | 76,8 | 2,42 | 20,7 | 7,31 | 1,25 | | |
| 70·70·7 | 70 | 7 | 9 | 4,5 | 9,40 | 7,38 | 1,97 | 4,95 | 2,79 | 42,4 | 8,43 | 2,12 | 67,1 | 2,67 | 17,6 | 6,31 | 1,37 | 20 | 40 |
| 9 | | 9 | | | 11,9 | 9,34 | 2,05 | | 2,90 | 52,6 | 10,6 | 2,10 | 83,1 | 2,64 | 22,0 | 7,59 | 1,36 | | |
| 11 | | 11 | | | 14,3 | 11,2 | 2,13 | | 3,01 | 61,8 | 12,7 | 2,08 | 97,6 | 2,61 | 26,0 | 8,64 | 1,35 | | |
| 75·75·7 | 75 | 7 | 10 | 5 | 10,1 | 7,94 | 2,09 | 5,30 | 2,95 | 52,4 | 9,67 | 2,28 | 83,6 | 2,88 | 21,1 | 7,15 | 1,45 | 23 | 40 |
| 8 | | 8 | | | 11,5 | 9,03 | 2,13 | | 3,01 | 58,9 | 11,0 | 2,26 | 93,3 | 2,85 | 24,4 | 8,11 | 1,46 | | |
| 10 | | 10 | | | 14,1 | 11,1 | 2,21 | | 3,12 | 71,4 | 13,5 | 2,25 | 113 | 2,83 | 29,8 | 9,55 | 1,45 | | |
| 12 | | 12 | | | 16,7 | 13,1 | 2,29 | | 3,24 | 82,4 | 15,8 | 2,22 | 130 | 2,79 | 34,7 | 10,7 | 1,44 | | |

Niet-Teilung für gleichschenkligen ∟-Stahl: DIN 999, Blatt 1 und 2 (Juli 1927)

Eingeklammert möglichst vermeiden.

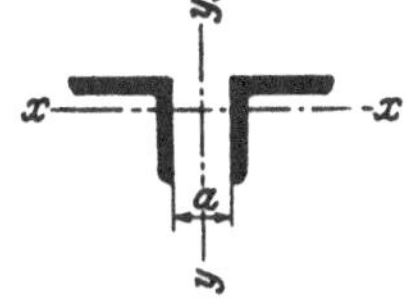

Für jeden Abstand $a$ wird das Hauptträgheitsmoment bezogen auf die Achse $y-y$ größer als das Hauptträgheitsmoment bezogen auf die Achse $x-x$.

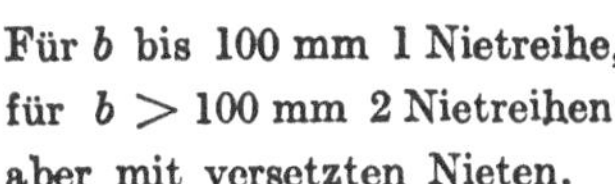

Für $b$ bis 100 mm 1 Nietreihe,
für $b > 100$ mm 2 Nietreihen
aber mit versetzten Nieten.

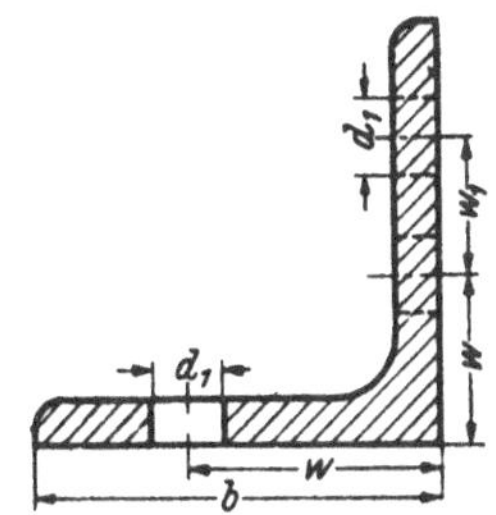

| Bezeichnung | Abmessungen mm | | | | $F$ | $G$ | Abstände für die Achsen cm | | | Für die Biegeachse | | | | | | | | Für die Schenkellöcher nach DIN 997 (April 1927) | | |
|---|---|---|---|---|---|---|---|---|---|---|---|---|---|---|---|---|---|---|---|---|
| | | | | | | | | | | $x-x=y-y$ | | | $\xi-\xi$ | | $\eta-\eta$ | | | | | |
| | $b$ | $d$ | $r$ | $r_1$ | cm² | kg/m | $e$ | $w'$ | $v$ | $J_x=J_y$ cm⁴ | $W_x=W_y$ cm³ | $i_x=i_y$ cm | $J_\xi$ cm⁴ | $i_\xi$ cm | $J_\eta$ cm⁴ | $W_\eta$ cm³ | $i_\eta$ cm | $d_1$ mm | $w$ mm | $w_1$ mm |
| L | | | | | | | | | Gleichschenklicher L-Stahl nach DIN 1028 Blatt 2 (Juli 1940) | | | | | | | | | | | |
| 80· 80· 8 | 80 | 8 | 10 | 5 | 12,3 | 9,66 | 2,26 | 5,66 | 3,20 | 72,3 | 12,6 | 2,42 | 115 | 3,06 | 29,6 | 9,25 | 1,55 | 23 | 45 | — |
| 10 | | 10 | | | 15,1 | 11,9 | 2,34 | | 3,31 | 87,5 | 15,5 | 2,41 | 139 | 3,03 | 35,9 | 10,9 | 1,54 | | | |
| 12 | | 12 | | | 17,9 | 14,1 | 2,41 | | 3,41 | 102 | 18,2 | 2,39 | 161 | 3,00 | 43,0 | 12,6 | 1,53 | | | |
| 14 | | 14 | | | 20,6 | 16,1 | 2,48 | | 3,51 | 115 | 20,8 | 2,36 | 181 | 2,96 | 48,6 | 13,9 | 1,54 | | | |
| 90· 90· 9 | 90 | 9 | 11 | 5,5 | 15,5 | 12,2 | 2,54 | 6,36 | 3,59 | 116 | 18,0 | 2,74 | 184 | 3,45 | 47,8 | 13,3 | 1,76 | 26 | 50 | — |
| 11 | | 11 | | | 18,7 | 14,7 | 2,62 | | 3,70 | 138 | 21,6 | 2,72 | 218 | 3,41 | 57,1 | 15,4 | 1,75 | | | |
| 13 | | 13 | | | 21,8 | 17,1 | 2,70 | | 3,81 | 158 | 25,1 | 2,69 | 250 | 3,39 | 65,9 | 17,3 | 1,74 | | | |
| 16 | | 16 | | | 26,4 | 20,7 | 2,81 | | 3,97 | 186 | 30,1 | 2,66 | 294 | 3,34 | 79,1 | 19,9 | 1,73 | | | |
| 100·100·10 | 100 | 10 | 12 | 6 | 19,2 | 15,1 | 2,82 | 7,07 | 3,99 | 177 | 24,7 | 3,04 | 280 | 3,82 | 73,3 | 18,4 | 1,95 | 26 | 55 | — |
| 12 | | 12 | | | 22,7 | 17,8 | 2,90 | | 4,10 | 207 | 29,2 | 3,02 | 328 | 3,80 | 86,2 | 21,0 | 1,95 | | | |
| 14 | | 14 | | | 26,2 | 20,6 | 2,98 | | 4,21 | 235 | 33,5 | 3,00 | 372 | 3,77 | 98,3 | 23,4 | 1,94 | | | |
| 16 | | 16 | | | 29,6 | 23,2 | 3,06 | | 4,32 | 262 | 37,7 | 2,97 | 413 | 3,74 | 111 | 25,6 | 1,93 | | | |
| 110·110·10 | 110 | 10 | 12 | 6 | 21,2 | 16,6 | 3,07 | 7,78 | 4,34 | 239 | 30,1 | 3,36 | 379 | 4,23 | 98,6 | 22,7 | 2,16 | 26 | 45 | 25 |
| 12 | | 12 | | | 25,1 | 19,7 | 3,15 | | 4,45 | 280 | 35,7 | 3,34 | 444 | 4,21 | 116 | 26,1 | 2,15 | | | |
| 14 | | 14 | | | 29,0 | 22,8 | 3,21 | | 4,54 | 319 | 41,0 | 3,32 | 505 | 4,18 | 133 | 29,3 | 2,14 | | | |
| 120·120·11 | 120 | 11 | 13 | 6,5 | 25,4 | 19,9 | 3,36 | 8,49 | 4,75 | 341 | 39,5 | 3,66 | 541 | 4,62 | 140 | 29,5 | 2,35 | 26 | 50 | 30 |
| 13 | | 13 | | | 29,7 | 23,3 | 3,44 | | 4,86 | 394 | 46,0 | 3,64 | 625 | 4,59 | 162 | 33,3 | 2,34 | | | |
| 15 | | 15 | | | 33,9 | 26,6 | 3,51 | | 4,96 | 446 | 52,5 | 3,63 | 705 | 4,56 | 186 | 37,5 | 2,34 | | | |
| (17) | | 17 | | | 38,1 | 29,9 | 3,59 | | 5,08 | 493 | 58,7 | 3,60 | 778 | 4,51 | 208 | 41,0 | 2,34 | | | |
| 130·130·12 | 130 | 12 | 14 | 7 | 30,0 | 23,6 | 3,64 | 9,19 | 5,15 | 472 | 50,4 | 3,97 | 750 | 5,00 | 194 | 37,7 | 2,54 | 26 | 50 | 40 |
| 14 | | 14 | | | 34,7 | 27,2 | 3,72 | | 5,26 | 540 | 58,2 | 3,94 | 857 | 4,97 | 223 | 42,4 | 2,53 | | | |
| 16 | | 16 | | | 39,3 | 30,9 | 3,80 | | 5,37 | 605 | 65,8 | 3,92 | 959 | 4,94 | 251 | 46,7 | 2,52 | | | |
| 140·140·13 | 140 | 13 | 15 | 7,5 | 35,0 | 27,5 | 3,92 | 9,90 | 5,54 | 638 | 63,3 | 4,27 | 1010 | 5,38 | 262 | 47,3 | 2,74 | 26 | 55 | 45 |
| 15 | | 15 | | | 40,0 | 31,4 | 4,00 | | 5,66 | 723 | 72,3 | 4,25 | 1150 | 5,36 | 298 | 52,7 | 2,73 | | | |
| (17) | | 17 | | | 45,0 | 35,3 | 4,08 | | 5,77 | 805 | 81,2 | 4,23 | 1280 | 5,33 | 334 | 57,9 | 2,72 | | | |
| 150·150·14 | 150 | 14 | 16 | 8 | 40,3 | 31,6 | 4,21 | 10,6 | 5,95 | 845 | 78,2 | 4,58 | 1340 | 5,77 | 347 | 58,3 | 2,94 | 26 | 55 | 55 |
| 16 | | 16 | | | 45,7 | 35,9 | 4,29 | | 6,07 | 949 | 88,7 | 4,56 | 1510 | 5,74 | 391 | 64,4 | 2,93 | | | |
| 18 | | 18 | | | 51,0 | 40,1 | 4,36 | | 6,17 | 1050 | 99,3 | 4,54 | 1670 | 5,70 | 438 | 71,0 | 2,93 | | | |
| 160·160·15 | 160 | 15 | 17 | 8,5 | 46,1 | 36,2 | 4,49 | 11,3 | 6,35 | 1100 | 95,6 | 4,88 | 1750 | 6,15 | 453 | 71,3 | 3,14 | 29 | 60 | 55 |
| 17 | | 17 | | | 51,8 | 40,7 | 4,57 | | 6,46 | 1230 | 108 | 4,86 | 1950 | 6,13 | 506 | 78,3 | 3,13 | | | |
| 19 | | 19 | | | 57,5 | 45,1 | 4,65 | | 6,58 | 1350 | 118 | 4,84 | 2140 | 6,10 | 558 | 84,8 | 3,12 | | | |
| 180·180·16 | 180 | 16 | 18 | 9 | 55,4 | 43,5 | 5,02 | 12,7 | 7,11 | 1680 | 130 | 5,51 | 2690 | 6,96 | 679 | 95,5 | 3,50 | 29 | 60 | 75 |
| 18 | | 18 | | | 61,9 | 48,6 | 5,10 | | 7,22 | 1870 | 145 | 5,49 | 2970 | 6,93 | 757 | 105 | 3,49 | | | |
| 20 | | 20 | | | 68,4 | 53,7 | 5,18 | | 7,33 | 2040 | 160 | 5,47 | 3260 | 6,90 | 830 | 113 | 3,49 | | | |
| 200·200·16 | 200 | 16 | 18 | 9 | 61,8 | 48,5 | 5,52 | 14,1 | 7,80 | 2340 | 162 | 6,15 | 3740 | 7,78 | 943 | 121 | 3,91 | 32 | 60 | 90 |
| 18 | | 18 | | | 69,1 | 54,3 | 5,60 | | 7,92 | 2600 | 181 | 6,13 | 4150 | 7,75 | 1050 | 133 | 3,90 | | | |
| 20 | | 20 | | | 76,4 | 59,9 | 5,68 | | 8,04 | 2850 | 199 | 6,11 | 4540 | 7,72 | 1160 | 144 | 3,89 | | | |

Niet-Teilung für gleichschenkligen L-Stahl: DIN 999, Blatt 1 und 2. (Juli 1927.)

**Tafel 5/34.** *Ungleichschenkliger L-Stahl.*

Regellängen $= 3$ bis $15$ m

Profilwert $k_i = F^2/J \approx 7$ für $b/a = 3/2$

$\approx 11$ für $b/a = 2/1$

| Bezeich-nung | Abmessungen mm | | | | | $E$ cm² | $G$ kg/m | Lage der Achsen | | | Für die Biegeachse | | | | | | | | | | $a_1$ mm | Für die Schenkellöcher nach DIN 997 (April 1927) Maße in mm | | | | |
| | | | | | | | | Abstände | | Achse η—η | $x$—$x$ | | | $y$—$y$ | | | $\xi$—$\xi$ | | $\eta$—$\eta$ | | | | | | | |
| | $a$ | $b$ | $d$ | $r$ | $r_1$ | | | $e_x$ cm | $e_y$ cm | tg $a$ | $J_x$ cm⁴ | $W_x$ cm³ | $i_x$ cm | $J_y$ cm⁴ | $W_y$ cm³ | $i_y$ cm | $J_\xi$ cm⁴ | $i_\xi$ cm | $J_\eta$ cm⁴ | $i_\eta$ cm | | $d_1$ | $d_2$ | $w_1$ | $w_2$ | $w_3$ |
| L | | | | | | | | Ungleichschenkliger L-Stahl nach DIN 1029, Blatt 1 (Juli 1940) | | | | | | | | | | | | | | | | | | |
| 20·30·3 | 20 | 30 | 3 | 3,5 | 2 | 1,42 | 1,11 | 0,99 | 0,50 | 0,431 | 1,25 | 0,62 | 0,94 | 0,44 | 0,29 | 0,56 | 1,43 | 1,00 | 0,25 | 0,42 | 5,2 | — | — | — | — | — |
| 4 | | | 4 | | | 1,85 | 1,45 | 1,03 | 0,54 | 0,423 | 1,59 | 0,81 | 0,93 | 0,55 | 0,38 | 0,55 | 1,81 | 0,99 | 0,33 | 0,42 | 4,2 | | | | | |
| 20·40·(3) | 20 | 40 | 3 | 3,5 | 2 | 1,72 | 1,35 | 1,43 | 0,44 | 0,259 | 2,79 | 1,08 | 1,27 | 0,47 | 0,30 | 0,52 | 2,96 | 1,31 | 0,30 | 0,42 | 14,6 | — | — | — | — | — |
| 4 | | | 4 | | | 2,25 | 1,77 | 1,47 | 0,48 | 0,252 | 3,59 | 1,42 | 1,26 | 0,60 | 0,39 | 0,52 | 3,79 | 1,30 | 0,39 | 0,42 | 13,8 | | | | | |
| 30·45·4 | 30 | 45 | 4 | 4,5 | 2 | 2,87 | 2,25 | 1,48 | 0,74 | 0,436 | 5,78 | 1,91 | 1,42 | 2,05 | 0,91 | 0,85 | 6,65 | 1,52 | 1,18 | 0,64 | 8,0 | 8,5 | 11 | 17 | 25 | — |
| 5 | | | 5 | | | 3,53 | 2,77 | 1,52 | 0,78 | 0,430 | 6,99 | 2,35' | 1,41 | 2,47 | 1,11 | 0,84 | 8,02 | 1,51 | 1,44 | 0,64 | 7,2 | | | | | |
| 30·60·5 | 30 | 60 | 5 | 6 | 3 | 4,29 | 3,37 | 2,15 | 0,68 | 0,256 | 15,6 | 4,04 | 1,90 | 2,60 | 1,12 | 0,78 | 16,5 | 1,96 | 1,69 | 0,63 | 21,4 | 8,5 | 17 | 17 | 35 | — |
| (7) | | | 7 | | | 5,85 | 4,59 | 2,24 | 0,76 | 0,248 | 20,7 | 5,50 | 1,88 | 3,41 | 1,52 | 0,76 | 21,8 | 1,93 | 2,28 | 0,62 | 19,2 | | | | | |
| 40·50·(3) | 40 | 50 | 3 | 4 | 2 | 2,63 | 2,06 | 1,48 | 0,99 | 0,632 | 6,58 | 1,87 | 1,58 | 3,76 | 1,25 | 1,20 | 8,46 | 1,79 | 1,89 | 0,85 | 1,0 | | | | | |
| (4) | | | 4 | | | 3,46 | 2,71 | 1,52 | 1,03 | 0,629 | 8,54 | 2,47 | 1,57 | 4,86 | 1,64 | 1,19 | 10,9 | 1,78 | 2,46 | 0,84 | — | 11 | 14 | 22 | 30 | — |
| 5 | | | 5 | | | 4,27 | 3,35 | 1,56 | 1,07 | 0,625 | 10,4 | 3,02 | 1,56 | 5,89 | 2,01 | 1,18 | 13,3 | 1,76 | 3,02 | 0,84 | — | | | | | |
| 40·60·5 | 40 | 60 | 5 | 6 | 3 | 4,79 | 3,76 | 1,96 | 0,97 | 0,437 | 17,2 | 4,25 | 1,89 | 6,11 | 2,02 | 1,13 | 19,8 | 2,03 | 3,50 | 0,86 | 11,2 | | | | | |
| 6 | | | 6 | | | 5,68 | 4,46 | 2,00 | 1,01 | 0,433 | 20,1 | 5,03 | 1,88 | 7,12 | 2,38 | 1,12 | 23,1 | 2,02 | 4,12 | 0,85 | 10,2 | 11 | 17 | 22 | 35 | — |
| 7 | | | 7 | | | 6,55 | 5,14 | 2,04 | 1,05 | 0,429 | 23,0 | 5,79 | 1,87 | 8,07 | 2,74 | 1,11 | 26,3 | 2,00 | 4,73 | 0,85 | 9,2 | | | | | |

|  |  |  |  |  |  |  |  |  |  |  |  |  |  |  |  |  |  |  |  |  |  |  |  |  |  |  |
|---|---|---|---|---|---|---|---|---|---|---|---|---|---|---|---|---|---|---|---|---|---|---|---|---|---|---|
| 40·80·6 | 40 | 80 | 6 | 7 | 3,5 | 6,89 | 5,41 | 2,85 | 0,88 | 0,259 | 44,9 | 8,73 | 2,55 | 7,59 | 2,44 | 1,05 | 47,6 | 2,63 | 4,90 | 0,84 | 29,0 | 11 | 23 | 22 | 45 | — |
| 8 |  |  | 8 |  |  | 9,01 | 7,07 | 2,94 | 0,95 | 0,253 | 57,6 | 11,4 | 2,53 | 9,68 | 3,18 | 1,04 | 60,9 | 2,60 | 6,41 | 0,84 | 27,2 |  |  |  |  |  |
| 50·65·5 | 50 | 65 | 5 | 6,5 | 3,5 | 5,54 | 4,35 | 1,99 | 1,25 | 0,583 | 23,1 | 5,11 | 2,04 | 11,9 | 3,18 | 1,47 | 28,8 | 2,28 | 6,21 | 1,06 | 3,6 | 14 | 20 | 30 | 35 | — |
| 7 | 50 | 65 | 7 |  |  | 7,60 | 5,97 | 2,07 | 1,33 | 0,574 | 31,0 | 6,99 | 2,02 | 15,8 | 4,31 | 1,44 | 38,4 | 2,25 | 8,37 | 1,05 | 1,8 |  |  |  |  |  |
| 9 |  |  | 9 |  |  | 9,58 | 7,52 | 2,15 | 1,41 | 0,567 | 38,2 | 8,77 | 2,00 | 19,4 | 5,39 | 1,42 | 47,0 | 2,22 | 10,5 | 1,05 | — |  |  |  |  |  |
| 50·100·6 | 50 | 100 | 6 | 9 | 4,5 | 8,73 | 6,85 | 3,49 | 1,04 | 0,263 | 89,7 | 13,8 | 3,20 | 15,3 | 3,86 | 1,32 | 95,2 | 3,30 | 9,78 | 1,06 | 37,6 | 14 | 26 | 30 | 55 | — |
| 8 | 50 | 100 | 8 |  |  | 11,5 | 8,99 | 3,59 | 1,13 | 0,258 | 116 | 18,0 | 3,18 | 19,5 | 5,04 | 1,31 | 123 | 3,28 | 12,6 | 1,05 | 35,4 |  |  |  |  |  |
| (10) |  |  | 10 |  |  | 14,1 | 11,1 | 3,67 | 1,20 | 0,252 | 141 | 22,2 | 3,16 | 23,4 | 6,17 | 1,29 | 149 | 3,25 | 15,5 | 1,04 | 33,8 |  |  |  |  |  |
| 55·75·5 | 55 | 75 | 5 | 7 | 3,5 | 6,30 | 4,95 | 2,31 | 1,33 | 0,530 | 35,5 | 6,84 | 2,37 | 16,2 | 3,89 | 1,60 | 43,1 | 2,61 | 8,68 | 1,17 | 8,4 | 17 | 23 | 30 | 40 | — |
| 7 | 55 | 75 | 7 |  |  | 8,66 | 6,80 | 2,40 | 1,41 | 0,525 | 47,9 | 9,39 | 2,35 | 21,8 | 5,32 | 1,59 | 57,9 | 2,59 | 11,8 | 1,17 | 6,6 |  |  |  |  |  |
| 9 |  |  | 9 |  |  | 10,9 | 8,50 | 2,47 | 1,48 | 0,518 | 59,4 | 11,8 | 2,33 | 26,8 | 6,66 | 1,57 | 71,3 | 2,55 | 14,8 | 1,16 | 5,0 |  |  |  |  |  |
| (60·90·6) | 60 | 90 | 6 | 7 | 3,5 | 8,69 | 6,82 | 2,89 | 1,41 | 0,442 | 71,7 | 11,7 | 2,87 | 25,8 | 5,61 | 1,72 | 82,8 | 3,09 | 14,6 | 1,30 | 17,8 | 17 | 26 | 35 | 50 | — |
| (8) | 60 | 90 | 8 |  |  | 11,4 | 8,96 | 2,97 | 1,49 | 0,437 | 92,5 | 15,4 | 2,85 | 33,0 | 7,31 | 1,70 | 107 | 3,06 | 19,0 | 1,29 | 16,0 |  |  |  |  |  |
| (10) |  |  | 10 |  |  | 14,1 | 11,0 | 3,05 | 1,56 | 0,431 | 112 | 18,8 | 2,82 | 39,6 | 8,92 | 1,68 | 129 | 3,02 | 23,1 | 1,28 | 14,2 |  |  |  |  |  |
| 65·75·(6) | 65 | 75 | 6 | 8 | 4 | 8,11 | 6,37 | 2,19 | 1,70 | 0,740 | 44,0 | 8,30 | 2,33 | 30,7 | 6,39 | 1,94 | 60,2 | 2,73 | 14,4 | 1,34 | — | 20 | 23 | 35 | 40 | — |
| (8) | 65 | 75 | 8 |  |  | 10,6 | 6,34 | 2,28 | 1,78 | 0,736 | 56,7 | 10,9 | 2,31 | 39,4 | 8,34 | 1,92 | 77,3 | 2,70 | 18,8 | 1,33 | — |  |  |  |  |  |
| 10 |  |  | 10 |  |  | 13,1 | 10,3 | 2,35 | 1,86 | 0,732 | 68,4 | 13,3 | 2,29 | 47,3 | 10,2 | 1,90 | 92,7 | 2,66 | 23,0 | 1,33 | — |  |  |  |  |  |
| 65·80·6 | 65 | 80 | 6 | 8 | 4 | 8,41 | 6,60 | 2,39 | 1,65 | 0,649 | 52,8 | 9,41 | 2,51 | 31,2 | 6,44 | 1,93 | 68,5 | 2,85 | 15,6 | 1,36 | — | 20 | 23 | 35 | 45 | — |
| 8 | 65 | 80 | 8 |  |  | 11,0 | 8,66 | 2,47 | 1,73 | 0,645 | 68,1 | 12,3 | 2,49 | 40,1 | 8,41 | 1,91 | 88,0 | 2,82 | 20,3 | 1,36 | — |  |  |  |  |  |
| 10 |  |  | 10 |  |  | 13,6 | 10,7 | 2,55 | 1,81 | 0,640 | 82,2 | 15,1 | 2,46 | 48,3 | 10,3 | 1,89 | 106 | 2,79 | 24,8 | 1,35 | — |  |  |  |  |  |
| 12 |  |  | 12 |  |  | 16,0 | 12,6 | 2,63 | 1,88 | 0,634 | 95,4 | 17,8 | 2,44 | 55,8 | 12,1 | 1,87 | 122 | 2,76 | 29,2 | 1,35 | — |  |  |  |  |  |
| 65·100·7 | 65 | 100 | 7 | 10 | 5 | 11,2 | 8,77 | 3,23 | 1,51 | 0,419 | 113 | 16,6 | 3,17 | 37,6 | 7,54 | 1,84 | 128 | 3,39 | 21,6 | 1,39 | 21,8 | 20 | 26 | 35 | 55 | — |
| 9 | 65 | 100 | 9 |  |  | 14,2 | 11,1 | 3,32 | 1,59 | 0,415 | 141 | 21,0 | 3,15 | 46,7 | 9,52 | 1,82 | 160 | 3,36 | 27,2 | 1,39 | 19,8 |  |  |  |  |  |
| 11 |  |  | 11 |  |  | 17,1 | 13,4 | 3,40 | 1,67 | 0,410 | 167 | 25,3 | 3,13 | 55,1 | 11,4 | 1,80 | 190 | 3,34 | 32,6 | 1,38 | 17,8 |  |  |  |  |  |
| (65·115·8) | 65 | 115 | 8 | 8 | 4 | 13,8 | 10,9 | 3,94 | 1,46 | 0,324 | 188 | 24,8 | 3,69 | 44,2 | 8,78 | 1,79 | 205 | 3,85 | 27,4 | 1,41 | 35,4 | 20 | 26 | 35 | 50 | 25 |
| (10) |  |  | 10 |  |  | 17,1 | 13,4 | 4,02 | 1,54 | 0,321 | 229 | 30,6 | 3,66 | 53,3 | 10,3 | 1,77 | 249 | 3,82 | 33,2 | 1,40 | 33,4 |  |  |  |  |  |

Niet-Teilung für ungleichschenkligen L-Stahl: DIN 998, Blatt 1 und 2 (April 1927).

Eingeklammerte Größen möglichst vermeiden.

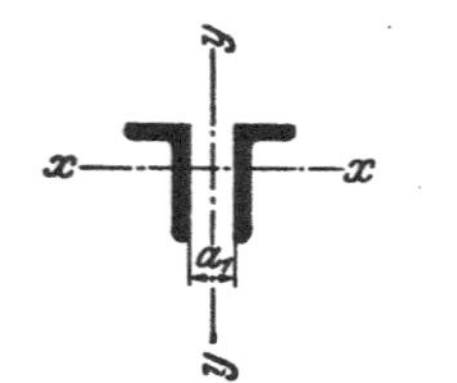

Für $b$ bis 100 mm eine Nietreihe,
für $b > 100$ mm zwei Nietreihen,
aber mit versetzten Nieten.

$a_1 =$ Abstand zweier ∟-Profile, für den die beiden Hauptträgheitsmomente gleich groß und gleich $2\,J_x$ werden.

| Bezeichnung | Abmessungen mm | | | | | $F$ cm² | $G$ kg/m | Lage der Achsen | | | Für die Biegeachse | | | | | | | | | | $a_1$ mm | Für die Schenkellöcher nach DIN 997 (April 1927) Maße in mm | | | | |
| | | | | | | | | Abstände | | Achse $\eta-\eta$ | $x-x$ | | | $y-y$ | | | $\xi-\xi$ | | $\eta-\eta$ | | | | | | | |
| | $a$ | $b$ | $d$ | $r$ | $r_1$ | cm² | kg/m | $e_x$ cm | $e_y$ cm | tg $a$ | $J_x$ cm⁴ | $W_x$ cm³ | $i_x$ cm | $J_y$ cm⁴ | $W_y$ cm³ | $i_y$ cm | $J_\xi$ cm⁴ | $i_\xi$ cm | $J_\eta$ cm⁴ | $i_\eta$ cm | mm | $d_1$ | $d_2$ | $w_1$ | $w_2$ | $W_3$ |
| ∟ | | | | | | | | | | Ungleichschenkliger L-Stahl nach DIN 1029, Blatt 2 (Juli 1940) | | | | | | | | | | | | | | | | |
| 65·130· 8 | 65 | 130 | 8 | 11 | 5,5 | 15,1 | 11,9 | 4,56 | 1,37 | 0,263 | 263 | 31,1 | 4,17 | 44,8 | 8,72 | 1,72 | 280 | 4,31 | 28,6 | 1,38 | 48,6 | | | | | |
| 10 | | | 10 | | | 18,6 | 14,6 | 4,65 | 1,45 | 0,259 | 321 | 38,4 | 4,15 | 54,2 | 10,7 | 1,71 | 340 | 4,27 | 35,0 | 1,37 | 46,8 | 20 | 26 | 35 | 50 | 40 |
| 12 | | | 12 | | | 22,1 | 17,3 | 4,74 | 1,53 | 0,255 | 376 | 45,5 | 4,12 | 63,0 | 12,7 | 1,69 | 397 | 4,24 | 41,2 | 1,37 | 44,6 | | | | | |
| (75·90· 7) | 75 | 90 | 7 | 8,5 | 4,5 | 11,1 | 8,74 | 2,67 | 1,93 | 0,683 | 88,1 | 13,9 | 2,81 | 55,5 | 9,98 | 2,23 | 117 | 3,24 | 27,1 | 1,56 | — | | | | | |
| (9) | | | 9 | | | 14,1 | 11,1 | 2,76 | 2,01 | 0,679 | 110 | 17,6 | 2,79 | 69,1 | 12,6 | 2,21 | 145 | 3,21 | 34,1 | 1,56 | — | 23 | 26 | 40 | 50 | — |
| (11) | | | 11 | | | 17,0 | 13,4 | 2,83 | 2,09 | 0,675 | 130 | 21,1 | 2,77 | 81,7 | 18,5 | 2,19 | 171 | 3,17 | 40,9 | 1,55 | — | | | | | |
| 75·100· 7 | 75 | 100 | 7 | 10 | 5 | 11,9 | 9,32 | 3,06 | 1,83 | 0,553 | 118 | 17,0 | 3,15 | 56,9 | 10,0 | 2,19 | 145 | 3,49 | 30,1 | 1,59 | 8,8 | | | | | |
| 9 | | | 9 | | | 15,1 | 11,8 | 3,15 | 1,91 | 0,549 | 148 | 21,5 | 3,13 | 71,0 | 12,7 | 2,17 | 181 | 3,47 | 37,8 | 1,59 | 7,0 | 23 | 26 | 40 | 55 | — |
| 11 | | | 11 | | | 18,2 | 14,3 | 3,23 | 1,99 | 0,545 | 176 | 25,9 | 3,11 | 84,0 | 15,3 | 2,15 | 214 | 3,44 | 45,4 | 1,58 | 5,2 | | | | | |
| (75·130· 8) | 75 | 130 | 8 | 10,5 | 5,5 | 15,9 | 12,5 | 4,36 | 1,65 | 0,339 | 276 | 31,9 | 4,17 | 68,3 | 11,7 | 2,08 | 303 | 4,37 | 41,3 | 1,61 | 39,2 | | | | | |
| (10) | | | 10 | | | 19,6 | 15,4 | 4,45 | 1,73 | 0,336 | 337 | 39,4 | 4,14 | 82,9 | 14,4 | 2,06 | 369 | 4,34 | 50,6 | 1,61 | 37,4 | 23 | 26 | 40 | 50 | 40 |
| (12) | | | 12 | | | 23,3 | 18,3 | 4,53 | 1,81 | 0,332 | 395 | 46,6 | 4,12 | 96,5 | 17,0 | 2,04 | 432 | 4,31 | 59,6 | 1,60 | 35,4 | | | | | |
| 75·150· 9 | 75 | 150 | 9 | 10,5 | 5,5 | 19,5 | 15,3 | 5,28 | 1,57 | 0,265 | 455 | 46,8 | 4,83 | 78,3 | 13,2 | 2,00 | 484 | 4,98 | 50,0 | 1,60 | 56,4 | | | | | |
| 11 | | | 11 | | | 23,6 | 18,6 | 5,37 | 1,65 | 0,261 | 545 | 56,6 | 4,80 | 93,0 | 15,9 | 1,98 | 578 | 4,95 | 59,8 | 1,59 | 54,4 | 23 | 26 | 40 | 55 | 55 |
| 13 | | | 13 | | | 27,7 | 21,7 | 5,45 | 1,73 | 0,258 | 631 | 66,1 | 4,78 | 107 | 18,5 | 1,96 | 668 | 4,91 | 69,4 | 1,58 | 52,4 | | | | | |

| | | | | | | | | | | | | | | | | | | | | | | | | | | |
|---|---|---|---|---|---|---|---|---|---|---|---|---|---|---|---|---|---|---|---|---|---|---|---|---|---|---|
| 80·120· 8 | 80 | 120 | 8 | 11 | 5,5 | 15,5 | 12,2 | 3,83 | 1,87 | 0,441 | 226 | 27,6 | 3,82 | 80,8 | 13,2 | 2,29 | 261 | 4,10 | 45,8 | 1,72 | 24,0 | 23 | 26 | 45 | 50 | 30 |
| 10 | | | 10 | | | 19,1 | 15,0 | 3,92 | 1,95 | 0,438 | 276 | 34,1 | 3,80 | 93,1 | 16,2 | 2,27 | 318 | 4,07 | 56,1 | 1,71 | 22,2 | | | | | |
| 12 | | | 12 | | | 22,7 | 17,8 | 4,00 | 2,03 | 0,433 | 323 | 40,4 | 3,77 | 114 | 19,1 | 2,25 | 371 | 4,04 | 66,1 | 1,71 | 20,2 | | | | | |
| 14 | | | 14 | | | 26,2 | 20,5 | 4,08 | 2,10 | 0,429 | 368 | 46,4 | 3,75 | 130 | 22,0 | 2,23 | 421 | 4,01 | 75,8 | 1,70 | 18,4 | | | | | |
| 80·160·10 | 80 | 160 | 10 | 13 | 6,5 | 23,2 | 18,2 | 5,63 | 1,69 | 0,263 | 611 | 58,9 | 5,14 | 104 | 16,5 | 2,12 | 648 | 5,29 | 67,0 | 1,70 | 59,7 | 21 | 21 | 45 | 60 | 55 |
| 12 | | | 12 | | | 27,5 | 21,6 | 5,72 | 1,77 | 0,259 | 720 | 70,0 | 5,11 | 122 | 19,6 | 2,10 | 763 | 5,26 | 78,9 | 1,69 | 57,9 | 21 | 25 | | | |
| (14) | | | 14 | | | 31,8 | 25,0 | 5,81 | 1,85 | 0,256 | 823 | 80,7 | 5,09 | 139 | 22,5 | 2,09 | 871 | 5,23 | 90,5 | 1,69 | 56 | 21 | 25 | | | |
| 90·130·10 | 90 | 130 | 10 | 12 | 6 | 21,2 | 16,6 | 4,15 | 2,18 | 0,472 | 358 | 40,5 | 4,11 | 141 | 20,6 | 2,58 | 420 | 4,46 | 78,5 | 1,93 | 20,4 | 26 | 28 | 50 | 50 | 40 |
| 12 | | | 12 | | | 25,1 | 19,7 | 4,24 | 2,26 | 0,468 | 420 | 48,0 | 4,09 | 165 | 24,4 | 2,56 | 492 | 4,43 | 92,6 | 1,92 | 18,6 | | | | | |
| 14 | | | 14 | | | 29,0 | 22,8 | 4,32 | 2,34 | 0,465 | 480 | 55,3 | 4,07 | 187 | 28,1 | 2,54 | 560 | 4,40 | 106 | 1,91 | 16,8 | | | | | |
| 90·150·10* | 90 | 150 | 10 | 12,5 | 6,5 | 23,2 | 18,2 | 4,99 | 2,03 | 0,363 | 532 | 53,1 | 4,79 | 146 | 21,0 | 2,51 | 591 | 5,05 | 87,3 | 1,94 | 41,0 | 26 | 26 | 50 | 55 | 55 |
| 12 | | | 12 | | | 27,5 | 21,6 | 5,08 | 2,11 | 0,350 | 626 | 63,1 | 4,77 | 170 | 24,7 | 2,49 | 694 | 5,02 | 102 | 1,93 | 39,2 | | | | | |
| 14 | | | 14 | | | 31,8 | 25,0 | 5,16 | 2,19 | 0,357 | 716 | 72,8 | 4,75 | 194 | 28,4 | 2,47 | 792 | 4,99 | 118 | 1,92 | 37,2 | | | | | |
| 90·250·10* | 90 | 250 | 10 | 12,5 | 6,5 | 33,2 | 26,0 | 9,49 | 1,57 | 0,156 | 2170 | 140 | 8,09 | 163 | 22,0 | 2,22 | 2220 | 8,18 | 113 | 1,84 | 126 | 26 | 32 | 50 | 60 | 140 |
| 12 | | | 12 | | | 39,5 | 31,0 | 9,59 | 1,65 | 0,154 | 2570 | 167 | 8,06 | 191 | 26,0 | 2,20 | 2630 | 8,15 | 133 | 1,83 | 124 | | | | | |
| 14 | | | 14 | | | 45,8 | 36,0 | 9,68 | 1,74 | 0,152 | 2960 | 193 | 8,03 | 218 | 30,0 | 2,18 | 3020 | 8,12 | 152 | 1,82 | 120 | | | | | |
| 16 | | | 16 | | | 52,0 | 40,8 | 9,77 | 1,82 | 0,150 | 3330 | 219 | 8,01 | 243 | 33,8 | 2,16 | 3400 | 8,09 | 172 | 1,82 | 118 | | | | | |
| 100·150·10 | 100 | 150 | 10 | 13 | 6,5 | 24,2 | 19,0 | 4,80 | 2,34 | 0,442 | 552 | 54,1 | 4,78 | 198 | 25,8 | 2,86 | 637 | 5,13 | 112 | 2,15 | 29,8 | 26 | 26 | 55 | 55 | 55 |
| 12 | | | 12 | | | 28,7 | 22,6 | 4,89 | 2,42 | 0,439 | 650 | 64,2 | 4,76 | 232 | 30,6 | 2,84 | 749 | 5,10 | 132 | 2,15 | 28,0 | | | | | |
| 14 | | | 14 | | | 33,2 | 26,1 | 4,97 | 2,50 | 0,435 | 744 | 74,1 | 4,73 | 264 | 35,2 | 2,82 | 856 | 5,07 | 152 | 2,14 | 26,2 | | | | | |
| 100·200·10 | 100 | 200 | 10 | 15 | 7,5 | 29,2 | 23,0 | 6,93 | 2,01 | 0,266 | 1220 | 93,2 | 6,46 | 210 | 26,3 | 2,68 | 1300 | 6,66 | 133 | 2,14 | 77,4 | 26 | 32 | 55 | 60 | 90 |
| 12 | | | 12 | | | 34,8 | 27,3 | 7,03 | 2,10 | 0,264 | 1440 | 111 | 6,43 | 247 | 31,3 | 2,67 | 1530 | 6,63 | 158 | 2,13 | 75,2 | | | | | |
| 14 | | | 14 | | | 40,3 | 31,6 | 7,12 | 2,18 | 0,262 | 1650 | 128 | 6,41 | 282 | 36,1 | 2,65 | 1760 | 6,60 | 181 | 2,12 | 73,0 | | | | | |
| 16 | | | 16 | | | 45,7 | 35,9 | 7,20 | 2,26 | 0,259 | 1860 | 145 | 6,38 | 316 | 40,8 | 2,63 | 1970 | 6,57 | 204 | 2,11 | 71,0 | | | | | |

Niet-Teilung für ungleichschenkligen L-Stahl: DIN 998, Blatt 1 und 2. (April 1927)

*) Für Wagenbau. Nicht genormt. Eingeklammerte Größen möglichst vermeiden.

**Tafel 5/35. [-Stahl**

Regellängen = 4 bis 15 m

Neigung der inneren Flanschflächen

8% für [-Stahl $\leq$ [ 30

5% für [-Stahl $>$ [ 30

mit Ausnahme für [ 38 (Neigung 2°)

$a_1$ = Stegabstand zweier [-Profile, für den die beiden Hauptträgheitsmomente gleich groß und gleich $2\,J_x$ werden.

$e$ = Abstand der Schwerachse $y$—$y$

Profilwert $k_i = F^2/J \approx 7$

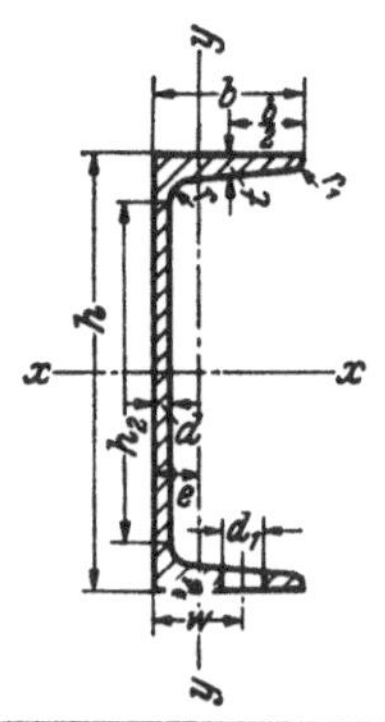

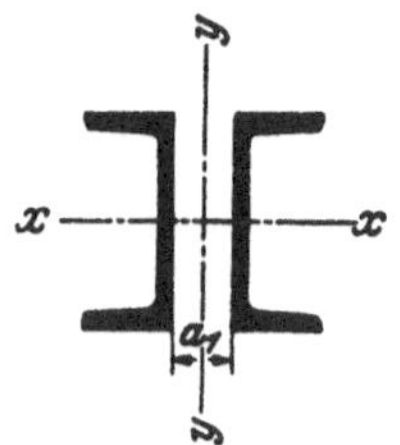

| Be-zeich-nung | Abmessungen mm | | | | | | $F$ cm² | $G$ kg/m | Für die Biegeachse $x$—$x$ | | | $y$—$y$ | | | $e$ cm | $a_1$ mm | Für die Flanschenlöcher n. DIN 997 (Apr. 1927) | | Be-zeich-nung |
|---|---|---|---|---|---|---|---|---|---|---|---|---|---|---|---|---|---|---|---|
| | $h$ | $b$ | $d$ | $t=r$ | $r_1$ | $h_2$ | | | $J_x$ cm⁴ | $W_x$ cm³ | $i_x$ cm | $J_y$ cm⁴ | $W_y$ cm³ | $i_y$ cm | | | $d_1$ mm | $w$ mm | |
| [ | [-Stahl nach DIN 1026, Blatt 1 (Juli 1940*) | | | | | | | | | | | | | | | | | | [ |
| (3) | 30 | 33 | 5 | 7 | 3,5 | — | 5,44 | 4,27 | 6,39 | 4,26 | 1,08 | 5,33 | 2,68 | 0,99 | 1,31 | — | — | — | (3) |
| 4 | 40 | 35 | 5 | 7 | 3,5 | — | 6,21 | 4,87 | 14,1 | 7,05 | 1,50 | 6,68 | 3,08 | 1,04 | 1,33 | — | 11 | 20 | 4 |
| 5 | 50 | 38 | 5 | 7 | 3,5 | — | 7,12 | 5,59 | 26,4 | 10,6 | 1,92 | 9,12 | 3,75 | 1,13 | 1,37 | 4 | 11 | 20 | 5 |
| 6½ | 65 | 42 | 5,5 | 7,5 | 4 | — | 9,03 | 7,09 | 57,5 | 17,7 | 2,52 | 14,1 | 5,07 | 1,25 | 1,42 | 16 | 11 | 25 | 6½ |
| 8 | 80 | 45 | 6 | 8 | 4 | 45 | 11,0 | 8,64 | 106 | 26,5 | 3,10 | 19,4 | 6,36 | 1,33 | 1,45 | 28 | 14 | 25 | 8 |
| 10 | 100 | 50 | 6 | 8,5 | 4,5 | 65 | 13,5 | 10,6 | 206 | 41,2 | 3,91 | 29,3 | 8,49 | 1,47 | 1,55 | 42 | 14 | 30 | 10 |
| 12 | 120 | 55 | 7 | 9 | 4,5 | 80 | 17,0 | 13,4 | 364 | 60,7 | 4,62 | 43,2 | 11,1 | 1,59 | 1,60 | 56 | 17 | 30 | 12 |
| 14 | 140 | 60 | 7 | 10 | 5 | 100 | 20,4 | 16,0 | 605 | 86,4 | 5,45 | 62,7 | 14,8 | 1,75 | 1,75 | 70 | 17 | 35 | 14 |
| 16 | 160 | 65 | 7,5 | 10,5 | 5,5 | 110 | 24,0 | 18,8 | 925 | 116 | 6,21 | 85,3 | 18,3 | 1,89 | 1,84 | 82 | 20 | 36 | 16 |
| 18 | 180 | 70 | 8, | 11 | 5,5 | 130 | 28,0 | 22,0 | 1350 | 150 | 6,95 | 114 | 22,4 | 2,02 | 1,92 | 96 | 20 | 40 | 18 |
| 20 | 200 | 75 | 8,5 | 11,5 | 6 | 150 | 32,2 | 25,3 | 1910 | 191 | 7,70 | 148 | 27,0 | 2,14 | 2,01 | 108 | 23 | 40 | 20 |
| 22 | 220 | 80 | 9 | 12,5 | 6,5 | 160 | 37,4 | 29,4 | 2690 | 245 | 8,48 | 197 | 33,6 | 2,30 | 2,14 | 122 | 23 | 45 | 22 |
| 24 | 240 | 85 | 9,5 | 13 | 6,5 | 180 | 42,3 | 33,2 | 3600 | 300 | 9,22 | 248 | 39,6 | 2,42 | 2,23 | 134 | 26 | 45 | 24 |
| 26 | 260 | 90 | 10 | 14 | 7 | 200 | 48,3 | 37,9 | 4820 | 371 | 9,99 | 317 | 47,7 | 2,56 | 2,36 | 146 | 26 | 50 | 26 |
| (28) | 280 | 95 | 10 | 15 | 7,5 | 220 | 53,3 | 41,8 | 6280 | 448 | 10,9 | 399 | 57,2 | 2,74 | 2,53 | 160 | 26 | 50 | (28) |
| 30 | 300 | 100 | 10 | 16 | 8 | 230 | 58,8 | 46,2 | 8030 | 535 | 11,7 | 495 | 67,8 | 2,90 | 2,70 | 174 | 26 | 55 | 30 |
| (32) | 320 | 100 | 14 | 17,5 | 8,75 | 240 | 75,8 | 59,5 | 10870 | 679 | 12,1 | 597 | 80,6 | 2,81 | 2,60 | 182 | 26 | 55 | (32) |
| 35 | 350 | 100 | 14 | 16 | 8 | 280 | 77,3 | 60,6 | 12840 | 734 | 12,9 | 570 | 75,0 | 2,72 | 2,40 | 204 | 26 | 55 | 35 |
| (38) | 381 | 102 | 13,34 | 16 | 11,2 | 310 | 79,7 | 62,6 | 15730 | 826 | 14,1 | 613 | 78,4 | 2,78 | 2,35 | 230 | 26 | 55 | (38) |
| 40 | 400 | 110 | 14 | 18 | 9 | 320 | 91,5 | 71,8 | 20350 | 1020 | 14,9 | 846 | 102 | 3,04 | 2,65 | 240 | 26 | 60 | 40 |
| [ | [-Stahl für den Stahlfachwerkbau, nach DIN 1026, Blatt 1 (Juli 1940*) | | | | | | | | | | | | | | | | | | [ |
| F 14 | 140 | 40 | 4 | 6 | 3 | 110 | 9,9 | 7,78 | 285 | 40,6 | 5,36 | 12,5 | 4,21 | 1,12 | 1,02 | — | 11 | 22 | F 14 |
| [W | [-Stahl für den Wagenbau, nach DIN 1026, Blatt 2 (Juli 1940*) | | | | | | | | | | | | | | | | | | [W |
| $\frac{76}{55}$ | 76 | 55 | 10 | 11,15 | 5,6 | — | 17,6 | 13,8 | 142 | 37,3 | 2,84 | 45,1 | 12,7 | 1,60 | 1,95 | 8 | — | — | $\frac{76}{55}$ |
| $\left(80\,\frac{30}{50}\right)$ | 80 | $\frac{30}{50}$ | 8 | $\frac{8}{8}$ | $\frac{4}{4}$ | — | 11,5 | 9,02 | 97 | 21,2 | 2,91 | 18,2 | 4,90 | 1,26 | 1,25 | 28 | — | — | $\left(80\,\frac{30}{50}\right)$ |
| $\frac{91,5}{26,5}$ | 91,5 | 26,5 | 8,5 | 10,7 | 5,35 | — | 11,8 | 9,27 | 119 | 26,0 | 3,18 | 5,40 | 3,00 | 0,68 | 0,85 | 45 | — | — | $\frac{91,5}{26,5}$ |
| $\frac{105}{65}$ | 105 | 65 | 8 | 8 | 4 | 70 | 17,3 | 13,6 | 287 | 54,7 | 4,07 | 61,2 | 13,2 | 1,88 | 1,88 | 36 | — | — | $\frac{105}{65}$ |
| $\frac{145}{60}$ | 145 | 60 | 8 | 8 | 4 | 110 | 19,8 | 15,6 | 585 | 80,7 | 5,43 | 53,6 | 11,9 | 1,65 | 1,50 | 74 | — | — | $\frac{145}{60}$ |
| $\frac{235}{90}$ | 235 | 90 | 10 | 12 | 6 | 180 | 42,4 | 33,3 | 3430 | 292 | 9,00 | 272 | 40,5 | 2,53 | 2,28 | 128 | — | — | $\frac{235}{90}$ |
| $\frac{300}{75}$ | 300 | 75 | 10 | 10 | 5 | 240 | 42,8 | 33,6 | 4930 | 328 | 10,7 | 145 | 24,2 | 1,84 | 1,50 | 182 | — | — | $\frac{300}{75}$ |
| $\left(\frac{300}{78}\right)$ | 300 | 78 | 10 | 13 | 6,5 | 240 | 47,6 | 37,4 | 5860 | 393 | 11,1 | 209 | 34,7 | 2,10 | 1,80 | 182 | — | — | $\left(\frac{300}{78}\right)$ |

Eingeklammerte Größen möglichst vermeiden.

**Tafel 5/36.**  $\mathrm{I}$-*Stahl*
Regellängen = 4 bis 15 m

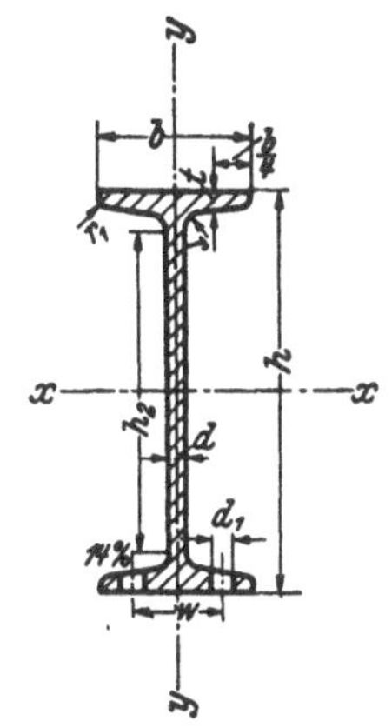

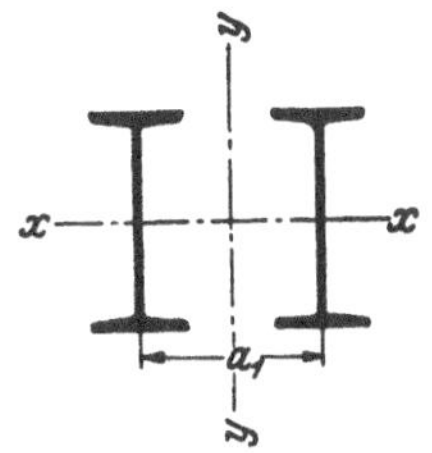

$a_1$ = Mittenabstand zweier $\mathrm{I}$-Profile, für den
die beiden Hauptträgheitsmomente gleich
groß und gleich $2\,J_x$ werden.

Profilwert $k = F/i^2 \approx 10{,}0$.

| Be-zeich-nung | Abmessungen mm | | | | | | $F$ cm² | $G$ kg/m | Für die Biegeachse | | | | | | $a_1$ mm | Für die Flanschen-löcher n. DIN 996 (April 1927) | | Be-zeich-nung |
|---|---|---|---|---|---|---|---|---|---|---|---|---|---|---|---|---|---|---|
| | | | | | | | | | $x-x$ | | | $y-y$ | | | | | | |
| | $h$ | $b$ | $d=r$ | $t$ | $r_1$ | $h_2$ | | | $J_x$ cm⁴ | $W_x$ cm³ | $i_x$ cm | $J_y$ cm⁴ | $W_y$ cm³ | $i_y$ cm | | $d_1$ mm | $w$ mm | |
| $\mathrm{I}$ | $\mathrm{I}$-Stahl nach DIN 1025, Blatt 1 (Juli 1940*) | | | | | | | | | | | | | | | | | $\mathrm{I}$ |
| (8) | 80 | 42 | 3,9 | 5,9 | 2,3 | 60 | 7,58 | 5,95 | 77,8 | 19,5 | 3,20 | 6,29 | 3,00 | 0,91 | 62 | — | 22 | (8) |
| (10) | 100 | 50 | 4,5 | 6,8 | 2,7 | 75 | 10,6 | 8,32 | 171 | 34,2 | 4,01 | 12,2 | 4,88 | 1,07 | 78 | — | 26 | 10 |
| 12 | 120 | 58 | 5,1 | 7,7 | 3,1 | 90 | 14,2 | 11,2 | 328 | 54,7 | 4,81 | 21,5 | 7,41 | 1,23 | 94 | — | 30 | 12 |
| 14 | 140 | 66 | 5,7 | 8,6 | 3,4 | 100 | 18,3 | 14,4 | 573 | 81,9 | 5,61 | 35,2 | 10,7 | 1,40 | 108 | 11 | 34 | 14 |
| 16 | 160 | 74 | 6,3 | 9,5 | 3,8 | 120 | 22,8 | 17,9 | 935 | 117 | 6,40 | 54,7 | 14,8 | 1,55 | 124 | 14 | 38 | 16 |
| 18 | 180 | 82 | 6,9 | 10,4 | 4,1 | 140 | 27,9 | 21,9 | 1450 | 161 | 7,20 | 81,3 | 19,8 | 1,71 | 140 | 14 | 44 | 18 |
| 20 | 200 | 90 | 7,5 | 11,3 | 4,5 | 160 | 33,5 | 26,3 | 2140 | 214 | 8,00 | 117 | 26,0 | 1,87 | 156 | 17 | 46 | 20 |
| 22 | 220 | 98 | 8,1 | 12,2 | 4,9 | 170 | 39,6 | 31,1 | 3060 | 278 | 8,80 | 162 | 33,1 | 2,02 | 172 | 17 | 52 | 22 |
| 24 | 240 | 106 | 8,7 | 13,1 | 5,2 | 190 | 46,1 | 36,2 | 4250 | 354 | 9,59 | 221 | 41,7 | 2,20 | 188 | 17 | 56 | 24 |
| 26 | 260 | 113 | 9,4 | 14,1 | 5,6 | 200 | 53,4 | 41,9 | 5740 | 442 | 10,4 | 288 | 51,0 | 2,32 | 202 | 20 | 58 | 26 |
| (28) | 280 | 119 | 10,1 | 15,2 | 6,1 | 220 | 61,1 | 48,0 | 7590 | 542 | 11,1 | 364 | 61,2 | 2,45 | 218 | 20 | 62 | (28) |
| 30 | 300 | 125 | 10,8 | 16,2 | 6,5 | 240 | 69,1 | 54,2 | 9800 | 653 | 11,9 | 451 | 72,2 | 2,56 | 234 | 20 | 64 | 30 |
| (32) | 320 | 131 | 11,5 | 17,3 | 6,9 | 250 | 77,8 | 61,1 | 12510 | 782 | 12,7 | 555 | 84,7 | 2,67 | 248 | 20 | 70 | (32) |
| 34 | 340 | 137 | 12,2 | 18,3 | 7,3 | 270 | 86,8 | 68,1 | 15700 | 923 | 13,5 | 674 | 98,4 | 2,80 | 264 | 20 | 74 | 34 |
| 36 | 360 | 143 | 13,0 | 19,5 | 7,8 | 290 | 97,1 | 76,2 | 19610 | 1090 | 14,2 | 818 | 114 | 2,90 | 278 | 23 | 74 | 36 |
| (38) | 380 | 149 | 13,7 | 20,5 | 8,2 | 300 | 107 | 84,0 | 24010 | 1260 | 15,0 | 975 | 131 | 3,02 | 294 | 23 | 80 | (38) |
| 40 | 400 | 155 | 14,4 | 21,6 | 8,6 | 320 | 118 | 92,6 | 29210 | 1460 | 15,7 | 1160 | 149 | 3,13 | 308 | 23 | 84 | 40 |
| 42½ | 425 | 163 | 15,3 | 23,0 | 9,2 | 340 | 132 | 104 | 36970 | 1740 | 16,7 | 1440 | 176 | 3,30 | 328 | 26 | 86 | 42½ |
| 45 | 450 | 170 | 16,2 | 24,3 | 9,7 | 360 | 147 | 115 | 45850 | 2040 | 17,7 | 1730 | 203 | 3,43 | 348 | 26 | 92 | 45 |
| 47½ | 475 | 178 | 17,1 | 25,6 | 10,3 | 380 | 163 | 128 | 56480 | 2380 | 18,6 | 2090 | 235 | 3,60 | 366 | 26 | 96 | 47½ |
| 50 | 500 | 185 | 18,0 | 27,0 | 10,8 | 400 | 180 | 141 | 68740 | 2750 | 19,6 | 2480 | 268 | 3,72 | 384 | 26 | 100 | 50 |
| 55 | 550 | 200 | 19,0 | 30,0 | 11,9 | 440 | 213 | 167 | 99180 | 3610 | 21,6 | 3490 | 349 | 4,02 | 424 | 26 | 110 | 55 |
| 60 | 600 | 215 | 21,6 | 32,4 | 13,0 | 480 | 254 | 199 | 139000 | 4630 | 23,4 | 4670 | 434 | 4,30 | 460 | 26 | 120 | 60 |
| $\mathrm{I}$ | $\mathrm{I}$-Stahl für Stahlfachwerkbau nach DIN 1025, Blatt 1 | | | | | | | | | | | | | | | | | $\mathrm{I}$ |
| F 14 | 140 | 60 | 4 | 5,5 | 2,4 | 110 | 11,7 | 9,16 | 365 | 52,2 | 5,59 | 15,6 | 5,21 | 1,15 | 110 | 11 | 30 | F 14 |

Eingeklammerte Größen möglichst vermeiden.

**Tafel 5/37.** *Breit- und parallelflanschiger* $\mathrm{I}$*-Stahl*
(*P-Träger*)
Regellängen = 4 bis 15 m
(lieferbar bis 25 m und mehr nach Vereinbarung)

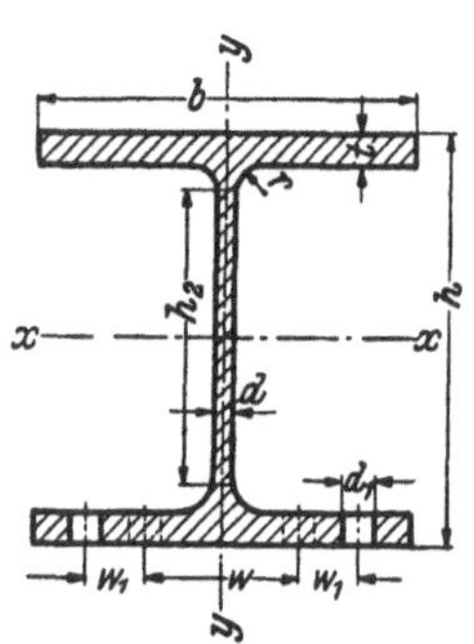

$b = h$     für Profil $\leq \mathrm{I}\,P\,30$
$b = 300$ mm für Profil $\geq \mathrm{I}\,P\,30$

| Be-zeich-nung | Abmessungen mm | | | | | | $F$ | $G$ | Für die Biegeachse | | | | | | Für die Flanschenlöcher nach DIN 996 (April 1927) | | | Be-zeich-nung |
| | | | | | | | | | $x - x$ | | | $y - y$ | | | | | | |
| $\mathrm{I}P$ | $h$ | $b$ | $d$ | $t$ | $r$ | $h_2$ | cm² | kg/m | $J_x$ cm⁴ | $W_x$ cm³ | $i_x$ cm | $J_y$ cm⁴ | $W_y$ cm³ | $i_y$ cm | $d_1$ mm | $w$ mm | $w_1$ mm | $\mathrm{I}P$ |
|---|---|---|---|---|---|---|---|---|---|---|---|---|---|---|---|---|---|---|
| — Breit- und parallelflanschiger $\mathrm{I}$-Stahl nach DIN 1025, Blatt 2 (Juli 1940*) | | | | | | | | | | | | | | | | | | $\mathrm{I}P$ |
| (10) | 100 | 100 | 6,5 | 10 | 10 | 60 | 26,1 | 20,5 | 447 | 89,3 | 4,14 | 167 | 33,4 | 2,53 | 17 | 54 | — | (10) |
| 12 | 120 | 120 | 8 | 11 | 11 | 76 | 34,6 | 27,2 | 852 | 142 | 4,96 | 276 | 46,0 | 2,82 | 17 | 64 | — | 12 |
| 14 | 140 | 140 | 8 | 12 | 12 | 85 | 44,1 | 34,6 | 1520 | 217 | 5,87 | 550 | 78,6 | 3,53 | 20 | 80 | — | 14 |
| 18 | 180 | 180 | 9 | 14 | 14 | 120 | 65,8 | 51,6 | 3830 | 426 | 7,63 | 1360 | 151 | 4,55 | 26 | 100 | — | 18 |
| 20 | 200 | 200 | 10 | 16 | 15 | 140 | 82,7 | 64,9 | 5950 | 595 | 8,48 | 2140 | 214 | 5,08 | 26 | 110 | — | 20 |
| 22 | 220 | 220 | 10 | 16 | 15 | 160 | 91,1 | 71,5 | 8050 | 732 | 9,37 | 2840 | 258 | 5,59 | 26 | 120 | — | 22 |
| 24 | 240 | 240 | 11 | 18 | 17 | 170 | 111 | 87,4 | 11690 | 974 | 10,3 | 4150 | 346 | 6,11 | 26 | 90 | 35 | 24 |
| 26 | 260 | 260 | 11 | 18 | 17 | 190 | 121 | 94,8 | 15050 | 1160 | 11,2 | 5280 | 4(6 | 6,61 | 26 | 100 | 40 | 26 |
| 28 | 280 | 280 | 12 | 20 | 18 | 200 | 144 | 113 | 20720 | 1480 | 12,0 | 7320 | 523 | 7,14 | 26 | 110 | 45 | 28 |
| 30 | 300 | 300 | 12 | 20 | 18 | 220 | 154 | 121 | 25760 | 1720 | 12,9 | 9010 | 600 | 7,65 | 26 | 120 | 50 | 30 |
| 32 | 320 | 300 | 13 | 22 | 20 | 230 | 171 | 135 | 32250 | 2020 | 13,7 | 9910 | 661 | 7,60 | 26 | 120 | 50 | 32 |
| 34 | 340 | 300 | 13 | 22 | 20 | 250 | 174 | 137 | 36940 | 2170 | 14,5 | 9910 | 661 | 7,55 | 26 | 120 | 50 | 34 |
| 36 | 360 | 300 | 14 | 24 | 21 | 270 | 192 | 150 | 45120 | 2510 | 15,3 | 10810 | 721 | 7,51 | 26 | 120 | 50 | 36 |
| 38 | 380 | 300 | 14 | 24 | 21 | 290 | 194 | 153 | 50950 | 2680 | 16,2 | 10810 | 721 | 7,46 | 26 | 120 | 50 | 38 |
| 40 | 400 | 300 | 14 | 26 | 21 | 300 | 209 | 164 | 60640 | 3030 | 17,0 | 11710 | 781 | 7,49 | 26 | 120 | 50 | 40 |
| (42½) | 425 | 300 | 14 | 26 | 21 | 330 | 212 | 166 | 69480 | 3270 | 18,1 | 11710 | 781 | 7,43 | 26 | 120 | 50 | (42½) |
| 45 | 450 | 300 | 15 | 28 | 23 | 350 | 232 | 182 | 84220 | 3740 | 19,0 | 12620 | 841 | 7,38 | 26 | 120 | 50 | 45 |
| (47½) | 475 | 300 | 15 | 28 | 23 | 370 | 235 | 185 | 95120 | 4010 | 20,1 | 12620 | 841 | 7,32 | 26 | 120 | 50 | (47½) |
| 50 | 500 | 300 | 16 | 30 | 24 | 390 | 255 | 200 | 113200 | 4530 | 21,0 | 13530 | 902 | 7,28 | 26 | 120 | 50 | 50 |
| 55 | 550 | 300 | 16 | 30 | 24 | 440 | 263 | 207 | 140300 | 5100 | 23,1 | 13530 | 902 | 7,17 | 26 | 120 | 50 | 55 |
| 60 | 600 | 300 | 17 | 32 | 26 | 480 | 289 | 227 | 180800 | 6030 | 25,0 | 14440 | 962 | 7,07 | 26 | 120 | 50 | 60 |
| 65 | 650 | 300 | 17 | 32 | 26 | 530 | 297 | 234 | 216800 | 6670 | 27,0 | 14440 | 962 | 6,97 | 26 | 120 | 50 | 65 |
| 70 | 700 | 300 | 18 | 34 | 27 | 580 | 324 | 254 | 270300 | 7720 | 28,9 | 15350 | 1020 | 6,88 | 26 | 120 | 50 | 70 |
| (75) | 750 | 300 | 18 | 34 | 27 | 630 | 333 | 231 | 316300 | 8430 | 30,8 | 15350 | 1020 | 6,79 | 26 | 120 | 50 | (75) |
| 80 | 800 | 300 | 18 | 34 | 27 | 680 | 342 | 268 | 366400 | 9160 | 32,7 | 15350 | 1020 | 6,70 | 26 | 120 | 50 | 80 |
| 90 | 900 | 300 | 19 | 36 | 30 | 770 | 381 | 299 | 506000 | 11250 | 36,4 | 16270 | 1080 | 6,53 | 26 | 120 | 50 | 90 |
| (95) | 950 | 300 | 19 | 36 | 30 | 820 | 391 | 307 | 573000 | 12060 | 38,3 | 16270 | 1080 | 6,45 | 26 | 120 | 50 | (95) |
| 100 | 1000 | 300 | 19 | 36 | 30 | 870 | 400 | 314 | 644700 | 12900 | 40,1 | 16280 | 1080 | 6,37 | 26 | 120 | 50 | 100 |

Eingeklammerte Größen möglichst vermeiden.

**Tafel 5/38.** *Sicherungsringe[1] für Wellen* nach DIN 471 (Jan. 1952), Maße (mm).

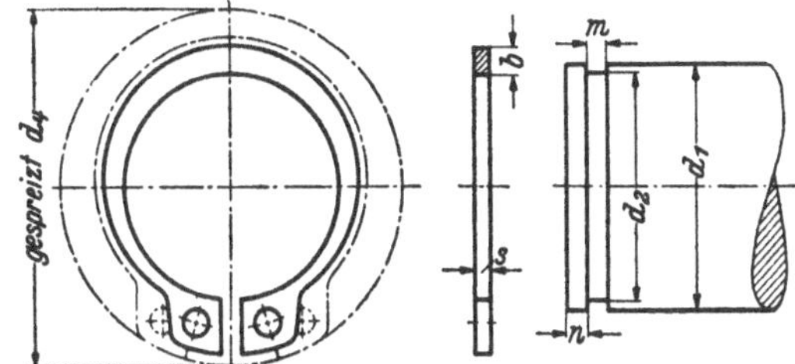

*Bezeichnungsbeispiel:* Sg-Ring 40×1,75 DIN 471.
*Werkstoff:* Federstahl.
*Ausführung:* gestanzt, entgratet, gehärtet, angelassen und gerichtet.

| Wellendurchmesser $d_1$ | Dicke $s$ $h\,11$ | $b$ ≈ | $d_2$ | $d_4$ gespreizt | $m$ H 13 | $n$ Kleinstmaß |
|---|---|---|---|---|---|---|
| 4 | 0,4 | 0,7 | 3,8 | 8 | 0,5 | |
| 5 | 0,6 | 1,1 | 4,8 | 10 | 0,7 | |
| 6 | 0,7 | 1,3 | 5,7 | 12 | 0,8 | 1 |
| 7 | 0,8 | 1,3 | 6,7 | 14 | 0,9 | |
| 8 | | 1,5 | 7,6 | 15 | | |
| 9 | | 1,7 | 8,6 | 16 | | |
| 10 | | 1,8 | 9,6 | 17 | | |
| 11 | | 1,9 | 10,5 | 18 | | |
| 12 | | | 11,5 | 19 | | |
| 13 | 1 | | 12,4 | 20 | 1,1 | |
| 14 | | 2,2 | 13,4 | 22 | | |
| 15 | | | 14,3 | 23 | | |
| 16 | | | 15,2 | 24 | | |
| 17 | | | 16,2 | 25 | | |
| 18 | | | 17 | 26 | | |
| 19 | | | 18 | 27 | | 1,5 |
| 20 | | 2,7 | 19 | 28 | | |
| 21 | 1,2 | | 20 | 30 | 1,3 | |
| 22 | | | 21 | 31 | | |
| 24 | | | 22,9 | 33 | | |
| 25 | | 3,1 | 23,9 | 34 | | |
| 26 | | | 24,9 | 35 | | |
| 28 | | | 26,6 | 38 | | |
| 30 | | 3,5 | 28,6 | 40 | | |
| 32 | 1,5 | | 30,3 | 43 | 1,6 | |
| 34 | | | 32,3 | 45 | | |
| 35 | | 4 | 33 | 46 | | |
| 36 | | | 34 | 47 | | |
| 38 | | | 36 | 50 | | |
| 40 | 1,75 | 4,5 | 37,5 | 53 | 1,85 | 2 |
| 42 | | | 39,5 | 55 | | |
| 45 | | 4,8 | 42,5 | 58 | | |
| 48 | | | 45,5 | 62 | | |
| 50 | | | 47 | 64 | | |
| 52 | | 5 | 49 | 66 | | |
| 55 | 2 | | 52 | 70 | 2,15 | 2 |
| 58 | | | 55 | 73 | | |
| 60 | | 5,5 | 57 | 75 | | |
| 62 | | | 59 | 77 | | |

| Wellendurchmesser $d_1$ | Dicke $s$ $h\,11$ | $b$ ≈ | $d_2$ | $d_4$ gespreizt | $m$ H 13 | $n$ Kleinstmaß |
|---|---|---|---|---|---|---|
| 65 | | | 62 | 81 | | |
| 68 | | 6,4 | 65 | 84 | | |
| 70 | 2,5 | | 67 | 86 | 2,65 | 2,5 |
| 75 | | 7 | 72 | 92 | | |
| 80 | | 7,4 | 76,5 | 97 | | |
| 85 | | 8 | 81,5 | 103 | | |
| 90 | 3 | | 86,5 | 108 | 3,15 | 3 |
| 95 | | 8,6 | 91,5 | 114 | | |
| 100 | | 9 | 96,5 | 119 | | |
| 105 | | | 101 | 125 | | |
| 110 | | 9,5 | 106 | 131 | | |
| 115 | | | 111 | 137 | | |
| 120 | | 10,3 | 116 | 143 | | |
| 125 | | | 121 | 148 | | |
| 130 | | | 126 | 154 | | |
| 135 | | 11 | 131 | 159 | | |
| 140 | | | 136 | 164 | | |
| 145 | | 11,6 | 141 | 170 | | |
| 150 | 4 | | 145 | 175 | 4,15 | 4 |
| 155 | | 12,2 | 150 | 181 | | |
| 160 | | | 155 | 186 | | |
| 165 | | | 160 | 192 | | |
| 170 | | 12,9 | 165 | 197 | | |
| 175 | | | 170 | 202 | | |
| 180 | | 13,5 | 175 | 208 | | |
| 185 | | | 180 | 213 | | |
| 190 | | | 185 | 219 | | |
| 195 | | | 190 | 224 | | |
| 200 | | | 195 | 229 | | |
| 210 | | 14 | 204 | 239 | | |
| 220 | | | 214 | 249 | | |
| 230 | | | 224 | 259 | | |
| 240 | | | 234 | 269 | | |
| 250 | 5 | | 244 | 279 | 5,15 | 7 |
| 260 | | | 252 | 293 | | |
| 270 | | | 262 | 303 | | |
| 280 | | 16 | 272 | 313 | | |
| 290 | | | 282 | 323 | | |
| 300 | | | 292 | 333 | | |

[1] Nach Schutzrechten der Firma Seeger & Co., Frankfurt/Main.

**Tafel 5/39.** *Sicherungsringe[1] für Bohrungen* nach DIN 472 (Jan. 1952), Maße (mm).

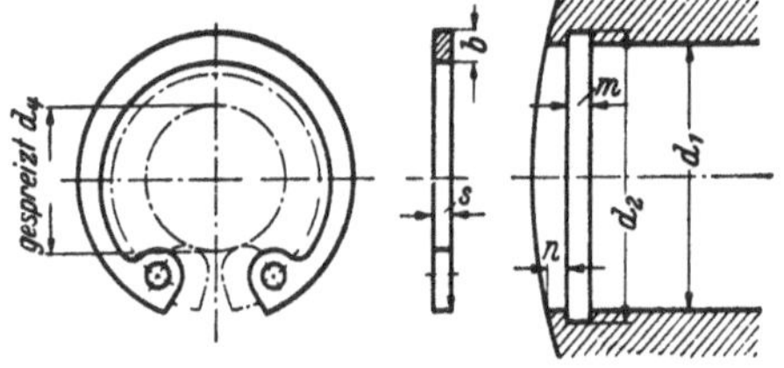

*Bezeichnungsbeispiel:* Sg-Ring 50×2 DIN 472.
*Werkstoff:* Federstahl.
*Ausführung:* gestanzt, entgratet, gehärtet, angelassen und gerichtet.

| Bohrungsdurchmesser $d_1$ | Dicke $s$ h 11 | $b$ ≈ | $d_2$ | $d_4$ gespreizt | $m$ H 13 | $n$ Kleinstmaß |
|---|---|---|---|---|---|---|
| 10 | 1 | 1,6 | 10,4 | 3 | 1,1 | 1,5 |
| 11 | | | 11,4 | 4 | | |
| 12 | | 2 | 12,5 | 5 | | |
| 13 | | | 13,6 | 6 | | |
| 14 | | | 14,6 | 7 | | |
| 15 | | | 15,7 | 8 | | |
| 16 | | | 16,8 | 8 | | |
| 17 | | | 17,8 | 9 | | |
| 18 | | 2,5 | 19 | 10 | | |
| 19 | | | 20 | 11 | | |
| 20 | | | 21 | 12 | | |
| 21 | | | 22 | 12 | | |
| 22 | | | 23 | 13 | | |
| 24 | 1,2 | 3 | 25,2 | 15 | 1,3 | |
| 25 | | | 26,2 | 16 | | |
| 26 | | | 27,2 | 16 | | |
| 28 | | | 29,4 | 18 | | |
| 30 | | | 31,4 | 20 | | |
| 32 | | | 33,7 | 21 | | |
| 34 | 1,5 | 3,5 | 35,7 | 23 | 1,6 | |
| 35 | | | 37 | 24 | | |
| 36 | | | 38 | 25 | | |
| 37 | | | 39 | 26 | | |
| 38 | | 4 | 40 | 27 | | |
| 40 | 1,75 | | 42,5 | 28 | 1,85 | 2 |
| 42 | | | 44,5 | 30 | | |
| 45 | | 4,5 | 47,5 | 33 | | |
| 47 | | | 49,5 | 34 | | |
| 48 | | | 50,5 | 35 | | |
| 50 | 2 | | 53 | 37 | 2,15 | |
| 52 | | 5,1 | 55 | 39 | | |
| 55 | | | 58 | 41 | | |
| 58 | | | 61 | 44 | | |
| 60 | | 5,5 | 63 | 46 | | |
| 62 | | | 65 | 48 | | |
| 65 | | 6 | 68 | 50 | | |
| 68 | 2,5 | | 71 | 53 | 2,65 | 2,5 |
| 70 | | | 73 | 55 | | |

| Bohrungsdurchmesser $d_1$ | Dicke $s$ h 11 | $b$ ≈ | $d_3$ | $d_4$ gespreizt | $m$ H 13 | $n$ Kleinstmaß |
|---|---|---|---|---|---|---|
| 72 | 2,5 | 6,6 | 75 | 57 | 2,65 | 2,5 |
| 75 | | | 78 | 60 | | |
| 78 | | | 81 | 62 | | |
| 80 | 3 | 7 | 83,5 | 64 | 3,15 | 3 |
| 85 | | | 88,5 | 69 | | |
| 90 | | 7,6 | 93,5 | 73 | | |
| 95 | | 8 | 98,5 | 77 | | |
| 100 | | 8,3 | 103,5 | 82 | | |
| 105 | 4 | 8,9 | 109 | 86 | 4,15 | 4 |
| 110 | | | 114 | 89 | | |
| 115 | | 9,5 | 119 | 94 | | |
| 120 | | | 124 | 98 | | |
| 125 | | 10 | 129 | 103 | | |
| 130 | | | 134 | 108 | | |
| 135 | | 10,8 | 139 | 113 | | |
| 140 | | | 144 | 118 | | |
| 145 | | | 149 | 123 | | |
| 150 | | 11,5 | 155 | 126 | | |
| 155 | | | 160 | 130 | | |
| 160 | | 12 | 165 | 134 | | |
| 165 | | | 170 | 139 | | |
| 170 | | | 175 | 145 | | |
| 175 | | 12,5 | 180 | 149 | | |
| 180 | | 13 | 185 | 153 | | |
| 185 | | 13,5 | 190 | 157 | | |
| 190 | | | 195 | 162 | | |
| 195 | | | 200 | 167 | | |
| 200 | | 14 | 205 | 171 | | |
| 210 | 5 | | 216 | 181 | 5,15 | 7 |
| 220 | | | 226 | 191 | | |
| 230 | | | 236 | 201 | | |
| 240 | | | 246 | 211 | | |
| 250 | | | 256 | 221 | | |
| 260 | | 16 | 268 | 227 | | |
| 270 | | | 278 | 237 | | |
| 280 | | | 288 | 247 | | |
| 290 | | | 298 | 257 | | |
| 300 | | | 308 | 267 | | |

[1] Nach Schutzrechten der Firma Seeger & Co. Frankfurt/Main.

*Leichte Reihe:* Nach DIN 705 (Jan. 1949).

A. Befestigung durch Gewindestifte

B. Befestigung durch Stifte

*Schwere Reihe:* Nach DIN 703 (Jan. 1952)

Befestigung durch Gewindestifte

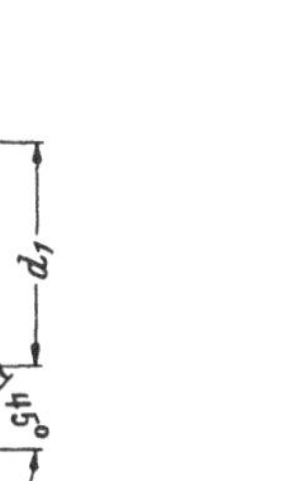
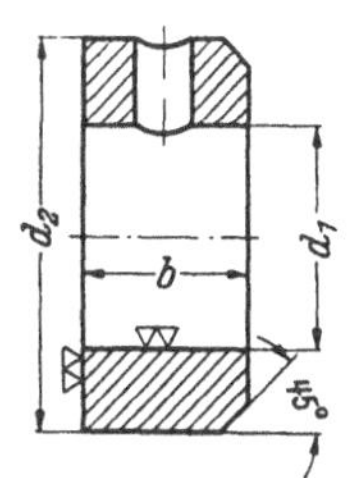
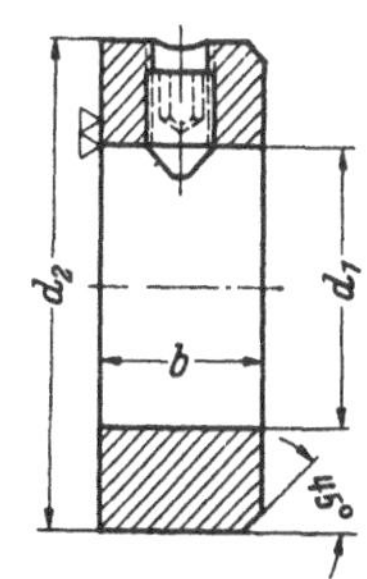

**Leichte Reihe** (nach DIN 705) — A. Befestigung durch Gewindestifte / B. Befestigung durch Stifte

| Bohrung $d_1$ H 9 | b j 14 | $d_2$ h 13 | Für Form A Gewindestift DIN 553 | Zu Form B passender Kegel-Kerbstift DIN 1471 | Kegelstift DIN 1 |
|---|---|---|---|---|---|
| 2 | 3,5 | 6 | M 2 × 3 | — | 0,6 × 8 |
| 2,5 | 4 | 7 | M 2 × 3 | — | 0,8 × 10 |
| 3 | 5 |  |  |  |  |
| 3,5 | 5 | 8 | M 2,6 × 4 | — | 1 × 10 |
| 4 |  |  |  |  |  |
| 4,5 | 6 | 10 | M 3 × 4 | 1,5 × 10 | 1,5 × 12 |
| 5 |  |  |  |  |  |
| 5,5 | 6 | 12 | M 4 × 6 | 1,5 × 12 | 1,5 × 14 |
| 6 | 8 |  |  |  |  |
| 7 | 8 |  |  |  |  |
| 8 | 8 | 16 | M 4 × 6 | 2 × 16 | 2 × 20 |
| 9 | 10 | 18 | M 5 × 8 | 3 × 18 | 3 × 22 |
| 10 | 10 | 20 | M 5 × 8 | 3 × 20 | 3 × 24 |
| 11 |  |  |  |  |  |
| 12 | 12 | 22 | M 6 × 8 | 4 × 22 | 4 × 26 |
| 14 | 12 | 25 | M 6 × 8 | 4 × 25 | 4 × 30 |
| 15 |  |  |  |  |  |
| 16 | 12 | 28 | M 6 × 8 | 4 × 28 | 4 × 32 |
| 18 | 14 | 32 | M 6 × 8 | 5 × 32 | 5 × 36 |
| 20 |  |  |  |  |  |
| 22 | 14 | 36 | M 6 × 10 | 5 × 36 | 5 × 40 |
| 24 | 16 | 40 | M 8 × 10 | 6 × 40 | 6 × 45 |
| 25 |  |  |  |  |  |
| 26 | 16 | 45 | M 8 × 12 | 6 × 45 | 6 × 50 |
| 28 |  |  |  |  |  |
| 30 |  |  |  |  |  |
| 32 | 16 | 50 | M 8 × 12 | 8 × 50 | 8 × 55 |
| 34 |  |  |  |  |  |
| 35 | 16 | 56 | M 8 × 12 | 8 × 56 | 8 × 60 |
| 36 |  |  |  |  |  |
| 38 |  |  |  |  |  |
| 40 | 18 | 63 | M 10 × 15 | 8 × 63 | 8 × 70 |
| 42 |  |  |  |  |  |
| 45 | 18 | 70 | M 10 × 15 | 8 × 70 | 8 × 80 |
| 48 |  |  |  |  |  |
| 50 |  |  |  |  |  |
| 52 | 18 | 80 | M 10 × 15 | 10 × 80 | 10 × 90 |
| 55 |  |  |  |  |  |
| 56 |  |  |  |  |  |
| 58 |  |  |  |  |  |
| 60 |  | 90 |  | 10 × 90 | 10 × 100 |
| 63 | 20 |  | M 10 × 18 |  |  |
| 65 |  |  |  |  |  |
| 68 |  | 100 |  | 10 × 100 | 10 × 110 |
| 70 |  |  |  |  |  |
| 72 |  | 110 |  | 10 × 110 | 10 × 120 |
| 75 | 22 |  | M 12 × 20 |  |  |
| 80 |  |  |  |  |  |
| 85 |  | 125 |  | 13 × 125 | 13 × 140 |
| 90 |  |  |  |  |  |
| 95 |  | 140 |  | 13 × 140 | 13 × 150 |
| 100 |  |  |  |  |  |
| 110 | 25 | 160 | M 12 × 22 | 13 × 160 | 13 × 180 |
| 120 |  |  |  |  |  |
| 125 |  | 180 | M 16 × 28 | 16 × 180 | 16 × 200 |
| 130 | 28 |  |  |  |  |
| 140 |  | 200 | M 16 × 30 | 16 × 200 | 16 × 230 |
| 150 |  |  |  |  |  |
| 160 |  | 220 | M 20 × 35 | — | — |
| 170 | 32 | 250 | M 20 × 40 | — | — |
| 180 |  |  |  |  |  |
| 190 |  | 280 | M 20 × 45 | — | — |
| 200 |  |  |  |  |  |

Fettgedruckte Größen bevorzugen.

**Schwere Reihe** (nach DIN 703) — Befestigung durch Gewindestifte

| Bohrung $d_1$ H 9 | b j 14 | $d_2$ h 13 | Gewindestift DIN 914 |
|---|---|---|---|
| 24 | 22 | 56 | M 10 × 15 |
| 25 |  |  |  |
| 26 |  |  |  |
| 28 |  | 63 |  |
| 30 |  |  |  |
| 32 |  |  |  |
| 34 |  | 70 |  |
| 35 |  |  |  |
| 36 |  |  |  |
| 38 |  |  |  |
| 40 | 28 | 80 | M 12 × 15 |
| 42 |  |  |  |
| 45 |  |  |  |
| 48 |  |  |  |
| 50 |  | 90 | M 12 × 20 |
| 52 |  |  |  |
| 55 |  |  |  |
| 56 |  | 100 |  |
| 58 |  |  |  |
| 60 |  |  |  |
| 63 |  |  |  |
| 65 |  |  |  |
| 68 | 32 | 110 | M 16 × 20 |
| 70 |  |  |  |
| 72 |  |  |  |
| 75 |  |  |  |
| 80 |  | 125 |  |
| 85 |  |  |  |
| 90 |  | 140 |  |
| 95 |  |  |  |
| 100 |  | 160 | M 16 × 25 |
| 110 |  |  |  |
| 120 |  |  |  |
| 125 | 36 | 180 | M 16 × 30 |
| 130 |  |  |  |
| 140 | 38 | 200 | M 20 × 2 × 30 |
| 150 |  |  |  |

*Werkstoff:* Flußstahl nach Wahl des Herstellers.

*Leichte Reihe:* $d_1 = 2$ bis 70 mm ein Gewindestift.

$d_1 = 72$ bis 200 mm zwei Gewindestifte um 135° versetzt.

*Schwere Reihe:* $d_1 = 24$ bis 65 mm ein Gewindestift.

$d_1 = 68$ bis 150 mm zwei Gewindestifte um 135° versetzt.

**Tafel 5/41.** *Dichtungsringe für Stangen und Wellen*[1].

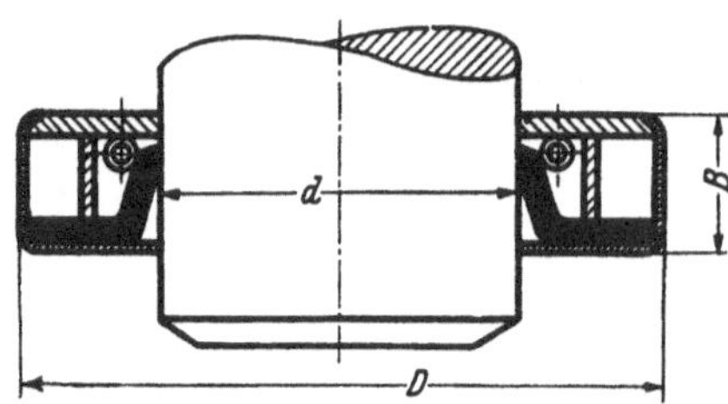

| Wellendurchmesser $d$ | Durchmesser $D$ | $B$ | Wellendurchmesser $d$ | Durchmesser $D$ | $B$ | Wellendurchmesser $d$ | Durchmesser $D$ | $B$ | Wellendurchmesser $d$ | Durchmesser $D$ | $B$ |
|---|---|---|---|---|---|---|---|---|---|---|---|
| 6 | 22 | 8 | 26 | 46,5 | 10 | 33 | 52 | 12 | 40 | 62 | 12 |
| 6 | 28 | 8 | 26 | 47 | 10 | 33 | 56 | 12 | 40 | 63,5 | 10 |
| 8 | 22 | 8 | 26 | 48 | 11 | 33,5 | 52 | 12 | 40 | 65 | 12 |
| 8 | 28 | 8 | 26 | 50 | 12 | 34 | 46 | 9,5 | 40 | 68 | 12 |
| 10 | 30 | 9,5 | 27 | 41 | 10 | 34 | 49 | 9,5 | 40 | 72 | 12 |
| 12 | 25 | 8 | 27 | 47 | 10 | 34 | 50 | 12 | 40 | 72 | 14 |
| 12 | 30 | 9 | 27 | 52 | 12 | 34 | 52 | 11 | 41 | 55,5 | 9 |
| 12 | 32 | 10 | 27,5 | 50 | 12 | 34 | 62 | 13 | 41 | 58 | 9 |
| 12 | 35 | 10 | 27,5 | 52 | 12 | 35 | 47 | 7,5 | 41 | 63,5 | 10 |
| 13 | 28 | 8 | 28 | 40 | 10 | 35 | 49,5 | 9,5 | 41,5 | 62 | 12 |
| 14 | 28 | 7,5 | 28 | 43 | 9,5 | 35 | 50 | 8 | 41,5 | 63,5 | 10 |
| 14 | 30 | 10 | 28 | 47 | 12 | 35 | 52 | 8 | 42 | 56 | 9,5 |
| 14 | 32 | 10 | 28 | 50 | 12 | 35 | 53 | 8 | 42 | 58 | 9 |
| 15 | 30 | 10 | 28 | 52 | 12 | 35 | 53 | 10 | 42 | 60 | 10 |
| 15 | 35 | 10 | 28,5 | 43 | 9,5 | 35 | 56 | 10 | 42 | 62 | 11 |
| 15 | 40 | 10 | 28,5 | 46,5 | 11 | 35 | 61 | 12 | 42 | 65 | 12 |
| 16 | 28,5 | 9,5 | 28,5 | 50 | 12 | 35 | 62 | 12 | 42 | 66 | 13 |
| 16 | 30 | 10 | 28,5 | 64 | 14 | 35 | 72 | 12 | 42 | 70 | 12 |
| 16 | 32 | 10 | 29 | 43 | 9 | 36 | 56 | 13 | 42 | 72 | 12 |
| 16 | 40 | 10 | 29 | 46 | 11 | 36 | 58 | 13 | 42 | 80 | 12 |
| 17 | 35 | 10 | 29 | 46,5 | 11 | 36 | 62 | 12 | 42 | 80 | 15 |
| 17 | 40 | 10 | 29 | 64,5 | 14 | 36 | 71 | 12,5 | 43 | 60 | 10 |
| 18 | 35 | 10 | 30 | 46 | 8,5 | 36,5 | 60,5 | 12 | 43 | 65 | 12 |
| 19 | 35 | 10 | 30 | 47 | 10 | 36,5 | 62 | 12 | 44 | 60 | 11 |
| 19 | 40 | 10 | 30 | 48 | 10 | 37 | 52 | 9 | 44 | 62 | 11 |
| 19 | 35 | 11 | 30 | 49 | 9,5 | 37 | 54 | 9 | 44 | 65 | 11 |
| 20 | 35 | 10 | 30 | 50 | 12 | 37 | 62 | 12 | 44 | 73 | 12 |
| 20 | 40 | 10 | 30 | 52 | 13 | 37 | 80 | 13 | 45 | 60 | 8 |
| 20 | 47 | 11 | 30 | 54 | 11 | 37,5 | 55,5 | 9 | 45 | 62 | 12 |
| 22 | 40 | 11 | 30 | 56 | 12 | 38 | 52 | 8,5 | 45 | 65 | 12 |
| 23 | 42 | 10 | 30 | 62 | 12 | 38 | 54 | 9 | 45 | 66 | 13 |
| 23 | 43,5 | 11 | 31 | 47 | 8,5 | 38 | 56 | 12 | 45 | 68 | 12,5 |
| 23 | 47 | 11 | 31,5 | 50,5 | 12 | 38 | 60,5 | 12,5 | 45 | 72 | 12 |
| 24 | 41 | 11 | 32 | 47 | 8,5 | 38 | 62 | 12 | 45 | 73 | 12 |
| 25 | 42 | 10 | 32 | 49 | 9 | 38 | 63,5 | 13 | 46 | 65 | 12 |
| 25 | 43 | 9,5 | 32 | 50 | 12 | 38 | 80 | 13 | 46 | 72 | 12 |
| 25 | 45 | 10 | 32 | 52 | 12 | 39 | 68 | 12 | 47 | 63,5 | 8,5 |
| 25 | 47 | 11 | 32 | 56 | 12 | 39 | 71 | 13 | 47 | 65 | 12 |
| 25 | 50 | 11 | 32,5 | 62 | 12 | 39 | 72 | 12 | 47 | 70 | 12 |
| 25 | 52 | 11 | 33 | 49 | 9 | 39,5 | 62 | 12 | 47 | 62 | 12 |
| 25,5 | 46,5 | 11 | 33 | 49 | 9,5 | 40 | 55,5 | 9 | 47,5 | 76 | 12,5 |
| 26 | 41 | 10 | 33 | 49 | 10 | 40 | 60 | 10 | 48 | 65 | 9 |

Anmerkung: Die Wellendichtung hat im Außendurchmesser eine Preßsitz-Zugabe.

Bearbeitung der Lauffläche: Bei geringer Umfangsgeschwindigkeit bis etwa 4 m/s genügt ein Feinschlichten der Lauffläche. Bei Umfangsgeschwindigkeiten über 4 m/s ist die Lauffläche zu schleifen oder zu polieren.

[1] Maße der Goetze-Wellendichtungen, Goetze-Werk, Burscheid.

# 6. Normen, Normzahlen und Passungen.

## 6.1. Normen.

Durch Festlegung einheitlicher Abmessungen, Größenabstufungen, Qualitäten, Vorschriften usw. kann man die Typenzahl von Erzeugnissen verringern und damit die Lagerhaltung und die Ersatzbeschaffung erheblich erleichtern, ferner aber auch die Herstellung verbilligen, die Güte heben, die Sicherheit und Kontrolle im technischen Verkehr erhöhen und Doppelarbeit vermeiden.

Gerade im Maschinenbau benutzen wir Normen im größten Ausmaß und zwar die deutschen Normen (DIN), die zum Teil auch internationale Empfehlungen (ISA) berücksichtigen und außerdem Werksnormen der einzelnen Firmen. Die DIN-Normen (s. Normblattverzeichnis [6/1]) umfassen jetzt neben den allgemeinen Normen auch die Fachnormen von technischen Sondergebieten[1]. Die jeweils maßgeblichen DIN-Blätter habe ich in jedem Kapitel besonders zusammengestellt.

## 6.2. Normzahlen.

Sie dienen uns zur günstigen Größen*stufung* der Typen, der Durchmesser, Drehzahlen, Tragkräfte, Leistungen usw. Man verwendet hierfür die gerundeten Werte dezimalgeometrischer Reihen nach Tafel 6/1.

**Tafel 6/1.** *Normzahlen* (DIN 323 Okt. 1939).

| Reihe | Sprung | Normzahlen | | | | | | | | | | | | | | | | | |
|---|---|---|---|---|---|---|---|---|---|---|---|---|---|---|---|---|---|---|---|---|
| R 5 | $\sqrt[5]{10}\approx 1{,}6$ | 1 | | | | | | | | 1,6 | | | | | | | | 2,5 | | |
| R 10 | $\sqrt[10]{10}\approx 1{,}25$ | 1 | | | | 1,25 | | | | 1,6 | | | | 2 | | | | 2,5 | | |
| R 20 | $\sqrt[20]{10}\approx 1{,}12$ | 1 | | 1,12 | | 1,25 | | 1,4 | | 1,6 | | 1,8 | | 2 | | 2,24 | | 2,5 | | 2,8 |
| R 40 | $\sqrt[40]{10}\approx 1{,}06$ | 1 | 1,06 | 1,12 | 1,18 | 1,25 | 1,32 | 1,4 | 1,5 | 1,6 | 1,7 | 1,8 | 1,9 | 2 | 2,12 | 2,24 | 2,36 | 2,5 | 2,65 | 2,8 |

| Reihe | Normzahlen | | | | | | | | | | | | | | | | | | | | | |
|---|---|---|---|---|---|---|---|---|---|---|---|---|---|---|---|---|---|---|---|---|---|---|
| R 5 | | | | | | 4 | | | | | | | | 6,3 | | | | | | | | 10 |
| R 10 | | 3,15 | | | | 4 | | | | 5 | | | | 6,3 | | | | 8 | | | | 10 |
| R 20 | | 3,15 | | 3,55 | | 4 | | 4,5 | | 5 | | 5,6 | | 6,3 | | 7,1 | | 8 | | 9 | | 10 |
| R 40 | 3 | 3,15 | 3,35 | 3,55 | 3,75 | 4 | 4,25 | 4,5 | 4,75 | 5 | 5,3 | 5,6 | 6 | 6,3 | 6,7 | 7,1 | 7,5 | 8 | 8,5 | 9 | 9,5 | 10 |

Weitere Normzahlen gewinnt man durch Malnehmen der obigen mit 10, 100 oder 1000 usw. Im Maschinenbau bevorzugt man die Reihen R 10 und R 20.

## 6.3. Passungen.

Um bestimmte „Sitze", wie Preßsitze, Übergangssitze (Fest-, Treib-, Haft-, Schiebesitze) oder Spielsitze (Gleit- und Laufsitze) *ohne Anpaßarbeit* zu erzielen, müssen die betreffenden Abmessungen der Bauteile mit einer gewissen „*Toleranz*" eingehalten werden. Wir legen sie durch Angabe der zulässigen „*Abmaße*" oder der entsprechenden „*Passungszeichen*" zum „Nennmaß" fest, wie Bild 6/1 zeigt [2].

---

[1] Die früheren Fachsymbole BERG usw. sind durch bestimmte Vorziffern ersetzt. Die Nummern hinter dem Symbol sind mit wenigen Ausnahmen die gleichen geblieben.

BERG-Normblätter jetzt DIN 20000 bis 24999, z. B. BERG 1    jetzt DIN 20001.
DVM- Normblätter jetzt DIN 50000 bis 54999, z. B. DVM 101   jetzt DIN 50101.
Kr-    Normblätter jetzt DIN 70000 bis 78999, z. B. Kr 111   jetzt DIN 70111.
VDE- Normblätter jetzt DIN 40000 bis 49999, z. B. VDE 719 jetzt DIN 40719.
Weitere Angaben siehe [6/1.]

[2] Eine vollständige *Austauschbarkeit* der Teile können auch die Passungen nicht immer garantieren, z. B. ergeben die Übergangssitze im Extremfall „Spiel" oder „Übermaß", sodaß man sich notfalls durch „Aussortieren" helfen muß. Eine noch kleinere Toleranz würde die Herstellung zu sehr verteuern.

Bei den jetzt eingeführten internationalen *ISA-Passungen* sind für jeden „Sitz" *zwei* Passungszeichen zum Nennmaß erforderlich, wobei das *eine* Zeichen das lichte Maß (Bohrung) toleriert und das *andere* Zeichen das entsprechende Maß des Gegenstücks (Welle)[1].

*Erläuterung der ISA-Passungszeichen.* Der *Buchstabe* gibt die *Lage* des Toleranzfeldes gegenüber der Null-Linie (Nennmaß) an; kleine Buchstaben für Wellen (Außenmaße) und große Buchstaben für Bohrungen (Innenmaße). Für „Einheitsbohrung" (Buchstabe H) ist das *untere* Abmaß Null; für „Einheitswelle" (Buchstabe h) ist das *obere* Abmaß Null[2].

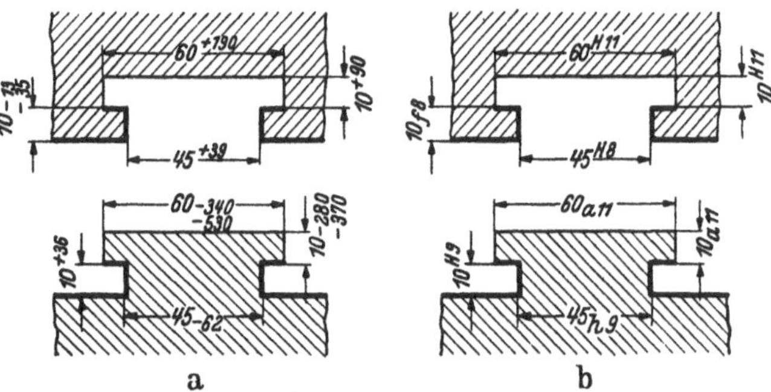

Bild 6/1. Tolerierung einer Führung. a durch Abmaße (das Abmaß Null wird fortgelassen!), b durch Passungszeichen (nach LEINWEBER). Waagerecht und senkrecht trägt nur je ein Flächenpaar.

Die *Zahl* (1 bis 16) gibt die *ISA-Qualität* an (Tafel 6/2). Sie ist eine Kenngröße für die Stufung der Toleranzfelder, deren Breite ein Vielfaches der *Toleranzeinheit i* ist.

$$i = 0,45 \sqrt[3]{D} + 0,001\,D$$

($i$ in 1/1000 mm, Durchmesser $D$ in mm!)

die Abstufung der ISA-Qualitäten und die sich hieraus ergebenden *Toleranzen* zeigt Tafel 6/2.

**Tafel 6/2.** *Grundtoleranzen der ISA-Qualitäten 5 bis 11* in 1/1000 mm (nach DIN 7151, Okt. 1936).

| ISA-Qualität | 5 | 6 | 7 | 8 | 9 | 10 | 11 |
|---|---|---|---|---|---|---|---|
| Stufung | 7 · i | 10 · i | 16 · i | 25 · i | 40 · i | 64 · i | 100 · i |
| Über 1 ··· 3 mm | 5 | 7 | 9 | 14 | 25 | 40 | 60 |
| „ 3 ··· 6 „ | 5 | 8 | 12 | 18 | 30 | 48 | 75 |
| „ 6 ··· 10 „ | 6 | 9 | 15 | 22 | 36 | 58 | 90 |
| „ 10 ··· 18 „ | 8 | 11 | 18 | 27 | 43 | 70 | 110 |
| „ 18 ··· 30 „ | 9 | 13 | 21 | 33 | 52 | 84 | 130 |
| „ 30 ··· 50 „ | 11 | 16 | 25 | 39 | 62 | 100 | 160 |
| „ 50 ··· 80 „ | 13 | 19 | 30 | 46 | 74 | 120 | 190 |
| „ 80 ··· 120 „ | 15 | 22 | 35 | 54 | 87 | 140 | 220 |
| „ 120 ··· 180 „ | 18 | 25 | 40 | 63 | 100 | 160 | 250 |

(Nenn-Durchmesser)

Zur Erleichterung einer für bestimmte „Sitze" geeigneten *Paarung* der ISA-Toleranzen sind in Tafel 6/3 einige Beispiele zusammengestellt und ferner die von den DIN-Passungen her vertrauten Begriffe „Feinpassung" bis „Grobpassung" und „Preßsitz" bis „Weiter Laufsitz" hinzugefügt, da sie dem Konstrukteur eine bessere Vorstellung von der Funktion der erreichten Passung geben.

In Tafel 6/4 sind dann die mit obigen Passungen verbundenen *Abmaße A* und außerdem die sich bei obigen Paarungen ergebenden *Maßunterschiede U* angegeben. Sie sollen eine Vorstellung von der Größenordnung für $A$ und $U$ im *Zusammenhang* mit dem Passungszeichen, bzw. mit dem betreffenden „Sitz" ermöglichen. In Tafel 6/5 sind dann noch einige Toleranzangaben für nichttolerierte Maße gemacht. Weitere Normen- und Passungsangaben sind bei den einzelnen Maschinenelementen zu finden. Den Einfluß der Erwärmung auf die Meßlänge zeigt Tafel 6/5.

---

[1] Bei den DIN-Passungen legte *ein* Passungszeichen den „Sitz" fest, also gleichzeitig die Abmaße für die Bohrung *und* die Welle.

[2] Das System *Einheitsbohrung* (wenig Lehren für die *Bohrungen!*) wird angewendet im allgemeinen Maschinenbau, Fahrzeug- und Werkzeugmaschinenbau; das System der *Einheitswelle* (wenig Lehren für die *Wellen*) bei Transmissionen, Textilmaschinen und Landmaschinen. Beide Systeme nebeneinander sind bei Elektromaschinen, im Apparate- und Feinbau zu finden.

| Passung bei Einheitsbohrung | | Passung bei Einheitswelle |
|---|---|---|
| | *Preßsitze*: Zur Übertragung großer Umfangs- oder Längskräfte durch Reibschluß. Nur mit Presse oder Wärmedifferenz fügbar (s. Abschn. 19.2). | |
| H 7—z 8, z 9<br>H 7—x 7, x 8<br>H 7—u 6, u 7 | 1. *Für große Haftkraft je cm²*: Naben von Zahn-, Lauf- und Schwungrädern; Wellenflansche (z 9 für größere, u 6 für kleinere Durchm.). | Z 8, Z 9—h 6<br>X 7, X 8—h 6<br>U 6, U 7—h 6 |
| H 7—s 6<br>H 7—r 6 | 2. *Für mittl. Haftkraft je cm²*: Kupplungsnaben; Bz-Kränze auf GG-Naben; Lagerbuchsen in Gehäusen, Rädern u. Schubstangen (s 6 für größere, r 6 für kleinere Durchm.). | S 7—h 6<br>R 7—h 6 |
| | *Übergangssitze*: Gegen Drehmoment zusätzlich sichern! | |
| H 7—n 6 | 3. *Festsitz*: Mit Presse fügen! Für Anker auf Motorwellen u. Zahnkränze auf Rädern; aufgezogene Bunde auf Wellen; Lagerbüchsen in Lagern und Naben. | N 7—h 6 |
| H 7—m 6 | 4. *Treibsitz*: Nur schwer mit Handhammer fügbar! Für einmalig aufgebrachte Riemenscheiben, Kupplungen u. Zahnräder auf Maschinen- und Elektromotor-Wellen (d = 55···120 mm) | M 7—h 6 |
| H 7—k 6 | 5. *Haftsitz*: Gut mit Handhammer fügbar! Für Riemenscheiben, Kupplungen u. Zahnräder wie oben (d = 8···50 mm); Schwungräder mit Tangentkeil; Wälzlager-Innenringe; feste Handräder u. Handhebel. | K 7—h 6 |
| H 7—j 6 | 6. *Schiebesitz*: Mit Holzhammer oder von Hand fügbar! Für leichter auszubauende Riemenscheiben, Zahnräder, Handräder, Lagerbüchsen u. Wälzlager-Außenringe. | J 7—h 6 |
| | *Spielsitze*: | |
| H 7—h 6 | 7. *Gleitsitz*: Geschmiert, von Hand noch eben verschiebbar! Für Wechselräder, Pinole im Reitstock, Stellringe, lose Buchsen für Kolbenbolzen, Wälzlager-Außenringe; Zentrierflansche f. Kupplungen und Rohrleitungen. | H 7—h 6 |
| H 7—g 6 | 8. *Enger Laufsitz*: Ohne merkliches Spiel verschiebbar! Für Schubzahnräder und Schub-Kupplungen, Schubstangenlager und Indikatorkolben. | G 7—h 6 |
| H 7—f 7 | 9. *Laufsitz*: Merkliches Spiel! Hauptlager an Werkzeugmaschinen, Kurbelwellen- u. Schubstangenlager; sämtliche Lagerungen an Regulatoren; Gleitmuffen auf Wellen, Führungssteine. | F 7—h 6 |
| H 7—e 8 | 10. *Leichter Laufsitz*: Reichl. Spiel! Für mehrfach gelagerte Wellen in Werkzeugmaschinen. | E 8—h 6 |
| H 7—d 9 | 11. *Weiter Laufsitz*: Sehr reichl. Spiel! Für Transmissions- und Vorgelegewellen. | D 9—h 6 |
| H 8—h 8 | 12. *Gleitsitz*: Für kraftlos verschiebbare Paßteile! Stellringe für Transmissionen; einteilig feste Riemenscheiben; Handkurbeln, Zahnräder, Kupplungen usw., die über Wellen geschoben werden. | H 8—h 8 |
| H 8—f 8 | 13. *Laufsitz*: Merkl. Spiel! Hauptlager f. Kurbelwellen; Schubstangenlager, Kreuzkopf in Gleitbahn; Kolbenstangenführung, Schieberstangen, Wellen in dreifacher Lagerung; Kolben u. Kolbenschieber in Zylindern; Lager für Kreisel- u. Zahnradpumpen; verschiebbare Kupplungsmuffen. | F 8—h 8 |
| H 8—d 10 | 14. *Weiter Laufsitz*: Sehr reichl. Spiel! Lager f. lange Wellen von Kranen und Transmissionen; Leerlaufscheiben; Lager f. landwirtsch. Maschinen; Zentrierungen von Zylindern, Stopfbuchsenteile. | D 10—h 8 |
| H 11—h 11 | 15. *Grobsitz 1*: Für leicht zusammensteckbare Teile mit geringem Spiel bei großer Toleranz! Teile an landw. Maschinen, die auf Wellen verstiftet, festgeschraubt oder festgeklemmt werden; Distanzbuchsen; Scharnierbolzen für Feuertüren. | H 11—h 11 |
| H 11—d 11 | 16. *Grobsitz 2*: Für sicheres Bewegungsspiel von Teilen mit großer Toleranz! Abnehmbare Hebel, Hebelbolzen; Lager für Rollen u. Führungen. | D 11—h 11 |
| H 11—c 11<br>H 11—b 11 | 17. *Grobsitz 3*: Für großes Bewegungsspiel von Teilen mit großer Toleranz! Gabelbolzen an Bremsgestängen von Kraftfahrzeugen; Drehzapfen, Schnappstifte. | C 11—h 11<br>B 11—h 11 |
| H 11—a 11 | 18. *Grobsitz 4*: Für sehr großes Bewegungsspiel von Teilen mit großer Toleranz! Reglerwelle an Lokomotiven; Feder- und Bremsgehänge; Bremswellenlager, Kuppelbolzen für Lokomotiven. | A 11—h 11 |

Die Zeilen der Feinpassung (H 7) sind unter *(Feinpassung)*, die der Schlichtpassung (H 8) unter *(Schlichtpassung)* und die der Grobpassung (H 11) unter *(Grobpassung)* zusammengefaßt.

[1] Die von den DIN-Passungen her gewohnten und hier aufgeführten Sitzbezeichnungen 3 bis 18 erleichtern die Vorstellung.

**Tafel 6/4.** *Abmaße A der ISA-Toleranzen und Maßunterschiede U der Paarungen nach Tafel 6/3 in* $^1/_{1000}$ *mm für Einheitsbohrung.*

Es bedeuten:  A-Werte ohne Zusatzzeichen +Werte     U-Werte mit Minuszeichen Spiele
U-Werte ohne Zusatzzeichen Übermaße     Maßunterschied $U = A_{Welle} - A_{Bohrung}$.

*(Feinpassung bis Schlichtpassung Preßsitze)*

| Passung | Wert | von | bis | von | bis | von | bis | von | bis | von | bis | von | bis | von | bis |
|---|---|---|---|---|---|---|---|---|---|---|---|---|---|---|---|
| Nenn-Ø | mm | 10 | 14 | 14 | 18 | 18 | 24 | 24 | 30 | 30 | 40 | 40 | 50 | 50 | 65 |
| H 7 | A | 0 | | | 18 | 0 | | | 21 | 0 | | | 25 | 0 | 30 |
| z8 | A | 50 | 77 | 60 | 87 | 73 | 106 | 88 | 121 | 112 | 151 | 136 | 175 | 172 | 218 |
| H 7—z8 | U | 32 | 77 | 42 | 87 | 52 | 106 | 67 | 121 | 87 | 151 | 111 | 175 | 142 | 218 |
| x7 | A | 40 | 58 | 45 | 63 | 54 | 75 | 64 | 85 | 80 | 105 | 97 | 122 | 122 | 152 |
| H 7—x7 | U | 22 | 58 | 27 | 63 | 33 | 75 | 43 | 85 | 55 | 105 | 72 | 122 | 92 | 152 |
| u6 | A | 33 | 44 | 33 | 44 | 41 | 54 | 48 | 61 | 60 | 76 | 70 | 86 | 87 | 106 |
| H 7—u6 | U | 15 | 44 | 15 | 44 | 20 | 54 | 27 | 61 | 35 | 76 | 45 | 86 | 57 | 106 |
| s6 | A | 28 | 39 | 28 | 39 | 35 | 48 | 35 | 48 | 43 | 59 | 43 | 59 | 53 | 72 |
| H 7—s6 | U | 10 | 39 | 10 | 39 | 14 | 48 | 14 | 48 | 18 | 59 | 18 | 59 | 23 | 72 |
| Nenn-Ø | mm | 65 | 80 | 80 | 100 | 100 | 120 | 120 | 140 | 140 | 160 | 160 | 180 | 180 | 200 |
| H 7 | A | 0 | 30 | 0 | | | 35 | 0 | | | | | 40 | 0 | 46 |
| z8‖z9 | A | 210 | 256 | 258 | 312 | 310 | 364 | 365 | 465 | 415 | 515 | 465 | 565 | 520 | 635 |
| H 7—z8‖z9 | U | 190 | 256 | 223 | 312 | 275 | 364 | 325 | 465 | 375 | 515 | 425 | 565 | 474 | 635 |
| x8 | A | 146 | 192 | 178 | 232 | 210 | 264 | 248 | 311 | 280 | 343 | 310 | 373 | 350 | 422 |
| H7—x8 | U | 116 | 192 | 143 | 232 | 175 | 264 | 218 | 311 | 240 | 343 | 270 | 373 | 304 | 422 |
| u6‖u7 | A | 102 | 121 | 124 | 146 | 144 | 179 | 170 | 210 | 190 | 230 | 210 | 250 | 236 | 282 |
| H7—u6‖u7 | U | 72 | 121 | 89 | 146 | 109 | 179 | 130 | 210 | 150 | 230 | 170 | 250 | 190 | 282 |
| s6 | A | 59 | 78 | 71 | 93 | 79 | 101 | 92 | 117 | 100 | 125 | 108 | 133 | 122 | 151 |
| H7—s6 | U | 29 | 78 | 36 | 93 | 44 | 101 | 52 | 117 | 60 | 125 | 68 | 133 | 76 | 151 |

*(Schlichtpassung) Übergangssitze — Spielsitze — (Feinpassung) Spielsitze*

| Passung | Wert | von | bis | von | bis | von | bis | von | bis | von | bis | von | bis | von | bis |
|---|---|---|---|---|---|---|---|---|---|---|---|---|---|---|---|
| Nenn-Ø | mm | 10 | 18 | 18 | 30 | 30 | 50 | 50 | 80 | 80 | 120 | 120 | 180 | 180 | 250 |
| H7 | A | 0 | 18 | 0 | 21 | 0 | 25 | 0 | 30 | 0 | 35 | 0 | 40 | 0 | 46 |
| n6 | A | 12 | 23 | 15 | 28 | 17 | 33 | 20 | 39 | 23 | 45 | 27 | 52 | 31 | 60 |
| H7—n6 | U | —6 | 23 | —6 | 28 | —8 | 33 | —10 | 39 | —12 | 45 | —13 | 52 | —15 | 60 |
| m6 | A | 7 | 18 | 8 | 21 | 9 | 25 | 11 | 30 | 13 | 35 | 15 | 40 | 17 | 46 |
| H7—m6 | U | —11 | 18 | —13 | 21 | —16 | 25 | —19 | 30 | —22 | 35 | —25 | 40 | —29 | 46 |
| k6 | A | 1 | 12 | 2 | 15 | 2 | 18 | 2 | 21 | 3 | 25 | 3 | 28 | 4 | 33 |
| H7—k6 | U | —17 | 12 | —19 | 15 | —23 | 18 | —28 | 21 | —32 | 25 | —37 | 28 | —42 | 33 |
| j6 | A | —3 | 8 | —4 | 9 | —5 | 11 | —7 | 12 | —9 | 13 | —11 | 14 | —13 | 16 |
| H7—j6 | U | —21 | 8 | —25 | 9 | —30 | 11 | —37 | 12 | —44 | 13 | —51 | 14 | —59 | 16 |
| h6 | A | —11 | 0 | —13 | 0 | —16 | 0 | —19 | 0 | —22 | 0 | —25 | 0 | —29 | 0 |
| H7—h6 | U | —29 | 0 | —34 | 0 | —41 | 0 | —49 | 0 | —57 | 0 | —65 | 0 | —75 | 0 |
| g6 | A | —17 | —6 | —20 | —7 | —25 | —9 | —29 | —10 | —34 | —12 | —39 | —14 | —44 | —15 |
| H7—g6 | U | —35 | —6 | —41 | —7 | —50 | —9 | —59 | —10 | —69 | —12 | —79 | —14 | —90 | —15 |
| f7 | A | —34 | —16 | —41 | —20 | —50 | —25 | —60 | —30 | —71 | —36 | —83 | —43 | —96 | —50 |
| H7—f7 | U | —52 | —16 | —62 | —20 | —75 | —25 | —90 | —30 | —106 | —36 | —123 | —43 | —142 | —50 |
| e8 | A | —59 | —32 | —73 | —40 | —89 | —50 | —106 | —60 | —126 | —72 | —148 | —85 | —172 | —100 |
| H7—e8 | U | —77 | —32 | —94 | —40 | —114 | —50 | —136 | —60 | —161 | —72 | —188 | —85 | —218 | —100 |
| d9 | A | —93 | —50 | —117 | —65 | —142 | —80 | —174 | —100 | —207 | —120 | —245 | —145 | —285 | —170 |
| H7—d9 | U | —111 | —50 | —138 | —65 | —167 | —80 | —204 | —100 | —242 | —120 | —285 | —145 | —331 | —170 |
| H8 | A | 0 | 27 | 0 | 33 | 0 | 39 | 0 | 46 | 0 | 54 | 0 | 63 | 0 | 72 |
| h8 | A | —27 | 0 | —33 | 0 | —39 | 0 | —46 | 0 | —54 | 0 | —63 | 0 | —72 | 0 |
| H8—h8 | U | —54 | 0 | —66 | 0 | —78 | 0 | —92 | 0 | —108 | 0 | —126 | 0 | —144 | 0 |
| f8 | A | —43 | —16 | —53 | —20 | —64 | —25 | —76 | —30 | —90 | —36 | —106 | —43 | —122 | —50 |
| H 8—f8 | U | —70 | —16 | —86 | —20 | —103 | —25 | —122 | —30 | —144 | —36 | —169 | —43 | —194 | —50 |
| d10 | A | —120 | —50 | —149 | —65 | —180 | —80 | —220 | —100 | —260 | —120 | —305 | —145 | —355 | —170 |
| H8—d10 | U | —147 | —50 | —182 | —65 | —219 | —80 | —266 | —100 | —314 | —120 | —368 | —145 | —427 | —170 |

(Grobpassung) Spielsitze

| Nenn-Ø | mm | 10 | 18 | 18 | 30 | 30 | 50 | 50 | 80 | 80 | 120 | 120 | 180 | 180 | 250 |
|---|---|---|---|---|---|---|---|---|---|---|---|---|---|---|---|
| H11 | A | 0 | 110 | 0 | 130 | 0 | 160 | 0 | 190 | 0 | 220 | 0 | 250 | 0 | 290 |
| h11 | A | -110 | 0 | -130 | 0 | -160 | 0 | -190 | 0 | -220 | 0 | -250 | 0 | -290 | 0 |
| H11—h11 | U | -220 | 0 | -260 | 0 | -320 | 0 | -380 | 0 | -440 | 0 | -500 | 0 | -580 | 0 |
| d11 | A | -160 | -50 | -195 | -65 | -240 | -80 | -290 | -100 | -340 | -120 | -395 | -145 | -460 | -170 |
| H11—d11 | U | -270 | -50 | -325 | -65 | -400 | -80 | -480 | -100 | -560 | -120 | -645 | -145 | -750 | -170 |

(Grobpassung) Spielsitze

| Nenn-Ø | mm | 10 | 18 | 18 | 30 | 30 | 40 | 40 | 50 | 50 | 65 | 65 | 80 | 80 | 100 |
|---|---|---|---|---|---|---|---|---|---|---|---|---|---|---|---|
| H11 | A | 0 | 110 | 0 | 130 | 0 |  |  | 160 | 0 |  |  | 190 | 0 | 220 |
| c11 | A | -205 | -95 | -240 | -110 | -280 | -120 | -290 | -130 | -330 | -140 | -340 | -150 | -390 | -170 |
| H11—c11 | U | -315 | -95 | -370 | -110 | -440 | -120 | -450 | -130 | -520 | -140 | -530 | -150 | -610 | -170 |
| b11 | A | -260 | -150 | -290 | -160 | -330 | -170 | -340 | -180 | -380 | -190 | -390 | -200 | -440 | -220 |
| H11—b11 | U | -370 | -150 | -420 | -160 | -490 | -170 | -500 | -180 | -570 | -190 | -580 | -200 | -660 | -220 |
| a11 | A | -400 | -290 | -430 | -300 | -470 | -310 | -480 | -320 | -530 | -340 | -550 | -360 | -600 | -380 |
| H11—a11 | U | -510 | -290 | -560 | -300 | -630 | -310 | -640 | -320 | -720 | -340 | -740 | -360 | -820 | -380 |

| Nenn-Ø | mm | 100 | 120 | 120 | 140 | 140 | 160 | 160 | 180 | 180 | 200 | 200 | 225 | 225 | 250 |
|---|---|---|---|---|---|---|---|---|---|---|---|---|---|---|---|
| H11 | A | 0 | 220 | 0 |  |  |  |  | 250 | 0 |  | 0 |  |  | 290 |
| c11 | A | -400 | -180 | -450 | -200 | -460 | -210 | -480 | -230 | -530 | -240 | -550 | -260 | -570 | -280 |
| H11—c11 | U | -620 | -180 | -700 | -200 | -710 | -210 | -730 | -230 | -820 | -240 | -840 | -260 | -860 | -280 |
| b11 | A | -460 | -240 | -510 | -260 | -530 | -280 | -560 | -310 | -630 | -340 | -670 | -380 | -710 | -420 |
| H11—b11 | U | -680 | -240 | -760 | -260 | 780 | -280 | -810 | -310 | -920 | -340 | -960 | -380 | -1000 | -420 |
| a11 | A | -630 | -410 | -710 | -460 | -770 | -520 | -830 | -580 | -950 | -660 | -1030 | -740 | -1110 | -820 |
| H11—a11 | U | -850 | -410 | -960 | -460 | -1020 | -520 | -1080 | -580 | -1240 | -660 | -1320 | -740 | -1400 | -820 |

Für eine Fertigung, die keine besondere Genauigkeit erfordert, stehen die Toleranzqualitäten IT 14 bis 18 zur Verfügung. Für Maße ohne Toleranzangabe ist die Festlegung sogenannter „Freimaßtoleranzen" in einem DIN-Normblatt vorgesehen.

Die zulässigen Maßabweichungen für Gesenkschmiedestücke aus Stahl siehe DIN 7524 u. 7526, für Preßstoff-Preßteile und Spritzgußteile DIN 7710.

**Tafel 6/5.** *Lineare Wärmeausdehnung $\Delta l$ einiger Werkstoffe für 100 mm Länge und 1° C Temperaturzunahme in $^1/_{1000}$ mm nach* LEINWEBER *[6/7].*

| Werkstoff | $\Delta l$ | Werkstoff | $\Delta l$ | Werkstoff | $\Delta l$ |
|---|---|---|---|---|---|
| Stahl . . . . . . | 1,15 | Mg-Al DIN 1729 . | 2,4...2,7 | Nickel . . . . . . | 1,3 |
| Grauguß . . . . . | 1,1 | Bronze DIN 1705 . | 1,8 | Zink . . . . . . . | 3,0 |
| Aluminium . . . . | 2,3 | Kupfer . . . . . | 2,7 | Zinn . . . . . . . | 2,3 |
| Al-Cu-Mg DIN 1725 | 2,4...2,6 | Messing DIN 1709 . | 1,9 | Kunstharz Typ O, S | 3,7...6,0 |
| Al-Si-Cu DIN 1725 | 1,9...2,2 | Neusilber DIN 1780 | 1,8 | Preßstoff Typ T . | 3,0...4,0 |
| Al-Si-Mg DIN 1725 |  |  |  | Preßstoff Typ K . | 4,0 |
| Blei . . . . . . . | 2,9 |  |  |  |  |

# 6.4. Schrifttum zu 6.

[6/1] DIN-Normblattverzeichnis 1957. Berlin: Beuth-Vertrieb 1957; ferner Normenheft 1 bis 12, Berlin: Beuth-Vertrieb.

DIN-Taschenbuch 1, 4 und 10 (jedes enthält die Original-Normblätter im Format A 5 für ein Teilgebiet). Berlin: Beuth-Vertrieb.

[6/2] DIN-Blätter: ISA-Passungen 7150—7155, Abmaße der ISA-Passungen 7160, 7161; Begriffe 7182; Oberflächengeometrie 4760, 4761; Auslesepaarung 7185; Preßpassungen 7190; Abmaße für Gesenkschmiedestücke 7524···7529, für Preßstoff-Preßteile 7710.

[6/3] — Einführung in die DIN-Normen. Hrsg. Inst. für Berufsausbildung Berlin. Verlag für Wissenschaft und Fachbuch: Bielefeld 1949.

[6/4] HELLMICH, W.: Vom Sinn der Normung. Z. VDI Bd. 87 (1943), S. 65.

[6/5] KIENZLE, O.: Normung und Wissenschaft. Z. VDI Bd. 87 (1943), S. 68; Die Normungszahlen und ihre Anwendung. Z. VDI Bd. 83 (1939), S. 717; Die Preßsitze im ISA-Passungssystem. Werkst-Techn. Bd. 32 (1938), S. 421; Die Typnormen im Erzeugungsbild des deutschen Maschinenbaus. Z. VDI Bd. 90 (1948), S. 373.
— Normungszahlen. Wissenschaftliche Normung Heft 2. Berlin: Springer 1950.

[6/6] KOEHN, O.: Normung und Leistungssteigerung. Z. VDI Bd. 86 (1942), S. 665.

[6/7] LEINWEBER, P.: Passung und Gestaltung. Berlin: Springer 1941.
— Toleranzen und Lehren. Berlin: Springer 1943.

[6/8] BRANDENBERGER, H.: Toleranzen, Passung und Konstruktion. Zürich 1946.

[6/9] STREIFF, F.: Zweckmäßige Sitze für Riemenscheiben, Kupplungen und Zahnräder auf Wellenenden. Werkst.-Techn. Bd. 32 (1938), S. 25.

[6/10] BERG, S.: Die Normzahl, Wesen u. Anwendung, ZVDI 92 (1950) S. 135; ferner: Angewandte Normzahl. Beuth-Vertrieb Berlin u. Krefeld-Uerdingen 1949.

# II. Verbindungselemente.
## 7. Schweißverbindung.
### 7.1. Anwendung.

Die Schweißverbindung ist sehr *vielseitig* anwendbar; nicht nur bei Werkstoffen wie Stahl, Stahlguß und Grauguß, sondern auch bei Kupfer-, Aluminium- und Magnesiumlegierungen, bei Nickel, Zink und Blei und neuerdings auch bei thermoplastischen Kunststoffen. Wir sehen geschweißte statt genieteter *Stahlträger, Behälter und Kessel, geschweißte Maschinenteile* statt gegossener oder geschmiedeter; ferner kennen wir die vielseitige *Flickschweißung* für Risse und Brüche, die *Auftragschweißung* für Verschleißstellen und Verstärkungen und schließlich das eng mit der Schweißtechnik verbundene „*Brennschneiden*" zum Abschneiden und Ausschneiden von Teilen und zum Abwracken.

Geschweißte Teile werden nicht immer billiger, aber — schweißgerecht gestaltet — erheblich *leichter* als gegossene und auch leichter als genietete, bei gleicher Steife und Festigkeit. Dagegen ist die Güte der Schweißverbindung schwieriger nachzuprüfen, und die Herstellung erfordert besondere Erfahrungen (Schweißverzug und Schrumpfspannungen).

Im *Stahlbau* (Stahlhochbau, Brückenbau, Kranbau) wird die Schweißkonstruktion bis 20% leichter als die Nietkonstruktion. Vollwandträger aus Blech und Fachwerk aus Rohr werden zunehmend geschweißt, aber Fachwerk aus Profilstahl durchweg genietet.

*Im Kessel- und Behälterbau* gestattet die Schweißverbindung die Bleche *stumpf* zu stoßen, also die lästigen Überlappungen an den Nahtkreuzungen zu vermeiden und etwas leichter zu bauen (Festigkeit der geschweißten Naht 70 bis 90%, der genieteten 60 bis 87% der Blechfestigkeit).

*Im Maschinenbau* wird zunehmend geschweißt, besonders wenn es auf Leichtbau oder kurze Lieferzeit ankommt. Geschweißte Maschinenteile werden bis zu 50% leichter (etwa halbe Wanddicke!) als gegossene, und besonders bei Einzelfertigung macht sich der Fortfall des Modells im Preis und in der Lieferzeit bemerkbar. Hingewiesen sei besonders auf geschweißte Getriebe- und Schutzkästen, Maschinenrahmen, Hebel, Zahnräder und Seilrollen. Bei *Serien*fertigung ist jedoch häufig die Gußkonstruktion billiger.

### 7.2. Herstellung.

Beim Schweißen müssen die zu verbindenden Flächen auf *Schweißtemperatur* und ferner in *innige Berührung* gebracht werden. Die metallische Vereinigung erfolgt entweder

1. durch Zusammen*pressen* (Preßschweißen), oder
2. durch Zusammen*schmelzen* (Schmelzschweißen).

Hierbei kann die Schweißgüte durch feste oder gasige Einhüllung oder durch Zugabe von desoxydierendem und schlackenbildendem Schweißpulver gesteigert werden.

## 1. Schweißverfahren.

Beim *Feuerschweißen* (Erwärmen auf Schweißtemperatur durch Schmiede- oder Koksfeuer, durch Wassergas oder Koksgasflamme erfolgt das Zusammenschweißen durch Hämmern oder Pressen. Anwendung z. B. beim Kettenschweißen und als Wassergasschweißen (oxydverhindernd) zur Herstellung von Rohren und Kesseln bis 100 mm Blechdicke.

Beim *Gasschmelzschweißen* (Autogenschweißen) werden mit einer Stichflamme aus Heizgas und Sauerstoff dünnwandige Teile (bis 4 mm) unmittelbar verschmolzen und dickere (abgeschrägte Kanten!) durch Einschmelzen von Schweißdraht verschweißt. Angewendet mit *Azetylen*flamme (3100° C) für alle Schweißarbeiten z. B. Behälter, Rohre, Kleineisenwaren und Reparaturen; mit *Wasserstoff*flamme (2000° C) für Blei, Aluminium- und Stahlbleche etwa bis 18 mm; mit *Leuchtgas*flamme (1800° C) für Blei- und Stahlblech etwa bis 15 mm; mit *Benzol*flamme (2700° C) besonders für Montagearbeiten und Stahlblech bis etwa 15 mm.

Obige Stichflammen können bei „oxydierender" Einstellung des Gemisches auch zum „*Brennschneiden*" dienen.

Beim *elektrischen Lichtbogenschweißen* wird die Schweißstelle durch den Lichtbogen (3500° C) zwischen Werkstück und Schweißdraht (Elektrode) auf Schmelztemperatur gebracht, wobei der Schweißdraht tropfenweise in die Schweißfuge einschmilzt. Anwendbar für alle, auch hochwertige Schweißarbeiten; z. B. mit Kohleelektroden für Benzinfässer, dünnwandige Behälter und Rohre; mit Mantel-Elektroden, mit Schutzgas und Wolframelektroden (Arcatom) und mit Gaszerlegung (atomares Schweißen) für besonders hochwertige Schweißungen.

Bei der *elektrischen Widerstandsschweißung* (Stumpf-, Punkt- und Rollnaht-Schweißung) werden die Teile an der Berührungsstelle durch den elektrischen Widerstand (bis 100 000 Amp. bei 10 Volt) auf Schweißtemperatur gebracht und durch anschließende Anpressung verschweißt. Verwendet zum *Stumpf*schweißen von Schienen, Profilstählen und Rohren bis 200 cm² Querschnitt; zum Kettenschweißen und zum Aufschweißen von Werkzeugstahl; zum *Punkt*schweißen bei Geschirr, Kleineisenwaren und überlappten Blechen von 0,2 bis 25 mm Gesamtdicke; ebenso zum Rollnahtschweißen bis 5 mm Gesamtdicke.

Genannt sei noch die *Thermit*schweißung mit gezündetem Pulvergemisch aus Al und Eisenoxyd (3000° C) für Schienenstöße und die *Grauguß-Aufguß*schweißung, die ein Angießen von Grauguß an beschädigte Gußstücke darstellt.

## 2. Schweißbarkeit.

*Zu beachten* ist:

*C-arme* Stähle lassen sich leicht schweißen;

*C-reiche* (härter als St 52) und *legierte* Stähle ergeben leicht Spannungsrisse[1]; *Grauguß* ist nur unter bestimmten Bedingungen befriedigend zu schweißen;

*Thomasstahl* ist wegen seines Phosphor- und Stickstoffgehaltes zum Schweißen ungeeignet[1];

*Nichteisenmetalle* (Cu-, Al- und Mg-Legierungen, Nickel, Zink und Blei) erfordern besondere Vorkehrungen beim Schweißen[1];

*thermoplastische Kunststoffe* (z. B. Vinidur) können mit Heißluftstrom geschweißt werden;

die Nähte müssen für den Schweißbrenner, bzw. für die Elektrode *gut zugänglich* sein.

## 3. Besondere Maßnahmen.

Um *Schrumpfspannungen* und *Verwerfungen* zu verringern, muß man die Wärmemenge (Nahtmenge) örtlich weniger häufen (dünne Nähte bevorzugen und grobtropfende Elektroden verwenden), in der richtigen Reihenfolge schweißen, Dehnmöglichkeiten schaffen und die Schweißkonstruktion gegebenenfalls noch hinterher im Ofen bei 600° spannungsfrei glühen. Hochbeanspruchte Konstruktionen, besonders aus St 52, wird man außerdem beim Schweißen auf 100—150° vorwärmen (Guß auf 200—300° C). Dickere Nähte kann man in dünneren Lagen abwechselnd von der einen und anderen Seite schweißen.

Durch *Vorrichtungen* zum Halten und Wenden der Schweißstücke, ferner durch *Führungen* und *Vorschubeinrichtungen* kann man die Schweißarbeit oft sehr erleichtern, Vorbearbeitungen einsparen und die Schweißgüte heben.

---

[1] Im Zweifelsfalle eine *Schweißprobe* machen! Häufig genügt die einfache *Aufschweiß-Biegeprobe*, bei der eine Schweißraupe auf ein Probestück (5×40×150 mm) aufgeschweißt und das Probestück (bei Thomas-Stahl erst nach 4 Tagen) über einen Dorn (Durchm. = 2 · Blechdicke) um 180° gebogen wird, um zu sehen, ob es spröde bricht.

Durch nachträgliches *Glätten* (Schleifen oder Abhobeln) und *Hämmern* der Naht kann außerdem die Kerbwirkung verringert und die Dauerfestigkeit erheblich erhöht werden (s. Tafel 7/1).

# 7.3. Gestaltung.

Der Erfolg der Schweißkonstruktion hängt besonders von der *schweißgerechten* Gestaltung ab. Tafel 7/9 bringt hierzu zahlreiche Beispiele, nach bestimmten Gesichtspunkten geordnet. Die verschiedenen Einzelerfahrungen lassen sich im wesentlichen auf folgende Leitlinien bringen:

1) *Geringe Nahtmenge anstreben*, da die Schweißkosten fast proportional hiermit anwachsen. Entsprechend sucht man die Schweißkonstruktion möglichst aus größeren Teilstücken aufzubauen; ferner bevorzugt man *dünne*, längere Nähte, da sie mit *geringerer Nahtmenge* den gleichen Querschnitt ergeben, wie dicke, kürzere Nähte. Umlaufende Nähte an Drehkörpern werden gefühlsmäßig meist viel zu dick ausgeführt (daher Festigkeit nachrechnen, s. Beispiel 2. S. 136).

2) *Als Bauelemente* bevorzugt man Flach- und Profil-Stähle, abgekantete und gebogene Bleche oder mit dem Brenner ausgeschnittene Stücke. Verwickelte Teile abtrennen und für sich schweißen, oder als Guß-, Schmiede-, Preß- oder Ziehteile einschweißen. Abfallstücke gering halten oder weiter verwerten (s. Tafel 7/9, Bild 7b)!

3) *Vorbearbeitungen*, wie gedrehte Absätze für die bequemere Zuordnung der Teile beim Schweißen möglichst einsparen (s. Bild *k*) und statt dessen entsprechende Vorrichtungen beim Schweißen verwenden.

4) *Schrumpf-Spannungen und Kerbwirkungen* auch durch konstruktive Maßnahmen verringern: Durch konstruktive Dehnmöglichkeiten, durch Herauslegen der Nähte aus den Zonen erhöhter Spannung (s. Bild *o*, *u*, *w*); durch dünnere Nahtlagen (s. oben); ferner Quernähte und Querrippen möglichst vermeiden und an den Kreuzungsstellen die Quernähte unterbrechen (Bild *m*); außerdem Querrippen nur mit leichten Kehlnähten (3 mm dick) anschließen.

5) *Starre und schwingungsfeste, biege- und drehsteife Schweißkonstruktionen* können mit geringer Wanddicke durch geschlossene Kasten- oder Rohr-Querschnitte (Bild 4/6, S. 70) durch „Zellenbau" (Bild 4/11, S. 75) und sonstige Maßnahmen (s. Leichtbau S. 61) erzielt werden.

6) *Bei Blech- und Kastenträgern* wegen der Ausbiege- und Rostgefahr *durchlaufende* Nähte nehmen und zwar 4 bis 10 mm dick bei Kraftnähten (3 mm bei Heftnähten). Die offenen Enden von Kastenträgern möglichst zuschweißen, um Festigkeit und Rostschutz zu erhöhen. Dynamisch beanspruchte Träger und Maschinenrahmen werden erheblich dauerfester, wenn sie mit Mantelelektroden geschweißt werden.

7) *Bei Biegeträgern* die Schweißstellen möglichst in die Nähe der Auflager legen, um sie vom Biegemoment zu entlasten.

8) *Bei Druckstäben* kann für die Schweißnaht $^1/_{10}$ der Druckkraft angenommen werden, wenn der Stab die Kraft im wesentlichen *unmittelbar* durch gute Auflage übertragen kann.

9) *Bei zugbeanspruchten* Querschnitten muß mit erhöhten Kräften, bzw. mit verringerten zulässigen Spannungen gerechnet werden, wenn die zusätzlichen Schrumpfspannungen sich nicht voll ausgleichen können (spannungsfrei glühen oder Dehnmöglichkeiten vorsehen!).

10) *Ausbildung der Nähte* s. Abschnitt 7.4, ferner Tafel 7/9 u. Berechnungsbeispiele.

# 7.4. Stoß- und Nahtformen.

Die verschiedenen Ausführungsformen lassen sich sämtlich auf die „*Stumpfnaht*" oder „*Kehlnaht*" zurückführen. Die wichtigsten sind in Tafel 7/1—7/4, getrennt nach der „Stoßform", d. h. nach der Lage der Teilstücke zueinander, zusammengestellt. Der hier angegebene *Beiwert* $v_1$ gibt ein Maß für die Wechselfestigkeit der Nähte bei verschiedener Belastung gegenüber der Zug-Druck-Wechselfestigkeit des Blechs aus St 37 auf Grund

**Tafel 7/1.** *Stumpfstoß.*

| Bezeichnung | Volles Blech | V-Naht | V-Naht wurzel-verschweißt | V-Naht bearbeitet | X-Naht | V-Schrägnaht |
|---|---|---|---|---|---|---|
| Schweißzeichen | 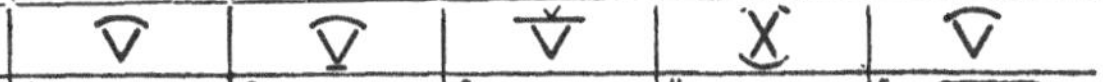 | | | | | |
| Nahtbild | 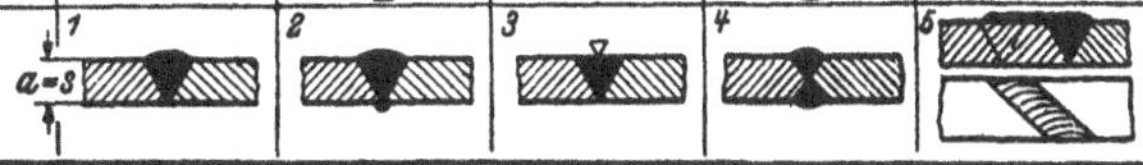 | | | | | |
| Beiwert $v_1$ — Zug-Druck . . | 1 • | 0,5 | 0,7 | 0,92 | 0,7 | 0,8 |
| Biegung . . . | 1,2 | 0,6 | 0,84 | 1,1 | 0,84 | 0,98 |
| Schub . . . . | 0,8 | 0,42 | 0,56 | 0,73 | 0,56 | 0,65 |

**Tafel 7/2.** *T-Stoß.*

| Bezeichnung | Doppelseitige Voll-Kehlnaht | Doppelseitige Flach-Kehlnaht | Doppelseitige Hohl-Kehlnaht | Einseitige Flach-Kehlnaht | Eck-stumpfnaht | Doppelseitige Kehl-stumpfnaht | X-Naht |
|---|---|---|---|---|---|---|---|
| Schweißzeichen | 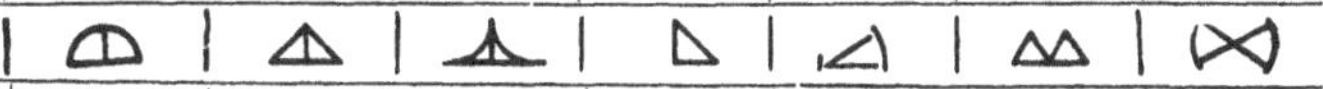 | | | | | | |
| Nahtdicke | $2a$ | $2a$ | $2a$ | $a$ | $s$ | $s$ | $s$ |
| Nahtbild | 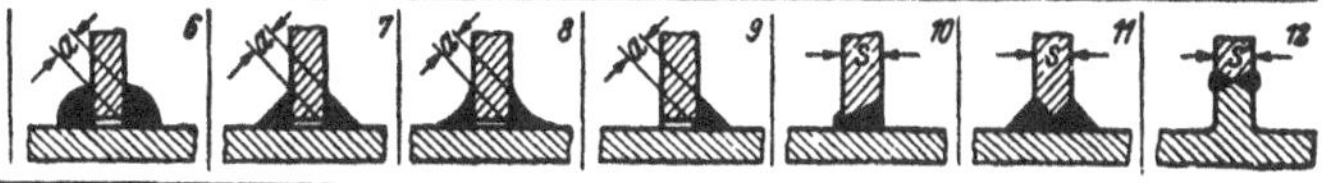 | | | | | | |
| Beiwert $v_1$ — Zug-Druck . . | 0,32 | 0,35 | 0,41 | 0,22 | 0,63 | 0,56 | 0,7 |
| Biegung . . . | 0,69 | 0,7 | 0,87 | 0,11 | 0,8 | 0,8 | 0,84 |
| Schub . . . . | 0,32 | 0,35 | 0,41 | 0,22 | 0,5 | 0,45 | 0,56 |

**Tafel 7/3.** *Eckstoß.*

| Bezeichnung | Einseitige Flachkehlnaht | Doppelseitige Flachkehlnaht | Eck-Stumpfnaht | | Eck-X-Naht |
|---|---|---|---|---|---|
| Schweißzeichen | 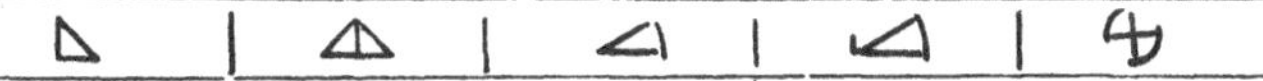 | | | | |
| Nahtdicke | $a$ | $2a$ | $e$ | $s$ | $2a$ |
| Nahtbild | 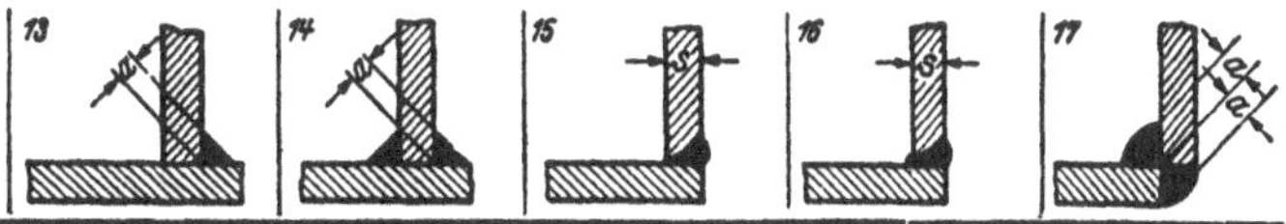 | | | | |
| Beiwert $v_1$ — Zug-Druck . . | 0,22 | 0,3 | 0,45 | 0,6 | 0,35 |
| Biegung . . . | 0,11 | 0,6 | 0,55 | 0,75 | 0,7 |
| Schub . . . . . | 0,22 | 0,3 | 0,37 | 0,5 | 0,35 |

**Tafel 7/4.** *Laschenstoß.*

| Laschenstoß mit: | Stirnkehlnaht | | Flankenkehlnaht | |
|---|---|---|---|---|
| Nahtdicke | $2a$ | $2a$ | $2a$ | $2a$ |
| Nahtbild | 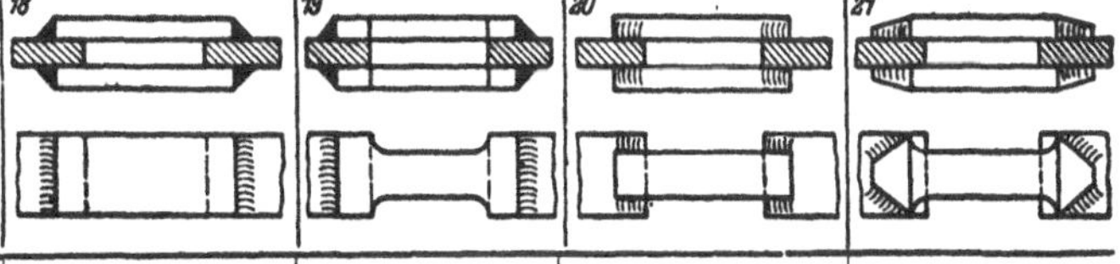 | | | |
| Beiwert $v_1$ — Zug . . . . . | 0,22 | 0,25 | 0,25 | 0,48 |

132        7. Schweißverbindung.

von Versuchen [7/3]. Außerdem sind die für die Berechnung geltenden Nahtdicken und die der Nahtform entsprechenden Schweißzeichen angegeben.

1) *Stumpfstoß (Tafel 7/1):* Verwendet für durchlaufende Bleche und Träger. Die Stumpfnaht ist statisch und dynamisch höher belastbar, als die Kehlnaht (Tafel 7/2), aber meist teurer. Ein Nachschweißen der Nahtwurzel und Nacharbeiten der Naht erhöht die dynamische Festigkeit erheblich (s. Nahtbild 2/3); eine Schrägnaht ist auch statisch höher belastbar (s. Nahtbild 5 gegenüber 1).

Man verschweißt durchweg Bleche bis 4 mm Dicke ohne Abschrägung, von 5 bis 15 mm Dicke mit V-Naht (Bleche vorher abgeschrägt, Nahtwinkel $\approx 60°$), von 10 bis 30 mm mit X-Naht, darüber mit kelchartiger V- bzw. X-Naht (als U-Naht, bzw. Doppel-U-Naht bezeichnet). Bei unterschiedlicher Blechdicke und hoher Beanspruchung soll man das dickere Blech zur Naht hin verjüngen. *Als Nahtdicke a gilt die kleinste Blechdicke s an der Naht.*

2) *T-Stoß (Tafel 7/2):* Durchweg mit Flachkehlnaht ausgeführt, also weniger belastbar als der Stumpfstoß. Bei dynamischer Last ist die Hohlkehlnaht (guter Übergang) der Flachkehlnaht und diese der Vollkehlnaht überlegen (s. Nahtbild 8 gegenüber 7 und 6); ferner ist die einseitige Kehlnaht nur gering belastbar (Nahtbild 9). Als Nahtdicke $a$ gilt für Kehlnähte die Höhe des in den Nahtquerschnitt einbeschriebenen Dreiecks.

3) *Eckstoß (Tafel 7/3):* Weniger belastbar als *T*-Stoß.

4) *Laschenstoß (Tafel 7/4):* Am wenigsten belastbar von allen Stoßformen.

5) *Behälternaht (Tafel 7/9, Bild o):* Die Bördelnaht (gerissen bei 5 atü) und die Ecknaht (gerissen bei 12 atü) sind schlechter als die aus der Kante herausgelegte Stumpfnaht (gerissen bei 30 atü).

## 7.5. Zeichnungsangaben.

*1. Darstellung der Naht: Im Querschnitt* wird sie voll gezeichnet (s. Tafel 7/1 bis 7/4), *in der Längsansicht* als Linie mit oder ohne Schraffur (s. Tafel 7/9, Bild $n$) und mit dem betreffenden Schweißzeichen nach DIN 1912 (Tafel 7/1 bis 7/5) versehen.

*2. Zusätze zum Schweißzeichen:*

*Nahtdicke a* in mm (s. Tafel 7/1 bis 7/3);

*Nahtlänge L* in mm; ferner *Mittenabstand e* der Nahtstücke in mm bei unterbrochener Naht;

*Schweißgüte N, F, ND, FD, S* (s. unten!); *Schweißart G, E, R,* für Gas-, Lichtbogen- bzw. Widerstandsschweißung; } fällt fort, wenn anderweitig angegeben

*Längsstrich* durch Schweißzeichen bedeutet durchlaufende Naht;

„*Fahne*" am Schweißzeichen bedeutet Montagenaht;

*Weitere Angaben* sind mit Bezugspfeil außerhalb der Nahtlinie einzutragen oder in besonderer Darstellung anzubringen;

*Gemeinsame Angaben für alle Nähte* nur einmal auf der Zeichnung vermerken.

**Beispiele:** Zeichen ⌐ 8 F G bedeutet durchlaufende Vollkehlnaht, mit 8 mm Nahtdicke als Festschweißung gasgeschweißt;

Zeichen ⋉ 10—100/200 bedeutet unterbrochene Montagenaht mit 10 mm Nahtdicke mit je 100 mm Nahtlänge und 200 mm Mittenabstand der Nahtstücke;

Zeichen |<) 10—900 G bedeutet V-Naht mit flach nachgeschweißter Nahtwurzel, Blechdicke 10 mm, Nahtlänge 900 mm, gasgeschweißt.

**Tafel 7/5.** *Schweißzeichen.*

| Benennung | Grundzeichen | Sinnbilder | | | |
|---|---|---|---|---|---|
| | | überwölbt | flach | hohl | wurzelseitig nachgeschweißt¹) |
| Bördelnaht | ⋝ | ⋝) | ⋝\| | | |
| I-Naht | = | =) | =\| | | |
| V-Naht | < | <) | <\| | | \|<) |
| U-Naht | ⊂ | ⊂) | ⊂\| | | ⊢⊂) |
| X-Naht | × | (×) | \|×\| | | |
| Doppel U-Naht | ⊃⊂ | (⊃⊂) | \|⊃⊂\| | | |
| Kehlnaht | ⌐ | ◿ | ◺ | ◣ | |
| Ecknaht | | | | | |
| Dreiblechnaht | ⊔ | ⌂ | ▢ | | |
| ⅓ V-Naht | ◿ | ◿) | ◿\| | △ | \|◿\| |
| K-Naht | ⋊ | (⋊) | \|⋊\| | \|⋊(²) | |
| Loch-u. Schlitznaht | ± | | ± | | |
| Wulststumpfnaht | I | | I | | |
| Abbrennstumpfnaht | ‡ | | ‡ | | |
| Punktnaht | O | | O | | |
| Buckelnaht | O | | ⊙ | | |
| Rollennaht | O | | ⊖ | | |
| Quetschnaht | O | | ⊖ | | |

¹) das Nachschweißen kann „flach" oder „überwölbt" erfolgen, man verwendet die entsprechenden Zeichen

²) bei der K-Naht können verschiedene Schweißformen in Anwendung gebracht werden, die dann im Sinnbild entsprechend darzustellen sind z. B. ⋈

*3. Schweißgüte. Normalschweißung N* wird angewendet, wenn keine besonderen Festigkeitsanforderungen vorliegen für Werkstoff St 00, St 37, St 42, G S-38. Ausführung mit allen Schweißdrähten durch alle Schweißer.

*Festschweißung F* wird angewendet bei hoher statischer und dynamischer Beanspruchung bis etwa 5 kg/mm², für Werkstoff St 00 bis St 60, G S-38, G S-58. Ausführung mit blankem Schweißdraht von 2 bis 5 mm, oder mit

Mantel- bzw. Seelenelektroden aller Durchmesser. Nahtoberfläche darf wellig, muß aber gleichmäßig sein (Fehler durch Abschleifen beseitigen!). Nachprüfung meist nur mit Auge.

*Dichtschweißung D*, als ND, bzw. FD in Schweißgüte N, bzw. F, für Behälter unter Flüssigkeits- oder Gasdruck bis 8 atü bei geringer Temperatur, sonst wie N, bzw. F. Probedruck angeben!

*Sonderschweißung S* für sehr hohe statische und dynamische Beanspruchungen, für Hochdruckbehälter bei hoher Temperatur usw., für Werkstoff St 37 bis St 60, GS 38, GS-58. Ausführung mit blanken Schweißdrähten von 3 bis 4 mm, oder mit Mantel- oder Seelenelektroden aller Durchmesser durch ausgesuchte und besonders angelernte Schweißer.

## 7.6. Festigkeitsrechnung.

Eine Nachrechnung der Festigkeit ist nur für kraftübertragende Nähte erforderlich.

*1. Bezeichnungen:*

| | | | | |
|---|---|---|---|---|
| $a$ | (cm) Nahtdicke (s. Tafel 7/1 bis 7/4) | | $v, v_2$ | (—) Beiwerte für die zulässige Spannung (statisch) |
| $d$ | (cm) Durchmesser | | $v_1, v_2$ | (—) Beiwerte für die zulässige Spannung (dynamisch) |
| $e$ | (cm) Abstand | | | |
| $F_n$ | (cm²) Nahtquerschnitt | | $W_n$ | (cm³) Biege-Widerstandsmoment für die Naht |
| $J_n$ | (cm⁴) Trägheitsmoment für die Naht | | $\delta_5$ | (—) Bruchdehnung |
| $l$ | (cm) Nahtlänge | | $\varrho, \varrho_a$ | (kg/cm²) Spannung, Ausschlagspannung in der Naht |
| $l_n$ | (cm) nutzbare Nahtlänge | | | |
| $M$ | (cmkg) Biegemoment | | $\varrho_m$ | (kg/cm²) Mittelspannung in der Naht |
| $P$ | (kg) Kraft | | $\sigma$ | (kg/cm²) Spannung im Werkstoff (Blech) |
| $p$ | (kg/cm²) Überdruck | | $\sigma_A$ | (kg/cm²) Ausschlagfestigkeit im Werkstoff (Blech) |
| $S_N$ | (—) Nutzsicherheit | | | |

2) *Nahtspannung $\varrho$ (kg/cm²).*

Man berechnet die Spannung $\varrho$ in der Naht entsprechend der Belastungsart wie folgt:

| | |
|---|---|
| bei Zug, Druck oder Schub | $\varrho_1 = \dfrac{P}{a \cdot l_n} \leqq \varrho_{zul}$ |
| bei Biegung | $\varrho_2 = M_b / W_n \leqq \varrho_{zul}$ |
| bei Schub und Biegung | $\varrho = \sqrt{\varrho_1^2 + \varrho_2^2} \leqq \varrho_{zul}$ für Schub |
| Spannungsausschlag | $\varrho_a = \varrho - \varrho_m \leqq \varrho_{a\,zul}$ |

Als nutzbare Nahtlänge $l_n$ wird nur bei geschlossenen, rundum laufenden Nähten $l_n = l$ gesetzt, während bei unterbrochenen Nähten an jedem Nahtende für den Endkrater ein Abzug (= Nahtdicke $a$) gemacht wird, so daß für eine durchlaufende Naht $l_n = l - 2a$ ist. Der Spannungsausschlag $\varrho_a$ ist nur bei *dynamischer* Belastung nachzuprüfen. Berechnungsbeispiele s. S. 134 u. 136.

3) *Zulässige Nahtspannung $\varrho_{zul}$ (kg/cm²).* Die Festigkeit der Naht und der Randzone ist geringer als die Festigkeit des Werkstoffs, und zwar je nach den Umständen in verschiedenem Maße. So setzt besonders die Kerbwirkung der unbearbeiteten Naht die *dynamische* Festigkeit erheblich herab. Bei nicht spannungsfrei geglühten Teilen treten hierzu noch die oft erheblichen, aber rechnersich nicht erfaßten Schrumpfspannungen, die besonders für die *zug*belasteten Teile gefährlich werden können.

Man setzt $\varrho_{zul}$, bzw. $\varrho_{a\,zul}$ im Verhältnis zur zulässigen Spannung $\sigma_{zul}$ bzw. $\sigma_{a\,zul}$ im sonstigen Werkstück an, und wählt die Verhältniswerte $v_1$ und $v_2$ auf Grund von Erfahrungen mit gleichartig ausgeführten und gleichartig belasteten Schweißkonstruktionen[1].

| | |
|---|---|
| $\varrho_{zul} = v \cdot v_2 \cdot \sigma_{zul}$ | (für *statische* Belastungen) |
| $\varrho_{a\,zul} = v_1 \cdot v_2 \cdot \sigma_{a\,zul} = v_1 \cdot v_2\, \sigma_A / S_N$ | (für *dynamische* Belastungen) |
| Nutzsicherheit $S_N = 2$ bis 3 | |

---

[1] Je höher $v_1$ und $v_2$ festgelegt werden, um so mehr muß die Schweißgüte laufend durch *Schweißproben* überwacht werden.

Hierzu einige *Erfahrungsangaben*:

**Tafel 7/6.** *Statische Zugfestigkeit ausgeführter V- und X-Nähte bei verschiedenem Werkstoff, nach [7/3].*

| Schweißgüte | Zugfestigkeit in kg/mm² | | | | | | reine Schweiße | Dehnung der Schweiße $\delta$ in % |
|---|---|---|---|---|---|---|---|---|
| | St 00 | St 37 | St 42 | St 50 | St 52 | St 60 | | |
| N | 25 | 28 | 30 | — | — | — | 37 | 5···10 |
| F | 27 | 30 | 33 | 40 | 40 | 44 | 45 | 10 |
| S | — | 37 | 40 | 50 | 52 | 55 | 50 | 15 |

**Tafel 7/7.** *Beiwerte $v$ und $v_1$.*

| Nahtform | Art der Beanspruchung | Beiwerte | |
|---|---|---|---|
| | | $v$ statisch [1] | $v_1$ dynamisch |
| Stumpfnähte | Zug . . . . . | 0,75 | aus Tafel 7/1 bis 7/4 entnehmen |
| | Druck . . . . | 0,85 | |
| | Biegung . . . | 0,8 | |
| | Schub . . . . | 0,65 | |
| Kehlnähte | jede Beanspruchung . . . | 0,65 | |

*Beiwert* $v_2 = 0{,}5$ für Schweißgüte N (Normalschweißung),

$\qquad = 1$ für Schweißgüte F (Festschweißung),

$\qquad =$ Sonderwert Schweißgüte S (Sonderschweißung).

*Ausschlagfestigkeit* $\sigma_A \approx 1100\ \text{kg/cm}^2$ für Stahl St 37.

Bei Stählen höherer Festigkeit werden vorläufig die gleichen Werte eingesetzt, da der höheren Festigkeit die größere Kerbempfindlichkeit gegenübersteht (Versuche fehlen!).

Berechnungsbeispiele s. S. 134 bis 136.

## 7.7. Schweißen im Stahlbau (s. auch Kap. 9.4).

*Bauliche Durchbildung* s. Bild 7/2, 7/3 und Bild $p$, $v$ und $w$ in Tafel 7/9. Bei Fachwerkträgern sollen nach DIN 4100 und 1050 die Netzlinien und die Schwerlinien der Stäbe und Schweißnähte zusammenfallen (s. Beispiel 2).

*Nahtformen* nach Tafel 7/1—7/4;

für *tragende* Kehlnähte soll $a \geq 4\ \text{mm} \leq 0{,}7\ s$; $l_n \geq 40$ mm und bei *Flanken-Kehlnähten* $l_n \leq 40\ a$ sein. Bei *Rohranschlüssen* rundum schweißen!

*Berechnung:* nach DIN 1050 und 4100 (Stahlhochbau) und DIN 120 (Kranbau) auf *statische* Beanspruchung (s. oben) mit $\sigma_{zul}$ nach Tafel 9/4, S. 149.

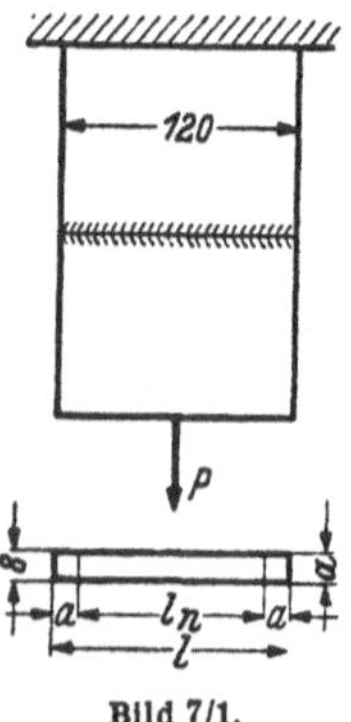

Bild 7/1. Stumpfgeschweißtes Flacheisen, auf Zug belastet.

**Beispiel 1.** *Stumpfgeschweißtes Flacheisen nach Bild 7/1 auf Zug belastet.*

*Gegeben:* Querschnitt $F = 120 \cdot 8\ \text{mm}^2$; $\sigma_{zul} = 1200\ \text{kg/cm}^2$ (Stahl St 00); $a = s = 0{,}8$ cm.

*Gesucht:* Zulässige Kraft $P$.

*Berechnet:* $P = F_n\ \varrho_{zul} = 8{,}32 \cdot 900 = 7500$ kg, denn es ist $F_n = a \cdot l_n = a\,(l - 2a) = 0{,}8 \cdot (12 - 2 \cdot 0{,}8) = 8{,}32\ \text{cm}^2$, $\varrho_{zul} = 0{,}75 \cdot 1200 = 900\ \text{kg/cm}^2$.

**Beispiel 2.** *Stabanschluß mit Flanken-Kehlnähten nach Bild 7/2.*

*Gegeben:* L-Profil $75 \cdot 100 \cdot 11$ mm aus St 37.12; Stab - Zugkraft $P = 17\,800$ kg; $\sigma_{zul} = 1400\ \text{kg/cm}^2$.

---

[1] Nach DIN 4100 (Stahlhochbau).

Das zusätzliche Biegemoment $P \cdot e$ infolge des einschenkeligen Stabanschlusses soll durch Einsatz der Kraft $1{,}2\,P$ statt $P$ berücksichtigt werden. Nahtdicke $a = 0{,}7 \cdot s$ $= 0{,}7 \cdot 1{,}1 \approx 0{,}75$ cm.

*Berechnet:* $\varrho_{zul} = 0{,}65 \cdot \sigma_{zul} = 910$ kg/cm², Nahtquerschnitt $F_n = 1{,}2\,P/\varrho_{zul} = 23{,}5$ cm², Nahtlänge $l_n = F_n/a = 31{,}4$ cm.

Außerdem soll in der Knotenblech-Ebene die resultierende Kraft der Schweißnähte mit der Schwerlinie des Stabes zusammenfallen, so daß $a_1 \cdot l_{n1} \cdot b_1 = a_2 \cdot l_{n2} \cdot b_2$ sein muß. Mit $a_1 = a_2$ und $l_n = l_{n1} + l_{n2}$ und $b_2/b_1 = 6{,}77/3{,}23 = 2{,}1$ (aus Profiltafel 5/34, S. 112) wird

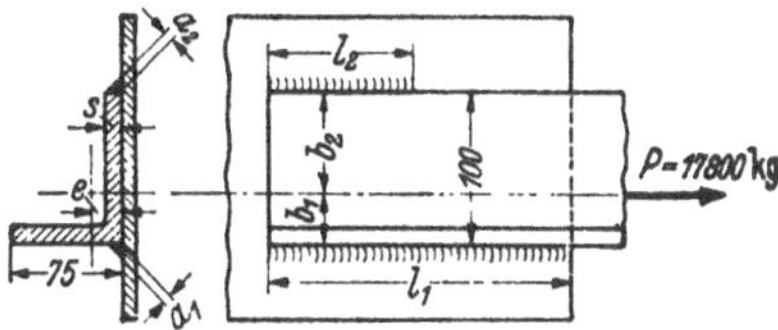

Bild 7/2. Stabanschluß mit Flanken-Kehlnähten an ein Knotenblech.

$$l_{n2} = l_n \left( \frac{1}{1 + b_2/b_1} \right) = 10{,}1 \text{ cm und}$$

$$l_{n1} = l_n - l_{n2} = 21{,}3 \text{ cm, oder ausgeführte Nahtlängen}$$

$$l_1 = l_{n1} + 2a = 22{,}8 \text{ cm} \quad \text{und}$$

$$l_2 = l_{n2} + 2a = 11{,}6 \text{ cm.}$$

**Beispiel 3.** *Anschluß eines Krag-Trägers nach Bild 7/3.*

*Gegeben:* Trägerprofil IP 20 nach Tafel 5/37, S. 118, Belastung $P = 9200$ kg, Biegemoment $M_b = 22{,}5 \cdot P = 207000$ cmkg, $\sigma_{zul} = 1400$ kg/cm², Kehlnaht-Anschluß mit $a = 0{,}7$ cm, $\varrho_{zul} = 0{,}65 \cdot \sigma_{zul} = 910$ kg/cm².

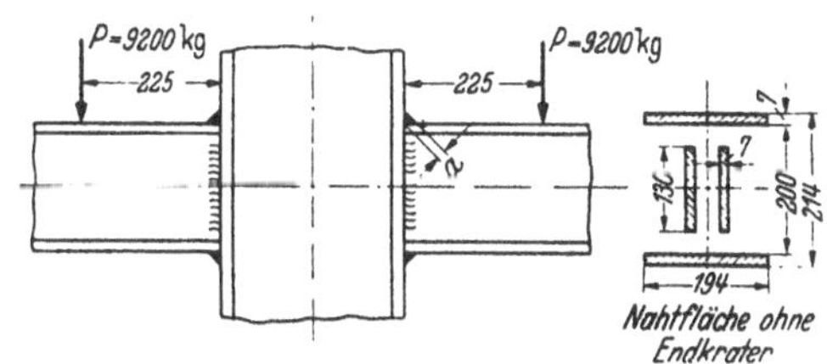

Bild 7/3. Anschluß eines Kragträgers an eine Stütze.

*Berechnet:* Trägheitsmoment $J_n$ der Nahtfläche in der Nahtebene, berechnet nach der Beziehung für Rechtecke $J = \sum b \cdot h^3/12$ nach S. 39, mit den Nahtmaßen nach Bild 7/3.

$$J_n = 19{,}4\,(21{,}4^3 - 20^3)/12 + 2 \cdot 0{,}7 \cdot 13^3/12 = 3165 \text{ cm}^4.$$

Mit dem Abstand der äußeren Faser $e = 21{,}4/2 = 10{,}7$ cm wird das Widerstandsmoment der Nahtfläche $W_n = J_n/e = 3165/10{,}7 = 296$ cm³, und die Biegespannung der Naht $\varrho_2 = M_b/W_n = 207\,000/296 = 700$ kg/cm².

Die Aufnahme der Querkraft $Q = P$ erfolgt fast nur durch die Stegnähte mit dem Querschnitt $F_n = 2 \cdot 0{,}7 \cdot 13 = 18{,}2$ cm², so daß die zusätzliche Schubspannung der Naht $\varrho_1 = P/F_n = 9200/18{,}2 = 505$ kg/cm² ist. (Bestimmung der Spannungen gemäß DIN 4100. Aus Sicherheitsgründen wird $\varrho_1$ mit der größten auftretenden Biegespannung $\varrho_2$ zusammengesetzt!)

Die Gesamtspannung $\varrho = \sqrt{\varrho_1^2 + \varrho_2^2} = 864$ kg/cm², $\varrho_{zul} = 910$ kg/cm².

## 7.8. Schweißen im Kesselbau (s. auch Kap. 9.6).

*Bauliche Durchbildung.* Die Längs- und Quernähte werden hier durchweg als *Stumpf*nähte ausgeführt, und zwar als gute, wurzelverschweißte V- oder X-Nähte. Die Längsnähte werden am Stoß versetzt (s. Bild $n$, Tafel 7/9)! Die Quernähte werden erst später geschweißt und aus der Bodenkante herausgelegt (s. Bild $o$, Tafel 7/9). Bohrungen, Stutzen und Mannlöcher werden wegen der Kerbwirkung mit einer Randverstärkung ausgeführt.

Hochwertige Stücke werden nach dem Schweißen noch im Ofen „normalgeglüht".

*Berechnung:* (Vorschriften siehe [7/5]).

$$\boxed{\text{Blechdicke} \quad s = \frac{d \cdot p}{2 \cdot v \cdot \sigma_{zul}} + 0{,}1 \text{ cm}}$$

berechnet aus der Beanspruchung $\sigma$ in der *Längs*naht (in Quernaht halb so hoch!) mit Innendurchmesser $d$ des Kessels in cm, Betriebsdruck $p$ in kg/cm².

**Tafel 7/8.**

$\sigma^{zul}$ *in kg/cm² für Bleche bei Stumpfstoß.*

| Blechsorte | I | II | III | IV |
|---|---|---|---|---|
| $\sigma_B \geq$ | 3600 | 4100 | 4400 | 4700 |
| $\sigma_{zul} = \sigma_b/4{,}25$ | 847 | 965 | 1035 | 1106 |

Güteverhältnis $v = 0{,}7$ bei einwandfrei ausgeführter Stumpfnaht; noch höhere Bewertung (bis 0,9) ist nach besonderer Verfahrensprüfung möglich.

**Beispiel.** Geschweißter Dampfkessel, $d = 90$ cm, $p = 7$ atü. Blechsorte II, $\sigma_{zul} = 965$ kg/cm², $v = 0{,}7$.

*Berechnet: notwendige Blechdicke* $s = \dfrac{90 \cdot 7}{2 \cdot 0{,}7 \cdot 965}$ $+ \, 0{,}1 = 0{,}566$ cm,

ausgeführt $s = 6$ mm.

## 7.9. Schweißen im Maschinenbau (s. auch Kap. 4.4).

*Bauliche Durchbildung:* s. besonders Tafel 7/9 und S. 75.

*Berechnung:* nach S. 133, 134, wobei meistens die *dynamische* Beanspruchung $\varrho_a$ maßgebend ist.

**Beispiel 1.** *Bremsband aus St 37.12 mit Kehlnaht geschweißt nach Bild 7/4.*

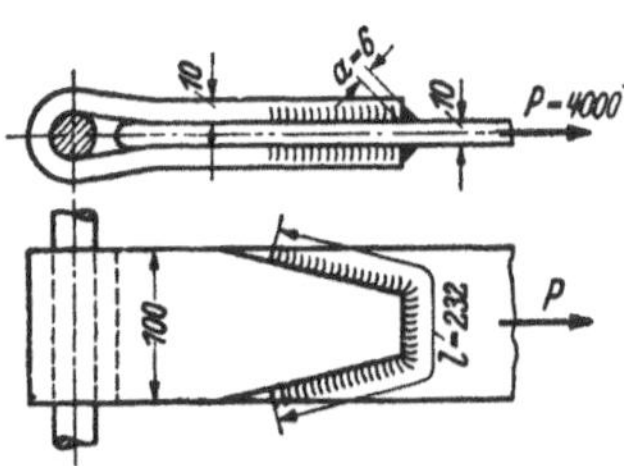

Bild 7/4. Mit Kehlnaht geschweißtes Bremsband.

*Gegeben:* Größte Zugkraft $P = 4000$ kg (schwellend), $\sigma_{zul} = \sigma_F/S_N = 730$ kg/cm² mit $S_N = 3$. $\sigma_{a\,zul} = \sigma_A/S_N = 380$ kg/cm², Nahtdicke $a = 0{,}6$ cm; Nahtlänge $l_n = 23{,}2 - 2a = 22$ cm je Bandseite.

*Berechnet:* $F_n = 2\,a\,l_n = 26{,}4$ cm²; $\varrho = P/F_n = 151$ kg/cm²; $\varrho_a = \varrho/2 = 75{,}5$ kg/cm²; $\varrho_{zul} = v\,v_2\,\sigma_{zul} = 0{,}65 \cdot 1 \cdot 730 = 475$ kg/cm²

$\varrho_{a\,zul} = v_1 \cdot v_2 \cdot \sigma_{a\,zul} = 0{,}35 \cdot 1 \cdot 380 = 133$ kg/cm²

mit $v_1 = 0{,}35$ als Mittelwert aus Nahtbild 20 und 21 in Tafel 7/4, sowie $v_2 = 1$ (Festschweißung).

**Beispiel 2.** *Rotor mit angeschweißten Achszapfen nach Bild 7/5.*

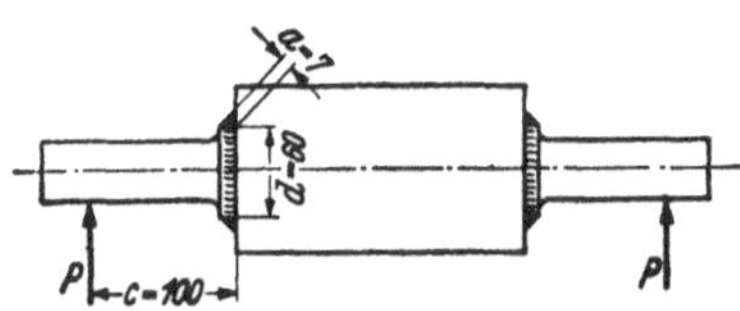

Bild 7/5. Rotor mit angeschweißten Achszapfen.

*Gegeben:* $P = 200$ kg, Biegemoment $M_b = P \cdot 10 = 2000$ cmkg, $a = 0{,}7$ cm; Achszapfen-Durchmesser $d = 6$ cm, $D = d + 2a = 7{,}4$ cm; $\sigma_{a\,zul} = \sigma_{zul} = 300$ kg/cm² (wechselnd beansprucht).

*Berechnet:* Widerstandsmoment der Naht

$$W_n = \frac{\pi\,(D^4 - d^4)}{32 \cdot D} = 22{,}6 \text{ cm}^3;$$

Nahtspannung bei Biegung $\varrho_{2a} = \varrho_2 = M_b/W_n = 88{,}5$ kg/cm²;

$\varrho_{2a\,zul} = v_1 \cdot v_2 \cdot \sigma_{a\,zul} = 0{,}4 \cdot 1 \cdot 300 = 120$ kg/cm²; mit $v_1 = 0{,}4$ geschätzt nach Nahtbild 7, Tafel 7/2 als Mittelwert zwischen Zug und Biegung.

**Beispiel 3.** *Rotor, wie vorher mit zusätzlichem Drehmoment* $M_t$.

*Gegeben:* $M_t = 2400$ cmkg (schwellend).

*Berechnet:* Naht-Umfangskraft $P_u = 2\,M_t/d = 800$ kg; $F_n = \pi \cdot d \cdot a = 13{,}2$ cm²;

$\varrho_1 = P_u/F_n = 60{,}5$ kg/cm², $\varrho_{1a} = \varrho_1/2 = 30{,}25$ kg/cm², $\varrho_{2a}$ wie oben;

$\varrho_a = \sqrt{\varrho_{1a}^2 + \varrho_{2a}^2} \approx 94$ kg/cm², $\varrho_{a\,zul} = 120$ kg/cm², wie oben.

## 7.10. Schrifttum zu 7.

[7/1] DIN-Blätter: 1910 Begriffe und Schweißarten, 1911 Preßschweißen Widerstandsschweißung, 1912 Schmelzschweißen, 4100 Vorschr. für geschweißte Stahlhochbauten, 4101 Vorschr. für geschweißte Straßenbrücken, 1050 Berechnungsgrundlagen für Stahl im Hochbau.

[7/2] Allgemein: SCHIMPKE, P. u. H. A. HORN: Prakt. Handbuch der ges. Schweißtechnik. Bd. I. 4. Aufl. 1948, Bd. II, 5. Aufl. 1950. Berlin: Springer.

ZEYEN, K. L u. W. LOHMANN: Schweißen der Eisenwerkstoffe, 2. Aufl. Düsseldorf: Verlag Stahleisen 1948.

(Fortsetzung S. 140.)

**Tafel 7/9.** *Gestaltungsbeispiele.*

| | Schlechter! | Besser! | Beachte |
|---|---|---|---|
| *a* |  | 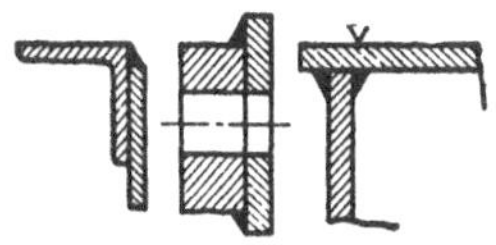 | 1. *Vorarbeiten*, wie Absätze und Abschrägungen, möglichst einsparen! Siehe auch Zahnrad unter 5. |
| *Puffergehäuse* *b* | 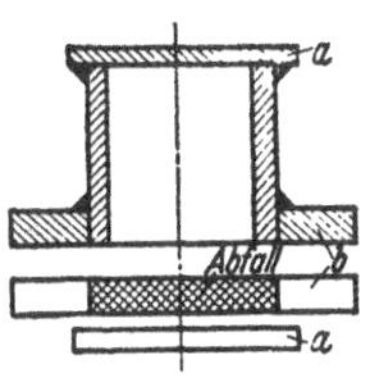  | 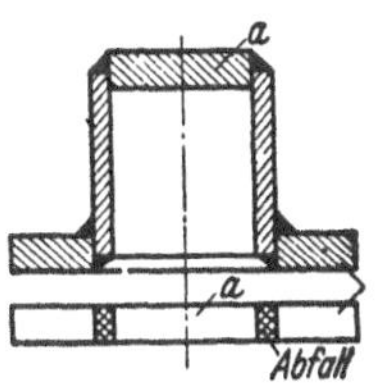  | 2. *Abfallstücke* vermeiden! Dem Konstruktionsbüro zur Verwertung melden! |
| *Seiltrommel* *c* | 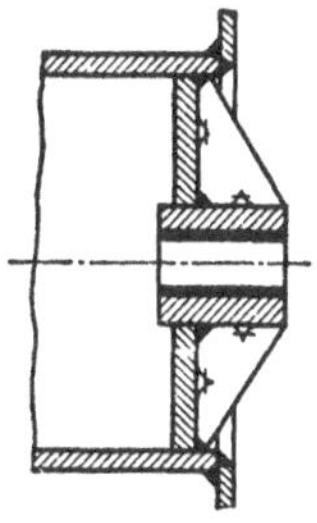 | 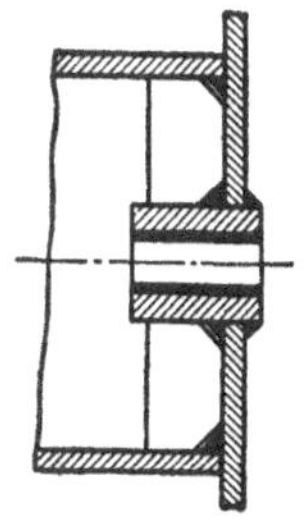 | An Schnitten, an Nahtmenge und an Rippen sparen! Doppelnähte nur bei größeren Kräften. |
| *Kastenstoß* *d* | 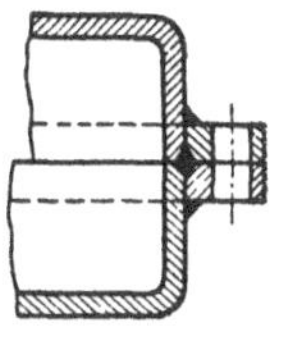 | 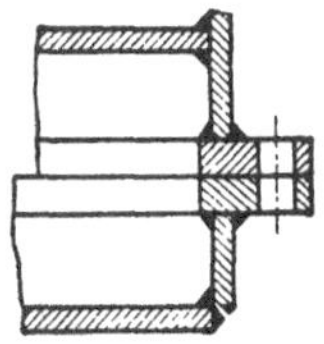 | 3. *Naht nicht in Paßflächen legen!* Innere Naht nur bei schweren Kästen. Maße des Flachstahls (Flansch) als Rohmaß angeben. *Bearbeitungszugabe* 2 mm (4 mm) bei Kastenlänge bis 1 m (über 1 m). |
| *Zahnrad* *e* | 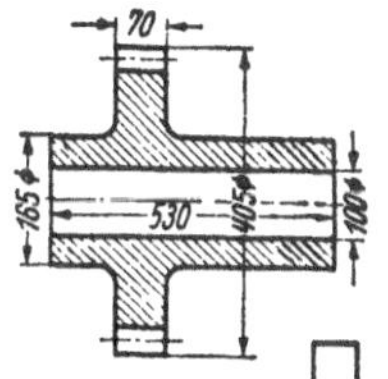  | 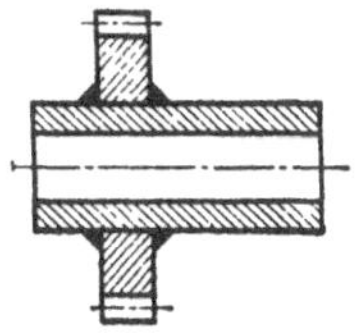 | 4. *Größere Bunde und Flansche* billiger geschweißt als geschmiedet oder aus dem Vollen gedreht. |
| *Wellenflansch* *f* | 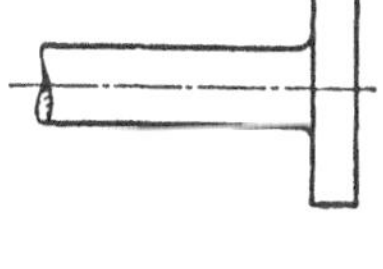 | 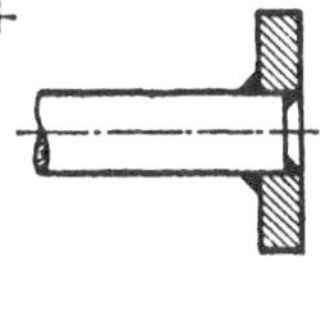 | |

**Tafel 7/9.** *Gestaltungsbeispiele* (Fortsetzung).

| Schlechter! | Besser! | Beachte |
|---|---|---|
| *g* *h* *i* 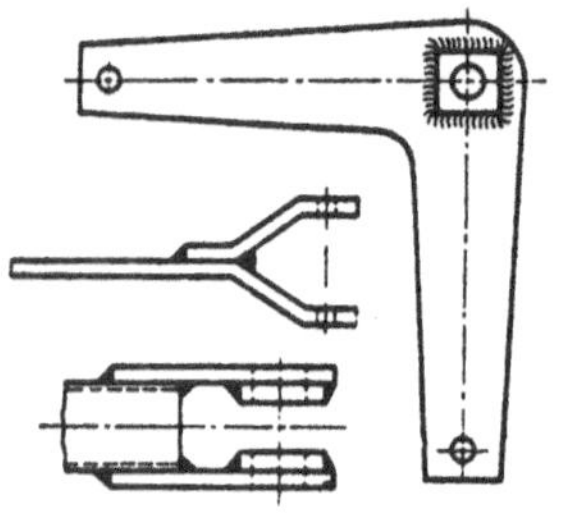 | 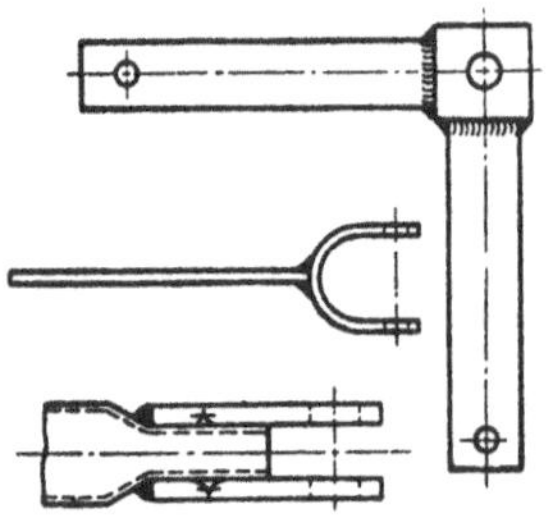 | 5. An *Brennschnitten,* an *Schweiß-nahtmenge* und an *Vorbearbeitung* sparen!<br><br>Von Profilstahl, Rundbiegen und Abkanten Gebrauch machen. |
| *Zahnrad* *k* 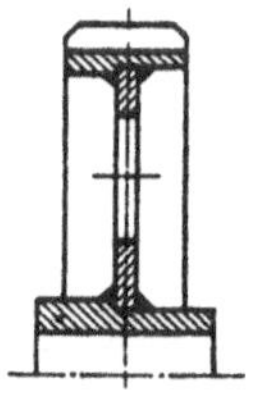 | 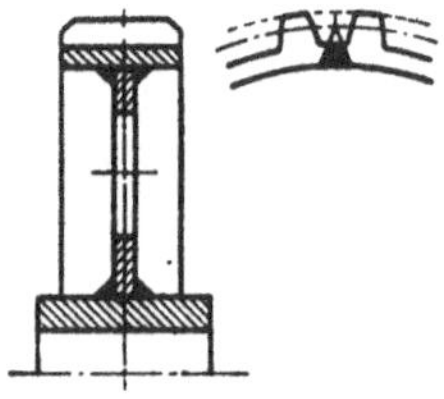 | Kranz aus Flachstahl gebogen und stumpf geschweißt. Naht zwischen den Zähnen. Nabe und Kranz vor dem Schweißen nicht bearbeiten! |
| *Bremsscheibe* *l* 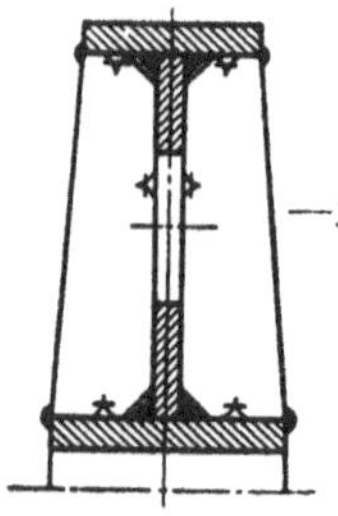 —Rippen | 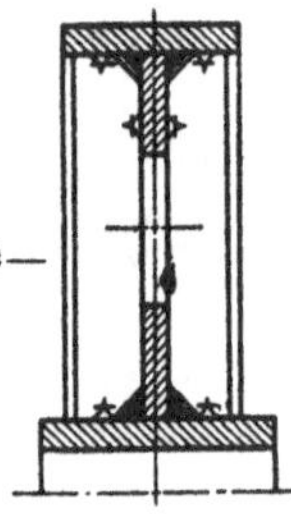 Rippen— | Rippen nicht ausschneiden, sondern hierfür Flachstahl nehmen! Der Kranz soll über die Rippen vorstehen! |
| *m* 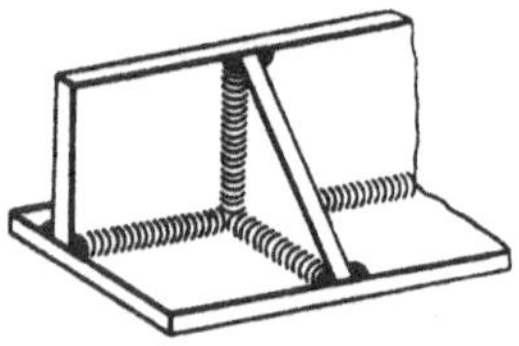 | 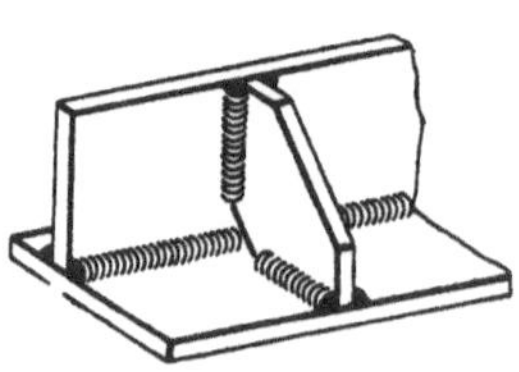 | 6. *Nahthäufung* (Schrumpfspannungen) vermeiden, also Quernähte unterbrechen. |
| *Behälter* *n* 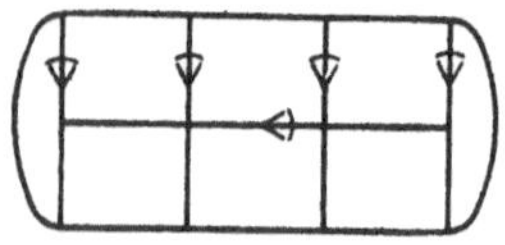 | 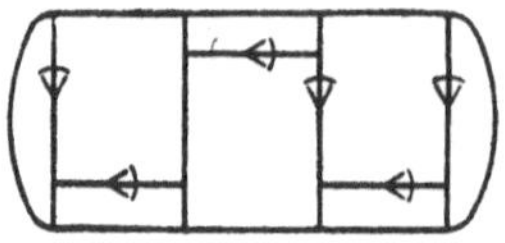 | Längsnähte versetzen. |
| *Behälter* *o*　*Naht gerissen bei*  5 atü　12 atü |  30 atü | 7. *Nähte in Behälterkanten* besonders gefährdet, also verlegen. |

**Tafel 7/9.** *Gestaltungsbeispiele* (Fortsetzung).

| Schlechter! | Besser! | Beachte |
|---|---|---|
| *p* | | 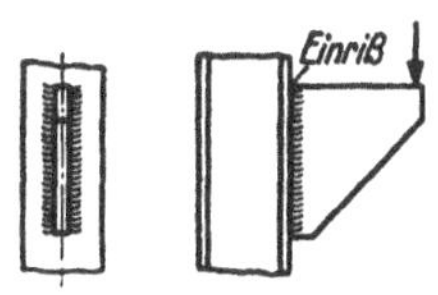  8. *Anrißgefahr* verringern durch richtige Nahtanordnung. |
| *q* | | 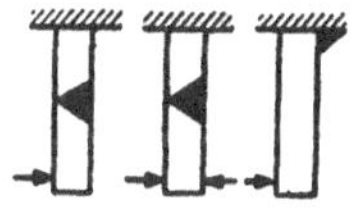 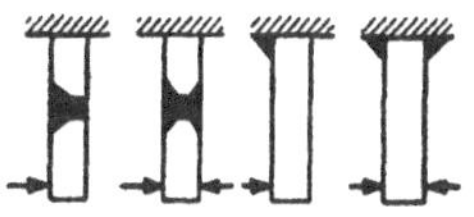 Nahtwurzel nicht in Zugzone legen |
| *r* | 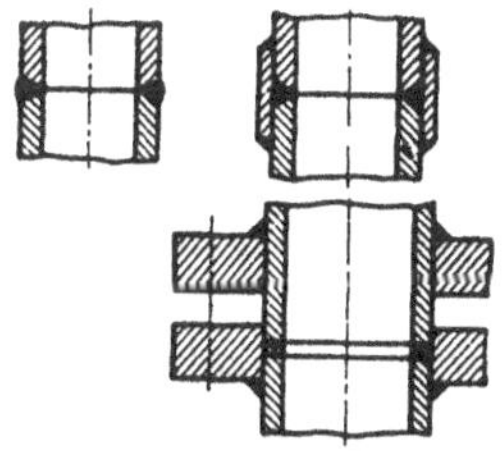 | 9. *Rohrleitung* meist Stumpfstoß. Verstärkung durch Decklasche oder Lochnaht möglich |
| *s* | | 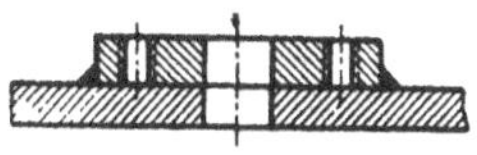 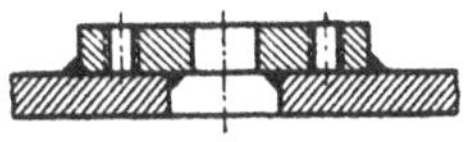 Dichtungsnaht innen! |
| *t* | | 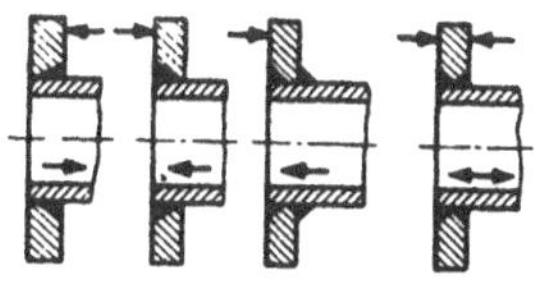 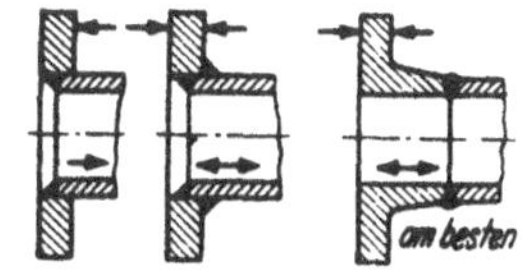 Nahtwurzel nicht in Zugzone legen! Vorbearbeitung sparen. |
| *u* | | 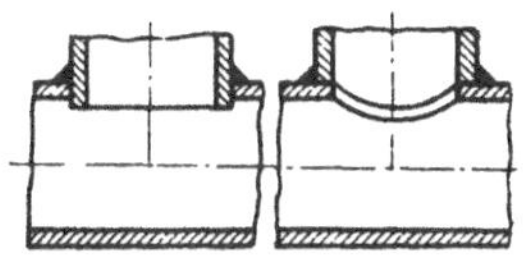 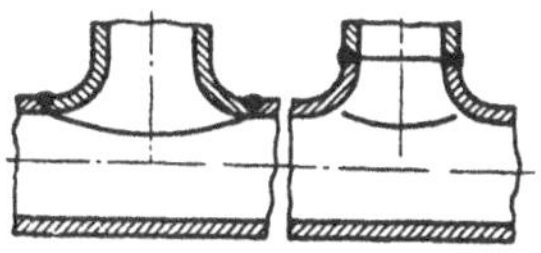 Bei großen Geschwindigkeiten u. Beanspruchungen Rohransatz ausrunden u. Naht aus Kante herauslegen. |
| *v* *w* | | 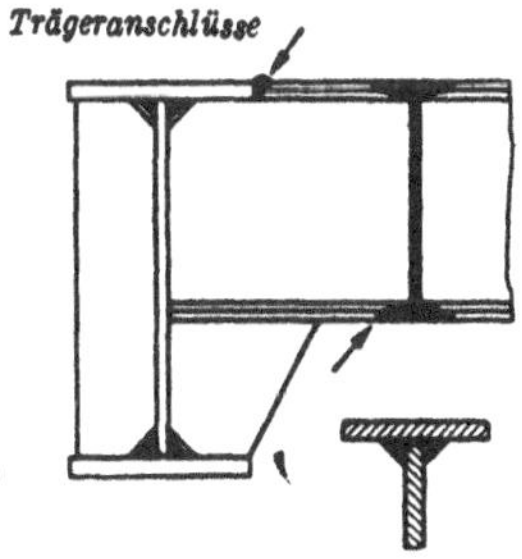 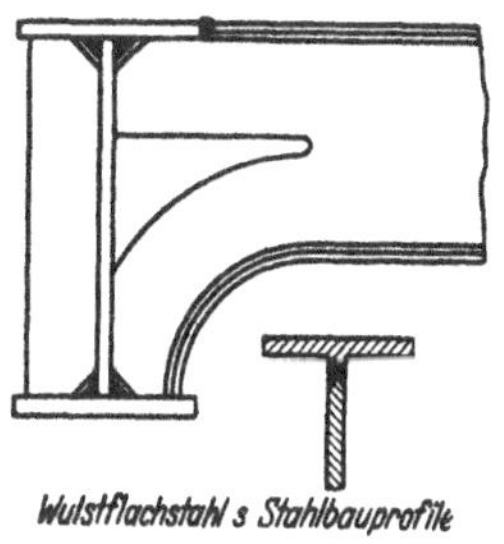 10. *Trägeranschluß* besonders bei hoher Beanspruchung gut abrunden! Endpunkte bohren, Ausschnitte ausbrennen, warm aufbiegen, dann Füllstücke einschweißen. |

[7/3] *Festigkeit*: Dauerversuche mit Schweißverbindungen. Berlin: VDI-Verlag 1935.
CORNELIUS, H.: Die Dauerfestigkeit von Schweißverbindungen. Z. VDI Bd. 81 (1937) S. 883.
GRAF, O.: Dauerfestigkeit von Schweißverbindungen. Z. VDI Bd. 78 (1934) S. 1423.
THUM, A. u. A. ERKER: Schweißen im Maschinenbau, Festigkeit und Berechnung. Berlin: VDI-Verlag 1943; ferner Z. VDI Bd. 82 (1938) S. 1101 u. Bd. 83 (1939) S. 1293.
[7/4] *Schweißen im Stahlbau*: Außer DIN 4100 und 1050.
KOMMERELL, O.: Erläuterungen zu DIN 4100. Berlin: Ernst u. Sohn 1942; ferner Stahl im Hochbau, Düsseldorf: Verlag Stahleisen 1947.
[7/5] *Schweißen im Kesselbau*: VIGENER, K.: Die neuen Vorschriften für geschweißte Dampfkessel. Z. VDI Bd. 80 (1936) S. 1215; ferner
Werkstoff- und Bauvorschriften für Dampfkessel. Minist.-Blatt d. Reichswirtschaftsmin. Bd. 39 (1939) Nr. 24.
[7/6] *Schweißen im Maschinenbau*: Außer [7/3],
HÄNCHEN, R.: Schweißkonstruktionen. Berlin: Springer 1939.
BOBEK, K., METZGER, W. u. Fr. SCHMIDT: Stahl-Leichtbau von Maschinen. Berlin: Springer 1939.
KIENZLE, O. u. H. KETTNER: Das Schwingungsverhalten eines gußeisernen und stählernen Drehbankbettes. Werkst.-Technik u. Werksleiter Bd. 33 (1939) S. 229.
s. auch Leichtbau.
[7/7] *Sonder-Schweißen*: CORNELIUS H.: Schweißen von Stahlguß, Gußeisen u. Temperguß. Z. VDI Bd. 82 (1938) S. 1079.
HOUGARDY, H.: Das Schweißen der nickelfreien, säurebeständigen Stähle. Masch.-Bau-Betrieb Bd. 17 (1938) S. 411.
TOFAUTE, W.: Das Schweißen von nichtrostenden, nickelfreien Chromstählen. Z. VDI Bd. 81 (1937) S. 1117.
BALL, M.: Schweißen mit pulverisiertem Metall. Werkstatt u. Betrieb Bd. 80 (1947) S. 215.
[7/8] ZEYEN, K. L.: Dauerfestigkeit von Schweißverbindungen (Tabelle u. Versuchswerte). Werkstatt u. Betrieb Bd. 82 (1949) S. 136.

# 8. Lötverbindung.

## 8.1. Überblick.

Durch Löten verbindet man häufig metallische Teile miteinander. Eisen, Stahl, Kupfer, Messing, Zink und Edelmetalle lassen sich leicht löten, dagegen Aluminium und Aluminiumlegierungen leichter schweißen.

Die Verbindung durch Löten erfolgt mit Hilfe eines zum Schmelzen gebrachten metallischen Bindegliedes — des „Lotes", dessen Schmelzpunkt niedriger liegt als derjenige der zu verbindenden Teile.

Vor dem Löten müssen die Verbindungsflächen sorgfältig gereinigt werden und beim Lötvorgang u. U. noch durch ein Flußmittel (Borax, Lötfett, Salzsäure oder reduzierende Schutzgase) metallisch blank gehalten werden.

Die höchsten Gebrauchstemperaturen der Werkstücke im Betrieb müssen mit Sicherheit unterhalb der Schmelztemperatur des Lotes liegen (s. Tafel 8/1). Andererseits ist die geringere Temperatur beim Löten, gegenüber der beim Schweißen oft entscheidend für die Anwendung des Lötverfahrens.

Als Nachteil ist der erforderliche Aufwand an Lotmasse (meist zinn- oder kupferhaltige Legierungen, also Sparstoffe, s. Tafel 8/1) anzusehen und die Schwierigkeit, eine schlechte Lötstelle sofort zu erkennen[1].

Die *Weichlötung* (Schmelzpunkt des Lotes unter 300° C) genügt bei geringen Kräften je cm² Lötfläche und niedriger Gebrauchstemperatur z. B. für elektrische Anschlüsse, für Kühler und für mechanisch gering belastete aber dicht sein sollende Behälter, Dosen und Schalen aus Blech.

Die *Hartlötung* (Schmelzpunkt des Lotes über 500° C) ist dagegen, ähnlich wie die Schweißverbindung, auch zur Übertragung größerer Kräfte und auch für höhere Gebrauchstemperaturen (bis 200° unbedenklich!) geeignet, z. B. zur drehfesten Verbindung

---

[1] Gerade bei elektrischen Anschlüssen sind schlecht leitende Lötverbindungen (sogenannte „kalte" Lötstellen) oft sehr nachteilig (Radioindustrie) und schwer zu finden. Elektrische Lötstellen sollen nur stromleitend aber nicht mechanisch beansprucht werden.

von Naben und Wellen[1], dann für Rohrrahmen von Fahr- und Krafträdern (Bild 8/1), zur Verbindung von Flanschen mit Rohren, von Stutzen mit Gefäßen usw. In vielen Fällen kann auch die Lötstelle von größeren Kräften entlastet werden, z. B. bei Blechverbindungen durch Falze, bei Rohrflanschen durch Umbördeln oder Einwalzen von Sicken usw. Hartgelötete Teile können auch im Einsatz *gehärtet* werden, da der Schmelzpunkt der Cu-Lote oberhalb der Einsatztemperatur liegt.

Die Lötverbindung soll möglichst nur auf *Schub* beansprucht werden (Bild 8/2), bei Hartlötung notfalls auch auf Zug.

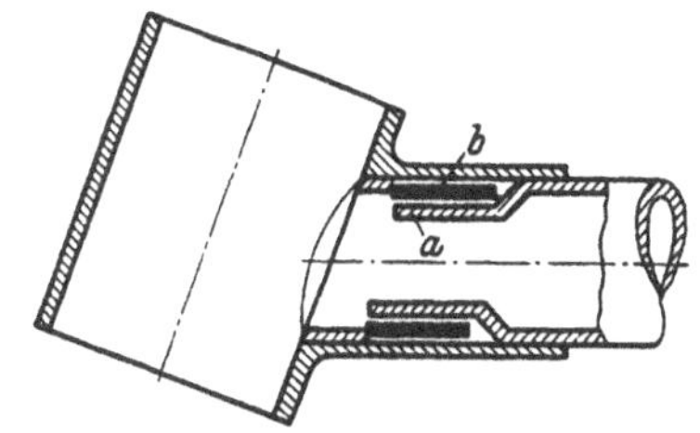

Bild 8/1. Hartlötstelle am Fahrrad-Rahmen mit vorher eingelegtem Lot *b* zur Tauchlötung im Salzbad, nach NAOKEN [8/9].

## 8.2. Lötverfahren.

Die *Wahl des Lotes* richtet sich nach den zu verbindenden Metallen, nach der zulässigen Temperatur und nach der verlangten Festigkeit (s. Tafel 8/1 und DIN-Blätter).

Das *Lötverfahren* richtet sich nach den Fertigungsbedingungen und ist oft entscheidend für die wirtschaftliche Anwendung der Lötverbindung. Genannt seien:

**Tafel 8/1.** *Gebräuchliche Lote.*

| Bezeichnung | DIN-Blatt | Zusammensetzung etwa % | Arbeits-temp. $\leq$ °C | Verwendung | |
|---|---|---|---|---|---|
| | | | | Werkstoff der zu bindenden Teile | Beispiele |
| *Weichlote:* | | | | | |
| Zinnlot 8, LSn 8 . . | 1730 | 8 Sn, bis 0,6 Sb, Rest Pb . . . . . | 305 | Stahl, Cu- und Zn-Legierungen | Lötungen allgemeiner Art |
| Zinnlot 25, LSn 25 . . | 1730 | 25 Sn, bis 1,7 Sb, Rest Pb . . . . | 257 | | |
| Zinnlot 33, LSn 33 . . | 1730 | 33 Sn, bis 2,2 Sb, Rest Pb . . . . | ~210 | | Vorverzinnung |
| Zinnlot 40, LSn 40 . . | 1730 | 40 Sn, bis 2,7 Sb, Rest Pb . . . . | 223 | | |
| Zinnlot 60, LSn 60 . . | 1730 | 60 Sn, bis 3.2 Sb, Rest Pb . . . . | 185 | Stahl und Cu-Legierungen | Feinlötungen |
| Zinnlot 98, LSn 98 . . | 1730 | 98 Sn, Rest Pb . . . | 230 | | |
| Zinklot 98, LZn 98 . . | 1730 | mind. 98 Zn, Rest Cu | 410 | Stahl und Cu-Legierungen | Flammenlötung |
| Bleilot 98.5, LPb 98,5 . | 1730 | mind. 98,5 Pb . . . | 320 | | Tauchlötung |
| *Hartlote:* | | | | | |
| Messinglot 42, LMs 42 . | 1733 | 42 Cu, Rest Zn . . . | 845 | Ni- u. Cu-Legierg. | Griffe |
| Messinglot 54, LMs 54 . | 1733 | 54 Cu, Rest Zn . . . | 890 | Cu-Legierg., Stahl u. Grauguß | Geräte |
| Messinglot 63, LMs 63 . | 1733 | 63 Cu, Rest Zn . . . | 910 | | Rohrleitungen |
| Messinglot 85, LMs 85 . | 1733 | 85 Cu, Rest Zn . . . | 1020 | | Geräte |
| Silberlot 8, LAg 8 . . | 1734 | 8 Ag, bis 55 Cu, Rest Zn . . . . | 860 | St, Cu u. Cu-Leg. | Lötung von dicken Teilen |
| Silberlot 12, LAg 12 . . | 1734 | 12 Ag, bis 52 Cu, Rest Zn . . . . | 830 | | |
| Silberlot 25, LAg 25 . . | 1734 | 25 Ag, bis 43 Cu, Rest Zn . . . . | 780 | | Optik, Feinmechanik |
| Silberlot 45, LAg 45 . . | 1734 u. 1735 | 45 Ag, 20 Cd, bis 19 Cu, Rest Zn . . . . | 620 | St, Bz u. Cu-Leg. u. Edelmetalle | für spannungsempfindliche Werkstücke |
| Phosphorlot 8, LCuP 8 . | 1733 | 8 P, Rest Cu . . . . | 710 | Cu-Legierungen | an Stelle von Silberlot |
| Aluminium-Zinklot, LZnCd . . . . . . . | 1732 | 56 Zn, 4 Al, Rest Cd . | 320 | Leichtmetallguß | Gußstücke |
| Kupfer | 1708 1726 | Elektrolytkupfer | 1110 | Stahl | wo hohe Festigkeit erforderlich, Ofenl. |

[1] Bei Ofenlötung zieht sich das Lot durch Kapillarwirkung selbsttätig in die Fuge, Näheres s. [8/13].

a) *Kolbenlötung.* Sie wird mit einem erhitzten Kupferkolben ausgeführt, ist nur für Weichlötungen geeignet und erfordert die Anwendung von Flußmitteln. (Zweckmäßig bei Einzelfertigung, ferner bei Massenfertigung elektrischer Kontakte.)

b) *Flammenlötung.* Sie wird als Weich- oder Hartlötung mit einer Lötlampe oder Sauerstoff-Azetylenflamme ausgeführt und erfordert ebenfalls Flußmittel (geeignet für Einzelfertigung).

c) *Tauchlötung.* Die zu lötenden und nur an der Lötstelle metallisch blanken Teile werden in ein flüssiges Weich- oder Hartlotbad getaucht; oder man taucht sie (erheblich lotsparender) in ein heißes Salzbad, wobei das Lot bereits an der Lötstelle angebracht sein muß. (Besonders geeignet für Massenfertigung.)

d) *Ofenlötung.* Die Teile werden ebenso wie bei der Salzbadlötung vorbereitet und durch einen Durchlaufofen mit reduzierendem Schutzgas ohne Flußmittel hindurchgeschickt.

e) *Induktionslötung.* Die mit dem Lot- und Flußmittel versehene Lötstelle wird mittels einer Induktionsspule elektrisch erhitzt. (Zeitsparend und sehr geeignet für Fließfertigung gleichartiger Lötstellen.)

*DIN-Blätter.* 1707 Lötzinn, 1710 ersetzt durch 1733—1735, 1711 ersetzt durch 1733, 1730 Weichlote für Schwermetalle zurückgezogen, 1732 Legierungen zum Schweißen und Löten der Leichtmetalle, 1733 Legierung zum Schweißen und Hartlöten der Schwermetalle und Eisenwerkstoffe, 1734 Silberlote für Schwermetalle und Eisenwerkstoffe, 1735 Silberlote zum Hartlöten von Edelmetallen.

## 8.3. Bemessung der Lötverbindung.

Die übertragbare Kraft $P$ einer einwandfrei ausgeführten Lötverbindung beträgt bei Schubbeanspruchung $\tau$ nach Bild 8/2:

$$\boxed{P \leq b \cdot l \cdot \tau_{\text{zul}}} \ \text{(kg)}.$$

Die statische Schubfestigkeit $\tau_B$ beträgt etwa

     bei Zinnlot (Weichlot)   $\tau_B = $   200 bis 860 kg/cm²,
     bei Zink-Kadmiumlot   $\tau_B = $ 1200 kg/cm²,
     bei zähem Hartlot      $\tau_B = $ 1400 bis 2000 kg/cm².

Soll die Lötverbindung ebenso zerreißfest wie das Blech (Bruchfestigkeit $\sigma_B$, Dicke $s$) sein, so muß die Breite $b$ der Lötfuge betragen:

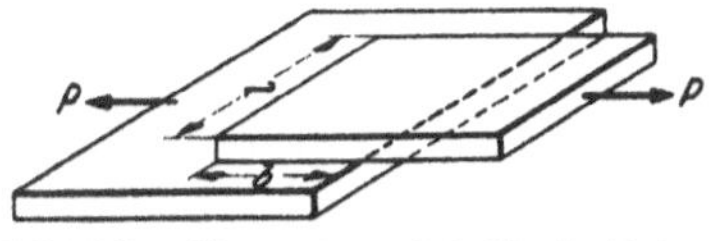


**Bild 8/2. Übertragbare Schubkraft $P$ bei einer Lötverbindung (Lötfläche $b \cdot l$): $P = b \cdot l \cdot \tau$.**

$$\boxed{b = s \cdot \sigma_B/\tau_B} \ \text{(cm)}.$$

Meist wählt man etwas reichlicher $b = 4 \cdot s$ bis $6 \cdot s$.

### 8.4 Schrifttum zu 8.

[8/1] DIEGEL, C.: Schweißen und Löten. Berlin 1909. Auszug Stahl u. Eisen Bd. 29 (1909) S. 776.
[8/2] RUDELOFF, M.: Lötnähte an kupfernen Rohren. Mitt. Mat.-Prüf.-Amt Berlin Bd. 27 (1909) S. 317.
[8/3] BURSTYN, W.: Das Löten. Werkstattbücher, Heft 28. Berlin: Springer 1927.
[8/4] AWF: Löten und Lote. Berlin: Beuth-Verlag 1927.
[8/5] WENZ, J.: Verlöten von Massenartikeln. Masch.-Bau-Betr. Bd. 13 (1934) S. 241.
[8/6] HANEL, R.: Schweißen und Löten von austenit. Chromnickelstählen. Masch.-Bau Bd. 15 (1936) S. 427.
[8/7] LÜDER, E.: Einsparung von Lötzinn durch neue Legierungen. Z. VDI Bd. 79 (1935) S. 101.
[8/8] FISCHER, O.: Vorgänge und Festigkeiten beim Löten. Berlin: VDI-Verlag 1939.
[8/9] NACKEN, M.: Einsparen von Messing beim Verlöten von Rohren. Z. VDI Bd. 85 (1941) S. 706.
[8/10] — Der Zusammenbau von Al-Teilen durch Hartlöten. Werkstatt u. Betrieb Bd. 81 (1948) S. 333.
[8/11] LÜPFERT, H.: Metallische Werkstoffe, Bad Wörishofen 1946 (Lote, S. 259).
[8/12] GÖNNER, O.: Hartlöten von Rohrleitungsteilen im Fahrzeug- u. Motorenbau. Werkstatt u. Betrieb Bd. 79 (1946) Heft 2, S. 45.
[8/13] LOHAUSEN, K. A.: Hartlöten unter Schutzgas (gute Konstruktionsbeispiele). Z. VDI Bd. 91 (1949) S. 89.
[8/14] SCHÖNING, W.: Hartlöten. Die Technik Bd. 3 (1948) S. 533.

# 9, Nietverbindung.

## 9.1. Anwendung und Herstellung.

**Anwendung.** Die Nietverbindung dient ebenso wie die Schweißverbindung

1) als *Kraft*verbindung im Stahlbau (Hochbau, Brücken- und Kranbau);

2) als *dichte Kraft*verbindung im Kesselbau (Kessel, Behälter und Rohre mit großem Überdruck);

3) als *dichte* Verbindung für Behälter (flache Behälter, Schornsteine, Fall- und Laufrohre ohne Überdruck);

4) als *Haft*verbindung für Blechverkleidungen (z. B. im Flugzeugbau).

*Gegenüber der Schweißverbindung* ist die Nietverbindung oft einfacher oder billiger herzustellen (z. B. für Fachwerkträger), auch leichter auf Güte kontrollierbar (Klang beim Anklopfen) und notfalls durch Abschlagen der Nietköpfe lösbar, dafür aber etwas schwerer und nicht so allseitig anwendbar. Der Festigkeitsverlust beträgt bei der Nietverbindung (Nietlöcher) 13 bis 42 % gegenüber 10 bis 40 % bei der Schweißverbindung.

**Herstellung (Bild 9/1).** Beim Nieten werden die zu verbindenden Teile durch das quer durchgesteckte und dann mit dem Döpper geschlagene Niet fest aufeinandergepreßt. Insbesondere wird beim warm geschlagenen Niet der Nietschaft durch das Schrumpfen beim Erkalten bis zur Fließgrenze angespannt (Spannungsverbindung).

Beim Warmnieten wird der Nietschaft auf Hellrotglut erwärmt. Nur kleinere Eisenniete (etwa bis 8 oder 10 mm Durchmesser), ferner Messing-, Kupfer- und Leichtmetallniete werden kalt geschlagen. Die Löcher in den Blechen sollen genau übereinander liegen (notfalls aufreiben!).

Die Vernietung (Bildung des Schließkopfes) kann mit dem Handhammer (bis 26 mm Nietdurchmesser) oder besser, billiger und schneller mit dem Preßlufthammer, noch besser aber mit der Nietmaschine [1] vorgenommen werden. Bei der Maschinennietung werden die Bleche während des Nietens durch den Blechschließer (Bild 9/1) zusammengehalten.

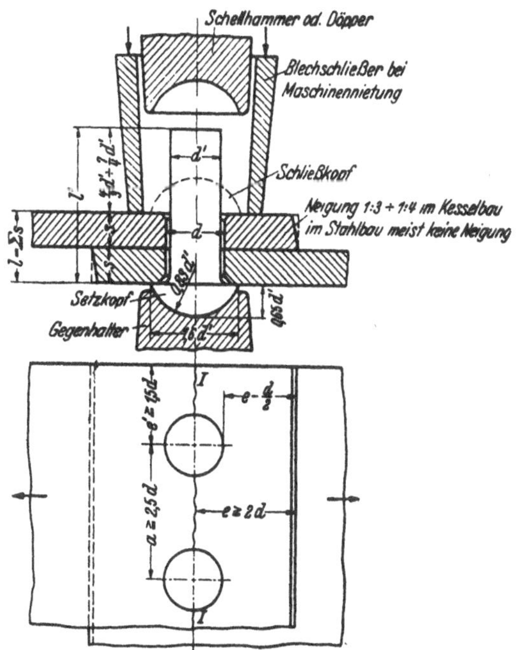


Bild 9.1. Herstellung und Verhältnismaße einer Nietverbindung.

## 9.2. Beanspruchung und Bemessung.

### 1. Verwendete Bezeichnungen.

| | | | | | |
|---|---|---|---|---|---|
| $a$ | (cm) | Nietabstand | $F$ | (cm²) | voller Blech-(Stab) Querschnitt |
| $b_L$ | (cm) | Breite der Lasche | | | |
| $D$ | (cm) | innerer Kesseldurchmesser | $F_n$ | (cm²) | Nutzquerschnitt von $F$ |
| $d$ | (cm) | Nietdurchmesser-Lochdurchmesser | $f$ | (cm²) | Nietquerschnitt |
| $d'$ | (cm) | Schaftdurchmesser des Rohniets | $h$ | (cm) | Kopfhöhe des Rohniets |
| $d_2$ | (cm) | Kopfdurchmesser des Rohniets | $i$ | (cm) | Trägheitshalbmesser $= \sqrt{J/F}$ |
| $e$ | (cm) | Randabstand in Kraftrichtung | $J$ | (cm⁴) | Biege-Trägheitsmoment |
| $e'$ | (cm) | ,, seitlich | $l'$ | (cm) | Schaftlänge des Rohniets |
| $e_1, e_2, e_3$ | | weitere Abstände (Tafel 9/8) | $L_K$ | (cm) | Knicklänge des Druckstabes |

---

[1] Notwendige Preßkraft in kg etwa $5000 \cdot f$ bis $9000 \cdot f$ bei Warmnietung und $20000 \cdot f$ und darüber bei Kaltnietung; Nietquerschnitt $f$ in cm².

| | | | | | |
|---|---|---|---|---|---|
| $\lambda$ | (—) | Schlankheitsgrad, $= L_k/i$ | $\sigma_l$ (kg/cm²) | Leibungsdruck am Niet |
| $M$ | (cmkg) | Biegemoment | $l$ (cm) | Nietteilung (Außenteilung) |
| $N$ | (kg) | Kraft je Niet | $\tau$ (kg/cm²) | Scherspannung im Blech |
| $N_l$ | (kg) | größte Kraft je Niet durch $M$ | $\tau_{N_1}$ (kg/cm²) | Scher- u. Gleitwiderstand im Niet |
| $N_Q$ | (kg) | größte Kraft je Niet durch $Q$ | $\tau_N$ (kg/cm²) | reine Scherspannung im Niet |
| $n$ | (—) | Schnittzahl je Niet | $u_1, u_2$ (cm) | Achsabstände im Biegungsträger (Bild 9/9) |
| $\omega$ | (—) | Knickzahl | $v$ (—) | Güteverhältnis, $= F_n/F$ |
| $P$ | (kg) | gesamte Kraft | $w$ (cm) | Wurzelmaß |
| $P_s$ | (kg) | größte Stabkraft | $W$ (cm³) | Biegewiderstandsmoment des Trägers |
| $P_t$ | (kg) | Kraft je Nietteilung $l$ | $W_n$ (cm³) | Nutzbares Widerstandsmoment d. Trägers |
| $p$ | (kg/cm²) | Kesselüberdruck | $z$ (—) | gesamte Nietzahl für $P$ |
| $s$ | (cm) | Blechdicke | $z_g$ (—) | Nietzahl im meist gefährdeten Blechquerschnitt |
| $s'$ | (cm) | rechnerische Blechdicke | $z_{tg}$ (—) | Nietzahl je Teilung im gefährdeten Blechquerschnitt |
| $s_L$ | (cm) | Laschendicke | | |
| $\sigma$ | (kg/cm²) | Zug-(Druck-)spannung im Blech | $z_t$ (—) | Nietzahl je Teilung $l$ |
| $\sigma_N$ | (kg/cm²) | Zugspannung im Niet | $z_1$ (—) | Nietzahl im Schnitt der 1. Nietreihe |
| $\sigma_B$ | (kg/cm²) | Zugfestigkeit des Bleches | $z_2$ (—) | Nietzahl im Schnitt der 2. Nietreihe |
| $\sigma_{NB}$ | (kg/cm²) | Zugfestigkeit des Nietwerkstoffes | $\gamma$ (—) | Ausgleichzahl |

## 2. Einschnittige Nietverbindung.

**Niet.** Greift an den vernieteten Blechen (Bild 9/2) eine Zugkraft an, so wird diese als *Reibungs*kraft von einem Blech auf das andere übertragen. Erst, wenn diese

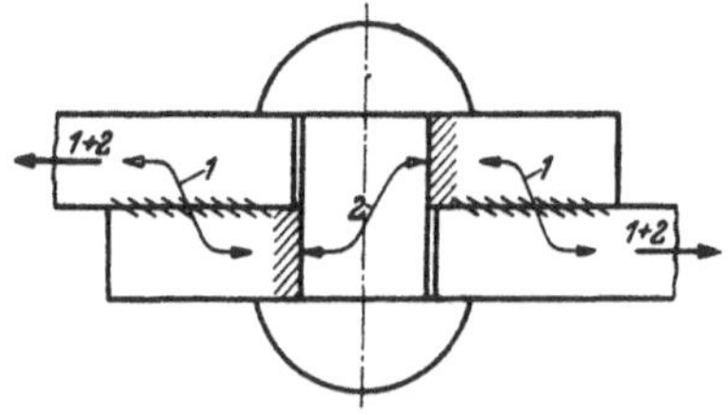

Bild 9/2. Kraftübertragung bei einer Nietverbindung; 1 durch Reibung, 2 durch Leibungsdruck.

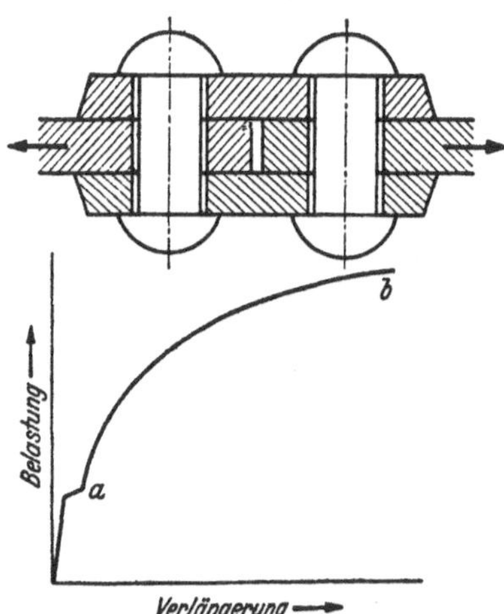



Bild 9/3. Zugversuch an einer Nietverbindung (nach RÖTSCHER). Bei $a$ Überschreitung der Gleitgrenze und Beginn der Scherbeanspruchung, bei $b$ Abscheren.

überschritten ist (s. Gleitgrenze Bild 9/3), legt sich die Lochwandung gegen den Nietschaft und beansprucht diesen auf Leibungsdruck und Abscheren. Betrachten wir die Kräfte je Niet: Durch die Zugspannung $\sigma_N$ im Nietquerschnitt $f$ ergibt sich eine Blech-Reibungskraft $\mu \cdot \sigma_N \cdot f$ und durch die Scherspannung $\tau'_N$ im Niet eine Scherkraft $\tau'_N \cdot f$. Die ganze je Niet übertragene Kraft ist dann

$$N = \mu \cdot \sigma_N \cdot f + \tau'_N \cdot f = (\mu \cdot \sigma_N + \tau'_N) f,$$

oder einfacher $\boxed{N = \tau_N f}$ (kg) \hfill (1)

Im Stahlbau wird $\tau_N$ als „Scherwiderstand" und im Kesselbau als „Gleitwiderstand" aufgefaßt[1]. Die notwendige Nietzahl zur Übertragung der Gesamtkraft $P$ ist dann

$$\boxed{z = \frac{P}{N} = \frac{P}{\tau_N \cdot f}} \; (—). \hfill (2)$$

Im *Stahlbau* wird auch noch der „*Leibungsdruck*", d. h. die mittlere Flächenpressung $\sigma_l$ zwischen Niet- und Lochwandung nachgeprüft. Man setzt mit s als Blechdicke

$$\boxed{N = \sigma_l \cdot d \cdot s} \; (\text{kg}). \hfill (3)$$

Mit Einsatz von $N$ nach Gl. (1) und $f = \pi d^2/4$ ergibt sich für die einschnittige Nietverbindung $d = \dfrac{4\,\sigma_l \cdot s}{\pi \cdot \tau_N}$,

und mit dem Erfahrungswert $\sigma_l \leq 2,5\,\tau_N$ wird $d \leq 3,2\,s$, so daß sich hierfür die Nachrechnung von $\sigma_l$ erübrigt.

**Blech.** Die Nietlöcher schwächen den Blech- oder Stabquerschnitt $F$. Der verbleibende Nutzquerschnitt $F_n$ muß die Gesamtkraft $P$ übertragen können:

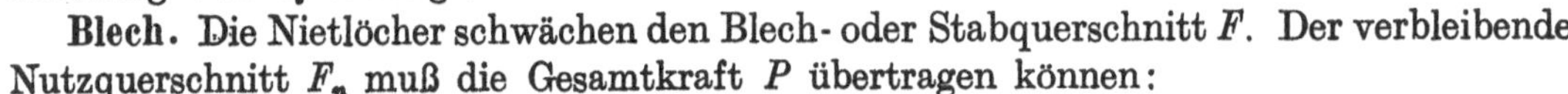

[1] Im Kesselbau wird statt $\tau_N$ auch $k$ geschrieben.

$$\boxed{P = z \cdot N = \sigma \cdot F_n} \ (\text{kg}) ; \tag{4}$$

$$\boxed{F_n = F - z_g \cdot d \cdot s} \ (\text{cm}^2) ; \tag{5}$$

wenn $z_g$ die Nietzahl und $\sigma$ die Blechbeanspruchung im gefährdeten Blech-Querschnitt (Schnitt $I—I$ in Bild 9/6) sind. Bei durchlaufender Nietnaht (Kesselbau) ist entsprechend je Nietteilung $t$

$$\boxed{N = \sigma\,(t - d)\,s'} \ (\text{kg}). \tag{6}$$

Der *Randabstand* $e$ der Nieten (Bild 9/1) muß genügend groß sein, damit die Löcher nicht *ausreißen*. Man setzt:

$$N = 2\left(e - \frac{d}{2}\right) s \cdot \tau;$$

mit Einsatz von Gl. 3 wird der notwendige Randabstand $e = \dfrac{\sigma_l \cdot d}{2\tau} + \dfrac{d}{2}$ , und mit dem Erfahrungswert $\tau \leq \sigma_l/2{,}5$ als Scherspannung im Blech wird $e \geq 1{,}75\,d$.

### 3. Mehrschnittige Nietverbindungen.

Bei Doppellaschennietung (Bild 9/6) verdoppeln sich die Abscherquerschnitte $(n)$ und die Reibkräfte je Niet, während die Leibungsfläche im Blech (und damit $\sigma_l$) und der Blechquerschnitt (und damit $\sigma$) unverändert bleiben. Entsprechend wird hier:

Nietkraft: $\qquad \boxed{N = 2 \cdot \tau_N \cdot f} \ (\text{kg}). \tag{7}$

Leibungsdruck: wie bisher nach Gl. 3,   Durchmesser: $d \leq 1{,}6 \cdot s$ für $\sigma_l \leq 2{,}5 \cdot \tau_N$;
Blech: wie bisher nach Gl. 4, 5, 6;   Randabstand: $e \geq 1{,}75 \cdot d$ für $\sigma_l \leq 2{,}5\,\tau_N$.

## 9.3. Erfahrungsangaben.

1) *Werkstoff.* Die Anforderungen an den *Niet*werkstoff sind in DIN 1613 festgelegt. Im gesamten Stahl-, Kessel- und Behälterbau wird hierfür zäher Flußstahl, gewöhnlich St 34.13, verwendet; bei hochwertigem Blechwerkstoff, wie St 52, meist St 44 als Nietwerkstoff. Für Niet und Blech soll der Grundwerkstoff *gleichartig* sein, um verschiedene Wärmeausdehnung (Lockerwerden) und galvanische Ströme (Korrodieren) zu vermeiden; also Al-Niete für Al-Bleche nehmen usw.

*Blech*werkstoffe für Stahlbau s. Tafel 9/4, für Kesselbau s. Tafel 9/6.

2) *Im Stahlbau* sollen keine größeren Blechverschiebungen, kein „Fließen" der Nietverbindung eintreten. Erfahrungswerte für $\sigma$, $\sigma_l$ und $\tau_N$ s. Tafel 9/4.

3) *Im Kesselbau* soll der Gleitwiderstand zwischen den Blechen nicht überschritten werden. Erfahrungswerte für $\sigma$ und $\tau_N$ s. Tafel 9/6 und 9/7.

4) Bei *dynamischer* Belastung darf weder die Gleitgrenze der Nietverbindung (Bild 9/3) noch die Dauerfestigkeit $\sigma_D = \sigma_m \pm \sigma_A$ des Bleches überschritten werden. Die Versuchsergebnisse Tafel 9/1 und Bild 9/4 zeigen, daß hierbei ein festerer Blechwerkstoff St 52 gegenüber St 37 keinen Vorteil bringt, da die Gleitgrenze fast gleich bleibt [1].

5) *Blechoberfläche.* Je rauher die Blechoberfläche, desto größer der Gleitwiderstand und die Dauerfestigkeit $\sigma_D$.

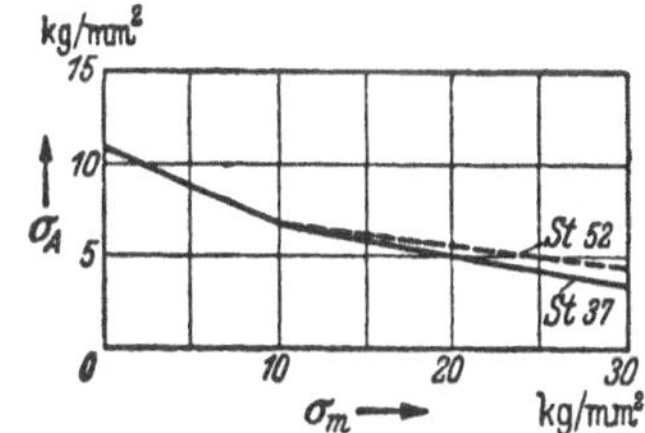


Bild 9/4. Dauerfestigkeit $\sigma_D = \sigma_m \pm \sigma_A$ einer Doppellaschen-Nietverbindung. Nieten aus St 44, Blech aus St 37 bzw. St 52 (nach GRAF).

---

[1] Hier sei die Anregung gegeben, für hochwertige Nietverbindungen die Reibung zwischen den Flächen durch besondere Reibstoffe, z. B. durch Beimischung von Carborundpulver zu einer streichbaren Lösung zu erhöhen. S. Preßsitz mit Carborundpulver Kap. 18.2.

**Tafel 9/1.** *Erreichte Spannungen $\sigma$ und $\tau_N(kg/mm^2)$ bei statischer und schwellender Belastung von Doppellaschen-Nietverbindungen nach Versuchen von* GRAF [9/7].

| Blech | | | Niet-werk-stoff | Nietreihen | Statische Belastung | | | Schwellende Belastung | | |
|---|---|---|---|---|---|---|---|---|---|---|
| | | | | | Blech-Gleiten bei | | Blech-Bruch bei | Blech-Gleiten bei | | Blech-Bruch bei |
| Werkstoff | $\sigma_F$ kg/mm² | $\sigma_B$ kg/mm² | | | $\sigma$ | $\tau_N$ | $\sigma$ | $\sigma$ | $\tau_N$ | $\sigma$ |
| St 37 | 28,5 | 39 | St 34 | 1 | 23,0 | 9,3 | 35,1 | 21,3 | 8,8 | 23,7 |
| | | | | 3 | 27,2 | 4,8 | 45,7 | 24,3 | 5,6 | 25,9 |
| St 48 | 37,1 | 55 | St 34 | 1 | — | — | — | — | — | — |
| | | | | 3 | — | — | — | 27,0 | 3,8 | 28,9 |
| St-Si | 43,7 | 59,8 | St-Si | 1 | 30,7 | 4,9 | 47,2 | 28,0 | 4,9 | 32,3 |
| | | | | 3 | 41,1 | 5,5 | 60,0 | 23,9 | 2,9 | 25,5 |
| St 52 | 40,5 | 58,3 | St 34 | 1 | 34,0 | 5,45 | 55,0 | 27,1 | 5,0 | 26,1 |
| | | | St 52 | 3 | 39,2 | 2,7 | 63,7 | 25,6 | 2,6 | 27,0 |

So war nach Versuchen von GRAF [9/7] bei Menniganstrich zwischen den Blechen $\sigma_D = (7,5 \pm 5,5)\ kg/mm^2$, bei Entfettung durch Benzin $\sigma_D = 15,5 \pm 8,5$.

6) *Bei Überlappungs-Nietung* (Bild 9/1) wird das Blech zusätzlich auf Biegung beansprucht. Theoretisch wird das Biegemoment $M_b = P \cdot s$ und die Biegespannung $\sigma_b = M_b/W_b = 6 \cdot \sigma$. Praktisch wird $\sigma_b$ infolge der Reibungsübertragung geringer; nach DAIBER [9/7] wird bei einreihiger, (zweireihiger), [dreireihiger] Überlappungsnietung

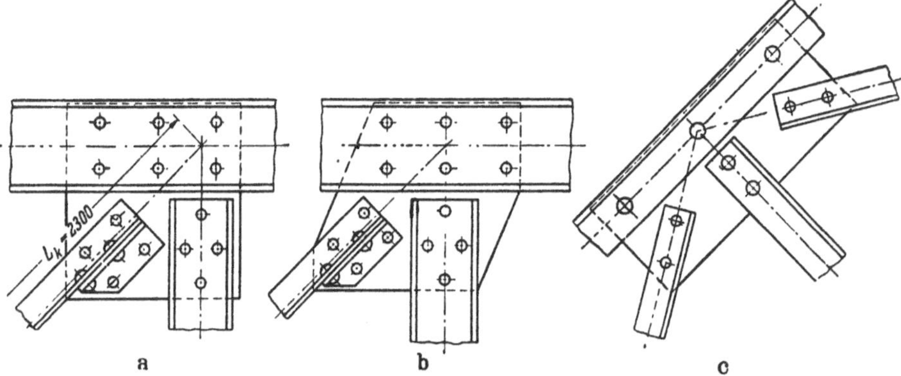

Bild 9/5. Ausbildung von Knotenpunkten (nach RÖTSCHER). Volltragende Winkel (Zugstäbe) mit Beiwinkel abschließen! Knotenblech bei a einfacher (oft ausgeführt!), bei b theoretisch besser.

$\sigma_b = 0,6 \cdot \sigma$, $(= 1\ \sigma)$, $[= 1,4\ \sigma]$. Die zusätzliche Biegespannung kann unter Beibehaltung der einfachen Rechnung nach $\sigma$ durch entsprechende Herabsetzung von $\sigma_{zul}$ berücksichtigt werden.

7) Bei *Doppellaschen-Nietung* (Bild 9/3) ist der Gleitwiderstand geringer, da bei nicht genau gleicher Dicke der beiden zu verbindenden Bleche das dünnere weniger Anpressung erhält. So war bei Versuchen von BACH [9/7] bei Doppellaschen-Nietung das erreichte $\tau_N = 906\ kg/cm^2$, bei Überlappungs-Nietung $\tau_N = 1186$.

8) *Bei mehreren Nietreihen hintereinander* (Bild 9/6) wird die Gleitgrenze bei den äußeren Nietreihen eher erreicht, als bei den inneren, so daß $\tau_N$ bei 3 Nietreihen zweckmäßig herabgesetzt und mehr als 3 Nietreihen möglichst vermieden werden. Beachte, daß im Blechquerschnitt *I—I* (Bild 9/6) die volle Kraft und im Querschnitt *II—II* nur die Kraft dieser Nietreihe übertragen werden muß (bei der Lasche umgekehrt!).

9) *Nietlänge.* Bei größerer Gesamt-Blechdicke und somit längerem Nietschaft ergibt dessen größere Schrumpfung beim Abkühlen mehr Gleitwiderstand. Nach Versuchen von BACH [9/7] war bei einer Nietlänge $= 40\ (= 80)$ mm das erreichte $\tau_N = 2370\ (= 3260)$ kg/cm² bei einem Nietdurchmesser $d = 28$ mm. Daher übertragen auch Senkniete

(kurzer Schaft!) weniger Kraft. Wird bei dickeren Blechen $\Sigma s > 4\,d$, so\ersetzt man die Nieten besser durch *Paßschrauben*, da längere Niete leicht abplatzen, oder beim Schlagen ausknicken.

10) *Herstellung.* Bei Maschinennietung ist der erreichte Gleitwiderstand zwischen den Blechen größer und gleichmäßiger, als bei Handnietung. Die Nietung mit Preßlufthammer liegt dazwischen.

## 9.4. Im Stahlbau.

**1) Gestaltung.** Die Schwerlinien der Stäbe (hilfsweise die Nietlinien) sollen sich mit den *Netz*linien des statischen Systems decken (Bild 9/5), um zusätzliche Biegemomente zu vermeiden. Keine Winkel unter 45 · 45 · 5 mm und keine Flachstähle als Kraftstäbe verwenden! Mindestens zwei Nieten für jeden Kraftstab-Anschluß vorsehen! Möglichst gleiche Nietdurchmesser an einem Knotenpunkt verwenden! Bei großen Kräften (Zugstäben) den Stab auch *seitlich* mit Beiwinkel anschließen (Bild 9/5). Bei wechselnder Kraftrichtung sind Paßniete (mit Übermaß kalt eingetrieben) vorteilhaft. Die Dicke des Knotenblechs ist als mittlere Dicke zwischen den anzuschießenden Stabdicken zu wählen. Die Ausbildung der Knotenpunkte s. Bild 9/5. Günstige Nietbilder für Zugkräfte ohne Überlastung einzelner Blechquerschnitte ergeben sich nach Bild 9/6. Anschlüsse von Winkeleisen und Ausbildung von Blechträgern s. Bild 9/8.

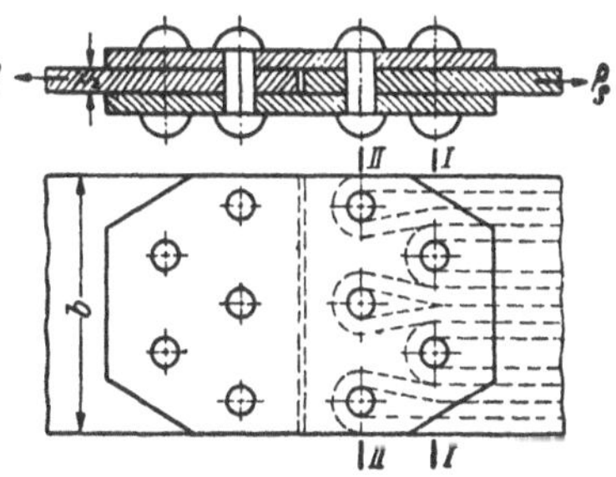

Bild 9/6. Nietbild bei Doppel-Laschennietung: Die gestrichelten „Kraftbänder" (für Blech gezeichnet! für Lasche umgekehrt) geben eine Vorstellung der zu übertragenden Kräfte im Blechquerschnitt I—I (Kraft von 5 Nieten) und II—II (Kraft von 3 Nieten).

Schwere Stäbe, besonders Druckstäbe werden günstiger aus mehreren Profilen, z. B. aus gekreuzten Winkeln (Bild 9/7) zusammengesetzt. Je aufgelöster die Bauweise, desto geringer das Gewicht, aber auch desto größer die Lohnkosten (mehr Nietarbeit). Vollwandträger bauen niedriger, aber schwerer als Fachwerkträger.

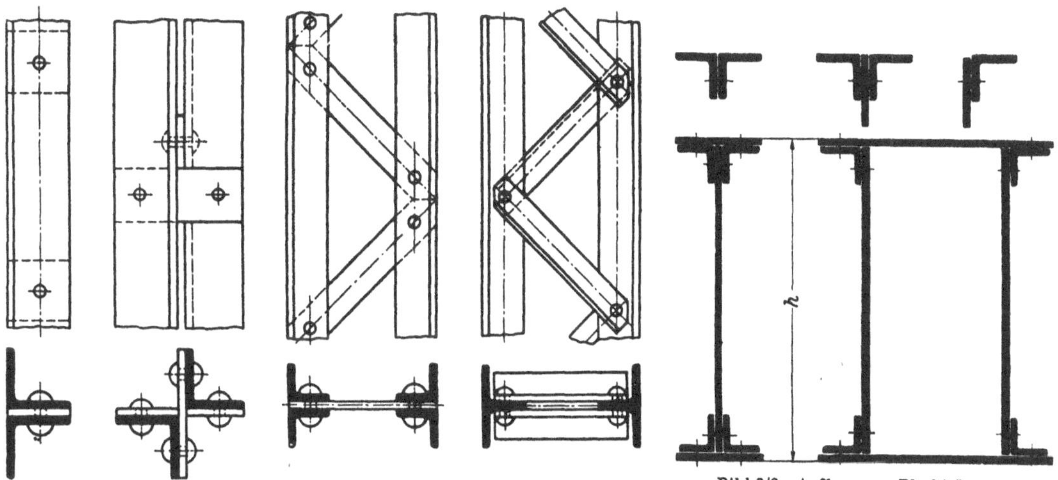

Bild 9/7. Vergitterung zusammengesetzter Stäbe (nach RÖTSCHER).

Bild 9/8. Aufbau von Blechträgern (nach RÖTSCHER).

Darstellung der Niete auf Zeichnungen von Stahlkonstruktionen s. Tafel 9/2.

**2) Berechnung.** Im Stahlbau reicht der Gleitwiderstand zur Kraftübertragung oft nicht aus, so daß die Nieten zusätzlich auf Leibungsdruck und Abscheren beansprucht werden. Bei wechselnder, besonders bei richtungswechselnder Beanspruchung, kann hierdurch die Nietverbindung locker werden.

**10***

Um dies zu vermeiden, werden die statisch errechneten Stabkräfte entsprechend den jeweiligen Vorschriften mit *Ausgleichzahlen* malgenommen, und dann wie ruhende Kräfte in die Rechnung eingeführt; die zulässigen Spannungswerte bleiben hierbei unverändert.

**Tafel 9/2.** *Sinnbilder a) für Lochdurchmesser und Zusatz-Sinnbild b) für Nietart* nach DIN 407 (Okt. 1951).

a)

| Lochdurchmesser $d$ (mm | 8,4 | 11 | 13 | 15 | 17 | 19 | 21 | 23 | 25 | 28 bis 37 |
|---|---|---|---|---|---|---|---|---|---|---|
| Sinnbild | 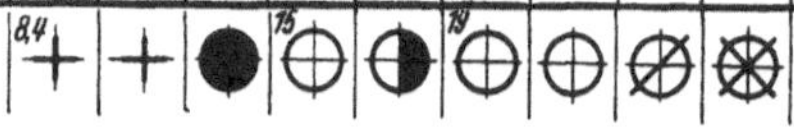 (Sinnbild) | (Sinnbild) | (Sinnbild) | (Sinnbild) | (Sinnbild) | (Sinnbild) | (Sinnbild) | (Sinnbild) | (Sinnbild) | Kreis mit Maßangabe, z. B. 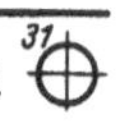 (Sinnbild) |

b)

| Nietart | mit Halbrundkopf beiderseits | mit versenktem Kopf — oben | unten | beiderseits | Montageniet z. B. | Bei Montage zu bohrende Nietlöcher z. B. |
|---|---|---|---|---|---|---|
| Zusätzliches Sinnbild zu a | ohne | 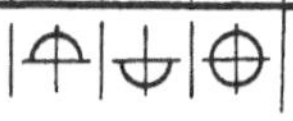 (Sinnbild) | (Sinnbild) | (Sinnbild) | 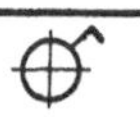 (Sinnbild) |  (Sinnbild) |

Beispiel: (Sinnbild)    bedeutet Montageniet, Lochdurchmesser 23 mm, oberer Kopf versenkt, unterer halbrund

*Berechnung der tragenden Stäbe bzw. Bleche* (nach DIN 120 v. Nov. 1936 xxxx):

*Zugstab:*      notwendiger Querschnitt $\boxed{F_n = F - d \cdot s \cdot z_g = F \cdot v \geq P_s/\sigma_{\mathrm{zul}}}$ (cm²),

*Druckstab:*    ,,      ,,    $\boxed{F \geq P_s \cdot \omega/\sigma_{\mathrm{zul}}}$ (cm²),

*Wechselstab:* [1]   ,,      ,,    $\boxed{F_n = F \cdot v \geq P_s \cdot \gamma/\sigma_{\mathrm{zul}}}$ (cm²).

$\sigma_{\mathrm{zul}}$ nach Tafel 9/4, Güteverhältnis $v = F_n/F$ zunächst schätzen, Knickzahl $\omega$ nach Tafel 9/5, Ausgleichzahl $\gamma = 1$ bis 1,3 für St 37, $= 1$ bis 1,94 für St 52, je nach dem Anteil der zwischen Zug und Druck wechselnden Last.

*Träger auf Biegung:* Notwendiges Widerstandsmoment $\boxed{W_n = W \cdot v \geq M/\sigma_{\mathrm{zul}}}$ (cm³).

*Berechnung der Nietverbindung:*

*beim Zug- bzw. Druckstab:* notwendige Nietzahl $\boxed{z \geq \dfrac{P_s}{N} = \dfrac{P_s}{\tau_N \cdot f \cdot n}}$ ;

Leibungsdruck $\boxed{\sigma_l \leq \dfrac{P_s}{z \cdot d \cdot s} = \dfrac{N}{d \cdot s}}$ (kg/cm²);

*beim Biegeträger* (Bild 9/9) folgt aus $M = N_1 \cdot z_1 \cdot u_1 + N_2 \cdot z_2 \cdot u_2 + \cdots$ (cm/kg); und $N_1 : N_2 : \cdots = u_1 : u_2 : \cdots$

größte Nietkraft aus $M$: $\boxed{N_b = N_1 = \dfrac{M \cdot u_1}{z_1 \cdot u_1^2 + z_2 u_2^2 + \dots}}$ (kg).

Nietkraft aus Querkraft $Q$: $\boxed{N_Q = Q/z}$ (kg);

Gesamt-Nietkraft: $\boxed{N = \sqrt{N_1^2 + N_Q^2}}$ (kg);

---

[1] Stab mit Zug- und Druckkraft wechselnd.

**Tafel 9/3.** *Blechdicke und Nietmaße im Stahlbau in mm, Nietquerschnitt $f$ in cm².*

| Blechdicke $s$ (mm) | 3⋯4 | 5⋯6 | | 7⋯8 | 9⋯10 | | 11⋯13 | 14⋯16 | 17⋯20 | 21⋯24 | 25⋯29 | 30⋯35 |
|---|---|---|---|---|---|---|---|---|---|---|---|---|
| Nietdurchmesser[1] $d$<br>$d \approx s + 10$ mm | 11 | 13 | 15 | 17 | 19 | 21 | 23 | 25 | 28 | 31 | 34 | 37 |
| Nietquerschnitt $f$<br>(cm²) . . . . . | 0,95 | 1,33 | 1,77 | 2,26 | 2,83 | 3,46 | 4,15 | 4,91 | 6,15 | 7,54 | 9,08 | 10,75 |
| Nietabstand $a$<br>$a \geqq 2,5\,d < 6\,d$ | 27<br>bis<br>66 | 32<br>bis<br>78 | 38<br>bis<br>90 | 38<br>bis<br>100 | 44<br>bis<br>114 | 46<br>bis<br>120 | 50<br>bis<br>140 | 56<br>bis<br>156 | 62<br>bis<br>174 | 78<br>bis<br>192 | 85<br>bis<br>210 | 92<br>bis<br>228 |
| Randabstand $e$ in<br>Kraftrichtung<br>$e \geqq 2\,d < 6\,d$ | 22<br>bis<br>66 | 26<br>bis<br>78 | 30<br>bis<br>90 | 34<br>bis<br>100 | 38<br>bis<br>114 | 42<br>bis<br>120 | 46<br>bis<br>140 | 50<br>bis<br>156 | 56<br>bis<br>174 | 62<br>bis<br>192 | 64<br>bis<br>210 | 74<br>bis<br>228 |
| Randabstand $e'$<br>seitlich<br>$e' \geqq 1,5\,d < 4\,d$ | 16<br>bis<br>44 | 19<br>bis<br>52 | 22<br>bis<br>60 | 25<br>bis<br>68 | 28<br>bis<br>76 | 31<br>bis<br>84 | 34<br>bis<br>92 | 37<br>bis<br>100 | 42<br>bis<br>112 | 46<br>bis<br>124 | 51<br>bis<br>136 | 55<br>bis<br>148 |
| Rohnietdurchm.[1] $d'$ | 10 | 12 | 14 | 16 | 18 | 20 | 22 | 24 | 27 | 30 | 33 | 36 |
| Rohschaftlänge $l'$<br>mm . . . . . . | | Bei Maschinennietung: $l' = \Sigma s + \dfrac{4}{3} \cdot d'$; bei Handnietung: $l' = \Sigma s + \dfrac{7}{4} \cdot d'$ | | | | | | | | | | |
| Nietkopfdurchm. $d_2$ | 16 | 19 | 22 | 25 | 28 | 32 | 36 | 40 | 43 | 48 | 53 | 58 |
| Nietkopfhöhe $h$ für<br>Halbrundniete . | 6,5 | 7,5 | 9 | 10 | 11,5 | 13 | 14 | 16 | 17 | 19 | 21 | 23 |

Nietbeanspruchung: $\boxed{\tau_N = \dfrac{N}{f \cdot n}}$ ; $\boxed{\sigma_l = \dfrac{N}{d \cdot s}}$ (kg/cm²);

zulässiges $\tau_N$ nach Tafel 9/4.

*Stahlprofile*, Abmessungen, Wurzelmaße (geringster Nietabstand von der Profilkante) und größter Nietdurchmesser s. Profiltafeln, S. 108 bis S. 118.

*Nietmaße und Abstände* s. Tafel 9/3; *DIN-Blätter* s. [9/1] bis [9/3].

**Tafel 9/4.** *Zulässige Spannungen (kg/cm²) im Stahlbau für Belastungsfall I (ständige Last + Verkehrslast + Wärmekräfte); für Belastungsfall II (Belastungsfall I + Windlast + Bremskräfte + Treppenlasten) sind die angegebenen Werte I mit 1,14 malzunehmen.*

| | Bauteile | Nieten | Schrauben | Bauteile | Nieten | Schrauben | Bauteile | Nieten | Schrauben | Bauteile | Nieten | Schrauben |
|---|---|---|---|---|---|---|---|---|---|---|---|---|
| Werkstoff | St 00.12 | St 34.13 | St 38.13 | H-B-St | St 34.13. | St 38.13 | St 37.12 | St 34.13 | St 38.13 | St 52 | St 44 | St 52 |
| zul. Spannungen | $\dfrac{\sigma}{\tau}$ | $\dfrac{\tau_N}{\sigma_l}$ | $\dfrac{\tau_N}{\sigma_l}$ | $\dfrac{\sigma}{\tau}$ | $\dfrac{\tau_N}{\sigma_l}$ | $\dfrac{\tau_N}{\sigma_l}$ | $\dfrac{\sigma}{\tau}$ | $\dfrac{\tau_N}{\sigma_l}$ | $\dfrac{\tau_N}{\sigma_l}$ | $\dfrac{\sigma}{\tau}$ | $\dfrac{\tau_N}{\sigma_l}$ | $\dfrac{\tau_N}{\sigma_l}$ |
| Nach DIN 120<br>(Ausg. Nov. 36)<br>Kranbau | $\dfrac{1000}{800}$ | $\dfrac{800}{2000}$ | $\dfrac{800}{2000}$ | $\dfrac{1200}{960}$ | $\dfrac{960}{2400}$ | $\dfrac{960}{2400}$ | $\dfrac{1400}{1120}$ | $\dfrac{1120}{2800}$ | $\dfrac{1120}{2800}$ | $\dfrac{2100}{1680}$ | $\dfrac{1680}{4200}$ | $\dfrac{1680}{4200}$ |
| Nach DIN 1050<br>(Ausg. Okt. 46)<br>Hochbau | $\dfrac{1200}{960}$ | $\dfrac{1200}{2400}$ | $\dfrac{960}{2400}$ | $\dfrac{1400}{1120}$ | $\dfrac{1400}{2800}$ | $\dfrac{1120}{2800}$ | $\dfrac{1400}{1120}$ | $\dfrac{1400}{2800}$ | $\dfrac{1120}{2800}$ | $\dfrac{2100}{1680}$ | $\dfrac{2100}{4200}$ | $\dfrac{1680}{4200}$ |

## 3) Berechnungsbeispiele (zulässige Werte nach Tafel 9/4).

**Beispiel 1.** *Stoß eines Flachstahls* (Bild 9/6).

*Gegeben:* Größte Stabkraft $P_s = 30\,000$ kg Zug; Werkstoff St 00.12.

---

[1] Nach Din 123 u. 124, Ausgabe Juli 1948.

*Berechnet: Blech:* $F_n = \dfrac{P_s}{\sigma} = \dfrac{30000}{1000} = 30\ \text{cm}^2$;      $v = 0{,}75$ geschätzt;

$F = F_n/v = 30/0{,}75 = 40\ \text{cm}^2$. Danach $F = b \cdot s = 20 \cdot 2\ \text{cm}^2$ gewählt.

*Niet:* Mit $z = 5$ angenommen, wird $f = \dfrac{P_s}{\tau_N \cdot n \cdot z} = \dfrac{30000}{800 \cdot 2 \cdot 5} = 3{,}75\ \text{cm}^2$.

Nach Tafel 9/3, gewählt Niet-$d = 2{,}3$ cm mit $f = 4{,}15\ \text{cm}^2$.

*Kontrolle: Niet:* $\sigma_l = \dfrac{P_s}{z \cdot d \cdot s} = \dfrac{30\,000}{5 \cdot 2{,}3 \cdot 2} = 1300\ \text{kg/cm}^2$ (zulässig 2000).

*Blech:* Gefährlicher Querschnitt $I{-}I$: Vorhandenes $F_n = (b - 2d) \cdot s =$
$(20 - 2 \cdot 2{,}3) \cdot 2 = 30{,}8\ \text{cm}^2$ (notwendig $F_n = 30\ \text{cm}^2$, s. oben).

*Lasche:* Gefährlicher Querschnitt $II{-}II$.

$F_n = (b - 3d) \cdot 2 \cdot s_L = (20 - 3 \cdot 2{,}3) \cdot 2 \cdot s_L = 26{,}2 \cdot s_L$ oder $s_L = F_n/26{,}2 = 30/26{,}2$
$= 1{,}2$ cm.

Die gewählten Nietabstände und Randabstände in Bild 9/6 sind nach Tafel 9/3 zulässig. Falls die Rechnung mit 5 Nieten zu hohe Werte ergeben hätte, würde die Rechnung mit anderen Zahlen wiederholt werden.

**Beispiel 2.** *Zugstab-Anschluß* (Diagonalstab, Bild 9/5 a).

*Gegeben:* Stabkraft $P_s = 10\,000$ kg; Werkstoff St 37.12.

*Berechnet: Stab:* Erforderlicher Nutzquerschnitt $F_n = P_s/\sigma = 10\,000/1400 = 7{,}16\ \text{cm}^2$;

$\qquad\qquad$ mit $v = 0{,}8$ geschätzt, $\qquad F = F_n/v = 7{,}16/0{,}8 = 9\ \text{cm}^2$.

Hiernach L-Stahl $70 \cdot 70 \cdot 7$ mit $F = 9{,}4\ \text{cm}^2$ nach S. 110 gewählt.

*Nietanschluß:* Nach Tafel 9/3 Niet-$d = 1{,}7$ cm mit $f = 2{,}26\ \text{cm}^2$ gewählt.

Nietzahl $z = \dfrac{P_s}{\tau_N \cdot n \cdot f} = \dfrac{10\,000}{1120 \cdot 1 \cdot 2{,}26} = 3{,}9$; gewählt $z = 4$.

**Tafel 9/5.** *Knickzahl $\omega$ für Schlankheitsgrad $\lambda$* (neue $\omega$-Werte siehe DIN 4114).

| $\lambda$ | 0 | 10 | 20 | 30 | 40 | 50 | 60 | 70 | 80 | 90 | 100 |
|---|---|---|---|---|---|---|---|---|---|---|---|
| St 00, H-B-St. St 37. . . | 1,0 | 1,01 | 1,02 | 1,06 | 1,10 | 1,17 | 1,26 | 1,39 | 1,59 | 1,88 | 2,36 |
| St 52 . . . . . . . . . | 1,0 | 1,01 | 1,03 | 1,07 | 1,13 | 1,22 | 1,35 | 1,54 | 1,85 | 2,39 | 3,55 |
| Grauguß[1] . . . . . . . | 1,0 | 1,01 | 1,05 | 1,11 | 1,22 | 1,39 | 1,67 | 2,21 | 3,50 | 4,43 | 5,45 |

**Tafel 9/5** (Fortsetzung).

| $\lambda$ | 110 | 120 | 130 | 140 | 160 | 180 | 200 | 220 | 240 | 250 |
|---|---|---|---|---|---|---|---|---|---|---|
| St 00, H-B-St. St 37 . . | 2,86 | 3,41 | 4,00 | 4,64 | 6,05 | 7,66 | 9,46 | 11,44 | 13,62 | 14,78 |
| St 52. . . . . . . . . . | 4,29 | 5,11 | 6,00 | 6,95 | 9,90 | 11,50 | 14,18 | 17,16 | 20,43 | 22,16 |
| Grauguß[1] . . . . . . . | — | — | — | — | — | — | — | — | — | — |

[1] Für $\sigma_{zul} = 900$ kg/cm² für Belastungsfall I.

Nietanordnung nach Bild 9/5. In jedem Schenkel 2 Niete hintereinander, wobei der freie Schenkel mit Beiwinkel angeschlossen wird; die Nieten des einen Schenkels sind zu den Nieten des anderen Schenkels versetzt.

Nietabstände: gewählt $a = 40$; $e = 35$; $e' = 30$ nach Tafel 9/3 für $d = 17$ mm, und $w = 40$ mm nach Tafel 5/33 (S. 110).

*Kontrolle:* $\sigma_l = \dfrac{P_s}{z \cdot d \cdot s} = \dfrac{10\,000}{4 \cdot 1{,}7 \cdot 0{,}7} = 2100\ \text{kg/cm}^2$ (zulässig).

*Vorhanden:* $F_n = F - d \cdot s = 9{,}4 - 1{,}7 \cdot 0{,}7 = 8{,}21\ \text{cm}^2$ (gefordert $F_n = 7{,}16\ \text{cm}^2$, s. oben)

**Beispiel 3.** *Druckstab-Anschluß* (Diagonalstab Bild 9/5). Kräfte und Werkstoff wie oben.

Knicklänge $L_K = 230$ cm; Gewähltes Profil $100 \cdot 100 \cdot 12$ mit $F = 22,7$ cm², $i_{min} = 1,95$ cm und $G = 17,8$ kg/m nach S. 111.

$$\lambda = \frac{L_K}{i_{min}} = \frac{230}{1,95} = 118; \text{ nach Tafel 9/5 } \omega = 3,30$$

$$\sigma = \frac{P_s \cdot \omega}{F} = \frac{10\,000 \cdot 3,30}{22,7} = 1455 \text{ kg/cm}^2 \text{ (zulässig 1400)}.$$

Bei Verwendung eines Doppelwinkels von $2 \times 60 \cdot 60 \cdot 8$ im Kreuzquerschnitt angeordnet nach Bild 9/7, mit $F = 2 \times 9,03$ cm², $i_{max} = 2,26$ (von einem Winkel), $G = 2 \times 7,09 = 14,18$ kg/m ergibt sich:

$$\lambda = \frac{L_K}{i_{max}} = \frac{230}{2,26} = 101 \text{ und nach Tafel 9/5 } \omega = 2,41$$

$$\sigma = 10\,000 \cdot 2,41/18,06 = 1335 \text{ kg/cm}^2 \; \sigma_{zul} = 1400 \text{ kg/cm}^2.$$

*Also trotz geringerer Spannung Gewichtsersparnis von rd. 20%!* Niete wie oben, aber Beiwinkel bei Druckstab nicht unbedingt notwendig.

**Beispiel 4.** *Stegblechstoß* eines Blechträgers (Bild 9/9).

*Bekannt:* Für Gesamtträger: $J_{Tr} = 124\,000$ cm⁴, Biegemoment $M_{Tr} = 2\,000\,000$ cmkg, Querkraft $Q = 9000$ kg.

Für Stegblech: Werkstoff St 37, $s = 1$ cm, $h = 94$ cm, $J = s \cdot h^3/12 = 69\,000$ cm⁴. Das anteilige Biegemoment des Stegblechs ist $M = M_{Tr} \cdot J/J_{Tr} = 1\,110\,000$ cmkg.

*Gewählt:* zweireihige Doppellaschennietung mit 14 Nieten je Seite.

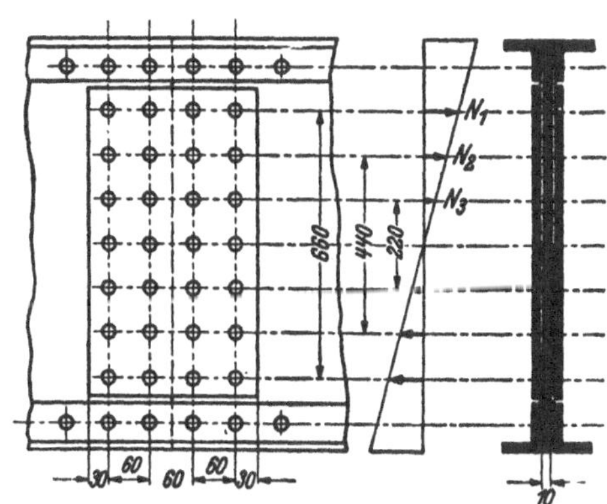

Bild 9/9. Stegblechstoß eines Blechträgers (zum Beispiel 4). Im Bild ist Abstand $u_1 = 660$, $u_2 = 440$, $u_3 = 220$ mm. Nietzahl $z_1 = z_2 = z_3 = 2$.

$$\textit{Berechnet:} \quad N_b = \frac{M \cdot u_1}{z_1 \cdot u_1^2 + z_2 \cdot u_2^2 + \ldots} = \frac{1\,110\,000 \cdot 66}{2\,(66^2 + 44^2 + 22^2)} = 5400 \text{ kg}$$

$$N_Q = Q/z = 9000/14 = 643 \text{ kg}$$

$$N = \sqrt{N_b^2 + N_Q^2} = 5440 \text{ kg}$$

Notwendiger Nietquerschnitt $f = \dfrac{N}{n \cdot \tau_N} = \dfrac{5440}{2 \cdot 1120} = 2,4$ cm².

Gewählt $d = 2,1$ cm mit $f = 3,46$ cm² nach Tafel 9/3.

*Kontrolle:* $\sigma_l = \dfrac{N}{d \cdot s} = \dfrac{5440}{2,1 \cdot 1} = 2600$ kg/cm² (zulässig!).

Die Niet- und Randabstände in Bild 9/9 sind nach Tafel 9/3 zulässig.

## 9.5. Im Leichtmetallbau.

Die Nieten werden ausgeglüht und *kalt* geschlagen, so daß mit Kraftübertragung durch Reibung kaum zu rechnen ist und die Nieten erheblich mehr auf Abscheren beansprucht werden, als im Stahlbau. Beachte die Korrosionsgefahr beim Vernieten verschiedenartiger Leichtmetalle. Berechnung wie oben unter 9.4.

*Zulässige Spannungen* etwa 0,4 bis 0,5fache der betr. Fließgrenze (Zeiger $F$) (im Flugzeugbau bis 1). Fließgrenze für Duralumin etwa: $\sigma_F = 2700$ (Blech), $\tau_F = 1800$ (Niet), $\sigma_{lF} = 4100$ kg/cm².

*Abmessungen:* Nietdurchmesser $d = 1,5\,s + 2$ mm; Nietabstand $a = 2,5\,d$ bis $6\,d$; Randabstand $e = 2d$; Reihenabstand $e_1 = 2,5\,d$ bis $3\,d$ (Niete auf Lücke); Rohniet-

durchmesser $d' = d - 0,1$ mm bei $d \leq 10$ mm, $= d - 0,2$ mm bei $d \geq 10$ mm; für Blech-
beplankung $s = 0,5$ bis 1 mm, $d = 3$ bis 5 mm.

| Für Heinkel-Sprengniete: $d =$ | 2,5 | 3 | 4 | 5 | 6 | mm |
|---|---|---|---|---|---|---|
| $s =$ | 2···4 | 2···6 | 2···8 | 3···8 | 4···10 | mm |

## 9.6. Im Kesselbau.

**1) Gestaltung.** Aufbau eines genieteten Kessels s. Bild 9/10: Der *Mantel* besteht aus
rundgebogenen Blechen, die bei geringeren Kräften überlappt, bei größeren stumpf
gegeneinander liegend (mit Decklasche) vernietet
werden; die *Böden*, meist gewölbt und gekümbelt,
werden als Ganzes eingenietet. Die Bleche müssen
sauber zugerichtet und angepaßt, die Nietlöcher
sauber gebohrt und gut deckend sein.

Zum Dichthalten werden die mit Neigung 1 : 3
abgeschrägten Blechkanten und notfalls auch die
Nietköpfe *verstemmt* und der Abstand der Rand-
nietmitte von der Stemmkante $< 2\,d$ gehalten.
Doppeltes Verstemmen erhöht den Gleitwiderstand

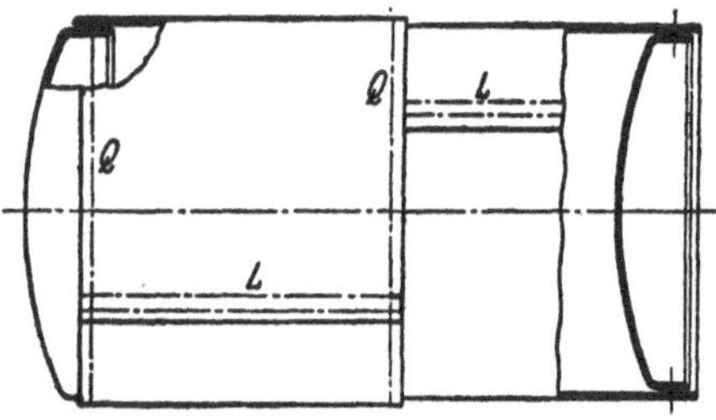

Bild 9/10. Aufbau eines genieteten Kessels.

um etwa 30%. Für *Dampf*kessel Blechdicke $s \geq 0,7$ cm (unter 0,5 cm Blechdicke
nicht mehr verstemmbar). An den Stoßstellen von 3 Blechen (Schnittpunkt von Längs-
und Quernaht) muß das mittlere nach Bild 9/11 schlank ausgeschmiedet (zugeschäftet)
werden, um eine Abdichtung zu ermöglichen. Einreihige Vernietung ist nur schwer ab-
zudichten.

Auswahl des *Nahtbildes* nach Tafel 9/8
entsprechend dem Belastungswert $D \cdot p$ mit
$D$ (cm) als innerer Kesseldurchmesser und $p$
(kg/cm²) als Kessel-Überdruck. Je mehr
Nietreihen, um so günstiger wird das Güteverhältnis $v$, um so kleiner die erforderliche
Blechdicke, aber desto größer die Nietarbeit
(Lohnkosten). Die wellenförmige Rand-

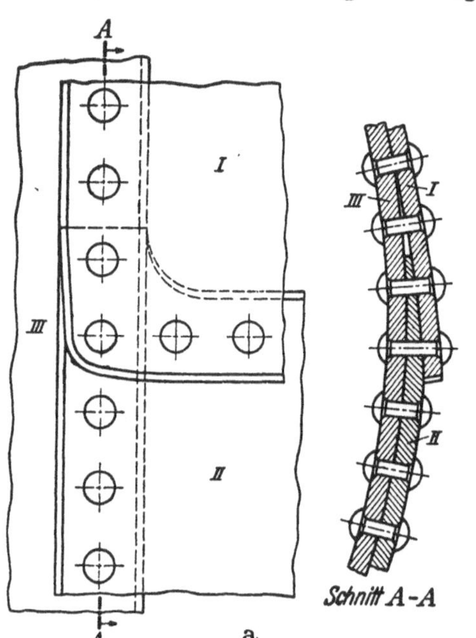


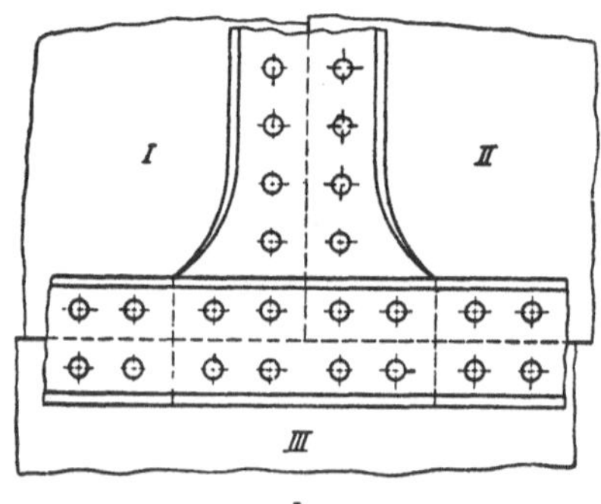


Bild 9/11. Ausbildung der Stoßstellen an Kesseln. a bei überlappter Naht, b bei Laschennaht.

begrenzung bei größerer Nietteilung am Rande (Nahtbild 5 Tafel 9/8) ist teuer. Laschen
ergeben gleichzeitig eine Versteifung.

*Nietdurchmesser (Lochdurchmesser)* $d = 11, 13, 15, 17, 19, 21, 23, 25, 28, 31, 34, 37$ mm

*Rohnietdurchmesser* $d' = d - 1$ mm (genormt!).

*Nietwerkstoff* und $\tau_N$ nach Tafel 9/7.

*Blechwerkstoff* und $\sigma$ nach Tafel 9/6.

*Vorschriften* für Dampfkessel s. [9/5].

**Tafel 9/6.** *Werkstoff und zulässige Spannung $\sigma$ (kg/cm²) für Kesselbleche.*

| Nahtform | Blechsorte: | I | II | III | IV |
|---|---|---|---|---|---|
| | | | Flußstahl | | |
| | Zugfestigkeit in kg/cm² | 3500 bis 4400 | 4100 bis 5000 | 4400 bis 5300 | 4700 bis 5600 |
| | Berechnungs-Zugfestigkeit $\sigma_B$ in kg/cm² | 3600 | 4100 | 4400 | 4700 |
| 1  Überlappte oder einseitig gelaschte Nähte ($\sigma_B/\sigma = 4,75$) . . . . . . | | 758 | 863 | 926 | 989 |
| 2  Doppelt gelaschte 1- oder 2reihige Nähte, eine Lasche mit nur einer Nietreihe ($\sigma_B/\sigma = 4,25$) . . . . . . . . . . . . . . . . | | 847 | 965 | 1035 | 1106 |
| 3  Doppelt gelaschte, mehrreihige Nähte oder nahtlose Schüsse: ($\sigma_B/\sigma = 4,0$) . . . . . . . . . . . . . . . . . . . . . . . . . . . . . | | 900 | 1025 | 1100 | 1175 |

**Tafel 9/7a** und **b.** *Zulässige Nietbeanspruchung $\tau_N$ in kg/cm² für Nietwerkstoff St 34.13 bei Dampfkesseln*
  a) nach BACH:

| Nr. | Nahtform | $\tau_N$ kg/cm² |
|---|---|---|
| 1 | Überlappte Naht, einreihig; einschnittige Nieten von Doppellaschen . . . . . . | 600···700 |
| 2 | Überlappte Naht, zweireihig . . . . . . . . . . . . . . . . . . . . | 550···650 |
| 3 | Überlappte Naht, dreireihig: doppelgelaschte Naht, einreihig . . . . . . . . . | 500···600 |
| 4 | Doppelgelaschte Naht, zweireihig (zweischnittig) . . . . . . . . . . . . | 475···575 |
| 5 | „  „  dreireihig  „ . . . . . . . . . . . . . . . . | 450···550 |
| 6 | „  „  vierreihig  „ . . . . . . . . . . . . . . . . | 425···525 |

Für zugbeanspruchte Niete (Dampfdom) ersatzweise $\tau_N = 150$ bis $200$

**2) Berechnung.** *Für Längsnaht*: Aus Kraft je Nietteilung $P_t = D \cdot p \cdot t/2 = \sigma \cdot v \cdot s' \cdot t = \tau_N \cdot z_t \cdot n \cdot f$ folgt

  b) nach „Bauvorschrift" [9/5].

| Nahtform | $\sigma_{BN}$ kg/cm² | $\tau_N$ kg/cm² |
|---|---|---|
| Für alle Nähte | 3400···3800 | 700 |
| | 3800···4200 | $700 \cdot \dfrac{\sigma_{BN}}{3800}$ |

Blechdicke
$$s \geq s' + 0,1 \text{ cm} = \frac{D \cdot p}{2\, v \cdot \sigma} + 0,1 \text{ cm}$$

Der Zuschlag 0,1 cm soll das Abrosten berücksichtigen.
$v$ nach Tafel 9/8, $\sigma$ nach Tafel 9/6.

*Kontrolle*: Güteverhältnis
$$v = \frac{t - z_{tg} \cdot d}{t} \; ; \quad \sigma = \frac{D \cdot p}{2 \cdot s' \cdot v} \; ; \quad \tau_N = \frac{D \cdot p \cdot t}{2\, f \cdot z_t \cdot n}$$

$t$ und $n \cdot z_t$ nach Tafel 9/8, $\tau_N$ nach Tafel 9/7.
*Für Quernaht*: Aus $P = p \cdot \pi D^2/4 = \sigma \cdot v \cdot s' \cdot D \cdot \pi = \tau_N \cdot z \cdot n \cdot f$.

Nietzahl
$$z = \frac{P}{\tau_N \cdot n \cdot f} \; ; \quad z_1 = \frac{\pi D}{t}$$

Kontrolle:
$$v = \frac{t - z_{tg} \cdot d}{t} \; ; \quad \sigma = \frac{D \cdot p}{4 \cdot s' \cdot v} \; ; \quad \tau_N = \frac{P}{f \cdot z \cdot n}$$

**3) Berechnungsbeispiel.** *Dampfkessel* mit Innendurchmesser $D = 200$ cm, Überdruck $p = 11$ atü.

  a) *Längsnaht:* $D \cdot p = 200 \cdot 11 = 2200$ kg/cm.
Nach Tafel 9/8 hierfür geeignete Nahtform 3, 5, 6, 7 oder 9.
Gewählte Nahtform 5 mit $v = 0,82$.

**Tafel 9/8.** *Nahtformen und Abmessungen von Kesselnietungen nach* BACH, RÖTSCHER u. a.

| Nahtbild | Nr. | $D \cdot p$ Längsnaht kg/cm | $D \cdot p$ Quernaht kg/cm | Blech $\sigma$ nach Tafel 9/6 Lfd. Nr. | Blech $v$ mittel — | Lasche $s_L$ cm | Niet $n \cdot zt$ | Niet $\tau_N$ nach Tafel 9/7 Lfd. Nr. | Niet $d$ cm | Niet $t$ cm | Abstände $e$ / $e_1$ cm | Abstände $e_2$ / $e_3$ cm |
|---|---|---|---|---|---|---|---|---|---|---|---|---|
| 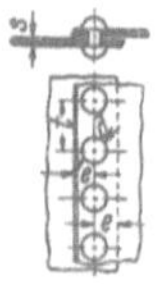 | 1 | bis 1000 | bis 2000 | 1 | 0,58 | — | 1 | 1 | $\sqrt{5s}-0,4$ | $2d+0,8$ | $1,5d$ / — | — / — |
| 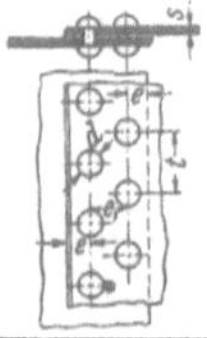 | 2 | 800 bis 1900 | 1600 bis 3800 | 1 | 0,69 | — | 2 | 2 | $\sqrt{5s}-0,4$ | $2,6d+1,5$ | $1,5d$ / $0,6t$ | — / — |
| 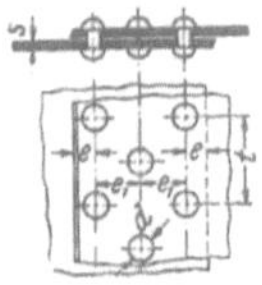 | 3 | 1400 bis 2700 | 2800 bis 5400 | 1 | 0,74 | — | 3 | 3 | $\sqrt{5s}-0,4$ | $3d+2,2$ | $1,5d$ / $0,5t$ | — / — |
| 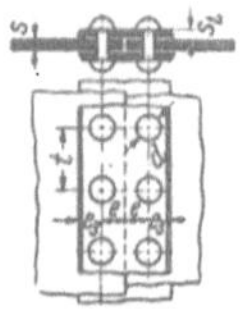 | 4 | 700 bis 1700 | 1400 bis 3400 | 2 | 0,68 | $0,6s$ bis $0,7s$ | 2 | 3 | $\sqrt{5s}-0,5$ | $2,6d+1$ | $1,5d$ / — | — / $1,35d$ |
| 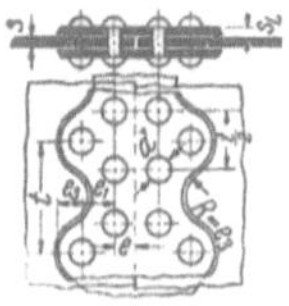 | 5 | 1700 bis 3200 | 3400 bis 6400 | 3 | 0,82 | $0,8s$ | 6 | 4 | $\sqrt{5s}-0,6$ | $5d+1,5$ | $1,5d$ / $0,4t$ | — / $1,5d$ |
| 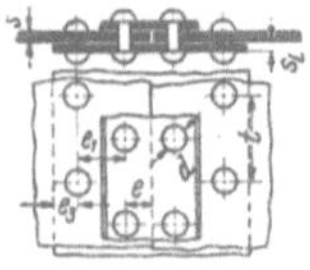 | 6 | 1700 bis 3200 | 3400 bis 6400 | 2 | 0,82 | $0,8s$ | 3 | 4 / 1 | $\sqrt{5s}-0,6$ | $5d+1,5$ | $1,5d$ / $0,4t$ | — / $1,5d$ |
| 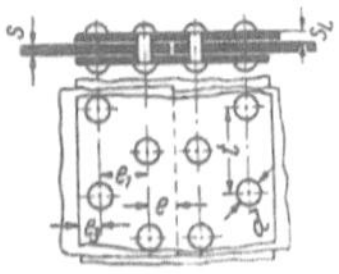 | 7 | 1300 bis 2700 | 2600 bis 5400 | 3 | 0,76 | $0,6s$ bis $0,7s$ | 4 | 4 | $\sqrt{5s}-0,6$ | $3,5d+1,5$ | $1,5d$ / $0,5t$ | — / $1,35d$ |
| 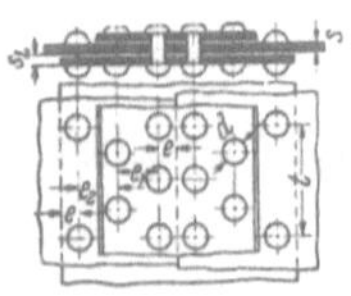 | 8 [1] | 2600 bis 4600 | 5200 bis 9200 | 3 | 0,85 | $0,8s$ | 9 | 5 / 1 | $\sqrt{5s}-0,7$ | $6d+2$ | $1,5d$ / $0,38t$ | $0,3t$ / $1,5d$ |

[1] Für 2. Nietreihe: $s = \dfrac{0,445\, D \cdot p \cdot t}{(t - 2a)\,\sigma} + 0,1$ cm;

| Nahtbild | Nr. | $D \cdot p$ Längs-naht kg/cm | $D \cdot p$ Quer-naht kg/cm | Blech $\sigma$ nach Tafel 9/6 Lfd. Nr. | Blech $v$ mittel — | Lasche $s_L$ cm | Niet $n \cdot z_t$ | Niet $\tau_N$ nach Tafel 9/7 Lfd. Nr. | Niet $d$ cm | Niet $t$ cm | Abstände $\dfrac{e}{e_1}$ $\;\dfrac{e_2}{e_3}$ cm |
|---|---|---|---|---|---|---|---|---|---|---|---|
| 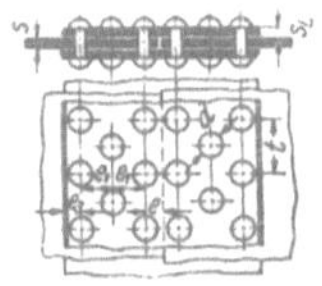  | 9 | 2200 bis 4800 | 4400 bis 9600 | 3 | 0,72 | 0,8 $s$ | 6 | 5 | $\sqrt{50}, s-7$ | $3d+1$ | 1,5 $d$ — / 0,6 $t$  1,5 $d$ |
| 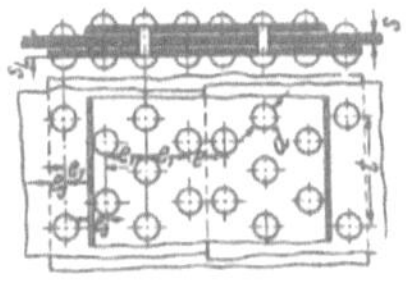  | 10 [1] | 3800 bis 6200 | — | 3 | 0,86 | 0,8 $s$ | 13 | 6 / 1 | $\sqrt{5s}-0,8$ | $6d+2$ | 1,5 $d$ — / 0,38 $t$  1,5 $d$ |
| 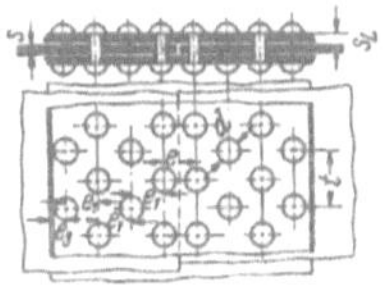  | 11 | 3600 bis 6400 | — | 3 | 0,72 | 0,8 $s$ | 8 | 6 | $\sqrt{5s}-0,8$ | $3d+1$ | 1,5 $d$ — / 0,6 $t$  1,5 $d$ |

[1] Für 2. Nietreihe: $s = \dfrac{0{,}462\,D \cdot p \cdot t}{(t-2a)\sigma} + 0{,}1$ cm.

Zulässige Spannungen: für Blechsorte II nach Tafel 9/6: $\sigma = 1025$ kg/cm² 

$\qquad\qquad\qquad\;$ für Niet nach Tafel 9/7: $\qquad\qquad \tau_N = 700$ kg/cm²

$$s' = \frac{D \cdot p}{2 \cdot v \cdot \sigma} = \frac{2200}{2 \cdot 0{,}82 \cdot 1025} = 1{,}3; \quad s = s' + 0{,}1 = \mathbf{1{,}4 \text{ cm}},$$

nach Tafel 9/8 wird $d = \sqrt{5 \cdot s} - 0{,}6 \approx 2{,}1$ cm; $\quad t = 5\,d + 1{,}5 = 12$ cm,

$e = 1{,}5 \cdot d = 3{,}1$ cm; $e_1 = 0{,}4 \cdot t = 4{,}8$; $z_t = 3$; $n = 2$; $n \cdot z_t = 6$; $e_3 = 1{,}5\,d = 3{,}1$ cm.

$$\text{Laschenstärke } s_L = 0{,}8\,s = 1{,}12 \approx \mathbf{1{,}2 \text{ cm}}.$$

*Kontrolle:* Blech: $\sigma = \dfrac{D \cdot p}{2 \cdot s' \cdot v} = \dfrac{2200}{2 \cdot 1{,}3 \cdot 0{,}83} = 1023$ kg/cm² ($< 1025$)

$\qquad\qquad\quad v = \dfrac{t-d}{t} = \dfrac{12-2{,}1}{12} = 0{,}83$ ($> 0{,}82$)

Niet: $\tau_N = \dfrac{D \cdot p \cdot t}{2 \cdot n \cdot z_t \cdot f} = \dfrac{2200 \cdot 12}{2 \cdot 2 \cdot 3 \cdot 3{,}46} = 635$ kg/cm² ($< 700$)

Lasche: $v = \dfrac{t - 2\,d}{t} = \dfrac{12 - 2 \cdot 2{,}1}{12} = 0{,}65$

$\qquad\qquad \sigma = \dfrac{D \cdot p}{2 \cdot 2 \cdot s_L \cdot v} = \dfrac{2200}{2 \cdot 2 \cdot 1{,}2 \cdot 0{,}65} = 700$ kg/cm².

b) *Quernaht:* Für $D \cdot p = 2200$ genügt nach Tafel 9/8 Nahtform 2; nach Tafel 9/6 ist

$\qquad \sigma = 863$ kg/cm² und nach Tafel 9/7 $\tau_N = 700$ kg/cm²;

$\qquad v = 0{,}69 \approx 0{,}7$; $d = 2{,}1$ cm; $t = 2{,}6 \cdot d + 1{,}5 \approx 7$ cm; $n = 1$;

$\qquad$ Nietzahl einer Reihe auf dem Umfang $z_1 = \dfrac{D \cdot \pi}{t} = \dfrac{200 \cdot \pi}{7} = 89{,}7$.

$\qquad$ Mit Rücksicht auf die bessere Teilbarkeit ist gewählt $\mathbf{z_1 = 96}$; $t = 6{,}55$ cm.

$\qquad$ Gesamtzahl der Niete einer Quernaht $z = 2 \cdot z_1 = \mathbf{192}$.

*Kontrolle:* Blech: $v = \dfrac{t-d}{t} = \dfrac{6,55-2,1}{6,55} = 0,68$

$$\sigma = \frac{D \cdot p}{4 \cdot s' \cdot v} = \frac{2200}{4 \cdot 1,3 \cdot 0,68} = 622 \text{ kg/cm}^2 \; (< 863 \text{ kg/cm}^2)$$

Niet: $\tau_N = \dfrac{P}{f \cdot z \cdot n} = \dfrac{D^2 \cdot p}{d^2 \cdot z \cdot n} = \dfrac{200^2 \cdot 11}{2,1^2 \cdot 192 \cdot 1} = 520 \text{ kg/cm}^2 \; (< 700).$

## 9.7. Im Behälterbau.

Flache Behälter, Schornsteine, Fall- und Laufrohre für Gase, Flüssigkeiten oder Schüttgüter ohne Überdruck.

Die Kräfte sind hier gering; die Forderung des *Dichthaltens* bestimmt hier die Abmessungen der Nietverbindung. Nähte meist einreihig oder zweireihig überlappt. Die Behälterkanten werden aus Winkeleisen oder gebogenen Blechstreifen gebildet. Zwischen die Nähte werden Leinwand- oder Papierstreifen eingelegt, die mit Mennige oder Leinöl getränkt sind. Leichtere Behälter werden zweckmäßiger *geschweißt*. (Bleche unter 0,5 cm Stärke sind nicht mehr verstemmbar.)

Bei senkrechten *Rund*behältern und Rohren für *Flüssigkeiten* wird die Blechdicke wie im Kesselbau bestimmt; ebenso bei Bunkern und Silos für *Schüttgüter*, wobei der nach unten zunehmende Druck aus dem Schüttgewicht und Schüttwinkel (s. DIN 1055/1) einzusetzen ist.

*Maße in mm für runde Behälter* nach RÖTSCHER.

| | | | | | | | |
|---|---|---|---|---|---|---|---|
| Blechdicke $s$ | 2 | 3 | 4 | 5···6 | 6···8 | 8···12 | 11···15 |
| Rohnietdurchmesser $d'$ | 8 | 9 | 10 | 12 | 14 | 16 | 20 |
| Lochdurchmesser $d$ | 8,4 | 9,5 | 11 | 13 | 15 | 17 | 21 |
| Nietteilung $t = 3d + 5$ mm[1] | 29 | 32 | 35 | 38 | 47 | 56 | 65 · |
| Seitlicher Randabstand $e'$ | 16 | 17 | 17 | 18 | 21 | 25 | 30 |
| Verstärkung: Winkeleisen | 40·45·5 | | | 45·45·7 | 50·50·9 | 75·75·12 | 80·80·12 |

[1] Bei Schornsteinen, Auspuffleitungen usw. $t = 5d$.

## 9.8. Schrifttum zu 9.

[9/1] *DIN-Blätter über Niete:*

　　DIN 123, 124, 302, 660—662, 674, 675, 7331, 7339, 7340 u. 7341 Ausführungsformen.
　　DIN 407 Sinnbilder der Niete.
　　DIN 996—99 Wurzelmaße und Nietabstände bei Formstahl.

9/2] *DIN-Blätter über Form- und Stabeisen:*

　　DIN 1020 Wulststahl.　　　　　　　1027 Z-Stahl.
　　DIN 1024 T-Stahl.　　　　　　　　1028 gleichschenkliger ∟-Stahl.
　　DIN 1025 I-Stahl.　　　　　　　　1029 ungleichschenkliger ∟-Stahl.
　　1026 [-Stahl.

[9/3] *Vorschriften Stahlbau:*

　　DIN 1034 Darstellung von Einzelheiten bei Stahlkonstruktionen.
　　DIN 120 Berechnungsgrundl. f. Stahlbauteile v. Kranen u. Kranbahnen (Nov. 1936).
　　DIN 1050 Berechnungsgrundlagen für Stahl im Hochbau (Okt. 1946).
　　DIN 1055 Lastannahmen für Bauten (Aug. 1934—1941).
　　DIN 1073 Berechnungsgrundlagen für stählerne Straßenbrücken (Jan. 1941 u. April 1942).
　　BE, D. V. 804 Berechnungsgrundlagen für stählerne Eisenbahnbrücken (Jan. 1934).
　　D. V. 827 Techn. Vorschr. der Deutschen Reichsbahn für Stahlbauwerke [Mai 1935).
　　DIN 4114 Stabilitätsfälle, Berechnungsgrundlagen, Vorschriften (Juli 1952*).

[9/4] *Im Leichtmetallbau:*

　　PLEINES, W.: Die Nietung im Leichtmetall-Flugzeugbau. Werkstattstechn. und Werksleiter (1937) S. 377 u. 401; ferner Luftfahrtforsch. Bd. 7 (1930), S. 1—72.
　　— (Glatthautnietung). Z. VDI 83 (1939), S. 1037 u. 1057.
　　BUTTER, K.: (Sprengnietung). Luftfahrt-Forsch. 15 (1938), S. 91/93.

Müller, W.: (Verbesserung von Al-Knotenpunkt-Nietungen). Schweiz. Arch. angew. Wiss. Techn. 5 (1939), S. 294—297.
Guber, K.: Leichtmetallnieten. Z. Metallkde. (1933), S. 214 und (1934), S. 65 u. 90.

[9/5] *Vorschriften Kesselbau*:

M.-Bl. d. RWM. vom 6. 11. 1939, Werkstoff- u. Bauvorschr. f. Landdampfkessel (Vfg. v. 21. 6. 1939, Ersatz f. DIN 1851, 1852).
APB = Allg. polizeil. Best. ü. d. Anlegung von Landdampfkesseln (Berlin 12. 2. 1908).
— desgl. v. Schiffsdampfkesseln (Berlin 17. 12. 1908).
Jäger, H.: Bestimmungen über Anlage und Betrieb der Dampfkessel, mit Erläuterungen. Berlin 1926.
Aussum, P.: Vorschriften u. Regeln der Technik für Druckgefäße. Halle. Verlag W. Knapp (1948).

[9/6] *Hilfsbücher*:

DIN-Taschenbuch 9, Normalprofile.
Stahlbauprofile, H. 3, 1936, von „Stahl überall", Beratungsstelle für Stahlverwendung, Düsseldorf·
Deutsches Normalprofilbuch. Verlag Stahleisen, Düsseldorf.
Stahl im Hochbau. Düsseldorf. Verlag Stahleisen (1947).

[9/7] *Untersuchungen an Nietverbindungen*:

Bach, Baumann, Preuss u. a.: Grundlegende Versuche über Festigkeit der Nietverbindungen. Z. VDI 36 (1892) S. 1141 u. 1305; 38 (1894) S. 1231; 39 (1895) S. 301; 41 (1897) S. 739 u. 768; 51 (1907) S. 1152; 53 (1909) S. 1019; 56 (1912) S. 404 u. 1890 u. 1104.
Daiber, E.: Die Biegespannung in überlappten Kesselnietnähten. Z. VDI Bd. 57 (1913) S. 401.
Graf, O.: (Dynamische Festigkeit von Nietverbindungen.) Z. VDI Bd. 76 (1932) S. 438.
— Dauerversuche mit Nietverbindungen. Berlin: Springer 1935; s. auch Bericht Lehr. in Z. VDI 80 (1936) S. 920.
Höffgen, H.: Gleitgrenze u. Fließgrenze von Nietverbindungen. Diss. T. H. Karlsruhe 1934.
Ziem, H.: Einfluß der Nietlänge ... Forschg. u. Fortschr. 7 (1936) S. 44/48.

[9/8] *Neuerungen* (s. auch [9/4]).

Gaber, E.: Versuche u. Betrachtungen über die Sicherheit von Stahlbrücken. Die Technik Bd. 1 (1946) S. 57. 'Versuche an Nietverbindungen)
Ball, M.: (Neue Nietverbindung mit Bolzen aus leg. Stahl [$\sigma_B = 88$—150 kg/mm²] u. als Schließkopf Al-Ring.) Werkstatt u. Betrieb Bd. 80 (1947) S. 272.
Kunz, M.: Niete u. Nietmaschinen für Sonderzwecke, Werkstatt u. Betr. Bd. 82 (1949) S. 51 (Hohlniete)

# 10. Schraubenverbindung.

## 10.1. Verwendung und Herstellung.

Die Schraube ist das am häufigsten verwendete Maschinenelement.

Wir verwenden sie

1) als *Befestigungs*schraube für *lösbare* Verbindungen;
2) als *Spann*schraube zur Erzeugung von Vorspannung (Spannschloß);
3) als *Verschluß*schraube zum Verschließen von Löchern, z. B. Flaschen;
4) als *Stell*schraube zum Einstellen oder zum Nachstellen von Spiel oder Verschleiß;
5) als *Meß*schraube für kleinste Wege (Mikrometer);
6) als *Kraft*übersetzung zur Erzeugung großer Längskräfte durch kleine Umfangskräfte (Spindelpresse, Schraubstock);

7) als *Bewegungs*schraube zur Umsetzung von Drehbewegung in Längsbewegung (Schraubstock, Leitspindel), oder von Längsbewegung in Drehbewegung (Drillbohrer);

8) als *Differenz*schraube zur Erzielung von kleinsten Wegen mit grobem Gewinde (Bild 10/7).

Nachdem wir die vielseitige Eignung der Schraube hervorgehoben haben, wollen wir auch einige *nachteilige* Eigenschaften nennen, die in manchen Fällen besondere Maßnahmen erfordern und zwar bei *Befestigungsschrauben* das ungewisse Anzugsmoment und die ungewisse Erhaltung der aufgebrachten Vorspannung im Betrieb, dann die oft erforderliche Sicherung gegen Losdrehen [1] und vor allem die Kerbwirkung des Gewindes;

---

[1] Es gibt wohl über kein Element mehr Patentanmeldungen, als über Schraubensicherungen, s. [10/25].

bei *Bewegungs*schrauben der schlechte Wirkungsgrad, der Verschleiß der Gewinde-
flanken und in gewissen Fällen das Gewindespiel und die mangelnde Zentrierung durch
das Gewinde.

Die *Herstellung* der Gewindegänge erfolgt entweder im *spanlosen* Verfahren (kein
Zerschneiden der Werkstoffaser) durch „Eindrücken" oder „Einrollen" der Gewindegänge
und Anstauchen des Schraubenkopfes, oder im *Schneid*verfahren durch Drehen oder
Fräsen und neuerdings durch Schneiden mit einem profilierten Schlagzahn sehr hoher
Drehzahl („wirbeln"), oder im Schleifverfahren mit profilierten Schleifscheiben.

## 10.2. Gestaltung und Bedienung.

Zur Schraubenverbindung gehört außer der eigentlichen Schraube, dem Schrauben-
*bolzen* (bei Bewegungsschrauben auch *-Spindel* genannt), noch die *Mutter* mit dem entsprechenden Innengewinde, wozu noch *Unterlegscheiben* und *Sicherungen* kommen können
(s. Bild 10/4). Ferner benötigt man zum Anziehen und Lösen der Schrauben bzw. Muttern
noch besondere *Bedienungswerkzeuge* (Schraubenschlüssel, Schraubenzieher), wenn man
sie nicht für Handbedienung mit Rändel, Ring, Flügel oder Griff versieht (Bild 10/2).

*Übliche Maschinenschrauben* (Maße s. S. 172). Im Maschinenbau herrscht die Schraube
mit *Sechskant*-Kopf und -Mutter vor und zwar als *Durchsteck*schraube (auch Mutter-
schraube genannt), als *Kopf*schraube (ohne Mutter) und als *Stift*schraube (ohne Kopf
und Mutter); für *versenkte* Anordnung nimmt man die Innensechskant-Schraube, die *Zylin-
derkopf*- oder die *Senk*schraube (mit Schlitz).

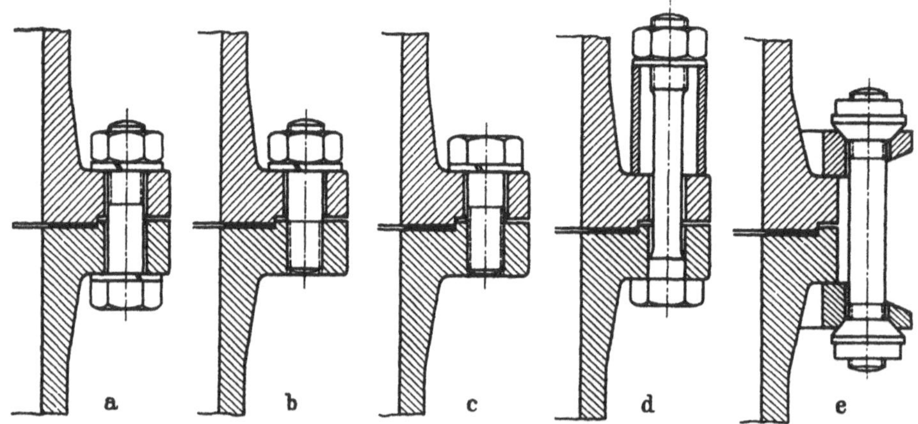

Bild 10/1. Flanschverbindungen, a mit Durchsteckschraube, b mit Stiftschraube, c mit Kopfschraube, d mit
Durchsteck-Dehnschraube und Distanzstück, e mit Doppelmutter-Dehnschraube.

*Sonderschrauben* [1]. Bei *dynamischer* Belastung ist die *Dehnschraube* Bild 10/1, 10/15 und
10/19 besonders geeignet; für andere Zwecke die Spannschraube, Ankerschraube und
Steinschraube, die Ringschraube, Flügel-
und Augenschraube (Bild 10/2). In manchen

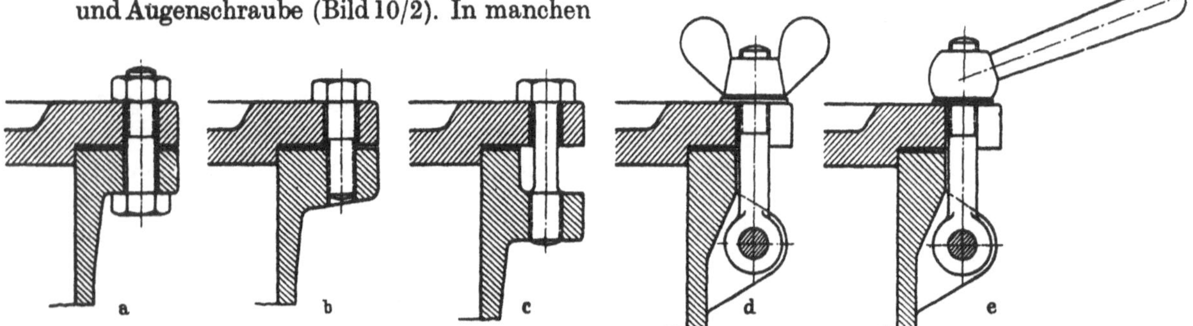

Bild 10/2. Deckelbefestigungen, a Zylinderdeckel mit Durchsteckschraube, b Deckel mit Kopfschraube, c mit unverlierbarer Hals-
Kopfschraube, d mit Klappschraube und Flügelmutter, e mit Klappschraube und Griffmutter.

---

[1] DIN-Blätter s. S. 175.

Fällen werden auch *zylindrische* Muttern- und Schraubenköpfe verwendet, die für den Schlüsselangriff seitlich abgeflacht oder mit radialen Löchern oder Längsnuten oder Kerbzähnen versehen werden (Kreuzlochmutter, Nutmutter usw., Bild 10/3). Für den Zusammenbau mit Holz dienen *Schloß*- und *Band*schrauben (Vierkantkopf und Flachkopf). Für weichere Stoffe (NE-Metalle und Preßstoffe) verwendet man auch „Schneidschrauben"[1], die sich selbst ihr Gewinde in die Bohrung schneiden.

*Muttern.* Die gebräuchlichen Formen zeigt Bild 10/3, ferner 10/2 und 10/4; die „Zugmutter" erhöht die dynamische Festigkeit der Schraube (s. S. 167).

*Sicherungen* gegen Losdrehen der Muttern *und* Schrauben sind durchweg bei allen dynamisch be-

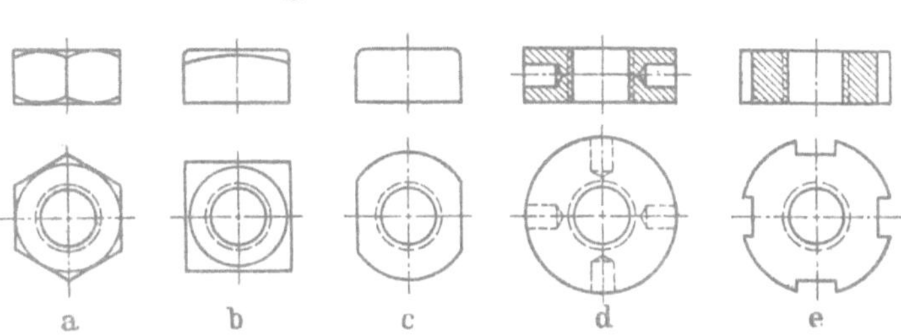

Bild 10/3. Muttern, a Sechskantmutter, b Vierkantmutter, c abgeflachte Rundmutter, d Kreuzlochmutter, e Nutmutter (Zugmutter s. Bild 10/15, Kronenmutter Bild 10/4).

lasteten oder der Erschütterung ausgesetzten Schrauben notwendig. Sie können durch *Form*schluß Nase am Schraubenkopf, Quersplint, Querstift, Querschraube, Nasenblech, (Legeschlüssel) oder durch *Kraft*schluß, wie radiale oder axiale *Verspannung* im Gewinde (Federring, Zahnscheibe, Feder-

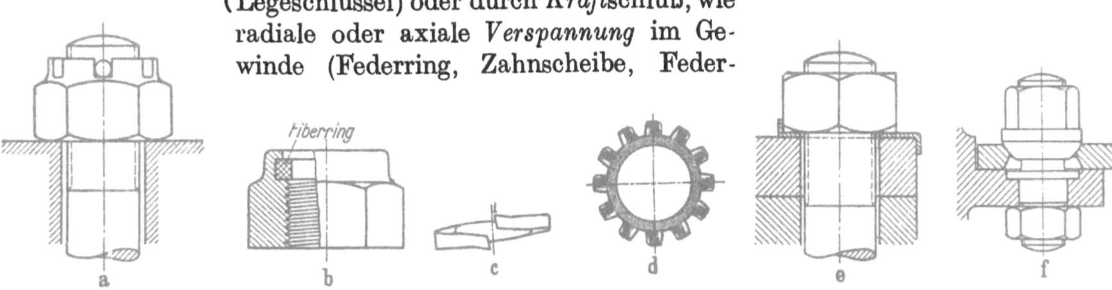

Bild 10/4. Sicherungen, a Kronenmutter mit Quersplint, b Elastic-Stop mit Fiberring, c Federring, d Zahnscheibe (verschränkte Zähne), e Nasenblech, f durch erhöhte Reibung (Kegel!) an der Mutter (Radbefestigung an Kraftwagen).

mutter, Palmutter, Stopmutter oder Schlitzmutter) erreicht werden (s. Bild 10/4). Eine zweite Mutter („Gegenmutter") ist nicht unbedingt rüttelsicher.

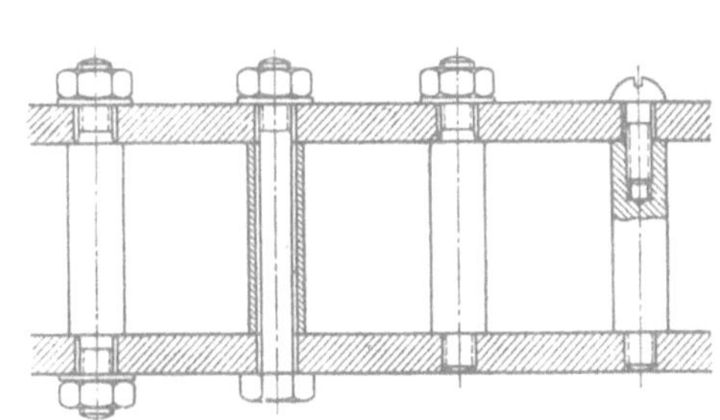

Bild 10/5. Stehbolzen.

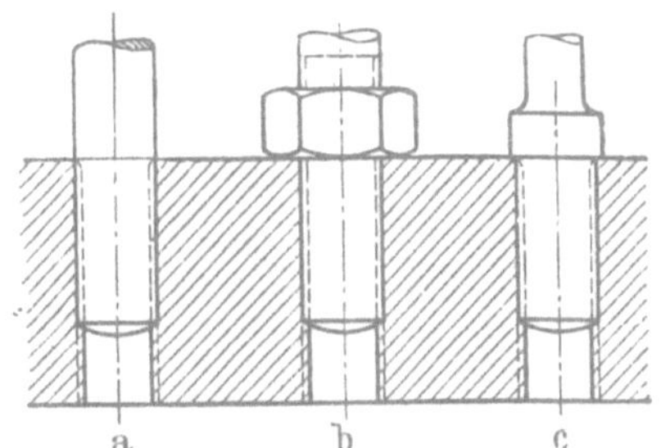

Bild 10/6. Stiftschrauben, a durch Gewindeauslauf querverspannt, b einstellbar und durch Mutter längsverspannt, c hochbeanspruchte Stiftschraube.

*Schraubenverbindungen.* Siehe hierzu die verschiedenen Ausführungsformen der Flanschverbindungen Bild 10/1, der Deckelbefestigung Bild 10/2, der Stehbolzen Bild 10/5, der Stiftschrauben Bild 10/6, der Pleuelschraube Bild 10/15, der Differenzschraube Bild 10/7, der querbelasteten Schraubenverbindung Bild 10/20, der Bewegungsschrauben Bild 10/8 und 10/22. Wichtig ist bei Befestigungsschrauben die richtige *Vorspannung* (bis 60% der Streckgrenze)[2], die ebene Auflage von Schraubenkopf und

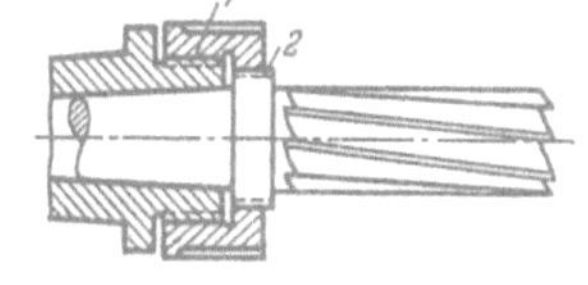

Bild 10/7. Differentialgewinde 1 und 2, angewendet zum Befestigen und Lösen eines Fräsers.

[1] Schneidschrauben der Fa. Nürnberger Schraubenfabrik, Nürnberg.

[2] Z. B. durch Anziehen mit Kraftmeßschlüssel; Schutzwirkung der Vorspannung s. S. 168.

Mutter und bei Lastverteilung auf mehrere Schrauben die Verwendung von Schrauben gleicher Dicke, gleicher Länge und gleicher Vorspannung, wenn man ungleiche Beanspruchung und „Verziehen" der Teile vermeiden will. Die Aufteilung in mehrere kleinere Schrauben ermöglicht schmalere Flansche und bessere Dichtung (geringerer Abstand), bedingt aber mehr Bedienungsarbeit. Hochfeste Schrauben ermöglichen hohe Vorspannung und schmalere Flansche. Weitere Angaben und Beispiele für die Ausführung von Schraubenverbindungen s. unter „Gestaltungsregeln" S. 24.

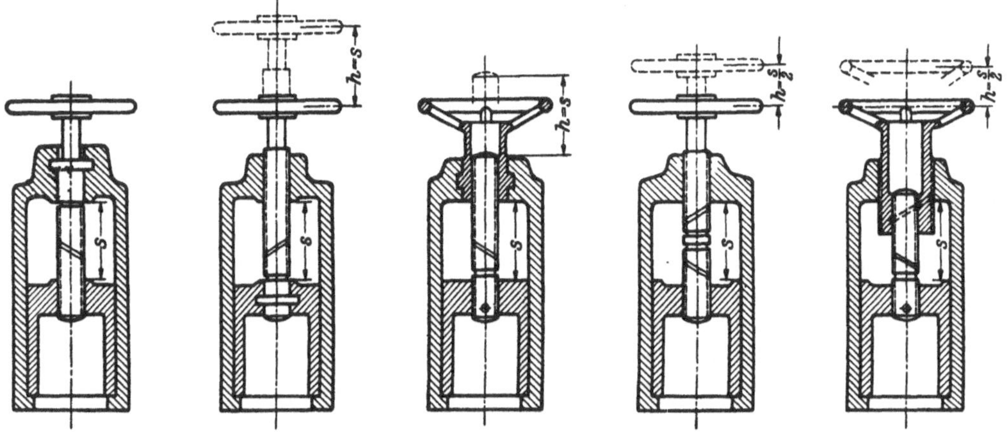

Bild 10/8. Anordnungsmöglichkeiten für Bewegungsschraube (nur schematisch dargestellt!) nach KUTZBACH.

## 10.3. Bezeichnungen.

|  |  |  |
|---|---|---|
| $a$ | (—) | Beiwert $= \sigma_{zul}/\tau_{zul}$ |
| $d, d_1$ | (mm) | Bolzendurchmesser, Kerndurchmesser |
| $d_2$ | (mm) | mittlerer Gewindedurchmesser |
| $D_i, D_a$ | (cm) | innerer, äußerer Rohrdurchmesser |
| $D_s$ | (mm) | Lochkreisdurchmesser |
| $e$ | (mm) | Schraubenabstand auf Lochkreis |
| $E_s, E'_F$ | (kg/mm²) | Elastizitätsmodul für Schraube, für Flansch |
| $F, F_1$ | (mm²) | Bolzen-, Kernquerschnitt |
| $F_g$ | (mm²) | Tragfläche eines Gewindeganges |
| $F_b$ | (mm²) | Querschnitt der Scherbüchse |
| $h$ | (mm) | Gewindesteigung |
| $i$ | (—) | $= m/h$ Zahl der Gewindegänge |
| $m$ | (mm) | Mutterhöhe |
| $M, M_g$ | (mmkg) | Drehmoment, Gesamtdrehmoment |
| $M_A$ | (mmkg) | Auflage-Reibmoment |
| $N$ | (—) | Normale |
| $p$ | (kg/mm²) | Flächenpressung im Gewinde |
| $p_l$ | (kg/mm²) | Leibungsdruck |
| $p_ü$ | (kg/cm²) | Überdruck im Rohr (Kessel) |
| $P$ | (kg) | Längskraft, Betriebskraft |
| $P_{max}$ | (kg) | größte Längskraft |
| $P_V, P_{Diff}$ | (kg) | Vorspann-, Differenzkraft |
| $P_{Stoß}$ | (kg) | Stoßkraft |
| $q$ | (—) | $= P_{max}/P$ |
| $Q$ | (kg) | Querkraft |
| $r$ | (mm) | $= d_2/2$ |
| $r_A$ | (mm) | Reibhalbmesser der Auflage |
| $R$ | (kg) | resultierende Kraft |
| $s$ | (mm) | Flanschdicke |
| $t$ | (mm) | Dreieckhöhe des Gewindeprofils |
| $t_1, t_2$ | (mm) | Gewinde-, Tragtiefe |
| $U$ | (kg) | Umfangskraft am Halbmesser $r$ |
| $W_t$ | (mm³) | Drehwiderstandsmoment |
| $z$ | (—) | Anzahl der Schrauben |
| $\alpha$ | (°) | Steigungswinkel des Gewindes |
| $\beta$ | (°) | halber Flankenwinkel des Gewindes |
| $\delta_s$ | (mm) | Verlängerung der Schraube |
| $\delta_F$ | (mm) | Verkürzung der gedrückten Teile (Flansche + Zwischenlage) |
| $\eta$ | (—) | Wirkungsgrad bei Antrieb durch $M$ |
| $\eta'$ | (—) | Wirkungsgrad b. Antrieb durch $P$ |
| $\vartheta$ | (°C) | Temperatur |
| $\mu$ | (—) | Reibwert am Gewinde $= \operatorname{tg} \varrho$ |
| $\mu'$ | (—) | $= \mu/\cos \beta = \operatorname{tg} \varrho'$ |
| $\mu_A$ | (—) | Reibwert an der Auflage |
| $\varrho, \varrho'$ | (°) | Reibwinkel |
| $\sigma, \sigma_a$ | (kg/mm²) | Zugspannung, Ausschlagspannung |
| $\sigma_B, \sigma_A$ | (kg/mm²) | Zugfestigkeit, Ausschlagfestigkeit |
| $\sigma_F, \sigma_{FW}$ | (kg/mm²) | Fließgrenze, Warmfließgrenze |
| $\tau$ | (kg/mm²) | Drehspannung, Scherspannung |

## 10.4. Gewinde.

Die Grundform des Gewindes ist die *Schraubenlinie* (Bild 10/9). Sie entsteht durch Aufwickeln einer Geraden mit dem Neigungswinkel $\alpha$ auf einen Zylinder mit dem Halbmesser $r$. Sie kann punktweise aus ihrer Abwicklung konstruiert werden, da $\dfrac{y}{x} =$ tg $\alpha = \dfrac{h}{2\,\pi\cdot r}$ ist, wobei $h$ *Steigung* oder *Ganghöhe* und $\alpha$ *Steigungswinkel* genannt werden.

Die Schraubenlinie kann *rechts*gängig, wie gezeichnet und durchweg im Maschinenbau verwendet [1], oder *links*gängig sein. Es können auch *mehrere* parallel verlaufende Schraubenlinien (mehrgängige Gewinde bei Bewegungsschrauben) angeordnet werden.

Beim *Gewinde* tritt an Stelle des Punktquerschnittes der Schraubenlinie ein „*Profil*" (Dreieck, Trapez, Rechteck, Halbrund). Von den *genormten* Gewinden des Maschinenbaues (s. Tafel 10/1) werden die eingängigen *Spitz*gewinde mit 60° Flankenwinkel (metrisches Gewinde) oder 55° Flankenwinkel (Whitworth-Gewinde) für *Befestigungs*-schrauben (größere Reibung!) und die übrigen für *Bewegungs*schrauben verwendet. Als *Nenn*-Durchmesser $d$ gilt der Außendurchmesser des Gewindebolzens; nur das Whitworth-Rohrgewinde wird nach dem *lichten* Rohrdurchmesser bezeichnet. Feingewinde werden bei Rohren und Wellen verwendet, um die Gewindetiefe $t$ oder die Ganghöhe $h$ oder den Steigungswinkel $\alpha$ klein zu halten. *Mehr*-gängige Gewinde verwendet man bei Bewegungsschrauben, wenn der Wirkungsgrad $\eta$ oder die Steigung $h$ groß sein soll. Bei Befestigungsschrauben bevorzugt man in Deutschland im fortschreitenden Maße die metrischen Gewinde gegenüber den älteren Zoll-(Whitworth)-Gewinden.

*Gewinde-Bezeichnungen und Gewindeform* s. Tafel 10/1.

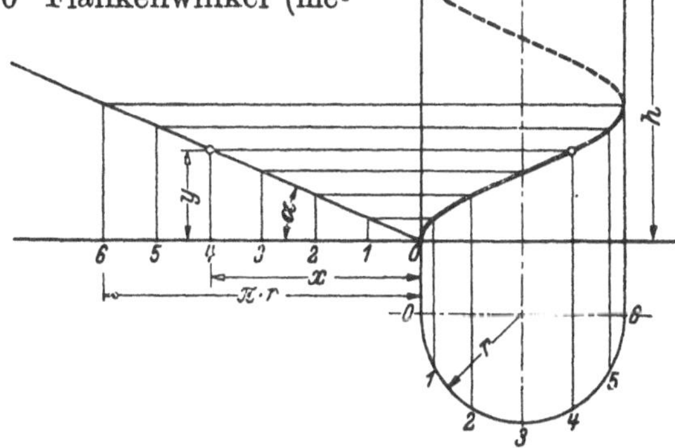

Bild 10/9. Rechtsgängige Schraubenlinie und ihre Abwicklung mit Ganghöhe $h$ und Steigungswinkel $\alpha$.

## 10.5. Kraftübersetzung und Wirkungsgrad.

Beim *Flach*gewinde nach Bild 10/10 greift am Gewinde am mittleren Gewindedurchmesser $d_2$ die Längskraft $P$ und die Umfangskraft $U$ an. Sieht man von der Reibung ab, so muß bei Kräftegleichgewicht die Resultierende $R$ in die Richtung der Normalen $N$ fallen. Dann ist $U = P \cdot$ tg $\alpha$, mit tg $\alpha = \dfrac{h}{\pi\,d_2}$.

Bei Berücksichtigung der *Reibung* mit dem Reibwert $\mu =$ tg $\varrho$ wird erst Bewegung eintreten, wenn die Resultierende $R$ um den Reibungswinkel $\varrho$ zur Normalen $N$ geneigt ist. Dann ist:

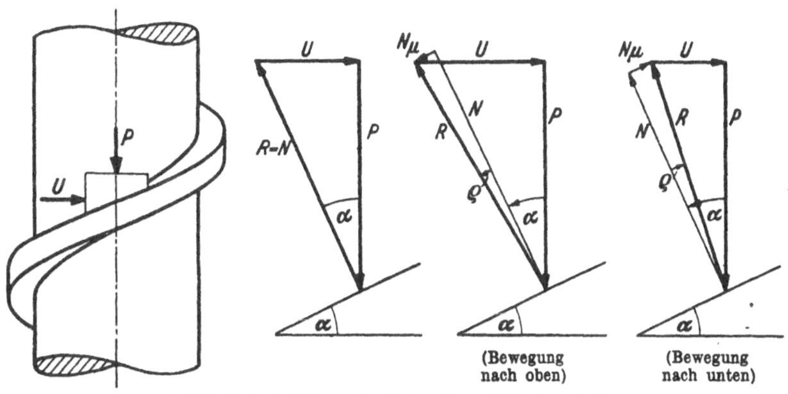


Bild 10/10. Kräfte an der Schraube mit Flachgewinde.

---

[1] Man kann das Gefühl für die richtige Anzieh- und Lösebewegung bei *rechts*gängigen Schrauben schnell entwickeln, wenn man mit der *rechten* Hand eine *rechts*drehende *Vorwärts*bewegung (und sinngemäß zurück) einübt.

$$\boxed{U \approx P\,\mathrm{tg}\,(\alpha \pm \varrho)} \quad \text{(kg); und mit } r = d_2/2 \tag{1}$$

das Drehmoment $\boxed{M = U \cdot r = P \cdot r \cdot \mathrm{tg}\,(\alpha \pm \varrho)}$ (kgmm). $\tag{2}$

Die Reibungskraft ist stets der Bewegung entgegengerichtet, also gilt das $+$-Zeichen beim Lastheben (und beim „Anziehen" einer Mutter) und das $-$-Zeichen beim Lastsenken (und beim „Lösen" einer Mutter). Hierzu kommt gegebenenfalls noch die Reibung der Mutter bzw. des Bolzens an der *Auflage* mit der Reibungskraft $P \cdot \mu_A$ am Hebelarm $r_A$ (Bild 10/14), so daß das Gesamtdrehmoment:

$$\boxed{M_g = M + M_A = P\,[r \cdot \mathrm{tg}\,(\alpha \pm \varrho) \pm r_A \cdot \mu_A]} \quad \text{(kgmm).} \tag{3}$$

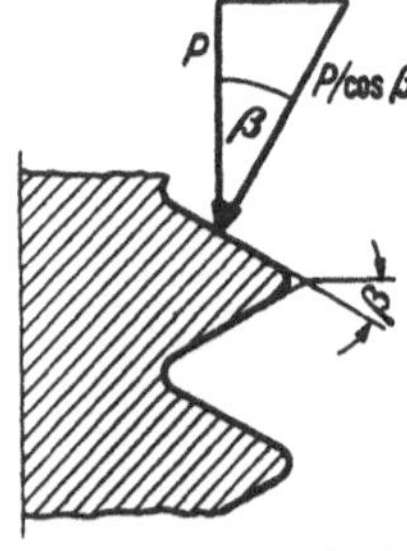

Bild 10/11. Normalkraft am Spitzgewinde.

Beim *Spitz*gewinde (Bild 10/11) tritt an Stelle von $P$ die Kraft $P/\cos\beta$ für die Ermittlung der Reibkraft. Man kann auch hierfür die obigen Gleichungen beibehalten, wenn man $\varrho'$ statt $\varrho$ einsetzt, wobei $\mathrm{tg}\,\varrho' \approx \mathrm{tg}\,\varrho/\cos\beta$ ist.

Überschlägig wird dann für metrische Schrauben mit $\beta = 30°$, $\mu = \mathrm{tg}\,\varrho = 0,1$, $\mu' = \mathrm{tg}\,\varrho' = 0,115$, $\varrho' = 6,6°$, $\alpha \approx 2,5°$, $r \approx 0,45\,d$ und $r_A \approx 0,7\,d$, das erforderliche Anzugsmoment $M_g = M + M_A = P \cdot d\,(0,072 + 0,07) \approx 0,14\,P \cdot d$. Greift die Handkraft $H$ an einem Hebelarm $\approx 14d$ an, so wird die Schraubenkraft $P \approx 100\,H$. Hieraus ergibt sich bereits, daß kleine Schrauben leicht „abgewürgt" und große meist zu wenig angezogen werden.

Der *Wirkungsgrad* (Verhältnis vom Nutzen zum Aufwand) beträgt:

beim Umsetzen von Drehmoment in Längskraft $\boxed{\eta = \dfrac{\mathrm{tg}\,\alpha}{\mathrm{tg}\,(\alpha + \varrho)}}$, $\tag{4}$

beim Umsetzen von Längskraft in Drehmoment $\boxed{\eta' = \dfrac{\mathrm{tg}\,(\alpha - \varrho)}{\mathrm{tg}\,\alpha}}$. $\tag{5}$

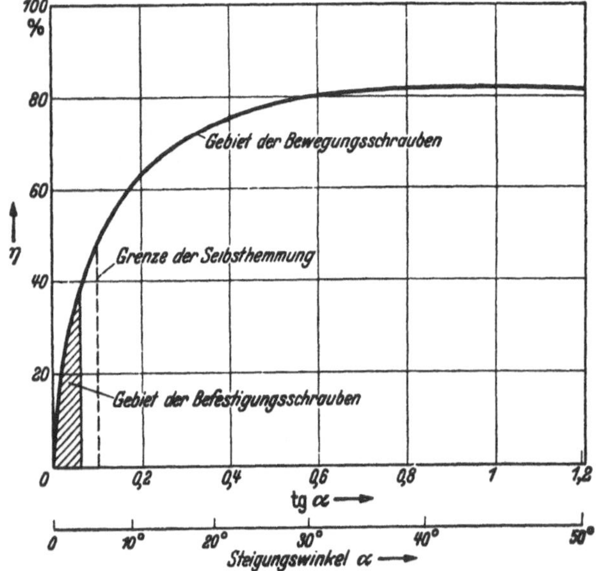


Bild 10/12. Wirkungsgrad der Schraube, abhängig vom Steigungswinkel $\alpha$, bei Reibwert $\mu = \mathrm{tg}\,\varrho = 0,1$, $\varrho = 5° 40'$.

Nach Bild 10/12 steigt $\eta$ mit $\alpha$ zuerst steil an und dann immer weniger bis zum Größtwert bei $\alpha = 45° - \varrho$.

„*Selbsthemmung*" ist bei Befestigungsschrauben erwünscht und liegt vor, wenn die Längskraft $P$ kein Drehmoment erzeugen kann, also wenn $U = P \cdot \mathrm{tg}\,(\alpha - \varrho) \le 0$ ist, d. h. $\alpha \le \varrho$, $\eta' \le 0$ oder $\eta \le 0,5$ ist. Bei metrischen Schrauben mit $\alpha \approx 2,5°$ liegt also Selbsthemmung vor, solange der Reibwert $\mu' = \mathrm{tg}\,\varrho' \ge 0,044$, ein Wert, der mit Sicherheit bei ruhender Belastung, aber nicht unbedingt bei Erschütterungen gegeben ist, so daß Schrauben bei umlaufenden Maschinen besonders „gesichert" werden müssen (Sicherungen s. S. 159).

## 10.6. Gefahrenquellen.

Bevor auf die Beanspruchung und Bemessung der Schrauben eingegangen wird, sei auf einige Umstände hingewiesen, welche die Schraubenverbindungen besonders gefährden:

**Tafel 10/1.** *Genormte Gewinde* (Maße s. Tafel 10/2 bis 10/4).

| Art | Profil | Vergleichsmaße | DIN | Nenndurchmesser $d$ gemessen in | Steigung in | Bezeichnungsbeispiel für eingängiges Rechtsgewinde[1] |
|---|---|---|---|---|---|---|
| Metrisches Gewinde | | $t = 0{,}8660\,h$ $t_1 = 0{,}6495\,h$ $d_2 = d - t_1$ $d_1 = d - 2\,t_1$ $r = 0{,}1082 \cdot h = t/8$ | 13 14 | mm | mm | M 10 |
| Metrisches Feingewinde | | | 244···247 516···521 13 | | | M 60 × 4 |
| Whitworth-Gewinde | | $t = 0{,}96049 \cdot h$ $t_1 = 0{,}64033 \cdot h$ $r = 0{,}13733 \cdot h$ | 11 | | | 2″ |
| Whitworth-Rohrgewinde[2] | | | 259 260 2999 | Zoll | Zoll | R 3″   R $^3/_8$″ |
| Whitworth-Feingewinde | | | 239 240 | mm | Zoll | W 99 × $^1/_4$″   W 60 × $^1/_6$″ |
| Rundgewinde | | $t = 1{,}86603 \cdot h$ $t_1 = 0{,}5 \cdot h$ $t_2 = 0{,}08350 \cdot h$ $a = 0{,}05 \cdot h$ $b = 0{,}68301 \cdot h$ $r = 0{,}23851 \cdot h$ $R = 0{,}25597 \cdot h$ $R_1 = 0{,}22105 \cdot h$ | 405 | mm | Zoll | Rd 40 × $^1/_6$″ |
| Trapezgewinde | | $t = 1{,}866 \cdot h$ $t_1 = 0{,}5\,h + a$ $t_2 = 0{,}5\,h + a - b$ $T = 0{,}5\,h + 2\,a - b$ $C = 0{,}25 \cdot h$ | 103 | | | Tr 48 × 8 |
| fein | | | 378 | mm | mm | Tr 48 × 3 |
| grob | | | 379 | | | Tr 48 × 12 |
| Sägengewinde | | $t = 1{,}73205 \cdot h$ $t_1 = t_2 + b = 0{,}86777 \cdot h$ $t_2 = 0{,}75 \cdot h$ $e = 0{,}26384 \cdot h$ $i = 0{,}52507 \cdot h$ $i_1 = 0{,}45698 \cdot h$ $b = 0{,}11777 \cdot h$ $r = 0{,}12427 \cdot h$ | 513 | | | S 48 × 8 |
| fein | | | 514 | mm | mm | S 48 × 3 |
| grob | | | 515 | | | S 48 × 12 |

[1] Für Sondergewinde (Gewinde mit anderen Profilen), z. B. Flachgewinde sind alle Maßangaben einzeln erforderlich. Linksgewinde und mehrgängige Gewinde erhalten einen Zusatz, z. B. Tr 48 × 12 links (2gäng). Dichte Gewinde erhalten den Zusatz „dicht" z. B. W 23 × $^1/_{10}$″ dicht.

[2] Beim Rohrgewinde bedeutet die Angabe in Zoll die lichte Rohrweite, oder in zwei Millimeterzahlen den Innen- und Außendurchmesser des Rohres (Frankreich), s. Tafel 10/3.

11*

**Tafel 10/2.** *Gewinde mit metrischem Profil DIN 13 (Jan. 1952).*

**Reihe 1**

| Bezeichnung | Steigung | Kerndurchmesser | Kernquerschnitt mm² |
|---|---|---|---|
| M 0,3 | 0 075 | 0,202 | 0,03 |
| M 0,4 | 0 1 | 0,270 | 0,06 |
| M 0,5 | 0,125 | 0,338 | 0,09 |
| M 0,6 | 0,15 | 0,406 | 0,13 |
| M 0,8 | 0,2 | 0,540 | 0,23 |
| M 1 | 0,25 | 0,676 | 0,36 |
| M 1,2 | 0,25 | 0,876 | 0,60 |
| M 1,4 | 0,3 | 1,010 | 0,80 |
| M 1,7 | 0,35 | 1,246 | 1,22 |
| M 2 | 0 4 | 1,480 | 1,72 |
| M 2,3 | 0,4 | 1,780 | 2,49 |
| M 2,6 | 0,45 | 2,016 | 3,19 |
| M 3 | 0 5 | 2,350 | 4,34 |
| M 3 5 | 0 6 | 2,720 | 5,81 |
| M 4 | 0,7 | 3,090 | 7,50 |
| M 5 | 0,8 | 3,960 | 12,3 |
| M 6 | 1 | 4,700 | 17,3 |
| M 8 | 1,25 | 6,376 | 31,9 |
| M 10 | 1,5 | 8,052 | 50,9 |
| M 12 | 1 75 | 9,726 | 74,3 |
| M 14 | 2 | 11,402 | 102 |
| M 16 | 2 | 13,402 | 141 |
| M 18 | 2 5 | 14,752 | 171 |
| M 20 | 2,5 | 16,752 | 220 |
| M 22 | 2 5 | 18,752 | 276 |
| M 24 | 3 | 20,102 | 317 |
| M 27 | 3 | 23,102 | 419 |
| M 30 | 3,5 | 25,454 | 509 |
| M 33 | 3,5 | 28,454 | 636 |
| M 36 | 4 | 30,804 | 745 |
| M 39 | 4 | 33,804 | 897 |
| M 42 | 4,5 | 36,154 | 1027 |
| M 45 | 4 5 | 39,154 | 1204 |
| M 48 | 5 | 41,504 | 1353 |

Eingesetzte Tafel Reihe 1:

| Steigung h | Gewindetiefe t |
|---|---|
| 0 075 | 0,049 |
| 0 1 | 0,065 |
| 0,125 | 0,081 |
| 0 15 | 0,097 |
| 0 2 | 0,130 |
| 0 25 | 0,162 |
| 0,3 | 0,195 |
| 0,35 | 0,227 |
| 0 4 | 0,260 |
| 0,45 | 0,292 |
| 0,5 | 0,325 |
| 0 6 | 0,390 |
| 0 7 | 0,455 |
| 0 8 | 0,520 |
| 1 | 0,650 |
| 1 25 | 0,812 |
| 1,5 | 0,974 |
| 1,75 | 1,137 |
| 2 | 1,299 |
| 2,5 | 1,624 |
| 3 | 1,949 |
| 3 5 | 2,273 |
| 4 | 2,598 |
| 4,5 | 2,923 |
| 5 | 3,248 |

**Reihe 2**

| Bezeichnung | Kerndurchmesser | Kernquerschnitt mm² |
|---|---|---|
| M 18 × 2 | 15,402 | 186 |
| M 20 × 2 | 17,402 | 238 |
| M 22 × 2 | 19,402 | 296 |
| M 24 × 2 | 21,402 | 360 |
| M 27 × 2 | 24,402 | 468 |
| M 30 × 2 | 27,402 | 590 |
| M 33 × 2 | 30,402 | 726 |
| M 36 × 3 | 32,102 | 809,4 |
| M 39 × 3 | 35,102 | 967,7 |
| M 42 × 3 | 38,102 | 1140 |
| M 45 × 3 | 41,102 | 1327 |
| M 48 × 3 | 44,102 | 1528 |
| M 52 × 3 | 48,102 | 1817 |
| M 56 × 4 | 50,804 | 2027 |
| M 60 × 4 | 54,804 | 2359 |
| M 64 × 4 | 58,804 | 2716 |
| M 68 × 4 | 62,804 | 3098 |
| M 72 × 4 | 66,804 | 3505 |
| M 76 × 4 | 70,804 | 3937 |
| M 80 × 4 | 74,804 | 4395 |
| M 85 × 4 | 79,804 | 5002 |
| M 90 × 4 | 84,804 | 5648 |
| M 95 × 4 | 89,804 | 6334 |
| M 100 × 4 | 94,804 | 7059 |
| M 105 × 4 | 99,804 | 7823 |
| M 110 × 4 | 104,804 | 8627 |
| M 115 × 4 | 109,804 | 9469 |
| M 120 × 4 | 114,804 | 10352 |
| M 125 × 4 | 119,804 | 11273 |
| M 130 × 6 | 122,206 | 11729 |
| M 140 × 6 | 132,206 | 13728 |
| bis | | |
| M 300 × 6 | 292,206 | 67061 |

Eingesetzte Tafel Reihe 2:

| Steigung h | Gewindetiefe t |
|---|---|
| 2 | 1.299 |
| 3 | 1 949 |
| 4 | 2.598 |
| 6 | 3.897 |

**Reihe 3**

| Bezeichnung | Kerndurchmesser | Kernquerschnitt mm² |
|---|---|---|
| M 12 × 1 | 10,700 | 89,9 |
| M 36 × 2 | 33,402 | 876 |
| M 39 × 2 | 36,402 | 1041 |
| M 42 × 2 | 39,402 | 1219 |
| M 45 × 2 | 42,402 | 1412 |
| M 48 × 2 | 45,402 | 1619 |
| M 52 × 2 | 49,402 | 1917 |
| M 56 × 2 | 53,402 | 2240 |
| M 58 × 2 | 55,402 | 2411 |
| M 60 × 2 | 57,402 | 2588 |
| M 64 × 2 | 61,402 | 2961 |
| M 68 × 2 | 65,402 | 3359 |
| M 72 × 2 | 69,402 | 3783 |
| M 76 × 2 | 73,402 | 4232 |
| M 80 × 2 | 77,402 | 4705 |
| M 85 × 2 | 82,402 | 5333 |
| M 90 × 2 | 87,402 | 6000 |
| M 95 × 2 | 92,402 | 6706 |
| M 100 × 2 | 97,402 | 7451 |
| M 105 × 2 | 102,402 | 8236 |
| M 110 × 2 | 107,402 | 9060 |
| M 115 × 2 | 112,402 | 9923 |
| M 120 × 2 | 117,402 | 10825 |
| M 125 × 2 | 122,402 | 11767 |
| M 130 × 3 | 126,102 | 12489 |
| M 140 × 3 | 136,102 | 14549 |
| bis | | |
| M 300 × 3 | 296,102 | 68861 |

Eingesetzte Tafel Reihe 3:

| Steigung h | Gewindetiefe t |
|---|---|
| 1 | 0.650 |
| 2 | 1.299 |
| 3 | 1.949 |

**Reihe 4**

| Bezeichnung | Kerndurchmesser | Kernquerschnitt mm² |
|---|---|---|
| M 2 × 0,25 | 1,676 | 2,21 |
| M 2,3 × 0,25 | 1,976 | 3,07 |
| M 2,6 × 0,35 | 2,146 | 3,62 |
| M 3 × 0,35 | 2,546 | 5,09 |
| M 4 × 0,5 | 3,350 | 8,81 |
| M 5 × 0,5 | 4,350 | 14,9 |
| M 6 × 0,5 | 5,350 | 22,5 |
| M 8 × 1 | 6,700 | 35,3 |
| M 10 × 1 | 8,700 | 59,4 |
| M 12 × 1,5 | 10,052 | 79,4 |
| M 14 × 1,5 | 12,052 | 114 |
| M 16 × 1,5 | 14,052 | 155 |
| M 18 × 1,5 | 16,052 | 202 |
| M 20 × 1,5 | 18,052 | 256 |
| M 22 × 1,5 | 20,052 | 316 |
| M 24 × 1,5 | 22,052 | 382 |
| M 26 × 1,5 | 24,052 | 454 |
| M 27 × 1,5 | 25,052 | 493 |
| M 28 × 1,5 | 26,052 | 533 |
| M 30 × 1,5 | 28,052 | 618 |
| M 32 × 1,5 | 30,052 | 709 |
| M 33 × 1,5 | 31,052 | 757 |
| M 35 × 1,5 | 33,052 | 858 |
| M 36 × 1,5 | 34,052 | 911 |
| M 38 × 1,5 | 36,052 | 1021 |
| M 39 × 1,5 | 37,052 | 1078 |
| M 40 × 1,5 | 38,052 | 1137 |
| M 42 × 1,5 | 40,052 | 1260 |
| M 45 × 1,5 | 43,052 | 1456 |
| M 48 × 1,5 | 46,052 | 1666 |
| M 50 × 1,5 | 48,052 | 1813 |
| M 52 × 1,5 | 50,052 | 1968 |
| M 55 × 1,5 | 53,052 | 2211 |
| M 58 × 1,5 | 56,052 | 2468 |
| M 60 × 1,5 | 58,052 | 2647 |
| M 62 × 1,5 | 60,052 | 2832 |
| M 65 × 1,5 | 63,052 | 3122 |
| M 68 × 1,5 | 66,052 | 3427 |
| M 70 × 1,5 | 68,052 | 3637 |
| M 72 × 1,5 | 70,052 | 3854 |
| M 75 × 1,5 | 73,052 | 4191 |

Eingesetzte Tafel Reihe 4:

| Steigung h | Gewindetiefe t |
|---|---|
| 0,25 | 0.162 |
| 0,35 | 0.227 |
| 0,5 | 0.325 |
| 1 | 0.650 |
| 1,5 | 0.974 |

**Fettgedruckte** Durchmesser gegenüber den magergedruckten bevorzugen.

1) Unsicherheit über die wirklich auftretenden äußeren *Kräfte* (zulässige Spannung herabsetzen!).

2) Unsachgemäßes „*Anziehen*" der Schrauben. Besonders *kleine* Schrauben werden leicht „abgewürgt" (hierfür hochfesten Werkstoff nehmen oder $\sigma_{zul}$ herabsetzen, s. Bild 10/18), während große Schrauben meist zu wenig Vorspannung erhalten (Schlüssel zu kurz). Besonders bei mehreren Schrauben bringt ungleichmäßiges Anziehen eine

**Tafel 10/3.** *Whitworth-Rohrgewinde* (*DIN 259* Nov. 1942, *2999* Nov. 1942x). Bezeichnung $R''$ in Zoll; Maße von Rohrdurchmesser $D_i/D_a$, Gewindedurchmesser $d$ und Kerndurchmesser $d_1$ in mm, Gänge $z$ je Zoll (s. Bild Tafel 10/1).

| $R''$ | $^1/_8$ | $^1/_4$ | $^3/_8$ | $^1/_2$ | $(^5/_8)$ | $^3/_4$ | $(^7/_8)$ | 1 | $1^1/_4$ | $1^1/_2$ | $(1^3/_4)$ | 2 | $2^1/_4$ | $2^1/_2$ | $2^3/_4$ | 3 | $3^1/_2$ |
|---|---|---|---|---|---|---|---|---|---|---|---|---|---|---|---|---|---|
| $D_i/D_a$ | 5/10 | 8/13 | 12/17 | 15/21 | 16/23 | 20/27 | 24/31 | 26/34 | 33/42 | 40/49 | 45/45 | 50/60 | 60/70 | 66/76 | 72/82 | 80/90 | 90/102 |
| $d$ | 9,73 | 13,16 | 16,66 | 20,96 | 22,91 | 26,4 | 30,2 | 33,25 | 41,9 | 47,8 | 53,7 | 59,6 | 65,7 | 75,2 | 81,5 | 87,9 | 100,3 |
| $d_1$ | 8,57 | 11,45 | 14,95 | 18,63 | 20,59 | 24,1 | 27,9 | 30,29 | 38,9 | 44,8 | 50,8 | 56,7 | 62,7 | 72,2 | 78,6 | 84,9 | 97,4 |
| Gänge auf 1'' | 28 | 19 | 19 | 14 | 14 | 14 | 14 | 11 | 11 | 11 | 11 | 11 | 11 | 11 | 11 | 11 | 11 |

**Tafel 10/4.** *Trapezgewinde* (*DIN 103* Aug. 1924). Maße von Bolzendurchmesser $d$, Kerndurchmesser $d_1$, mittlerer Gewindedurchmesser $d_2$ und Ganghöhe $h$ in mm (s. Bild Tafel 10/1).

| $d$ | 10 | 12 | 14 | 16 | 18 | 20 | 22 | 24 | 26 | 28 | 30 | 32 | (34) | 36 | (38) | 40 | (42) |
|---|---|---|---|---|---|---|---|---|---|---|---|---|---|---|---|---|---|
| $d_1$ | 6,5 | 8,5 | 9,5 | 11,5 | 13,5 | 15,5 | 16,5 | 18,5 | 20,5 | 22,5 | 23,5 | 25,5 | 27,5 | 29,5 | 30,5 | 32,5 | 34,5 |
| $d_2$ | 8,5 | 10,5 | 12 | 14 | 16 | 18 | 19,5 | 21,5 | 23,5 | 25,5 | 27 | 29 | 31 | 33 | 34,5 | 36,5 | 38,5 |
| $h$ | 3 | 3 | 4 | 4 | 4 | 4 | 5 | 5 | 5 | 5 | 6 | 6 | 6 | 6 | 7 | 7 | 7 |

| $d$ | 44 | (46) | 48 | 50 | 52 | 55 | (58) | 60 | (62) | 66 | (68) | 70 | (72) | 75 | (78) | 80 | (82) |
|---|---|---|---|---|---|---|---|---|---|---|---|---|---|---|---|---|---|
| $d_1$ | 36,5 | 37,5 | 39,5 | 41,5 | 43,5 | 45,5 | 48,5 | 50,5 | 52,5 | 54,5 | 57,5 | 59,5 | 61,5 | 64,5 | 67,5 | 69,5 | 71,5 |
| $d_2$ | 40,5 | 42 | 44 | 46 | 48 | 50,5 | 53,5 | 55,5 | 57,5 | 60 | 63 | 65 | 67 | 70 | 73 | 75 | 77 |
| $h$ | 7 | 8 | 8 | 8 | 8 | 9 | 9 | 9 | 9 | 10 | 10 | 10 | 10 | 10 | 10 | 10 | 10 |

ungleichmäßige Lastverteilung und Verziehen der Teile mit sich (z. B. bei Leichtmetall-Kurbelwannen von Motoren). Am besten ist in solchen Fällen ein Anziehen der Schrauben auf 60 % der Streckgrenze mit Kraftmeßschlüssel oder auf eine vorzuschreibende Dehnlänge der Schrauben (Kontrolle mit Mikrometer).

3) *Einseitige* Auflage und dadurch zusätzliche Biegespannung der Schraube.

4) *Verlust der Vorspannung* durch Wärmedehnung, oder durch plastische Verformung der Schraube, der Auflagen oder Zwischenlagen (sicherer Schutz dagegen fehlt noch!)[1].

5) *Zusätzliche Stoßarbeit* bei Wechsel der Kraftrichtung z. B. durch Lagerspiel bei Pleuelschrauben („Dehnschrauben" mit „Zugmutter" verwenden!) Bild 10/15.

6) Selbsttätiges Lösen bei Erschütterungen (Sicherung vorsehen!).

7) Chemischer oder elektrolytischer[2] Angriff (Rosten und Festfressen[3]! Werkstoffwahl und Oberflächenschutz!).

8) Gewindeverschleiß bei Bewegungsschrauben (Werkstoffwahl, Schmierung und Flächenpressung!).

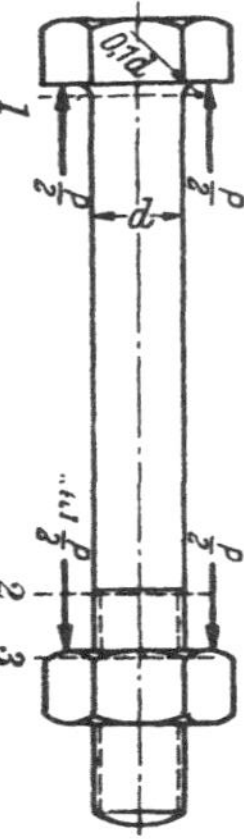

Bild 10/13. Bruchstellen bei dynamisch beanspruchten Schrauben, nach MPA Darmstadt, bei 1:15% aller Brüche; bei 2:20%; bei 3:65%. Bruchstellen 1 und 2 durch besseren Übergang vermeidbar.

9) *Bruchstellen.* Dynamisch beanspruchte Schrauben brechen nach Bild 10/13 durchweg im *ersten belasteten Gang* (bessere Kraftverteilung z. B. durch Zugmutter (Bild 10/15) erstreben!). Die weiteren Bruchstellen 1 und 2 an den Übergängen können durch besseres Ausrunden (0,1 $d$) vermieden werden.

---

[1] Vorschlag: Tellerfeder als Mutter oder Unterlage, die bei 60% der Schrauben-Streckgrenze gerade plattgedrückt wird. Die üblichen Unterlegscheiben, Federringe usw. wirken hierbei nur ungünstig.

[2] Für Leichtmetallbauten sind Messingschrauben am günstigsten, ferner Schrauben aus eloxiertem Leichtmetall, phosphatierte Stahlschrauben und Stahlschrauben mit Zink-Unterlegscheiben [10/7].

[3] Mittel gegen Festfressen: Nitrieren von Mutter *oder* Bolzen; s. auch [10/9].

## 10.7. Beanspruchung und Berechnung[1].

**1) Ohne Vorspannung längsbelastete Schraube,** z. B. Kranhakengewinde: Der Kernquerschnitt $F_1$ der Schraube wird durch die Längskraft $P$ auf Zug beansprucht (Bild 10/14).

Die Nennspannung
$$\sigma = \frac{P}{F_1} = \frac{P \cdot 4}{\pi \cdot d_i^2} \leq \sigma_{1\,zul\,2} \quad (kg/mm^2), \tag{6}$$

$\sigma_{1\,zul} \approx 0{,}6\ \sigma_F$ ruhend belastet, $\approx 1{,}4\ \sigma_A$ schwellend belastet. $\sigma_F$ und $\sigma_A$ s. Tafel 10/7 bis 10/12.

Das *Gewinde* (Bild 10/14) wird auf Flächenpressung und auf „Ausreißen" (Biegen und Abscheren) beansprucht. Bei Annahme gleichmäßiger Belastung der Gewindegänge $i$ in der Mutter ist die Flächenpressung im Gewinde

$$p = \frac{P}{i \cdot F_g} \leq p_{zul} \quad (kg/mm^2). \tag{7}$$

Mit Einsatz von $i = m/h$, $F_g = \pi \cdot d_2 \cdot t_2$, $P = \sigma \cdot \pi \cdot d_1^2/4$ ist die *erforderliche Mutterhöhe*

$$m = d_1 \cdot \frac{1}{4} \cdot \frac{\sigma}{p} \cdot \frac{h}{t_2} \cdot \frac{d_1}{d_2} \quad (mm). \tag{8}$$

Für genormte *Befestigungsschrauben* ist im Regelfall die Mutterhöhe $m = 0{,}8\,d$; mit Einsatz von $m/d_1 \approx 1$, $h/t_2 = 1{,}54$, $d_1/d_2 \approx 0{,}88$ (metr. Gewinde) ist hierbei die Flächen-

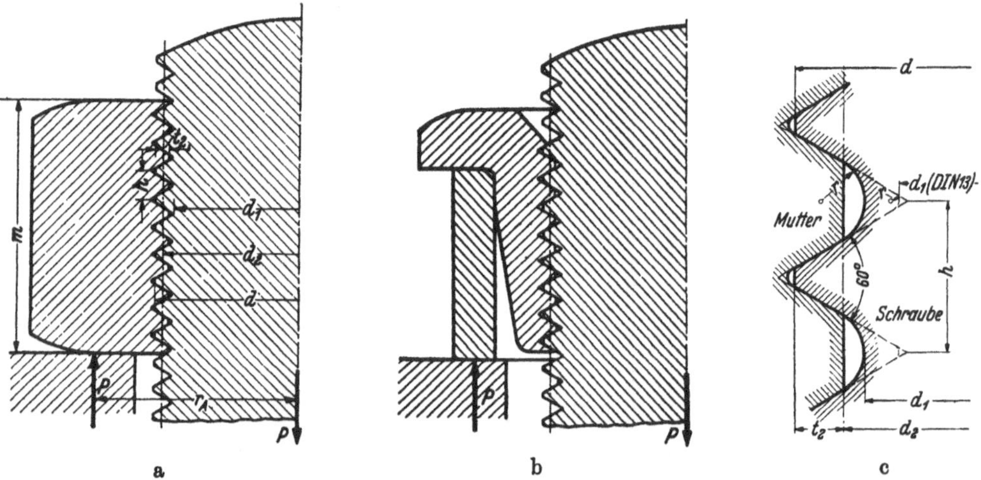



**Bild 10/14.** Skizze zur Gewindebeanspruchung, a Befestigungsschraube mit üblicher Mutter, b Befestigungsschraube mit Zugmutter, c Vorschlag für ein dauerfestes Gewinde: Das metrische Gewinde (DIN 13) wird hierzu am Bolzen mit $r = 0{,}285\ h$ ausgerundet und die Mutter bis auf den bisher mittleren Durchmesser $d_2$ ausgebohrt, Mutterhöhe $= 1 \cdot d$.

pressung im Gewinde $p \approx 0{,}34\ \sigma$. Entsprechend läßt sich für andere Fälle, z. B. für ungleiche Werkstoffe von Schraube und Mutter, für Rohrgewinde usw. die erforderliche Mutterhöhe $m$ nach Tafel 10/6 angeben.

*Bei dynamischer Belastung*, wobei die Zugspannung in der Schraube zwischen $\sigma_{max}$ und $\sigma_{min}$ schwankt, muß die Ausschlagspannung

$$\sigma_a = \frac{\sigma_{max} - \sigma_{min}}{2} \leq \sigma_{a\,zul} \tag{9}$$

sein, um Dauerbruch zu verhüten. $\sigma_{a\,zul} \approx 0{,}7\ \sigma_A$.

---

[1] Die für die praktische Bemessung der Schrauben erforderlichen Angaben sind in Tafel 10/5 griffbereit zusammengestellt und durch Vorschläge für die zulässige Spannung ergänzt. Außerdem sind in der Schraubentafel 10/13 die zulässigen Schraubenkräfte nach den Rohrnormen DIN 2507 angegeben.

[2] Die für den Anwendungsfall 1) „Ohne Vorspannung längs belastete Schraube" zulässige Spannung wird mit $\sigma_{1\,zul}$ bezeichnet und weiter unten für die Anwendungsfälle 2), 3), ... zum Vergleich herangezogen.

Leider ist die *Ausschlagfestigkeit* $\sigma_A$ der gewöhnlichen Schraube sehr gering (s. Tafel 10/11) und wächst nur wenig mit der statischen Bruchfestigkeit [1].

*Erklärung.* Zu der ungünstigen Spannungshäufung im Gewindegrund infolge *Kerbwirkung* des Gewindes tritt noch die *weitere* Spannungshäufung durch die Konzentration der Kraftübertragung auf den ersten belasteten Gewindegang (s. Bruchstelle 3 im Bild 10/13). Wir stellen uns das so vor: Die Schraube und ihr Gewinde wird nach Bild 10/14 durch die Längskraft *gedehnt*, aber die Mutter und ihr Gewinde *zusammengedrückt*, so daß die Gewindesteigung nicht mehr übereinstimmt.

*Abhilfe* bringt eine entsprechende Gestaltung: Einerseits Verteilung der Kraftübertragung auf *mehrere* Gewindegänge durch Verwendung einer ebenfalls auf Zug beanspruchten Mutter, der „*Zugmutter*" nach Bild 10/15, oder einer Mutter mit federnden Gewindegängen (Soltgewinde) oder einer Mutter aus weicherem Werkstoff; andererseits Herabsetzung der Kerbwirkung durch *Verfestigen* des Gewindegrundes (Härten oder „Oberflächendrücken") und vor allem durch *Ausrunden* des Gewindes. Ein entsprechend genormtes Gewinde fehlt noch, trotz dringenden Bedarfs. Vorschlag hierzu s. Bild 10/14c.

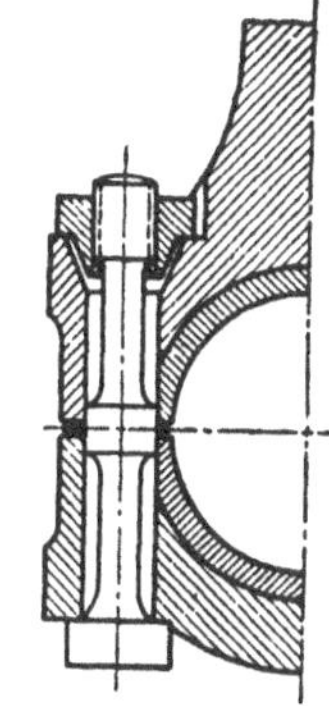

Bild 10/15. Pleuelschraube als Dehnschraube mit Zugmutter.

Die günstige Wirkung der *Vorspannung* s. unter 3).

**2) Unter Last $P$ drehend angezogen,** z. B. Spannschloß nach Bild 10/16. Durch das Drehmoment $M$ tritt im Kernquerschnitt der Schraube die zusätzliche Drehspannung $\tau - M/W_t$ auf. Mit Einsatz von $M = P \cdot r \cdot \mathrm{tg}\,(\alpha + \varrho)$, $P = \sigma \cdot \pi \cdot d_1^2/4$, $r = d_2/2$ und $W_t = \pi\, d_1^3/16$ wird

$$\boxed{\tau = 2\,\sigma \cdot \mathrm{tg}\,(\alpha + \varrho)\, d_2/d_1} \quad (\mathrm{kg/mm^2}). \tag{10}$$

Die maßgebende Vergleichsspannung

$$\boxed{\sigma_v = \sqrt{\sigma^2 + (a \cdot \tau)^2} \leq \sigma_{\mathrm{zul}}} \quad (\mathrm{kg/mm^2}) \tag{11}$$

Bild 10/16. Spannschloß.

mit $\sigma$ nach Gl. 6, $\tau$ nach Gl. 10 und $a = \sigma_{\mathrm{zul}}/\tau_{\mathrm{zul}} = 1/0{,}7$ für Stahl, falls $\sigma$ und $\tau$ beide schwellend oder ruhend auftreten.

Für *genormte Befestigungsschrauben* mit $\alpha \approx 2{,}5°$, $d_2/d_1 \approx 1{,}12$, $\varrho' = 6{,}6°$ wird dann $\sigma_v = \sigma/0{,}75$, so daß man auch einfach nach Gl. 6 mit $\sigma \leq \sigma_{\mathrm{zul}} \leq 0{,}75\,\sigma_{1\,\mathrm{zul}}$ rechnen kann (s. Tafel 10/5).

**3) Mit $P_V$ vorgespannt und mit $P$ längs belastet.** Als Beispiel nehmen wir die Flanschverbindung Bild 10/1a und erläutern die Kräfteverhältnisse durch das „*Verspannungs-Bild*".

*Entstehung des Verspannungsbildes* (Bild 10/17): Zieht man die Schrauben bis zur Vorspannkraft $P_V$ an, so längen sich hierbei die Schrauben um $\delta_s$, während die von den Schrauben zusammengespannten Teile (Flansche und Zwischenlage) gleichzeitig um $\delta_F$ zusammengedrückt werden [2]. Wir zeichnen nun die *Kraft-Dehnungs-Kennlinie* und zwar einmal für die Schrauben über $\delta_s$ (Bild 10/17a) und einmal für die zusammengedrückten Teile über $\delta_F$ (Kürzung nach links, Bild b). Dann tragen wir in beiden Kennlinien in Höhe der Vorspannkraft $P_V$ den Punkt $V$ ein und schieben nun beide Kennlinien zusammen, bis die Punkte $V$ zusammenfallen (Bild c).

Tritt jetzt eine Betriebskraft (Druckkraft im Rohr) $P = p_a \cdot \pi \cdot D_i^2/4$ hinzu, so werden (Bild d) die Schrauben noch mehr belastet (bis $P_{\mathrm{max}}$) und die Flansche entlastet (bis $P_F$). Das Kräftegleichgewicht ist jetzt gegeben durch $P_{\mathrm{max}} = P + P_F$. Bei Fortfall der

---

[1] So erreichen auch Leichtmetallschrauben die $\sigma_A$-Werte von gewöhnlichen Stahlschrauben [10/18], [10/19].

[2] Eine sinnfällige Vorstellung der eintretenden Verformungen erhält man, wenn man sich die Verbindungsteile (Schrauben und Flansche) aus *Gummi* denkt.

Betriebskraft $P$ ergibt sich wieder der erste Zustand mit $P_V$ als gemeinsamer Belastungskraft für Schrauben und Flansche.

*Das Verspannungsbild zeigt uns:* Bei Änderung der Betriebskraft von Null bis $P$ (schraffiert in Bild d) ändert sich die Schraubenkraft nur um $P_{\mathrm{Diff}} = P_{\mathrm{max}} - P_V$, *wenn die Verbindung mit $P_V$ vorgespannt ist.* Fehlt dagegen die Vorspannkraft (Bild 10/18a), so wird $P_{\mathrm{Diff}}$ erheblich größer, nämlich gleich $P$. Ferner zeigt Bild 10/18b gegenüber

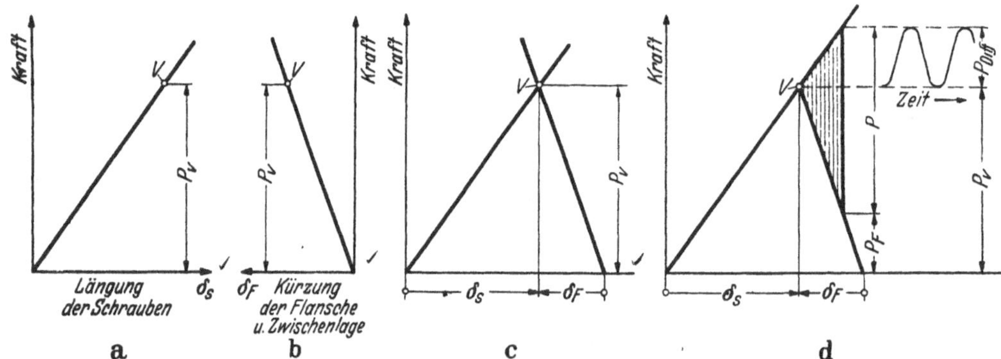


Bild 10/17. Entstehung des Verspannungsbildes für die Flanschverbindung Bild 10/1 a.

a Kraft-Dehnungs-Kennlinie der Schrauben, b Kraft-Dehnungs-Kennlinie der Flansche und Zwischenlage, c Verspannungsbild der Flanschverbindung unter Vorspannkraft $P_v$, d Verspannungsbild der vorgespannten Flanschverbindung unter Betriebskraft $P$.

Bild 10/18c, daß bei kleinerem $\delta_s/\delta_F$, d. h. bei wenig elastischen (dicken) Schrauben, bzw. bei sehr elastischen Flanschen (oder Dichtungen) $P_{\mathrm{Diff}}$ größer ausfällt. Von der Kraftänderung $P_{\mathrm{Diff}}$ hängt aber die *Dauerbruchgefahr* der Schrauben ab. Eine ausreichende Vorspannung $P_V$ und ein großes $\delta_s/\delta_F$ ist daher ein guter Schutz gegen Dauerbruch.

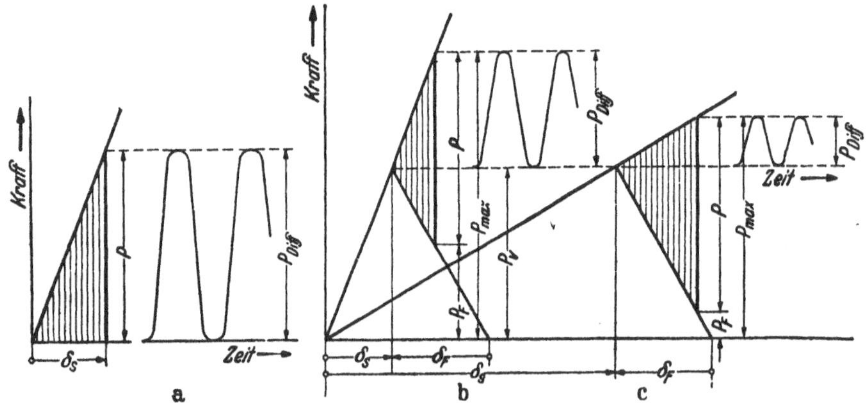


Bild 10/18. Verspannungsbilder bei gleicher von Null bis $P$ ansteigender Betriebskraft.
a ohne Vorspannung, b mit Vorspannung $P_v$, c mit Vorspannung und Dehnschrauben.

*Ermittlung der Spannungen:* Bei $z$ Schrauben ist die für *Gewaltbruch* maßgebende Gesamtspannung:

$$\sigma = \frac{P_{\mathrm{max}}}{z \cdot F_1} = \frac{P_V + P_{\mathrm{Diff}}}{z \cdot F_1} \leqq \sigma_{\mathrm{zul}} \quad (\mathrm{kg/mm^2}); \tag{12}$$

die für *Dauerbruch* maßgebende Ausschlagspannung·

$$\sigma_a = \frac{P_{\mathrm{Diff}}}{2 \cdot z \cdot F_1} \leqq \sigma_{a\,\mathrm{zul}} \quad (\mathrm{kg/mm^2}). \tag{13}$$

Wir können hiernach $\sigma$ und $\sigma_a$ berechnen, wenn $P_{\mathrm{Diff}}$ und $P_V$ bekannt sind. Aus der Ähnlichkeit der Dreiecke im Verspannungsbild (Bild 10/17d) folgt:

$$\frac{P_{\mathrm{Diff}}}{P} = \frac{\delta_F}{\delta_F + \delta_s} \quad \text{und somit} \quad \boxed{P_{\mathrm{Diff}} = P\,\frac{1}{1 + \delta_s/\delta_F}} \tag{14}$$

Gewöhnlich sind jedoch $\delta_s/\delta_F$ und $P_V$ nicht genau bekannt [1] und man bemißt dann die Schrauben nach der Betriebskraft $P$.

$$\boxed{P = \frac{p_{\ddot{u}} \cdot \pi \cdot D_i^2}{4 \cdot z} \leq \sigma_{\mathrm{zul}} \cdot F_1} \;(\mathrm{kg}), \tag{15}$$

wobei man $\sigma_{\mathrm{zul}} = \sigma_{1\,\mathrm{zul}}/q$ mit $q = P_{\max}/P$ nach Erfahrung ansetzt (s. Tafel 10/5).

**4) Stoßhaft längsbelastete Schrauben,** z. B. Pleuelschrauben. Die Stoßkraft $P_{\mathrm{Stoß}} = 2 \cdot$ Stoßarbeit/Dehnweg. Es kommt also darauf an, einerseits die Stoßarbeit klein zu halten (durch Vorspannung, geringes Lagerspiel und reichliche Lagerschmierung) und andererseits den Dehnweg der Schrauben groß zu machen. Er wird am größten, wenn die Zugspannung im ganzen Volumen der Schraube gleich groß ist. Nach diesem Gesichtspunkt ist die *„Dehnschraube"* (Bild 10/19) gestaltet, deren Schaft soviel ausgebohrt oder abgedreht ist [2], daß die Zugspannung dort bis zur Höhe der Kerbspannung im Gewinde ansteigt [3]. Ein weiteres Mittel ist die Verlängerung der Schraube mit Anordnung einer Verlängerungsbüchse unter der Mutter (Bild 10/1) [3].

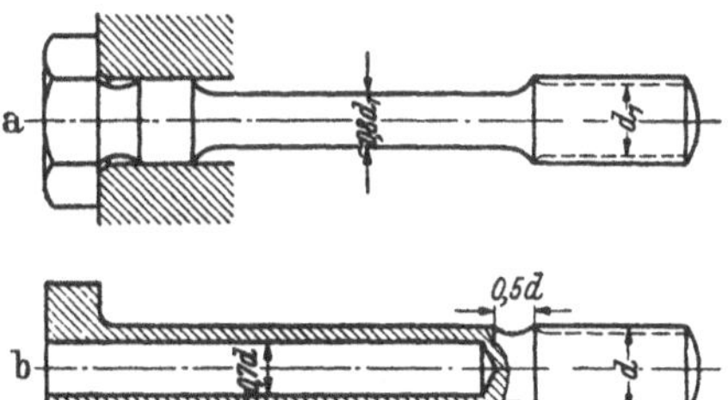

Bild 10/19. Dehnschrauben, a als „Taillen"schraube, b als hohlgebohrte Schraube.

Berechnung nach Gl. (12) und 13, sofern $P_{\mathrm{Stoß}}$, $P_V$ und $P_{\mathrm{Diff}}$ erfaßt werden können; andernfalls nach Gl. (6) mit Ansatz von $\sigma_{\mathrm{zul}} = \sigma_{1\,\mathrm{zul}}/q$ und $q = P_{\max}/P$ nach Erfahrung (s. Tafel 10/5).

**5) Querbelastete Schrauben,** Bild 10/20. Die Kraftübertragung kann verschieden erfolgen:

*Paßschrauben* (kein Spiel am Schaft; teuer) werden durch die Querkraft $Q$ auf Scherspannung $\tau$ im vollen Schaftquerschnitt $F = \pi\,d^2/4$ und auf Leibungsdruck $p_l$ beansprucht:

$$\boxed{\tau = \frac{Q}{F \cdot z} \leq \tau_{\mathrm{zul}}} \;(\mathrm{kg/mm^2}), \qquad (16) \qquad \boxed{p_l = \frac{Q}{d \cdot s \cdot z} \leq p_{l\,\mathrm{zul}}} \;(\mathrm{kg/mm^2}). \tag{17}$$

*Durchsteckschrauben* (mit Spiel am Schaft; billig!) übertragen die Querkraft $Q$ durch die Reibkraft $P \cdot \mu$, die durch die Längskraft $P$ der Schraube erzeugt wird. Mit $\mu \approx 0{,}1$ für Stahl auf Stahl ist

$$\boxed{\sigma = \frac{P}{F_1 \cdot z} = \frac{Q}{\mu \cdot F_1 \cdot z} \approx \frac{10\,Q}{F_1 \cdot z} \approx \sigma_{\mathrm{zul}}} \;(\mathrm{kg/mm^2}). \tag{18}$$

Noch besser wird die Querkraft $Q$ durch zusätzliche Paßstifte (s. S. 176), besonders bei Wechsellast, oder durch gehärtete „Scherbüchsen" (Bild 10/20) mit dem Querschnitt $F_b$

---

[1] Das Verhältnis $\delta_s/\delta_F$ schwankt je nach Ausführung (Federung der Schrauben, der Flansche und Zwischenlagen) etwa zwischen 1—16 und wird am besten durch Versuch ermittelt. Für den vereinfachten Fall, daß der *gezogene* Körper (Schraube) den konstanten wirksamen Querschnitt $F_s$, die wirksame Länge $l_s$ und den E-Modul $E_s$ besitzt, und ebenso der *gedrückte* Körper die entsprechenden konstanten Größen $F_F$, $l_F$, $E_F$ wird

$$\frac{\delta_s}{\delta_F} = \frac{F_F}{F_s} \cdot \frac{E_F}{E_s} \cdot \frac{l_s}{l_F}\,.$$

Bei *massiv* aufliegenden Flanschen (Gesamtdicke $2\,s$) kann man sich als „tragende" Druckkörper ersatzweise zylindrische Flanschausschnitte mit Außendurchmesser $D_a = D_m + s$, Innendurchmesser $D_i = $ Lochdurchmesser, Länge $l_F = 2\,s$ denken, wobei $D_m$ der Durchmesser des drückenden Schraubenkopfes (bzw. der Schraubenauflage) ist. Bei Schrauben mit *verschiedenen* Querschnitten $F_s'$, $F_s''$, ... auf den Längen $l_s'$ $l_s''$, ... ist ersatzweise $l_s/F_s = (l_s'/F_s' + l_s''/F_s'' + \ldots)$.

[2] Begrenzt durch Anzugsdrehmoment; daher Dehnschrauben aus hochfestem Werkstoff nehmen.

[3] Auch für Heißdampfflanschen günstig, um trotz Wärmedehnung die Vorspannung aufrecht zu erhalten.

übertragen, so daß die Durchsteckschrauben nur den Zusammenhalt sichern und sehr leicht sein können.

Für die Scherbüchse ist

$$\tau = \frac{Q}{F_b \cdot z} \leq \tau_{zul} \quad (kg/mm^2). \tag{19}$$

**6) Bewegungsschrauben,** z. B. für Schraubenwinden. Sie werden durch Längskraft $P$ und Drehmoment $M$ beansprucht. Man bestimmt zunächst überschlägig den erforderlichen Kernquerschnitt $F_1$ nach Gl. (6) und prüft gegebenenfalls die Knicksicher-

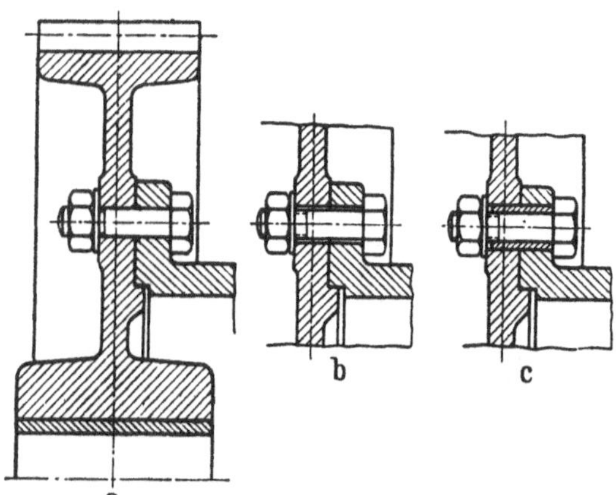

Bild 10/20. Querbelastete Schraubenverbindung, *a* mit Paßschraube. *b* mit Durchsteckschraube und Aufnahme der Querkraft durch Reibung, *c* mit Durchsteckschraube und Scherbüchse (Abmessungen s. S. 178).

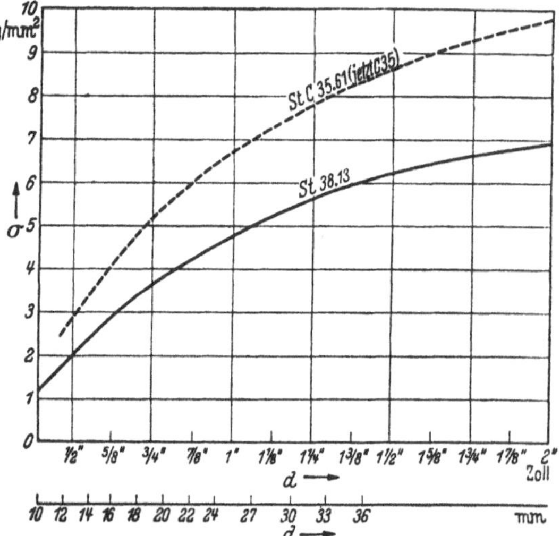


Bild 10/21. Zulässige Schraubenbeanspruchung σ für Gl. (15) nach den Rohr-Normen DIN 2507 (Juli 1927). Für Wasser mal 1, für Gas und Dämpfe bis 300° mal 0,8, bis 400° mal 0,64 nehmen! Entsprechende Tragkraft P s. Schraubentafel 10/13.

heit (s. S. 47) nach. Dann wählt man das Gewinde, rechnet $\tau$ und $\sigma_v$ nach Gl. (10) und (11) nach und bestimmt die Mutterhöhe $m$ nach Gl. (7) oder (8) aus der zulässigen Flächenpressung $p$. Außerdem kann das erforderliche Gesamtdrehmoment $M_g$ und der Wirkungsgrad $\eta$ nach Gl. (3) und (4) bestimmt werden.

*Ausführung:* Das Muttergewinde wird nach Bild 10/22a und b entweder unmittelbar in den Gehäusekörper geschnitten, oder die Mutter wird aus Rotguß oder Bronze hergestellt und in den Gehäusekörper eingesetzt.

**7) Berechnungsbeispiele** (Gl. und zulässige Werte s. Tafel 10/5).

**Beispiel 1.** *Spannschloß* nach Bild 10/16, unbelastet angezogen und dann schwellend belastet. $P = 6000$ kg, Schraube aus St 38.13, $\sigma_{zul} = 1,4 \cdot \sigma_A = 1,4 \cdot 7,5 = 10,5$ kg/mm², mit $\sigma_A = 7,5$ für Zugmutter nach Tafel 10/11.

*Berechnet* (Gl. (6)): $F_1 = P/\sigma_{zul} = 6000/10,5 = 570$ mm².

*Gewählt* nach Tafel 10/13: Schraube M 33 mit $F_1 = 636$ mm².

**Beispiel 2.** *Schrauben für Zylinderdeckel* nach Bild 10/2a, $D_i = 515$ mm, Teilkreisdurchmesser $D_s = 570$ mm, Dampfdruck $p_d = 15$ kg/cm².

*Berechnet:* Schraubenzahl $z \geq D_s \cdot \pi/e = 570\,\pi/120 = 14,9$.

*Gewählt:* $z = 16$.

Nach Gl. (15): $P = p_d \cdot \pi \cdot D_i^2/(4 \cdot z) = 1960$ kg $\leq \sigma_{zul} \cdot F_1$; $\sigma_{zul}$ nach Bild 10/21, mal 0,8 für Dampf, oder entsprechend nach Tafel 10/13 $P_{Tafel} = P/0,8 = 2450$ kg; hiernach gewählt M 27 aus C 35.

**Beispiel 3.** *Schraubenwinde* nach Bild 10/22b. Tragkraft 7000 kg, Schraube aus St 38.13, eingängig und selbsthemmend; Zugmutter aus Bronze, $p = 1,00$ kg/mm².

*Berechnet:* Nach Gl. (6) mit $\sigma_{zul} = 1 \cdot \sigma_A = 6$ kg/mm² wird $d_1 = 39$ mm.

*Gewählt:* Gewinde nach Tafel 10/4: Tr 52 × 8 mit $d_1 = 43{,}5$ mm, $d_2 = 48$ mm, $F_1 = 1488$ mm², $h/t_2 = 8/3{,}5$.

*Nachprüfung* von $\sigma_v$: $\sigma = P/F_1 = 4{,}7$ kg/mm², tg $\alpha = h/(\pi d_2) = 0{,}053$, mit $\alpha = 3°5'$, $\varrho = 6°$ (für $\mu = 0{,}1$) wird tg $(\alpha + \varrho) \approx 0{,}16$, $\tau = 2\,\sigma \cdot$ tg $(\alpha + \varrho)\, d_2/d_1 = 1{,}66$ kg/mm², $\sigma_v = \sqrt{\sigma^2 + (a \cdot \tau)^2} = 5{,}25$ kg/mm² mit $a = \sigma_{zul}/\tau_{zul} = 1/0{,}7$. Demgegenüber $\sigma_{v\,zul} = 1{,}33 \cdot \sigma_{zul} = 8$ kg/mm² (reicht!).

Mutterhöhe $m \geq d_1 \cdot \dfrac{1}{4} \cdot \dfrac{\sigma}{p} \cdot \dfrac{h}{t_2} \cdot \dfrac{d_1}{d_2} \geq 106$ mm.

Wirkungsgrad $\eta = 0{,}33$ nach Gl. (4).

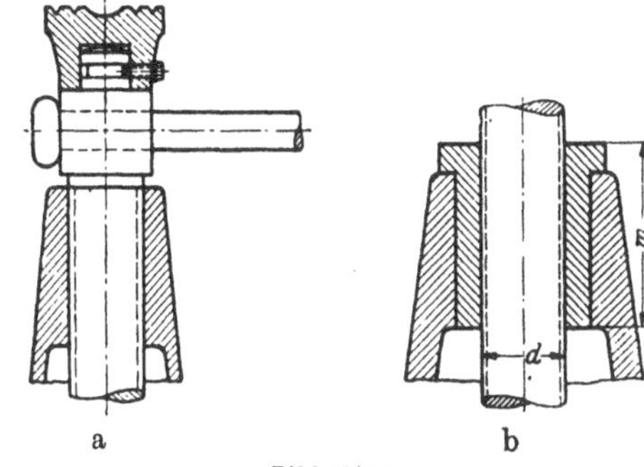

Bild 10/22.
Schraubenwinde (zum 3. Berechnungsbeispiel).

## 10.8. Erfahrungswerte und Schraubenmaße.

**Tafel 10/5.** *Bemessung der Schrauben.* ($\sigma_F$ und $\sigma_A$ nach Tafel 10/7 bis 10/12.) Bezeichnungen s. S. 160.

| | Berechnung nach Gl. | zulässige Werte |
|---|---|---|
| *Längsbelastet:* | | |
| Kranhaken, ohne Vorspannung | 6 | $\sigma = 0{,}6 \cdot \sigma_F$ (ruhend belastet); $= 1{,}4 \cdot \sigma_A$ (schwellend belastet) |
| Spannschloß, unter Last angezogen | 6 | $\sigma = 0{,}45 \cdot \sigma_F$ (ruhend) |
| Spannschloß, vorher angezogen und dann belastet | 6 | $\sigma = 0{,}6 \cdot \sigma_F$ (ruhend); $= 1{,}4 \cdot \sigma_A$ (schwellend), $\sigma_a = 0{,}7\,\sigma_A$ |
| Flanschschrauben, mit Vorspannung | 12, 15 | $\sigma_a = 0{,}7 \cdot \sigma_A$ und $\sigma = 0{,}7\,\sigma_F$ wenn $P_{\text{Diff}}$ und $P_V$ bekannt sonst |
| | 15 | $\sigma = 0{,}45 \cdot \sigma_F/q$; $q = 1{,}5$ bis $3{,}0$ |
| „ nach Rohrnormen | 15 | $\sigma$ nach Bild 10/21 oder $P$ nach Tafel 10/13, Schraubenabstand $e \leqq 120$ mm |
| Pleuelschraube, stoßbelastet | 12 | $\sigma_a = 0{,}7\,\sigma_A$ und $\sigma = 0{,}7\,\sigma_F$, wenn $P_{\text{Diff}}$ bekannt, sonst |
| | 6 | $\sigma = 0{,}5\,\sigma_A$ bis $1 \cdot \sigma_A$, je nach $P_{\max}/P$ |
| *Querbelastet:* | | |
| Paßschraube | 16 | $\tau = 0{,}42\,\sigma_F$ (ruhend); $= 0{,}3\,\sigma_F$ (schwellend); $= 0{,}16\,\sigma_F$ (wechselnd) |
| | 17 | $p_l = 2{,}2 \cdot \tau$ |
| Paßschraube, als Nietersatz | 16 | $\tau = 0{,}8\,\tau_{\text{Niet}}$ |
| Durchsteckschraube | 18 | $\sigma = 0{,}45\,\sigma_F$ (ruhend, schwellend, wechselnd belastet) |
| Durchsteckschraube, Scherbüchse | 19 | $\tau = 0{,}42\,\sigma_F$ (ruhend); $= 0{,}3\,\sigma_F$ (schwellend); $= 0{,}16\,\sigma_F$ (wechselnd) |
| *Bewegungsschraube* | | |
| (Kontrolle auf Knicksicherheit nach S. 47) | 6 | $\sigma = 0{,}45\,\sigma_F$ (ruhend); $= 1 \cdot \sigma_A$ (schwellend) |
| $\tau$ nach | 10 | |
| $\sigma_v$ nach | 11 | $\sigma_v = 0{,}6\,\sigma_F$ (ruhend); $= 1{,}4\,\sigma_A$ (schwellend) |
| $m$ nach | 8 | $p = 0{,}2$ bis $0{,}7$ kg/mm² für GG-Mutter $= 0{,}5$ bis $1{,}5$ kg/mm² für Bz-Mutter |
| $\eta$ nach | 4 | |
| $M_g$ nach | 3 | |

**Tafel 10/6.** *Mutterhöhe m für Befestigungsgewinde.*

| | $m$ |
|---|---|
| Schraube und Mutter aus etwa gleichem Werkstoff . . . . . . . | $0{,}8\,d$ |
| St-Schraube und GG-Mutter, z. B. Stiftschraube in GG . . . . | $1{,}3\,d$ |
| Rohr und Mutter aus gleichem Werkstoff (Wanddicke $s$) . . . | $3\,s$ |
| Welle und Mutter aus gleichem Werkstoff . . . . . . . . . . . | $P/(d \cdot \sigma_{zul})$ |
| Schraube aus Werkstoff 1, Mutter aus Werkstoff 2 . . . . . . . | $0{,}8\,d \cdot \sigma_{F_1}/\sigma_{F_2}$ |

**Tafel 10/7 bis 10/13** s. S. 174

**Tafel 10/13.** *Schraubenmaße*                                             *Metrische*

| | | | M 2 | M 4 | M 6 | M 8 | M 10 | M 12 | M 14 | M 16 |
|---|---|---|---|---|---|---|---|---|---|---|
| Nenndurchmesser | $d$ | | M 2 | M 4 | M 6 | M 8 | M 10 | M 12 | M 14 | M 16 |
| Steigung | $h$ | mm | 0,4 | 0,7 | 1 | 1,25 | 1,5 | 1,75 | 2 | 2 |
| Kerndurchmesser | $d_1$ | mm | 1,48 | 3,09 | 4,70 | 6,38 | 8,05 | 9,73 | 11,40 | 13,40 |
| Kernquerschnitt | $F_1$ | mm² | 1,7 | 7,5 | 17,3 | 31,9 | 50,9 | 74,3 | 102 | 141 |
| **Sechskant-Schraube** — Kopfhöhe | $k$ | mm | 1,4 | 2,8 | 4,5 | 5,5 | 7 | 8 | 9 | 10,5 |
| Eckmaß | $e \approx$ | mm | 4,6 | 8,1 | 11,5 | 16,2 | 19,6 | 21,9 | 25,4 | 27,7 |
| Schlüsselweite | $s$ | mm | 4,0 | 7 | 10 | 14 | 17 | 19 | 22 | 24 |
| Gewindelänge | $b$ | mm | 6 | 10 | 15 | 18 | 20 | 22 | 25 | 28 |
| Mutterhöhe | $m$ | mm | 1,6 | 3,2 | 5 | 6,5 | 8 | 9,5 | 11 | 13 |
| Kronenmutterhöhe | $m'$ | mm | | 5 | 7,5 | 9,5 | 11 | 14 | 16 | 19 |
| Splintdurchmesser | $d_s$ | mm | | 1 | 1,5 | 2 | 2 | 3 | 3 | 4 |
| **Zylind.-Schr.** — Kopfhöhe | $k$ | mm | 1,5 | 2,8 | 4 | 5 | 6 | 7 | 8 | 9 |
| Kopfdurchmesser | $D$ | mm | 4 | 7 | 10 | 13 | 16 | 18 | 22 | 24 |
| Gewindelänge | $b$ | mm | 6 | 12 | 18 | 20 | 22 | 22 | 25 | 28 |
| **Innensechskant-Schr.** — Kopfhöhe | $k$ | mm | | 4 | 6 | 8 | 10 | 12 | | 16 |
| Kopfdurchmesser | $D$ | mm | | 7 | 10 | 13 | 16 | 18 | | 24 |
| Gewindelänge | $b$ | mm | | 13 | 18 | 22 | 25 | 32 | | 38 |
| **Senk-Schr.** — Kopfhöhe | $k$ | mm | 1,2 | 2,3 | 3,3 | 4,4 | 5,5 | 6,5 | 7 | 7,5 |
| Kopfdurchmesser | $D$ | mm | 4 | 8 | 12 | 16 | 20 | 24 | 27 | 30 |
| Gewindelänge | $b$ | mm | 7 | 13 | 18 | 22 | 25 | 32 | 32 | 38 |
| Rand-Abstand | $g$ | mm | | 6 | 8 | 10 | 13 | 16 | 18 | 20 |
| Schraubenlochdurchmesser, gebohrt | $a$ | mm | 2,4 | 4,8 | 7 | 9,5 | 11,5 | 14 | 16 | 18 |
| Schraubenlochdurchmesser, gegossen | $a$ | mm | | | | 10,5 | 13 | 15 | 18 | 20 |
| U-Scheibendurchmesser | $D$ | mm | 5,5 | 9 | 12 | 17 | 21 | 24 | 28 | 30 |
| U-Scheibendicke | $S$ | mm | 0,5 | 0,8 | 1,5 | 2 | 2,5 | 3 | 3 | 3 |
| Schraubenkraft $P^1$ Werkstoff St 38.13 | | kg | | | | | 53 | 126 | 238 | 405 |
| Schraubenkraft $P^1$ Werkstoff C 35 | | kg | | | | | 75 | 180 | 337 | 582 |

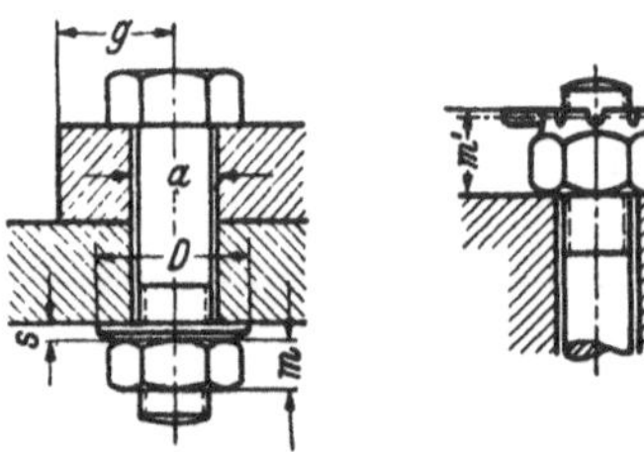

*Abstufungen der Schraubenlängen*: $l$ in mm
Bis M 6: 10, 11, 12, 13, 14, 16, 18, 20, 22,
   darüber Sprung je 5 mm bis $l = 150$,
über M 6: 15, 20, 22, 25, 28, 30 darüber
*Einschraublängen*: für Stahl $b_1 \approx 1 \cdot d$; für
   $b_1 \approx 2\,d$ bis $2,5\,d$.

---

[1] Nach Rohrnormen DIN 2507 entsprechend $\sigma_{zul}$ nach Bild 10/21, geltend bei Wasserdruck; bei

| *Schrauben* | | | | | | | | nach DIN | *Zoll-Schrauben* | | | | | | | | | nach DIN |
|---|---|---|---|---|---|---|---|---|---|---|---|---|---|---|---|---|---|---|
| M 18 | M 20 | M 22 | M 24 | M 27 | M 30 | M 33 | M 36 | | ½″ | ⅝″ | ¾″ | ⅞″ | 1″ | 1¼″ | 1½″ | 1¾″ | 2″ | |
| 2,5 | 2,5 | 2,5 | 3 | 3 | 3,5 | 3,5 | 4 | 13 (2.49x) | 2,12 | 2,31 | 2,54 | 2,80 | 3,17 | 3,63 | 4,23 | 5,08 | 5,64 | 11 (6.23x) |
| 14,75 | 16,75 | 18,75 | 20,10 | 23,10 | 25,45 | 28,45 | 30,80 | | 10,0 | 12,9 | 15,8 | 18,6 | 21,3 | 27,1 | 32,7 | 37,9 | 43,6 | |
| 171 | 220 | 276 | 317 | 419 | 509 | 636 | 745 | | 78 | 131 | 196 | 272 | 358 | 577 | 839 | 1131 | 1491 | |
| 12 | 13 | 14 | 15 | 17 | 19 | 21 | 23 | 931 (12.52) | 9 | 11 | 13 | 16 | 18 | 22 | 27 | 32 | 36 | 931 (4.42) |
| 31,2 | 34,6 | 36,9 | 41,6 | 47,3 | 53,1 | 57,7 | 63,5 | | 25,4 | 31,2 | 36,9 | 41,6 | 47,3 | 57,7 | 69,3 | 80,8 | 92,4 | |
| 27 | 30 | 32 | 36 | 41 | 46 | 50 | 55 | 475 (1.43) | 22 | 27 | 32 | 36 | 41 | 50 | 60 | 70 | 80 | 475 (1.43) |
| 30 | 32 | 35 | 38 | 40 | 45 | 50 | 55 | 931 (12.52) | 25 | 30 | 35 | 38 | 42 | 50 | 62 | 70 | 75 | 931 (4.42) |
| 15 | 16 | 17 | 18 | 20 | 22 | 25 | 28 | 934 (4.42) | 11 | 13 | 16 | 18 | 20 | 25 | 30 | 35 | 40 | 934 (4.42) |
| 21 | 22 | 25 | 26 | 28 | 31 | 34 | 37 | 935 (4.42) | 16 | 19 | 22 | 26 | 28 | 34 | 42 | 47 | 52 | 935 (4.42) |
| 4 | 4 | 5 | 5 | 5 | 6 | 6 | 6 | 94 (8.39) | 3 | 4 | 4 | 5 | 5 | 6 | 8 | 8 | 8 | 94 (8.39) |
| 10 | 11 | 12 | 13 | 15 | 16 | 18 | 20 | 84 (12.52) | 8 | 9 | 11 | 12 | 14 | 17 | 21 | | | 64 (1.26x) |
| 27 | 30 | 33 | 36 | 39 | 45 | 48 | 52 | | 19 | 24 | 30 | 33 | 38 | 45 | 56 | | | |
| 30 | 32 | 35 | 38 | 40 | 45 | 50 | 55 | | 30 | 30 | 42 | 48 | 55 | 68 | 80 | | | |
| | 20 | | 24 | | 30 | | 36 | 912 (4.46) | 12,5 | 16 | 19 | 22 | 25 | | | | | |
| | 30 | | 36 | | 45 | | 54 | | 19 | 24 | 30 | 33 | 38 | | | | | |
| | 45 | | 55 | | 65 | | 75 | | 30 | 36 | 42 | 48 | 55 | | | | | |
| 8 | 8,5 | 13,1 | 14 | 16,6 | 16,6 | 18,3 | 20 | 87 (10.42) | 6,8 | 8 | 9,5 | 13 | 15,5 | | | | | 68 (1.26x) |
| 33 | 36 | 36 | 39 | 45 | 48 | 53 | 58 | | 24 | 30 | 36 | 36 | 42 | | | | | |
| 45 | 45 | 50 | 50 | 55 | 60 | 65 | 75 | | 30 | 36 | 42 | 48 | 55 | | | | | |
| 23 | 23 | 25 | 26 | 29 | 32 | 35 | 38 | | | | | | | | | | | |
| 20 | 23 | 25 | 27 | 30 | 33 | 36 | 39 | 69 (5.43) | 15 | 18 | 22 | 25 | 28 | 35 | 42 | 48 | 55 | 69 (5.43) |
| 22 | 25 | 27 | 30 | 33 | 36 | 40 | 42 | | 16 | 20 | 24 | 27 | 31 | 38 | 45 | 52 | 60 | |
| 34 | 36 | 40 | 44 | 50 | 56 | 60 | 68 | 125 (5.43) | 24 | 30 | 36 | 40 | 50 | 60 | 72 | 85 | 98 | 125 (5.43) |
| 4 | 4 | 4 | 4 | 5 | 5 | 5 | 6 | | 3 | 3 | 4 | 4 | 5 | 5 | 6 | 7 | 8 | |
| 564 | 817 | 1163 | 1408 | 2400 | 2710 | 3580 | 4440 | | 156 | 394 | 733 | 1165 | 1725 | 3269 | 5225 | 7491 | 10362 | |
| 796 | 1172 | 1606 | 1992 | 2860 | 3720 | 4980 | 6150 | | 219 | 551 | 1026 | 1632 | 2415 | 4577 | 7316 | 10488 | 14507 | |

(Durchschnittswerte)
24, 26, 28, 30, 35, 40, 45, 50

Sprung je 10 mm.
GG $b_1 \approx 1,3\,d$; für Weichmetall

*Anfräsung für Auflage* $\approx$ U-Scheibendurchmesser $D$.
*Schrauben-Qualität:* Normal 4 D mit $\sigma_F > 19\,\mathrm{kg/mm^2}$ (etwa St 38); darüber 5 D mit $\sigma_F > 28\,\mathrm{kg/mm^2}$ (etwa St 50); für Leichtbau 8 G mit $\sigma_F > 64\,\mathrm{kg/mm^2}$; für Sonderfälle und Inbus-Schrauben 10 K mit $\sigma_F > 90\,\mathrm{kg/mm^2}$.

Gas und Dampfdruck bis 300° C mit 0,8 malnehmen, bis 400° C mit 0,64.

**Tafel 10/7.** *Mindest-Festigkeitswerte (kg/mm²) einiger Schraubenwerkstoffe für 60 mm ⌀* (für kleinere Durchm. sind höhere $\sigma_F$-Werte erreichbar; für Durchm. über 25 mm ist legierter Stahl günstiger, da Vergütung gleichmäßiger).

| Werkstoff | St 38.13 | C 35 | C 45 | 25 CrMo 4 | 42 CrMo 4 | 50 CrMo 4 | 42 CrV 6 |
|---|---|---|---|---|---|---|---|
| $\sigma_B$ . . . | 38···45 | 55···65 | 60···72 | 70···85 | 90···105 | 100···120 | 90···105 |
| $\sigma_F$ . . . | 21 | 33 | 36 | 45 | 70 | 80 | 70 |
| $\delta_5$(%) . . | 25 | 20 | 18 | 15 | 12 | 11 | 12 |

**Tafel 10/8.** *Mindestfließgrenze $\sigma_F$ (kg/mm²) der Schraubenwerkstoffe bei verschiedener Bruchfestigkeit $\sigma_B$ (kg/mm²)- und Temperatur $\vartheta$ nach Kesselvorschrift* [10/23].

| Stahl mit $\sigma_B =$ | bis 40 | 40···45 | 45···50 | 50···55 | 55··60 | 60···70 | 70···85 |
|---|---|---|---|---|---|---|---|
| $\sigma_F$ ($\vartheta$ bis 200° C) . . . . . | 22 | 23 | 26 | 28 | 31 | 34 | 40 |
| $\sigma_{FW}$ ($\vartheta$ über 200°) . . . . . | $= \sigma_F \left[ 1 - (\vartheta - 200)/500 \right]$ | | | | | | |

**Tafel 10/9.** *Bezeichnung und Mindestfestigkeitswerte (kg/mm²) fertiger Schrauben nach DIN 267* (Jan. 1943). Die Bezeichnung (z. B. „10 K") ist bei Markenschrauben auf dem Schraubenkopf erhaben angebracht; die Zahl weist auf die Bruchfestigkeit hin, der Buchstabe auf die Bruchdehnung.

| Bezeichnung | 4 A | 4 D | 4 P | 4 S | 5 D | 5 R | 5 S | 6 E | 6 S | 8 G | 10 K | 12 K |
|---|---|---|---|---|---|---|---|---|---|---|---|---|
| $\sigma_B$ . . . . . . . . | 34 | 37 | 37 | 37 | 50 | 50 | 50 | 60 | 60 | 80 | 100 | 120 |
| $\sigma_F$ . . . . . . . . | 20 | 21 | 21 | 32 | 28 | 45 | 40 | 36 | 48 | 64 | 90 | 108 |
| $\delta_5$(%) . . . . . . | 30 | 25 | — | 14 | 22 | 14 | 10 | 18 | 8 | 12 | 8 | 8 |

**Tafel 10/10.** *Festigkeitswerte (kg/mm²) verschieden hergestellter Schrauben* [10/12].

| Werkstoff | St 38.13 | | C 35 | |
|---|---|---|---|---|
| | $\sigma_B$ | $\sigma_F$ | $\sigma_B$ | $\sigma_F$ |
| Glatter Stab (zum Vergleich) . . . . . . . | 43 | 29 | 51 | — |
| Gewinde geschnitten . . . . . . . . . . . . | 45,4 | 30,4 | 59,2 | — |
| Gewinde gewalzt . . . . . . . . . . . . . | 59,7 | 44,5 | 83,2 | — |
| Gewinde geschnitten und nachgewalzt . . . . | 57,5 | 48 | — | — |

**Tafel 10/11.** *Ausschlagfestigkeit $\sigma_A$ (kg/mm²) der Schraube unter Zugspannung[1] bei verschiedener Paarung* [10/12], [10/20].

| Schraube aus | St 38.13 | | | Cr—Mo-St 100 | Nitriert |
|---|---|---|---|---|---|
| Mutter . . . . . . . | St-Mutter | GG-Mutter | St-Zugmutter | St-Zugmutter | St-Mutter |
| Gewinde . . . . . | normal | normal | normal | ausgerundet | normal |
| $\sigma_m \pm \sigma_A$ . . . . . | 15 ± 4,5 | 15 ± 6 | 15 ± 7,5 | 20 ± 9 | 25 ± 20 |

[1] Unter Druckspannung (z. B. bei Schraubenwinden) liegt $\sigma_A$ erheblich höher.

**Tafel 10/12.** *Ausschlagfestigkeit $\sigma_A$ (kg/mm²) bei verschiedenem Schraubendurchmesser für St-Schraube mit $\sigma_B = 80 \ldots 90$ kg/mm² und St-Mutter* [10/12], [10/18].

| Schraube | M 10 | M 14 | M 18 | M 22 | M 26 |
|---|---|---|---|---|---|
| $\sigma_A$ . . . . . | 7 | 5,8 | 4,9 | 4,2 | 3,8 |

## 10.9. Normen. (Nr.-DIN-Blatt-Nr.)

| | |
|---|---|
| **Allgemeines** | Gewinde: DIN Buch 2, Berlin 1926<br>Schrauben: DIN Buch 3, Berlin 1927<br>Schrauben-Muttern und Zubehör: DIN Taschenbuch 10, Berlin 1948<br>Schrauben, Muttern; techn. Lieferbedingungen: 267<br>Schrauben, Muttern; Benennungen: 918<br>Sinnbilder für Schrauben: 27<br>Sinnbilder für Schrauben bei Stahlkonstruktionen: 407<br>Blechdurchzüge mit Gewinde: 7952 |
| **Gewinde** | Allg. über Gewinde (Bezeichnung, Toleranzen): 30, 202, 2244, 769<br>Gewindelehren: 2285, 2290···2298<br>Metrisches Gewinde: 13, 14, 244···247, 516···521, Kr 151<br>Whitworth-Gewinde: 11, 239, 240, 368<br>Whitworth-Rohrgewinde: 2999, 259, 260<br>Trapez-Gewinde: 103, 378, 379<br>Sägen-Gewinde: 513, 514, 515<br>Rundgewinde: 405, 70156<br>Holzschrauben-Gewinde: 95 |
| **Zusatzmaße** | Schlüsselweiten: 475, Kr 506<br>Schraubenenden: 78<br>Gewinde-Auslauf: 76<br>Durchgangslöcher für Schrauben: 69 |
| **Rohe Schrauben** | Rohe Sechskantschrauben: 558, 601<br>Rohe Flachrundschrauben: 603<br>Rohe Halbrundschrauben: 607<br>Rohe Senkschrauben: 604, 605, 608, 792<br>Rohe Kegelsenkschrauben: 606 |
| **Blanke Schrauben** | Halbblanke Sechskantschrauben: 600<br>Blanke Vierkantschrauben: 478···480<br>Blanke Sechskantschrauben: 532, 560, 561, 563, 564, 931···933, 960, 609 und 610<br>Blanke Innensechskantschrauben: 912<br>Blanke Schlitzschrauben: 63, 64, 67, 68, 84···88, 91, 404, 920···927<br>Rändelschrauben: 464, 465, 653, 82<br>Blanke Stiftschrauben: 833···836, 938···940, 942···945, 948 |
| **Flansch** | Berechnung der Flanschschrauben: 2507<br>Hochwertige Bolzenschrauben: 2509, 2510<br>Lochmaße für Flansche: 2511, 2508 |
| **Sonstige** | Gewindestifte: 416, 417, 426, 427, 438, 550···553, 913···915<br>Augenschrauben: 444<br>Flügelschrauben: 314, 316<br>Ringschrauben: 580, 581, 70612<br>Verschlußschrauben: 906···910<br>Ankerschrauben: 186, 188, 261, 529, 797<br>Holzschrauben: 95···97, 571, 7514 und 7515<br>Gewindeschneidende Schrauben: 7513, 7971···7076<br>Anschweißenden: 525<br>Schlitzstopfen: Kr 1022<br>Spannschlösser: 1478···1480 |
| **Zubehör** | Scheiben: 125, 126, 433···436, 440, 470, 522, 1440 und 1441<br>Schrauben-Sicherungen: 93, 432, 462, 463, 127, 137, 522, 526, Kr 951, Kr 952 |
| **Muttern** | Rohe Muttern: 555, 533, 582, 798, 557, 534, 313, 315, 431<br>Halbblanke und preßblanke Muttern: 554, 562, 439<br>Blanke Muttern: 466, 467, 546···548, 917, 934···937, 1587, 1804, 1816, Kr 808, Kr 851, Kr 852, 7709. |

*Allgemein:*

## 10.10. Schrifttum zu 10.

[10/1] BETHGE, K.: Die Durchmesserauswahl der metrischen Feingewinde. Werkstatt u. Betrieb Bd. 82 (1949), S. 14.

[10/2] *DIN-Taschenbuch 10*, Schrauben, Muttern und Zubehör für metrisches Gewinde. 6. Aufl. 1948.

[10/3] BERNDT, G.: Die Gewinde usw. Berlin: Springer 1925 u. 1926. Masch.-Bau-Betrieb Bd. 10 (1931) S. 610 u. Z. VDI Bd. 78 (1934) S. 661.

[10/4] SCHAURTE, W. T.: Anforderungen an Schrauben- und Muttereisen. Werkstofftagung Berlin 1927, Verlag Stahleisen.

[10/5] SCHIMZ, K.: Die Bruchfestigkeit von Schrauben unter reiner Zugbeanspruchung. Masch.-Bau 11 (1932), S. 75 und Z. VDI (1940), S. 151.

[10/6] HERCIGONJA, J.: Höhe der Muttern bei Gewinden verschiedener Feinheit. Masch.-Bau 11 (1932), S. 139.

[10/7] BAUERMEISTER H. u. R. KERSTEN: Korrosionsversuche mit Schrauben in Leichtmetall-Bauteilen. Z. VDI Bd. 79 (1935) S. 753.

[10/8] MADUSCHKA, L.: Beanspruchung von Schraubenverbindungen usw. Forsch. Ing. Wes. 7 (1936), S. 300.

[10/9] VOLLBRECHT, H.: Das Festfressen von Schraubenverbindungen usw. Diss. Stuttgart 1935 und Z. VDI Bd. 80 (1936), S. 1558.

[10/10] STAUDINGER, H.: Das Verhalten von Schraubenverbindungen bei wiederholtem Anziehen und Lösen. Z. VDI Bd. 81 (1937), S. 607.

[10/11] LIPPERT, E.: Gewinde in Leichtmetall. Dtsch. Kraftfahrtforsch. H. 28. Berlin 1939.

[10/12] WIEGAND, H. u. B. HAAS: Berechnung und Gestaltung von Schraubenverbindungen. Berlin: Springer 1940.

*Dauerfestigkeit von Schraubenverbindungen:*

[10/13] THUM A. u. W. STAEDEL: Über die Dauerhaltbarkeit von Schrauben usw. Masch.-Bau 1932, S. 231.
[10/14] WIEGAND, H.: Über die Dauerfestigkeit von Schraubenwerkstoffen und Schraubenverbindungen. Diss. Darmstadt 1933.
[10/15] THUM A. u. F. DEBUS: Vorspannung und Dauerhaltbarkeit von Schraubenverbindungen. Berlin: VDI-Verlag 1936.
[10/16] WÜRGES, M.: Die zweckmäßige Vorspannung in Schraubenverbindungen. Dr.-Diss. Darmstadt 1937.
[10/17] FÖPPL, O. und E. WEDEMEYER: Die Steigerung der Dauerhaltbarkeit von Schrauben durch Gewindedrücken usw. Mitt. Wöhler-Inst. Braunschweig Heft 33 (1938); Die Werkzeugmasch. 1938, S. 459.
[10/18] HAAS, B.: Einfluß der Mutterngröße auf die Festigkeit usw. Z. VDI Bd. 82 (1938), S. 1269.
[10/19] BOLLENRATH, F., H. CORNELIUS, u. W. SIEDENBURG: Festigkeitseigenschaften von Leichtmetallschrauben. Z. VDI Bd. 83 (1939), S. 1169.
[10/20] LEHR, E. in KLINGELNBERG: Techn. Hilfsbuch, S. 146. Berlin: Springer 1939.

*Berechnung von Flansch-Schrauben* (s. auch Rohrnormen DIN 2507)*:*

[10/21] DEUTSCHER DAMPFKESSELAUSSCHUSS, Richtlinien für Schrauben und Verschraubungen. Berlin 1934.
[10/22] VEREIN DER GROSSDAMPFKESSELBESITZER: Richtlinien für den Bau der Heißdampfrohrleitungen. Ausg. Jan 1936. Berlin: Julius Springer.
[10/23] Werkstoff- und Bauvorschriften für Landdampfkessel. Min.-Bl. R.-Wi-Minist., 39. Jahrg., Nr 24, v. 6. Nov. 1939, S. 497.
[10/24] BESTEHORN R.: Die zulässige Belastung von Schrauben. Die Technik Bd. 1 (1946) S. 183.

*Schraubensicherungen:*

[10/25] SCHOENEICH, H.: Schraubensicherungen. Berlin 1933.
[10/26] DITTRICH, W.: Stat. und dynamische Untersuchung von Schraubensicherungen. Diss. Dresden 1938.
[10/27] FÖPPL, O. u. W. WAGENBLAST: Rüttelprüfung von Schraubenverbindungen. Mitt. Wöhler-Inst. Braunschweig H. 27 (1936).

*Jüngstes Schrifttum:*

[10/28] ZUR NEDDEN: Kunstharz zum Sichern von Gewinden u. Abdichten von Fugen. Konstr. Bd. 1 (1949) S. 28.
[10/29] MUTH, O.: Der Kraftmeßschlüssel als modernes Werkzeug u. Kontrollgerät. Werkstatt u. Betrieb Bd. 82 (1949) S. 282.
[10/30] BOLLE RATH, F. u. H. CORNELIUS: Einfluß der Gewindeherstellung auf die Dauerhaltbarkeit von Schrauben. Werkzeug u. Betrieb Bd. 80 (1947) S. 217.
[10/31] LÄTZIG, W.: Kegelige Gewinde u. ihre Prüfung. Werkstatt u. Betr. Bd. 82 (1949) S. 386.

# 11. Bolzen- und Stiftverbindung.

Sie ist wohl die einfachste und älteste Form der Verbindung im Maschinenbau: Ein Querstift oder Bolzen (= dickerer Stift) wird in eine Bohrung gesteckt, die durch die zu verbindenden Teile geht. Einige Beispiele zeigt Tafel 11/3.

## 11.1. Verwendung.

Zur *Lagen*sicherung von zwei Teilen, z. B. von Ober- und Unterteil eines Getriebekastens durch 2 Paßstifte, die in möglichst großem Abstand voneinander angeordnet werden; zur *dreh*festen oder *schiebe*festen Anordnung von Naben und Stellringen auf Wellen, zur Festlegung von Stangen, Achsen usw. durch Querstifte oder Längsstifte; zur *gelenkigen* Verbindung oder Lagerung von Laschen, Stangen, Scheiben und Rollen, wobei der Bolzen durchweg in dem einen Teil Festsitz und im andern Gleitsitz erhält (Gelenkbolzen, Kolbenbolzen, Kreuzbolzen, Achsbolzen, Kupplungsbolzen); zur *Halterung* von Federn, Riegeln u. dgl. (Steckstifte); zur *Kraftbegrenzung* (Brechbolzen); zur *Sicherung* von Schrauben, Muttern und Bolzen (Steckstift, Querstift, Splint).

## 11.2. Ausführung.

Die Festigkeit der Bolzen, bzw. Stifte, soll höher als die der *Werkstücke* sein; üblich ist St 60.11. Hochbelastete Gelenkbolzen (z. B. Kolbenbolzen) werden gehärtet und geschliffen. Bei *Hohlbolzen* (Rohr) soll der Innendurchmesser $d_i \leq d/1{,}5$ sein, um ein

Ovaldrücken und Verklemmen zu vermeiden. Eine rüttelsichere Befestigung erreicht man bei Stiften durch Preßsitz und bei wichtigen Gelenkbolzen durch eine zusätzliche Seitensicherung, z. B. durch Endscheiben oder Sprengringe, durch Querstifte oder Madenschrauben, durch Paßschrauben mit Kopf und Mutter, durch Vernieten des Kopfes bei Gelenkketten.

Die verschiedenen *Bauformen* der Bolzen und Stifte (Kegel-, Zylinder-, Spann- und Kerbstifte) s. Bild 11/1 und 11/2 und ihre *Maße* s. Tafel 11/1 und 11/2.

Der *Kegelstift* (Kegel 1:50) wirkt zentrierend, erfordert aber ein Aufreiben des Loches (teuer!). Der Kegelstift mit Gewindezapfen (DIN 258) kann durch Aufziehen einer Mutter auch aus Sacklöchern entfernt werden.

Der *Zylinderstift* verlangt für den Festsitz (Querverspannung) die Einhaltung einer engen Lochtoleranz (teuer!).

Der geschlitzte *Spannstift* (Bild 11/1)[1] aus Federstahl ($\sigma_B \approx 140$ kg/mm²) kommt dank seiner Querfederung ohne enge Lochtoleranz aus. So darf z. B. der Lochdurchmesser

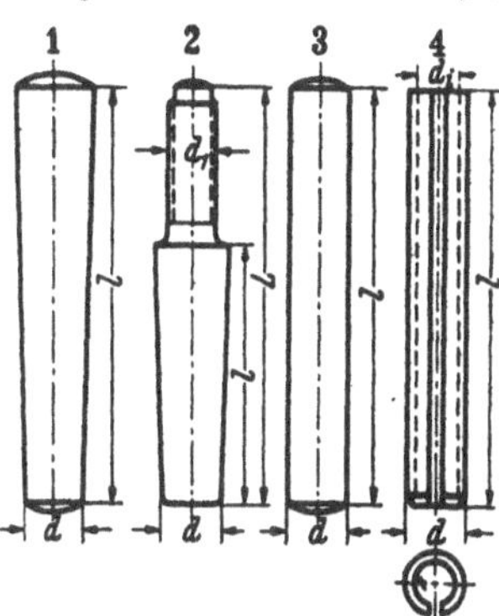

Bild 11/1. Kegelstift 1, Kegelstift mit Gewindezapfen 2, Zylinderstift 3 und Spannstift 4.

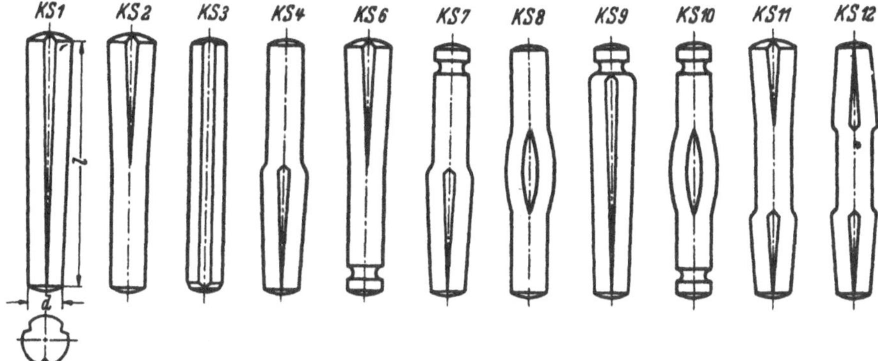

Bild 11/2. Kerbstifte (Verwendung siehe Text).

7,95 bis 8,3 mm bei 8 mm Nenndurchmesser betragen, ohne den Festsitz zu gefährden. Der Verlauf der Haltekräfte ist in Bild 11/3 und 11/4 dargestellt. Die Abmessungen der verschiedenen Spannstifte (Leicht- und Schwerspannstifte) zeigt Tafel 11/1.

Auch die Abscherkraft ist bei den verschiedenen Spannstiften recht erheblich. Sie

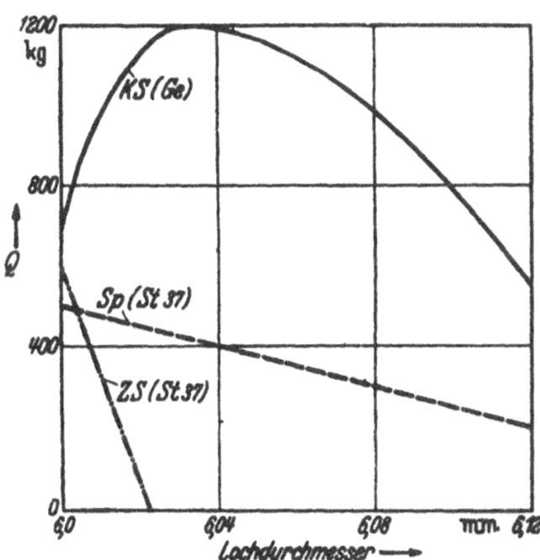

Bild 11/3. Einfluß des Lochdurchmessers auf die notwendige Druchdrückkraft Q verschiedener Stifte mit Nenndurchmesser 6 mm und 40 mm Lochlänge. ZS = Zylinderstift, Sp = Spannstift, KS = Kerbstift, in Klammern Werkstoff des Werkstückes.

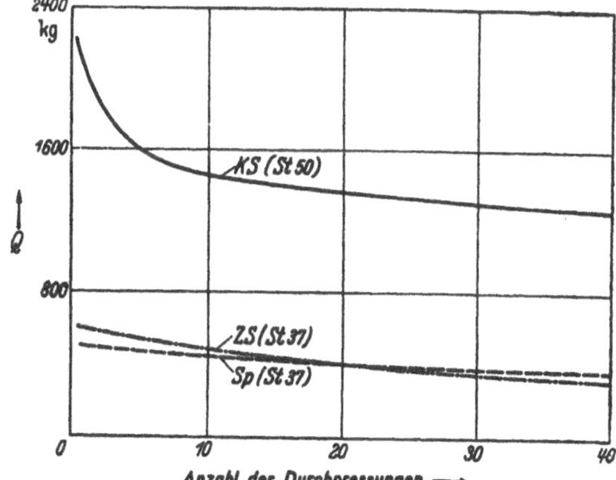

Bild 11/4. Einfluß der Anzahl der Durchpressungen auf die notwendige Durchdrückkraft Q verschiedener Stifte. Bezeichnungen s. Bild 11/3.

[1] Siehe Schriften der Fa. Hedtmann, Hagen-Kabel.

beträgt z. B. gegenüber dem üblichen Vollstift ($\sigma_B = 60$ kg/cm²) $= 100\%$, beim Leicht-spannstift $L$ etwa $62\%$, beim Schwerspannstift $S$ etwa $112\%$ und beim Verbundspannstift[1] etwa $155\%$. Die aufnehmbare *Stoßarbeit* beträgt ein Vielfaches der des Vollstiftes. Der hohle Spannstift ist auch als *Einsatzbüchse* in Gelenken (ein zweiter Spannstift als Bolzen) und als *Scherbüchse* bei Schraubenverbindungen verwendbar.

Beim *Kerbstift*[2] wird der Festsitz durch 3 Wulstkerben am Stift erreicht, die sich beim Einschlagen des Stiftes plastisch-elastisch verformen, so daß der Lochdurchmesser z. B. 8 bis 8,15 mm bei 8 mm Nenndurchmesser betragen darf. Den Verlauf der Haltekräfte zeigt Bild 11/3 und 11/4.

Von den verschiedenen Ausführungsformen (Bild 11/2) wird

KS 1 (DIN 1471) als Verbindungs- und Befestigungsstift verwendet,

KS 2 (DIN 1472) als Paßstift und Drehbolzen,

KS 3 (DIN 1473) als Verbindungs- und Befestigungsstift, ferner bei Wechselkräften und Randlöchern in Grauguß;

KS 4 (DIN 1474) als Anschlag- und Paßstift;

KS 6 und KS 7 zur Befestigung von Zugfedern und Ketten und als Paßstift;

KS 8 (DIN 1475) als Handknebel, Gelenkbolzen oder Scharnierstift;

KS 9 als Ziehkerbstift, der mittels Zange entfernt werden kann;

KS 10 zur beiderseitigen Befestigung von Zugfedern, oder als Achsbolzen für Rollen;

KS 11 und KS 12 als Achsbolzen für Rollen, Hebel usw.;

die *Kerbnägel* (Tafel 11/2) KN 4 (DIN 1476) und KN 5 (DIN 1477) zur Befestigung von Schildern, Blechen und Scharnieren auf Metall, und

KN 7 zur Lagerung von Drehriegeln, Vorreibern, Haken und Rollen.

*Bezeichnung der verschiedenen Stifte*, z. B. für 10 mm Nenndurchmesser und Länge $l = 60$ mm: Kegelstift $10 \times 60$ DIN 1; Kegelstift $10 \times 60$ DIN 258, Zylinderstift $10\,T \times 60$ DIN 7 (bei Treibsitz), bzw. $10\,SW \times 60$ DIN 7 (bei Schlichtgleitsitz), Spann-stift $S\ 10 \times 60$, Kerbstift $10 \times 60$ KS 3.

*DIN-Blätter:* 1 Kegelstifte, 7 Zylinderstifte, 257 Kegelstifte mit Gewindezapfen (Zollgewinde), 258 Kegelstifte mit Gewindezapfen (metrisches Gewinde,) 1471 Kegel-kerbstifte, 1472 Paßkerbstifte, 1473 Zylinderkerbstifte, 1474 Steckkerbstifte, 1475 Knebel-kerbstifte, 1476 Halbrundkerbnägel, 1477 Senkkerbnägel, 1481 Spannstifte, 94 Splinte,

---

[1] Besteht aus 2 ineinander geschobenen Schwerspannstiften.

[2] s. Schriften der Kerb-Konus-Ges. Dr. Carl Eibes u. Co., Schnaittenbach/Oberpfalz.

**Tafel 11/1.** *Maße der Stifte* nach

| Durchmesser $d$ | | 1 | 1,5 | 2 | 2,5 | 3 | 4 | 5 | 6 | 8 |
|---|---|---|---|---|---|---|---|---|---|---|
| Kegelstift DIN 1 . . . . | $l$ | 8···18 | 10···26 | 12···36 | 12···40 | 14···50 | 16···60 | 20···70 | 24···100 | 28···120 |
| Kegelstift mit Gewinde-zapfen nach DIN 258 (1.43 x) | $d_1$ | — | — | — | — | — | — | M 5 | M 6 | M 8 |
| | $l$ | — | — | — | — | — | — | 25 | 30 | 40 |
| | $L$ | — | — | — | — | — | — | 40···50 | 45···60 | .55···75 |
| Zylinderstift DIN 7 | $l$ | 4···12 | 4···16 | 6···20 | 6···24 | 8···32 | 10···40 | 12···50 | 14···60 | 16···80 |
| Spannstift DIN 1481 (6.46 x) | $d_1^1$ | 1,2 | 1,7 | 2,3 | 2,8 | 3,3 | 4,4 | 5,4 | 6,4 | 8,5 |
| | $d_2^1$ | 0,8 | 1,1 | 1,5 | 1,8 | 2,1 | 2,8 | 3,4 | 3,9 | 5,5 |
| | $l$ | 4···12 | 4···16 | 6···20 | 6···24 | 8···32 | 10···40 | 12···50 | 14···60 | 16···80 |
| Kerbstift KS 1 bis KS 7 und KS 9 | $l$ | 4···18 | 4···20 | 6···30 | 6···30 | 6···40 | 8···60 | 8···60 | 10···80 | 12···100 |
| Kerbstift KS 8, KS 10, KS 11, KS 12 | $l$ | — | 8···20 | 12···30 | 12···30 | 12···40 | 18···60 | 18···60 | 24···80 | 30···100 |

[1] Abmessungen vor dem Einbau; $d_1$ Außendurchmesser, $d_2$ Innendurchmesser.

1433 und 1435 Bolzen ohne Kopf, 1434 und 1436 Bolzen mit Kopf, 1438 Bolzen mit Gewindezapfen, 1439 Senkbolzen mit Nase, 1442 Schmierlöcher für Bolzen, 1440 Scheiben für Bolzen.

**Tafel 11/2.** *Kerbnägel.* Maße in mm.

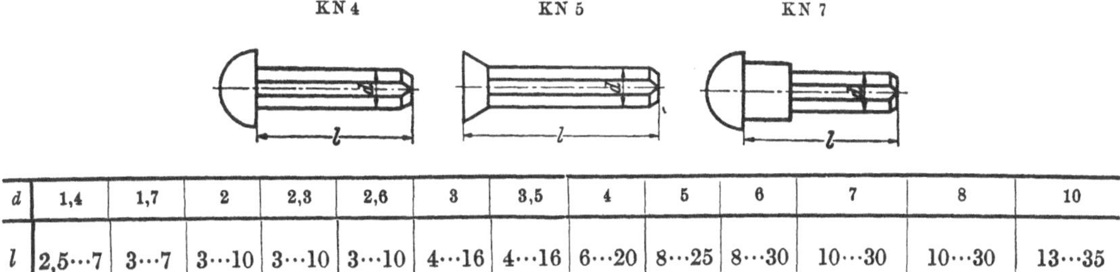


| $d$ | 1,4 | 1,7 | 2 | 2,3 | 2,6 | 3 | 3,5 | 4 | 5 | 6 | 7 | 8 | 10 |
|---|---|---|---|---|---|---|---|---|---|---|---|---|---|
| $l$ | 2,5···7 | 3···7 | 3···10 | 3···10 | 3···10 | 4···16 | 4···16 | 6···20 | 8···25 | 8···30 | 10···30 | 10···30 | 13···35 |

# 11.3. Beanspruchung und Bemessung.

*Bezeichnungen für die Berechnung.*

| | | |
|---|---|---|
| $b$ (cm) | Dicke | |
| $d$ (cm) | Nenndurchmesser von Bolzen bzw. Stift | |
| $d_i$ (cm) | Innendurchmesser von Hohlbolzen | |
| $D$ (cm) | Wellendurchmesser | |
| $D_N$ (cm) | Nabendurchmesser | |
| $h$ (cm) | Hebelarm | |
| $l$ (cm) | Länge | |
| $M_b$ (cmkg) | Biegemoment | |
| $M_t$ (cmkg) | Drehmoment | |
| $P$ (kg) | Betriebskraft | |
| $P_S$ (kg) | Sprengkraft | |
| $p$ (kg/cm²) | Flächenpressung | |
| $p_d$ (kg/cm²) | Flächenpressung aus Kraft $P$ | |
| $p_b$ (kg/cm²) | ,,     ,, $M_b$ | |
| $q$ (—) | Verhältniswert, $= d/D$ | |
| $s$ (cm) | Wandstärke | |
| $W_b$ (cm³) | Biege-Widerstandsmoment | |
| $W_t$ (cm³) | Dreh-Widerstandsmoment | |
| $\sigma_b$ (kg/cm²) | Biegespannung | |
| $\sigma_F$ (kg/cm²) | Fließgrenze | |
| $\tau$ (kg/cm²) | Scherspannung | |
| $\tau_t$ (kg/cm²) | Drehspannung | |

Tafel 11/3 zeigt für die häufigsten Verwendungsfälle die Anordnung, sowie die angenommene Verteilung der Flächenpressung und die hiernach aufgestellten Beziehungen für die Bemessung, wenn man nur Betriebskraft $P$ berücksichtigt. Die *zusätzliche* Beanspruchung durch Preßsitz im Loch ist nach Bild 11/3 für verschiedene Stiftarten verschieden groß und außerdem von der Passung (Übermaß), bzw. beim Kegelstift von der Einschlagkraft abhängig. Äußerstenfalls wird hierbei der Leibungsdruck

Bild 11/1 und 11/2 in mm.

| 10 | 13 | 16 | 20 | 25 | 30 | 35 | 40 | 45 | 50 |
|---|---|---|---|---|---|---|---|---|---|
| 32···140 | 36···165 | 40···200 | 50···230 | 55···260 | 60···260 | — | 70···260 | — | 80···260 |
| M 10 | M 12 | M 16 | M 16 | M 20 | M 24 | — | M 30 | | M 36 |
| 45 | 60 | 72 | 85 | 100 | 110 | — | 130 | | 150 |
| 65···100 | 85···140 | 100···160 | 120···190 | 140···250 | 160···280 | — | 190···320 | — | 220···360 |
| 20···100 | 28···140 | 32···180 | 40···200 | 50···200 | 60···200 | — | 80···200 | — | 100···200 |
| 10,5 | 13,5 | 16,5 | 20,5 | 25,5 | 30,5 | — | 40,5 | — | 50,5 |
| 6,5 | 8,5 | 10,5 | 12,5 | 15,5 | 18,5 | — | 24,5 | — | 30,5 |
| 20···100 | 28···140 | 32···180 | 40···200 | 50···200 | 60···200 | — | 80···200 | — | 100···200 |
| 14···160 | 20···160 | 26···200 | 30···200 | 30···200 | — | — | — | — | — |
| 36···160 | 45···160 | 45···200 | 45···200 | 45···200 | — | — | — | — | — |

die Fließgrenze *einmalig* überschreiten (Entlastung durch „Fließen"!). Hieraus ergibt sich eine zusätzliche Sprengkraft, die bei Bemessung der unter Sprengkraft stehenden Teile zu beachten ist. So ist bei Nr. 1 (Tafel 11/3) die Sprengkraft im Auge der Gabel $P_S \leq \sigma_F \cdot b \cdot d = \sigma (D_N - d) b$. Für $\sigma_{zul} \leq \sigma_F/1{,}5$ wird dann $D_N/d \geq 2{,}5$ (für St- und GS-Naben) und für $\sigma_{zul} \leq \sigma_F/2{,}5$ wird $D_N/d = 3{,}5$ (für GG-Naben).

*Erläuterungen und Berechnungsbeispiele zu Tafel 11/3* (Bezeichnungen und Dimensionen s. oben).

*Zu Nr. 1, Querbolzen in Zugstange:* Für die Berechnung wurde der Bolzen frei aufliegend und die Belastung (Flächenpressung $p$), sinngemäß wie beim Gleitlager, gleichmäßig verteilt angenommen. In Wirklichkeit tritt eine erhöhte Flächenpressung an den Austrittsstellen des Bolzens wegen der elastischen Verformung des Bolzens auf.

*Berechnungsbeispiel:* Gegeben: Bolzen aus St 60.11, $d = 2$ cm: Stange und Gabel aus St 37, $b = 1{,}2$ cm: $l = 3{,}2$ cm, $D_N = 2{,}5 \cdot d = 5$ cm; Zugkraft $P = 650$ kg, wechselnd.

Berechnet nach Tafel 11/3: Für Bolzen $\sigma_b = \dfrac{M_b}{W_b} = \dfrac{P(l + 2b) \cdot 32}{8 \cdot \pi \cdot d^3} = 579$ kg/cm²; Stange $p = 102$ kg/cm²; Gabel $p = 136$ kg/cm² (Werte nach Tafel 11/4 zulässig!).

**Tafel 11/3.** *Bemessungen der Stiftverbindungen.* Bezeichnungen u. Dimensionen s. ob.; zulässige Werte s. Tafel 11/4.

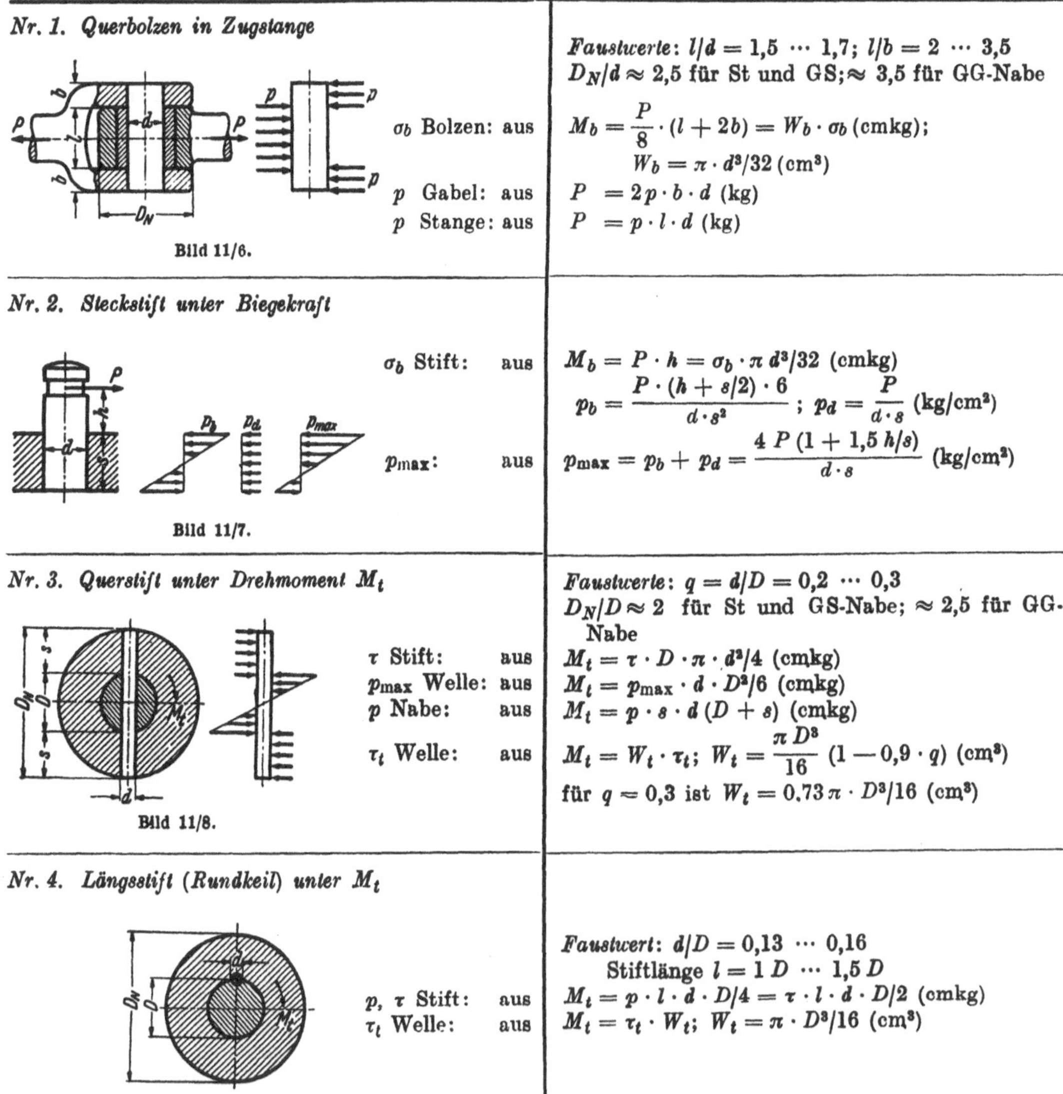

**Nr. 1. *Querbolzen in Zugstange***



Bild 11/6.

$\sigma_b$ Bolzen: aus

$p$ Gabel: aus

$p$ Stange: aus

*Faustwerte:* $l/d = 1{,}5 \cdots 1{,}7$; $l/b = 2 \cdots 3{,}5$
$D_N/d \approx 2{,}5$ für St und GS; $\approx 3{,}5$ für GG-Nabe

$M_b = \dfrac{P}{8} \cdot (l + 2b) = W_b \cdot \sigma_b$ (cmkg);

$\qquad W_b = \pi \cdot d^3/32$ (cm³)

$P = 2 p \cdot b \cdot d$ (kg)

$P = p \cdot l \cdot d$ (kg)

---

**Nr. 2. *Steckstift unter Biegekraft***



Bild 11/7.

$\sigma_b$ Stift:   aus

$p_{max}$:   aus

$M_b = P \cdot h = \sigma_b \cdot \pi d^3/32$ (cmkg)

$p_b = \dfrac{P \cdot (h + s/2) \cdot 6}{d \cdot s^2}$; $\quad p_d = \dfrac{P}{d \cdot s}$ (kg/cm²)

$p_{max} = p_b + p_d = \dfrac{4 P (1 + 1{,}5 \, h/s)}{d \cdot s}$ (kg/cm²)

---

**Nr. 3. *Querstift unter Drehmoment $M_t$***



Bild 11/8.

$\tau$ Stift:   aus
$p_{max}$ Welle: aus
$p$ Nabe:   aus

$\tau_t$ Welle:   aus

*Faustwerte:* $q = d/D = 0{,}2 \cdots 0{,}3$
$D_N/D \approx 2$ für St und GS-Nabe; $\approx 2{,}5$ für GG-Nabe
$M_t = \tau \cdot D \cdot \pi \cdot d^2/4$ (cmkg)
$M_t = p_{max} \cdot d \cdot D^2/6$ (cmkg)
$M_t = p \cdot s \cdot d (D + s)$ (cmkg)

$M_t = W_t \cdot \tau_t$; $\quad W_t = \dfrac{\pi D^3}{16} (1 - 0{,}9 \cdot q)$ (cm³)

für $q = 0{,}3$ ist $W_t = 0{,}73 \pi \cdot D^3/16$ (cm³)

---

**Nr. 4. *Längsstift (Rundkeil) unter $M_t$***



Bild 11/9.

$p, \tau$ Stift:   aus
$\tau_t$ Welle:   aus

*Faustwert:* $d/D = 0{,}13 \cdots 0{,}16$
     Stiftlänge $l = 1 D \cdots 1{,}5 D$
$M_t = p \cdot l \cdot d \cdot D/4 = \tau \cdot l \cdot d \cdot D/2$ (cmkg)
$M_t = \tau_t \cdot W_t$; $\quad W_t = \pi \cdot D^3/16$ (cm³)

*Zu Nr. 2, Steckstift unter Biegekraft:* Die maximale Flächenpressung setzt sich zusammen aus dem Anteil $p_b$ aus dem Biegemoment $P \cdot (h + s/2)$ und aus dem Anteil $p_d$ aus der freien Kraft $P$.

*Beispiel:* Kerbstift aus St 50.11, $d = 1{,}3\,\text{cm}$, $h = 1{,}2\,\text{cm}$; Platte aus GG mit $s = 1{,}5\,\text{cm}$; Kraft $P = 100\,\text{kg}$ schwellend. *Berechnet:* Für Stift $\sigma_b = 555\,\text{kg/cm}^2$; $p_{\max} = 450\,\text{kg/cm}^2$.

*Zu Nr. 3, Querstift unter Drehmoment $M_t$:* Angenommen ist feste Einspannung des Stiftes als Paßstift, so daß der Stift auf Abscheren berechnet werden kann. Die Flächenpressung $p$ in der Welle nimmt nach den Austrittsstellen des Stiftes hin erheblich zu (elastische Verformung des Stiftes durch $M_t$); die angenommene lineare Zunahme von $p$ ist nur eine Annäherung. Die Kerbwirkung des Querlochs an der Welle (Herabsetzung von $\tau_{tW}$) entspricht etwa der Kurve 9 in Bild 3/27, S. 56.

*Beispiel:* Welle aus St 37.11, $M_t = 500\,\text{cmkg}$, $D = 3\,\text{cm}$; Nabe aus GG mit $D_N = 7{,}5\,\text{cm}$, $s = 2{,}25\,\text{cm}$; Stift aus St 50.11, $d = 0{,}8\,\text{cm}$, $q = 0{,}266$. Berechnet: Für Stift $\tau = 330\,\text{kg/cm}^2$; Welle $\tau_t = 125\,\text{kg/cm}^2$; $p_{\max} = 415\,\text{kg/cm}^2$; Nabe $p = 53\,\text{kg/cm}^2$.

*Zu Nr. 4, Längsstift unter $M_t$:* Übertragung des Drehmoments durch Flächenpressung am Stift, die gleichmäßig verteilt angenommen wurde. Die Nachrechnung des Stiftes auf Scherspannung $\tau$ erübrigt sich, wenn $\tau_{zul} \geq 0{,}5\,p_{zul}$ ist.

*Beispiel:* Welle, Nabe und $M_t$ wie bei Nr. 3; Stift $d = 0{,}4\,\text{cm}$; $l = 4\,\text{cm}$. Berechnet: Für Stift $p = 416\,\text{kg/cm}^2$; Welle $\tau_t = 95\,\text{kg/cm}^2$.

**Tafel 11/4.** *Zulässige Werte p, $\sigma_b$ und $\tau$ (kg/cm²) für Stiftverbindungen nach Tafel 11/3 bei „Schwellast".* Bei „Wechsellast" mal 0,7 nehmen, bei „ruhender" mal 1,5! Bei Gleitbewegung $p$ nach S. 252. Bei Kerbstift außerdem $p$-Werte mal 0,7 nehmen (Erhöhte Wulstpressung).

| Werkstoff | St 37 | St 50 | St 60 | St 70 | GS | GG |
|---|---|---|---|---|---|---|
| $p$ . . . . . | 650 | 880 | 1050 | 1200 | 550 | 450 |
| $\sigma_b$ . . . . | 550 | 700 | 850 | 1000 | — | — |
| $\tau$ . . . . . | 360 | 480 | 580 | 680 | — | — |

### 11.4. Schrifttum zu 11.

[11/1] DIN-Taschenbuch 10, Schrauben-Muttern und Zubehör. 6. Aufl. 1948. Beuth-Vertrieb GmbH.
[11/2] —, Konstruiere mit Kerbstift. Kerb GmbH 1926.
[11/3] —, Spannstifte, Schriften der Fa. Hedtmann, Hagen-Kabel.
[11/4] Richtlinien für Konstrukteure u. Normen, Kerb-Konus-Gesellschaft, Dr. Carl Eibes u. Co., Schnaittenbach.
[11/5] Lochleibungsspannungen bei Bolzen und Runddübeln. Z. VDI Bd. 88 (1944) S. 207.

# 12. Elastische Federn.

## 12.1. Verwendung.

Alle Körper aus elastischem Werkstoff „federn", d. h. sie verformen sich bei Belastung, wobei Arbeit gespeichert wird (potentielle Energie), während sie sich bei Entlastung rückverformen und hierbei die gespeicherte Arbeit wieder abgeben. Bei den „Federn" wird diese Wirkung durch eine hierfür besonders geeignete Gestaltung und Werkstoffwahl in erhöhtem Maße erreicht.

Derartige Federn dienen uns für zahlreiche Aufgaben, und zwar:

*als Arbeitsspeicher,* z. B. als Antrieb von Uhren, Wickeltrommeln und Spielzeugen, als Rückführer von Ventilen und Steuergestängen;

*zur Milderung von Stößen,* z. B. als Stoßschutz für empfindliche Geräte, als Rad-, Achs-, Puffer- und Stoßfedern bei Fahrzeugen, ferner bei drehelastischen Wellenkupplungen;

*zur Kraftverteilung,* z. B. bei der Radbelastung von Fahrzeugen, bei der Polsterung von Sesseln und Betten usw.;

*zur Kraftbegrenzung,* z. B. bei Pressen;

*zur Kraftmessung* auf Grund des festen Zusammenhangs zwischen Kraft und Verformung;

*zur Regelung,* z. B. beim Regelventil;

*zur Aufrechterhaltung einer Kraftverbindung* bei Bewegung oder Verschleiß (Federgelenk, Kontaktfinger, Dichtungen);

*als Schwingungselement*, z. B. bei Schwingsieben und Wuchtförderern und auch umgekehrt zur Unterbindung von Resonanzschwingungen, indem ihre Zwischenschaltung die Eigenfrequenz verlagert.

## 12.2. Federarten, Auswahl, besondere Eigenschaften.

Je nach dem vorherrschenden Gesichtspunkt wird die gleiche Feder verschieden bezeichnet, z. B. die Feder nach Bild 12/22 der *Gestalt* nach als Kegelfeder, der *Beanspruchung* nach als Drehfeder, dem *Krafteingriff* nach als Druckfeder, der *Verwendung* nach als Pufferfeder, und dem *Werkstoff* nach als Stahlfeder.

Am häufigsten finden wir die Benennung nach der *Gestalt*, bzw. nach *Gestalt und Beanspruchung*. So zeigt Bild 12/4 eine Ringfeder, Bild 12/6 Biegestabfeder, Bild 12/8 Biegeblattfeder, Bild 12/14 gewundene Biegefeder, Bild 12/15 ebene Spiralfeder (Uhrfeder), Bild 12/16 Tellerfeder, Bild 12/17 Drehstabfeder, Bild 12/18 Schraubenfeder, und Bild 12/20 Litzen-Schraubenfeder; eine weitere Gruppe bilden die *Gummifedern* (Bild 12/23 und 12/24).

Für die *Berechnung* ist die Art der *Beanspruchung* maßgebend. Entsprechend behandeln wir weiter unten die verschiedenen Federarten geordnet nach ihrer *vorwiegenden Beanspruchung*, und zwar *Zugfedern* S. 186, *Biegefedern* S. 188, *Drehfedern* S. 193 und als Sondergruppe *Gummifedern* S. 198.

Im *Maschinenbau* wird vorwiegend die *Schraubenfeder* aus Stahldraht (Bild 12/18) verwendet, die billig herstellbar, einfach zu bemessen und einzubauen ist und sowohl für Zugkräfte, als auch Druckkräfte verwendet wird. Sie kann ferner zur Ausführung von Drehbewegungen benutzt werden (s. gewundene Biegefeder, Bild 12/14) und schließlich noch als Schraubenband-Wellenkupplung.

Im übrigen ist für die Wahl der Federart wesentlich, welche besonderen Gesichtspunkte jeweils im Vordergrund stehen, wie z. B. Platzbedarf, Gewicht und Lebensdauer; in andern Fällen gleichbleibendes elastisches Verhalten, geringe Massenwirkung, zusätzliche innere oder äußere Reibung (Dämpfung), besonderes Verhältnis zwischen Kraft und Federung (s. Kennlinie S. 184) oder sonstige Anforderungen. Hierzu einige Hinweise:

*Geringes Gewicht und geringes Volumen* bei gegebener Federarbeit ermöglichen nach Tafel 12/1 Gummifedern, hochwertige Ringfedern aus Stahl (Bild 12/4) und dünner Stahldraht auf Zug.

*Niedrige Bauhöhe* ermöglichen Blattfedern und Drehstabfedern (Fahrzeuge!).

*Schmalflächige* Anordnung ermöglichen ebene Spiralfedern (z. B. bei Uhren) und Federteller.

*Große Federwege* im Vergleich zur Baulänge ermöglichen Gummifedern, dünndrähtige Schraubenfedern mit großem Windungsdurchmesser und dünne Tellerfedern, sowie im Vergleich zur Bauhöhe die Biegestabfedern.

*Zusätzliche Reibungsarbeit* ermöglichen in erheblichem Maße Ringfedern (Bild 12/4), in geringerem Maße geschichtete Blatt- und Tellerfedern, Litzenschraubenfedern und Gummifedern. Sie sind also zur Stoßaufnahme, bzw. zur Schwingungsdämpfung besonders geeignet.

*Sonderkennlinien* (abweichend von der Geraden) zeigen Kegelfedern (Bild 12/22), Tellerfedern (Bild 12/16) und Gummifedern. Außerdem kann die Kennlinie durch Änderung der Kraftrichtung zur Federachse oder des wirksamen Hebelarmes (Wälzfeder) oder der wirksamen Federlänge in Abhängigkeit vom Federweg beeinflußt werden[1].

*Litzen-Schraubenfedern* (Bild 12/20) erlahmen weniger als sonstige Schraubenfedern bei schlagartiger Beanspruchung.

*Gummifedern* werden als Trag-, Fahrzeug- und Fundamentfedern, insbesondere zur Schwingungs- und Geräuschdämpfung, ferner für besonders leichte oder besonders weiche Federungen verwendet.

---

[1] Siehe negative Kennlinie der Tellerfedern S. 192 Bild 12/16 und: Der Negator, Feder mit negat. Charakteristik in VDI-Nachr. Nr. 3 vom 7. 2. 1950 (Auszug aus Engineers Digest 1949, Nr. 10, S. 359).

*Holzfedern* (auch aus Preßholz) findet man bei Schwingsieben, Federhämmern, landwirtschaftlichen und Müllereimaschinen.

*Luftfedern* (eingeschlossene Luft) sind für Federbeine von Flugzeugen, für Wassersäulen (Windkessel) und Sitzkissen bekannt.

*Besondere Anforderungen* hinsichtlich gleichbleibender Elastizität (berylliumlegierte Federn bei Uhren), hinsichtlich magnetischen Verhaltens, Hitze und Korrosion können durch besondere Stahllegierungen bzw. Sonderbronzen und Schutzüberzüge befriedigt werden.

## 12.3. Bezeichnungen, Kennlinien und Kennwerte.

### 1) Bezeichnungen:

|  |  |  |
|---|---|---|
| $A$ | (cmkg) | Federarbeit, aufgenommene |
| $A'$ | (cmkg) | ,, abgegebene |
| $A_s, A_B$ | (cmkg) | Stoßarbeit, Bremsarbeit |
| $a$ | (cm) | Hebelarm |
| $b$ | (cm) | Querschnitt-Breite an der Einspannstelle |
| $b_0$ | (cm) | Querschnitt-Breite an der Laststelle (Bild 12/8) |
| $b_v$ | (cm/s²) | Verzögerung |
| $c$ | (kg/cm) | Federhärte, $= dP/df$ |
| $D$ | (cm) | mittl. Windungsdurchm. |
| $d, d_i$ | (cm) | Durchmesser, Innendurchmesser |
| $E$ | (kg/cm²) | $E$-Modul |
| $e$ | (cm) | größter Randabstand von Nullinie |
| $F$ | (cm²) | Querschnitt |
| $F_e, F_i$ | (cm²) | Querschnitt des Außen-, des Innenrings (Bild 12/4) |
| $f$ | (cm) | Federweg |
| $f_0$ | (cm) | Federweg je Federpaarung $= f/z$ |
| $f_u$ | (cm) | Federweg zu $P_u$ |
| $f_p$ | (cm) | Pfeilhöhe |
| $f_r$ | (1/s) | Sekunden-Frequenz |
| $G$ | (kg/cm²) | Gleitmodul |
| $g$ | (cm/s²) | Erdbeschleunigung $=$ 981 cm/s² |
| $h$ | (cm) | Querschnitthöhe an der Einspannstelle |
| $h_0$ | (cm) | Querschnitthöhe an der Lastangriffsstelle (Bild 12/9) |
| $J$ | (cm⁴) | Biege-Trägheitsmoment |
| $J_t$ | (cm⁴) | Dreh-Trägheitsmoment |
| $J_m$ | (cmkgsec²) | Massen-Trägheitsmoment |
| $L$ | (cm) | Federlänge, ungespannt |
| $L_P$ | (cm) | ,, unter Last $P$ |
| $M_b, M_t$ | (cmkg) | Biege-, Drehmoment |
| $m$ | (kgs²/cm) | Masse |
| $n$ | (1/min) | Minuten-Frequenz |
| $P$ | (kg) | Tragkraft, Belastung, Kraft |
| $P'$ | (kg) | Rücklaufkraft |
| $P_u$ | (kg) | Kleinstwert d. Belastung |
| $p$ | (kg/cm²) | Flächenpressung |
| $Q$ | (kg) | genutztes Federgewicht, $= V \cdot \gamma$ |
| $q, q_1, q_2, q_3$ | (—) | Beiwerte |
| $R$ | (cm) | Hebelarm für $P$ (s. Bild 12/14) |
| $r, r_m$ | (cm) | mittl. Halbmesser |
| $r_e, r_i$ | (cm) | mittl. Halbmesser des Außen-, des Innenrings |
| $s_e, s_i$ | (cm) | Dicke des Außen-, des Innenrings |
| $T$ | (s) | Schwingungszeit (1 Periode) |
| $T_f$ | (s) | Stoßfangzeit |
| $T_s$ | (s) | Stoßdauer |
| $V$ | (cm³) | genutztes Federvolumen |
| $v$ | (cm/s) | Geschwindigkeit |
| $W_b, W_t$ | (cm³) | Biege-, Drehwiderstandsmoment |
| $y$ | (—) | Beiwert, s. S. 195 |
| $z$ | (—) | Anzahl der wirksamen Windungen bzw. der Kegelpaarungen |
| $\alpha, \alpha°$ | (—, °) | Steigungs-, Neigungs-Schubwinkel im Bogenmaß, in Grad |
| $\beta$ | (°) | Neigungswinkel bei Biegefeder |
| $\gamma$ | (kg/cm³) | Wichte |
| $\delta$ | (—) | Dämpfungswert |
| $\eta_A$ | (—) | Art-Nutzwert, s. Tafel 12/1 |
| $\eta_V$ | (kg/cm²) | Volumen-Nutzwert, s. Tafel 12/1 |
| $\eta_Q$ | (cm) | Gewichts-Nutzwert, s. Tafel 12/1 |
| $\eta_W$ | (—) | Wirkungsgrad, $= A'/A$ |
| $\eta_2, \eta_3$ | (—) | Beiwerte, s. S. 193 |
| $\sigma$ | (kg/cm²) | Normalspannung (oberer Wert) |
| $\sigma_A, \sigma_a$ | (kg/cm²) | Ausschlagfestigkeit, Ausschlagspannung |
| $\sigma_e, \sigma_i$ | (kg/cm²) | Normalspannung im Außen-, im Innenring |
| $\sigma_m, \sigma_F$ | (kg/cm²) | Mittelspannung, Fließgrenze |
| $\sigma_B, \sigma_P$ | (kg/cm²) | Stat. Bruchfestigkeit, Proportionalitäts-Grenze |
| $\tau$ | (kg/cm²) | Schub-, Drehspannung |
| $\tau_F$ | (kg/cm²) | Drehfließgrenze |
| $\varphi, \varphi°$ | (1), (°) | Drehwinkel im Bogenmaß, in Grad |
| $\varrho$ | (°) | Reibwinkel in Grad |
| $\omega$ | (1/s) | Winkelgeschwindigkeit oder Kreisfrequenz |

**2) Feder-Kennlinien.** Trägt man über dem Federweg $f$ die Belastungskraft $P$ auf, so erhält man die Feder-Kennlinie, z.B. Linie $a$, $b$ oder $c$ in Bild 12/1. Je steiler die Kennlinie, desto „härter" ist die Feder. Bei der geraden Kennlinie $a$ (Normalfall) ist $c = dP/df = $ konst.; bei der „progressiven" Kennlinie $b$ wird die Feder mit zunehmendem $f$ härter ($dP/df$ nimmt zu!) und bei der abfallenden Kennlinie wird $c$ „weicher" ($dP/df$ nimmt ab!). So ist z. B. für Tragfedern von Fahrzeugen ein Verlauf nach $b$ erwünscht, um die Eigenschwingungszahl (s. S. 200) des vollen und leeren Oberwagens etwa gleich zu halten; bei Pufferfedern ist dagegen ein Verlauf nach $c$ günstiger, um bei gegebener Stoßarbeit eine kleine Stoßkraft zu erhalten.

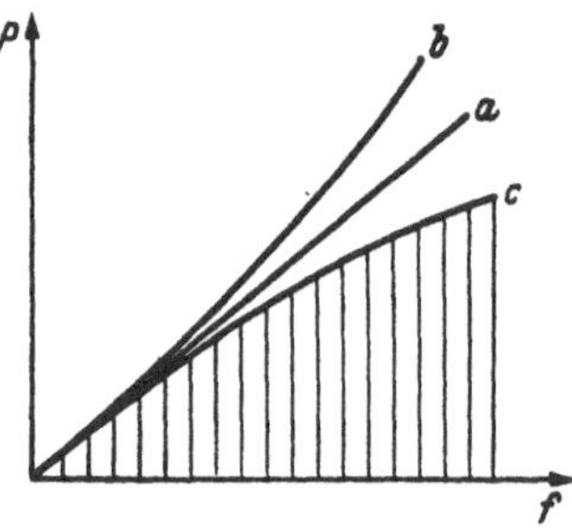
Bild 12/1. Verschiedene Feder-Kennlinien $a$, $b$, $c$. Federarbeit $A$ für Kennlinie $c$ schraffiert.

**3) Die Federhärte** $\boxed{c = dP/df}$ kg/cm, auch Federkonstante oder Federsteife genannt, ist nur im Normalfall (Kennlinie $a$) konstant. Sie wird zur Berechnung von Schwingungs- und Stoßvorgängen benötigt (s. S. 200 u. 201).

**4) Die Federarbeit** $A = \int P \cdot df$, auch Arbeitsaufnahme oder Arbeitsvermögen genannt, ist gleich der Fläche unter der Kennlinie (schraffiert in Bild 12/1). Im Normalfall (Kennlinie $a$) ist $\boxed{A = P \cdot f/2 = c \cdot f^2/2}$ cmkg.

**5) Art-Nutzwert** $\eta_A$. Die Federarbeit $A$ ist (s. Gl. unten!) proportional dem wirksamen Federvolumen $V$, dem Quadrat der maximalen Spannung $\sigma$ bzw. $\tau$, der Dehnzahl $1/E$ bzw. Schubzahl $1/G$ und einem Zahlenwert $\eta_A$, der von der Federart abhängt und daher mit „Art-Nutzwert" bezeichnet werden soll:

$$\boxed{A = \eta_A \cdot V \cdot \sigma^2/2\,E} \quad,\text{ bzw. } \quad \boxed{A = \eta_A \cdot V \cdot \tau^2/2\,G} \quad\text{cmkg}.$$

Der Beiwert $\eta_A$ ist abhängig von der Spannungsverteilung, also von der Gestalt und Belastungsart der Feder und erreicht nur bei gleich großer Spannung im ganzen Volumen den Idealwert 1, wenn $A$ die *elastische* Federarbeit ist. Bei zusätzlicher Arbeitsaufnahme durch innere oder äußere *Reibung* wird $\eta_A$, bezogen auf die Gesamtarbeit, entsprechend größer (s. Ringfeder Tafel 12/1). Der Einfluß von $\sigma$ und $E$, bzw. $\tau$ und $G$ auf die erreichbare Federarbeit wird durch $\eta_A$ nicht erfaßt.

**6) Volumen- und Gewichts-Nutzwert.** Bei manchen konstruktiven Aufgaben ist es von Vorteil, das Verhältnis der Federarbeit zum erforderlichen Federvolumen $V$ oder zum Federgewicht $Q$ zum Vergleich heranzuziehen. Wir bilden den

$$\textit{Volumen-Nutzwert} \quad \boxed{\eta_V = A/V = \eta_A \cdot \sigma^2/2\,E} \quad \text{(kg/cm}^2\text{) und den}$$

$$\textit{Gewichts-Nutzwert} \quad \boxed{\eta_Q = A/Q = \eta_V/\gamma} \quad \text{(cm)}.$$

Tafel 12/1 zeigt die erreichbaren Nutzwerte für verschiedene Federarten.

**7) Wirkungsgrad und Dämpfungswert.** Bei zusätzlicher äußerer oder innerer Reibung ist der Wirkungsgrad $\eta_W$ der Feder das Verhältnis der abgegebenen Federarbeit $A'$ zur aufgenommenen Federarbeit $A$ (s. Bild 12/5 und 12/25):

$$\textit{Wirkungsgrad} \quad \boxed{\eta_W = A'/A}\;.$$

Bei Schwingungs- und Dämpfungsvorgängen rechnet man meist mit dem

$$\textit{Dämpfungswert} \quad \boxed{\delta = \frac{A - A'}{A + A'} = \frac{1 - \eta_W}{1 + \eta_W}}\;.$$

Er stellt das Verhältnis der gesamten Reibungsarbeit ($A - A'$) zur gesamten bei der Be- und Entlastung durchlaufenden Federarbeit ($A + A'$) dar.

Tafel 12/1. *Nutz-Kennwerte einiger Federn* (Bestwerte unterstrichen).

| Bild | Federart | Nutzwerte | | | Zur Berechnung benutzte Werte |
|---|---|---|---|---|---|
| | | Gestalt-Nutzwert $\eta_A$ (—) aus $A = \eta_A \cdot V \cdot \sigma^2/2\,E$ | Volumen-Nutzwert $\eta_V$ (kg/cm²) aus $A = \eta_V \cdot V$ | Gewichts-Nutzwerte $\eta_Q$ (cm) aus $A = \eta_Q \cdot Q$ | |
| 12/3 | Dünner Stahldraht auf Zug | 1,0 | <u>53,6</u> | 6870 | $\sigma = 15\,000$ kg/cm² $E = 2,1 \cdot 10^6$ kg/cm² $\gamma = 7,8$ kg/dm³ |
| 12/25 | Umsponnenes Gummikabel auf Zug | 0,9 | 37,4 | <u>87 000</u> | $\sigma = 83$ kg/cm² $F = 1,3$ cm²; $f = L$ $\gamma = 1$ kg/dm³ |
| 12/4 | Stahl-Ringfeder | <u>1,62*</u> | 49,0 | 6280 | $\sigma = 11\,500$ kg/cm² $E = 2,1 \cdot 10^6$ kg/cm² $\gamma = 7,8$ kg/dm³; $\alpha = 14°$; $\varrho = 8°$ |
| 12/8 | Stahl-Dreieckbiegefeder oder geschichtete Blattfeder | 0,334 | 7,95 | 1020 | $\sigma = 10\,000$ kg/cm² $E = 2,1 \cdot 10^6$ kg/cm² $\gamma = 7,8$ kg/dm³ |
| 12/8 | Eichene Dreieckbiegefeder | 0,334 | 0,85 | 1210 | $\sigma = 800$ kg/cm² $E = 125\,000$ kg/cm² $\gamma = 0,7$ kg/dm³ |
| 12/17 12/18 | Stahl-Drehstabfeder oder Schraubenfeder m. Kreisquerschnitt | 0,5 | 19,3 | 2480 | $\tau = 8000$ kg/cm² $G = 830\,000$ kg/cm² $\gamma = 7,8$ kg/dm³ |
| 12/17 | Stahl-Drehstabfeder mit Rohrquerschnitt | 0,626 | 24,2 | 3110 | wie vorher; $d_i/d = 0,5$ |

* Größer als 1, da $A$ auch die zusätzliche Reibungsarbeit enthält.

Beispielsweise ist bei der Schwingungs- und Stoßdämpfung ein erheblicher Dämpfungswert erwünscht, während er bei Fahrzeugreifen möglichst klein sein soll, um die Erwärmung gering zu halten.

## 12.4. Festigkeit und zulässige Beanspruchung.

**1) Festigkeit.** Da die aufnehmbare Federarbeit im Quadrat der zulässigen Spannung ansteigt, ist eine hohe Festigkeit der Federn erwünscht. Daher erstrebt man eine *hohe Fließgrenze* (bzw. Elastizitätsgrenze) gegen die Gefahr des Erlahmens („Setzgefahr") und eine hohe Schwingungsfestigkeit gegen die Dauerbruchgefahr.

Bei *Stahl*federn verwendet man hierzu besondere *Federstähle* [1], deren Festigkeit, neben dem Härten, durch besondere Maßnahmen [2] erheblich gesteigert werden kann. So erzielt man eine *hohe Fließgrenze* durch hohen Ausziehgrad (dünnere Drähte) und niedrige Anlaßtemperatur (250—350°); sie kann außerdem durch einmaliges Überlasten (Setzen) noch weiter erhöht werden[3]. Dagegen ist eine höhere *Schwingungsfestigkeit* durch höhere Anlaßtemperatur (350—500°), durch nochmaliges Abschrecken nach dem Anlassen, durch Verwendung von hochwertigerem Elektrostahl statt SM-Stahl, von Gußstahldraht statt gewöhnlichem Zugfeder-Stahldraht erreichbar; ferner durch Vermeiden oder Entfernen (Abschleifen) der Randentkohlung, bzw. durch Aufkohlen nach dem Härten; dann weiter durch eine glattgeschliffene oder noch besser polierte Oberfläche oder durch Verdichtung und Verfestigung der Oberfläche (durch Drücken oder Kugelstrahlen bis 100% höher) [2]. Nähere Angaben hierzu s. [*12/4*], [*12/6*], [*12/8*] und [*12/9*].

---

[1] Werkstoffwerte für Federstähle s. S. 92, Tafel 5/14.
[2] Die Fließgrenze wird hierdurch etwas verringert. Näheres s. [*12/9*].
[3] Nach Versuchen von O. Föppl an Drehstabfedern um 20 bis 100% erhöhbar. Siehe Mitt. Wöhler-Inst. T. H. Braunschweig (1948) H. 40 S. 64.

Umgekehrt verringern Zieh- und Walzriefen, Schlacken und Zunderstellen, stark randentkohlte oder überzementierte Stellen (Härterisse) und ferner „Scheuerstellen"[1] die Schwingungsfestigkeit der Federn [12/4].

**2) Zulässige Beanspruchung.** Entsprechend der jeweils maßgeblichen Festigkeitsgrenze und Lebensdauer muß die zulässige Spannung bei *seltener oder ruhender (statischer) Belastung* (z. B. bei Pufferfedern) unter der statischen Fließgrenze $\sigma_F$, bzw. unter der Elastizitätsgrenze liegen;

*bei schnell wechselnder (dynamischer Belastung).* (z. B. bei Ventilfedern) muß $\sigma_{zul}$ unterhalb der dynamischen Fließgrenze $\sigma_{FD}$ (etwa $= 0,75\ \sigma_F$) und außerdem unter der dynamischen Dauerfestigkeit $\sigma_D = \sigma_m \pm \sigma_A$ liegen, die zulässige Ausschlagspannung $\sigma_{a\,zul}$ also unter der Ausschlagfestigkeit $\sigma_A$ (bei begrenzter Lebensdauer unter der entsprechenden Zeitfestigkeit).

Bei $\tau$-Spannung gelten die entsprechenden $\iota$-Festigkeitswerte.

*Festlegung der zulässigen Beanspruchung.* Man wird die zulässige Spannung im Vergleich zum maßgebenden Festigkeitswert um so *niedriger* ansetzen

    a) je gefährlicher ein Federbruch ist,

    b) je unsicherer die Festigkeitswerte der Federn sind (wenig überwachte Herstellung),

    c) je weniger man die zusätzlichen Spannungen erfaßt hat.

Im Vergleich zu anderen Bauteilen läßt man jedoch bei Federn *erheblich höhere* Spannungen zu (z. B. 75% des maßgeblichen Festigkeitswertes), um eine ausreichende Federung (bei entsprechend geringerer Lebensdauer) zu erreichen. Die jeweiligen Erfahrungswerte sind bei den einzelnen Federarten angegeben.

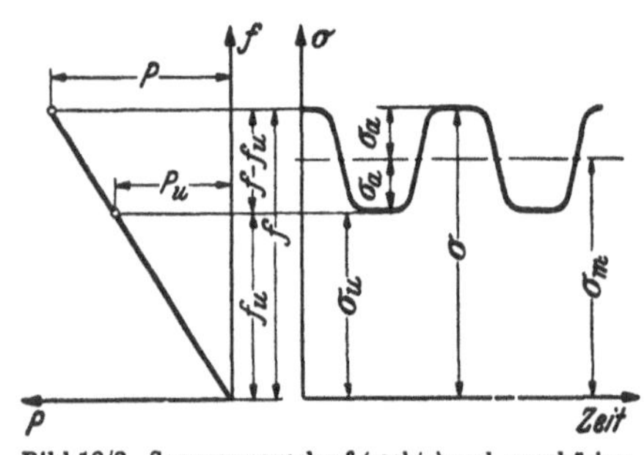

Bild 12/2. Spannungsverlauf (rechts) und zugehörige Feder-Kennlinie (links) bei einer Ventilfeder.

**3) Bei dynamisch beanspruchten Federn,** z. B. Ventilfedern sind häufig für den Entwurf der Federn nach Bild 12/2 nur die untere Belastung $P_u$ (Vorspannkraft), der Betriebsfederweg $f - f_u$ (z. B. Ventilhub) und die zulässigen Spannungen $\sigma_{zul}$ und $\sigma_{a\,zul}$ bekannt, aus denen für die Auslegung der Federn erst $P$ und $f$ zu bestimmen sind. Nach Bild 12/2 entspricht nun

    der Vorspannkraft $P_u$ der Federweg $f_u$ und die Spannung $\sigma_u$,

    der Größtkraft $P$ der Federweg $f$ und die Größtspannung $\sigma$,

der Kraftdifferenz $P - P_u$ die Wegdifferenz $f - f_u$ und die Spannungsdifferenz $\sigma - \sigma_u = 2\,\sigma_a$.

Bei gerader Kennlinie ($c$ = konst.) ist dann

$$\frac{P - P_u}{P} = \frac{f - f_u}{f} = \frac{\sigma - \sigma_u}{\sigma} = \frac{2\,\sigma_a}{\sigma}.$$

Hieraus ergibt sich:
$$\boxed{P = P_u \frac{\sigma}{\sigma - 2\,\sigma_a}} \quad \text{und} \quad \boxed{f = (f - f_u)\,\frac{\sigma}{2\,\sigma_a}}$$

für die Auslegung der Federn. Berechnungsbeispiel s. S. 196.

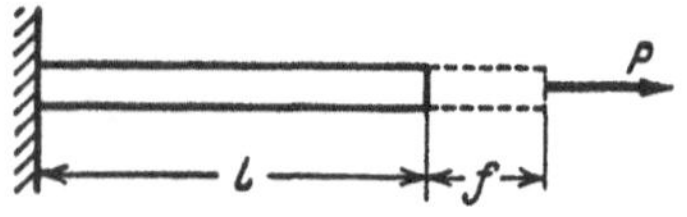

Bild 12/3. Stahldraht als Zugfeder.

## 12.5. Zug- oder druckbeanspruchte Federn[2].

**1) Zugfeder aus Draht nach Bild 12/3.** Unter der Zugkraft $P$ längt sich der Draht um den Federweg $f$. Die Kennlinie verläuft als Gerade $a$ nach Bild 12/1. Die

---

[1] Die Kerbwirkung von Scheuerstellen (z. B. Einspannstellen von Drehstabfedern) kann nach O. FÖPPL (s. Fußnote 3 auf S. 185 durch Oberflächendrücken, durch Nitrieren oder durch Verkupfern stark herabgedrückt werden.

[2] Die nachfolgend zu jeder Federart gebrachten Gleichungen und Erfahrungsangaben sind auf den Bedarf des *Konstrukteurs* zugeschnitten. Für die *Ableitung* der Gleichungen wird auf das Schrifttum, z. B. [12/2] verwiesen.

Beanspruchung ist im ganzen Drahtvolumen gleich groß, so daß der Art-Nutzwert den Idealwert $\eta_A = 1$ erreicht. Außerdem ist die Festigkeit von dünnem Stahldraht besonders hoch, so daß hierfür auch die Nutzwerte $\eta_V$ und $\eta_Q$ besonders groß werden (s. Tafel 12/1). Trotzdem wird diese Federart nur selten verwendet, da für größere Federwege eine erhebliche Federlänge benötigt wird (s. Berechnungsbeispiel).

Aus der Festigkeits- und Elastizitätslehre ergeben sich folgende Beziehungen für die *Berechnung*:

| | |
|---|---|
| Tragkraft $P = F \cdot \sigma$ (kg) | Federarbeit $A = \dfrac{P \cdot f}{2} = \eta_A \dfrac{V \cdot \sigma^2}{2\,E}$ (cmkg) |
| Federweg $f = \dfrac{L \cdot \sigma}{E} = \dfrac{L \cdot P}{E \cdot F}$ (cm) | Art-Nutzwert $\eta_A = 1$ |

*Erfahrungswerte* für Tiegelstahldraht: $E = 2{,}1 \cdot 10^6$ (kg/cm²); $\gamma = 7{,}8/1000$ kg/cm³; $\sigma_B = 10\,000{-}25\,000$ kg/cm²; $\sigma_P = 8000{-}15\,000$ kg/cm²; s. auch $\sigma_B$ in Tafel 12/9. Die größeren Werte gelten für dünnen Klaviersaitendraht.

*Beispiel:* Gegeben $L = 100$ cm; $d = 0{,}05$ cm; $\sigma = 15\,000$ kg/cm². Berechnet: $P = 29{,}4$ kg; $f = 0{,}71$ cm, also $0{,}71\%$ von $L$; $A = 10{,}4$ cmkg; $V = 0{,}196$ cm³.

**2) Ringfeder nach Bild 12/4.** Die Feder besteht aus Innen- und Außenringen, die sich in Kegelflächen berühren, so daß hier die Axialkraft $P$ in Radialkräfte umgesetzt wird. Diese dehnen den Außenring (tangentiale Zugspannung im Ringquerschnitt) und drücken den Innenring (tangentiale Druckspannung), wobei sich die Ringe unter Reibung ineinander schieben. Die Kennlinie der Ringfeder zeigt Bild 12/5. Die beim Zusammendrücken aufgenommene Arbeit $A$ setzt sich aus der elastischen und der Reibungsarbeit zusammen, während die beim Entlasten (Rücklauf) abgegebene Arbeit $A'$ um die Reibungsarbeit kleiner, als die elastische ist. Im gleichen Maße unterscheiden sich die Tragkraft $P$ und die Rücklaufkraft $P'$ von der elastisch aufgenommenen Kraft $P_{El}$, wie Bild 12/5 zeigt.

Je kleiner die Kegelneigung tg $\alpha$, desto größer die entstehenden Radialkräfte, desto größer auch die Reibungskräfte und der Federweg. Um Selbsthemmung zu vermeiden, d. h. um überhaupt eine Rücklaufkraft $P'$ zu erreichen, muß tg $\alpha$ größer als der Reibwert $\mu$ sein.

Der Nutzwert $\eta_A$ beträgt, gleichmäßige Spannungsverteilung in den Ringen vorausgesetzt, bereits 1 für die *elastische* Federarbeit und ist, bezogen auf die *gesamte* Federarbeit, wegen der zusätzlichen Reibung noch größer.

Führt man einige Innenringe *geschlitzt* aus, so erhält man bis zum Schließen des Schlitzes eine flache Kennlinie (weiche Anfangsfederung), die dann mit einem Knick in die steilere übergeht.

Mit den Bezeichnungen nach Bild 12/4, Zeiger $e$ für Außen-, $i$ für Innenring-Werte $y = \sigma_i/\sigma_e = F_e/F_i = s_e/s_i$ und $z$ Kegelpaarungen erhält man für die *Berechnung*:

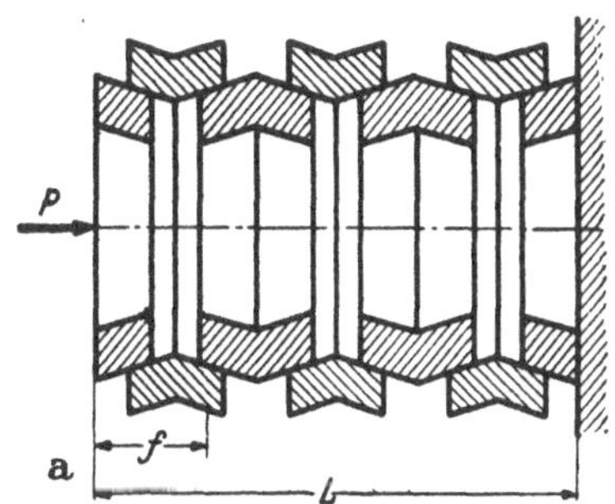

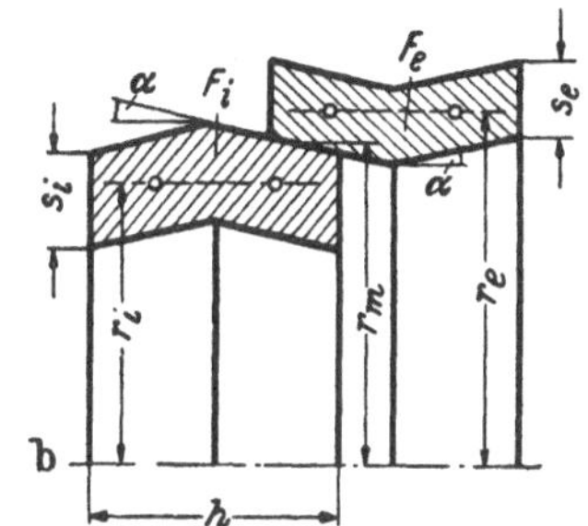

Bild 12/4. Ringfeder. a Gesamtaufbau mit $z = 6$ Kegelpaarungen; b Maße der Ringe.

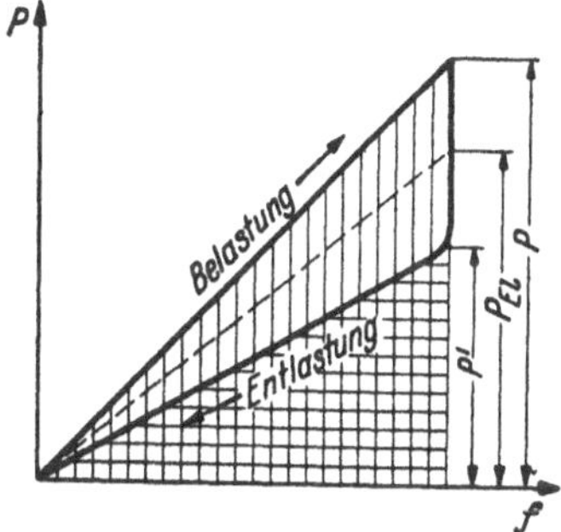

Bild 12/5. Kennlinie der Ringfeder mit Tragkraft $P$, Rücklaufkraft $P'$ elastisch aufgenommener Kraft $P_{El}$, aufgenommener Federarbeit $A$ (senkrecht schraffiert), abgegebener Federarbeit $A'$ (waagerecht schraffiert) und Reibungsarbeit $A-A'$ (eingeschlossene Differenzfläche).

$$\text{Tragkraft } \quad P = \sigma_e \cdot F_e \cdot \pi \cdot \text{tg}\,(\alpha + \varrho) = \sigma_i \cdot F_i \cdot \pi \cdot \text{tg}\,(\alpha + \varrho) \quad (\text{kg})$$

$$\text{Rücklaufkraft } \quad P' = P\,\frac{\text{tg}\,(\alpha - \varrho)}{\text{tg}\,(\alpha + \varrho)} \quad (\text{kg})$$

$$\text{Federweg } \quad f = f_0 \cdot z \quad (\text{cm})$$

$$\text{Federweg je Paarung } \quad f_0 = \frac{r_e \cdot \sigma_e + r_i \cdot \sigma_i}{E \cdot \text{tg}\,\alpha} = \frac{\sigma_e\,(r_e + r_i \cdot y)}{E \cdot \text{tg}\,\alpha} \quad (\text{cm})$$

$$\text{Halbmesser } \quad r_e = r_m + s_e/2;\; r_i = r_m - s_i/2 \quad (\text{cm})$$

$$\text{Ringdicke } \quad s_e = s_i \cdot y = r_m \cdot p/\sigma_e \;(\text{cm}); \; \text{Ringhöhe } \; h = F_e/s_e \;(\text{cm})$$

$$\text{Entspannte Federlänge } \quad L \geq 0{,}5\,h \cdot z + f \;(\text{cm})$$

$$\text{Federvolumen } \quad V = (F_e \cdot r_e + F_i \cdot r_i)\,\pi \cdot z \;(\text{cm}^3)$$

$$\text{Federarbeit } \quad A = P \cdot f/2 = \eta_A\,\frac{(\sigma_e^2 \cdot V_e + \sigma_i^2 \cdot V_i)}{2 \cdot E} \;(\text{cmkg})$$

$$\text{Rücklaufarbeit } \quad A' = A\,\frac{\text{tg}\,(\alpha - \varrho)}{\text{tg}\,(\alpha + \varrho)} \;(\text{cmkg})$$

$$\text{Art-Nutzwert } \quad \eta_A = \frac{\text{tg}\,(\alpha + \varrho)}{\text{tg}\,\alpha} \;(\text{bei gleichmäßig verteilter Spannung})$$

*Erfahrungswerte für Ringfedern aus gehärtetem Stahl:*

$E = 2{,}1 \cdot 10^6$ kg/cm$^2$; $h = 4{,}6\,f_0$ bis $9\,f_0$; $L = 3{,}3\,f$ bis $10\,f$; $y = 1{,}3$; $\alpha = 14$ bis $17°$; $\varrho = 6$ bis $9°$; $\sigma_e = 10\,000$ kg/cm$^2$; $\sigma_i = 13\,000$ kg/cm$^2$; $\gamma = 7{,}8/1000$ kg/cm$^3$; Flächenpressung $p = 0{,}1\,\sigma_e$ bis $0{,}2\,\sigma_e$.

*Beispiel:* Ringfeder als Pufferfeder.

*Gegeben je Puffer:* Stoßarbeit $A = 150\,000$ cmkg; maximal zulässige Kraft $P = 30\,000$ kg; $f = 2\,A/P = 10$ cm; $r_m = 10$ cm.

Nach Erfahrung: $\sigma_e$, $\sigma_i$, $p$, $y$, $E$, wie oben; $\alpha = 14°$; $\varrho = 8°$.

*Berechnet:* tg $\alpha = 0{,}249$; tg $(\alpha + \varrho) = 0{,}404$; tg $(\alpha - \varrho) = 0{,}105$;

$$P' = P\,\frac{tg\,(\alpha - \varrho)}{tg\,(\alpha + \varrho)} = 0{,}26\,P;$$

$$Fe = \frac{P}{\pi \cdot \sigma_e \cdot tg\,(\alpha + \varrho)} = 2{,}36\;\text{cm}^2; \; F_i = F_e/y = 1{,}82\;\text{cm}^2;$$

mit $s_e = r_m \cdot p/\sigma_e = 10 \cdot 0{,}1 = 1$ cm und $s_i = s_e/y = 0{,}77$ cm wird

$$r_e = r_m + s_e/2 = 10{,}5\;\text{cm}; \; r_i = r_m - s_i/2 = 9{,}615\;\text{cm};$$

$$f_0 = \frac{\sigma_e\,(r_e + r_i) \cdot y}{E \cdot tg\,\alpha} = 0{,}431\;\text{cm}; \; z = f/f_0 = 10/0{,}431 = 23{,}2,\; \text{gewählt } z = 24;$$

$$h = F_e/s_e = 2{,}36\;\text{cm}; \; \text{Kontrolle } h/f_0 \approx 5{,}5 \;(\text{zulässig});$$

$$L = 0{,}5 \cdot h \cdot z + f = 35{,}18\;\text{cm}; \; V = (F_e \cdot r_e + F_i \cdot r_i)\,\pi \cdot z = 3200\;\text{cm}^3;$$

Federgewicht $Q = V \cdot 7{,}8/1000 = 25{,}3$ kg.

## 12.6. Biegebeanspruchte Federn.

Nach S. 39 ist bei jedem auf Biegung beanspruchten Körper die Spannung im *Querschnitt* ungleich groß, so daß $\eta_A$ den Idealwert 1 nicht erreichen kann. Kommt noch hinzu, daß die Biegespannung auch *längs* der Biegefeder ungleich groß ist (s. Stabfeder mit konstantem Querschnitt), so wird $\eta_A$ noch weiter herabgesetzt. Die Berechnung der Biegefedern läßt sich für sämtliche Bauformen auf die einseitig eingespannte Biege-Stabfeder zurückführen.

**1) Einseitige Biege-Stabfeder mit konstantem Querschnitt nach Bild 12/6.** Sie wird nach ihrer Form im Grundriß auch „Rechteck"-Biegefeder genannt. Die einseitige Biege-

kraft $P$ ruft in einem beliebigen Querschnitt im Abstand $x$ vom Kraftangriff das Biegemoment $M_b = P \cdot x$ hervor. $M_b$ wächst also linear mit $x$ von null bis zum Größtwert
$P \cdot L$ an der Einspannstelle, ebenso die Biege-
spannung $\sigma$, da der Querschnitt und somit das
Widerstandsmoment gleich bleiben. Ihre Kennlinie
ist eine Gerade ($a$ in Bild 12/1). Für die *Berechnung*
der Feder ergeben sich folgende Beziehungen, vorausgesetzt, daß $f/L$ klein ist (bis $f/L \leq 0{,}2$ bleibt
Fehler unter $4\%$) [1]:

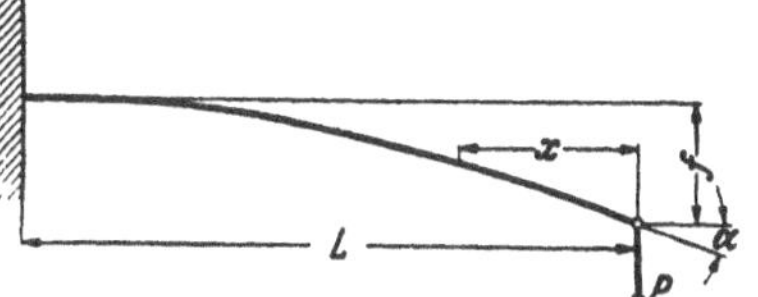

Bild 12/6. Einseitig eingespannte Biege-Stabfeder (schematisch).

$$\text{Tragkraft } P = W_b \cdot \sigma/L \text{ (kg)}$$
$$\text{Federweg } f = \frac{P \cdot L^3}{3 \cdot E \cdot J} = \frac{\sigma \cdot L^2}{3 \cdot E \cdot e} \text{ (cm)}$$

$$\text{Endneigung } \operatorname{tg} \alpha = \frac{P \cdot L^2}{2 \cdot E \cdot J}$$
$$\text{Federarbeit } A = P \cdot f/2 = \eta_A \cdot \frac{V \cdot \sigma^2}{2 \cdot E} \text{ (cmkg)}$$
$$\eta_A = \frac{J}{3 \cdot e^2 \cdot F}$$

Für nachfolgende Querschnitte ist:

| Querschnitt | $J$ | $W_b$ | $e$ | $\eta_A$ |
| --- | --- | --- | --- | --- |
| Rechteck. . | $b \cdot h^3/12$ | $b \cdot h^2/6$ | $h/2$ | $1/9$ |
| Kreis . . . | $\pi \cdot d^4/64$ | $\pi \cdot d^3/32$ | $d/2$ | $1/12$ |
| Kreisring. . | $\pi \cdot \dfrac{d^4 - d_i^4}{64}$ | $\pi \cdot \dfrac{d^4 - d_i^4}{32 \cdot d}$ | $d/2$ | $\dfrac{1 + d_i^2/d^2}{12}$ |

**2) Einseitige Biegestabfeder mit abnehmendem Querschnitt** [2] **nach Bild 12/8 und 12/9.** Der Biegestab nehme
von der Einspannstelle bis zum Kraftangriff nach Bild 12/8a
in der *Breite* linear ab von $b$ bis $b_0$ (Trapezfeder), oder nach

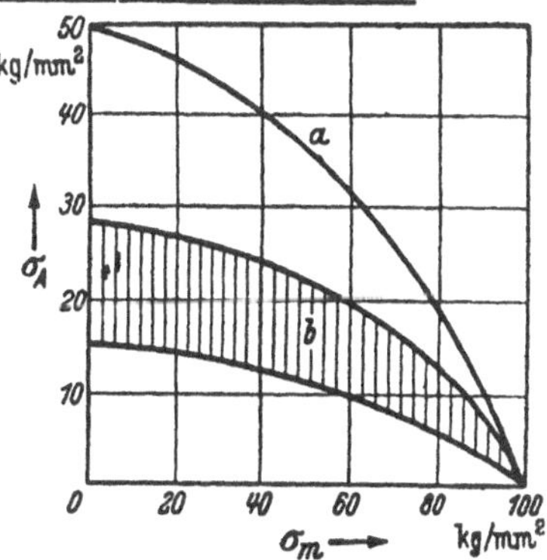

Bild 12/7. Ausschlag-Festigkeit $\sigma_A$ einer
Blattfeder aus gehärtetem Stahl
($\sigma_B = 130\,\text{kg/mm}^2$, $a$ geschliffen,
$b$ mit Walzhaut).

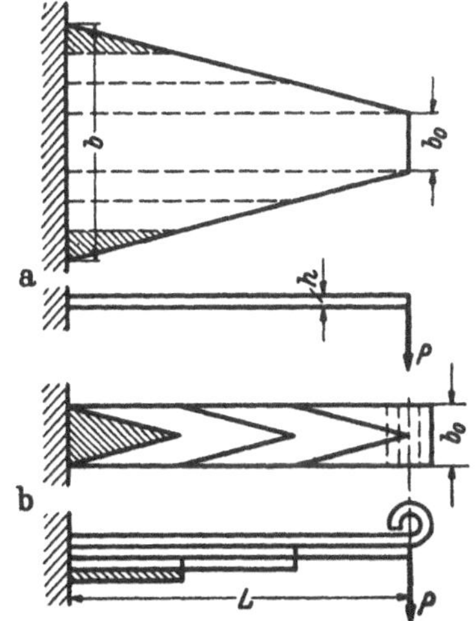

Bild 12/8. Trapez-Blattfeder a und geschichtete Blattfeder b als Abart der 'n Streifen geschnitten gedachten Trapezfeder a.

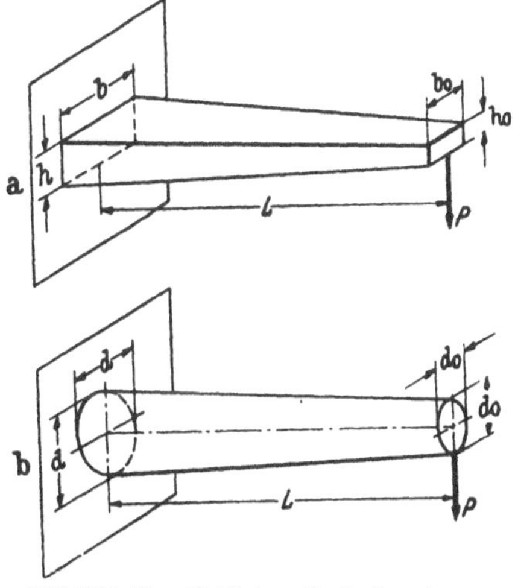

Bild 12/9. Biege-Stabfeder mit abnehmendem
Querschnitt. a Pyramidenstab, b Kegelstab.

---

[1] Entspr. den Gl. der elast. Linie
$$f_x = \frac{P \cdot L^3}{6 E \cdot J}\left(2 - 3\frac{x}{L} + \frac{x^3}{L^3}\right) \quad \text{und} \quad \operatorname{tg}\alpha_x = \frac{P \cdot L^3}{2 E \cdot J}\left(\frac{1}{L} - \frac{x^2}{L^3}\right).$$
Bei *schrägem* Kraftangriff und ferner bei stark *gebogener* Feder ist der wirksame Hebelarm $a$ von der
wahren Federlänge $L$ zu unterscheiden und entsprechend an Stelle der Kraft $P$ der Ausdruck $P' = P \cdot a/L$
in obige Gl. einzuführen. Näheres s. [12/2].

[2] Berechnung für abgesetzte Biegestabfedern, z. B. abgesetzte Wellen, s. Kap. 17.3.

*Erfahrungswerte für Blattfedern aus Stahl* (kg/cm²). Siehe auch Bild 12/7:

| | |
|---|---|
| Zulässige Spannung | statisch $\quad \sigma_{zul} \lesssim 0{,}68\,\sigma_B$<br>dynamisch $\sigma_{zul} \lesssim \sigma_m + 0{,}75\,\sigma_A$ |
| Blattfederstahl, gehärtet (Festigkeitswerte) | $\sigma_B = 12\,000$ bis $16\,000$<br>$\sigma_F = 10\,500$ bis $13\,500$<br>$E = 2{,}1 \cdot 10^6$ |
| Legierter Blattfederstahl, gehärtet mit $\sigma_B \geqq 14\,000$ und $\sigma_m = 5000$ kg/cm² | $\sigma_A = 1200$ bis $2000$ mit Walzhaut<br>$\sigma_A = 3000$ bis $3300$ kugelgestrahlt<br>$\sigma_A = 4000$ bis $4500$ geschliffen<br>noch höher: oberflächengedrückt |
| Kraftfahrzeug-Blattfedern, $\sigma$ auf statische Belastung bezogen | $\sigma_{zul} \lesssim 4000$ bis $5000$ für Vorderfedern<br>$\lesssim 5500$ bis $6500$ für Hinterfedern<br>$\lesssim 7000$ für Schienenfahrzeuge |

Bild 12/9 auch noch in der *Dicke* linear ab von $h$ bis $h_0$, bzw. von $d$ bis $d_0$, so daß die Spannung längs des Stabes nicht mehr so sehr unterschiedlich ist, wie beim Zylinderstab unter 1. Dann ist bei gleichem $P$ und $L$ und gleichem $\sigma$ im Einspannquerschnitt das Federvolumen geringer, als bei 1, aber $f$ und $A$ werden größer, so daß auch der Nutzwert $\eta_A$ ansteigt.

Für die *Berechnung* dieser Federn genügen die Gleichungen unter 1., wenn wir für die Wirkung des abnehmenden Querschnitts die Beiwerte $q_1$ und $q_2$ (s. Tafel 12/2) einführen und, wenn $J$ und $W_b$ für den Einspannquerschnitt gelten. Es ist dann:

$$
\begin{array}{ll}
\text{Tragkraft } P = W_b \cdot \sigma/L \text{ (kg)} & \text{Neigung } \operatorname{tg}\alpha = q_2 \dfrac{P \cdot L^2}{2 \cdot E \cdot J} \\[2ex]
\text{Federweg } f = q_1 \dfrac{P \cdot L^3}{3 \cdot E \cdot J} = q_1 \dfrac{\sigma \cdot L^2}{3 \cdot E \cdot e} \text{ (cm)} & \text{Federarbeit } A = P \cdot f/2 = \eta_A \dfrac{V \cdot \sigma^2}{2 \cdot E} \text{ (cmkg)} \\[2ex]
V = L\,(h + h_0) \cdot (b + b_0)/4 \text{ (cm}^3) & \eta_A = \dfrac{4}{9}\,\dfrac{q_1}{(1 + b_0/b)\,(1 + h_0/h)}
\end{array}
$$

**Tafel 12/2.** *Beiwerte $q_1/q_2$ für Stabfedern nach Bild 12/9.* (Die dick eingerahmten Werte gelten für Quadrat- und Kreis-Querschnitte.)

| ↓ für → | $\dfrac{b_0}{b} = 1{,}0$ | 0,8 | 0,6 | 0,4 | 0,2 | 0 |
|---|---|---|---|---|---|---|
| $h_0/h = 1{,}0 \ldots$ | 1,0/1,0 (Rechteckf.) | 1,05/1,07 | 1,12/1,17 | 1,20/1,3 | 1,31/1,49 | 1,5 /2,0 (Dreieckf.) |
| $0{,}8 \ldots$ | 1,18/1,25 | 1,25/1,35 | 1,34/1,46 | 1,45/1,675 | 1,61/1,98 | 1,88/2,81 |
| $0{,}6 \ldots$ | 1,46/1,67 | 1,55/1,83 | 1,67/2,04 | 1,82/2,34 | 2,06/2,84 | 2,5/4,44 |
| $0{,}4 \ldots$ | 1,89/2,5 | 2,04/2,78 | 2,24/3,14 | 2,50/3,75 | 2,9 /4,79 | 3,75/8,75 |
| $0{,}2 \ldots$ | 2,87/5,0 | 3,16/5,72 | 3,54/6,75 | 4,09/8,4 | 5,0 /11,67 | 7,5/30 |

So werden z. B. für die „*Dreieckfeder*" nach Bild 12/9 a mit $b_0 = 0$ und $h_0 = h$ nach Tafel 12/2 die Beiwerte $q_1 = 1{,}5$, $q_2 = 2$. Für diesen Fall ist die Spannung $\sigma$ längs der Feder konstant, die Biegelinie wird zum Kreisbogen und $\eta_A = 1/3$. Die Dreieckfeder benötigt also für die gleiche Federarbeit nur 1/3 des Volumens der Rechteckfeder unter 1.

*Die geschichtete Blattfeder* (Bild 12/8 b) können wir als konstruktive Abart der „Trapezfeder" auffassen, wobei $b = z \cdot b_0$ ist, mit $z$ als Blattzahl und $b_0$ als Breite

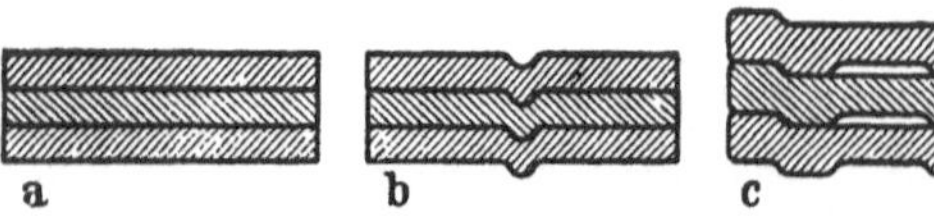

Bild 12/10. Querschnitt geschichteter Blattfedern. a glatt, b mit Mittelrippe, c mit Krupp-Profil.

der Blätter. Die zusätzliche Reibung zwischen den Blättern erhöht die Tragkraft $P$ je nach Blattzahl und Schmierzustand um 2—12%. Konstruktiver Aufbau der Blattfeder s. Bild 12/10 und 12/11. Berechnungsbeispiel s. unter 3.

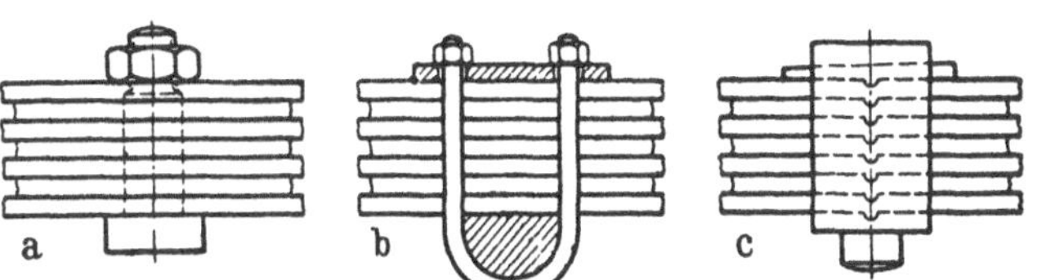

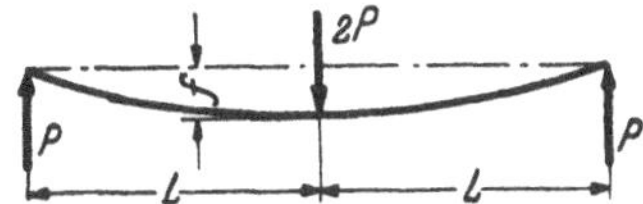

Bild 12/11. Ausbildung des Federbandes bei Blattfedern. a mit Mittelstift, b mit Bügel, c mit Bund und Keil und Mittelwarze der Federblätter.

Bild 12/12. Doppelseitige Biegefeder (schematisch).

**3) Doppelseitige Biegefeder nach Bild 12/12.** Die halbe Feder kann als einseitige Biegestabfeder nach 1. aufgefaßt und berechnet werden, wobei die Länge $L$ und die Kraft $P$ auf die halbe Feder bezogen werden, die Mittelkraft ist $2P$.

*Beispiel:* Tragfeder für Schienenfahrzeuge als doppelseitige, geschichtete Blattfeder.
*Gegeben:* Statische Last $2P = 4600$ kg, $2L = 140$ cm, $b_0 = 12$ cm, $z = 8$.
  $b = 8 \cdot 12 = 96$ cm, $h = 1,2$ cm.

*Gesucht:* $\sigma$, $f$ und $c$ (Sollwert 330 bis 370 kg/cm) und ferner die für eine zusätzliche Ausschlagspannung $\sigma_a = 900$ kg/cm² (s. Bild 12/2) sich ergebende zusätzliche Federung $f_a$ und Ausschlagkraft (Stoßkraft) $2P_a$ in Federmitte.

*Berechnet:* $W_b = b \cdot h^2/6 = 23$ cm³, $\sigma = P \cdot L/W_b = 7000$ kg/cm², $q_1 \approx 1,40$ nach Tafel 12/2 für $b_0/b = 1/z = 0,125$, $f = 19,8$ cm; $c = P/f = 359$ kg/cm; $f_a - f \cdot \sigma_a/\sigma = 1,65$ cm; $2P_a = 2P \cdot \sigma_a/\sigma = 591$ kg. Die zusätzliche Tragkraft aus der Blattreibung (2 bis 12%) wurde vernachlässigt.

**4) Beiderseitig eingespannte Lenkerfeder nach Bild 12/13** mit Parallelbewegung der Federenden. Die halbe Feder mit der Länge $L$ und Kraft $P$ kann wiederum als einseitige Biegestabfeder nach 1. aufgefaßt und berechnet werden.

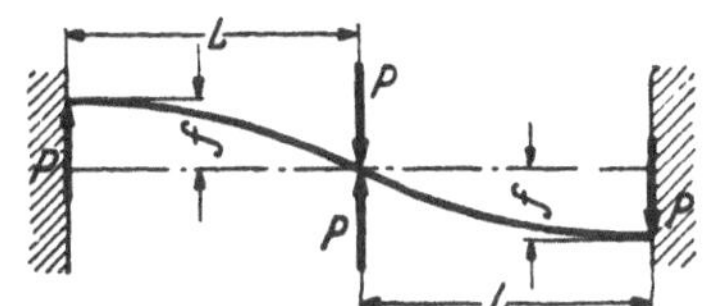

Bild 12/13. Beiderseitig eingespannte Lenkerfeder (schematisch).

**5) Gewundene Biegefeder nach Bild 12/14** mit konstantem Querschnitt und eingespannten Federenden. Das belastende Moment $P \cdot R$ wirkt als Biegemoment und ist längs der Feder konstant und somit auch die Biegespannung $\sigma = P \cdot R/W_b$. Entsprechend wird, wie bei der „Dreieckfeder" unter 2) der Nutzwert $\eta_A = 1/3$, wenn der Federquerschnitt ein Rechteck ist und $= 1/4$, wenn der Querschnitt ein Kreis ist. In Wirklichkeit ist die Randspannung an der Innenseite der Feder $\sigma_{max} = q_3 \cdot \sigma$ etwas größer als

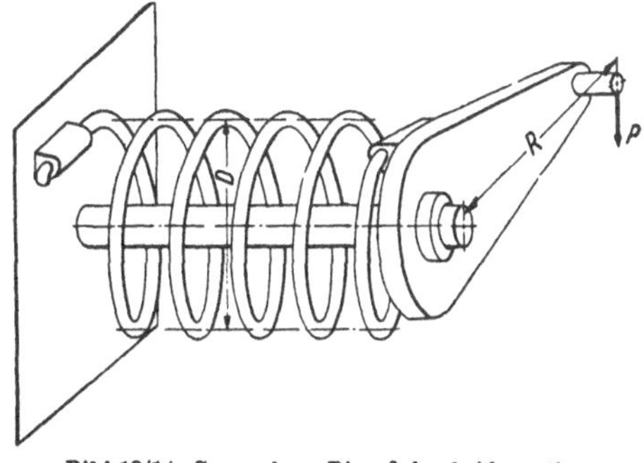

Bild 12/14. Gewundene Biegefeder beiderseitig eingespannt.

außen (s. gekrümmte Träger, S. 69), so daß $\eta_A$ etwas kleiner wird ($q_3$ s. Tafel 12/3). Die Kennlinie ist eine Gerade. Diese Federart wird als Scharnierfeder bevorzugt.

Für die Berechnung gilt:

| | |
|---|---|
| Tragkraft $P = \dfrac{W_b \cdot \sigma}{R}$ (kg) | $\varphi^\circ = \varphi \cdot 180/\pi$ (°) |
| Randspannung Innenseite $\sigma_{max} = q_3 \cdot \sigma$ | Gestreckte Federlänge $L = \pi \cdot D \cdot z$ (cm) |
| Drehwinkel $\varphi = \dfrac{P \cdot R \cdot L}{E \cdot J} = \dfrac{L \cdot \sigma}{E \cdot e}$ | Federarbeit $A = P \cdot R \cdot \varphi/2 = \eta_A \cdot V \dfrac{\sigma^2}{E}$ (cmkg) |
| | $\eta_A = \dfrac{J}{e^2 \cdot F}$ |
| | $e$, $W_b$ und $J$ s. S. 189 |

**Tafel 12/3.** *Beiwert $q_3$ für gekrümmte Träger* mit Krümmungsdurchmesser $D$, abhängig von $h/D$. Für Kreisquerschnitt ist $h = d$.

| Querschnitt ↓ | $h/D = 0,1$ | 0,2 | 0,3 | 0,4 | 0,5 | 0,6 | 0,7 | 0,8 | 0,9 |
|---|---|---|---|---|---|---|---|---|---|
| Rechteck | 1,07 | 1,14 | 1,25 | 1,37 | 1,53 | 1,74 | 2,26 | 2,59 | 3,94 |
| Kreis | 1,08 | 1,17 | 1,29 | 1,43 | 1,61 | 1,89 | 2,28 | 3,0 | 5,0 |

**6) Ebene Spiralfeder (Uhrfeder) nach Bild 12/15.** Sind beide Federenden eingespannt und liegen die Windungen nicht aufeinander, so gelten die Gleichungen unter 5. Ist das äußere Federende gelenkig befestigt (ungünstig!), so wird der Werkstoff nicht gleich-

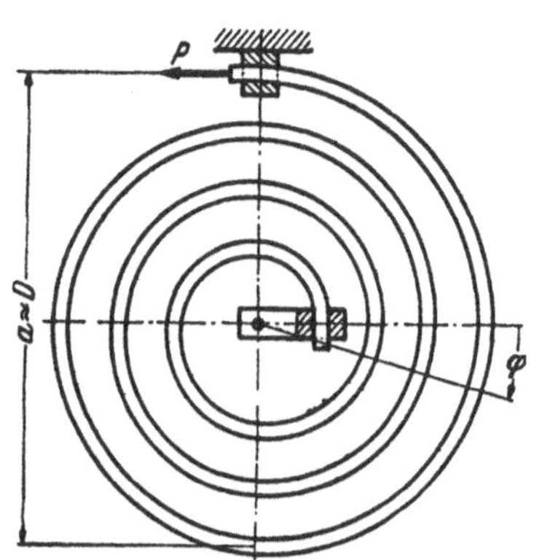

Bild 12/15. Ebene Spiralfeder (Uhrfeder), beiderseitig eingespannt.

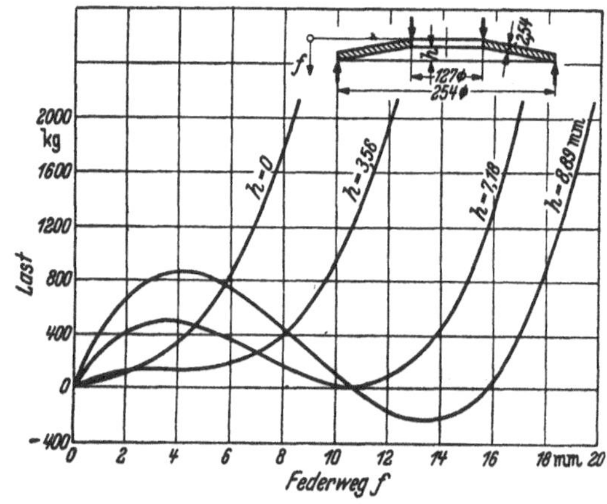


Bild 12/16. Kennlinien eines Federtellers bei verschiedenem $h$.

mäßig ausgenutzt ($\eta_A$ sinkt erheblich!). Legen sich beim Spannen der Feder immer mehr Windungen aufeinander, so wird die Feder um so „härter". Eine genaue Berechnung ist für diesen Fall schwierig. Näheres s. [12/2].

**7) Tellerfeder nach Bild 12/16.** Die belastende Kraft $P$ wirkt als Stülpkraft auf den Ringteller, wobei die äußere Ringfaser tangential gedehnt und die innere Ringfaser tangential gedrückt wird, während für eine mittlere (neutrale) Ringfaser die Verformung und Spannung null bleibt. Außerdem treten noch Biegespannungen und radiale Druckspannungen auf. Da die Randspannungen nicht linear mit dem Federweg wachsen, verläuft auch die Kennlinie abweichend von der Geraden. Sie ist besonders von der Neigung des Tellers abhängig und kann bei durchgedrücktem Teller sogar eine *abnehmende* Federkraft ergeben (s. Bild 12/16), eine Eigenschaft, die keine andere Feder aufweist, und die besonders für Regelzwecke von Vorteil sein kann. Der Nutzwert $\eta_A$ wird noch am günstigsten beim Planteller mit $d_i/d = 0,65$ [1]. Der Federweg ist mit der Tellerzahl leicht zu verändern. Die Teller werden meist auf einem Dorn aufgereiht, wobei sie abwechselnd gegeneinander oder paarweise ineinander liegen (hierbei zusätzliche Reibung).

*Berechnung* nach ALMEN und LASZLO [2]:

| | |
|---|---|
| Tragkraft | $P = \dfrac{4 \cdot E \cdot f \cdot s}{(1 - m^2) \cdot q_1 \cdot d^2} \left[ (h - f)(h - f/2) + s^2 \right]$ (kg) |
| Querzahl | $m = 0,3$ für Stahl |
| Beanspruchung | $\sigma = \dfrac{4 \cdot E \cdot f}{(1 - m^2)\, q_1 \cdot d^2} \left[ q_2 (h - f/2) + q_3 \cdot s \right]$ (kg/cm²) |
| Federhärte | $c = \dfrac{dP}{df} = \dfrac{4 \cdot E \cdot s}{(1 - m^2) \cdot q_1 \cdot d^2} \left( s^2 + h^2 - 3hf + 1,5 f^2 \right)$ (kg/cm) |

---

[1] Er würde noch günstiger für einen Teller mit verdicktem Außen- und Innenrand.

[2] Siehe [12/25] und [12/2].

[3] Jüngste Angaben zu Tellerfedern s. K. WALZ (Entwurf u. Fertigung) Werkstatt u. Betr. 82 (1949) s. 453; G. OEHLER (Berechnung) Werkstatt u. Betr. 82 (1949) S. 132; Tabellen zu Tellerfedern s. Druck-Schriften von ADOLF SCHNORR, Stuttgart-Botnang.

**Tafel 12/4.** *Beiwerte $q_1$, $q_2$, $q_3$, abhängig von $d/d_i$.*

| für $d/d_i$ = 1,4 | 1,8 | 2,2 | 2,6 | 3,0 | 3,4 | 3,8 | 4,2 | 4,6 | 5,0 |
|---|---|---|---|---|---|---|---|---|---|
| $q_1$ | 0,45 | 0,64 | 0,72 | 0,77 | 0,78 | 0,8 | 0,8 | 0,8 | 0,8 | 0,79 |
| $q_2$ | 1,06 | 1,17 | 1,26 | 1,35 | 1,42 | 1,50 | 1,57 | 1,64 | 1,7 | 1,77 |
| $q_3$ | 1,13 | 1,3 | 1,45 | 1,6 | 1,74 | 1,88 | 2,0 | 2,13 | 2,25 | 2,37 |

*Erfahrungswerte:* $\sigma = 15\,000\ \text{kg/cm}^2$, $E = 2,1 \cdot 10^6\ \text{kg/cm}^2$, $m = 0,3$ für Tellerfedern aus gehärtetem Federstahl.

## 12.7. Drehbeanspruchte Federn.

**1) Drehstabfeder nach Bild 12/17.** Das belastende Drehmoment $M_t = P \cdot R$ ist längs des Stabes konstant, so daß bei gleichbleibendem Querschnitt auch die maximale Drehspannung $\tau$ längs des Stabes konstant ist. Im Querschnitt nimmt jedoch die Drehspannung von der Randfaser bis zum Schwerpunkt hin ab, so daß der Nutzwert $\eta_A$ den Idealwert 1 nicht erreichen kann (s. Tafel 12/5 und 12/6). Die Verteilung der Drehspannung bei verschiedener Querschnittform s. S. 44. Besonders gefährdet sind die Einspannstellen, so daß man diese zweckmäßig verstärkt. Erprobt sind kerbverzahnte Stabköpfe mit $1,5\,d$ als Kopfdurchmesser und $2\,d$ als Ausrundungshalbmesser an der geschliffenen, oder noch besser oberflächengedrückten Übergangsstelle. Die Kennlinie der Drehstabfeder ist eine Gerade (s. Bild 12/1).

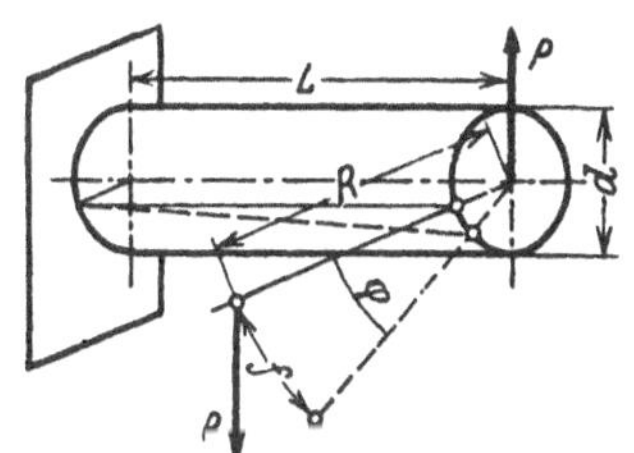

Bild 12/17. Drehstabfeder (schematisch), belastet durch das freie Drehmoment $P \cdot R$.

Für die Berechnung gilt:

$$\text{Drehmoment}\quad M_t = P \cdot R = W_t \cdot \tau \qquad \text{Federarbeit}\quad A = M_t \cdot \frac{\varphi}{2} = \eta_A \cdot \frac{\tau^2 \cdot V}{2\,G}$$

$$\text{Drehwinkel}\quad \varphi = \frac{M_t \cdot L}{G \cdot J_t} = \frac{W_t \cdot \tau \cdot L}{J_t \cdot G} \qquad \eta_A = \frac{W_t^2}{J_t \cdot F}$$

$$\text{Federweg}\quad f = \varphi \cdot R$$

**Tafel 12/5.** *$W_t$, $J_t$ und $\eta_A$ für einige Querschnitte (s. Festigkeitsrechnung S. 43 bis 45).*

| Für Querschnitt ↓ | $W_t$ | $J_t$ | $W_t/J_t$ | $\eta_A$ |
|---|---|---|---|---|
| Kreis . . . . . . | $\pi \cdot \dfrac{d^3}{16}$ | $\pi \cdot \dfrac{d^4}{32}$ | $\dfrac{2}{d}$ | $\dfrac{1}{2}$ |
| Kreisring . . . . | $\pi \cdot \dfrac{d^4 - d_i^4}{d \cdot 16}$ | $\pi \cdot \dfrac{d^4 - d_i^4}{32}$ | $\dfrac{2}{d}$ | $\dfrac{1 + d_i^2/d^2}{2}$ |
| Rechteck . . . . | $\eta_2 \cdot h \cdot b^2$ | $\eta_3 \cdot h \cdot b^3$ | $\dfrac{\eta_2}{b \cdot \eta_3}$ | s. Tafel 12/6 |

**Tafel 12/6.** *Beiwerte $\eta_2$, $\eta_3$, $\eta_A$ für Rechteckquerschnitte, abhängig von $h/b$. $h$ ist die größere, $b$ die kleinere Rechteckseite.*

| Für $h/b$ = | 1 | 1,5 | 2 | 3 | 4 | 5 | 6 | 8 | 10 | ∞ |
|---|---|---|---|---|---|---|---|---|---|---|
| $\eta_2$ | 0,208 | 0,231 | 0,246 | 0,267 | 0,282 | 0,290 | 0,299 | 0,307 | 0,313 | 0,333 |
| $\eta_3$ | 0,14 | 0,196 | 0,229 | 0,263 | 0,281 | 0,290 | 0,299 | 0,307 | 0,313 | 0,333 |
| $\eta_A$ | 0,308 | 0,272 | 0,264 | 0,272 | 0,282 | 0,290 | 0,298 | 0,308 | 0,312 | 0,333 |

*Erfahrungswerte für Drehstabfedern* (kg/cm²):

| | |
|---|---|
| für gehärteten Federstahl mit $\sigma_B = 12\,000$ bis $16\,000$ $\sigma_F = 10\,000$ bis $13\,500$ | $G = 830\,000$, $\tau_F = 8000$ bis $10\,000$ fast ruhend oder $\}$ selten belastet $\}$ $\tau_{zul} = 0,5\,\sigma_B = 6000$ bis $9000$ dynamisch belastet $\tau_{zul} = \tau_m + 0,75\,\tau_A$ |
| für gehärteten Cr–Si-St oder Cr–Va-St und $d = 2$ bis $3,5$ cm | $\tau_A = 1400$ bis $2800$ |

*Beispiel:* Drehstabfeder bei dynamisch schwellender Beanspruchung.

Gegeben: $d = 2$ cm; $L = 100$ cm; $\tau = 2\,\tau_a = 4000$ kg/cm²; gesucht: $M_t$, $\varphi$, $A$.

Berechnet: $W_t = \pi \cdot \dfrac{d^3}{16} = 1,57$ cm³; $J_t = \pi \dfrac{d^4}{32} = 1,57$ cm⁴; $M_t = W_t \cdot \tau = 6280$ cmkg;

$$\varphi = \frac{W_t}{J_t} \cdot \frac{\tau \cdot L}{G} = 0,482; \quad \varphi^\circ = \varphi \cdot \frac{180}{\pi} = 27^\circ 36'; \quad A = M_t \cdot \frac{\varphi}{2} = 1515 \text{ cmkg.}$$

**2) Zylindrische Schraubenfeder mit konstantem Querschnitt nach Bild 12/18.** Sie ist die im Maschinenbau am häufigsten verwendete Federart und stellt eine in Form einer

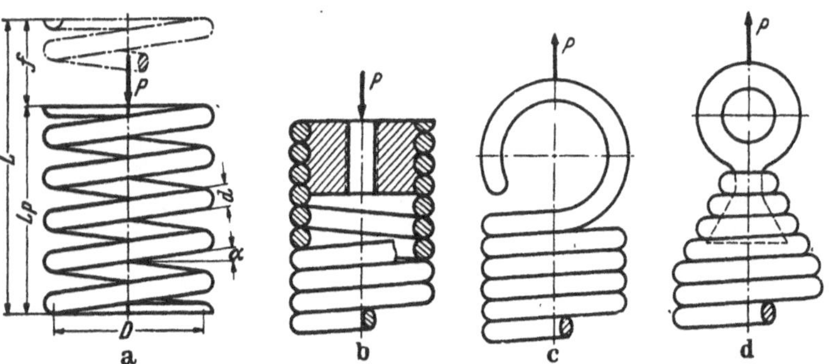

Schraubenlinie gewundene Drehstabfeder dar, die durch eine Druck- oder Zugkraft $P$ in der Federachse belastet wird.

*Ausführung:* Ausführung der Federenden nach Bild 12/18. Für die zentrische Kraftwirkung ist es günstig, wenn die Federenden um 180° ver-

Bild 12/18. Schraubenfeder, a für Druckbelastung, b für Zug- und Druckbelastung, c und d für Zugbelastung.

setzt liegen (Gesamtwindungszahl mit 1/2 endigend), und wenn bei Druckfedern an jedem Federende 3/4 Windungen beigedrückt (nicht mehr federnd!) und plangeschliffen werden. Hierbei wird die Druckfeder „härter" werden (Kurve *b* Bild 12/1), sobald sich die beigedrückten Windungen gegen die nächsten legen. Günstige Abmessungen und Federkräfte s. Tafel 12/10.

*Beanspruchung:* Durch die Kraft $P$ und den Hebelarm $r = D/2$ erhält ein Drahtquerschnitt, rechtwinklig zur Schraubenlinie (Steigungswinkel $\alpha$) liegend

| | |
|---|---|
| ein Drehmoment $= P \cdot r \cdot \cos \alpha$ | ein Biegemoment $P \cdot r \cdot \sin \alpha$ |
| eine Querkraft $= P \cdot \cos \alpha$ | eine Zug- oder Druckkraft $P \cdot \sin \alpha$ |

Gegenüber der Drehbeanspruchung aus dem Drehmoment treten, zumal bei kleinem $\alpha$ und kleinem $d/D$ die übrigen Beanspruchungen zurück. Man rechnet zweckmäßig nur mit dem Drehmoment $P \cdot R$, da $\cos \alpha \approx 1$, und berücksichtigt gegebenenfalls (bei großem $d/D$) die zusätzliche *Schubspannung* an der *Innenseite* der Feder mit Hilfe eines Beiwertes $y$. Der Federweg $f$ wird durch die zusätzlichen Beanspruchungen kaum beeinflußt, solange die Federwindungen sich nicht berühren.

Für die Berechnung gilt [1]:

| | |
|---|---|
| *Allgemein:* Tragkraft $P = 2 \cdot W_t \cdot \dfrac{\tau}{D}$ (kg) Federweg $f = \dfrac{\pi \cdot z \cdot D^3 \cdot P}{4 \cdot J_t \cdot G} = \dfrac{\pi \cdot z \cdot D^2 \cdot W_t \cdot \tau}{2 \cdot G \cdot J_t}$ (cm) Federarbeit $A = \pi \cdot z \cdot \dfrac{D \cdot W_t^2}{2 \cdot J_t} \cdot \dfrac{\tau^2}{G} = \eta_A \cdot \dfrac{V \cdot \tau^2}{2\,G}$ (cmkg) $W_t$, $J_t$ und $\eta_A$ s. Tafel 12/5 | Federlänge ungespannt, für Druckfeder mit zwei toten Gängen: $L \geq (z+2)\,d + f + 0,1 \cdot d \cdot z$ (cm) Für Zugfeder: $L \geq d \cdot z + $ Ösenhöhe (cm) |

[1] Berechnung der Knicksicherheit von Druckfedern und *Querfederung* s. [12/2], [12/30], [12/34] u. [12/35].

---

*Für eine Feder mit Kreisquerschnitt des Drahtes:*

Drahtdurchmesser $d = \sqrt[3]{(2{,}55\,P \cdot D/\tau)}$ (cm)

Wirksame Windungszahl $z = \dfrac{f \cdot G \cdot d}{\pi \cdot D^2 \cdot \tau}$

$$= 264\,000\,\frac{f \cdot d}{\tau \cdot D^2} \text{ für Stahl mit } G = 830\,000 \text{ kg/cm}^2$$

Maximale Schubspannung (Innenseite) $\tau' = \tau \cdot \cos\alpha \cdot y$ (nach GÖHNER [12/29])

---

Beispiel s. S. 196. Günstige Abmessungen und Federkräfte s. Tafel 12/10.

**Tafel 12/7.** *Beiwert y für Kreisquerschnitte, abhängig von D/d.*

| Für $D/d = \longrightarrow$ | 2 | 3 | 4 | 5 | 6 | 7 | 8 | 9 | 10 | 12 |
|---|---|---|---|---|---|---|---|---|---|---|
| y . . . | 2,05 | 1,55 | 1,38 | 1,29 | 1,23 | 1,20 | 1,17 | 1,15 | 1,14 | 1,13 |

---

*Für eine Feder mit Rechteck-Querschnitt[1] des Drahtes:*

Größere Rechteckseite $h$, kleinere $b$; $\eta_2$ und $\eta_3$ s. Tafel 12/6

Abmessung $h \cdot b^2 = P\,\dfrac{D}{\eta_2 \cdot 2\tau}$ (cm$^3$)

Wirksame Windungszahl $z = \dfrac{2 \cdot f \cdot G \cdot b}{\pi \cdot D^2 \cdot \tau} \cdot \dfrac{\eta_3}{\eta_2}$ ; $= 528\,000\,\dfrac{f \cdot b}{D^2 \cdot \tau} \cdot \dfrac{\eta_3}{\eta_2}$ für Stahl

$\max \tau' = \tau \cdot \cos\alpha \cdot y$ (nach GÖHNER [12/29])

---

**Tafel 12/8.** *Beiwert y für Rechteckquerschnitt, abhängig von h/b und D/b bzw. D/h.*

| $h/b$ ↓ | $\frac{D}{b} = 3$ | 4 | 5 | 6 | 10 | $\frac{D}{h} = 3$ | 4 | 5 | 6 | 10 |
|---|---|---|---|---|---|---|---|---|---|---|
| 1 | 1,46 | 1,33 | 1,26 | 1,21 | 1,12 | 1,46 | 1,33 | 1,26 | 1,21 | 1,12 |
| 1,5 | 1,41 | 1,30 | 1,235 | 1,19 | 1,11 | 1,32 | 1,18 | 1,11 | 1,07 | 1 |
| 2 | 1,39 | 1,28 | 1,22 | 1,18 | 1,11 | 1,26 | 1,13 | 1,06 | 1,03 | 1 |
| 3 | — | — | 1,215 | 1,18 | 1,10 | 1,24 | 1,10 | 1,07 | 1,06 | 1,03 |
| 4 | — | — | — | 1,18 | 1,10 | 1,25 | 1,16 | 1,12 | 1,10 | 1,05 |
| 5 | — | — | — | — | 1,085 | 1,27 | 1,19 | 1,16 | 1,12 | 1,07 |

*Erfahrungswerte für Schraubenfedern* (kg/cm$^2$):

| | |
|---|---|
| für gehärteten Federstahl<br>$G = 830\,000$, $\sigma_B$ siehe Tafel 12/9 | fast ruhend oder selten belastet $\left.\right\}$ $\tau_{zul} = 0{,}5\,\sigma_B$<br>dynamisch belastet $\tau_{zul} = \tau_m + 0{,}75\,\tau_A$ |
| für gehärteten C-Stahl, oder Cr–Si-St und d = 0,5 cm<br>blank gezogen, kalt gewickelt und angelassen<br>geschliffen, kalt gewickelt und angelassen<br>wie vorher, aber besonders gehärtet und vergütet | $\tau_A = 1500$ bis 1700<br>$\tau_A = 2000$ bis 2500<br>$\tau_A = 2800$ bis 3200 |
| für *dickdräht.* Walzdraht, warm gewickelt, gehärtet und angelassen<br>wie vorher, aber Draht geschliffen, ohne Randentkohlung gehärtet und angelassen | $\tau_A = 400$ bis 600<br>$\tau_A = 1000$ bis 1600 |
| für *Ventil*federn | $\tau_A$ s. Bild 12/19 |
| für *Fahrzeug-Tragfedern,* bezogen auf die statische Belastung | $\tau_{zul} = 4000$ bis 5000 |

---

[1] Vereinfachte Formeln s, W. A. WOLF in Z. VDI 91 (1949) S. 259.

**Tafel 12/9.** *Statische Zugfestigkeit $\sigma_B$ $(kg/mm^2)$ von patentgehärtetem Federstahl nach DIN 2076 (Febr. 1944), abhängig vom Drahtdurchmesser d.*

| d (mm) → | 1 | 2 | 4 | 6 | 8 | 10 | 12 | 14 | 16 |
|---|---|---|---|---|---|---|---|---|---|
| Qualität I | 280 | 240 | 200 | 170 | 155 | — | — | — | — |
| II | 250 | 215 | 180 | 155 | 145 | — | — | — | — |
| III | 225 | 195 | 165 | 145 | 135 | 120 | 110 | 105 | — |
| IV | 205 | 175 | 145 | 130 | 125 | 110 | 105 | 100 | 90 |
| V | 175 | 150 | 125 | 115 | 110 | 100 | 95 | 90 | 80 |

**Tafel 12/10.** *Abmessungen für kaltgeformte druckbelastete Schraubenfedern aus Stahldraht nach Bild 12/18 a* (Gesamtwindungen $z_g = z + 2$). Der Belastung $P$ und der zugehörigen Länge $L_P = L - f$ entspricht $\tau = 0,425\,\sigma_B$. Der Blockbelastung (Windungen gegen Windung liegend!) $P_{Bl} = 1,18\,P$ und der zugehörigen Länge $L_{Bl} = L - 1,18\,f$ entspricht $\tau_{Bl} = 0,5\,\sigma_B$. Federhärte $C = P/f$. Angenommen wurde $G = 830000$ kg/cm².

| P kg | d mm | D mm | passend auf Dorn mm | in Hülse mm | $z_g=6,5$ L mm | f mm | $z_g=8$ L mm | f mm | $z_g=10$ L mm | f mm | $z_g=12,5$ L mm | f mm | $z_g=16$ L mm | f mm |
|---|---|---|---|---|---|---|---|---|---|---|---|---|---|---|
| 12,5 |  | 18,7 | 16,0 | 22,0 | 38 | 22 | 56 | 30 | 65 | 39 | 85 | 52 | 113 | 70 |
| 15,9 | 2 | 14,7 | 12,0 | 18,0 | 28 | 13,7 | 36 | 18,3 | 47 | 24 | 62 | 32 | 81 | 43 |
| 18,4 |  | 12,7 | 10,0 | 16,0 | 24 | 10,2 | 31 | 13,6 | 41 | 18,4 | 52 | 24 | 69 | 32 |
| 21,8 |  | 10,7 | 8,0 | 14,0 | 21 | 7,3 | 27 | 9,7 | 35 | 12,8 | 44 | 17 | 58 | 22,5 |
| 18 |  | 21,2 | 20,0 | 27,0 | 44 | 25 | 59 | 34 | 76 | 44 | 98 | 58 | 131 | 78 |
| 22 | 2,5 | 19,2 | 16,0 | 23,0 | 35 | 17,4 | 46 | 23 | 60 | 31 | 77 | 40 | 102 | 54 |
| 28 |  | 15,2 | 12,0 | 19,0 | 28 | 11 | 36 | 14,6 | 47 | 19,5 | 60 | 25,5 | 79 | 34 |
| 32 |  | 13,2 | 10,0 | 17,0 | 25 | 8,2 | 32 | 11 | 42 | 14,5 | 53 | 19 | 68 | 25 |
| 29 |  | 28,9 | 25,0 | 33,5 | 53 | 29 | 70 | 39 | 91 | 52 | 118 | 68 | 157 | 91 |
| 35 | 3,2 | 23,9 | 20,0 | 28,5 | 43 | 20 | 55 | 26 | 72 | 35 | 93 | 46 | 121 | 61 |
| 42 |  | 19,9 | 16,0 | 24,5 | 36 | 13,8 | 46 | 18,3 | 59 | 24,5 | 76 | 32 | 100 | 43 |
| 53 |  | 15,9 | 12,0 | 20,5 | 30 | 8,9 | 39 | 11,8 | 49 | 15,6 | 63 | 20,5 | 82 | 27 |
| 42 |  | 37 | 32,0 | 42,5 | 67 | 36 | 86 | 48 | 113 | 64 | 147 | 84 | 195 | 113 |
| 51 | 4,0 | 30 | 25,0 | 35,5 | 52 | 23,5 | 67 | 31 | 86 | 41 | 111 | 54 | 148 | 73 |
| 62 |  | 25 | 20,0 | 30,5 | 44 | 16,5 | 56 | 22 | 72 | 29 | 93 | 38 | 122 | 51 |
| 74 |  | 21 | 16,0 | 26,5 | 39 | 11,8 | 49 | 15,5 | 63 | 20,5 | 80 | 27 | 104 | 36 |
| 61 |  | 46 | 40,0 | 52,5 | 78 | 41 | 102 | 55 | 133 | 73 | 172 | 95 | 227 | 127 |
| 74 | 5,0 | 38 | 32,0 | 44,5 | 63 | 28 | 82 | 38 | 106 | 50 | 138 | 66 | 180 | 87 |
| 91 |  | 31 | 25,0 | 37,5 | 53 | 19 | 67 | 25 | 86 | 33 | 112 | 44 | 147 | 59 |
| 108 |  | 26 | 20,0 | 32,5 | 47 | 13,2 | 59 | 17,7 | 76 | 23,5 | 97 | 31 | 126 | 41 |
| 94 |  | 57,8 | 50,0 | 66,0 | 97 | 50 | 126 | 67 | 164 | 89 | 213 | 117 | 281 | 156 |
| 113 | 6,3 | 47,8 | 40,0 | 56,0 | 78 | 34 | 101 | 46 | 130 | 60 | 168 | 79 | 221 | 105 |
| 136 |  | 39,8 | 32,0 | 48,0 | 67 | 24 | 85 | 32 | 109 | 42 | 140 | 55 | 183 | 73 |
| 165 |  | 32,8 | 25,0 | 41,0 | 58 | 16 | 73 | 21,5 | 94 | 28,5 | 120 | 37 | 157 | 50 |
| 147 |  | 72,5 | 63,0 | 82,5 | 118 | 60 | 153 | 79 | 200 | 105 | 258 | 138 | 340 | 184 |
| 179 | 8,0 | 59,5 | 50,0 | 69,5 | 95 | 40 | 122 | 53 | 159 | 71 | 205 | 93 | 270 | 124 |
| 216 |  | 49,5 | 40,0 | 59,5 | 81 | 28 | 103 | 37 | 134 | 49 | 172 | 65 | 225 | 86 |
| 258 |  | 41,5 | 32,0 | 51,5 | 72 | 19,5 | 91 | 26 | 118 | 35 | 150 | 45 | 196 | 61 |
| 200 |  | 92 | 80,0 | 104,5 | 140 | 68 | 181 | 90 | 236 | 120 | 305 | 157 | 402 | 210 |
| 245 | 10,0 | 75 | 63,0 | 87,5 | 113 | 45 | 145 | 60 | 188 | 79 | 242 | 104 | 318 | 139 |
| 296 |  | 62 | 50,0 | 74,5 | 97 | 31 | 123 | 41 | 158 | 54 | 203 | 71 | 267 | 95 |
| 353 |  | 52 | 40,0 | 64,5 | 87 | 21,5 | 110 | 29 | 140 | 38 | 180 | 50 | 234 | 67 |

**Beispiel:** Ventilfeder als Schraubenfeder aus gehärtetem Rund-Stahldraht.

*Gegeben:* Bei geschlossenem Ventil Federkraft $P_u = 130$ kg, Federweg $f_u$; bei geöffnetem Ventil Federkraft $P$, Federweg $f$, Ventilhub $= f - f_u = 1,4$ cm.

$\tau_{zul} = 3000$ kg/cm², $\tau_{a\,zul} = 700$ kg/cm²; $D = 6$ cm.

*Berechnet:* (nach S. 186) $P = P_u \cdot \dfrac{\tau}{\tau - 2\,\tau_a} = 244$ kg; $f = (f - f_u)\dfrac{\tau}{2 \cdot \tau_a} = 3$ cm;

*ferner*     (nach S. 195) $d = (2{,}55 \cdot P \cdot D/\tau)^{1/3} = 1{,}08$ cm, gewählt 1,1 cm;

$z = 264\,000 \cdot \dfrac{f \cdot d}{\tau \cdot D^2} = 8{,}07$, gewählt 8,5 Windungen;

Federlänge $L \geq (z + 2)\,d + f + 0{,}1 \cdot d \cdot z = 15{,}48$ cm;

$\max \tau' = \tau \cdot \cos \alpha \cdot y = 3000 \cdot 1{,}26 = 3780$ kg/cm für $D/d = 5{,}46$ und $y = 1{,}26$ nach Tafel 12/7 und $\cos \alpha \approx 1$,

ebenso $\max \tau'_a = \tau_a \cdot y_3 = 880$ kg/cm².

Nimmt man weniger Win-
dungen, so wird $\tau_a$ größer.

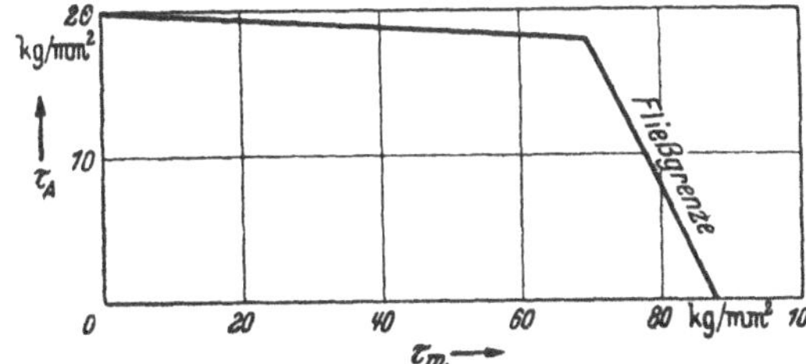

Bild 12/19. Ausschlagfestigkeit $\tau_A$ einer Ventil-Schraubenfeder aus Stahldraht mittlerer Güte.

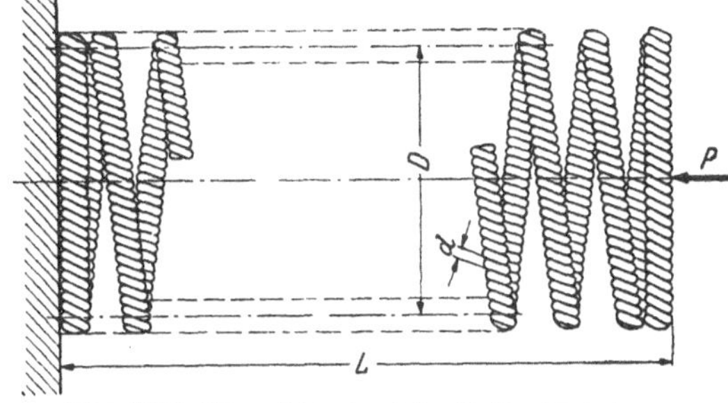

Bild 12/20. Litzen-Schraubenfeder für Druckbelastung.

**3) Litzen-Schraubenfeder nach Bild 12/20.** Diese Feder ist
aus einer Litze gewickelt, die wiederum aus mehreren um
einen Kerndraht·gewundenen Drähten besteht. Sie erlahmt bei
*schlagartiger* Belastung erfahrungsgemäß weniger als andere
Schraubenfedern. Ihre Kraftaufnahme wird größer, wenn die
Drähte sich bei der Belastung auf dem Kerndraht festziehen.
Die Drähte müssen hierzu bei *Druck*belastung *entgegen*gesetzt zur
Schraubenrichtung der Feder gewunden sein und bei *Zug*belastung
*gleich*gerichtet. Die Litzenfeder berechnet man bisher näherungs-
weise als Parallelschaltung von Schraubenfedern aus den Einzel-
drähten mit Windungsdurchmesser $D$ nach 2).

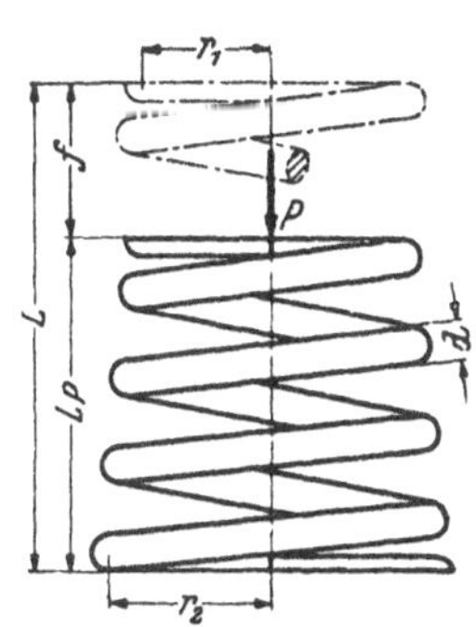

Bild 12/21. Kegelfeder mit
konstantem Kreisquerschnitt.

**4) Kegelfeder mit konstantem Querschnitt nach Bild 12/21.**
Die Drehspannung wächst mit dem Windungshalbmesser $r$ bis
zum Größtwert $\tau = P \cdot r_2/W_t$. Entsprechend fällt der Nutzwert $\eta_A$ gegenüber der
zylindrischen Schraubenfeder.

Für die *Berechnung* gilt mit guter Annäherung für Kreis- und Rechteckquerschnitt,
solange die Windungen sich nicht zunehmend auflegen:

$$\text{Tragkraft} \quad P = W_t \cdot \tau/r_2 \ \text{(kg)}; \qquad \max \tau' = \tau \cdot \cos \alpha \cdot y \ \text{(kg/cm}^2\text{)}$$

$$\text{Federweg} \quad f = \frac{\pi \cdot z \cdot P}{2 \cdot J_t \cdot G}\,(r_1 + r_2)\,(r_1^2 + r_2^2) = \frac{\pi \cdot z \cdot W_t \cdot \tau}{2\,G \cdot J_t \cdot r_2}\,(r_1 + r_2)\,(r_1^2 + r_2^2) \ \text{(cm)}$$

$$\text{Federarbeit} \quad A = P \cdot f/2 = \eta_A \cdot \frac{\tau^2 \cdot V}{2\,G} \ \text{(cmkg)}; \qquad \eta_A = \frac{W^2 \cdot (r_1^2 + r_2^2)}{J_t \cdot F \cdot 2 \cdot r_2^2}$$

$W_t$ und $J_t$ nach Tafel 12/5, $y$ nach Tafel 12/7 bzw. 12/8.

**5) Kegelfeder mit abnehmendem Rechteck-Querschnitt (Pufferfeder) nach Bild 12/22.**
Sie nimmt bei geringem Raumbedarf ziemlich große Federkräfte bei progressiv ansteigender Kennlinie auf (s. Bild 12/22b), wenn die Windungen sich, wie üblich, auf die
Unterlage aufsetzen. Bei reibender Berührung der Windungen (enge Wicklung) kommt
noch die Reibungskraft hinzu. Die Beanspruchung der Feder in den einzelnen Querschnitten kann angenähert nach 4) berechnet werden, während eine zutreffende Berechnung des Federwegs schwieriger ist. Näheres s. [*12/36*] und [*12/37*].

## 12.8. Gummifedern.

**1)** Obwohl Naturgummi durch Licht, Wärme und Sauerstoff brüchig wird („altert"), gegen Öl und Benzin empfindlich ist (quillt) und Kunstgummi ohne diese Mängel weniger elastisch ist, wird Gummi in steigendem Maße zur Abfederung von Maschinen und Geräten und vor allem zur Dämpfung von Schwingungen, Stößen und Geräuschen herangezogen. Denn er ermöglicht in einfacher Weise je nach Anordnung eine weiche oder härtere Federung, eine gleichzeitige Federung nach allen Seiten und vor allem eine Kombi-

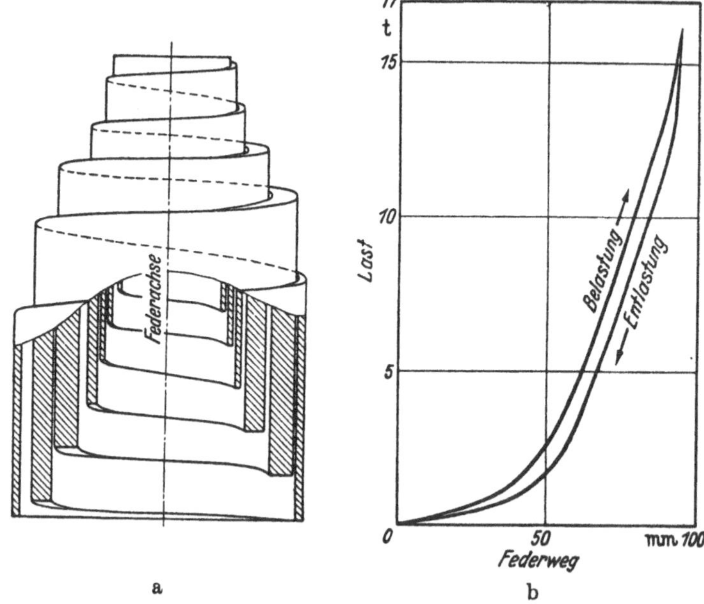


Bild 12/22. a Kegelfeder mit abnehmendem Rechteck-Querschnitt (Pufferfeder), b Kennlinie hierzu.

nation von Federung und Dämpfung. Ferner kann Gummi mit Metallzug-, druck- und schubfest verbunden werden (Schwingmetall), indem es z. B. zwischen Metallplatten (Bild 12/23) oder -röhren (Bild 12/24) oder -ringen einvulkanisiert wird. Außerdem ist der Gewichts-Nutzwert von Gummifedern besonders hoch. Gewöhnlich wird Gummi nach Bild 12/23 auf *Druck* oder auf *Schub* (größerer Federweg!) beansprucht und nur für untergeordnete Zwecke auf *Zug* (umsponnene Gummischnüre). Bei der Schubbeanspruchung kann man *Parallelschub* (Bild 12/23 und Bild 12/24 durch Kraft $P_2$), *Dreh*schub



Bild 12/23. Kennlinien für einen Gummiklotz (Schwingmetall), Gummisorte mittelhart (DVM 63), G=8 kg/cm², bei verschiedener Belastung.

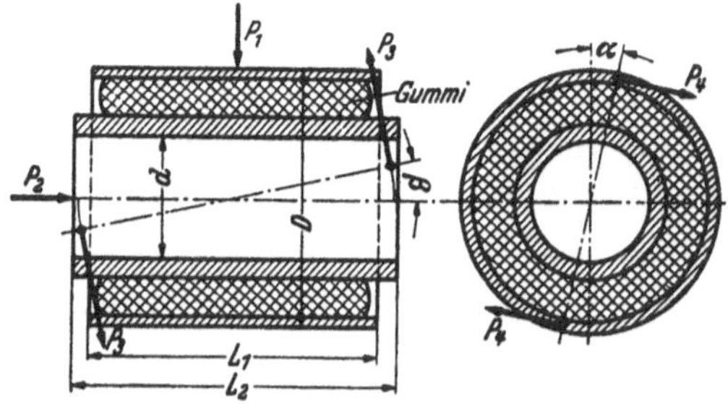


Bild 12/24. Boge-Silentblock (Gummi zwischen Rohrstücken einvulkanisiert) bei verschiedenartiger Belastung $P_1$ bis $P_4$ *.

* Abmessungen und Belastungsangaben s. Druckschrift der Firma Boge u. Sohn, G. m. b. H., Eitorf (Sieg). Zulässige Verformungen je nach Ausführung: $\alpha = \pm 15°$ bis $\pm 30°$; $\beta = \pm 1°$ bis $\pm 7°$, radialer Federweg 0,5 bis 1,5 mm, achsialer Federweg $0,5 \cdot (L_2 - L_1)$.

(Bild 12/24 durch Kraft $P_4$) und Beanspruchung auf *Drehung* (Gummiwelle oder Gummiring zwischen zwei Endscheiben unter Drehmoment) unterscheiden.

**2) Belastungsart und Kennlinie.** Der Gummiklotz nach Bild 12/23 kann auf *Zug*, Druck oder Schub beansprucht werden, wobei sich Kennlinien ergeben, die grundsätzlich verschieden verlaufen, und zwar entsprechend der Zu- oder Abnahme der Querschnitte bei der Belastung und entsprechend der mehr oder weniger vorhandenen Dehnbehinderung durch Reibung oder Festhaftung (Vulkanisation) an den Endplatten. Bei der Entlastung verlaufen die Kennlinien entsprechend der inneren und gegebenenfalls auch äußeren Reibung niedriger (Bild 12/25).

*Federhärte:* Sie hängt, außer vom $E$-Modul (Gummisorte), erheblich von der *Dehnbehinderung* ab, die wir durch das Verhältnis der belasteten zur freien Oberfläche (Formfaktor) erfassen können. Der $E$-Modul und die innere Reibung können durch den Rußanteil der Gummimischung beeinflußt werden, der Formfaktor durch eine mehr oder weniger enge Unterteilung der Gummifeder mittels Zwischenplatten, oder durch sonstige äußere Begrenzungen. *Allseitig eingeschlossener Gummi* (Formfaktor ∞) *ergibt keine Federwirkung,* da Gummi sein Volumen unter Druck kaum ändert.

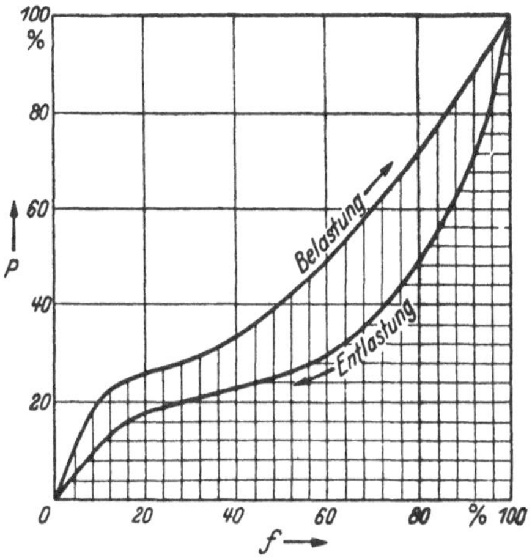

### 3) Erfahrungsangaben für Weichgummifedern.

*Zulässige Temperatur:* —30° bis +60° (vorübergehend —65° bis +100°)[1]..

*Statische Zugfestigkeit:* $\sigma_B =$ 175—270 kg/cm² bei 400 bis 800% Dehnung; Schwingmetall Haftfestigkeit $\sigma_B \approx$ 30 kg/cm² (dynamisch $\pm$ 4 kg/cm²); Druckmodul $E =$ 18 bis 100 kg/cm²; Schubmodul $G =$ 3 bis 12 kg/cm².

Weitere Angaben siehe [12/38] bis [12/51].

### 4) Druckfedern (Zugfedern) aus Gummi.

Man verwendet hierzu meist Gummiklötze oder Schwingmetall - Gummiplatten nach Bild 12/23 und in Sonderfällen für sehr weiche Zugfedern umsponnene Gummikabel mit Kennlinie nach Bild 12/25.

Bild 12/25. Kennlinien für ein umsponnenes Gummikabel (nach KAMPSCHULTE).

Tafel 12/11. *Anhaltswerte für die zulässige Spannung bei Gummifedern nach* STEINBORN [12/42].

| Belastung | Zug kg/cm² | Druck kg/cm² | Parallelschub Drehschub Drehung kg/cm² |
|---|---|---|---|
| Statisch . . . . . . . . . . . | 10···20 | 30···50 | 10···20 |
| Zeitweiser Stoß . . . . . . . . | 10···15 | 25···40 | 10···20 |
| Dynamisch dauerbelastet . . . . | 5···10 | 10···15 | 3···5 |
| Sonderfälle mit Ausschlagbegrenzung . . . . . . . . . . . | 10···20 | 30···50 | 5···10* |

* Bei Drehschub notfalls noch 5 kg/cm² höher.

*Berechnung:* (Erfahrungswerte s. Tafel 12/11)

$$\begin{aligned}
&\text{Tragkraft} \quad P = F \cdot \sigma \quad \text{(kg)}\\
&\text{Federweg} \quad f = \frac{P \cdot L}{F \cdot E_m} = \frac{\sigma \cdot L}{E_m} \quad \text{(cm)}\\
&\text{Federarbeit} \quad A = \int P \cdot df \quad \text{(cmkg)}, = \text{schraffierte Fläche Bild 12/25}\\
&\qquad\qquad E_m = \text{mittlerer } E\text{-Modul}
\end{aligned}$$

### 5) Schubfedern aus Gummi nach Bild 12/23.

*Berechnung:* (Erfahrungswerte s. Tafel 12/11)

$$\begin{aligned}
&\text{Tragkraft} \quad P = F \cdot \tau \quad \text{(kg)}\\
&\text{Verschiebeweg} \quad f = h \cdot \alpha = \frac{h \cdot P}{F \cdot G} = \frac{h \cdot \tau}{G} \quad \text{(cm)}\\
&\text{Federarbeit} \quad A = P \cdot \frac{f}{2} = \frac{F \cdot \tau^2 \cdot h}{2 \cdot G} = \frac{V \cdot \tau^2}{2 \cdot G} \quad \text{(cmkg)}
\end{aligned}$$

---

[1] Perbunan, zulässige Temperatur — 25 bis +85° C (vorübergehend — 50 bis +150° C).

## 12.9. Stoßvorgang.

Beim elastischen Stoß handelt es sich um einen *Schwingungs*vorgang, bei dem die kinetische Energie $m \cdot v^2/2$ in potentielle Energie (Federarbeit) umgesetzt und unter Umkehr der Bewegungsrichtung auch wieder als kinetische Energie abgegeben wird (Beispiel: aufspringender Ball). Bei zusätzlicher Energieaufnahme (Dämpfung) durch Reibung oder plastische Verformung ist die abgegebene Energie geringer als die aufgenommene.

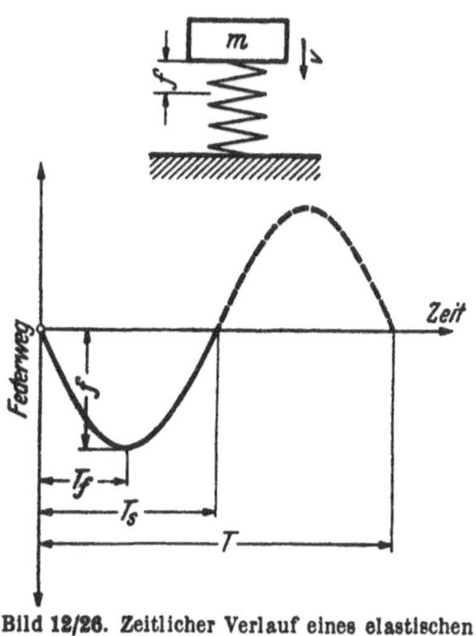



Bild 12/26. Zeitlicher Verlauf eines elastischen Stoßvorganges (Stoßfangzeit $T_f = T/4$).

Der zeitliche Verlauf eines Stoßvorgangs geht aus Bild 12/26 hervor. Die Stoßfangzeit $T_f$ bis zur Bewegungsumkehr kann als Teilbetrag der Schwingungszeit $T$ für eine volle Schwingungsperiode ausgedrückt werden: $T_f = T/4$. Die Stoßdauer, bis sich die Körper wieder trennen, beträgt $T_s = T/2$.

Bei gegebener Stoßarbeit wird nach Bild 3/15, Seite 49 die größte Stoßkraft $P$ um so größer, je größer $c = dP/df$, d. h. je „härter" die Feder ist.

Für die *Berechnung* des elastischen Stoßvorgangs gilt bei *gerader* Federkennlinie und mit den Bezeichnungen der Erdbeschleunigung $g = 981$ cm/s², Masse $m$ (kgs²/cm) und Geschwindigkeit $v$ (cm/s) der Masse:

$$\text{Stoßarbeit } A_s = mv^2/2 = A = P \cdot f/2 = c \cdot f^2/2 \text{ (cmkg); } \quad c = P/f \text{ (kg/cm)}$$

$$\text{größte Stoßkraft } P = f \cdot c = m \cdot v^2/f = v \cdot \sqrt{m \cdot c} \text{ (kg)}$$

$$\text{größte Verzögerung } b_v = P/m = v^2/f \text{ (cm/s}^2)$$

$$\text{größter Federweg } f = m \cdot v^2/P_{\max} = v \cdot \sqrt{m/c} \text{ (cm)}$$

$$\text{Stoßzeit } T_f = T/4 = \frac{\pi}{2}\sqrt{m/c} \text{ (s)}$$

$$\text{Schwingungszeit } T = 2\pi\sqrt{m/c}$$

*Beispiel:* Eine Laufkatze mit dem Gewicht $Q = 10\,000$ kg und der Geschwindigkeit $v = 100$ cm/s soll von zwei Schraubenfedern als Puffer auf dem Federweg $f = 50$ cm abgefangen werden.

*Berechnet:*

$$A_s = m\,\frac{v^2}{2} = \frac{10\,000 \cdot 100^2}{981 \cdot 2} = 51\,000 \text{ cmkg; } \quad P = m\,\frac{v^2}{f} = 2040 \text{ kg (für 2 Schraubenfedern);}$$

$$b_v = \frac{v^2}{f} = 200 \text{ cm/s}^2; \quad c = P/f = 2040/50 = 40,8 \text{ kg/cm;}$$

$$T_f = \frac{\pi}{2}\sqrt{m/c} = \frac{\pi}{2}\sqrt{\frac{10\,000}{981 \cdot 40,8}} = 0,785 \text{ s.}$$

Vergleichsweise würde beim Abfangen der Laufkatze mit einer konstanten Bremskraft die gleiche Stoßarbeit auf gleichem Wege mit einer halb so großen Kraft in 1 s aufgenommen werden, da in diesem Falle $A = P \cdot f$ ist (s. Reibbremsen Band 2).

## 12.10. Eigenschwingungen.

Jede Paarung einer Feder mit einer Masse (Bild 12/27) ergibt ein schwingungsfähiges Gebilde, das eine *Eigenfrequenz* besitzt, d. h., eine bestimmte Anzahl Schwingungen je Zeiteinheit macht, wenn es erregt wird. Erfolgt die Erregung im

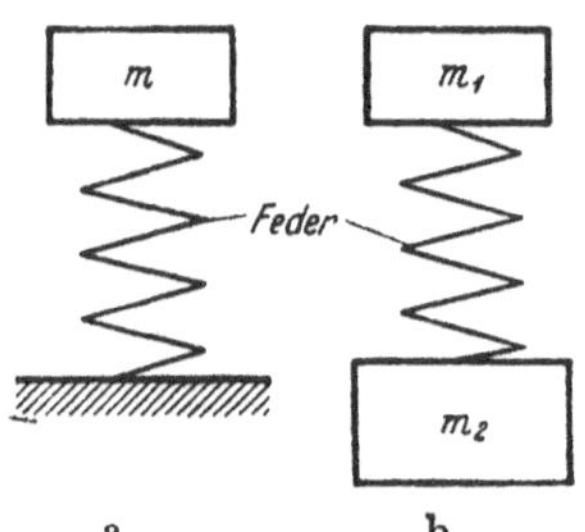



Bild 12/27. Schwingungssysteme Feder + Masse mit Ein-Massensystem a, Zwei-Massensystem b.

Takt der Eigenfrequenz, so liegt *Resonanz* vor, die zu großen Schwingungsausschlägen führt, wenn die Schwingung nicht gedämpft wird.

Die Gefahr der Resonanzschwingung besteht besonders bei Maschinen und Maschinenteilen hoher Drehzahl, bzw. Taktzahl, so daß für diese die Eigenfrequenz nachzuprüfen und gegebenenfalls zu ändern ist, wenn sie nicht mit Sicherheit weit unter oder weit über der Betriebsdrehzahl (Betriebsfrequenz) liegt.

Bei umlaufenden Wellen nennt man die minutliche Eigenfrequenz auch „kritische Drehzahl" (s. Kap. 17). Die Eigenfrequenz ist bestimmt durch die Federhärte $c$ und die Masse $m$. Je kleiner $c$, d. h., je „weicher" die Feder, und je größer $m$, desto niedriger ist die Eigenfrequenz. Ferner verringert eine zusätzliche Dämpfung außer dem Schwingungsausschlag auch die Frequenz. Näheres s. [12/55] und [12/56].

Unter der Voraussetzung, daß die Federmasse im Verhältnis zur Schwingungsmasse $m$ gering ist[1], gilt für das Einmassensystem (Bild 12/27a):

$$\text{Kreisfrequenz}^2\ \omega = \sqrt{c/m}\ (1/\text{s}),$$
$$= \sqrt{g/f} = 31{,}3/\sqrt{f}$$

für $c = $ konst. und Federweg $f$ erzeugt durch $m \cdot g$ als Belastung.

$$\text{Sekunden-Frequenz (HERTZ) oder Schwingungszahl } f_r = \omega/2\,\pi\ (1/\text{s})$$
$$\text{Minuten-Frequenz } n = 60\,f_r = 30 \cdot \omega/\pi = 9{,}55\,\sqrt{c/m}\ (1/\text{min})$$
$$\text{Schwingungszeit}\quad T = 1/f_r = 60/n = 2\,\pi/\omega - 2\,\pi\,\sqrt{m/c}\ (\text{s})$$

Bei Drehschwingungen ist $c/m$ durch den Ausdruck $\dfrac{M_t}{\varphi \cdot J_m}$ zu ersetzen.

*Beispiel:* Werkzeugmaschine auf mehreren Gummiklötzen gelagert.

*Gegeben:* Belastung $P = 4500$ kg, Betriebsdrehzahl $= 1000$ bis $3000$ (1/min), Gesamtquerschnitt der Gummiklötze $F = 200$ cm², Klotzhöhe $h = 10$ cm, $E = 65$ kg/cm².

*Berechnet:* nach S. 199  $\sigma = P/F = 22{,}5$ kg/cm² (zulässig!), $f = \sigma h/E = 3{,}47$ cm, $c = P/F = 1300$ kg/cm.

Minuten-Frequenz $n = 9{,}55\,\sqrt{g/f} = 161$ (1/min). Es ist also keine Resonanz zu befürchten, da die Betriebsdrehzahl bedeutend höher liegt.

## 12.11. Schrifttum zu 12.

*Allgemein* (weiteres Schrifttum s. in [12/2]):

[12/1] DIN-Blätter: Sinnbilder für Federn 29; Federstähle für Blatt- und Kegelfedern (s. S. 92), gerippter Federstahl 1570; glatter Federstahl 74151; Federstahldraht, rund 2076; Federblech aus Cu-Legierung 1777 bis 1781; Eisenbahnblattfedern 1571, 1573, 5541···5543, 5610, 34010, 34016; Schraubenfedern, 2075, 2088, 2089, 2090; Drehstabfedern 2091; Blattfedern 4621, 4626.

[12/2] GROSS, S. und E. LEHR: Die Federn. Berlin: VDI-Verlag 1938; ferner: GROSS, S.: Berechnung und Gestaltung der Federn. Berlin: Springer 1939.

[12/3] LEHR E. u. A. WEIGAND: Spannungsverteilung in Federn. Forschg. Ing.-Wes. Bd. 8 (1937) S. 161.

*Dauerfestigkeit* (weiteres Schrifttum in [12/2] und [12/4]):

[12/4] ZÖGE VON MANTEUFFEL: — von Kraftfahrzeugfedern. Dtsch. Kraftfahrtforsch. H. 49. Berlin VDI-Verlag 1941.

[12/5] HELLWIG, W.: — von Federdrähten. Z. VDI Bd. 83 (1939) S. 639.

[12/6] POMP A. u. M. HEMPEL: — von Ventilfedern. Mitt. Kais.-Wilh.-Inst. Eisenforschg. Bd. 22 (1940).

[12/7] ZIMMERLI, F. P.: — von Schraubenfedern. Z. VDI Bd. 80 (1936) S. 787.

[12/8] WALZ, K.: Federfragen. Oberndorf: Fa. Mauser 1944.

[12/9] FÖPPL, O.: Die Setzgrenze. Mitt. Wöhler-Inst. Braunschweig (1948) H. 40.
—: Statische Eichung und Setzgefahr von Verdrehstäben. Werkstatt u. Betrieb 79 (1946) S. 205.
—: Drehstabfedern für verschiedene Verwendungszwecke bei Kraftfahrzeugen. A. T. Z. 49 (1947) S. 54.

---

[1] Berücksichtigung einer größeren Federmasse s. [12/2].

[2] Sie stimmt bei Kreisschwingungen mit der Winkelgeschwindigkeit überein.

*Fahrzeugfedern* (siehe *[12/17]*, *[12/2]*, *[12/4]* u. *[12/9]*), ferner:
[12/10] KREISSIG, E.: Die Berechnung des Eisenbahnwagens. Köln: Ernst Stauf 1937.
[12/11] VON MEIER: — Technik in der Landwirtschaft. Bd. 18 (1937) S. 71.
[12/12] WEIGAND, A.: Progressive —. Forsch. Ing.-Wes. Bd. 11 (1940) S. 309.
[12/13] WEIGAND, A. u. E. LEHR: Progressive —. Dtsch. Kraftfahrtforsch. H. 58 (1941).
[12/14] IRMER, H.: Luftfederung bei Flug- und Kraftfahrzeugen. Z. VDI Bd. 81 (1937) S. 1182.
[12/15] —: Flugzeugfederbeine. Schrift. Fa. Elektron u. Co. Bad Cannstadt.
[12/16] RICHTER, E.: Ringfederbeine. Z. VDI Bd. 83 (1939) S. 652.
[12/17] LEHR, E.: Flüssigkeitsdämpfung bei —. Z. VDI Bd. 78 (1934) S. 721.

*Federlagerung*:
[12/18] STABE, H.: Federgelenke im Meßgerätebau. Z. VDI Bd. 83 (1939) S. 1189.
[12/19] RIEDIGER, B.: — von V- und Stern-Motoren. Z. VDI Bd. 82 (1938) S. 315.
[12/20] RIEDIGER, B.: — des Antriebsmotors. Z. VDI Bd. 81 (1937) S. 713.
[12/21] WAAS, H.: — von Kolbenmaschinen. Z. VDI Bd. 81 (1937) S. 763.

*Ringfedern* (s. *[12/2]* und *[12/16]*), ferner:
[12/22] — Schriften der Fa. „Ringfeder" GmbH, Uerdingen a. Rhein.

*Biegefedern* (s. *[12/1]*, *[12/2]* bis *[12/4]* und *[12/8]*), ferner:
[12/23] STARK, H.: Hütte. Bd. 1, 27. Aufl. S. 722. Berlin 1941.
[12/24] —: Schriften von F. Krupp AG, Essen; Bochumer Verein, Bochum. J. P. Grueber: Hagen.

*Tellerfedern* (s. *[12/2]*) u. Fußnote S. 192, ferner:
[12/25] ALMEN, J. O. u. A. LASZLO: Untersuchungen an —. Z VDI Bd. 81 (1937) S. 1390.
[12/26] —: Schrift Fr. Krupp AG, Essen.

*Schraubenfedern* (s. *[12/1]*, *[12/2]* bis *[12/8]* und *[12/23]*), ferner:
[12/27] WEBER, C.: Die Lehre von der Dehungsfestigkeit. Forsch.-Arb. Ing.-Wes. H. 249. Berlin 1921.
[12/28] RÖVER, A.: Beanspruchung von —. Z. VDI Bd. 57 (1913) S. 1906 u. Bd. 58 (1914) S. 342.
[12/29] GÖHNER, O.: Spannungsverteilung in —. Ing.-Arch. Bd. 1 (1930) S. 619 u. Bd. 2 (1931) S. 1 u. 381 u.
         Z. VDI Bd. 76 (1932) S. 269 u. 735.
[12/30] BIECENO, C. B. u. J. J. KOCH: Knickung von —. ZAMM Bd. 5 (1925) S. 279.
[12/31] LIESECKE, G.: — mit Rechteckquerschnitt. Z. VDI Bd. 77 (1933) S. 425 u. 892.
[12/32] GROSS, S.: Elastische Linie von —. Z. VDI Bd. 85 (1941) S. 52.
[12/33] THIERSCH, F.: Spannungsmessungen an —. Forschg. Ing.-Wes. Bd. 5 (1934) S. 53.
[12/34] DE GRUBEN, K.: Knicksicherheit und Querfederung von —. Z. VDI Bd. 86 (1942) S. 316.
[12/35] RAUSCH, E.: Steifigkeit von —, senkrecht zur Achse. Z. VDI Bd. 78 (1934) S. 388 u. 964.

*Kegelfedern* (*[12/1]* und *[12/2]*), ferner:
[12/36] STARK, H.: Formänderung und Spannungszustand der —. Z. VDI Bd. 79 (1935) S. 727.
[12/37] GROSS, S.: Berechnung der —. Z. VDI Bd. 79 (1935) S. 865.

*Gummifedern*:
[12/38] —: Stoffhütte. S. 691. Berlin 1937.
[12/39] —: VDI-Richtlinien. Gestaltung von Gummiteilen. VDI 2005 (1942).
[12/40] THUM, A. u. K. OESER: Gummigefederte Mschinen. Z. VDI Bd. 78 (1934) S. 587.
[12/41] FÖPPL, O.: —. Mitt. Wöhler-Inst. Braunschweig (1937) H. 31 (1940) H. 39 und Z. VDI Bd. 85
         (1941) S. 184.
[12/42] STEINBORN, B.: Die Dämpfung als Qualitätsmaß für Gummi Mitt. Wöhler-Inst. Braunschweig
         (1937) H. 31.
         —: Werkstoff Gummi. A. T. Z. Bd. 42 (1939) S. 323.
[12/43] BRAUDORN, K. H.: Gummi als Konstruktionswerkstoff. Z. VDI Bd. 86 (1942) S. 303.
[12/44] KOSTEN, C. W.: Berechnung von Federungselementen aus Gummi. Z. VDI Bd. 86 (1942) S. 535.
[12/45] ROELIG, H.: Die techn. Eigenschaften von Weichgummi bei Druckbeanspruchung. Z. VDI Bd. 86
         (1942) S. 251.
[12/46] ROELIG, H.: Technischen Eigenschaften von synthetischem Kautschuk. Z. VDI Bd. 82 (1938) S. 139.
[12/47] GÖBEL, F.: Hülsen-— bei zügiger und wechselnder Beanspruchung. Z. VDI Bd. 85 (1941) S. 631.
         —: Gummifedern. Berlin: Springer 1945.
[12/48] —: Gummikabel, Flugzeugtypenbuch. Leipzig 1936, S. 201 u. Schrift Fa. Dr. W. Kampschulte,
         Solingen.
[12/49] KREMER, PH.: Gummi in Rädern für —. Z. VDI Bd. 77 (1933) S. 955.
[12/50] —: Schrift Gummigefederte Radsätze. Bochumer Verein Bochum u. Gummifedern, Fa. Continental,
         Hannover.
[12/51] PROSKE: Gummi-Metallbindung-. Metalloberfläche. Bd. 2 (1948) S. 79.

*Sonstige Federn*:

[*12/52*] WUEST, W.: Hundert Jahre Röhrenfedermanometer. Die Technik Bd. 3 (1948) S. 23.

[*12/53*] — Federrohre. Schrift Berlin-Karlsruher Industrie-Werke Karlsruhe.

[*12/54*] KOLLMANN, F.: Holz im Maschinenbau. Holzfedern. Mitt. Fachausschuß für Holzfragen, H. 16. Berlin 1936.

*Federschwingungen* (s. auch [*12/2*], [*12/15*] bis [*12/19*] und Kap. 17 kritische Drehzahl):

[*12/55*] FÖPPL, O.: Grundzüge der technischen Schwingungslehre. Berlin: Springer 1931.

[*12/56*] LEHR, E.: Schwingungstechnik. Bd. 1 und 2. Berlin: Springer 1930 und 1934.

[*12/57*] RAUSCH: Maschinenfundamente. Bd. 1. Berlin 1936.

[*12/58*] LEHR: Schwingungen in Ventilfedern. Z. VDI Bd. 77 (1933) S. 457.

[*12/59*] LEHR: Schwingungstechnische Eigenschaften des Kraftwagens. Z. VDI Bd. 78 (1934) S. 329.

[*12/60*] KARRAS, K.: Die kritischen Drehzahlen wichtiger Rotorformen. Wien: Springer 1935.

*Nachtrag*:

[*12/61*] WOLF, W. A.: Vereinfachte Formeln zur Berechnung zylindrischer Schrauben, — Druck- und Zugfedern mit Rechteckquerschnitt. Z. VDI Bd. 91 (1949) S. 259.

[*12/62*] OEHLER, G.: Die Berechnung der Tellerfedern, Werkstatt und Betrieb Bd. 82 (1949] S. 132.

[*12/63*] RICHARDS, J. T.: Beryllium-Kupfer als Werkstoff für Federn. USA Maschinery, April 1949.

# 13. Wälzpaarungen.

## 13.1. Überblick.

Die wichtigsten Wälzpaarungen zeigt Bild 13/1, wie *Laufrad* auf Schiene, *Wälzbogen* zur Lagerung des Werkstückträgers bei einer Kegelrad-Hobelmaschine, *Wälzhebel* zur Übertragung von Winkelbewegungen oder Längsbewegungen mit stetig veränderlicher Übersetzung, *Schneidenlagerungen* von Waagebalken auf Pfannen, *Wälzschlitten* mit

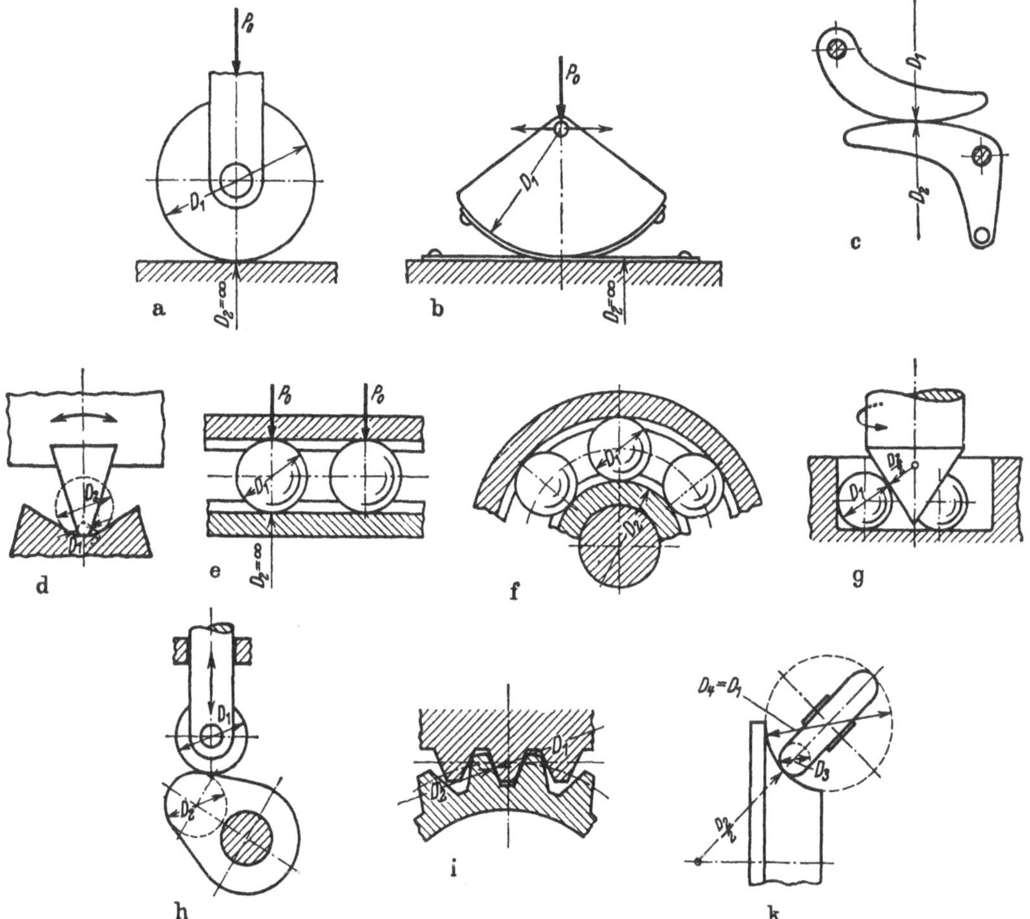

Bild 13/1. Wälzpaarungen, Übersicht. a Laufrad, b Wälzbogen, c Wälzhebel, d Schneide und Pfanne, e Wälzschlitten, f Rinnlager. g Spitzenlager, h Nocken mit Stößel, i Zahnräder, k Reibräder.

Kugeln oder Rollen als Zwischenwälzkörpern, *Ring-* und *Scheibenlager* mit Kugeln oder Rollen als Zwischenwälzkörpern, *Spitzenlager* mit Abstützung auf 3 Kugeln, *Nocken* und Rolle zur Stößelbewegung, *Wälzgelenke* (nicht gezeichnet), *Zahnräder* und *Reibrad*getriebe.

Gemeinsam ist allen Wälzpaarungen die Berührung an *gewölbten* Flächen verschiedener Krümmung und die geringe Wälzreibung gegenüber der Gleitreibung [1]. Unterschiedlich ist aber

1) *die Art der Berührung*, z. B. *Punkt*berührung bei einer Kugel gegen Ebene oder *Linien*berührung bei einer Rolle gegen Ebene;

2) *die Art der Bewegung*, entweder *rein wälzend* wie beim Laufrad ohne Antrieb, oder *zusätzlich gleitend* wie beim Zahnrad, oder „*bohrend*" wie bei einer nur um ihre eigene Achse drehenden Kugel oder abgerundeten Spitze, oder im Grenzfall *ohne Bewegung*. Ferner kann die Bewegung *hin- und hergehend* oder *umlaufend* sein;

3) *die Art der Belastung*, entweder nur *normal* zur Berührungsebene, wie beim Wälzlager oder auch noch *tangential* wie beim angetriebenen Laufrad oder beim Reibgetriebe; ferner, ob die Belastung *ruhend, anschwellend* oder *stoßhaft* auftritt;

4) *die Lagensicherung und Führung der Wälzkörper*, entweder nur *kraft*schlüssig, oder *form*schlüssig durch Käfige und Rinnen oder Borde, oder durch verspannende Wälzbänder (s. Wälzbogen Bild 13/1).

Entsprechend unterschiedlich ist ihre zulässige Belastung und ihr Reibverlust.

## 13.2. Bezeichnungen.

| | | | | | |
|---|---|---|---|---|---|
| $a, b$ | (mm) | große, kleine Halbachse der Druckfläche | $p$ | (kg/mm²) | Hertzsche Pressung |
| $B$ | (mm) | tragende Rollenbreite | $p_D$ | (kg/mm²) | dauernd ertragbare Hertzsche Pressung |
| $D_1, D_2$ | (mm) | Krümmungsdurchm. d. Wälzkörper in Hauptebene 1 2 | $p_m$ | (kg/mm²) | mittlere Pressung |
| | | | $u$ | (mm) | Annäherung beider Wälzkörper |
| $D_3, D_4$ | (mm) | Krümmungsdurchm. d. Wälzkörper in Hauptebene 3 4 | $u_V$ | (mm) | bleibende Annäherung beider Wälzkörper |
| $E, E_1, E_2$ | (kg/mm²) | $E$-Modul, für Werkstoff 1, für Werkstoff 2 | $v$ | (mm/s) | Geschwindigkeit, s. Bild 13/7 |
| | | | $v_w$ | (mm/s) | Geschwindigkeit des Wälzkörper-Mittelpunktes |
| $f, f'$ | (mm) | Hebelarme der Rollreibung | | | |
| $G$ | (kg) | Eigengewicht des Wälzkörpers | $W$ | (—) | Anzahl der Überrollungen in Millionen |
| $H_B, H_V$ | (kg/mm²) | Brinellhärte, Vickershärte | | | |
| $k_0$ | (kg/mm²) | Spezifische Belastung, $= P_0/D_1^2$ bzw. $= P_0/(D_1 B)$ | $z$ | (—) | Anzahl der als „tragend" gerechneten Wälzkörper |
| $K$ | (kg/mm²) | Stribeck'sche Wälzpressung | $\alpha, \alpha'$ | (°) | Schneidenwinkel |
| $K_D$ | (kg/mm²) | Dauernd ertragbare Stribeck'sche Wälzpressung (Dauer-Wälzfestigkeit) | $\beta$ | (°) | Pfannenwinkel |
| | | | $\delta$ | (—) | Krümmungsbeiwert |
| | | | $\xi, \eta, \psi$ | (—) | Beiwerte der Hertz'schen Gleichungen abh. von cos $\vartheta$ |
| $M_r$ | (mmkg) | Reibmoment | | | |
| $N_r$ | (mmkg/s) | Reibleistung | $\vartheta$ | (°) | Hilfswinkel |
| $P$ | (kg) | Belastung | $\sigma_F$ | (kg/mm²) | Fließgrenze |
| $P_0$ | (kg) | Belastung eines Wälzkörpers | $\tau$ | (kg/mm²) | Schubspannung |
| $P_u$ | (kg) | Umfangskraft | $\varphi, \varphi_P, \varphi_V$ | (—) | Schmiegungswert nach Hertz, |
| $P_w$ | (kg) | Rollwiderstand | | | nach Palmgren, nach VKF |

## 13.3. Beanspruchung.

Wird eine Wälzpaarung senkrecht zur Berührungsebene belastet (Bild 13/2 und 13/3), so tritt an der Berührungsstelle eine „*Abplattung*" ein, die bei Punktberührung kreis- oder ellipsenförmig und bei Linienberührung rechteckig ausfällt.

Die Größe und Beanspruchung der Druckflächen läßt sich nach den *HERTZschen Gleichungen* berechnen. Sie gelten genau genommen nur für homogene Werkstoffe im Bereich der Elastizitäts- bzw. Proportionalitätsgrenze, sowie bei sehr kleiner Druckfläche im Verhältnis zum Durchmesser des Wälzkörpers und bei rein normaler (nicht tangentialer) Belastung der Druckfläche. Sie sind aber nach den Versuchen von STRIBECK [*13/2*], WEIBULL u. a. mit Wälzkörpern aus Stahl weit darüber hinaus zutreffend.

---

[1] Die Stieber-Rollkupplung (Bild 19/6, Kap. 19) zeigt, wie man aus dem Unterschied im **Wälz-** und Gleitreibwert besondere Wirkungen erzielen kann.

Es folgt eine kurze Zusammenfassung der HERTZschen Gleichungen, 1. für *Linien*berührung und 2. für *Punkt*berührung. Die Querzahl wurde hierbei mit 0,3 eingesetzt. Die Krümmungsdurchmesser $D_1$ bis $D_4$ sind nach Bild 13/2 und 13/3 (bei Hohlkrümmung negativ!) einzusetzen. Wenn die beiden Wälzkörper verschiedene $E$-Module $E_1$ und $E_2$ aufweisen, ist für $E$ der Wert $E = \dfrac{2\,E_1 \cdot E_2}{E_1 + E_2}$ einzusetzen.

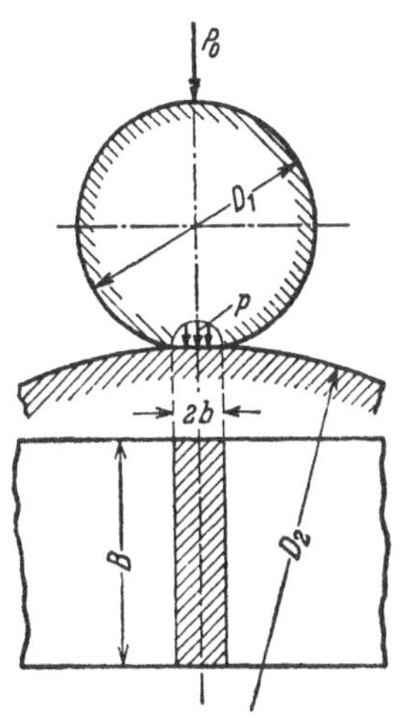

Bild 13/2. Wälzpaarung mit Linienberührung und Druckberg aus Hertzscher Pressung: Druckfläche gleich Rechteck $2\,b \cdot B$. Bei Hohlkrümmung ist der betreffende Krümmungsdurchmesser negativ.

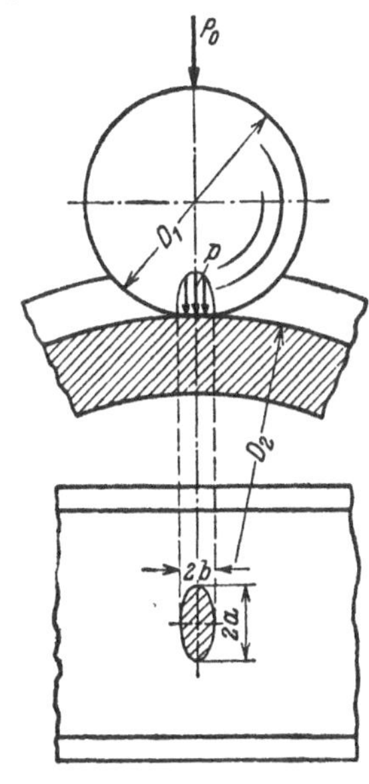

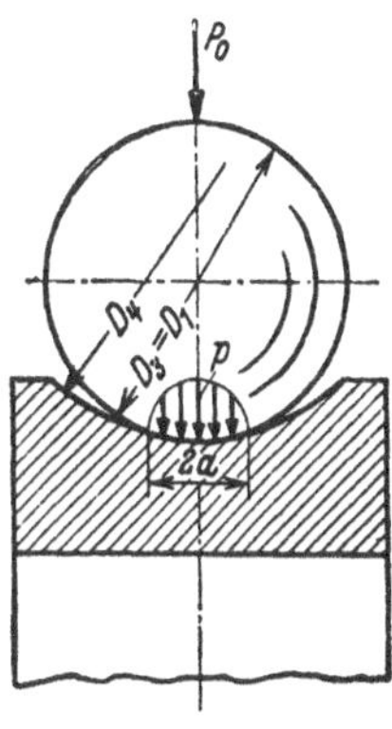

Bild 13/3. Wälzpaarung mit Punktberührung und Druckberg aus Hertzscher Pressung: Druckfläche gleich Kreis- oder Ellipsenfläche $\pi \cdot a \cdot b$. Bei Hohlkrümmung ist der betreffende Krümmungsdurchmesser (siehe $D_4$) negativ.

1) *Bei Linienberührung* (z. B. Walze gegen Walze nach Bild 13/2):
   Druckfläche = Rechteck $2\,b \cdot B$

Spez. Belastung
$$k_0 = \frac{P_0}{D_1 \cdot B} \quad (\text{kg/mm}^2).$$

STRIBECKsche Wälzpressung
$$K = k_0/\varphi = \frac{P_0}{\varphi \cdot D_1 \cdot B} \quad (\text{kg/mm}^2).$$

Schmiegungsbeiwert
$$\varphi = \frac{1}{1 + D_1/D_2} \quad (-).$$

Mittlere Pressung
$$p_m = \frac{P_0}{2 \cdot b \cdot B} \quad (\text{kg/mm}^2).$$

HERTZsche Pressung
$$p = 1,27\, p_m = \sqrt{\frac{K \cdot E}{2,86}} \quad (\text{kg/mm}^2).$$

Halbe Druckbreite
$$b = 1,075\, D_1 \cdot \varphi\, (K/E)^{1/2} = 1,82\, D_1 \cdot \varphi \cdot p/E \quad (\text{mm}).$$

*Sonderfälle:* Für $D_2 = \infty$ (Ebene) ist $\varphi = 1$.

Für *Stahl auf Stahl* mit $E = 2,1 \cdot 10^4$ kg/mm$^2$ wird

$$K = 1,36\, (p/10^2)^2 \quad (\text{kg/mm}^2), \qquad p = 85,7 \cdot K^{1/2} \quad (\text{kg/mm}^2).$$

2) *Bei Punktberührung* [1] (z. B. Kugel gegen gewölbte Fläche) nach Bild 13/3:
   Druckfläche $= \pi \cdot a \cdot b$ (Kreis- oder Ellipsenfläche)

---

[1] Unter der Voraussetzung, daß die Ebenen der kleinsten und größten Krümmung (die Hauptkrümmungsebenen) für beide Wälzkörper die gleichen sind, was für technische Wälzpaarungen fast immer zutrifft.

Spez. Belastung

$$k_0 = \frac{P_0}{D_1^2} \quad \text{(kg/mm}^2\text{)}.$$

Stribecksche Wälzpressung

$$K = k_0/\varphi = \frac{P_0}{\varphi \cdot D_1^2} \quad \text{(kg/mm}^2\text{)}.$$

Schmiegungsbeiwert

$$\varphi = \delta^2 (\xi \cdot \eta)^3 \quad (-).$$

Krümmungsbeiwert

$$\delta = \frac{2}{1 + D_1/D_2 + D_1/D_3 + D_1/D_4} \quad (-).$$

Mittlere Pressung

$$p_m = \frac{P_0}{\pi \cdot a \cdot b} \quad \text{(kg/mm}^2\text{)}.$$

Hertzsche Pressung

$$p = 1{,}5\, p_m = \sqrt[3]{\frac{K \cdot E^2}{4{,}28}} \quad \text{(kg/mm}^2\text{)}.$$

Druckfläche

$$\pi \cdot a \cdot b = 0{,}775 \cdot \pi \, (D_1 \cdot \varphi^{1/2} \cdot P_0/E)^{2/3}$$
$$= 0{,}775 \cdot \pi \cdot \varphi \cdot D_1^2 \, (K/E)^{2/3} \quad \text{(mm}^2\text{)}.$$

$$a/b = \xi/\eta$$

Annäherung (Abplattung)

$$u = 1{,}55\, D_1 \frac{\psi}{\xi} \sqrt[3]{\frac{k_0^2}{E^2 \cdot \delta}} \quad \text{(mm)}.$$

$\eta$, $\xi$ und $\psi$ nach Tafel 13/1

$$\cos \vartheta = \frac{(1 + D_1/D_2) - (D_1/D_3 + D_1/D_4)}{(1 + D_1/D_2) + (D_1/D_3 + D_1/D_4)} \quad (-).$$

*Sonderfälle:*

Für Kugel gegen Ebene ist $\xi = 1$, $\eta = 1$, $\delta = 1$, $\varphi = 1$;

für Kugel gegen Kugel ist $\xi = 1$, $\eta = 1$, $\delta = \dfrac{1}{1 + D_1/D_2}$, $\varphi = \delta^2$;

für Kugel gegen ebene Hohlrinne (Bild 13/1e) ist

$$\delta = \frac{2}{2 + D_1/D_4}, \quad \cos \vartheta = \frac{-D_1/D_4}{2 + D_1/D_4}, \quad D_4 \text{ ist negativ!}$$

Für *Stahl auf Stahl* wird  $\boxed{K = 9{,}7\,(p/10^3)^3}$ (kg/mm²),  $\boxed{p = 468\,K^{1/3}}$ (kg/mm²).

3) *Maximale Schubspannung*, s. [13/8], [13/9], [13/11]. Die größte Schubspannung $\tau_{max}$ tritt etwas unterhalb der Druckfläche *im Innern* auf. Bei *Linien*berührung wird $\tau_{max} = 0{,}304\, p$ im Abstand $0{,}78 \cdot b$ von der

**Tafel 13/1.** *Beiwerte $\xi$, $\eta$, $\psi$.*

| $\vartheta°$ | 90 | 80 | 70 | 60 | 50 | 40 | 30 | 20 | 10 | 0 |
|---|---|---|---|---|---|---|---|---|---|---|
| $\cos \vartheta$ | 0 | 0,174 | 0,342 | 0,5 | 0,643 | 0,766 | 0,866 | 0,94 | 0,985 | 1 |
| $\xi$ | 1 | 1,128 | 1,284 | 1,486 | 1,754 | 2,136 | 2,731 | 3,778 | 6,612 | ∞ |
| $\eta$ | 1 | 0,893 | 0,802 | 0,717 | 0,641 | 0,567 | 0,493 | 0,408 | 0,319 | 0 |
| $\psi$ | 1 | 1,12 | 1,25 | 1,39 | 1,55 | 1,74 | 1,98 | 2,3 | 2,8 | ∞ |

Oberfläche; bei *Punkt*berührung wird $\tau_{max} = 0{,}31\, p$ im Abstand $0{,}47 \cdot b$ von der Oberfläche (gilt für Druckfläche = Keilfläche). Entsprechende Fließlinien durch den $\tau_{max}$-Punkt bogenförmig zur Oberfläche hin durchreißend, konnte L. FÖPPL [*13/9*] bei Druckflächen aus St 37 nachweisen. Sie bieten eine gute Begründung für die *„grübchenartigen" Ausbröcklungen* (s. unten!) von überlasteten Wälzflächen bei dauernd wiederholter Überrollung, wobei man die Schubschwellfestigkeit in der Fließlinie als dynamische Belastungsgrenze betrachten kann. Da aber $\tau_{max}$ proportional $p$ bleibt, genügt die übliche Berechnung von $p$, bzw. $K$ für die Beurteilung der Spannung bei reiner Normalbelastung.

4) *Beanspruchung durch Schmierdruck:* Bei geschmierten Wälzflächen mit großer Wälzgeschwindigkeit, bzw. großer Ölzähigkeit entsteht nach der hydrodynamischen Schmiertheorie (s. Kap. 15) ein beachtlicher Schmierdruck, wodurch der symmetrische Druckberg aus der HERTZschen Pressung (s. Bild 13/2 und 13/3) unsymmetrisch verändert wird. Die mathematische Erfassung des resultierenden Druckberges aus HERTZscher Pressung und Schmierdruck und der sich hieraus ergebenden maximalen Schubspannung ist noch nicht abgeschlossen [*13/27*]. Sie ist dadurch erschwert, daß der Verlauf der für den Druck maßgebenden Flankenkrümmung und Ölzähigkeit sich wiederum mit dem Schmierdruck und mit der Öltemperatur ändern. Von der Neigung des Druckbergs hängt wiederum die maximale Schubspannung unter der Oberfläche ab.

5) *Beanspruchung durch Tangentialkräfte:* Bei Wälzpaarungen können außer den Normalkräften auch *tangentiale* Umfangskräfte bis zur Größe der Reibkräfte aufgenommen werden. Hierdurch entstehen an der Oberfläche Tangentialspannungen, die sich den Normalspannungen (HERTZsche Pressung, Schmierdruck) überlagern und auch die maximale Schubspannung unter der Oberfläche beeinflussen. Die mathematische Erfassung der hieraus resultierenden Spannungen ist noch nicht abgeschlossen [*13/33*] bis [*13/35*]. Über den Einfluß der Tangentialkräfte auf die dynamische Wälzfestigkeit s. S. 211.

## 13.4. Zulässige Belastung.

**1) Zulässige statische Belastung.** Man kann in einer Prüfmaschine Wälzkörper gegeneinander pressen und die entstehende Berührungsfläche, die elastische und bleibende Annäherung der Wälzkörper messen und in Beziehung zur Belastung setzen; ferner kann man bei steigender Belastung die nacheinander eintretenden Zustandsänderungen beobachten.

Derartige Versuche sind vor allem mit gehärteten Stahlkugeln, aber nur in geringem Maße mit anderen Wälzkörpern und anderen Werkstoffen bekannt geworden. Tafel 13/2 zeigt eine Gegenüberstellung derartig ermittelter Grenzwerte (Kugel gegen Kugel und Kugel gegen Platte), die den grundlegenden Versuchen von STRIBECK [*13/2*] entnommen sind.

**Tafel 13/2.** *Mittlere Grenzwerte beim statischen Druckversuch mit gehärteten Kugeln aus Wälzlagerstahl (nach* STRIBECK [*13/2*]).

| Grenzmerkmal | Kugel gegen Kugel $\varphi = 0,25$ | | Kugel gegen Ebene |
|---|---|---|---|
| | $k_0$ kg/mm² | $K$ kg/mm² | $k_0 = K$ kg/mm² |
| Bleibende Verformung gleich $^1/_{50}$ der elastischen . . . . . . . . . | 0,3 | 1,2 | 0,4 |
| Grenze der HERTZschen Gl. (Proportionalitätsgrenze) . . . . . . . . . | 0,5 | 2 | 2 |
| Grenze für gleiches $p_m$ bei gleichem $K$ bei Kugel gegen Kugel und Kugel/Platte | 5 | 20 | 20 |
| 1. Kreisriß (am Umfang der Druckfläche) . . . . . . . . . . . . . . | 10 | 40 | 35 |
| Bruchlast der Kugel . . . . . . . . . . . . . . . . . . | 52 | 208 | 80 |

Die Versuche zeigen vor allem, daß die HERTZschen Gleichungen für Wälzkörper aus gehärtetem Stahl die entstehende Verformung und mittlere Flächenpressung bis weit in das Gebiet der plastischen Verformung richtig wiedergeben.

Eine andere Frage ist jedoch, welches Merkmal als Belastungsgrenze maßgebend ist und in welchem Zusammenhang es mit der Belastung, bzw. mit $K$, mit der Schmiegung und mit der Werkstoffestigkeit steht. Es kommt im. Einzelfall darauf an, welche *plastische Verformung* als noch zulässig anzusehen ist. Eine genauere Bestimmung der Tragkraft an der *Elastizitätsgrenze* selbst (plastische Verformung = 0) bei verschiedener Berührung und Schmiegung ist bisher nicht gelungen, da der Übergang schleichend ist[1].

PALMGREN [*13/12*] setzt als Grenzmaß die Belastung, bei der *mit bloßem Auge* die erste plastische Verformung erkennbar ist und erhält aus Versuchen für Punkt- und Linienberührung:

$$k_0 \leq 1,8 \left(\frac{H_V}{750}\right)^3 \varphi_P \quad \text{(kg/mm}^2)$$

mit Vickershärte $H_V$ (kg/mm²),

und Schmiegungswert $\boxed{\varphi_P = (\xi/\psi)^{3/2}\, \delta^{1/2}}$ (—), $\xi$ und $\psi$ nach Tafel 13/1.

Dieser Ansatz entspricht nach MUNDT [*13/13*] einem konstanten Verhältnis $u/D_1$. Hieraus ergeben sich für einige ausgewählte Anordnungen die $\varphi_P$-Werte nach Tafel 13/3 und die Belastungswerte $k_0$ nach Tafel 13/4.

Die VKF [*13/14*] veröffentlicht neuere Messungen an statisch belasteten Wälzkörpern aus gehärtetem Stahl bei Punkt- und Linienberührung und verschiedener Schmiegung. Sie setzt $u_V/D_1 = 10^{-4}$ als Grenzwert, wobei $u_V$ die bleibende Annäherung der Wälzkörper ist. Man erhält hiermit bei *Linienberührung* und $H_V = 780$:

$$\boxed{k_0 = 12\,\varphi_V} \text{ (kg/mm}^2), \quad \boxed{\varphi_V = \left(\frac{1}{1 + D_1/D_2}\right)^{1/2}}; \quad \varphi_V = 1 \text{ für Rolle/Ebene;}$$

bei *Punktberührung* und $H_V = 840$:

$$\boxed{k_0 = 1,4\,\varphi_V} \text{ (kg/mm}^2); \quad \boxed{\varphi_V = \left[\frac{1}{(1 + D_1/D_2)\,(D_1/D_3 + D_1/D_4)}\right]^{1/2}}; \quad \varphi_V = 1 \text{ für Kugel/Ebene.}$$

Hieraus ergeben sich für verschiedene Schmiegung die $\varphi_V$-Werte nach Tafel 13/3 und $k_0$-Werte nach Tafel 13/4. Sie werden neuerdings für den Ansatz der statischen Tragfähigkeit der Wälzlager benutzt. Bei umlaufender Wälzbewegung werden sie u. U. bis 100 % überschritten. Eine derartige Überschreitung erscheint besonders bei *Punkt*berührung tragbar, da hier eine plastische Verformung die Schmiegung vergrößert und somit die örtliche Beanspruchung wieder verringert.

**Tafel 13/3.** *Beispiele für Schmiegungswerte bekannter Wälzpaarungen.*
Schmiegungswert $\varphi$ nach HERTZ für konstantes $p$; Schmiegungswert $\varphi_P$ nach PALMGREN für konstantes $u/D_1$; $\varphi_V$ nach VKF für konstantes $u_V/D_1$.

| Anordnung | Maße | $\delta$ | $\cos\vartheta$ | $\varphi$ | $\varphi_P$ | $\varphi_V$ |
|---|---|---|---|---|---|---|
| Kugel gegen Kugel | $D_2 = D_1$ | 0,5 | 0 | 0,25 | 0,706 | 0,5 |
| Kugel gegen Ebene | $D_2 = \infty$ | 1 | 0 | 1 | 1 | 1 |
| Kugel gegen Hohlkugel | $D_2 = -2\,D_1$ | 2 | 0 | 4 | 1,41 | 2,0 |
| Kugel gegen Hohlrinne | $D_4 = -D_1 \cdot 4/3$ | 1,6 | 0,6 | 3,42 | 1,5 | 2,0 |
| Kugel gegen Hohlrinne | $D_4 = -D_1 \cdot 9/8$ | 1,8 | 0,803 | 7,0 | 1,9 | 3,0 |
| Scheiben-Rillenlager | $D_4 = -1,08 \cdot D_1$ | 1,86 | 0,862 | 8,57 | 2,2 | 3,68 |
| Ringpendellager, am Außenring | $D_2 = D_4 = -7\,D_1$ | 1,166 | 0 | 1,36 | 1,08 | 1,16 |
| Ringrillenlager, am Innenring | $D_2 = 5 \cdot D_1$<br>$D_4 = -1,04 \cdot D_1$ | 1,615 | 0,938 | 9,5 | 2,67 | 4,6 |
| Rolle gegen Ebene | $D_2 = \infty$ | 1 | — | 1 | 4,5 | 1,0 |
| Ringrollenlager | $D_2 = 7 \cdot D_1$ | 0,875 | — | 0,875 | 4,5 | 0,935 |

---

[1] Neuere Versuchsergebnisse s. NIEMANN-KRAUPNER: Das plastische Verhalten umlaufender Stahlrollen bei Punktberührung, VDI-Forschungsheft 434. Düsseldorf 1952.

**Tafel 13/4.** *Erfahrungswerte für $k_0$ bei statischer Belastung* (für Wälzlager s. Kap. 14).

| Angegeben von | Anwendungsgebiet Anordnung | Grenzmerkmal | Werkstoff | $k_0$ kg/mm² |
|---|---|---|---|---|
| Palmgren [13/12] Mundt [13/13] | Kugel gegen Ebene | $u/D_1 =$ konstant | geh. St, $H_V = 750$ | 1,8 |
| | Kugel gegen Hohlrinne, $D_4 = -1,08\,D_1$ | $u/D_1 =$ konstant | geh. St, $H_V = 750$ | 4,0 |
| | Rolle gegen Ebene | $u/D_1 =$ konstant | geh. St, $H_V = 750$ | 8,0 |
| VKF [13/14] | Kugel gegen Ebene | $u_V/D_1 = 10^{-4}$ | geh. St, $H_V = 840$ | 1,4 |
| | Kugel gegen Hohlrinne, $D_4 = -1,08\,D_1$ | $u_V/D_1 = 10^{-4}$ | geh. St, $H_V = 840$ | 4,2 |
| | Rolle gegen Ebene | $u_V/D_1 = 10^{-4}$ | geh. St, $H_V = 780$ | 12 |
| Hütte II | Kranhaken-Scheibenrillenlager $D_4 = -D_1\ 4/3$ | betriebssicher | geh. St, $H_V = 750$ | 1,5 ··· 3 |
| Schönhöfer [13/15] | *Brückenauflager:* Kugel gegen Ebene | plast. Verform. | geh. St, $H_V = 750$ | 1 |
| Hütte III | Rolle gegen Ebene | betriebssicher | GG 14 | 0,6 ··· 0,85 |
| | Rolle gegen Ebene | betriebssicher | GS 52 | 1 ··· 1,36 |
| | Rolle gegen Ebene | betriebssicher | C 35 | 1,2 ··· 2 |

Für die Belastung von glasharten *Waagenschneiden* und Pfannen werden je mm tragender Länge bis 0,2 kg für Feinwaagen, bis 10 kg für mittlere Waagen, bis 100 kg für schwere Waagen und bis 200 kg für Schneiden von Festigkeitsprüfmaschinen angegeben. In Wirklichkeit ist die zulässige Belastung auch hier eine Frage der Wälzpressung, also der Ausrundung von Schneide und Pfanne, wobei eine Überlastung eine plastische Verformung und somit eine selbsttätige Anpassung der Ausrundung zur Folge haben wird. Anhaltswerte für die Winkel und Ausrundungen von Schneiden und Pfannen nach Bild 13/4 zeigt Tafel 13/5. Äußere Maße für Schneiden und Pfannen siehe DIN 1921, 1922.

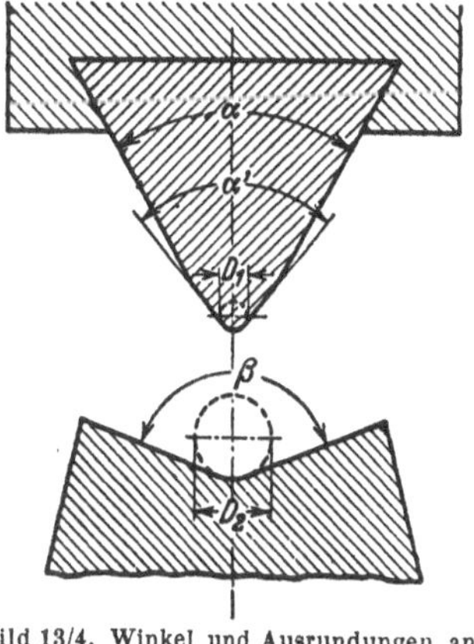


Bild 13/4. Winkel und Ausrundungen an Schneiden und Pfannen.

**2) Zulässige dynamische Belastung.** Bei ständig wiederholter umlaufender oder hin und her gehender Wälzbewegung kann mit der Zeit ein *Abblättern* („Schälen"), bei gleichzeitiger Schmierung

**Tafel 13/5.** *Anhaltswerte für Winkel und Ausrundungen von glasharten Schneiden und Pfannen nach Bild 13/4.*

| Verwendung | Belastung $P/B$ kg/mm | Schneide | | $D_1$ mm | Pfanne | $D_2$ mm | $K$ kg/mm² |
|---|---|---|---|---|---|---|---|
| | | ∢ α | ∢ α' | | ∢ β | | |
| Feinwaagen........ | bis 0,2 | 45° | 75° | 0,03 | 120° | 0,15 | 5 |
| mittlere Waagen .... | 10 | 60° | 80° | 0,2 | 140° | 0,5 | 15 |
| schwere Waagen .... | 100 | 90° | 90° | 1,5 | 140° | 3,0 | 33 |
| Festigkeits-Prüfmaschinen | 200 | 90° | 110° | 2,35 | 160° | 4,0 | 35 |

ein *Ausbröckeln* („Grübchenbildung") an der Laufbahn auftreten. Je höher die Wälzpressung, desto eher treten derartige Schäden auf. So können wir in Laufversuchen die ertragbare Wälzpressung in Abhängigkeit von der Lebensdauer, d. h. von der Anzahl der Überrollungen *bis zur Grübchenbildung* ermitteln. Bild 13/5 zeigt derartige Lebensdauerkurven für verschiedene Werkstoffpaarungen bei *Linien*berührung und *reiner Wälzbewegung*. Den unteren Grenzwert der Wälzpressung, bei dem keine Grübchenbildung mehr erzielt wurde (Abknicken der Kurven in die Waagerechte), können wir als *Dauer-*Wälzfestigkeit $K_D$, bzw. $p_D$ bezeichnen.

Nach obigen Versuchsergebnissen ist für Wälzkörper aus Stahl bei *Linien*berührung unter den angegebenen Versuchsbedingungen

$$p_D \approx 0{,}3\,H_B \quad \text{oder} \quad K_D \approx 0{,}125\,(H_B/100)^2 \qquad (\text{kg/mm}^2).$$

**Mit** geringerer Schmierung, größerer Ölzähigkeit und besserer Oberflächengüte steigt die dynamische Wälzfestigkeit etwas an.

**Ausreichende** entsprechende Versuche bei *Punkt*berührung fehlen noch [1], so daß es noch offen steht, ob es auch hierbei einen *Endwert* der Wälzfestigkeit ($p_D$) gibt oder ob

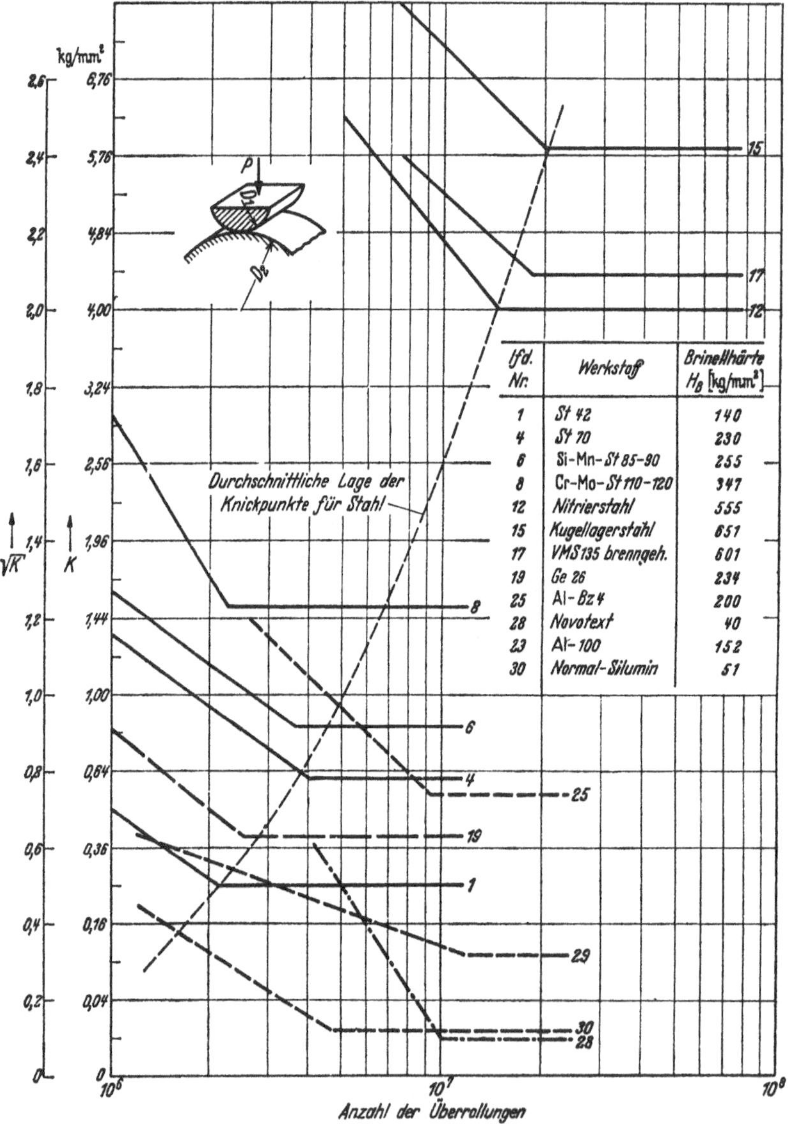



| lfd. Nr. | Werkstoff | Brinellhärte $H_B$ [kg/mm²] |
|---|---|---|
| 1 | St 42 | 140 |
| 4 | St 70 | 230 |
| 6 | Si-Mn-St 85-90 | 255 |
| 8 | Cr-Mo-St 110-120 | 347 |
| 12 | Nitrierstahl | 555 |
| 15 | Kugellagerstahl | 651 |
| 17 | VMS 135 brenngeh. | 601 |
| 19 | Ge 26 | 234 |
| 25 | Al-Bz 4 | 200 |
| 28 | Novotext | 40 |
| 23 | Al-100 | 152 |
| 30 | Normal-Silumin | 51 |

Bild 13/5. Wälzfestigkeit $K = \dfrac{P}{D_1 \cdot B \cdot \varphi} = 2{,}86\ p^2/E$ in Abhängigkeit von der Anzahl der Überrollungen bis zur Grübchenbildung für verschiedene Werkstoffe, nach NIEMANN [13/24] und HELBIG [13/25]. Unterhalb der Waagerechten, d. h. unterhalb der Dauerwälzfestigkeit $K_D$, tritt keine Grübchenbildung auf. Versuchsumstände: Wälzbewegung ohne Schlupf, $D_1 = 40$ mm (Prüfling), $D_2 = 90$ mm (Druckrolle aus gehärtetem Stahl), $\varphi = 0{,}692$, Tropfschmierung mit Öl von 11 Englergrad, Oberflächen fein geschliffen.

---

[1] Inzwischen wurde im Institut für Maschinenelemente, T. H. Braunschweig eine entsprechende Lebensdauerkurve bei *Punkt*berührung an Prüflingen aus gehärtetem Wälzlagerstahl ($H_B = 710$) aufgenommen. Sie ergab ebenfalls einen unteren Grenzwert der HERTZschen Pressung, bei dem keine Grübchenbildung mehr eintrat. Er wurde bei **33 Millionen** Überrollungen erreicht und betrug $p_D = 0{,}525\,H_B$ (kg/mm²), wenn man der Berechnung die *vor* dem Versuch gemessenen Krümmungshalbmesser zugrunde legt, bzw. $p_D = 0{,}44\,H_B$, wenn man die *nach* dem Versuch ausgemessenen größeren Krümmungshalbmesser einsetzt. Bei *Linien*berührung betrug vergleichsweise $p_D = 0{,}31\,H_B$. Die Versuche werden fortgesetzt.

sie mit der Lebensdauer ständig weiter abnimmt, wie man es auf Grund von Laufversuchen mit ganzen Wälzlagern bisher annimmt (s. Tafel 14/4, Kap. 14).

Bei *Wälz-Gleitbewegung* (z. B. bei Zahnrädern) ist die Wälzfestigkeit an der Flanke mit „negativem" Schlupf (z. B. am Zahnfuß) geringer [1] und an der Flanke mit „positivem" Schlupf (z. B. am Zahnkopf) erheblich größer [2] als bei reiner Wälzbewegung. Bild 13/6 erläutert die obigen Schlupfzustände. Zur besseren Vorstellung der hierbei auftretenden Spannungen sei hinzugefügt, daß die Flanke bei *negativem* Schlupf mit zusätzlicher tangentialer *Zug*spannung in das Gebiet der Wälzenpressung hineinläuft und bei *positivem* Schlupf mit tangentialer *Druck*spannung.

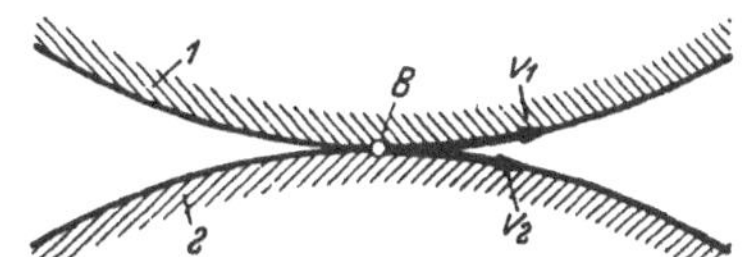

Bild 13/6. Positiver und negativer Schlupf. Bei positivem Schlupf (Flanke *1*) ist die Gleitgeschwindigkeit $v_1 - v_2$ positiv. Bei negativem Schlupf (Flanke *2*) ist die Gleitgeschwindigkeit $v_2 - v_1$ negativ! $v_1$ und $v_2$ sind die Umfangsgeschwindigkeiten der Flanken *1* und *2* relativ zur Berührungslinie *B* (senkrecht zur Bildebene).

Ferner sind bei Wälz-Gleitbewegung als *weitere* Belastungsgrenzen der zulässige Gleitverschleiß und die zulässige Erwärmung zu beachten.

**3) Einfluß von Durchmesser und Schmiegung.** Bei gleicher Wälzpressung trägt eine Rolle mit dem Durchmesser $D_1$ ebenso viel, wie $z$-Rollen gleicher Breite $B$, aber mit dem Durchmesser $D_1/z$, und sie beanspruchen die gleiche Gesamtgrundfläche $D_1 \cdot B$. Entsprechend trägt auch eine Kugel mit dem Durchmesser $D_1$ die gleiche Last, wie $z$ Kugeln mit dem Durchmesser $D_1/\sqrt{z}$, bei ebenfalls gleichem Rechteck-Flächenbedarf $D_1^2$. In Wirklichkeit tragen die kleinen Kugeln sogar etwas mehr, da hierfür die Wälzfestigkeit nach Erfahrung etwas ansteigt.

Wählt man die *Anschmiegung* günstiger, so kann die gleiche Kugel eine vielfache Last tragen. So trägt nach Tafel 13/3 eine Kugel gegen Hohlrinne mit $D_4 = - D_1 \cdot 9/8$

das 7fache ($\varphi = 7$) bei gleicher Wälzpressung,       } gegenüber
das 3fache ($\varphi_V = 3$) bei gleicher plastischer Verformung $u_V/D_1$, } der Paarung
das 1,9fache ($\varphi_P = 1,9$) bei gleichem $u/D_1$.       } Kugel/Ebene

**Tafel 13/6.** *Erfahrungswerte für K* (kg/mm²) bei Linienberührung und dynamischer Belastung (für Punktberührung und Wälzlager s. Kap. 14).

| Angegeben von | Verwendung Anordnung | Grenzmerkmal | Werkstoffe | $K$ kg/mm² | Schmierung |
|---|---|---|---|---|---|
| Niemann [13/24] | Rollenpaarung ohne Schlupf nach Bild 13/5 | Dauerbetrieb $(p_D = 0,3\, H_B)$ | Stahl/Stahl | $0,125\, (H_B/100)^2$ | |
| Niemann [3] | | $(p_D = 0,27\, H_B)$ | | $0,1\, (H_B/100)^2$ | ölgeschmiert |
| Fachgruppe Triebwerke (1940) | Zahnflanken | Dauerbetrieb $(p = 1 \cdot \sigma_F)$ | Stahl/Stahl | $1,36\, (\sigma_F/100)^2$ | |
| Niemann Hütte II | Reibscheibengetriebe | ausreichende Lebensdauer | gehärt. Stahl GG/GG | bis 3,0 0,03···0,05 | |
| | | | Novotext/GG | 0,02···0,04 | |
| Hütte II | Laufrad/Schiene a) bei Kranen | ausreichende Lebensdauer | GG 21/St 70 GS 52/St 70 GS 60/St 70 leg St 80/St 80 | 0,2···0,3 0,4···0,6 0,4···0,7 0,5···0,8 | trocken laufend |
| Hütte III | b) bei Reichsbahn | (wenn $B = 40$ mm) | St 80/St 70 | bis 0,25 | |

[1] Versuchswerte s. Tafel 13/6 Zahnflanken gegenüber Rollenpaarung ohne Schlupf, ferner [13/21] bis [13/23], [13/27] und [13/28].

[2] Bei positivem Schlupf soll, nach verschiedenen Forschungsberichten [13/21], [13/27], [13/29] bis [13/31], auch bei größter Belastung keine Grübchenbildung erreichbar sein. Im Institut für Maschinenelemente, T. H. Braunschweig wurde aber neuerdings bei Versuchen mit gehärteten Zahnrädern auch an den Zahnköpfen eine starke Grübchenbildung erzielt und in wiederholten Versuchen bestätigt.

[3] Nach Versuchen an Zahnrädern im Institut für Maschinenelemente, T. H. Braunschweig.

**4) Einfluß der Berührungsart.** Auffallend ist, daß bei *Punkt*berührung die ertragbare Hertzsche Pressung $p$ erheblich größer ist, als bei *Linien*berührung, und zwar sowohl bei statischer, als auch bei dynamischer Belastung. So ist bei gehärtetem Stahl für Kugel gegen Ebene das zulässige $p$ bei statischer Belastung etwa 1,75 mal so groß, als für Rolle gegen Ebene, wenn man die entsprechenden Erfahrungswerte für $k_0$ aus Tafel 13/4 (Versuchswerte von VKF) vergleicht, und bei dynamischer Belastung etwa 1,4 bis 1,7 mal so groß, wenn man die Versuchswerte der Fußnote [1] vergleicht.

Der Grund ist wohl darin zu suchen, daß bei Punktberührung die Spannungen dreidimensional, und bei Linienberührung zweidimensional auftreten. Entsprechend wird bei *gehärtetem Stahl* eine leicht tonnenförmige Rolle mit langgestreckter Ellipse als Berührungsfläche u. U. genau so viel, oder noch mehr tragen können, als eine gleich dicke und breite zylindrische Rolle mit rechteckiger Druckfläche.

## 13.5. Rollreibung.

Beim Rollen eines Wälzkörpers, z. B. eines Rades vom Durchmesser $D_1$ (mm) auf einer geraden Laufbahn (Bild 13/7a) ist ein Verformungswiderstand zu überwinden, der proportional der Belastung $P_0$ (kg) ist. Das hierfür am Wälzkörper aufzubringende Drehmoment, genannt „Moment der Rollreibung" ist

$$\boxed{M_r = f \cdot P_0 = P_w \cdot D_1/2} \quad \text{(mmkg)}$$

und die entsprechende Reibleistung ist

$$\boxed{N_r = M_r \cdot \omega = P_w \cdot v_w} \quad \text{(mmkg/s)},$$

wobei $f$ (mm) der „Hebelarm der Rollreibung", $P_w$ (kg) der „Rollwiderstand", $\omega$ (1/s) die Winkelgeschwindigkeit des Wälzkörpers und $v_w$ (mm/s) die Bewegungsgeschwindigkeit des Wälzkörper-Mittelpunktes ist.

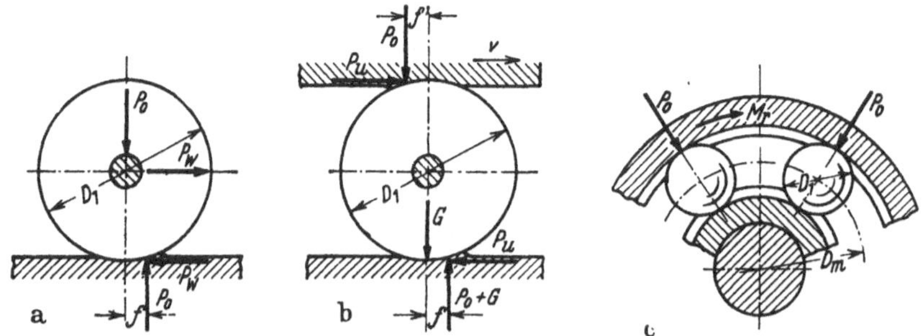


Bild 13/7. Rollreibung. a für Rolle auf Laufbahn, b für Rolle zwischen zwei Laufbahnen, c für Ringlager.

Bei Verteilung der Last $P$ auf mehrere gleiche Wälzkörper ist das Gesamtmoment der Rollreibung $M_r = f \cdot P$.

Für Wälzkörper zwischen *zwei* Laufbahnen (Bild 13/7b) ist entsprechend

$$\boxed{M_r = (P_0 + G)\,f + P_0 \cdot f' = P_u \cdot D_1} \quad \text{(mmkg)},$$

wobei $G$ (kg) das Eigengewicht der Rolle, $f'$ (mm) der Hebelarm der Rollreibung an der oberen Berührungsstelle und $P_u$ (kg) die aufzubringende Umfangskraft ist. Ist $G$ im Verhältnis zu $P_0$ klein und $f' = f$, so wird

$$\boxed{M_r = 2\,P_0 \cdot f = P_u \cdot D_1} \quad \text{(mmkg)} \quad \text{und} \quad \boxed{N_r = P_u \cdot v} \quad \text{(mmkg/s)},$$

wobei $v$ (mm/s) die Geschwindigkeit der oberen Laufbahn relativ zur unteren ist.

---

[1] Siehe Fußnote Seite 210.

Entsprechend ist bei *Wälzlagern* das aufzubringende Drehmoment am Innen- oder Außenring (Bild 13/7 c)

$$\boxed{M_r = \varSigma\, P_0 \cdot f \cdot D_m/D_1} \quad \text{(mmkg)} \quad \text{und} \quad \boxed{N_r = M_r \cdot \omega} \quad \text{(mmkg/s)},$$

wobei $\omega$ (1/s) die Winkelgeschwindigkeit des Innenrings relativ zum Außenring und $D_m$ (mm) der Teilkreisdurchmesser ist.

*Hebelarm f.* Im allgemeinen setzt man $f = 0,5$ mm für Wälzpaarungen aus Stahl, Stahlguß und Grauguß. Bei Wälzlagern aus gehärtetem und geschliffenem Stahl ist günstigenfalls $f = 0,005$ bis $0,01$ mm. Nach Versuchen an Eisenbahn-Laufrädern auf Schienen [13/30] ist $f$ vom Raddurchmesser $D_1$ (mm) abhängig: $f \approx 0,013\, \sqrt{D_1}$ (mm).

*Zusätzliche Gleitreibung.* Bei Berührung der Wälzkörper außerhalb der Wälzlinie, z. B. bei Spurkranzreibung der Laufräder, bei Bord-, Stirn- und Käfigreibung der Wälzlager, bei zusätzlicher Gleitreibung von Dichtungen und Lagerzapfen ist ein zusätzliches Reibmoment zu überwinden, das häufig erheblich größer ist, als das Rollreibmoment. Über die zusätzliche Reibung bei Wälzlagern s. Kap. 14.

## 13.6. Berechnungsbeispiele.

**Beispiel 1.** *Kranlaufrad aus Stahlguß* (Bild 13/1a). $D_1 = 800$ mm, tragende Schienenbreite $B = 65$ mm. Mit $K = 0,4$ kg/mm² nach Tafel 13/6 wird die zulässige Belastung des Rades $P_0 = K \cdot D_1 \cdot B = 0,4 \cdot 800 \cdot 65 = 20\ 800$ kg, und das Roll-Reibmoment $M_r = f \cdot P_0 = 0,5 \cdot 20\ 800 = 10\ 400$ mmkg, oder der Rollwiderstand $P_w = 2\, M_r/D_1 = 2 \cdot 10\ 400/800 = 26$ kg. Hierzu kommt der Gleitreibungswiderstand $P_z$ (kg) der Laufradlagerung, der ein Vielfaches des Rollwiderstandes beträgt; z. B. $P_z = P_0 \cdot \mu \cdot d/D_1 = 20\ 800 \cdot 0,1 \cdot 80/800 = 208$ kg, wenn der Zapfendurchmesser $d = 80$ mm und der Reibwert des Zapfens $\mu = 0,1$ beträgt.

**Beispiel 2.** *Nocken und Nockenrolle* (Bild 13/1 h) aus gehärtetem Stahl, $H_B = 600$ kg/mm², $D_1 = 5$ mm, $D_2 = 20$ mm, $B = 10$ mm. Für Dauerbetrieb mit $K = 0,125\,(H_B/10^2)^2 = 4,5$ kg/mm² (s. Tafel 13/6) und $\varphi = \dfrac{1}{1 + D_1/D_2} = \dfrac{1}{1 + 0,25} = 0,8$ wird die größte zulässige Stoßbelastung $P_0 = K \cdot \varphi \cdot D_1 \cdot B = 4,5 \cdot 0,8 \cdot 5 \cdot 10 = 180$ kg.

**Beispiel 3.** *Wälzschlitten mit Kugeln in Hohlrinnen* (Bild 13/1 e), aus gehärtetem Stahl. Belastung $P = 5000$ kg, Kugeldurchmesser $D_1 = 15$ mm, Profil der Hohlrinne $D_4 = -D_1 \cdot 4/3$. Hierfür ist nach Tafel 13/3 $\varphi = 3,42$, $\varphi_V = 2$, $\cos\vartheta = 0,6$ und nach Tafel 13/1 $\xi = 1,66$, $\psi = 1,48$. Wählt man nach S. 209 $k_0 = \varphi_V \cdot 1 = 2 \cdot 1 = 2$ kg/mm², so ist $P_0 = k_0 \cdot D_1^2 = 2 \cdot 15^2 = 450$ kg, oder die Anzahl der benötigten Kugeln $z = P/P_0 = 5000/450 \approx 11$.

Die Annäherung des Schlittens an die Auflage beträgt $2 \cdot u = 2 \cdot 1,55\, D_1\, \dfrac{\psi}{\xi}\, \sqrt[3]{\dfrac{k_0^2}{E^2 \cdot \delta}}\cdot$

Mit $E = 2,1 \cdot 10^4$ kg/mm² und $\delta = \dfrac{2}{2 + D_1/D_4} = \dfrac{2}{2 - 3/4} = 1,6$ wird $2 \cdot u = 2 \cdot 1,55 \cdot 15 \cdot \dfrac{1,48}{1,66}\, \sqrt[3]{\dfrac{2^2}{2,1^2 \cdot 10^8 \cdot 1,6}} = \dfrac{31,3}{103} = 0,0313$ mm. Die am Schlitten aufzubringende Kraft zur Überwindung der Rollreibung beträgt $P_u = \dfrac{M_r}{D_1} = \dfrac{2 \cdot P \cdot f}{D_1} = \dfrac{2 \cdot 5000 \cdot 0,007}{15} = 4,67$ kg, wenn $f = 0,007$.

**Beispiel 4.** *Reibradgetriebe* (Bild 13/1 k), aus gehärtetem Stahl, $H_B = 650$ kg/mm², ölgeschmiert. $D_1 = 100$ mm, $D_2 = 100$ mm, $B = 10$ mm.

*Bei Linienberührung:* Das Profil von Reibrolle und Gegenscheibe stimmen überein. Mit $K = 2,5$ kg/mm² (s. Tafel 13/6) und $\varphi = \dfrac{1}{1 + D_1/D_2} = 0,5$ wird die zulässige Anpreßkraft $P_0 = K \cdot \varphi \cdot D_1 \cdot B = 2,5 \cdot 0,5 \cdot 100 \cdot 10 = 1250$ kg. Bei einem Mindest-Gleitreibwert $\mu = 0,065$ wird die übertragbare Umfangskraft $P_u = P_0 \cdot \mu = 1250 \cdot 0,065 = 81$ kg. Die HERTZsche Pressung $p = 85,7 \cdot K^{1/2} = 85,7 \cdot 2,5^{1/2} = 135,5$ kg/mm².

214     13. Wälzpaarungen.

*Bei Punktberührung:* Das Profil der Reibrolle ist etwas stärker gekrümmt, als das Profil der Gegenscheibe, $D_3 = 80$ mm, $D_4 = -100$ mm. Es wird:

$$\delta = \frac{2}{1 + D_1/D_2 + D_1/D_3 + D_1/D_4} = \frac{2}{1 + 1 + 100/80 - 1} = 0{,}888 \text{ und}$$

$$\cos \delta = \frac{1 + 1 - (1{,}25 - 1)}{1 + 1 + (1{,}25 - 1)} = 0{,}778 \text{ und hiermit nach Tafel 13/1 } \xi = 2{,}20,\ \eta = 0{,}56.$$

Hieraus $\varphi = \delta^2 (\xi \cdot \eta)^3 = 0{,}88^2 (2{,}2 \cdot 0{,}56)^3 = 1{,}44;\ K = \dfrac{P_0}{\varphi \cdot D_1^2} = \dfrac{1250}{1{,}44 \cdot 100^2} = 0{,}0868\ \text{kg/mm}^2$, oder $p = 468\ K^{1/3} = 207\ \text{kg/mm}^2$. Da nach S. 212 $p$ bei Punktberührung etwa 1,7mal so groß als bei Linienberührung werden dürfte ($= 1{,}7 \cdot 135{,}5 = 230\ \text{kg/mm}^2$), wäre die Punktberührung hier vorzuziehen (geringere Reibverluste).

*Weitere Berechnungsbeispiele* s. Wälzlager (Kap. 14), Zahnräder und Reibgetriebe (Bd. 2).

## 13.7. Schrifttum zu 13 (s. auch Wälzlager S. 226).


*Spannungen:*

[13/1] HERTZ, H.: Über die Berührung fester elastischer Körper .... Leipzig: Ges. Werke, Bd. I. Barth 1895 und J. reine angew. Math. 92 (1881) S. 156 — Auszug s. Hütte I, 27. Aufl. 1942, S. 736.

[13/2] STRIBECK, R: Kugellager für beliebige Belastungen. Mitt. Forsch.-Arb. VDI 2. Berlin 1901 und Z. VDI 45 (1901) S. 73 und 118 und Glasers Ann. Nr. 577, 1. Juli 1901 und Z. VDI 51 (1907) S. 1495.

[13/3] COKER, E. C., CHAKKE, K. C. und M. S. AHMED: Contact pressures and Stresses. Proc. Instn. mech. Engr. 1921, S. 365.

[13/4] MESMER, G.: Vergleichende spannungsoptische Untersuchungen und Fließversuche unter konzentriertem Druck. Z. f. Techn. Mech. u. Thermodynamik Bd. 1 (1930) S. 85 u. 106.

[13/5] COKER, E. G.: The optical analysis of stress in rollers, cams and wheels. Proc. Instn. mech. Engr. 1931; Engineering Bd. 131 (1931) S. 116.

[13/6] FISCHER, O. F.: Näherungslösung zur Ermittlung der wirklichen Spannungsverteilung an konzentriert belasteten Zylinderenden. Ing.-Arch. II (1931) S. 178.

[13/7] LUNDBERG, G. und ODQUIST, F. K. G.: Studien über die Spannungsverteilung in der Umgebung der Berührungsstellen von elastischen Körpern, mit Anwendungen. Ing. Vet. Akad. Handl. 1932, Nr. 116.

[13/8] WEBER, C.: Beitrag zur Berührung gewölbter Oberflächen beim ebenen Formänderungszustand. ZAMM. Bd. 13 (1933) S. 11.

[13/9] FÖPPL, L.: Der Spannungszustand und die Anstrengung des Werksstoffs bei Berührung zweier Körper. Forschg. Ing.-Wes. 7 (1936) S. 209.

[13/10] LÖFFLER, J.: Die Spannungsverteilung in der Berührungsfläche gedrückter Zylinder auf Grund spannungsoptischer Messungen. Diss. T. H. Dresden 1938.

[13/11] KARAS, FR.: Der Ort größter Beanspruchung in Wälzverbindungen mit verschiedenen Druckfiguren. Forschg. Ing.-Wes. 12 (1941) S. 237; ferner Bd. 11 (1940) S. 334.

*Statische Tragkraft:*

[13/12] PALMGREN A.: Untersuchung über die statische Tragfähigkeit von Kugellagern. Diss. Stockholm 1930.

[13/13] MUNDT, R.: Höchstbelastbarkeit von Wälzlagern. Forschg. Ing.-Wes. Bd. 7 (1936) S. 292 und Hütte Bd. II 27. Aufl. S. 192. Berlin 1944.
— Zur Berechnung der Tragfähigkeit .... Z. VDI 85 (1941) S. 801.

[13/14] VKF: Statische Tragfähigkeit von Wälzlagern. Das Kugellager — Hausmitt. der VKF Schweinfurt Bd. 18 (1943) S. 33.

[13/15] SCHÖNHÖFER, R.: Neuartige Ausführungen von Brückenauflagern. Z. VDI 85 (1941) S. 215.

*Pfannen und Schneiden:*

[13/16] SCHLEE: Gleicharmige Hebelwaagen. Arch. techn. Mess. J 131—4; T 80, Juli 1940.

[13/17] GÖTZ, E.: Waagen- und Wiegeeinrichtungen. Leipzig: M. Jänecke 1931.

*Dynamische Tragkraft* (Lebensdauer und Grübchen):

[13/18] BACON, F.: Fatigue Stresses with Special reference to the breakage of rolls. Engineering Bd. 131 (1931) S. 280 u. S. 341.

[13/19] KÜHNEL, R.: Abblätterungen am Radreifen. Stahl u. Eisen 57 (1937) S. 553.

[13/20] ULRICH, M.: Zur Frage der Grübchenbildung bei Zahnrädern. Z. VDI 78 (1934) S. 53; ferner Versuchsbericht Nr. 4 (1932) Reichsverb. der Automobilind. Berlin.

[13/21] NISHIHARA und KOBAYASHA: Pittings of Steel under lubricated Rolling Contact .... Trans. Soc. mechan. Engr. Japan Bd. III (1937) S. 292 und Bd. V (1939) S. 90.

[*13/22*] NIEMANN, G.: Walzenpressung und Grübchenbildung bei Zahnrädern. Maschinenelemente-Tagung Düsseldorf 1938, Berlin: VDI-Verlag 1940.

[*13/23*] KARAS, FR.: Dauerfestigkeit von Laufflächen gegenüber Grübchenbildung. Z. VDI 85 (1941) S. 341.

[*13/24*] NIEMANN, G.: Walzenfestigkeit und Grübchenbildung von Zahnrad- und Wälzlagerwerkstoffen. Z. VDI 87 (1943) S. 521.

[*13/25*] HELBIG Fr.: Walzenfestigkeit und Grübchenbildung von Zahnrad- und Wälzlagerwerkstoffen. Diss. T. H. Braunschweig 1943.

[*13/26*] TUSCHY, H.: Gleit-Wälzversuche an Stahlrollen. Diss. TH. Danzig 1937.

[*13/27*] MELDAHL, A.: Prüfung von Zahnradmaterial mit dem Brown-Boverie-Apparat. Schweiz. Arch. angew. Wiss. Techn. Bd. 6 (1940) S. 285; ferner: Automob. Engr. (1941) S. 97; ferner: Brown-Bovery-Review Okt. 1939.

[*13/28*] GLAUBITZ, H.: Zahnradversuchsergebnisse zum Schlupfeinfluß auf die Walzenfestigkeit von Zahnflanken. Forschg. Ing.-Wes. Bd. 14 (1943) S. 24.

[*13/29*] WAY, ST.: Pitting Due to Rolling contact. J. appl. Mechan. Bd. 2 (1935) S. A 49 a. A 110.
— Westinghouse Roller a. Gear Pitting Tests, A. G. M. A. 24. Ann. Meeting Report. Mai 1941.

[*13/30*] BUCKINGHAM, E.: Surface Fatigue of Plastic Materials. Progr. Report Nr. 16 of the ASME (1944).

[*13/31*] BEECHING, NICHOLLS: A Theoretical Discussion of Pitting Failures in Gears. Instn. mech. Engrn., J. Proc. Dez. 1948. S. 317/326.

*Rollreibung*:

[*13/32*] REYNOLDS, OSBORN: On rolling friction. Philos. Trans. Roy. Soc. London 1885.

[*13/33*] FROMM, H.: Berechnung des Schlupfes beim Rollen deformierbarer Scheiben. Z. angew. Math. Mech. Bd. 7 (1927) S. 27.

[*13/34*] FROMM, H.: Arbeitsverlust, Formänderungen und Schlupf beim Rollen von treibenden und gebremsten Rädern oder Scheiben. Z. techn. Physik 9. Jg. (1928) S. 299.

[*13/35*] FÖPPL, L.: Die strenge Lösung für die rollende Reibung. München: Leibnitz-Verlag 1947.

[*13/36*] ENGEL, J.: Die Fahrwiderstände des Rollmaterials im Baubetrieb. Mitt. d. Forsch.-Inst. f. Masch.-Wes. beim Baubetrieb H. 3. Berlin: VDI-Verlag 1932.

[*13/37*] KARAS, F.: Die äußere Reibung bei Walzendruck. Forschg. Ing.-Wes. Bd. 12 (1941) S. 266.

[*13/38*] K. KARDE, Die Grundlagen der Berechnung und Bemessung des Klemmrollen-Freilaufs. ATZ 51 (1949) S. 49.


# III. Lager.

## 14. Wälzlager.

### 14.1. Überblick.

**1) Eigenschaften.** Gegenüber Gleitlagern ist hervorzuheben

a) die viel geringere *Anlaufreibung* (Anlaufreibwert etwa 0,02 statt 0,12) und der geringere Einfluß der Drehzahl auf die Reibung;

b) die einfache und *fast wartungsfreie* Dauerschmierung bei erheblich geringerem *Schmierstoffverbrauch*;

c) die geringere *Wärmeentwicklung* bei gleicher Belastung;

d) die durchweg größere *Tragkraft* je cm Lagerbreite;

e) der Fortfall der *Einlaufzeit* und des Einflusses des Wellenwerkstoffs;

f) die weitgehende *Normung* der Abmessungen, der Qualität, der zulässigen Belastung und Lebensdauer, verbunden mit der hochwertigen Herstellung in Spezialfabriken und die sich hieraus ergebenden Vorteile für die Anwendung und Ersatzbeschaffung.

**2) Verwendungsgrenzen.** Trotz obiger Vorzüge der Wälzlager zieht man Gleitlager in gewissen Fällen vor; z. B. dort, wo das Lagergeräusch stört, ferner bei starken *Erschütterungen* im Stillstand, z. B. bei Reservemaschinen, dann bei *geteilten* Lagern, bei *großen Querlagern* geringer Drehzahl (relativ hoher Preis und großer Außendurchmesser der Wälzlager) und bei *hochbelasteten Spurlagern* von Generatoren und Turbinen (über 200 t). Bei hohen Anforderungen an die *Spielfreiheit* (Werkzeugmaschinen) steht die letzte Entscheidung noch aus. Zulässige Drehzahlen s. Tafel 14/1.

**Tafel 14/1.** *Zulässige Drehzahl $n_{zul}$ bei stationärer Schmierung nach DIN 622 (Aug. 1942).*
Durchmesser $d$, $D$, $d_w$, $D_g$, $D_w$ und Höhe $H$ (mm) s. Tafel 14/5 bis 14/15.

| Nr. | Lagerart | $n_{zul}$ | Nr. | Lagerart | $n_{zul}$ |
|---|---|---|---|---|---|
| 1 | Ring-Kugellager bis $d = 10$ mm | $\dfrac{650\,000}{0,5\,(d + D) + 7}$ | 5 | Scheiben-Rillenlager | $\dfrac{150\,000}{0,5\,(d_w + D_g)}$ |
| 2 | Ring-Kugellager außer Nr. 1 Ring-Zylinderlager | $\dfrac{500\,000}{0,5\,(d + D)}$ | 6 | Scheiben-Tonnenlager | $\dfrac{130\,000}{\sqrt{D_g \cdot H}}$ |
| 3 | Ring-Schräglager, zweireihig Ring-Kegellager Ring-Tonnenlager Reihe 222 u. 223 | $\dfrac{350\,000}{0,5\,(d + D)}$ | 7 | Nadellager | $\dfrac{100\,000}{d}$ |
| 4 | Ring-Tonnenlager Reihe 230, 231, 232, 213 | $\dfrac{250\,000}{0,5\,(d_w + D_g)}$ | 8 | Walzenkränze | $\dfrac{250\,000}{D_w}$ |

**3) Bauweise.** Ein vollständiges Wälzlager besteht nach Bild 14/2 bis 14/4 aus 2 Ringen und den dazwischen angeordneten Wälzkörpern, die durch einen Käfig aus weicherem

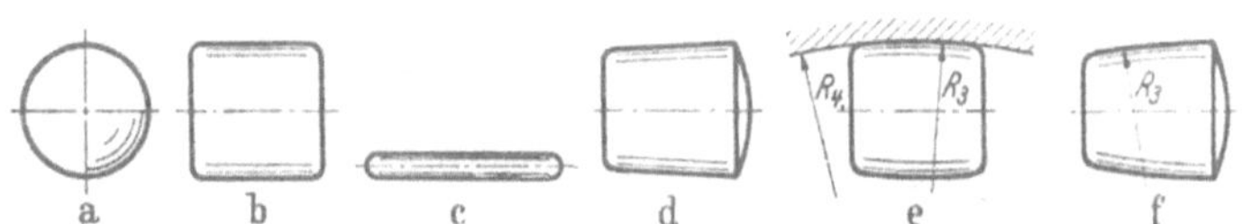

Bild 14/1. Wälzkörper. a Kugel, b Zylinderrolle, c Nadel, d Kegelrolle, e symmetrische Tonnenrolle, f unsymmetrische Tonnenrolle.

Werkstoff voneinander getrennt und auch zusammen gehalten werden. Als Wälzkörper dienen Kugeln, Rollen, Tonnen oder Nadeln nach Bild 14/1. Den Aufbau der verschiedenen Wälzlagerarten s. Bild 14/2 bis 14/4. Die Konstruktionsbedingungen für reine Wälzbewegung zeigt Bild 14/7.

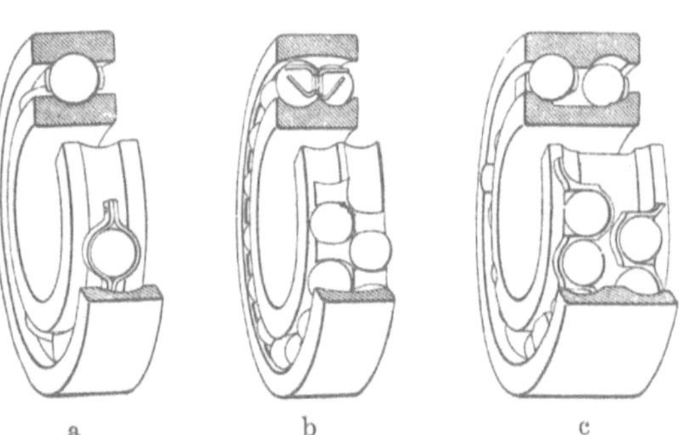

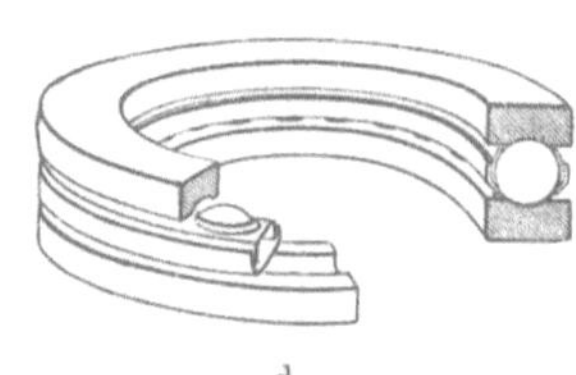

Bild 14/2. Kugellager. a Ring-Rillenlager, b Ring-Pendellager, c Ring-Schräglager, d Scheiben-Rillenlager.

Die *seitliche Führung* erfolgt bei Kugeln durch die Laufrillen selbst, bei symmetrischen Rollen und Tonnen durch „Spielführung" zwischen den seitlichen Borden und bei unsymmetrischen Tonnen und Kegelrollen durch „Spannführung", wobei die Kraftkomponente $P_B$ (Bild 14/3 e) die Tonne gegen den Bord drückt.

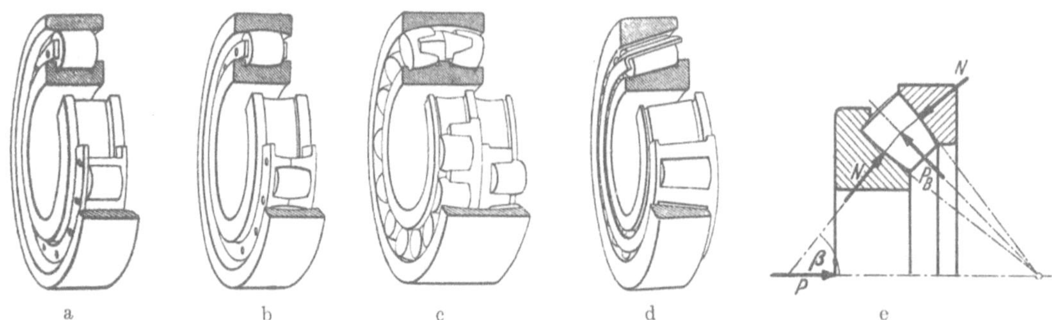

Bild 14/3. Rollenlager. a Ring-Zylinderlager, b Ring-Tonnenlager, einreihig, c Ring-Tonnenlager, zweireihig, d Ring-Kegellager, e Scheiben-Tonnenlager, $P_B$ = Bordkraftkomponente, $\beta$ = Winkel zwischen Lagerbelastung $P$ und Normalkraft $N$ des Wälzkörpers.

**4) Baumaße der genormten Wälzlager.**

*Äußere Baumaße* $d$, $D$ und $b$ s. Tafel 14/5 bis 14/15.   *Passungen* s. Tafel 14/3.

*Innere Baumaße* betragen etwa:

Wälzkörperdurchmesser

$$\boxed{D_1 = q_1\,(D - d)}\,.$$

Anzahl der Wälzkörper in einer Reihe

$$\boxed{z_1 = q_2\,(D + d)/D_1}\,.$$

Krümmungshalbmesser des Profils der Lauf-

rinne $\boxed{R_4 = q_3 \cdot R_3}$ .

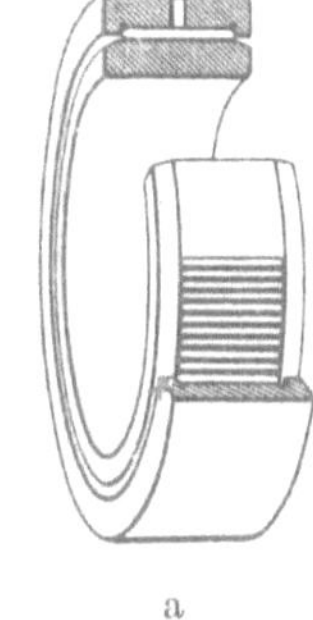

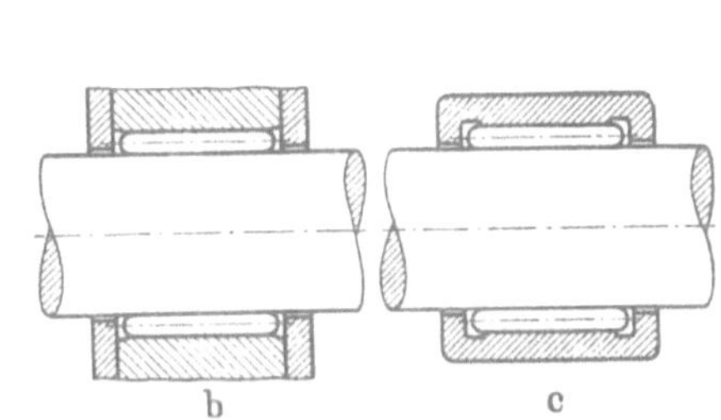

Bild 14/4. Nadellager.   a komplettes Nadellager, b unmittelbare Nadellagerung, c halbmittelbare Nadellagerung.

Krümmungshalbmesser des Wälzkörpers $R_3$ nach Bild 14/1.

Durchmesser $d$ und $D$ s. Tafel 14/5 bis 14/15.

**Tafel 14/2.**  *Beiwerte* $q_1$, $q_2$, $q_3$.

| Lagerart | $q_1$ | | $q_2$ | | $q_3$ | | Rollenlänge |
|---|---|---|---|---|---|---|---|
| | von | bis | von | bis | von | bis | |
| Ring-Rillenlager . . . . . . . . . . . . | 0,258 | 0,33 | 0,99 | 0,89 | 1,04 | 1,06 | — |
| ,, -Schräglager, einreihig . . . . . . | 0,25 | 0,32 | 1,4 | 1,24 | 1,04 | 1,06 | — |
| ,, -Schräglager, zweireihig . . . . . | 0,241 | 0,29 | 1,48 | 1,25 | 1,04 | 1,06 | — |
| ,, -Pendellager. . . . . . . . . . | 0,217 | 0,238 | 1,33 | 1,07 | 1,04 | 1,06 | — |
| Ring-Zylinderlager . . . . . . . . . . | 0,205 | 0,257 | 1,24 | 0,97 | — | | $1\,D_1$ |
| ,, Kegellager . . . . . . . . . . | 0,247 | 0,281 | 1,3 | 1,2 | — | | $1,05\,D_1 \cdots 1,5\,D_1$ * |
| Ring-Tonnenlager, einreihig. . . . . . | 0,259 | 0,289 | 1,36 | 1,15 | 1,02 innen | 1,04 außen | $1\,D_1 \cdots 1,15\,D_1$ |
| ,, -Tonnenlager, zweireihig . . . . . | 0,233 | 0,278 | 1,4 | 1,15 | 1,02 innen | 1,04 außen | $0,82\,D_1 \cdots 0,88\,D_1$ |
| Scheiben-Rillenlager . . . . . . . . . | 0,318 | 0,386 | 1,42 | 1,19 | 0,544 | | — |
| ,, -Tonnenlager . . . . . . . . | 0,237 | 0,253 | 1,12 | 1,07 | 0,51 | | $1\,D_1$ |

* Beim Kegellager ist $D_1$ der größere Durchmesser der Kegelrollen.

*Berechnungsbeispiele* s. S. 222.

**5) Werkstoff.** Für die Wälzkörper und Laufringe verwendet man gewöhnlich einen durchhärtenden Wälzlagerstahl nach S. 90 (0,9 ··· 1,2 % C; 0,4 ··· 1,8 % Cr, evtl. noch 0,2 ··· 0,4 % Mn), bei außergewöhnlich großen Lagern auch naturharten Si–Mn-Stahl mit $\sigma_B = 120$ kg/mm² und in Sonderfällen auch rostfreie Stähle und unmagnetische Bronze. Die Käfige bestehen vorwiegend aus Stahlblech, Bronze oder Kunststoff. Für chemische Zwecke werden auch Wälzlager aus *keramischen* Stoffen hergestellt [1].

**6) Auswahl.** Für *Quer*belastung sind alle Ringlager geeignet, für *Längs*belastung die Scheibenlager und Ringrillenlager, für gleichzeitige *Längs- und Quer*belastung die Ringrillen-, Ringschräg- und Ringkegellager, die außerdem auch eine Längsverspannung und mit dieser eine Quer-Nachstellung des Lagerspiels ermöglichen. Bei merkbaren *Wellendurchbiegungen* oder Abweichungen in der Achsrichtung sind Pendellager das Gegebene. *Ringzylinder*lager können zusätzlich geringe Längskräfte (Führungskräfte) am seitlichen

---

[1] Gebaut von Hermsdorf-Schomburg-Isolatoren-Ges., Hermsdorf. Erreichte Bruchlast einer 20-mm-Keramik-Kugel etwa 3000 kg. Siehe NAUMANN, Die Technik Bd. 2 (1947) S. 385.

Bord aufnehmen, während sie bei Weglassung eines Bordes eine entsprechende Längsverschiebung der Welle zulassen. *Nadellager* benötigen den geringsten Außendurchmesser
und sind besonders für Stoßbelastungen bei geringer Drehzahl z. B. bei Kolbenbolzen
geeignet; sie besitzen aber größere Reibung (Bild 14/13) und sind nicht längsbelastbar
(wohl längsverschiebbar). Einen Anhalt zum Vergleich der Tragkräfte der verschiedenen
Lager bieten die in Tafel 14/5···14/15 angegebenen „Tragzahlen C", während Bild 14/12
einen Vergleich der Reibverluste ermöglicht.

**7) Einbau.** Wichtig ist die Einhaltung der Passungen [1] (nicht verklemmen!). Der relativ zur Lastrichtung umlaufende Ring soll *Festsitz* haben (am besten etwa 70° warm aufziehen!); der andere Ring darf *Schiebesitz* erhalten. Die Befestigung der Lagerringe auf der Welle zeigt Bild 14/5. Bei *mehrfacher* Lagerung (Bild 14/6) ist genau zu überlegen, welches Lager „führen" und welches sich frei einstellen soll (Wärmeausdehnung!). Seitlich vom Lager soll man Platz für Schmierstoff lassen; bei

**Tafel 14/3.** *Empfohlene Toleranzen für Welle und Gehäuse*, wenn der Innenring relativ zur Lastrichtung umläuft (nach TEN Bosch).
Die Toleranzen der Wälzlagerdurchmesser $d$ und $D$ sind $hB$ und $kB$ nach *ISO* [3].

| Tragfähigkeit | Welle | Gehäuse |
|---|---|---|
| Nicht voll ausgenutzt . . . . . | j 6 | J 7 |
| Normal ausgenutzt. . . . . . . | k 5 | H 7 |
| Voll ausgenutzt, mittelschwere u. schwere Reihe . . . . . . . | m 5 | H 7 |
| Sehr große Stoßbelastung . . . | n 5 | H 7 |
| Spannhülsenlager . . . . . . . | h 9 | H 8 |

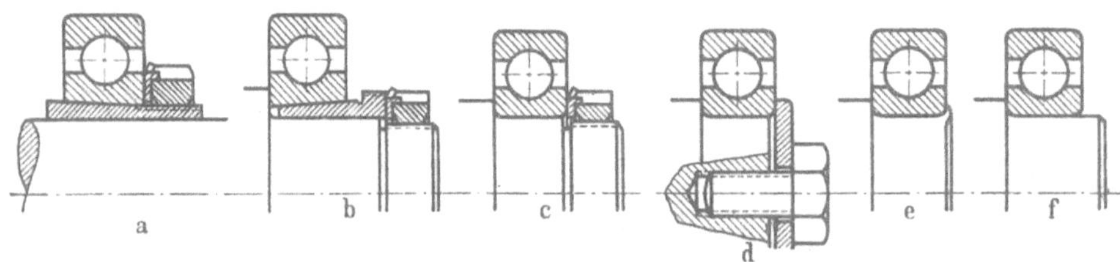

Bild 14/5. Befestigung an der Welle, a mit Spannhülse, b mit Abzugshülse, c mit Mutter, d mit Endscheibe, e mit Bördelrand, f nur 70° — warm aufgezogen; axiale Sicherung nur bei Axialkräften erforderlich. Der äußere Wellendurchmesser soll kleiner als der äußere Innenringdurchmesser sein, um das Abziehen des Lagers zu erleichtern.

Ölstandschmierung soll nur der unterste Wälzkörper bis zur Mitte eintauchen (sonst erhöhte Erwärmung durch Walkarbeit). *Abdichtung* gegen Staub vorsehen! (s. Bild 14/6 u. 15/19, S. 249) [2]. Beim Aufbringen oder Abziehen der Wälzlager, oder sonstiger Teile auf der Welle, ist darauf zu achten, daß hierbei die Wälzkörper keine Stoßkräfte erhalten.

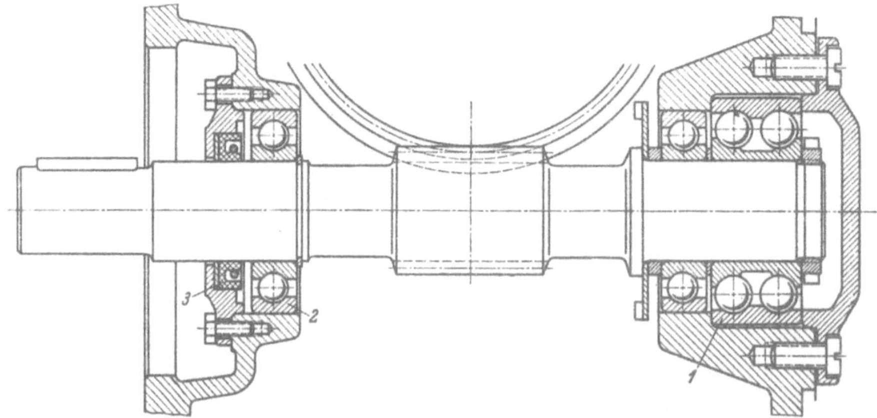

Bild 14/6. Einbaubeispiel. Lagerung einer Schneckenwelle, *1* Festlager, *2* Loslager, *3* Abdichtung. Innenring mit Festsitz auf der Welle, Außenring mit Schiebesitz.

---

[1] Die Passung bei Wälzlagern ist wegen der elastischen Verformung eine *vierfache* Passung (2 innere, 2 äußere). Sie wirkt entscheidend mit auf die Lebensdauer, auf Reibmoment und Erwärmung des Lagers. Ein nachgiebiges Lagergehäuse, z. B. aus Leichtmetall, verringert die Gefahr des Verklemmens.

[2] Sehr günstig und platzsparend sind auch die einfachen radialen Abdichtscheiben, die mit schmaler Abdichtkante federnd gegen den Wälzlagerring gleiten (Nilos-Dichtung). Gegen starke Ölspritzer von Zahnritzeln genügen meist einfache Scheiben als Spritzringe vor den Lagern.

[3] Die Sondertoleranzen für Wälzlagerpassungen s. R. MUNDT: Passungen für Wälzlager. Stahl und Eisen Bd. 70 (1950) S. 745.

## 8) DIN-Blätter für Wälzlager.

| Betrifft | DIN | Betrifft | DIN |
|---|---|---|---|
| Übersicht | 611 | *Rollenlager.* | |
| Bauarten, Benennungen | 612 | Nadellager | 617 |
| Außenmaße | 616 | Ring-Tonnenlager | 635 |
| Maß-, Form- u. Laufgenauigkeit | 620 | Ring-Kegellager | 720 |
| Gewichte | 621 | Scheiben-Tonnenlager | 728 |
| Tragfähigkeit | 622 | Ring-Zylinderlager | 5412 |
| Zusammensetzung, Anbringung, Kurz-zeichen | 623 | *Teile und Sonstiges.* | |
| | | Zylinderrollen, Walzen | 5402 |
| *Kugellager.* | | Walzenkränze | 5407 |
| Ring-Schulterlager | 615 | Unterlegscheiben | 5414 |
| Ring-Rillenlager | 625 | Spannhülsen | 5415 |
| Ring-Schräglager | 628 | Sprengringe | 5417 |
| Ring-Pendellager | 630 | Anschlußmaße | 5418 |
| Scheiben-Rillenlager | 711, 715 | Filzringe | 5419 |

**9) Anstände.** 1) Gefürchtet ist ein *Heißlaufen*, oder sogar *Blockieren* der Lager, hervorgerufen durch Verklemmungen im Lager (zu enge Passung oder Wärmedehnungen), durch Fremdkörper (z. B. Abrieb), durch zuviel oder zu wenig Schmierung.

2) *Zunehmende Geräuschbildung* oder Erschütterungen durch Fremdkörper im Lager, durch zu enge Passung, oder zuviel Lagerluft oder Mangel-Schmierung, besonders aber durch *Laufbahnfehler*, wie plastische Eindrücke oder „Riffelung" der Laufbahn, wie sie vorwiegend durch Stoßbelastung und Erschütterungen im *Stillstand* der Lager entstehen, ferner durch „Kraterbildung" infolge von elektrischen Stromübergängen, durch „Korrosion" der Laufbahn und schließlich am häufigsten durch die üblichen Alterungserscheinungen, wie „Grübchenbildung" (Ausbröcklungen) oder „Schälen" der Laufbahn. *Vorzeitige* Grübchenbildung deutet auf Überlastung hin, *einseitige* auf Einbaufehler (einseitiges Verklemmen) oder einseitige Belastung, z. B. infolge von Wellendurchbiegungen oder Wärmedehnungen.

3) *Verschleißerscheinungen*, z. B. an den Stirnflächen der Rollen, an den Borden und Käfigen.

4) *Werkstoff- und Herstellungsfehler*, z. B. Härte- oder Schleifrisse, Lagerluft- und Passungsfehler.

# 14.2. Tragkraft.

## 1) Bezeichnungen.

| | | |
|---|---|---|
| $B$ | (mm) | tragende Rollenbreite |
| $C$ | (kg) | Tragzahl |
| $D_1$ | (mm) | Wälzkörperdurchmesser |
| $d, D$ | (mm) | Innen-, Außendurchmesser des Lagers |
| $\int$ | (mm) | Hebelarm der rollenden Reibung |
| $\int_L, \int_n, \int_t$ | (—) | Beiwerte für Lebensdauer, Drehzahl, Temperatur |
| $H_V$ | (kg/mm²) | Vickershärte |
| $k_0$ | (kg/mm²) | spez. Belastung, $= P_0/D_1^2$ bzw. $P_0/(D_1 \cdot B)$ |
| $L$ | (—) | Lebensdauer in Millionen Umdrehungen, $= L_h \cdot n \cdot 60/10^6$ |
| $L_h$ | (h) | Lebensdauer in Betriebsstunden |
| $M_r$ | (mmkg) | Reibmoment |
| $m$ | (—) | spez. Reibmoment (Bild 14/13) |
| $n$ | (Uml/min) | Drehzahl |

| | | |
|---|---|---|
| $P, P_0$ | (kg) | größte Nennbelastung des Lagers, des Wälzkörpers |
| $q_1, q_2, q_3$ | (—) | Beiwerte s. Tafel 14/2 |
| $P_r, P_a$ | (kg) | radiale, axiale Lagerbelastung |
| $R_4, R_3$ | (mm) | Halbmesser des Profils der Laufrinne, des Wälzkörpers nach Bild 14/1 |
| $t$ | (°C) | Temperatur |
| $x, y$ | (—) | Beiwert für $P_r, P_a$ (Tafel 14/5 bis 14/8) |
| $z, z_t, z_1$ | (—) | Anzahl der gesamten, der „tragenden", der einreihigen Wälzkörper |
| $\beta$ | | Lastwinkel zwischen Lagerbelastung $P$ und Normalkraft $N$ des Wälzkörpers (Bild 14/3) |
| $\mu_i$ | (—) | Ideeller Reibwert, $= \dfrac{2 M_R}{P \cdot d}$ |

**2) Dynamische Tragfähigkeit.** Verringert man die Belastung $P$ eines Wälzlagers mit umlaufendem Innen- oder Außenring, so wird seine Lebensdauer $L$ zunehmen. Die dynamische Tragfähigkeit ist daher eine Funktion der Lebensdauer. Nach Versuchen der Wälzlagerindustrie ist $L \sim (1/P)^3$, d. h. einer 0,5fachen Belastung entspricht eine 8fache Lebensdauer.

Läßt man 100 gleiche Lager bei gleicher Belastung und Drehzahl laufen, so variiert die erreichte Lebensdauer noch wie 1: 30, d. h. das erste Lager wird nach 1 Million Umdrehungen und das letzte erst nach 30 Millionen ausfallen. Man hat festgelegt (DIN 622), daß die anzugebende „Lebensdauer" von 90% der Lager erreicht werden soll, während 10% vorher ausfallen können. Besonders gefährdet ist die Laufbahn mit der ungünstigeren Anschmiegung an die Wälzkörper, also beim Ringpendellager die *Außen*laufbahn und bei den übrigen Ringlagern die *Innen*laufbahn.

Bei „*Umfangslast*" läuft der Innenring eines Querlagers relativ zur Lastrichtung um, so daß die Stelle der Höchstbelastung am Innenring ständig wechselt; bei „*Punktlast*" steht dagegen der Innenring zur Lastrichtung still, so daß die Höchstbelastung stets auf die gleiche Stelle des Innenrings trifft (ungünstiger!).

Die „*Tragzahl C*" (kg), die in den Wälzlagerlisten angegeben wird, ist nach DIN 622 die dynamische Tragfähigkeit eines Lagers für eine Lebensdauer von 1 Million Umdrehungen($L = 1$).

**3) Statische Tragfähigkeit.** Man versteht hierunter die statische Belastung, die eine bestimmte plastische Verformung hervorruft. Näheres s. S. 208, Erfahrungswerte s. Tafel 14/4. Bei *umlaufenden* Lagern wird dieser Wert häufig bis zu 100% überschritten.

**4) Spezifische Belastung $k_0$.** Aus der Belastung $P$ des Lagers ergibt sich die Belastung $P_0$ des am höchsten belasteten Wälzkörpers und die spezifische Belastung $k_0$ dieses Wälzkörpers, wie folgt[1]:

$$\boxed{P_0 = \frac{P}{z_t \cdot \cos\beta}} \ \text{(kg)}; \qquad \boxed{k_0 = \frac{P_0}{D_1 \cdot B} = \frac{P}{D_1 \cdot B \cdot z_t \cdot \cos\beta}} \ \text{(kg/mm}^2\text{)}.$$

Hierbei ist $D_1$ (mm) der Wälzkörperdurchmesser; $B$ (mm) die tragende Rollenbreite, für die bei Kugellagern der Kugeldurchmesser $D_1$ (mm) einzusetzen ist; $z_t$ die Anzahl der als „tragend" zu rechnenden Wälzkörper, $= z/5$ bei Ringlagern unter Querlast [2], $= z_1$ bei Ringlagern unter Längslast, $= z$ bei Scheibenlagern unter Längslast; $\beta$ ist der „Lastwinkel" zwischen der Lagerbelastung $P$ und der Normalkraft $N$ des Wälzkörpers (s. Bild 14/3).

Die *zulässige* spezifische Belastung $k_0$ kann für jede Lagerart und zwar sowohl für statische, als auch für dynamische Belastung durch Versuch ermittelt werden. *Erfahrungswerte* für $k_0$ für genormte Wälzlager s. Tafel 14/4. Für die Tragzahl $C = k_0 \cdot D_1 \cdot B \cdot z_t \cdot \cos\beta$ gilt $k_0$ für $L = 1$.

*Hertzsche Pressung, Wälzpressung* und maximale Schubspannung s. S. 204 bis 207.

**Tafel 14/4.** *Spezif. Belastung $k_0$* (kg/mm²) *für genormte Wälzlager*[3] aus Wälzlagerstahl ($H_V = 750$). Für weichere Stähle sind die $k_0$-Werte mit $(H_V/750)^3$ malzunehmen (n. R. MUNDT).

| Lagerart | $k_0$ statisch | $k_0$ dynamisch |
|---|---|---|
| Ring-Rillenlager . . . . . . . . . . . . . . . . . . . . | 6,2 | 22,5 |
| Ring-Pendellager. . . . . . . . . . . . . . . . . . . . | 1,7 | $11{,}25 \Big\} \cdot \dfrac{1}{(1 + 0{,}02\, D_1)\,(L \cdot z_1)^{1/3}}$ |
| Scheiben-Rillenlager . . . . . . . . . . . . . . . . . . | 5,0 | 6,0 |
| Ring-Rollenlager . . . . . . . . . . . . . . . . . | 11,0 | 25,0 $\Big\} \cdot \dfrac{1}{(L \cdot z_1)^{1/3}}$ |
| Scheiben-Rollenlager . . . . . . . . . . . . . . . . . . | 11,0 | 12,5 |
| Scheibenrillenlager für Kranhaken . . . . . . . . . . . | 1,5 ··· 3[4] | |

[1] Die von der Wälzlagerindustrie zur Berechnung der Tragfähigkeit der verschiedenen Lager benutzten Gleichungen (DIN 622) zeigen für jede Lagerart und Belastungsart einen anderen Aufbau; sie werden durch obige Gleichungen auf eine gemeinsame Grundform gebracht.

[2] In Wirklichkeit ist $z/5$ nur für eine bestimmte Lagerluft zutreffend. Siehe hierzu Abschnitt 7, Sonstige Einflüsse.

[3] Die statischen $k_0$-Werte entsprechen der statischen Tragkraft nach VKF [*14/8*], die auf S. 208 näher besprochen ist.

[4] Nach Erfahrungen im Kranbau.

*Berechnungsbeispiel* s. S. 222.

**5) Belastung und Lebensdauer.** In Tafel 14/5 bis 14/15 sind die Wälzlager so zusammengestellt, daß man für gleiche Lagerdurchmesser $d$ und $D$ die verschiedenen Wälzlager und ihre Tragzahl $C$ vereinigt findet.

Zur Nachprüfung der Lebensdauer ermittelt man dann nach DIN 622:

a) *Idéelle Last* $\boxed{P = x \cdot P_r + y \cdot P_a}$ bei Ringlagern

bzw. $\boxed{P = P_a + x \cdot P_r}$ bei Scheibenlagern,

wobei die wirkliche auftretende Radiallast $P_r$ und Achsiallast $P_a$ einzusetzen und die Beiwerte $x$ und $y$ den Lagerlisten zu entnehmen sind[1].

b) *Lebensdauerfaktor* $\boxed{f_L = f_n \cdot f_t \cdot C/P}$ mit Tragzahl $C$ aus den Lagerlisten, Drehzahlfaktor $f_n$ und Temperaturfaktor $f_t$ aus Bild 14/7;

c) *Lebensdauer* $L_h$ in Betriebsstunden entsprechend $f_L$ nach Bild 14/7.

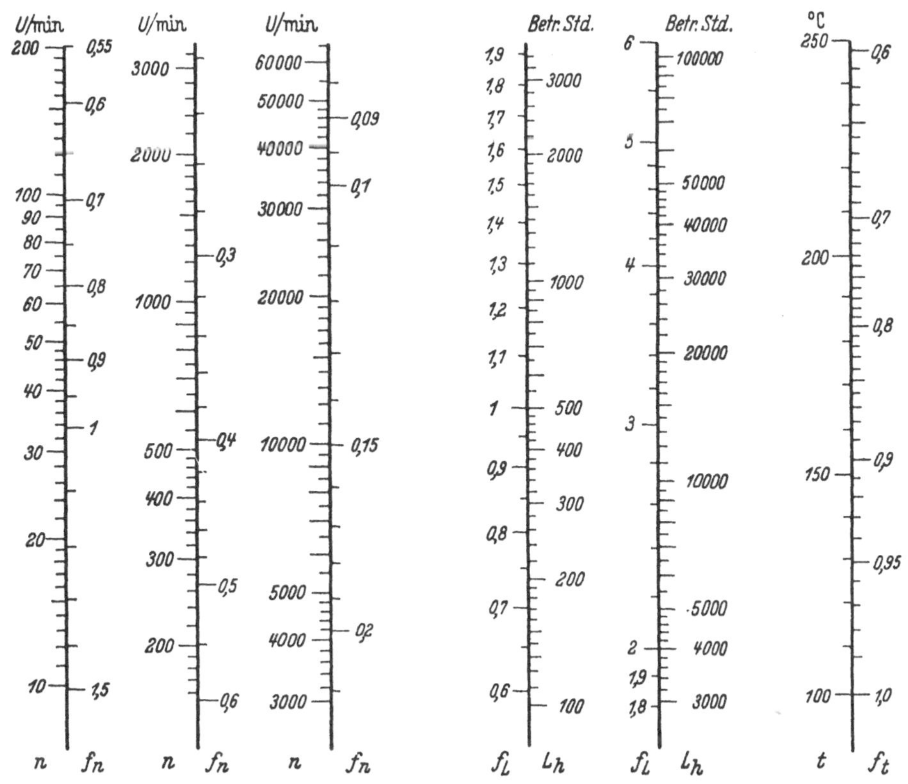

Bild 14/7. Wertleitern für die Beiwerte $f_n$, $f_L$, $f_t$ in Abhängigkeit von der Drehzahl $n$ (Uml./min), der Lebensdauer $L_h$ in Betriebsstunden und von der Lagertemperatur $t$ (°C). Für $t \leqq 100°$ C ist $f_t = 1$.

*Erfahrungswerte für die erforderliche Lebensdauer $L_h$ in Betriebsstunden* (nach MUNDT), wenn $P_r$ und $P_a$ entsprechend der maximalen Betriebslast angesetzt werden.

| | | | |
|---|---|---|---|
| Personen-Kraftwagen . . . . . | 250 ⋯ 1 000 | Eisenbahn-Achslager . . . . . . | 10 000 ⋯ 15 000 |
| Lastkraftwagen . . . . . . . . | 1 500 ⋯ 4 000 | Elektro-Maschinen . . . . . . | 10 000 ⋯ 15 000 |
| Kranbau, Landmaschinen. . . . | 3 000 ⋯ 7 000 | Kraftmaschinen . . . . . . . . | 20 000 ⋯ 30 000 |
| Holzbearbeitungsmaschinen . . . | 4 000 ⋯ 8 000 | Papiermaschinen . . . . . . . | 80 000 ⋯ 100 000 |
| Werkzeugmaschinen . . . . . . | 10 000 ⋯ 15 000 | | |

---

[1] Beachte, daß für „Punktlast" des Innenrings andere $x$-Werte gelten, als für „Umfangslast", da dann bei gleicher Drehzahl die Anzahl der Überrollungen der gefährdeten Laufbahnstelle eine andere ist.

*Beispiel:* Gegeben $P_r = 100$ kg, $P_a = 300$ kg bei Umfangslast für Innenring; $n = 750$, also $f_n = 0{,}355$ nach Bild 14/7. Für $d/D = 50/90$ mm stehen nach Tafel 14/6 6 Lager zur Verfügung, von denen aber nur 3 (Rillen- und Schräglager) nennenswerte Axialkräfte aufnehmen können.

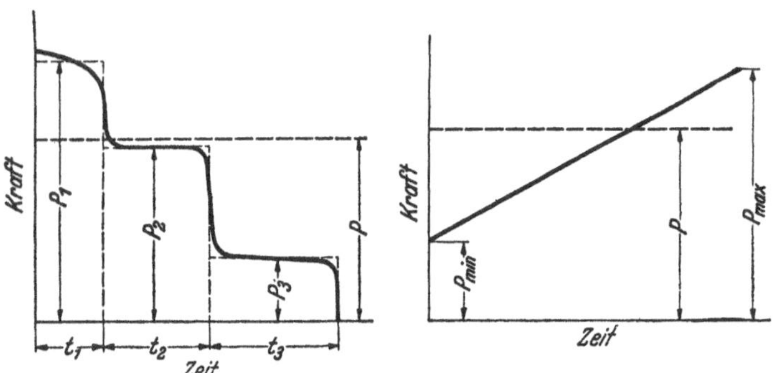

Für Lager 6210 mit $C = 2700$ kg, $C/P_a = 9$. $y \approx 1{,}6$ ergibt sich $P = x \cdot P_r + y \cdot P_a = 1 \cdot 100 + 1{,}6 \cdot 300 = 580$ kg, $f_L = 0{,}355 \cdot 1 \cdot 2700/580 = 1{,}65$ oder Lebensdauer $L_h = 2200$ Std. nach Bild 14/7. Für Lager $QA\,50$ mit $C = 2450$ ergibt sich $P = 0{,}5 \cdot 100 + 0{,}7 \cdot 300$

Bild 14/8. Ideelle Last $P$ bei veränderlicher Belastungshöhe $P_1$, $P_2$ ... (Bild links), bzw. bei linear zunehmender Belastung von $P_{\min}$ bis $P_{\max}$ (Bild rechts).

$= 260$ kg, $f_L = 0{,}355 \cdot 1 \cdot 2450/260 = 3{,}36$ oder $L_h = 19\,000$ Std., also etwa die 8,5fache Lebensdauer gegenüber dem Lager 6210.

Man könnte auch die Tragzahl $C$ angenähert aus den inneren Maßen nach Tafel 14/2 und $k_0$ nach Tafel 14/4 berechnen. So wird für das Ring-Rillenlager 6210: $D_1 = q_1 (D-d) = 0{,}317 \cdot (90 - 50) = 12{,}7$ mm; $z_1 = q_2 (D + d)/D_1 = 0{,}91 \cdot (90 + 50)/12{,}7 = 10$;

$$k_0 = 22{,}5 \frac{1}{(1 + 0{,}02 \cdot 12{,}7)\,(1 \cdot 10)^{1/3}} = 8{,}35 \text{ kg/mm}^2 \text{ und hieraus } C = k_0 \cdot D_1^2 \cdot z_t \cdot \cos \beta$$

$$= 8{,}35 \cdot 12{,}7^2 \cdot \frac{10}{5} \cdot 1 = 2700 \text{ kg}.$$

### 6) Besondere Belastungsfälle [1].

a) Bei *veränderlicher* Belastungshöhe $P_1$, $P_2$ ... während der Zeit $t_1$, $t_2$ ... nach Bild 14/8 links kann man als ideelle Last einsetzen [2]:

$$P = \left( \frac{P_1^3 \cdot t_1 + P_2^3 \cdot t_2 + \cdots}{t_1 + t_2 + \cdots} \right)^{1/3}$$

Bei linear zunehmender Belastung von $P_{\min}$ bis $P_{\max}$ (nach Bild 14/8 rechts) gilt etwa:

$$P = \frac{1}{3} P_{\min} + \frac{2}{3} P_{\max}$$

b) *Für Scheibenlager* mit exzentrischer *Belastung* $P_a$ im Abstand $a$ nach Bild 14/9 wird die Größtbelastung $P_0$ eines Wälzkörpers und die ideelle Last $P$ des Lagers:

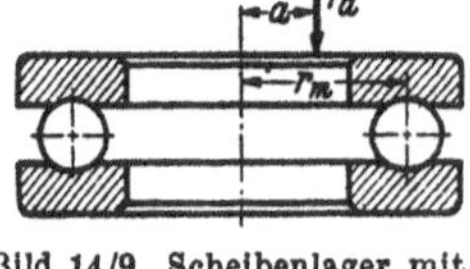

Bild 14/9. Scheibenlager mit exzentrischer Längslast $P_a$.

| $a$ | $P_0$ | $P$ |
|---|---|---|
| 0 | $P_a/z$ | $P_a$ |
| $0{,}6\,r_m$ | $2{,}36\,P_a/z$ | $2{,}36\,P_a$ |
| $0{,}8\,r_m$ | $3{,}6\,P_a/z$ | $3{,}6\,P_a$ |
| $1\,r_m$ | $P_a$ | $z \cdot P_a$ |

c) *Für umlaufende Ringzylinderlager* ist die zusätzlich von den Stirnflächen der Zylinderrollen aufnehmbare Axialkraft

$$P_a \approx f_a \cdot z \cdot D_1^2 \, (3{,}5 - f_v \cdot n \cdot D_1) \quad \text{(kg)}.$$

Hierbei ist etwa $f_v = 0{,}000085$ für Lagerreihe NUPL; $= 0{,}00007$ für NUPM; $= 0{,}00006$ für NUPS und andererseits

---

[1] Angaben nach DIN 622 und PALMGREN [14/5].

[2] Vielfach setzt man auch für $P$ die maximale Nennlast ein, und wählt die anzusetzende Lebensdauer nach Erfahrung entsprechend niedriger (s. $L_h$-Werte S. 221).

$f_a$ $\gtrsim$ 0,02 bei unterbrochener oder veränderlicher Axiallast und Fettschmierung bei mäßiger Temperatur;

$\leq$ 0,06 bei obigen Bedingungen und guter Ölschmierung;

$\leq$ 0,1 bei Axiallast von kurzer Dauer und guter Ölschmierung bei niedriger Temperatur;

$\leq$ 0,2 bei nur gelegentlicher Axiallast und guter Ölschmierung bei niedriger Temperatur.

d) Für *nicht umlaufende Lager* ist die ideelle Last

$$P = x_s \cdot P_r + y_s \cdot P_a \,,$$

wobei $x_s$ und $y_s$:
(mit $y$ nach Tafel 14/5
bis 14/15)

|  |  | $x_s$ | $y_s$ |
|---|---|---|---|
| zweireihig | Ringpendellager | 1 | 0,8 $y$ |
|  | Ringschräglager Ringtonnenlager | 1 | 0,5 $y$ |
| einreihig | Ringschräglager Ringkegellager | 0,5 | 0,5 $y$ |
|  | Ringrillenlager | 1 | 0,7 $y$ |

**7) Sonstige Einflüsse.** Die übliche einfache Lebensdauerrechnung berücksichtigt nicht den erheblichen Einfluß der *Lagerluft*[1] auf die Kraftverteilung im Lager und somit auf die Lebensdauer. Hierzu einige Erfahrungsangaben:

a) *Bei reiner Querlast* von Querlagern wird der Höchstdruck für die Wälzkörper geringer, wenn die Lagerluft kleiner ist, da dann die Belastung auf die Wälzkörper weniger ungleich verteilt ist. Die Anzahl der als „tragend" zu rechnenden Wälzkörper $z_t$ wird also hierdurch größer als für die Lebensdauerrechnung der Querlager angesetzt ($z_t = z/5$). Bei großer Radiallast ist daher eine möglichst kleine Lagerluft evtl. sogar Vorspannung oder eine axiale „Anstellung" des Lagers für die Lebensdauer günstig.

b) *Bei reiner Längslast* eines *Ringrillen*lagers wird der Höchstdruck der Wälzkörper kleiner, wenn die Lagerluft *größer* als üblich ist, da dann die Wälzkörper unter einem kleineren Lastwinkel $\beta$ an die Laufbahn drücken. Bei größeren Längskräften ist daher eine größere Lagerluft für die Lebensdauer günstig.

c) *Bei kombinierter Quer- und Längslast* eines Ringrillenlagers überlagern sich die unter a) und b) angegebenen Tendenzen. Bei bestimmter Lagerluft und bestimmter Querlast gibt es eine bestimmte Längslast, bis zu der die Lebensdauer höher liegt, als ohne Längslast. Ferner ist bei geringer zusätzlicher Längslast eine geringe Lagerluft, bei großer eine größere Lagerluft empfehlenswert für eine größere Lebensdauer.

d) *Bei geringer Belastung* ist der Einfluß der Lagerluft auf die Lebensdauer erheblich, bei großer Belastung weniger. Entsprechend werden schnell laufende, gering quer belastete und mit der hierfür üblichen größeren Lagerluft ausgeführte Querlager eine erheblich geringere Lebensdauer erreichen, als die einfache Lebensdauerrechnung erwarten läßt.

Ferner berücksichtigt die einfache Lebensdauerrechnung nicht die *weiteren* Einflüsse auf die Lebensdauer, wie z. B. den Einfluß des „Hochtrainierens" durch Wechsel der Belastungshöhe, den Einfluß des Schmierstoffs (Zähigkeit und Schmierstoffmenge) usw. (s. S. 210).

---

[1] Eingehende Untersuchungen hierüber wurden besonders von Dr. Perret, Schweinfurt angestellt. Eine abschließende Veröffentlichung der bisher vorliegenden Ergebnisse steht noch aus. Näheres s. [14/20] bis [14/22].

## 14.3. Reibung, Schmierung und Lagertemperatur.

Die Reibungs- oder Verlustarbeit bei Wälzlagern setzt sich zusammen aus:

1) der „*Rollreibung*", die im wesentlichen aus der inneren Reibung (Werkstoffdämpfung), also dem Energieverlust bei der elastischen Verformung der Wälzkörper besteht;

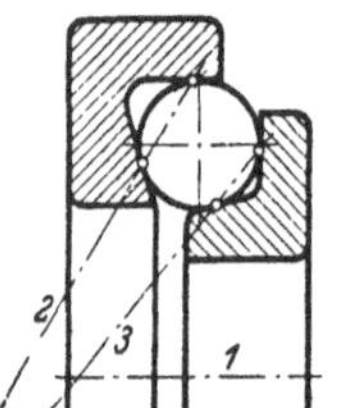

Bild 14/10 Momentanachsen der Wälzbewegung. Bei reinem Wälzen müssen sich *1*, *2* und *3* in *einem* Punkte oder im Unendlichen schneiden.

2) der zusätzlichen *Gleitreibung* an den Wälzflächen infolge der Abweichung der Berührungsflächen von den idealen Momentanachsen der Wälzbewegung (s. Bild 14/10);

3) der Gleitreibung der Wälzkörper am *Käfig* und an den *Borden*;

4) der Verdrängungsarbeit beim Verdrängen des Schmierstoffs;

5) der Gleitreibung von zusätzlichen Dichtungen (s. Bild 14/6);

6) dem Widerstand von *Fremdkörpern* (Staub, Abrieb).

Entsprechend diesen Anteilen läßt sich die Reibarbeit verringern

1) durch größere Lagerluft (Fortfall von Vorspannkräften), durch kleineren Lastwinkel $\beta$ (geringere Normalkraft $N$, s. Bild 14/3) und dämpfungsfreien Werkstoff;

2) durch bessere Annäherung der Berührungsflächen an die idealen Momentanachsen, z. B. bei Kugellagern und Tonnenlagern durch größere Rillenhalbmesser $R_4$ (s. Bild 14/1);

3) durch Herabsetzung der Führungskräfte und des Gleitreibwerts;

4) durch hauchartige, eben ausreichende Schmierung;

5) durch Herabsetzung der Dichtungsreibung;

6) durch Fernhalten von Fremdkörpern.

Gewöhnlich setzt man in Anlehnung an die Reibverhältnisse beim Gleitlager auch beim Wälzlager das Reibmoment $\boxed{M_r = P \cdot \mu_i \cdot d/2}$ (mmkg), wobei der ideelle Reibwert $\mu_i$ auf den Halbmesser $d/2$ der Lagerbohrung bezogen wird [1]. Hierbei ergeben sich nach Bild 14/11 Reibwertkurven, die bei Belastung $P$ = Null (Leerlauf) im Unendlichen liegen und mit zunehmender Belastung sich einem Kleinstwert nähern. Dieser Verlauf von $\mu_i$ ergibt sich aus dem Verlauf der Reibmomente (Bild 14/12), die bei $P = 0$ mit dem Leerlauf-Reibmoment beginnen und dann mit $P$ fast linear bzw. mehr als linear ansteigen. Unbefriedigend bleibt, daß man nicht nur für jede Lager*art*, sondern auch für jede

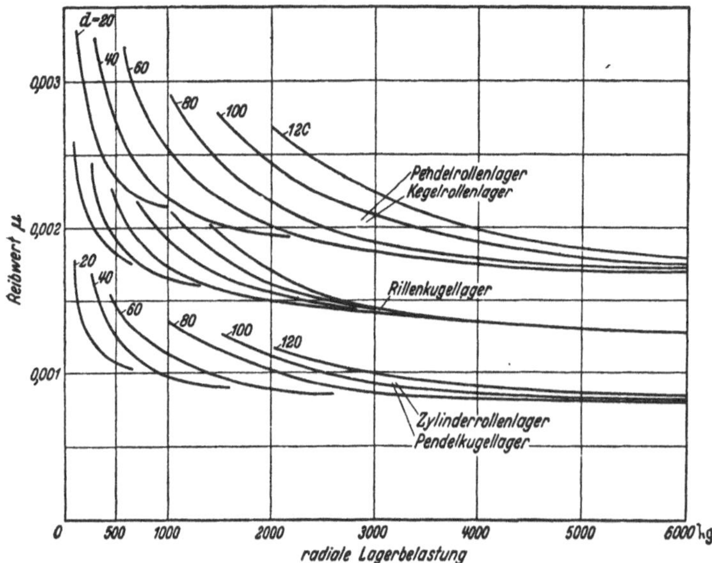


Bild 14/11. Reibwert $\mu_i$ für genormte Wälzlager (mittlere Reihe) bei mittlerer Lagerluft und sparsamer Schmierung nach JÜRGENS-MEYER [*14/1*].

Lager*größe* eine besondere $\mu_i$-Kurve (s. Bild 14/11), bzw. $M_r$-Kurve benötigt.

Ich bevorzuge daher einen anderen Ansatz für $M_r$:

$$\text{Reibmoment} \quad \boxed{M_r = m \cdot d^s\, C/1000} \quad \text{(mmkg)}.$$

---

[1] Beim Scheibenlager auf den Teilkreishalbmesser $(D + d)/4$ des Lagers.

Der Exponent $e$ ist für geometrisch ähnliche Lager eine Konstante, z. B. ist $e = 3/4$, wenn man die Reibwertkurven nach Bild 14/11 als maßgebend ansieht. Tragzahl $C$ s. Lagerlisten (Tafel 14/5 ff.). Das spezifische Reibmoment $m$ (s. Bild 14/13) ist eine Funktion von $P/C$, von den Betriebsbedingungen und von der Konstruktion des Lagers, aber unabhängig von der Lagergröße, sofern es sich um geometrisch ähnliche Lager unter gleichen Betriebsbedingungen handelt.

*Beispiel:* Für das Ringrillenlager 6316 (s. Tafel 14/7) mit $d = 80\,\text{mm}$, $C = 9300\,\text{kg}$, ergibt sich für $P = 1860\,\text{kg}$ und $m = 0{,}455$ aus Bild 14/13, Kurve 4 für $P/C = 0{,}2$, das Reibmoment $M_r = 0{,}455 \cdot 80^{3/4} \cdot 9300/1000 = 114\,\text{mmkg}$.

*Einfluß von Längsbelastung.* Bei Längsbelastung von *Ringrillenlagern* ist die Größe der entstehenden Normalkräfte vom Lastwinkel $\beta$ (s. Bild 14/3) abhängig, der wiederum vom Lagerspiel abhängt. Außerdem verschieben sich mit der Belastung die Berührungspunkte und mit ihnen der Schnittpunkt der Momentanachsen, so daß erhöhte Reibung entsteht. Zur Ermittlung der Reibmomente kann man bei üblichem Lagerspiel und größeren Längskräften [1] etwa $P \approx P_r + P_a \cdot 2{,}75$ in die obige Gleichung einführen.

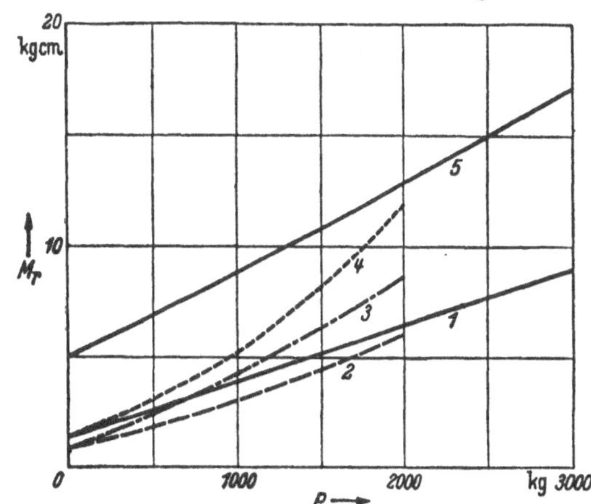

Bild 14/12. Reibmomente $M_r$ für verschiedene Wälzlager mit $d = 70$ mm, bei mittlerer Drehzahl und Ölschmierung (untere Wälzkörper bis Mitte eintauchend), in Abhängigkeit von der Belastung, nach SKF. 1 Ring-Zylinderlager NM 70; 2 Ring-Pendellager 1314; 3 Scheiben-Rillenlager 51 314; 4 Ring-Rillenlager 6314; 5 Ring-Tonnenlager 22 314.

*Einfluß von Schmierung, Temperatur und Drehzahl.* Die geringste Leerlaufreibung ergibt sich bei einem Ölhauch als Schmierung. Bei *Fett*schmierung (größere Zähigkeit) ist die Leerlaufreibung ($m_0$) größer als bei Ölschmierung (bis 2,5fache), dafür wird aber mit zunehmender Belastung und Erwärmung der Anteil der Gleitreibung geringer, so daß $M_r$ bzw. $m$ flacher ansteigt. Die *Drehzahl* beeinflußt bei sparsamer Schmierung das Reibmoment im wesentlichen nur, soweit hierdurch die Öltemperatur d. h. die Ölzähigkeit geändert wird (s. vorher). Ebenso beruht eine erhöhte Anlaufreibung vor allem auf einem erhöhten Widerstand des Schmierstoffs [2]. Bei Ölschmierung soll nur der unterste Wälzkörper bis zur Mitte eintauchen, da andernfalls die Reibarbeit erheblich mit der Drehzahl ansteigt.

*Sonstige Einflüsse.* Im praktischen Betrieb kann durch unsachgemäßen Einbau (Zwängen und Verachsen),

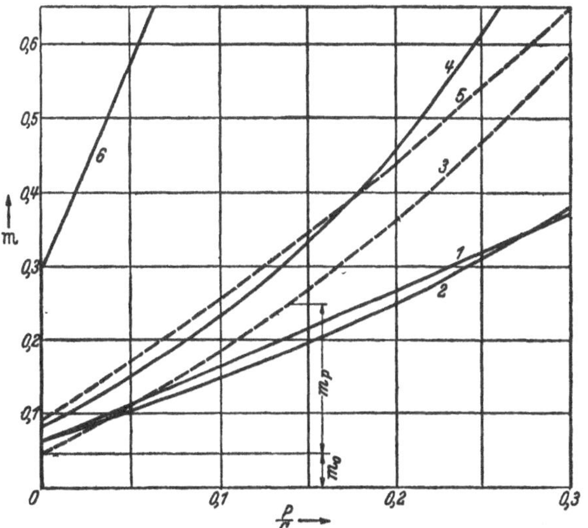

Bild 14/13. Spezifisches Reibmoment $m = m_0 + m_y$ für Wälzlager der mittleren Baureihe unter Betriebsbedingungen nach Bild 14/11. $m_0 = m$ für $P/C = 0$. 1 Ring-Zylinderlager, 2 Ring-Pendellager, 3 Scheiben-Rillenlager, 4 Ring-Rillenlager, 5 Ring-Tonnenlager und Ring-Kegellager, 6 Nadellager.

---

[1] Bei kleinen Längskräften ist der Einfluß von $P_a$ gering.

[2] Nach H. CRAMER: „Über die Reibung u. Schmierung von feinmechanischen Geräten", Diss. T. H. Braunschweig 1949, ergab sich für eine 8-mm-Welle in 2 Kugellagern nach DIN 615 gelagert für $n = 200$ bis 500 bei Ölschmierung bzw. Fettschmierung ein Reibmoment $= 6$ bzw. 20 cmgr bei Schrägkugellager $E\,8$, $= 10$ bzw. 25 bei $E\,13$, $= 15$ bzw. 30 bei $E\,19$; in der Kälte und ferner bei zu enger Passung oder zu reichlicher Schmierung oder beim Anlauf bis 10fache Werte.

durch zu reichliche Schmierung, durch Schmutz im Lager und durch unnötig starke Anpressung der Dichtung das Leerlaufreibmoment unverhältnismäßig groß werden. Man prüfe deswegen die Lagertemperatur beim Leerlauf einer Maschine.

*Zweckmäßige Schmierung.* Schon wegen der leichteren Abdichtung gegen Staub und wegen der geringeren Wartung wird *Fett*schmierung, besonders bei *kleineren* Maschinen (Haushaltmaschinen) und bei Verkehrsmaschinen bevorzugt: Hierbei können Schmiernippel fortfallen, wenn die Lager doch nur bei Überholung der Maschine gereinigt und erneut mit Fett versehen werden.

*Öl*schmierung ist dort am Platze, wo andere Teile ebenfalls mit Öl geschmiert werden, z. B. bei Lagern in Getriebekästen; ferner bei Betriebstemperaturen über 70° und bei sehr hoher Drehzahl.

Man kann den Ölstand durch einen „*Überlauf*" begrenzen (zulässiger Ölstand s. oben!) und unerwünschtes Spritzöl von umlaufenden Nachbarteilen durch *Spritzbleche* fernhalten. Ölschmierung erfordert häufigere Kontrolle und sorgfältigere Abdichtung.

Für Lager in feinmechanischen Geräten empfiehlt CRAMER [1], das Schmiermittel (Invarol B 10) in einem flüchtigen Lösungsmittel (Tetrachlorkohlenstoff) aufzulösen und dieses einzuspritzen bzw. neue Lager hierin vor dem Einbau einzutauchen, um einen hauchdünnen, aber ausreichenden Schmierfilm-Überzug zu erreichen.

Das *Schmiermittel* darf keinen Rost erzeugen, keine schmirgelnde Bestandteile enthalten, die Wälzkörper chemisch nicht angreifen (säurefrei!) und soll möglichst alterungsbeständig (Mineralöl) sein.

Die *Abdichtung* (s. Bild 14/6 u. 15/19, S. 256) soll einerseits vor Verlust des Schmiermittels und andererseits vor Eindringen von Staub und Wasser schützen [2].

## 14.4. Schrifttum (s. auch Schrifttum zu 13 S. 214).

[14/1] JÜRGENSMEYER: Die Wälzlager· Berlin: Springer 1937.
— Gestaltung von Wälzlagerungen. Berlin: Springer 1939.

[14/2] STELLRECHT, H.: Die Belastbarkeit der Wälzlager. Berlin: Springer 1928.

[14/3] STRIBECK, R.: Kugellager für beliebige Belastungen. Mitt. Forschg.-Arb. VDI 2. Berlin 1901 und Z. VDI 45 (1901) S. 73 und 118 und Glasers Ann. Nr. 577, 1. Juli 1901 und Z. VDI 51 (1907) S. 1495.

[14/4] PALMGREN, A.: Die Lebensdauer von Kugellagern. Z. VDI 68 (1924) S. 339.
— Untersuchung über die statische Tragfähigkeit von Kugellagern. Diss. Stockholm 1930.
— Über die Tragfähigkeit und Lebensdauer der Kugellager. Tekn. T. Stockholm 66 (1936) H. 42 Mek.

[14/5] PALMGREN, A.: Ball and Roller Bearing, Engineering. Philadelphia 1946.

[14/6] — Methoden zur Berechnung der wahrscheinlichen Lebensdauer der SKF-Kugellager. Kugellager-Z. (1927) H. 4 S. 84.

[14/7] MUNDT, R.: Höchstbelastbarkeit von Wälzlagern. Forschg. Ing.-Wes. 7 (1936) S. 292 und Hütte Bd. II 27. Aufl. S. 192. Berlin 1944.
— Zur Berechnung der Tragfähigkeit .... Z. VDI 85 (1941) S. 801.

[14/8] — Statische Tragfähigkeit von Wälzlagern. Das Kugellager, Hausmitt. der VKF Schweinfurt Bd. 18 (1943) S. 33.

[14/9] DIERGARTEN, H.: Wälzlagerstähle. Z. VDI Bd. 86 (1942) S. 167.

[14/10] HAMPP, W.: Neue Berechnungsverfahren für Pleuelrollenlager. Luftf.-Forschg. 20, LfJ 4 S. 116.
— Bewegungsverhältnisse in Rollenlagern. Diss. TH. Stuttgart 1941 und Ing.-Arch. Bd. 12 (1941) S. 6.

[14/11] ALLAN: Rolling Bearing, Applications. J. Inst. Product. Engr. Aug. 1948 S. 401 bis 432.

[14/12] GETZLAFF: Untersuchungen an Wälzlagern. Jb. Luftf.-Forschg. (1938) Teil II S. 110.

[14/13] VOGEL, A.: Reibungsvorgänge in längsbeweglichen Querlagern. Forschg. Ing.-Wes. Bd. 7 S. 221.

[14/14] SCHNEIDER, E.: Versuche über die Reibung in Gleit- und Rollenlagern. Petroleum Bd. 26 (1930) S. 221.

[14/15] BÜCHE, W.: Eine hydrodynamische Theorie der Flüssigkeitsreibung in Rollenlagern. Forschg. Ing.-Wes. Bd. 5 (1934) S. 237.                     Fortsetzung s. S. 232.

---

[1] Siehe Fußnote 2 auf S. 225. — [2] Siehe auch Fußnote 2 S 218.

**Tafel 14/5.** *Ringlager, Maßgruppe 0* (ganz leichte Reihen).

| | | | Rillenlager | | | Zylinderlager | | | |
| | | | DIN 625 (Aug. 1942) | | | DIN 5412 (Aug. 1942) | | | |
| Alle Maße in mm | | | $P = x \cdot P_r + y \cdot P_a$ | | | $P = x \cdot P_r$ | | | |
| $C$ = Tragzahl | | | $x = 1 \quad x = 1{,}4$ [1] | | | $x = 1$ [1] | | | |
| | | | $C : P_a$ 5 10 20 40 | | | $x = 1{,}4$ | | | |
| | | | $y$ 1,4 1,6 1,8 2,0 | | | $y = 0$ | | | |
| $d$ | $D$ | $r$ | Kurz-zeichen | $b$ | $C$ kg | Kurz-zeichen | $b$ | $r_1$ | $C$ kg |
|---|---|---|---|---|---|---|---|---|---|
| 3 | 10 | 0,5 | EL 3 | 4 | 40 | — | — | — | — |
| 4 | 13 | | 4 [2] | 5 | 80 | — | — | — | — |
| 5 | 16 | | 5 | 5 | 140 | — | — | — | — |
| 6 | 19 | | 6 | 6 | 216 | — | — | — | — |
| 7 | 19 | | 7 | 6 | 156 | — | — | — | — |
| 8 | 22 | | 8 | 7 | 240 | — | — | — | — |
| 9 | 24 | | 9 | 7 | 260 | — | — | — | — |
| 10 | 26 | | 6000x | 8 | 340 | — | — | — | — |
| 12 | 28 | | 01x | 8 | 375 | — | — | — | — |
| 15 | 32 | | 02x | 9 | 405 | — | — | — | — |
| 17 | 35 | | 03x | 10 | 430 | — | — | — | — |
| 20 | 42 | 1 | 04x | 12 | 695 | — | — | — | — |
| 25 | 47 | | 05x | 12 | 750 | NUE 25 | 12 | 0,5 | 830 |
| 30 | 55 | 1,5 | 06x | 13 | 1 000 | 30 | 13 | 0,8 | 1 100 |
| 35 | 62 | | 07x | 14 | 1 200 | 35 | 14 | | 1 340 |
| 40 | 68 | | 08x | 15 | 1 270 | 40 | 15 | 1 | 1 560 |
| 45 | 75 | | 09x | 16 | 1 630 | 45 | 16 | | 1 860 |
| 50 | 80 | | 10x | 16 | 1 700 | 50 | 16 | | 2 000 |
| 55 | 90 | 2 | 11x | 18 | 2 200 | 55 | 18 | 1,5 | 2 280 |
| 60 | 95 | | 12x | 18 | 2 280 | 60 | 18 | | 2 360 |
| 65 | 100 | 2 | 13x | 18 | 2 400 | 65 | 18 | 1,5 | 2 450 |
| 70 | 110 | | 14x | 20 | 3 000 | 70 | 20 | | 3 550 |
| 75 | 115 | | 15x | 20 | 3 150 | 75 | 20 | | 3 650 |
| 80 | 125 | | 16x | 22 | 3 750 | 80 | 22 | | 4 500 |
| 85 | 130 | | 17x | 22 | 3 900 | 85 | 22 | | 4 900 |
| 90 | 140 | 2,5 | 18x | 24 | 4 550 | 90 | 24 | 2 | 5 500 |
| 95 | 145 | | 19x | 24 | 4 800 | 95 | 24 | | 5 600 |
| 100 | 150 | | 20x | 24 | 4 800 | 100 | 24 | | 5 850 |
| 105 | 160 | 3 | 21x | 26 | 5 700 | 105 | 26 | | 6 800 |
| 110 | 170 | | 22x | 28 | 6 400 | 110 | 28 | | 8 500 |
| 120 | 180 | | 24x | 28 | 6 700 | 120 | 28 | | 9 150 |
| 130 | 200 | | 26x | 33 | 8 300 | 130 | 33 | | 11 200 |
| 140 | 210 | | 28x | 33 | 8 650 | 140 | 33 | | 12 000 |
| 150 | 225 | 3,5 | 30x | 35 | 9 800 | 150 | 35 | 2,5 | 13 400 |
| 160 | 240 | | 32x | 38 | 11 000 | 160 | 38 | | 16 300 |
| 170 | 260 | | 34x | 42 | 12 900 | 170 | 42 | 3,5 | 19 600 |
| 180 | 280 | | 36x | 46 | 14 600 | 180 | 46 | | 24 500 |
| 190 | 290 | | 38x | 46 | 15 600 | 190 | 46 | | 25 500 |
| 200 | 310 | | 40x | 51 | 17 600 | 200 | 51 | | 28 000 |
| 220 | 340 | 4 | 44x | 56 | 20 000 | 220 | 56 | 4 | 36 500 |
| 240 | 360 | | 48x | 56 | 21 200 | 240 | 56 | | 39 000 |
| 260 | 400 | 5 | 52x | 65 | 24 500 | 260 | 65 | 5 | 48 000 |
| 280 | 420 | | 56x | 65 | 25 500 | 280 | 65 | | 51 000 |
| 300 | 460 | | 60x | 74 | 30 500 | 300 | 74 | | 67 000 |
| 320 | 480 | | 64x | 74 | 32 000 | 320 | 74 | | 68 000 |
| 340 | 520 | 6 | 68x | 82 | 38 000 | 340 | 82 | 6 | 83 000 |
| 360 | 540 | | 72x | 82 | 40 000 | 360 | 82 | | 86 500 |
| 380 | 560 | | 76x | 82 | 40 000 | 380 | 82 | | 88 000 |
| 400 | 600 | | 80x | 90 | 45 000 | 400 | 90 | | 110 000 |

[1] Die kleinen Werte von $x$ gelten für Umfangslast, die großen für Punktlast für den Innenring.
[2] Gehört zu Maßgruppe 2 (leichte Reihe).

Tafel 14/6. *Ringlager, Maßgruppe 2*

Alle Maße in mm

$C$ = Tragzahl

| | | | Rillenlager DIN 625 (Aug. 1942) $P = x \cdot P_r + y \cdot P_a$ | | | Schräglager DIN 628 (Aug. 1942) $P = x \cdot P_r + y \cdot P_a$ | | | Pendellager DIN 630 (Aug. 1942) $P = P_r + y \cdot P_a$ | | |
|---|---|---|---|---|---|---|---|---|---|---|---|

Rillenlager: $x = 1$ $x = 1,4$[1]

| $C : P_a$ | 5 | 10 | 20 | 40 |
|---|---|---|---|---|
| $y$ | 1,4 | 1,6 | 1,8 | 2,0 |

Schräglager: $x = 0,5$[1], $x = 0,7$, [b]$y \doteq 0,7$

| Lag.-Nr. | $y$ | | |
|---|---|---|---|
| 13300/04 | 2,25 | 1206/07 | 3,25 |
| 1200/03 | 2,5 | 1208/09 | 3,5 |
| 1204/05 | 2,75 | 1210/12 | 4,0 |
| | | 1213/22 | 4,5 |

| $d$ | $D$ | $r$ | Kurz-zeichen | $b$ | $C$ kg | Kurz-zeichen | $b$ | $C$ kg | Kurz-zeichen | $b$ | $C$ kg |
|---|---|---|---|---|---|---|---|---|---|---|---|
| 4 | 16 | 0,5 | R 4 ⎫[2] | 5 | 140 | — | — | — | — | — | — |
| 5 | 19 | | R 5 ⎭ | 6 | 216 | — | — | — | 133 00 | 6 | 166 |
| 7 | 22 | | R 7 | 7 | 240 | — | — | — | 02 | 7 | 193 |
| 9 | 26 | 1 | R 9 | 8 | 340 | — | — | — | 04 | 8 | 275 |
| 10 | 30 | | 6200 | 9 | 340 | QA 10 | 9 | 430 | 1200 | 9 | 390 |
| 12 | 32 | | 01 | 10 | 530 | 12 | 10 | 465 | 01 | 10 | 415 |
| 15 | 35 | | 02 | 11 | 585 | 15 | 11 | 540 | 02 | 11 | 570 |
| 17 | 40 | 1,5 | 03 | 12 | 720 | 17 | 12 | 735 | 03 | 12 | 640 |
| 20 | 47 | | 04 | 14 | 980 | 20 | 14 | 1 120 | 04 (1 b) | 14 | 830 |
| 25 | 52 | | 05 | 15 | 1 040 | 25 | 15 | 1 270 | 05 (1 b) | 15 | 1020 |
| 30 | 62 | | 06 | 16 | 1 460 | 30 | 16 | 1 560 | 06 (1 b) | 16 | 1400 |
| 35 | 72 | 2 | 07 | 17 | 1 960 | 35 | 17 | 1 900 | 07 (1 b) | 17 | 1530 |
| 40 | 80 | | 08 | 18 | 2 240 | 40 | 18 | 2 280 | 08 (1 b) | 18 | 1930 |
| 45 | 85 | | 09 | 19 | 2 500 | 45 | 19 | 2 360 | 09 (1 b) | 19 | 2160 |
| 50 | 90 | | 6210 | 20 | 2 700 | 50 | 20 | 2 450 | 1210 (1 b) | 20 | 2320 |
| 55 | 100 | 2,5 | 11 | 21 | 3 250 | 55 | 21 | 3 150 | 11 (1 b) | 21 | 2800 |
| 60 | 110 | | 12 | 22 | 4 000 | 60 | 22 | 4 000 | 12 (1 b) | 22 | 3200 |
| 65 | 120 | | 13 | 23 | 4 400 | 65 | 23 | 4 550 | 13 (1 b) | 23 | 3450 |
| 70 | 125 | | 14 | 24 | 4 650 | 70 | 24 | 4 750 | 14 (1 b) | 24 | 3800 |
| 75 | 130 | | 15 | 25 | 5 000 | 75 | 25 | 5 000 | 15 (1 b) | 25 | 4250 |
| 80 | 140 | 3 | 6216 | 26 | 5 500 | QA 80 | 26 | 5 850 | 1216 (1 c) | 26 | 4500 |
| 85 | 150 | | 17 | 28 | 6 300 | 85 | 28 | 6 550 | 17 (1 c) | 28 | 5400 |
| 90 | 160 | | 18 | 30 | 7 100 | 90 | 30 | 7 350 | 18 (1 c) | 30 | 6000 |
| 95 | 170 | 3,5 | 19 | 32 | 8 000 | 95 | 32 | 8 500 | 19 (1 c) | 32 | 6800 |
| 100 | 180 | | 20 | 34 | 9 000 | 100 | 34 | 9 500 | 20 (1 c) | 34 | 7350 |
| 105 | 190 | | 21 | 36 | 9 800 | 105 | 36 | 10 600 | 21 (1 c) | 36 | 8000 |
| 110 | 200 | | 22 | 38 | 10 800 | 110 | 38 | 11 800 | 22 (1 c) | 38 | 9300 |
| 120 | 215 | | 24 | 40 | 11 000 | 120 | 40 | 12 500 | — | — | — |
| 130 | 230 | 4 | 26 | 40 | 12 000 | 130 | 40 | 12 900 | — | — | — |
| 140 | 250 | | 28 | 42 | 12 900 | 140 | 42 | 14 000 | — | — | — |
| 150 | 270 | | 30 | 45 | 13 700 | 150 | 45 | 16 600 | — | — | — |
| 160 | 290 | | 32 | 48 | 14 600 | 160 | 48 | 18 600 | — | — | — |
| 170 | 310 | 5 | 34 | 52 | 17 000 | 170 | 52 | 21 200 | — | — | — |
| 180 | 320 | | 36 | 52 | 18 300 | 180 | 52 | 22 000 | — | — | — |
| 190 | 340 | | 38 | 55 | 20 800 | 190 | 55 | 23 600 | — | — | — |
| 200 | 360 | | 40 | 58 | 22 000 | 200 | 58 | 26 500 | — | — | — |
| 220 | 400 | | 44 | 65 | 24 500 | — | — | — | — | — | — |
| 240 | 440 | | 48 | 72 | 30 000 | — | — | — | — | — | — |
| 260 | 480 | 6 | 52 | 80 | 34 000 | — | — | — | — | — | — |
| 280 | 500 | | 56 | 80 | 36 000 | — | — | — | — | — | — |

[1] Die kleinen Werte von $x$ gelten für Umfangslast, die großen für Punktlast für den Innenring.
[2] Gehört zu Maßgruppe 3 (mittelschwere Reihen).

(leichte Reihen).

| Zylinderlager | | | | | Tonnenlager | | | Schräglager | | | Tonnenlager | | |
| --- | --- | --- | --- | --- | --- | --- | --- | --- | --- | --- | --- | --- | --- |
| DIN 5412 (Aug. 1942) | | | | | DIN 635 (Aug. 1942) | | | DIN 628 (Aug. 1942) | | | DIN 635 (Aug. 1942) | | |
| $P = x \cdot P_r$ | | | | | $P = x \cdot P_r + y \cdot P_a$ | | | $P = x \cdot P_r + y \cdot P_a$ | | | $P = x \cdot P_r + y \cdot P_a$ | | |
| $x = 1$ [1] $x = 1,4$ | | | | | $x = 1$ [1] $x = 1,4$ $y = 9,5$ | | | $x = 1$ [1] $x = 1,4$ $y = 1,3$ | | | $x = 1$ $x = 1,4$ — Lager Nr. / $y$: 22216/17 → 4,6; 22218/20 → 4,4; 22222/56 → 4,2 | | |
| Kurz-zeichen | Kurz-zeichen | $b$ | $r_1$ | $C$ kg | Kurz-zeichen | $b$ | $C$ kg | Kurz-zeichen | $b$ | $C$ kg | Kurz-zeichen | $b$ | $C$ kg |
| — | — | — | — | — | — | — | — | — | — | — | — | — | — |
| — | — | — | — | — | — | — | — | — | — | — | — | — | — |
| — | — | — | — | — | — | — | — | — | — | — | — | — | — |
| — | — | — | — | — | — | — | — | — | — | — | — | — | — |
| — | — | — | — | — | — | — | — | 3200x | 14,0 | 695 | — | — | — |
| — | — | — | — | — | — | — | — | 01x | 15,9 | 780 | — | — | — |
| — | — | — | — | — | — | — | — | 02x | 15,9 | 780 | — | — | — |
| — | — | — | — | — | — | — | — | 03x | 17,5 | 1 100 | — | — | — |
| NUL 20 | NIL 20 | 14 | 1 | 980 | — | — | — | 04x | 20,6 | 1 530 | — | — | — |
| 25 | 25 | 15 | | 1 100 | 20205 | 15 | 1 500 | 05x | 20,6 | 1 730 | — | — | — |
| 30 | 30 | 16 | | 1 460 | 06 | 16 | 1 730 | 06x | 23,8 | 2 500 | — | — | — |
| 35 | 35 | 17 | | 2 120 | 07 | 17 | 2 500 | 07x | 27,0 | 3 350 | — | — | — |
| 40 | 40 | 18 | 2 | 2 750 | 08 | 18 | 3 000 | 08x | 30,2 | 3 800 | — | — | — |
| 45 | 45 | 19 | | 2 900 | 09 | 19 | 3 200 | 09x | 30,2 | 4 250 | — | — | — |
| 50 | 50 | 20 | | 3 050 | 20210 | 20 | 3 750 | 10x | 30,2 | 4 750 | — | — | — |
| 55 | 55 | 21 | | 3 650 | 11 | 21 | 4 750 | 11x | 33,3 | 5 400 | — | — | — |
| 60 | 60 | 22 | 2,5 | 4 400 | 12 | 22 | 5 500 | 12x | 36,5 | 6 550 | — | — | — |
| 65 | 65 | 23 | | 5 100 | 13 | 23 | 6 200 | 13x | 38,1 | 7 100 | — | — | — |
| 70 | 70 | 24 | | 5 300 | 14 | 24 | 7 100 | 14x | 39,7 | 7 100 | — | — | — |
| 75 | 75 | 25 | | 6 200 | 15 | 25 | 7 500 | 15x | 41,3 | 7 800 | — | — | — |
| NUL 80 | NIL 80 | 26 | 3 | 7 100 | 20216 | 26 | 8 500 | 3216x | 44,4 | 9 500 | 22216 (k) | 33 | 9 500 |
| 85 | 85 | 28 | | 8 150 | 17 | 28 | 10 000 | 17x | 49,2 | 10 200 | 17 (k) | 36 | 12 200 |
| 90 | 90 | 30 | | 9 800 | 18 | 30 | 12 000 | 18x | 52,4 | 11 800 | 18 (k) | 40 | 15 600 |
| 95 | 95 | 32 | 3,5 | 11 400 | 19 | 32 | 14 000 | 19x | 55,6 | 13 700 | 19 (k) | 43 | 18 300 |
| 100 | 100 | 34 | | 12 700 | 20 | 34 | 15 600 | 20x | 60,3 | 14 600 | 20 (k) | 46 | 21 200 |
| 105 | 105 | 36 | | 14 000 | 21 | 36 | 16 600 | 21x | 65,1 | 15 300 | — | — | — |
| 110 | 110 | 38 | | 16 300 | 22 | 38 | 19 600 | 22x | 69,8 | 17 300 | 22 (k) | 53 | 27 500 |
| 120 | 120 | 40 | | 18 300 | 24 | 40 | 21 600 | — | — | — | 24 (k) | 58 | 34 000 |
| 130 | 130 | 40 | 4 | 19 000 | 26 | 40 | 23 200 | — | — | — | 26 (k) | 64 | 42 500 |
| 140 | 140 | 42 | | 22 400 | 28 | 42 | 27 500 | — | — | — | 28 (k) | 68 | 48 000 |
| 150 | 150 | 45 | | 27 000 | 30 | 45 | 31 000 | — | — | — | 30 (k) | 73 | 54 000 |
| 160 | 160 | 48 | | 31 000 | 32 | 48 | 35 500 | — | — | — | 32 (k) | 80 | 65 500 |
| 170 | 170 | 52 | 5 | 35 500 | 34 | 52 | 42 500 | — | — | — | 34 (k) | 86 | 73 500 |
| 180 | 180 | 52 | | 36 500 | 36 | 52 | 47 500 | — | — | — | 36 (k) | 86 | 75 000 |
| 190 | 190 | 55 | | 41 500 | 38 | 55 | 51 000 | — | — | — | 38 (k) | 92 | 83 000 |
| 200 | 200 | 58 | | 45 500 | 40 | 58 | 55 000 | — | — | — | 40 (k) | 98 | 93 000 |
| 220 | 220 | 65 | | 57 000 | 44 | 65 | 67 000 | — | — | — | 44 (k) | 108 | 118 000 |
| 240 | 240 | 72 | | 72 000 | 48 | 72 | 81 500 | — | — | — | 48 (k) | 120 | 146 000 |
| 260 | 260 | 80 | 6 | 88 000 | 52 | 80 | 98 000 | — | — | — | 52 (k) | 130 | 170 000 |
| 280 | 280 | 80 | | 88 000 | 56 | 80 | 100 000 | — | — | — | 56 (k) | 130 | 180 000 |

Tafel 14/7. *Ringlager,*

|  |  |  | Rillenlager | | | Schräglager | | | Pendellager | | |
|---|---|---|---|---|---|---|---|---|---|---|---|
| Alle Maße in mm | | | DIN 625 (Aug. 1942) | | | DIN 628 (Aug. 1942) | | | DIN 630 (Aug. 1942) | | |
| $C$ = Tragzahl | | | $P = x \cdot P_r + y \cdot P_a$ | | | $P = x\, P_r + y \cdot P_a$ | | | $P = P_r + y \cdot P_a$ | | |

Rillenlager: $x = 1{,}0 \quad x = 1{,}4$ [1]

| $C : P_a$ | 5 | 10 | 20 | 40 |
|---|---|---|---|---|
| $y$ | 1,4 | 1,6 | 1,8 | 2,0 |

Schräglager: $x = 0{,}5$ [1]; $x = 0{,}7$; $y = 0{,}7$

Pendellager:

| Lager Nr. | $y$ | Lager Nr. | $y$ |
|---|---|---|---|
| 1300/03 | 2,25 | 1306/09 | 3,0 |
| 1304/05 | 2,75 | 1310/13 | 3,25 |
|  |  | 1314/22 | 3,5 |

| $d$ | $D$ | $r$ | Kurzzeichen | $b$ | $C$ kg | Kurzzeichen | $b$ | $C$ kg | Kurzzeichen | $b$ | $C$ kg |
|---|---|---|---|---|---|---|---|---|---|---|---|
| 10 | 35 | 1 | 6300 | 11 | 655 | QB 10 | 11 | 695 | 1300 | 11 | 520 |
| 12 | 37 | 1,5 | 01 | 12 | 800 | 12 | 12 | 850 | 01 | 12 | 680 |
| 15 | 42 |  | 02 | 13 | 880 | 15 | 13 | 915 | 02 | 13 | 735 |
| 17 | 47 |  | 03 | 14 | 1 060 | 17 | 14 | 1 080 | 03 | 14 | 965 |
| 20 | 52 | 2 | 04 | 15 | 1 250 | 20 | 15 | 1 270 | 04 (k) | 15 | 1 020 |
| 25 | 62 |  | 05 | 17 | 1 660 | 25 | 17 | 1 560 | 05 (k) | 17 | 1 500 |
| 30 | 72 |  | 06 | 19 | 2 200 | 30 | 19 | 2 200 | 06 (k) | 19 | 1 860 |
| 35 | 80 | 2,5 | 07 | 21 | 2 600 | 35 | 21 | 2 750 | 07 (k) | 21 | 2 280 |
| 40 | 90 |  | 08 | 23 | 3 150 | 40 | 23 | 3 200 | 08 (k) | 23 | 2 750 |
| 45 | 100 |  | 09 | 25 | 4 050 | 45 | 25 | 3 900 | 09 (k) | 25 | 3 450 |
| 50 | 110 | 3 | 10 | 27 | 4 750 | 50 | 27 | 4 500 | 10 (k) | 27 | 3 900 |
| 55 | 120 |  | 11 | 29 | 5 400 | 55 | 29 | 5 300 | 11 (k) | 29 | 4 750 |
| 60 | 130 | 3,5 | 12 | 31 | 6 100 | 60 | 31 | 6 100 | 12 (k) | 31 | 5 500 |
| 65 | 140 |  | 13 | 33 | 6 950 | 65 | 33 | 6 800 | 13 (k) | 33 | 5 850 |
| 70 | 150 |  | 14 | 35 | 7 800 | 70 | 35 | 7 800 | 14 (k) | 35 | 6 950 |
| 75 | 160 |  | 15 | 37 | 8 500 | 75 | 37 | 8 300 | 15 (k) | 37 | 7 350 |
| 80 | 170 |  | 16 | 39 | 9 300 | 80 | 39 | 9 000 | 16 (k) | 39 | 8 150 |
| 85 | 180 | 4 | 17 | 41 | 10 200 | 85 | 41 | 10 000 | 17 (k) | 41 | 9 150 |
| 90 | 190 |  | 18 | 43 | 11 000 | 90 | 43 | 11 000 | 18 (k) | 43 | 10 400 |
| 95 | 200 |  | 19 | 45 | 12 000 | 95 | 45 | 12 200 | 19 (k) | 45 | 11 600 |
| 100 | 215 | 4 | 6320 | 47 | 13 700 | QB 100 | 47 | 13 700 | 1320 (k) | 47 | 12 500 |
| 105 | 225 |  | 21 | 49 | 14 600 | 105 | 49 | 15 300 | 21 (k) | 49 | 14 000 |
| 110 | 240 |  | 22 | 50 | 16 600 | 110 | 50 | 16 300 | 22 (k) | 50 | 15 300 |
| 120 | 260 |  | 24 | 55 | 16 600 | 120 | 55 | 18 600 | — | — | — |
| 130 | 280 | 5 | 26 | 58 | 18 600 | 130 | 58 | 20 000 | — | — | — |
| 140 | 300 |  | 28 | 62 | 20 800 | 140 | 62 | 22 400 | — | — | — |
| 150 | 320 |  | 30 | 65 | 22 400 | 150 | 65 | 25 000 | — | — | — |
| 160 | 340 |  | 32 | 68 | 22 800 | — | — | — | — | — | — |
| 170 | 360 |  | 34 | 72 | 26 500 | — | — | — | — | — | — |
| 180 | 380 |  | 36 | 75 | 30 000 | — | — | — | — | — | — |
| 190 | 400 | 6 | 38 | 78 | 31 000 | — | — | — | — | — | — |
| 200 | 420 |  | 40 | 80 | 32 000 | — | — | — | — | — | — |
| 220 | 460 |  | 44 | 88 | 34 500 | — | — | — | — | — | — |
| 240 | 500 |  | 48 | 95 | 37 500 | — | — | — | — | — | — |
| 260 | 540 | 8 | 52 | 102 | 42 500 | — | — | — | — | — | — |
| 280 | 580 |  | 56 | 108 | 48 000 | — | — | — | — | — | — |
|  |  |  | — | — | — | — | — | — | — | — | — |
|  |  |  | — | — | — | — | — | — | — | — | — |
|  |  |  | — | — | — | — | — | — | — | — | — |
|  |  |  | — | — | — | — | — | — | — | — | — |

[1] Die kleinen Werte von $x$ gelten für Umfangslast, die großen für Punktlast für den Innenring.

*Maßgruppe 3* (mittelschwere Reihen).

| Zylinderlager | | | | | Tonnenlager | | | Schräglager | | | Tonnenlager | | |
| --- | --- | --- | --- | --- | --- | --- | --- | --- | --- | --- | --- | --- | --- |
| DIN 5412 (Aug. 1942) | | | | | DIN 635 (Aug. 1942) | | | DIN 628 (Aug. 1942) | | | DIN 635 (Aug. 1942) | | |
| $P = x \cdot P_r$ | | | | | $P = x \cdot P_r + y \cdot P_a$ | | | $P = x \cdot P_r + y \cdot P_a$ | | | $P = x \cdot P_r + y \cdot P_a$ | | |
| $x = 1$ [1]  $x = 1,4$ | | | | | $x = 1$ [1]  $x = 1,4$  $y = 9,5$ | | | $x = 1$ [1]  $x = 1,4$  $y = 1,3$ | | | $x = 1$ [1]  $x = 1,4$ | Lager Nr. 22308/12 — $y$ 2,9; 22313/40 — 3,2; 22344/56 — 3,4 | |
| Kurz-zeichen | Kurz-zeichen | $b$ | $r_1$ | $C$ kg | Kurz-zeichen | $b$ | $C$ kg | Kurz-zeichen | $b$ | $C$ kg | Kurz-zeichen | $b$ | $C$ kg |
| — | — | — | — | — | — | — | — | — | — | — | — | — | — |
| — | — | — | — | — | — | — | — | — | — | — | — | — | — |
| — | — | — | — | — | — | — | — | 3302x | 19,0 | 1 370 | — | — | — |
| — | — | — | — | — | — | — | — | 03x | 22,2 | 1 860 | — | — | — |
| NUM 20 | NIM 20 | 15 | 1 | 1 370 | 20304 | 15 | 1 600 | 04x | 22,2 | 1 860 | — | — | — |
| 25 | 25 | 17 | 2 | 1 860 | 05 | 17 | 2 160 | 05x | 25,4 | 2 600 | — | — | — |
| 30 | 30 | 19 | | 2 450 | 06 | 19 | 3 000 | 06x | 30,2 | 3 450 | — | — | — |
| 35 | 35 | 21 | | 3 000 | 07 | 21 | 3 650 | 07x | 34,9 | 4 300 | — | — | — |
| 40 | 40 | 23 | 2,5 | 3 750 | 08 | 23 | 5 000 | 08x | 36,5 | 5 500 | 22308 (k) | 33 | 6 300 |
| 45 | 45 | 25 | | 4 800 | 09 | 25 | 5 600 | 09x | 39,7 | 6 550 | 09 (k) | 36 | 8 000 |
| 50 | 50 | 27 | 3 | 5 850 | 10 | 27 | 7 100 | 10x | 44,4 | 8 000 | 10 (k) | 40 | 11 000 |
| 55 | 55 | 29 | | 7 100 | 11 | 29 | 8 150 | 11x | 49,2 | 8 650 | 11 (k) | 43 | 12 900 |
| 60 | 60 | 31 | 3,5 | 8 500 | 12 | 31 | 10 000 | 12x | 54,0 | 10 000 | 12 (k) | 46 | 15 600 |
| 65 | 65 | 33 | | 9 500 | 13 | 33 | 11 600 | 13x | 58,7 | 11 400 | 13 (k) | 48 | 17 000 |
| 70 | 70 | 35 | | 10 400 | 14 | 35 | 12 900 | 14x | 63,5 | 13 200 | 14 (k) | 51 | 22 400 |
| 75 | 75 | 37 | | 12 700 | 15 | 37 | 14 600 | 15x | 68,3 | 13 700 | 15 (k) | 55 | 23 200 |
| 80 | 80 | 39 | | 13 400 | 16 | 39 | 16 600 | 16x | 68,3 | 15 600 | 16 (k) | 58 | 27 500 |
| 85 | 85 | 41 | 4 | 15 000 | 17 | 41 | 18 600 | 17x | 73,0 | 17 300 | 17 (k) | 60 | 30 000 |
| 90 | 90 | 43 | | 17 300 | 18 | 43 | 21 200 | 18x | 73,0 | 19 600 | 18 (k) | 64 | 35 500 |
| 95 | 95 | 45 | | 18 600 | 19 | 45 | 23 200 | 19x | 77,8 | 21 600 | 19 (k) | 67 | 38 000 |
| 100 | 100 | 47 | 4 | 21 600 | 20320 | 47 | 25 000 | 3320x | 82,6 | 23 600 | 22320 (k) | 73 | 45 500 |
| 105 | 105 | 49 | | 25 000 | 21 | 49 | 27 000 | 21x | 87,3 | 25 500 | — | — | — |
| 110 | 110 | 50 | | 30 000 | 22 | 50 | 30 000 | 22x | 92,1 | 27 500 | 22 (k) | 80 | 56 000 |
| 120 | 120 | 55 | | 34 000 | 24 | 55 | 35 500 | — | — | — | 24 (k) | 86 | 68 000 |
| 130 | 130 | 58 | 5 | 41 500 | 26 | 58 | 40 000 | — | — | — | 26 (k) | 93 | 78 000 |
| 140 | 140 | 62 | | 46 500 | 28 | 62 | 47 500 | — | — | — | 28 (k) | 102 | 86 500 |
| 150 | 150 | 65 | | 51 000 | 30 | 65 | 54 000 | — | — | — | 30 (k) | 108 | 96 500 |
| 160 | 160 | 68 | | 54 000 | 32 | 68 | 58 500 | — | — | — | 32 (k) | 114 | 106 000 |
| 170 | 170 | 72 | | 62 000 | 34 | 72 | 65 500 | — | — | — | 34 (k) | 120 | 122 000 |
| 180 | 180 | 75 | | 69 500 | 36 | 75 | 72 000 | — | — | — | 36 (k) | 126 | 132 000 |
| 190 | 190 | 78 | 6 | 76 500 | 38 | 78 | 80 000 | — | — | — | 38 (k) | 132 | 146 000 |
| 200 | 200 | 80 | | 76 500 | 40 | 80 | 81 500 | — | — | — | 40 (k) | 138 | 156 000 |
| 220 | 220 | 88 | | 95 000 | 44 | 88 | 106 000 | — | — | — | 44 (k) | 145 | 183 000 |
| 240 | 240 | 95 | | 114 000 | 48 | 95 | 120 000 | — | — | — | 48 (k) | 155 | 216 000 |
| 260 | 260 | 102 | 8 | 129 000 | — | — | — | — | — | — | 52 (k) | 165 | 245 000 |
| 280 | 280 | 108 | | 146 000 | — | — | — | — | — | — | 56 (k) | 175 | 280 000 |
| — | — | — | — | — | — | — | — | — | — | — | — | — | — |
| — | — | — | — | — | — | — | — | — | — | — | — | — | — |
| — | — | — | — | — | — | — | — | — | — | — | — | — | — |
| — | — | — | — | — | — | — | — | — | — | — | — | — | — |

Tafel 14/8. Ring-

Maßgruppe 2 (leichte Reihen)

| | | | | Kegellager DIN 720 (Aug 1942) | | | | | | Kegellager DIN 720 (Aug. 1942) | | | | | |
|---|---|---|---|---|---|---|---|---|---|---|---|---|---|---|---|
| Alle Maße in mm | | | | $P = x \cdot P_r + y \cdot P_a$ | | | | | | $P = x \cdot P_r + y \cdot P_a$ | | | | | |
| | | | | $P > P_r$ — $x = 0{,}5$ [1] | Lager-Nr. | | | $y$ | | $P > P_r$ — $x = 0{,}5$ [1] | | | | | $y = 1{,}6$ |
| | | | | $P \leqq P_r$ — $x = 1$ [1] | 30203/04 | | | 1,8 | | $P \leqq P_r$ — $x = 1$ [1] | | | | | |
| $C$ = Tragzahl | | | | $P > 1{,}4\,P_r$ — $x = 0{,}7$ [2] | 30205/22 | | | 1,6 | | $P > 1{,}4\,P_r$ — $x = 0{,}7$ [2] | | | | | |
| | | | | $P \leqq 1{,}4\,P_r$ — $x = 1{,}4$ [2] | 30224/30 | | | 1,4 | | $P \leqq 1{,}4\,P_r$ — $x = 1{,}4$ [2] | | | | | |
| $d$ | $D$ | $r$ | $r_1$ | Kurzzeichen | $b_i$ | $b_a$ | $B$ max | $B$ min | $C$ kg | Kurzzeichen | $b_i$ | $b_a$ | $B$ .max | $B$ min | $C$ kg |
| 15 | — | — | — | — | — | — | — | — | — | — | — | — | — | — | — |
| 17 | 40 | 1,5 | 0,5 | 30203 | 12 | 11 | 13,5 | 13 | 1 040 | — | — | — | — | — | — |
| 20 | 47 | | | 04 | 14 | 12 | 15,5 | 15 | 1 600 | — | — | — | — | — | — |
| 25 | 52 | | | 05 | 15 | 13 | 16,5 | 16 | 1 760 | — | — | — | — | — | — |
| 30 | 62 | | | 06 | 16 | 14 | 17,5 | 17 | 2 400 | 32206 | 20 | 17 | 21,5 | 21 | 3 250 |
| 35 | 72 | 2 | 0,8 | 07 | 17 | 15 | 18,5 | 18 | 3 100 | 07 | 23 | 19 | 24,5 | 24 | 4 300 |
| 40 | 80 | | | 08 | 18 | 16 | 20 | 19,5 | 3 600 | 08 | 23 | 19 | 25 | 24,5 | 4 800 |
| 45 | 85 | | | 09 | 19 | 16 | 21 | 20,5 | 4 150 | 09 | 23 | 19 | 25 | 24,5 | 5 200 |
| 50 | 90 | | | 10 | 20 | 17 | 22 | 21,5 | 4 550 | 10 | 23 | 19 | 25 | 24,5 | 5 300 |
| 55 | 100 | 2,5 | | 11 | 21 | 18 | 23 | 22,5 | 5 600 | 11 | 25 | 21 | 27 | 26,5 | 6 950 |
| 60 | 110 | | | 12 | 22 | 19 | 24 | 23,5 | 6 100 | 12 | 28 | 24 | 30 | 29,5 | 8 300 |
| 65 | 120 | | | 13 | 23 | 20 | 25 | 24,5 | 7 200 | 13 | 31 | 27 | 33 | 32,5 | 10 000 |
| 70 | 125 | | | 14 | 24 | 21 | 26,5 | 26 | 7 800 | 14 | 31 | 27 | 33,5 | 33 | 10 200 |
| 75 | 130 | | | 15 | 25 | 22 | 27,5 | 27 | 8 650 | 15 | 31 | 27 | 33,5 | 33 | 10 800 |
| 80 | 140 | 3 | 1 | 16 | 26 | 22 | 28,5 | 28 | 9 650 | 16 | 33 | 28 | 35,5 | 35 | 12 500 |
| 85 | 150 | | | 17 | 28 | 24 | 31 | 30 | 11 400 | 17 | 36 | 30 | 39 | 38 | 14 300 |
| 90 | 160 | | | 18 | 30 | 26 | 33 | 32 | 12 700 | 18 | 40 | 34 | 43 | 42 | 17 300 |
| 95 | 170 | 3,5 | 1,2 | 19 | 32 | 27 | 35 | 34 | 14 000 | 19 | 43 | 37 | 46 | 45 | 19 600 |
| 100 | 180 | | | 20 | 34 | 29 | 37,5 | 36,5 | 16 300 | 20 | 46 | 39 | 49,5 | 48,5 | 22 000 |
| 105 | 190 | | | 21 | 36 | 30 | 39,5 | 38,5 | 18 300 | 21 | 50 | 43 | 53,5 | 52,5 | 25 500 |
| 110 | 200 | | | 22 | 38 | 32 | 41,5 | 40,5 | 20 400 | 22 | 53 | 46 | 56,5 | 55,5 | 28 500 |
| 120 | 215 | | | 24 | 40 | 34 | 44 | 43 | 22 800 | 24 | 58 | 50 | 62 | 61 | 34 000 |
| 130 | 230 | 4 | 1,5 | 26 | 40 | 34 | 44,5 | 43 | 24 500 | — | — | — | — | — | — |
| 140 | 250 | | | 28 | 42 | 36 | 46,5 | 45 | 28 500 | — | — | — | — | — | — |
| 150 | 270 | | | 30 | 45 | 38 | 50 | 48 | 32 500 | — | — | — | — | — | — |

[1] Gilt bei Umfangslast für den Innenring. Wird hierbei mit Einsatz von $x = 0{,}5$ $P < P_r$, so ist statt $x = 0{,}5$ der Wert $x = 1$ und $y = 0$ einzusetzen.

[2] Gilt bei Punktlast für den Innenring. Wird hierbei mit Einsatz von $x = 0{,}7$ $P < 1{,}4\,P_r$, so ist statt $x = 0{,}7$ der Wert $x = 1{,}4$ und $y = 0$ einzusetzen.

[14/16] STYRI: Friction Torque in Ball and Roller Bearings. Mech. Engng. Dez. 1940 S. 886.

[14/17] GOODMAN, J.: Roller and Ball Bearings. Minut. Proc. Instn. civ. Engr. Bd. Vol. 189 (1912) S. 82.

[14/18] ROSENFELD, L.: Friction of Ball and Roller Bearings. Inst. Autom. Eng. Motorindustrie Res. Assoc. 1942/6 S. 1 bis 13.

[14/19] SCHATZ, A.: Verfahren zur Schmierung schnell umlaufender Kugellager. Werkstatt u. Betrieb 82 (1949) S. 301 (Auszug aus Machinery Okt. 1948, S. 1723).

14. Wälzlager.



*Kegellager.*

### *Maßgruppe 3* (mittelschwere Reihen)

**Kegellager — DIN 720 (Aug. 1942)**

$$P = x \cdot P_r + y \cdot P_a$$

Gruppe 1 (Lager-Nr. 30302/03, 30304/07, 30308/24):

|  |  | Lager-Nr. | $y$ |
|---|---|---|---|
| $P > P_r$ | $x = 0,5$ [1] | | |
| $P \leqq P_r$ | $x = 1$ [1] | 30302/03 | 2,2 |
| $P > 1,4\,P_r$ | $x = 0,7$ [2] | 30304/07 | 2,0 |
| $P \leqq 1,4\,P_r$ | $x = 1,4$ [2] | 30308/24 | 1,8 |

Gruppe 2 (Lager-Nr. 32302/07, 32308/24):

|  |  | Lager-Nr. | $y$ |
|---|---|---|---|
| $P > P_r$ | $x = 0,5$ [1] | | |
| $P \leqq P_r$ | $x = 1$ [1] | 32302/07 | 2 |
| $P > 1,4\,P_r$ | $x = 0,7$ [2] | | |
| $P \leqq 1,4\,P_r$ | $x = 1,4$ [2] | 32308/24 | 1,8 |

Gruppe 3:

|  |  |  |
|---|---|---|
| $P > P_r$ | $x = 0,5$ [1] | |
| $P \leqq P_r$ | $x = 1$ [1] | $y = 0,75$ |
| $P > 1,4\,P_r$ | $x = 0,7$ [2] | |
| $P \leqq 1,4\,P_r$ | $x = 1,4$ [2] | |

| $d$ | $D$ | $r$ | $r_1$ | Kurz-zeichen | $b_i$ | $b_a$ | $B$ max | $B$ min | $C$ kg | Kurz-zeichen | $b_i$ | $b_a$ | $B$ max | $B$ min | $C$ kg | Kurz-zeichen | $b_i$ | $b_a$ | $B$ max | $B$ min | $C$ kg |
|---|---|---|---|---|---|---|---|---|---|---|---|---|---|---|---|---|---|---|---|---|---|
| 15 | 42 | 1,5 | 0,5 | 30302 | 13 | 11 | 14,5 | 14 | 1 290 | 32302 | 17 | 14 | 18,5 | 18 | 1 900 | — | — | — | — | — | — |
| 17 | 47 | | | 03 | 14 | 12 | 15,5 | 15 | 1 630 | 03 | 19 | 16 | 20,5 | 20 | 2 320 | — | — | — | — | — | — |
| 20 | 52 | 2 | 0,8 | 04 | 15 | 13 | 16,5 | 16 | 2 550 | 04 | 21 | 18 | 22,5 | 22 | 3 000 | — | — | — | — | — | — |
| 25 | 62 | | | 05 | 17 | 15 | 18,5 | 18 | 3 050 | 05 | 24 | 20 | 25,5 | 25 | 4 150 | 31305 | 17 | 13 | 18,5 | 18 | 2 500 |
| 30 | 72 | | | 06 | 19 | 16 | 21 | 20,5 | 3 550 | 06 | 27 | 23 | 29 | 28,5 | 5 400 | 06 | 19 | 14 | 21 | 20,5 | 3 150 |
| 35 | 80 | 2,5 | | 07 | 21 | 18 | 23 | 22,5 | 4 750 | 07 | 31 | 25 | 33 | 32,5 | 6 700 | 07 | 21 | 15 | 23 | 22,5 | 3 800 |
| 40 | 90 | | | 08 | 23 | 20 | 25,5 | 25 | 5 400 | 08 | 33 | 27 | 35,5 | 35 | 7 800 | 08 | 23 | 17 | 25,5 | 25 | 5 000 |
| 45 | 100 | | | 09 | 25 | 22 | 27,5 | 27 | 6 800 | 09 | 36 | 30 | 38,5 | 38 | 9 500 | 09 | 25 | 18 | 27,5 | 27 | 6 400 |
| 50 | 110 | 3 | 1 | 10 | 27 | 23 | 29,5 | 29 | 8 000 | 10 | 40 | 33 | 42,5 | 42 | 11 800 | 10 | 27 | 19 | 29,5 | 29 | 7 350 |
| 55 | 120 | | | 11 | 29 | 25 | 32 | 31 | 9 150 | 11 | 43 | 35 | 46 | 45 | 13 700 | 11 | 29 | 21 | 32 | 31 | 8 300 |
| 60 | 130 | 3,5 | 1,2 | 12 | 31 | 26 | 34 | 33 | 10 800 | 12 | 46 | 37 | 49 | 48 | 16 000 | 12 | 31 | 22 | 34 | 33 | 10 000 |
| 65 | 140 | | | 13 | 33 | 28 | 36,5 | 35,5 | 12 500 | 13 | 48 | 39 | 51,5 | 50,5 | 18 300 | 13 | 33 | 23 | 36,5 | 35,5 | 11 600 |
| 70 | 150 | | | 14 | 35 | 30 | 38,5 | 37,5 | 14 300 | 14 | 51 | 42 | 54,5 | 53,5 | 20 800 | 14 | 35 | 25 | 38,5 | 37,5 | 13 700 |
| 75 | 160 | | | 15 | 37 | 31 | 40,5 | 39,5 | 16 000 | 15 | 55 | 45 | 58,5 | 57,5 | 24 000 | — | — | — | — | — | — |
| 80 | 170 | | | 16 | 39 | 33 | 43 | 42 | 17 600 | 16 | 58 | 48 | 62 | 61 | 27 000 | — | — | — | — | — | — |
| 85 | 180 | 4 | 1,5 | 17 | 41 | 34 | 45 | 44 | 20 000 | 17 | 60 | 49 | 64 | 63 | 30 500 | — | — | — | — | — | — |
| 90 | 190 | | | 18 | 43 | 36 | 47 | 46 | 21 600 | 18 | 64 | 53 | 68 | 67 | 34 500 | — | — | — | — | — | — |
| 95 | 200 | | | 19 | 45 | 38 | 50 | 49 | 25 500 | 19 | 67 | 55 | 72 | 71 | 38 000 | — | — | — | — | — | — |
| 100 | 215 | | | 20 | 47 | 39 | 52 | 51 | 28 000 | 20 | 73 | 60 | 78 | 77 | 44 000 | — | — | — | — | — | — |
| 105 | 225 | | | 21 | 49 | 41 | 54 | 53 | 30 500 | 21 | 77 | 63 | 82 | 81 | 49 000 | — | — | — | — | — | — |
| 110 | 240 | | | 22 | 50 | 42 | 55 | 54 | 33 500 | 22 | 80 | 65 | 85 | 84 | 54 000 | — | — | — | — | — | — |
| 120 | 260 | | | 24 | 55 | 46 | 60 | 59 | 40 000 | 24 | 86 | 69 | 91 | 90 | 62 000 | — | — | — | — | — | — |
| 130 | — | — | — | — | — | — | — | — | — | — | — | — | — | — | — | — | — | — | — | — | — |
| 140 | — | — | — | — | — | — | — | — | — | — | — | — | — | — | — | — | — | — | — | — | — |
| 150 | — | — | — | — | — | — | — | — | — | — | — | — | — | — | — | — | — | — | — | — | — |


[14/20] PERRET, H.: Die Lebensdauerrechnung von Wälzlagern und ihre Anwendung auf die Belastungsverhältnisse bei Kurbelwellenlagern. Jb. 1939 dtsch. Versuchsanst. Luftf., Ausgabe Triebwerk.

[14/21] PERRET, H.: Die Problematik der Berechnung von Rillenkugellagern mit gleichzeitig auftretender Radial- und Axiallast. Konstruktion Bd. 1 (1949) S. 145.

[14/22] PERRET, H.: Neue Erkenntnisse zur Verwendung von Wälzlagern. Werkstatt u. Betrieb 82 (1949). S. 280.

**Tafel 14/9.** *Nadellager nach DIN 617* (Reihe Na).

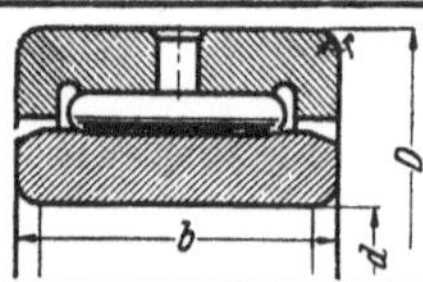

| Kurz-zeichen | $d$ mm | $D$ mm | $b$ mm | $r$ mm | $C$ kg | Kurz-zeichen | $d$ mm | $D$ mm | $b$ mm | $r$ mm | $C$ kg |
|---|---|---|---|---|---|---|---|---|---|---|---|
| Na 17 | 17 | 37 | 20 | 1 | 1 460 | 75 | 75 | 110 | 32 | 2 | 6 100 |
| 20 | 20 | 42 | 20 | 1 | 1 600 | 80 | 80 | 115 | 32 | 2 | 6 300 |
| 25 | 25 | 47 | 22 | 1 | 2 160 | 85 | 85 | 120 | 32 | 2 | 6 550 |
| 30 | 30 | 52 | 22 | 1 | 2 320 | 90 | 90 | 125 | 32 | 2 | 6 700 |
| 35 | 35 | 58 | 22 | 1 | 2 550 | 95 | 95 | 130 | 32 | 2 | 6 950 |
| 40 | 40 | 65 | 22 | 1,5 | 2 750 | 100 | 100 | 135 | 32 | 2 | 7 100 |
| 45 | 45 | 72 | 22 | 1,5 | 2 900 | 110 | 110 | 150 | 40 | 3 | 10 000 |
| 50 | 50 | 80 | 28 | 2 | 4 000 | 120 | 120 | 160 | 40 | 3 | 10 600 |
| 55 | 55 | 85 | 28 | 2 | 4 250 | 130 | 130 | 180 | 52 | 3 | 15 600 |
| 60 | 60 | 90 | 28 | 2 | 4 400 | 140 | 140 | 190 | 52 | 3 | 16 300 |
| 65 | 65 | 95 | 28 | 2 | 4 550 | 150 | 150 | 200 | 52 | 3 | 17 000 |
| 70 | 70 | 100 | 28 | 2 | 4 750 | | | | | | |

**Tafel 14/10.** *Walzenkränze nach DIN 5407* (Aug. 1942).

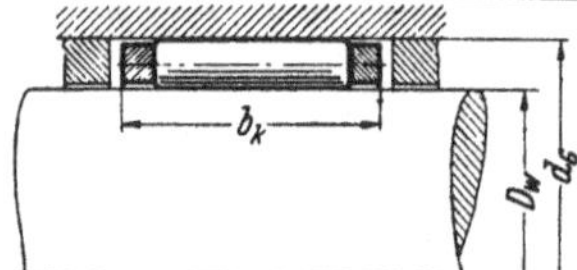

| Reihe 1 | | | | | Reihe 2 | | | | |
|---|---|---|---|---|---|---|---|---|---|
| Kurzzeichen | $D_W$ mm | $d_G$ mm | $b_K$ mm | $C^1$ kg | Kurzzeichen | $D_W$ mm | $d_G$ mm | $b_K$ mm | $C^1$ kg |
| 8 × 14 × 20 | 8 | 14 | 20 | 520 | — | — | — | — | — |
| 10 × 16 × 20 | 10 | 16 | 20 | 630 | — | — | — | — | — |
| 12 × 18 × 20 | 12 | 18 | 20 | 680 | — | — | — | — | — |
| 14 × 22 × 20 | 14 | 22 | 20 | 965 | — | — | — | — | — |
| 16 × 24 × 20 | 16 | 24 | 20 | 965 | — | — | — | — | — |
| 18 × 26 × 20 | 18 | 26 | 20 | 1 180 | — | — | — | — | — |
| 20 × 28 × 20 | 20 | 28 | 20 | 1 180 | 20 × 30 × 30 | 20 | 30 | 30 | 2 040 |
| 22 × 30 × 20 | 22 | 30 | 20 | 1 180 | 22 × 32 × 30 | 22 | 32 | 30 | 2 160 |
| 25 × 33 × 20 | 25 | 33 | 20 | 1 320 | 25 × 35 × 30 | 25 | 35 | 30 | 2 280 |
| 28 × 36 × 20 | 28 | 36 | 20 | 1 370 | 28 × 40 × 30 | 28 | 40 | 30 | 2 600 |
| 30 × 38 × 20 | 30 | 38 | 20 | 1 370 | 30 × 42 × 30 | 30 | 42 | 30 | 2 600 |
| 32 × 40 × 20 | 32 | 40 | 20 | 1 530 | 32 × 44 × 30 | 32 | 44 | 30 | 2 600 |
| 35 × 45 × 20 | 35 | 45 | 20 | 1 660 | 35 × 50 × 40 | 35 | 50 | 40 | 4 150 |
| 38 × 48 × 20 | 38 | 48 | 20 | 1 660 | — | — | — | — | — |
| 40 × 50 × 20 | 40 | 50 | 20 | 1 660 | 40 × 55 × 40 | 40 | 55 | 40 | 4 150 |
| 42 × 52 × 20 | 42 | 52 | 20 | 1 830 | — | — | — | — | — |
| 45 × 55 × 20 | 45 | 55 | 20 | 1 830 | 45 × 60 × 40 | 45 | 60 | 40 | 4 650 |
| 50 × 60 × 32 | 50 | 60 | 32 | 3 200 | 50 × 68 × 45 | 50 | 68 | 45 | 6 000 |
| 55 × 65 × 32 | 55 | 65 | 32 | 3 650 | 55 × 73 × 45 | 55 | 73 | 45 | 6 550 |
| 60 × 72 × 32 | 60 | 72 | 32 | 3 900 | 60 × 80 × 50 | 60 | 80 | 50 | 8 150 |
| 65 × 77 × 32 | 65 | 77 | 32 | 4 150 | 65 × 85 × 50 | 65 | 85 | 50 | 9 000 |
| 70 × 85 × 40 | 70 | 85 | 40 | 5 850 | 70 × 90 × 50 | 70 | 90 | 50 | 9 650 |
| 75 × 90 × 40 | 75 | 90 | 40 | 6 200 | 75 × 99 × 60 | 75 | 99 | 60 | 12 700 |
| 80 × 95 × 50 | 80 | 95 | 50 | 8 500 | 80 × 104 × 60 | 80 | 104 | 60 | 14 000 |
| 85 × 100 × 50 | 85 | 100 | 50 | 8 500 | 85 × 109 × 60 | 85 | 109 | 60 | 15 000 |
| 90 × 105 × 50 | 90 | 105 | 50 | 9 150 | 90 × 120 × 75 | 90 | 120 | 75 | 20 400 |
| 95 × 110 × 50 | 95 | 110 | 50 | 10 000 | 95 × 125 × 75 | 95 | 125 | 75 | 21 600 |
| 100 × 120 × 65 | 100 | 120 | 65 | 15 000 | 100 × 130 × 75 | 100 | 130 | 75 | 21 600 |
| 110 × 130 × 65 | 110 | 130 | 65 | 15 300 | — | — | — | — | — |
| 120 × 140 × 65 | 120 | 140 | 65 | 16 300 | — | — | — | — | — |

[1] Gilt nur, wenn die Rockwellhärte der Rollen und Laufbahnen $H_{RC} = 60$ kg/mm² erreicht! Andern-falls $C$ mit $\left(\dfrac{H_R}{60}\right)^2$ malnehmen, wobei $H_R$ die geringere Rockwellhärte der Rollen bzw. Laufbahnen ist.

**Tafel 14/11.** *Filzringe.*

| | DIN 5419 (Aug. 1942) | | | | | |
|---|---|---|---|---|---|---|

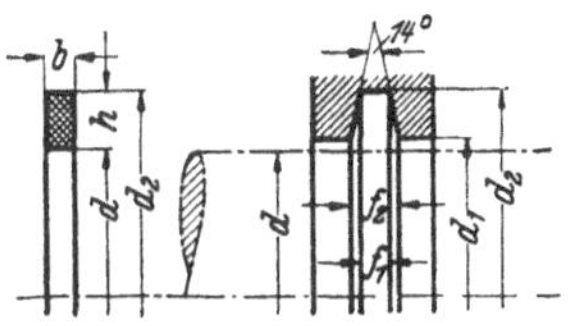

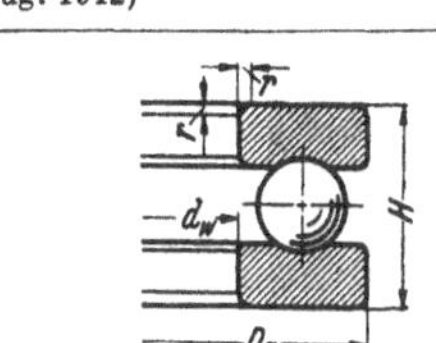

| $d$ | $d_1$ [1] | $d_2$ | $f_1$ | $f_2$ | $b$ | $h$ |
|---|---|---|---|---|---|---|
| 20 | 21 | 31 | 3 | 4,2 | 3,5 | 5 |
| 25 | 26 | 38 | 4 | 5,5 | 5 | 6 |
| 30 | 31 | 43 | 4 | 5,5 | 5 | 6 |
| 35 | 36 | 48 | 4 | 5,5 | 5 | 6 |
| 40 | 41 | 53 | 4 | 5,5 | 5 | 6 |
| 45 | 46 | 58 | 4 | 5,5 | 5 | 6 |
| 50 | 51 | 67 | 5 | 7 | 6 | 8 |
| 55 | 56 | 72 | 5 | 7 | 6 | 8 |
| 60 | 61,5 | 77 | 5 | 7 | 6 | 8 |
| 65 | 66,5 | 82 | 5 | 7 | 6 | 8 |
| 70 | 71,5 | 89 | 6 | 8,2 | 7 | 9 |
| 75 | 76,5 | 94 | 6 | 8,2 | 7 | 9 |
| 80 | 81,5 | 99 | 6 | 8,2 | 7 | 9 |
| 85 | 86,5 | 104 | 6 | 8,2 | 7 | 9 |
| 90 | 92 | 111 | 7 | 9,5 | 8,5 | 10 |
| 95 | 97 | 116 | 7 | 9,5 | 8,5 | 10 |
| 100 | 102 | 125 | 8 | 11 | 9,5 | 12 |
| 110 | 112 | 135 | 8 | 11 | 9,5 | 12 |
| 115 | 117 | 140 | 8 | 11 | 9,5 | 12 |
| 125 | 127 | 154 | 9 | 12,4 | 10,5 | 14 |
| 135 | 137 | 164 | 9 | 12,4 | 10,5 | 14 |
| 140 | 142 | 173 | 10 | 13,9 | 12 | 16 |
| 150 | 152 | 183 | 10 | 13,9 | 12 | 16 |
| 160 | 162 | 193 | 10 | 13,9 | 12 | 16 |
| 170 | 172 | 203 | 10 | 13,9 | 12 | 16 |
| 180 | 182 | 213 | 10 | 13,9 | 12 | 16 |

[1] Das Maß $d_1$ muß bei Ring-Pendellagern und Ring-Tonnenlagern vergrößert werden.

**Tafel 14/12.** *Scheibenlager, Maßgruppe 1* (ganz leichte Reihen).

| | DIN 711 (Aug. 1942) | | | | |
|---|---|---|---|---|---|

| $d_w$ | $D_g$ | $H$ | $r$ | Kurz-zeichen | $C$ kg |
|---|---|---|---|---|---|
| 10 | 24 | 9 | 0,5 | 51100 | 570 |
| 12 | 26 | 9 | | 01 | 610 |
| 15 | 28 | 9 | | 02 | 655 |
| 17 | 30 | 9 | | 03 | 720 |
| 20 | 35 | 10 | | 04 | 965 |
| 25 | 42 | 11 | 1 | 05 | 1 220 |
| 30 | 47 | 11 | | 06 | 1 320 |
| 35 | 53 | 12 | | 07 | 1 460 |
| 40 | 60 | 13 | | 08 | 1 960 |
| 45 | 65 | 14 | | 09 | 2 080 |
| 50 | 70 | 14 | | 10 | 2 240 |
| 55 | 78 | 16 | | 11 | 2 700 |
| 60 | 85 | 17 | 1,5 | 12 | 3 200 |
| 65 | 90 | 18 | | 13 | 3 350 |
| 70 | 95 | 18 | | 14 | 3 450 |
| 75 | 100 | 19 | | 15 | 3 650 |
| 80 | 105 | 19 | | 16 | 3 750 |
| 85 | 110 | 19 | | 17 | 3 900 |
| 90 | 120 | 22 | | 18 | 5 000 |
| 100 | 135 | 25 | | 20 | 6 950 |
| 110 | 145 | 25 | | 22 | 7 350 |
| 120 | 155 | 25 | | 24 | 7 650 |
| 130 | 170 | 30 | | 26 | 8 800 |
| 140 | 180 | 31 | | 28 | 9 150 |
| 150 | 190 | 31 | | 30 | 9 650 |
| 160 | 200 | 31 | | 32 | 10 000 |
| 170 | 215 | 34 | 2 | 34 | 11 800 |
| 180 | 225 | 34 | | 36 | 12 000 |
| 190 | 240 | 37 | | 38 | 14 600 |
| 200 | 250 | 37 | | 40 | 15 000 |
| 220 | 270 | 37 | | 44 | 16 000 |
| 240 | 300 | 45 | 2,5 | 48 | 20 800 |

     **Tafel 14/13.** *Scheibenlager, Maßgruppe 2* (leichte Reihen).

| | Rillenlager | | | | | Rillenlager | | | | | Tonnenlager | | | | |
| | DIN 711 (Aug. 1942) | | | | | DIN 715 (Aug. 1942) | | | | | DIN 728 (Aug. 1942) | | | | |
| $\dfrac{d_w}{=D}$ | $D_g$ | $r$ | Kurz-zeichen | $H$ | $C$ kg | Kurz-zeichen | $d_w$ | $H$ | $s_w$ | $r_1$ | $C$ kg | Kurz-zeichen | $D_{w_1}$ | $d_{g_1}$ | $H$ | $h$ | $C$ kg |
|---|---|---|---|---|---|---|---|---|---|---|---|---|---|---|---|---|---|
| 10 | 26 | 1 | 51200 | 11 | 720 | — | — | — | — | — | — | — | — | — | — | — | — |
| 12 | 28 | | 01 | 11 | 780 | — | — | — | — | — | — | — | — | — | — | — | — |
| 15 | 32 | | 02 | 12 | 950 | 52202 | 10 | 22 | 5 | 0,5 | 950 | — | — | — | — | — | — |
| 17 | 35 | | 03 | 12 | 1 000 | — | — | — | — | — | — | — | — | — | — | — | — |
| 20 | 40 | | 04 | 14 | 1 400 | 04 | 15 | 26 | 6 | 0,5 | 1 400 | — | — | — | — | — | — |
| 25 | 47 | | 05 | 15 | 1 800 | 05 | 20 | 28 | 7 | | 1 800 | — | — | — | — | — | — |
| 30 | 53 | | 06 | 16 | 1 960 | 06 | 25 | 29 | 7 | | 1 960 | — | — | — | — | — | — |
| 35 | 62 | 1,5 | 07 | 18 | 2 650 | 07 | 30 | 34 | 8 | | 2 650 | — | — | — | — | — | — |
| 40 | 68 | | 08 | 19 | 3 050 | 08 | 30 | 36 | 9 | 1 | 3 050 | — | — | — | — | — | — |
| 45 | 73 | | 09 | 20 | 3 250 | 09 | 35 | 37 | 9 | | 3 250 | — | — | — | — | — | — |
| 50 | 78 | | 10 | 22 | 3 450 | 10 | 40 | 39 | 9 | | 3 450 | — | — | — | — | — | — |
| 55 | 90 | | 11 | 25 | 4 900 | 11 | 45 | 45 | 10. | | 4 900 | — | — | — | — | — | — |
| 60 | 95 | | 12 | 26 | 5 300 | 12 | 50 | 46 | 10 | | 5 300 | — | — | — | — | — | — |
| 65 | 100 | | 13 | 27 | 5 500 | 13 | 55 | 47 | 10 | | 5 500 | — | — | — | — | — | — |
| 70 | 105 | | 14 | 27 | 5 700 | 14 | 55 | 47 | 10 | 1,5 | 5 700 | — | — | — | — | — | — |
| 75 | 110 | | 15 | 27 | 5 850 | 15 | 60 | 47 | 10 | | 5 850 | — | — | — | — | — | — |
| 80 | 115 | | 16 | 28 | 6 100 | 16 | 65 | 48 | 12 | | 6 100 | — | — | — | — | — | — |
| 85 | 125 | | 17 | 31 | 7 200 | 17 | 70 | 55 | 14 | | 7 200 | — | — | — | — | — | — |
| 90 | 135 | 2 | 18 | 35 | 8 650 | 18 | 75 | 62 | 15 | | 8 650 | — | — | — | — | — | — |
| 100 | 150 | | 20 | 38 | 10 800 | 20 | 85 | 67 | 15 | | 10 800 | — | — | — | — | — | — |
| 110 | 160 | | 22 | 38 | 11 400 | 22 | 95 | 67 | 15 | | 11 400 | — | — | — | — | — | — |
| 120 | 170 | | 24 | 39 | 11 800 | 24 | 100 | 68 | 18 | 2 | 11 800 | — | — | — | — | — | — |
| 130 | 190 | 2,5 | 51226 | 45 | 15 000 | 26 | 110 | 80 | 18 | | 15 000 | — | — | — | — | — | — |
| 140 | 200 | | 28 | 46 | 15 600 | 28 | 120 | 81 | 20 | | 15 600 | — | — | — | — | — | — |
| 150 | 215 | 2,5 | 30 | 50 | 17 000 | 52230 | 130 | 89 | 20 | 2 | 17 000 | — | — | — | — | — | — |
| 160 | 225 | | 32 | 51 | 17 600 | 32 | 140 | 90 | 20 | | 17 600 | — | — | — | — | — | — |
| 170 | 240 | | 34 | 55 | 20 000 | 34 | 150 | 97 | 21 | | 20 000 | — | — | — | — | — | — |
| 180 | 250 | | 36 | 56 | 20 800 | 36 | 150 | 98 | 21 | 3 | 20 800 | — | — | — | — | — | — |
| 190 | 270 | 3 | 38 | 62 | 24 500 | 38 | 160 | 109 | 24 | | 24 500 | — | — | — | — | — | — |
| 200 | 280 | | 40 | 62 | 25 000 | 40 | 170 | 109 | 24 | | 25 000 | — | — | — | — | — | — |
| 220 | 300 | | 44 | 63 | 26 500 | 44 | 190 | 110 | 24 | | 26 500 | — | — | — | — | — | — |
| 240 | 340 | 3,5 | 48 | 78 | 34 500 | — | — | — | — | — | — | 29248 | 285 | 305 | 60 | 57 | 68 000 |
| 260 | 360 | | 52 | 79 | 36 500 | — | — | — | — | — | — | 52 | 305 | 325 | 60 | 57 | 72 000 |
| 280 | 380 | | 56 | 80 | 38 000 | — | — | — | — | — | — | 56 | 325 | 345 | 60 | 57 | 75 000 |
| 300 | 420 | 4 | 60 | 95 | 49 000 | — | — | — | — | — | — | 50 | 355 | 380 | 73 | 69 | 95 000 |
| 320 | 440 | | 64 | 95 | 51 000 | — | — | — | — | — | — | 64 | 375 | 400 | 73 | 69 | 98 000 |
| 340 | 460 | | 68 | 96 | 52 000 | — | — | — | — | — | — | 68 | 395 | 420 | 73 | 69 | 102 000 |
| 360 | 500 | 5 | 72 | 110 | 64 000 | — | — | — | — | — | — | 72 | 420 | 455 | 85 | 81 | 129 000 |
| 380 | 520 | | — | — | — | — | — | — | — | — | — | 76 | 440 | 475 | 85 | 81 | 134 000 |
| 400 | 540 | | — | — | — | — | — | — | — | — | — | 80 | 460 | 490 | 85 | 81 | 140 000 |
| 420 | 580 | 6 | — | — | — | — | — | — | — | — | — | 84 | 490 | 525 | 95 | 91 | 186 000 |
| 440 | 600 | | — | — | — | — | — | — | — | — | — | 88 | 510 | 545 | 95 | 91 | 193 000 |
| 460 | 620 | | — | — | — | — | — | — | — | — | — | 92 | 530 | 570 | 95 | 91 | 200 000 |
| 480 | 650 | | — | — | — | — | — | — | — | — | — | 96 | 555 | 595 | 103 | 99 | 220 000 |
| 500 | 670 | | — | — | — | — | — | — | — | — | — | 292/500 | 575 | 615 | 103 | 99 | 228 000 |
| 530 | 710 | | — | — | — | — | — | — | — | — | — | /530 | 610 | 650 | 109 | 105 | 250 000 |
| 560 | 750 | | — | — | — | — | — | — | — | — | — | /560 | 645 | 690 | 115 | 111 | 290 000 |
| 600 | 800 | | — | — | — | — | — | — | — | — | — | /600 | 690 | 735 | 122 | 117 | 315 000 |
| 630 | 850 | 8 | — | — | — | — | — | — | — | — | — | /630 | 730 | 780 | 132 | 127 | 375 000 |
| 670 | 900 | | — | — | — | — | — | — | — | — | — | /670 | 775 | 825 | 140 | 135 | 415 000 |
| 710 | 950 | | — | — | — | — | — | — | — | — | — | /710 | 820 | 870 | 145 | 140 | 455 000 |
| 750 | 1000 | | — | — | — | — | — | — | — | — | — | /750 | 860 | 915 | 150 | 144 | 500 000 |
| 800 | 1060 | 10 | — | — | — | — | — | — | — | — | — | /800 | 915 | 975 | 155 | 149 | 540 000 |
| 850 | 1120 | | — | — | — | — | — | — | — | — | — | /850 | 970 | 1030 | 160 | 154 | 600 000 |

| $d_m = D$ | $D_g$ | $r$ | Rillenlager DIN 711 (Aug. 1942) | | | Rillenlager DIN 715 (Aug. 1942) | | | | | | Tonnenlager DIN 728 (Aug. 1942) | | | | | |
| --- | --- | --- | --- | --- | --- | --- | --- | --- | --- | --- | --- | --- | --- | --- | --- | --- | --- |
| | | | Kurzzeichen | $H$ | $C$ kg | Kurzzeichen | $d_w$ | $H$ | $s_w$ | $r_1$ | $C$ kg | Kurzzeichen | $D_{w_1}$ | $d_{g_1}$ | $H$ | $h$ | $C$ kg |
| 15 | — | — | — | — | — | — | — | — | — | — | — | — | — | — | — | — | — |
| 20 | — | — | — | — | — | — | — | — | — | — | — | — | — | — | — | — | — |
| 25 | 52 | 1,5 | 51305 | 18 | 2 280 | 52305 | 20 | 34 | 8 | 0,5 | 2 280 | — | — | — | — | — | — |
| 30 | 60 | | 06 | 21 | 2 800 | 06 | 25 | 38 | 9 | | 2 800 | — | — | — | — | — | — |
| 35 | 68 | | 07 | 24 | 3 600 | 07 | 30 | 44 | 10 | | 3 600 | — | — | — | — | — | — |
| 40 | 78 | | 08 | 26 | 4 500 | 08 | 30 | 49 | 12 | 1 | 4 500 | — | — | — | — | — | — |
| 45 | 85 | | 09 | 28 | 5 300 | 09 | 35 | 52 | 12 | | 5 300 | — | — | — | — | — | — |
| 50 | 95 | 2 | 10 | 31 | 6 300 | 10 | 40 | 58 | 14 | | 6 300 | — | — | — | — | — | — |
| 55 | 105 | | 11 | 35 | 7 650 | 11 | 45 | 64 | 15 | | 7 650 | — | — | — | — | — | — |
| 60 | 110 | | 12 | 35 | 8 150 | 12 | 50 | 64 | 15 | | 8 150 | — | — | — | — | — | — |
| 65 | 115 | | 13 | 36 | 8 500 | 13 | 55 | 65 | 15 | | 8 500 | — | — | — | — | — | — |
| 70 | 125 | | 14 | 40 | 9 800 | 14 | 55 | 72 | 16 | 1,5 | 9 800 | — | — | — | — | — | — |
| 75 | 135 | 2,5 | 15 | 44 | 11 200 | 15 | 60 | 79 | 18 | | 11 200 | — | — | — | — | — | — |
| 80 | 140 | | 16 | 44 | 11 600 | 16 | 65 | 79 | 18 | | 11 600 | — | — | — | — | — | — |
| 85 | 150 | | 17 | 40 | 13 200 | 17 | 70 | 87 | 19 | | 13 200 | — | — | — | — | — | — |
| 90 | 155 | | 18 | 50 | 13 200 | 18 | 75 | 88 | 19 | | 13 200 | — | — | — | — | — | — |
| 100 | 170 | | 20 | 55 | 15 600 | 20 | 85 | 97 | 21 | | 15 600 | — | — | — | — | — | — |
| 110 | 190 | 3 | 22 | 63 | 18 000 | 22 | 95 | 110 | 24 | | 18 000 | — | — | — | — | — | — |
| 120 | 210 | 3,5 | 24 | 70 | 21 600 | 24 | 100 | 123 | 27 | 2 | 21 600 | 29324 | 160 | 180 | 54 | 51 | 44 000 |
| 130 | 225 | | 26 | 75 | 23 200 | 26 | 110 | 130 | 30 | | 23 200 | 26 | 170 | 195 | 58 | 55 | 50 000 |
| 140 | 240 | | 28 | 80 | 26 000 | 28 | 120 | 140 | 31 | | 26 000 | 28 | 185 | 205 | 60 | 57 | 56 000 |
| 150 | 250 | | 30 | 80 | 27 500 | 30 | 130 | 140 | 31 | | 27 500 | 30 | 195 | 215 | 60 | 57 | 58 500 |
| 160 | 270 | 4 | 32 | 87 | 32 000 | 32 | 140 | 153 | 33 | | 32 000 | 32 | 210 | 235 | 67 | 64 | 68 000 |
| 170 | 280 | | 34 | 87 | 33 500 | 34 | 150 | 153 | 33 | | 33 500 | 34 | 220 | 245 | 67 | 64 | 69 500 |
| 180 | 300 | 4 | 36 | 95 | 36 000 | 36 | 150 | 165 | 37 | 3 | 36 000 | 36 | 235 | 260 | 73 | 69 | 83 000 |
| 190 | 320 | 5 | 38 | 105 | 42 500 | 38 | 160 | 183 | 40 | 3 | 42 500 | 38 | 250 | 275 | 78 | 74 | 96 500 |
| 200 | 340 | | 40 | 110 | 46 500 | 40 | 170 | 192 | 42 | 3 | 46 500 | 40 | 265 | 295 | 85 | 81 | 114 000 |
| 220 | 360 | | — | — | — | — | — | — | — | — | — | 44 | 285 | 315 | 85 | 81 | 118 000 |
| 240 | 380 | | — | — | — | — | — | — | — | — | — | 48 | 300 | 330 | 85 | 81 | 122 000 |
| 260 | 420 | 6 | — | — | — | — | — | — | — | — | — | 52 | 330 | 365 | 95 | 91 | 156 000 |
| 280 | 440 | | — | — | — | — | — | — | — | — | — | 56 | 350 | 390 | 95 | 91 | 160 000 |
| 300 | 480 | | — | — | — | — | — | — | — | — | — | 60 | 380 | 420 | 109 | 105 | 196 000 |
| 320 | 500 | | — | — | — | — | — | — | — | — | — | 64 | 400 | 440 | 109 | 105 | 200 000 |
| 340 | 540 | | — | — | — | — | — | — | — | — | — | 68 | 430 | 470 | 122 | 117 | 245 000 |
| 360 | 560 | | — | — | — | — | — | — | — | — | — | 72 | 450 | 495 | 122 | 117 | 250 000 |
| 380 | 600 | 8 | — | — | — | — | — | — | — | — | — | 76 | 480 | 525 | 132 | 127 | 305 000 |
| 400 | 620 | | — | — | — | — | — | — | — | — | — | 80 | 500 | 550 | 132 | 127 | 310 000 |
| 420 | 650 | | — | — | — | — | — | — | — | — | — | 84 | 525 | 575 | 140 | 135 | 335 000 |
| 440 | 680 | | — | — | — | — | — | — | — | — | — | 88 | 550 | 600 | 145 | 140 | 375 000 |
| 460 | 710 | | — | — | — | — | — | — | — | — | — | 92 | 575 | 630 | 150 | 144 | 400 000 |
| 480 | 730 | | — | — | — | — | — | — | — | — | — | 96 | 595 | 650 | 150 | 144 | 405 000 |
| 500 | 750 | | — | — | — | — | — | — | — | — | — | 293/500 | 615 | 670 | 150 | 144 | 415 000 |
| 530 | 800 | 10 | — | — | — | — | — | — | — | — | — | /530 | 650 | 710 | 160 | 154 | 490 000 |
| 560 | 850 | | — | — | — | — | — | — | — | — | — | /560 | 690 | 755 | 175 | 168 | 520 000 |
| 600 | 900 | | — | — | — | — | — | — | — | — | — | /600 | 735 | 800 | 180 | 173 | 600 000 |
| 630 | 950 | 12 | — | — | — | — | — | — | — | — | — | /630 | 775 | 845 | 190 | 183 | 680 000 |
| 670 | 1000 | | — | — | — | — | — | — | — | — | — | /670 | 820 | 890 | 200 | 193 | 720 000 |
| 710 | 1060 | | — | — | — | — | — | — | — | — | — | /710 | 870 | 945 | 212 | 204 | 830 000 |
| 750 | 1120 | | — | — | — | — | — | — | — | — | — | /750 | 915 | 1000 | 224 | 216 | 915 000 |
| 800 | 1180 | | — | — | — | — | — | — | — | — | — | /800 | 970 | 1055 | 230 | 222 | 1 000 000 |
| 850 | 1250 | 15 | — | — | — | — | — | — | — | — | — | /850 | 1030 | 1120 | 243 | 235 | 1 080 000 |
| 900 | 1320 | | — | — | — | — | — | — | — | — | — | /900 | 1090 | 1180 | 250 | 242 | 1 180 000 |
| 950 | 1400 | | — | — | — | — | — | — | — | — | — | /950 | 1150 | 1250 | 272 | 263 | 1 340 000 |

**Tafel 14/15.** *Scheibenlager, Maßgruppe 4* (schwere Reihen).

Rillenlager DIN 711 (Aug. 1942) — Rillenlager DIN 715 (Aug. 1942) — Tonnenlager DIN 728 (Aug. 1942)

| $d_w=D$ | $D_g$ | $r$ | Kurz-zeichen | $H$ | $C$ kg | Kurz-zeichen | $d_w$ | $H$ | $s_w$ | $r_1$ | $C$ kg | Kurz-zeichen | $D_{w_1}$ | $d_{g_1}$ | $H$ | $h$ | $C$ kg |
|---|---|---|---|---|---|---|---|---|---|---|---|---|---|---|---|---|---|
| 15 | — | — | — | — | — | — | — | — | — | — | — | — | — | — | — | — | — |
| 20 | — | — | — | — | — | — | — | — | — | — | — | — | — | — | — | — | — |
| 25 | 60 | 1,5 | 51405 | 24 | 3 350 | 52405 | 15 | 45 | 11 | 1 | 3 350 | — | — | — | — | — | — |
| 30 | 70 | | 06 | 28 | 4 400 | 06 | 20 | 52 | 12 | | 4 400 | — | — | — | — | — | — |
| 35 | 80 | 2 | 07 | 32 | 5 300 | 07 | 25 | 59 | 14 | | 5 300 | — | — | — | — | — | — |
| 40 | 90 | | 08 | 36 | 6 800 | 08 | 30 | 65 | 15 | | 6 800 | — | — | — | — | — | — |
| 45 | 100 | | 09 | 39 | 7 800 | 09 | 35 | 72 | 17 | | 7 800 | — | — | — | — | — | — |
| 50 | 110 | 2,5 | 10 | 43 | 9 500 | 10 | 40 | 78 | 18 | | 9 500 | — | — | — | — | — | — |
| 55 | 120 | | 11 | 48 | 10 800 | 11 | 45 | 87 | 20 | | 10 800 | — | — | — | — | — | — |
| 60 | 130 | | 12 | 51 | 12 700 | 12 | 50 | 93 | 21 | | 12 700 | 29412 | 91 | 108 | 42 | 39,5 | 22 000 |
| 65 | 140 | 3 | 13 | 56 | 14 000 | 13 | 50 | 101 | 23 | 1,5 | 14 000 | 13 | 99 | 115 | 45 | 42,5 | 26 000 |
| 70 | 150 | | 14 | 60 | 15 300 | 14 | 55 | 107 | 24 | | 15 300 | 14 | 106 | 125 | 48 | 45,5 | 28 500 |
| 75 | 160 | | 15 | 65 | 17 000 | 15 | 60 | 115 | 26 | | 17 000 | 15 | 113 | 132 | 51 | 48 | 33 500 |
| 80 | 170 | 3,5 | 16 | 68 | 18 300 | 16 | 65 | 120 | 27 | | 18 300 | 16 | 120 | 140 | 54 | 51 | 36 000 |
| 85 | 180 | | 17 | 72 | 19 600 | 17 | 65 | 128 | 29 | 2 | 19 600 | 17 | 128 | 150 | 58 | 55 | 41 500 |
| 90 | 190 | | 18 | 77 | 21 200 | 18 | 70 | 135 | 30 | | 21 200 | 18 | 135 | 137 | 60 | 57 | 46 500 |
| 100 | 210 | 4 | 20 | 85 | 26 000 | 20 | 80 | 150 | 33 | | 26 000 | 20 | 150 | 175 | 67 | 64 | 56 000 |
| 110 | 230 | | 22 | 95 | 29 000 | 22 | 90 | 166 | 37 | | 29 000 | 22 | 165 | 190 | 73 | 69 | 67 000 |
| 120 | 250 | 5 | 24 | 102 | 31 000 | 24 | 95 | 177 | 40 | 2,5 | 31 000 | 24 | 180 | 205 | 78 | 74 | 78 000 |
| 130 | 270 | | 26 | 110 | 38 000 | 26 | 100 | 192 | 42 | 3 | 38 000 | 26 | 195 | 225 | 85 | 81 | 91 500 |
| 140 | 280 | | 28 | 112 | 38 000 | 28 | 110 | 196 | 44 | | 38 000 | 28 | 205 | 235 | 85 | 81 | 96 500 |
| 150 | 300 | | 30 | 120 | 41 500 | 30 | 120 | 209 | 46 | | 41 500 | 30 | 220 | 250 | 90 | 86 | 110 000 |
| 160 | 320 | 6 | 32 | 130 | 48 000 | 52432 | 130 | 226 | 50 | | 48 000 | 32 | 230 | 265 | 95 | 91 | 125 000 |
| 170 | 340 | | 34 | 135 | 53 000 | 34 | 135 | 236 | 50 | 3,5 | 53 000 | 34 | 245 | 285 | 103 | 99 | 140 000 |
| 180 | 360 | 6 | 36 | 140 | 57 000 | 36 | 140 | 245 | 52 | 4 | 57 000 | 36 | 260 | 300 | 109 | 105 | 160 000 |
| 190 | 380 | | 38 | 150 | 61 000 | — | — | — | — | — | — | 38 | 275 | 320 | 115 | 111 | 173 000 |
| 200 | 400 | | 40 | 155 | 65 500 | — | — | — | — | — | — | 40 | 290 | 335 | 122 | 117 | 193 000 |
| 220 | 420 | 8 | 44 | 160 | 69 500 | — | — | — | — | — | — | 44 | 310 | 355 | 122 | 117 | 200 000 |
| 240 | 440 | | 48 | 160 | 72 000 | — | — | — | — | — | — | 48 | 330 | 375 | 122 | 117 | 208 000 |
| 260 | 480 | | 52 | 175 | 81 500 | — | — | — | — | — | — | 52 | 360 | 405 | 132 | 127 | 255 000 |
| 280 | 520 | | 56 | 190 | 90 000 | — | — | — | — | — | — | 56 | 390 | 440 | 145 | 140 | 290 000 |
| 300 | 540 | | 60 | 190 | 93 000 | — | — | — | — | — | — | 60 | 410 | 460 | 145 | 140 | 300 000 |
| 320 | 580 | 10 | 64 | 205 | 100 000 | — | — | — | — | — | — | 64 | 435 | 495 | 155 | 149 | 360 000 |
| 340 | 620 | | 68 | 220 | 112 000 | — | — | — | — | — | — | 68 | 465 | 530 | 170 | 164 | 405 000 |
| 360 | 640 | | 72 | 220 | 116 000 | — | — | — | — | — | — | 72 | 485 | 550 | 170 | 164 | 415 000 |
| 380 | 670 | | — | — | — | — | — | — | — | — | — | 76 | 510 | 575 | 175 | 168 | 450 000 |
| 400 | 710 | | — | — | — | — | — | — | — | — | — | 80 | 540 | 610 | 185 | 178 | 510 000 |
| 420 | 730 | | — | — | — | — | — | — | — | — | — | 84 | 560 | 630 | 185 | 178 | 530 000 |
| 440 | 780 | 12 | — | — | — | — | — | — | — | — | — | 88 | 595 | 670 | 206 | 199 | 620 000 |
| 460 | 800 | | — | — | — | — | — | — | — | — | — | 92 | 615 | 690 | 206 | 199 | 640 000 |
| 480 | 850 | | — | — | — | — | — | — | — | — | — | 96 | 645 | 730 | 224 | 216 | 735 000 |
| 500 | 870 | | — | — | — | — | — | — | — | — | — | 294/500 | 670 | 750 | 224 | 216 | 750 000 |
| 530 | 920 | | — | — | — | — | — | — | — | — | — | /530 | 710 | 800 | 236 | 228 | 850 000 |
| 560 | 980 | 15 | — | — | — | — | — | — | — | — | — | /560 | 750 | 850 | 250 | 242 | 965 000 |
| 600 | 1030 | | — | — | — | — | — | — | — | — | — | /600 | 800 | 900 | 258 | 249 | 1 020 600 |
| 630 | 1090 | | — | — | — | — | — | — | — | — | — | /630 | 850 | 950 | 280 | 270 | 1 180 000 |
| 670 | 1150 | 18 | — | — | — | — | — | — | — | — | — | /670 | 900 | 1000 | 290 | 280 | 1 290 000 |
| 710 | 1220 | | — | — | — | — | — | — | — | — | — | /710 | 950 | 1060 | 308 | 298 | 1 430 000 |
| 750 | 1280 | | — | — | — | — | — | — | — | — | — | /750 | 1000 | 1120 | 315 | 304 | 1 530 000 |
| 800 | 1360 | | — | — | — | — | — | — | — | — | — | /800 | 1060 | 1180 | 335 | 324 | 1 730 000 |

# 15. Gleitlager.
## 15.1 Überblick.

**1) Eigenschaften und Verwendung.** Die alte Frage, ob Gleit- oder Wälzlager besser sind, kann man heute dahin beantworten, daß beide ihre besonderen Eigenschaften besitzen und keines von beiden sämtliche Wünsche befriedigt.

Es gibt Fälle, wo nur Gleitlager und andere, wo nur Wälzlager in Frage kommen, und wieder andere, wo beide geeignet sind. Es kommt eben darauf an, auf welche Eigenschaften im jeweiligen Anwendungsfall besonderer Wert gelegt wird.

Bei *Gleitlagern* wirkt die große Schmierfläche schwingungs-, stoß- und geräuschdämpfend. Sie ist auch weniger empfindlich gegen Erschütterungen, gegen Staubzutritt (Fettschmierung als Staubdichtung!) und erlaubt ein geringeres Lagerspiel [1] und andererseits relativ große Passungstoleranzen. Ferner sind Gleitlager einfach im Aufbau, einfach herzustellen, und zwar ebensogut geteilt wie ungeteilt und besonders bei großen Durchmessern erheblich billiger als Wälzlager. Sie erfordern außerdem einen geringeren Einbaudurchmesser und sind konstruktiv sehr anpassungsfähig.

Anderseits wird aber der Schmierfilm erst durch die Gleitbewegung gebildet, so daß besonders der *Anlauf-Reibwert* erheblich höher liegt (s. Tafel 15/1 u. Bild 15/7). Vor allem verbraucht aber die Gleitreibung erheblich *mehr Schmierstoff* und erfordert daher auch mehr zusätzlichen Aufwand für die Schmierstoffzuführung (besonders bei senkrechten Wellen) und für die Wartung. Ferner sind die erforderliche Einlaufzeit [2], die durchweg größere Baulänge und der Einfluß der Wellenoberfläche auf das Gleitverhalten zu beachten.

Entsprechend wird man *Gleitlager* vorziehen [3]

  a) wenn die Geräuscharmut ausschlaggebend ist,
  b) bei starken Erschütterungen und Vibrationen (bei Reserve-Maschinen, die neben den laufenden stehen),
  c) wenn geteilte Lager oder geringe Durchmesser erwünscht sind
  d) wenn Gleitlager genügen und ihre Nachteile nicht entscheidend sind.

**2) Neuere Tendenzen.** Weitgehende Anwendung von neueren Erkenntnissen der Schmiertheorie auf die Bemessung und Gestaltung der Lager.

Kürzere Gleitlager mit $b/d = 0{,}4$ bis 1.

Listenmäßig bestellbare Gleitlager in den Abmessungen der Wälzlager (Tafel 15/5).

Lagerschalen aus Stahl mit dünner Metallauflage, aus ölspeicherndem Sintermetall (Bild 15/17) und aus Preßstoff.

Dünnere Lagerbüchsen und dünnere Metallauflagen [4] (s. S. 255).

Wellenzapfen gehärtet, poliert, oberflächengedrückt oder feinstgeschliffen [5], oder besondere Laufbüchsen auf den Wellen (s. Tafel 15/5).

Schmierstoffzuführung durch Schmiertaschen statt durch Schmiernuten (Bild 15/14).

Kegelförmige (durch „Rändeln" hergestellte) feine Grübchen als „Öltaschen" in hartverchromten Laufflächen [15/10].

Preßluftschmierung statt Ölschmierung bei hohen Drehzahlen und geringen Belastungen (noch in der Entwicklung begriffen).

---

[1] Das Lagerspiel kann bei Gleitlagern gegenüber handelsüblichen Wälzlagern, besonders bei Wechselkräften, auf etwa $1/3$ herabgedrückt werden.

[2] Die Einlaufzeit kann durch Zusatz von chemisch aktiven Stoffen (z. B. Schwefel) zum Schmierstoff, durch Zusatz von kolloidalem Graphit (z. B. Kollag) und besonders durch Vorgraphitieren oder Phosphatieren der Gleitflächen erheblich abgekürzt werden.

[3] Siehe auch Wälzlager S. 215.

[4] Neuerdings auch elektrolytisch auf die Tragschale aufgebrachte dünne Schichten, z. B. Stahlschale mit 1 bis 10 $\mu$ dicker Kupfer- oder Nickelschicht, darauf 0,4 mm dicke Silberschicht, darauf 20 bis 40 $\mu$ dicke Blei- und Zinn-Indiumschicht, die durch Diffusion miteinander legiert werden [15/27].

[5] Neuere Versuche [15/9] mit feinstgeschliffenen Wellen und Lagern haben gezeigt, daß die Tragkraft um so mehr ansteigt, je kleiner die Oberflächenrauhigkeit ist.

### 3) Einteilung der Lager

*nach Kraftrichtung:* Querlager (Traglager) für *Radial*kräfte; *Längs*lager (Spurlager) für *Längs*kräfte;

*nach Verwendung:* Getriebe-, Transmissions-, Motor-, Turbinen-, Walzwerkslager usw.;

*nach Ausführung:* Augen-, Deckel-, Steh-, Hänge-, Pendel-, Block-, Scheiben-, Einbaulager usw.;

*nach Werkstoff:* Weißmetall-, Bronze-, Rotguß-, Leichtmetall-, Sintermetall-, Preßstoff- und Mehrstofflager;

*nach Schmierung:* Fett-, Ringschmier-, Durchfluß- und Druckschmierlager.

**4) Belastungswerte** ausgeführter Lager s. S. 244.

**5) Normen** s. S. 250.

## 15.2. Laufverhalten, Schmiertheorie.

### 1) Bezeichnungen und Dimensionen.

| | | | |
|---|---|---|---|
| $a$ | $(-)$ | relative Laufdauer, $= \dfrac{\text{Laufdauer}}{\text{Laufdauer} + \text{Pausen}}$ während einer Stunde | |
| $b$ | (cm) | Lagerbreite, Breite der Druckfläche | |
| $c$ | (kcal/kg °C) | spezif. Wärme des Öles $\approx 0{,}42 + 0{,}001\,\vartheta$ | |
| $d, D$ | (cm) | Durchmesser des Zapfens, des Lagers | |
| $d_a, d_i, d_m$ | (cm) | äußerer, innerer, mittlerer Durchmesser der Druckfläche | |
| $D_a$ | (cm) | Außendurchmesser der Lagerbüchse | |
| $E$ | (° E) | Zähigkeit in Engler-Grad | |
| $f$ | $(-)$ | Völligkeitsgrad, $= z \cdot l/(\pi \cdot d_m)$ | |
| $h$ | (cm) | Schmierspaltdicke an der engsten Stelle | |
| $h_r$ | $(-)$ | relative Spaltdicke, $= h/(R-r) = h/(\psi \cdot r)$ | |
| $l$ | (cm) | mittlere Länge des Segmentes (Bild 15/20) | |
| $M_r$ | (cmkg) | Reibmoment, $= P \cdot \mu \cdot r_m$ | |
| $n$ | (Uml/min) | Drehzahl des Zapfens | |
| $p, p_i$ | (kg/cm²) | Öldruck, Zuleitungsdruck | |
| $p_m$ | (kg/cm²) | mittl. Flächenpressung, $= P/(d_m \cdot b)$ | |
| $P$ | (kg) | Belastungskraft | |
| $Q$ | (cm³/s) | sekundl. Öldurchfluß | |

| | | |
|---|---|---|
| $Q'$ | (l/min) | minutl. Öldurchfluß |
| $q$ | $(-)$ | Verhältniswert, $= l/b$ |
| $R, r$ | (cm) | Krümmungshalbmesser der Druckfläche des Lagers, des Wellenzapfens |
| $r_a, r_i, r_m$ | (cm) | äußerer, innerer, mittlerer Halbmesser der Druckfläche |
| $s$ | (cm) | Dicke des Lagerausgusses |
| $v$ | (m/s) | Umfangsgeschwindigkeit des Zapfens |
| $z$ | $(-)$ | Anzahl der Segmente |
| $\alpha$ | (kg/cm s °C) | Wärmeleitvermögen des Lagers |
| $\beta$ | (kg/cm² °C) | Wärmebeiwert des Öles, $= 42700 \cdot c \cdot \gamma \approx 16{,}5$ |
| $\gamma$ | (kg/cm³) | Wichte des Öls $= 0{,}86 \cdot 10^{-3}$ bis $0{,}945 \cdot 10^{-3}$ für Lageröle |
| $\eta$ | (kg s/cm²) | dynamische Zähigkeit, $= (74\,E - 64/E)\,\gamma \cdot 10^{-6}$ |
| $\vartheta_a, \vartheta_e$ | (° C) | Austritts-, Eintrittstemperatur des Öles |
| $\vartheta_f, \vartheta_l$ | (° C) | mittl. Schmierfilmtemperatur, Lufttemperatur |
| $\Theta$ | $(-)$ | Erwärmungskennzahl, $= \mu \cdot \omega \cdot r \cdot d \cdot b/Q$ |
| $\mu$ | $(-)$ | Reibwert, $= M_r/(P \cdot r_m)$ |
| $\psi$ | $(-)$ | relatives Lagerspiel, $= (R-r)/r$ |
| $\omega$ | (1/s) | Winkelgeschwindigkeit des Zapfens, $= n/9{,}55$ |

**2) Reibung und Schmierdruck.** Beim *Querlager* sinkt nach Bild 15/1 der Reibwert $\mu$ mit steigender Drehzahl sehr schnell, und zwar vom Größtwert (Reibwert der Ruhe) bis zum Kleinstwert $\mu_0$ im „Ausklinkpunkt", um dann wieder anzusteigen.

*Links* vom Kleinstwert — *im Gebiet der Mischreibung* — reicht der Schmierdruck allein nicht aus, die Last $P$ zu tragen. Reibwert und Verschleiß hängen hier von den besonderen Eigenschaften

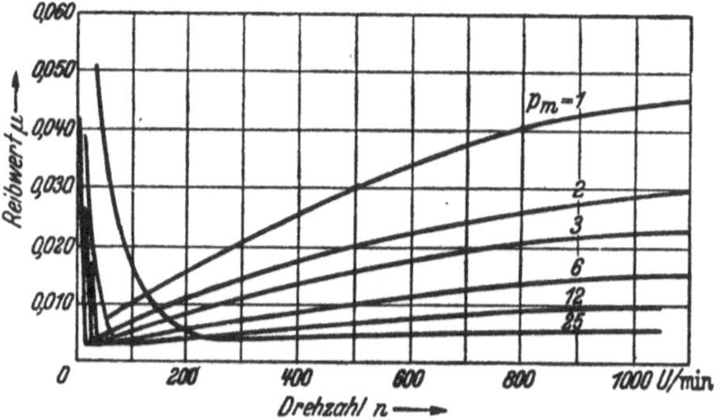


Bild 15/1. Reibwert/Drehzahlkurven bei verschiedener Flächenpressung $p_m$ für Ringschmierlager mit 70 mm Zapfendurchmesser nach STRIBECK [15 12].

(„Oiliness", Schlüpfrigkeit und Haftvermögen) des Schmierstoffes und der Gleitflächen ab.

*Rechts* vom Kleinstwert — *Gebiet der Schwimmreibung* [1] — sind die Gleitflächen durch einen Schmierfilm getrennt, der Schmierdruck trägt die Last, so daß kein metallischer Verschleiß entsteht (erstrebter Zustand). In diesem Gebiet ist von den Eigenschaften des Schmierstoffes nur die dynamische Zähigkeit $\eta$ von Bedeutung.

Der *Kleinstwert* $\mu_0$ hängt dagegen von der erreichbaren kleinsten Schmierfilmdicke ohne metallische Berührung ab, also von der *Oberflächengüte* der Gleitflächen (s. Fußnote [5] S. 239).

**Tafel 15/1.** *Erfahrungswerte für* $\mu$ (s. auch Bild 15/7 u. Fußnote 2 S. 225).

| | Lagerstoff | Reibwert $\mu$ | | |
|---|---|---|---|---|
| | | Anlauf-Reibung | Misch-Reibung | Schwimm-Reibung |
| *Querlager* | | | | |
| Mit Fettschmierung | Bz | 0,12 | 0,05 ··· 0,1 | — |
| Mit Polster- oder Dochtschmierung | Bz | 0,14 | 0,04 ··· 0,07 | 0,014 |
| Reichsbahnachslager | WM | 0,24 | — | 0,006 |
| Ringschmierlager | WM | 0,24 | — | 0,0017 ··· 0,003 |
| „ | Bz | 0,14 | — | 0,003 ··· 0,005 |
| „ | GG | 0,14 | 0,02 ··· 0,1 | 0,004 ··· 0,008 |
| „ | Preßst. | 0,14 | 0,01 ··· 0,03 | 0,003 ··· 0,006 |
| *Längslager* | | | | |
| Zapfen-Spurlager | WM | 0,25 | 0,03 | — |
| Kippsegment-Lager | WM | 0,25 | — | 0,0015 ··· 0,004 |
| Wälzlager | St | 0,02 | — | 0,0010 ··· 0,0025 |

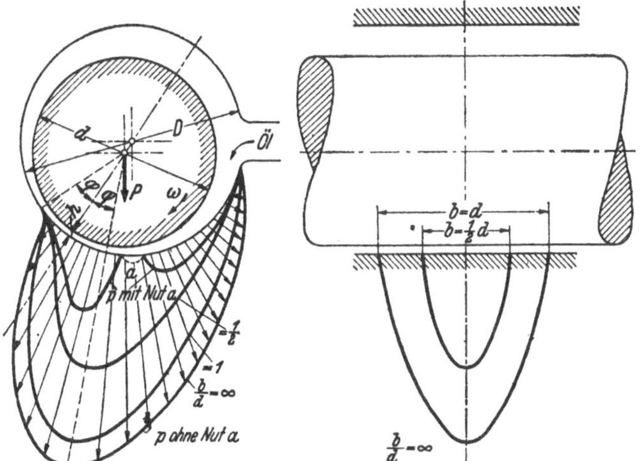


Bild 15/2. Schmierdruck $p$ beim Querlager bei verschiedener Lagerbreite $b$, mit und ohne Längsnut $a$, nach KLEMENCIC [15/4].

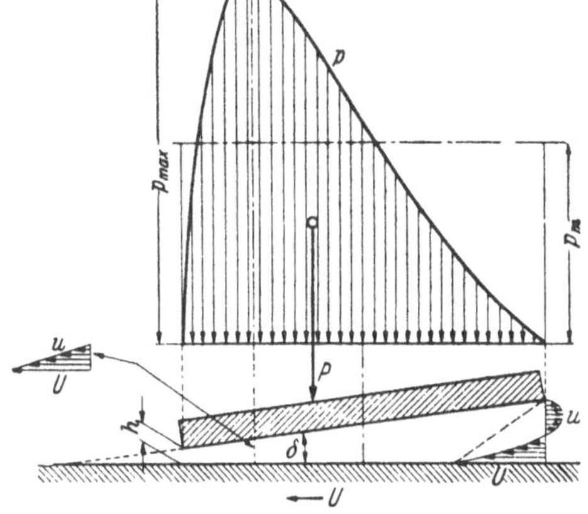


Bild 15/3. Schmierdruck $p$ und Geschwindigkeitsverteilung $u$ in der Schmierschicht bei ebener Platte mit Anstellwinkel $\delta$, nach KLEMENCIC.

Anlauf-Reibwerte s. auch Bild 15/7; Reibwerte im Gebiet der Schwimmreibung Bild 15/1 und 15/4.

Der *tragende Schmierdruck* entsteht hydrodynamisch in dem keilförmigen Spalt zwischen den Gleitflächen (Bild 15/2), indem der Schmierstoff dank seiner Adhäsion und Zähigkeit durch die Gleitbewegung mitgerissen und in den sich verengenden Spalt gepreßt wird, so daß der Zapfen zur Seite gedrückt und angehoben wird (Bild 15/2) bis zum Gleichgewicht zwischen Belastung und Schmierdruck.

Die *Druckverteilung* zeigt Bild 15/2. Das Druckmaximum liegt in Umlaufrichtung kurz vor der engsten Stelle. Hinter der engsten Stelle kann sogar Unterdruck (Ansaugkraft bis 0,25 at) entstehen.

---

[1] Auch „flüssige Reibung" genannt.

*Hydrodynamische Beziehungen* im Gebiet der Schwimmreibung:

Relative Spaltdicke
$$h_r = \frac{h}{R - r} = C_1 \frac{\eta \cdot \omega}{p_m \cdot \psi^2}.$$
(1)

Hierbei ist $R$, bzw. $r$ der Krümmungshalbmeser der Lagerschale bzw. des Wellenzapfens im Druckgebiet [1].

Reibwert [2]
$$\mu = C_2 \cdot \psi \sqrt{h_r}.$$
(2)

Der Ausdruck $\eta \cdot \omega/(p_m \cdot \psi^2)$ zeigt, wie die Einzelgrößen Ölzähigkeit $\eta$, Winkelgeschwindigkeit $\omega$, mittlere Flächenpressung $p_m$ und Lagerspiel $\psi = (R - r)/r$ verändert werden

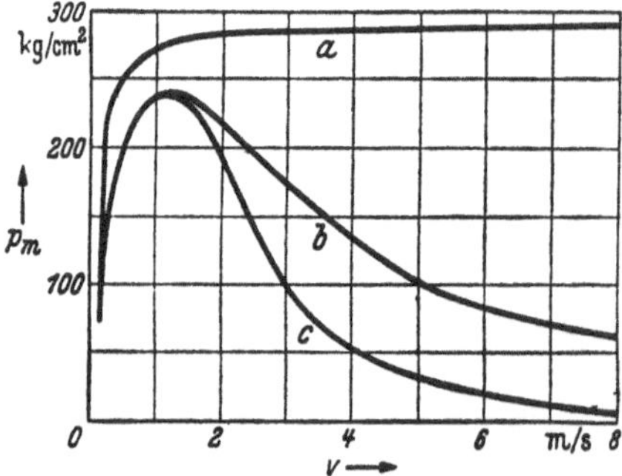

Bild 15/5. Tragfähigkeit der Querlager, abhängig von Gleitgeschwindigkeit und Ölmenge; a Vollschmierung, b Mangelschmierung mit 3 bis 6 cm³ Öl/min, c mit 0,2 cm³ Öl/min, nach KLEMENCIC.

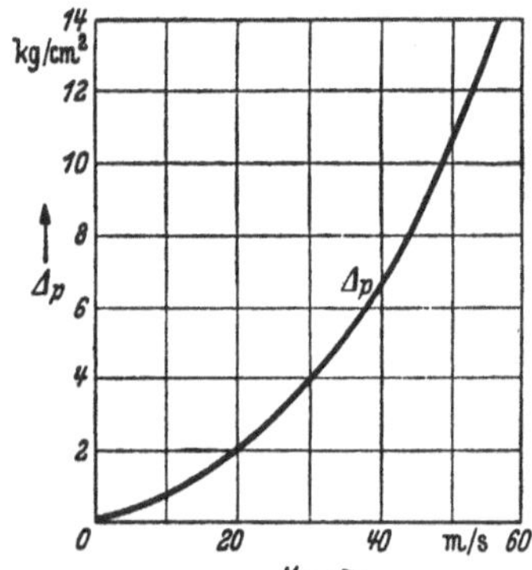

Bild 15/6. Notwendiger Öl-Überdruck

$\Delta p = \dfrac{v^2}{2g} \cdot \gamma$, in der Zuleitung für

$\gamma = 0,85 \cdot 10^{-3}$ kg/cm³ für Vollschmierung nach Bild 15/5. (Öldruck für den Leitungswiderstand s. Tafel 15/6.)

können, um die gleiche relative Spaltdicke $h_r$ zu erreichen. Die Beiwerte $C_1$ und $C_2$ ändern sich mit dem seitlichen Druckabfall (s. Bild 15/2), der mit der Spaltdicke zunimmt und mit der Lagerbreite abnimmt. Bei $b/d = \infty$ ist $C_1 \approx 1,2$ und $C_2 \approx 2,1$.

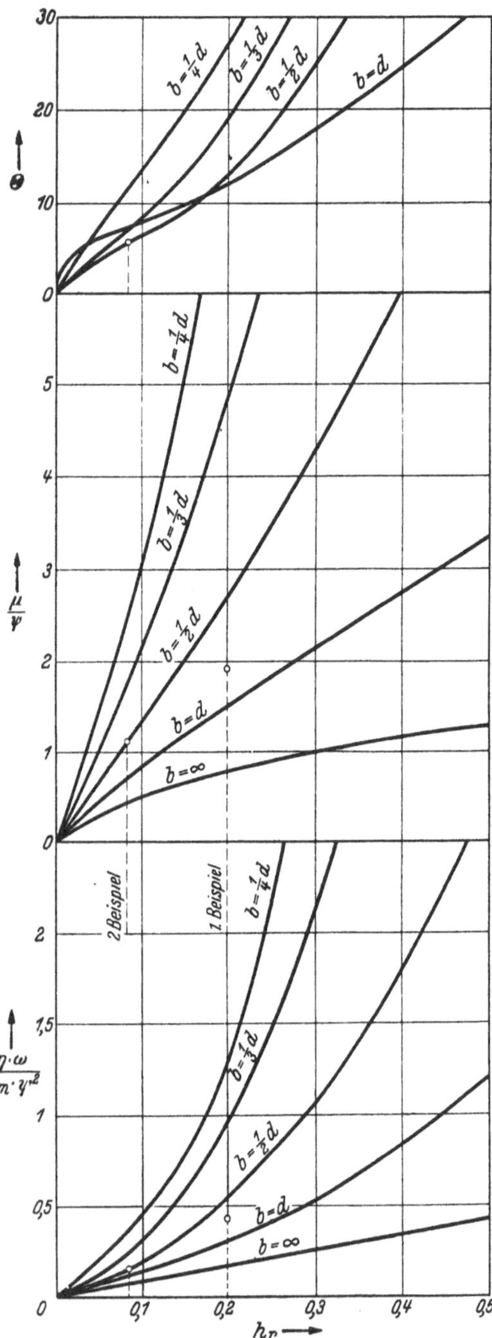

Bild 15/4. Kennlinien zur Lagerberechnung nach der Schmiertheorie*.

---

* Andere Darstellung der Kennlinien von BAUER [15/24] und KLEMENCIC [15/4], die für die seitliche Druckverteilung eine quadratische Parabel (Bild 15/2) und für den Winkel zwischen Lastdruck und Ölzuführung 90° voraussetzen und im Reibwert auch die zusätzliche Reibung durch Vollschmierung im drucklosen Teil erfassen.

---

[1] Nur für kreisrunde Lagerschalen ist $R = D/2$. Andere Anordnungsmöglichkeiten zeigt Bild 15/14.

[2] Reibung im drucklosen Teil vernachlässigt.

Für andere Verhältnisse von $b/d$ lassen sich die Beziehungen für geometrisch ähnliche Lager als *Kennlinien* über $h_r$ darstellen (s. Bild 15/4) und für die Berechnung der Lager benutzen.

*Bei gestörter* Schmierdruckbildung sinkt die Tragkraft erheblich, z. B. bei Ableitung des Schmieröles durch eine diagonale oder seitlich austretende Schmiernut (s. Bild 15/2), bei Schiefstellung des Zapfens (Kantenpressung!) und bei Mangelschmierung (Bild 15/5).

*Der sekundliche Öldurchfluß Q* und damit die Wärmeabführung durch das Schmieröl kann bei Vollschmierung erheblich durch größeres Lagerspiel $\psi$, aber nur wenig durch größere Förderleistung der Ölpumpe vergrößert werden.

*Bei ebenen Gleitflächen* wird der keilförmige Schmierspalt sinngemäß durch „Anschrägen" oder durch „Ankippen" der Gleitflächen (s. Bild 15/3) geschaffen, wie beim Segment-Spurlager (s. Bild 15/20). Berechnung s. S. 253.

*Schmiervorrichtungen und Schmierverfahren* s. S. 251 u. 255.

**3) Erwärmung.** Bei Wärmegleichgewicht ist die in Wärme umgesetzte Leistung $P \cdot \mu \cdot \omega \cdot r$ (kg cm/s) gleich der abgeführten. Die Wärmeabführung erfolgt durch Ableitung bzw. durch Luftkühlung des Gehäuses und bei größerem $p_m \cdot v$ mittels „Durchflußkühlung". Es ist mit den Bezeichnungen nach S. 240

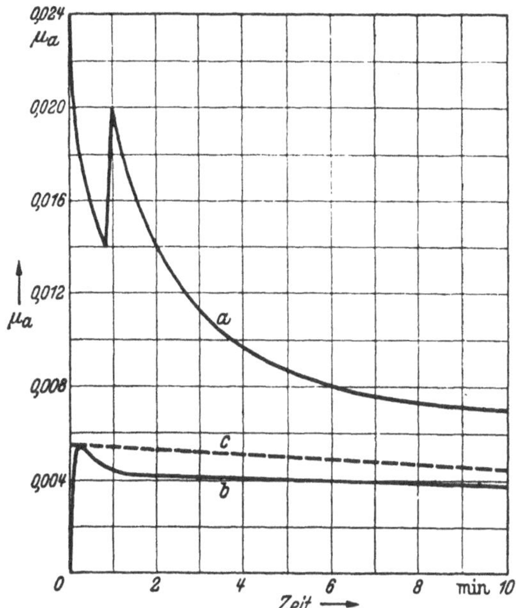



Bild 15/7. Anlauf-Reibwert $\mu_a$ bei verschiedenen Querlagern mit 120 mm Zapfendurchm., 6000 kg Belastung und 1,5 m/s Gleitgeschwindigkeit, nach WELTER und *BRASCH **; a für Gleitlager mit Kissenschmierung $\mu a = 0{,}166$ bis $0{,}19$; b für Gleitlager mit Hochdruckschmierung (Öldruck 200 kg/cm²), $\mu_a = 0{,}001$ ansteigend bis auf $0{,}006$; c für Rollenlager mit Fettschmierung $\mu_a = 0{,}006$. .

** Z. VDI 80 (1936) S. 457.

$$P \cdot \mu \cdot \omega \cdot r = \underbrace{\alpha \cdot \pi \cdot d \cdot b \,(\vartheta_1 - \vartheta_l)}_{\text{Luftkühlung}} + \underbrace{\beta \cdot Q \,(\vartheta_a - \vartheta_e)}_{\text{Durchflußkühlung}} \quad \text{(kg cm/s)}. \qquad (3)$$

*Hieraus für Luftkühlung allein* (z. B. für Ringschmierlager, Fettlager usw.):

$$\vartheta_1 - \vartheta_l = \frac{p_m \cdot \mu \cdot \omega \cdot r}{\alpha \pi} \cdot a \quad (^\circ \text{C}). \qquad (4)$$

*Erfahrungswerte:* $\vartheta_1 \leq 80^\circ$ C, $\vartheta_l = 20$ bis $25^\circ$ C; $\mu$ s. Tafel 15/1 und Bild 15/4. $\alpha \cdot \pi$ nach SCHIEBEL bei ruhender Luft $\approx 0{,}16$ für leichte Lager, $\approx 0{,}44$ für schwere Lager mit großer Kühlfläche und ableitender Eisenmasse; bei bewegter Luft (Fahrzeug) bis zum fünffachen der Werte.

*Für Durchflußkühlung* (ausreichende Umlaufschmierung):

$$\vartheta_a - \vartheta_e = \frac{P \cdot \mu \cdot \omega \cdot r}{\beta Q} = \frac{p_m}{\beta} \Theta \quad (^\circ \text{C}) \qquad (5)$$

oder der notwendige minutliche Öldurchfluß

$$Q' = \frac{P \cdot \mu \cdot n \cdot d}{320 \cdot \beta \,(\vartheta_a - \vartheta_e)} = \frac{M_r \cdot n}{160 \cdot \beta \,(\vartheta_a - \vartheta_e)} = \frac{d^2 \cdot b \cdot \mu \cdot n}{320 \,\Theta} \quad (l/\text{min}). \qquad (6)$$

**Tafel 15/2.** *Belastungswerte ausgeführter Gleitlager im Maschinenbau.*

St = Stahl, GG = Grauguß nach DIN 1691, WM = Weißmetall nach DIN 1703, Bl-Bz = Bleibronze nach DIN 1716, Bz und Rg = Bronze und Rotguß nach DIN 1705, KH = Kunstharz-Preßstoff nach DIN 7703.

| Gleitlager für | Größtwerte | | Werkstoff Lager/Welle | $b/d$ |
| --- | --- | --- | --- | --- |
| | $p_m$ kg/cm² | $v$ m/s | | |
| *Transmissionen.* | 2 | 3,5 | GG/St | 1 ⋯ 2 |
| | 8 | 1,5 | GG/St | 1 ⋯ 2 |
| | 5 | 6 | WM/St | 1 ⋯ 2 |
| | 15 | 2 | WM/St | 1 ⋯ 2 |
| Dauerbetrieb . . . . . . . . . . . . . . { | 6 | 0,5 | KH/St 50 | 1 ⋯ 2 |
| | 20 | 0,15 | KH/St 50 | 1 ⋯ 2 |
| Aussetzender Betrieb . . . . . . . . . . { | 6 | 1 | KH/St 50 | 1 ⋯ 2 |
| | 40 | 0,15 | KH/St 50 | 1 ⋯ 2 |
| *Hebezeuge.* | | | | |
| Zahnstangenwinde . . . . . . . . . . . . | 400 | — | Bz/St 70 | 0,8 ⋯ 1,8 |
| Ausleger-Drehpunkt . . . . . . . . . . | 150 | — | GBz 20/St 70 | 0,8 ⋯ 1,8 |
| Laufrad, Rolle, Trommel . . . . . . . . | 60 | — | GG 21/St 50 | 0,8 ⋯ 1,8 |
| Laufrad, Rolle, Trommel . . . . . . . . | 120 | — | Rg 8/St 50 | 0,8 ⋯ 1,8 |
| Laufrad, Rolle, Trommel . . . . . . . . | $p_m v = 10$ | | KH/St 50 | 0,8 ⋯ 1,8 |
| Laufrad, Rolle, Trommel . . . . . . . . | $p_m v = 25$ | | KH/St geh. | 0,8 ⋯ 1,8 |
| *Werkzeugmaschinen* . . . . . . . . . . . . . | 20 ⋯ 50 | — | WM, Rg, Bz, GG/St | 1,2 ⋯ 2 |
| *Hartzerkleinerung, Brecher, Mühlen.* | 8 | 1 | GG/St | 1 ⋯ 2 |
| | 8 | 3 | WM 5/St | 1 ⋯ 2 |
| Werte gelten für Dauerbetrieb. | 10 | 2 | WM 10/St | 1 ⋯ 2 |
| Bei aussetzendem Betrieb bis 2,5 $p_m$ . . . . | 15 | 10 | WM 10/St | 1 ⋯ 2 |
| | 80 | 1 | GBz 10, Bl-Bz/St | 1 ⋯ 2 |
| | 20 | 1 | KH/St | 1 ⋯ 2 |
| Kniehebelpresse, Höchstdruck . . . . . . . . | 1000 | — | Bl-Bz/St | 1 ⋯ 2 |
| *Walzwerke.* | 500 | 50 | Caro-Bz/St geh. | 0,5 ⋯ 1,2 |
| | 250 | 50 | KH/St geh. | 0,5 ⋯ 1,2 |
| *Elektro- und Wasserkraftmaschinen.* | | | | |
| $n < 1500$, Auslaufzeit $< 8$ min . . . . . . . | 12 | 10 | WM 10/St 50 | 0,8 ⋯ 1,5 |
| $n < 1500$, Auslaufzeit $> 8$ min . . . . . . . | 7 | 10 | WM 10/St 50 | — |
| $n > 1500$, Auslaufzeit $< 8$ min . . . . . . . | 5 | 14 | WM 10/St 50 | — |
| $n > 1500$, Auslaufzeit darüber . . . . . . . . | — | — | WM 80/St 50 | — |
| *Turbomaschinen.* | | | | |
| Michell-Drucklager . . . . . . . . . . . | 30 | 60 | WM, KH/St | — |
| Dampfturbinen . . . . . . . . . . . . . | 8 | 60 | WM/St | 0,8 ⋯ 1,25 |
| Dampfturbinen . . . . . . . . . . . . . | 15 | 60 | Bl-Bz/St | 0,8 ⋯ 1,25 |
| Sonstige Turbomaschinen . . . . . . . . . . | 15 | — | Bl-Bz/St | 1,5 ⋯ 2 |
| *Kolben-Dampfmaschinen, -Verdichter, -Pumpen.* | | | | |
| Kreuzkopf- und Kolbenbolzen . . . . . . . | 120 | — | WM, Bl-Bz/St geh. | — |
| Stirnkurbel, Pleuellager . . . . . . . . . . | 90 | 2,5 | WM, Bl-Bz/St geh. | 1 |
| Stirnkurbel, Wellenlager . . . . . . . . . | 35 | 3,3 | WM, Bl-Bz/St geh. | 1,4 |
| Gekröpfte Kurbel, Pleuellager . . . . . . . | 75 | 3,5 | WM, Bl-Bz/St geh. | 0,85 |
| Gekröpfte Kurbel, Wellenlager . . . . . . . | 45 | 3,5 | WM, Bl-Bz/St geh. | 1 |
| Außenlager (Schwungrad) . . . . . . . . . | 25 | 3 | WM/St | — |
| Steuerwellen . . . . . . . . . . . . . | 15 | — | WM/St | 1 |
| Kreuzkopf-Gleitschuh . . . . . . . . . . | 4 | — | WM/St | — |
| Kreuzkopf-Gleitschuh . . . . . . . . . . | 3 | — | GG/St | — |
| *Lokomotiven.* | | | | |
| Pleuel und Kreuzkopf . . . . . . . . . . | 150 | — | WM, Bz/St | — |
| Kreuzkopf-Gleitschuh . . . . . . . . . . | 10 | — | Rg/St | — |
| *Kraftwagen- und Flugmotore.* | | | | |
| Langsamläufer, Pleuel . . . . . . . . . | 120 | — | WM/St | 0,5 ⋯ 0,6 |
| Langsamläufer, Kurbelwelle . . . . . . . . | 80 | — | Bl-Bz/St | 0,5 ⋯ 0,6 |
| Schnelläufer: 1,7 $p_m$ } der Langsamläufer | | | Bl-Bz/St geh. | — |
| Flugmotor: 2,3 $p_m$ } | | | Bl-Bz/St geh. | — |

Fortsetzung zu Tafel 15/2.

| Gleitlager für | Größtwerte | | Werkstoff Lager/Welle | $b/d$ |
|---|---|---|---|---|
| | $p_m$ kg/cm² | $v$ m/s | | |
| *Dieselmotoren.* | | | | |
| Viertakt-Kurbelwellenlager . . . . . . . . . | 55···130 | — | — | 0,45···0,9 |
| Viertakt-Pleuellager . . . . . . . . . . . | 125···250 | — | — | 0,5 ···0,8 |
| Zweitakt-Kurbelwellenlager . . . . . . . . . | 50··· 90 | — | — | 0,6 ···0,75 |
| Zweitakt-Pleuellager. . . . . . . . . . . . | 100···150 | — | — | 0,55···0,6 |
| *Großkraftmaschinen* (für Land und Schiff). | | | | |
| Langsamläufer, Pleuel . . . . . . . . . . | 150 | — | WM, Bl-Bz/St geh. | 0,65···0,8 |
| Langsamläufer, Kurbelwelle . . . . . . . . | 90 | — | — | 0,7 ···0,9 |
| Langsamläufer, Kolbenbolzen (b/d f. ganze Aufl.) | 240 | — | — | 1,6 ···1,7 |
| Schnelläufer: 1,5 $p_m$ der Langsamläufer . . . | — | — | — | — |
| *Gelenke.* | 150 | — | St geh./St geh. | — |
| | 30 | — | GG/St | — |
| | 90 | — | Rg, Bz/St geh. | — |
| | 50 | — | Rg, Bz/St | — |

**Tafel 15/3.** *Belastungswerte ausgeführter Gleitlager in der Feinmechanik* (nach LÜPFERT [1]). Untere Werte für Welle aus C 60. Obere Werte für Welle aus gehärtetem Stahl.

| Lagerwerkstoff | Gleit- geschwindigkeit $v$ (m/s) bis | Flächenpressung $p_m$ (kg/cm²) bis | | |
|---|---|---|---|---|
| | | bei einmaliger Schmierung | bei sorgfältiger Docht- schmierung | bei Umlauf- schmierung |
| Zinnbronze . . . . . . . . . | 8 | 4···5 | 20···30 | 250···300 |
| Sondermessing . . . . . . . . | 6 | 4···5 | 25···40 | 200···250 |
| Sinterbronze, ölgetränkt ⎫<br>Sintereisen, „ ⎬ . . . | 4 | 10···12 | 20···25 | 30···40 |
| Grauguß . . . . . . . . . . | 5 | 3···4 | 8···10 | 40···50 |
| Aluminiumlegierung . . . . . . | 8 | 1···1,5 | 4···6 | 250···350 |
| Magnesiumlegierung . . . . . . | 6 | 1···1,5 | 3···4 | 70···100 |
| Feinzinnlegierung . . . . . . . | 5 | 0,5···1 | 10···12 | 120···150 |

*Erfahrungswerte:* $\vartheta_a = 90$ bis $110°$ C, $\vartheta_e = 35$ bis $55°$ C, $\beta \approx 16{,}5$ für Öl. Umlaufende Ölmenge etwa $\geq 6 \cdot Q'$ nehmen, um zu schnelles Altern des Öles zu vermeiden. Erwärmungskennzahl $\Theta = d \cdot b \cdot \mu \cdot \omega \cdot r/Q$ nach Bild 15/4; kleines $\Theta$ wird mit kleinem $h_r = \dfrac{h}{\psi \cdot r}$, also bei gegebenem $h/r$ mit großem $\psi$ erreicht. Bis zum Wert $h_r = 0{,}17$ ist ein Verhältnis $b/d \leq 0{,}5$ günstiger für $\Theta$. $\mu$-Werte s. Tafel 15/1 und Bild 15/4; $\Theta$-Werte s. Bild 15/4.

## 15.3. Auslegung der Querlager.

**1) Die zulässige Flächenpressung** $p_m = \dfrac{P}{d \cdot b}$ ist von den Betriebsumständen (relative Laufdauer, Wartung und Lebensdauer), von der Ausführung und Werkstoffpaarung des Lagers und von der Art der Schmierung und Kühlung abhängig. Sie ist begrenzt durch

a) *hydrodynamische Tragfähigkeit.* Sie ist nach Bild 15/4 und Gl. (1) erhöhbar durch glattere Oberfläche (kleineres $h_r$) und größere Ölzähigkeit (größeres $\eta$, bessere Kühlung); ferner durch verringerte Kantenpressung und Vollschmierung (s. Bild 15/5);

b) *Verschleiß*, abhängig von der Laufdauer im Gebiet der Mischreibung, von Lebensdauer und Verwendungszweck;

c) *Dauerfestigkeit* des Lagerwerkstoffs; von Bedeutung bei stoßhafter Belastung (Werkstoffwahl!).

*Erfahrungswerte* für $p_m$ s. Tafel 15/2 und 15/3.

---

[1] LÜPFERT, H.: Metallische Werkstoffe. S. 249. Bad Wörishofen: Verlag Banaschewski 1946.

**2) Zapfendurchmesser** $d$, durchweg konstruktiv oder durch zulässige Biegebeanspruchung gegeben (s. Kap. 17).

**3) Lagerbreite** $b$. Schmalere Lager ergeben geringere Kantenpressung bei Wellendurchbiegung und größeren Öldurchfluß (Kühlung!), aber anderseits auch größeren seitlichen Druckabfall (s. Bild 15/2). Das Optimum der Tragkraft liegt etwa bei $b/d =$ 0,4 bis 1. Man wähle zunächst $b/d$ und bestimme hieraus $b$.

**4) Relatives Lagerspiel** $\psi$. Ein größeres $\psi$ ergibt bei gleichem $h$ ein geringeres $h_r = h/(\psi \cdot r)$ und damit geringere Erwärmung (geringeres $\Theta$, Bild 15/4) bei Durchflußkühlung; ein größeres $\psi$ erfordert aber anderseits eine größere Ölzähigkeit, um die gleiche Tragkraft zu erreichen (s. Bild 15/4). Das auszuführende Lagerspiel ist dann $D - d = d \cdot \psi$. Bei Werkzeugmaschinen nimmt man $D - d = 0,001$ bis $0,002$ cm.

**5) Schmierfilmdicke** $h$. Für Schwimmreibung muß $h$ mindestens gleich der mittleren Rauhigkeit der Gleitflächen sein, die durch gute Bearbeitung unter $5/1000$ mm herabgedrückt werden kann. Für $h_r = h/(\psi \cdot r) \geq 0,3$ wird der Lauf der Welle unruhig[1].

**6) Ölzähigkeit** $\eta$. Aus Bild 15/4 ist der erforderliche Wert $\eta \cdot \omega/(p_m \cdot \psi^2)$ für das gewünschte $h_r$ zu ersehen und hieraus das erforderliche $\eta$ zu berechnen, das der Schmierstoff bei der betreffenden Ölfilmtemperatur $\vartheta_f$ bzw. $\vartheta_a$ aufweisen muß. Ölwahl s. Bild 16/1.

**7) Temperatur.** Berechnung der Ölfilmtemperatur $\vartheta_f$ bzw. $\vartheta_a$ nach Gl. (4)

Tafel 15/4. *Empfohlene $\psi$-Werte in* $^1/_{1000}$.

$$\psi = \frac{R - r}{r} = \frac{D - d}{d} \quad \text{für Rundwelle gepaart mit}$$

*Rundlager.*

| bei | Drehzahl | | |
|---|---|---|---|
| | niedrig | mittel | hoch |
| $p_m$ mäßig[1] . . . . . | $0,7\cdots1,2$ | $1,4\cdots2$ | $2\cdots3$ |
| $p_m$ hoch[1] . . . . . | $0,3\cdots0,6$ | $0,8\cdots1,4$ | $1,5\cdots2,5$ |
| Weißmetall . . . . . | $0,5 \cdots 1$ | | |
| Bleibronze . . . . . | $1 \cdots 1,5$ | | |
| Zinklegierung . . . . | $1,5$ | | |
| Zinnbronze, Rotguß . | $\geq 1,7$ | | |
| Sintereisen . . . . . | $2$ | | |
| Preßstoffe . . . . . | $\geq 4,5$ | | |

[1] Nach KLEMENCIC [15/4].

und (5) und der erforderlichen Kühlölmenge nach Gl.(6), wobei für $p_m$ bzw. $P$ *Mittel*werte einzusetzen sind, wenn der Zapfendruck im Verlauf der Zapfendrehung schwankt.

**8) Beispiele.**

**Beispiel 1:** Querlager für Elektromotor, $n = 1500$ U/min, $P = 600$ kg, Dauerbetrieb $a = 1$; $d = 8$ cm, Schmierung durch Spritzring oder Standöl, Rauhigkeit der Gleitflächen $\leq 0,4/1000$ cm.

*Gewählt:* $b/d = 0,75$, $\psi = 1,5/1000$ nach Tafel 15/4, $h = 3 \cdot 0,4/1000$ cm bei $n = 1500$, um Verschleiß beim An- und Auslauf des Motors herabzusetzen;

*Ermittelt:* $b = 0,75 \cdot d = 6$ cm; $h_r = h/(\psi \cdot r) = 0,20$, hierfür aus Bild 15/4: $\eta \cdot \omega/(p_m \cdot \psi^2) = 0,40$, $\mu/\psi = 1,9$ (interpoliert zwischen $b/d = 0,5$ und 1) $\mu = 1,9 \cdot \psi = 0,0029$; $p_m = P/(d \cdot b) = 12,5$ kg/cm², $\omega = n/9,55 = 157$ und somit die Ölzähigkeit $\eta = 0,40 \cdot p_m \psi^2/\omega = 0,072 \cdot 10^{-6}$ kg sec/cm² bei Temperatur $\vartheta_f$; Übertemperatur $\vartheta_f - \vartheta_l = p_m \cdot \mu \cdot \omega \cdot r \cdot a/(\alpha \cdot \pi) = 52°$ C nach Gl. (4) für $\alpha \cdot \pi = 0,44$ (schweres Lager); oder mittlere Öltemperatur $\vartheta_f = 52 + \vartheta_l = 77°$ C bei 25° C Lufttemperatur $\vartheta_l$. Hierfür Öl Nr. 2 nach Bild 16/2 geeignet. Beim Auslauf würde das Gebiet der Mischreibung etwa bei $h = 0,4/1000$ cm oder $h_r = h/\psi \cdot r = 0,07$ oder $\eta \cdot \omega/(p_m \cdot \psi^2) = 0,13$ oder $\omega = 0,13 \, p_m \psi^2/\eta = 51$ oder Drehzahl $n = \omega \cdot 9,55 = 488$ U/min erreicht werden.

**Beispiel 2:** Kurbellager für Kraftwagenmotor mit Umlaufschmierung, $n = 2000$ U/min, $b/d = 3/6 = 0,5$ cm/cm, $p_m = P/(b \cdot d) = 2160/(3 \cdot 6) = 120$ kg/cm², $\vartheta_e = 50°$ C.

*Gewählt:* $\psi = 2/1000$, $h = 0,5/1000$ cm bei $n = 2000$.

*Ermittelt:* $h_r = h/(\psi \cdot r) = 0,083$, hierfür nach Bild 15/4 $\Theta = 6,3$ und $\eta \cdot \omega/(p_m \cdot \psi^2) = 0,16$ und $\mu/\psi = 1,15$ oder $\mu = 1,15 \cdot \psi = 0,0023$, $\omega = n/9,55 = 210$. Hieraus $\vartheta_a - \vartheta_e =$

---

[1] Siehe HUMMEL: Kritische Drehzahlen als Folge ... VDI-Forsch.-Heft 287. Berlin 1926.

$p_m \cdot \Theta/\beta = 45,8°\,C$  oder  $\vartheta_a = 45,8 + \vartheta_e = 95,8°\,C$,  $\eta = 0,16 \cdot p_m \psi^2/\omega = 0,365 \cdot 10^{-6}$; $Q' = d^2 \cdot b \cdot \mu \cdot n/(320\,\Theta) = 0,24\,l/\text{min}$.

*Variation:* für $\psi = 1,5/1000$ statt $2/1000$ würde $h_r = 0,11$; $\Theta = 7,2$; $\vartheta_a = 102°\,C$, $\eta = 0,285 \cdot 10^{-6}$ und $Q' = 0,21\,l/\text{min}$.

## 15.4. Gestaltung der Querlager.

(Ausführungsbeispiele s. Bild 15/8—15/19).

Bei der Gestaltung des Lagers ist zunächst seine Lage und Verbindung zur sonstigen Konstruktion (Steh-, Flansch-, Einbau- oder Verbundlager) zu berücksichtigen, dann die Aufnahme der Kräfte und die Art der Schmierung (s. S. 251), der Ein- und Ausbau der Welle (geteiltes oder ungeteiltes Lager?), die Verformung der Welle (starres oder nach-

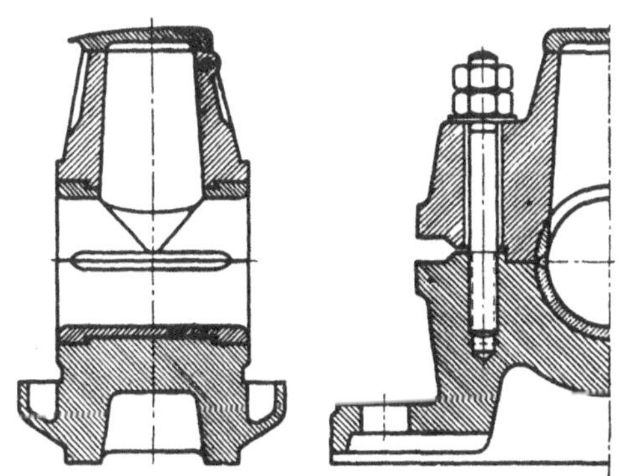

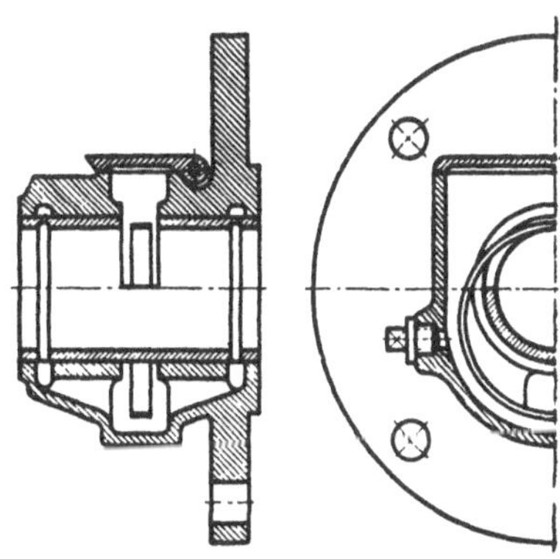

Bild 15/8. Querlager mit Fettkammerschmierung, nach TEN BOSCH [15/20].

Bild 15/9. Einteiliges Ringschmier-Flanschlager, nach TEN BOSCH.

giebiges oder Pendellager), der Einbau und Verschleiß des Lagers (auswechselbare, mehrteilige oder nachstellbare Lagerbüchse) und schließlich die Abdichtung und die Kühlung des Lagers. Beachte auch die „Einbaulager" in den Abmessungen der Wälzlager Bild 15/16 und Tafel 15/5, die DIN-Blätter (s. unten) und folgende Erfahrungsangaben:

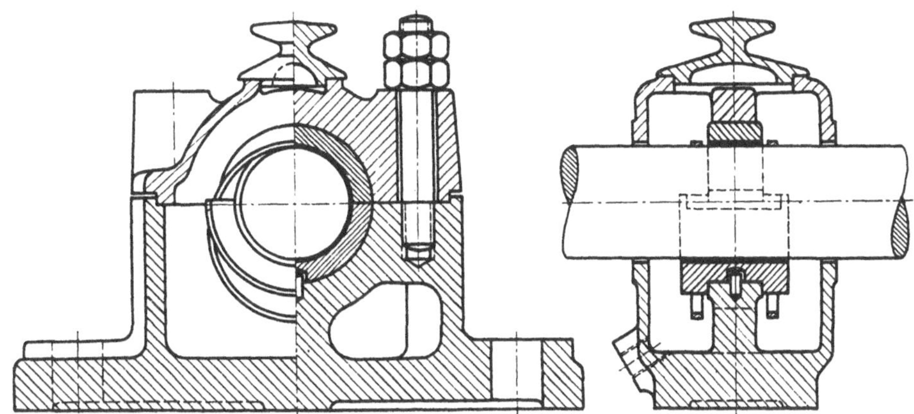

Bild 15/10. Ringschmier-Stehlager, nach KLEMENCIO [15/4].

**1) Werkstoff der Gleitflächen** (Welle und Lager) s. S. 255 und Tafel 15/2. Günstig für den Einlaufvorgang, d. h. für die Bildung eines „Tragspiegels" ist es, wenn die relativ zur Kraftrichtung *ruhende* Gleitfläche aus dem *weicheren* (bettungsfähigeren) Stoff besteht. Das ist zumeist die Lagerschale, jedoch nicht immer. So müßte z. B. bei einem auf einem Festbolzen gelagerten Laufrad die Lagerbüchse sinngemäß auf dem Festbolzen angebracht sein (bisher umgekehrt ausgeführt!).

**2) Lagerbüchse, bzw. -schale** aus GG, Bz, St oder GS, geteilt oder ungeteilt, mit oder ohne Kragen zur Längsführung der Welle, mit oder ohne Metallauflage (Ausguß). Teilfuge nicht in die belastete Zone legen; in der unbelasteten Zone kann die Schale aus-

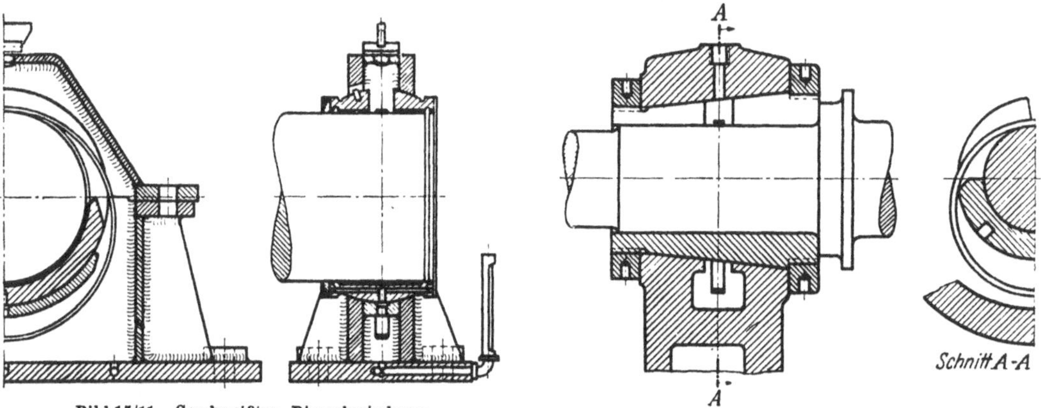

Bild 15/11. Geschweißtes Ringschmierlager, nach KLEMENCIC [15/4].

Bild 15/12. Nachstellbares Drehbanklager, nach TEN BOSCH.

gespart sein (geringere Reibung und bessere Durchspülung). Lagen-Sicherung der Lagerbüchsen im Lagerkörper durch Preßsitz oder durch Hineinragen des Zapfens der Staufferbüchse oder des Schmierrohrs in die Lagerbüchse, andernfalls durch Madenschrauben oder Stifte.

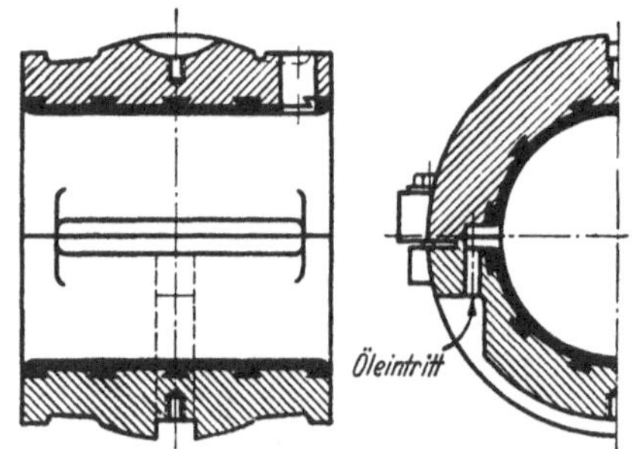



Bild 15/13. Dampfturbinenlager mit Umlaufschmierung, nach TEN BOSCH.

**3) Außendurchmesser der Lagerbüchse** $D_a \approx 1{,}07 \cdot d + 0{,}5$ cm bis $1{,}1 \cdot d + 0{,}6$ cm bei eingesetzter Büchse, $\approx 1{,}1 \cdot d + 1{,}5$ cm bei freitragender Büchse (Bild 15/13).

**4) Metallauflage** (Ausguß) aus gleitfähigem Werkstoff (s. S. 256). *Ausgußdicke* $s \approx d/85 + 0{,}15$ cm bei GG-Schale, $\approx d/140 + 0{,}05$ cm bei St- oder GS-Schale, $\geq 0{,}03$ cm bei Einbringen durch Schleuder- oder Preßguß (je nach zulässigem Verschleiß). Je dünner der Ausguß, desto fester, aber auch weniger verformbar (weniger einbettungsfähig für die Welle) ist er. Bei dünnem Ausguß keine Verankerungsnuten (Kerbwirkung) vorsehen; im übrigen die Nuten gut ausrunden.

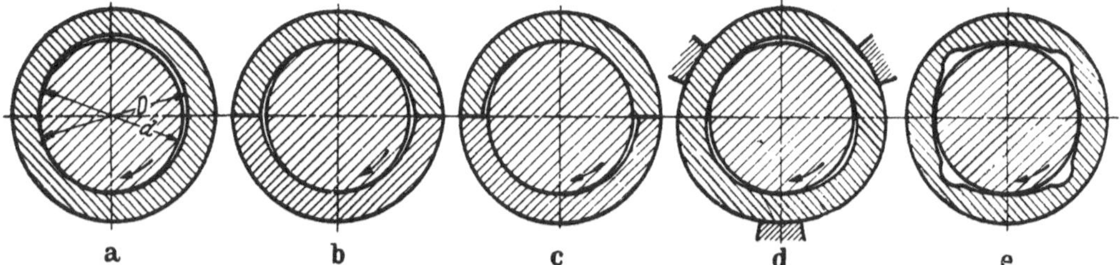

a            b            c            d            e

Bild 15/14. Möglichkeiten zur Schmierkeilbildung und Wellenführung bei Querlagern. a Übliche kreisrunde Lagerschale mit Schmierkeilbildung durch das Lagerspiel $D-d$ (einlinige Anlage), b Schalen mit „Zitronenspiel" verhindern das „Abkneifen" des Ölfilms an der Teilfuge und ermöglichen eine zweilinige Anlage der Welle bei geringem Lagerspiel (die Schalen werden mit einer Beilage in der Teilfuge ausgedreht und ohne Beilage eingebaut, oder es wird eine ungeteilte Büchse mit größerer Schnittdicke geteilt). c Schalen mit „versetztem" Zitronenspiel nach KLEMENCIC (die Schalen werden exzentrisch gebohrt und in umgedrehter Lage eingebaut, d Lagerbüchse mit dreiliniger Anlage, erreicht durch Preßsitz der ursprünglich kreisrunden Büchse zwischen drei Leisten nach MACKENSEN; e Lager mit vierliniger Anlage, nach FRÖSSEL [15/8].

**5) Lagerspiel.** $D - d = d \cdot \psi$, mit $\psi$ nach Tafel 15/4. Entsprechende Passungen s. Tafel 6/3, S. 125. Wird der Schmierkeil, d. h. der Wert $R - r$ durch andere Mittel als durch das Lagerspiel $D - d$ erreicht (s. Bild 15/14), so kann das Lagerspiel erheblich kleiner sein und die Welle durch zweilinige, dreilinige oder vierlinige Anlage im Lager erheblich genauer geführt werden.

**6) Schmiernuten** in der Druckzone setzen die Tragkraft erheblich herab, wie Bild 15/2 zeigt. Besonders diagonale und offene Nuten sind daher (auch bei schwingender Bewegung) zu vermeiden. Für die Schmierstoffverteilung sieht man am besten nur flache *Schmiertaschen* (Bild 15/15) in der *unbelasteten* Zone vor.

**7) Schmierstoffzuführung, bzw. -abführung** in die unbelastete Zone legen, z. B. in die Teilfuge, bzw. im 90°-Winkel zur Kraftrichtung. Kurz hinter der engsten Stelle (s. Bild 15/2) ist sogar ein Ansaugen des Schmierstoffs durch den dort herrschenden Unterdruck möglich (bis 0,26 at Unterdruck

Bild 15/15.
Motor-Kurbelwellenlager, nach ERKENS [15/3].

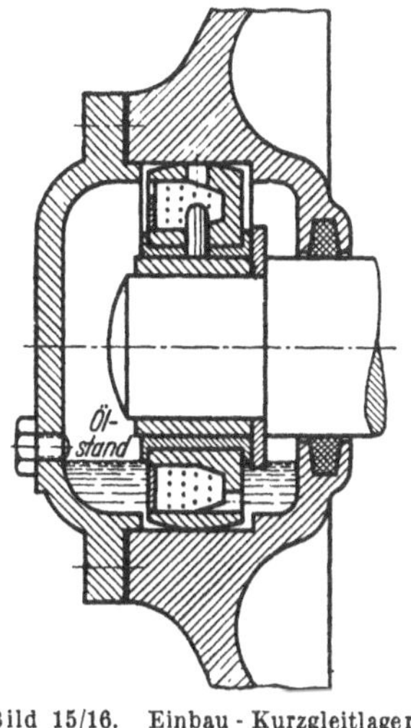


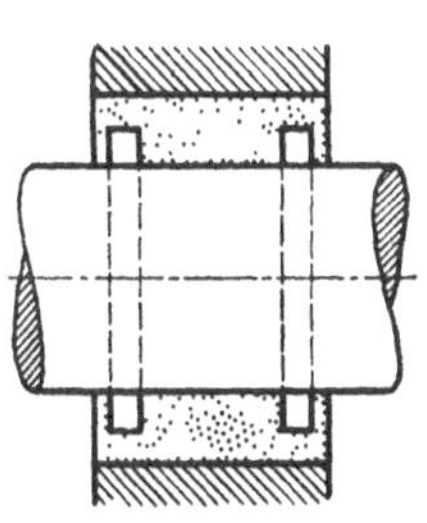

Bild 15/16. Einbau - Kurzgleitlager mit Wälzlager-Abmessungen nach RIEBE-CARO.

Bild 15/17. Sintermetall-Einbau-Gleitlager (Ringsdorff-Werke), selbsttätig Öl ansaugend.

gemessen!). Bei „*umlaufender*" Belastung (relativ zum Lager!) ist der Schmierstoff nach Bild 15/18 sinngemäß am Zapfen zuzuführen. Es lohnt sich auch, vor Einbau des Lagers die *Kanten* an den Schmiernuten und Schmierlöchern abzurunden und besonders alle *Spanreste* zu entfernen, da hierdurch häufig Lagerschäden auftreten.

*Anschlußmaße der Staufferbuchsen und Öler:*

*Für Staufferbuchsen:*
Gewinde M 10 × 1 mm;
M 12 × 1,5 mm;  M 16 × 1,5 mm;
M 20 × 1,5 mm;  M 24 × 1,5 mm.

*Für Druckschmierköpfe:*
Gewinde M 10 × 1 bzw. Loch 10 mm ∅.

*Für Deckelöler:*
Anschlußloch 5, 8, 10, 13 mm.

*Für Einschlagöler* (Kugelverschluß):
Anschlußloch 6; 8; 9,5; 12,5; 16 mm.

*Für Einschrauböler* (Kugelverschluß):
Gewinde M 10 × 1, M 14 × 1,5.

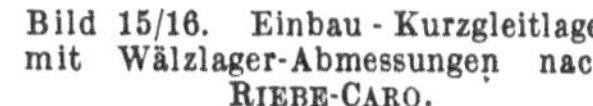



Bild 15/18. Ölzuführung durch den Zapfen bei mit dem Zapfen umlaufender Belastung, nach KLEMENCIC [15/4].

**8) Abdichtung des Lagers** (Bild 15/19). Gegen *Austritt* von Schmierstoff: Sammelnuten an den Schalenenden, Spritzringe auf der Welle, Abstreifringe aus Messing oder Abstreifnuten an

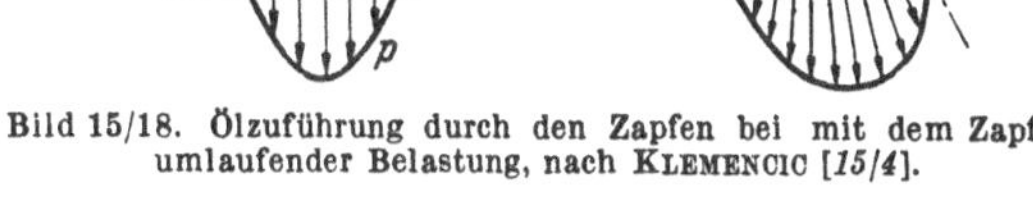

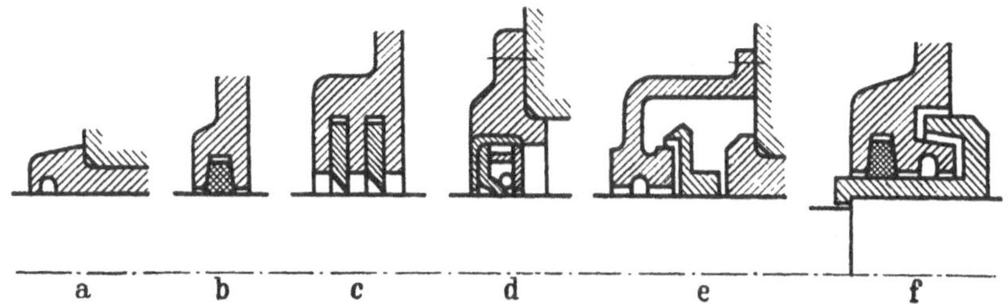


Bild 15/19. Verschiedene Lagerabdichtungen: a mit Ringfangnut, b mit Filzring, c mit Spitzendichtung, d mit Stulpendichtung (z. B. Simmerring), e mit Ölfangnut und umlaufendem Spitzring, f mit Filzring und Fangnut und Labyrinthscheibe.

der Außenschale; gegen *Eintritt* von Staub- und Fremdstoffen: Dichtungsringe aus Filz, Kork, Leder, Gummi, Kunststoff (Simmerringe, Maße s. S. 122).

## 9) DIN-Blätter (Gleitwerkstoffe s. S. 258).

| Gleitlager: | DIN | | Lagerzubehör: | DIN |
|---|---|---|---|---|
| Stehlager für Transmissionen . . . | 118 | | Wandarme zu Stehlagern . . . . . | 117 |
| Hängelager für Transmissionen . . | 119 | | Winkelarme zu Stehlagern . . . . | 187 |
| Flanschlager . . . . . . . . . . . | 502, 503 | | Hammerschrauben zu Stehlagern . | 188, 261 |
| Augenlager . . . . . . . . . | 504 | | Sohlplatten zu Stehlagern . . . . | 189 |
| Deckellager . . . . . . . . . | 505, 506 | | Ankerplatten für Hammerschrauben | 191, 794, 795 |
| Preßstofflager . . . . . . . . . | 7703 | | | 192, 796 |
| Kurzgleitlager . . . . . . . . . | 733, 734, 735 | | Mauerkasten zu Stehlagern . . . . | 193 |
| | | | Hängeböcke zu Stehlagern . . . . | 194 |
| Lagerbuchsen: | | | Stehböcke zu Stehlagern . . . . . | 195 |
| Dünnwandig . . . . . . . . . | 146 | | Fundamentklötze . . . . . . . . . | 799 |
| Dickwandig . . . . . . . . . | 147 | | | |
| Mit Weißmetallausguß . . . . . . | 384 | | Schmiervorrichtungen: | |
| Rundungen, Schrägungen, Ringnuten | 385 | | Schmierringe und Schlitzbreiter . . | 322 |
| Schlitzbreiten für Schmierringe . . | 322 | | Schmierlöcher für Bolzen . . . . . | 1442 |
| Preßstoff-Lagerbuchsen . . . . . | 16 902 | | Staufferbuchsen . . . . . . . . . | 3411, 3412 |
| | | | Schmierköpfe . . . . . . . . . | 3402, 3403, |
| | | | | 71 412 |
| | | | Ölgläser . . . . . . . . . . . . | 3401 |
| | | | Schmiergefäße . . . . . . . . . | 35 541 |
| | | | Schmierpumpen . . . . . . . . . | 3420 bis 3424 |
| | | | | 38 021 |
| | | | Zentralschmierung . . . . . . . . | 71 420 bis |
| | | | | 71 436 |

**Tafel 15/5.** *Kurzgleitlager und Breitlager, Einbaumaße (mm)*
*nach DIN 733, 734 und 735.*

| Einring-Kurzgleitlager DIN 733 (Aug. 1946) | | | Zweiring-Kurzgleitlager DIN 734 (Sept. 1947) | | | | Zweiring-Breitlager DIN 735 (Sept. 1947) | | | | |
|---|---|---|---|---|---|---|---|---|---|---|---|
| $d$ | $D$ | $b$ | $d$ | $D$ | $b$ | $d_1$ | $d$ | $D$ | $b_1$ | $b_2$ | $d_1$ |
| 3 | 10 | 4 | 10 | 30 | 9 | 20 | 50 | 90 | 34 | 20 | 60 |
| 4 | 13 | 5 | 12 | 32 | 10 | 22 | 55 | 100 | 37 | 21 | 65 |
| 5 | 16 | 5 | 15 | 35 | 11 | 24 | 60 | 110 | 40 | 22 | 70 |
| | 19 | 6 | 17 | 40 | 12 | 28 | 65 | 120 | 44 | 23 | 75 |
| 6 | 19 | 6 | 20 | 47 | 14 | 32 | 70 | 125 | 48 | 24 | 85 |
| 7 | 19 | 6 | 25 | 52 | 15 | 36 | 75 | 130 | 52 | 25 | 90 |
| | 22 | 7 | 30 | 62 | 16 | 42 | 80 | 140 | 56 | 26 | 95 |
| 8 | 22 | 7 | 35 | 72 | 17 | 50 | 90 | 160 | 65 | 30 | 105 |
| | 24 | 7 | 40 | 80 | 18 | 55 | 100 | 180 | 70 | 34 | 115 |
| 10 | 26 | 8 | 45 | 85 | 19 | 60 | 110 | 200 | 76 | 38 | 125 |
| | 30 | 9 | 50 | 90 | 20 | 65 | 120 | 215 | 80 | 40 | 135 |
| | 35 | 11 | | | | | | | | | |
| 12 | 28 | 8 | 10 | 35 | 11 | 22 | 50 | 110 | 40 | 27 | 60 |
| | 32 | 10 | 12 | 37 | 12 | 24 | 55 | 120 | 42 | 29 | 65 |
| | 37 | 12 | 15 | 42 | 13 | 28 | 60 | 130 | 45 | 31 | 70 |
| 15 | 32 | 9 | 17 | 47 | 14 | 32 | 65 | 140 | 48 | 33 | 75 |
| | 35 | 11 | 20 | 52 | 15 | 36 | 70 | 150 | 52 | 35 | 85 |
| | 42 | 13 | 25 | 62 | 17 | 42 | 75 | 160 | 58 | 37 | 90 |
| 17 | 35 | 10 | 30 | 72 | 19 | 50 | 80 | 170 | 62 | 39 | 95 |
| | 40 | 12 | 35 | 80 | 21 | 55 | 90 | 190 | 68 | 43 | 105 |
| | 47 | 14 | 40 | 90 | 23 | 65 | 100 | 215 | 74 | 47 | 115 |
| 20 | 42 | 12 | 45 | 100 | 25 | 72 | 110 | 240 | 82 | 50 | 125 |
| | 47 | 14 | 50 | 110 | 27 | 80 | 120 | 260 | 90 | 55 | 135 |
| | 52 | 15 | | | | | | | | | |

*Bezeichnungsbeispiel:* Einring-Kurzgleitlager $10 \times 30$ DIN 733.

*Werkstoff* (bei Bestellung angeben): Sintereisen, Sondergrauguß, Sintermetall. Innenring: Flußstahl.

*Belastbarkeit:* Die zulässige Belastung deckt sich nicht mit der Tragfähigkeit der abmessungsgleichen Wälzlager. Sie ist abhängig vom Werkstoff, von der Oberflächengüte und von den Betriebsbedingungen (Schmierung u. Wärmeabführung).

Die zulässige Belastung beträgt $\boxed{P = P_0/S}$ (kg).

*Für Kurzgleitlager* mit Außenring aus Sintereisen, Innenring aus St 60 gehärtet und geschliffen, mit Abmessungen nach DIN 734 beträgt $P_0$ (kg)[1]:

| Maße | | bei Drehzahl (1/min) | | | | | | |
|---|---|---|---|---|---|---|---|---|
| $d$ | $b$ | 100 | 250 | 500 | 1000 | 1500 | 2500 | 5000 |
| 10 | 9 | 50 | 120 | 200 | 180 | 140 | 90 | 30 |
| 20 | 14 | 220 | 450 | 500 | 300 | 200 | 140 | 80 |
| 30 | 16 | 400 | 750 | 650 | 400 | 270 | 160 | — |
| 40 | 18 | 800 | 1050 | 750 | 460 | 320 | 200 | — |
| 50 | 20 | 1300 | 1300 | 900 | 550 | 380 | 220 | |

*Sicherheit S:*

Obige Tragfähigkeitszahlen, an Werkzeugmaschinen erprobt, sind obere Grenzwerte und gelten von $d = 10$ bis 80 mm für Außenringe aus Sintereisen, von $d = 85$ bis 120 mm für Außenringe in Verbundausführung Flußstahl-Pb Bz 25. Die

| bei | Belastung | | |
|---|---|---|---|
| | gleichmäßig | wechselnd | stoßhaft |
| Druckschmierung . . . . . . . | 1,2 | 1,4 | 1,8 |
| reichlicher Tropfschmierung . . | 1,4 | 1,7 | 2,4 |
| sparsamer Tropfschmierung . . | 1,5 | 2,0 | 3,0 |

Hauptmaße $d$, $D$ und $b$ stimmen mit der Maßreihe 02 für Wälzlager nach DIN 616 überein.

## 15.5. Schmierung der Querlager.

**1) Art der Schmierung.** Außer der Schmierung mit Fett oder Öl kommt in Sonderfällen auch die Schmierung mit *Wasser* (s. Gummilager bei Pumpen, S. 257, ferner Hartholz- und Preßstofflager bei Walzwerken), ferner der *Zusatz* von Wasser zum Schmieröl zur Verdampfungskühlung, der Zusatz von chemisch aktiven Stoffen (z. B. Schwefel), von sonstigen Stoffen (z. B. Graphit, Kalkwasser) und schließlich noch Trockenschmierung mit Graphit in Frage. Schmierstoffe s. S. 261.

**2) Anordnung und Schmierplan.** Je leichter und einfacher die Wartung, Sauberhaltung und Überwachung der Schmierstelle ist, desto sicherer kann man mit ausreichender Schmierung rechnen. Daher: Schmierstellen geschlossen, nicht tropfend (Verschlußstopfen unten vermeiden!) und gut zugänglich vorsehen und gegebenenfalls rot kennzeichnen, falls sie nicht zentral überwachbar angeordnet werden können. Für diese Fälle sind auch *fest an der Maschine selbst* angebrachte Schmierpläne mit Lagerskizze der Schmierstellen und kurzer Schmieranweisung zu empfehlen.

**3) Fettschmierung** ist bei Langsamläufern und als Staubdichtung (Fettkragen!) vorteilhaft; Fettzuführung am besten durch Fettkammer oben im Lager (Bild 15/8) oder durch Zentralfettpressen; schlechter durch aufgesetzte Fetter (einfache Staufferbüchsen, besser aber Schlenk- cder Conradbüchsen mit Kolbendruck) oder durch Handschmierung mit Fettpresse in Schmiernippel. Nachteil der Fettschmierung: Das Fett ist nur einmal verwendbar und sein Heraustreten oft unerwünscht.

**4) Frischölschmierung** durch Dochtöler, Tropföler (Nadel-, Ventil-Öler) oder als Handölung ist nur für untergeordnete Zwecke zu empfehlen, da das Öl nach einmaligem

---

[1] Nach Versuchen von HEIDEBROEK [15/35] und langzeitigen Erprobungen in Werkzeugmaschinen (Fa. Fritz Werner, Berlin-Marienfelde).

Gebrauch verloren geht und abtropft (unsauber!). Statt offener Schmierlöcher stets geschlossene Schmiernippel vorsehen.

**5) Tauchschmierung.** Die einfache, sparsame und betriebsichere Tauchschmierung mit Eintauchen der Gleitfläche ist bei liegender Welle mit aufgesetztem Laufring (s. Tafel 15/3) und bei Spurlagern anwendbar.

**6) Die Hubschmierung** mit Anheben des Öls mittels Ring oder Schleuder oder dgl. aus einem Ölsumpf zur Schmierstelle hin und wieder·Auffangen im Ölsumpf ist sparsam und betriebssicher, auch für höhere Drehzahlen geeignet und erfordert wenig Wartung. Gute Abdichtung gegen Ölverlust und Verschmutzung ist hier jedoch wichtig. Am bekanntesten ist die *Ringschmierung* (nur für liegende Wellen geeignet) mit losem oder festem Schmierring oder Schmierkette (s. Bild 15/9 bis 15/12); dann die *Kissenschmierung*[1] und die *Schleuderrad*schmierung[2] bei Eisenbahn-Achslagern; die *Dochtschmierung* beim Riebe-Carolager (Bild 15/16) und die *Ölfangschmierung* (Abfangen von hochgeschleudertem Öl in Ölfangrillen bei Getriebelagern). Bei senkrechten Wellen ist der Ölhub durch ein umlaufendes Fangrohr, oder durch schraubenförmige Ölnuten in der Welle bekannt.

Tafel 15/6.* *Leitungswiderstand* $(kg/cm^2)$ *auf 1 m Länge bei Öl- bzw. Fettförderung* (Fördermenge $= 2$ g/min).

| bei | Rohr-⌀ mm | Temperatur in °C | | | |
|---|---|---|---|---|---|
| | | −10 | 0 | 10 | 20 |
| Maschinenöl | 4 | 3,5 | 0,5 | 0,2 | 0,2 |
| 5···6° E bei 50° C | 6 | 1,0 | 0,2 | 0,2 | 0,2 |
| Motorenöl | 4 | 17 | 2,5 | 0,7 | 0,2 |
| 17,5° E bei 20° C | 6 | 3,0 | 1,0 | 0,2 | 0,2 |
| Heißdampf-Zylinderöl | 6 | — | 35 | 3 | 0,8 |
| 9,5° E bei 100° C | 8,5 | 50 | 15 | 1,8 | 0,5 |
| | 10 | 39 | 8 | 1,2 | 0,4 |
| Starrfett | 8 | 8 | 5 | 3 | 2 |
| | 9,5 | 4 | 2,5 | 2 | 1,5 |
| | 12,7 | 3 | 1,6 | 1,2 | 1 |
| | 19 | 1,6 | 1 | 0,8 | 0,8 |

* Nach Bosch: Kraftfahrtechn. Taschenbuch 1944. VDI-Verlag.

**7) Die Umlauf-Spülschmierung** mit Schmierpumpe ist die bequemste und sicherste, sparsamste und leistungsfähigste Schmierart; sie wird bei größerer Reibleistung und betriebswichtigen Lagern angewendet. Sie gestattet auch die umlaufende Ölmenge und damit die Gebrauchsdauer des Öls zu erhöhen, ferner ein Ölfilter und eine Kühlung zwischen zu schalten. Bei breiteren Lagern kann der Öldurchfluß durch eine zentrische Ringnut in der Lagermitte vergrößert werden. Für die Ölleitung sind tote Ecken (Ablagerungsstellen!), Verengungen und Erwärmungszonen (Dampfrohre) zu vermeiden. Erforderlicher Öldruck s. Bild 15/6, für die Leitungswiderstände etwa 1,5 bis 3 atü (s. Tafel 15/6); minutlicher Öldurchfluß $Q'$ s. S. 243; umlaufende Ölmenge $\geq 6 \cdot Q'$.

**8) Hochdruck-Preßschmierung** ermöglicht nach Bild 15/7 eine außerordentlich geringe Anlaufreibung zu erreichen.

## 15.6. Längslager.

**1) Überblick.** *Das Zapfen- oder Ring-Spurlager* mit *ebener* Spurplatte oder Spurring kann mangels eines Anstellwinkels zwischen den Gleitflächen nur geringen Schmierdruck (halbflüssige Reibung) erzeugen und wird deshalb nur für $p_m = 3$ bis 8 kg/cm² und Gleitgeschwindigkeiten $v_m = 5$ bis 10 m/s verwendet oder durch *Preßöl* (Preßpumpe!) für größeres $p$ verwendbar gemacht (s. Bild 15/20). Geringe Längskräfte können auch vom Kragen des Querlagers (Bund der Welle) aufgenommen werden.

Die beste Lösung für jede Belastung und Drehzahl ist das Kippsegment-Spurlager (s. Bild 15/21 ff.), das seinen Schmierdruck selbst erzeugt und den geringen Reibwert der

---

[1] Bei der Kissenschmierung wird gegen die Laufachse ein Schmierkissen gedrückt, dessen Fäden in den Ölsumpf tauchen und durch Dochtwirkung das Schmieröl sehr sauber und sparsam an die Lauffläche bringen, wobei allerdings keine Vollschmierung zustande kommt.

[2] Bei der Schleuderrad-Schmierung von Peyinghaus taucht ein Schleuderrad in den Ölsumpf und versorgt durch Hochschleudern des Öls die zur Gleitfläche führenden Ölfangrillen reichlich mit Öl, so daß Vollschmierung erreicht wird.

Schwimmreibung erreicht. Ausgeführt bis 5000 t Last und Durchmesser von mehreren Metern. Das *Einringsegmentlager* mit eingeschliffenem oder eingeschabtem festen oder neuerdings durch elastische Verformung erreichten Anstellwinkel der Segmente (Neigung 5/1000 bis 2/1000) erzeugt seinen Schmierdruck ähnlich, aber weniger vollkommen (s. Bild 15/22).

Für kleinere und mittlere Längsbelastungen und auch bei sehr geringer Drehzahl sind oft Wälzlager zweckmäßiger. Vergleich der *Reibwerte* s. Tafel 15/1.

**2) Die ebene Spurplatte mit Preßschmierung.** Nimmt man den Verlauf des Druckabfalls von innen nach außen nach Bild 15/20 an, so ist die mittlere Flächenpressung[1] des Spurrings

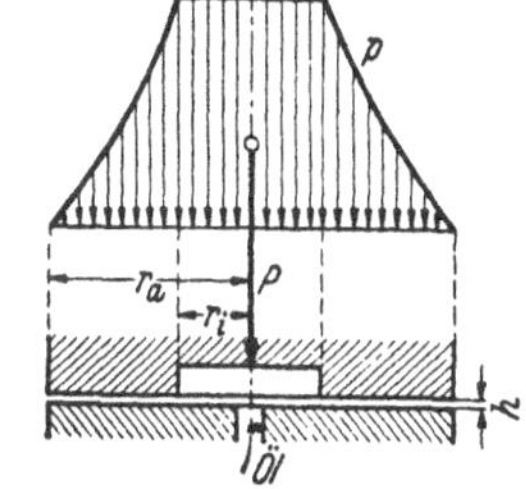
Bild 15/20. Druckverteilung bei ebener Spurplatte, nach SCHIEBEL [15/1].

$$p_m = \frac{P}{\pi\,(r_a^2 - r_i^2)} = \frac{p_i}{2\cdot 10^4 \cdot \ln \dfrac{r_a}{r_i}} \quad \text{(kg/cm}^2) \qquad (7)$$

und das Reibmoment $M_r = P \cdot \mu \dfrac{r_a + r_i}{2}$ wird bei flüssiger Reibung

$$M_r = \frac{\pi}{2} \cdot \eta \, \frac{\omega}{h}\,(r_a^4 - r_i^4) \quad \text{(cmkg)}. \qquad (8)$$

*Erwärmung und Öldurchfluß* siehe Gl. (5) und (6) S. 243.

*Gestaltung:* Die ruhende Spurplatte oder der Spurring aus GG oder gehärtetem Stahl wird meist einstellbar ausgeführt und gegen Drehung gesichert und mit radial oder spiral verlaufenden Schmiernuten versehen, die aber nicht bis zum Rande durchstoßen. Die Schmierung erfolgt stets von innen nach außen.

**3) Das Segment-Spurlager** (Bild 15/21). Beim *Kipp*segment-Lager mit richtig gewählter Unterstützung der $z$ Segmente und günstiger Ausführung ist[2]

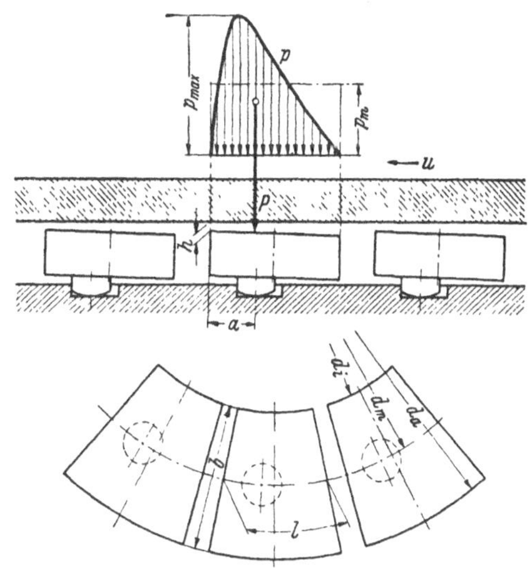
Bild 15/21. Schema eines Kippsegment-Spurlagers mit Schmierdruckverlauf $p$.

*Tragkraft* $\quad P = \dfrac{\eta \cdot \omega \cdot d_m \cdot z \cdot b \cdot l^2}{15\, h^2\,(1 + q^2)}$ (kg); (9) $\qquad$ *Reibwert* $\quad \mu = \sqrt{\dfrac{\eta \cdot \omega \cdot d_m \cdot \pi \cdot z \cdot b\,(1 + q^2)}{P}}$ . (10)

Bezeichnungen s. Bild 15/20 $\quad q = l/b$.

Hieraus ergibt sich mit Einsatz von $p_m = \dfrac{P}{\pi \cdot d_m \cdot b \cdot f}$ und Völligkeitsgrad $f = \dfrac{z \cdot l}{d_m \cdot \pi}$ für die Bemessung:

*Abmessungen* $\quad d_m \cdot b = \dfrac{P}{p_m \cdot f \cdot \pi}$ (cm$^2$); (11) $\qquad$ *Anzahl der Segmente* $\quad z = \dfrac{\pi \cdot d_m \cdot f}{q \cdot b}$ . (12)

*Ölzähigkeit* $\quad \eta = \dfrac{143\, p_m \cdot h^2\,(1 + q^2)}{n \cdot d_m \cdot b \cdot q}$ (kgs/cm$^2$); (13) $\qquad$ *Reibwert* $\quad \mu = 6,84\, \dfrac{h}{b}\,\dfrac{1 + q^2}{q}$ . (14)

*Erwärmung und notwendige Kühlölmenge* nach Gl. (5) und (6) S. 243.

---

[1] Nach SCHIEBEL [15/1].
[2] Nach SCHIEBEL [15/1]. Gleichung abgeleitet für geradlinige Bewegung.

*Erfahrungsangaben:* Schmierspalt kann etwa $h \geq 0,5 \cdot 10^{-4} \cdot d_m$ bei Betriebsdrehzahl angesetzt werden. Das Verhältnis $q = l/b = 0,6$ bis $1,5$; für $q = 1$ wird die Tragkraft ein Maximum bzw. das erforderliche $\eta$ ein Minimum; für $q = 1,5$ wird das Reibmoment $M_r = P \cdot \mu \cdot r$, also die Erwärmung ein Minimum. Anzahl der Segmente $z \approx 4 \cdots 16$ [1]; $f = 0,6$ bis $0,9$ (Platz für Ölstrom); $p_m = 25$ bis $50$ kg/cm² (bei Versuchen bis $500$ kg/cm² erreicht), abhängig vom zulässigen Anlaufverschleiß und Erwärmung.

Bei *mittiger* Unterstützung der Segmente (Wechsel der Drehrichtung) fällt Tragkraft auf $\approx 75\%$ und Reibwert ist etwas größer [2].

**Beispiel:** Für stehende Turbinenwelle $P = 90\,000$ kg, $n = 300$, $p_m = 30$ kg/cm², $f = 0,8$, $h = 0,5/10^4\,d_m$, $\vartheta_a - \vartheta_e = 50 - 25 = 25°$ C; $d_m \cdot b = 90\,000/(30 \cdot 0,8 \cdot \pi)$ $= 1200$ cm² nach Gl. 11.

*Gewählt:* $d_m = 60$ cm, $b = 1200/d_m = 20$ cm oder $d_i = d_m - b = 40$ cm, $d_a = d_m + b$ $= 80$ cm; $h = 0,5 \cdot 10^{-4} \cdot 60 = 3 \cdot 10^{-3}$ cm; $z = \pi \cdot 60 \cdot 0,8/(0,94 \cdot 20) = 8$ nach Gl. 12, für $q = 0,94$;

$$\eta = \frac{143 \cdot 30 \cdot 3^2}{300 \cdot 1200 \cdot 10^6} \frac{1 + 0,94^2}{0,94} = 0,215 \cdot 10^{-6} \text{ nach Gl. 13 bei } 50° \text{ Öltemperatur;}$$

geeignetes Öl: Nr. 2 Bild 16/1.

$$\mu = \frac{6,84 \cdot 3}{10^3 \cdot 20} \frac{1 + 0,94^2}{0,94} = 0,00205 \text{ nach Gl. 14; minutlicher Öldurchfluß}$$

$$Q' = \frac{P \cdot \mu \cdot n \cdot d_m}{320 \cdot \beta \cdot (\vartheta_a - \vartheta_e)} = \frac{90000 \cdot 0,00205 \cdot 300 \cdot 60}{320 \cdot 16,5 \cdot (50-25)} = 25\,l/\text{min}.$$

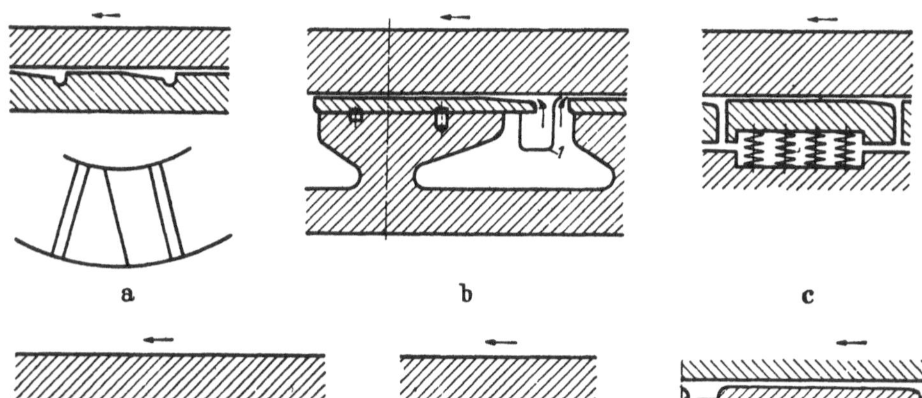

a                         b                         c

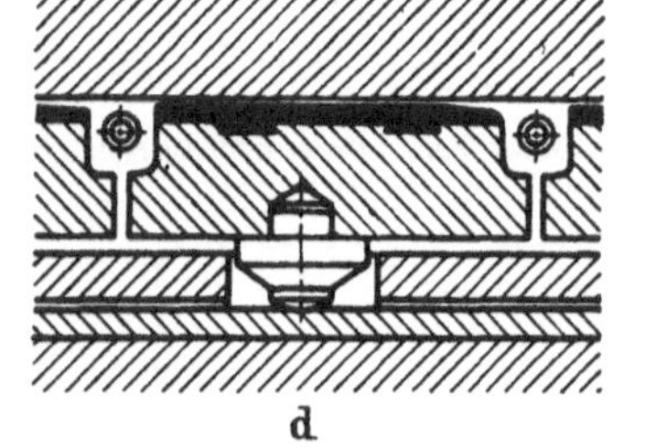

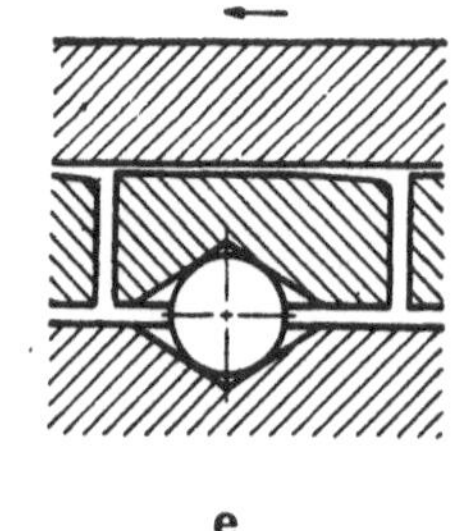

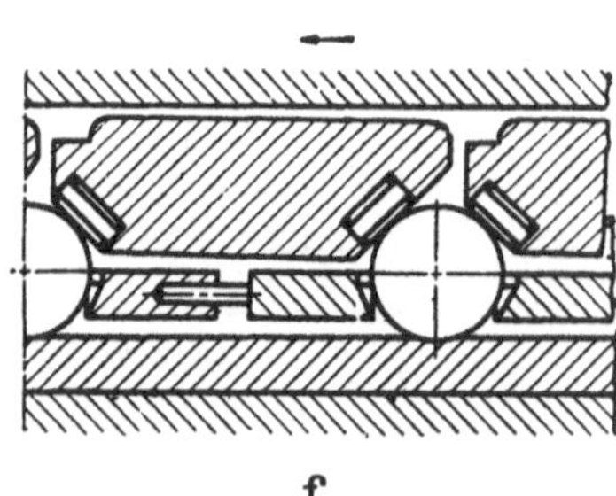

d                         e                         f

Bild 15/22. Verschiedene Segment-Anordnungen beim Spurlager: a Einringplatte mit radialen Nuten und Zuschärfung, b Einringplatte mit biegefedernden, pilzförmigen Tragstücken (Ateliers de Chamilles), c Kippsegment mit Abstützung auf zahlreiche Schraubenfedern (Gen. Electr. Comp.), d Kippsegment mit balliger Auflage auf Weicheisenring als Druckausgleich (ESCHER WYSS), e Kippsegment mit Zwischenkugel und kegeligen Vertiefungen zur Fixierung und Weicheisenauflage (NIEMANN), f Abstützkugeln zwischen den Segmenten (BBC).

**4) Gestaltung der Längslager** (s. Bild 15/22—15/24). *Einstellbarkeit:* Erstrebt wird außer der selbsttätigen Einstellung eines günstigen Anstellwinkels der Segmente eine gleichmäßige Lastverteilung auf alle Segmente (Punkt 2) und ferner radial über die Segmente. Bild 15/22 zeigt verschiedene Lösungen mit Druckverteilung durch ballige,

---

[1] Nach Versuchen von v. FREUDENREICH (Brown Boveri Mitt. Bd. 28 [1941], S. 366) an Segment-Spurlagern mit 10 Segmenten ($f = 0,73$) war die Gesamttragkraft am größten (150%), wenn 4 Segmente fortgenommen wurden ($f = 0,44$). Dieses Ergebnis weist auf den Einfluß der Ölabkühlung und Ölzuführung zwischen den Segmenten hin. Siehe hierzu Bild 15/22 b, wo durch Blechabstreifer zwischen den Segmenten das heiße Öl abgeführt wird.

[2] Nach SCHIEBEL [15/1].

durch federnde oder plastische (Weicheisen, Metall, Fiber) Auflage der Segmente bzw. des ganzen Spurringes (Bild 15/22).

Die *Segmente* erhalten Weißmetall- oder Preßstoffauflage und sind an der Einlaufkante abgerundet und schräg abgeflacht. Der Stützpunkt-Kantenabstand $a = l/2,4$ bis $l/2,6$ (Bild 15/21). Das Verhältnis $q = l/b = 0,6$ bis $1,5$ (Bild 15/21). Ein Wandern der Segmente auf der Unterlage ist gegebenenfalls durch Anschläge zu verhindern.

Der *obere Spurring* wird bei kleinen Lagern aus dichtem Feingußeisen, bei größeren aus Stahl hergestellt.

Die *Schmierung* erfolgt bei stehender Welle durch Tauchschmierung oder durch Umlauf-

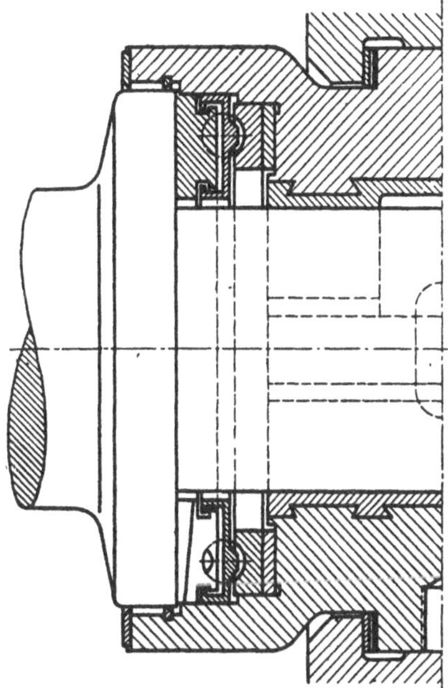

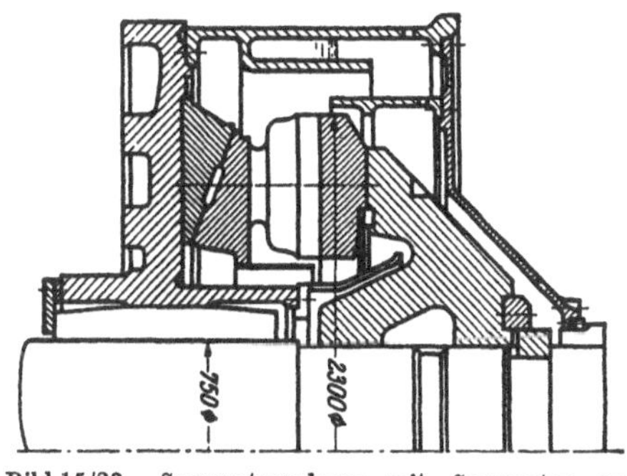

Bild 15/23. Segmentspurlager mit Segmenten nach Bild 15/22b für Wasserturbine für 900 t Belastung (Atelier des Chamilles).

Bild 15/24. Segmentspurlager verbunden mit Querlager (BBC), Segmente nach Bild 15/22f.

schmierung, meist mit radial angeordneten Ölrohren mit Spritzöffnungen in Gleitrichtung oder mit Ölführung durch Abstreifbleche nach Bild 15/22b und bei liegender Welle durch Ölzufuhr vom Querlager (Bild 15/24) oder ebenfalls durch Tauchschmierung.

## 15.7. Gleitwerkstoffe.

**1) Eignung.** Die gute Wirkungsweise der Gleitflächen hängt neben den Betriebsbedingungen (Belastung, Geschwindigkeit, Schmierung) von der *Form*paarung (Lagerspiel, Oberflächengüte, Einlaufzustand) und von der *Stoff*paarung der Gleitflächen ab.

Erwünscht ist eine Paarung, die

a) äußerst glättbar ist,

b) gut benetzungsfähig ist,

c) gut aufeinander „einläuft",

d) im Trockenlauf nicht „frißt" (Notlaufeigenschaft),

e) sich wenig ungleich ausdehnt und quillt,

f) genügende statische und dynamische Festigkeit, Wärme- und Korrosionsfestigkeit besitzt,

g) gut wärmeleitend ist und

h) als Plattierungsstoff gut bindungsfähig mit der Unterlage ist.

Die Eigenschaften $a$ bis $d$ werden nur für das Gebiet der nichtflüssigen Reibung benötigt [1].

Für die Gleitfläche der *Welle* (relativ zur Lastrichtung umlaufend) ist eine glatt-harte Oberfläche — z. B. aus gehärtetem Stahl oder aus graphitiertem Grauguß (GG-Büchse auf Welle) — besonders geeignet, während z. B. austenitischer Stahl hierfür ungünstig ist.

---

[1] Bei ausreichender Hochdruckschmierung (s. Bild 15/7) könnte man auf $a$ bis $d$ und ebenso auf die besonderen Schmiereigenschaften der Schmierstoffe verzichten.

Für die Gleitfläche des *Lagers* (relativ zur Lastrichtung ruhend) verwendet man durchweg besondere Stoffe, die weicher (bettungsfähiger) als die Gleitfläche der Welle sind und diese möglichst nicht angreifen, wie Zinn-, Blei- oder Zinklegierungen, ferner Bronzen, Sintereisen, Grauguß, Preßstoffe und andere (s. unten). Sie werden als *Voll-Lager* (Einstofflager) oder als *Verbund*-Lager (Mehrstofflager) verwendet.

*Verbundlager.* Als eigentliche Gleitschicht des Lagers genügt eine dünne Schicht, die durch Aufgießen, Aufspritzen, Galvanisieren usw. auf die Tragschale aufgebracht wird, wobei gegebenenfalls noch besondere Zwischenschichten zur besseren Bindung oder Bettung dienen (s. Fußnote [4] S. 239). Viel verwendet werden Ausführungen mit Weißmetall oder Bleibronze auf Stahlschale, aber auch auf Grauguß-Stahlguß oder Leichtmetall-Lagerkörpern.

Nachfolgend noch einige Angaben zu den verschiedenen Gleitwerkstoffen.

**2) Grauguß** (DIN 1691) ist wegen seiner Härte ($H_B \approx 150$) weniger bettungsfähig, empfindlich gegen Kantenpressung und greift bei unzureichender Schmierung und wenig geeignetem Gefüge leicht die Welle an, falls sie nicht gehärtet (und geschliffen) ist. Erwünscht ist ein Gefüge mit perlitischer Grundmasse und fein verteiltem Graphit. Erfahrungswerte: $p_m \leq 10 \ \mathrm{kg/cm^2}$, $v = 0{,}1$ bis $3 \ \mathrm{m/s}$.

**3) Sintereisen und Sintermetalle** aus Cu, Sn, Zn, Pb können bis 35% ihres Volumens an Öl aufnehmen und durch Kapillarwirkung ihre Gleitfläche selbst schmieren. Sie sind besonders geeignet bei geringer Geschwindigkeit ($v = 0{,}5 \ \mathrm{m/s}$, $p_m \leq 100 \ \mathrm{kg/cm^2}$) und schleichender Bewegung ($p_m \leq 350$), bei Schwinglagern, bei Nahrungsmittel- und Haushaltsmaschinen, Seilrollen, Förderbändern und Laufrädern, aber nicht bei stoßhaftem Betrieb. Zulässige Belastung für Sintereisen s. Tafel 15/5. Lagerspiel $\approx 2 \ d/1000$, z. B. Passung H 7 · e8 (Leichter Laufsitz).

**4) Messing** (DIN 1709) ist als Gleitwerkstoff weniger geeignet (stärkerer Zapfenverschleiß).

**5) Zinnbronze und Rotguß** (DIN 1705) mit $H_B \approx 60$—75 sind geeignet für hohe und stoßhafte Belastung; für hohe Temperaturen bei gleichzeitiger Korrosionsgefahr. Sie werden besonders bei Berührung mit Lebensmitteln verwendet. Bei Kantenpressung oder Heißlaufen ist Beschädigung der Welle zu befürchten. Lagerspiel $\geq 1{,}7 \cdot d/1000$ wegen größerer Wärmeausdehnung.

**6) Bleibronze** mit $H_B \approx 70$ eignet sich für noch höhere und stoßhafte Belastung bei hoher Temperatur. Sie ist verschleißfester als Weißmetall und ergibt eine geringere Anlaufreibung. Man verwendet sie besonders für Kolbenmotore, aber auch für Dampfturbinen, Werkzeugmaschinen, Schleifspindeln und im Lokomotivbau. Bekannt sind Verbundlager mit St-Schale und Bleibronze, Ausguß von 0,25 bis 1 mm Dicke. Im Hinblick auf die größere Härte und geringere Einlauffähigkeit der Bleibronze sind möglichst gehärtete Zapfen mit glatter Oberfläche zu verwenden. Lagerspiel $1 \cdot d/1000$ bis $1{,}5 \cdot d/1000$ und Schmieröl-Zuleitungsdruck etwa 3 bis 6 atü. Zulässige Belastung z. B. für $d = 5 \ \mathrm{cm}$, $b = 5 \ \mathrm{cm}$, $n = 200$ etwa $p_m = 315 \ \mathrm{kg/cm^2}$ bei Druckschmierung, $= 155$ bei Ringschmierung, $= 78$ bei Tropfschmierung.

**7) Al-Bronze** (DIN 1714) als Austausch für Zinnbronze verlangt wegen ihrer größeren Wärmeausdehnung ein größeres Lagerspiel. Sie ist wegen ihrer größeren Härte ($H_B = 90$) und ihrer schlechteren Notlaufeigenschaften empfindlicher gegen Kantenpressung und Schmutz (Abdichtung!).

**8) Weißmetalle** (DIN 1703) sind Sparmetalle! Sie besitzen vorzügliche Gleit-, Einlauf- und Notlaufeigenschaften, sind aber nicht für stoßhafte Belastung geeignet. Man verwendet sie in dünnerer Auflage von 0,55 bis 2 mm für GG-, St-, GS- oder Leichtmetallschalen. Lagerspiel $\geq 0{,}5 \cdot d/1000$. An Stelle der einzusparenden Weißmetalle verwendet man weitgehend zinnarme ($< 10\%$ Sn) Weißmetalle (DIN 1728). Sie sind nach SCHLESINGER als Spritzgußlager mit sehr enger Passung zur Präzisionslagerung von Spindelköpfen an Drehbänken besonders geeignet [*15/7*].

**9) Zinklegierungen** mit $H_B = 40$ bis $80$ zeigen gute Einlauf- und Notlaufeigenschaften. Sie sind noch in der Entwicklung begriffen. Lagerspiel $\approx 1{,}5\,d/1000$; höchste Lagertemperatur etwa $80°$ C. Belastungswerte bei $30°$ Übertemperatur etwa:

| $v$ (m/s) | 2 | 3 | 4 | 5 |
|---|---|---|---|---|
| $p_m$ (kg/cm²) | 170 | 100 | 40 | 10 |

**10) Magnesium-Knetlegierung** (DIN 1729) verwendet man als Vollager für geringe bis mittlere Belastungen, z. B. für Nockenwellen, Ölpumpen und Stößelpumpen. Zu beachten ist ihre große Wärmedehnung.

**11) Duralumin-Pleuel** kann man ohne Ausguß gegen gehärtete Zapfen laufen lassen (bereits angewendet bei Diesellastwagen).

**12) Quarzal** (eine Quarz–Al-Legierung) wurde für Pleuellager erprobt und ergab hierfür eine größere Lebensdauer als Bz [*15/39*].

**13) Kunstharzpreßstoffe** (DIN 7703 und 16902) zeigen gute Laufeigenschaften und geringen Verschleiß, wenn sie gegen vergütete oder noch besser gehärtete Stahlzapfen laufen. Ihre schlechte Wärmeleitung erfordert aber eine gute Kühlung (bzw. geringe Belastung) und ihre Quelldehnung ein größeres Lagerspiel ($\geq 4{,}5 \cdot d/1000$ bei $b/d = 1$). Als Wanddicke der Kunstharz-Lagerbüchsen nimmt man etwa $0{,}1 \cdot d$ (sehr dünne aufgepreßte Kunstharz-Schichten quellen noch weniger). Bewährt sind nach Tafel 15/2 Kunstharzlager bei niedriger Belastung und Geschwindigkeit für Dauerförderer, Hebezeuge, Feldbahnwagen, Landmaschinen und bei Walzwerken mit Wasserkühlung und -schmierung bis $p = 250\ \mathrm{kg/cm^2}$ bei $v = 1\ \mathrm{m/s}$

Belastungswerte a) bei guter, b) bei weniger guter Wärmeableitung nach VDI-Richtlinien:

| $v$ (m/s) | $\sim 0$ | 0,16 | 0,5 | 1 | 2 |
|---|---|---|---|---|---|
| a) $p_m$ (kg/cm²) | 20 | 30 | 20 | 10 | 5 |
| b) $p_m$ (kg/cm²) | 10 | 17 | 10 | 5 | 3 |

Bei Kurbelwellen-Lagerungen kennt man auch die Anordnung des Preßstoffs an der Welle (s. GILBERT und LÜRENBAUM [*15/36*]). Selbstschmierende Kunstharzlager s. [1].

**14) Hartholz** (Pockholz, Eiche, Esche, Rotbuche) wurde in bestimmten Fällen bei geringem $v$ und mittlerem $p$ verwendet. Heute bevorzugt man hierfür Preßstoffe oder Preßholz. Bei Textil- und graphischen Maschinen verwendet man auch selbstschmierende und nichttropfende Lager aus Preßholz, dessen Poren mit Lagermetall und Schmierstoff ausgefüllt sind[1].

**15) Weichgummi** mit 7 bis 20 mm Wanddicke einvulkanisiert und Bohrung geschliffen ist bewährt bei Lagern in Flüssigkeiten, z. B. für Schiffsschrauben, Wasserturbinen und Pumpen und ist unempfindlich gegen harte Verunreinigungen (schraubenförmige Schmiernut zur Kühlung!); $p \leq 5\ \mathrm{kg/cm^2}$, $v = 0{,}5$ bis $25\ \mathrm{m/s}$. Günstigste Schmierung für Gummi s. [2].

**16) Glas und Edelsteine** werden auf Sondergebieten, z. B. für Lager in Uhren und in der Feinmechanik und chemischen Industrie verwendet. Sie besitzen keine Notlaufeigenschaften.

**17) Feinkeramische Stoffe und emaillierte Stahllager** (Welle mit Gummibüchse) verwendet man in der chemischen Industrie für Sonderzwecke, z. B. bei Säurepumpen und Rührwerken.

**18) Hartmetall** hat sich neuerdings für Spitzenlagerungen (Hartmetall-Kegelspitze gegen Hartmetallager mit Kegelbohrung) von Schleifspindeln usw. bei hohen Geschwindig-

---

[1] Polyamide als selbstschmierende Lager, s. VIEWEG: Z. VDI Bd. 90 (1948) S. 331.

[2] Nach Machinery, Febr. 1940, S. 99 ist Glyzerin in Alkohol 1:2, mit Graphit und Wasser das Beste zur Schmierung.

keiten besser als Wälzlager bewährt, da es nicht „frißt" und hohe Drücke und Temperaturen verträgt [*15/41*].

**19) Graphitierte Lagerbüchsen** sind geeignet für hohe Temperaturen (bis 300°) und dort, wo Öl nicht erwünscht ist ($p_m \leq 4{,}5\ \mathrm{kg/cm^2}$, $v \leq 1\ \mathrm{m/s}$, $p \cdot v \leq 1$).

**20) DIN-Blätter über Gleitstoffe.**

| | DIN | | DIN |
|---|---|---|---|
| Weißmetall. . . . . . . . . . . | 1703 | Blei-Bronzen . . . . . . . . . . | 1716 |
| Blei, Zinn und ihre Legierungen . . | 1728 | Magnesium-Legierungen . . . . . . | 1729 |
| Zink und Zinklegierung . . . . . | 1724 | Grauguß. . . . . . . . . . . . | 1691 |
| Bronze und Rotguß. . . . . . . | 1705 | Einsatzstahl . . . . . . . . . . | 17210 |
| Messing und Sondermessing . . . . | 1709 | Stahlguß . . . . . . . . . . . | 1681 |
| Al-Bronzen . . . . . . . . . . | 1714 | Preßstoff-Lager und -Büchsen . . . | 7703, 16902 |

## 15.8. Schrifttum zu 15.


### Allgemein und Gestaltung.

[*15/1*] SCHIEBEL, A. u. K. KÖRNER: Die Gleitlager. Berlin: Springer 1933.

[*15/2*] RIEBE, A.: Gleitlager mit Abmessungen von Wälzlagern. Z. VDI Bd. 78 (1934) S. 444.

[*15/3*] ERKENS, A.: Konstruktive Lagerfragen. Berlin: VDI-Verlag 1940.

[*15/4*] KLEMENCIC, A.: Bemessung und Gestaltung von Gleitlagern. Z. VDI Bd. 87 (1943) S. 409.

[*15/5*] OSCHANITZKY, H.: Die Traglager von elektrischen Maschinen. Elektrotechn. u. Maschinenb. 58 (1940) S. 518.

[*15/6*] WOLFF, R.: Gleitachslager für Eisenbahnfahrzeuge. Z. VDI Bd. 76 (1932) S. 529 u. 1076.

[*15/7*] TAIT, W. H.: Gleitlager, einige Betrachtungen über Werkstoffe und Bauart. Automob. Engr. Nr. 486 (1947) S. 111.

[*15/8*] FRÖSSEL, W.: Mehrgleitflächenlager. Techn. Handwerk Bd. 2 (1947) H. 11. Augsburg: Manu-Verlag.

[*15/9*] BALL, M.: Glatte Oberflächen erhöhen die Leistungsfähigkeit von Gleitlagern (erreichte Oberflächengüte 0,015 $\mu$). Werkstatt u. Betrieb Bd. 81 (1948) S. 230.

[*15/10*] GEBAUER, K.: Die Herstellung von hartverchromten Gleitflächen mit guten Laufeigenschaften. Metalloberfläche Bd. 2 (1948) S. 161.

### Schmiertheorie und Versuche.

[*15/11*] — Oswalds Klassiker Nr. 218. Leipzig: Akadem. Verlagsges. 1927 (enthält die klassischen Arbeiten von PETROW, REYNOLDS, SOMMERFELD und MICHELL).

[*15/12*] STRIBECK, R.: Die wesentlichen Eigenschaften der Gleit- und Rollenlager. Z. VDI Bd. 46 (1902) S. 1341, 1432, 1463 und VDI-Forsch.-Heft 7.

[*15/13*] MICHELL, A. G. M.: Die Schmierung ebener Flächen. Z. Math. u. Physik Bd. 52 (1905) S. 123.

[*15/14*] LASCHE, O.: Die Reibungsverhältnisse in Lagern mit hohen Umfangsgeschwindigkeiten. Z. VDI Bd. 46 (1902) und VDI-Forsch.-Heft 9 (1903) und Konstruktion und Material im Bau von Dampfturbinen. Berlin: Springer 1925.

[*15/15*] GÜMBEL, L. u. E. EVERLING: Reibung und Schmierung im Maschinenbau. Verlag von M. Kray 1925.

[*15/16*] FALZ, E.: Grundzüge der Schmiertechnik. Berlin: Springer 1931.

[*15/17*] NÜCKER, W.: Über den Schmiervorgang in Gleitlagern. VDI-Forsch-Heft 352 (1932).

[*15/18*] RUMPF: Reibung und Temperatur in Gleitlagern. VDI-Forsch.-Heft 393 (1938).

[*15/19*] THOMA, H.: Der Heißlauf der Gleitlager. Forschg. Ing.-Wes. 9 (1938) S. 149.

[*15/20*] TEN BOSCH: Die Reibung in Gleitlagern. Schweiz. Bauztg. (1932) S. 321 und Flüssigkeitsreibung bei eintuschierten Lagern. Schweiz. Bauztg. (1933) S. 241, ferner Vorlesungen über Maschinenelemente. Berlin: Springer 1940.

[*15/21*] STIEBER, W.: Das Schwimmlager. Berlin 1933.

[*15/22*] FRÖSSEL, W.: Nachprüfung der hydrodynamischen Schmiertheorie durch Versuche. Forschg. Ing.-Wes. 9 (1938) S. 261.

[*15/23*] HERSEY, M. D.: Theorie of Lubrication. London: Chapman a. Hall Ltd. 1938 (mit 400 Schriftt.-Angaben).

[*15/24*] BAUER, K.: Einfluß der endlichen Breite des Gleitlagers auf Tragfähigkeit und Reibung. Forschg. Ing.-Wes. 14 (1943) S. 48.

[*15/25*] VOGELPOHL, G.: Beiträge zur Kenntnis der Gleitlagerreibung. VDI-Forsch.-Heft 386 (1937).

[*15/26*] ROTZOLL, E.: Untersuchungen an einem Gleitlager ... (Mackensen-Lager). Diss. TH. Hannover 1935.

[*15/27*] BOLLENRATH, FR.: Erfahrungen mit elektrolytisch hergestellten Laufschichten in Gleitlagern unter besonderer Berücksichtigung des Auslandes. Metalloberfläche Bd. 1 (1947) S. 3.

[*15/28*] LÜPFERT, H.: Die Notlaufeigenschaften der Gleitlagermetalle in Maschinen der Feinmechanik. VDI-Forsch.-Heft 417. Berlin 1942.

*Gleitwerkstoffe.*

[15/29] KÜHNEL, R.: Werkstoffe für Gleitlager. Berlin: Springer 1939 und Z. VDI Bd. 85 (1941) S. 201.

[15/30] EVANS: Neuere Entwicklung auf dem Gebiet der Lagermetalle. Chemical Industry (London) 6/39 Nr. 20002—2.

[15/31] BUNGARDT, W. Lagermetalle, Ringbuch der Luftfahrt II Bd. II C 5. (Gute Übersicht und Schrifttum.)

[15/32] HÖFINGHOFF, W.: (Reichsbahnlager.) Z. VDI Bd. 84 (1940) S. 465 und 581.

[15/33] *Grauguß*:
Meboldt. Z. VDI Bd. 79 (1935) S. 629.

[15/34] *Bleibronze*:
BLANKENFELD: Metallkde. 31 (1939) S. 31.
CLAUS: Metallwirtsch. 16 (1937) S. 109.
SPRINGERUM: Techn. Zbl. f. prakt. Metallbearbeitg. 47 (1937) S. 27. — Deutsches Kupferinstitut, Bleibronze als Lagerwerkstoffe. Berlin: Selbstverlag 1938.
FISCHER, G.: Untersuchung von Bleibronze-Ausgüssen in der DVL-Lagerprüfmaschine. Luftf. Forschg. Bd. 16 (1939) S. 370.

[15/35] *Sintermetall*:
BAUM: Öl u. Kohle 11 (1935) S. 697.
ROLLFINKE: Z. VDI Bd. 84 (1940) S. 681 und 953.
HEIDEBROEK: Z. VDI Bd. 88 (1944) S. 205.
EISENKOLB, F.: Die Technik Bd. 1 (1946) S. 173.
RITZAU: Metallkeramiklager. Werkst.-Techn. Bd. 35 (1941) S. 145.
ROTHE, E.: in VDI-Sonderheft „Konstruieren in neuen Werkstoffen". Berlin: VDI-Verlag 1942.
REUTHE, W.: Sintereisen für Lagerung und Antrieb im Werkzeugmaschinenbau. Maschinenbau, Betrieb Bd. 21 (1942) S. 161.
KOEHLER, M.: Demag-Nachr. Ausgabe C Bd. 15 (1941) Nr. 1.
FIRMENSCHRIFTEN: Ringsdorff-Werke K. G., Mehlem a. Rhein; Schunk u. Ebe, Gießen. Vereinigte Dtsch. Metallwerke, Heddernheim.

[15/36] *Kunstharz*:
VDI-Richtlinien, Gestaltung und Verwendung von Gleitlagern aus KH.-Preßstoff. Berlin: VDI-Verlag 1939.
ACHILLES: (Verwendungsmöglichkeiten.) Z. VDI Bd. 80 (1936) S. 1317.
HEIDEBROEK: (Betriebserfahrungen und Belastbarkeit.) Z. VDI Bd. 82 (1938) S. 755 u. Masch.-Bau 17 (1938) S. 445.
GILBERT: (Versuche des VDI.) Masch.-Bau 16 (1937) S. 363.
GILBERT und LÜBENBAUM: (Hochbelastbare Lager.) Z. VDI Bd. 86 (1942) S. 139.
STROHAUER: (Vergleich mit Metallagern.) Z. VDI Bd. 85 (1938) S. 1441.
BARNER: (Versuche). Kunststoffe 27 (1937) S. 324.
LEHR: (Versuche.) Kunststoffe 28 (1938) S. 161.
KLING: (Für Pressen). Z. VDI Bd. 84 (1940) S. 39.
LUTZE: (Für Hartzerkleinerungsmaschinen.) Z. VDI Bd. 84 (1940) S. 691.
HENSKY: (Für Pumpen.) Z. VDI Bd. 84 (1940) S. 159.
OTTO: (Für Straßenbahn.) Z. VDI Bd. 84 (1940) S. 644.
ROHDE: (Für Walzwerke.) Z. VDI Bd. 84 (1940) S. 832.
NIGGEMEYER: (Für Dampfkraftwerke.) Arch. Wärmewirtsch. 19 (1938) S. 60.
ERNST: (Kranbetrieb.) Mitt. Forsch.-Anst. G. H. H.-Konz. Bd. 5 (1937) S. 135.
THIESSEN: (Schmierung.) Kunststoffe 27 (1937) S. 311.
MÄCKELT: (Für Schienenfahrzeuge.) Mitt. Forsch.-Inst. Maschinenwes. Baubetrieb H. 11 (1939).

[15/37] *Austauschstoffe*:
NASS: Masch.-Bau 19 (1940) S. 189.
BRENNECKE: (Für Kraftmaschinen u. Elektromotore.) Arch. Wärmewirtsch. 21 (1940) S. 223.
OPITZ: Masch.-Bau 19 (1940) S. 233.
ROHDE: (Walzenlager.) Z VDI Bd. 83 (1939). S. 1209.
BECKER: (Gestaltungsfragen.) Arch. Wärmewirtsch. 18 (1937) S. 255.

[15/38] *Leichtmetall*:
BUSKE: (Für Flugmotor.) ATZ 42 (1939) S. 355.
KÜNZEL: ATZ 42 (1939) S. 645.
VERSUCHSERGEBNISSE: DVL-Forschungsbericht 979 (Okt. 1938).
FISCHER: Luftf.-Forsch. 16 (1939) S. 1.
STERNER-RAINER: Masch.-Bau 20 (1941) S. 73.
HEIDEBROEK: Die Technik 4 (1949) S. 449.

[15/39] *Quarzal*:
VON SCHWARZ: Metallwirtsch. 16 (1937) S. 771.

[15/40] *Zink*:
BAYER: Z. VDI Bd. 84 (1940) S. 565.
SCHMIDT-WEBER: Z. VDI Bd. 84 (1940) S. 1017.

[15/41] *Hartmetall*:
— *Hartmetalle als Gleitlager* für Schleif- und Abrichter. VDI-Nahr. Nr. 1 (1949) S. 2, ferner
Industrial Diamond Review Bd. 8 (Juli 1948) S. 203.
SCHÖNING: Maschinen- und Vorrichtungsteile aus Hartmetall. Werkstatt u. Betrieb Bd. 81 (1948)
S. 50.

[15/42] *Email*:
— Emailverstärkte Stahllager. Metalloberfläche Jg. 2 (1948) S. 220.

[15/43] *Herstellung des Lagerausgusses*:
BEILFUSZ: (Schleuder- und Druckguß.) Z. VDI Bd. 80 (1936) S. 1475.
BACKOF: Masch.-Bau 19 (1940) S. 27.

### *Schmierung* (Schmierstoffe s. S. 268).

[15/44] — Reibung und Schmierung. Sonderheft d. Z. Masch.-Bau 1931 u. Masch.-Bau (1932) S. 392.
[15/45] — Proceedings of the general discussion on Lubrication and lubricants. London 1937.
[15/46] WOLF, K. L.: Molekularphysikal. Probleme der Schmierung. Z. VDI Bd. 83 (1939) S. 781.
[15/47] DONANDT, H: Grenzschmierung. Z. VDI Bd. 80 (1936) S. 821.
[15/48] HEIDEBROEK, E. u. E. PIETSCH: (Grenzreibung.) Forschg. Ing.-Wes. 12 (1941) S. 74.
[15/49] THIESSEN: Schmierung von Kunststofflagern. Kunststoffe 27 (1937) S. 290.
[15/50] HUBER-EIBERGER: Frischölschmierung bei Pleuellager. Dtsch. Kraftfahrtforsch. H. 4. Berlin:
VDI-Verlag 1938.
[15/51] MEIER, E.: Gleitlager und deren Schmierung. ATZ 37 (1934) S. 138.
[15/52] TRAEG, F.: Ölschmierung bei Werkzeugmaschinen. Sonderdruck des Techn. Zbl. prakt. Metallbearb.
(1937).
[15/53] TRAEG, F.: Fettschmierung. Berlin: VDI-Verlag 1938.
[15/54] SCHRÖTER, H. v.: Die Schmierung von Gleitlagern mit konsistenten Fetten. Diss. TH. Karlsruhe
1933.
[15/55] WAGNER: Schmierung der Heißdampflokomotive. Z. VDI Bd. 69 (1925) S. 1589.
[15/56] MÜLLER, K.: Ölmengenmessungen an Ringschmierlagern. Versuchsfeld für Masch.-Elemente.
TH. Berlin (1930) H. 10. Verlag Oldenbourg.
[15/57] — Schmierung bei Kältemaschinen und Gummilagern. Machinery (1940) S. 29.
[15/58] — *Zentral-Hochdruck-Schmierpumpen* für Öl bzw. Fett s. Sonderschriften d. Firma R. Bosch,
Stuttgart; J. Vögele, Mannheim; C. Bauch, Rosswein, Helios-Apparate, Heidelberg.
[15/59] KINDSCHER, E.: Neue Erkenntnisse über Reibung, Schmierung und Verschleiß. Die Technik Bd. 2
(1947) S. 72.
[15/60] VOGELPOHL, G.: Die geschichtliche Entwicklung unseres Wissens über Reibung und Schmierung I.
Öl u. Kohle Bd. 36 (1940) S. 89 u. S. 129.
[15/61] LUDWIG, N.: Reibungszahl verschieden bearbeiteter u. veredelter Oberflächen bei trockener, gleitender Reibung. Die Technik Bd. 2 (1947) S. 166.
[15/62] REUSCHKE, W.: Schmierung, Werkstattkniffe, Folge 2. München: Hanser-Verlag 1948.

### Nachtrag.

[15/63] VOGEL, A.: Reibungsvorgänge in längsbeweglichen Querlagen. Forschg. Bd. 7 (1936) S. 221.
[15/64] ENDRES, W.: Elastische Lagerschalen. Z. VDI Bd. 79 (1935) S. 982.
[15/65] THOMA: Der Heißlauf der Gleitlager. Forschg. Bd. 9 (1938) S. 149 ($p =$ etwa 50 kg/cm² für schnell-
laufende Lager). .
[15/66] KÜHNEL: Bewährung der metall. Gleitlager-Werkstoffe. Z. VDI Bd. 85 (1941) S. 201.
[15/67] BUSKE, A.: Die Abhängigkeit der Lagerbelastbarkeit von der Lagerbauform. Jb. 1942 dtsch. Luftf.
[15/68] VOGELPOHL, G.: Ähnlichkeitsbeziehungen der Gleitlagerreibung und untere Reibungsgrenze. Z. VDI
91 (1949) S. 379. — Reibungsmessungen auf Prüfmaschinen und ihr Wert zur Beurteilung der
Schmierfähigkeit von Ölen. Erdöl und Kohle. Bd. 2 (1949), S. 551.
[15/69] HÜLLEN, H.: Die Flüssigkeitsströmung zwischen beweglichen Zylinderflächen. Die Technik Bd. 2
(1947) S. 46.
[15/70] RICHTER, F. u. W. HARTE: Lagermetalle unter Berücksichtigung einer besonderen Bleilagerlegierung.
Werkstatt u. Betrieb 82 (1949) S. 114.
[15/71] WEBER, R.: Eigenschaften und Anwendung metallischer Gleitlagerwerkstoffe. Metallkunde 39
(1948) S. 240.
[15/72] HEIDEBROEK, E : Richtlinien für den Austausch von Wälzlagern gegen Gleitlager. Die Technik 4
(1949) S. 53. — Vergleichende Untersuchung an Lagerschalenwerkstoffen, Berlin: VDI-Verlag 1941.
[15/73] KALPERS, H.: Lagerteile aus Feinstzink-Schleuderguß. Werkstatt u. Betrieb 82 (1949) S. 54.
[15/74] CRAMER, H.: Über die Reibung und Schmierung von feinmechan. Geräten. Diss. T.H. Braunschweig 1949.

# 16. Schmierstoffe.
## 16.1. Übersicht.

Die Schmierstoffe sollen vor allem Reibwert und Verschleiß an den Gleitflächen auf ein Minimum herabsetzen, indem sie einen Schmierfilm zwischen den Gleitflächen bilden. Oft sollen sie außerdem die Reibwärme abführen, vor Rost schützen und abdichten.

Im Maschinenbau verwendet man vorwiegend *Mineralöle und Mineralfette*, in besonderen Fällen aber auch andere Schmierstoffe wie Öle und Fette *organischen* Ursprungs („fette Öle"), oder *Mischungen* von Mineralölen mit organischen („gefettete Öle"), oder mit wäßrigen Lösungen von Alkalien (s. Emulsionsöle), ferner *synthetische* Öle (noch in der Entwicklung) und *Graphit*-Schmiermittel [1].

**1) Mineralöle.** Sie sind billig und oxydieren nur wenig. Sie werden vorwiegend aus Erdöl gewonnen und in geringerem Umfang aus Steinkohle, Braunkohle und Schiefer.

Man unterscheidet

a) *nach der Herstellung:*

*Destillate*, das sind die aus dem Rohöl durch Destillation gewonnenen Öle (im Reagenzglas meist nur wenig durchscheinend); dann

*Raffinate*, das sind chemisch und physikalisch gereinigte bzw. weiterbehandelte Destillate (im Reagenzglas meist durchsichtig!) und schließlich die

*Rückstandöle*, die bei der Destillation zurückbleiben (auch im Tropfen nur wenig durchscheinend);

b) *nach der Zähigkeit:*

*Spindelöle* (dünnflüssig), *Maschinenöle* (mittelflüssig) und *Zylinderöle* (dickflüssig);

c) *nach den sonstigen Eigenschaften*

wie Schmierfähigkeit, Kälte-, Wärme- und Druckverhalten, Beständigkeit gegen Wärme, Sauerstoff, Wasser und Metalle und andere.

d) *nach der Verwendung:*

Getriebeöle, Turbinenöle, Schneidöle usw., s. Tafel 16/2.

**2) Mineralfette.** Sie zeichnen sich gegenüber den Mineralölen durch ihren hohen Tropfpunkt (plastische Konsistenz) aus. Sie werden meist als Aufquellungen von Natronseifen oder Kaliseifen hergestellt. Wir kennen aber auch unverseifte, reine Mineralfette, wie Vaseline und Invarol. Letzteres zeichnet sich durch große Beständigkeit aus und bleibt auch bei wiederholter Erhitzung auf $+70^\circ$ C unverändert (sehr geeignet für Lager der Feinmechanik).

Man unterscheidet sie

a) *nach ihrer Verwendung:*

Maschinenfette, Wagenfette, Wälzlagerfette, Heißlagerfette usw.

b) *nach ihren Eigenschaften,*

wie Temperaturverhalten und Alterungsbeständigkeit (Tropfpunkt, Verharzen, Zersetzen, Altern), Konsistenz (weich bis zäh), Druckaufnahmefähigkeit, Wasserbeständigkeit (kalkverseifte Fette sind wasserbeständiger aber weniger wärmebeständig als natronverseifte) und Farbe.

**3) „Fette" (organische) Öle,** wie Rüböl, Oliven-, Rizinus- und Knochenöl, Talg usw. besitzen eine hohe Schmierfähigkeit; sie sind aber teuer und altern (oxydieren und verharzen) ziemlich schnell. Sie werden daher nur für Sonderzwecke verwendet, z. B. als Zusätze für

**4) „Gefettete" Mineralöle,** die man wegen ihrer guten Emulgierung mit Wasser mit Vorteil bei Dampfzylindern und Walzenzapfen verwendet und ferner dort, wo eine besonders hohe Schmierfähigkeit (Hochdrucköl) erforderlich ist, wie bei Schneckentrieben und versetzten Kegeltrieben. Ihre Neigung zum Verharzen kann durch elektrische Glimmentladungen (Voltolöle, s. Bild 16/1) erheblich verringert werden.

---

[1] In Sonderfällen; z. B. bei Wasserpumpen und Walzwerken schmiert man auch mit Wasser.

**5) Emulsionsöle**, d. h. innige Mischungen von Mineralölen mit wäßrigen Lösungen bestimmter Alkalien, besitzen eine große Adhäsion und ergeben selbst bei hohen Überhitzungstemperaturen keine erheblichen Rückstände, so daß sie sich als Heißdampföle (Dampfzylinder) besonders eignen.

**6) Graphit-Schmiermittel.** Graphit verwendet man

a) zum *Vorgraphitieren* der Gleitflächen, um diese benetzungsfähiger, glatter und freßsicherer zu machen und die Einlaufzeit abzukürzen;

b) in *kolloidaler* Form (Kollag und ähnliches) als Zusatz zum Öl oder Fett, um die unter a) angegebenen Wirkungen zu erreichen;

c) als *Graphit-Trockenschmierung* bei langsamen Bewegungen, oder bei hohen Temperaturen (bis 300° C), wenn andere Schmierstoffe weniger geeignet sind.

**7) Auswahl der Schmierstoffe.** Sie ist in hohem Maße eine Frage der Erfahrung und erfordert oft die Berücksichtigung zahlreicher Gesichtspunkte, so daß man bei neuen Umständen gut daran tut, den ausgezeichneten „Technischen Dienst" der Mineralöl- und Schmierstoff-Industrie heranzuziehen.

Ein wesentlicher Gesichtspunkt ist bei Gleitbewegungen stets die unter den Betriebsbedingungen (örtliche Pressung, Geschwindigkeit und Temperatur) erforderliche *Zähigkeit*. Je höher die örtliche Flächenpressung und je geringer die Gleitgeschwindigkeit, desto größer muß die Zähigkeit (und bei Gefahr des Fressens die „Schmierfähigkeit") des Schmierstoffs sein, wobei der Einfluß der Temperatur und bei hohen örtlichen Drücken (z. B. bei Zahnrädern) der Einfluß des Druckes auf die Zähigkeit zu beachten ist (Näheres s. S. 265).

Umgekehrt ist bei hohen Gleitgeschwindigkeiten eine geringe Ölzähigkeit erwünscht, weil sonst durch die innere Reibung im Öl die Temperatur und der Energieverbrauch zu sehr ansteigen.

Bei *höherer Temperatur* sind Öle erwünscht, die auch bei dieser Temperatur genügend zäh sind, d. h. eine *flache* Viskositätskurve besitzen (s. Bild 16/1).

Bei *hohen örtlichen Drücken* ($p \geqq 300\,\text{kg/cm}^2$) sind Schmierstoffe mit erheblicher Steigerung der Zähigkeit unter Druck oder **mit erhöhter Haftfähigkeit** (z. B. chemisch aktivierte Hypoidöle) erwünscht.

Für *Umlaufschmierung* ist die Alterungsbeständigkeit wesentlich.

Einen ersten Überblick für die geeignete Wahl der Schmierstoffe nach dem Verwendungszweck bieten Tafel 16/1 und 16/2. Weitere Angaben s. Lagerschmierung S. 251 und Zahnräder (Bd. 2).

**Tafel 16/1.** *Schmierfette nach DIN* (inzwischen zurückgezogen).

| Verwendung | DIN | Tropfpunkt über ° C | Wassergehalt unter % | Bemerkungen |
|---|---|---|---|---|
| Wälzlagerfett . . . . . . . | 6562 | | | Ganz leichte kleine Kugellager können mit Vaseline, Tropfpunkt 35°, geschmiert werden |
|   a) bei geringer Drehzahl . | | 120 | 1 | |
|   b) bei hoher Drehzahl . . | | 60 | 2 | |
| Heißlagerfett . . . . . . . | 6563 | 120 | 1 | Zusatz von Farbstoff erhöht den Schmierwert nicht |
| Getriebefett . . . . . . . . | 6564 | 75 | 4 | Zusatz von Farbstoff erhöht den Schmierwert nicht |
| Maschinenfett (Staufferfett). | 6565 | 75 | 4 | Für Emulsionsfett ist der Wassergehalt höher |
| Wagenfett . . . . . . . . | 6566 | 60 | 6 | Für Achsen von Fuhrwerken und Förderwagen |
| Förderwagenspritzfett . . . | 6567 | 45 | 6 | |
| Drahtseilfett . . . . . . . | 6568 | 50 | 6 | |
| Hanfseilfett . . . . . . . . | 6569 | 60 | 6 | |
| Zahnradfett . . . . . . . . | 6570 | 45 | 6 | |
| Kaltwalzenfett. . . . . . . | 6571 | 50 | 6 | |
| Brikettwalzenfett . . . . . | 6572 | 80 | 6 | |
| Heißwalzenfett . . . . . . . | 6573 | >18° über Erweichungsp. | -0,1 | Erweichungspunkt nicht unter 60° |

**Tafel 16/2.** *Schmieröle nach DIN* (inzwischen durch neue DIN ersetzt).

| Verwendung | DIN | Flamm-punkt über °C | Viskosität °E | bei °C | Bemerkungen |
|---|---|---|---|---|---|
| für Feinmechanik . . . . . . | 6542 | 125 | 1,8 | 20 | Für Büromaschinen, Meßgeräte, Nähmaschinen usw. |
| *Lager* . . . . . . . . . . | 6543 | | | | |
| a) raschlaufende Zapfen . . | | 140 | 1,8···4 | 50 | Elektromotoren, Kugellager, Rollenlager, Transmissionen |
| b) normal bel. Zapfen. . . . | | 160 | 4···7,5 | 50 | Für Ring-, Tropf-, Umlaufschmierung |
| c) schwer bel. Zapfen . . . | | 170 | >7,5 | 50 | Für langsam laufende Maschinen |
| *Achsen* . . . . . . . . . | 6544 | | | | |
| a) für Bundesbahn . . . . . | Sommeröl | 160 | 8 ··· 10 | 50 | Für Eisenbahn-, Kleinbahn-, Straßenbahnwagen und Förderwagen |
| | Winteröl | 140 | 4,5 ··· 8 | 50 | |
| b) für sonstige Zwecke . . . | Sommeröl | 140 | >4 | 50 | |
| | Winteröl | 140 | >4 | 50 | |
| *Verdichter* . . . . . . . . | 6545 | | | 50 | |
| a) Kolbenverdichter . . . . | | 175 | 4 ··· 12 | 50 | Für Ventile °E = 4 ··· 12, Für Schieber °E = 6 ··· 10, nicht verwendbar für oxydierende Gase |
| | | 200 | 6 ··· 10 | | |
| b) Hochdruckverdichter . . . | | 200 | >6 | 50 | |
| c) Zellenverdichter . . . . | | 175 | 6 ··· 12 | 50 | |
| *Getriebe* . . . . . . . . | 6546 | | | | |
| a) Zahnradvorgelege und Schneckengetriebe in Kraftfahrzeugen . . . . . . . | | 175 | >12 | 50 | |
| b) für sonstige Zahnradvorgelege u. Schneckengetriebe | | 175 | >4 | 50 | Nicht für Getriebe bei Dampfturbinen |
| *Ortsfeste und Fahrzeugmotoren* Motoren für Kfz. | 6547 | 200 | >8 | 50 | Sommer |
| Vergaser und Dieselmotoren Station. Dieselm.:      $n > 600$ U/min | | 185 | 4 ··· 8 | 50 | Winter |
| *Gasmaschinen* . . . . . . . | 6550 | | | | |
| a) Kleingasmaschinen . . . . | | 160 | >3 | 50 | |
| b) Großgasmaschinen    Viertakt . . . . . . . . | | 175 | >4 | 50 | Für Zylinder nur Raffinate |
|    Zweitakt . . . . . . . | | 175 | >6 | 50 | |
| *Dampfmaschinen* . . . . . . | 6552 | | | | |
| a) Sattdampf . . . . . . . | | 240 | 2,5 ··· 7 | 100 | Für Zylinder |
| b) Heißdampf . . . . . . . | | 270 | 3 ··· 9 | 100 | |
| Dampfturbinen . . . . . . . | 6554 | 165 | 2,5 ··· 3,4 | 50 | Alterungsbeständige, nicht emulgierende Öle |
| | | 180 | 3,4 ··· 7 | | |
| Wasserturbinen . . . . . . | 6555 | 160 | 2,5 ··· 12 | 50 | Für hydraulische Schützen weniger zähe Öle, für Flügelköpfe zähere Öle (ähnlich den Zylinderölen) |
| *Kältemaschinen* . . . . . . | 51503 | | | | |
| a) $NH_3$ und $CO_2$ als Kältemittel | | 160 | >4,5 | 20 | Gruppe A |
| b) $SO_2$ . . . . . . . . . | | 160 | >10 | 20 | Gruppe B   } bei —25° C fließend |
| c) Kohlenwasserstoffe und Abkömmlinge, z. B. $C_3H_8$ . . | | 160 | >10 | 20 | Gruppe C |

# 16.2. Eigenschaften und Prüfung der Schmierstoffe.

Die physikalischen, chemischen und mechanischen Schmierstoff-Prüfverfahren sind in DIN 53652—53663 festgelegt.

Für den *Schmiervorgang* interessieren hiervon:

1) die *Zähigkeit* (Viskosität) und ihre Abnahme mit der *Temperatur* (Bild 16/1) für das Gebiet der Schwimmreibung und Mischreibung und für den Förderwiderstand in Schmierstoffleitungen; ferner die Zunahme der Zähigkeit mit dem *Druck* [16/16], [16/17] für das Gebiet hoher örtlicher Pressungen (z. B. Zahnradflanken). Nähere Angaben siehe unten in Abschnitt 16.3;

2) die *weiteren Schmiereigenschaften*, die durch Angabe der Zähigkeit nicht erfaßt werden und unter dem Begriff „*Schmierfähigkeit*" (Oiliness) zusammengefaßt werden. Sie sind für das Gebiet der *Misch-* und *Grenz*reibung maßgebend. Sie betreffen die Benetzungsfähigkeit, das Haftvermögen und sonstige Molekulareigenschaften. *Weitere Eigenschaften*, die für die Verwendung bzw. Abnahme der Schmierstoffe von Bedeutung sind; wie

3) *Wichte* $\gamma$. Sie ist abhängig von der Temperatur $\vartheta$. Für Mineralöle ist $\gamma = \gamma_{20} - 0,0007$ $(\vartheta - 20) \cdot 10^{-3}$; $\gamma_{20} = 0,89 \cdot 10^{-3}$ bis $0,96 \cdot 10^{-3}$ kg/cm³ bei 20°C;

4) *Erstarrungstemperatur* [1] (Stockpunkt, Tropfpunkt bei Fetten; von Bedeutung beim Anlaufvorgang bei niedriger Temperatur. Sie beträgt z. B. — 8° bis —20° für russisches Mineralöl, = —3° bis 0° für amerikanisches Mineralöl, = 0° bis + 30° für amerikanisches Zylinderöl, unter —20° für Voltöl, = —11° bis 0° für Knochenöl, = —18° bis —10° für Rizinusöl;

5) *Flammpunkt* (Temperatur des 1. Entflammens) und *Brennpunkt* (etwa 30° bis 40° über den Flammpunkt). Sie sind wichtig für Kompressoren und Brennkraftmaschinen;

6) *Emulgierbarkeit* mit Wasser (unerwünscht für Dampfturbinen);

7) *Alterungsbeständigkeit* (gefährdet durch Oxydieren, Zersetzen und Anreichern) geprüft durch Verteerungszahl (VZ);

8) *Reinheit* (Gehalt an Wasser, Alkali, freie Mineralsäure, Hartasphalt, Asche, feste Verunreinigungen) und *chemisches Verhalten*, geprüft durch „Verseifungs-" (VS) und Neutralisations-Zahl (NS).

*Die spezifische Wärme* $C = 0,48 + 0,0007$ $(\vartheta - 100)$ kcal/kg °C ist maßgebend für die Wärmeaufnahme des Öles; sie ist unabhängig von der Zähigkeit.

Die *Farbe* des Schmierstoffs läßt keinen Rückschluß auf die Eigenschaften zu; gebrauchte Öle sehen dunkel, Öle mit Wassergehalt sehen getrübt aus.

## 16.3. Zähigkeit der Schmieröle[2].

Wegen ihrer zunehmenden Bedeutung für die rechnerische Erfassung des Schmiervorgangs im Gebiet der Schwimmreibung und Mischreibung werden nachfolgend die maßgebenden Begriffe und Beziehungen kurz zusammengestellt.

**1) Dynamische Zähigkeit** $\eta$: Bei Formänderungen einer Flüssigkeit treten im Innern der Flüssigkeit Schubspannungen $\tau$ auf, die mit der *Formänderungsgeschwindigkeit* zunehmen. Bewegen sich die Teilchen der Flüssigkeit in $x$-Richtung mit verschiedener Geschwindigkeit $v_x$, so daß das rechtwinklige Parallelepiped in ein schiefwinkliges übergeht, so gilt der Newtonsche Ansatz:

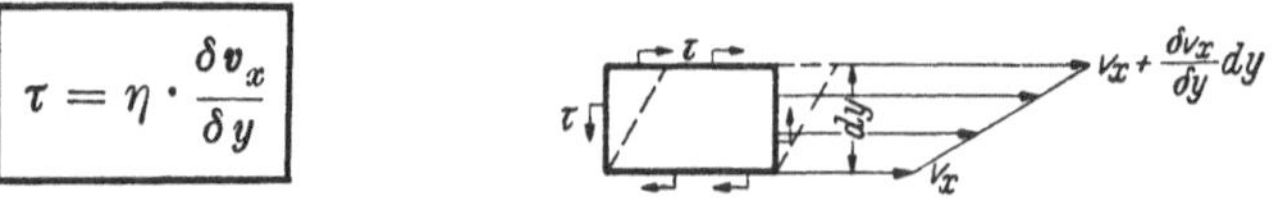

$$\tau = \eta \cdot \frac{\delta v_x}{\delta y}$$

Der Beiwert $\eta$ wird als „*dynamische Zähigkeit*" bezeichnet und ist für den dynamischen Schmierzustand maßgebend. Er ändert sich mit der Flüssigkeit, mit der Temperatur und mit dem Druck.

---

[1] Die Bundesbahn nimmt ihre Schmiermittel nach der Erstarrungstemperatur ab.
[2] Begriffe s. DIN 1342 u. DIN 53655.

*Technische Dimension:* $\tau$ ... kg/cm², $v_x$ ... cm/s, $\delta v_x/\delta y$ ... 1/s, also $\eta$ ... kgs/cm².

*Physikalische Dimension:* Aus 1 kg (Kraft) = 0,981 · 10⁶ dyn folgt das Maß für $\eta$: 1 dyn s/cm² = 1 Poise (sprich Poas) = 100 cP (sprich Zentipoase) = 1/(0,981 · 10⁶) kgs/cm² = 1,02 · 10⁻⁶ kgs/cm².

*Beispiel:* $\eta = 1 \cdot 10^{-6}$ kgs/cm² $= 1 \cdot 10^{-6} \cdot 0,981 \cdot 10^6\ P = 0,981\ P = 98,1$ cP.

## 2) Kinematische Zähigkeit

$$\boxed{\nu \text{ (sprich Nü)} = \eta/\text{Dichte} = \eta \cdot g/\gamma}$$

*Dimension:* $\eta$ ... kgs/cm², Erdbeschleunigung $g = 981$ cm/s², Wichte[1] $\gamma$ ... kg/cm³, also $\nu$ ... cm²/s;

*Maß:* 1 cm²/s = 1 Stokes = 100 cSt.

*Beispiel:* Für $\eta = 1 \cdot 10^{-6}$ kgs/cm², $\gamma = 0,92 \cdot 10^{-3}$ kg/cm³ wird

$$\nu = 1 \cdot 10^{-6} \cdot 981/(0,92 \cdot 10^{-3}) \text{ cm}^2/\text{s} = 1,07 \text{ St} = 107 \text{ cSt}.$$

**3) Englergrad.** Die mit dem Engler-Viskosimeter in Englergrad (° E) ermittelte (kinematische) Zähigkeit $E$ läßt sich nach UBBELOHDE [16/14] in dynamische Zähigkeit $\eta$ umrechnen:

$$\boxed{\eta = (74\ E - 64/E) \cdot \gamma \cdot 10^{-6}}\ ,$$

worin $\eta$, $E$ und $\gamma^1$ die Zahlenwerte von $\eta$ (kgs/cm²), $E$ (° E) und $\gamma$ (kg/cm³) sind.

*Beispiel:* Für $E = 15$, $\gamma = 0,92 \cdot 10^{-3}$ kg/cm³ wird

$$\eta = (74 \cdot 15 - 64/15)\ 0,92 \cdot 10^{-3} \cdot 10^{-6} = 1,02 \cdot 10^{-6} \text{ kgs/cm}^2.$$

**4) Temperaturabhängigkeit.** Die Zähigkeit fällt erheblich mit steigender Temperatur. Nach VOGEL [16/19] ist

$$\boxed{\log \eta = \log k + 0,434\ b/(\vartheta + c)}$$

mit $k$, $b$ und $c$ als Konstanten der betreffenden Flüssigkeit, Temperatur $\vartheta$ (° C) und $\eta$ (kgs/cm²). Nach ERK und ERK [16/20] ist für Öl $c = 95°$.

**5) $\eta$–$\vartheta$-Diagramm.** Wir tragen nach obiger Gl. in ein Diagramm (Bild 16/1 und 16/2) von rechts nach links die Länge $1/(\vartheta + 95)$ und nach oben die Länge $\log \eta$ ab und schreiben die Werte von $\vartheta$ und $\eta$ hinzu. In diesem Diagramm ist die Zähigkeitskurve eine *Gerade*, die durch Angabe der Zähigkeit für 2 Temperaturen festliegt und deren Neigung ein Maß für die Temperatur-Abhängigkeit ist. Mit der Neigung liegt der *Neigungswert b* fest, der rechts oben im Diagramm für verschiedene Neigungen eingetragen ist. Die *kinematische* Zähigkeit in cSt bzw. ° E erhält man, indem man von der $\eta$-Leiter aus über die jeweilige $\gamma$-Neigung zur $\nu$-Leiter übergeht.

**6) Druckabhängigkeit.** Die Zähigkeit steigt mit dem Druck $p$ (kg/cm²) und zwar um so mehr, je steiler die $\eta$–$\vartheta$-Kurve (Bild 16/1) ist. Nach CAMERON [16/17] ist für *Schmieröle*:

$$\boxed{\log \eta_p = \log \eta_{p_0} + 0,434 \cdot A \cdot p/(\vartheta + q)}\ ,$$

wobei für *Mineralöle* $q \approx 52°$ und $1/A = 9,00 - 4,2 \cdot 10^{-3} \cdot b$ gesetzt werden kann; Zähigkeit $\eta_p$ bzw. $\eta_{p_0}$ (kgs/cm²) bei Überdruck $p$ (über $p_0$) bzw. $p_0$ in kg/cm², Neigungswert $b$ wie oben.

*Beispiel:* Für Öl mit $b = 1000$ wird $A = 1/(9,0 - 4,2 \cdot 10^{-3} \cdot 1000) = 0,21°$ C cm²/kg und für $\vartheta = 80°$ und $p = 400$ kg/cm² wird $\eta_p = \eta_{p_0} \cdot 1,89$. Der $\eta$-Anstieg ist also nur bei großen Drücken, z. B. bei Zahnflanken von Bedeutung.

---

[1] Je ° C Temperaturzunahme nimmt bei Mineralöl die Wichte $\gamma$ um $0,0007 \cdot 10^{-3}$ (kg/cm³) ab.

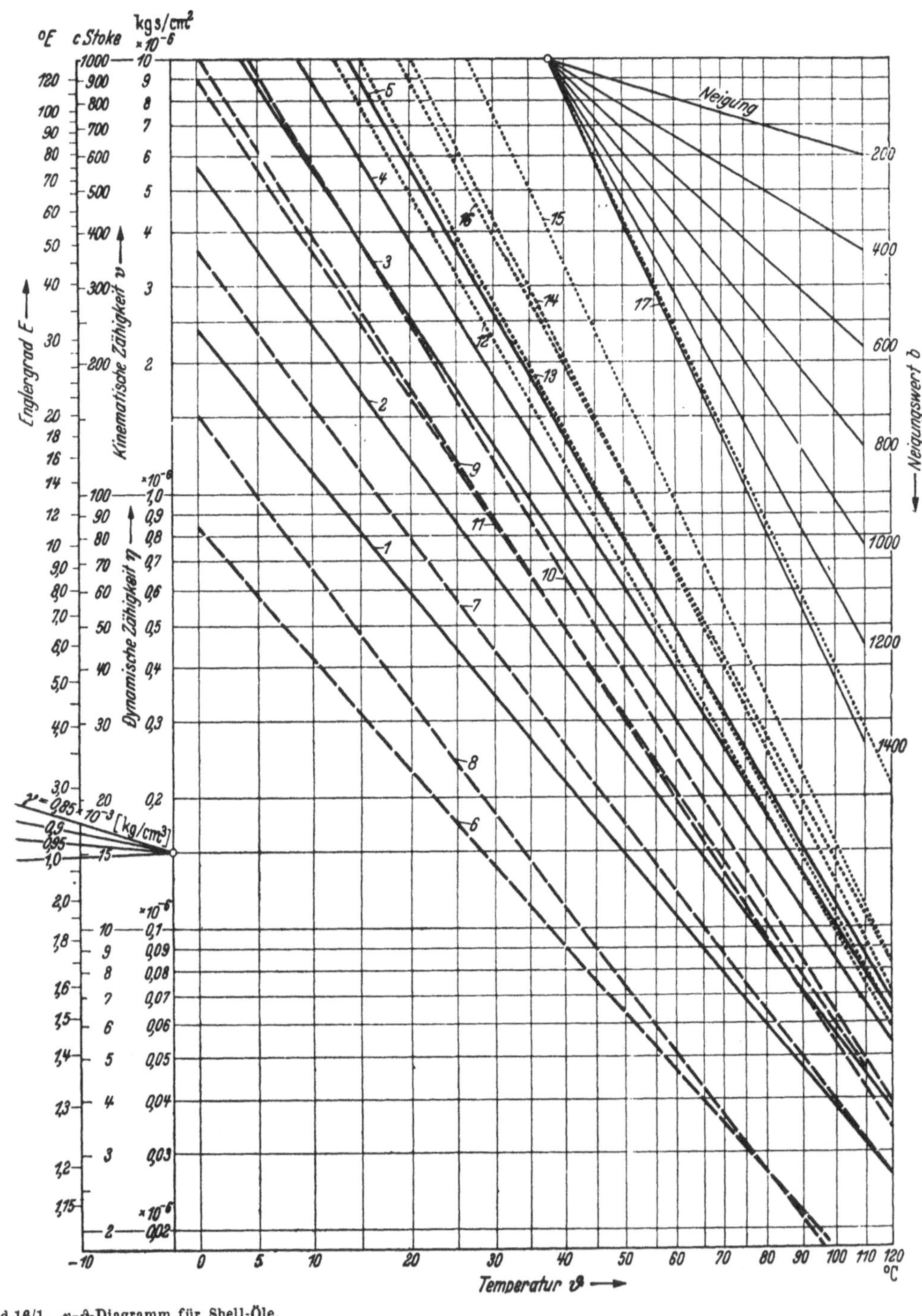


**Bild 16/1.** $\eta$-$\vartheta$-Diagramm für Shell-Öle.

*Voltol-Gleitöle* (elektrisch veredelt, mit Wasser emulgierend, Alterungsstoffe setzen sich nicht ab

1 Voltöl 0 ($\gamma_{20} = 0,903$) Spindelöl  
2 Voltöl II (0,892)      für Werkzeugmaschinen, Triebwerke, Kompressoren, Pumpen, Dampfmaschinen für Transmissionen

3 Voltöl III (0,92) ⎫  
4 Voltöl IV (0,926) ⎬ für hochbelastete Getriebe und Lager  
5 Voltöl V (0,0930) ⎭

*Alterungsbeständige Öle*, wasserabweisend, für Verbrennungsmotoren, Kompressoren, Getriebe und Lager mit zusätzlicher Erwärmung

6 Shell-Öl JY 1 (0,875) Spindelöl  
7 Shell-Öl JY 3 (0.884) schweres Spindelöl, für Kältemaschinen  
8 Shell-Öl AB 11 (0,873) Kältemaschinenöl für tiefste Temperaturen  
9 Shell-Öl BC 8 (0,89) für Dampfturbinen, Getriebe  
10 Shell-Öl BC 9 (0,9) für Schiffsdampfturbinen  
11 Shell-Öl BG 8 (0,8) für Wasserturbinen

12 Shell-Öl CY 2 (0,918) ⎫  
13 Shell-Öl CY 3 (0,911) ⎬ für Dieselmotoren  
14 Shell-Öl CY 4 (0.915) ⎪  
15 Shell-Öl CY 6 (0,913) ⎭  
16 Shell-Öl HDL (0.915) ⎫  
                         ⎬ Hochdruck-Getriebeöl für Mischreibung bei hoher Belastung, z. B. Schneckengetriebe  
17 Shell-Öl HDS (0,930) ⎭

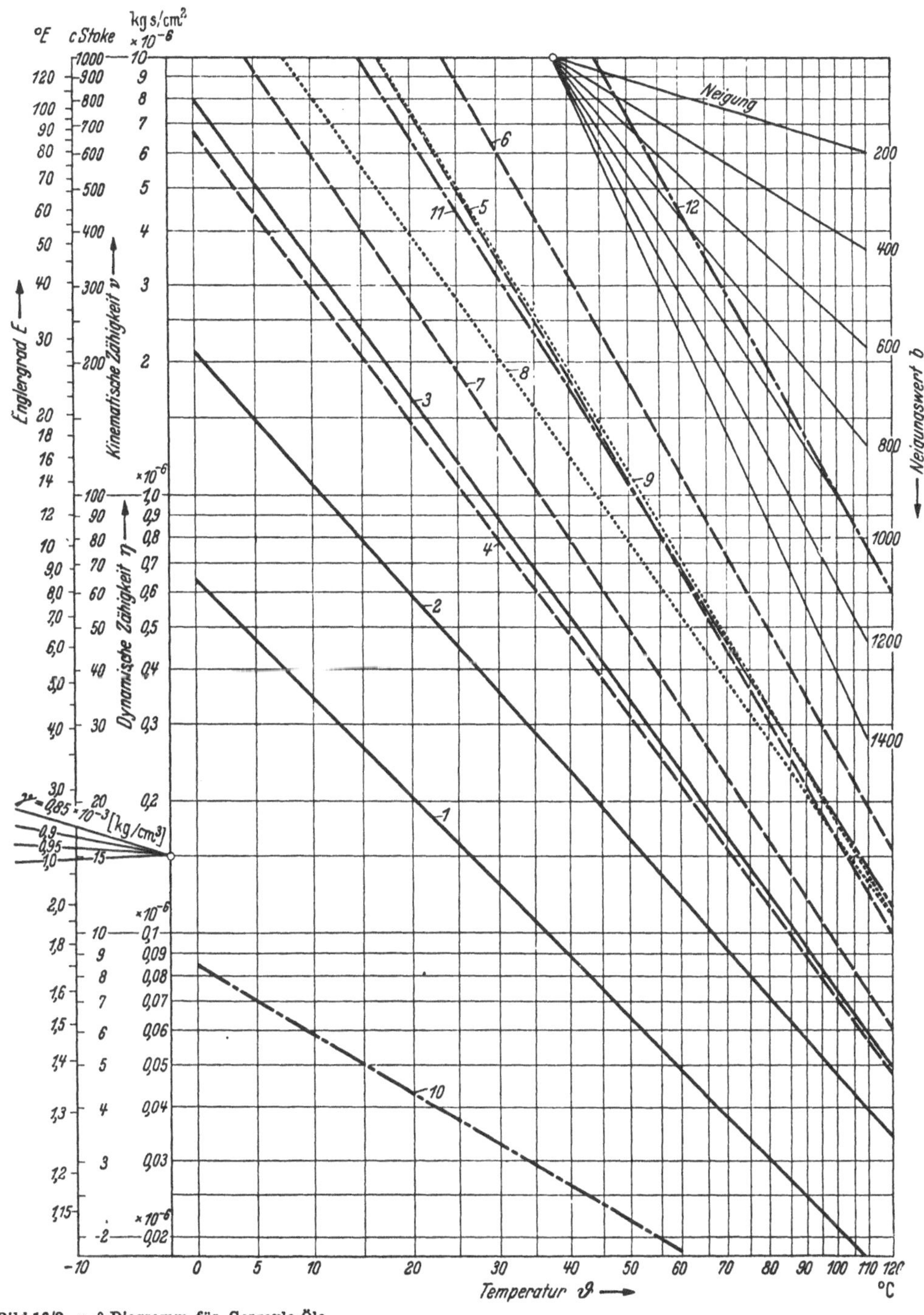


**Bild 16/2.** $\eta$-$\vartheta$-Diagramm für Gargoyle-Öle.

1 Velocite E ($\gamma_{20} = 0{,}888$) Spindelöl
2 Vacuoline C (0,898), für Elektromotoren hoher Drehzahl
3 Vactra mittelschwer $x$ (0,912), für Werkzeugmaschinen.

*Alterungsbeständige DTE-Öle.*

4 DTE mittel (0,906) für Dampfturbinen
5 DTE BB (0,915)
6 DTE AA (0,933)      (für hochbelastete Getriebe, Kompressoren, Großdiesel)
7 DTE schwer (0,906)
8 Mobilöl Aero Grauring (0,888), für Otto-Motoren
9 Mobilöl EPWJ/K (0,928), Hochdrucköl, für Mischreibung bei hoher Belastung, z. B. Schneckengetriebe

Zum Vergleich: 10 Petroleum (0,826)
            11 Glyzerin (1,26)
            12 Rizinus (0,963)

### 16.4. Schrifttum zu 16.
*Allgemein.*

[*16/1*] UBBELOHDE, L. u. H. HELLER: Handbuch der Chemie und Technologie der Fette und Öle. Leipzig: Hirzel 1929.

[*16/2*] HOLDE, D.: Z. Kohlenwasserstofföle und Fette. (1933.)

[*16/3*] KADMER, E. H.: Die Bewertungsgrundlagen der Schmiermittel. Augsburg: Verlag für chem. Ind. 1939.

[*16/4*] KADMER, E. H.: Schmierstoffe und Maschinenschmierung. Berlin: Bornträger 1940.

[*16/5*] WALTHER, C.: Schmiermittel. Dresden: V. Steinkopf 1930 u. Physik. Z. (1931) S. 617.

[*16/6*] — Richtlinien für den Einkauf und die Prüfung von Schmiermitteln. Düsseldorf: Stahleisen 1936.

[*16/7*] ASCHER, R.: Die Schmiermittel. Berlin: Springer 1931.

[*16/8*] — Proceedings of the General Discussion on Lubrication and Lubricants. London 1937.

[*16/9*] HEIDEBROEK, E.: Maschinentechn. Ansprüche an Schmieröle und Schmierfette. Angew. Chem. Bd. 50 (1937) S. 743.
Ölprüfungsringversuche. Die Technik Bd. 2 (1947) S. 525.

[*16/10*] BORNTRÄGER: Schmierstoffe. Ringbuch der Luftfahrt IV C 2.

[*16/11*] PHILIPPOVICH: Forschung auf dem Gebiete der Schmiermittel. Z. VDI Bd. 81 (1937) S. 1467.

[*16/12*] — *Ölprüfung.* DIN 53 652 bis 53 663.

[*16/13*] BOECKER, A.: Fettschmierung, Eigenschaften und Anwendung der Schmierfette. Z. VDI Bd. 90 (1948) S. 366.


*Zähigkeit und Schmierfähigkeit.*

[*16/14*] UBBELOHDE, L.: Zur Viskosimetrie. Leipzig: Hirzel 1943.

[*16/15*] ERK, S.: Zähigkeitsmessungen an Flüssigkeiten und Untersuchungen von Viskosimetern. Forsch.-Arb. Ing.-Wes. H. 288 (1927).

[*16/16*] KIESZKALT, S.: Einfluß des Druckes auf die Zähigkeit von Ölen ... Mitt. Forsch.-Arb. H. 291 (1927) u. Z. VDI Bd. 73 (1929) S. 1502 u. Petroleum 26 (1930) S. 1224.

[*16/17*] CAMERON: Determination of the Pressure-Viskosity-Coefficient. J. Inst. Petrol. Vol 31 Nr. 262 (1945). England.

[*16/18*] VIEWEG, V.: Die Messung der Schmierfähigkeit von Ölen. Techn. Mech. Thermodyn. Bd. 1 (1930) S. 101.

[*16/19*] VOGEL, H.: Das Temperaturabhängigkeitsgesetz der Viskosität von Flüssigkeiten. Physik. Z. (1921) S. 645.

[*16/20*] ERK, S. u. H. ERK: Über die Temperaturabhängigkeit der Zähigkeit von Schmierölen. Physik. Z. (1936) S. 113.


*Sonderfragen.*

[*16/21*] — Voltolöle. Z. VDI Bd. 65 (1921) Bd. 68 (1924) S. 1157.

[*16/22*] KARPLUS, H.: Die praktische Bedeutung der Kollagschmierung. Masch.-Bau 10 (1931) S. 199.

[*16/23*] *Regenerierung:* s. Ölbewirtschaftung. Berlin 1938 und FASZBENDER: Altölaufbereitung. Derop Schmiertechn. Dienst Bochum.

[*16/24*] FRANK, F.: Veränderung der Schmieröle im Gebrauch. Masch.-Bau Bd. 6 (1927) S. 231.

[*16/25*] ERK, S.: Schmieröle bei tiefen Temperaturen. Z. VDI Bd. 76 (1932) S. 33.

[*16/26*] UMSTÄTTER, H.: Schlüpfrigkeit und Grenzphasenreibung. Die Technik Bd. 2 (1947) S. 191.

[*16)27*] STEINBACH: Die Schmierung der Kälteverdichter. Z. Ges. Kälte-Ind. Jg. 48 (1941) S. 53.

[*16/28*] FALZ: Zweckmäßige Schmierung von Kolbenkraftmaschinen. Arch. Wärmewirtsch. Bd. 17 (1936).

[*16/29*] STEINITZ: Erfahrungen über die Schmierung landwirtschaftlicher Maschinen und Fahrzeuge. Technik in der Landwirtsch. Bd. 13 (1932) S. 134.

[*16/30*] UTHOFF: Ölpflege bei Industrieturbinen. Arch. Wärmewirtsch. Bd. 17 (1936) S. 339.

[*16/31*] VOGELPOHL, G: Reibungsmessungen auf Prüfmaschinen und ihr Wert zur Beurteilung der Schmierfähigkeit von Ölen. Erdöl und Kohle 2 (1949) S. 551.

[*16/32*] —: Schmierung von Hypoid-Verzahnungen (Stand der Entwickluug von Hochleistungs-Schmierölen in USA). Automobile Engineer. Sept. 1949.


# IV. Wellen und Zubehör.

## 17. Achsen und Wellen.

### 17.1. Überblick.

*Achsen* (umlaufend oder ruhend) dienen nur zur Lagerung ruhender, schwingender oder umlaufender Maschinenteile, übertragen aber kein Drehmoment und werden daher vorwiegend auf *Biegung* beansprucht. Kurze Achsen werden auch als Bolzen bezeichnet. Die in den Lagern laufenden Stücke der Achsen (und Wellen) nennt man *Zapfen.*

*Wellen* (durchweg umlaufend) dienen zur Übertragung eines *Drehmomentes* und werden auf Drehung bzw. Drehung und Biegung beansprucht.

Nach dem Längsverlauf der Wellen unterscheiden wir die *gekröpften* (Kurbelwellen) von den üblichen *geraden* Wellen, die wiederum als *Voll*wellen oder *Hohl*wellen *glatt* durchgehend oder *abgesetzt* ausgebildet sein können. Dem Querschnitt nach sprechen wir von *Rund*wellen und *Profil*wellen (z. B. mit Vielnut- und K-Profil nach Bild 18/7, Kap. 18). Außerdem kennen wir noch *Gelenk*wellen, *Teleskop*wellen (Bild 17/9), *biegsame* Wellen (Bild 17/10) u. a. m.

Besondere Anforderungen an die Gestaltung und Herstellung stellen die *Verbindungen* von Welle und Nabe (Kap. 18) und von Welle mit Welle (Kap. 19).

*Herstellung der geraden Wellen:* Bis 150 mm Durchmesser werden sie aus Rundstahl (St 42.11, St 50.11, St 70.11 und legierter Stahl) gedreht, geschält oder kalt gezogen; dickere und stark abgesetzte geschmiedet. Genutete Wellen werden abschließend überdreht oder überschliffen, falls genauer Rundlauf verlangt wird. Die Lagerstellen und Absätze werden je nach den Anforderungen fein gedreht, geschliffen, prägepoliert, gedrückt oder geläppt und bei hohen Anforderungen noch vorher gehärtet. Rundstahl wird in Längen bis 7 m geliefert.

*Normenübersicht:*

**Tafel 17/1.** *DIN-Blätter.*

| | Gegenstand | DIN | | Gegenstand | DIN |
|---|---|---|---|---|---|
| Allgemeines | Lastdrehzahlen . . . . . . . . . | 112 | Wellenenden | Wellenstümpfe für elektrische Maschinen . . . . . . . . . . . | 42943 |
| | Achshöhen für Maschinen . . . | 747 | | für Hilfsmaschinen . . . . . . | 73031 |
| | Bolzen . . . . . . . . . . . . | 1433···1436, 1438, 1439, 1442 | | Keilwellen . . . . . . . . . . | 5461 bis 5465 |
| | Rundstahl gezogen oder gedreht | 668 | Achsen | Achswellen für Elektrische Lokomotiven . . . . . . . . . . | 22454 |
| | Wellendurchmesser für Transmissionen . . . . . . . . . . | 114 | | | |
| Wellenenden | zylindrische, für Riemenscheiben und Kupplungen . . . . . . | 748 | Sonstiges | Biegsame Wellen, Anschluß, Antriebsseite . . . . . . . . | 42995 |
| | für Öl- und Fettpumpen . . . . | 746 | | | |
| | kegelige, für Zahnräder und Kupplungen . . . . . . . . . . . | 749, 750 | | | |

**Tafel 17/2.** *Wellendurchmesser d nach DIN 114* (Juli 1919).

Hinzugefügt sind übertragbares Drehmoment $M_t$ und $N_{PS}/n$ für eine Drehspannung $\tau_t = 120$ kg/cm². Leistung $N_{PS}$ (PS), Drehzahl $n$ (Uml./min).

| $d$ cm | $M_t$ kgcm | $\dfrac{N_{PS}}{n}$ $\dfrac{\text{PS}\cdot\text{min}}{\text{Uml.}}$ | $d$ cm | $M_t$ kgcm | $\dfrac{N_{PS}}{n}$ $\dfrac{\text{PS}\cdot\text{min}}{\text{Uml.}}$ | $d$ cm | $M_t$ kgcm | $\dfrac{N_{PS}}{n}$ $\dfrac{\text{PS}\cdot\text{min}}{\text{Uml.}}$ | $d$ cm | $M_t$ kgcm | $\dfrac{N_{PS}}{n}$ $\dfrac{\text{PS}\cdot\text{min}}{\text{Uml.}}$ |
|---|---|---|---|---|---|---|---|---|---|---|---|
| 2,5 | 376 | 0,0052 | 5,0 | 3 000 | 0,042 | 9,0 | 17 500 | 0,243 | 16,0 | 96 600 | 1,35 |
| 3,0 | 648 | 0,0094 | 5,5 | 3 990 | 0,055 | 10,0 | 24 000 | 0,333 | 18,0 | 140 000 | 1,94 |
| 3,5 | 1030 | 0,014 | 6,0 | 5 180 | 0,072 | 11,0 | 31 900 | 0,444 | 20,0 | 192 000 | 2,67 |
| 4,0 | 1540 | 0,021 | 7,0 | 8 230 | 0,114 | 12,5 | 47 000 | 0,655 | | | |
| 4,5 | 2190 | 0,030 | 8,0 | 12 290 | 0,172 | 14,0 | 65 860 | 0,915 | | | |

**Tafel 17/3.** *Genormte Drehzahlen nach DIN 112* (Okt.1940).

| | | | | | | | |
|---|---|---|---|---|---|---|---|
| 25 | 45 | 80 | 140 | 250 | 450 | 800 | 1400 |
| 28 | 50 | 90 | 160 | 280 | 500 | 900 | 1600 |
| 32 | 56 | 100 | 180 | 315 | 560 | 1000 | |
| 36 | 63 | 112 | 200 | 355 | 630 | 1120 | |
| 40 | 71 | 125 | 224 | 400 | 710 | 1250 | |

**Tafel 17/4.** *Wellenenden für elektrische Maschinen nach DIN 42943* (Aug. 1949) mit Paßfeder nach Tafel 18/6, S. 289; mit Passung $k6$ für $d = 14$ bis 50 mm, $m6$ für $d$ über 50 mm.

| Nennleistung (kW) | 0,25 | 0,4 | 0,63 | 1 | 1,6 | 2,5 | 3,5 | 5 | 7 | 10 | 14 | 20 | 28 |
|---|---|---|---|---|---|---|---|---|---|---|---|---|---|
| Drehmom. (mkg) bei $n=1500$ | 0,17 | 0,265 | 0,425 | 0,67 | 1,06 | 1,7 | 2,36 | 3,35 | 4,75 | 6,7 | 9,5 | 13,2 | 19 |
| Durchmesser (mm) | 14 | 14 | 18 | 18 | 22 | 22 | 28 | 28 | 38 | 38 | 45 | 45 | 55 |
| Länge (mm) | 30 | 30 | 40 | 40 | 50 | 50 | 60 | 60 | 80 | 80 | 110 | 110 | 110 |

| Nennleistung (kW) | 38 | 50 | 63 | 80 | 100 | 125 | 160 | 200 | 250 | 315 | 400 | 500 | |
|---|---|---|---|---|---|---|---|---|---|---|---|---|---|
| Drehmom. (mkg) bei $n=1500$ | 25 | 33,5 | 42,5 | 53 | 67 | 85 | 106 | 132 | 170 | 212 | 265 | 335 | |
| Durchmesser (mm) | 55 | 65 | 65 | 75 | 75 | 80 | 85 | 90 | 95 | 100 | 110 | 120 | |
| Länge (mm) | 110 | 140 | 140 | 140 | 140 | 170 | 170 | 170 | 170 | 210 | 210 | 210 | |

*Gestaltung:* Sie richtet sich nach den mit der Welle bzw. Achse in Verbindung stehenden Teilen (Lager, Abdichtungen und Naben der aufgesetzten Scheiben und Räder). Im Vordergrund steht dabei die richtige Ausbildung der Verbindungsstellen, die gute Ausrundung der Absätze, wie überhaupt die Herabsetzung der verschiedenen Kerbwirkungen (s. Bild 17/1). Beispiele für die gute Ausbildung der Absätze und Nabensitze s. S. 73. Der Wellendurchmesser in der Nabe wird zweckmäßig auf 1,3 $d$ verstärkt, wenn man die Kerbwirkung der Nabe ausgleichen will (Ausrundungshalbmesser am Absatz $r \approx 1 \cdot d$ bis 0,5 $d$). Einfache Achsen nimmt man glatt durchgehend ohne Absätze (billigere Herstellung bei größerem Werkstoffaufwand).

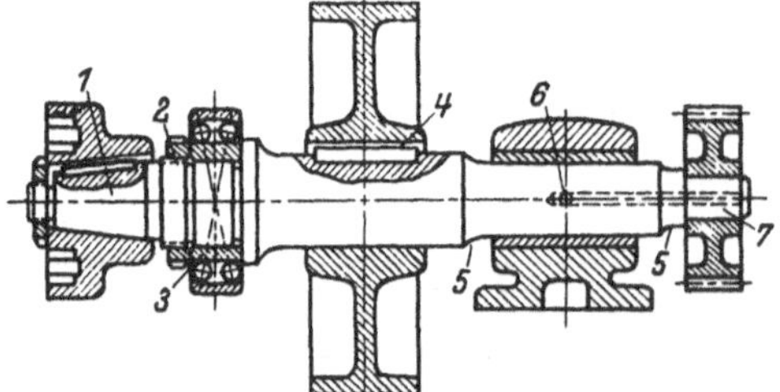

Bild 17/1. Kerbstellen an Wellen nach LEHR. *1* Kegelsitz, *2* Gewinde, *3* Wälzlagersitz, *4* Nabe und Nut, *5* Absätze, *6* Querbohrung, *7* Schrumpfsitz. (Minderung der dynamischen Festigkeit durch Kerbwirkungen s. S. 56).

Es ist zu beachten, daß

a) *ruhende Achsen* erheblich leichter gehalten werden können als umlaufende Wellen (s. Berechnungsbeispiel 1); ferner

b) Wellen aus *hochfestem* Stahl nicht steifer sind als solche aus St 42.11 (gleicher $E$-Modul) und daß ihre Biegewechselfestigkeit bzw. Drehschwellfestigkeit nur dann größer ist, wenn schroffe Kerbwirkungen vermieden werden, wie Bild 3/27 S. 56 drastisch zeigt;

c) *Hohl*wellen mit $d_i = 0,5 d$ nur 75% des Gewichtes, aber 94% des Widerstandsmoments von Vollwellen aufweisen;

d) *hochtourige* Wellen eine gute Auswuchtung, eine starre Lagerung und steife Ausbildung erfordern;

e) die *Baulänge* von Maschinen oft erheblich von der Länge der Lagerzapfen, Naben und Dichtungen abhängt.

Die *Sicherung* der Wellen und Achsen gegen Längsverschiebung erfolgt durch Wellenabsätze an den Lagerstellen oder durch Stellringe (s. Tafel S. 121) oder Sicherungsringe (s. Tafel S. 119). Die Längssicherung der aufgesetzten Lager, Naben und Scheiben kann ebenfalls durch seitlichen Anlauf, durch Stellringe oder Sicherungsringe erfolgen, falls die Verbindungsform nicht bereits eine Längssicherung bietet (Preßsitze usw.).

*Abdichtung:* s. Lagerdichtungen S. 249 und Dichtungsringe S. 122.

## 17.2. Bemessung der Achsen und Wellen (nach Tafel 17/5).

*Bezeichnungen:*

| | | | | | | |
|---|---|---|---|---|---|---|
| $A, B$ | (kg) | Auflagekräfte | $f$ | (cm) | Durchbiegung | |
| $a$ | (—) | Beiwerte | $G$ | (kg/cm²) | Gleitmodul | |
| $a_1, a_2$ | (cm) | Abstand | $G_1, G_2$ | (kg) | Belastungsgewichte | |
| | | | $J$ | (cm⁴) | Flächen-Trägheitsmoment bei Biegung | |
| $c$ | (kgcm) | Federhärte, $= \dfrac{M_t}{\varphi}$ | $J_t$ | (cm⁴) | Flächen-Trägheitsmoment bei Drehung | |
| $d, d_i$ | (cm) | äußerer, innerer Wellendurchmesser | $J_m$ | (kgm s²) | Massen-Trägheitsmoment | |
| $E$ | (kg/cm²) | Elastizitäts-Modul | | | $= \int dm \cdot r^2$ | |

| | | | | | | |
|---|---|---|---|---|---|---|
| $K$ | (—) | Beiwert | | $p_m$ | (kg/cm²) | Flächenpressung, $= \dfrac{A}{L \cdot d}$ |
| $L$ | (cm) | Länge | | | | |
| $M_b$ | (kgcm) | Biegemoment | | $W_b$ | (cm³) | Widerstandsmoment gegen Biegung |
| $M_t$ | (kgcm) | Drehmoment | | | | |
| $M_v$ | (kgcm) | Vergleichsmoment | | $W_t$ | (cm³) | Widerstandsmoment gegen Drehung |
| $m$ | (kg s²/m) | Masse, $=$ Gewicht/9,81 | | $\mathrm{tg}\,\beta$ | (—) | Neigung |
| $N_{PS} = 1{,}36 \cdot N_{kW}$ | | Leistung in PS | | $\varphi$ | (—) | Drehwinkel im Bogenmaß für Länge $L$ |
| $N_{kW} = 0{,}736 \cdot N_{PS}$ | | Leistung in kW | | | | |
| $n$ | (Uml/min) | Drehzahl | | $\varphi_m$ | (°/m) | Drehwinkel in ° je m Länge, $= \varphi \cdot 180/(\pi L)$, ($L$ in m) |
| $n_K$ | (Uml/min) | krit. Drehzahl | | $\sigma_b$ | (kg/cm²) | Biegespannung |
| $P$ | (kg) | Kraft | | $\tau_t$ | (kg/cm²) | Drehspannung |

*Erläuterungen zu Tafel 17/5:*

Die *zulässige Spannung* ist gerade bei den Achsen und Wellen wegen der ganz verschiedenen Kerbwirkung an den einzelnen Querschnitten (glatte Welle, Absatz, Nabenwirkung, Querloch) sehr unterschiedlich, so daß man gut tut, die jeweilige Nutzfestigkeit $\sigma_N$ (s. S. 59) für den jeweiligen Belastungsfall (ruhend, schwellend, wechselnd) näher zu bestimmen und hiernach die zulässige Spannung anzusetzen, wie es auch die Berechnungsbeispiele auf S. 59 zeigen.

Bei *Achsen* kann der erforderliche Durchmesser aus dem Biegemoment $M_b$ und der zulässigen Biegespannung bestimmt werden, s. Berechnungsbeispiel 1.

Bei *Wellen*, die ja auf Drehung und Biegung beansprucht sind, wird häufig der Durchmesser aus dem Drehmoment $M_t$ bestimmt, wobei die zusätzliche Biegespannung durch einen entsprechend niedrigen Ansatz der zulässigen Drehspannung $\tau_t$ (z. B. $\tau_t = 120$ kg/cm²) berücksichtigt wird. Für eine genauere Berechnung bestimmt man für den betreffenden Querschnitt aus $M_t$ und $M_b$ das Vergleichsmoment $M_v$ und berechnet hierfür den erforderlichen Durchmesser mit Annahme einer zulässigen Biegespannung $\sigma_{b\,\mathrm{zul}}$. Man kann aber auch umgekehrt für einen bereits vorliegenden oder angenommenen Wellendurchmesser die Drehspannung $\tau_t = M_t/W_t$ und die Biegespannung $\sigma_b = M_b/W_b$ berechnen und nachprüfen, ob die hieraus nach S. 46 gebildete Vergleichsspannung $\sigma_v = \sqrt{\sigma_b^2 + (a \cdot \tau_t)^2} \leq \sigma_{b\,\mathrm{zul}}$ unter der zulässigen Biegespannung bleibt.

Die *Lagerzapfen* sind außerdem auf Flächenpressung $p_m = \dfrac{A}{L \cdot d}$ mit $L$ als Auflagelänge nachzuprüfen (Erfahrungswerte s. S. 244). Für *ruhende* Auflage (Achsen) ist $p_m \approx 1000$ bis $1500$ kg/cm² für St 50.11 auf St 37.11 zulässig.

Für *Wellen mit „fliegendem" Ritzel* (Bild 17/2) ist der aus der Zahnkraft $P$ sich ergebende Biegewinkel $\beta$ der Welle am Angriffspunkt von $P$ nachzuprüfen, um Zahnbrüche zu vermeiden.

Bild 17/2. Welle mit „fliegendem" Ritzel.

Für *lange Wellenleitungen* soll häufig ein bestimmter Drehwinkel $\varphi$ nicht überschritten werden, so daß dieser für die Wahl des Wellendurchmessers maßgebend wird. Ferner ist der größte Lagerabstand $a$ meist begrenzt durch die zulässige Wellendurchbiegung $f$, bzw. Wellenneigung $\mathrm{tg}\,\beta$ infolge des Eigengewichtes.

Für *hochtourige Wellen* ($n > 1500$) bestimmter Maschinen ist noch die kritische Drehzahl $n_K$ aus der *Biege*schwingung (bei Dampfturbinen), bzw. aus der *Dreh*schwingung (bei Kolbenmaschinen) der Welle nachzuprüfen. Sie soll möglichst weit (mindestens 10%) über, oder notfalls weit unter (bei Lavalturbinen) der Betriebsdrehzahl liegen. Die hierfür erforderliche Berechnung von Durchbiegung $f$, bzw. Drehwinkel $\varphi$ kann rechnerisch erfolgen (s. Beispiel 3) oder graphisch (meist umständlicher!). Schwieriger ist die versteifende Wirkung der Naben, der Lager (s. Beiwert $K$ in Tafel 17/5) und der Kreiselkräfte von Scheiben zu erfassen, durch die $n_K$ erhöht wird. S. [17/16] bis [17/20].

 **Tafel 17/5.** *Bemessung der Achsen und Wellen mit Rundquerschnitt.*
Genauer Ansatz der zulässigen Spannung s. Beispiele unter 17.3 und ferner S. 58.

| Betrifft | Berechnung | Angaben |
|---|---|---|
| *Achsen* auf Biegung: (s. Beispiel 1) | Aus $M_b = W_b \cdot \sigma_b \approx 0,1\, d^3 \cdot \sigma_b$ : $$d = 2,17 \sqrt[3]{\frac{M_b}{\sigma_b}} \quad (\text{cm})$$ | $\sigma_{b_{zul}} = 600$ bis $1000$ kg/cm² für ruhende Achsen, St 50.11 $= 300$ bis $600$ kg/cm² für umlaufende Achsen, St 50.11 |
| Wellen *überschlägig*: Für $\tau_t = 120$ kg/cm²: | Aus $M_t = W_t \cdot \tau_t \approx 0,2\, d^3 \cdot \tau_t$ : $$d = 1,72 \sqrt[3]{\frac{M_t}{\tau_t}} = 71 \sqrt[3]{\frac{N_{\mathrm{PS}}}{n\,\tau_t}}$$ $$d = 0,35 \sqrt[3]{M_t} = 14,4 \sqrt[3]{\frac{N_{\mathrm{PS}}}{n}} \quad (\text{cm})$$ | $\tau_{t_{zul}} = 120$ kg/cm² für Transmissionswellen, St 42.11 $= 200$ bis $400$ für Hebezeugwellen, St 50.11 $= 50$ bis $60$ für Wasserradwellen, Eiche |
| Wellen auf *Biegung und Drehung*: (s. Beispiel 2) | Aus $M_v = \sqrt{M_b^2 + \left(\frac{a}{2} M_t\right)^2}$ : $$d = 2,17 \sqrt[3]{b \cdot \frac{M_v}{\sigma_b}} \quad (\text{cm})$$ $b = 1$ für Vollwelle $b = \dfrac{1}{1 - (d_i/d)^4}$ für Hohlwelle $b = 1,065$ für $d_i/d = 0,5$ | $\sigma_{b_{zul}} = 400$ bis $600$ kg/cm² für Hebezeugwellen, St 50.11 $\tau_{t_{zul}} = 300$ bis $500$ kg/cm² für Hebezeugwellen, St 50.11 $\sigma_{b_{zul}} = 1000$ bis $1500$ kg/cm² für Zahnstangenwinden, St 70 11 $\tau_{t_{zul}} = 600$ bis $800$ kg/cm² für Zahnstangenwinden, St 70 11 $a = \dfrac{\sigma_{b_{zul}}}{\tau_{t_{zul}}}$ $\left\{\begin{array}{l} a \approx 1 \text{ für } \tau_t \text{ schwellend, } \sigma_b \text{ wechselnd,} \\ a \approx 1,7 \text{ für } \tau_t \text{ wechselnd, } \sigma_b \text{ wechselnd} \end{array}\right.$ |
| Welle mit *fliegendem Ritzel*: Für $\operatorname{tg}\beta = \dfrac{1}{1000}$: | $\operatorname{tg}\beta = \dfrac{a \cdot P}{E \cdot J}$ $$d \geqq 0,314 \sqrt[4]{P \cdot a} \quad (\text{cm}) \quad \text{mit}$$ $J = $ konst. u. $E = 2,1 \cdot 10^6$ kg/cm² | $a = \dfrac{a_1 \cdot a_2}{3} + \dfrac{a_1^2}{2}$ $a_1 = $ Abstand Ritzelmitte bis Lagermitte $a_2 = $ Abstand der Lager, Bild 17/2 |
| *Lange Wellen*: nach zulässigem Drehwinkel $\varphi_m$ für $G = 8,1 \cdot 10^5$ kg/cm² und $\varphi_m = \dfrac{1}{4}\,°/\text{m}$: | Aus $\varphi_m = \dfrac{18\,000\, M_t}{\pi \cdot G \cdot J_t}$; $J_t = \dfrac{\pi\, d^4}{32}$ $$d = 15,5 \sqrt[4]{\frac{M_t}{G \cdot \varphi_m}}$$ $$d = 0,73 \sqrt[4]{M_t} = 12 \sqrt[4]{\frac{N_{\mathrm{PS}}}{n}} \quad (\text{cm})$$ | Außerdem: *Lagerabstand* $a \leqq 100\sqrt{d}$ (cm) für vielfach gelagerte Wellen, entsprechend Durchbiegung durch Eigengewicht $f = 0,16$ mm *Lagerabstand* $a \leqq 50\sqrt[3]{d^2}$ (cm), entsprechend $\operatorname{tg}\beta = 1/1000$ |
| *Kritische Drehzahl* $n_K$ (1/min) (s. Beispiel 3) | **Biegeschwingung:** $$n_K = 300\, K \sqrt{1/f}$$ | Bei *mehreren* aufsitzenden Massen 1, 2 $\cdots$ ist[1] $f \approx f_1 + f_2 + \cdots$ (cm), wobei die Durchbiegung $f_1$, $f_2$ $\cdots$ *einzeln* für jedes Massengewicht als Belastung bestimmt wird. $K = 1$ bei frei aufliegender Welle oder Achse $K = 1,3$ bei beiderseits eingespannter Welle oder Achse $K = 0,9$ bei einseitig fliegender Welle |
| | **Drehschwingung:**[2] $$n_K = \frac{30}{\pi} \sqrt{\frac{c}{J_m}}$$ $\dfrac{1}{c} = \dfrac{\varphi}{M_t} = \dfrac{32}{\pi G}\left(\dfrac{L_1}{d_1^4} + \dfrac{L_2}{d_2^4} + \cdots\right)$ | Bei *abgesetzter* Welle ist $L = L_1 + L_2 + \cdots$ (cm) die wirksame drehfedernde Länge, bestehend aus den Längen $L_1$, $L_2$, $\cdots$ der Absätze mit den Durchmessern $d_1$, $d_2$, $\cdots$ |

---

[1] Formel von DUNKERLEY für die krit. Drehzahl 1. Ordnung, wonach bei frei aufliegenden Wellen $n_K$ bis 4% zu niedrig ermittelt wird (s. DUBBEL, Taschenbuch f. d. Maschinenbau [1943] Bd. 1, S. 239). Ermittlung von $f_1$ und $f_2$ s. Beispiel 3.

[2] Für Vollzylinder mit Durchm. $D$ u. Länge $L$ in $m$ ist $J_m = 10\, D^4 \cdot L \cdot \gamma$ (kgms²) mit $\gamma = 7,8$ für Stahl.

# 17.3. Berechnungsbeispiele.

**Beispiel 1:** *Laufradachse aus St 50.11, nach Bild 17/3*, Radkraft $P = 2000$ kg.

*Ausführung a:* Laufrad auf *umlaufender* Achse befestigt und fliegend gelagert, $a_1 = 5$ cm, $a_2 = 10$ cm.

*Im Querschnitt 1* ist $M_{b1} = P \cdot a_1 = 2000 \cdot 5 = 10\,000$ kgcm und $d_1 = 2,17 \sqrt[3]{M_b/\sigma_{b1\,zul}} = 2,17 \cdot 3,2 \approx$ **7 cm** für $\sigma_{b1\,zul} = 300$ kg/cm² (Wechselspannung und Kerbwirkung der Nabe!); genauer ist nach S. 59 und 56 $\sigma_{b1\,zul} = \frac{\sigma_{bW10} \cdot b}{S_N \cdot C} = \frac{11 \cdot 0,65}{1,5 \cdot 1,5} \cdot 10^2 = $ **320 kg/cm²** mit $\sigma_{bW10} = 11$ kg/mm² (Kurve *12* in Bild 3/27, S. 56); $b = 0,65$, $S_N = 1,5$, $C = 1,5$ für Stöße.

*Im Querschnitt 2* ist $M_{b2} = P \cdot a_2 = 2000 \cdot 10 = 20\,000$ cmkg. Nach Bild 3/27, Kurve *3* (glatte Welle, fein geschlichtet) ist hierfür $\sigma_{bw10} = 21$ kg/mm², so daß $\sigma_{b2\,zul} = \frac{\sigma_{bW10} \cdot b}{S_N \cdot C} = \frac{21 \cdot 10^2 \cdot 0,65}{1,5 \cdot 1,5} = 610$ kg/cm² und $d_2 = 2,17 \sqrt[3]{20\,000/610} = 7$ cm wird.

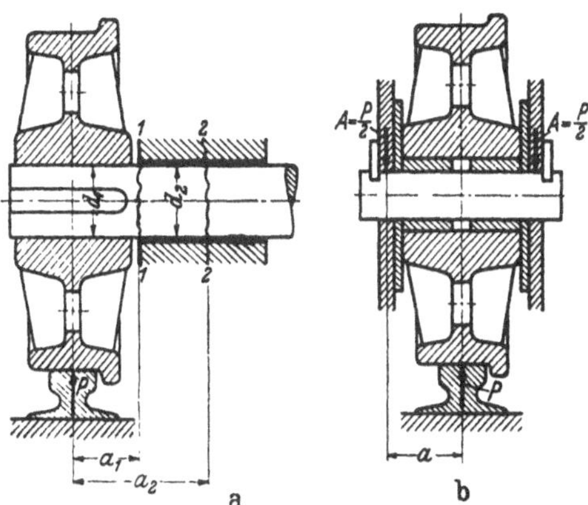

Bild 17/3. Beispiel Radachse (ohne $M_t$!). a) umlaufend und fliegend gelagert, b) ruhend und beiderseitig gelagert.

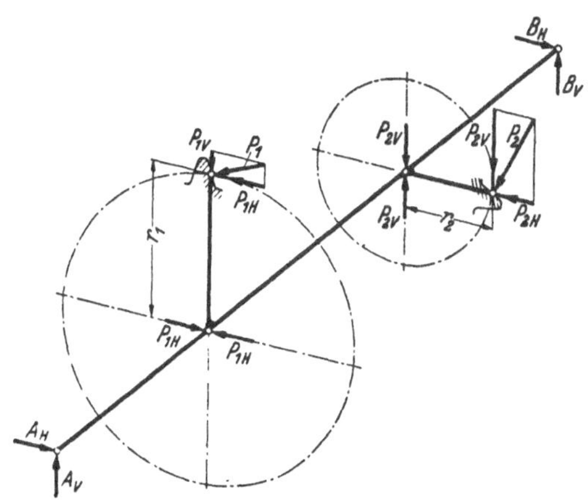

*Ausführung b:* Laufrad auf *ruhender Achse*, glatt durchgehend, beiderseitig gelagert, $a = 7$ cm. $M_b = A \cdot a = P \cdot a/2 = 2000 \cdot 7/2 = 7000$ kgcm in Achsmitte; $\sigma_{b\,zul} = \sigma_{b2\,zul} \cdot 1,8 = 1100$ kg/cm² (für Schwellspannung statt Wechselspannung), so daß $d = 2,17 \sqrt[3]{\frac{7000}{1100}} = $ **4,0 cm**. Eine ruhende und beiderseitig gelagerte Achse kann also erheblich dünner gehalten werden als eine umlaufende und fliegend gelagerte, da das Biegemoment geringer und die zulässige Spannung höher wird.

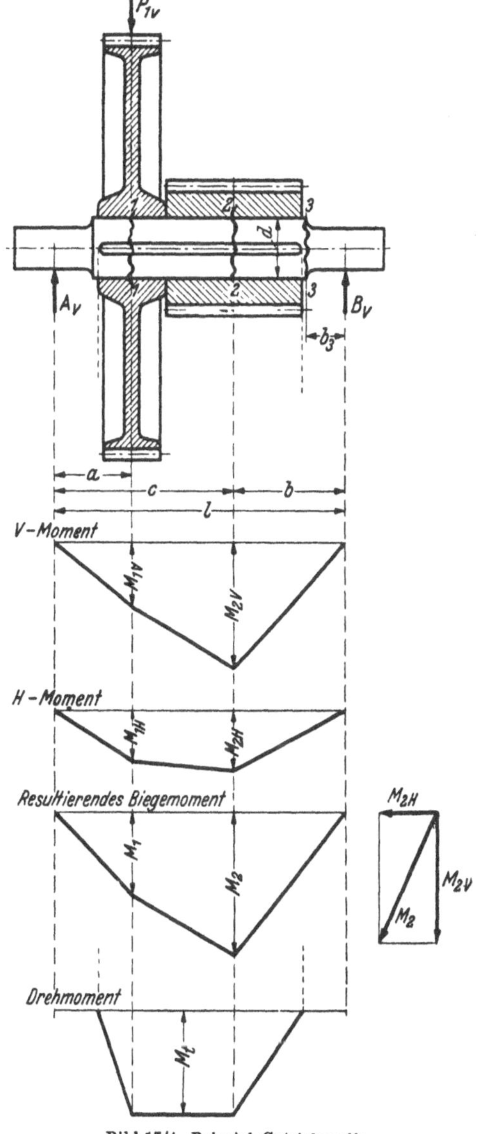

Bild 17/4. Beispiel Getriebewelle.

**Beispiel 2:** *Getriebewelle aus St 50.11 nach Bild 17/4.*

*Gegeben:* Drehmoment $M_t = 6000$ cmkg, $20°$ - Verzahnung $(\alpha = 20°)$, $r_1 = 20$ cm, $r_2 = 6$ cm, $a = 8$ cm, $b = 12$ cm, $l = 30$ cm.

*Berechnet:* Umfangskraft $P_{1H} = M_t/r_1 = 300$ kg; Radialkraft $P_{1V} = \mathrm{tg}\,\alpha \cdot P_{1H}$
$= 0{,}364 \cdot 300 = 109$ kg;

Umfangskraft $P_{2V} = M_t/r_2 = 1000$ kg; Radialkraft $P_{2H} = \mathrm{tg}\,\alpha \cdot P_{2V}$
$= 364$ kg.

*In Vertikalebene V:* Auflagekraft $B_V = \dfrac{P_{1V} \cdot a + P_{2V} \cdot c}{l} = 630$ kg $\left.\right\}$ $B = \sqrt{B_V^2 + B_H^2}$

*In Horizontalebene H:* Auflagekraft $B_H = \dfrac{P_{1H} \cdot a + P_{2H} \cdot c}{l} = 298$ kg $\left.\right\}$ $= 696$ kg

*Größtes Biegemoment im Querschnitt 2:* $M_2 = B \cdot b = 8350$ kgcm.

*Vergleichsmoment:* $M_v = \sqrt{M_2^2 + \left(\dfrac{a}{2} \cdot M_t\right)^2} = 8900$ kgcm für $a = \sigma_{b_{\mathrm{zul}}} / \tau_{t_{\mathrm{zul}}} \approx 1{,}0$
bei $\sigma_b$ wechselnd und $\tau_t$ schwellend.

*Ergebnis:* $d = 2{,}17 \sqrt[3]{M_v/\sigma_{b_{\mathrm{zul}}}} = \textbf{6,65}$ **cm,** mit $\sigma_{b_{\mathrm{zul}}} = 320$ kg/cm² , wie im Beispiel 1 für Kerbwirkung der Nabe usw. gezeigt.

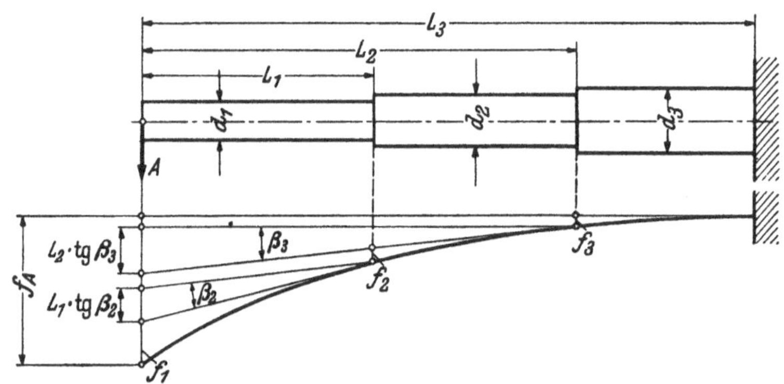

Bild 17/5. Zur Berechnung der Durchbiegung $f_A$ einer abgesetzten Welle nach Gl. (1) u. (2).

*Im Querschnitt 3* (Wellenabsatz) ist $M_3 = B \cdot b_3 = 696 \cdot 4 = 2784$ kgcm mit $b_3 = 4$ cm und $d = 4$ cm, $W_b = \pi\, d^3/32 = 6{,}3$ cm³ und $\sigma_b = M_b/W_b = 440$ kg/cm² $\leq \sigma_{b_{\mathrm{zul}}}$.

Geprüft: $\sigma_{b_{\mathrm{zul}}} = \dfrac{\sigma_{bW\,10} \cdot b}{S_N \cdot C} = \dfrac{17{,}5 \cdot 0{,}75 \cdot 10^2}{1{,}3 \cdot 1{,}5} = 670$ kg/cm² mit $\sigma_{bW\,10} = 17{,}5$ kg/mm² für St 50, Kurve 6 Bild 3/27 und $b = 0{,}75$ für $d = 4$ cm.

**Beispiel 3:** *Kritische Drehzahl $n_K$ einer Motorwelle nach Bild 17/8.* Nach Tafel 17/5 ist $n_K = 300 \sqrt{1/f}$ bei frei aufliegender Welle mit $f = f_1 + f_2$. Es soll nun gezeigt werden, wie die Durchbiegungen $f_1$ und $f_2$ einzeln für jedes Belastungsgewicht $G_1$ und $G_2$, auch bei mehrfach abgesetzter Welle, mit weniger Aufwand *rechnerisch*, statt graphisch, bestimmt werden können. Wir stellen folgende Gleichungen auf:

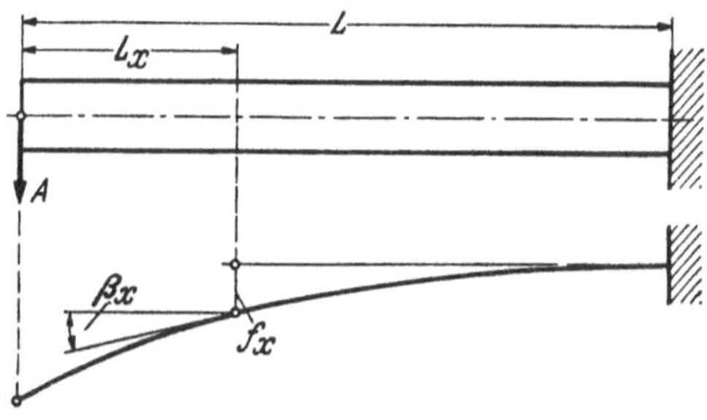

Bild 17/6. Zur Berechnung von Durchbiegung $f_x$ und Neigungswinkel $\beta_x$ an beliebiger Stelle einer glatten Welle nach Gl. (2) u. (3).

1) Die Durchbiegung $f_A$ eines mehrfach abgesetzten Wellenstücks unter der Auflagekraft $A$ setzt sich nach Bild 17/5, wie folgt, zusammen:

$$\boxed{f_A = f_1 + f_2 + f_3 + \cdots + \mathrm{tg}\,\beta_2 \cdot L_1 + \mathrm{tg}\,\beta_3 \cdot L_2 + \cdots}\quad \text{(cm).}\qquad (1)$$

2) An beliebiger Stelle $x$ eines eingespannten glatten Stabes (Bild 17/6) ist

die Durchbiegung $\quad f_x = \dfrac{A \cdot L^3}{E \cdot J \cdot 6} \left[ 2 - 3\dfrac{L_x}{L} + \dfrac{L_x^3}{L^3} \right]$ (cm) $\qquad$ (2)

und die Neigung $\quad \operatorname{tg} \beta_x = \dfrac{A \cdot L^3}{2\,E \cdot J} \left( \dfrac{1}{L} - \dfrac{L_x^2}{L^3} \right)$ . $\quad$ (—) $\qquad$ (3)

3) Ersetzt man in Gl. (1) die Einzelgrößen $f_1$, $f_2 \cdots$ und $\operatorname{tg}\beta_2$, $\operatorname{tg}\beta_3 \cdots$ durch die entsprechenden Ausdrücke der Gl. (2) und (3) für jeden Wellenabsatz der Welle nach Bild 17.5, so erhält man mit Einsatz von $J = \pi \cdot d^4/64$ [1]:

$$f_A = \frac{A \cdot 6,8}{E} \left[ \frac{L_1^3}{d_1^4} + \frac{L_2^3 - L_1^3}{d_2^4} + \frac{L_3^3 - L_2^3}{d_3^4} + \cdots \right] \text{ (cm)} . \qquad (4)$$

4) Für eine frei aufliegende, mehrfach abgesetzte Welle ist dann die Durchbiegung $f_1$ unter dem Belastungsgewicht $G_1$ nach Bild 17/7:

$$f_1 = f_A + \frac{f_B - f_A}{L/L_A} \text{ (cm)}, \qquad (5)$$

wobei $f_A$ die Durchbiegung unter der Auflagekraft $A_1$ der bei $G_1$ eingespannt gedachten Welle und $f_B$ die Durchbiegung unter der Auflagekraft $B_1$ der bei $G_1$ eingespannt gedachten Welle ist. Ebenso kann $f_2$ unter dem Belastungsgewicht $G_2$ bestimmt werden.

5) *Zahlenbeispiel* (Welle nach Bild 17/8).

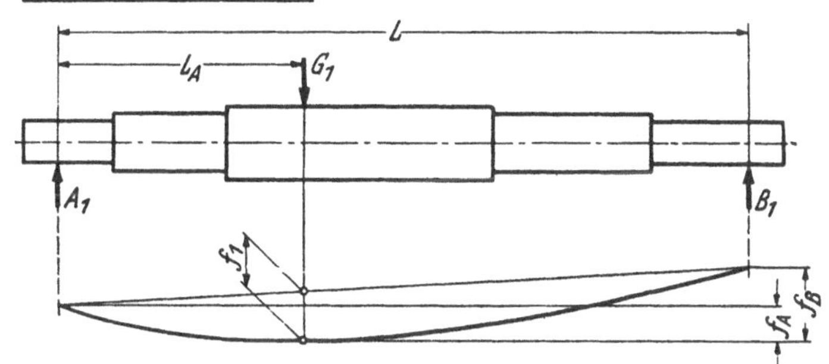

Bild 17/7. Zur Berechnung von Durchbiegung $f_1$ einer abgesetzten Welle aus $f_A$ und $f_B$ nach Gl. (5).

*Unter dem Belastungsgewicht $G_1 = 1500$ kg:*

$A_1 = G_1 \cdot (L - L_3)/L = 1500 \cdot 87{,}5/144 = 910 \text{ kg}; \quad B_1 = G_1 - A_1 = 590 \text{ kg}$

nach Gl. (4): $\quad f_A = \dfrac{910 \cdot 6{,}8}{2{,}1 \cdot 10^6} \left[ \dfrac{14{,}8^3}{15^4} + \dfrac{27{,}3^3 - 14{,}8^3}{22{,}5^4} + \dfrac{56{,}5^3 - 27{,}3^3}{25^4} \right] = \dfrac{16{,}0}{10^4} \text{ cm}$

$f_B = \dfrac{590 \cdot 6{,}8}{2{,}1 \cdot 10^6} \left[ \dfrac{11{,}5^3}{15^4} + \dfrac{24^3 - 11{,}5^3}{22{,}5^4} + \dfrac{87{,}5^3 - 24^3}{25^4} \right] = \dfrac{33{,}3}{10^4} \text{ cm}$

nach Gl. (5): $\quad f_1 = \dfrac{16{,}0}{10^4} + \dfrac{33{,}3 - 16{,}0}{10^4 \cdot 144/56{,}5} = \dfrac{22{,}78}{10^4} \text{ cm}$ .

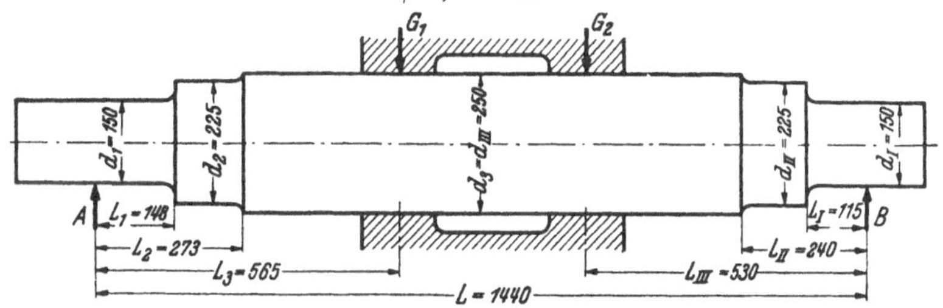

Bild 17/8. Zum Beispiel 3. Welle eines Elektromotors; Maße (mm).

*Unter dem Belastungsgewicht $G_2 = 1500$ kg:*

$A_2 = G_2 \cdot L_{III}/L = 1500 \cdot 53/144 = 552 \text{ kg}; \quad B_2 = G_2 - A_2 = 948 \text{ kg}.$

nach Gl. (4): $\quad f_A = \dfrac{552 \cdot 6{,}8}{2{,}1 \cdot 10^6} \cdot \left[ \dfrac{14{,}8^3}{15^4} + \dfrac{27{,}3^3 - 14{,}8^3}{22{,}5^4} + \dfrac{91^3 - 27{,}3^3}{25^4} \right] = \dfrac{35{,}9}{10^4} \text{ cm}$

$f_B = \dfrac{948 \cdot 6{,}8}{2{,}1 \cdot 10^6} \left[ \dfrac{11{,}5^3}{15^4} + \dfrac{24^3 - 11{,}5^3}{22{,}5^4} + \dfrac{53^3 - 24^3}{25^4} \right] = \dfrac{12{,}95}{10^4} \text{ cm}$

---

[1] Für *kegelige* Wellenstücke s. Biegefeder S. 189.

**18***

nach Gl. (5): $f_2 = \dfrac{35{,}9}{10^4} + \dfrac{12{,}95 - 35{,}9}{10^4 \cdot 144/91} = \dfrac{21{,}4}{10^4}$ cm

Ergebnis: $\qquad f = f_1 + f_2 = \dfrac{22{,}78 + 21{,}4}{10^4} = \dfrac{44{,}18}{10^4}$ cm

Kritische Drehzahl $n_K = 300 \sqrt{10^4/44{,}18} = 4520$ (1/min).

## 17.4. Gelenkwellen und biegsame Wellen.

Wir verwenden sie zur Verbindung von Wellen, die ihre Lage zueinander ändern, und zwar bei größeren Drehmomenten (z. B. bei Werkzeugmaschinen) *Gelenkwellen*, während bei kleinen Drehmomenten und hohen Drehzahlen *biegsame* Wellen vorgezogen werden (z. B. bei handgeführten Bohr- und Schleifspindeln, bei Tachometerantrieben u. dgl.)[1].

1) Bei den *Gelenkwellen* (Bild 17/9) wird die Neigbarkeit durch drehfeste, kardanartige Gelenke [2] erreicht, während die Längsbeweglichkeit meist durch Zwischenschaltung ineinander verschieblicher Wellen mit Drehmomentübertragung durch Nut und Feder, oder Vielnut- oder K-Profil erreicht wird (Teleskopwellen).

*Bewegungsverhältnisse.* Liegt die Abtriebswelle zur Antriebswelle parallel, so ist das Verhältnis ihrer Winkelgeschwindigkeiten $\omega_2/\omega_1 = 1$, während bei einem Winkel $\alpha$ zwischen den Wellen (z. B. zwischen Antriebswelle und Zwischenwelle, Bild 17/9) das Verhältnis $\omega_2/\omega_1$ sich im Verlauf einer Umdrehung zwischen $1/\cos\alpha$ bis $\cos\alpha$ periodisch ändert[3], sofern das Gelenk kein *Gleichgang*-Gelenk ist (s. Gelenke Kap. 19).

*Bemessung.* Das übertragbare Drehmoment ist vor allem durch die zulässige Flächenpressung (Erfahrungswerte s. S. 245) bzw. den zulässigen Verschleiß an den Druckstellen der Gelenke begrenzt.

2) *Die biegsamen Wellen* (Bild 17/10) bestehen aus schraubenförmig gewundenen Drähten, die in mehreren Lagen mit entgegengesetzter Schlagrichtung übereinander gewickelt sind. Die übertragbare Leistung ist am größten, wenn die äußere Drahtlage sich bei der Kraftübertragung auf der nächsten Drahtlage festzieht (in entgegengesetzter Richtung sind nur etwa 40 % der Nennleistung übertragbar!). Also Drehrichtung bei Bestellung angeben!

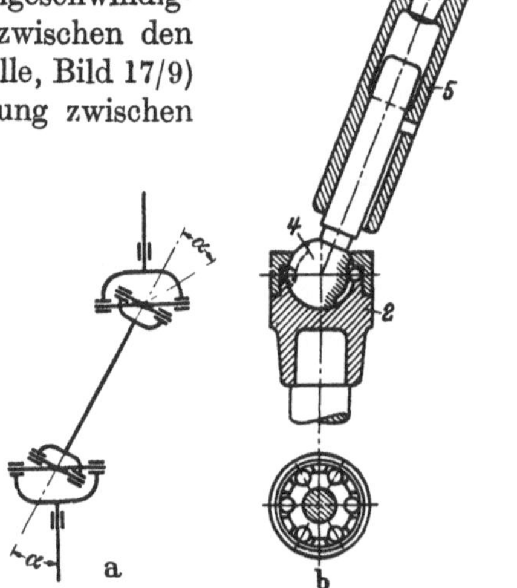

Bild 17/9. Gelenkwelle. a) Schema, b) Ausführung, *1* Antrieb, *2* Abtrieb, *3* und *4* drehfeste Gelenke, *5* Teleskop-Zwischenwelle mit Nut und Feder.

Die biegsame Welle läuft in einem Schutzschlauch (s. Bild 17/11) und ist in der Anschlußwelle durchweg eingelötet (Schwachstelle!). Der zulässige kleinste Biegehalbmesser der Welle (Wellendurchmesser $d$) beträgt etwa $7\,d$ bis $15\,d$, je nach Drahtdicke.

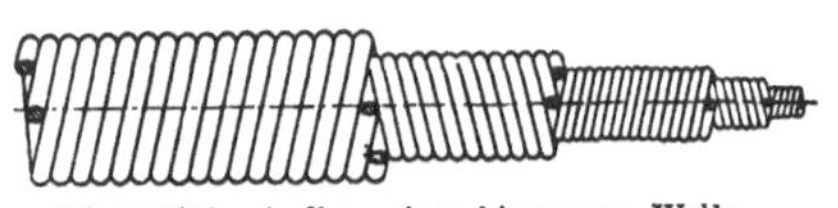

Bild 17/10. Aufbau einer biegsamen Welle.

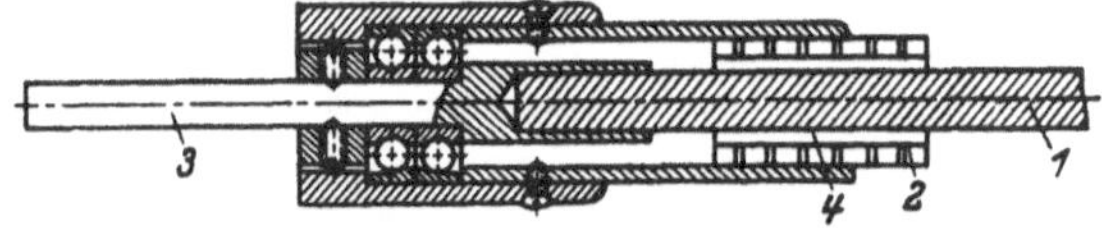

Bild 17/11. Anschluß einer biegsamen Welle. *1* biegsame Welle, *2* Schutzschlauch, *3* Anschlußwelle, *4* Fettfüllung.

*Bemessung.* Die drehmomentübertragenden Drahtlagen werden auf *Zug* beansprucht, sobald sie auf der unteren Drahtlage fest aufliegen. Bei gebogener Lage der Welle kommt

---

[1] Für sehr geringe Kräfte werden auch hintereinander geschaltete *Schnurtriebe* verwendet, die in gelenkig verbundenen Rahmen gelagert, noch leichter beweglich sind (Bohrmaschinen für Zahnärzte).

[2] Gelenke s. Kap. 19.

[3] Benutzbar zur Erzeugung sinusförmig schwankender Winkelgeschwindigkeiten oder Drehmomente bei gleichförmigem Antrieb.

hierzu noch Wechsel-Biege- und Drehspannung. Trotzdem kann man überschlägig das übertragbare $M_t$ aus $M_t = z \cdot \pi\, \delta^3\, \tau_{t_{zul}}/16$ berechnen mit Drahtdurchmesser $\delta$, Anzahl $z$ der tragenden Drähte und Ansatz von $\tau_{t_{zul}}$ entsprechend den Betriebsumständen (Drehzahl und Biegehalbmesser der Welle). Siehe Tafel 17/6.

**Tafel 17/6.** *Übertragbare Leistung (PS) von biegsamen Wellen* [1].

| Wellen-durchmesser $d$ mm | Drehzahl $n$ | | | | | | | |
|---|---|---|---|---|---|---|---|---|
| | 250 | 500 | 800 | 1000 · 1200 | 1400 · 1500 | 2000 · 2250 | 3000 | 6000 |
| 3,25 | — | — | — | $^1/_{100}$ | $^1/_{50}$ | $^1/_{40}$ | $^1/_{30}$ | $^1/_{20}$ |
| 4 ··· 5 | — | — | $^1/_{100}$ | $^1/_{50}$ | $^1/_{40}$ | $^1/_{30}$ | $^1/_{20}$ | $^1/_{15}$ |
| 6 ··· 8 | $^1/_{100}$ | $^1/_{60}$ | $^1/_{50}$ | $^1/_{40}$ | $^1/_{30}$ | $^1/_{20}$ | $^1/_{15}$ | $^1/_{10}$ |
| 9 | $^1/_{50}$ | $^1/_{40}$ | $^1/_{30}$ | $^1/_{15}$ | $^1/_{10}$ | $^1/_{6}$ | $^1/_{5}$ | $^1/_{4}$ |
| 10 | $^1/_{20}$ | $^1/_{15}$ | $^1/_{10}$ | $^1/_{6}$ | $^1/_{5}$ | $^1/_{4}$ | $^1/_{3}$ | $^1/_{2}$ |
| 11···12 | $^1/_{10}$ | $^1/_{6}$ | $^1/_{5}$ | $^1/_{4}$ | $^2/_{5}$ | $^1/_{2}$ | $^3/_{4}$ | 1 |
| 15 | $^1/_{6}$ | $^1/_{5}$ | $^1/_{4}$ | $^1/_{3}$ | $^1/_{2}$ | $^3/_{4}$ | 1 | $1^1/_{2}$ |
| 20 | $^1/_{5}$ | $^1/_{3}$ | $^1/_{2}$ | $^3/_{4}$ | 1 | $1^1/_{2}$ | 2 | — |
| 25 | $^1/_{3}$ | $^1/_{2}$ | $^3/_{4}$ | $1^1/_{4}$ | $1^3/_{4}$ | $2^1/_{2}$ | 3 | — |

## 17.5. Schrifttum (s. auch Schwingungsfestigkeit S. 60).

[17/1] LEHR, E.: Spannungsverteilung in Konstruktionselementen. Berlin, VDI-Verlag 1934; Dauerhaltbarkeit von Ritzelwellen. Z. VDI Bd. 81 (1937) S. 117; Festigkeit und Formgebung. Konstruktionstagung Stuttgart, Landesgewerbemuseum 1936.

[17/2] LEHR, E. u. K. MAILÄNDER: Einfluß von Hohlkehlen an abgesetzten Wellen und von Querbohrungen auf die Biegewechselfestigkeit. Arch. Eisenhüttenwes. 11 (1938) S. 563.

[17/3] HEROLD, W.: Versuche über Drehschwingungsfestigkeit abgesetzter, genuteter und durchbohrter Wellen. Z. VDI Bd. 81 (1937) S. 505.

[17/4] ULRICH, M.: Verdrehfestigkeit und Verschleiß von Keilwellen. Forschungsarbeiten für das Kraftfahrwesen —- Versuchsbericht 1935 Nr. 11.

[17/5] ULRICH, M.: Sind Brüche von Kraftwagen-Hinterachswellen Dauerbrüche? Z. VDI Bd. 80 (1936) S. 181.

[17/6] KÜHNEL, R.: Achsbrüche bei Eisenbahnfahrzeugen und ihre Ursachen. Glasers Ann. 1932 S. 49.

[17/7] OSCHATZ, H.: Gesetzmäßigkeiten des Dauerbruches und Wege zur Steigerung der Dauerhaltbarkeit. Mitt. dtsch. Mat.-Prüf.-Anst. an der TH. Darmstadt 1933.

[17/8] THUM, A. u. F. WUNDERLICH: Zur Festigkeitsberechnung von Fahrzeugachsen. Z. VDI Bd. 78 (1934) S. 823.

[17/9] THUM, A. u. F. WUNDERLICH: Dauerbiegefestigkeit von Konstruktionsteilen an Einspannungen, Nabensitzen und ähnlichen Kraftangriffsstellen. Mitt. d. Mat.-Prüf.-Anst. an der TH. Darmstadt 1934 H. 5.

[17/10] BERG, P: Die Steigerung der Dauerhaltbarkeit von Keilverbindungen durch Oberflächendrücken. Diss. TH. Braunschweig 1935.

[17/11] THUM, A. u. H. WEISS: Versuche zur Steigerung der Verdrehdauerhaltbarkeit quergebohrter Wellen durch Kaltverformung. Automob.-techn. Z. 41 (1938) S. 629.

[17/12] THUM, A. u. W. BAUTZ: Der Entlastungsübergang. Forschg. u. Fortschr. 6 (1935) S. 269.

[17/13] THUM, A. u. E. BRUDER: Dauerbruchgefahr an Hohlkehlen von Wellen und Achsen und ihre Verminderung. Dtsch. Kraftfahrtforsch. H. 11. Berlin: VDI-Verlag 1938.

[17/14] THUM, A. und E. BRUDER: Flanschwellen-Dauerbrüche und ihre Ursachen. Dtsch. Kraftfahrtforsch. H. 41. Berlin 1940. Auszug s. Z. VDI Bd. 84 (1940) S. 542.

[17/15] — (Wellenbrüche.) Masch.-Schad. 15 (1938) S. 47; (Laufradwelle, Portalkran.); S. 73 (Hinterachsen von Kraftwagen); S. 126 (Hauptwellen von Kreiselbrechern.)

*Kritische Drehzahl* (s. auch Schrifttum S. 203).

[17/16] LEHR, E.: Schwingungstechnik. Bd. I und II. Berlin: Springer 1930 u. 1933.

[17/17] WAIMANN, K.: Zeichnerisches Verfahren zur Berechnung von Wellen auf Drehschwingungen. Z. VDI Bd. 78 (1934) S. 1083.

---

[1] Nach Fa. A. Schneider, Berlin N 65.

[*17/18*] HOLBA, J.: Berechnungsverfahren zur Bestimmung der kritischen Drehzahlen von geraden Wellen. Wien: Springer 1936.

[*17/19*] KARAS, K.: Die krit. Drehzahlen wichtiger Rotorformen. Wien: Springer 1935.

[*17/20*] SCHILHANSL, M.: Beitrag zur genäherten Ermittlung der Biegeeigenfrequenzen mehrfach abgesetzter und mehrfach gelagerter Wellen. Ing.-Arch. 10 (1939) S. 182.

[*17/21*] DÜBBERS: Ermittlung der Durchbiegung elastischer Wellen. Die Technik Bd. 3 (1948) S. 21.

[*17/22*] DOREY, S. F.: Begrenzung der Drehschwingungsbeanspruchung in den Wellenleitungen von Schiffsölmaschinen. Konstruktion 1 (1949) S. 26 (für Schiffsschraubenwellen $\tau_{t_{zul}} = 280$ kg/cm²).

# 18. Verbindung von Welle und Nabe.
## 18.1. Überblick.

*Auswahl:* Zur Verfügung stehen uns *reib*schlüssige Verbindungen (Klemmsitz, Preßsitz, Kegelsitz), *form*schlüssige (Querstift, Paßfeder, Vielnut-, Kerbzahn- und K-Profil) und *vorgespannte form*schlüssige (Flachkeil, Nutenkeil, Rundkeil, Tangentkeil, K-Profil mit Preßsitz, Kegelsitz mit Paßfeder). Außerdem kann die Nabe auf der Welle auch hart *aufgelötet*[1] und gegebenenfalls auch *angeschweißt* werden, wenn sie nicht lösbar zu sein braucht.

Neben den im Maschinenbau am meisten verwendeten *Paßfeder-* und *Nutenkeil*verbindungen und neben den *Querstift*verbindungen für geringere Drehmomente finden heute die *Vielnutprofile* und ferner die *Kerbzahn-* und *K-Profile* für große und stoßhafte Drehmomente immer mehr Anwendung, besonders bei Serien- und Massenfertigung, wo die für ihre Herstellung erforderlichen Sondereinrichtungen tragbar sind. Eine viel ausgedehntere Anwendung werden auch die *Preßsitze* finden, nachdem die Zusammenhänge hinsichtlich Herstellung, Wahl der Passung, übertragbare Kraft und Lösbarkeit durch Versuche genügend geklärt sind.

Vergleich der *Herstellungskosten* s. Tafel 18/3.

*Geeignet sind*

für *kleinere* Drehmomente: Querstifte und Klemmsitze, Scheibenfedern und Hohlkeile;

für *einseitige* Drehmomente: Querstifte und Paßfedern;

für *wechselseitige* Drehmomente: Keil-, Klemm- und Preßsitze;

für *große, wechselseitige* oder *stoßhafte* Drehmomente: Querpreßsitze (Schrumpfsitze), Tangentkeile, Vielnut- und K-Profile mit Preßsitz;

für *kurze Naben bei großen* Drehmomenten: Schrumpfsitze mit Carborundpulver, Vielnut-, Kerbzahn- und K-Profile;

für *verschiebbare* Naben oder Wellen: Gleitfedern und Vielnutprofile;

für *leicht lösbare* Naben: Klemmsitze, Kegelsitze, Kegelbüchsen, Paßfeder, Nasenkeil, Vielnut-, Kerbzahn- und K-Profile; bei einseitigem Drehmoment auch Gewinde mit Längsanlage der Nabe am Wellenabsatz (Beispiel Spannfutter bei Drehbänken);

für *nachträglich* auf glatte Wellen aufzubringende Naben: Hohlkeil, Klemmsitze, Kegelbüchsen;

für *in Drehrichtung verstellbare* Naben: Hohlkeil, Klemmsitze, Kegelsitze, Kegelbüchse und Kerbzahnprofil;

für *dünnwandige* Naben: Kerbzahnprofile, bei einseitigem Drehmoment auch Gewinde mit Längsanlage der Nabe am Wellenabsatz.

*Festigkeit:* Jede drehfeste Verbindung von Welle und aufgesetzter Nabe bringt eine Herabsetzung der Wellenfestigkeit (Kerbwirkung) mit sich, so daß man zweckmäßig den Wellendurchmesser im Nabensitz verstärkt (etwa 1,3 $d$), oder die Welle dort durch Härten

---

[1] Das Lot zieht sich bei reduzierender Ofenlötung selbsttätig in die Fuge. Näheres s. [*8/13*] S. 142.

oder Oberflächendrücken verfestigt. So betrug nach Versuchen von THUM[1] die Biegewechselfestigkeit[2] von 14—18 mm dicken Wellen aus St 50.11: beim glatten Stab 24,5 kg/mm²;

bei Welle mit auslaufender Keilnut 19,5; mit Paßfeder in Nut 14,5;
ohne Keilnut mit Nabe 13,0; mit Keilnut, Keil und Nabe 9,5 bis 10,5 kg/mm².

Bei anderen Versuchen mit einem Si–Mn-Stahl ($\sigma_B = 56$) betrug die Biegewechselfestigkeit (bzw. Drehwechselfestigkeit): am glatten Stab 30,5 (18) kg/mm²;

mit aufgepreßter Nabe 14,2 (14,7); wie vorher aber Nabensitz gewalzt 27,8 (18); wie vorher aber Nabensitz mit Brennstrahl gehärtet > 40 (18).

Siehe hierzu auch in Bild 3/27, S. 56 die Biegewechselfestigkeit von Wellen mit aufgekeilter und aufgepreßter Nabe.

Eine geringe Erhöhung der Dauerfestigkeit (etwa 10 %) erreicht man, wenn man nach Bild 4/8 u. 4/9 S. 73 die Nabendicke zu den Nabenenden hin abnehmen läßt und beim Kegelsitz, wenn man die Nabe überstehen läßt.

*Nabenmaße:* Anhaltswerte bietet Tafel 18/1. Außerdem sind in Tafel 18/6 bis 18/11 Anhaltswerte für das übertragbare Drehmoment je mm Nabenlänge angegeben; es ist am größten für die Kerbverzahnung, der die Vielnut-, K-Profil-, Tangentkeil- und Schrumpfsitze folgen.

**Tafel 18/1.** *Anhaltswerte für Nabenlänge l* (cm) und *Nabendicke s* (cm) bei Stahlwelle (St 42) in Abhängigkeit vom Drehmoment $M_t$ (cmkg). Für Keilwellen ist $l$ die tragende Nutenlänge bei einseitigem $M$. Bei wechselseitigem $M_t$ und seitlichen Kippkräften $l$ größer nehmen.

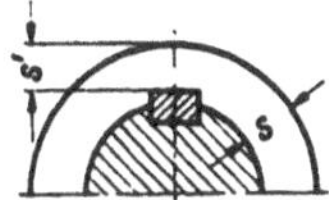

$$l \approx x \cdot \sqrt[3]{M_t} \qquad \text{überschlägig: } s \approx y \cdot \sqrt[3]{M_t}$$

$$\text{genauer: } s' \approx y' \cdot \sqrt[3]{M_t}$$

| Verbindung | GG-Nabe | | | St- oder GS-Nabe | | |
|---|---|---|---|---|---|---|
| | $x$ | $y$ | $y'$ | $x$ | $y$ | $y'$ |
| Schrumpf-, Preß-, Kegelsitz | 0,42 ··· 0,53 | 0,21 ··· 0,30 | 0,21 ··· 0,30 | 0,21···0,35 | 0,18 ···0,26 | 0,18···0,27 |
| Keil, Paßfeder, Klemmsitz | 0,53 ··· 0,70 | 0,18 ··· 0,21 | 0,15 ··· 0,18 | 0,35···0,46 | 0,14 ···0,18 | 0,11···0,15 |
| Keilwelle nach DIN 5462 . | 0,34 ··· 0,42 | 0,14 ··· 0,18 | 0,13 ··· 0,16 | 0,21···0,30 | 0,125···0,16 | 0,11···0,15 |
| Keilwelle nach DIN 5463 . | 0,21 ··· 0,30 | 0,14 ··· 0,18 | 0,12 ··· 0,15 | 0,13···0,21 | 0,125···0,16 | 0,10···0,14 |
| Keilwelle nach DIN 5464 . | 0,14 ··· 0,21 | 0,14 ··· 0,18 | 0,11 ··· 0,14 | 0,08···0,13 | 0,125···0,16 | 0,09···0,13 |

**Tafel 18/2.** *DIN-Blätter*[3].

| | DIN | | DIN |
|---|---|---|---|
| Kegel . . . . . . . . . . . . | 254 | Hohlkeile . . . . . . . . . . | 6881, 6889 |
| Werkzeugkegel . . . . . . . | 228 | Tangentkeilnuten . . . . . . . . | 271, 268 |
| Metrische Kegel . . . . . . . . | 228 | Rundkeile . . . . . . . . . . . | 30525 |
| Morse Kegel . . . . . . . . . . | 228 | | |
| Kegelige Wellenenden für Zahnräder und Kupplungen . . . . . . . . | } 749, 750 | Keilwellen-, Keilnaben-Profile . . . | 5461 |
| | | ,, ,, leichte Reihe . | 5462 |
| | | ,, ,, mittl. Reihe. . | 5463 |
| Paßfedern, Abmessungen, Anwendung | 6885 | ,, ,, Toleranzen . . | 5465 |
| Scheibenfedern . . . . . . . . . | 6888 | ,, ,, mit 4 Keilen . | 5471 |
| | | ,, ,, mit 6 Keilen . | 5472 |
| Keilstahl, gezogen . . . . . . . . | 6880 | Zahnwellen-, Zahnnaben-Profile mit | |
| Keile, Abmess. u. Anwendung . . . | 6886 | Evolventenfl.. . . . . . . . . | 5482 |
| Nasenkeile, Anwendung . . . . . | 6887 | Kerbverzahnungen . . . . . . . · | 5481 |
| Flachkeile . . . . . . . . . . . | 6883, 6884 | Preßpassungen, Berechnung . . . . | 7190 |

---

[1] BAUTZ, W.: Maschinenelemente-Tagung Aachen. S. 29. Berlin: VDI-Verlag 1936.
[2] Für $\tau_t = M_t/W_t$ mit $W_t = \pi\, d^3/16$ für den Vollquerschnitt der Welle.
[3] DIN-Blätter über *Stifte* s. S. 178.

**Tafel 18/3.** *Vergleich des Aufwandes* [1]
zur Herstellung verschiedener Verbindungen von Welle mit Nabe bei 60 mm
Wellendurchmesser und 80 mm Nabenlänge.

| Nach Bild | Verbindung Welle/Nabe | Aufwand | |
|---|---|---|---|
| | | Zeit min | Kosten DM |
| 18/2d | Längspreßsitz | 36,5 | 2,50 |
| | Querpreßsitz | 40,0 | 2,68 |
| 18/2 f | Kegelsitz | 48,0 | 3,32 |
| | Kegelsitz mit Paßfeder | 57,7 | 4,18 |
| | Kegelsitz mit Paßfeder, Endscheibe und Mutter | 77,7 | 6,02 |
| 18/7 a | mit Kegelstift quer | 43,8 | 3,00 |
| | mit Kerbstift quer | 40,8 | 2,79 |
| 18/7 b | mit Scheibenfeder | 43,2 | 2,93 |
| 18/7 c | mit Einlege-Paßfeder | 52,6 | 3,41 |
| 18/7 e | mit Vielnutprofil | 60,2 | 4,65 |
| | mit Vielnutprofil mit Endscheibe und Mutter | 80,7 | 6,14 |
| 18/7 f | mit Kerbzahnprofil | 62,2 | 3,23 |
| | mit Kerbzahnprofil mit Endscheibe und Mutter | 74,7 | 4,72 |
| 18/7 g | mit K-Profil | 61,7 | 4,23 |
| | mit K-Profil mit Endscheibe und Mutter | 74,2 | 5,72 |
| 18/8 c | mit Einlegekeil | 55,2 | 3,52 |
| 18/8 d | mit Nasenkeil | 62,2 | 3,87 |
| 18/8 e | mit Tangentkeil | 66,7 | 4,18 |
| | mit Tangentkeil, geteilter Nabe und 2 Schrauben | 102,7 | 6,77 |

## Bezeichnungen für die Berechnungen.

(Bezeichnungen und Dimensionen für Tafelwerte s. die Tafeln.)

| | | | | | |
|---|---|---|---|---|---|
| $a$ | (cm) | axialer Preßweg | $p$ | (kg/cm²) | Flächenpressung |
| $A$ | (kg) | Axialkraft | $q, q_1, q_2$ | | Beiwerte (Tafel 18/4) |
| $b$ | (cm) | Keilbreite | $t, t_1, t_2$ | (cm) | Nuttiefe |
| $B$ | (—) | Beiwert ⎰ Tafel 18/4 | $U$ | (kg) | Umfangskraft |
| $C$ | (—) | Beiwert ⎱ | $ü$ | (cm) | Übermaß, $= d - d_1$ |
| $d$ | (cm) | Wellendurchmesser | $ü_e$ | (cm) | größtes elastisches Übermaß |
| $d_a$ | (cm) | Außendurchmesser der Welle | $ü_f$ | (cm) | Fügespiel |
| $d_i$ | (cm) | Innendurchmesser der Welle | $ü_t$ | (cm) | Wärmedehnung |
| $d_1$ | (cm) | Bohrungsdurchmesser | $ü_v$ | (cm) | Verlustmaß (Glättungsmaß) |
| $D$ | (cm) | Nabendurchmesser | $ü_H$ | (cm) | Haft-Übermaß (wirksames Übermaß) |
| $\varepsilon$ | (—) | Exponent, Tafel 18/4 | | | |
| $E, E_1$ | (kg/cm²) | E-Modul der Welle, der Nabe | $W_t$ | (cm³) | Dreh-Widerstandsmoment |
| $F_s$ | (cm²) | Sprengquerschnitt | $a°$ | (°) | Neigungswinkel |
| $H$ | (kg) | Haftkraft | $\mu$ | (—) | Reibwert, $= \mathrm{tg}\,\varrho$ |
| $H_R$ | (kg) | Rutschkraft | $\mu_H$ | (—) | Haftreibwert |
| $h$ | (cm) | Keildicke | $\mu_R$ | (—) | Rutschreibwert |
| $i$ | (—) | Anzahl der Nuten | $\varrho$ | (°) | Reibwinkel |
| $L$ | (cm) | tragende Länge | $\sigma, \sigma_1$ | (kg/cm²) | Tangentialspannung der Welle, der Nabe an der Fuge (Bild 18/1, b) |
| $M_t$ | (cmkg) | Drehmoment | | | |
| $1/m$ | (—) | Querzahl | | | |
| $P$ | (kg) | Anpreßkraft | $\sigma_m, \sigma_{m1}$ | (kg/cm²) | mittlere Tangentialspannung der Welle (Bild 18/1, b) |
| $P_K$ | (kg) | Kippkraft | | | |
| $P_s$ | (kg) | Sprengkraft | | | |

[1] Die Vergleichskalkulation wurde von Prof. Dr.-Ing. O. KIENZLE, TH. Hannover zur Verfügung gestellt. Beispielsweise rechnet er für die einzelnen Arbeitsgänge beim Längspreßsitz: Welle drehen 16 min (1,12 DM), Nabe bohren und reiben 18 min (1,26 DM), Nabe auf Welle pressen 2,5 min (0,12 DM). Weitere Einzelheiten siehe STN-Blatt 80 131 Seminar für technische Normung, TH. Hannover.

## 18.2. Reibschluß-Verbindungen.

**1) Kräfte bei Klemmsitz** (Bild 18/1). Bei allen Klemm- und Preßsitzen muß die Haftkraft $H$ (Widerstand gegen Verdrehen oder Verschieben der Nabe), welche gleich der Summe der Reibkräfte $\sum P \cdot \mu$ ist, größer sein, als die zu übertragende Umfangskraft $U$ an der Welle:

$$\boxed{H = \sum P \cdot \mu \geq U = 2\,M_t/d} \quad \text{(kg)}. \tag{1}$$

Bei gleichmäßig über den Umfang verteilter Anpressung (Flächenpressung $p$) ist

$$\boxed{H = \sum P \cdot \mu = \pi \cdot d \cdot L \cdot p \cdot \mu} \quad \text{(kg)}. \tag{2}$$

Mit Einsatz von $M_t = \tau_t \cdot W_t$ und $W_t = \pi\,d^3/16$ für die Vollwelle wird dann das erforderliche $\dfrac{L}{d} \geq \dfrac{1}{8 \cdot \mu}\,\dfrac{\tau_t}{p}$.

Die *Sprengkraft* $P_s$ in der Nabe, d.h. die Zugkraft $P_s$ im Längsmittelschnitt $F_s = (D - d)\,L$ der Nabe beträgt

$$\boxed{P_s = d \cdot L \cdot p \geq \frac{U}{\pi \cdot \mu} = \frac{2\,M_t}{\pi \cdot \mu \cdot d}} \quad \text{(kg)} \tag{3}$$

und die mittlere tangentiale Zugspannung in der Nabe: $\sigma_{m\,1} = P_s/F_s$ (kg/cm²).

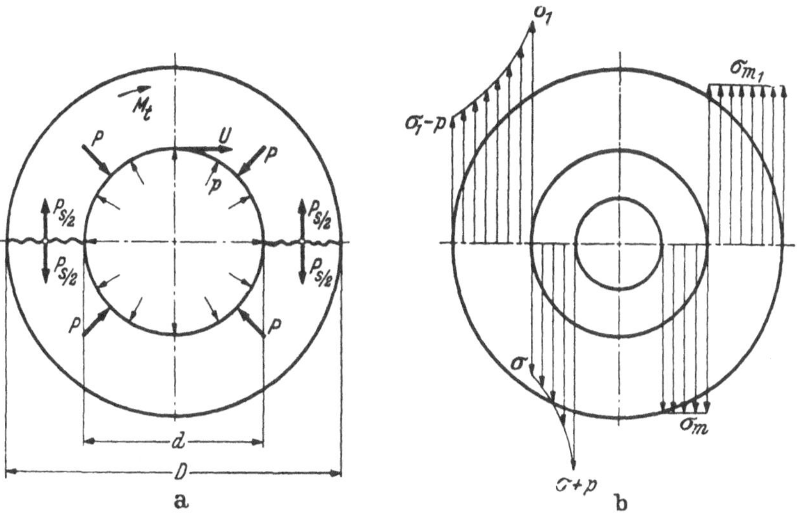


Bild 18/1. Kräfte (a) und Spannungen (b) bei Klemm- und Preßsitzen.

*Erfahrungswerte:*

Flächenpressung $p = 300$ bis $500$ kg/cm² für GG gegen St;
$\quad\quad\quad = 500$ bis $900$ kg/cm² für St gegen St.

*Haft-Reibwert* [1] $\mu_H = 0{,}15$ bis $0{,}3$ je nach Schmierung (geölt bis trocken), Flächenpressung und Oberfläche;
$\quad\quad\quad \mu_H$ bis $0{,}65$, wenn Sitzflächen mit Carborundpulver eingerieben werden.
*Rutsch-Reibwert* $\mu_R \approx 0{,}5\,\mu_H$.

*Ausführungen von Klemmsitzen.* (Bild 18/2). Die Nabe ist meistens *geteilt* oder *geschlitzt* und die Klemmkräfte werden durch Schrauben, Kegelringe oder Schrumpfringe erzeugt, deren Gesamtquerschnitt $F_s$ die Sprengkraft $P_s$ (s. Gl. 3) aufnehmen muß.

Sicherheitshalber rechnet man mit dem Rutschreibwert (z.B. 0,075 s. oben).

---

[1] Es liegen nur Versuche für Preßsitze vor.

*Beispiel:* Geteilte Riemenscheibe (Bild 18/2b), Wellendurchmesser $d = 4$ cm, $M_t = 1500$ kgcm. Notwendige Gesamt-Schraubenkraft $P_s \geq \dfrac{2\,M_t}{\pi \cdot \mu_R \cdot d} = \dfrac{2 \cdot 1500}{\pi \cdot 0{,}075 \cdot 4} = 3180$ kg.

Bei 4 Schrauben erhält man je Schraube 800 kg; gewählt Schraube M 18 nach Tafel 10/14.

Für $p = 300$ wird $L \geq \dfrac{P_s}{d \cdot p} = \dfrac{3180}{4 \cdot 300} = 2{,}67$ cm (wegen Unterbringung der Schrauben $L$ erheblich größer!).

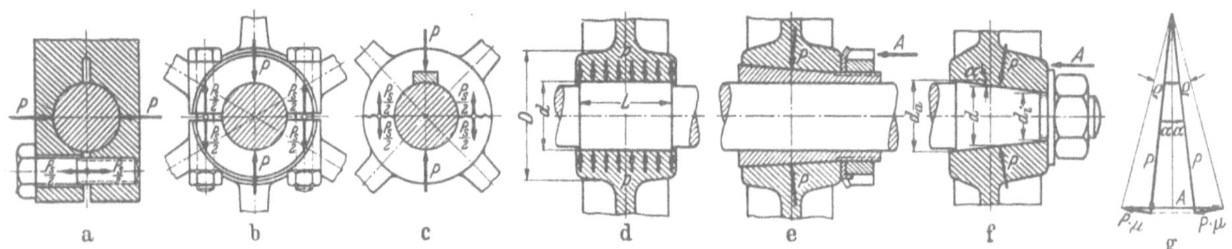

Bild 18/2. Verschiedene Klemm- und Preßsitze. a) Klemmsitz mit geschlitzter Nabe, b) mit geteilter Nabe, c) mit Hohlkeil, d) Preßsitz, e) Kegelsitz mit Kegelbüchse, f) Kegelsitz, g) Kräfte am Kegelsitz.

*Ungeteilte Naben* können durch *Hohlkeile* (Maße s. Tafel 18/6) aufgeklemmt werden. Die auf die Keilfläche $b \cdot L$ wirkende Preßkraft $P = p \cdot b \cdot L$ wirkt mindestens an 2 Stellen des Wellenumfangs, so daß die Haftkraft $H = 2\,P \cdot \mu \geq U = 2\,M_t/d$ gesetzt werden kann. Sie ist durch die Keil-Eintreibkraft $A \approx P\,(\text{tg}\,\alpha + 2\,\mu) = \dfrac{M_t\,(\text{tg}\,\alpha + 2\,\mu)}{d \cdot \mu} \approx \dfrac{2\,M_t}{d}$ begrenzt (tg $\alpha = 1 : 100$). Setzt man wegen der Verformungsgefahr des Hohlkeils beim Eintreiben $A = \sigma_{\text{zul}} \cdot b \cdot h$ und $\sigma_{\text{zul}} = 1200$ kg/cm², so wird das übertragbare *Drehmoment*

$$\boxed{M_t \approx A \cdot d/2 \leq 600\, d \cdot b \cdot h}\,{}^{1} \quad \text{(kgcm)} \tag{4},$$

und nach der Flächenpressung $p = \dfrac{P}{b \cdot L} \geq \dfrac{M_t}{d \cdot \mu \cdot b \cdot L}$ (kg/cm²) die erforderliche *Nabenlänge*

$$\boxed{L \geq \frac{M_t}{p \cdot d \cdot b \cdot \mu} = \frac{600 \cdot h}{p \cdot \mu}} \quad \text{(cm)} \tag{5};$$

oder $\boxed{L \geq 12 \cdot h}$ für $p = 500$ kg/cm² und $\mu = 0{,}1$.

*Beispiel:* Für $d = 4$ cm und $b \cdot h = 1{,}2 \cdot 0{,}35$ cm² nach Tafel 18/6, wird nach Gl. (4): $M_t \approx 600 \cdot 4 \cdot 1{,}2 \cdot 0{,}35 = \mathbf{1000\ cmkg}$ und nach Gl. (5): $L \geq \dfrac{600 \cdot 0{,}35}{500 \cdot 0{,}1} \geq 4{,}2$ cm.

*Klemmsitz durch Kippkraft $P_K$:* Nach Bild 18/3 kann eine Laufsitz-Nabe auf der Welle durch die Kippkraft $P_K$ festgeklemmt werden, wenn die Haftkraft $H = 2\,P \cdot \mu \geq P_K$ ist. Mit Einführung des Kippmoments $P_K \cdot a = P \cdot L$, wird $H = 2\,P_K \cdot \mu \cdot a/L \geq P_K$. Hieraus ergibt sich $\dfrac{a}{L} = \dfrac{1}{2\,\mu}$. In diesem Fall liegt „*Selbsthemmung*" vor. So muß z. B. für den Rutschreibwert $\mu_R = 0{,}075$ $\dfrac{a}{L} = \dfrac{1}{0{,}15} = 6{,}7$ sein, wenn ein sicherer Klemmsitz erreicht werden soll.

**2) Kräfte und Spannungen beim Preßsitz** [2] (Bild 18/1). Die Welle (Durchmesser $d$) besitzt gegenüber der Nabenbohrung (Durchmesser $d_1$) das Übermaß $ü = d - d_1$, so daß nach dem Zusammenfügen die Nabe gedehnt und die Welle zusammengedrückt ist. Die Spannungsverteilung im Längsmittel-

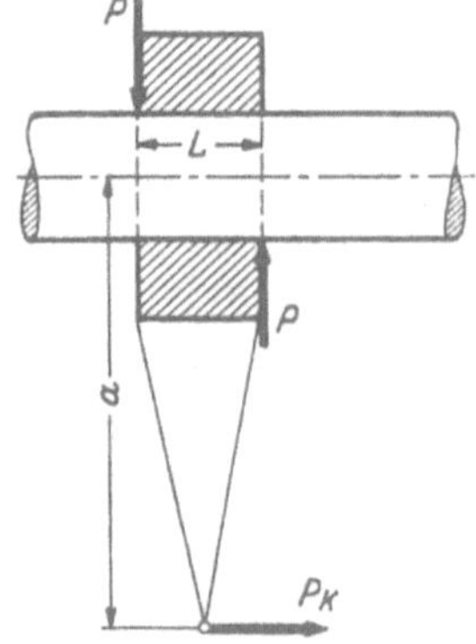

Bild 18/3. Klemmsitz durch Kippkraft $P_K$. Für Selbsthemmung muß $\dfrac{a}{L} \geq \dfrac{1}{2\,\mu}$ sein.

---

[1] Würde man beim Hohlkeil die Dicke $h$ ebenso groß, wie beim Nutenkeil machen, so würde sich das übertragbare $M_t$ verdoppeln lassen.

[2] Hier sei auf DIN 7190, Berechnung einfacher Preßpassungen, hingewiesen, worin auch Schaubilder für ISA-Preßpassungen und ein Rechenvordruck gebracht werden.

schnitt der Nabe bzw. Welle entspricht dann der eines Rohres unter innerem bzw. äußerem Überdruck $p$ und kann im elastischen Gebiet wie folgt berechnet werden:

In der Nabe $\sigma_1 = p\,\dfrac{a_i^2 + 1}{a_i^2 - 1}$ (kg/cm²); $a_1 = D/d_1$.

In der Welle $\sigma = p\,\dfrac{a^2 + 1}{a^2 - 1}$ (kg/cm²); $a = d/d_i$.

(Für Vollwelle ($d_i = 0$) wird $\sigma = p$).

Das wirksame relative Übermaß

$$\boxed{\frac{\ddot{u}_H}{d} = \frac{\ddot{u} - \ddot{u}_v}{d} = \frac{\sigma_1 + p/m}{E_1} + \frac{\sigma - p/m}{E}} \qquad (6).$$

Hieraus läßt sich $\ddot{u}_H$ bzw. umgekehrt $p$ berechnen. (Das Verlust-Übermaß $\ddot{u}_v$[1] hängt von der Rauhigkeit der Oberflächen und ihrer Glättung beim Fügen ab.)

Anderseits ist nach Gl. (2) die Haftkraft $H = \Sigma P \cdot \mu = \pi \cdot d \cdot L \cdot p \cdot \mu$. Hieraus ergibt sich für die *Voll*welle mit $p$ aus Gl. (6) und $1/m = 0{,}3$, und Stahl auf Stahl ($E_1 = E$):

$$\text{Haftkraft} \quad \boxed{H = \ddot{u}_H \cdot q \cdot L\,(1 - d^2/D^2)} \ \text{(kg)} \qquad (7),$$

wobei $q = \pi \cdot \mu \cdot E/2$. Durch Versuch ermittelte Werte für $H$ in Abhängigkeit von $\ddot{u}$ zeigt Bild 18/4 für Längs- und Querpreßsitze. Für Preßsitze auf Hohlwellen und Büchsen ist auf Gl. (6) zurückzugreifen.

**3) Querpreßsitz.** Hergestellt durch *Aufschrumpfen* der erwärmten Nabe (Schrumpfsitz) oder durch Ein-

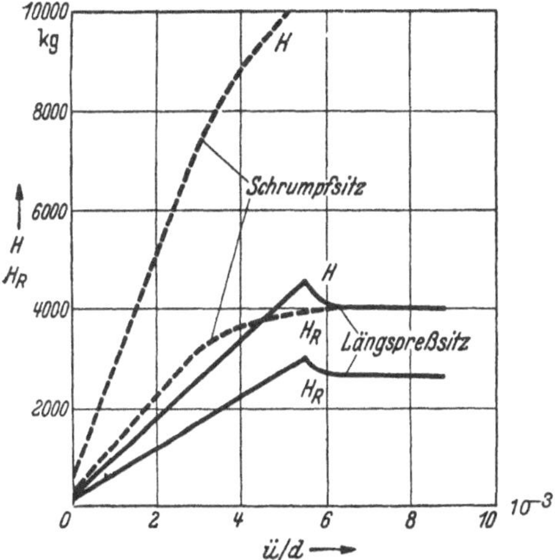

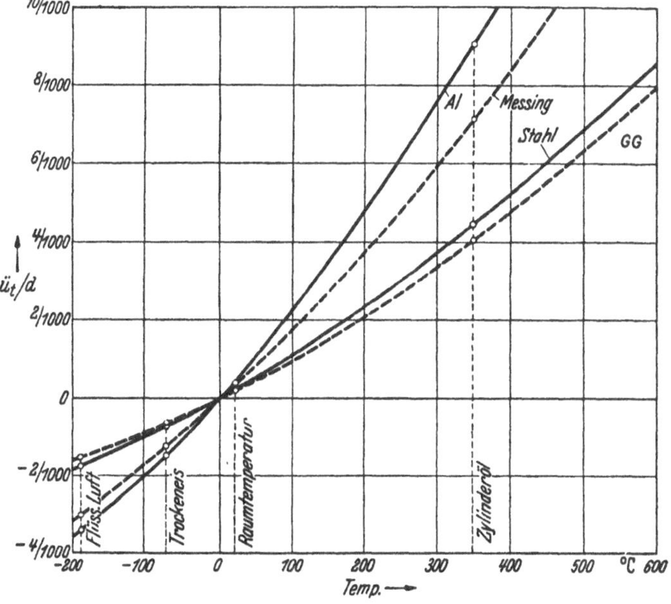


Bild 18/4. Haftkraft $H$ und Rutschkraft $H_R$ in Abhängigkeit von $\ddot{u}/d$ beim Schrumpfsitz und Längspreßsitz für $d = 1{,}8$ cm, $D = 4{,}5$ cm, $L = 2{,}5$ cm, Bolzen St 50 geschliffen, Nabe St 50 gerieben, Schmierung Maschinenöl. Nach WASSILEFF [18/10].

Bild 18/5.
Wärmedehnung $\ddot{u}_t/d$ bei verschiedenen Werkstoffen und Temperaturen. (Für andere Werkstoffe s. S. 127 Tafel 6/5.)

bringen der mit Trockeneis oder flüssiger Luft unterkühlten Welle (Dehnsitz), oder durch nachträgliche Änderung der Eigenspannungen der Nabe [18/13][2].

*Versuchsergebnisse von WASSILEFF [18/10]:* Bei geschliffener [3] Vollwelle, geriebener Bohrung und Erwärmung der Nabe im Ölbad war im elastischen Bereich ($\ddot{u} \leq \ddot{u}_e$):

---

[1] Beim Querpreßsitz wurde $\ddot{u}_v \approx 0{,}7/10^3$ bzw. $7/10^3$ mm ermittelt, und zwar bei gedrehter Oberfläche hergestellt mit 0,07 bzw. 0,22 mm/Uml. Vorschub [18/10].

[2] Einen schnell lösbaren Querpreßsitz zeigt die Stieber-Rollkupplung S. 297 Bild 19/6.

[3] Bei *gedrehter* Bohrung und Welle war die Haftkraft größer als $H$ nach Gl. (8) und die Rutschkraft kleiner als $H_R$. Die Art des Schmierstoffs hatte wenig Einfluß.

Haftkraft $\boxed{H \geqq \ddot{u}_e \cdot q_1 \cdot L \, [1 - (d/D)^e] \geqq 2 \, M_t/d}$ (kg) (8)

Rutschkraft $\boxed{H_R \approx 0,47 \, H}$ (kg)

$\ddot{u}_e$, $q$, $e$ nach Tafel 18/4.

*Die Haftkraft ändert sich:* bei *pulsierender* Belastung auf $\approx 0,9 \, H$; bei *trockener* Sitzfläche auf $1,35 \, H$; bei *Dehnsitz* auf $1,1 \, H$ (Rutschkraft $\approx 0,56 \, H$).

Durch *Verzunderung* der Flächen (nicht lösbar!) oder durch Einreiben der Sitzflächen mit *Carborundpulver* [1] lassen sich die Haft- und Rutschkräfte noch erheblich steigern.

**Tafel 18/4.** *Beiwerte für Preßsitze nach Versuchen [18/9], [18/10].*

| Werkstoff | | $\ddot{u}_e$ | $q_1$ (kg/cm²) | $e$ | $q_2$ (kg/cm²) | $B$ | $C$ |
| Welle | Nabe | (cm) | zu Gl. (8) | | zu Gl. (9) | zu Gl. (10) | |
|---|---|---|---|---|---|---|---|
| St 50 | St 50 | $-d \cdot 3,5/1000$ | $5 \ \cdot 10^5$ | 2 | $2,1 \ \cdot 10^5$ | 112 | 450 |
| St 50 | GG | $d \cdot 2,2/1000$ | $3,7 \cdot 10^5$ | 1 | $1,12 \cdot 10^5$ | 510 | 0 |
| St 50 | Elektron | $d \cdot 2/1000$ | $1,4 \cdot 10^5$ | 1 | $0,72 \cdot 10^5$ | 225 | 0 |

Die erreichbare *Wärmedehnung* $\ddot{u}_t$ der Nabe bei verschiedener Übertemperatur zeigt Bild 18/5. Sie soll um das *Fügespiel* $\ddot{u}_f \geqq 1 \cdot d/1000$ größer sein, als das geforderte Übermaß $\ddot{u}$.

*Erwärmung der Nabe* (Schrumpfsitz): Bis 100° C auf einer Wärmplatte (z. B. beim Aufziehen von Wälzlagern), bis 370° in Zylinderöl, bis etwa 700° im Muffelofen oder in der Heizflamme. Die Gefahr des „Verziehens" der Nabe wächst mit der Temperaturhöhe. (Endbearbeitung gegebenenfalls erst nach dem Schrumpfen!)

*Abkühlung der Welle* (Dehnsitz): Mit *Trockeneis* (Kohlensäureschnee) sind minus 70 bis minus 79° C erreichbar und Bolzen von 30 mm aufwärts mit einem Übermaß $\ddot{u} = 0,67 \, d/1000$ (entspricht $20\mu$ bei $d = 30$ mm) fügbar; mit *flüssiger Luft* (Gefahr der Explosion und Frostschädigung!) sind minus 190 bis 196° C erreichbar. In beiden Fällen soll man mit Handschuhen und Schutzbrille arbeiten!

*Übermaß-Toleranzen:* Das Übermaß kann bei der Herstellung nur mit einer gewissen Toleranz eingehalten werden. Das sich hieraus ergebende kleinste Übermaß ergibt dann die kleinste Haftkraft bzw. Rutschkraft, mit der wir sicher rechnen können [2].

Andererseits soll beim Querpreßsitz das Übermaß nicht unnötig groß sein, um sowohl die zum Fügen erforderliche Übertemperatur gering halten zu können, als auch, um die Nabe nicht zu sprengen. Größt- und Kleinst-Übermaße von ISA-Preßpassungen s. Tafel 6/4 S. 126.

*Anhaltswerte für kleinste relative Übermaße $\ddot{u}/d$ von ISA-Preßpassungen.*

| Passung | H 7 · s 6 | H 7 · t 6 | H 7 · u 6 | H 7 · x 6 | H 7 · z 6 | H 7 · za 6 | H 7 · zb 6 | H 7 · zc 6 |
|---|---|---|---|---|---|---|---|---|
| $1000 \cdot \ddot{u}/d$ | 0,40 | 0,63 | 1,00 | 1,60 | 2,50 | 3,15 | 4,00 | 5,00 |

*Beispiele für Querpreßsitze:*

*Gegeben:* $d = 4$ cm, $D = 8$ cm, $L = 5$ cm, $q_1 = 5 \cdot 10^5$, Vollwelle und Nabe aus St 50/St 50.

a) *Ausgeführt als Dehnsitz* (mit Trockeneis fügbar $\ddot{u} = 0,67 \, d/1000$, s. oben).

| für Übermaß | wird Rutschkraft nach Gl. (8): |
|---|---|
| Größtes $\ddot{u} = 0,67 \, d/1000 = 2,68/1000$ cm, | $H_R = 0,47 \, H \geqq 2350$ kg |
| Bei Übermaßtoleranz $= 2/1000$ cm wird kleinstes $\ddot{u} = (2,68{-}2)/1000 = 0,68/1000$ | kleinstes $H_R \geqq 596$ kg |

[1] Siliciumcarbid (Schleifstaub)! Auch für sonstige Reibverbindungen sehr zu empfehlen (DRP. 625 371). So trat bei derartig aufgeschrumpften Wellenflanschen mit $L = 0,28 \, d$ und $d = 50$ mm unter Wechsellast ($\tau_t = 12$ kg/mm²) eher Dauerbruch an der Welle, als Rutschen am Schrumpfsitz auf. Beim Auspressen der Welle wurde $H = 680$ kg *je cm²* der Sitzfläche (etwa 2,5fache des gewöhnlichen Schrumpfsitzes) erreicht. Siehe [18/15].

[2] Weitere Minderungen können in besonderen Betriebsfällen durch besondere Temperaturverhältnisse und besonders hohe Fliehkraft-Beanspruchung eintreten.

b) *Ausgeführt als Schrumpfsitz:*

Das Grenzmaß $\ddot{u} = \ddot{u}_e = 3,5\,d/1000 = 14/1000$ cm soll nicht überschritten werden; entsprechend gewählt Preßpassung H 7 · x 7, nach Tafel 6/4, S. 126, sodaß:

| Übermaß | Rutschkraft nach Gl. (8) |
|---|---|
| Größtes $\ddot{u} = 10,5/1000$ cm | $H_R = 0,47 \cdot H \geqq 9200$ kg |
| Kleinstes $\ddot{u} = 5,5/1000$ cm | Kleinstes $H_R \geqq 4800$ kg |

Die erforderliche Schrumpfübertemperatur beträgt nach Bild 18/5 etwa 290° C für $\ddot{u}_t/d = \ddot{u}/d + 1/1000 = 3,6/1000$.

**4) Längspreßsitz.** Er wird hergestellt durch *axiales* Aufpressen der Nabe auf die Übermaßwelle, wobei die Flächen mehr oder weniger geglättet werden (Verlustmaß $\ddot{u}_v$). Eine rauhere Oberfläche erfordert also entsprechend mehr Übermaß ($\ddot{u} = \ddot{u}_H + \ddot{u}_v$), um die gleiche Haftkraft zu erreichen. *Besonders wichtig ist ein kegeliger Ansatz der Welle mit 10 bis 15° Kegelwinkel*, um die Schabewirkung der Wellen-Stirnkante zu verhüten [18/9]. Die Haftkraft $H$ wächst nach Bild 18/4 proportional m.it dem Übermaß $\ddot{u}$ bis zur Erreichung der Fließgrenze, um darüber hinaus wieder abzufallen. Bild 18/6 zeigt den Kraftverlauf beim Ein- und Auspressen.

*Versuchsergebnisse von* WERTH [18/9]. Bei geriebener Bohrung, geschliffenem Vollbolzen mit 15° Kegelansatz und Maschinenöl geschmiert [1] war:

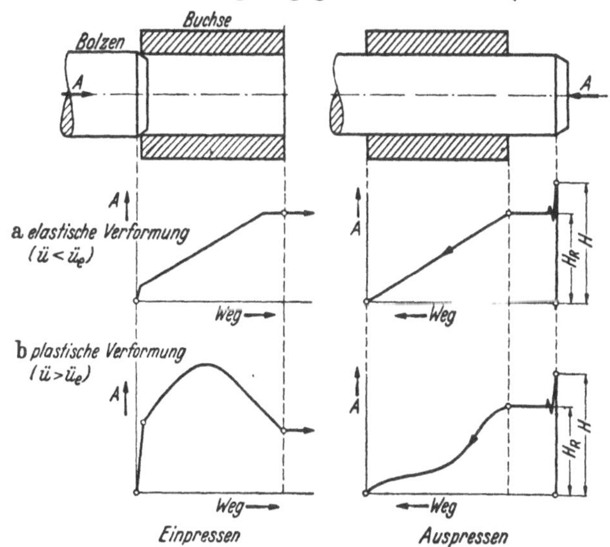


Bild 18/6. Kraftverlauf beim Ein- und Auspressen eines Bolzens nach WERTH [18/9]. *a* bei elastischer ($\ddot{u} \leq \ddot{u}_e$), *b* bei plastischer Verformung ($\ddot{u} > \ddot{u}_e$).

im elastischen Bereich ($\ddot{u} \leq \ddot{u}_e$): Haftkraft $\boxed{H \geq \ddot{u} \cdot q_2 \cdot L\,[1 - (d/D)^2]}$ (kg)    (9),

im plastischen Bereich ($\ddot{u} \geq \ddot{u}_e$): Haftkraft $\boxed{H \geq L\,(B \cdot d + C)\,(1 - d/D)}$ (kg) (10),

*Beiwerte* $\ddot{u}_e$, $q_2$, $B$ *und* $C$ *nach Tafel* 18/4. Rutschkraft $\boxed{H_R \approx 0,66\,H}$ (kg).

Die volle Haftkraft $H$ wird erst nach 2 Tagen erreicht (sofort nach dem Pressen nur 70%!).

*Die Haftkraft ändert sich:*

bei pulsierender Belastung auf den Wert der Rutschkraft $H_R$ (durchweg maßgebend);
bei Einpreßgeschwindigkeit über 2 mm/s bis auf 0,75 $H$;
bei trockenen Bolzen auf 0,67 $H$;
bei 60° Kegelansatz (statt 15°) auf 0,62 $H$;
nach mehrmaligem Fügen auf 0,75 $H$;
mit Rübölersatz statt mit Maschinenöl geschmiert auf 1,65 $H$.

*Beispiel für Längspreßsitz:*

*Gegeben:* Maße wie vorher im Beispiel Querpreßsitz.

---

[1] Die Art des Schmierstoffs ist beim Längspreßsitz von großem Einfluß auf $H$ (Einfluß auf $\ddot{u}_v$!), im Gegensatz zum Schrumpfsitz.

Für Preßpassung H 7 · x 7 (wie oben) und Beiwert $q_2 = 2,1 \cdot 10^5$ wird dann

| Übermaß | Rutschkraft nach Gl. 9 |
|---|---|
| Größtes $\ddot{u} = 10{,}5/1000$ cm | $H_R = 0{,}66\, H \cdot \geqq 5450$ kg |
| Kleinstes $\ddot{u} = 5{,}5/1000$ cm | Kleinstes $H_R \geqq 2860$ kg |

*Im plastischen Bereich* ($\ddot{u} \geqq \ddot{u}_e = 3{,}5\, d/1000$) würde nach Gl. (10) die Rutschkraft $H_R \approx 0{,}66\, H = 0{,}66 \cdot L\,(B \cdot d + C)\,(1 - d/D) = 1500$ kg, mit $B = 112$, $C = 450$ nach Tafel 18/4. Das gleiche $H_R$ würde im *elastischen* Bereich mit $\ddot{u} = 2{,}9/1000$ cm erreicht werden. Falls diese Kraft ausreicht, ist demnach *jede* Passung mit einem Mindest-Übermaß $\ddot{u} \geqq 2{,}9/1000$ cm ($= 2{,}9\,\mu$) geeignet.

**5) Kegelsitz.** Ausführung nach Bild 18/2 e und f, oft mit Paßfeder als Lagensicherung. Die Axialkraft $A$ erzeugt durch die Keilwirkung des Kegels die Preßkräfte $P$ (s. Bild 18/2 g). Die Axialkraft wird meist durch eine Gewindemutter erreicht (bei Werkzeugschäften nur durch den axialen Arbeitsdruck allein); gegenüber dem Längspreßsitz ist der Kegelsitz erheblich teurer (s. Tafel 18/3), aber dafür ist er leichter lösbar und seine Preßkraft ist nachstellbar und dosierbar. Mit *Kegelbüchsen* (meist geschlitzt) können auch Naben auf *zylindrischen* Wellen aufgespannt werden (s. Bild 18/2 e).

Die notwendige *Axialkraft*

$$\boxed{A \approx 2P \cdot \sin(\alpha + \varrho) = \frac{H \sin(\alpha + \varrho)}{\mu} \approx H\,\frac{\operatorname{tg}\alpha + \mu}{\mu}}\ \text{(kg)}, \tag{11}$$

wobei die Haftkraft $H \geqq U = 2\,M_t/d$ am *mittleren* Durchmesser $d$ angreift.

Die Rutschkraft $H_R$ soll mangels besonderer Versuche zu $H_R = 0{,}47\, H$ angenommen werden, wie beim Querpreßsitz, ebenso $\ddot{u}$.

Der notwendige *axiale Preßweg*

$$\boxed{a = \frac{\ddot{u}}{2 \cdot \operatorname{tg}\alpha}}\ \text{(cm)} \tag{12}$$

kann mittels Mikrometer kontrolliert werden; wobei das notwendige Übermaß $\ddot{u}$, mangels besonderer Versuche, aus Gl. (8) zu berechnen ist.

*Erfahrungswerte:* $\operatorname{tg}\alpha$ nach Tafel 18/5; Reibwert $\mu = \operatorname{tg}\varrho = 0{,}15$ bis $0{,}25$.

*Flächenpressung*
$$\boxed{p = \frac{2P}{\pi \cdot d \cdot L} = \frac{H}{\mu \cdot \pi \cdot d \cdot L}}\ \text{(kg/cm}^2\text{)} \tag{13};$$

$$\boxed{d_a = d + L \cdot \operatorname{tg}\alpha;\quad d_i = d - L \cdot \operatorname{tg}\alpha}\ \text{(cm) (s. Bild 18/2).}$$

*Beispiel für Kegelsitz:*

*Gegeben:* Maße, wie vorher im Beispiel Querpreßsitz, ferner $\operatorname{tg}\alpha = 1:20 = 0{,}05$; $\mu \approx 0{,}2$, $H_R = 4800$ kg (wie oben), $H = H_R/0{,}47 = 10\,200$ kg.

*Berechnet:* Nach Gl. (11) $A \approx H\,\dfrac{\operatorname{tg}\alpha + \mu}{\mu} = 12\,700$ kg;

nach Gl. (13) $p = \dfrac{H}{\mu \cdot \pi \cdot d \cdot L} = 810$ kg/cm²;

nach Gl. (12) $a = \dfrac{\ddot{u}}{2\operatorname{tg}\alpha} = 55/1000$ cm $\ (= 0{,}55$ mm), mit Einsatz von

$\ddot{u} = 5{,}5/1000$ cm nach Gl. (8) (s. Beispiel Querpreßsitz), ferner

$$d_a = d + L \cdot \operatorname{tg}\alpha = 4{,}25\ \text{cm.}$$

**Tafel 18/5.** *Übliche Kegel-Neigungen.*

| Kegel $(d_a - d_i)/L$ | Neigung $\operatorname{tg} \alpha$ | $\alpha$ | Verwendet für |
|---|---|---|---|
| 1: 5 | 1:10 | 5° 42′ 38″ | leicht lösbare Naben auf Wellen |
| 1:10 | 1:20 | 2° 51′ 45″ | lösbare Naben auf Wellen und nachstellbare Lagerbüchsen |
| 1:12 | 1:24 | 2° 23′ 10″ | Kegelbüchsen für Wälzlager |
| 1:15 | 1:30 | 1° 54′ 30″ | Schiffspropeller, Kolbenstangen |
| 1:20 | 1:40 | 1° 25′ 56″ | metr. Kegel, DIN 233 für Werkzeuge |

# 18.3. Formschluß-Verbindungen (Bild 18/7).

**1) Längs- und Querstift,** billig und für kleinere Drehmomente geeignet; Ausführung und Bemessung s. Kap. 11.

**2) Paßfeder** (Bild 18/7 c). Die Paßfederverbindung ist die am häufigsten anzutreffende Nabenverbindung bei *einseitigem* Drehmoment, z. B. bei Kupplungsflanschen. Ferner findet man sie als *Gleitfeder* bei *längsbeweglichen* Naben und schließlich als *Lagensicherung* bei manchen Klemm- und Kegelsitzen. Die Paßfeder ist gegenüber dem Nutenkeil kaum

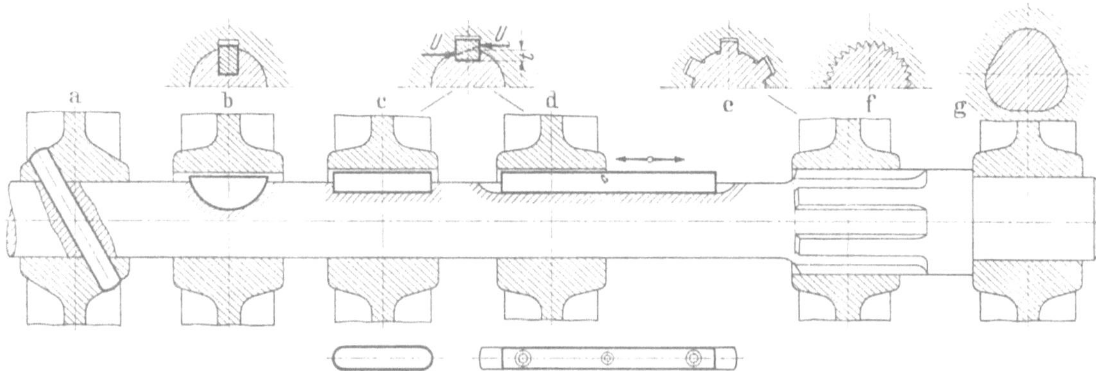

Bild 18/7. Formschlußverbindungen, a) Querstift, b) Scheibenfeder, c) Einlege-Paßfeder, d) Gleitfeder, e) Vielnutprofil, f) Kerbzahnprofil, g) K-Profil.

billiger in der Herstellung und im Einbau (s. Tafel 18/3), aber die Nabe wird nicht ausmittig verzogen und das Auftreiben der Nabe erfordert geringere Kräfte (wichtig für eingebaute Wälzlager). Die billigere *Scheiben*feder wird, besonders bei Werkzeugmaschinen und Kraftfahrzeugen, für kleinere Drehmomente verwendet.

*Kraftübertragung:* Die Umfangskraft $U$ wird über die *Seiten*fläche der Paßfeder übertragen:

$$\boxed{U = 2M_t/d = p \cdot (h - t) \cdot L \cdot i} \quad \text{(kg)}. \tag{14}$$

Hieraus kann die Flächenpressung $p$ bzw. die erforderliche tragende Länge $L$ der Paßfeder berechnet werden ($i =$ Anzahl der Nuten $= 1$ bis $2$).

*Erfahrungswerte* für $M_t$ und *Maße* der Paßfedern s. Tafel 18/6, für Scheibenfedern Tafel 18/7.

**3) Vielnut-Profil,** auch *Keilwelle* genannt (s. Bild 18/7 e und Tafel 18/8). Es ist für große auch stoßhafte Drehmomente und auch für Verschiebe-Naben besonders geeignet. Das Drehmoment wird über mehrere Seitenflächen ($i = 4$ bis $20$) übertragen, wovon man bei genauer Herstellung 75% als tragend ansieht.

Man rechnet:

$$\boxed{M_t = 0{,}75 \cdot p \cdot h \cdot L \cdot i \cdot r_m} \quad \text{(kgcm)}. \tag{15}$$

*Erfahrungswerte* für $M_t$ (kgcm) und *Maße* s. Tafel 18/8.

Die *Herstellung* der Vielnutprofile der *Wellen* erfolgt auf Abwälz-Fräsmaschinen (notfalls im Teilverfahren mit Scheibenfräsern), der *Naben* mit Räumnadeln (notfalls im Teilverfahren auf Stoßmaschinen) [1].

Die *Sicherung* der Naben gegen Längsverschiebung kann durch Endscheiben, billiger durch Sicherungsringe (Maße s. S. 119), erfolgen, gegebenenfalls auch durch seitliche Anlage an andere Teile (Wellenabsatz).

**4) Kerbzahnprofil** (s. Bild 18/7 f und Tafel 18/9). Durch die feine Kerbverzahnung werden Welle und Nabe noch weniger geschwächt als beim Vielnutprofil. Ferner wird die Flächenpressung geringer (vergleiche $M_{10}$ in Tafel 18/8 und 18/9). Außerdem kann die Nabe in Drehrichtung sehr fein (um eine Zahnteilung) versetzt werden. Ferner ist die Kerbverzahnung auch für kegelige Wellenzapfen anwendbar. In manchen Fällen ist jedoch die *radiale* Kraftkomponente nachteilig, falls hierdurch die Nabe aufgeweitet wird.

**5) K-Profil** (s. Bild 18/7 g und Tafel 18/10). Sein Vorteil liegt in der genauen, einfachen Herstellung auf einer Profildrehbank [2], auf der das K-Profil der Welle und der Nabe gedreht und *vollständig geschliffen* werden kann. Tafel 18/10 zeigt die übertragbaren Drehmomente und Abmessungen des K-Profils. Durch entsprechende Wahl der Passung sind auch Preßsitze möglich, ferner können auch Kegelzapfen mit K-Profil versehen werden. Die *radiale* Kraftkomponente und die Flächenpressung sind jedoch erheblich größer als beim Vielnut- und Kerbzahnprofil (s. die $M_{10}$-Werte in Tafel 18/9 bis 18/10). Für Verschiebenaben ist das K-Profil daher weniger geeignet.

## 18.4. Vorgespannte Formschlußverbindungen (Bild 18/8).

Sie verbinden den Vorteil des Formschlusses mit dem der Vorspannung. Zu ihm gehören alle formschlüssigen Keilverbindungen, dann Preßverbindungen mit zusätzlichem Formschluß, z. B. Kegelsitz mit zusätzlicher Paßfeder und schließlich Formschlußverbin-

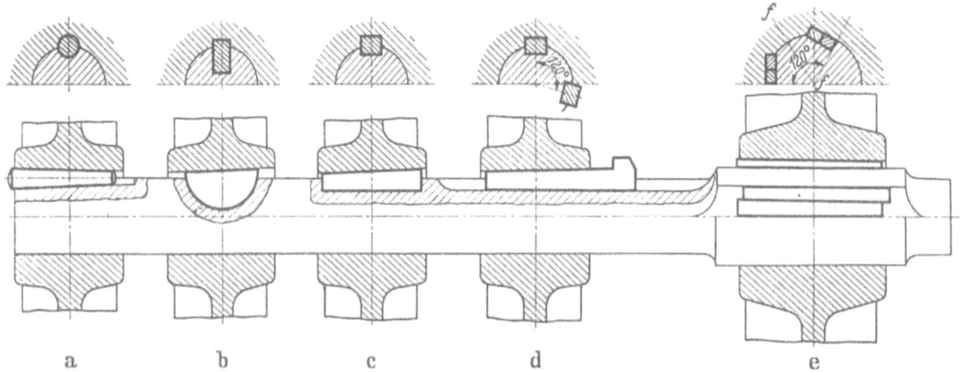

Bild 18/8. Vorgespannte Formschlußverbindungen. a Rundkeil (Stirnkeil), b Scheibenkeil, c Einlegekeil, d Treibkeil ohne bzw. mit Nase (bei 2 Stück um 120° versetzen), e Tangentkeile (*f—f* = Lage der Teilfuge, wenn Nabe geteilt ist).

dungen mit zusätzlicher Vorspannung, z. B. K-Profil mit Preßsitz. Als Anhalt für die übertragbaren Kräfte kann die jeweils zugrunde liegende Formschluß- bzw. Reibschlußverbindung dienen.

*Formschlüssige Keilverbindungen.* Durch Eintreiben des Keiles bzw. Auftreiben der Nabe werden Keil, Nabe und Welle gegeneinander gepreßt, so daß ein Drehmoment durch *Reib*schluß übertragen werden kann (s. Kraftwirkung beim Hohlkeil S. 282). Außerdem kann zusätzlich ein Drehmoment durch den *Form*schluß zwischen Keil und Nute übertragen werden (s. Kraftwirkung der Paßfeder S. 287).

Das durch Reibschluß übertragbare Drehmoment ist von der Eintreibkraft des Keiles (s. Hohlkeil) abhängig und somit ungewiß. Bemessung nach Erfahrung (s. Tafel 18/1),

---

[1] Neuere Vorschläge für Vielnutprofile mit *trapez*förmigen Nuten siehe [18/17], mit *Evolventen*flanken siehe [18/21] und DIN 5482 „Zahnwellen- und Zahnnabenprofile mit Evolventenflanken".

[2] Sondermaschine der Firma *Ernst Krause u. Co.*, Wien.

wobei die durch seitliche Flächenpressung (Formschluß) übertragbare Kraft [s. Gl. (14) und Tafel 18/6 und 18/11] als Anhalt dienen mag. Beachte auch den zum Eintreiben des Keiles bzw. Auftreiben der Nabe benötigten Platz in Längsrichtung der Welle. Keilneigung allgemein 1:100. Die Passung zwischen Nabe und Welle soll möglichst eng sein (Haftsitz), um die Nabe durch den Keil nicht einseitig zu verziehen.

1) *Scheibenkeil* (s. Bild 18/8 b und Tafel 18/7). Der Scheibenkeil stellt sich selbst auf Neigung und ergibt die billigste und am wenigsten Nacharbeit erfordernde Keilverbindung. Sie wird besonders bei Werkzeugmaschinen und auch bei Kraftfahrzeugen bei nicht zu großen Drehmomenten verwendet. Maße s. Tafel 18/7.

2) *Flachkeil* (s. Tafel 18/6). Die Welle wird durch die Abflachung weniger als durch eine Nute geschwächt. Das übertragbare Drehmoment ist etwas größer als beim Hohlkeil. Maße s. Tafel 18/6.

3) *Nutenkeil* (s. Bild 18/8 c und d). Man unterscheidet den *Einlegekeil* (Nabe wird aufgetrieben) vom *Treibkeil* (Keil wird eingetrieben), der bei verlangter Lösbarkeit noch mit der Nase (Nasenkeil) versehen wird. Das übertragbare Drehmoment ist größer als beim Flachkeil. Bei wechselseitigem *und* stoßhaftem Drehmoment kann man *zwei* um 120 versetzte Nutenkeile anordnen (Dreipunktauflage). Maße und Drehmomente s. Tafel 18/6.

4) *Tangent*keile (s. Bild 18/8 e). Sie ermöglichen die einzige Keilverbindung, bei der Nabe und Welle auch in *Umfangs*richtung verspannt sind, so daß auch stoßhafte Drehmomente in beiden Drehrichtungen unter Vorspannung (spielfrei) übertragen werden. (Anwendungsbeispiel: Schwungrad.) Maße und Drehmomente s. Tafel 18/11.

**Tafel 18/6.** *Paßfeder-, Keil- und Nutenmaße (mm) nach DIN.*

| Welle d | | Für Paßfedern nach DIN 6885 (Febr. 1956) und Nutenkeile nach DIN 6886 (Febr. 1956) | | | | Welle d | | Für Flachkeile nach DIN 6883 (Febr. 1956) | | | Für Hohlkeile nach DIN 6881 (Febr. 1956) | |
|---|---|---|---|---|---|---|---|---|---|---|---|---|
| von | bis | $b$ | $h^*$ | $t_2^*$ | $t_1^*$ | von | bis | $b \cdot h$ | $t_1$ | $t_2$ | $b \cdot s$ | $t_2$ |
| 10 | 12 | 4 | 4 | 4 | 1,7 | 1,7 | 2,4 | 2,4 | | | | |
| 12 | 17 | 5 | 5 | 3 | 2,2 | 1,2 | 2,9 | 1,9 | | | | |
| 17 | 22 | 6 | 6 | 4 | 2,6 | 1,6 | 3,5 | 2,5 | | | | |
| 22 | 30 | 8 | 7 | 5 | 3,0 | 2,0 | 4,1 | 3,1 | 22 | 30 | 8 · 5 | 1,3 | 3,2 | 8 · 3,5 | 3,2 |
| 30 | 38 | 10 | 8 | 6 | 3,4 | 2,4 | 4,7 | 3,7 | 30 | 38 | 10 · 6 | 1,8 | 3,7 | 10 · 4,0 | 3,7 |
| 38 | 44 | 12 | 8 | 6 | 3,2 | 2,2 | 4,9 | 3,9 | 38 | 44 | 12 · 6 | 1,8 | 3,7 | 12 · 4,0 | 3,7 |
| 44 | 50 | 14 | 9 | 6 | 3,6 | 2,1 | 5,5 | 4,0 | 44 | 50 | 14 · 6 | 1,4 | 4,0 | 14 · 4,5 | 4,0 |
| 50 | 58 | 16 | 10 | 7 | 3,9 | 2,4 | 6,2 | 4,7 | 50 | 58 | 16 · 7 | 1,9 | 4,5 | 16 · 5,0 | 4,5 |
| 58 | 65 | 18 | 11 | 7 | 4,3 | 2,3 | 6,8 | 4,8 | 58 | 65 | 18 · 7 | 1,9 | 4,5 | 18 · 5,0 | 4,5 |
| 65 | 75 | 20 | 12 | 8 | 4,7 | 2,7 | 7,4 | 5,4 | 65 | 75 | 20 · 8 | 1,9 | 5,5 | 20 · 6,0 | 5,5 |
| 75 | 85 | 22 | 14 | 9 | 5,6 | 3,1 | 8,5 | 6,0 | 75 | 85 | 22 · 9 | 1,8 | 6,5 | 22 · 7,0 | 6,5 |
| 85 | 95 | 25 | 14 | 9 | 5,4 | 2,9 | 8,7 | 6,2 | 85 | 95 | 25 · 9 | 1,9 | 6,4 | 25 · 7,0 | 6,4 |
| 95 | 110 | 28 | 16 | 10 | 6,2 | 3,2 | 9,9 | 6,9 | 95 | 110 | 28 · 10 | 2,4 | 6,9 | 28 · 7,5 | 6,9 |
| 110 | 130 | 32 | 18 | 11 | 7,1 | 3,5 | 11,1 | 7,6 | 110 | 130 | 32 · 11 | 2,3 | 7,9 | 32 · 8,5 | 7,9 |
| 130 | 150 | 36 | 20 | 12 | 7,9 | 3,8 | 12,3 | 8,3 | 130 | 150 | 36 · 12 | 2,8 | 8,4 | 36 · 9,0 | 8,4 |
| 150 | 170 | 40 | 22 | 14 | 8,7 | 4,6 | 13,5 | 9,5 | 150 | 170 | 40 · 14 | 4,0 | 9,1 | — | — |
| 170 | 200 | 45 | 25 | 16 | 9,9 | 5,3 | 15,3 | 10,8 | 170 | 200 | 45 · 16 | 4,7 | 10,4 | — | — |

* Die 1. Spalte von $h$, $t_1$ u. $t_2$ gilt für Nutenkeile u. Paßfedern.
  Die 2.  „   „   „   „   „ schwächere Paßfedern.

Drehmoment für Paßfedern: $M_t \approx (h - t_1) \cdot \dfrac{d}{2} \cdot \dfrac{p}{10} \cdot L$ [cmkg]: Maße mit Dimension nach S. 280 einsetzen.

GG-Nabe: $p \leq 5$ kg/mm².
St-Nabe: $p \leq 9$ kg/mm².

**Tafel 18/7.** *Scheibenfedern*, Nennmaße (mm) nach DIN 6888 (Juli 1948) (überholt durch neue Ausgabe).

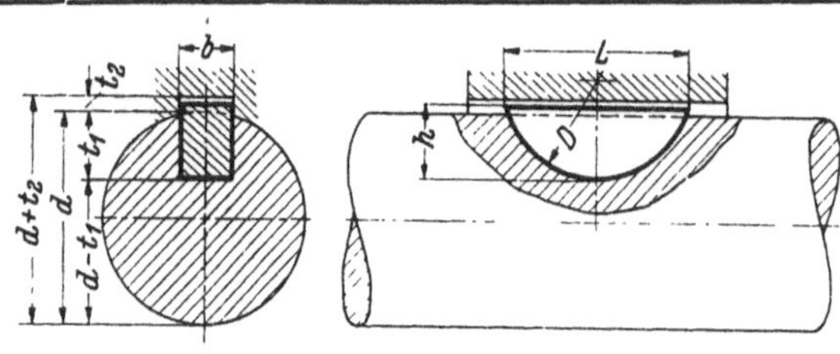

| Wellendurchmesser | Scheibenfeder | | | | Reihe A[2] Nuttiefe | | Reihe B[1] Nuttiefe | | Reihe A $M_{10}$[3] cmkg | | Reihe B $M_{10}$[3] cmkg | |
| --- | --- | --- | --- | --- | --- | --- | --- | --- | --- | --- | --- | --- |
| $d$ | $b$ | $h$ | $L \approx$ | $D$ | Welle $t_1$ | Nabe $t_2$ | Welle $t_1$ | Nabe $t_2$ | von | bis | von | bis |
| über 3 ··· 4 | 1 | 1,4 | 3,82 | 4 | 1,0 | 0,5 | 1,0 | 0,5 | 2,3 | 3,0 | 2,3 | 3,0 |
| über 4 ··· 6 | 1,5 | 2,6 | 6,76 | 7 | 2,0 | 0,7 | 2,0 | 0,7 | 8,1 | 12,2 | 8,1 | 12,2 |
| über 6 ··· 8 | 2 | 2,6 | 6,76 | 7 | 1,8 | 0,9 | 1,8 | 0,9 | 16,2 | 21,6 | 16,2 | 21,6 |
|  | 2 | 3,7 | 9,66 | 10 | 2,9 | 0,9 | 2,9 | 0,9 | 23,2 | 30,9 | 23,2 | 30,9 |
| über 8 ··· 10 | 2,5[1] | 3,7 | 9,66 | 10 | 2,9 | 0,9 | 2,9 | 0,9 | 30,9 | 38,6 | 30,9 | 38,6 |
|  | 3 | 3,7 | 9,66 | 10 | 2,5 | 1,3 | 2,8 | 1,0 | 46,4 | 58,0 | 34,8 | 43,5 |
|  | 3 | 5 | 12,65 | 13 | 3,8 | 1,3 | 4,1 | 1,0 | 60,8 | 76,0 | 45,6 | 57 |
|  | 3 | 6,5 | 15,72 | 16 | 5,3 | 1,3 | 5,6 | 1,0 | 75,5 | 94,4 | 56,6 | 70,9 |
| über 10 ··· 12 | 4 | 5 | 12,65 | 13 | 3,5 | 1,6 | 4,1 | 1,0 | 95 | 114 | 57 | 68,4 |
|  | 4 | 6,5 | 15,72 | 16 | 5,0 | 1,6 | 5,6 | 1,0 | 118 | 141,5 | 70,8 | 85 |
|  | 4 | 7,5 | 18,57 | 19 | 6,0 | 1,6 | 6,6 | 1,0 | 139 | 167 | 83,5 | 100 |
| über 12 ··· 17 | 5 | 6,5 | 15,72 | 16 | 4,5 | 2,1 | 5,4 | 1,2 | 188 | 267 | 103 | 147 |
|  | 5 | 7,5 | 18,57 | 19 | 5,5 | 2,1 | 6,4 | 1,2 | 222 | 315 | 122 | 173 |
|  | 5 | 9 | 21,63 | 22 | 7,0 | 2,1 | 7,9 | 1,2 | 259 | 368 | 142 | 202 |
| über 17 ··· 22 | 6 | 7,5 | 18,57 | 19 | 5,1 | 2,5 | 6,0 | 1,6 | 378 | 490 | 237 | 306 |
|  | 6 | 9 | 21,63 | 22 | 6,6 | 2,5 | 7,5 | 1,6 | 442 | 572 | 276 | 357 |
|  | 6 | 10 | 24,49 | 25 | 7,6 | 2,5 | 8,5 | 1,6 | 500 | 646 | 312 | 404 |
|  | 6 | 11 | 27,35 | 28 | 8,6 | 2,5 | 9,5 | 1,6 | 558 | 722 | 349 | 451 |
| über 22 ··· 30 | 8 | 9 | 21,63 | 22 | 6,2 | 2,9 | 7,5 | 1,6 | 666 | 910 | 357 | 486 |
|  | 8 | 11 | 27,35 | 28 | 8,2 | 2,9 | 9,5 | 1,6 | 843 | 1149 | 451 | 615 |
|  | 8 | 13 | 31,43 | 32 | 10,2 | 2,9 | 11,5 | 1,6 | 969 | 1320 | 519 | 707 |
| über 30 ··· 38 | 10 | 11 | 27,35 | 28 | 7,8 | 3,3 | 9,1 | 2,0 | 1311 | 1665 | 779 | 986 |
|  | 10 | 13 | 31,43 | 32 | 9,8 | 3,3 | 11,1 | 2,0 | 1510 | 1915 | 893 | 1132 |
|  | 10 | 16 | 43,08 | 45 | 12,8 | 3,3 | 14,1 | 2,0 | 2063 | 2620 | 1229 | 1555 |

[1] Nur für Kraftfahrbau zugelassen.

[2] Reihe A (hohe Nabennut, nach DIN 6885 Bl. 1) bevorzugt verwenden! Reihe B (niedrige Nabennut, nach DIN 6885 Bl. 2) für Werkzeugmaschinen.

[3] *Drehmoment* $M_t = L\,(h - t_1)\,\dfrac{d}{2} \cdot \dfrac{p}{10}$ (cmkg).

*Tafelwert* $M_{10} = M_t$ für Flächenpressung $p = 10$ kg/mm².
*Zulässiges Drehmoment* (einseitig und stoßfrei): $M_t \approx 0{,}5 \cdot M_{10}$ (cmkg) für GG-Nabe.
　(nicht genormt!)　　　　　　　　　　　　　　　　　$\approx 0{,}9 \cdot M_{10}$ (cmkg) für St-Nabe.
*Bezeichnung* einer Scheibenfeder nach $b \cdot h$, z. B. Scheibenfeder 10 × 16 DIN 6888.
*Werkstoff* (bei Bestellung angeben): St 60 oder St 80.

**Tafel 18/8.** *Keilwellen und Keilnaben-Profile*, Nennmaße (mm).

1. *Für Kraftfahrzeuge* nach DIN 5461 bis 5464 (Febr. 1939).
*Nennmaße*: s. Tafel a und Bild a.
*Toleranzen*: s. DIN 5465.
*Zentrierung*: Innen-Zentrierung für 6- bis 10keilige Profile,
Flanken-Zentrierung für 8- bis 20keilige Profile.
*Bezeichnungsbeispiel*: Keilwellenprofil 28 × 32 × 7 DIN 5462.
*Drehmoment*: $M_t = 0{,}75 \cdot i \cdot h \cdot r_m \cdot L \cdot p/10$ (cmkg)

mit Keilzahl $i$, $r_m = \dfrac{d_1 + d_2}{4}$ (mm), Nabenlänge $L$ (mm)

tragender Keilhöhe $h$ und Flächenpressung $p$ (kg/mm²).
*Tafelwert*: $M_{10} = M_t$ für $p = 10$ kg/mm² u. $L = 1$ mm.
*Zulässiges Drehmoment* bei stoßhaftem (stoßfreiem) Betrieb:
$$M_t = 0{,}4 \cdot L \cdot M_{10} = (0{,}6 \cdot L \cdot M_{10}) \text{ für GG-Nabe, } L \text{ in mm!}$$
$$M_t = 0{,}7 \cdot L \cdot M_{10} = (1 \cdot L \cdot M_{10}) \text{ für St-Nabe.}$$

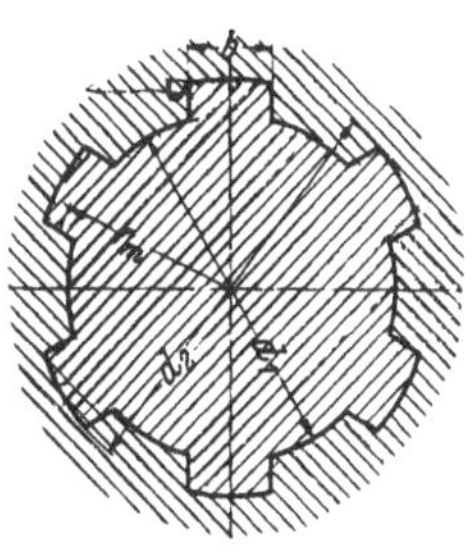
Bild a.

*Tafel a.*

| Innen-durch-messer $d_1$ | Leicht DIN 5462 | | | | Mittel DIN 5463 | | | | Schwer DIN 5464 | | | |
|---|---|---|---|---|---|---|---|---|---|---|---|---|
| | Anzahl d. Keile | $d_2$ | $b$ | $M_1$ | Anzahl d. Keile | $d_2$ | $b$ | $M_{10}$ | Anzahl d. Keile | $d_2$ | $b$ | $M_{10}$ |
| mm | $i$ | mm | mm | $\dfrac{\text{cmkg}}{\text{mm}}$ | $i$ | mm | mm | $\dfrac{\text{cmkg}}{\text{mm}}$ | $i$ | mm | mm | $\dfrac{\text{cmkg}}{\text{mm}}$ |
| 11 | — | — | — | — | 6 | 14 | 3 | 25,4 | — | — | — | — |
| 13 | — | — | — | — | 6 | 16 | 3,5 | 29,5 | — | — | — | — |
| 16 | — | — | — | — | 6 | 20 | 4 | 57 | 10 | 20 | 2,5 | 94,5 |
| 18 | — | — | — | — | 6 | 22 | 5 | 63 | 10 | 23 | 3 | 146 |
| 21 | — | — | — | — | 6 | 25 | 5 | 72,5 | 10 | 26 | 3 | 167 |
| 23 | 6 | 26 | 6 | 49,5 | 6 | 28 | 6 | 109 | 10 | 29 | 4 | 234 |
| 26 | 6 | 30 | 6 | 88,2 | 6 | 32 | 6 | 144 | 10 | 32 | 4 | 240 |
| 28 | 6 | 32 | 7 | 94,5 | 6 | 34 | 7 | 154 | 10 | 35 | 4 | 320 |
| 32 | 8 | 36 | 6 | 122 | 8 | 38 | 6 | 231 | 10 | 40 | 5 | 432 |
| 36 | 8 | 40 | 7 | 138 | 8 | 42 | 7 | 258 | 10 | 45 | 5 | 570 |
| 42 | 8 | 46 | 8 | 159 | 8 | 48 | 8 | 297 | 10 | 52 | 6 | 706 |
| 46 | 8 | 50 | 9 | 173 | 8 | 54 | 9 | 450 | 10 | 56 | 7 | 766 |
| 52 | 8 | 58 | 10 | 330 | 8 | 60 | 10 | 505 | 16 | 60 | 5 | 1010 |
| 56 | 8 | 62 | 10 | 354 | 8 | 65 | 10 | 635 | 16 | 65 | 5 | 1280 |
| 62 | 8 | 68 | 12 | 390 | 8 | 72 | 12 | 805 | 16 | 72 | 6 | 1620 |
| 72 | 10 | 78 | 12 | 563 | 10 | 82 | 12 | 1155 | 16 | 82 | 7 | 1850 |
| 82 | 10 | 88 | 12 | 638 | 10 | 92 | 12 | 1350 | 20 | 92 | 6 | 2610 |
| 92 | 10 | 98 | 14 | 712 | 10 | 102 | 14 | 1455 | 20 | 102 | 7 | 2910 |
| 102 | 10 | 108 | 16 | 790 | 10 | 112 | 16 | 1605 | 20 | 115 | 8 | 4480 |
| 112 | 10 | 120 | 18 | 1300 | 10 | 125 | 18 | 2450 | 20 | 125 | 9 | 4900 |

2. *Für Werkzeugmaschinen* nach DIN 5471 (Mai 1952) mit 4 Keilen.
*Nennmaße*: s. Tafel b und Bild b.
Form A: Im Wälzverfahren hergestellt.
Form B: Im Teilverfahren mittels Scheibenfräser hergestellt.
*Bezeichnungsbeispiel*: Keilwellenprofil A 46 × 52 × 14 DIN 5471.
*Zulässiges Drehmoment*: Wie oben mit $M_{10}$ nach Tafel b.
Toleranzen:   Für $d$:   H 7 — g 6
    Für $D$:   H 13 — a 11
    Für $b$:   D 9 — h 9

*Tafel b.*

| Nennmaße in mm für Welle und Nabe $d \cdot D \cdot b$ | $M_{10}$ $\dfrac{\text{cmkg}}{\text{mm}}$ |
|---|---|
| 11 · 15 · 3 | 23,4 |
| 13 · 17 · 4 | 27 |
| 16 · 20 · 6 | 37,5 |
| 18 · 22 · 6 | 42 |
| 21 · 25 · 8 | 48,3 |
| 24 · 28 · 8 | 54,5 |
| 28 · 32 · 10 | 65 |
| 32 · 38 · 10 | 105 |
| 36 · 42 · 12 | 117 |
| 42 · 48 · 12 | 135 |
| 46 · 52 · 14 | 147 |
| 52 · 60 · 14 | 252 |
| 58 · 65 · 16 | 231 |
| 62 · 70 · 16 | 297 |
| 68 · 78 · 16 | 437 |

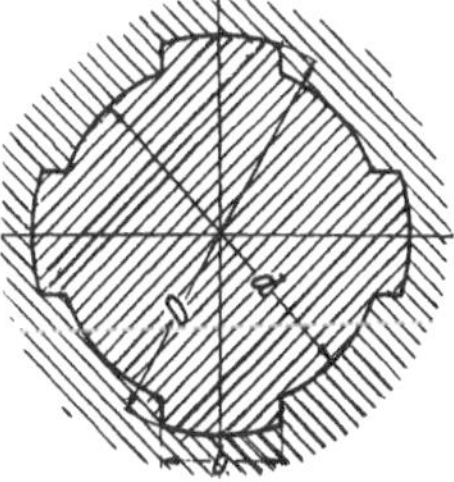
Bild b.                    $r$ nach Werkzeugdurchmesser.

**Tafel 18/9.** *Kerbzahn-Profile,* Nennmaße (mm) nach DIN 5481 (Jan. 1952).

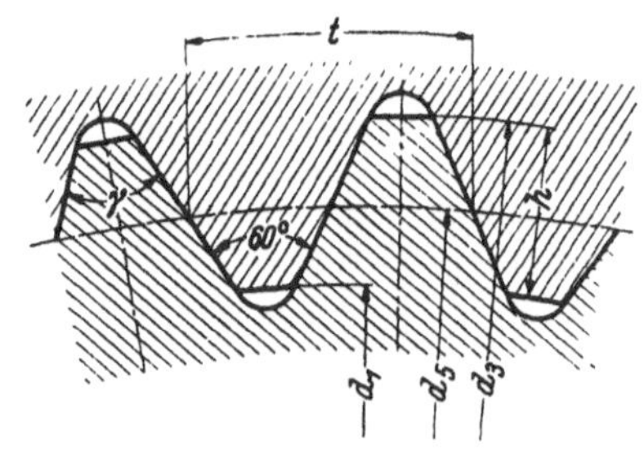

| Nenn-durchmesser $(d_1 \cdot d_3)^1$ | $d_1$ | $d_3$ | $d_5$ | Teilung $t$ errechnet für $d_5$ | $\gamma$ | Zähne-zahl $i$ | $M_{10}$ cmkg/mm |
|---|---|---|---|---|---|---|---|
| 7 · 8 | 6,9 | 8,1 | 7,5 | 0,842 | 47° 8′ 35″ | 28 | 47,2 |
| 8 · 10 | 8,1 | 10,1 | 9 | 1,010 | 47° 8′ 35″ | 28 | 95,7 |
| 10 · 12 | 10,1 | 12 | 11 | 1,152 | 48° | 30 | 118 |
| 12 · 14 | 12 | 14,2 | 13 | 1,317 | 48° 23′ 14″ | 31 | 167 |
| 15 · 17 | 14,9 | 17,2 | 16 | 1,571 | 48° 25′ | 32 | 221 |
| 17 · 20 | 17,3 | 20 | 18,5 | 1,761 | 49° 5′ 27″ | 33 | 311 |
| 21 · 24 | 20,8 | 23,9 | 22 | 2,033 | 49° 24′ 42″ | 34 | 464 |
| 26 · 30 | 26,5 | 30 | 28 | 2,513 | 49° 42′ 52″ | 35 | 649 |
| 30 · 34 | 30,5 | 34 | 32 | 2,792 | 50° | 36 | 761 |
| 36 · 40 | 36 | 39,9 | 38 | 3,226 | 50° 16′ 13″ | 37 | 1025 |
| 40 · 44 | 40 | 44 | 42 | 3,472 | 50° 31′ 35″ | 38 | 1198 |
| 45 · 50 | 45 | 50 | 47,5 | 3,826 | 50° 46′ 9″ | 39 | 1735 |
| 50 · 55 | 50 | 54,9 | 52,5 | 4,123 | 51° | 40 | 1930 |
| 55 · 60 | 55 | 60 | 57,5 | 4,301 | 51° 25′ 43″ | 42 | 2265 |

*Bezeichnungsbeispiel:* Kerbverzahnung 12 × 14 DIN 5481.

*Drehmoment:* $M_t = 0{,}75 \cdot i \cdot h \cdot r_m \cdot L \cdot p/10$ (cmkg), mit Zähnezahl $i$, Nabenlänge $L$ (mm), tragende Höhe $h$ (mm), Flächenpressung $p$ (kg/mm²) und $r_m = \dfrac{d_1 + d_3}{4}$ (mm).

*Tafelwert:* $M_{10} = M_t$ für $p = 10$ kg/mm² und $L = 1$ mm.

*Zulässiges Drehmoment* (cmkg) bei stoßhaftem (stoßfreiem) Betrieb:

$$M_t = 0{,}4 \cdot M_{10} \cdot L \; (= 0{,}6 \cdot M_{10} \cdot L) \text{ für GG-Nabe, } L \text{ in mm!}$$
$$M_t = 0{,}7 \, M_{10} \cdot L \; (= 1 \cdot M_{10} \cdot L) \text{ für St-Nabe.}$$

**Tafel 18/10** befindet sich auf Seite 293.

**Tafel 18/11.** *Tangentkeile nach DIN 271,* (April 1924), Maße (mm).

*Drehmoment:* $M_t = t \cdot \dfrac{d}{2} \dfrac{p}{10} \cdot L$ (cmkg); $t, d, L$ in mm; Flächenpressung $p$ (kg/mm²).

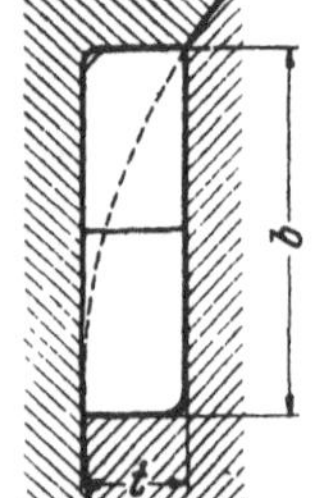

*Tafelwert:* $M_{10} = M_t$ für $p = 10$ kg/mm² und Nabenlänge $L = 1$ mm.

*Zulässiges Drehmoment* bei stoßhaftem Betrieb:

$$M_t = 0{,}8 \, M_{10} \cdot L \text{ (cmkg) für GG-Nabe,}$$
$$M_t = 1 \cdot M_{10} \cdot L \text{ (cmkg) für St-Nabe, } L \text{ in mm!}$$

| Welle $d$ . | 60 | 70 | 80 | 90 | 100 | 110 | 120 | 130 | 140 | 150 | 160 | 170 | 180 |
|---|---|---|---|---|---|---|---|---|---|---|---|---|---|
| Nut $t$ . . | 7 | 7 | 8 | 8 | 9 | 9 | 10 | 10 | 11 | 11 | 12 | 12 | 12 |
| $b$ . . | 19,3 | 21,0 | 24,0 | 25,6 | 28,6 | 30,1 | 33,2 | 34,6 | 37,7 | 39,1 | 42,1 | 43,5 | 44,9 |
| $M_{10}$ . . . | 210 | 245 | 320 | 360 | 450 | 495 | 600 | 650 | 770 | 825 | 960 | 1020 | 1080 |

| Welle $d$ . | 190 | 200 | 210 | 220 | 230 | 240 | 250 | 260 | 270 | 280 | 290 | 300 |
|---|---|---|---|---|---|---|---|---|---|---|---|---|
| Nut $t$ . . | 14 | 14 | 14 | 16 | 16 | 16 | 18 | 18 | 18 | 20 | 20 | 20 |
| $b$ . . | 49,6 | 51,0 | 52,4 | 57,1 | 58,5 | 59,9 | 64,6 | 66,0 | 67,4 | 72,1 | 73,5 | 74,8 |
| $M_{10}$ . . . | 1330 | 1400 | 1470 | 1760 | 1840 | 1920 | 2250 | 2340 | 2430 | 2800 | 2900 | 3000 |

$^1$ Nenndurchmesser bis $d_1 \cdot d_3 = 120 \cdot 125$ genormt.

**Tafel 18/10.** *K-Profile,* Nennmaße (mm).

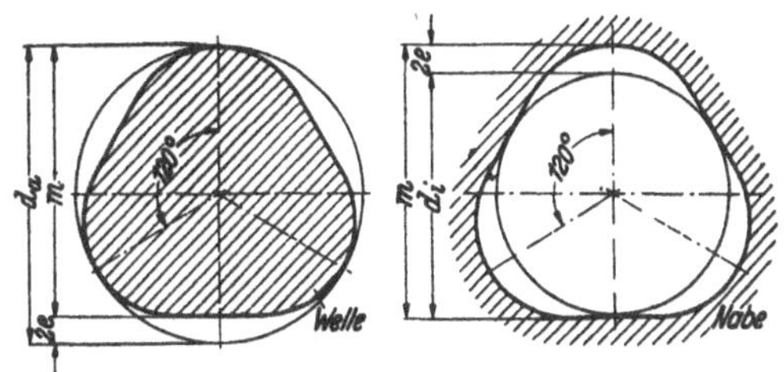


| Für Ruhe- und Bewegungssitze | | | | | Nur für Ruhesitze | | | | |
|---|---|---|---|---|---|---|---|---|---|
| Meßweite $m$ mm | Hub $e$ mm | Welle $d_a$ mm | Nabe $d_i$ mm | $M_{10}$ $\frac{\text{cmkg}}{\text{mm}}$ | Meßweite $m$ mm | Hub $e$ mm | Welle $d_a$ mm | Nabe $d_i$ mm | $M_{10}$ $\frac{\text{cmkg}}{\text{mm}}$ |
| 14 | 0,8 | 15,6 | 12,4 | 33,6 | 22 | 0,8 | 23,6 | 20,4 | 52,8 |
| 16 | | 17,6 | 14,4 | 38,4 | 25 | | 26,6 | 23,4 | 60,0 |
| 18 | | 19,6 | 16,4 | 43,2 | 28 | | 29,6 | 26,4 | 67,2 |
| 20 | | 21,6 | 18,4 | 48,0 | 30 | | 31,6 | 28,4 | 72,0 |
| 22 | 1,2 | 24,4 | 19,6 | 79,2 | 32 | 1,2 | 34,4 | 29,6 | 115 |
| 25 | | 27,4 | 22,6 | 90,0 | 34 | | 36,4 | 31,6 | 122 |
| 28 | | 30,4 | 25,6 | 100 | 36 | | 38,4 | 33,6 | 129 |
| 30 | | 32,4 | 27,6 | 108 | 38 | | 40,4 | 35,6 | 136 |
| 32 | 1,8 | 35,6 | 28,4 | 172 | 40 | | 42,4 | 37,6 | 144 |
| 34 | | 37,6 | 30,4 | 183 | 42 | | 44,4 | 39,6 | 151 |
| 36 | | 39,6 | 32,4 | 194 | 45 | | 47,4 | 42,6 | 162 |
| 38 | | 41,6 | 34,4 | 205 | 48 | 1,8 | 51,6 | 44,4 | 259 |
| 40 | | 43,6 | 36,4 | 216 | 50 | | 53,6 | 46,4 | 270 |
| 42 | | 45,6 | 38,4 | 226 | 53 | | 56,6 | 49,4 | 286 |
| 45 | | 48,6 | 41,4 | 234 | 56 | | 59,6 | 52,4 | 302 |
| 48 | 2,7 | 53,4 | 42,6 | 388 | 60 | | 63,6 | 56,4 | 324 |
| 50 | | 55,4 | 44,6 | 405 | 63 | | 66,6 | 59,4 | 340 |
| 53 | | 58,4 | 47,6 | 429 | 67 | | 70,6 | 63,4 | 361 |
| 56 | | 61,4 | 50,6 | 453 | 71 | 2,7 | 76,4 | 65,6 | 575 |
| 60 | | 65,4 | 54,6 | 486 | 75 | | 80,4 | 69,6 | 607 |
| 63 | | 68,4 | 57,6 | 510 | 80 | | 85,4 | 74,6 | 648 |
| 67 | | 72,4 | 61,6 | 542 | 85 | | 90,4 | 79,6 | 688 |
| | | | | | 90 | | 95,4 | 84,6 | 729 |
| | | | | | 95 | | 100,4 | 89,6 | 769 |

*Maßeintragung* s. Bild.

*Bezeichnungsbeispiel*: K-Profilwelle 20 m 0,8; K-Profilnabe 20 m 0,8.

*Passung*: Feinpassung nach DIN oder ISA.

*Widerstandsmoment* gegen Drehung: $W_t = 0{,}2 \ m^3$.

*Drehmoment*: $M_t = 3 \cdot e \cdot m \cdot L \cdot p/10$ (cmkg).

*Tafelwert*: $M_{10} = M_t$ für Flächenpressung $p = 10 \ kg/mm^2$ und Nabenlänge $L = 1$ mm.

*Zulässiges Drehmoment* (cmkg) bei stoßhaftem (stoßfreiem) Betrieb:

$$M_t = 0{,}4 \ M_{10} \cdot L \ (= 0{,}6 \cdot M_{10} \cdot L) \ \text{für GG-Nabe, } L \text{ in mm!}$$
$$M_t = 0{,}7 \ M_{10} \cdot L \ (= 1 \cdot M_{10} \cdot L) \ \text{für St-Nabe.}$$

## 18.5. Schrifttum zu 18.

### Festigkeit (s. auch Schrifttum zu 17).

[18/1] THUM, A. u. F. WUNDERLICH: Die Dauerbiegefestigkeit von Konstruktionsteilen an Einspannungen, Nabensitzen und ähnlichen Kraftangriffsstellen. Mit MPA Darmstadt, H. 5, Berlin 1934.

[18/2] FÖPPL, O. und H. KOCH: 1. Die Biegewechselfestigkeit einer Keilverbindung (Paßfeder) und die Erhöhung der Dauerhaltbarkeit durch das Oberflächendrücken. 2. Eine neue Keilform mit besserer Dauerhaltbarkeit der Welle. Mitt. Wöhler-Inst. Heft 20 Braunschweig 1934.

[18/3] BAUTZ, W.: Steigerung der Dauerhaltbarkeit von Formelementen durch Kaltverformung. Diss. T. H. Darmstadt 1935.

[18/4] *Konstruktionstagung Stuttgart 1935*: Festigkeit und Formgebung, Dauerbruchsichere Konstruktionen. Formgestaltung und Belastbarkeit. Landesgewerbemuseum Stuttgart 1937.

[18/5] BERG, P.: Die Steigerung der Dauerhaltbarkeit von Keilverbindungen durch Oberflächendrücken. Diss. T. H. Braunschweig 1935.
[18/6] WUNDERLICH, F.: Festigkeit und Formgebung. Stuttgart 1938.
[18/7] THUM, A.: Beanspruchungsmechanismus und Gestaltfestigkeit von Nabensitzen. Dtsch. Kraftfahrtforsch. H. 73. Berlin: VDI-Verlag 1942.

**Gestaltung.**

[18/8] STREIFF, F: Zweckmäßige Sitze für Riemenscheiben, Kupplungen und Zahnräder auf Wellenenden. Werkst.-Techn. 32 (1938) S. 25.

**Preßsitze.**

[18/9] WERTH, S.: Austauschbare Längspreßsitze. VDI-Forsch.-Heft 383. Berlin: VDI-Verlag 1937; Auszug s. Z. VDI Bd. 82 (1938) S. 471.
[18/10] WASSILEFF, D.: Austauschbare Querpreßsitze. VDI-Forsch.-Heft 390. Berlin, VDI-Verlag, 1938.
[18/11] KIENZLE, O. und A. HEISS: Die Berechnung einfacher Preßsitze. Werkst.-Techn. 32 (1938) S. 468/73.
[18/12] KIENZLE, O.: Die Einflüsse auf die Haftbeiwerte in den Fugen von Preßsitzen. Werkst.-Techn. 32 (1938) S. 552.
[18/13] BÜHLER, H.: Schrumpfverbindung durch Verändern von Eigenspannungen. Z. VDI Bd. 79 (1935) S. 323.
[18/14] HUFSCHMIDT: Kaltschrumpfen mit Trockeneis. Chem. Fabrik (1941) S. 318.
[18/15] MEYER, P.: Neuartige Schrumpfverbindung für aufgebaute Kurbelwellen. Werft Reed. Hafen Bd. 19 (1938) S. 155.
[18/16] WIEMER, A.: Die Schrumpfverbindung zur Übertragung von Drehmomenten. Z. VDI Bd. 86 (1942) S. 274.

**Profilwellen.**

[18/17] DREYHAUPT, W.: Die Trapezkeilverzahnung. Maschinenbau, Betrieb Bd. 19 (1940) S. 241.
[18/18] MÜLLER, H. R.: Räumen von Bohrungen mit Mehr- und Vielkeilprofilen oder Kerbverzahnungen. Maschinenbau, Betrieb Bd. 19 (1940) S. 9/13.
[18/19] — Das K-Profil, eine neue Zapflochverbindung. ATZ 1939 S. 349.
[18/20] — K-Profil-Handbuch der Fa. Ernst Krause u. Co., Wien.
[18/21] SCHATZ, A.: Vielnutprofil mit Evolventenflanken, Normvorschläge in USA und Frankreich. Werkstatt u. Betrieb Bd. 82 (1949) S. 29 u. 127.
[1822] WIEMER, A.: Vorspannung und Zahnform bei stirnverzahnten Wellenverbindungen. ZVDI Bd. 84 (1940) S. 1021; Bd. 85 (1941) S. 324.
[18/23] MÜLLER, H. R.: Die Fertigbearbeitung von Keil- und Evolventenprofilen in gehärteten Naben. Masch.-Bau/Betrieb Bd. 19 (1940) S. 473.
[18/24] WÖTZEL, W.: Spanngewinde (Spanngewinde als Klemmsitz). Die Technik 4 (1949) S. 56.

# 19. Verbindung von Welle und Welle (Kupplungen, Gelenke).
## 19.1. Überblick.

Wellenenden, die nach Bild 19/1 voreinander stoßen und mehr oder weniger in einer Flucht liegen, können durch *Kupplungen* oder *Gelenke* drehfest verbunden werden.

Je nach den Anforderungen verwende man

1) *feste* Kupplungen zur starren Verbindung von genau gleichachsigen Wellenenden;

2) *Ausgleich*-Kupplungen, die dank ihrer gelenkigen oder federnden Ausbildung entweder

a) Unterschiede in der Achslage nach Bild 19/1 ausgleichen, oder

b) Drehmomentstöße ausgleichen, oder

c) Drehschwingungen dämpfen oder die Drehschwingungszahl verschieben (Bild 19/7); oder

d) mehrere dieser Aufgaben erfüllen.

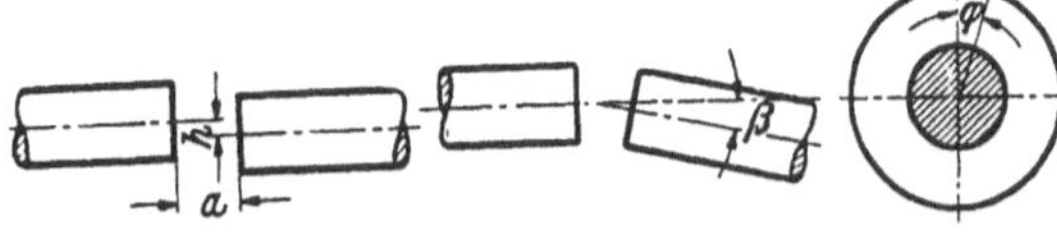

Bild 19/1. Arten der Wellenverlagerung, Längs $a$, quer $h$, winklig Achswinkel $\beta$, Drehwinkel $\varphi$.

3) *Schalt*-Kupplungen, auch Wellenschalter genannt, zum betriebsmäßigen Kuppeln und Entkuppeln gleichachsiger Wellen oder gleichachsiger Triebwerksteile und zwar

a) *kraftschlüssige* Schaltkupplungen, z. B. Reibkupplungen (s. Bd. 2) und

b) *formschlüssige* Schaltkupplungen, z. B. Zahnkupplungen.

Für jede der obigen Aufgaben können häufig genormte bzw. serienmäßig hergestellte Ausführungen verwendet werden (s. Tafel 19/2 bis 19/5). Bei ihrer Auswahl sind neben der Funktionsweise und Lebensdauer der Raumbedarf (Baulänge und Außendurchmesser), das Gewicht, Schwungmoment und vor allem die bequeme Bedienung (Ein- und Ausbau und Erneuerung der Zwischenelemente) zu beachten. Bei frei umlaufenden Kupplungen ist eine glatte Umgrenzung für den Unfallschutz wichtig (keine vorstehenden Schrauben, Kanten und Keilnasen).

**Tafel 19/1.** *DIN-Blätter.*

| | Gegenstand | DIN | | Gegenstand | DIN |
|---|---|---|---|---|---|
| Kupplung | Feste Kupplungen . . . . . . . | 758, 759 | Gelenke | Gabelgelenke . . . . . . . . . | 71751 |
| | Angeschmiedete Kupplungs-flansche . . . . . . . . . . | 760 | | Kreuzgelenke . . . . . . . . . | 7551 |
| | Scheibenkupplung für Transmissionen . . . . . . . . . . | 116 | | Gelenke für Zuge . . . . . . . | 37361 |
| | Schalenkupplung für Transmissionen . . . . . . . . . . | 115 | | | |
| | Kupplungen für Hilfsmaschinen | 73035 | | | |

## 19.2. Feste Kupplungen.

**1) Plan-Kerbverzahnung** (Hirthverzahnung) nach Bild 19/2 mit radial verlaufenden Zähnen zur Übertragung des Drehmoments bei axialer Vorspannung durch eine innen angeordnete Schraube oder äußere Überwurfmutter. Sie baut am kleinsten von allen lösbaren Kupplungen. Sie eignet sich vor allem zur Verbindung von Wellenenden mit Zahnrädern oder Scheiben oder Kurbelwangen oder unmittelbar von Zahnrädern mit Zahnrädern oder Scheiben ohne eigentliche Welle (Bild 19/2), wobei die Kerbverzahnung die Zentrierung der Teile übernimmt. Ihr Anwendungsgebiet ist durch die erforderliche axiale Verspannung begrenzt.

*Beanspruchung und Bemessung:* Die axiale Vorspannkraft preßt die Zahnflanken gegeneinander, so daß außer der Flächenpressung an den Zahnflanken infolge des Flankenwinkels der Zähne eine *Spreizkraft* (tangentiale Zugspannung) *im Zahngrund* auftritt, welche den Ringquerschnitt zu dehnen sucht. Hierzu tritt bei einem Drehmoment noch die Drehspannung und Zahnbiegespannung, so daß sich im Zahngrund eine zusammengesetzte Spannung ergibt, deren wirkliche Größe noch von der Kerbwirkung (Ausrundung $r$) abhängt. Bei geometrisch ähnlicher Zahnform bleiben die aus dem Drehmoment herrührenden Spannungen proportional der Drehspannung $\tau_t$, so daß man diese als Maßstab nehmen und einem durch Versuch ermittelten $\tau_{t_{zul}}$ gegenüberstellen kann:

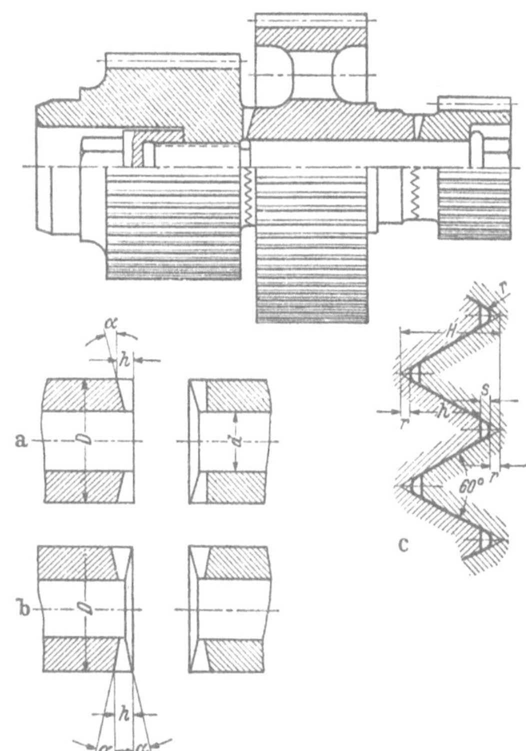


Bild 19/2. Drehfeste Verbindung von Zahnrädern durch Hirth-verzahnung (Albert Hirth AG., Stuttgart-Zuffenhausen).
a) mit unsymmetrischer, b) mit symmetrischer Lage der Zähne, c) Abwicklung der Verzahnung am Außendurchmesser $D$.

$$\tau_t = \frac{M_t}{W_t} = \frac{M_t \cdot 16}{\pi\,D^3\,[1 - (d/D)^4]} \leqq \tau_{zul} \quad (\text{kg/cm}^2)$$

Durchmesser $d$ und $D$ nach Bild 19/2.

Bei der Hirth-Verzahnung (Spitzenwinkel $60°$, $r = 0,3$ bis $0,9$ mm) kann für $\tau_{t\,zul}$ (kg/cm²) gesetzt werden [1]:

| Drehmoment | C-Stahl | Cr-Ni-Stahl Cr-Mo-Stahl |
|---|---|---|
| stoßfrei . . . . . . . . . . . . | 335 | 435 |
| stoßhaft . . . . . . . . . . | 185 | 260 |
| stoßhaft, mit Drehschwingung . | 130 | 185 |

Setzt man die axiale Vorspannkraft (Schraubenkraft) $P_a = 2 \cdot$ axiale Kraftkomponente aus $M$ und $\operatorname{tg} \alpha = \operatorname{tg} 30° = 0,577$, so ist:

$$\boxed{P_a = 2 \cdot \operatorname{tg} 30° \cdot M_t/R = 1,16\, M_t/R} \quad \text{(kg)}; \qquad R \approx \frac{D+d}{4}.$$

Bei einem Versuch mit VCN 45 als Werkstoff und $D/d = 50/40$ wurde die größte Dauerdrehwechselfestigkeit $\tau_{tW} = 780$ kg/cm² bei einer axialen Zahnpressung

$$\sigma_a = \frac{P_a \cdot 4}{\pi \cdot (D^2 - d^2)} = 1400 \text{ kg/cm}^2 \text{ erreicht.}$$

**2) Scheibenkupplung**
nach Bild 19/3 und 19/4; Abmessungen s. Tafel 19/3 und 19/4. Die Scheiben (Flansche) sind entweder unmittelbar an die Wellenenden angeschmiedet, angeschweißt oder mit Car-

**Tafel 19/2.** *Maße der Hirth-Verzahnung nach Bild 19/2.*

| Zähnezahl $z =$ | 12 | 24 | 48 | 96 |
|---|---|---|---|---|
| $H =$ | 0,2260 $D$ | 0,1130 $D$ | 0,0566 $D$ | 0,0283 $D$ |
| $r =$ | 0,3 | 0,6 | 0,9 mm | |
| $s =$ | 0,4 | 0,6 | 0,9 mm | wählbar |
| $h =$ | | $H - (2\,r + s)$ | | |

borundpulver aufgeschrumpft (s. Fußnote S. 284), oder sie besitzen längere Naben (Bild 19/4, $L \approx 1,5\,d$), die durchweg mit Haftsitz und Paßfeder oder Keil, seltener mit

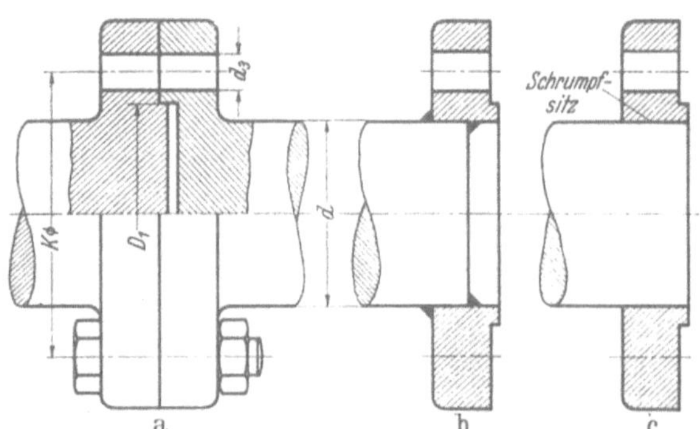


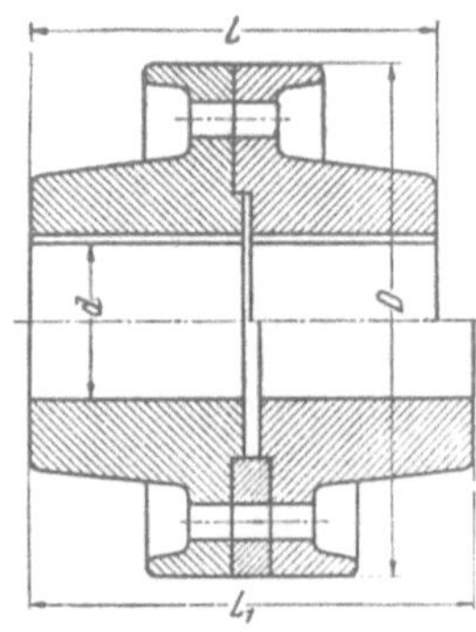

Bild 19/3. Flanschkupplung; a) Flansche angeschmiedet (DIN 760); Maße s. Tafel 19/3, b) angeschweißt; c) aufgeschrumpft mit Carborundpulver (s. S. 284.)

Bild 19/4. Scheibenkupplung nach DIN 116, oben mit Zentrierleiste, unten mit geteiltem Zentrierring, Maße s. Tafel 19/4.

Vielnut, mit Preß- oder Kegelsitz auf den Wellen befestigt sind. Beachte: Bei ungeteilten Lagern muß die Kupplungsscheibe mindestens an einem Wellenende abziehbar sein.

Die zur Zentrierung der Scheiben vorgesehene Zentrierleiste (s. Bild 19/3) erfordert eine geringe Längsverschiebung der Welle beim Ausbau, falls nicht ein geteilter Zentrierring (Bild 19/4 unten) eingebaut ist.

Die Scheiben werden durch *Paß*schrauben verbunden, die so fest angezogen werden, daß das Drehmoment durch Reibung übertragen werden kann. Die hierfür erforderliche

---

[1] Aus den von der Fa. Alb. Hirth A.-G., Stuttgart-Zuffenhausen angegebenen zulässigen Biegebeanspruchungen $\sigma_b$ der Kerbzähne für gleiche Durchmesser $d$ und $D$ bei gleichem $M_t$ von mir umgerechnet wobei $\tau_t = 0,37\, \sigma_b$ gesetzt wurde (schwankt mit $r$!).

Zugkraft je Schraube ist dann $P = \dfrac{2\,M_t}{K \cdot z \cdot \mu}$ (kg), Schraubenzahl $z$, Reibwert $\mu = 0{,}25$ für geschruppte Flächen und Lochkreisdurchmesser $K$ nach Bild 19/3. Besondere Schraubensicherungen sind bei stramm sitzenden und gut angezogenen Paßschrauben bei glatter Auflage (keine Unterlegscheiben!) erfahrungsgemäß überflüssig.

Tafel 19/3. *Angeschmiedete Kupplungsflansche nach DIN 760* (Aug. 1937), (Bild 19/3).
Maße in mm.

| Wellendurchmesser $d$ | 35 | 45 | 55 | 70 | 80 | 90 | 110 | 130 | 150 | 170 | 190 | 210 |
|---|---|---|---|---|---|---|---|---|---|---|---|---|
| Zentrierdurchm. $D_1$ | 50 | 60 | 75 | 95 | 95 | 125 | 150 | 150 | 195 | 195 | 240 | 240 |
| Lochkreisdurchm. $K$ | 70 | 85 | 100 | 125 | 140 | 160 | 190 | 215 | 240 | 265 | 290 | 315 |
| Lochdurchmesser $d_3$ | 11 | 14 | 16 | 18 | 20 | 22 | 25 | 32 | 35 | 40 | 40 | 45 |
| Anzahl der Schrauben | 4 | 4 | 4 | 6 | 6 | 6 | 6 | 6 | 6 | 8 | 8 | 8 |

**3) Schalenkupplung** nach Bild 19/5. Abmessungen s. Tafel 19/4. Die geteilten Schalen werden durch Schrauben oder aufgetriebene Kegelringe auf die Welle gepreßt, so daß das Drehmoment durch Reibung übertragen wird. Berechnung s. Klemmverbindung S. 281.

Eigenschaften: bequem lösbar, so daß die Lager- und Radnaben ungeteilt sein können. Besonders für Transmissionswellen verwendet; für größeres Drehmoment mit eingelegter Paßfeder; für stoßhaftes Drehmoment weniger geeignet!

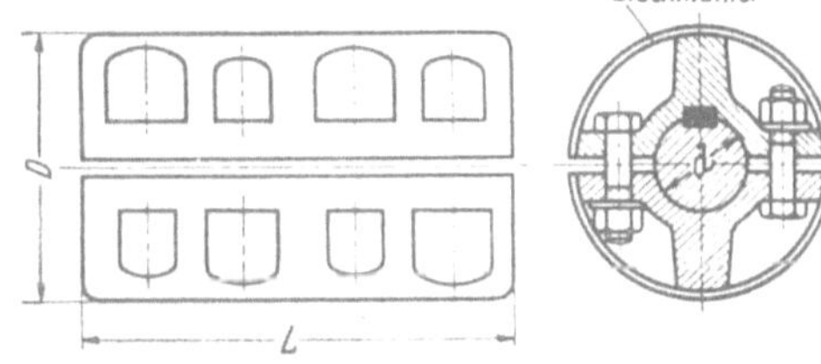


Bild 19/5. Schalenkupplung nach DIN 115,
Maße s. Tafel 19/4.

**4) Stieber-Rollkupplung** nach Bild 19/6. Eine Schnellkupplung, bei welcher besonders die Eleganz der Wirkung, nämlich der mit leichter Handkraft erzielte hochfeste Preßsitz der Welle verblüfft. Die Langrollen *4* liegen im Winkel $\alpha$ zur Achsrichtung geneigt. Dreht man den Überwurf *6* nach rechts, so wird er mit ganz geringer Steigung unter Wälzbewegung hinaufgeschraubt, ohne in der Achsrichtung abzurutschen (Neigungswinkel $\beta$ des Kegels kleiner als der Reibwinkel). Die hierdurch erzielte axiale Verschiebung des Überwurfs preßt die ungeschlitzte Nabe *3* dank der Kegelneigung $\beta$ radial gegen die Welle *1*.

Bei 1 d/1000 Toleranz der Welle (Durchmesser $d$) und 2 d/1000 *elastischer* Verengung der Nabenbohrung bleibt für die Erzeugung des Preßsitzes noch 1 d/1000 Übermaß wirksam, dem bei einer Stahlwelle etwa ein übertragbares Drehmoment

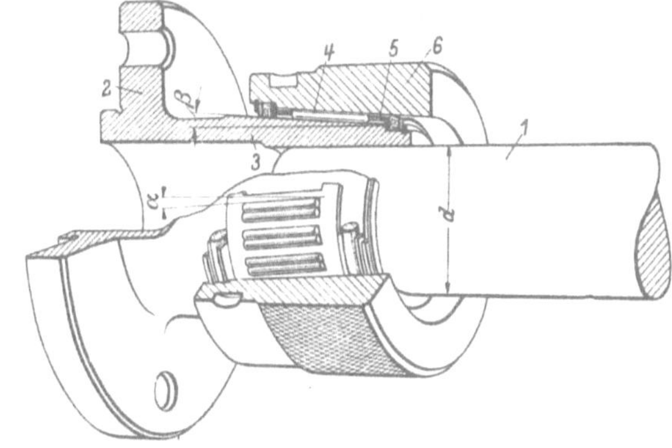

Bild 19/6. Stieber-Rollkupplung. Erläuterung s. Text.

$$\boxed{M_t \approx 130\,d^2 \cdot L}$$ (cmkg) entspricht,

z. B. $M_t = 8300$ cmkg für Wellendurchmesser $d = 4$ cm und Sitzlänge $L = 4$ cm. Die Preßwirkung kommt auch bei Anordnung einer Zwischenbüchse zwischen Welle und Nabe zustande. Nach dem gleichen Prinzip kann auch eine Hohlwelle von innen gegen eine Nabe gepreßt werden [1].

---

[1] Weitere Anwendung: Zur Schnellverstellung bei Meßgeräten; als Spannfutter für Innen- bzw. Außenspannung; als Momentkupplung usw. s. [*19/7*].

**Tafel 19/4.** *Scheiben- und Schalenkupplungen nach Bild 19/4 und 19/5* *. Maße in mm.

| | Wellendurchmesser $d$ | 25 u. 30 | 35 u. 40 | 45 u. 50 | 55 u. 60 | 70 | 80 | 90 | 100 |
|---|---|---|---|---|---|---|---|---|---|
| Schalenkupplung | Außendurchmesser $D$ . | 105 | 115 | 140 | 155 | 180 | 195 | 220 | 240 |
| nach DIN 115 | Gesamtlänge $L$ . . . | 130 | 160 | 190 | 220 | 250 | 280 | 310 | 350 |
| (Febr. 1922) | Gewicht . . . . . . . | 3,6 | 5,5 | 8 | 11,8 | 17,4 | 21,5 | 33 | 44 |
| | Außendurchmesser $D$ . | 150 | 170 | 195 | 220 | 245 | 270 | 300 | 330 |
| | Gesamtlänge $L$ . . . . | 130 | 150 | 170 | 190 | 210 | 230 | 260 | 290 |
| Scheibenkupplung | Gewicht . . . . . . . | 7 | 10 | 13 | 20 | 29 | 40 | 56 | 74 |
| nach DIN 116 | Mit Zwischenscheibe: | | | | | | | | |
| (Febr. 1922) | Gesamtlänge $L_1$ . . . | 150 | 170 | 190 | 210 | 230 | 250 | 280 | 310 |
| | Gewicht . . . . . . . | 9 | 13 | 16 | 24 | 33 | 45 | 62 | 82 |

* Bei verschiedenen Wellendurchmessern ist die Kupplungsgröße nach der dickeren Welle zu wählen

## 19.3. Ausgleich-Kupplungen.

*Anwendung:* Sie werden vorwiegend zwischen Antriebsmotor und Arbeitsmaschine eingebaut; dann zwischen Wellenenden, deren Gleichachsigkeit nicht immer gesichert ist, oder die zueinander geringe Lagenänderungen durchmachen, wie z. B. die Hinterachse eines Kraftwagens zum Antriebsblock; oder dort, wo der Zusammenbau erleichtert werden soll, wie z. B. bei Prüfständen.

*Ausgleichgrößen:* Maßgebend für die Auswahl und Ausbildung derartiger Kupplungen sind Art und Grad der zu erwartenden Verlagerung nach Bild 19/1: Längs Maß $a$, quer Maß $h$, winklig Achswinkel $\beta$ und Drehwinkel $\varphi$ unter dem Nenndrehmoment $M_t$. Je größer $\varphi/M_t$, desto geringer das Stoß-Drehmoment bei gleicher Stoßarbeit und desto niedriger die Resonanzdrehzahl, für die auch das Massenträgheitsmoment $J_m$ der Kupplung von Bedeutung ist (s. S. 272). Als Maß für die Schwingungs*dämpfung* (s. Bild 19/7) kann die Reibungsarbeit beim Verspannen der Kupplung von Null bis zum Nenndrehmoment und zurück bis Null dienen [1]. Für die Belastung der Lager ist dann noch wesentlich, welche *Kräfte* für die Erreichung der obigen Lagenänderungen erforderlich sind.. Bei Kenntnis dieser Kräfte würden manche Fehlschläge vermieden werden. So würde z. B. ersichtlich, daß bei Anwendung der üblichen elastischen Kupplungen auch ein geringer Quer-Achsfehler $h$ schon erhebliche Lagerkräfte hervorruft, wenn die Kupplungen nicht nach dem System von 2 hintereinander geschalteten Gelenken (Bild 19/16) aufgebaut sind. Anderseits ist für die Wahl der Kupplung

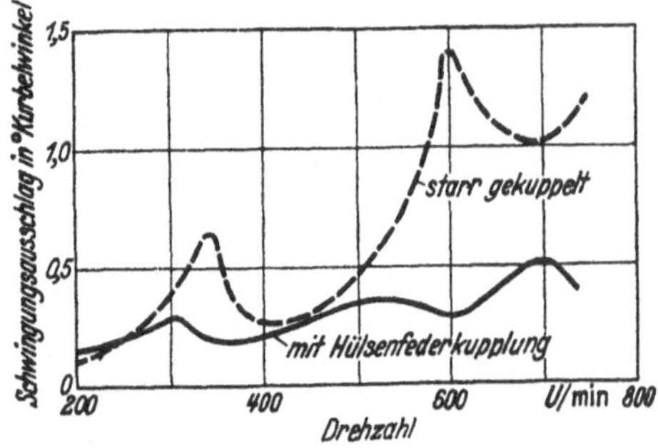


Bild 19/7. Schwingungsdämpfung durch elastische Kupplung (MAN-Renk-Hülsen-Federkupplung).

eine genauere Kenntnis der zu erwartenden Lagenfehler der Wellen erforderlich und bei hochtourigen Maschinen, besonders bei Brennkraftmaschinen, die Größe der Stoßkräfte und die Lage der Eigenschwingungszahl.

*Bauarten und Bemessung:* Wir können derartige Kupplungen als „*Gelenke*" auffassen, deren Zwischenglieder die Umfangskraft unter Relativbewegungen übertragen müssen. Auf die richtige Ausbildung dieser Zwischenglieder und der Kraftübertragungsstellen kommt es an. Als Zwischenglieder sind verwendbar:

1) *verformbare Zwischenglieder* (Leder, Gummi, Gewebe, Stahlfedern)! Hierbei sind der Kraftanstieg bei der Verformung, die Dauerfestigkeit (s. Federn Kap. 12) und Lebensdauer zu beachten. Übliche Flächenpressung bei Gummi- bzw. Leder-, oder Gewebezwischengliedern $p \approx 8$—14 kg/cm². Typische Ausführungen s. Bild 19/8—19/15;

---

[1] Diese echte Schwingungsdämpfung ist zu unterscheiden von dem Schwingungsabfall durch Verschiebung der Resonanzdrehzahl.

Fortsetzung von Tafel 19/4.

| 110 | 125 | 140 | 160 | 180 | 200 |
|---|---|---|---|---|---|
| 270 | 290 | 320 | — | — | — |
| 390 | 430 | 490 | — | — | — |
| 72 | 100 | 148 | — | — | — |
| 360 | 390 | 440 | 480 | 540 | 600 |
| 320 | 350 | 390 | 430 | 470 | 510 |
| 98 | 123 | 160 | 225 | 300 | 385 |
| 340 | 380 | 420 | 460 | 500 | 540 |
| 107 | 140 | 180 | 250 | 332 | 425 |

2) *formfeste Zwischenglieder* mit Gleit-, Dreh- oder Wälzbewegungen, z. B. Gleitsteine zwischen Führungen, Drehzapfen in Lagerbüchsen, Zähne oder Knorpel zwischen balligen Flanken (zulässige Wälzpressung s. S. 209 u. 211). Übliche Flächenpressung bei derartigen Gelenken mit geringer Gleitbewegung: $p \leq 30\,\mathrm{kg/cm^2}$ bei GG auf Stahl; $\leq 50$ bei Bz auf Stahl; $\leq 90$ bei Bz auf gehärteten Stahl; $\leq 150$ bei gehärtetem Stahl auf gehärteten Stahl. Beachte den Totgang beim Wechsel der Kraftrichtung (bei Schwingungen Dämpfung durch Schmierstoff erstreben!), den Gleitverschleiß und die Sicherung der Schmierung. Typische Ausführungen s. Bild 19/16 bis 19/21.

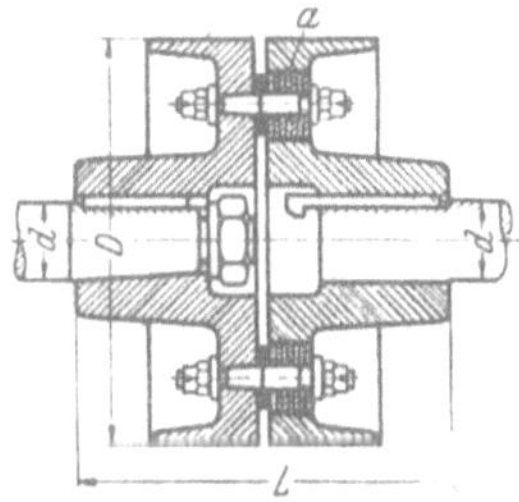

Bild 19/8. Elastische Bolzenkupplung für Kranantriebe (nach HÄNCHEN). *a* Leder- oder Gummigeweberinge, Maße s. Tafel 19/5.

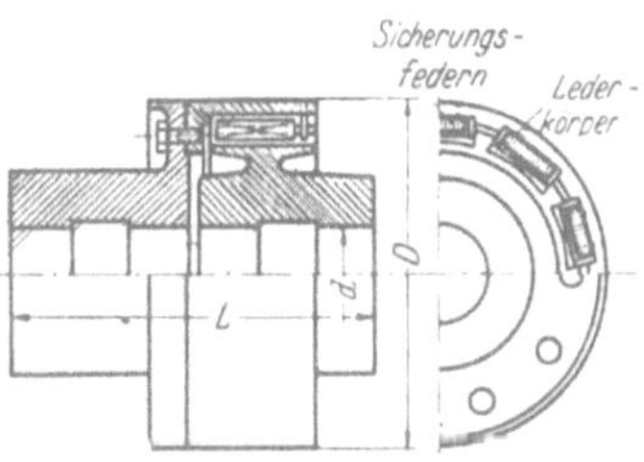


Bild 19/9. Elastische Voith-Kupplung mit Lederklötzen (J. M. Voith-Heidenheim). Maße s. Tafel 19/5.

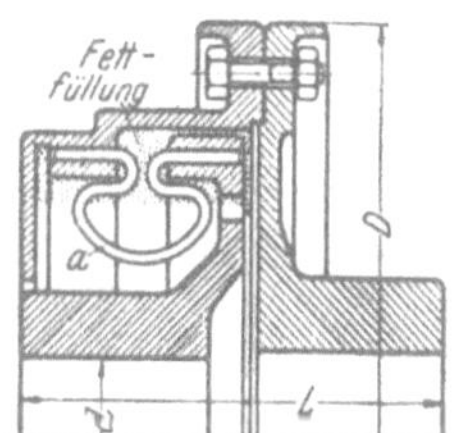


Bild 19/10. Elastische Voith-Maurer-Kupplung (J. M. Voith-Heidenheim). Die Feder *a* aus Runddraht wird auf Verdrehung beansprucht.

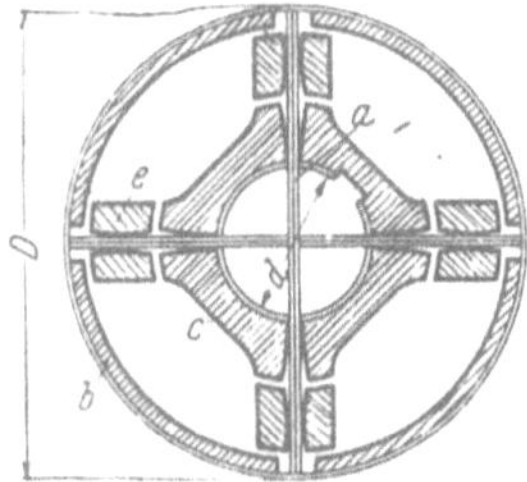

Bild 19/11. Elastische Axlen-Kupplung (Axlen, Hamburg-Altona) mit Fettfüllung. *a* Blattfedern, die sich zwischen den Anlagen *b* und *c* (Antrieb) und Anlage *e* (Abtrieb) biegend verformen. Maße s. Tafel 19/5.

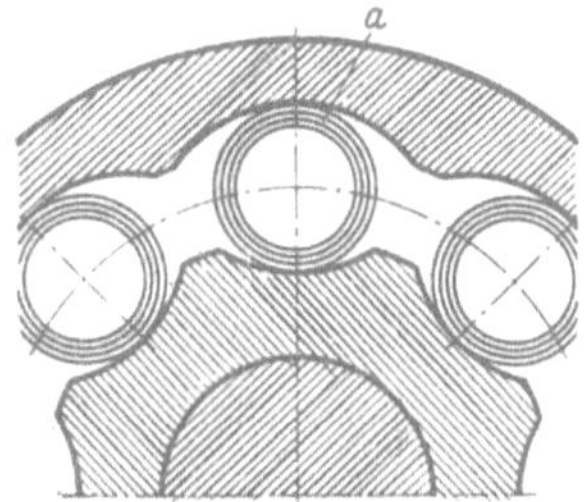

Bild 19/12. Elastische Deli-Kupplung (Demag-Duisburg). *a* schraubenförmig geschlitzt und ineinander gesteckte Federhülsen, die bei Verformung auch Reibungsdämpfung erzeugen. Maße s. Tafel 19/5.

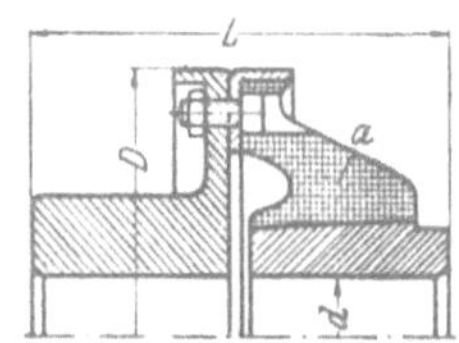

Bild 19/13. Elastische Kegelfex-Perbunan-Kupplung (Kauermann-Düsseldorf). *a* elastisches Perbunan. Maße s. Tafel 19/5.

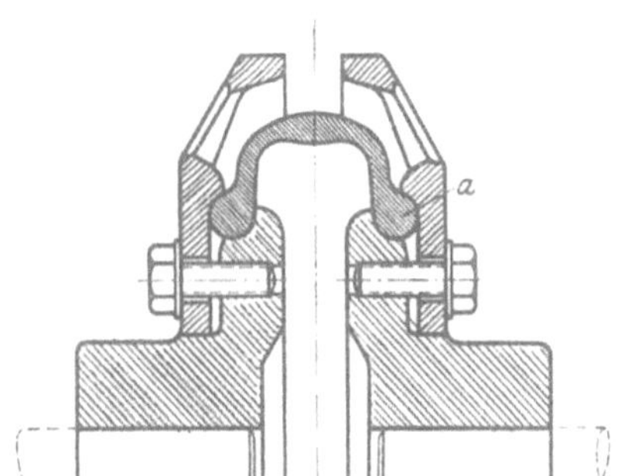

Bild 19/14. Elastische Periflex-Kupplung (Stromag-Unna). *a* elastischer Bunaring.

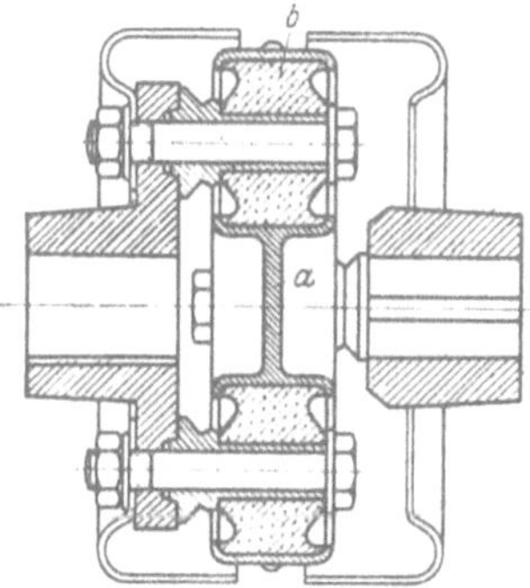

Bild 19/15. Boge-Silentbloc-Gelenkkupplung (Boge u. Sohn, Eitorf). Gelenkscheibe *a* mit Weichgummikörper *b*.

Für den Aufbau ist noch wesentlich, daß die Kupplung leicht lösbar und der gelöste Teil möglichst *ohne axiale Verschiebung* ausbaubar ist. Hierzu wird oft eine besondere Flanschverbindung in der Kupplungsmitte angeordnet (s. Bild 19/9).

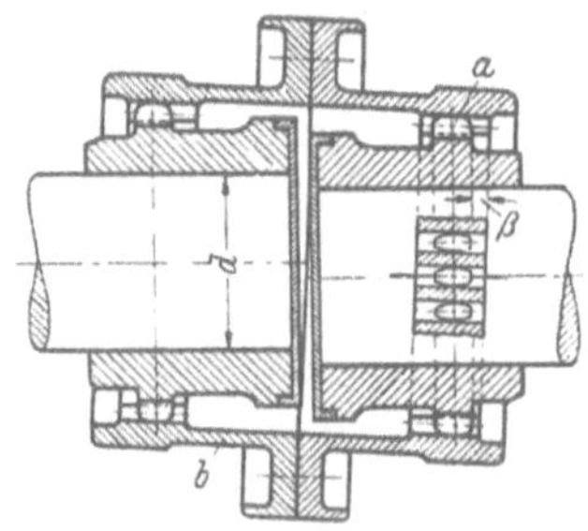

Bild 19/16. Tacke-Bogenzahn-Kupplung (Tacke-Rheine) mit Ölfüllung. Wirkt als Doppel-Kardan. Die Bogenzähne *a* der Nabe liegen auch bei Neigung *β* der Verbindungshülse *b* mit allen Zähnen ballig an den Gegenflanken. Maße s. Tafel 19/5.

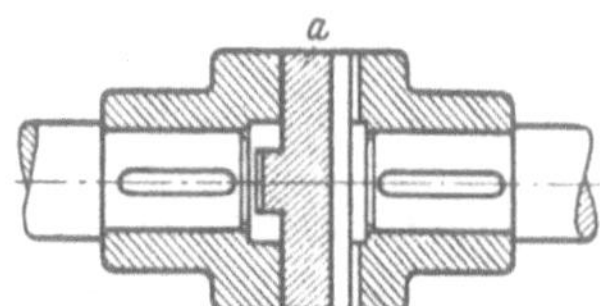

Bild 19/17. Oldham-Kupplung; allseitig verlagerungsfähig. Das Zwischenstück *a* besitzt 2 Gleitführungen unter 90°.

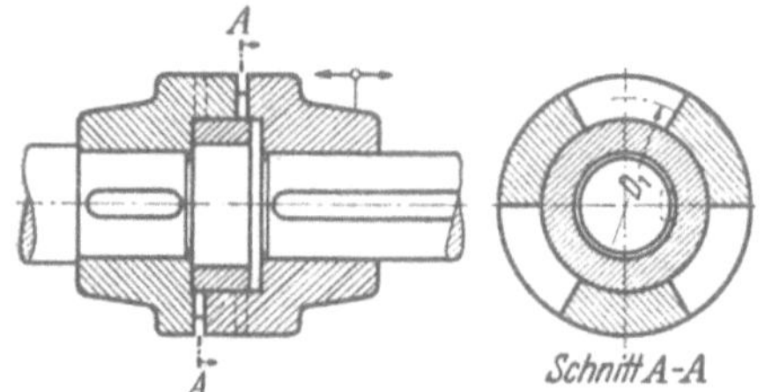

Bild 19/18. Klauenkupplung als axiale Ausdehnungskupplung mit Zentrierung.

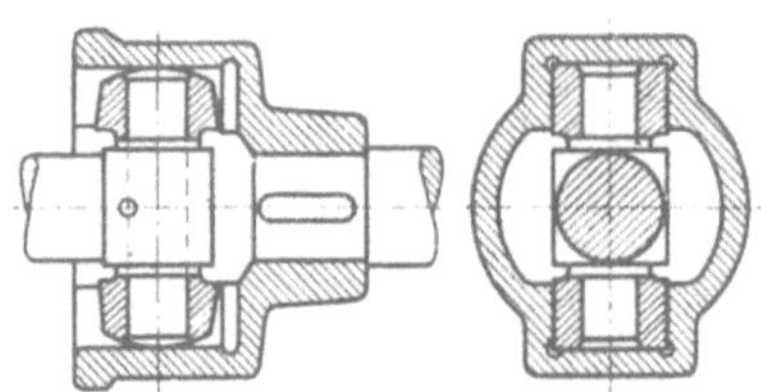

Bild 19/19. Gelenkstein-Kupplung als Kardan für Kraftfahrzeuge.

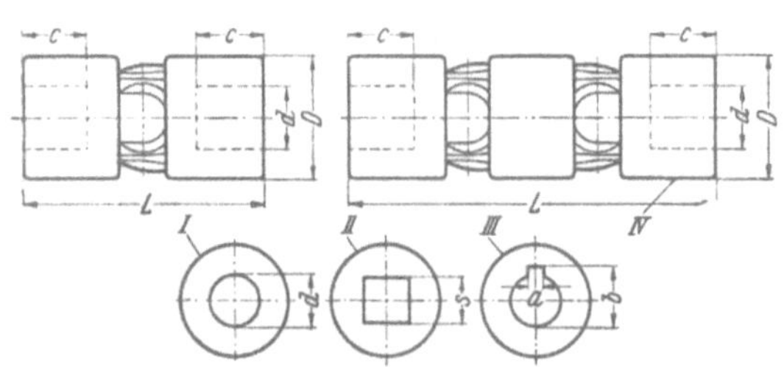

Bild 19/20. Kugelgelenk (Fritz Werner AG., Berlin-Marienfelde). Maße s. Tafel 19/6.

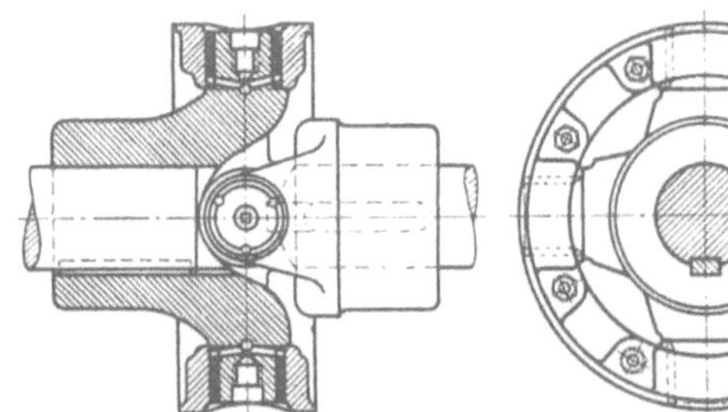

Bild 19/21. Kardangelenk (Bamag).

## 19.4. Schaltkupplungen (Wellenschalter).

Es ist zu beachten, daß alle *formschlüssigen* (Zahn-, Bolzen-, Klauen-) Kupplungen nur synchronisiert, d. h. bei Gleichlauf bzw. Stillstand schaltbar sind, während die *kraftschlüssigen* Reibungs- und Flüssigkeitskupplungen auch zum Einschalten bei Drehzahldifferenz, also auch für Beschleunigungs- und Synchronisieraufgaben geeignet sind.

Ferner unterscheiden wir nach der besonderen Aufgabe der jeweiligen Schalt-Kupplung: *Anlauf*-Kupplung zum Beschleunigen, *Wechsel*-Kupplung zum Wechseln der Übersetzung, *Wende*-Kupplung zur Umkehr der Drehrichtung, *Sicherheits*-Kupplung zur Kraft- oder Wegbegrenzung und vom Arbeitsgang der Maschine gesteuerte Kupplungen, wie *Richtungs*-Kupplung (Freilauf), *Fliehkraft*-Kupplung und *Moment*-Kupplung, die in bestimmter Stellung der Maschine schalten.

Auch die Art der *Bedienung* (durch Federdruck, Fuß oder Hand, durch Magnet, Druckluft oder Drucköl) und die Frage, ob die Kupplung sich selbst überlassen, ein- oder aus-

**Tafel 19/5.** *Ausgleich-Kupplungen*, Maße (mm), Gewichte (kg), Drehmomente (cmkg) und zulässige Verlagerung nach Bild 19/1. Nenn-Drehmoment $M_t = 71\,620\ N/n$, $C = $ Max - $M_t$/Nenn-$M_t$, Nennleistung $N$ (PS), $N/n$ (PS · min/Uml).

| | | | | | | | | | | | | | | | |
|---|---|---|---|---|---|---|---|---|---|---|---|---|---|---|---|
| **Elastische Bolzen-Kupplung, Bild 19/8** | | | | | | | | | | | | | | | |
| [1] Nenn-$M_t$ | 500 | 750 | 1500 | 3000 | 5500 | 8500 | 13 000 | 20 000 | | | | | | | |
| Wellen-$d$ | 30 | 40 | 50 | 60 | 70 | 80 | 90 | 100 | | | | | | | |
| Außen-$D$ | 175 | 200 | 250 | 300 | 350 | 400 | 450 | 500 | | | | | | | |
| Gesamtlänge $L$ | 224 | 245 | 246 | 288 | 348 | 378 | 410 | 412 | | | | | | | |
| **Elastische Voith-Kupplung, Bild 19/9; zulässige Verlagerung: sehr gering** | | | | | | | | | | | | | | | |
| $C \cdot N/n$ | 0,0015 | 0,0035 | 0,014 | 0,028 | 0,04 | 0,08 | 0,17 | 0,38 | 0,5 | 0,88 | 1,75 | 3,2 | 5,2 | 8 | 12 |
| Größte Bohrung $d$ | 20 | 28 | 42 | 52 | 60 | 65 | 90 | 110 | 120 | 155 | 200 | 240 | 280 | 320 | 370 |
| Außendurchmesser $D$ | 60 | 80 | 105 | 130 | 150 | 200 | 250 | 300 | 350 | 400 | 500 | 600 | 700 | 800 | 900 |
| Gesamtlänge $L$ | 75 | 85 | 115 | 145 | 190 | 220 | 280 | 340 | 380 | 400 | 480 | 570 | 680 | 770 | 875 |
| Gewicht | 1 | 2 | 4 | 8 | 13 | 23 | 43 | 78 | 114 | 140 | 250 | 420 | 680 | 1030 | 1520 |
| **Voith-Maurer-Kupplung, Bild 19/10; Verlagerung: $a$ bis 2 mm; $h = 0,6$ bis 1,6 mm, $\beta$ bis 1,5°; $\varphi = 2,5°$** | | | | | | | | | | | | | | | |
| $C \cdot N/n$ | 0,018 | 0,03 | 0,052 | 0,063 | 0,12 | 0,14 | 0,25 | 0,48 | 0,9 | 1,8 | 3,75 | 6 | 10 | 15 | 24 |
| Größte Bohrung $d$ | 25 | 30 | 35 | 35 | 45 | 45 | 65 | 80 | 95 | 125 | 160 | 185 | 200 | — | — |
| Außendurchmesser $D$ | 170 | 180 | 190 | 190 | 240 | 240 | 350 | 400 | 470 | 560 | 700 | 815 | 960 | 1080 | 1205 |
| Gesamtlänge $L$ | 120 | 120 | 120 | 120 | 145 | 145 | 180 | 215 | 235 | 285 | 340 | 400 | 455 | 545 | 635 |
| Gewicht | 6,5 | 8 | 10 | 11 | 17,5 | 19 | 42 | 65 | 98 | 166 | 285 | 480 | 660 | 925 | 1350 |
| **Axien-Kupplung, Bild 19/11; Verlagerung: $a = 5 \cdots 15$ mm, $h = 0,5 \cdots 2$ mm, $\beta$ bis 2,5°, $\varphi = 2°$** | | | | | | | | | | | | | | | |
| $C \cdot N/n$ | 0,002 | 0,005 | 0,012 | 0,025 | 0,04 | 0,07 | 0,12 | 0,25 | 0,5 | 0,8 | 1,2 | 1,8 | 3 | | |
| Größte Bohrung $d$ | 23 | 35 | 40 | 45 | 50 | 60 | 70 | 80 | 90 | 105 | 120 | 140 | 160 | | |
| Außendurchmesser $D$ | 75 | 100 | 120 | 130 | 150 | 180 | 210 | 240 | 280 | 320 | 380 | 470 | 570 | | |
| Gesamtlänge $L$ | 95 | 110 | 125 | 150 | 175 | 195 | 245 | 290 | 340 | 390 | 430 | 490 | 530 | | |
| Gewicht | 1,3 | 2,8 | 4,5 | 6,5 | 10 | 15 | 24 | 38 | 60 | 95 | 155 | 260 | 380 | | |
| **Demag-Deli-Kupplung, Ausführung Z, Bild 19/12; $h$ bis 0,15 mm, $\beta$ bis 1°; $\varphi = 6 \cdots 10°$** | | | | | | | | | | | | | | | |
| $C \cdot N/n$ | 0,07 | 0,12 | 0,21 | 0,35 | 0,65 | 1,2 | 2,2 | 4 | 6 | 8,5 | 12 | 17 | 24 | 34 | 48 |
| Größte Bohrung $d$ | 45 | 55 | 65 | 80 | 95 | 120 | 145 | 160 | 180 | 205 | 230 | 260 | 290 | 325 | 370 |
| Außendurchmesser $D$ | 125 | 150 | 185 | 225 | 270 | 325 | 430 | 480 | 530 | 600 | 670 | 745 | 830 | 930 | 1040 |
| Gesamtlänge $L$ | 124 | 145 | 165 | 195 | 225 | 267 | 309 | 330 | 370 | 410 | 450 | 510 | 570 | 630 | 712 |
| Gewicht | 7 | 11,5 | 19 | 32 | 53 | 90 | 150 | 210 | 285 | 400 | 555 | 800 | 1120 | 1585 | 2300 |
| **Kauermann-Kegelfex-Perbunan-Kupplung, Ausführung 1 s. Bild 19/13; $\varphi = 8 \cdots 10°$, Ausführung 1; $\varphi = 16 \cdots 20°$, Ausführung 2; $\beta$ bis 4°** | | | | | | | | | | | | | | | |
| $C \cdot N/n$ | 0,0012 | 0,0025 | 0,004 | 0,008 | 0,016 | 0,03 | 0,05 | 0 08 | 0,125 | 0,2 | 0,32 | 0,5 | | | |
| Größte Bohrung $d$ | 20 | 25 | 30 | 36 | 45 | 50 | 55 | 65 | 75 | 85 | 95 | 110 | | | |
| Außendurchmesser $D$ | 80 | 95 | 115 | 130 | 160 | 200 | 230 | 260 | 295 | 350 | 400 | 450 | | | |
| Gesamtlänge $L$ | 63 | 73 | 93 | 104 | 124 | 136 | 146 | 168 | 188 | 228 | 248 | 268 | | | |
| Gewicht | 0,75 | 1,2 | 2,1 | 3,3 | 6,3 | 10 | 13,2 | 21 | 29 | 47 | 66 | 94 | | | |
| **Tacke-Bogenzahn-Kupplung, Bild 19/16; Type TB, $a = 4 \cdots 14$ mm, $h = 1,4 \cdots 16$ mm, $\beta$ bis 3° (bis 4° Sonderausführung)** | | | | | | | | | | | | | | | |
| Dauer-$N/n$ | 0,027 | 0,06 | 0,12 | 0,2 | 0,33 | 0,48 | 0,66 | 0,93 | 1,3 | 1,8 | 2,6 | 3,9 | 5,5 | 7,5 | |
| max-$N/n$ | 0,04 | 0,09 | 0,18 | 0,3 | 0,5 | 0,72 | 1 | 1,4 | 1,9 | 2,7 | 3,9 | 5,8 | 8,2 | 11,2 | |
| Größte Bohrung $d$ | 30 | 40 | 50 | 60 | 70 | 80 | 90 | 100 | 110 | 125 | 140 | 160 | 180 | 200 | |
| Außendurchmesser | 115 | 135 | 155 | 180 | 200 | 225 | 245 | 285 | 300 | 320 | 365 | 425 | 460 | 520 | |
| Gesamtlänge | 115 | 125 | 148 | 170 | 192 | 215 | 240 | 272 | 292 | 336 | 370 | 426 | 480 | 538 | |
| Gewicht | 3,6 | 5,5 | 8,5 | 13 | 18 | 26 | 35 | 52 | 63 | 80 | 117 | 178 | 248 | 355 | |

[1] Entspricht der Nennleistung des Elektromotors bei 25% Einschaltdauer.

**Tafel 19/6.** *Kugelgelenke nach Bild 19/20*, Maße, Gewichte, Drehmomente.

Übertragbares Drehmoment $M_t = q \cdot$ Tafelwert; $q = 1{,}25$ für Neigungswinkel $\beta = 5°$, $= 1$ für $10°$, $= 0{,}75$ für $20°$ $= 0{,}6$ für $30°$, $= 0{,}45$ für $40°$.

| Normalausführung I | | | | | Sonderausführung | | | Doppelgelenk | | | Drehmoment bei Drehzahl $n$ (Umdr./min) | | | | |
| | | | | | II | | III | IV | | | 50 | 100 | 200 | 400 | 800 |
| Nr. | $d$ mm | $D$ mm | $L$ mm | $c$ mm | Gewicht kg | $s$ mm | $a$ mm | $b$ mm | Nr. | $L$ mm | Gewicht kg | mkg | mkg | mkg | mkg | mkg |
|---|---|---|---|---|---|---|---|---|---|---|---|---|---|---|---|---|
| 01 | 6 | 16 | 34 | 9 | 0,05 | 6 | — | — | | | | 0,1 | 0,78 | 0,73 | 0,54 | 0,35 |
| 02 | 8 | 18 | 40 | 11 | 0,06 | 8 | — | — | | | | 1,35 | 1,35 | 1,15 | 0,8 | 0,5 |
| 03 | 10 | 22 | 45 | 12 | 0,10 | 10 | 3 | 11,5 | | | | 2,5 | 2,3 | 1,8 | 1,2 | 0,75 |
| 04 | 12 | 26 | 50 | 13 | 0,15 | 12 | 3 | 13,5 | | | | 4,0 | 3,5 | 2,7 | 1,8 | 1,1 |
| 05 | 14 | 29 | 56 | 16 | 0,20 | 14 | 4 | 15,5 | | | | 6,5 | 5,2 | 3,8 | 2,7 | 1,6 |
| 1 | 16 | 32 | 65 | 18 | 0,30 | 14 | 4 | 17,5 | 1 D | 100 | 0,45 | 10,0 | 7,6 | 5,5 | 3,5 | 2,2 |
| 2 | 18 | 37 | 72 | 20 | 0,45 | 17 | 5 | 20 | 2 D | 112 | 0,70 | 15,5 | 11,2 | 7,6 | 4,9 | 2,8 |
| 3 | 20 | 42 | 82 | 23 | 0,67 | 19 | 5 | 22 | 3 D | 127 | 1,00 | 22,5 | 14,8 | 10,2 | 6,5 | |
| 4 | 22 | 47 | 95 | 25 | 1,00 | 22 | 5 | 24 | 4 D | 145 | 1,56 | 29,0 | 20,0 | 13,0 | 8,0 | |
| 5 | 25 | 52 | 108 | 29 | 1,35 | 27 | 6 | 27 | 5 D | 163 | 2,10 | 36,0 | 25,0 | 16,0 | 9,8 | |
| 6 | 30 | 58 | 122 | 34 | 1,85 | 30 | 8 | 32 | 6 D | 182 | 2,75 | 45,2 | 30,0 | 20,0 | 11,8 | |
| 7 | 35 | 70 | 140 | 39 | 3,15 | 36 | 8 | 37 | 7 D | 212 | 4,75 | 58,0 | 39,0 | 24,0 | 14,2 | |
| 8 | 40 | 80 | 160 | 44 | 4,60 | 41 | 10 | 42,5 | 8 D | 245 | 7,2 | 74,0 | 50,0 | 31,0 | 18,6 | |
| 9 | 50 | 95 | 190 | 54 | 7,60 | 50 | 12 | 53 | 9 D | 290 | 12,0 | 110,0 | 72,0 | 46,0 | 27,0 | |

geschaltet oder in beiden Lagen selbsthemmend sein soll, bestimmt ihre Konstruktion. So ist bei Magnetbedienung der Stromzuführung (Schleifringe) und bei Drucköl- oder Druckluftbedienung der Gleitdichtung besondere Aufmerksamkeit zu schenken. Bei Reibkupplungen stellt der Verschleiß noch die Aufgabe, die Anpreßkraft und den Schaltweg nachzustellen bzw. vom Verschleiß unabhängig zu machen.

Bei Bedienung der Kupplung von *außen* muß die Axialkraft des Schalthebels unter *Gleit*- oder *Wälz*-Bewegung auf die umlaufende und axial verschiebbare Schaltmuffe übertragen werden (Bild 19/22). Hierzu dienen Gleitsteine oder Gleitringe, die vom

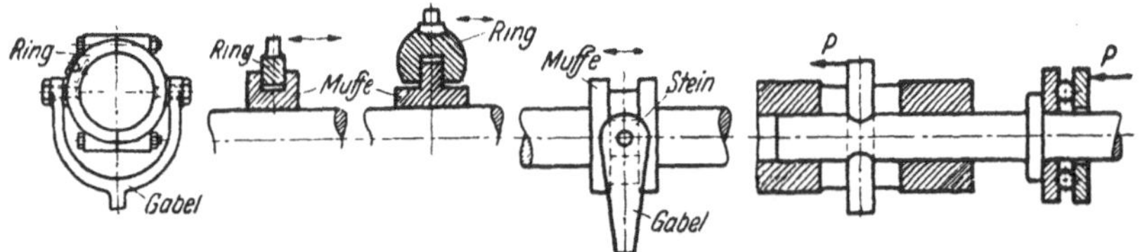


Bild 19/22. Schaltzeug. Schaltgabel mit Gleitring oder Gleitstein und Schalt-Muffe. Umlaufende Schaltstange mit Drucklager (rechts).

Schalthebel drehfest gehalten werden und in eine Ringnute der umlaufenden Schaltmuffe eingreifen; oder der Schalthebel drückt über ein Längskugellager auf die Schaltmuffe. An Stelle der die Welle umschließenden Schaltmuffe kann auch eine zentrisch in der Welle verschiebbare Schaltstange treten. Die zu schaltenden Kupplungsteile sind unmittelbar oder über eine Kraftübersetzung mit der Schaltmuffe verbunden. Die Axialkraft an der Schaltmuffe ist meist sehr erheblich (s. Beispiel unten), so daß für eine gute Lagerung des Schalthebels und für eine gute Ausbildung und Schmierung der Gleitstellen gesorgt werden muß. Die Kupplung ist möglichst so auszubilden, daß die Gleitmuffe im vollen Lauf der Kupplung entlastet ist und so anzuordnen, daß die Gleitmuffe nicht auf der durchlaufenden Antriebsseite, sondern auf der bei Abschaltung stillstehenden Abtriebsseite sitzt.

1) *Kraftschlüssige Schaltkupplungen* s. Reibkupplungen Bd. 2.

2) *Formschlüssige Schaltkupplungen*.

Die Klauenkupplung Bild 19/18 wird zur Schaltkupplung, wenn man die eine Kupplungsnabe auf der Welle verschiebbar macht.

*Kräfte und Schalterleichterungen:* Beim Verschieben (Schalten) unter Drehmoment $M_t$ (Umfangskraft $U$) muß nach Bild 19/18 und 19/23 die Reibkraft $A_1 = \mu \cdot U_1 = 2\,\mu \cdot M_t/D_1$ an den Klauen *und* die Reibkraft $A_2 = \mu \cdot U_2 = 2\,\mu \cdot M_t/D_2$ an der Paßfeder der Welle überwunden werden, wobei $D_1$ der Durchmesser bis Mitte der Klauen, $D_2$ der Durchmesser bis Mitte Paßfeder und $\mu$ der Reibwert ist.

Die axiale Schaltkraft $$\boxed{A = A_1 + A_2 = 2\,\mu \cdot M_t\,(1/D_1 + 1/D_2)}$$ (kg) wird bei kleinem $D_1$ und $D_2$ sehr groß, z. B. $A = 2 \cdot 0{,}1 \cdot 3000\ (1/10 + 1/5) = 180$ kg für $\mu = 0{,}1$, $M_t = 3000$ cmkg, $D_1 = 10$ cm, $D_2 = 5$ cm. Abhilfe durch Vergrößerung von $D_1$ und besonders von $D_2$, z. B. durch Verlagerung der Gleitbewegung von der Paßfeder weg an die Klauen ($D_2 = D_1$), wie es die Bolzen-Schalt-Kupplung Bild 19/23 zeigt; oder durch

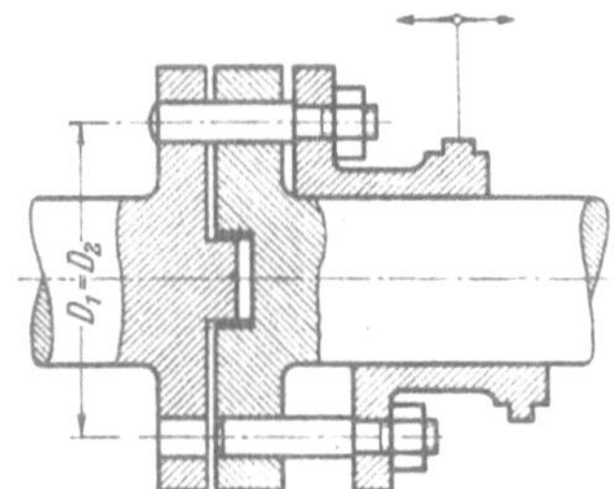

Bild 19/23. Schema einer Bolzen-Schaltkupplung.

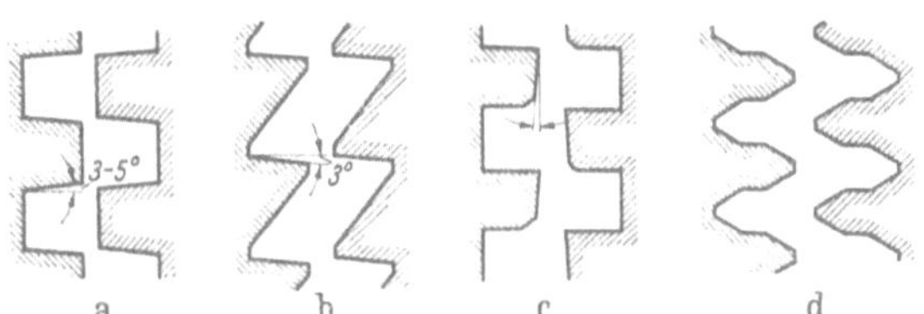

Bild 19/24. Radial angeordnete Zähne für Klauenkupplungen.
a) Trapezzähne nach beiden Richtungen Kraft übertragend. b) Sägezähne nur in einer Richtung Kraft übertragend, c) „abweisende" Zähne nach MAYBACH, nur bei Umkehr der Relativbewegung (Gleichlauf) einrückend und dann in beiden Richtungen Kraft übertragend; d) in jeder Stellung einschaltbar und in beiden Richtungen Kraft übertragend.

Herabsetzung von $\mu$ (glatte, gehärtete und gut geschmierte Gleitflächen mit niedriger Flächenpressung, oder mit Wälzreibung statt Gleitreibung), oder durch Neigung der Gleitflächen zur Achse, so daß die Umfangskraft beim Entkuppeln mitwirkt (s. Bild 19/24), oder durch eine Kraftübersetzung zwischen der Klauen- und Muffenbewegung.

Die Einschaltung wird erleichtert durch große Zähnezahl, durch Abrundung oder Zuspitzung oder „abweisende" Ausbildung der Zähne (Bild 19/24), wobei im letzteren Fall die Zähne nur im Augenblick der Bewegungsumkehr einspringen; dann vor allem durch vorhergehende „Synchronisierung", z. B. durch vorhergehende Anpressung der

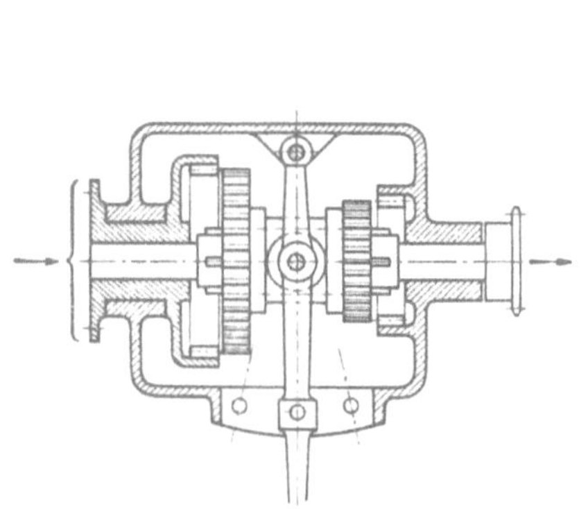

Bild 19/25. Zahn-Schaltkupplung mit Evolventenzähnen, nach links kuppelnd, nach rechts blockend (nach KUTZBACH).

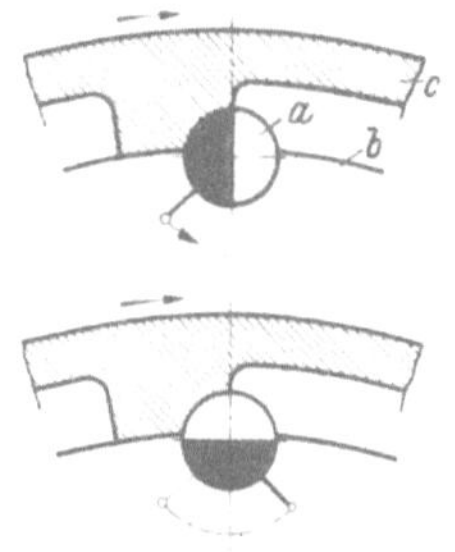

Bild 19/26. Drehkeil-Kupplung (nach KUTZBACH). Der abgeflachte Drehzapfen $a$ ist im Umfang der Welle $b$ drehbar gelagert und wird von außen gesteuert. $c$ äußerer Drehkranz. Oben ist Kuppelstellung, unten entkuppelt.

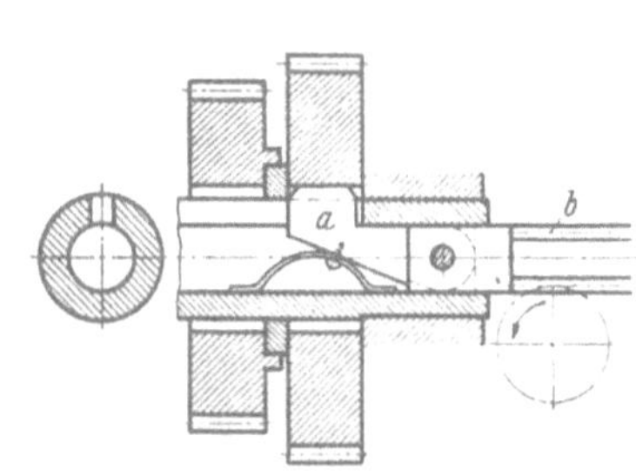

Bild 19/27. Ziehkeil-Kupplung (nach COENEN). Der mit der Welle umlaufende Ziehkeil $a$ wird durch die Schaltstange $b$ axial verschoben und springt in die Nute des betreffenden Zahnrades ein.

beiden Kupplungsteile in Kegelflächen. Die Zähne können an der Radialfläche oder an der Mantelfläche der Kupplungsscheiben angeordnet werden, wobei im letzteren Fall die mit großer Genauigkeit billig herstellbare Evolventenverzahnung anwendbar ist (s. Bild 19/25).

Als *Moment*kupplungen, z. B. für Stanzen und Exzenterpressen eignen sich Drehkeilkupplungen (Bild 19/26), gesteuerte Freiläufe und Gesperre (s. Bd. 2), die Stieber-Rollkupplung (Bild 19/6) und gegebenenfalls auch die Ziehkeilkupplung (Bild 19/27).

Die *Stoßkraft* (Beschleunigungskraft $\boxed{P_b \approx 2\,A_m/f}$ (kg) an den Zahnflanken beim Einschalten unter ungleicher Drehzahl wird um so kleiner, je größer der Verformungsweg $f$ (m) und je kleiner die *Zunahme* der kinetischen Energie $\boxed{A_m = J_m \cdot \omega^2/2}$ (kgm) ist, mit Massenträgheitsmoment $J_m$ (kgm/s²) und *Zunahme* der Winkelgeschwindigkeit $\omega$ (1/s) während des Stoßvorgangs.

Als Schaltelement für *Sicherheits*kupplungen genügt für grobe Kraftbegrenzung ein Scherbolzen oder Scherblech, die bei Überlastung abgeschert werden, oder federbelastete Reibkupplungen (Rutschkraft schwankt mit dem Reibwert!), während zur genaueren Begrenzung der Höchstlast die Abstützung einer Komponente der Umfangskraft durch eine Feder zu empfehlen ist, deren Federweg bei Überschreitung der Höchstlast zur Freigabe der Kupplung ausgenutzt wird (s. Bild 19/28).

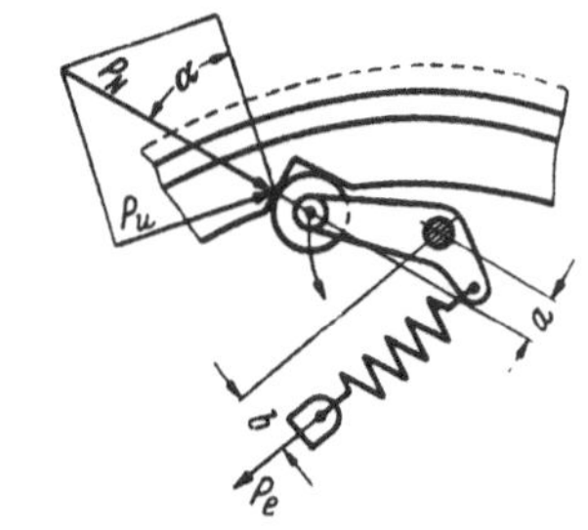

Bild 19/28. Sicherheitskupplung mit federbelasteter Rollenklinke, ausklinkend, wenn $P_N \cdot a = P_u \cdot a/\sin \alpha = P_e \cdot b$ ist.

## 19.5. Schrifttum zu 19.

### Allgemein.


[*19/1*] vom Ende, E.: Wellenkupplungen und Wellenschalter. Einzelkonstr. aus dem Masch.-Bau H. 11. Berlin: Springer 1931.

### Feste Kupplungen.

[*19/2*] Schemberger, G.: Untersuchung über die Spannungsverteilung, Drehsteifigkeit und Drehwechselfestigkeit der Hirth-Verzahnung. Dr.-Diss. Stuttgart 1937.

[*19/3*] — Verbindung von Wellen durch Zahnung. Z. VDI Bd. 83 (1939) S. 912.

[*19/4*] Matzke: Die Hirth-Verzahnung, ein bewährtes Maschinenelement. Werkstatt u. Betrieb Bd. 74 (1941) H. 10.

[*19/5*] Vogel, A.: Plankerbverzahnungen. Die Technik Bd. 2 (1947) S. 89.

[*19/6*] — Hirth-Verzahnung. Schriften der Fa. A. Hirth A. G., Stuttgart-Zuffenhausen.

[*19/7*] Stieber, P.: Die Rollkupplung zur Verbindung von Welle und Bohrung und dgl. Z. VDI Bd. 84 (1940) S. 195.

[*19/8*] — Stieber-Rollkupplung. Schriften der Fa. Stieber-Rollkupplung, München 23.

### Ausgleich-Kupplungen und Gelenke.

[*19/9*] Altmann, G.: Drehfedernde Kupplungen. Z. VDI Bd. 80 (1936) S. 245 und Kraftfahrtechn. Forsch.-Arb. H. 6. Berlin: VDI-Verlag 1937.

[*19/10*] Kutzbach, K.: Quer- und winkelbewegliche Wellenkupplungen. Kraftfahrtechn. Forsch.-Arb. H. 6. Berlin: VDI-Verlag 1937.

[*19/11*] Rembold, V. u. J. Jeblicka: Das Verhalten federnder Kupplungen im Betrieb. Forschg. u. Fortschr. 5 (1934) S. 146/54 u. 8 (1937) S. 109/18.

[*19/12*] Brink, K.: Verhalten von elastischen Kupplungen im Dauerbetrieb, insbesondere Bestimmung der Dämpfung. Mitt. Wöhler-Inst. Braunschweig H. 32 (1938).

[*19/13*] Kutzbach, K.: Quer- und winkelbewegliche Gleichganggelenke für Wellenleitungen. Z. VDI Bd. 81 (1937) S. 889.

[*19/14*] Pielstick: (MAN-Renk-Hülsenfederkupplungen und Dämpfung von Drehschwingungen.) Mitt. Forsch.-Anst. GHH-Konzern 5 (1936) H. 5.

[*19/15*] — Die hochelastische Deli-Kupplung. Demag-Nachr. Nov. 1936.

[*19/16*] Spies, R.: Kardangelenke zur Übertragung gleichförmiger Bewegung. Fördertechn. 29 (1936) S. 289/98.

[*19/17*] Dietz, H.: Die Übertragung von Momenten in Kreuzgelenken. Z. VDI Bd. 82 (1938) S. 825.

[*19/18*] Groszmann, K. H.: Die Momente im Kreuzgelenk. Schweiz. Bauztg. 113 (1939) S. 27.

[*19/19*] — Handbuch für Kugelgelenk-Antriebe. Fritz Werner A. G., Berlin-Marienfelde.

[*19/20*] Reuthe, W.: Ausführungsarten, Belastungsgrenzen und Reibungsverluste von Kreuzgelenken. Konstruktion Bd. 1 (1949) S. 206.

# Sachverzeichnis.